공학수학

제2판

Engineering Mathematics

공학수학

김상목 · 김영희 · 김태균 · 송영권 · 이종우 · 이진우
이현근 · 이호석 · 이흥수 · 최윤철 · 최종성 지음

KM 경문사

머리말

수학의 분야는 통상 기하학과 대수학 및 해석학으로 크게 분류한다. 이 중에서 가장 늦게 등장한 해석학은 미분 적분학으로부터 발생했거나 미분 적분학과 관련된 수학의 분야들로 구성된다. 해석학에 속하는 분야로는 미분 적분학 자체, 미분 방정식 이론, 실·복소 함수 이론, 무한 급수 이론, 일반화된 적분 이론 등이 있다. 극한 개념은 해석학의 각 분야에서 중요한 역할을 한다. 일반적으로 극한 개념의 존재가 해석학을 특징짓는다.

'공학 수학'은 대학 이공계 학생이 '미분 적분학'을 배운 뒤에 수강하는 과목으로, 해석학의 여러 분야가 그 핵심을 이루고 있다. 이 책은 우리나라 대학 이공계 학과의 교과 과정에 맞추어, 실제로 1년 동안 다루는 다음과 같은 세 가지 해석학 분야를 선정했다.

제1부 상미분 방정식론
제2부 푸리에 해석학과 편미분 방정식론
제3부 복소 해석학

각 부는 독립된 과목으로 배우고 가르칠 수 있도록 편집했으며, 1년 동안 전체 과정을 충분히 학습할 수 있도록 간결하고 알기 쉽게 기술했다. 알맞은 보기와 연습 문제를 제시해서, 학습한 내용을 습득하고 확인할 수 있게 했다. 그리고 응용 관련 주제와 문제도 충실히 제시해서 전공 과목과의 구체적인 관계도 알아보도록 했다.

이 책에는 여러 가지 면에서 부족한 점이 많으리라고 생각한다. 독자 여러분의 아낌없는 충고와 조언을 바라며, 이를 통해 이 책의 내용을 수정하고 보완해 나갈 것을 약속드린다. 이 책의 출판을 맡은 경문사 대표님과 편집부 여러분의 노고에 깊은 감사드린다.

2024년 2월
지은이 일동

차 례

제1부 상미분 방정식론

제 1 부

상미분 방정식론

미분 방정식의 역사

미분 방정식이란 변수들과 그 도함수 사이의 관계를 나타내는 방정식으로, 미분 적분학의 공동 발견자인 뉴턴(Isaac Newton, 1642~1727)과 라이프니츠(Gottfried Wilhelm Leibniz, 1646~1716)에 의하여 그 연구가 시작되었다.

뉴턴은 $\frac{dy}{dx}=f(x, y)$ 형태의 미분 방정식을 무한 급수를 이용하여 푸는 방법을 찾았고, 라이프니츠는 분리 가능한 미분 방정식과 일계 선형 미분 방정식의 해법을 고안해내었다. 라이프니츠는 특히 수학 기호에 관심이 많았는데, 도함수 기호 $\frac{dy}{dx}$와 적분 기호 $\int$도 그가 고안한 것이다.

야곱 베르누이(Jakob Bernoulli, 1654~1705)와 요한 베르누이(Johann Bernoulli, 1667~1748) 형제는 미분 방정식의 해법을 많이 찾아내어 그것들을 적용하기 위해 노력하였다. 요한 베르누이의 아들 다니엘 베르누이(Daniel Bernoulli, 1700~1782)도 역시 크게 기여하였는데, 특히 편미분 방정식에 관심이 컸다.

18세기의 가장 위대한 수학자 오일러(Leonhard Euler, 1707~1783)는 적분 인자에 대한 이론을 연구하였고 계수가 상수인 제차 선형 미분 방정식의 일반해를 찾아내었으며 그 후 계속하여 편미분 방정식에 관한 연구에도 크게 기여하였다.

라그랑주(Joseph Louis Lagrange, 1736~1813)는 n계 제차 선형 미분 방정식의 일반해가 n개의 독립인 해들의 일차 결합이라는 사실을 밝혀냈고 편미분 방정식에 관한 기초를 다지는 일에 공헌한 것으로 알려져 있다.

라플라스(Pierre Simon de Laplace, 1749~1827)는 학문적 성향이 다름에도 불구하고 종종 라그랑주와 같이 언급된다. 라그랑주는 수학 그 자체를 추구했던 반면에 라플라스는 수학을 자연을 이해하는 도구로 사용했다. 미분 방정식을 푸는 데 매우 유용한 라플라스 변환 역시 그의 이름을 따서 만든 것이다.

18세기 후반에 이르러 상미분 방정식에 대한 초등적인 풀이 방법이 대부분 발견되었다. 그 뒤 수학자의 관심은 엄밀하고 체계적이고 일반적인 이론의 개발로 방향이 바뀌게 된다.

제 1 장 미분 방정식의 개요

시간에 따라 변하는 자연 현상은 도함수를 포함한 방정식, 즉 미분 방정식으로 표현할 수 있다. 이런 방정식의 해는 자연 현상을 설명하고 예측할 수 있도록 한다. 이 장에서는 미분 방정식의 기본 용어를 소개하고, 물리적 현상을 수학 용어로 표현하고 수식화하는 과정에서 미분 방정식이 어떻게 유도되는지를 알아본다.

■ 뉴턴(Isaac Newton, 1642~1727)

유복자로 태어난 뉴턴은 어렸을 때부터 독창적인 기계 모형을 고안하고 실험하는 데 흥미를 가졌고 대단한 재주를 보였다. 18세 때 케임브리지의 트리니티 대학에 입학한 후 미분 적분학을 전개하고 중력 이론의 기본 원리들을 생각해 내었다. 뉴턴은 1669년 스승 배로의 자리를 이어 받아 18년 동안의 교수직을 시작했다. 이 기간 동안, 다른 많은 것 중에서도 대작 ≪자연 철학의 수학적 원리≫의 내용을 연구했다. 이 책은 친구 핼리의 자금으로 1687년 중반에 출판되었는데, 즉시 전 유럽에 엄청난 영향을 끼쳤다. 그는 인생 후반기의 대부분을 화학과 연금술 및 신학에 몰두했고 말년에는 미분 적분학의 발견에 대한 표절 시비로 라이프니츠와 불행한 논쟁을 벌이는 불운을 겪었다. 역사는 그를 역사상 가장 위대한 수학자로 기록하고 있다.

■ 라이프니츠(Gottfried Wilhelm Leibniz, 1646~1716)

라이프치히에서 태어난 라이프니츠는 17세기의 위대한 만능 천재이며 미분 적분학의 발견에서 뉴턴의 맞수였다. 그는 1672년 외교적인 목적으로 파리에 있었을 때, 그곳에 있던 네덜란드의 뛰어난 수학자 호이겐스를 만나 수학을 배웠다. 라이프니츠는 미분 적분학의 기본 정리를 발견했고 이 분야의 많은 기호를 개발했으며 미분법의 기본 공식을 많이 고안했다. 라이프니츠는 능란한 수학자였을 뿐만 아니라, 산스크리트 학자로서 명성을 얻은 매우 재능 있는 언어학자였고 철학에 관한 그의 글들은 이 분야에서 높은 위치를 점했다. 1700년에는 베를린 과학원을 창설했다.

1.1 기본 정의와 용어

미분 방정식(differential equation)은 어떤 함수와 그것의 도함수들로 이루어진 방정식이다. 한 개 또는 그 이상의 종속 변수를 한 개 또는 그 이상의 독립 변수에 대해 미분한 도함수들을 포함하는 방정식을 미분 방정식이라 한다. 예를 들면 다음은 미분 방정식이다.

$$\frac{dy}{dx} = -\frac{x}{y} \quad \text{또는} \quad y' = -\frac{x}{y},$$

$$y' = \frac{x^2 + y}{x},$$

$$(1-x)y'' - 4xy' + 5y = \cos x,$$

$$\frac{\partial^2 u}{\partial x^2} = \frac{1}{c^2}\frac{\partial^2 u}{\partial t^2} \quad \text{또는} \quad u_{xx} = \frac{1}{c^2}u_{tt}$$

위에서 처음 세 식은 함수 $y(x)$에 관한 미분 방정식이고, 마지막은 함수 $u(x, t)$에 관한 미분 방정식이다.

형태에 의한 분류

미분 방정식은 크게 상미분 방정식과 편미분 방정식으로 구분한다. 한 개 또는 그 이상의 종속 변수를 단 하나의 독립 변수에 대해 미분한 도함수만을 포함한 방정식을 상미분 방정식(ODE: ordinary differential equation)이라고 한다. 어떤 일변수 함수 y에 관한 미분 방정식이 주어졌을 때 y의 미분을 상미분이라 하고, 주어진 방정식은 상미분 방정식이라고 한다. 예를 들면 다음은 상미분 방정식이다.

$$\frac{dy}{dx} - 5y = 1,$$

$$\frac{d^2y}{dx^2} - 2\frac{dy}{dx} + 6y = 0,$$

$$\frac{du}{dx} - \frac{dv}{dx} = u + v$$

여기서 처음 두 식은 $y(x)$에 관한 미분 방정식이고 마지막은 $u(x)$와 $v(x)$에 관한 미분 방정식인데, $y(x)$, $u(x)$, $v(x)$는 각각 일변수 함수이므로 위 식들은 상미분 방정식이다.

한편 y에 관한 미분 방정식에서 y가 다변수 함수이면, y의 미분들은 편미분이라 하고, 두 개 이상의 독립 변수에 대한 편미분을 포함하는 방정식을 편미분 방정식(PDE: partial differential equation)이라고 한다. 다음은 편미분 방정식이다.

$$\frac{\partial u}{\partial y} = -\frac{\partial v}{\partial x},$$

$$x\frac{\partial u}{\partial x} + y\frac{\partial u}{\partial y} = u,$$

$$\frac{\partial^2 u}{\partial x^2} = \frac{\partial^2 u}{\partial t^2} - 2\frac{\partial u}{\partial t}$$

여기서 첫째 식은 $u(x, y)$와 $v(x, y)$, 둘째 식은 $u(x, y)$, 셋째 식은 $u(x, t)$에 관한 미분 방정식인데, 이 함수들이 다변수 함수이므로 위 식들은 편미분 방정식이다.

계수에 의한 분류

주어진 미분 방정식에 포함된 가장 높은 도함수의 계수를 그 미분 방정식의 계수라고 한다. 예를 들면, 다음은 이계 상미분 방정식이다.

$$\frac{d^2y}{dx^2} + 5\left(\frac{dy}{dx}\right)^3 - 4y = x$$

한편 미분 방정식 $x^2dy + ydx = 0$은 다음과 같이 고쳐 쓸 수 있으므로 일계 상미분 방정식이다.

$$x^2\frac{dy}{dx} + y = 0$$

모든 미분 방정식은 공통적으로 독립 변수 x, 함수 y, 도함수 y', y'', y''', ⋯ 사이의 관계를 나타낸다. 일반적으로 한 개의 종속 변수를 갖는 n계 상미분 방정식은 다음과 같이 나타낼 수 있다.

$$f\left(x, y, \frac{dy}{dx}, \cdots, \frac{d^ny}{dx^n}\right) = 0 \tag{1}$$

또는

$$\frac{d^ny}{dx^n} = f\left(x, y, \frac{dy}{dx}, \cdots, \frac{d^{n-1}y}{dx^{n-1}}\right) \tag{2}$$

여기서 f는 연속인 실 함수이며 식 (2)는 식 (1)의 정규형(normal form)이라고 한다.

다음 방정식은 각각 이변수 함수 $u(x, y)$의 이계와 $u(x, t)$의 사계 편미분 방정식이다.

$$\frac{\partial^2 u}{\partial x^2} + \frac{\partial^2 u}{\partial y^2} = 0,$$

$$a^2 \frac{\partial^4 u}{\partial x^4} + \frac{\partial^2 u}{\partial t^2} = 0$$

선형성에 의한 분류

비선형(nonlinear) 미분 방정식이란 y에 관하여 선형(일차)이 아닌 식을 의미한다. 예를 들면 다음 두 식은 각각 항 $\sin y$와 항 y^2 때문에 비선형이다.

$$y' + \sin y = 0,$$

$$\frac{d^2 y}{dx^2} + y^2 = 0$$

그리고 다음 식은 항 yy' 때문에 비선형 미분 방정식이다.

$$yy' = 2y + 3x$$

일반적으로 n계 상미분 방정식 (1)에서 f가 y', y'',⋯, $y^{(n)}$에 대해 선형이면 선형(linear) 상미분 방정식이라고 한다. 즉 다음과 같이 식 (1)에서 y', y'',⋯, $y^{(n)}$의 계수함수들이 독립 변수 x만의 함수이고, $a_n(x) \neq 0$이면 n계 선형 상미분 방정식이다.

$$a_n(x) \frac{d^n y}{dx^n} + a_{n-1}(x) \frac{d^{n-1} y}{dx^{n-1}} + \cdots + a_1(x) \frac{dy}{dx} + a_0(x) y = g(x)$$

다음은 차례로 일계, 이계, 삼계 선형 상미분 방정식이다.

$$x\,dy + y\,dx = 0,$$

$$y'' - 2y' + y = 0,$$

$$x^3 \frac{d^3 y}{dx^3} - x^2 \frac{d^2 y}{dx^2} + 3x \frac{dy}{dx} + 5y = e^x$$

편미분 방정식에서는 다변수 함수와 그의 각 독립 변수에 대한 편도함수들이 모두 선형이면 선형이라고 한다. 편미분 방정식의 선형성에 대해서는 8장에서 자세히 다룬다. 다음은 각각 일계와 이계 선형 편미분 방정식이다.

$$u_t = u_x + \sin t,$$

$$\frac{\partial^2 u}{\partial x^2} = 2\frac{\partial^2 u}{\partial t^2}$$

다음 편미분 방정식은 차례로 항 uu_x와 항 u^2 때문에 비선형이다.

$$u_t + uu_x = 0,$$

$$\frac{\partial^2 u}{\partial t^2} = \frac{\partial^2 u}{\partial x^2} + u^2$$

참고로 앞으로 연립 미분 방정식에 대해서도 알아볼 것이다. 연립 미분 방정식은 미지의 함수가 여러 개이고 주어진 관계식도 여러 개인 경우를 의미한다. 예를 들면, 다음은 미지의 두 함수 $y_1(x)$와 $y_2(x)$에 관한 선형 연립 미분 방정식이다.

$$\frac{dy_1}{dx} = ay_1(x) + by_2(x)$$
$$\frac{dy_2}{dx} = cy_1(x) + dy_2(x)$$

이 식의 독립 변수는 x 한 개이고, a, b, c, d는 상수다.

미분 방정식의 해

미분 방정식의 해를 찾는 법을 논의하기 전에, 미분 방정식의 해(solution)의 뜻을 정확히 이해할 필요가 있다. 다음과 같은 일반적인 n계 상미분 방정식을 고려하자.

$$f\left(x,\ y,\ \frac{dy}{dx},\ \cdots,\ \frac{d^n y}{dx^n}\right) = 0$$

주어진 미분 방정식을 만족시키는 독립 변수와 종속 변수 사이의 관계를 얻었을 때, 그 미분 방정식을 풀었다고 하고 그 관계를 미분 방정식의 해(solution)라고 한다. 이 방정식의 해는 특정 구간 I에서 정의된 실 함수 $y(x)$로써 다음과 같은 성질을 만족시켜야 한다.

1. 구간 I의 모든 점 x에서 함수 $y(x)$와 이것의 일계 도함수부터 n계 도함수까지 존재해야 한다. 이는 함수 $y(x)$와 $(n-1)$계 도함수까지 구간 I에서 연속임을 의미한다.(연속이 아닌 함수는 미분 불가능함에 유의하자.)
2. 함수 $y(x)$와 그 도함수를 주어진 미분 방정식에 대입하면, 방정식은 구간 I에서 x에 관한 항등식이 되어야 한다. 다시 말하면, 함수 $y(x)$는 구간 I의 모든 점 x에서 주어진 식

을 만족시켜야 한다.

보기 1

함수 $y=\dfrac{x^4}{16}$은 구간 $(-\infty,\ \infty)$에서 다음 비선형 미분 방정식의 해이다.

$$\frac{dy}{dx}-xy^{\frac{1}{2}}=0$$

왜냐하면 $y=\dfrac{x^4}{16}$의 양변을 x에 관하여 미분하면 $\dfrac{dy}{dx}=\dfrac{x^3}{4}$이므로 모든 실수 x에서 $y(x)$와 $y'(x)$가 정의되고 위 식에 대입하면 다음이 성립하기 때문이다.

$$\frac{dy}{dx}-xy^{\frac{1}{2}}=\frac{x^3}{4}-x\left(\frac{x^4}{16}\right)^{\frac{1}{2}}=\frac{x^3}{4}-\frac{x^3}{4}=0$$

보기 2

함수 $y=xe^x$은 구간 $(-\infty,\ \infty)$에서 다음 선형 미분 방정식의 해이다.

$$y''-2y'+y=0$$

이를 확인하기 위하여 y'와 y''를 계산하면 다음과 같다.

$$y'=xe^x+e^x,\ y''=xe^x+2e^x$$

따라서 주어진 구간에서 $y(x)$, $y'(x)$, $y''(x)$가 정의되고 이 식을 미분 방정식에 대입하면, 모든 실수 x에서 다음이 성립한다.

$$y''-2y'+y=(xe^x+2e^x)-2(xe^x+e^x)+xe^x=0$$

보기 1과 2의 경우에 구간 $(-\infty,\ \infty)$에서 상수 함수인 $y=0$도 주어진 미분 방정식을 만족시킨다. 이와 같이 주어진 구간 I의 모든 점에서의 함숫값이 0인 미분 방정식의 해를 자명한 해(trivial solution)라고 한다.

주어진 미분 방정식을 만족시키는 개별적인 해 각각을 특수해(particular solution)라 하고, 그 방정식을 만족시키는 해 전체의 집합을 일반해[1)](general solution)라고 한다. 특수해는 xy

평면에 곡선으로 나타낼 수 있는데 이를 적분 곡선이라고 한다. 이 경우 일반해는 방정식을 만족시키는 적분 곡선 전부를 의미한다.

미분 방정식 $y' = x^2$을 통해 위 정의들을 살펴보자. $y = \frac{1}{3}x^3$이 이 미분 방정식의 특수해임을 확인할 수 있다. 도함수가 같은 두 함수는 서로 상수만큼만 다르므로, 이 방정식의 일반해를 다음과 같이 쓸 수 있다.

$$y = \frac{1}{3}x^3 + c$$

여기서 c는 임의의 실수이다. c값이 정해지면 위 식의 그래프는 xy평면의 곡선으로 표시된다. 따라서 일반해는 위 곡선들의 집합, 즉 곡선족으로 나타낼 수 있다(그림 1.1 참고). 이때 필요한 매개 변수의 개수가 한 개(여기서는 c)이므로 이 경우 일반해는 일변수 곡선족으로 나타낼 수 있다고 말한다.

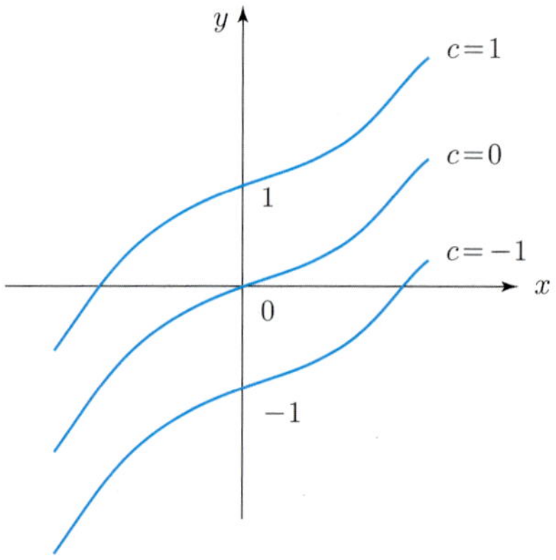

그림 1.1 ❙ $y' = x^2$의 적분 곡선들

보기 3

미분 방정식 $\frac{d^2y}{dx^2} = 0$에 대하여 $y = c_1x + c_2$(c_1, c_2는 임의의 상수)는 일반해고 c_1과 c_2에 특수한 수치를 대입해서 얻은 식 $y = x$와 $y = 2x - 1$은 특수해다.

---

1) 다른 많은 책들에서는 n개의 '본질적인(essential)' 임의의 상수를 포함하는 해를 일반해로 정의하고 있다. 하지만 이 정의에는 다음과 같은 두 가지 아쉬운 점이 있다. 첫째, 이 책에서 다루는 대부분의 미분 방정식들의 경우, n개의 임의의 상수를 포함하는 해는 해집합 전체가 된다. 하지만, 이 정의에는 이 사실이 잘 표현되어 있지 않다. 둘째, n개의 '본질적인(essential)' 임의의 상수라는 말이 애매하다. 그래서 이 책에서는 해가 n개의 임의의 상수를 가지면 단순히 n개의 매개 변수를 가지는 해집합(n-parameter family of solutions)이라 하고, 만약 이 해집합이 주어진 식의 모든 해임이 증명될 수 있는 경우에 일반해라고 부를 것이다.

보기 4

미분 방정식 $(y')^2 = 4y$를 생각하자. 함수 $y = (x+c)^2$이 주어진 방정식의 해가 됨은 쉽게 확인할 수 있다. 이 일변수 곡선족이 주어진 방정식의 일반해일까? 즉 모든 해들을 표현하고 있을까? 그렇지 않다. $y = 0$라는 '부가적인(extra)' 해가 있으나 이 해는 위 식의 임의의 상수 c에 어떠한 수치를 대입해도 얻을 수 없다. 이러한 해를 특이해(singular solution)라고 한다. 하지만 특이해에 대한 구체적인 논의는 이 책의 범위를 벗어나므로 자세히 다루지는 않겠다.

양해와 음해

다음 미분 방정식을 살펴보자.

$$y\frac{dy}{dx} + x = 0$$

식 $y^2 + x^2 = c$가 x의 함수 y를 음적으로 정의하고 있다고 생각하고, 이 식의 양변을 미분하면 위의 미분 방정식을 얻는다. 이 식은 주어진 미분 방정식의 해가 될 수 있는데, 특별히 음함수의 형태로 표현되어 있다.

이와 같이 미분 방정식의 해를 다음과 같은 형태의 음함수(implicit function)로 나타내기도 한다.

$$H(x,\ y) = 0$$

이렇게 나타낸 해를 음해(implicit solution)라고 한다.

반면에 $y = h(x)$와 같은 형태로 나타낸 것을 양해(explicit solution)라고 한다. 보기 1과 2의 $y = \frac{x^4}{16}$과 $y = xe^x$은 각각 미분 방정식 $\frac{dy}{dx} - xy^{\frac{1}{2}} = 0$과 $y'' - 2y' + y = 0$의 양해다.

보기 5

구간 $(-2,\ 2)$에서 관계 $x^2 + y^2 - 4 = 0$은 다음 미분 방정식의 음해다.

$$\frac{dy}{dx} = -\frac{x}{y}$$

왜냐하면 $x^2 + y^2 - 4 = 0$을 미분하면 다음을 얻기 때문이다.

$$\frac{d}{dx}(x^2)+\frac{d}{dx}(y^2)-\frac{d}{dx}(4)=0,$$

$$2x+2y\frac{dy}{dx}=0,\quad \frac{dy}{dx}=-\frac{x}{y}$$

한편 $x^2+y^2-4=0$을 y에 대해 풀면 $y=\pm\sqrt{4-x^2}$을 얻는데 이 두 함수 $y=h_1(x)=\sqrt{4-x^2}$와 $y=h_2(x)=-\sqrt{4-x^2}$는 구간 $-2<x<2$에서 정의된 양해다.

지금까지 알아본 미분 방정식의 경우에는 해가 존재하고, 실제로 무수히 많은 해가 존재했다. 하지만 미분 방정식의 해가 단 한 개이거나 없을 수도 있다. 예를 들면, 다음 미분 방정식의 해는 상수 함수 $y=0$뿐이다.

$$(y')^2+y^2=0$$

왜냐하면 특정한 x에 대하여 $y(x)$가 0 이외의 값을 취하면, 좌변이 양수가 되어 주어진 식을 만족시킬 수 없기 때문이다.

한편 다음 미분 방정식의 실 함수 해는 존재하지 않는다.

$$(y')^2+1=0$$

1.1 연습 문제

01. 다음 미분 방정식의 선형성을 밝히고, 각 방정식의 계수를 찾아라.

(1) $(1-x)y''-4xy'+5y=\cos x$

(2) $yy'+2y=1+x^2$

(3) $x^3y^{(4)}-x^2y''+4xy'-3y=0$

(4) $\frac{dy}{dx}=\sqrt{1-\left(\frac{d^2y}{dx^2}\right)^2}$

(5) $(\sin x)y^{(3)}+(\cos x)y'=3$

(6) $u_{xx}+u_{yy}=1$

02. 다음에서 왼쪽의 함수가 오른쪽 미분 방정식의 해임을 보여라. (c, c_1, c_2는 임의의 상수)

(1) $y=x^2+cx,\ xy'=x^2+y$

(2) $y=c_1\sin 3x+c_2\cos 3x,\ y''+9y=0$

(3) $\ln y = c_1 e^{x} + c_2 e^{-x}$, $yy'' - (y')^2 = y^2 \ln y$

(4) $\ln y + \dfrac{x}{y} = c$, $(y-x)dy + y\,dx = 0$

(5) $y = \dfrac{1}{2}x^2 e^x$, $y'' - 2y' + y = e^x$

03. 임의의 상수 c에 대하여 함수 $y = cx + c^2$은 미분 방정식 $y = xy' + (y')^2$의 일반해임을 보여라. 또, $y = kx^2$이 이 방정식의 특이해가 되도록 k의 값을 결정하라.

04. 함수 $y = e^{mx}$이 미분 방정식 $2y'' + 5y' - 3y = 0$의 해가 되도록 m의 값을 결정하라.

05. 함수 $y = x^m$이 미분 방정식 $x^2y'' - xy' - y = 0$ 해가 되도록 m의 값을 결정하라.

06. 함수 $y_1 = x^2$과 $y_2 = x^3$은 모두 미분 방정식 $x^2y'' - 4xy' + 6y = 0$의 해임을 보여라. 임의의 상수 c_1과 c_2에 대해서 c_1y_1과 c_2y_2도 해인가? $y_1 + y_2$도 해인가?

07. 함수 $y_1 = e^{2x}$와 $y_2 = xe^{2x}$은 모두 미분 방정식 $y'' - 4y' + 4y = 0$의 해임을 보여라. 임의의 상수 c_1과 c_2에 대해서 $c_1y_1 + c_2y_2$도 해인가?

08. 변수 t의 함수 $x = at + b$, $y = b^2t^2$는 미분 방정식 $2yy'' = (y')^2$의 해임을 보여라.(a, b는 상수)

09. 함수 $y = \sin x\,(0 \le x \le 2\pi)$가 미분 방정식 $y' = \sqrt{1-y^2}$의 양해일 때, 이 함수의 정의구간 I를 찾아라.

1.2 곡선족의 미분 방정식

1.1절에서 미분 방정식의 일반해에는 임의의 상수가 포함되기 때문에 일반해는 곡선족을 나타냄을 알아봤다. 이번 절에서는 곡선족을 엄밀하게 정의하고, 주어진 곡선족이 일반해인 미분 방정식을 찾아본다.

곡선족

다음과 같은 식으로 표현되는 곡선들의 집합을 생각하자.

$$f(x,\ y,\ c) = 0$$

고정된 c의 값에 대하여 위 식은 xy평면의 한 곡선을 나타낸다. c를 변수로 생각하면, 다시 말해 c가 수직선의 한 구간에서 값을 취할 수 있다면, 위 식은 무수히 많은 곡선의 집합을 나타낼 것이다. 후자의 경우, 이와 같이 표시되는 곡선들의 집합을 일변수 곡선족이라 하며, c를 이 곡선족의 매개 변수라고 한다.

예를 들어 다음 식을 보자.

$$x^2 + y^2 = c \ (c > 0)$$

이 식은 중심이 원점이고 반지름의 길이가 $\sqrt{c}$인 원들의 집합을 나타낸다.

한편, 다음 식은 원점을 지나는 일변수 직선족을 표시한다.

$$y = mx \ (-\infty < m < \infty)$$

미분 방정식의 일반해에는 임의의 상수가 포함되어 있으므로, 미분 방정식이 곡선들의 집합, 즉 곡선족을 나타내는 것으로 이해할 수 있다. 역으로 곡선들의 집합이 주어져 있는 경우 이 곡선들이 만족시키는 미분 방정식을 생각할 수 있는데, 이를 곡선족의 미분 방정식이라고 한다.

곡선족의 미분 방정식을 찾는 방법을 알아보자. 이를 위해 다음과 같은 간단한 직선족을 생각하자.

$$y = mx \tag{1}$$

이 식을 미분하면 다음과 같다.

$$\frac{dy}{dx} = m \tag{2}$$

m의 값이 주어지면 식 (1)은 곡선족의 한 원소인 직선을 나타내고, 이 직선은 미분 방정식 (2)를 만족시킨다. 식 (1)로 주어진 곡선 전체가 만족시키는 미분 방정식을 찾기 위해서, 식 (1)과 (2)에서 매개변수 m을 소거하면 다음과 같다.

$$\frac{dy}{dx} = \frac{y}{x} \tag{3}$$

이 식은 곡선족 (1)의 모든 원소들이 만족시키는 미분 방정식, 즉 곡선족 (1)의 미분 방정식이다.

이때 다음 사항에 유의하자. 먼저 곡선족 (1)의 원소들인 모든 직선들이 하나의 미분 방정식 (3)을 만족시킨다는 사실이다. 즉 곡선족의 미분 방정식 자체에는 곡선족을 정의할 때 사용하는 매개 변수가 나타나지 않음에 주의해야 한다.

보기 1

임의의 상수가 두 개인 이변수 직선족 $y = c_1x + c_2$의 미분 방정식을 찾아보자. 이 식을 미분하면 $\frac{dy}{dx} = c_1$이다. 여기서 매개 변수 c_1을 제거하기 위해 다시 미분하면 $\frac{d^2y}{dx^2} = 0$이다. 이 식은 주어진 직선족의 모든 원소들이 만족시키므로, 주어진 직선족의 미분 방정식은 $\frac{d^2y}{dx^2} = 0$이다.

보기 2

그림 1.2에 나타낸 곡선족 $y = cx^3$의 미분 방정식을 찾아라.

풀이 곡선족에 임의의 상수가 한 개만 있으므로 일계 미분 방정식을 생각할 수 있다. 즉, $\frac{dy}{dx} = 3cx^2$인데, $c = \frac{y}{x^3}$이므로 $\frac{dy}{dx} = 3\left(\frac{y}{x^3}\right)x^2 = 3\frac{y}{x}$이다. 따라서 곡선족 $y = cx^3$의 미분 방정식은 다음과 같은 선형 일계 미분 방정식이다.

$$x\frac{dy}{dx} - 3y = 0$$

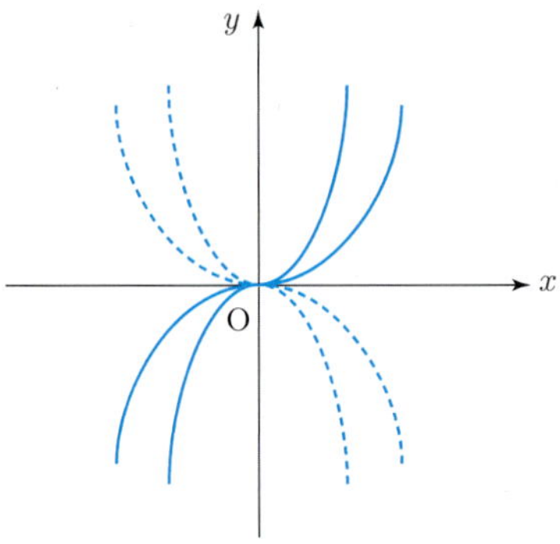

그림 1.2 ❙ 곡선족 $y = cx^3$ □

보기 3

임의의 상수가 두 개인 다음 곡선족의 미분 방정식을 찾아라.

$$y = c_1 e^{2x} + c_2 e^{-2x} \tag{4}$$

풀이 식 (4)를 두 번 미분하면 다음과 같다.

$$\frac{dy}{dx} = 2c_1 e^{2x} - 2c_2 e^{-2x}, \quad \frac{d^2y}{dx^2} = 4c_1 e^{2x} + 4c_2 e^{-2x} = 4\left(c_1 e^{2x} + c_2 e^{-2x}\right)$$

그러므로 식 (4)로부터 다음 미분 방정식을 얻는다.

$$\frac{d^2y}{dx^2} = 4y \quad \text{또는} \quad y'' - 4y = 0$$

□

보기 4

그림 1.3에 나타낸 중심이 원점이고 두 축이 x축과 y축인 모든 타원으로 이루어진 타원족의 미분 방정식을 찾아라.

풀이 주어진 타원족의 방정식은 $\frac{x^2}{a^2} = 1 - \frac{y^2}{b^2}$이다. 이를 x에 관하여 두 번 미분하면 다음과 같다.

$$\frac{2x}{a^2} = -\frac{2y}{b^2} y', \tag{5}$$

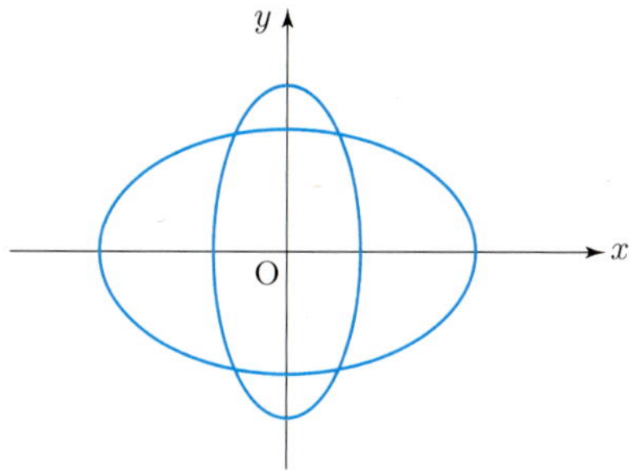

그림 1.3 ❙ 타원족 $\dfrac{x^2}{a^2}+\dfrac{y^2}{b^2}=1$

$$\frac{2}{a^2}=-\frac{2yy''+2(y')^2}{b^2} \tag{6}$$

식 (5)를 (6)으로 나누어서 간단히 하면 다음 미분 방정식을 얻는다.

$$x\{yy''+(y')^2\}=yy'$$ □

보기 5

원점을 지나는 모든 원으로 이루어진 원족의 미분 방정식을 찾아라.

풀이 그림 1.4에서 보듯이 원점을 지나는 원의 표준형은 다음과 같다.

$$(x-h)^2+(y-k)^2=\left(\sqrt{h^2+k^2}\,\right)^2$$

이를 정리하면 다음과 같다.

$$x^2-2hx+y^2-2ky=0 \tag{7}$$

음함수의 미분법을 이용하여 두 번 미분하면 다음을 얻는다.

$$x-h+yy'-ky'=0, \tag{8}$$

$$1+yy''+(y')^2-ky''=0 \tag{9}$$

식 (7)을 h에 대하여 풀면 $h=\dfrac{x^2+y^2-2ky}{2x}$이고, 이것을 식 (8)에 대입하면 다음 관계를 얻는다.

$$x-\frac{x^2+y^2-2ky}{2x}+yy'-ky'=0 \tag{10}$$

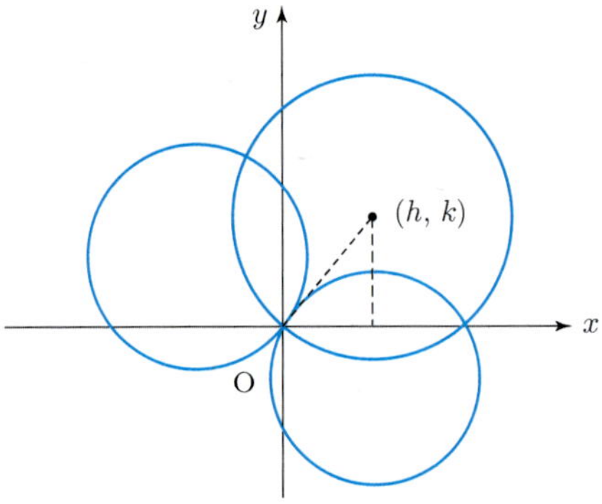

그림 1.4 ▎ 원족 $x^2 - 2hx + y^2 - 2ky = 0$

식 (10)을 k에 대하여 풀면 다음과 같다.

$$k = \frac{x^2 - y^2 + 2xyy'}{2(xy' - y)} \tag{11}$$

이것을 식 (9)에 대입하여 간단히 하면 다음과 같은 비선형 미분 방정식을 얻는다.

$$1 + yy'' + (y')^2 - \frac{x^2 - y^2 + 2xyy'}{2(xy' - y)} y'' = 0$$

이 방정식을 다음과 같이 나타낼 수 있다.

$$(x^2 + y^2) y'' + 2\{(y')^2 + 1\}(y - xy') = 0 \tag{12}$$

식 (12)는 몫의 미분법을 이용하여 식 (11)로부터 직접 얻을 수 있다. □

1.2 연습 문제

01. 다음과 같이 주어진 곡선족에 대한 미분 방정식을 찾아라. (단, c_1, c_2, c_3은 상수)

(1) $y = c_1 x + 2$

(2) $y = c_1 e^{-x}$

(3) $y^2 = c_1(x+1)$

(4) $c_1 y^2 + 4y = 2x^2$

(5) $y = c_1 + c_2 e^x$

(6) $y = c_1 \sin wt + c_2 \cos wt$ (단, w는 상수)

(7) $y = c_1 e^{4x} + c_2 x e^{4x}$

(8) $y = c_1 + c_2 \ln x$

(9) $y = c_1 e^x + c_2 e^{2x} + c_3 e^{3x}$

(10) $r = c_1(1+\cos x)$

02. 원점을 지나는 직선족의 미분 방정식을 찾아라.

03. 중심이 x축에 있고 원점을 지나는 원족의 미분 방정식을 찾아라.

04. 꼭짓점이 원점에 있고 초점이 x축에 있는 포물선족의 미분 방정식을 찾아라.

05. 곡선족 $y = 1/(x^2 + c)$의 미분 방정식을 찾아라. (단, $c > 0$)

1.3 모형 제작

모형 제작 또는 모델링(modeling)은 물리적 문제나 법칙들을 수학적 모형, 즉 미분 방정식으로 표현하는 과정을 말한다.[2)] 이를 위해서는 주어진 문제의 배경이 되는 물리적 법칙이나 사실이 필요하다.

보기 1 방사성 탄소를 이용한 연대 측정

화석화된 뼈에 처음 양의 25%의 방사성 탄소 ${}_6C^{14}$가 함유되어 있다면 뼈의 연령은 얼마인가?

물리적 사실 대기 중에서 방사성 탄소 ${}_6C^{14}$와 보통의 탄소 ${}_6C^{12}$는 일정한 비율을 유지하며 생명체에 대해서도 일정하다. 생명체가 죽었을 때 호흡과 먹이로 공급되던 ${}_6C^{14}$의 흡수는 끝이 난다. 그러므로 화석의 연령은 대기 중에 노출되어 있는 화석의 탄소 비율을 비교하면 추정할 수 있다. 이것이 리비(W. Libby)의 방사성 탄소 연대 추정법의 착상이다(리비는 1960년에 노벨 화학상을 수상했다). ${}_6C^{14}$의 반감기[3)]는 5730년이다.

풀이 방사능 손실 과정은 수학적으로 다음과 같은 미분 방정식으로 표현된다.

$$y' = ky$$

그리고 미분 방정식의 해는 다음과 같다.

$$y(t) = y_0 e^{kt}$$

여기서 y_0은 ${}_6C^{14}$의 초기량이다. ${}_6C^{14}$의 반감기가 5730년이므로 다음이 성립한다.

$$y_0 e^{k \cdot 5730} = \frac{1}{2} y_0, \quad e^{5730k} = \frac{1}{2}, \quad k = \frac{\ln\frac{1}{2}}{5730} = -0.000121$$

2) 일반적으로 수학적 모델링이란 주어진 문제를 대수 방정식 또는 행렬 방정식 또는 미분 방정식 등의 수학적인 문제로 나타내는 것을 말한다.
3) 주어진 방사성 물질의 양이 반으로 줄어드는 데 소요되는 시간

그러므로 원래 있던 ${}_6C^{14}$의 양의 25%가 남아 있을 때까지 걸린 시간 t는 다음을 만족시킨다.

$$y_0 e^{-0.000121\,t} = \frac{1}{4} y_0$$

즉, t에 관하여 정리하면 다음과 같다.

$$t = \frac{\ln\frac{1}{4}}{-0.000121} = 11460\,(\text{년})$$

따라서 수학적으로 계산한 뼈의 연령은 11,460년이다. 실제로 ${}_6C^{14}$의 반감기의 실험적 측정에는 40년 정도의 오차가 있다. 다른 추정법에 비해 방사성 탄소 추정법의 연령은 더 작은 값이 나온다. 아마도 ${}_6C^{14}$와 ${}_6C^{12}$의 비율이 오랜 시간이 지나서 변하기 때문인 듯하다. 이 문제에서 현실적으로 12,000 또는 13,000년 정도 되는 것이 올바른 답일 것이다.

□

보기 2 **뉴턴의 냉각 법칙**

구리 구(球)를 100℃로 가열하였다. 시간 $t=0$일 때 30℃로 유지하고 있는 물에 구리 구를 넣었더니 3분 후에 구의 온도는 70℃로 감소되었다. 구의 온도가 31℃가 되는 시각을 찾아라.

물리적 사실 실험에 의하면 구의 온도 T의 변화율 $\frac{dT}{dt}$는 T와 주위 매체의 온도 차에 비례함을 알 수 있다(뉴턴의 냉각 법칙). 또, 구리 구에서의 열전도는 매우 빠르기 때문에 매 시각 구의 모든 지점에서의 온도는 실질적으로 균일하다.

풀이 1단계: 모델링 뉴턴의 냉각 법칙에 따라 미지의 비례 상수를 k라 하면 다음과 같은 미분방정식을 얻는다.

$$\frac{dT}{dt} = k\,(T-30) \tag{1}$$

2단계: 일반해 (1)의 일반해는 다음과 같다.

$$\frac{dT}{T-30} = k\,dt, \quad \ln|T-30| = kt + c, \quad T(t) = ce^{kt} + 30$$

3단계: 특수해 주어진 초기 조건 $T(0) = 100$을 대입하면 다음과 같다.

$$T(0) = ce^0 + 30 = 100$$

그러므로 다음과 같은 특수해를 얻는다.

$$T(t) = 70\,e^{kt} + 30 \tag{2}$$

4단계: $\boldsymbol{k}$의 값을 결정하고 해답을 구함 $T(3) = 70$이므로 다음이 성립한다.

$$T(3) = 70e^{k \cdot 3} + 30 = 70$$

따라서 k의 값은 다음과 같다.

$$k = \frac{1}{3}\ln\frac{70-30}{70} = -0.1856$$

음의 k의 값은 $\dfrac{dT}{dt}$를 음의 값으로 만들어 준다. 즉, 뜨거운 물체가 상대적으로 온도가 낮은 곳에 노출된 경우는 온도가 감소하기 때문이다.
문제의 답을 찾기 위해 식 (2)에 k의 값을 대입하면 다음과 같다.

$$T(t) = 70e^{-0.1865t} + 30 = 31, \quad -0.1865t = \ln\left(\frac{1}{70}\right), \quad t = 22.78.$$

약 23분이 지나서 구리 구의 온도가 31℃에 도달한다.
5단계: 검토 위에서 구한 답이 식 (1)과 주어진 조건을 모두 만족시키는지 검산한다.

□

보기 3 스카이다이버

공중에서 정지 상태의 스카이다이버가 지상으로 낙하하고 $t = 0$이라고 정한 시각에 낙하산이 펼쳐진다고 가정하자. 이때 스카이다이버의 속도는 $v(0) = v_0 = 10$m/sec이다. 임의의 시각 t에서 스카이다이버의 속도 $v(t)$를 찾아라. $v(t)$는 한없이 증가할 것인가?

물리적 사실 사람과 장비를 합한 무게는 $W = 712\,\text{N}$(뉴턴)이라고 가정하자. 공기의 저항 U는 v^2에 비례하여 $U = bv^2\text{N}$이다. 이때 비례 상수 b는 주로 낙하산에 의해 결정되는데, $b = 30.0\,\text{N}\,\text{sec}^2/\text{m}^2 = 30.0\,\text{kg}/\text{m}$라고 가정하자.

풀이 1단계: 모델링 이 문제의 수학적 모형(미분 방정식)을 세운다. 뉴턴의 운동 제2법칙은 다음과 같다.

$$\text{질량} \times \text{가속도} = \text{힘}$$

여기서 힘(force)은 어느 순간에 스카이다이버에 작용하는 힘들의 합이다. 작용하는 힘들은 무게 W와 공기 저항 U다. 무게는 $W = mg$인데, 여기서 $g = 9.80\,\text{m}/\text{sec}^2$는 지구 표면에서의 중력 가속도다. 그러므로 사람과 장비를 합한 질량은 $m = W/g = 72.7\text{kg}$이다. 공기 저항 U는 위쪽(운동 방향과 반대)으로 작용하기 때문에 힘의 합은 다음과 같다.

$$W - U = mg - bv^2$$

가속도 a는 속도 v의 시간에 대한 도함수로 $a = \frac{dv}{dt}$이다. 뉴턴의 운동 제2법칙에 따라 다음 관계가 성립한다.

$$m\frac{dv}{dt} = mg - bv^2 \tag{3}$$

위 식이 주어진 문제의 미분 방정식이다.

2단계: 일반해 식 (3)을 m으로 나누면 다음과 같다.

$$\frac{dv}{dt} = -\frac{b}{m}(v^2 - k^2), \quad k^2 = \frac{mg}{b}$$

변수를 분리하여 적분하면 다음과 같다.

$$\int \frac{dv}{v^2 - k^2} = -\int \frac{b}{m}dt = -\frac{b}{m}t + c \tag{4}$$

피적분 함수를 부분 분수로 만들면 다음을 얻는다.

$$\frac{1}{v^2 - k^2} = \frac{1}{2k}\left(\frac{1}{v-k} - \frac{1}{v+k}\right)$$

이를 이용하면 식 (4)는 다음과 같다.

$$\int \frac{dv}{v^2 - k^2} = \frac{1}{2k}\{\ln|v-k| - \ln|v+k|\} = \frac{1}{2k}\ln\left|\frac{v-k}{v+k}\right| = -\frac{b}{m}t + c$$

마지막 등식의 양변에 $2k$를 곱하고 지수 형태로 쓰면 다음과 같다.

$$\frac{v-k}{v+k} = ce^{-pt} \quad \left(p = \frac{2kb}{m}\right) \tag{5}$$

여기서 분수가 양일 때는 $c = +e^{2kc}$이고, 음일 때는 $c = -e^{2kc}$이다. $c = 0$이면 해는 $v = k =$(상수)가 된다. 식 (5)에서 $v = v(t)$를 대수적으로 풀면 다음과 같다.

$$v(t) = k\frac{1 + ce^{-pt}}{1 - ce^{-pt}} \tag{6}$$

$t \to \infty$이면 $v(t) \to k$이다. 다시 말해 $v(t)$의 값은 한없이 증가하는 것이 아니라 극한 k에 수렴한다. 주목할 점은 이 한계 속도 k는 초기 속도 $v(0) = v_0$과 무관하다는 사실이다.

3단계: 특수해 초기 조건 $v(0) = v_0$을 만족시키는 식 (6)의 c를 결정해서 특수해를 얻는다. $t = 0$일 때, 식 (5)에서 직접적으로 다음을 얻는다.

$$c = \frac{v_0 - k}{v_0 + k}$$

이 c의 값을 갖는 식 (6)이 우리가 찾으려는 해다.

4단계: 계산 아직 주어진 수치를 사용하지 않은 사실에 주목하자. 일반적인 식을 찾고 나중에 주어진 자료를 이용하는 것이 많은 경우의 원칙이다. 그러면 여러 가지 자료에 대한 다양한 해를 얻는 데 필요한 노력과 시간을 절약하게 된다. 이 경우에 대하여 한계 속도를 계산하면 다음과 같다.

$$k = \sqrt{\frac{mg}{b}} = \sqrt{\frac{W}{b}} = \sqrt{\frac{712}{30.0}} = 4.87\,[\mathrm{m/sec}]$$

그림 1.4에서 보듯이 스카이다이버는 지수 함수의 경우 0으로 수렴하는 정도가 매우 빠르기때문에 곧 한계 속도에 도달한다. $v_0 = 10\,\mathrm{m/sec}$일 때 c의 값은 $c = \dfrac{v_0 - k}{v_0 + k} = 0.345$이고, 식 (6)의 지수 항의 계수 p는 다음과 같다.

$$p = \frac{2kb}{m} = \frac{2 \times 4.87 \times 30.0}{72.7} = 4.02\,[\mathrm{sec}^{-1}]$$

따라서 찾는 답은 다음과 같다.

$$v(t) = 4.87\frac{1+0.345e^{-4.02t}}{1-0.345e^{-4.02t}}$$

5단계: 검토　결과를 검토한다. □

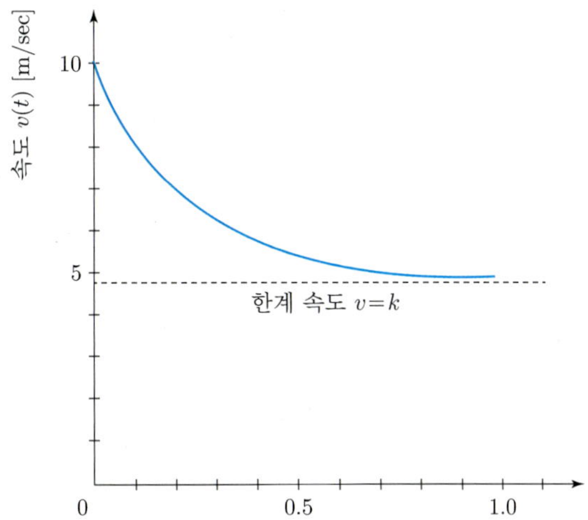

그림 1.5 ▎ 스카이다이버의 속도 $v(t)$

1.3 연습 문제

01. 초기 속도 v_0으로 수직 방향으로 던진 공이 되돌아오는 시간은 최고점까지 도달하는 시간의 두 배임을 증명하고, 되돌아오는 속도를 찾아라. (단, 공기의 저항은 무시한다.)

02. (방사성 탄소 연대 측정) 화석화된 어떤 뼈가 2000년이 되었다면 이 뼈의 ${}_6C^{14}$의 비율은 얼마인가?

03. 보기 1에서 화석화된 뼈의 ${}_6C^{14}$의 12.5%가 남아 있다면 몇 년이 지난 것인가? 계산하지 않고 답을 찾을 수 있는가?

04. (증발) 나프탈렌은 주어진 순간의 표면적에 비례하는 속도로 증발하면서 부피가 줄어든다고 한다. 만약 나프탈린 알의 지름이 3개월 만에 2cm에서 1cm로 줄어들었다면, 사실상 모두 없어졌다고 할 수 있는 지름 1mm가 되기까지는 얼마나 걸리겠는가?

05. (스카이다이버) 보기 3에서 스카이다이버의 속도는 감소하고 있다. 초기 속도가 한계 속도 k보다 작으면 어떻게 되는가?

06. (설탕의 농도) 실험에 의하면 묽은 용액에서 사탕수수 설탕이 녹는 속도는 시간 t에서 녹지 않은 설탕의 농도 $y(t)$에 비례한다. $t=0$일 때 농도가 $1/100$이고 $t=4$일 때 농도는 $1/300$이라고 하자. $y(t)$를 찾고 $t=20$일 때 설탕의 농도를 찾아라.

07. (박테리아의 증식) $t=0$일 때 y_0인 박테리아 B의 수가 1시간 후에 $1.5y_0$가 되었다. 박테리아 B의 증식 속도가 시간 t에서의 수 $y(t)$에 비례한다면, 그 수가 $3y_0$로 증가하는 데 소요하는 시간은 얼마인가?

제 2 장 일계 미분 방정식

이 장에서는 일계 미분 방정식의 풀이 방법을 알아본다. 일계 미분 방정식의 해의 존재성과 유일성을 살펴보고, 일계 미분 방정식을 유형별로 분리 가능한 방정식, 동차 방정식, 완전 방정식, 선형 방정식으로 분류하여 각 경우의 풀이 방법을 설명하며, 마지막으로 직교 절단선을 알아본다.

베르누이 가문

스위스의 베르누이 가문만큼 뛰어난 수학자를 많이 배출한 가문은 없을 것이다. 3대에 걸쳐 적어도 8명의 저명한 수학자를 배출하였으니 말이다. 베르누이 가문에는 세 명의 스타가 있는데, 바로 형제인 야곱과 요한 및 요한의 아들 다니엘이다.

■ 야곱 베르누이(Jakob(Jacques) Bernoulli, 1654~1705)

야곱의 수학에 대한 공헌은 극좌표의 초기 사용, 평면 곡선의 곡률 반지름에 대한 직교 좌표와 극좌표 공식의 유도 등 이루 헤아릴 수 없이 많이 있다. 현재 그의 이름을 간직한 것으로 통계 및 확률론에서 '베르누이 분포'와 '베르누이 정리', 미분 방정식의 '베르누이 방정식', 수론의 '베르누이 수'와 '베르누이 다항식', 미적분학의 첫 단계에서 마주치는 '베르누이의 염주형(lemniscate)' 등이 있다. 1690년 잡지 ≪학술기요≫에 게재된 그의 글에서 미분 적분학의 의미에서의 '적분'이라는 단어를 최초로 접하게 된다.

■ 요한 베르누이(Johann Bernoulli, 1667~1748)

요한은 형 야곱보다 수학에 더 큰 공헌을 했다. 그는 샘이 많고 심술 궂었지만, 미분 적분학을 대단히 풍요롭게 만들었으며 이 새로운 학문의 힘을 유럽 대륙에서 인정받게 만드는 데 매우 큰 영향을 끼쳤다. 그의 두드러진 업적 중 하나는 '최속 강하선'의 문제에 대한 공헌이다. 이 곡선은 적당한 굴렁쇠선(사이클로이드)의 호임이 판명되었다.

■ 다니엘 베르누이(Daniel Bernoulli, 1700~1782)

다니엘은 요한의 세 아들 중에서 가장 유명하며, 확률론, 천문학, 물리학, 유체 역학 등을 연구했다. 1738년에 출판된 ≪유체 역학(Hydrodynamica)≫에 오늘날 초등 물리 교과서에서 찾아볼 수 있는 그의 이름이 붙은 유체 역학의 원리가 나타난다. 그는 조류, 기체의 운동, 진동하는 현을 연구했고, 편미분 방정식 분야를 개척했다. 그는 프랑스 과학원 상을 열 번 이상 수상했다.

2.1 기본 개념

초깃값 문제

다음과 같은 일계 미분 방정식을 생각하자.

$$\frac{dy}{dx} = f(x,\ y) \tag{1}$$

미분 방정식 (1)을 만족시킬 뿐만 아니라 조건 $y(x_0) = y_0$을 만족시키는 함수 $y = f(x)$를 찾는 문제를 초깃값 문제(initial value problem)라 하고, 조건 $y(x_0) = y_0$을 초기 조건(initial condition)이라고 한다.

초기 조건과 같은 부가적인 조건은 통상 일반해에 나타나는 임의의 상수를 특정한 값으로 결정할 수 있게 하여, 주어진 문제가 유일한 해를 갖도록 하는 경우가 많다. 일계 미분 방정식의 일반해에는 보통 한 개의 임의의 상수가 포함되어 있으므로, 한 개의 부가적인 조건이 주어지면 그 상수를 유일하게 결정할 수 있다.

이를 기하학적으로 이해하면 다음과 같다. 미분 방정식의 일반해는 곡선족으로 해석할 수 있는데, 초기 조건이 주어지면 곡선족 중에서 그 조건을 만족시키는 특정한 곡선을 찾는 것으로 이해할 수 있다.

물리적인 직관을 빌려 이야기할 수도 있다. 예를 들어 중력이 작용하는 공간에 공을 던지는 상황을 생각하자. 공을 던지는 위치와 초기 속도에 따라 가능한 궤적이 무수히 많은데, 이는 일반해에 해당하는 것이다. 하지만 공의 초기 조건(초기 위치와 속도)이 결정되면 공의 궤적은 유일하게 결정되는데, 이를 밝히는 것은 주어진 초기 조건을 만족시키는 특수해를 찾는 것에 해당한다.

보기 1

미분 방정식 $y = y'$이 주어졌다고 하자. $y = ce^x$은 이 방정식의 일반해임을 확인할 수 있다. 그림 2.1에 이 식이 나타내는 곡선족이 그려져 있다. 이 미분 방정식에 부가적으로 초기 조건 $y(0) = 3$이 주어진다면, $3 = ce^0 = c$를 얻는다. 그러므로 $y = 3e^x$은 다음 초깃값 문제의 해다.

$$y' = y,\ y(0) = 3$$

일반해가 나타내는 곡선 중 점 (0, 3)을 지나는 특정한 곡선이 그림 2.1에 표시되어 있다.

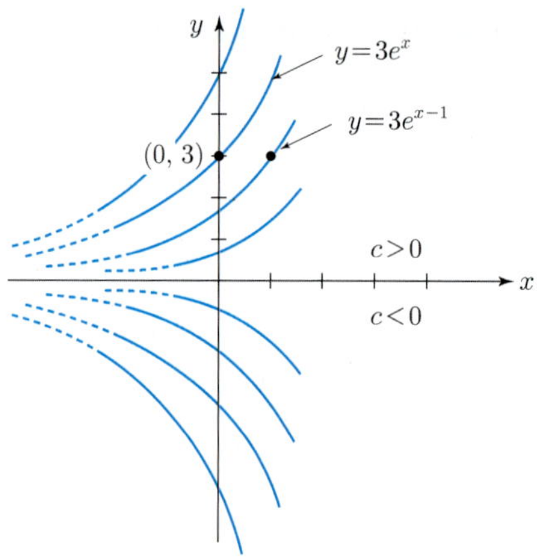

그림 2.1 ▎ $y=ce^x$

$y'=y$의 해가 점 (0, 3)을 지나는 것이 아니라 점 (1, 3)을 지난다면, $y(1)=3$이므로 $c=3e^{-1}$이고 $y=3e^{x-1}$이다. 이것의 그래프도 그림 2.1에 나타냈다.

일계 미분 방정식 $\frac{dy}{dx}=f(x,\ y)$는 각 점 $(x,\ y)$에서 해의 접선의 기울기 $\frac{dy}{dx}$가 $f(x,\ y)$임을 의미하는 것으로 이해할 수 있다. 다시 말해 일계 미분 방정식은, 접선의 기울기를 화살표로 표시한 벡터 마당(벡터 장, field of slopes)이 주어진 것으로 이해할 수 있다. 이때 부가적으로 초기 조건이 주어지면 수없이 많은 해의 집합 중 특정한 해를 결정할 수 있다.

초깃값 문제에 대하여 다음과 같은 두 가지 질문을 할 수 있다.

(i) 해가 존재하는가?

(ii) 해가 존재한다면 그 해는 유일한가?

이 질문에 답하기 위하여 다음을 생각하자. xy평면의 사각형 R을 다음과 같이 정의하자.

$$R=\{(x,\ y)\mid a\le x\le b,\ c\le y\le d\}$$

그리고 다음 미분 방정식을 고려하자.

$$\frac{dy}{dx}=f(x,\ y)$$

벡터 마당의 관점에서 다음의 존재 정리는 타당해 보인다.

정리 2.1 함수 $f(x, y)$가 사각형 R에서 연속이면, R의 점으로 주어진 초기 조건 (x_0, y_0)을 만족시키는 해가 적어도 하나 존재한다.

정리 2.1에서 주어진 조건은 해의 유일성을 보장하지 않는다는 것을 유의해야 한다. 예를 들어 다음 초깃값 문제를 보자.

$$y' = \sqrt{y(x)} \quad (x \le 0), \quad y(0) = 0 \tag{2}$$

상수 함수 $y = 0$은 주어진 미분 방정식의 해임을 확인할 수 있다. 한편 $y = \dfrac{x^2}{4}$도 또한 해임을 확인할 수 있다.

사실 해의 유일성을 보장하기 위해서는 사각형 R에서 $f(x, y)$뿐만 아니라 $\dfrac{\partial f(x, y)}{\partial y}$도 연속이라는 조건이 필요하다. 식 (2)에서 $f(x, y) = \sqrt{y}$이라 하면 $\dfrac{\partial f(x, y)}{\partial y} = \dfrac{2}{\sqrt{y}}$는 $y = 0$에서 연속이 아니다.

다음 정리는 피카르(Picard)의 정리로서, 초깃값 문제의 해가 유일하게 존재하기 위한 충분 조건을 제공한다.

정리 2.2 [유일한 해의 존재성] 함수 $f(x, y)$와 $\dfrac{\partial f}{\partial y}$가 점 (x_0, y_0)을 포함하는 사각형 R에서 연속이면, 적당한 구간 $[x_0 - h, x_0 + h]$가 존재하여 이 구간에서 다음 초깃값 문제의 해가 유일하게 존재한다.

$$\frac{dy}{dx} = f(x, y), \quad y(x_0) = y_0$$

정리 2.2는 함수 $f(x, y)$와 $\dfrac{\partial f}{\partial y}$가 점 (x_0, y_0)을 포함하는 사각형 R에서 연속이기만 하면 점 (x_0, y_0)을 지나는 $y' = f(x, y)$의 해가 꼭 하나 존재한다는 사실을 말한다.

이 정리에서 해의 존재성과 유일성은 R의 경계까지만 유효하다. 다시 말해 R의 경계를 벗어나는 해에 대해서는 아무런 이야기도 할 수 없다. 이와 연관되어 이 정리에서 말하는 구간이 R에 포함된 전 구간, 즉 $a \le x \le b$가 아닌, 그 부분집합 $[x_0 - h, x_0 + h]$임에 유의하자. 이는 해가 $x = b$에 도달하기 전에 $x = x_0 + h$에서 사각형 R의 위쪽 변을 통해 경계를 벗어나는 경우가 생기기 때문이다. 따라서 h의 값은 일반적으로 $f(x, y)$와 점(x_0, y_0)에 따라

변한다.

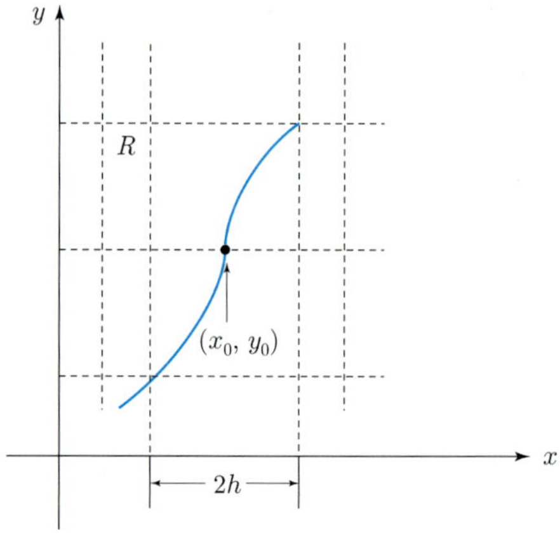

그림 2.2 ▎ 유일한 해의 존재성

보기 2

다음 초깃값 문제를 생각하자.

$$y' = 2x^3y + y^2x^2 - e^{x\cos y}, \quad y(1) = 4$$

여기서 $f(x, y) = 2x^3y + y^2x^2 - e^{x\cos y}$이라 하면 y에 관한 편도함수는 다음과 같다.

$$\frac{\partial f}{\partial y} = 2x^3 + 2yx^2 + x\sin y\, e^{x\cos y}$$

함수 $f(x, y)$와 $\dfrac{\partial f}{\partial y}$는 점 (1, 4)를 포함하는 임의의 사각형에서 연속이므로 $x_0 = 1$인 점을 포함하는 적당한 구간에서 유일한 해 $y = y(x)$가 존재한다.

이어지는 2.2절부터 2.4절까지는 다음과 같은 형식의 일계 선형 미분 방정식의 풀이 방법에 대하여 알아볼 것이다.

$$M(x, y) + N(x, y)y' = 0$$

위 식을 다음과 같이 표현하기도 한다.

$$M(x, y)dx + N(x, y)dy = 0$$

2.1 연습 문제

01. 다음 초깃값 문제에 유일한 해가 존재한다는 사실을 정리 2.2를 이용하여 증명하고 그 해를 찾아라. 단, 정리 2.2를 적용할 경우 다항 함수, 지수 함수, 삼각 함수 등의 연속성을 가정한다.

(1) $y' = e^{-x},\ y(0) = 3$

(2) $y' = |x|,\ y(-1) = 2$

(3) $x + yy' = 0,\ \ y(1) = 0$

(4) $x + (1+x)y' = 0,\ \ y(0) = 0$

(5) $y' = \sin x + \cos x,\ y\left(\frac{\pi}{2}\right) = 4$

02. 다음 각 문제에서 정리 2.2를 이용하여 주어진 값 x_0에 대해 임의의 값 사이에서 초깃값 문제의 유일한 해가 존재함을 보여라. 이 문제들의 해를 찾을 필요는 없다.

(1) $y' = 2y^2 + 3xe^y \sin xy,\ y(2) = 4$

(2) $y' = (xy)^3 - \sin y,\ y(2) = 2$

(3) $y' = (2x+3y)^2 - e^x,\ y(1) = 1$

(4) $y' = x^2 y^{\frac{3}{2}},\ y(0) = 1$

03. 다음 초깃값 문제의 해가 유일하게 존재하는가? 정리 2.2를 적용할 수 있는지 확인하라.

$$\frac{dy}{dx} = xy^{\frac{1}{2}},\quad y(0) = 0$$

04. 함수 $y = 1/(1+ce^{-x})$는 일계 미분 방정식 $y' = y - y^2$의 일반해임을 보여라. 또 초기 조건 $y(0) = \frac{1}{3}$을 만족시키는 해를 찾아라.

2.2 분리 가능한 방정식

다음과 같은 형식의 미분 방정식을 분리 가능한 방정식(separable equation)이라고 한다.

$$A(x) + B(y)y' = 0 \tag{1}$$

함수 $y = f(x)$가 미분 가능할 때, $dy = f'(x)dx$ 또는 $dy = y'dx$를 $y = f(x)$의 미분(differential)이라고 한다. y의 미분을 써서 식 (1)을 다음과 같이 나타내기도 한다.

$$A(x)\,dx + B(y)\,dy = 0 \tag{2}$$

여기서 $A(x)$와 $B(y)$는 적분이 가능하도록 연속 함수라고 가정하자.

식 (2)의 양변을 적분함으로써 아래 식 (3)과 같이 풀 수 있다. 하지만 이런 풀이가 정당한 이유는 다음 두 절차를 확인해야 분명히 이해할 수 있다.

주어진 문제는 다음 식을 만족시키는 함수 $y(x)$를 찾는 것이다.

$$A(x) + B(y(x))\,y'(x) = 0$$

해가 존재한다고 가정하고 양변을 x에 관하여 적분하면 다음과 같다.

$$\int A(x)\,dx + \int B(y(x))\,y'(x)\,dx = c$$

여기서 c는 임의의 상수이다. $y = y(x)$라 하면 $dy = y'(x)\,dx$이므로 위 식의 두 번째 적분은 치환 적분법에 의하여 다음과 같이 된다.

$$\int A(x)\,dx + \int B(y)\,dy = c \tag{3}$$

이 식은 식 (2)에서 첫째 항은 x에 관하여, 둘째 항은 y에 관하여 적분한 것으로 생각할 수 있다.

지금까지 미분 방정식 (1)의 모든 해는 식 (3)을 만족시킴을 보였다. 역으로 식 (3)의 양변을 x에 대하여 미분하면 식 (1)을 얻을 수 있다. 따라서 식 (3)으로 주어진 함수는 미분 방정식 (1)의 일반해다.

보기 1

미분 방정식 $\frac{dy}{dx} = 3x^2 + 1$은 다음과 같이 나타낼 수 있으므로 분리 가능하다.

$$dy = (3x^2 + 1)\,dx \tag{4}$$

식 (4)에서 양변을 각각 x와 y에 관하여 적분하면 다음을 얻는다.

$$y = x^3 + x + c \tag{5}$$

여기서 c는 적분 상수다. 또한, 임의의 상수 c에 대하여 함수 $y = x^3 + x + c$는 주어진 미분 방정식의 해이므로 일반해다.
조건이 더 주어지면 식 (5)에서 상수 c를 결정할 수도 있다. 예를 들어, 초기 조건 $y(1) = 4$를 만족시키는 해는 $y(1) = 2 + c = 4$로부터 $c = 2$를 얻는다. 즉, $y(1) = 4$를 만족시키는 미분 방정식 (4)의 특수해는 다음과 같다.

$$y(x) = x^3 + x + 2$$

보기 2

다음 초깃값 문제의 해를 찾아보자.

$$\frac{dy}{dx} = 8x^3y^2, \quad y(1) = 1 \tag{6}$$

$y \neq 0$일 때 다음과 같이 식 (6)의 미분 방정식의 변수를 분리할 수 있다.

$$\frac{1}{y^2}dy = 8x^3dx \tag{7}$$

식 (7)의 양변을 적분하면, 임의의 상수 c에 대하여 다음을 얻는다.

$$-\frac{1}{y} = 2x^4 + c \tag{8}$$

식 (8)을 y에 관하여 정리하면 다음과 같다. 이것은 미분 방정식 (6)의 일반해다.

$$y(x) = \frac{-1}{2x^4 + c}$$

한편, 초기 조건 $y(1)=1$을 만족시켜야 하므로 위 식으로부터 $1=\dfrac{-1}{2+c}$이므로 $c=-3$을 얻는다. 그러므로 초기 조건 $y(1)=1$을 만족시키는 미분 방정식 (6)의 해는 다음과 같다.

$$y(x)=\frac{-1}{2x^4-3}$$

보기 3

다음 미분 방정식의 해를 찾아보자.

$$\frac{dy}{dx}=y^2-1 \tag{9}$$

$y\neq\pm1$일 때, 식 (9)는 다음과 같이 변수를 분리할 수 있다.

$$\left(\frac{1}{y-1}-\frac{1}{y+1}\right)dy=2dx \tag{10}$$

식 (10)의 양변을 적분하면 임의의 상수 c_1에 대하여 다음을 얻는다.

$$\ln|y-1|-\ln|y+1|=2x+c_1$$

이 식에 로그 함수의 법칙을 적용하고, $c=2c_1$이라고 놓으면 다음 식과 같다.

$$\frac{y-1}{y+1}=e^{2x+c_1}=ce^{2x} \tag{11}$$

식 (11)을 y에 관하여 정리하면 다음과 같은 미분 방정식 (9)의 일반해를 얻는다.

$$y=\frac{1+ce^{2x}}{1-ce^{2x}} \tag{12}$$

한편, 식 (9)의 우변을 인수분해하면 $\dfrac{dy}{dx}=(y-1)(y+1)$이므로 $y=1$과 $y=-1$이 두 개의 상수해다. $y=1$은 식 (12)에서 $c=0$일 때 얻는 해다. 하지만 $y=-1$은 c에 어떤 값을 택해도 얻을 수 없으므로 특이해다. 따라서 주어진 미분 방정식 (9)의 해는 다음과 같다.

$$y=-1,\quad y=\frac{1+ce^{2x}}{1-ce^{2x}}\ (c\text{는 임의의 상수})$$

보기 4

다음 미분 방정식은 한 변을 x만의 식으로, 다른 한 변을 y만의 식으로 분리할 수 없다.

$$\frac{dy}{dx}=\frac{3x^2+y}{x-y}$$

그러므로 이번 절의 방법을 적용할 수 없다.

2.2 연습 문제

01. 다음 미분 방정식이 분리 가능한지를 판정하라. 분리 가능한 경우에는 일반해를 찾고, 찾은 해를 주어진 방정식에 대입하여 확인하라.

(1) $\frac{y^2}{x}\frac{dy}{dx}=1+x^2$

(2) $x^2+y\frac{dy}{dx}=0$

(3) $\cos y\frac{dy}{dx}=\sin(x+y)$

(4) $x(1+y^2)dx+y(1+x^2)dy=0$

(5) $3\frac{dy}{dx}=\frac{4x}{y^2}$

(6) $\frac{dy}{dx}=\frac{xy^2-\sin x\cos x}{y(1-x^2)}$

(7) $\frac{dy}{dx}+y=y(\sin x+1)$

(8) $\frac{dy}{dx}=\frac{x-y}{x+y}$

(9) $\frac{dy}{dx}=y\frac{x^2-2x+1}{y+3}$

(10) $\ln(y^x)\frac{dy}{dx}=3x^2y$

(11) $e^{x+y}\frac{dy}{dx}=2x$

(12) $y'=y+4x^2$

(13) $x\sin y\frac{dy}{dx}=\sec y$

(14) $y'\frac{dy}{dx}=e^{x-y^2}$

(15) $\frac{x}{y}\frac{dy}{dx}=\frac{2y^2+1}{x+1}$

(16) $y\ln x\frac{dx}{dy}=\left(\frac{y+1}{x}\right)^2$

(17) $\{\cos(x+y)+\sin(x-y)\}\frac{dy}{dx}=\cos 2x$

(18) $y'=e^{2x-1}y^2$

(19) $\cos x\frac{dy}{dx}-y=5$

(20) $y^3y'+x^3=0$

02. 다음 미분 방정식은 초기 조건이 주어진 분리 가능한 미분 방정식이다. 먼저 일반해를 찾고, 초기 조건을 만족시키는 특수해를 찾아라.

(1) $\dfrac{dy}{dx}=3x^2(y+2),\ y(4)=8$

(2) $\dfrac{dy}{dx}=e^{3x+2y},\ y(0)=0$

(3) $\dfrac{dy}{dx}=\dfrac{x^2+2}{y},\ y(1)=7$

(4) $(e^{2y}-y)\cos x\dfrac{dy}{dx}=e^{y}\sin 2x,\ y(0)=0$

(5) $\dfrac{dy}{dx}=\dfrac{x-1}{y+2},\ y(-1)=6$

(6) $x^2\dfrac{dy}{dx}=y-xy,\ y(-1)=-1$

(7) $\dfrac{dy}{dx}=\dfrac{e^{y}}{x},\ y(1)=4$

(8) $\dfrac{dy}{dx}=\dfrac{-2\sin(x+1)}{y^2},\ y(-1)=0$

(9) $\dfrac{dx}{dt}=\dfrac{2t}{2x+1},\ x(-1)=-1$

(10) $y\dfrac{dy}{dx}=\dfrac{8x+1}{y^2},\ y(1)=-2$

03. 구 모양 물방울의 반지름은 시간이 지남에 따라 증발하는 물방울의 겉넓이에 비례하여 줄어든다고 한다. 처음에 반지름이 1cm인 물방울이 30분이 지난 후에 반지름이 0.5cm가 되었다고 하자.

(1) t 시간이 지난 후에 물방울의 반지름을 나타내는 식을 찾아라.

(2) t 시간이 지난 후에 물방울의 겉넓이와 부피를 나타내는 식을 찾아라.

(3) 물방울의 반지름이 0.001cm가 되는 시각을 찾아라.

04. 다음 초깃값 문제의 해를 찾아라. 또, 해의 정의구간은?

$$y'=y-y^2,\ y(0)=2$$

2.3 동차 방정식

함수 $f(x, y)$가 실수 n에 대하여 다음을 만족시킬 때, $f(x, y)$를 **n차 동차 함수**라 하고 n을 그 차수라 한다.

$$f(tx, ty) = t^n f(x, y)$$

다음과 같은 꼴의 일계 미분 방정식을 생각하자.

$$M(x, y)dx + N(x, y)dy = 0 \tag{1}$$

여기서 $M(x, y)$와 $N(x, y)$가 모두 n차 동차 함수이면, 즉 다음이 성립하면 미분 방정식 (1)을 **동차 방정식**(homogeneous equation)이라고 한다.

$$M(tx, ty) = t^n M(x, y) \ , \ N(tx, ty) = t^n N(x, y)$$

동차 함수의 성질을 알아보기 위해, 먼저 몇 가지 예를 들어 보자.

보기 1

[1] 함수 $f(x, y) = x - 3\sqrt{xy} + 5y$ 에 대해 다음이 성립한다.

$$\begin{aligned} f(tx, ty) &= tx - 3\sqrt{(tx)(ty)} + 5(ty) \\ &= tx - 3\sqrt{t^2xy} + 5ty \\ &= t(x - 3\sqrt{xy} + 5y) \\ &= tf(x, y) \end{aligned}$$

그러므로 $f(x, y)$는 1차 동차 함수다.

[2] 함수 $f(x, y) = \sqrt{x^3 + y^3}$ 에 대해 다음이 성립한다.

$$f(tx, ty) = \sqrt{t^3x^3 + t^3y^3} = t^{\frac{3}{2}}\sqrt{x^3 + y^3} = t^{\frac{3}{2}} f(x, y)$$

그러므로 $f(x, y)$는 $\dfrac{3}{2}$차 동차 함수다.

[3] 함수 $f(x, y) = x^2 + y^2 + 1$에 대해 다음이 성립한다.

$$f(tx,\ ty) = t^2x^2 + t^2y^2 + 1 \neq t^2 f(x,\ y)$$

그러므로 $f(x,\ y)$는 동차 함수가 아니다.

[4] 함수 $f(x,\ y) = \dfrac{x}{2y} + 4$에 대해 다음이 성립한다.

$$f(tx,\ ty) = \frac{tx}{2ty} + 4 = \frac{x}{2y} + 4 = t^0 f(x,\ y)$$

그러므로 $f(x,\ y)$는 0차 동차 함수다.

위의 보기의 [3]과 [4]에서 알 수 있듯이 0차 동차 함수가 아닌 경우 상수항이 있으면 동차 함수가 아니다. 또 많은 경우에 동차 함수의 차수는 각 항의 차수를 모두 더한 값과 같다.

보기 2

[1] 함수 $f(x,\ y) = 6xy^3 - x^2y^2$은 4차 동차 함수다.

[2] 함수 $f(x,\ y) = x^2 - y$와 같이 각 항의 차수가 서로 다르면 동차 함수가 아니다.

n차 동차 함수 $f(x,\ y)$에 대해 $f\left(1,\ \dfrac{x}{y}\right)$와 $f\left(\dfrac{x}{y},\ 1\right)$은 0차 동차 함수이고, 다음과 같이 두 가지로 나타낼 수 있다.

$$f(x,\ y) = x^n f\left(1,\ \frac{y}{x}\right), \qquad f(x,\ y) = y^n f\left(\frac{x}{y},\ 1\right) \tag{2}$$

보기 3

$f(x,\ y) = x^2 + 3xy + y^2$은 2차 동차 함수이므로 다음과 같이 나타낼 수 있다.

$$f(x,\ y) = x^2\left\{1 + 3\left(\frac{y}{x}\right) + \left(\frac{y}{x}\right)^2\right\} = x^2 f\left(1,\ \frac{y}{x}\right)$$

또는 다음과 같이 나타낼 수 있다.

$$f(x,\ y) = y^2\left\{\left(\frac{x}{y}\right)^2 + 3\left(\frac{x}{y}\right) + 1\right\} = y^2 f\left(\frac{x}{y},\ 1\right)$$

동차 미분 방정식의 풀이

다음과 같은 동차 방정식을 생각하자.

$$M(x,\ y)dx + N(x,\ y)dy = 0 \tag{3}$$

식 (3)은 x의 함수 u에 대해 $y = ux$로 치환함으로써 분리 가능한 미분 방정식으로 변환할 수 있다. 이유는 아래와 같다. $y = ux$라 하면 연쇄 법칙에 따라 $dy = u\,dx + x\,du$이므로 미분 방정식 (3)은 다음과 같이 된다.

$$M(x,\ ux)\,dx + N(x,\ ux)\{u\,dx + x\,du\} = 0$$

이 식은 동차 함수의 성질 (2)를 이용하여 다음과 같이 쓸 수 있다.

$$x^n M(1,\ u)\,dx + x^n N(1,\ u)\{u\,dx + x\,du\} = 0$$

이 식을 x^n으로 나누어 다음과 같이 정리할 수 있다.

$$\{M(1,\ u) + uN(1,\ u)\}dx + xN(1,\ u)du = 0$$

이것으로부터 다음 방정식을 얻는다.

$$\frac{dx}{x} + \frac{N(1,\ u)du}{M(1,\ u) + uN(1,\ u)} = 0$$

이 방정식은 분리 가능하므로 2.2절의 해법으로 u를 찾을 수 있고, 미분 방정식 (3)의 해는 $y = xu$로 표현된다.

보기 4

다음 미분 방정식을 풀어라.

$$(x^2 + y^2)\,dx + (x^2 - xy)\,dy = 0$$

풀이 계수 $M(x,\ y) = x^2 + y^2$과 $N(x,\ y) = x^2 - xy$는 모두 2차 동차 함수다. $y = ux$라 놓고 다음과 같이 계산하자.

$$(x^2 + u^2x^2)\,dx + (x^2 - ux^2)\{u\,dx + x\,du\} = 0,$$
$$x^2(1+u)\,dx + x^3(1-u)\,du = 0$$

변수를 분리해서 적분하고 $u=y/x$을 대입하면, 상수 c에 대해 다음을 얻는다.

$$\begin{aligned}&\frac{1-u}{1+u}du+\frac{dx}{x}=0,\\&\left\{-1+\frac{2}{1+u}\right\}du+\frac{dx}{x}=0,\\&-u+2\ln|1+u|+\ln|x|+\ln|c|=0\\&-\frac{y}{x}+2\ln\left|1+\frac{y}{x}\right|+\ln|x|+\ln|c|=0\end{aligned}$$

로그함수의 성질에 따라 위의 해를 다음과 같이 쓸 수 있다.

$$c(x+y)^2=xe^{\frac{y}{x}}$$

보기 5

다음 미분 방정식을 풀어라.

$$(2\sqrt{xy}-y)\,dx-x\,dy=0$$

풀이 계수 $M(x,\ y)=2\sqrt{xy}-y$와 $N(x,\ y)=-x$는 모두 1차 동차 함수다. $y=ux$라 하면 위의 미분 방정식은 다음과 같이 된다.

$$\frac{du}{2u-2u^{\frac{1}{2}}}+\frac{dx}{x}=0$$

첫째 항을 $t=u^{\frac{1}{2}}$으로 치환하면 다음과 같이 된다.

$$\frac{dt}{t-1}+\frac{dx}{x}=0$$

이제 양변을 적분하고 $t=\sqrt{\frac{y}{x}}$를 대입하면 상수 c에 대해 다음을 얻는다.

$$\begin{aligned}&\ln|t-1|+\ln|x|=\ln|c|,\\&\ln\left|\sqrt{\frac{y}{x}}-1\right|+\ln|x|=\ln|c|\end{aligned}$$

이를 간단히 하면 다음과 같다.

$$\sqrt{xy} - x = c \qquad \square$$

모든 동차 미분 방정식 $M(x,\ y)dx + N(x,\ y)dy = 0$에 $y = ux$ 또는 $x = vy$ 중에 어떤 것이라도 사용할 수 있지만, $M(x,\ y)$가 $N(x,\ y)$보다 간단할 때는 $x = vy$를 사용한다. 또 하나를 대입해서 계산이 어렵거나 적분이 불가능한 경우, 다른 대입을 사용해서 해를 구할 수 있다.

보기 6

다음 미분 방정식을 풀어라.

$$2x^3y\,dx + (x^4 + y^4)\,dy = 0$$

풀이 계수 $M(x,\ y) = 2x^3y$와 $N(x,\ y) = x^4 + y^4$은 모두 4차 동차 함수다. dx의 계수가 dy의 계수보다 약간 더 간단하므로 $x = vy$라 놓고 위 방정식을 간단히 하면 다음과 같다.

$$2v^3y^4(v\,dy + y\,dv) + (v^4y^4 + y^4)dy = 0$$

이를 다음과 같이 나타낼 수 있다.

$$\frac{2v^3dv}{3v^4 + 1} + \frac{dy}{y} = 0$$

양변을 적분하면 다음을 얻는다.

$$\frac{1}{6}\ln(3v^4 + 1) + \ln|y| = \ln|c_1|$$

위 식에서 $c = c_1^6$이라 놓고 $v = x/y$를 대입하여 정리하면 해는 다음과 같다.

$$3x^4y^2 + y^6 = c \qquad \square$$

$M(x,\ y)$와 $N(x,\ y)$가 모두 n차 동차 함수이고 $N(x,\ y) \neq 0$일 때, 동차 방정식 $M(x,\ y)dx + N(x,\ y)dy = 0$을 다음과 같이 놓자.

$$\frac{dy}{dx} = f(x,\ y) = -\frac{M(x,\ y)}{N(x,\ y)}$$

그러면 M과 N이 n차 동차 함수이므로 함수 $f(x,\ y)$는 0차 동차 함수이고, (2)를 이용하면 다음을 얻는다.

$$f(x,\ y) = -\frac{x^n M\left(1,\ \frac{y}{x}\right)}{x^n N\left(1,\ \frac{y}{x}\right)} = -\frac{M\left(1,\ \frac{y}{x}\right)}{N\left(1,\ \frac{y}{x}\right)}$$

이와 같이 동차 미분 방정식은 항상 다음과 같은 꼴로 나타낼 수 있다.

$$\frac{dy}{dx} = F\left(\frac{y}{x}\right)$$

보기 7

다음 초깃값 문제를 풀어라.

$$x\frac{dy}{dx} = y + xe^{\frac{y}{x}},\quad y(1) = 1$$

풀이 주어진 미분 방정식을 다시 쓰면 다음과 같다.

$$\frac{dy}{dx} = \frac{y}{x} + e^{\frac{y}{x}}$$

우변은 0차 동차 함수임을 알 수 있다. $u = \frac{y}{x}$라 놓고, $y = ux$를 곱의 미분법을 써서 미분하여 대입하면 다음을 얻는다.

$$u + x\frac{du}{dx} = u + e^u,$$

$$e^{-u}du = \frac{dx}{x}$$

양변을 적분하면 다음을 얻는다.

$$-e^{-u} + c = \ln|x| \quad \text{또는} \quad -e^{-\frac{y}{x}} + c = \ln|x|$$

$x = 1$일 때 $y = 1$이므로 $-e^{-1} + c = 0$, 즉 $c = e^{-1}$이다. 따라서 주어진 초깃값 문제의 해는 다음과 같다.

$$e^{-1} - e^{-\frac{y}{x}} = \ln|x| \qquad \square$$

2.3 연습 문제

01. 다음 함수가 동차 함수인지 확인하라. 동차 함수인 경우 차수를 찾아라.

(1) $x^3 + 2xy^2 - \dfrac{y^4}{x}$

(2) $\sqrt{x+y}\ (4x+3y)$

(3) $\dfrac{x^3y - x^2y^2}{(x+8y)^2}$

(4) $\dfrac{x}{y^2 + \sqrt{x^4+y^4}}$

(5) $\sin\left(\dfrac{x^2}{x+y}\right)$

(6) $\tan\left(\dfrac{x+y}{x^2+y^2}\right)$

(7) $\ln x^2 - 2\ln y$

(8) $\ln x^3 + \ln y^3$

(9) $(x^{-1} + y^{-1})^2$

(10) $(x+y+1)^2$

02. 주어진 미분 방정식을 적절한 대입법을 이용하여 풀어라.

(1) $(x-y)\,dx + x\,dy = 0$

(2) $(x+y)\,dx + x\,dy = 0$

(3) $x\,dx + (y-2x)\,dy = 0$

(4) $y\,dx = 2(x+y)\,dy$

(5) $(y^2+yx)\,dx - x^2\,dy = 0$

(6) $(y^2+yx)\,dx + x^2\,dy = 0$

(7) $\dfrac{dy}{dx} = \dfrac{y-x}{y+x}$

(8) $\dfrac{dy}{dx} = \dfrac{x+3y}{3x+y}$

(9) $(x+\sqrt{xy})\dfrac{dy}{dx} = y$

(10) $x\dfrac{dy}{dx} = y + \sqrt{x^2-y^2}$

(11) $2x^2y\,dx = (3x^3+y^3)\,dy$

(12) $(x^4+y^4)\,dx - 2x^3y\,dy = 0$

(13) $\dfrac{dy}{dx} = \dfrac{y}{x} + \dfrac{x}{y}$

(14) $\dfrac{dy}{dx} = \dfrac{y}{x} + \dfrac{x^2}{y^2} + 1$

(15) $y\dfrac{dx}{dy} = x + 4ye^{-\frac{2x}{y}}$

(16) $\dfrac{dy}{dx} = 1 + e^{y-x+5}$

(17) $\left(y + x\cot\dfrac{y}{x}\right)dx - x\,dy = 0$

(18) $\dfrac{dy}{dx} = \dfrac{y}{x}\ln\left(\dfrac{y}{x}\right)$

(19) $(x^2+xy-y^2)\,dx + xy\,dy = 0$

(20) $(x^2+xy+3y^2)\,dx = (x^2+2xy)\,dy$

03. 다음 초깃값 문제를 풀어라.

(1) $xy^2\dfrac{dy}{dx} = y^3 - x^3,\ y(1) = 2$

(2) $(x^2+2y^2)\,dx = xy\,dy,\ y(-1) = 1$

(3) $2x^2 \dfrac{dy}{dx} = 3xy + y^2,\ y(1) = -2$

(4) $xy\,dx - x^2 dy = y\sqrt{x^2 + y^2}\,dy,\ y(1) = 1$

(5) $(x + ye^{\frac{y}{x}})\,dx - xe^{\frac{y}{x}}\,dy = 0,\ y(1) = 0$

(6) $x^2 \dfrac{dy}{dx} - 2xy = 3y^4,\ y(1) = \dfrac{1}{2}$

(7) $(y^2 + 3xy)\,dx = (4x^2 + xy)\,dy,\ y(1) = 1$

(8) $y^3\,dx = 2x^3\,dy - 2x^2 y\,dx,\ y(1) = \sqrt{2}$

(9) $(x + \sqrt{xy})\dfrac{dy}{dx} + x - y = x^{-\frac{1}{2}} y^{\frac{3}{2}},\ y(1) = 1$

(10) $y\,dx + x(\ln x - \ln y - 1)\,dy = 0,\ y(1) = e$

(11) $y^2\,dx + (x^2 + xy + y^2)\,dy = 0,\ y(0) = 1$

(12) $\sqrt{y}\dfrac{dy}{dx} + \sqrt[2]{y^3} = 1,\ y(0) = 4$

(13) $(x + \sqrt{y^2 - xy})\dfrac{dy}{dx} = y,\ y\left(\dfrac{1}{2}\right) = 1$

(14) $\dfrac{dy}{dx} = \dfrac{y}{x+y},\ y(1) = 1$

(15) $\dfrac{dy}{dx} = \cos(x+y),\ y(0) = \pi/4$

(16) $(2x - y)dx - (x - 2y)dy = 0,\ y(1) = 2$

04. 동차 방정식 $M(x,\ y)\,dx + N(x,\ y)\,dy = 0$에 대하여 물음에 답하라.

(1) $x = vy$로 치환하여 분리 가능한 미분 방정식으로 만들어라.

(2) 주어진 방정식이 $\dfrac{dy}{dx} = G\left(\dfrac{x}{y}\right)$의 꼴이 됨을 보여라.

(3) $x = r\cos\theta,\ y = r\sin\theta$로 치환하여 분리 가능한 방정식을 만들어라.

05. $f(x,\ y)$가 n차 동차 함수일 때, 다음이 성립함을 보여라.

$$x\frac{\partial f}{\partial x} + y\frac{\partial f}{\partial y} = nf$$

06. 미분 방정식 $xy' = y\ln(xy)$를 풀어라.

2.4 완전 방정식

이 절을 시작하기 전에 다음 사항을 염두에 두자. xy평면의 영역 R에서 함수 $u(x, y)$가 연속적으로 미분 가능하면(즉, 모든 편도함수 $\frac{\partial u}{\partial x}$와 $\frac{\partial u}{\partial y}$가 존재하고 연속이면), $u(x, y)$의 전미분 du를 다음 식으로 정의한다.

$$du = \frac{\partial u}{\partial x}dx + \frac{\partial u}{\partial y}dy$$

다음과 같은 미분 표현을 고려하자.

$$M(x, y)\,dx + N(x, y)\,dy \tag{1}$$

영역 R에서 연속적으로 미분 가능한 함수 $u(x, y)$가 존재하여 다음 조건을 만족시킨다고 하자.

$$\frac{\partial}{\partial x}u(x, y) = M(x, y), \quad \frac{\partial}{\partial y}u(x, y) = N(x, y)$$

이때 식 (1)을 완전 미분(exact differential)이라 한다.

다시 말해 식 (1)이 완전 미분일 필요 충분 조건은 식 (1)이 어떤 함수 $u(x, y)$의 전미분으로 표현될 수 있다는 것이다. 즉, 다음이 성립하는 것이다.

$$M(x, y)\,dx + N(x, y)\,dy = \frac{\partial u}{\partial x}dx + \frac{\partial u}{\partial y}dy = du(x, y)$$

다음 미분 방정식의 좌변이 완전 미분이면, 이를 완전 미분 방정식(exact differential equation)이라고 한다.

$$M(x, y)\,dx + N(x, y)\,dy = 0 \tag{2}$$

이 경우 식 (2)는 간단히 다음과 같이 쓸 수 있다.

$$du(x, y) = 0$$

그리고 이를 적분하면 상수 c에 대하여 다음과 같은 일반해를 얻는다.

$$u(x, y) = c \tag{3}$$

역으로, 만약 식 (3)이 연속적으로 미분 가능한 함수 $y(x)$의 음함수 표현이라면, 이 함수 $y(x)$는 식 (2)의 해가 된다. 이유는 다음과 같다. 식 (3)의 양변을 x에 관하여 미분하고, 연쇄법칙을 적용하면 다음을 얻는다.

$$\frac{du}{dx} = \frac{\partial u}{\partial x} + \frac{\partial u}{\partial y}\frac{dy}{dx} = 0$$

그리고 $\frac{\partial u}{\partial x} = M$, $\frac{\partial u}{\partial y} = N$ 이므로, 이 식은 $M + N\frac{dy}{dx} = 0$, 즉 식 (1)을 만족시킨다.

다음 정리는 완전 미분 여부를 확인하는 간단한 판별법을 제공하고, 증명 과정에서는 완전 미분 방정식의 해법을 확인해 볼 수 있다.

정리 2.3 xy평면의 한 영역 R에서 정의된 함수 $M(x,\ y)$와 $N(x,\ y)$가 연속이고, 그 함수의 편미분도 모두 연속인 경우에 미분 표현 $M(x,\ y)\,dx + N(x,\ y)\,dy$이 완전 미분일 필요 충분 조건은 영역 R의 모든 점에서 $M_y = N_x$이다.

증명 먼저 $M\,dx + N\,dy$가 완전 미분이라고 가정하자. 그러면 정의에 의해 어떤 함수 u가 존재하여 다음이 성립한다.

$$\frac{\partial u}{\partial x} = M, \qquad \frac{\partial u}{\partial y} = N$$

첫째 식은 y에 대하여, 둘째 식은 x에 대하여 미분하면 다음을 얻는다.

$$\frac{\partial M}{\partial y} = \frac{\partial^2 u}{\partial y \partial x}, \qquad \frac{\partial N}{\partial x} = \frac{\partial^2 u}{\partial x \partial y}$$

M과 N의 편미분이 연속이라는 가정에 의해 위 식의 우변인 u의 혼합 이계 미분이 연속이고, 이 경우 두 혼합 이계 미분은 같다는 사실이 잘 알려져 있다. 따라서 $M_y = N_x$를 얻는다. 이로써 증명의 충분 조건 부분이 완성되었다.

역으로 $M_y = N_x$라고 가정하자. 이때 $M\,dx + N\,dy$가 완전 미분, 다시 말해 어떤 함수 u가 존재하여 다음이 성립함을 보여야 한다.

$$\text{(a)}\ \frac{\partial u}{\partial x} = M, \qquad \text{(b)}\ \frac{\partial u}{\partial y} = N \tag{4}$$

어떤 함수 u가 위 식의 첫째를 만족시킬 필요 충분 조건은 다음과 같다.

$$u(x, y) = \int M(x, y)\,dx + g(y) \quad \text{(여기서 } g(y)\text{는 임의의 함수)} \tag{5}$$

이제 $u_y = N$이 되도록 함수 $g(y)$를 결정하기만 하면 된다. 이를 위해 u_y를 계산하여 N과 같다고 놓으면 다음을 얻는다.

$$\frac{\partial u}{\partial y} = \frac{\partial}{\partial y}\left[\int M(x, y)\,dx\right] + g'(y) = N(x, y)$$

이로부터 다음을 얻는다.

$$g'(y) = N(x, y) - \frac{\partial}{\partial y}\left[\int M(x, y)\,dx\right] \tag{6}$$

여기서 식의 좌변은 오직 변수 y에 관한 함수다. 따라서 우변이 변수 x에 의존하지 않는다는 사실만 확인하면, 원하는 함수 $g(y)$는 단지 위 식을 적분함으로써 얻을 수 있다. 우변이 변수 x에 의존하지 않음은 x에 관한 편미분을 시행하여 그 값이 0임을 확인하면 된다.

위 식의 우변을 x에 관하여 미분하면 다음을 얻는다.

$$\frac{\partial}{\partial x}\left[N(x, y) - \frac{\partial}{\partial y}\left[\int M(x, y)\,dx\right]\right] = \frac{\partial N}{\partial x} - \frac{\partial}{\partial x}\frac{\partial}{\partial y}\left[\int M(x, y)\,dx\right]$$

여기서 이제 미분의 순서를 다음과 같이 바꾸어 계산하면 위 식의 마지막 항은 다음과 같다.

$$\frac{\partial}{\partial x}\frac{\partial}{\partial y}\left[\int M(x, y)\,dx\right] = \frac{\partial}{\partial y}\frac{\partial}{\partial x}\left[\int M(x, y)\,dx\right] = \frac{\partial M}{\partial y}$$

$N_x = M_y$라고 가정했다. 그러므로 다음을 얻는다.

$$\frac{\partial N}{\partial x} - \frac{\partial}{\partial x}\frac{\partial}{\partial y}\left[\int M(x, y)\,dx\right] = \frac{\partial N}{\partial x} - \frac{\partial M}{\partial y} = 0$$

따라서 식 (6)의 우변이 변수 x에 의존하지 않음을 확인했다. 이로써 모든 증명이 끝났다. ■

보기 1

다음 미분 방정식을 풀어라.

$$(x^3 + 3xy^2)\,dx + (3x^2y + y^3)\,dy = 0 \tag{7}$$

풀이 $M=x^3+3xy^2$이고 $N=3x^2y+y^3$이라 놓으면 $M_y=6xy$이고 $N_x=6xy$이다. 즉, $M_y=N_x$이다. 따라서 주어진 문제는 완전 미분 방정식이다. 이제 $u_x=M$, $u_y=N$을 만족시키는 함수 u를 찾으면 $u(x,\ y)=c$가 문제의 해 $y(x)$의 음함수 표현이 된다.

이를 위해 $u_x=M$으로부터 다음을 얻는다.

$$u(x,\ y)=\int x^3+3xy^2\,dx+g(y)=\frac{x^4}{4}+\frac{3}{2}x^2y^2+g(y) \tag{8}$$

여기서 또한 $u_y=N$이어야 하므로 다음이 성립한다.

$$u_y=3x^2y+g'(y)=3x^2y+y^3$$

그러므로 $g'(y)=y^3$이고, 이에 따라 $g(y)=\frac{1}{4}y^4+c_0$이다. 이를 식 (8)에 대입하면 함수 $u(x,\ y)$를 얻을 수 있다.

따라서 최종적으로 주어진 방정식의 해 $y(x)$의 음함수 표현인 다음을 얻는다.

$$\frac{x^4}{4}+\frac{3}{2}x^2y^2+\frac{y^4}{4}=c$$

□

보기 2

이 절의 방법을 이용하여 다음 초깃값 문제를 풀어라.

$$(\sin x\cosh y)\,dx-(\cos x\sinh y)\,dy=0,\ \ y(0)=0 \tag{9}$$

풀이 $M=\sin x\cosh y$이고 $N=-\cos x\sinh y$이므로, $M_y=\sin x\sinh y$이고 $N_x=\sin x\sinh y$이다. 따라서 주어진 식은 완전 미분 방정식이다.

$u_x=M$으로부터 다음을 얻는다.

$$u=\int\sin x\cosh y\,dx+g(y)=-\cos x\cosh y+g(y)$$

여기서 $u_y=N$으로부터 다음을 얻는다.

$$u_y=-\cos x\sinh y+g'(y)=-\cos x\sinh y$$

따라서 $g'(y)=0$이므로 $g(y)=c_0$이고, 일반해 $u(x,\ y)=c$로부터 다음을 얻는다.

$$\cos x\cosh y=c$$

초기 조건에 의하여 $\cos 0 \cosh 0 = 1 = c$이므로 초깃값 문제 (9)의 해는 다음과 같다.

$$\cos x \cosh y = 1 \qquad \square$$

보기 3

다음 미분 방정식이 완전 미분 방정식이 되도록 상수 a와 b의 값을 결정하고, 그 완전 미분 방정식의 해를 찾아라.

$$(3x^2 + 2xy)\,dx + (ax^2 + by^2)\,dy = 0$$

풀이 $M = 3x^2 + 2xy$, $N = ax^2 + by^2$이라 하면 $\dfrac{\partial M}{\partial y} = 2x$, $\dfrac{\partial N}{\partial x} = 2ax$이다. 그러므로 $a = 1$일 때 주어진 미분 방정식은 완전 미분 방정식이 된다. 이때, $u_x = M$, $u_y = N$을 만족시키는 함수 u를 찾으면 $u(x, y) = c$가 방정식의 일반해다. $\dfrac{\partial u}{\partial x} = M = 3x^2 + 2xy$이므로 다음을 얻는다.

$$u = \int (3x^2 + 2xy)\,dx + g(y) = x^3 + x^2 y + g(y)$$

u의 y에 관한 편도함수에 대해 다음이 성립해야 한다.

$$\frac{\partial u}{\partial y} = x^2 + g'(y) = N = x^2 + by^2$$

그러므로 $g'(y) = by^2$이고, y에 관하여 적분하면 다음을 얻는다.

$$g(y) = \frac{b}{3} y^3 + c_0$$

따라서 주어진 미분 방정식의 해는 $u(x, y) = c$이므로 $a = 1$일 때 다음과 같다.

$$x^3 + x^2 y + \frac{b}{3} y^3 = c \qquad \square$$

적분 인자

일반적으로 대부분의 다음과 같은 미분 방정식은 완전 미분 방정식이 아니다.

$$P(x, y)\,dx + Q(x, y)\,dy = 0 \tag{10}$$

그러나 식 (2)의 양변에 영이 아닌 함수 $\mu(x,\ y)$를 미분 방정식에 곱함으로써 완전 미분 방정식을 얻을 수 있다.

보기 4

다음 미분 방정식은 완전 미분 방정식이 아님을 보이고, 양변에 $1/x^2$을 곱하면 완전 미분 방정식이 됨을 보여라.

$$y\,dx - x\,dy = 0 \tag{11}$$

풀이 $M = y,\ N = -x$라 하면 $\dfrac{\partial M}{\partial y} = 1,\ \dfrac{\partial N}{\partial x} = -1$이므로 식 (11)은 완전 미분 방정식이 아니다. 양변에 $1/x^2$을 곱하면 다음 방정식을 얻는다.

$$\frac{y}{x^2}\,dx - \frac{1}{x}\,dy = 0 \tag{12}$$

식 (12)에서 $\dfrac{\partial}{\partial y}\left(\dfrac{y}{x^2}\right) = \dfrac{\partial}{\partial x}\left(-\dfrac{1}{x}\right) = \dfrac{1}{x^2}$이므로 이 식은 완전 미분 방정식이다. □

보기 1처럼 완전 미분 방정식이 아닌 식 (10)에 영이 아닌 함수 μ를 곱해서 다음과 같은 완전 미분 방정식을 얻으면 μ를 (10)에 대한 적분 인자(integrating factor)라고 한다. μ는 일반적으로 x와 y의 함수다.

$$\mu P\,dx + \mu Q\,dy = 0 \tag{13}$$

완전 미분 방정식 (13)은 앞에서 소개한 방법으로 풀면 음함수로 표현되는 해를 구할 수 있다. 그렇다면 적분 인자 μ는 어떻게 찾을까? 식 (13)의 좌변이 완전 미분이므로 다음 식을 만족시켜야 한다.

$$\frac{\partial}{\partial y}(\mu P) = \frac{\partial}{\partial x}(\mu Q) \tag{14}$$

몫의 미분법을 이용하면 μ는 다음 식을 만족시켜야 한다.

$$\mu_y P + \mu P_y = \mu_x Q + \mu Q_x$$

일반적으로 위 식을 만족시키는 μ를 찾는 것은 계산이 복잡하다. 방정식 (10)을 완전 미분 방정식이 되게 하는 하나의 적분 인자를 찾는 것이므로, 적분 인자 μ를 간단히 한 변수의 함수라고 가정하자. 예를 들어 μ가 x만의 함수라고 하면, 즉 $\mu=\mu(x)$이면 $\mu_y=0$이고 $\mu_x=\dfrac{d\mu}{dx}=\mu'$이다. 그러므로 식 (14)로부터 μ는 다음 식을 만족시키면 된다.

$$\mu P_y=\mu' Q+\mu Q_x$$

위 식의 양변을 μQ로 나누고 μ에 관하여 정리하면 다음과 같다.

$$\frac{\mu'}{\mu}=\frac{1}{Q}(P_y-Q_x) \tag{15}$$

식 (15)을 x에 관하여 적분해서 지수 함수를 택하면 다음을 얻는다.

$$\mu=\exp\left(\int\frac{P_y-Q_x}{Q}dx\right) \tag{16}$$

만약 μ가 y만의 함수라고 가정하면, 즉 $\mu=\mu(y)$라면 식 (15)는 다음 식으로 교체된다.

$$\frac{\mu'}{\mu}=\frac{1}{P}(Q_x-P_y) \tag{17}$$

따라서 다음과 같이 적분 인자를 찾을 수 있다.

$$\mu=\exp\left(\int\frac{Q_x-P_y}{P}dy\right) \tag{18}$$

적분 인자가 x만의 함수 또는 y만의 함수라고 놓으면 적분 인자를 찾을 수 없는 미분 방정식들도 있다. 그런 경우에는 적분 인자가 두 개의 변수를 가진 함수라고 생각해서 찾아야 한다.

보기 4에서 미분 방정식 (11)에 $1/x^2$를 곱하면 완전 미분 방정식이 되었다. 어떻게 알았을까? 식 (10)에서 $P=y$이고 $Q=-x$이므로 (16)으로부터 다음과 같은 적분 인자를 얻는다.

$$\mu(x)=\exp\left(-\int\frac{2}{x}dx\right)=\exp(-2\ln|x|)=\frac{1}{x^2}$$

이것은 보기 4에서 미분 방정식 (11)에 곱한 것과 같다.

보기 5

다음 미분 방정식을 풀어라.

$$x(1-y)\,dx-dy=0$$

풀이 $\frac{\partial}{\partial x}(-1) \neq \frac{\partial}{\partial y}(x-xy)$이므로 방정식은 완전 미분 방정식이 아니다. 적분 인자 μ를 x만의 함수라고 하면, 다음 식을 만족시켜야 한다.

$$\frac{\partial}{\partial x}(-\mu) = \frac{\partial}{\partial y}[\mu x(1-y)] = -\mu x$$

이 식은 다음과 같이 변수 분리된다.

$$\frac{1}{\mu}d\mu = xdx$$

이 식을 적분하면 다음을 얻는다. 하나의 적분 인자만 필요하므로 적분 상수는 0으로 둔다.

$$\ln|\mu| = \frac{1}{2}x^2$$

따라서 적분 인자는 $\mu(x) = e^{x^2/2}$이다. $P = x(1-y)$, $Q = -1$이므로 식 (16)으로부터 적분 인자를 찾아도 같은 결과를 얻는다.

주어진 미분 방정식에 $e^{x^2/2}$를 곱하면, 다음과 같은 완전 미분 방정식을 얻는다.

$$e^{x^2/2}(x-xy)dx - e^{x^2/2}dy = 0$$

이 식에서 $du = 0$인 함수를 찾으면 $u(x, y) = e^{x^2/2}(1-y)$이므로 주어진 방정식의 해는 다음과 같다.

$$e^{x^2/2}(1-y) = c \quad \text{또는} \quad y = 1 - ce^{x^2/2}$$ □

2.4 연습 문제

01. 주어진 $u(x, y)$에 대하여 완전 미분 방정식 $du=0$을 찾아라. $u(x, y)=$(상수)인 해의 곡선은 어떤 종류의 곡선인가?

(1) $u=x^2+y^2$ (2) $u=\dfrac{y}{x^2}$

(3) $u=(x-a)(b-y)$ (4) $u=\cos(x^2-y^2)$

(5) $u=\exp(xy^2)$ (6) $u=\sin(xy)$

(7) $u=\ln(x^2y^2)$ (8) $u=\tan(x^2+4y^2)$

(9) $u=(y-x+1)^2$ (10) $u=\cosh(x^3-y^2)$

02. 다음 미분 방정식이 완전 미분 방정식임을 보이고 해를 찾아라.

(1) $y\,dx+x\,dy=0$ (2) $x\,dx+9y\,dy=0$

(3) $y^3dx+3xy^2dy=0$ (4) $ye^xdx+\{e^x+(y+1)e^y\}dy=0$

(5) $e^{-\theta}dr-re^{-\theta}d\theta=0$ (6) $\dfrac{1}{4}e^{4\theta}dr+re^{4\theta}d\theta=0$

(7) $\cosh x\cos y\,dx=\sinh x\sin y\,dy$ (8) $2xy\,dx+(x^2-1)dy=0$

(9) $(2x+e^y)dx+xe^ydy=0$ (10) $xdy/dx=2xe^x-y+6x^2$

(11) $(\tan x-\sin x\sin y)\,dx+\cos x\cos y\,dy=0$

(12) $(e^{2x}-y\cos xy)dx+(2xe^{2y}-x\cos xy+2y)dy=0$

(13) $(e^x\sin y-2x)dx+(e^x\cos y+1)dy=0$

03. 다음 미분 방정식은 완전 미분 방정식인가? 초깃값 문제를 풀어라.

(1) $x\,dy+y^2dx=0,\ y(1)=0.2$

(2) $4\,dx+x^{-1}dy=0,\ y(1)=-8$

(3) $(y-1)\,dx+(x-3)\,dy=0,\ y(0)=\dfrac{2}{3}$

(4) $(x-1)\,dx+(y+1)\,dy=0,\ y(1)=0$

(5) $\dfrac{e^{\frac{y}{x}}(-y\,dx+x\,dy)}{x^2}=0,\ y(-2)=-2$

(6) $(2xy\,dx+dy)e^{x^2}=0,\ y(0)=2$

(7) $2xy\,dy=(x^2+y^2)\,dx,\ y(1)=2$

(8) $(y^2\cos x - 3x^2y - 2x)\,dx + (2y\sin x - x^3 + \ln y)\,dy = 0,\ y(0) = e$

(9) $\sinh x\,dx + y^{-1}\cosh x\,dy = 0,\ y(0) = \pi$

(10) $\left(\dfrac{3y^2 - t^2}{y^5}\right)\dfrac{dy}{dt} + \dfrac{t}{2y^4} = 0,\ y(1) = 1$

(11) $y(1 - x^2)\,dy = (xy^2 - \cos x\sin x)\,dx,\ y(0) = 2$

(12) $2xy\,dx - (y - 1)dy = 0,\ y(0) = 1$

04. 다음 미분 방정식이 완전 미분 방정식이 되기 위한 상수 k를 결정하고, 그 완전 미분 방정식의 일반해를 찾아라.

$$(2xy^3 - 3y)\,dx - (3x + kx^2y^2 + 2ky)dy = 0$$

05. 다음 미분 방정식이 완전하지 않음을 증명하라. 또 y^3이 주어진 방정식의 적분 인자임을 보이고, 초깃값 문제의 해를 찾아라.

$$xy\,dx + (2x^2 + 3y^2 - 20)dy = 0,\quad y(0) = 1$$

06. a, b, k, l이 상수일 때 어떤 조건에서 $(ax + by)\,dx + (kx + ly)\,dy = 0$은 완전 미분 방정식인가? 이 완전 미분 방정식을 풀어라.

07. $\{f(x) + g(y)\}dx + \{h(x) + p(y)\}dy = 0$은 어떤 조건에서 완전 미분 방정식인가?

08. $f(x,\ y)dx + g(x)h(y)dy = 0$은 어떤 조건에서 완전 미분 방정식인가?

09. 변수 분리 가능한 미분 방정식 $y' = f(x)g(y)$는 완전 미분 방정식인가? 이 미분 방정식의 적분 인자를 찾아라.

10. 함수 $\mu(x,\ y) = xy$는 다음 미분 방정식의 적분 인자임을 보이고, 이를 이용해서 미분 방정식의 해를 찾아라.

$$(-xy\sin x + 2y\cos x)dx + 2x\cos x\,dy = 0$$

11. 미분 방정식 $y\,dx + 2x\,dy = 0$의 적분 인자 중에서 y만의 함수가 있는가? 또 xy^3과 x^2y^5도 이 미분 방정식의 적분 인자인가?

2.5 선형 방정식

제1장에서 n계 선형 미분 방정식을 아래와 같이 정의하였다.

$$a_n(x)\frac{d^n y}{dx^n}+a_{n-1}(x)\frac{d^{n-1}y}{dx^{n-1}}+\cdots+a_1(x)\frac{dy}{dx}+a_0(x)y=g(x)$$

이 절에서는 특히 일계 선형 방정식의 해를 찾는 방법을 알아보기로 한다. 먼저, $n=1$인 일계 선형 미분 방정식은 다음과 같다.

$$a_1(x)\frac{dy}{dx}+a_0(x)y=g(x)$$

$a_1(x)\neq 0$일 때, 양변을 $a_1(x)$로 나누면 다음과 같이 좀 더 유용한 꼴이 된다.

$$\frac{dy}{dx}+p(x)y=f(x) \tag{1}$$

$p(x)$와 $f(x)$가 연속인 구간에서 해를 찾기 위하여 (1)은 해를 갖는다고 가정하자.

식 (1)을 다음과 같이 쓸 수 있다.

$$dy+\{p(x)y-f(x)\}dx=0 \tag{2}$$

식 (2)의 양변에 적당한 함수(적분 인자) $\mu(x)$를 곱한 다음 방정식이 완전 미분 방정식이 되도록 하자.

$$\mu(x)\,dy+\mu(x)\{p(x)y-f(x)\}\,dx=0 \tag{3}$$

2.4절에서 식 (3)이 완전 방정식이 되기 위한 필요 충분 조건은 다음과 같음을 알아보았다.

$$\frac{\partial}{\partial x}\mu(x)=\frac{\partial}{\partial y}\mu(x)\{p(x)y-f(x)\},\quad \text{즉}\quad \frac{d\mu}{dx}=\mu p(x) \tag{4}$$

이것은 $\mu(x)$를 결정할 수 있는 분리 가능한 방정식으로 다음과 같이 된다.

$$\frac{d\mu}{\mu}=p(x)\,dx$$

양변을 적분하면 다음 식을 얻는다.

$$\ln|\mu| = \int p(x)\,dx \tag{5}$$

식 (5)로부터 다음을 얻는다.

$$\mu(x) = e^{\int p(x)\,dx} \tag{6}$$

식 (6)으로 정의된 함수 $\mu(x)$는 선형 방정식 (1) 또는 (2)에 대한 적분 인자다. 식 (5)를 적분할 때 나타나는 상수항을 사용할 필요는 없는데, 그 이유는 식 (3)에 상수를 곱해도 변함이 없기 때문이다. 여기서 $\mu(x)$는 모든 x에 대하여 $\mu(x) \neq 0$이고 연속이며 적분 가능하다.

식 (3)은 $f(x)=0$이어도 완전 미분 방정식이 된다. 식 (4)에서 $\dfrac{\partial}{\partial y}\mu(x)f(x)=0$이므로 $\mu(x)$를 결정하는 데 $f(x)$는 전혀 상관이 없기 때문이다.

이제 식 (3)을 다음과 같이 쓰자.

$$e^{\int p(x)\,dx}dy + e^{\int p(x)\,dx}p(x)y\,dx = e^{\int p(x)\,dx}f(x)\,dx$$

그러면 위 식의 좌변은 다음과 같이 된다.

$$d\left(e^{\int p(x)\,dx}y\right) = e^{\int p(x)\,dx}f(x)\,dx$$

이 식의 양변을 적분하면 다음을 얻는다.

$$e^{\int p(x)\,dx}y = \int e^{\int p(x)\,dx}f(x)\,dx + c$$

즉, 다음을 얻는다.

$$y = e^{-\int p(x)\,dx}\int e^{\int p(x)\,dx}f(x)\,dx + ce^{-\int p(x)\,dx} \tag{7}$$

따라서 일계 선형 미분 방정식 (1)이 해를 갖는다면 그 해는 식 (7)의 꼴이 된다.

또한 독립 변수가 y이고 종속 변수가 x인 일계 선형 미분 방정식 $\dfrac{dx}{dy}+p(y)x=f(y)$의 해 $x(y)$는 식 (7)에서 x와 y의 위치를 교환한 꼴이 된다.

해법의 요약

(i) 선형 일계 미분 방정식을 풀기 위해서는 식 (1)과 같은 꼴로 만든다. 즉, $\frac{dy}{dx}$의 계수가 1이 되도록 한다.

(ii) $p(x)$를 분명히 정하고 적분 인자 $e^{\int p(x)\,dx}$를 찾는다.

(iii) (i)에서 얻은 방정식의 양변에 적분 인자를 곱한다.

$$e^{\int p(x)\,dx}\frac{dy}{dx}+p(x)e^{\int p(x)\,dx}y=e^{\int p(x)\,dx}f(x)$$

(iv) (iii)에서 좌변은 적분 인자의 도함수이고 변수 y에만 의존한다. 즉, 다음과 같다.

$$\frac{d}{dx}\{e^{\int p(x)\,dx}y\}=e^{\int p(x)\,dx}f(x)$$

(v) (iv)에서 얻은 식의 양변을 적분하면 식 (1)의 해는 다음과 같다.

$$y=e^{-\int p(x)\,dx}\int e^{\int p(x)\,dx}f(x)\,dx+ce^{-\int p(x)\,dx}$$

보기 1

다음 미분 방정식을 풀어라.

$$x\frac{dy}{dx}-4y=x^6e^x$$

풀이 주어진 방정식의 양변을 x로 나누면 다음과 같다.

$$\frac{dy}{dx}-\frac{4}{x}y=x^5e^x \tag{8}$$

방정식 (8)은 식 (1)과 같은 꼴이므로 이 방정식의 적분 인자는 다음과 같다.

$$e^{-4\int\frac{dx}{x}}=e^{-4\ln|x|}=e^{\ln x^{-4}}=x^{-4}$$

식 (8)에 적분 인자 x^{-4}을 곱하면 다음을 얻는다.

$$x^{-4}\frac{dy}{dx}-4x^{-5}y=xe^x \qquad \text{또는} \qquad \frac{d}{dx}(x^{-4}y)=xe^x$$

부분 적분법을 이용하면 다음을 얻는다.

$$x^{-4}y = xe^x - e^x + c \quad \text{또는} \quad y = x^5e^x - x^4e^x + cx^4$$ □

보기 2

다음 미분 방정식을 풀어라.

$$\frac{dy}{dx} - 3y = 0$$

풀이 주어진 미분 방정식은 식 (1)과 같은 꼴이므로 식 (7)을 이용해서 해를 찾을 수 있다. 식 (1)에서 $p(x) = -3$이고 $f(x) = 0$이므로 식 (7)로부터 해는 다음과 같다.

$$y = ce^{3x}$$

주어진 방정식은 변수 분리 미분 방정식이므로 변수를 분리해서 해를 찾아도 위 식과 같음을 알 수 있다. □

보기 3

다음 초깃값 문제를 풀어라.

$$\frac{dy}{dx} = \frac{1}{x + y^2}, \quad y(-2) = 0$$

풀이 주어진 미분 방정식은 분리 가능한 방정식, 동차 방정식, 완전 방정식, y에 관한 선형 방정식 중 어느 것도 아니다. 그런데 역수를 취하면 다음과 같이 된다.

$$\frac{dx}{dy} = x + y^2 \quad \text{또는} \quad \frac{dx}{dy} - x = y^2$$

여기서 둘째 방정식은 x에 관하여 선형이므로 적분 인자는 $e^{-\int dy} = e^{-y}$이다. 그러므로 구간 $-\infty < y < \infty$에서 다음과 같이 일반해를 얻는다.

$$\frac{d}{dy}\{e^{-y}x\} = y^2e^{-y},$$

$$e^{-y}x = \int y^2e^{-y}\,dy = -y^2e^{-y} - 2ye^{-y} - 2e^{-y} + c,$$

$$x = -y^2 - 2y - 2 + ce^y$$

$x=-2$, $y=0$일 때 $c=0$임을 알 수 있으므로 초깃값 문제의 해는 다음과 같다.

$$x=-y^2-2y-2$$ □

보기 4

다음 미분 방정식을 풀어라.

$$y\ln y\,dx+(x-\ln y)\,dy=0$$

풀이 x를 종속 변수로 하는 방정식은 다음과 같다.

$$\frac{dx}{dy}+\frac{1}{y\ln y}x=\frac{1}{y}$$

그러므로 다음과 같은 적분 인자를 얻는다.

$$e^{\int\frac{dy}{(y\ln y)}}=e^{\ln(\ln y)}=\ln y$$

따라서 $x\ln y=\int\ln y\frac{dy}{y}=\frac{1}{2}\ln^2 y+c_1$이고, $c=2c_1$이라 하면 해는 다음과 같다.

$$(2x-\ln y)\ln y=c$$ □

2.5 연습 문제

01. 다음 미분 방정식의 일반해를 찾고, 그 일반해가 정의되는 구간을 결정하라.

(1) $\dfrac{dy}{dx}=5y$

(2) $\dfrac{dy}{dx}+2y=0$

(3) $3\dfrac{dy}{dx}+12y=4$

(4) $x\dfrac{dy}{dx}+2y=3$

(5) $\dfrac{dy}{dx}+y=e^{3x}$

(6) $\dfrac{dy}{dx}=y+e^{2x}$

(7) $y'+3x^2y=x^2$

(8) $y'+2xy=x^3$

(9) $x^2y'+xy=1$

(10) $y'=2y+x^2+5$

(11) $(x+4y^2)\,dy+2y\,dx=0$

(12) $\dfrac{dx}{dy}=x+y$

(13) $x\,dy=(x\sin x-y)\,dx$

(14) $(1+x^2)\,dy+(xy+x^3+x)\,dx=0$

(15) $(1+e^x)\dfrac{dy}{dx}+e^xy=0$

(16) $(1-x^3)\dfrac{dy}{dx}=3x^2y$

(17) $\cos x\dfrac{dy}{dx}+y\sin x=1$

(18) $\dfrac{dy}{dx}+y\cot x=2\cos x$

(19) $x\dfrac{dy}{dx}+4y=x^3-x$

(20) $(1+x)y'-xy=x+x^2$

(21) $x^2y'+x(x+2)y=e^x$

(22) $xy'+(1+x)y=e^{-x}\sin 2x$

(23) $\cos^2 x\sin x\,dy+(y\cos^3 x-1)dx=0$

(24) $(1-\cos x)dy+(\sin x-\tan x)dx=0$

(25) $y\,dx+(xy+2x-ye^y)dy=0$

(26) $(x^2+x)dy=(x^5+3xy+3y)dx$

(27) $x\dfrac{dy}{dx}+(3x+1)y=e^{-3x}$

(28) $(x+1)\dfrac{dy}{dx}+(x+2)y=2xe^{-x}$

(29) $y\,dx-4(x+y^6)dy=0$

(30) $xy'+2y=e^x+\ln x$

(31) $\dfrac{dy}{dx}+y=\dfrac{1-e^{-2x}}{e^x+e^{-x}}$

(32) $\dfrac{dy}{dx}-y=\sin x$

(33) $y\,dx+(x+2xy^2-2y)dy=0$

(34) $y\,dx=(ye^y-2x)dy$

(35) $y'+(\tan x)y=\sin 2x$

(36) $\dfrac{dP}{dt}+2tP=P+4t-2$

(37) $(x+2)^2\dfrac{dy}{dx}=5-8y-4xy$

(38) $(x^2-1)\dfrac{dy}{dx}+2y=(x+1)^2$

(39) $y'=(10-y)\cosh x$

02. 다음 초깃값 문제를 풀어라.

(1) $\dfrac{dy}{dx}+5y=20,\ y(0)=2$

(2) $y'=2y+x(e^{3x}-e^{2x}),\ y(1)=0$

(3) $L\dfrac{di}{dt}+R_i=E,\ i(0)=i_0$ (L, R, E는 상수)

(4) $y\dfrac{dx}{dy}-x=2y^2,\ y(3)=1$

(5) $y'+(\tan x)y=\sin 2x,\ y(0)=3$

(6) $\dfrac{dQ}{dx}=5x^4Q,\ Q(0)=-7$

(7) $\dfrac{dT}{dt}=k(T-50),\ T(0)=200$ (k는 상수)

(8) $x\,dy+(xy+2y-2e^{-x})\,dx=0,\ y(1)=0$

(9) $(x+1)\dfrac{dy}{dx}+y=\ln x,\ y(1)=10$

(10) $xy'+y=e^x,\ y(1)=2$

(11) $x(x-2)y'+2y=0,\ y(3)=6$

(12) $\sin x\dfrac{dy}{dx}+(\cos x)y=0,\ y\left(-\dfrac{\pi}{2}\right)=1$

(13) $\dfrac{dy}{dx}=\dfrac{y}{y-x},\ y(5)=2$

(14) $\cos^2 x\dfrac{dy}{dx}+y=1,\ y(0)=-3$

2.6 직교 절단선

다음과 같이 중심이 원점이고 반지름의 길이가 $\sqrt{c}$인 원족의 방정식 (1)과 원점을 지나는 직선족의 방정식 (2)를 생각하자.

$$x^2+y^2=c\ (c>0) \tag{1}$$

$$y=mx\ (-\infty<m<\infty) \tag{2}$$

그림 2.3에서 보는 바와 같이 원족의 각 원은 직선족의 모든 원소와 수직으로 교차하고, 그 역도 마찬가지이다. 이와 같이 두 곡선족이 서로 수직으로 교차하면 한 곡선족을 다른 곡선족의 직교 절단선(orthogonal trajectory)이라고 한다.

이와 같이 서로 직교하는 곡선족은 물리와 공학에서 자주 등장한다. 예를 들면 열이 흐르는 방향을 곡선으로 표시하면 온도가 같은 지점을 연결한 곡선(등온선)과 직교하고, 힘이 작용하는 방향을 곡선으로 표시하면 위치 에너지가 같은 지점을 연결한 곡선과 수직이다.

이제 주어진 곡선족에 대한 직교 절단선을 찾는 방법을 알아보자. 이를 위해서는 먼저 주어진 곡선족의 미분 방정식을 찾아야 한다. 제1장에서 풀어본 바와 같이 주어진 곡선족 (1)의 미분 방정식은 다음과 같다.

$$\frac{dy}{dx}=-\frac{x}{y}$$

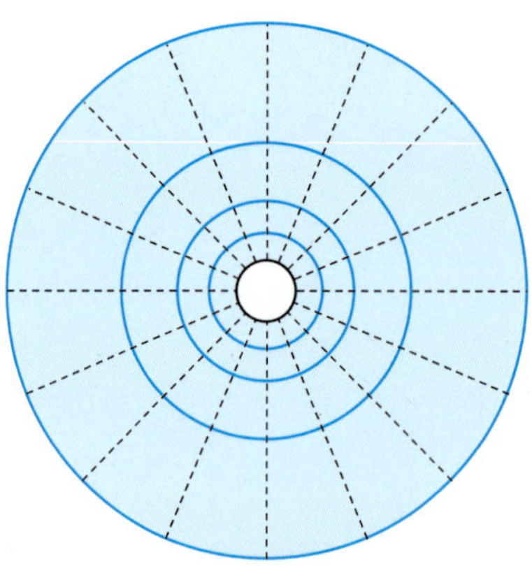

그림 2.3 ❙ 두 동심원통 사이의 등퍼텐셜 선(실선)과 전기력선(점선)

이 식의 의미는 각 점에서 접선의 기울기가 $-\frac{x}{y}$인 곡선을 의미한다. 따라서 이 곡선의 직교 절단선은 다음 미분 방정식을 만족시켜야 한다.

$$\frac{dy}{dx}=\frac{y}{x}$$

이 방정식을 변수 분리법으로 풀면 $y=cx$를 얻는다. 상수 $m=c$라고 놓으면 이 식은 직선족 (2)와 같다. 즉 곡선족 (1)의 직교 절단선은 원점을 지나는 직선족이다.

지금까지 보인 과정을 일반화하면 다음과 같은 절차를 얻는다.

(1) 먼저 주어진 곡선족 $f(x, y, c)=0$에 대한 미분 방정식을 얻는다. 이를 위해서는 보통 $f(x, y, z)=0$과 이 식을 x에 관하여 미분해서 얻은 식을 이용해서 매개 변수 c를 제거함으로써 얻을 수 있다(제1장 참고). 이렇게 얻은 곡선족의 미분 방정식이 다음과 같다고 하자.

$$\frac{dy}{dx}=g(x, y)$$

(2) 주어진 곡선족의 직교 절단선의 미분 방정식은 다음과 같다.

$$\frac{dy}{dx}=-\frac{1}{g(x, y)}$$

따라서 직교 절단선은 이 미분 방정식을 풀어서 얻을 수 있다.

보기 1

포물선족 $y=cx^2$의 직교 절단선을 찾아라.

풀이 이 식을 x에 관하여 미분하면 다음과 같다.

$$y'=2cx \tag{1}$$

$y=cx^2$에서 $c=\frac{y}{x^2}$이므로 이를 위 식에 대입하면 포물선족의 미분 방정식 $y'=\frac{2y}{x}$를 얻는다. 따라서 직교 절단선의 미분 방정식은 $y'=-\frac{x}{2y}$이다. 이를 변수 분리하여 풀면 다음을 얻는다.

$$\frac{x^2}{2}+y^2=c \tag{2}$$

즉 포물선족의 직교 절단선은 위 식으로 주어진 타원족이다(그림 2.4). □

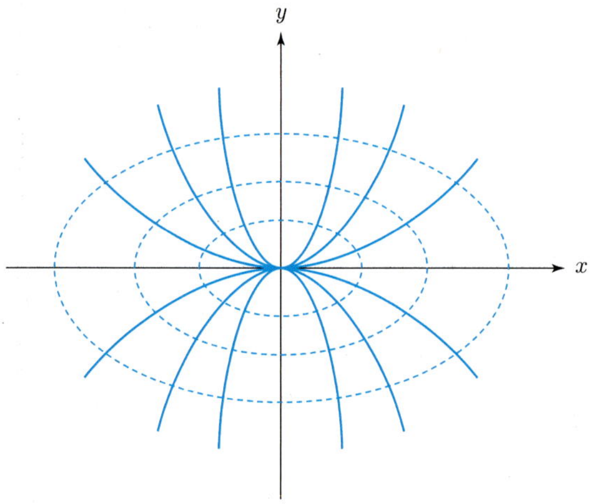

그림 2.4 | 포물선족의 직교 절단선

보기 2 **직교 절단선**

다음과 같은 원족의 직교 절단선을 찾아라.

$$x^2 + (y - c)^2 = c^2 \tag{7}$$

풀이 1단계: 곡선족 (7)의 미분 방정식

식 (7)을 미분하면 $2x + 2(y - c)y' = 0$이므로, 여전히 c를 포함한다. 그런데 식 (7)을 간단히 하면 $x^2 + y^2 - 2cy = 0$이고, 이를 $2c$에 관하여 풀면 다음과 같다.

$$2c = y^{-1}(x^2 + y^2) = y^{-1}x^2 + y$$

이를 x에 관하여 음함수 미분하면 다음을 얻는다.

$$0 = -\frac{x^2}{y^2}y' + \frac{2x}{y} + y'$$

이제 y'에 관하여 풀면 다음과 같은 미분 방정식을 얻는다.

$$y' = \frac{2xy}{x^2 - y^2} \tag{8}$$

2단계: 직교 절단선

식 (8)로부터 다음과 같은 곡선족 (7)의 직교 절단선의 미분 방정식을 얻는다.

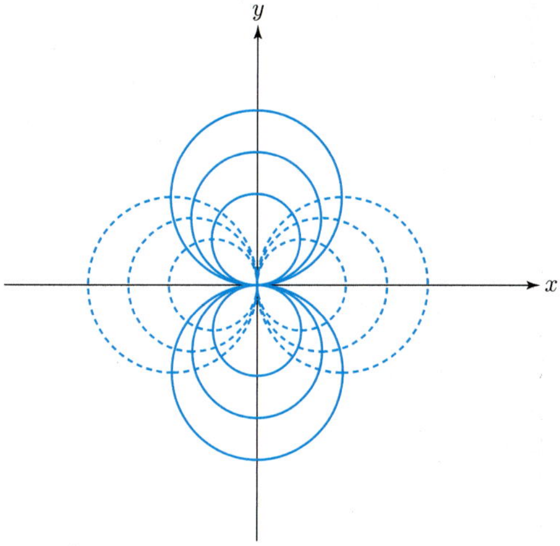

그림 2.5 ❙ 원족의 직교 절단선

$$y' = -\frac{x^2 - y^2}{2xy},$$

$$2xyy' - y^2 + x^2 = 0 \tag{9}$$

미분 방정식 (9)의 일반해는 곡선족 (7)의 직교 절단선으로 다음의 원족을 나타낸다(그림 2.5).

$$(x - c)^2 + y^2 = c^2$$ □

2.6 연습 문제

01. 다음 곡선족의 미분 방정식을 찾아라.

(1) $xy = c$

(2) $e^{3x}y = c$

(3) $x^2y = c$

(4) $y = \sqrt{x+c}$

(5) $y = e^{cx^2}$

(6) $x^2 + (y-c)^2 = c^2$

(7) $y = cx^2 + x^2e^x$

(8) $y^2 = ce^{-2x} + x - \frac{1}{2}$

02. 미분 방정식을 이용하여 다음 곡선의 직교 절단선을 찾고 그림으로 나타내라.

(1) $y = x^2 + c$

(2) $x^2 + y^2 = c^2$

(3) $y = \frac{c}{x^2}$

(4) $y = \ln|x| + c$

(5) $xy = c$

(6) $y = \sqrt{x+c}$

(7) $y = cx$

(8) $x = ce^{-y^2}$

(9) $\frac{1}{2}x^2 + y^2 = c$

(10) $x^2 + 4y^2 = c$

(11) $(x-c)^2 + y^2 = c^2$

(12) $y = ce^{8x}$

03. 물체 내의 등온선이 $T(x, y) = 4x^2 + 9y^2 = c$(상수)라면 등온선의 직교 절단선(균일 매질로 채워지고 열원이나 열 저장고가 없는 지역에서 열은 이 곡선을 따라 흐른다)은 어떻게 되겠는가?

04. 두 개의 동심원 사이의 전기장(그림 2.4)에서 등퍼텐셜 선(일정한 전위를 갖는 곡선)은 $U(x, y) = x^2 + y^2 =$(상수)(volt)로 정해지는 원이다. 현재의 풀이법을 사용하여 이 곡선들의 직교 절단선(전기력선)을 찾아라.

05. 실험을 통해서, 구간 $(-1, 0)$과 $(1, 0)$에서 같은 크기의 힘을 갖는 서로 반대 전하의 전기력선은 $(-1, 0)$과 $(1, 0)$을 지나는 원임을 알 수 있다. 이러한 원들을 $x^2 + (y-c)^2 = 1 + c^2$의 방정식으로 나타낼 수 있음을 보여라. 등전위선(직교 절단선)은 원 $(x+c)^2 + y^2 = c^2 - 1$(그림 2.6의 점선)임을 보여라.

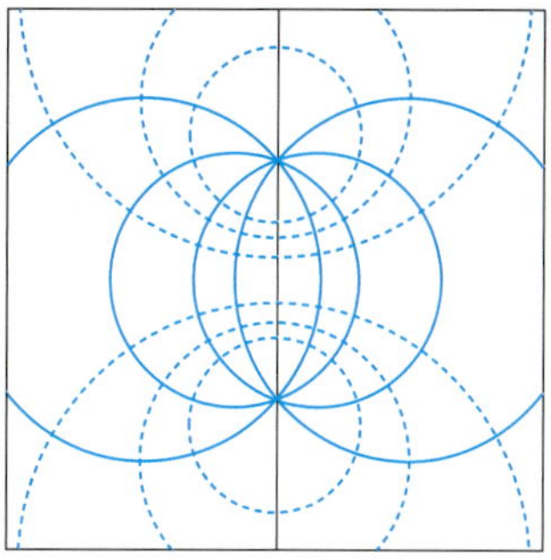

그림 2.6 ❙ 원족의 직교 절단선

06. 도관에서 흐름선(stream line, 유체 입자의 흐름 경로)이 $\Psi(x, y) = xy =$(상수)로 주어진다면 유선의 직교 절단선(등퍼텐셜 선)은 어떻게 되겠는가?

07. 식 (7)을 $\dfrac{dx}{dy} = -f(x, y)$로 쓸 수 있음을 증명하고 곡선 $y = x + ce^{-x}$의 직교 절단선을 찾는 데 그 결과를 이용하라.

08. 곡선족 $g(x, y) = c$의 직교 절단선은 다음 미분 방정식에서 얻을 수 있음을 증명하고, 이 방정식을 사용하여 문제 6을 풀어라.

$$\frac{dy}{dx} = \frac{\partial g/\partial y}{\partial g/\partial x}$$

09. 다음에 표기한 이른바 코시·리만(Cauchy-Riemann) 방정식으로부터 $u(x, y) = c =$(상수)인 곡선족의 직교 절단선 $v(x, y) = c^* =$(상수)를 얻을 수 있음을 증명하라.

$$\frac{\partial u}{\partial x} = \frac{\partial v}{\partial y}, \quad \frac{\partial u}{\partial y} = -\frac{\partial v}{\partial x}$$

10. 문제 9의 코시·리만 방정식을 이용하여 곡선족 $e^x \cos y = c$의 직교 절단선을 찾아라.

11. 어떤 곡선족의 등각 절단선(isogonal trajectory)은 일정한 각도 θ로 주어진 곡선과 교차하는 곡선으로 각 점에서 해당 곡선의 접선의 기울기 m_1과 m_2가 다음 관계를 만족시킨다.

$$\frac{m_2 - m_1}{1 + m_1 m_2} = \tan\theta = (\text{상수})$$

이 관계식을 이용하여 원 $x^2 + y^2 = c$와 $45°$로 교차하는 곡선을 찾아라.

기타 형태의 상미분 방정식

여기서는 앞에서 다루지 않은 특수한 형태의 일계 방정식을 간단한 변수 변환으로 풀이하는 법에 대해 간략하게 살펴보기로 한다.

[1] 베르누이 방정식(Bernoulli's equation)

$$y' + p(x)y = g(x)y^{\alpha} \quad (\alpha\text{는 상수})$$

$\alpha \neq 0$이고 $\alpha \neq 1$이면 선형이 아니다. 이 방정식은 $u = y^{1-\alpha}$를 이용하여 변환하면 다음과 같은 선형 방정식이 된다.

$$u' + (1-\alpha)pu = (1-\alpha)g$$

[2] 리카티 방정식(Recatti's equation)

$$y' + p(x)y = q(x)y^2 + r(x)$$

이 방정식의 알려진 특수해가 y_1일 때 $y = y_1 + u$로 놓으면 u는 다음 미분 방정식의 해이다.

$$u' - (q + 2y_1 r)u = ru^2$$

이는 $\alpha = 2$인 베르누이 방정식이므로 [1]의 방법으로 찾을 수 있다.

[3] 클레로 방정식(Clairaut's equation)

$$y = xy' + f(y')$$

이 방정식의 해는 $y = cx + f(c)$의 형태임을 쉽게 보일 수 있다. 또, 다음과 같이 매개변수 방정식으로 주어지는 특이해를 갖는다.

$$x = -f(t), \ y = f(t) - tf'(t)$$

이 방정식의 해를 찾기 위해 양변을 t에 관하여 미분한 후 생각해 보아라.

[4] 기타: 대입법 또는 치환법

(i) $y(1+2xy)\,dx + x(1-2xy)\,dy = 0$. 이 방정식은 우리가 알고 있는 형태의 방정식이 아니다. $u = 2xy$와 같은 변수 변환을 하면 분리 가능한 형태로 바꿀 수 있다.

(ii) $2xyy' + 2y^2 = 3x - 6$. 이 방정식도 $u = y^2$으로 치환하면 선형 방정식으로 변환된다.

종합 문제 2

01. 빈칸을 채워라.

(1) 미분 방정식 $y' = \dfrac{1}{(25 - x^2 - y^2)}$은 (   )로 정의된 영역의 어떤 $(x_0,\ y_0)$에 대하여 유일한 해를 갖는다.

(2) 초깃값 문제 $xy' = 3y,\ y(0) = 0$의 해는 $y = x^3$과 (   )이다.

02. 참, 거짓을 밝혀라.

(1) 초깃값 문제 $y' = y^{\frac{1}{2}},\ y(0) = 0$은 $\dfrac{\partial f}{\partial y}$가 직선 $y = 0$상에서 불연속인 해를 가지므로 해가 없다.

(2) 유일해 $y = 1$을 갖는 초깃값 문제 $y' = (y-1)^3,\ y(2) = 1$에는 2를 중심으로 하는 구간이 존재한다.

03. 다음 미분 방정식의 일반해를 찾아라.

(1) $(y^2 + 1)\,dx = y \sec^2 x\, dy$

(2) $y(\ln x - \ln y)\,dx = (x \ln x - x \ln y - y)\,dy$

(3) $(6x+1)y^2 \dfrac{dy}{dx} + 3x^2 + 2y^3 = 0$

(4) $x\,dy + (xy + y - x^2 - 2x)\,dx = 0$

(5) $(2x + y)\,y' = 0$

04. 다음 초깃값 문제를 풀어라.

(1) $\dfrac{y}{x}\dfrac{dy}{dx} = \dfrac{e^x}{\ln y},\ y(1) = 1$

(2) $xyy' = 3y^2 + x^2,\ y(-1) = 2$

(3) $ye^{xy}\dfrac{dx}{dy} + xe^{xy} = 12y^2,\ y(0) = -1$

(4) $(x^2 + 4)\dfrac{dy}{dx} = 2x - 8xy,\ y(0) = -1$

(5) $x\dfrac{dy}{dx} + 4y = x^4 y^2,\ y(1) = 1$

(6) $-xy' + y = (y' + 1)^2,\ y(0) = 0$

05. 다음 방정식을 대입법으로 풀어라.

(1) $\dfrac{dy}{dx} + xy^3 \sec\dfrac{1}{y^2} = 0$

(2) $(2x + y + 4)dy + (4x + 2y + 6)dx = 0$

(3) $\dfrac{dy}{dx} = (-2x+y)^2 - 7$

06. 곡선족 $y(x^3+c)=3$의 직교 절단선을 찾아라.

07. 점 (0, 0)을 지나는 곡선족 $y=4x+1+ce^{4x}$에 대한 직교 절단선을 찾아라.

08. 꼭짓점이 $(1,\ 2)$이고 y축 방향으로 열린 포물선족의 직교 절단선을 찾아라.

09. 다음 베르누이 방정식(Bernoulli's equation)에 대하여 물음에 답하라.

$$y' + p(x)y = g(x)y^{\alpha} \quad (\alpha\text{는 상수})$$

(1) $\alpha \neq 1$일 때 $u = y^{1-\alpha}$를 이용하여 변환하면, 주어진 방정식을 다음과 같은 선형 방정식으로 만들 수 있음을 보여라.

$$u' + (1-\alpha)pu = (1-\alpha)g$$

(2) 미분 방정식 $xy' + y = x^2y^2$을 풀어라.

10. 문제 9의 베르누이 방정식의 특별한 형태로, 버헐스트 방정식(Verhulst equation)라고 불리는 다음 미분 방정식을 풀어라.

$$y' - ay = -by^2 \quad (a, b\text{는 양의 상수})$$

제 3 장 고계 선형 미분 방정식

이계 이상의 미분 방정식을 고계 미분 방정식이라 한다. 제2장에서는 여러 가지 형태의 일계 미분 방정식을 풀었지만, 고계 미분 방정식의 경우에는 선형의 경우만을 고려하겠다. 3.1절과 3.2절에서는 초깃값 문제, 경곗값 문제, 일차 독립과 일차 종속, 해의 존재성과 유일성 등의 기본적인 개념을 알아본다. 3.3절에서는 계수가 상수인 제차 선형 방정식의 해법을 소개하고, 3.4절과 3.5절에서는 특수해를 찾는 미정 계수법과 매개 변수 변환법에 대하여 알아본다. 3.6절에서는 코시·오일러 방정식을 다룬다. 그리고 계수가 상수인 연립 미분 방정식의 응용에 대하여 간단히 알아본다.

■ 오일러(Leonhard Euler, 1707~1783)

18세기의 가장 위대한 수학자로 '해석학의 화신'이라고 불리는 오일러는 스위스 바젤에서 태어나 그곳에서 자랐으며 요한 베르누이의 지도로 수학을 배웠다. 그는 표트르 대제가 신설한 상트 페테르부르크 (왕립) 학술원의 수학 교수직을 1727년에 얻었고, 14년 뒤에는 프리드리히 대왕의 초청을 받아들여 베를린으로 가서 프로이센 학술원의 원장이 되었다. 오일러는 그 자리에서 25년을 보낸 뒤 1766년에 상트 페테르부르크에 되돌아갔고, 76세로 죽을 때까지 그곳에 머물렀다.

오일러는 수학에 관한 방대한 저술을 남겼는데, 사실 그는 수학의 역사상 가장 많은 작품은 남긴 사람이다. 그의 이름은 수학의 모든 분야에 남아 있다. 불행하게도, 1766년경 완전히 실명하였으나 마지막 숨을 거둘 때까지 17년 동안에 그의 경이로운 생산력은 조금도 감소되지 않았다는 사실은 놀라울 뿐이다. 그의 많은 업적 중 계수가 상수인 제차 선형 방정식의 일반해를 찾은 것과 미분 방정식을 풀 때 멱급수를 사용한 점은 높이 평가할 만하다.

오일러는 당대의 몇 가지 잡지에 뛰어난 연구 논문들을 게재했을 뿐만 아니라, 훌륭한 교과서들을 저술했는데, 내용을 대단히 명확하고 자세하며 완벽하게 서술했다. 이런 교과서들은 오랫동안 대단한 인기를 누렸으며, 지금도 매우 흥미롭고 유익한 읽을 거리가 되고 있다. 오일러의 엄청나게 풍부한 발상에 놀라지 않을 수 없으며, 후세의 수많은 뛰어난 수학자가 그로부터 큰 도움을 받았다고 인정한 사실은 결코 놀랍지 않다.

오일러는 두 번 결혼했으며 모두 13명의 자녀를 두었는데, 그중 5명을 제외하고는 모두 어렸을 때 죽었다. 첫째 아들 요한(Johann Albrecht Euler, 1734~1800)은 물리학 분야에서 약간의 명성을 얻었다.

3.1 기본 개념

일계 미분 방정식과 마찬가지로 고계 미분 방정식에 대한 논의도 초깃값 문제로부터 시작하겠다. 비선형 방정식의 경우는 이 과정의 정도를 벗어나므로 선형 미분 방정식만을 다룬다.

초깃값 문제

주어진 n계 선형 미분 방정식 (1)에 대하여 주어진 조건 (2)를 만족시키는 해를 찾는 문제를 초깃값 문제(initial-value problem)라고 한다.

$$a_n(x)\frac{d^n y}{dx^n}+a_{n-1}(x)\frac{d^{n-1}y}{dx^{n-1}}+\cdots+a_1(x)\frac{dy}{dx}+a_0(x)y=g(x) \tag{1}$$

$$y(x_0)=y_0,\ \ y'(x_0)=y_0',\ \ \cdots,\ \ y^{(n-1)}(x_0)=y_0^{(n-1)} \tag{2}$$

여기서 y_0, y_0', $\cdots$, $y_0^{(n-1)}$은 임의의 상수이다. 주어진 조건 (2)를 초기 조건(initial condition)이라고 한다. 초깃값 문제 (1), (2)는 점 $x=x_0$을 포함하는 적당한 구간 I에서의 해를 찾는다.

그러므로 선형 이계 방정식에 대한 초깃값 문제는 다음과 같다.

$$a_2(x)\frac{d^2y}{dx^2}+a_1(x)\frac{dy}{dx}+a_0(x)y=g(x),\quad y(x_0)=y_0,\ y'(x_0)=y_0'$$

그리고 이 문제의 해는 적당한 구간 I에서 정의되는 함수로, 그 그래프는 점 $(x_0,\ y_0)$을 지나고 이 점에서의 기울기는 y_0'이다.

다음 정리는 초깃값 문제 (1), (2)의 유일한 해가 존재하기 위한 충분 조건을 제공한다.

정리 3.1 [유일한 해의 존재성] 함수 $a_n(x)$, $a_{n-1}(x)$, $\cdots$, $a_1(x)$, $a_0(x)$와 $g(x)$는 구간 I에서 연속이고, 이 구간의 모든 x에서 $a_n(x)\neq 0$이라고 하자. 점 $x=x_0$이 이 구간에 속하면, 초깃값 문제 (1), (2)의 해 $y(x)$가 이 구간에서 유일하게 존재한다.

보기 1

함수 $y = 3e^{2x} + e^{-2x} - 3x$ 가 다음 초깃값 문제의 해임을 쉽게 확인할 수 있다.

$$y'' - 4y = 12x, \quad y(0) = 4, \ y'(0) = 1$$

그런데 주어진 미분 방정식은 선형이고 계수들과 $g(x) = 12x$가 $x = 0$을 포함하는 임의의 구간에서 연속이므로 정리 3.1에 의하여 주어진 함수는 유일한 해이다.

보기 2

다음 초깃값 문제는 자명한 해 $y = 0$을 갖는다.

$$3y^{(3)} + 5y'' - y' + 7y = 0, \quad y(1) = 0, \ y'(1) = 0, \quad y''(1) = 0$$

주어진 방정식은 계수가 상수인 삼계 선형 미분 방정식이므로 정리 3.1의 모든 조건을 만족시킨다. 그러므로 $y = 0$은 점 $x = 1$을 포함하는 임의의 구간에서 유일한 해이다.

정리 3.1에서 계수 $a_i(x)$ $(i = 0,\ 1,\ 2,\ \cdots,\ n)$는 구간 I에서 연속이고 I의 모든 x에서 $a_n(x) \neq 0$이라는 조건이 필요하다. 만일 이 구간의 어떤 x에서 $a_n(x) = 0$이면, 초깃값 문제의 해는 유일하지 않을 수도 있으며 존재하지 않을 수도 있다. 다음 보기 3은 이를 예시한다.

보기 3

함수 $y = cx^2 + x + 3$은 임의의 c에 대하여 구간 $(-\infty,\ \infty)$에서 다음 초깃값 문제의 해임을 보여라.

$$x^2y'' - 2xy' + 2y = 6, \quad y(0) = 3, \quad y'(0) = 1$$

풀이 $y' = 2cx + 1$이고 $y'' = 2c$이므로 다음이 성립한다.

$$\begin{aligned} x^2y'' - 2xy' + 2y &= x^2(2c) - 2x(2cx + 1) + 2(cx^2 + x + 3) \\ &= 2cx^2 - 4cx^2 - 2x + 2cx^2 + 2x + 6 = 6 \end{aligned}$$

또, $y(0) = c(0)^2 + 0 + 3 = 3$이고 $y'(0) = 2c(0) + 1 = 1$이다. 따라서 주어진 초깃값 문제의 해는 무수히 많다. □

경곗값 문제

이계 이상의 미분 방정식에 관한 문제 중에는 종속 변수 y 또는 이것의 도함수들의 서로 다른 점에서의 값이 주어졌을 때 해를 찾는 문제가 있다. 이와 같이 다음 미분 방정식 (3)에 대하여 주어진 조건 (4)를 만족시키는 해를 찾는 문제를 경곗값 문제(boundary-value problem)라고 한다.

$$a_2(x)\frac{d^2y}{dx^2}+a_1(x)\frac{dy}{dx}+a_0(x)y=g(x) \tag{3}$$

$$y(a)=y_0, \quad y(b)=y_1 \tag{4}$$

이때, 조건 (4)를 경계 조건(boundary condition)이라고 한다.

이계 미분 방정식의 경우에 경계 조건은 임의의 상수 y_0, $y_0{}'$, y_1, $y_1{}'$에 대하여 다음과 같이 주어질 수도 있다.

$$y(a)=y_0, \quad y(b)=y_1$$
$$y'(a)=y_0{}', \quad y'(b)=y_1{}'$$

보기 4

다음 경곗값 문제를 생각하자.

$$x^2y''-2xy'+2y=6, \quad y(1)=0, \quad y(2)=3$$

이 문제는 점 $x=1$과 $x=2$를 포함하는 구간에서 정의된 함수 중에서 주어진 미분 방정식을 만족시키고 그 그래프가 두 점 (1, 0)과 (2, 3)을 지나는 함수를 찾고 있다.

다음 보기들은 정리 3.1의 조건들이 성립하더라도 경곗값 문제는 여러 개의 해를 갖거나 유일한 해를 갖거나 해가 존재하지 않을 수 있음을 보여준다.

보기 5

임의의 상수 c_1과 c_2에 대하여 함수 $y=c_1\cos 4x+c_2\sin 4x$는 다음 미분 방정식의 해임을 쉽게 보일 수 있다.

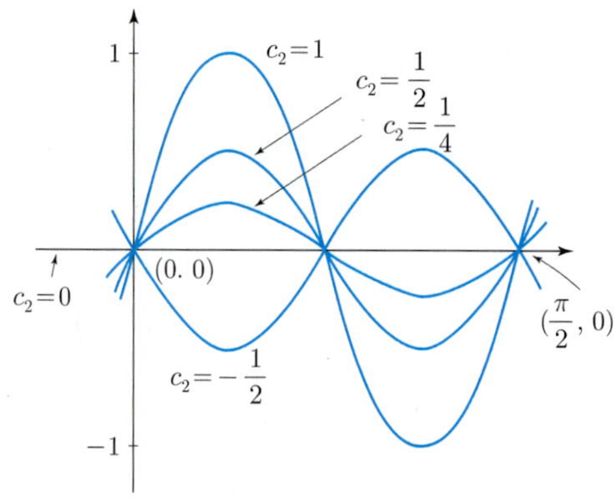

그림 3.1 ▎ $y=c_2 \sin 4x$

$$y''+16y=0$$

이제, 다음 경계 조건을 만족시키는 해를 찾아보자.

$$y(0)=0, \quad y\left(\frac{\pi}{2}\right)=0$$

첫째 조건에 의해 다음을 얻는다.

$$0=c_1 \cos 0+c_2 \sin 0, \text{ 즉 } c_1=0$$

그러므로 $y=c_2 \sin 4x$이다. 그리고 $x=\frac{\pi}{2}$일 때 다음이 성립해야 한다.

$$0=c_2 \sin 2\pi$$

그런데 $\sin 2\pi=0$이므로 둘째 조건은 임의의 c_2에 대하여 만족된다.
따라서 경곗값 문제 $y''+16y=0$, $y(0)=0$, $y\left(\frac{\pi}{2}\right)=0$의 해는 임의의 상수 c_2에 대하여 다음과 같이 나타낼 수 있다.

$$y=c_2 \sin 4x$$

그림 3.1에 나타낸 대로, 주어진 미분 방정식을 만족시키고 그 그래프가 두 점 $(0, 0)$과 $\left(\frac{\pi}{2}, 0\right)$을 지나는 함수는 무수히 많다.

한편, 보기 5의 경곗값 문제에서 경계 조건이 $y(0)=0$, $y\left(\frac{\pi}{8}\right)=0$이면, c_1과 c_2는 모두 0이므로 해는 $y=0$이다. 이것이 유일한 해가 됨은 나중에 알아볼 것이다.

보기 6

다음 경곗값 문제를 생각하자.

$$y'' + 16y = 0, \quad y(0) = 0, \quad y\left(\frac{\pi}{2}\right) = 1$$

이 문제는 $y = c_1 \cos 4x + c_2 \sin 4x$ 꼴의 해를 갖지 않는다. 왜냐하면 보기 5에 의하여 조건 $y(0) = 0$은 $c_1 = 0$을 의미하므로 $y = c_2 \sin 4x$인데, $x = \frac{\pi}{2}$이면 $1 = c_2 \cdot 0 = 0$이 되어 모순이기 때문이다.

경곗값 문제는 편미분 방정식의 응용에서 자주 발생한다.

일차 종속과 일차 독립

선형 미분 방정식의 연구에서 중요한 두 가지 기본 개념을 소개한다.

구간 I에서 x에 관한 다음 항등식을 고려하자.

$$c_1 f_1(x) + c_2 f_2(x) + \cdots + c_n f_n(x) = 0$$

여기서 $c_1, \cdots, c_n$은 상수이다. 만약 이 식을 만족시키는 모두가 0은 아닌 상수 $c_1, \cdots, c_n$이 존재한다면, 함수 $f_1(x), f_2(x), \cdots, f_n(x)$가 구간 I에서 일차 종속(linearly dependent)이라고 한다. 그렇지 않은 경우, 다시 말해 위 식을 만족시키는 유일한 경우가 $c_1 = c_2 = \cdots = c_n = 0$이면 함수 $f_1(x), f_2(x), \cdots, f_n(x)$는 구간 I에서 일차 독립(linearly independent)이라고 한다.

이 개념들은 두 함수 $f_1(x)$와 $f_2(x)$의 경우를 생각해 보면 이해하기가 쉽다. 만일 이 함수들이 어떤 구간에서 일차 종속이면, 모두가 0은 아닌 상수 c_1과 c_2가 존재하여 그 구간에 있는 모든 x에서 다음이 성립해야 한다.

$$c_1 f_1(x) + c_2 f_2(x) = 0$$

따라서 $c_1 \neq 0$이라 가정하면 다음과 같이 나타낼 수 있다.

$$f_1(x) = -\frac{c_2}{c_1} f_2(x)$$

다시 말하면, 두 함수가 일차 종속이면 한 함수는 다른 함수의 상수 배이다.

역으로, $f_1(x)=c_2f_2(x)$이면 다음과 같이 나타낼 수 있다.

$$(-1)f_1(x)+c_2f_2(x)=0$$

따라서 c_1과 c_2 중 적어도 하나는 0이 아니므로($c_1=-1$), $f_1(x)$와 $f_2(x)$는 일차 종속이다.

보기 7

두 함수 $f_1(x)=\sin 2x$와 $f_2(x)=\sin x\cos x$는 구간 $(-\infty, \infty)$에서 일차 종속이다. 왜냐하면 $c_1=\frac{1}{2}$이고 $c_2=-1$일 때 모든 x에서 다음이 성립하기 때문이다.

$$c_1\sin 2x+c_2\sin x\cos x=0.$$

보기 8

$f_1(x)=x$와 $f_2(x)=|x|$는 구간 $(-\infty, \infty)$에서 일차 독립이다. 그림 3.2에서도 알 수 있듯이 두 함수 중 하나가 다른 함수의 상수 배가 될 수 없기 때문이다. 따라서 모든 x에서 $c_1f_1(x)+c_2f_2(x)=0$이 성립하려면 $c_1=0$, $c_2=0$이어야 한다.

일차 종속과 일차 독립을 판정할 때, 함수들이 정의된 구간도 중요한 문제이다. 보기 8의 경우, 구간 $(0, \infty)$에서 생각하면 $f_1(x)=x$와 $f_2(x)=|x|$는 일차 종속이기 때문이다.

함수 $f_1(x)$, $f_2(x)$, $\cdots$, $f_n(x)$ 중 적어도 한 개의 함수가 나머지 함수들의 일차 결합으로 표현되면, $f_1(x)$, $f_2(x)$, $\cdots$, $f_n(x)$가 일차 종속임을 정의로부터 쉽게 알 수 있다.

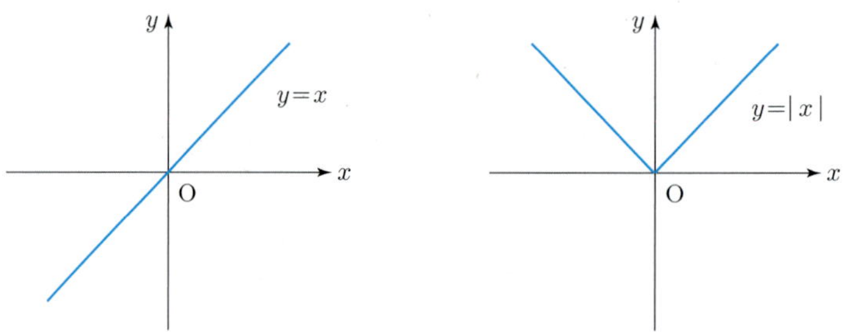

그림 3.2 ❙ 함수 $f_x(x)=x$와 $f_2(x)=|x|$

보기 9

네 함수 $f_1(x) = \sqrt{x}+5$, $f_2(x) = \sqrt{x}+5x$, $f_3(x) = x-1$, $f_4(x) = x^2$은 구간 $(0, \infty)$에서 일차 종속이다. 왜냐하면 이 구간의 모든 x에서 다음이 성립하기 때문이다.

$$f_2(x) = 1 \cdot f_1(x) + 5 \cdot f_3(x) + 0 \cdot f_4(x)$$

다음 두 가지 대수적 성질은 다음 정리와 다음 절의 많은 정리에서 유용하게 이용될 것이므로 기억해 두자. 여기서 A는 $n \times n$행렬, $\mathbf{x}$와 $\mathbf{b}$는 벡터이다.

1. 미지수가 n개인 일차 방정식 n개로 이루어진 연립 방정식 $A\mathbf{x} = \mathbf{b}$의 해가 유일하게 존재하기 위한 필요 충분 조건은 $\det(A) \neq 0$이다.
2. 미지수가 n개인 일차 방정식 n개로 이루어진 연립 방정식 $A\mathbf{x} = \mathbf{0}$의 $\mathbf{0}$(영벡터)이 아닌 해가 존재할 필요 충분 조건은 $\det(A) = 0$이다.

다음 정리는 주어진 구간에서 n개의 함수가 독립이기 위한 충분 조건을 제공한다.

정리 3.2 [론스키 행렬식] 구간 I에서 함수 $f_1(x)$, $f_2(x)$, $\cdots$, $f_n(x)$는 적어도 $n-1$계 도함수를 갖고, 다음 행렬식이 구간 I의 적어도 한 점에서 0이 아니라고 하자.

$$\begin{vmatrix} f_1 & f_2 & \cdots & f_n \\ f_1' & f_2' & \cdots & f_n' \\ \vdots & \vdots & & \vdots \\ f_1^{(n-1)} & f_2^{(n-1)} & \cdots & f_n^{(n-1)} \end{vmatrix} \tag{6}$$

그러면 함수 $f_1(x)$, $f_2(x)$, $\cdots$, $f_n(x)$는 구간 I에서 일차 독립이다.

행렬식 (6)을 $W(f_1(x), f_2(x), \cdots, f_n(x))$로 나타내고, $f_1(x)$, $f_2(x)$, $\cdots$, $f_n(x)$의 론스키 행렬식 또는 론스키안(Wronskian)이라고 한다.

증명 명제와 그 명제의 대우 명제는 동치이므로 우리는 위 명제의 대우 명제를 증명하고자 한다. 위 명제의 대우 명제는 "$f_1(x)$, $f_2(x)$, $\cdots$, $f_n(x)$가 구간 I에서 일차 종속이면 론스키안은 구간의 모든 점에서 0이다"이다. 이제 이를 증명하기 위해 함수 $f_1(x)$, $f_2(x)$, $\cdots$, $f_n(x)$가 일차 종속이라 하자. 그러면 모두가 0은 아닌 상수 c_1, $\cdots$, c_n이 존재하여 다음이 성립한다.

$$c_1 f_1(x) + \cdots + c_n f_n(x) = 0$$

이 식을 x에 대하여 한 번, 두 번, ⋯, $n-1$번 미분하면 다음을 얻는다.

$$c_1 f_1{}'(x) + \cdots + c_n f_n{}'(x) = 0,$$
$$c_1 f_1{}''(x) + \cdots + c_n f_n{}''(x) = 0,$$
$$\cdots\cdots$$
$$c_1 f_1^{(n-1)}(x) + \cdots + c_n f_n^{(n-1)}(x) = 0$$

처음 식과 위 식들을 c_1, ⋯, c_n에 관한 n개의 연립 일차 방정식으로 보자. 가정에 의해 각 점 $x \in I$에 대해 모두가 0은 아닌 해 c_1, ⋯, c_n이 존재한다. 그러므로 위 2번 사실에 의해 계수 행렬의 행렬식, 즉 이 경우 론스키안 $W(f_1(x), f_2(x), \cdots, f_n(x))$의 값은 0이다. 이 사실이 임의의 $x \in I$에 대해 성립하므로 구간 I에서 $W(f_1(x), f_2(x), \cdots, f_n(x)) = 0$이다. 따라서 대우 명제가 증명되었고 따라서 위의 명제는 참이다. ■

증명에서 사용한 위 명제의 대우 명제는 유용하므로 다음과 같이 따름 정리로 정리한다.

따름 정리 3.3 함수 $f_1(x)$, $f_2(x)$, ⋯, $f_n(x)$가 구간 I에서 적어도 $n-1$계 도함수를 갖고 일차 종속이면, I의 모든 x에 대하여 다음이 성립한다.

$$W(f_1(x), f_2(x), \cdots, f_n(x)) = 0$$

보기 10

함수 $f_1(x) = \sin^2 x$와 $f_2(x) = 1 - \cos 2x$는 $(-\infty, \infty)$에서 일차 종속임을 쉽게 밝힐 수 있다. 그러므로 위의 따름 정리에 의하여 모든 실수 x에서 $W(\sin^2 x, 1 - \cos 2x) = 0$이다. 실제로 다음과 같이 확인할 수 있다.

$$W(\sin^2 x,\ 1-\cos 2x) = \begin{vmatrix} \sin^2 x & 1-\cos 2x \\ 2\sin x\cos x & 2\sin 2x \end{vmatrix}$$
$$= 2\sin^2 x \sin 2x - 2\sin x\cos x + 2\sin x\cos x\cos 2x$$
$$= \sin 2x(2\sin^2 x - 1 + \cos 2x)$$
$$= \sin 2x(2\sin^2 x - 1 + \cos^2 x - \sin^2 x)$$
$$= \sin 2x(\sin^2 x + \cos^2 x - 1) = 0$$

보기 11

$m_1 \neq m_2$일 때, 함수 $f_1(x) = e^{m_1 x}$과 $f_2(x) = e^{m_2 x}$의 론스키 행렬식은 모든 실수 x에서 다음과 같다.

$$W(e^{m_1 x},\ e^{m_2 x}) = \begin{vmatrix} e^{m_1 x} & e^{m_2 x} \\ m_1 e^{m_1 x} & m_2 e^{m_2 x} \end{vmatrix} = (m_2 - m_1) e^{(m_1 + m_2)x} \neq 0$$

따라서 정리 3.2에 의하여 f_1과 f_2는 임의의 구간에서 일차 독립이다.

위 정리 3.2의 역은 일반적으로 성립하지 않는다. 예를 들어 미분 가능한 함수 x^3과 $|x|^3$은 구간 $[-1,\ 1]$에서 일차 독립이지만 구간 $[-1,\ 1]$에서 $W(x,\ |x|^3) = 0$이다. 하지만 다음 절의 정리 3.6에서 알아보겠지만 임의의 함수가 아닌 특정한 미분 방정식의 해집합들만 고려하면 정리 3.2의 역이 성립한다.

3.1 연습 문제

01. 구간 $(-\infty,\ \infty)$에서, $y'' - y = 0$의 해가 $y = c_1 e^x + c_2 e^{-x}$로 주어졌을 때, 초기 조건 $y(0) = 0,\ y'(0) = 1$을 만족시키는 해를 찾아라.

02. 문제 1에서 경계 조건 $y(0) = 0,\ y(1) = 1$을 만족시키는 해를 찾아라.

03. 구간 $(-\infty,\ \infty)$에서, $y'' - 3y' - 4y = 0$의 해가 $y = c_1 e^{4x} + c_2 e^{-x}$으로 주어졌을 때, 초기 조건 $y(0) = 1,\ y'(0) = 2$를 만족시키는 해를 찾아라.

04. 구간 $(-\infty,\ \infty)$에서, $y^{(3)} + y' = 0$의 해가 $y = c_1 + c_2 \cos x + c_3 \sin x$로 주어졌을 때, 초기 조건 $y(\pi) = 0,\ y'(\pi) = 2,\ y''(\pi) = -1$을 만족시키는 해를 찾아라.

05. 구간 $(-\infty,\ \infty)$에서, $x^2 y'' - xy' + y = 0$의 해가 $y = c_1 x + c_2 x \ln x$로 주어졌을 때, 초기 조건 $y(1) = 3,\ y'(1) = -1$을 만족시키는 해를 찾아라.

06. 구간 $(-\infty, \infty)$에서, $xy'' - y' = 0$의 해가 $y = c_1 + c_2 x^2$으로 주어졌을 때, 초기 조건 $y(0) = 0$, $y'(0) = 1$을 만족시키는 상수 c_1, c_2를 찾을 수 없음을 보여라. 그리고 이것이 정리 3.1에 위배되지 않는지 판단하라.

07. 문제 6에서 초기 조건 $y(0) = 0$, $y'(0) = 0$을 만족시키는 해를 찾아라.

08. 문제 6에서 경계 조건 $y(0) = 1$, $y'(1) = 6$을 만족시키는 해를 찾아라.

09. 구간 $(-\infty, \infty)$에서, $y'' - 2y' + 2y = 0$의 해가 $y = c_1 e^x \cos x + c_2 e^x \sin x$로 주어졌을 때, 다음 조건을 만족시키는 해를 찾아라.

(1) $y(0) = 1$, $y'(0) = 0$

(2) $y(0) = 1$, $y(\pi) = -1$

(3) $y(0) = 1$, $y\left(\dfrac{\pi}{2}\right) = 0$

(4) $y(0) = 0$, $y(\pi) = 0$

10. 구간 $(-\infty, \infty)$에서, $x^2 y'' - 5xy' + 8y = 24$의 해가 $y = c_1 x^2 + c_2 x^4 + 3$으로 주어졌을 때, 다음 조건을 만족시키는 해를 찾아라.

(1) $y(-1) = 1$, $y(1) = 4$

(2) $y(0) = 1$, $y(1) = 2$

(3) $y(0) = 3$, $y(1) = 0$

(4) $y(1) = 3$, $y(2) = 15$

11. 다음 초깃값 문제가 유일한 해를 갖는 $x = 0$을 포함하는 구간을 찾아라.

(1) $(x-2)y'' + 3y = x$, $y(0) = 0$, $y'(0) = 1$

(2) $y'' + (\tan x)y = e^x$, $y(0) = 1$, $y'(0) = 0$

12. 미분 방정식 $y'' + \lambda^2 y = 0$의 해가 $y = c_1 \cos \lambda x + c_2 \sin \lambda x$로 주어졌을 때, 다음 경곗값 문제가 자명하지 않은 해를 갖도록 매개 변수 λ를 결정하라.

$$y'' + \lambda^2 y = 0, \quad y(0) = 0, \ y(\pi) = 0$$

13. 주어진 함수가 구간 $(-\infty, \infty)$에서 일차 독립인지 또는 일차 종속인지를 결정하라.

(1) $f_1(x) = x$, $f_2(x) = x^2$, $f_3(x) = 4x - 3x^2$

(2) $f_1(x) = 0$, $f_2(x) = x$, $f_3(x) = e^x$

(3) $f_1(x) = 5$, $f_2(x) = \cos^2 x$, $f_3(x) = \sin^2 x$

(4) $f_1(x) = \cos 2x$, $f_2(x) = 1$, $f_3(x) = \cos^2 x$

(5) $f_1(x)=x,\quad f_2(x)=x-1,\quad f_3(x)=x+3$

(6) $f_1(x)=2+x,\quad f_2(x)=2+|x|$

(7) $f_1(x)=1+x,\quad f_2(x)=x,\quad f_3(x)=x^2$

(8) $f_1(x)=e^x,\quad f_2(x)=e^{-x},\quad f_3(x)=\sinh x$

(9) $f_1(x)=\tan x,\quad f_2(x)=\cot x,\quad f_3(x)=1$

(10) $f_1(x)=e^x\cos x,\quad f_2(x)=e^x\sin x,\quad f_3(x)=e^x$

(11) $f_1(x)=\cos x,\quad f_2(x)=\sin x,\quad f_3(x)=\sin 2x$

(12) $f_1(x)=\cosh 2x,\quad f_2(x)=\sinh 2x,\quad f_3(x)=e^{2x}$

14. 다음 함수들이 주어진 구간에서 일차 독립임을 론스키 행렬식을 찾아서 확인하라.

(1) $x^{\frac{1}{2}},\ x^2;\ (0,\ \infty)$

(2) $1+x,\ x^3;\ (-\infty,\ \infty)$

(3) $\sin x,\ \csc x\ ;\ (0,\ \pi)$

(4) $\tan x,\ \cot x\ ;\ \left(0,\ \dfrac{\pi}{2}\right)$

(5) $e^x,\ e^{-x},\ e^{4x};\ (-\infty,\ \infty)$

(6) $x,\ x\ln x,\ x^2\ln x\ ;\ (0,\ \infty)$

15. 두 함수 $f_1(x)=2$와 $f_2(x)=e^x$에 대해 $1\cdot f_1(0)-2\cdot f_2(0)=0$이 성립한다. 이것은 f_1과 f_2가 $x=0$을 포함하는 모든 구간에서 일차 종속임을 의미하는가?

16. 구간 $(-\infty,\ \infty)$에서 $f_1(x)=x^2$과 $f_2(x)=x|x|$는 일차 독립임을 그림으로 보여라.

17. 문제 16에서 모든 실수 x에서 $W(f_1(x),\ f_2(x))=0$임을 보여라.

18. 구간 $(-\infty,\ \infty)$에서, $y''+\omega^2y=0$의 해가 $y=c_1\cos\omega x+c_2\sin\omega x$로 주어졌을 때, 초기 조건 $y(0)=y_0,\ y'(0)=y_1$을 만족시키는 해를 찾아라.

19. 문제 1에 대하여

(1) 경계 조건 $y(0)=0,\ y(1)=1$을 만족시키는 해를 찾아라.

(2) 이 미분 방정식 또 다른 형태의 일반해는 $y=c_3\cosh x+c_4\sinh x$로 주어졌다고 할 때, (1)의 경계 조건을 만족시키는 해를 찾아라.

(3) (1)과 (2)의 해가 같음을 보여라.

3.2 선형 방정식의 해

이 절에서는 선형 미분 방정식의 해에 관한 기본적인 성질을 알아본다.

제차 방정식

다음과 같은 형태의 n계 선형 미분 방정식을 제차(homogeneous) 방정식이라고 한다.

$$a_n(x)\frac{d^n y}{dx^n}+a_{n-1}(x)\frac{d^{n-1}y}{dx^{n-1}}+\cdots+a_1(x)\frac{dy}{dx}+a_0(x)y=0 \tag{1}$$

그리고 항상 0은 아닌 함수 $g(x)$에 대하여 다음 미분 방정식을 비제차(non homogeneous) 방정식이라고 한다.

$$a_n(x)\frac{d^n y}{dx^n}+a_{n-1}(x)\frac{d^{n-1}y}{dx^{n-1}}+\cdots+a_1(x)\frac{dy}{dx}+a_0(x)y=g(x) \tag{2}$$

보기 1

[1] 다음은 이계 제차 선형 미분 방정식이다.

$$2y''+3y'-5y=0$$

[2] 다음은 삼계 비제차 선형 미분 방정식이다.

$$x^3y^{(3)}-2xy''+5y'+6y=e^x$$

앞으로 반복을 피하기 위하여 선형 방정식 (1)과 (2)에 대한 정의를 내리거나 정리를 증명할 때, 아래와 같은 사항을 가정한다.

어떤 구간 I에서

(i) 계수 $a_i(x)$ $(i=0,\ 1,\ 2,\ \cdots,\ n)$는 연속이다.

(ii) 우변의 $g(x)$는 연속이다.

(iii) 구간의 모든 x에서 $a_n(x)\neq 0$이다.

식 (1)과 (2)의 좌변에 나타난 미분 연산을 다음과 같이 줄여 나타내면 편리하다.

$$L(y) = a_n(x)\frac{d^n y}{dx^n} + a_{n-1}(x)\frac{d^{n-1}y}{dx^{n-1}} + \cdots + a_1(x)\frac{dy}{dx} + a_0(x)y \tag{3}$$

이 표현을 이용하면 식 (1)은 $L(y)=0$이 되고, 식 (2)는 $L(y)=g(x)$가 된다. 이 표현에서 L은 미분 작용소라고 하는데, 이는 함수 $y(x)$에 작용하여 식 (3)으로 나타나는 함수 $L(y)$를 생성하는 연산으로 이해하면 된다. 이 미분 작용소는 다음 정리의 내용과 같이 선형성을 만족시키는데, 이 성질은 이 장에서 광범위하게 활용된다.

정리 3.4 (3)과 같이 정의된 작용소 L은 선형성을 만족시킨다. 즉 다음이 성립한다.

$$L(c_1y_1 + c_2y_2) = c_1L(y_1) + c_2L(y_2)$$

여기서 c_1과 c_2는 상수이고, y_1과 y_2는 n번 미분 가능한 함수이다.

증명 L의 정의와 미분의 선형성에 의하여 다음과 같이 계산할 수 있다.

$$\begin{aligned}
L(c_1y_1 + c_2y_2) &= a_n(x)\frac{d^n(c_1y_1 + c_2y_2)}{dx^n} + \cdots + a_0(x)(c_1y_1 + c_2y_2) \\
&= a_n(x)\left[c_1\frac{d^ny_1}{dx^n} + c_2\frac{d^ny_2}{dx^n}\right] + \cdots + a_0(x)(c_1y_1 + c_2y_2) \\
&= c_1\left[a_n(x)\frac{d^ny_1}{dx^n} + \cdots + a_0(x)y_1\right] \\
&\quad + c_2\left[a_n(x)\frac{d^ny_2}{dx^n} + \cdots + a_0(x)y_2\right] = c_1L(y_1) + c_2L(y_2)
\end{aligned}$$

■

중첩의 원리

다음 정리는 제차 선형 미분 방정식의 해들의 일차 결합도 해가 됨을 보여준다.

정리 3.5 [중첩의 원리] 함수 $y_1, y_2, \cdots, y_k$가 n계 제차 선형 미분 방정식 (1)의 해이면, 임의의 상수 $c_i\ (i=1, 2, \cdots, k)$에 대한 다음과 같은 일차 결합도 미분 방정식 (1)의 해이다.

$$y = c_1y_1(x) + c_2y_2(x) + \cdots + c_ky_k(x) \tag{4}$$

증명 정리 3.4에 의해 다음이 성립한다.

$$L(c_1y_1 + \cdots + c_ky_k) = c_1L(y_1) + \cdots + c_kL(y_k)$$

그런데 $y_k(1 \le k \le n)$가 식 (1)의 해이므로 $L(y_k) = 0(1 \le k \le n)$이다. 따라서 위 식의 우변이 0이므로 $L(c_1y_1 + \cdots + c_ky_k) = 0$이다. 그러므로 $y = c_1y_1 + \cdots + c_ky_k$은 $L(y) = 0$의 해이고, 따라서 식 (1)의 해이다. ■

따름 정리 3.6 [1] 제차 선형 미분 방정식의 해 $y_1(x)$의 임의의 상수 배 $y = c_1y_1(x)$도 그 미분 방정식의 해이다.
[2] 제차 선형 미분 방정식은 항상 자명한 해 $y = 0$을 갖는다.

보기 2

함수 $y_1 = x^2$과 $y_2 = x^2\ln x$는 구간 $(0, \infty)$에서 다음 삼계 제차 미분 방정식의 해이다.

$$x^3y^{(3)} - 2xy' + 4y = 0$$

그러므로 중첩의 원리에 의하여 다음 일차 결합도 이 구간에서 주어진 방정식의 해이다.

$$y = c_1x^2 + c_2x^2\ln x$$

보기 3

함수 $y_1 = e^x$, $y_2 = e^{2x}$, $y_3 = e^{3x}$은 모두 다음 제차 선형 미분 방정식을 만족시킨다.

$$\frac{d^3y}{dx^3} - 6\frac{d^2y}{dx^2} + 11\frac{dy}{dx} - 6y = 0$$

따라서 중첩의 원리에 의하여 다음 함수도 주어진 방정식의 해이다.

$$y = c_1e^x + c_2e^{2x} + c_3e^{3x}$$

보기 4

함수 $y = x^2$은 구간 $(0, \infty)$에서 다음 제차 선형 미분 방정식의 해이다.

$$x^2y'' - 3xy' + 4y = 0$$

그러므로 $y = cx^2$도 또한 이 미분 방정식의 해이다. 따라서 c의 여러 가지 값에 대응하는 함수 $y = 3x^2$, $y = ex^2$, $y = 0$, $\cdots$ 등은 모두 구간 $(0, \infty)$에서의 해이다.

해의 기본계

정리 3.5에 의하면 $y_k (1 \le k \le n)$가 식 (1)의 해이면 $y = c_1 y_{1+} \cdots + c_k y_k$도 식 (1)의 해가 된다. 결국 이런 방식으로 식 (1)의 일반해를 얻는데, 그러기 위해서는 아무 y_k나 찾아서는 안 되고 특별한 조건을 만족시키는 y_k들이 필요하다. 이를 위해선 앞 절에서 정의한 함수 사이의 일차 독립이라는 개념이 필요하다.

정리 3.7 함수 $y_1(x)$, $y_2(x)$, $\cdots$, $y_n(x)$가 n계 선형 미분 방정식 $L(y) = 0$의 해라고 하자. 이 함수들이 구간 I에서 일차 독립이면 모든 $x \in I$에서 $W(y_1(x),\ y_2(x),\ \cdots, y_n(x)) \neq 0$이다.

증명 위 명제의 대우 명제를 증명하자. 이를 위해 어떤 점 $x_0 \in I$에서 $W(y_1,\ y_2,\ \cdots,\ y_n) = 0$이라고 하자. 그러면 c_1, $\cdots$, c_n에 대한 다음 연립 방정식이 모두가 0은 아닌 해 c_1, $\cdots, c_n$을 갖는다.

$$\begin{aligned} &c_1 y_1(x_0) + \cdots + c_n y_n(x_0) = 0, \\ &c_1 y_1{}'(x_0) + \cdots + c_n y_n{}'(x_0) = 0, \\ &\qquad\cdots\cdots \\ &c_1 y_1^{(n-1)}(x_0) + \cdots + c_n y_n^{(n-1)}(x_0) = 0 \end{aligned} \tag{4}$$

이 c_1, $\cdots$, c_n에 대하여 함수 $y = c_1 y_1(x) + \cdots + c_n y_n(x)$는 중첩 원리에 의해 $L(y) = 0$의 해이다. 또한 식 (4)에 의해 y는 다음 초기 조건을 갖는다.

$$y(x_0) = y'(x_0) = \cdots = y^{(n-1)}(x_0) = 0$$

한편 상수 함수 $y=0$은 위 초기 조건을 만족시키고 $L(y)=0$의 해이다. 따라서 해의 유일성에 의하여 $c_1y_1(x)+ \cdots +c_ny_n(x)$는 구간 I에서 0함수이다. 즉, 모든 $x \in I$에서 $c_1y_1(x)+ \cdots +c_ny_n(x)=0$이다. 이는 $y_1(x)$, $y_2(x)$, $\cdots$, $y_n(x)$이 일차 종속임을 의미한다. 이로써 증명이 끝났다. ■

따름 정리 3.8 n계 선형 미분 방정식 $L(y)=0$의 n개의 해에 대한 론스키안은 항등적으로 0이거나(해들이 일차 종속) 또는 결코 0이 되지 않는다(해들이 일차 독립).

이제 이 절의 핵심 내용인 다음 정리를 보이자.

정리 3.9 함수 $y_1(x)$, $y_2(x)$, $\cdots$, $y_n(x)$가 구간 I에서 일차 독립이고 n계 선형 미분 방정식 $L(y)=0$ 의 해라고 하자. 그러면 $y=c_1y_1(x)+ \cdots +c_ny_n(x)$는 일반해이다.

증명 $z(x)$를 $L(y)=0$의 임의의 해라고 하자. $z(x)$가 $y_i(x)(1 \leq i \leq n)$들의 일차 결합으로 표시됨을 보이면 된다. 구간 I의 한 점 x_0을 고정하고, 다음 연립 방정식을 풀어 c_1, $\cdots$, c_n을 결정하자.

$$
\begin{aligned}
&c_1y_1(x_0)+ \cdots +c_ny_n(x_0)=z(x_0), \\
&c_1y_1'(x_0)+ \cdots +c_ny_n'(x_0)=z'(x_0), \\
&\qquad\cdots\cdots \\
&c_1y_1^{(n-1)}(x_0)+ \cdots +c_ny_n^{(n-1)}(x_0)=z^{(n-1)}(x_0)
\end{aligned}
\tag{5}
$$

여기서 식의 우변은 해 $z(x)$의 x_0점에서의 함숫값과 일계, 이계, $\cdots$, $(n-1)$계 도함수의 함숫값이다. 이 식은 늘 풀리는데, 그 이유는 계수 행렬의 행렬식이 0이 아니기 때문이다. (계수들의 행렬식은 함수 $y_i(x)(1 \leq i \leq n)$들의 론스키안이고, 함수 $y_i(x)(1 \leq i \leq n)$들이 일차 독립이므로 론스키안 값은 0이 아니다.)

이렇게 결정된 c_1, $\cdots$, c_n으로 다음과 같은 함수를 정의하자.

$$w(x)=c_1y_1(x)+ \cdots +c_ny_n(x)$$

$w(x)$는 $y_i(x)(1 \leq i \leq n)$들의 일차 결합이므로 $L(y)=0$의 해이고, 식 (5)에 의해 $w(x_0)=z(x_0)$, $w'(x_0)=z'(x_0)$, $\cdots$, $w^{(n-1)}(x_0)=z^{(n-1)}(x_0)$이다. 해의 유일성에

의해 $z(x)=w(x)$이다. 따라서 임의의 해 $z(x)$가 $y_i(x)(1 \le i \le n)$들의 일차 결합으로 표시됨을 보였으므로 증명이 끝났다. ■

n계 선형 미분 방정식의 일차 독립인 n개의 해를 해의 기본계(fundamental set of solutions)라고 한다. 정리 3.9에 의해 n계 선형 미분 방정식 $L(y)=0$의 일반해를 찾는 문제는 해의 기본계를 찾는 문제로 귀결된다. 그렇다면 중요한 문제는 그런 n개의 해의 존재 여부인데, 이의 존재성은 다음 정리가 말해준다.

정리 3.10 식 (1)로 표현되는 n계 선형 미분 방정식 $L(y)=0$은 일차 독립인 n개의 해를 갖는다.

증명 $y_1(x)$를 다음 조건을 만족시키는 $L(y)=0$의 유일한 해라고 하자.

$$y_1(x_0)=1,\ y_1{}'(x_0)=0,\ \cdots,\ y_1^{(n-1)}(x_0)=0$$

$y_2(x)$를 다음 조건을 만족시키는 $L(y)=0$의 유일한 해라고 하자.

$$y_2(x_0)=0,\ y_2{}'(x_0)=1,\ \cdots,\ y_2^{(n-1)}(x_0)=0$$

이와 같은 방법으로 $y_i(x)$ $(1 \le i \le n)$를 다음 초기 조건을 만족시키는 $L(y)=0$의 유일한 해라고 하자.

$$y_i^{(j-1)}(x_0)=\begin{cases}1 & (j=i)\\ 0 & (j\ne i)\end{cases}$$

이런 해는 정리 3.1에 의해 반드시 존재한다. 이 함수들이 서로 독립임을 보이기 위해 $x=x_0$점에서 론스키안을 계산해 보면 다음과 같다.

$$W(y_1(x_0),\ y_2(x_0),\ \cdots,\ y_n(x_0))=\det\begin{bmatrix}1 & & 0\\ & \ddots & \\ 0 & & 1\end{bmatrix}=1$$

따라서 $y_i(x)\,(1 \le i \le n)$들이 일차 독립임을 알 수 있다. ■

보기 5

이계 방정식 $y''-9y=0$은 다음과 같은 두 개의 해를 갖는다.

$$y_1=e^{3x},\quad y_2=e^{-3x}$$

모든 x에 대하여 다음이 성립한다.

$$W(e^{3x},\ e^{-3x})=\begin{vmatrix} e^{3x} & e^{-3x} \\ 3e^{3x} & -3e^{-3x} \end{vmatrix}=-6\neq 0$$

그러므로 함수 y_1과 y_2는 구간 $(-\infty,\ \infty)$에서 해의 기본계를 이룬다.
따라서 이 구간에서 주어진 미분 방정식의 일반해는 다음과 같다.

$$y=c_1e^{3x}+c_2e^{-3x}$$

비제차 방정식

비제차 방정식 (2)를 만족시키고 임의의 상수가 없는 함수 y_p를 방정식 (2)의 특수해라고 한다.

보기 6

[1] 함수 $y_p=3$은 방정식 $y''+9y=27$의 특수해이다. 왜냐하면 $y_p''=0$이고 $0+9y_p=9\cdot 3=27$이 성립하기 때문이다.

[2] 함수 $y_p=x^3-x$는 구간 $(0,\ \infty)$에서 방정식 $x^2y''+2xy'-8y=4x^3+6x$의 특수해다. 왜냐하면 $y_p'=3x^2-1$, $y_p''=6x$이고 다음이 성립하기 때문이다.

$$x^2y_p''+2xy_p'-8y_p=x^2(6x)+2x(3x^2-1)-8(x^3-x)=4x^3+6x$$

이제 비제차 방정식을 알아보자.

정리 3.11 y_p를 비제차 방정식 $L(y)=f(x)$의 특수해라 하고, y_h를 제차 방정식 $L(y)=0$의 일반해라고 하자. 그러면 비제차 방정식 $L(y)=f(x)$의 일반해는 $y=y_h+y_p$이다.

증명 먼저 $y_h + y_p$ 꼴의 모든 함수는 다음에 의해 $L(y) = f(x)$의 해이다.

$$L(y_h + y_p) = L(y_h) + L(y_p) = 0 + f = f$$

이제 $y(x)$가 $L(y) = f(x)$의 임의의 해일 때, $y = y_h + y_p$의 꼴임을 보이자. 만약 $y(x)$가 $L(y) = f(x)$의 임의의 해라면 다음에 의해 $y - y_p$는 $L(y) = 0$의 해이다.

$$L(y - y_p) = L(y) - L(y_p) = f - f = 0$$

이제 $y - y_p = z$라고 놓자. 그러면 $y = z + y_p$가 되고 z가 $L(y) = 0$의 해이므로 y는 원하는 꼴이다. ■

n계 비제차 선형 미분 방정식 (2)의 구간 I에서의 해 y_p가 주어지고 구간 I에서의 그에 대응하는 제차 방정식 (1)의 일반해가 다음과 같다고 하자.

$$y_h = c_1 y_1(x) + c_2 y_2(x) + \cdots + c_n y_n(x)$$

그러면 정리 3.11로부터 비제차 방정식의 일반해는 다음과 같다.

$$y = c_1 y_1(x) + c_2 y_2(x) + \cdots + c_n y_n(x) + y_p(x) = y_h(x) + y_p(x)$$

이때, 제차 방정식 (1)의 일반해 y_h를 비제차 방정식 (2)의 **여함수**(complementary function)라고 한다.

보기 7

선형 미분 방정식 $y'' + 2y' + 2y = xe^{-x}$의 일반해는 다음과 같음을 보여라. (단, c_1과 c_2는 임의의 상수)

$$y = e^{-x}(c_1 \cos x + c_2 \sin x) + \frac{x+1}{2} e^{-2x}$$

풀이 $u_1(x) = e^{-x}\cos x$와 $u_2(x) = e^{-x}\sin x$는 각각 $y'' + 2y' + 2y = 0$의 해이고 다음이 성립한다.

$$\begin{aligned} W(x) &= \begin{vmatrix} u_1(x) & u_2(x) \\ u_1'(x) & u_2'(x) \end{vmatrix} \\ &= \begin{vmatrix} e^{-x}\cos x & e^{-x}\sin x \\ -e^{-x}(\sin x + \cos x) & e^{-x}(\cos x - \sin x) \end{vmatrix} \end{aligned}$$

$$= e^{-2x} \neq 0$$

그러므로 $u_1(x)$와 $u_2(x)$는 일차 독립이고 $y'' + 2y' + 2y = 0$의 일반해는 다음과 같다.

$$y_h = c_1 e^{-x} \cos x + c_2 e^{-x} \sin x = e^{-x}(c_1 \cos x + c_2 \sin x)$$

한편, $y_p = \dfrac{x+1}{2} e^{-2x}$은 주어진 방정식의 한 특수해이다. 따라서 다음은 주어진 미분 방정식의 일반해이다.

$$y = y_h + y_p = e^{-x}(c_1 \cos x + c_2 \sin x) + \frac{x+1}{2} e^{-2x}$$ □

복소수 값을 갖는 해

복소 함수를 고려하면 문제의 풀이가 간단해지는 경우가 있다. 다음 정리는 주어진 실수 계수를 갖는 선형 미분 방정식의 실수 해와 복소수 해 사이의 관계를 보여준다.

정리 3.12 모든 계수가 실수인 미분 방정식 (1)에서 복소 함수 $y = u + iv$(여기서 u와 v는 실 함수)가 해가 될 필요 충분 조건은 u와 v가 모두 식 (1)의 해인 경우이다.

증명 미분 작용소 L의 선형성에 의해 $L(y) = L(u) + iL(v)$ (여기서 $L(u)$와 $L(v)$는 실 함수)이 성립한다. 따라서 y가 해가 될 필요 충분 조건은 $L(y) = L(u) + iL(v) = 0$이다. 그런데 복소수가 0이 될 필요 충분 조건은 실수부 허수부가 모두 0일 때이므로, $L(y) = 0$일 필요 충분 조건은 $L(u) = L(v) = 0$이다. ■

계수 저하법

이제 선형 미분 방정식에서 알고 있는 해로부터 둘째 해를 찾는 것은 매우 흥미롭고 중요한 과제이다. $y_1(x)$를 다음 방정식의 0이 아닌 해라고 하자.

$$a_2(x)y'' + a_1(x)y' + a_0(x)y = 0 \tag{6}$$

방정식 (6)을 일계 미분 방정식으로 계수를 줄여서 둘째 해 $y_2(x)$를 찾으려고 한다.

예를 들어, $y_1 = e^x$이 미분 방정식 $y'' - y = 0$을 만족시킴을 쉽게 밝힐 수 있다. 만일 $y = u(x)e^x$ 꼴의 해가 존재한다면 $y' = ue^x + e^x u'$이고 $y'' = ue^x + 2e^x u' + e^x u''$이므로

다음이 성립해야 한다.

$$y'' - y = e^x(u'' + 2u') = 0$$

그런데 $e^x \neq 0$이므로 $u'' + 2u' = 0$이다. 이제 $w = u'$이라 놓으면, 일계 선형 미분 방정식 $w' + 2w = 0$을 얻고 적분 인자 e^{2x}을 이용하면 다음을 얻는다.

$$\frac{d}{dx}(e^{2x}w) = 0$$

그러므로 $w = c_1 e^{-2x}$, 즉 $u' = c_1 e^{-2x}$이다. 따라서 $u = -\frac{c_1}{2}e^{-2x} + c_2$이고 다음을 얻는다.

$$y = u(x)e^x = -\frac{c_1}{2}e^{-x} + c_2 e^x$$

그러므로 $c_2 = 0$과 $c_1 = -2$로 놓으면 둘째 해 $y_2 = e^{-x}$을 얻는다.

모든 x에 대하여 $W(e^x, e^{-x}) \neq 0$이므로 y_1과 y_2는 구간 $(-\infty, \infty)$에서 일차 독립이고, 따라서 주어진 방정식의 일반해는 $y = c_1 e^{-x} + c_2 e^x$이다.

이와 같이 이미 알고 있는 해로부터 방정식의 계수를 줄여서 둘째 해를 얻는 방법을 **계수 저하법**(method of reduction of order)이라고 한다.

보기 8

함수 $y_1 = x^3$은 구간 $(0, \infty)$에서 방정식 $x^2y'' - 6y = 0$의 해이다. 계수 저하법을 이용하여 이 구간에서 둘째 해를 찾아라.

풀이 $y = u(x)x^3$을 주어진 미분 방정식의 해라 하고, 일계와 이계 도함수를 계산하면 다음과 같다.

$$y' = 3x^2u + x^3u', \quad y'' = x^3u'' + 6x^2u' + 6xu$$

그러므로 다음이 성립해야 한다.

$$x^2y'' - 6y = x^2(x^3u'' + 6x^2u' + 6xu) - 6ux^3 = x^5u'' + 6x^4u' = 0,$$
$$u'' + \frac{6}{x}u' = 0$$

이제 $w = u'$라 하면 다음 일계 선형 미분 방정식을 얻는다.

$$w' + \frac{6}{x} w = 0$$

이것의 적분 인자는 $e^{6\int \frac{dx}{x}} = e^{6\ln x} = x^6$이다.

따라서 $\frac{d}{dx}(x^6 w) = 0$으로부터 $x^6 w = c_1$이므로 다음을 얻는다.

$$w = u' = \frac{c_1}{x^6},$$
$$u = -\frac{c_1}{5x^5} + c_2,$$
$$y = u(x)x^3 = -\frac{c_1}{5x^2} + c_2 x^3$$

이제, $c_2 = 0$과 $c_1 = -5$로 놓으면 둘째 해 $y_2 = \frac{1}{x^2}$을 얻는다. □

일반적인 경우의 계수 저하법

방정식 (6)을 $a_2(x)$로 나누면 다음과 같은 꼴이 된다.

$$y'' + P(x)y' + Q(x)y = 0 \tag{7}$$

여기서 $P(x)$와 $Q(x)$는 구간 I에서 연속이다. $y_1(x)$를 이미 알고 있는 해라 하고, I의 모든 x에 대하여 $y_1(x) \neq 0$라고 가정하자.

이제 $y = u(x)y_1(x)$를 방정식 (7)의 해라 하고, 일계와 이계 도함수를 찾으면 다음과 같다.

$$y' = uy_1' + y_1 u', \quad y'' = uy_1'' + 2y_1' u' + y_1 u''$$

그러므로 다음이 성립해야 한다.

$$\begin{aligned} y'' + Py' + Qy &= u\{y_1'' + Py_1' + Qy_1\} + y_1 u'' + (2y_1' + Py_1)u' \\ &= y_1 u'' + (2y_1' + Py_1)u' = 0 \end{aligned}$$

이제, $w = u'$라 하면 다음과 같이 w에 관한 일계 선형 미분 방정식을 얻는다.

$$y_1 w' + (2y_1' + Py_1)w = 0 \tag{8}$$

식 (8)은 분리 가능하고, 분리 가능한 방정식의 해법에 따라 다음을 얻는다.

$$
\begin{aligned}
&\frac{dw}{w}+2\frac{y_1{}'}{y_1}dx+P\,dx=0,\\
&\ln|w|+2\ln|y_1|=-\int P\,dx+c,\\
&\ln\left|wy_1^2\right|=-\int P\,dx+c,\\
&wy_1^2=c_1e^{-\int P\,dx},\\
&w=u'=c_1\frac{e^{-\int P\,dx}}{y_1^2}
\end{aligned}
$$

한 번 더 적분하면 $u=c_1\int\frac{e^{-\int P\,dx}}{y_1^2}dx+c_2$이므로 다음을 얻는다.

$$
y=u(x)y_1(x)=c_1y_1(x)\int\frac{e^{-\int P(x)\,dx}}{y_1^2(x)}dx+c_2y_1(x)
$$

$c_2=0$과 $c_1=1$로 택하면 방정식 (7)의 둘째 해는 다음과 같다.

$$
y_2=y_1(x)\int\frac{e^{-\int P(x)\,dx}}{y_1^2(x)}dx \tag{9}
$$

만약 적분식 (9)가 초등적이지 않을 경우(Nonelementary integral) 아래와 같이 쓴다.

$$
y_2=y_1(x)\int_{x_0}^{x}\frac{e^{-\int P(t)\,dt}}{y_1^2(t)}dt \tag{10}
$$

실제로 (9)를 미분하여 방정식 (7)을 만족시킴을 보일 수 있다. $y_1(x)$가 0이 아닌 임의의 구간에서 다음이 성립하므로, $y_1(x)$와 $y_2(x)$는 일차 독립이다.

$$
W(y_1(x),\ y_2(x))=\begin{vmatrix} y_1 & y_1\int\frac{e^{-\int P\,dx}}{y_1^2}dx \\ y_1{}' & \frac{e^{-\int P\,dx}}{y_1}+y_1{}'\int\frac{e^{-\int P\,dx}}{y_1^2}dx \end{vmatrix}=e^{-\int P\,dx}\neq 0
$$

보기 9

함수 $y_1 = x^2$은 미분 방정식 $x^2y'' - 3xy' + 4y = 0$의 해이다. 구간 $(0, \infty)$에서 일반해를 찾아라.

풀이 구간 $(0, \infty)$에서 주어진 방정식을 다음과 같이 변형할 수 있다.

$$y'' - \frac{3}{x}y' + \frac{4}{x^2}y = 0$$

식 (9)를 사용하여 다음을 얻는다.

$$\begin{aligned} y_2 &= x^2 \int \frac{e^{3\int \frac{dx}{x}}}{x^4} dx \quad [e^{3\int \frac{dx}{x}} = e^{\ln x^3} = x^3] \\ &= x^2 \int \frac{dx}{x} = x^2 \ln x \end{aligned}$$

따라서 구간 $(0, \infty)$에서의 일반해는 다음과 같다.

$$y = c_1 x^2 + c_2 x^2 \ln x$$

□

보기 10

함수 $y_1 = \dfrac{\sin x}{\sqrt{x}}$는 $(0, \pi)$에서 미분 방정식 $x^2y'' + xy' + \left(x^2 - \dfrac{1}{4}\right)y = 0$의 해이다. 계수 저하법을 이용하여 둘째 해를 찾아라.

풀이 주어진 방정식을 다음과 같이 변형할 수 있다.

$$y'' + \frac{1}{x}y' + \left(1 - \frac{1}{4x^2}\right)y = 0$$

식 (9)를 사용하여 다음을 얻는다.

$$\begin{aligned} y_2 &= \frac{\sin x}{\sqrt{x}} \int \frac{e^{-\int \frac{dx}{x}}}{\left(\frac{\sin x}{\sqrt{x}}\right)} dx = \frac{\sin x}{\sqrt{x}} \int \csc^2 x\, dx \; [e^{-\int \frac{dx}{x}} = e^{\ln x^{-1}} = x^{-1}] \\ &= \frac{\sin x}{\sqrt{x}}(-\cot x) = -\frac{\cos x}{\sqrt{x}} \end{aligned}$$

주어진 방정식이 제차이므로 부호를 무시할 수 있다. 따라서 둘째 해는 다음과 같다.

$$y_2 = \frac{\cos x}{\sqrt{x}}$$ □

3.2 연습 문제

01. 구간 $(0, \infty)$에서 함수 $y = \dfrac{1}{x}$이 비선형 미분 방정식 $y'' = 2y^3$의 해임을 보여라.

02. $c \neq 0, \pm 1$일 때 함수 $y = \dfrac{c}{x}$는 문제 1의 방정식의 해가 아님을 보여라.

03. 구간 $(0, \infty)$에서 함수 $y_1 = 1$과 $y_2 = \ln x$는 비선형 미분 방정식 $y'' + (y')^2 = 0$의 해임을 보여라.

04. 문제 3에서 함수 $y_1 + y_2$는 주어진 방정식의 해인가? 임의의 상수 c_1과 c_2에 대하여 $c_1 y_1 + c_2 y_2$는 주어진 방정식의 해인가?

05. 다음 주어진 구간에서 주어진 함수들이 해의 기본계를 이룸을 보여라. 또, 일반해를 찾아라.

(1) $y'' - y' - 12y = 0, \quad e^{-3x}, e^{4x}, \quad (-\infty, \infty)$

(2) $y'' - 4y = 0, \quad \cosh 2x, \sinh 2x, \quad (-\infty, \infty)$

(3) $y'' - 2y' + 5y = 0, \quad e^x \cos 2x, e^x \sin 2x, \quad (-\infty, \infty)$

(4) $4y'' - 4y' + 4y = 0, \quad e^{2x}, xe^{2x}, \quad (-\infty, \infty)$

(5) $x^2 y'' - 6xy' + 12y = 0, \quad x^3, x^4, \quad (0, \infty)$

(6) $x^2 y'' + xy' + y = 0, \quad \cos(\ln x), \sin(\ln x), \quad (0, \infty)$

(7) $x^3 y^{(3)} + 6x^2 y'' + 4xy' - 4y = 0, \quad x, x^{-2}, x^{-2}\ln x, \quad (0, \infty)$

(8) $xy'' + y' = 0, \quad \ln x, 1, \quad (0, \infty)$

06. 다음 주어진 구간에서 비제차 미분 방정식의 일반해가 주어진 함수와 같음을 보여라.

(1) $y'' - 7y' + 10y = 24e^x; \; y = c_1 e^{2x} + c_2 e^{5x} + 6e^x, \quad (-\infty, \infty)$

(2) $y'' + y = \sec x$; $y = c_1\cos x + c_2\sin x + x\sin x + (\cos x)\ln(\cos x)$, $\left(-\frac{\pi}{2}, \frac{\pi}{2}\right)$

(3) $y'' - 4y' + 4y = 2e^{2x} + 4x - 12$; $y = c_1e^{2x} + c_2xe^{2x} + x^2e^{2x} + x - 2$, $(-\infty, \infty)$

(4) $2x^2y'' + 5xy' + y = x^2 - x$; $y = c_1x^{-\frac{1}{2}} + c_2x^{-1} + \frac{1}{15}x^2 - \frac{1}{6}x$, $(0, \infty)$

07. y_1과 y_2가 구간 $(-1, 1)$에서 다음 미분 방정식의 해라고 하자.

$$(1-x^2)y'' - 2xy' + n(n+1)y = 0$$

이때, $W(y_1, y_2) = \dfrac{c}{(1-x^2)}$임을 보여라(단, c는 상수).

08. 함수 f가 구간 I에서 미분 가능하고 I의 모든 x에서 $f(x) \neq 0$일 때, $f(x)$와 $xf(x)$가 구간 I에서 일차 독립임을 보여라.

09. 다음 미분 방정식의 둘째 해를 적당한 구간을 가정하여 찾아라.

(1) $y'' + 5y' = 0$, $y_1 = 1$

(2) $y'' - y' = 0$, $y_1 = 1$

(3) $y'' - 4y' + 4y = 0$, $y_1 = e^{2x}$

(4) $y'' + 2y' + y = 0$, $y_1 = xe^{-x}$

(5) $y'' + 16y = 0$, $y_1 = \cos 4x$

(6) $y'' + 9y = 0$, $y_1 = \sin 3x$

(7) $y'' - y = 0$, $y_1 = \cosh x$

(8) $y'' - 25y = 0$, $y_1 = e^{5x}$

(9) $9y'' - 12y' + 4y = 0$, $y_1 = e^{\frac{2x}{3}}$

(10) $6y'' + y' - y = 0$, $y_1 = e^{\frac{x}{3}}$

(11) $x^2y'' - 7xy' + 16y = 0$, $y_1 = x^4$

(12) $x^2y'' + 2xy' - 6y = 0$, $y_1 = x^2$

(13) $xy'' + y' = 0$, $y_1 = \ln x$

(14) $4x^2y'' + y = 0$, $y_1 = x^{\frac{1}{2}}\ln x$

(15) $(1-2x-x^2)y'' + 2(1+x)y' - 2y = 0$, $y_1 = x+1$

(16) $(1-x^2)y'' - 2xy' = 0$, $y_1 = 1$

(17) $x^2y'' - xy' + 2y = 0$, $y_1 = x\sin(\ln x)$

(18) $x^2y'' - 3xy' + 5y = 0$, $y_1 = x^2\cos(\ln x)$

(19) $(1+2x)y'' + 4xy' - 4y = 0$, $y_1 = e^{-2x}$

(20) $x^2y'' - xy' + y = 0$, $y_1 = x$

(21) $x^2y'' - 20y = 0$, $y_1 = x^{-4}$

10. 다음 주어진 함수 y_1은 주어진 미분 방정식에 대응하는 제차 방정식의 해이다. 계수 저하법으로 제차 방정식의 둘째 해를 찾아라.

(1) $y'' - 4y = 2,\quad y_1 = e^{-2x}$

(2) $y'' + y' = 1,\quad y_1 = 1$

(3) $y'' - 3y' + 2y = 5e^{3x},\quad y_1 = e^{x}$

(4) $y'' - 4y' + 3y = x,\quad y_1 = e^{x}$

11. $y_{p_1} = 3e^{2x}, y_{p_2} = x^2 + 3x$와 미분 방정식 $y'' - 6y' + 5y = -9e^{2x}; y'' - 6y' + 5y = 5x^2 + 3x - 16$의 관계를 이용해 아래 미분 방정식들의 특수해를 찾아라.

$$y'' - 6y' + 5y = 5y = 5x^2 + 3x - 16 - 9e^{2x}$$
$$y'' - 6y' + 5y = -10x^2 - 6x + 32 + e^{2x}$$

12. (1) $y_1 = x^3, y_2 = |x|^3$은 은 구간 $(-\infty,\ \infty)$에서 $x^2y'' - 4xy' + 6y = 0$의 일차 독립인 해임을 보여라.

(2) (1)의 y_1, y_2에 대하여 $W(y_1, y_2)$를 계산하고 정리 3.7에 위배되는지 설명하라.

13. $y_1, y_2, \cdots, y_k$가 구간 $(-\infty,\ \infty)$에서 상수 계수 n계 제차 선형 방정식의 일차 독립인 해라고 하자. 따름 정리 3.6에 의해 이 미분 방정식은 자명한 해 $y_{k+1} = 0$를 가진다. 이 때, $y_1, y_2, \cdots, y_k, y_{k+1}$은 일차 독립인지 아닌지를 판단하라.

14. (10)이 방정식 (7)의 해가 됨을 보여라.

15. $y_1(x) = x$는 미분 방정식 $x^2y'' + (x^2 - x)y' + (1 - x)y = 0$의 해이다. 둘째 해 $y_2(x)$를 찾아라.

16. (1) $y_1(x) = e^x$는 미분 방정식 $xy'' - (x + 10)y' + 10y = 0$의 해가 됨을 보여라.

(2) 따름 정리 3.6 [1]을 이용하여 (1)의 둘째 해 $y_2(x)$는 $y_2(x) = \sum_{n=0}^{10} \frac{1}{n!} x^n$으로 주어짐을 보여라.

3.3 상수 계수 제차 선형 방정식

계수가 상수인 다음과 같은 일계 선형 방정식은 구간 $(-\infty, \infty)$에서 지수 함수인 해 $y = c_1 e^{-ax}$을 갖는다.

$$\frac{dy}{dx} + ay = 0 \quad (a\text{는 상수})$$

일반적으로 다음과 같은 계수가 상수인 선형 미분 방정식도 지수 함수인 해를 갖는지에 대하여 알아보고자 한다.

$$a_n y^{(n)} + a_{n-1} y^{(n-1)} + \cdots + a_2 y'' + a_1 y' + a_0 y = 0 \tag{1}$$

놀랍게도 방정식 (1)의 모든 해는 일반적으로 지수 함수로 구성되어 있다. 특별히 다음과 같이 계수가 모두 상수인 이계 선형 방정식의 경우부터 살펴보자.

$$ay'' + by' + cy = 0 \tag{2}$$

특성 방정식

방정식 (2)가 $y = e^{mx}$ 꼴의 해를 갖는다고 가정하고, 일계와 이계 도함수를 찾으면 다음과 같다.

$$y' = me^{mx}, \quad y'' = m^2 e^{mx}$$

그러므로 이를 방정식 (2)에 대입하면 다음을 얻는다.

$$am^2 e^{mx} + bme^{mx} + ce^{mx} = 0,$$
$$e^{mx}(am^2 + bm + c) = 0$$

그런데 e^{mx}은 어떠한 x에 대해서도 0이 될 수 없다. 따라서 지수 함수 $y = e^{mx}$이 미분 방정식 (2)를 만족시키기 위해서는 m이 다음 이차 방정식을 만족시켜야 한다.

$$am^2 + bm + c = 0 \tag{3}$$

방정식 (3)을 미분 방정식 (2)의 **특성 방정식**(characteristic equation)이라고 한다.

이제 특성 방정식 (3)의 해에 대한 세 가지 경우, 즉 서로 다른 실근, 중근, 켤레 복소근에 대하여 생각해 보자.

[경우 1] 특성 방정식 (3)이 서로 다른 실근 m_1과 m_2를 갖는다면 다음 두 해를 찾을 수 있다.

$$y_1 = e^{m_1 x}, \quad y_2 = e^{m_2 x}$$

이 두 함수는 구간 $(-\infty, \infty)$에서 일차 독립이고, 이에 따라 기본계를 이룬다. 그러므로 방정식 (2)의 일반해는 다음과 같다.

$$y = c_1 e^{m_1 x} + c_2 e^{m_2 x} \tag{4}$$

[경우 2] 특성 방정식 (3)이 중근 $m_1 = m_2$를 갖는다면, 다음과 같은 단 한 개의 근을 얻을 수 있다.

$$y_1 = e^{m_1 x}$$

그러나 3.2절에 논의한 계수 저하법을 사용하면 둘째 해는 다음과 같다.

$$y_2 = e^{m_1 x} \int \frac{e^{-\frac{b}{a}x}}{e^{2m_1 x}} dx \tag{5}$$

중근을 갖기 위해서는 $b^2 - 4ac = 0$이어야 하므로 $m_1 = -\dfrac{b}{2a}$이고, 이에 따라 (5)는 다음과 같다.

$$y_2 = e^{m_1 x} \int \frac{e^{2m_1 x}}{e^{2m_1 x}} dx = e^{m_1 x} \int dx = x e^{m_1 x}$$

따라서 방정식 (2)의 일반해는 다음과 같다.

$$y = c_1 e^{m_1 x} + c_2 x e^{m_1 x} \tag{6}$$

[경우 3] m_1과 m_2가 복소수이면 다음과 같이 쓸 수 있다.

$$m_1 = \alpha + i\beta, \quad m_2 = \alpha - i\beta$$

여기서 α와 $\beta(>0)$는 실수이고 $i^2 = -1$이다.

사실, 경우 1과 3 사이에 특별한 차이가 없으므로 다음과 같이 쓸 수 있다.

$$y = c_1 e^{(\alpha + i\beta)x} + c_2 e^{(\alpha - i\beta)x} \tag{7}$$

그러나 복소 지수 함수보다는 실 함수로 나타낼 필요가 있다. 이를 위해 다음과 같은 오일러 공식(Euler's formula)을 이용하자.

$$e^{i\theta} = \cos\theta + i\sin\theta \quad (\theta\text{는 실수})$$

그러면 $e^{i\beta x} = \cos\beta x + i\sin\beta x$이고 $e^{-i\beta x} = \cos\beta x - i\sin\beta x$이므로, 식 (7)을 다음과 같이 다시 쓸 수 있다.

$$\begin{aligned} y &= e^{\alpha x}(c_1 e^{i\beta x} + c_2 e^{i\beta x}) \\ &= e^{\alpha x}\{c_1(\cos\beta x + i\sin\beta x) + c_2(\cos\beta x - i\sin\beta x)\} \\ &= e^{\alpha x}\{(c_1 + c_2)\cos\beta x + (c_1 i - c_2 i)\sin\beta x\} \end{aligned}$$

$e^{\alpha x}\cos\beta x$와 $e^{\alpha x}\sin\beta x$는 구간 $(-\infty, \infty)$에서 주어진 미분 방정식의 해의 기본계를 이루므로 $c_1 + c_2$ 대신 c_1으로, $c_1 i - c_2 i$ 대신 c_2로 다시 나타내면 다음과 같은 일반해를 얻는다.

$$y = c_1 e^{\alpha x}\cos\beta x + c_2 e^{\alpha x}\sin\beta x = e^{\alpha x}(c_1\cos\beta x + c_2\sin\beta x) \tag{8}$$

보기 1

다음 미분 방정식을 풀어라.

[1] $2y'' - 5y' - 3y = 0$ [2] $y'' - 10y' + 25y = 0$

[3] $y'' + y' + y = 0$

풀이 주어진 이계 미분 방정식의 특성 방정식을 찾아서 일반해를 찾는다.

[1] $2m^2 - 5m - 3 = (2m+1)(m-3) = 0$

$$m_1 = -1/2, \quad m_2 = 3,$$

$$y = c_1 e^{-\frac{x}{2}} + c_2 e^{3x}$$

[2] $m^2 - 10m + 25 = (m-5)^2 = 0$

$$m_1 = m_2 = 5,$$

$$y = c_1 e^{5x} + c_2 x e^{5x}$$

[3] $m^2+m+1=0$

$$m_1=-\frac{1}{2}+\frac{\sqrt{3}}{2}i,\ m_2=-\frac{1}{2}-\frac{\sqrt{3}}{2}i,$$

$$y=e^{-\frac{x}{2}}\left(c_1\cos\frac{\sqrt{3}}{2}x+c_2\sin\frac{\sqrt{3}}{2}x\right)$$ □

고계 방정식

계수가 상수인 n계 제차 선형 미분 방정식 (1)을 풀기 위해서는 일반적으로 다음과 같은 n차 특성 방정식을 풀어야 한다.

$$a_nm^n+a_{n-1}m^{n-1}+\cdots+a_2m^2+a_1m+a_0=0 \tag{9}$$

방정식 (9)의 모든 근이 서로 다른 실수 $m_1,\ m_2,\ \cdots,\ m_n$ 이면 (1)의 일반해는 다음과 같다.

$$y=c_1e^{m_1x}+c_2e^{m_2x}+\cdots+c_ne^{m_nx} \tag{10}$$

m_1이 특성 방정식 (9)의 k중근이라고 하면(즉, k개의 근이 m_1이면) 이에 대응하는 일차 독립인 해들은 다음과 같다.

$$e^{m_1x},\ xe^{m_1x},\ x^2e^{m_1x},\ \cdots,\ x^{k-1}e^{m_1x}$$

그리고 일반해는 다음과 같은 일차 결합의 형태를 갖는다.

$$c_1e^{m_1x}+c_2xe^{m_1x}+c_3x^2e^{m_1x}+\cdots+c_kx^{k-1}e^{m_1x}+c_{k+1}e^{m_{k+1}x}$$
$$+\cdots+c_ne^{m_nx}\quad(k\le n)$$

보기 2

미분 방정식 $y^{(3)}+3y''-4y=0$을 풀어라.

풀이 주어진 방정식의 특성 방정식은 다음과 같다.

$$m^3+3m^2-4=0$$

$m_1=1$이 한 근임을 알 수 있다. 이에 따라 다음을 얻는다.

$$m^3+3m^2-4=(m-1)(m^2+4m+4)=(m-1)(m+2)^2=0$$

그러므로 다른 두 근은 $m_2 = m_3 = -2$이다. 따라서 일반해는 다음과 같다.

$$y = c_1 e^{x} + c_2 e^{-2x} + c_3 x e^{-2x}$$ □

3.3 연습 문제

01. 다음 방정식의 일반해를 찾아라.

(1) $4y'' + y' = 0$

(2) $2y'' - 5y' = 0$

(3) $y'' - 36y = 0$

(4) $y'' - 8y = 0$

(5) $y'' + 9y = 0$

(6) $3y'' + y = 0$

(7) $y'' - y' - 6y = 0$

(8) $y'' - 3y' + 2y = 0$

(9) $y'' + 2y' + 2y = 0$

(10) $y'' - 2y' + 4y = 0$

(11) $\dfrac{d^2y}{dx^2} + 8\dfrac{dy}{dx} + 16y = 0$

(12) $\dfrac{d^2y}{dx^2} - 10\dfrac{dy}{dx} + 25y = 0$

(13) $y^{(3)} - 2y'' - 5y' + 6y = 0$

(14) $y^{(3)} - 3y' + 2y = 0$

(15) $y^{(3)} + 2y'' + 4y' = 0$

(16) $y^{(4)} + y'' - 2y = 0$

02. 다음 초깃값 문제를 풀어라.

(1) $y'' + 16y = 0,\quad y(0) = 2,\quad y'(0) = -2$

(2) $y'' - y = 0,\quad y(0) = y'(0) = 1$

(3) $y'' + 6y' + 5y = 0,\quad y(0) = 0,\quad y'(0) = 3$

(4) $y'' - 8y' + 17y = 0,\quad y(0) = 4,\quad y'(0) = -1$

(5) $2y'' - 2y' + y = 0,\quad y(0) = -1,\quad y'(0) = 0$

(6) $y'' - 2y' + y = 0,\quad y(0) = 5,\quad y'(0) = 10$

(7) $y'' + y' + 2y = 0,\quad y(0) = y'(0) = 0$

(8) $y'' - 3y' + 3y = 0,\quad y(0) = 0,\quad y'(0) = 2$

(9) $y^{(3)} + 12y'' + 36y' = 0,\quad y(0) = 0,\quad y'(0) = 1,\quad y''(0) = -7$

(10) $y^{(3)} + 2y'' - 5y' - 6y = 0,\quad y(0) = y'(0) = 0,\quad y''(0) = 1$

03. 특성 방정식의 근이 $m_1 = 4,\ m_2 = m_3 = -5$인 미분 방정식을 찾아라.

04. 하나의 해가 $y_1 = e^x$ 인 다음 미분 방정식의 일반해를 찾아라.

$$y^{(3)} - 9y'' + 25y' - 17y = 0$$

05. 일반해가 아래와 같이 주어졌을 때 계수가 상수인 선형 미분 방정식을 찾아라.

(1) $y = c_1 e^x + c_2 e^{6x}$

(2) $y = c_1 + c_2 e^{3x}$

(3) $y = c_1 \cos 8x + c_2 \sin 8x$

(4) $y = c_1 e^x \cos x + c_2 e^x \sin x$

(5) $y = c_1 + c_2 x + c_3 e^{7x}$

06. 실수인 상수 계수를 가지는 이계 선형 방정식의 특성 방정식이 두 해 $m_1 = \frac{1}{2}$과 $m_2 = 3 + i$를 가진다고 할 때 이에 해당하는 제차 선형 방정식을 찾아라.

07. $m^4 + 1 = (m^2 + 1)^2 - 2m^2$을 이용하여 $y^{(4)} + y = 0$의 일반해를 찾아라.

3.4 미정 계수법

계수가 상수인 비제차 미분 방정식의 일반해를 찾으려면, 그에 대응하는 제차 방정식의 일반해인 여함수 y_c를 찾고 주어진 비제차 방정식의 특수해 y_p를 찾아야 한다. 이때, 주어진 비제차 방정식의 일반해는 $y = y_c + y_p$이다(3.2절).

계수가 상수인 다음의 이계 비제차 방정식으로부터 출발하자.

$$ay'' + by' + cy = g(x) \tag{1}$$

이 절에서 소개할 미정 계수법은 이계 방정식에만 국한된 것은 아니지만 다음과 같은 조건을 만족시키는 비제차 선형 방정식에만 적용된다.

(i) 계수는 모두 상수이다.

(ii) $g(x)$는 상수 함수, 다항 함수, 지수 함수, 사인 함수, 코사인 함수, 이런 함수의 유한 개의 합 또는 곱 등이다.

예를 들어, $g(x)$는 다음과 같은 꼴의 함수이다.

$$g(x) = 10,$$
$$g(x) = x^2 - 5x,$$
$$g(x) = 15x - 6 + 8e^{-4x},$$
$$g(x) = \sin 3x - 5x\cos 2x,$$
$$g(x) = e^x \cos x - (3x^2 - 1)e^{-x}$$

즉, $g(x)$는 $x^k e^{\alpha x}\cos\beta x$와 $x^k e^{\alpha x}\sin\beta x$ 꼴의 함수들의 일차 결합이다.

상수 함수, 다항 함수, 지수 함수, 사인 함수, 코사인 함수 등으로 구성된 함수의 도함수도 또다시 상수, 다항, 지수, 사인, 코사인 함수 등으로 구성되는 성질이 있다. 도함수들의 일차 결합인 $ay_p'' + by_p' + cy_p$는 반드시 $g(x)$와 같아야 하므로 y_p도 $g(x)$와 같은 꼴일 것이라고 가정할 수 있다. 식 (1)에서 $g(x) = \ln x$, $g(x) = \tan x$, $g(x) = \sin^{-1} x$ 등일 경우에는 이 절에서 다루는 미정 계수법을 적용할 수 없다.

보기를 들어 미정 계수법을 익히도록 하자.

보기 1

미분 방정식 $y'' + 4y' - 2y = 2x^2 - 3x + 6$을 풀어라.

풀이 먼저 제차 방정식 $y'' + 4y' - 2y = 0$을 풀어보자. 특성 방정식 $m^2 + 4m - 2 = 0$의 근은 $m_1 = -2 - \sqrt{6}$과 $m_2 = -2 + \sqrt{6}$이므로 여함수는 다음과 같다.

$$y_c = c_1 e^{-(2+\sqrt{6})x} + c_2 e^{(-2+\sqrt{6})x}$$

그런데 $g(x)$는 이차 다항식이므로 다음과 같은 특수해를 가정하자.

$$y_p = Ax^2 + Bx + C$$

여기서 y_p를 미분하면 $y_p' = 2Ax + B$이고 $y_p'' = 2A$이다. 미지의 계수 A, B, C를 결정하기 위하여 이것들을 주어진 미분 방정식에 대입하면 다음과 같다.

$$y_p'' + 4y_p' - 2y_p = 2A + 8Ax + 4B - 2Ax^2 - 2Bx - 2C = 2x^2 - 3x + 6$$

마지막 등식은 항등식이므로 동류항의 계수는 서로 같아야 한다. 그러므로 다음과 같은 연립 방정식을 얻는다.

$$\begin{cases} -2A = 2 \\ 8A - 2B = -3 \\ 2A + 4B - 2C = 6 \end{cases}$$

이 연립 방정식을 풀면 $A = -1$, $B = -\dfrac{5}{2}$, $C = -9$이므로 특수해는 다음과 같다.

$$y_p = -x^2 - \frac{5}{2}x - 9$$

따라서 주어진 방정식의 일반해는 다음과 같다.

$$y = y_c + y_p = c_1 e^{-(2+\sqrt{6})x} + c_2 e^{(-2+\sqrt{6})x} - x^2 - \frac{5}{2}x - 9$$ □

보기 2

미분 방정식 $y'' - 2y' - 3y = 4x - 5 + 6xe^{2x}$을 풀어라.

풀이 제차 방정식 $y'' - 2y' - 3y = 0$의 해는 $y_c = c_1 e^{-x} + c_2 e^{3x}$이다. 그리고 $g(x)$에 있는

$4x-5$는 이에 대응하는 특수해가 일차식임을 암시한다. 그리고 xe^{2x}의 도함수가 $2xe^{2x}+e^{2x}$이므로 이에 대응하는 특수해는 xe^{2x}과 e^{2x}의 일차 결합임을 암시한다. 그러므로 y_p의 후보로 다음과 같은 일차 결합을 추측할 수 있다.

$$y_p = Ax + B + Cxe^{2x} + De^{2x} = Ax + B + (Cx + D)e^{2x}$$

이제 y_p를 미분하여 주어진 미분 방정식에 대입하면 다음과 같다.

$$\begin{aligned} y_p'' - 2y_p' - 3y_p &= -3Ax - 2A - 3B - 3Cxe^{2x} + (2C - 3D)e^{2x} \\ &= 4x - 5 + 6xe^{2x} \end{aligned}$$

이 항등식으로부터 다음 연립 방정식을 얻는다.

$$\begin{cases} -3A & = 4 \\ -2A - 3B & = -5 \\ \quad -3C & = 6 \\ \quad 2C - 3D & = 0 \end{cases}$$

이 연립 방정식을 풀면 $A = -\dfrac{4}{3}$, $B = \dfrac{23}{9}$, $C = -2$, $D = -\dfrac{4}{3}$이므로 다음과 같은 특수해를 얻는다.

$$y_p = -\frac{4}{3}x + \frac{23}{9} - \left(2x + \frac{4}{3}\right)e^{2x}$$

주어진 방정식의 일반해는 다음과 같다.

$$y = y_c + y_p = c_1 e^{-x} + c_2 e^{3x} - \frac{4}{3}x + \frac{23}{9} - \left(2x + \frac{4}{3}\right)e^{2x} \quad \square$$

보기 3

미분 방정식 $y'' - y' + y = 2\sin 3x$의 특수해를 찾아라.

풀이 $\sin 3x$를 미분하면 $3\cos 3x$이므로 $\sin 3x$와 $\cos 3x$를 포함하는 다음과 같은 특수해를 가정하자.

$$y_p = A\cos 3x + B\sin 3x$$

y_p를 미분하여 미분 방정식에 대입하면 다음과 같다.

$$y_p'' - y_p' + y_p = (-8A - 3B)\cos 3x + (3A - 8B)\sin 3x = 2\sin 3x$$

이 결과로부터 다음 연립 방정식을 얻는다.

$$\begin{cases} -8A-3B=0 \\ 3A-8B=2 \end{cases}$$

이를 풀면 $A=\dfrac{6}{73}$, $B=-\dfrac{16}{73}$을 얻는다. 따라서 주어진 방정식의 특수해는 다음과 같다.

$$y_p=\frac{6}{73}\cos 3x-\frac{16}{73}\sin 3x$$ □

보기 4

미분 방정식 $y''-5y'+4y=8e^x$의 특수해를 찾아라.

풀이 지수 함수 e^x의 도함수는 또다시 e^x이므로, 앞의 보기와 같이 $y_p=Ae^x$ 꼴의 특수해를 가정한다. 그런데 이것을 미분하여 주어진 미분 방정식에 대입하면 다음과 같이 된다.

$$0=8e^x$$

따라서 y_p의 선택은 잘못되었다. 여기서의 문제점은 Ae^x 항은 이미 여함수 $y_c=c_1e^x+c_2e^{4x}$에 포함되어 있다는 사실이다. 그러므로 e^x의 상수 배를 주어진 미분 방정식에 대입하면 0이 된다. 이제 특수해를 다음과 같은 모양으로 생각하자.

$$y_p=Axe^x$$

이것을 미분하면 $y_p'=Axe^x+Ae^x$, $y_p''=Axe^x+2Ae^x$이고, 주어진 방정식에 대입하면 다음 식을 얻는다.

$$y_p''-5y_p'+4y_p=Axe^x+2Ae^x-5Axe^x-5Ae^x+4Axe^x=8e^x$$

즉, $-3Ae^x=8e^x$이 성립하므로 $A=-\dfrac{8}{3}$이고 주어진 방정식의 특수해는 다음과 같다.

$$y_p=-\frac{8}{3}xe^x$$

이것을 방정식에 대입하여 해임을 확인할 수 있다. □

보기 1, 2, 3에서 이용한 방법과 보기 4에서 이용한 방법 사이의 차이점을 다음 두 경우로 정리해 보자.

[경우 1] 가정된 특수해에 포함되어 있는 함수는 여함수에 포함되어 있는 함수와 중복되지 않는다. 표 3.1에는 방정식 (1)에 있는 $g(x)$의 특별한 경우에 해당되는 특수해를 적어 놓았다. 물론 가정된 특수해 y_p에 포함되어 있는 함수는 여함수 y_c에 포함되어 있는 함수와 중복되지 않은 경우이다.

표 3.1 ▎

	$g(x)$	y_p 의 꼴
1	1(임의의 상수)	A
2	$5x+7$	$Ax+B$
3	$3x^2-2$	Ax^2+Bx+C
4	x^3-x+1	Ax^3+Bx^2+Cx+D
5	$\sin x$	$A\cos x+B\sin x$
6	$\cos 4x$	$A\cos 4x+B\sin 4x$
7	e^{5x}	Ae^{5x}
8	$(9x-2)e^{5x}$	$(Ax+B)e^{5x}$
9	x^2e^{5x}	$(Ax^2+Bx+C)e^{5x}$
10	$e^{3x}\sin 4x$	$Ae^{3x}\cos 4x+Be^{3x}\sin 4x$
11	$5x^2\sin 4x$	$(Ax^2+Bx+C)\cos 4x+(Dx^2+Ex+F)\sin 4x$
12	$xe^{3x}\cos 4x$	$(Ax+B)e^{3x}\cos 4x+(Cx+D)e^{3x}\sin 4x$

보기 5

다음 방정식의 특수해의 꼴을 결정하라.

[1] $y''-8y'+25y=5x^3e^{-x}-7e^{-x}$ [2] $y''+4y=x\cos x$

풀이 [1] $g(x)=(5x^3-7)e^{-x}$ 이므로, 표 3.1의 제8항과 제9항을 이용하여 다음과 같은 꼴의 특수해를 가정한다.

$$y_p=(Ax^3+Bx^2+Cx+D)e^{-x}$$

y_p와 여함수 $y_c=e^{4x}(c_1\cos 3x+c_2\sin 3x)$ 사이에는 중복된 함수가 없다.

[2] 함수 $g(x)=x\cos x$는 표 3.1의 제11항과 유사하다. 표에서는 이차 다항식과

$\sin 4x$의 곱이 제시되어 있다. 이로부터 y_p는 다음과 같음을 알 수 있다.

$$y_p = (Ax + B)\cos x + (Cx + D)\sin x$$

y_p와 $y_c = c_1 \cos 2x + c_2 \sin 2x$ 사이에는 중복된 함수가 없다. □

보기 6

방정식 $y'' - 9y' + 14y = 3x^2 - 5\sin 2x + 7xe^{6x}$의 특수해의 꼴을 결정하라.

풀이 $3x^2$에 대응하는 특수해를 $y_{p_1} = Ax^2 + Bx + C$, $-5\sin 2x$에 대응하는 특수해를 $y_{p_2} = D\cos 2x + E\sin 2x$, $7xe^{6x}$에 대응하는 특수해를 $y_{p_3} = (Fx + G)e^{6x}$으로 가정하면, 전체에 대한 특수해는 다음과 같은 꼴임을 알 수 있다.

$$y_p = y_{p_1} + y_{p_2} + y_{p_3} = Ax^2 + Bx + C + D\cos 2x + E\sin 2x + (Fx + G)e^{6x}$$

이 특수해와 $y_c = c_1 e^{2x} + c_2 e^{7x}$ 사이에는 중복된 항이 없다. □

[경우 2] 가정된 특수해에 포함되어 있는 함수 중에서 여함수에 포함되어 있는 함수와 중복되는 것이 있다.

보기 7

미분 방정식 $y'' - 2y' + y = e^x$의 특수해를 찾아라.

풀이 여함수는 $y_c = c_1 e^x + c_2 xe^x$이다. 그러므로 보기 4에서와 같이 $y_p = Ae^x$을 가정하면 e^x이 y_c에 있는 항이므로 의미 없다. 또, 함수 xe^x도 y_c에 포함되어 있으므로 $y_p = Axe^x$의 형태를 갖는 특수해를 찾을 수 없다. 그러므로 다음과 같은 형태를 살펴보자.

$$y_p = Ax^2 e^x$$

이 식을 미분하여 주어진 방정식에 대입하면 다음을 얻는다.

$$2Ae^x = e^x, \quad A = \frac{1}{2}$$

따라서 특수해는 다음과 같다.

$$y_p = \frac{1}{2}x^2 e^x \qquad \square$$

보기 8

미분 방정식 $y'' + y = 4x + 10\sin x$를 풀어라.

풀이 제차 방정식 $y'' + y = 0$의 일반해는 $y_c = c_1\cos x + c_2\sin x$이다. $g(x) = 4x + 10\sin x$가 일차 함수와 사인 함수의 합이므로, 표 3.1의 제2항과 제5항으로부터 특수해 y_p를 다음과 같이 $y_{p_1} = Ax + B$와 $y_{p_2} = C\cos x + D\sin x$의 합으로 가정하자.

$$y_p = Ax + B + C\cos x + D\sin x$$

그런데 위의 가정에 있는 $\cos x$와 $\sin x$는 여함수에도 포함되어 있으므로 중복을 피하기 위하여 y_{p_2}에 x를 곱하여 다음과 같이 특수해를 가정하자.

$$y_p = Ax + B + Cx\cos x + Dx\sin x$$

이를 미분하여 주어진 미분 방정식에 대입하면 다음과 같다.

$$y_p'' + y_p = Ax + B - 2C\sin x + 2D\cos x = 4x + 10\sin x$$

그러므로 다음 연립 방정식을 얻는다.

$$A = 4, \quad B = 0, \quad -2C = 10, \quad 2D = 0$$

이 연립 방정식의 해는 $A = 4,\ B = 0,\ C = -5,\ D = 0$이므로 특수해는 다음과 같다.

$$y_p = 4x - 5x\cos x$$

따라서 주어진 방정식의 일반해는 다음과 같다.

$$y = y_c + y_p = c_1\cos x + c_2\sin x + 4x - 5x\cos x \qquad \square$$

보기 9

미분 방정식 $y'' - 6y' + 9y = 6x^2 + 2 - 12e^{3x}$을 풀어라.

풀이 여함수는 $y_c = c_1 e^{3x} + c_2 x e^{3x}$이고, 표 3.1에 의하여 특수해를 다음과 같이 가정하자.

$$y_p = y_{p_1} + y_{p_2} = (Ax^2 + Bx + C) + De^{3x}$$

그런데 y_{p_2}는 y_c와 중복되어 있다. y_{p_2}에 x를 곱해도 마찬가지이다. 반면에 y_{p_2}에 x^2을 곱하면 중복을 피할 수 있으므로 특수해를 다음과 같이 가정하자.

$$y_p = Ax^2 + Bx + C + Dx^2e^{3x}$$

이 식을 미분하여 주어진 미분 방정식에 대입하면 다음을 얻는다.

$$\begin{aligned} y_p'' - 6y_p' + 9y_p &= 9Ax^2 + (-12A + 9B)x + 2A - 6B + 9C + 2De^{3x} \\ &= 6x^2 + 2 - 12e^{3x} \end{aligned}$$

따라서 $A = \frac{2}{3}$, $B = \frac{8}{9}$, $C = \frac{2}{3}$, $D = -6$이므로 일반해는 다음과 같다.

$$y = c_1e^{3x} + c_2xe^{3x} + \frac{2}{3}x^2 + \frac{8}{9}x + \frac{2}{3} - 6x^2e^{3x}$$ □

고계 방정식

지금까지 설명한 미정 계수법은 이계 방정식에만 국한되지 않고 다음과 같이 계수가 상수인 고계 방정식에도 적용된다.

$$a_ny^{(n)} + a_{n-1}y^{(n-1)} + \cdots + a_1y' + a_0y = g(x)$$

보기 10

미분 방정식 $y^{(3)} + y'' = e^x \cos x$를 풀어라.

풀이 특성 방정식 $m^3 + m^2 = 0$으로부터 $m_1 = m_2 = 0$과 $m_3 = -1$을 얻는다. 그러므로 표 3.1의 제10항으로부터 특수해를 다음과 같이 가정할 수 있다.

$$y_p = Ae^x \cos x + Be^x \sin x$$

y_p와 y_c의 어떠한 항도 중복되지 않는다. 이제 y_p를 미분하여 주어진 방정식에 대입하면 다음과 같다.

$$y_p^{(3)} + y_p'' = (-2A + 4B)e^x \cos x + (-4A - 2B)e^x \sin x = e^x \cos x$$

이로부터 연립 방정식 $-2A+4B=1$, $-4A-2B=0$을 얻고, 이를 풀면 $A=-\frac{1}{10}$, $B=\frac{1}{5}$이다. 그러므로 특수해는 다음과 같다.

$$y_p=-\frac{1}{10}e^x\cos x+\frac{1}{5}e^x\sin x$$

따라서 주어진 방정식의 일반해는 다음과 같다.

$$y=y_c+y_p=c_1+c_2x+c_3e^{-x}-\frac{1}{10}e^x\cos x+\frac{1}{5}e^x\sin x$$ □

보기 11

미분 방정식 $y^{(4)}+y^{(3)}=1-e^{-x}$의 특수해의 꼴을 결정하라.

풀이 여함수 $y_c=c_1+c_2x+c_3x^2+c_4e^{-x}$과 특수해에 대한 다음과 같은 일반적인 가정을 비교하자.

$$y_p=y_{p_1}+y_{p_2}=A+Be^{-x}$$

y_{p_1}에는 x^3을 곱해 주고 y_{p_2}에는 x를 곱해주면, y_c와 y_p 사이의 중복이 없어진다. 따라서 특수해에 대한 올바른 가정은 다음과 같다.

$$y_p=Ax^3+Bxe^{-x}$$ □

3.4 연습 문제

01. 미정 계수법을 이용하여 다음 미분 방정식을 풀어라.

(1) $y'' + 3y' + 2y = 6$

(2) $4y'' + 9y = 15$

(3) $y'' - 10y' + 25y = 30x + 3$

(4) $y'' + y' - 6y = 2x$

(5) $\frac{1}{4}y'' + y' + y = x^2 - 2x$

(6) $y'' - 8y' + 20y = 100x^2 - 26xe^x$

(7) $y'' + 3y = -48x^2 e^{3x}$

(8) $4y'' - 4y' - 3y = \cos 2x$

(9) $y'' - y' = -3$

(10) $y'' + 2y' = 2x + 5 - e^{-2x}$

(11) $y'' - y' + \frac{1}{4}y = 3 + e^{x/2}$

(12) $y'' - 16y = 2e^{4x}$

(13) $y'' + 4y = 3\sin 2x$

(14) $y'' - 4y = (x^2 - 3)\sin 2x$

(15) $y'' + y = 2x\sin x$

(16) $y'' - 5y' = 2x^3 - 4x^2 - x + 6$

(17) $y'' - 2y' + 5y = e^x \cos 2x$

(18) $y'' - 2y' - 2y = e^{2x}(\cos x - 3\sin x)$

(19) $y'' + 2y' + y = \sin x + 3\cos 2x$

(20) $y'' + 2y' - 24y = 16 - (x+2)e^{4x}$

(21) $y^{(3)} - 6y'' = 3 - \cos x$

(22) $y^{(3)} - 2y'' - 4y' + 8y = 6xe^{2x}$

(23) $y^{(3)} - 3y'' + 3y' - y = x - 4e^x$

(24) $y^{(3)} - y'' - 4y' + 4y = 5 - e^x + e^{2x}$

(25) $y^{(4)} + 2y'' + y = (x-1)^2$

(26) $y^{(4)} - y'' = 4x + 2xe^{-x}$

02. 다음 초깃값 문제를 풀어라.

(1) $y'' + 4y = -2, \quad y\left(\frac{\pi}{8}\right) = \frac{1}{2}, \quad y'\left(\frac{\pi}{8}\right) = 2$

(2) $2y'' + 3y' - 2y = 14x^2 - 4x - 11, \quad y(0) = 0, \quad y'(0) = 0$

(3) $5y'' + y' = -6x, \quad y(0) = 0, \quad y'(0) = -10$

(4) $y'' + 4y' + 4y = (3+x)e^{-2x}, \quad y(0) = 2, \quad y'(0) = 5$

(5) $y'' + 4y' + 5y = 35e^{-4x}, \quad y(0) = -3, \quad y'(0) = 1$

(6) $y'' - y = \cosh x, \quad y(0) = 2, \quad y'(0) = 12$

(7) $\frac{d^2x}{dt^2} + \omega^2 x = F_0 \sin \omega t, \quad x(0) = 0, \quad \left.\frac{dx}{dt}\right|_{t=0} = 0$

(8) $\frac{d^2x}{dt^2} + \omega^2 x = F_0 \cos \gamma t, \quad x(0) = 0, \quad \left.\frac{dx}{dt}\right|_{t=0} = 0$

(9) $y'' + y = \cos x - \sin 2x, \quad y\left(\frac{\pi}{2}\right) = 0, \quad y'\left(\frac{\pi}{2}\right) = 0$

(10) $y'' - 2y' - 3y = 2\cos^2 x, \quad y(0) = -\frac{1}{3}, \quad y'(0) = 0$

(11) $y^{(3)} - 2y'' + y' = 2 - 24e^{x} + 40e^{5x}, \ y(0) = \frac{1}{2}, \ y'(0) = \frac{5}{2}, \ y''(0) = -\frac{9}{2}$

(12) $y^{(3)} + 8y = 2x - 5 + 8e^{-2x}, \quad y(0) = -5, \quad y'(0) = 3, \quad y''(0) = -4$

03. 다음 경곗값 문제를 풀어라.

(1) $y'' + y = x^2 + 1, \ y(0) = 5, \ y(1) = 0$

(2) $y'' + 3y = 6x, \ y(0) = 0, \ y(1) + y'(1) = 0$

04. 다음과 같이 $g(x)$가 불연속 함수로 주어지는 경우 초깃값 문제를 풀어라.

$$y'' + 4y = g(x), \ y(0) = 1, \ y(1) = 2,$$
$$g(x) = \begin{cases} \sin x, & 0 \le x \le \pi/2 \\ 0, & x > \pi/2 \end{cases}$$

3.5 매개 변수 변환법

이 절에서는 비제차 선형 미분 방정식의 특수해를 찾는 일반적인 방법을 알아본다.

일계 선형 미분 방정식

다음과 같은 일계 선형 미분 방정식을 생각하자.

$$\frac{dy}{dx} + p(x)y = f(x) \tag{1}$$

제2장으로부터 식 (1)의 일반해는 $p(x)$와 $f(x)$가 구간 I에서 연속일 때 다음과 같다.

$$y = e^{-\int p(x)\,dx} \int e^{\int p(x)\,dx} f(x)\,dx + c_1 e^{-\int p(x)\,dx} \tag{2}$$

그런데 식 (2)는 $y = y_c + y_p$의 형태로서 $y_c = c_1 e^{-\int p(x)\,dx}$은 미분 방정식 (1)의 여함수, 즉 다음 제차 미분 방정식의 해이다.

$$\frac{dy}{dx} + p(x)y = 0 \tag{3}$$

그리고 다음은 (1)의 특수해이다.

$$y_p = e^{-\int p(x)\,dx} \int e^{\int p(x)\,dx} f(x)\,dx \tag{4}$$

일계 비제차 선형 방정식을 풀기 위해서 매개 변수 변환법(variation of parameter)이라 부르는 방법을 사용해서 특수해 (4)를 유도해 보자. y_1을 (3)의 해라고 가정하면 다음이 성립한다.

$$\frac{dy_1}{dx} + p(x)y_1 = 0$$

제2장에서 $y_1 = e^{-\int p(x)\,dx}$가 해임을 증명했고, 주어진 미분 방정식은 선형이므로 일반해는 $y = c_1 y_1(x)$이다. 매개 변수 변환법은 상수 c_1을 매개 변수 u_1로 대치하여 다음이 (1)의 특수해가 되도록 만드는 함수 u_1을 찾는 것이다.

$$y_p = u_1(x)y_1(x)$$

$y_p = u_1y_1$을 (1)에 대입하면 다음을 얻는다.

$$\frac{d}{dx}(u_1y_1) + p(x)u_1y_1 = f(x),$$

$$u_1\frac{dy_1}{dx} + y_1\frac{du_1}{dx} + p(x)u_1y_1 = f(x),$$

$$u_1\left\{\frac{dy_1}{dx} + p(x)y_1\right\} + y_1\frac{du_1}{dx} = f(x),$$

$$y_1\frac{du_1}{dx} = f(x)$$

마지막 등식에서 변수를 분리하면 다음과 같다.

$$du_1 = \frac{f(x)}{y_1(x)}dx, \quad u_1 = \int \frac{f(x)}{y_1(x)}dx$$

따라서 다음을 얻는다.

$$y = u_1y_1 = y_1\int \frac{f(x)}{y_1(x)}dx$$

y_1의 정의로부터 위의 결과는 (4)와 동일하다.

이계 방정식

앞에서 이용한 방법을 다음 이계 미분 방정식에 적용해 보자.

$$a_2(x)y'' + a_1(x)y' + a_0(x)y = g(x) \tag{5}$$

식 (5)를 $a_2(x)$로 나누어 다음과 같은 표준형으로 고친다.

$$y'' + P(x)y' + Q(x)y = f(x) \tag{6}$$

여기서 $P(x)$, $Q(x)$, $f(x)$는 구간 I에서 연속이라고 가정한다. 방정식 (6)은 (1)과 유사하다. 이미 알고 있듯이 $P(x)$와 $Q(x)$가 상수이면 어렵지 않게 y_c를 찾을 수 있다.

y_1과 y_2를 비제차 방정식 (6)에 대응하는 제차 방정식의 구간 I에서의 해의 기본계라 하면 다음이 성립한다.

$$y_1'' + P(x)y_1' + Q(x)y_1 = 0, \quad y_2'' + P(x)y_2' + Q(x)y_2 = 0$$

그러면 다음이 비제차 방정식 (5)의 특수해가 되도록 함수 u_1과 u_2를 찾을 수 있을까?

$$y_p = u_1(x)y_1(x) + u_2(x)y_2(x)$$

y_p에 대한 이런 가정은 $y_c = c_1y_1 + c_2y_2$에서 상수 c_1과 c_2를 매개 변수 u_1과 u_2로 대치시킨 것이다. y_p를 곱의 미분법을 써서 미분하면 다음과 같다.

$$y_p' = u_1y_1' + y_1u_1' + u_2y_2' + y_2u_2' \tag{7}$$

이때, u_1과 u_2가 다음 방정식을 만족시킨다고 하자.

$$y_1u_1' + y_2u_2' = 0 \tag{8}$$

그러면 (7)은 다음과 같이 된다.

$$y_p' = u_1y_1' + u_2y_2'$$

이를 미분하면 다음과 같다.

$$y_p'' = u_1y_1'' + y_1'u_1' + u_2y_2'' + y_2'u_2'$$

이제 y_p, y_p', y_p''를 주어진 방정식에 대입하여 정리하면 다음과 같다.

$$\begin{aligned} y_p'' + Py_p' + Qy_p &= u_1y_1'' + y_1'u_1' + u_2y_2'' + y_2'u_2' \\ &\quad + Pu_1y_1' + Pu_2y_2' + Qu_1y_1 + Qu_2y_2 \\ &= u_1\{y_1'' + Py_1' + Qy_1\} + u_2\{y_2'' + Py_2' + Qy_2\} \\ &\quad + y_1'u_1' + y_2'u_2' = f(x) \end{aligned}$$

그러므로 u_1과 u_2는 다음 조건도 만족시켜야 한다.

$$y_1'u_1' + y_2'u_2' = f(x) \tag{9}$$

방정식 (8)과 (9)는 도함수 u_1'와 u_2'를 결정하기 위한 일차 연립 방정식을 나타내는데, 크라머(Cramer)의 법칙에 의하여 연립 방정식 (8)과 (9)의 해는 행렬식을 사용하면 다음과 같은 꼴로 표현된다.

$$u_1' = \frac{W_1}{W}, \quad u_2' = \frac{W_2}{W} \tag{10}$$

여기서 W, W_1, W_2는 각각 다음과 같다.

$$W_1=\begin{vmatrix}0 & y_2\\ f(x) & y_2'\end{vmatrix}=-y_2f(x),\qquad W_2=\begin{vmatrix}y_1 & 0\\ y_1' & f(x)\end{vmatrix}=y_1f(x)$$

$$W=\begin{vmatrix}y_1 & y_2\\ y_1' & y_2'\end{vmatrix} \tag{11}$$

행렬식 W는 y_1과 y_2의 론스키 행렬식이다. y_1과 y_2가 I에서 일차 독립이므로 I의 모든 x에 대하여 $W(y_1(x),\ y_2(x))\neq 0$이다.

보기 1

미분 방정식 $y''-4y'+4y=(x+1)e^{2x}$을 풀어라.

풀이 특성 방정식이 $m^2-4m+4=(m-2)^2=0$이므로 여함수는 다음과 같다.

$$y_c=c_1e^{2x}+c_2xe^{2x}$$

$y_1=e^{2x}$, $y_2=xe^{2x}$이라 하면 론스키 행렬식은 다음과 같다.

$$W(e^{2x},\ xe^{2x})=\begin{vmatrix}e^{2x} & xe^{2x}\\ 2e^{2x} & 2xe^{2x}+e^{2x}\end{vmatrix}=e^{4x} \tag{12}$$

주어진 미분 방정식이 (6)의 꼴이므로(즉, y''의 계수가 1이므로) $f(x)=(x+1)e^{2x}$이다. (12)로부터 다음을 얻는다.

$$u_1'=-\frac{xe^{2x}(x+1)e^{2x}}{e^{4x}}=-x^2-x,\quad u_2'=\frac{e^{2x}(x+1)e^{2x}}{e^{4x}}=x+1$$

이를 적분하면 $u_1=-\dfrac{x^3}{3}-\dfrac{x^2}{2}$이고 $u_2=\dfrac{x^2}{2}+x$이므로 특수해는 다음과 같다.

$$y_p=\left(-\frac{x^3}{3}-\frac{x^2}{2}\right)e^{2x}+\left(\frac{x^2}{2}+x\right)xe^{2x}=\left(\frac{x^3}{6}+\frac{x^2}{2}\right)e^{2x}$$

따라서 일반해는 다음과 같다.

$$y=y_c+y_p=c_1e^{2x}+c_2xe^{2x}+\left(\frac{x^3}{6}+\frac{x^2}{2}\right)e^{2x}$$

□

보기 2

미분 방정식 $4y'' + 36y = \csc 3x$를 풀어라.

풀이 주어진 위의 방정식을 4로 나누어 표준형 (6)의 꼴로 만들면 다음과 같다.

$$y'' + 9y = \frac{1}{4}\csc 3x$$

특성 방정식 $m^2 + 9 = 0$의 해가 $m_1 = 3i$와 $m_2 = -3i$이므로 여함수는 다음과 같다.

$$y_c = c_1 \cos 3x + c_2 \sin 3x$$

$\cos 3x$와 $\sin 3x$의 론스키 행렬식은 다음과 같다.

$$W(\cos 3x,\ \sin 3x) = \begin{vmatrix} \cos 3x & \sin 3x \\ -3\sin 3x & 3\cos 3x \end{vmatrix} = 3$$

그러므로 다음을 얻는다.

$$u_1{}' = -\frac{(\sin 3x)\left(\frac{1}{4}\csc 3x\right)}{3} = -\frac{1}{12},$$

$$u_2{}' = \frac{(\cos 3x)\left(\frac{1}{4}\csc 3x\right)}{3} = \frac{1}{12}\,\frac{\cos 3x}{\sin 3x}$$

이에 따라 $u_1 = -\frac{1}{12}x$, $u_2 = \frac{1}{36}\ln|\sin 3x|$이므로 특수해는 다음과 같다.

$$y_p = -\frac{1}{12}x\cos 3x + \frac{1}{36}(\sin 3x)\ln|\sin 3x|$$

따라서 찾는 해는 다음과 같다.

$$y = y_c + y_p = c_1\cos 3x + c_2 \sin 3x - \frac{1}{12}x\cos 3x + \frac{1}{36}(\sin 3x)\ln|\sin 3x| \quad \square$$

보기 3

미분 방정식 $y'' - y = \frac{1}{x}$을 풀어라.

풀이 특성 방정식 $m^2-1=0$으로부터 $m_1=-1$과 $m_2=1$이므로 다음을 얻는다.

$$y_c = c_1e^x + c_2e^{-x},$$

$$W(e^x,\ e^{-x}) = \begin{vmatrix} e^x & e^{-x} \\ e^x & -e^{-x} \end{vmatrix} = -2,$$

$$u_1' = -\frac{\dfrac{e^{-x}}{x}}{-2},\quad u_1 = \frac{1}{2}\int_{x_0}^{x}\frac{e^{-t}}{t}dt,$$

$$u_2' = +\frac{\dfrac{e^{x}}{x}}{-2},\quad u_2 = -\frac{1}{2}\int_{x_0}^{x}\frac{e^{t}}{t}dt$$

u_1과 u_2를 정의하는 적분이 초등 함수로 표현되지 않는다. 그러므로 특수해를 다음과 같이 놓자.

$$y_p = \frac{1}{2}e^x\int_{x_0}^{x}\frac{e^{-t}}{t}dt - \frac{1}{2}e^{-x}\int_{x_0}^{x}\frac{e^{t}}{t}dt$$

따라서 일반해는 다음과 같다.

$$y = y_c + y_p = c_1e^x + c_2e^{-x} + \frac{1}{2}e^x\int_{x_0}^{x}\frac{e^{-t}}{t}dt - \frac{1}{2}e^{-x}\int_{x_0}^{x}\frac{e^{t}}{t}dt$$ □

고계 방정식

위에서 살펴본 방법을 다음과 같은 형태의 n계 방정식으로 일반화할 수 있다.

$$y^{(n)} + P_{n-1}(x)y^{(n-1)} + \cdots + P_1(x)y' + P_0(x)y = f(x) \tag{13}$$

$y = c_1y_1 + c_2y_2 + \cdots + c_ny_n$ 이 (13)에 대한 여함수라면, 다음을 특수해라고 가정하자.

$$y_p = u_1(x)y_1(x) + u_2(x)y_2(x) + \cdots + u_n(x)y_n(x)$$

이를 미분 방정식에 대입하여 다음 연립 방정식을 얻는다.

$$\begin{cases} y_1u_1' + y_2u_2' + \cdots + y_nu_n' = 0 \\ y_1'u_1' + y_2'u_2' + \cdots + y_n'u_n' = 0 \\ \cdots\cdots\cdots\cdots\cdots\cdots \\ y_1^{(n-1)}u_1' + y_2^{(n-1)}u_2' + \cdots + y_n^{(n-1)}u_n' = f(x) \end{cases}$$

크라머의 법칙을 써서 $u_k{}'$ $(k=1,\ 2,\ \cdots,\ n)$를 찾으면 다음과 같다.

$$u_k{}' = \frac{W_k}{W} \quad (k=1,\ 2,\ \cdots,\ n)$$

여기서 W는 $y_1,\ y_2,\ \cdots,\ y_n$의 론스키 행렬식이고, W_k는 W의 k번째 열에 다음 벡터를 넣어 만든 행렬식을 뜻한다.

$$\begin{pmatrix} 0 \\ 0 \\ \vdots \\ f(x) \end{pmatrix}$$

3.5 연습 문제

01. 매개 변수 변환법을 이용하여 다음 미분 방정식을 풀고, 일반해가 정의되는 구간을 찾아라.

(1) $y'' + y = \sec x$

(2) $y'' + y = \tan x$

(3) $y'' + y = \sin x$

(4) $y'' + y = \sec x \tan x$

(5) $y'' + y = \cos^2 x$

(6) $y'' + y = \sec^2 x$

(7) $y'' - y = \cosh x$

(8) $y'' - y = \sinh 2x$

(9) $y'' - 4y = \dfrac{e^{2x}}{x}$

(10) $y'' - 9y = \dfrac{9x}{e^{3x}}$

(11) $y'' + 3y' + 2y = \dfrac{1}{1+e^x}$

(12) $y'' - 2y' + y = \dfrac{e^x}{1+e^x}$

(13) $y'' + 3y' + 2y = \sin e^x$

(14) $y'' - 2y' + y = e^x \arctan x$

(15) $y'' - 2y' + y = \dfrac{e^x}{1+x^2}$

(16) $y'' - 2y' + 2y = e^x \sec x$

(17) $y'' + 2y' + y = e^{-x} \ln x$

(18) $2y'' + 2y' + y = 4\sqrt{x}$

(19) $3y'' - 6y' + 30y = e^x \tan 3x$

(20) $4y'' - 4y' + y = e^{\frac{x}{2}} \sqrt{1-x^2}$

(21) $y^{(3)} + y' = \tan x$

(22) $y^{(3)} + 4y' = \sec 2x$

(23) $y^{(3)} - 2y'' - y' + 2y = e^{3x}$

(24) $2y^{(3)} - 6y'' = x^2$

02. 매개 변수 변환법을 이용하여 초기 조건 $y(0)=1$, $y'(0)=0$이 주어졌을 때 다음 미분 방정식을 풀어라.

(1) $4y''-y=xe^{\frac{x}{2}}$

(2) $2y''+y'-y=x+1$

(3) $y''+2y'-8y=2e^{-2x}-e^{-x}$

(4) $y''-4y'+4y=(12x^2-6x)e^{2x}$

03. 삼계 미분 방정식 $y^{(3)}-y'=xe^x$ 을 풀어라.

(힌트: $\dfrac{d}{dx}(y''-y)=y^{(3)}-y'$, 적분한 다음에 매개 변수 변환법을 이용하라.)

04. 미분 방정식 $y^{(3)}+4y'=\sin x\cos x$를 문제 3의 방식으로 풀어라.

05. 구간 $(0, \infty)$에서 $y_1=x^{-1/2}\cos x, y_2=x^{-1/2}\sin x$는 제차 미분 방정식 $x^2y''+xy'+\left(x^2-\dfrac{1}{4}\right)y=0$의 일차 독립인 해다. 이 때, 비제차 미분 방정식$x^2y''+xy'+\left(x^2-\dfrac{1}{4}\right)y=x^{3/2}$의 일반해를 찾아라.

06. 매개 변수 변환법을 이용하여 미분 방정식 $y''+y=\sqrt{1+x^2}$ 의 특수해를 찾아라. 단, 필요할 경우 피적분 매클로린 급수 (0이 아닌 네 번째 항까지)를 이용하라.

3.6 코시·오일러 방정식

상수 a_0, a_1, $\cdots$, a_n 에 대하여 다음과 같은 꼴의 방정식을 코시·오일러(Cauchy-Euler) 방정식이라고 한다.

$$a_n x^n \frac{d^n y}{dx^n} + a_{n-1} x^{n-1} \frac{d^{n-1} y}{dx^{n-1}} + \cdots + a_1 x \frac{dy}{dx} + a_0 y = g(x)$$

이를 동차원 방정식이라고도 하는데, 계수 함수 x^k 의 차수가 도함수 $y^{(k)}$ $(k=1,\ 2,\ \cdots,\ n)$의 계수와 일치한다.

이 절에서는 다음과 같은 이계 제차 방정식의 풀이 방법을 알아보겠다.

$$ax^2 \frac{d^2 y}{dx^2} + bx \frac{dy}{dx} + cy = 0$$

이에 따라 다음과 같은 비제차 방정식의 여함수 $y_c(x)$가 결정되면 변수 변환법으로 특수해를 찾을 수 있고, 따라서 일반해를 얻을 수 있다.

$$ax^2 \frac{d^2 y}{dx^2} + bx \frac{dy}{dx} + cy = g(x)$$

고계 코시·오일러 방정식의 해를 찾는 방법은 이계의 경우와 유사하다.

y''의 계수는 $x=0$일 때 0이다. 따라서 정리 3.1의 결과를 코시·오일러 방정식에 적용하기 위해서 구간 $(0,\ \infty)$에서의 일반해를 찾도록 하겠다. 구간 $(-\infty,\ 0)$에서의 해는 미분 방정식에 $t=-x$를 대입함으로써 얻을 수 있다.

풀이 방법

$y=x^m$ 꼴의 해를 찾아보자. 상수 m을 결정해야 한다. 일계와 이계 도함수는 각각 $y'=mx^{m-1}$과 $y''=m(m-1)x^{m-2}$이고, 이를 주어진 미분 방정식에 대입하면 다음과 같다.

$$\begin{aligned} ax^2 \frac{d^2 y}{dx^2} + bx \frac{dy}{dx} + cy &= ax^2 \cdot m(m-1)x^{m-2} + bx \cdot mx^{m-1} + cx^m \\ &= am(m-1)x^m + bmx^m + cx^m \end{aligned}$$

$$= x^m\{am(m-1)+bm+c\}$$

따라서 $y=x^m$은 m이 다음과 같은 보조(auxiliary) 방정식의 해이기만 하면 주어진 미분 방정식의 해가 된다.

$$am(m-1)+bm+c=0, \quad 즉 \quad am^2+(b-a)m+c=0 \tag{1}$$

보조 방정식의 근이 서로 다른 실근, 중근, 켤레 복소근이 되는 서로 다른 세 가지 경우를 생각할 수 있다.

[경우 1] m_1과 m_2가 보조 방정식 (1)의 근이고 $m_1 \neq m_2$라 하면, $y_1 = x_1^m$과 $y_2 = x_2^m$은 해의 기본계를 이룬다. 따라서 일반해는 다음과 같다.

$$y = c_1 x_1^m + c_2 x_2^m \tag{2}$$

보기 1

미분 방정식 $x^2\dfrac{d^2y}{dx^2}-2x\dfrac{dy}{dx}-4y=0$을 풀어라.

풀이 식 (1)을 직접 적용하지 않고, $y=x^m$ 꼴의 해를 가정하자. 일계와 이계 도함수는 각각 $y'=mx^{m-1}$과 $y''=m(m-1)x^{m-2}$이다. 이를 미분 방정식에 대입하면 다음과 같다.

$$\begin{aligned} x^2\frac{d^2y}{dx^2}-2x\frac{dy}{dx}-4y &= x^2\cdot m(m-1)x^{m-2}-2x\cdot mx^{m-1}-4x^m \\ &= x^m\{m(m-1)-2m-4\} \\ &= x^m(m^2-3m-4) \\ &= x^m(m+1)(m-4)=0 \end{aligned}$$

그러므로 $m=-1$, $m=4$이다. 따라서 (2)에 의하여 일반해는 다음과 같다.

$$y = c_1x^{-1}+c_2x^4$$ □

[경우 2] $m_1 = m_2$이면 한 개의 해 $y = x_1^m$을 얻는다.

이차 방정식 $am^2+(b-a)m+c=0$이 중근을 가지면, 판별식이 0이므로 근의 공식으로부터 $m_1 = -\dfrac{b-a}{2a}$이다.

이제 둘째 해 y_2를 찾기 위하여, 먼저 코시·오일러 방정식을 다음과 같이 쓰자.

$$\frac{d^2y}{dx^2}+\frac{b}{ax}\frac{dy}{dx}+\frac{c}{ax^2}y=0$$

$P(x)=\frac{b}{ax}$, $2m_1=-\frac{b-a}{a}$로 놓으면 계수 저하법에 의하여 다음을 얻는다.

$$\begin{aligned}y_2&=x_1^m\int\frac{e^{-\int\frac{b}{ax}dx}}{(x_1^m)^2}dx=x_1^m\int\frac{e^{-\left(\frac{b}{a}\right)\ln x}}{x_1^{2m}}dx\\&=x^{m_1}\int x^{-\frac{b}{a}}x^{-2m_1}dx\\&=x^{m_1}\int x^{-\frac{b}{a}}x^{\frac{b-a}{a}}dx=x_1^m\int\frac{dx}{x}=x_1^m\ln x\end{aligned}$$

따라서 일반해는 다음과 같다.

$$y=c_1x_1^m+c_2x_1^m\ln x \tag{3}$$

보기 2

미분 방정식 $4x^2\frac{d^2y}{dx^2}+8x\frac{dy}{dx}+y=0$을 풀어라.

풀이 $y=x^m$ 을 대입하면 다음을 얻는다.

$$\begin{aligned}4x^2\frac{d^2y}{dx^2}+8x\frac{dy}{dx}+y&=x^m\{4m(m-1)+8m+1\}\\&=x^m(4m^2+4m+1)\\&=x^m(2m+1)^2=0\end{aligned}$$

그러므로 중근 $m=-\frac{1}{2}$을 얻고, (3)에 의하여 일반해는 다음과 같다.

$$y=c_1x^{-\frac{1}{2}}+c_2x^{-\frac{1}{2}}\ln x$$ □

고계 방정식에서 m이 k중근이면 k개의 일차 독립인 해는 다음과 같다.

$$x_1^m,\ x_1^m \ln x,\ x_1^m (\ln x)^2,\ \cdots,\ x_1^m (\ln x)^{k-1}$$

[경우 3] m_1과 m_2가 켤레 복소수 $m_1 = \alpha + i\beta$와 $m_2 = \alpha - i\beta$이면 해는 다음과 같다.

$$y = c_1 x^{\alpha + i\beta} + c_2 x^{\alpha - i\beta}$$

그러나 계수가 상수인 방정식에서와 같이 보조 방정식의 근이 복소수이므로 해를 실 함수만으로 쓰고자 한다. $x^{i\beta} = (e^{\ln x})^{i\beta} = e^{i\beta \ln x}$이므로 오일러의 공식에 의하여 다음과 같이 표현된다.

$$x^{i\beta} = \cos(\beta \ln x) + i \sin(\beta \ln x)$$

그러므로 다음을 얻는다.

$$\begin{aligned} y &= c_1 x^{\alpha + i\beta} + c_2 x^{\alpha - i\beta} = x^{\alpha}\{c_1 x^{i\beta} + c_2 x^{-i\beta}\} \\ &= x^{\alpha}[c_1\{\cos(\beta \ln x) + i \sin(\beta \ln x)\} + c_2\{\cos(\beta \ln x) - i \sin(\beta \ln x)\}] \\ &= x^{\alpha}\{(c_1 + c_2)\cos(\beta \ln x) + (c_1 i - c_2 i)\sin(\beta \ln x)\} \end{aligned}$$

구간 $(0,\ \infty)$에서 함수 $y_1 = x^{\alpha}\cos(\beta \ln x)$와 $y_2 = x^{\alpha}\sin(\beta \ln x)$가 $W(y_1, y_2) = \beta x^{2\alpha - 1} \neq 0$을 만족시켜 주어진 미분 방정식의 해의 기본계를 이루므로 새로운 상수 c_1, c_2로 일반해를 쓰면 다음과 같다.

$$y = x^{\alpha}\{c_1 \cos(\beta \ln x) + c_2 \sin(\beta \ln x)\} \tag{4}$$

보기 3

미분 방정식 $x^2 \dfrac{d^2y}{dx^2} + 3x\dfrac{dy}{dx} + 3y = 0$을 풀어라.

풀이 $y = x^m$을 대입하면 다음을 얻는다.

$$x^2 \frac{d^2y}{dx^2} + 3x \frac{dy}{dx} + 3y = x^m\{m(m-1) + 3m + 3\} = x^m(m^2 + 2m + 3) = 0$$

근의 공식으로부터 $m_1 = -1 + \sqrt{2}i$와 $m_2 = -1 - \sqrt{2}i$를 얻는다. $\alpha = -1$과 $\beta = \sqrt{2}$

로 놓으면 (4)에 의하여 일반해는 다음과 같다.

$$y = x^{-1}\{c_1\cos(\sqrt{2}\ln x) + c_2\sin(\sqrt{2}\ln x)\} \qquad \square$$

보기 4

다음 삼계 코시·오일러 방정식을 풀어라.

$$x^3\frac{d^3y}{dx^3} + 5x^2\frac{d^2y}{dx^2} + 7x\frac{dy}{dx} + 8y = 0$$

풀이 $y = x^m$을 세 번 미분하면 $y' = mx^{m-1}$, $y'' = m(m-1)x^{m-2}$, $y''' = m(m-1)(m-2)x^{m-3}$이고, 이를 주어진 미분 방정식에 대입하면 다음과 같다.

$$\begin{aligned}
&x^3\frac{d^3y}{dx^3} + 5x^2\frac{d^2y}{dx^2} + 7x\frac{dy}{dx} + 8y \\
&= x^3m(m-1)(m-2)x^{m-3} + 5x^2m(m-1)x^{m-2} + 7xmx^{m-1} + 8x^m \\
&= x^m\{m(m-1)(m-2) + 5m(m-1) + 7m + 8\} \\
&= x^m(m^3 + 2m^2 + 4m + 8) \\
&= x^m(m+2)(m^2+4) = 0
\end{aligned}$$

따라서 근은 $m_1 = -2$, $m_2 = 2i$, $m_3 = -2i$이므로 일반해는 다음과 같다.

$$y = c_1x^{-2} + c_2\cos(2\ln x) + c_3\sin(2\ln x) \qquad \square$$

보기 5

다음 비제차 방정식을 풀어라.

$$x^2y'' - 3xy' + 3y = 2x^4e^x$$

풀이 $y = x^m$을 대입하면 다음 보조 방정식을 얻는다.

$$m(m-1) - 3m + 3 = 0,\ \text{즉}\ (m-1)(m-3) = 0$$

그러므로 $y_c = c_1x + c_2x^3$이다. 이제 변수 변환법으로 특수해를 찾자. 주어진 미분 방정식을 다음과 같이 바꾸었다고 하자.

$$y'' + P(x)y' + Q(x)y = f(x)$$

이때, $f(x) = 2x^2e^x$ 이다. $y_1 = x$와 $y_2 = x^3$으로 놓고 특수해를 $y = u_1y_1(x) + u_2y_2(x)$라 하면 u_1과 u_2는 각각 다음과 같다.

$$u_1' = -\frac{y_2f(x)}{W}, \quad u_2' = \frac{y_1f(x)}{W}$$

여기서 W는 다음과 같다.

$$W = \begin{vmatrix} x & x^3 \\ 1 & 3x^2 \end{vmatrix} = 3x^3 - x^3 = 2x^3$$

그러므로 다음을 얻는다.

$$u_1' = -\frac{x^3(2x^2e^x)}{2x^3} = -x^2e^x, \quad u_2' = \frac{x(2x^2e^x)}{2x^3} = e^x,$$
$$u_1 = -x^2e^x + 2xe^x - 2e^x, \quad u_2 = e^x$$

따라서 찾는 특수해는 다음과 같다.

$$y_p = u_1y_1 + u_2y_2 = (-x^2e^x + 2xe^x - 2e^x)x + e^xx^3 = 2x^2e^x - 2xe^x$$

그러므로 일반해는 다음과 같다.

$$y = y_c + y_p = c_1x + c_2x^3 + 2x^2e^x - 2xe^x$$ □

다른 해법

특수한 코시·오일러 미분 방정식은 $x = e^t$을 대입함으로써 계수가 상수인 방정식으로 바꿀 수 있다.

보기 6

미분 방정식 $x^2\frac{d^2y}{dx^2} - x\frac{dy}{dx} + y = \ln x$를 풀어라.

풀이 $x = e^t$ 또는 $t = \ln x$를 대입하면 연쇄 법칙에 따라 다음을 얻는다.

$$\frac{dy}{dx}=\frac{dy}{dt}\frac{dt}{dx}=\frac{1}{x}\frac{dy}{dt},$$

$$\begin{aligned}\frac{d^2y}{dx^2}&=\frac{1}{x}\frac{d}{dx}\left(\frac{dy}{dt}\right)+\frac{dy}{dt}\left(-\frac{1}{x^2}\right)\\&=\frac{1}{x}\left(\frac{d^2y}{dt^2}\frac{1}{x}\right)+\frac{dy}{dt}\left(-\frac{1}{x^2}\right)\\&=\frac{1}{x^2}\left(\frac{d^2y}{dt^2}-\frac{dy}{dt}\right)\end{aligned}$$

이것을 주어진 방정식에 대입하여 간단히 하면 다음과 같다.

$$\frac{d^2y}{dt^2}-2\frac{dy}{dt}+y=t$$

위의 방정식은 계수가 상수이고 특성 방정식은 다음과 같다.

$$m^2-2m+1=0,\ \text{즉}\ (m-1)^2=0$$

그러므로 $y_c=c_1e^t+c_2te^t$ 을 얻는다.

미정 계수법에 의하여 $y_p=A+Bt$ 꼴의 특수해를 찾아보자. 이 가정으로부터 $-2B+A+Bt=t$가 되어 $A=2$와 $B=1$을 얻는다. 그러므로 $y=y_c+y_p$는 다음과 같다.

$$y=c_1e^t+c_2te^t+2+t$$

따라서 구간 $(0,\ \infty)$에서 주어진 미분 방정식의 일반해는 다음과 같다.

$$y=c_1x+c_2x\ln x+2+\ln x$$ □

3.6 연습 문제

01. 다음 미분 방정식을 풀어라.

(1) $x^2y''-2y=0$

(2) $4x^2y''+y=0$

(3) $xy''+y'=0$

(4) $xy''-3y'=0$

(5) $x^2y''+xy'+4y=0$

(6) $x^2y''+5xy'+3y=0$

(7) $x^2y''-3xy'-2y=0$

(8) $x^2y''+3xy'-4y=0$

(9) $25x^2y''+25xy'+y=0$

(10) $4x^2y''+4xy'-y=0$

(11) $x^2y''+5xy'+4y=0$

(12) $x^2y''+8xy'+6y=0$

(13) $x^2y''-xy'+2y=0$

(14) $x^2y''-7xy'+41y=0$

(15) $3x^2y''+6xy'+y=0$

(16) $x^3y'''+xy'-y=0$

(17) $x^2y''-6y=0$

(18) $x^2y''-4y=x^4$

(19) $x^3\dfrac{d^3y}{dx^3}-2x^2\dfrac{d^2y}{dx^2}-2x\dfrac{dy}{dx}+8y=0$

(20) $x^3\dfrac{d^3y}{dx^3}-2x^2\dfrac{d^2y}{dx^2}+4x\dfrac{dy}{dx}-4y=0$

(21) $x\dfrac{d^4y}{dx^4}+6\dfrac{d^3y}{dx^3}=0$

(22) $x^4\dfrac{d^4y}{dx^4}+6x^3\dfrac{d^3y}{dx^3}+9x^2\dfrac{d^2y}{dx^2}+3x\dfrac{dy}{dx}+y=0$

02. 다음 초깃값 문제를 풀어라(힌트: $t=-x$로 치환하라).

(1) $4x^2y''+y=0,\quad y(-1)=2,\quad y'(-1)=4$

(2) $x^2y''-4xy'+6y=0,\quad y(-2)=8,\quad y'(-2)=0$

03. 변수 변환법을 이용하여 다음 미분 방정식을 풀어라.

(1) $xy''+y'=x$

(2) $xy''-4y'=x^4$

(3) $2x^2y''+5xy'+y=x^2-x$

(4) $x^2\,y''-2xy'+2y=x^4e^x$

(5) $x^2\,y''-xy'+y=2x$

(6) $x^2\,y''-2xy'+2y=x^3\ln x$

04. $x = e^t$로 치환하여 다음 미분 방정식을 풀어라.

(1) $x^2y'' + 10xy' + 8y = x^2$

(2) $x^2y'' - 4xy' + 6y = \ln x^2$

(3) $x^2y'' - 3xy' + 13y = 4 + 3x$

(4) $2x^2y'' - 3xy' - 3y = 1 + 2x + x^2$

(5) $x^2y'' + 9xy' - 20y = 5x^3$

(6) $x^3y^{(3)} - 3x^2y'' + 6xy' - 6y = 3 + \ln x^3$

05. 일반해가 다음과 같이 주어졌을 때 제차 코시·오일러 미분 방정식을 찾아라.

(1) $y = c_1x^4 + c_2x^{-2}$

(2) $y = c_1x^{-3} + c_2x^{-3}\ln x$

(3) $y = c_1\cos(\ln x) + c_2\sin(\ln x)$

06. $y = (x - x_0)^m$의 꼴을 이용하여 다음 미분 방정식을 풀어라.

(1) $(x+3)^2y'' - 8(x+3)y' + 14y = 0$

(2) $(x+2)^2y'' + (x+2)y' + y = 0$

07. $w(r)$은 삼계 미분 방정식 $\dfrac{d^3w}{dr^3} + \dfrac{1}{r}\dfrac{d^2w}{dr^2} - \dfrac{1}{r^2}\dfrac{dw}{dr} = \dfrac{q}{2D}r$을 만족시킨다. 경계 조건 $w'(0) = 0,\ w(a) = 0, w'(a) = 0$이 주어졌을 때 이 미분 방정식의 일반해를 찾아라.

08. 다음 미분 방정식에 대하여 초기 조건 $y(0) = y_0,\ y'(0) = y_1$이 만족된다고 하자.

$$x^2y'' = 0,$$
$$x^2y'' - 2xy' + 2y = 0,$$
$$x^2y'' - 4xy' + 6y = 0.$$

위의 각각의 초깃값 문제들에 대하여 해를 가지도록 하는 $y_0,\ y_1$의 값을 찾아라.

3.7 모형 제작: 강제 진동 공명

그림 3.3에 나타낸 바와 같이 용수철계에서 외력이 없을 때 용수철에 매달려 있는 물체의 운동을 자유 진동이라고 한다. y를 정지한 이후부터의 변위, m을 물체의 질량, c를 공기저항 계수, k를 용수철 상수라 하자. 물체의 속도가 y'이므로 물체에 작용하는 감쇠력 (제동력)은 $-cy'$, 훅의 법칙 (Hooke's law)에 의해 용수철에 의한 복원력은 $-ky$가 된다. 물체의 가속도가 y''이므로 물체에 작용하는 힘의 벡터합은 my''가 되므로 뉴턴의 제2법칙에 의해 다음와 같이 쓸 수 있다.

$$my'' = -cy' - ky$$

따라서 용수철에 매달려 있는 물체의 운동은 다음 제차 방정식으로 표현된다.

$$my'' + cy' + ky = 0 \tag{1}$$

강제 진동은 물체에 외력 $r(t)$를 작용시켰을 때 나타난다. 그에 대응하는 모형의 방정식은 다음과 같이 외력 $r(t)$의 항을 우변에 추가함으로써 얻어진다.

$$my'' + cy' + ky = r(t)$$

이때, $r(t)$를 입력 또는 추진력이라 하며, 방정식의 해를 출력 또는 추진력에 대한 계의 응답이라 한다. 특히 흥미로운 것은 주기 입력인데, 여기서는 다음과 같은 코사인 함수 입력을 알아본다.

$$r(t) = F_0 \cos wt \quad (F_0 > 0,\ w > 0)$$

이 경우에 다음 미분 방정식을 얻게 된다.

$$my'' + cy' + ky = F_0 \cos wt \tag{2}$$

이 방정식을 연구하여 흥미로운 원리, 즉 공명(resonance) 현상을 생각해 보자.

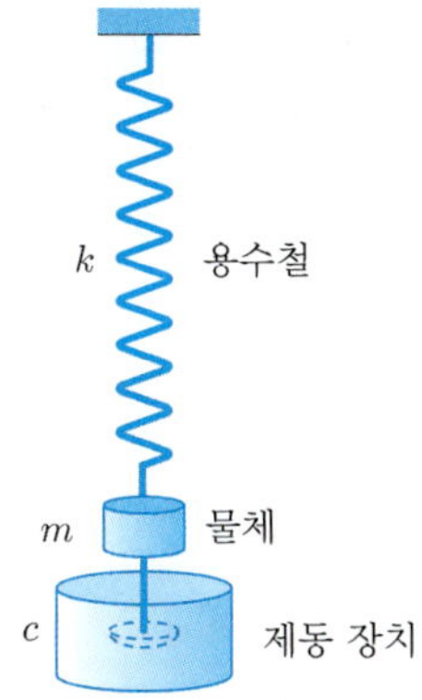

그림 3.3 ❙ 용수철계

방정식의 풀이

식 (2)의 일반해는 식 (1)의 일반해와 식 (2)의 특수해의 합이다. 식 (2)의 특수해를 미정 계수법(3.4절)으로 결정하자. 즉, $y_p(t)$를 다음과 같이 놓자.

$$y_p = a\cos wt + b\sin wt \tag{3}$$

이 함수를 미분하면 다음과 같다.

$$y_p{}' = -wa\sin wt + wb\cos wt, \quad y_p{}'' = -w^2 a\cos wt - w^2 b\sin wt$$

이것들을 식 (2)에 대입하고 사인 항과 코사인 항을 모으면 다음과 같다.

$$(k-mw^2)a + wcb\cos wt + -wca + (k-mw^2)b\sin wt = F_0\cos wt$$

양변에 있는 사인과 코사인의 계수를 같게 놓으면 다음이 성립한다.

$$\begin{aligned} &(k-mw^2)a + wcb = F_0, \\ &-wca + (k-mw^2)b = 0 \end{aligned} \tag{4}$$

이것은 두 개의 미지수 a와 b에 관한 일차 연립 방정식이다. 해는 소거법이나 행렬식을 이용하여 얻어진다. $(k-mw^2)^2 + w^2c^2 \neq 0$이면 다음을 얻는다.

$$a = F_0\frac{k-mw^2}{(k-mw^2)^2 + w^2c^2}, \quad b = F_0\frac{wc}{(k-mw^2)^2 + w^2c^2}$$

$\sqrt{\dfrac{k}{m}} = w_0 \ (> 0)$라 놓으면 다음을 얻는다.

$$a = F_0 \frac{m(w_0^2 - w^2)}{m^2(w_0^2 - w^2)^2 + w^2c^2}, \quad b = F_0 \frac{wc}{m^2(w_0^2 - w^2)^2 + w^2c^2} \tag{5}$$

따라서 식 (2)의 일반해는 다음과 같다.

$$y(t) = y_c(t) + y_p(t) \tag{6}$$

여기서 y_c는 식 (1)의 일반해이고 y_p는 계수가 식 (5)인 식 (3)으로 주어진다.

해의 형태에 관한 검토

지금부터 $c = 0$(비감쇠 진동)과 $c > 0$(감쇠 진동)의 두 가지 경우에 구별되는 역학계의 행동을 생각해 보자. 이 경우는 두 개의 서로 다른 형태의 출력을 나타낸다.

[경우 1] (비감쇠 강제 진동) 감쇠가 없다면 $c = 0$이다. 먼저 $w^2 \neq w_0^2 \left(w_0 = \sqrt{\dfrac{k}{m}} \right)$이라 가정한다. 그러면 식 (3)과 (5)에서(여기서 $c = 0$이므로 $b = 0$이다), 다음이 성립한다.

$$y_p = \frac{F_0}{m(w_0^2 - w^2)} \cos wt = \frac{F_0}{k\left\{1 - \left(\dfrac{w}{w_0}\right)^2\right\}} \cos wt \tag{7}$$

식 (1)의 일반해는 다음과 같이 주어진다.

$$y_p = c_1 \cos w_0 t + c_2 \sin w_0 t = \sqrt{c_1^2 + c_2^2} \cos(w_0 t - \delta)$$

$$\tan\delta = \frac{c_2}{c_1}$$

그러므로 다음을 얻는다.

$$y(t) = \sqrt{c_1^2 + c_2^2} \cos(w_0 t - \delta) + \frac{F_0}{m(w_0^2 - w^2)} \cos wt \tag{8}$$

주파수는 계의 고유 주파수 $\dfrac{w_0}{2\pi}$[cycle/sec](비감쇠 진동의 주파수)와 입력 주파수 $\dfrac{w}{2\pi}$이다. 식 (7)에서 y_p의 최대 진폭은 다음과 같다.

$$a_0 = \frac{F_0}{k}\rho \quad \left(\rho = \frac{1}{1-\left(\frac{w}{w_0}\right)^2}\right) \tag{9}$$

a_0은 w와 w_0에 의존하며 $w \to w_0$일 때 ρ와 a_0은 한없이 커진다. 입력과 고유 주파수가 일치($w = w_0$)하기 때문에 발생하는 큰 진동이 유도되는 현상을 공명(resonance)이라고 하며, 이것은 진동계의 연구에 기본이 되는 것으로 매우 중요하다. 여기서 ρ를 공명 인자라 한다(그림 3.4). 식 (9)에서 $\frac{\rho}{k} = \frac{a_0}{F_0}$은 함수 y_p의 진폭과 주기 입력 진폭의 진폭비임을 알 수 있다. 공명의 경우 방정식 (2)는 다음과 같다.

$$y'' + w_0^2 y = \frac{F_0}{m}\cos w_0 t \tag{10}$$

3.3절의 미정 계수법을 이용하면 (10)의 특수해는 다음과 같은 꼴이다.

$$y_p = t(a\cos w_0 t + b\sin w_0 t)$$

이를 (10)에 대입하면 $a = 0$, $b = \frac{F_0}{2mw_0}$이므로 y_p는 다음과 같다(그림 3.5).

$$y_p(t) = \frac{F_0}{2mw_0} t\sin w_0 t \tag{11}$$

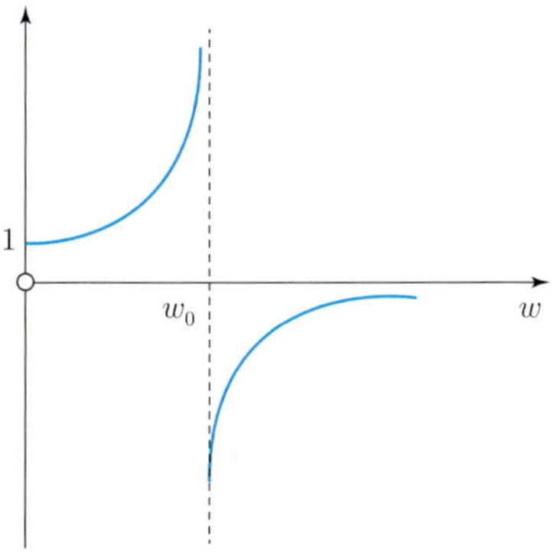

그림 3.4 ❙ $\rho = \frac{1}{1-\left(\frac{w}{w_0}\right)^2}$

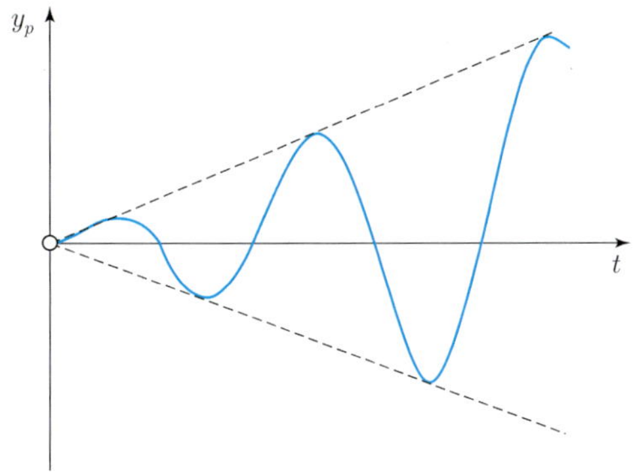

그림 3.5 ❙ $y_p(t) = \frac{F_0}{2mw_0} t\sin w_0 t$

따라서 시간이 흐름에 따라 y_p의 진폭은 점점 커짐을 알 수 있는데, 실제로 이는 아주 작은 감쇠의 계가 그 계를 파괴할 수 있는 큰 진동을 받는 것을 뜻한다.

또 다른 흥미롭고 중요한 진동의 형태는 w가 w_0에 접근할 때 얻어진다. 식 (8)에 대응하는 초기 조건이 $y(0)=0,\ y'(0)=0$라 하면

$$y(t)=\frac{F_0}{m(w_0^2-w^2)}(\cos wt-\cos w_0 t) \quad (w\neq w_0) \tag{12}$$

을 얻을 수 있다. 이것은 다음과 같이 쓸 수 있다.

$$y(t)=\frac{2F_0}{m(w_0^2-w^2)}\sin\frac{w_0+w}{2}t\sin\frac{w_0-w}{2}t$$

여기서 w가 w_0에 접근하면 w_0-w는 작고, 그 결과 마지막 사인 함수의 주기는 커서 그림 3.6에서 보는 바와 같은 형태의 진동을 한다. 이 그림은 악기 연주자가 악기를 조율할 때 듣는 소리와 같다.

[경우 2] (감쇠 강제 진동) 감쇠 진동의 경우는 $c>0$이고 방정식 (2)의 여함수 y_c는 다음과 같다.

$$y_c(t)=e^{-\alpha t}(A\cos w^* t+B\sin w^* t) \qquad \left(\alpha=\frac{c}{2m}>0\right) \tag{13}$$

여기서 t가 커짐에 따라 (현실적으로 충분히 오랜 시간이 지난 후) y_c는 0에 접근함을 알

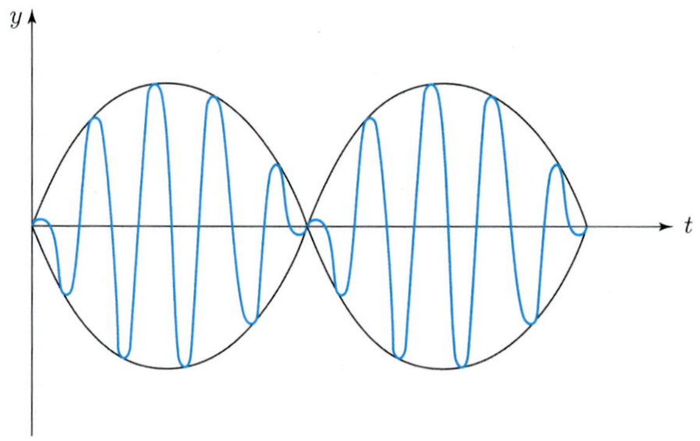

그림 3.6 ❙ $y(t)=\frac{2F_0}{m(w_0^2-w^2)}\sin\frac{w_0+w}{2}t\sin\frac{w_0-w}{2}t$

수 있다. 즉, (2)의 일반해에서 여함수 y_c는 과도해(transient solution)를 표시하며 (2)의 일반해는 시간이 흐름에 따라 시간에 무관한 정상 상태해(steady-state solution)가 되려는 경향이 있다. 그러므로 충분히 오랜 시간이 경과한 후 순수 코사인 함수 입력에 대응하는 출력은 실제적으로 그의 주파수가 입력의 주파수인 조화 운동이 된다. 이것은 완전한 비감쇠 진동의 물리계가 없기 때문에 실제 일어나는 운동이다.

비감쇠 진동인 경우 w가 w_0에 접근함에 따라 진폭 y_p는 한없이 커지는 반면 감쇠 진동의 경우는 이와 같은 현상은 일어나지 않는다. 이 경우 진폭은 항상 유한하지만 c에 의존하는 어떤 w에 대하여 최대가 될 수 있다. 이것을 현실적 공명(practical resonance)이라고 부른다. 어떤 입력은 계를 파괴할 수 있는 큰 진폭을 갖는 진동을 유도할 수 있기 때문에 대단히 중요하다. 기계, 자동차, 배, 비행기, 교량 등은 진동하는 역학계이다. 그리고 때로는 모든 입력에 대한 제어가 불가능하므로 불필요한 공명 효과를 완전히 벗어난 역학계를 설계한다는 것은 매우 어렵다.

y_p의 진폭

w의 함수로서 진폭 y_p를 조사하기 위하여 식 (3)을 다음과 같이 나타내자.

$$y_p = C^* \cos(wt - \eta) \tag{14}$$

그러면 (5)에 따라 다음을 얻는다.

$$C^*(w) = \sqrt{a^2 + b^2} = \frac{F_0}{\sqrt{m^2(w_0^2 - w^2)^2 + w^2c^2}} \tag{15}$$

$$\tan\eta = \frac{b}{a} = \frac{wc}{m(w_0^2 - w^2)}$$

$C^*(w)$의 최댓값을 찾아보자. $\dfrac{dC^*}{dw} = 0$이라고 하면 다음이 성립한다.

$$\{-2m^2(w_0^2 - w^2) + c^2\}w = 0 \tag{16}$$

위 식의 괄호 안은 $c^2 = 2m^2(w_0^2 - w^2)$일 때 0이다. 충분히 큰 감쇠 진동($c^2 > 2m^2w_0^2 = 2mk$)에 대하여 방정식 (16)은 실수해를 갖지 않는다. 그리고 w가 증가함에 따라 C^*는 단조롭게 감소한다(그림 3.7). 만일 $c^2 \le 2mk$이면 (16)은 실수해 $w = w_{\max}$를 가지며 이것은 c가 감소함에 따라 증가하고 c가 0에 접근함에 따라 w_0에 접근한다. 진폭 C^*는 $w = w_{\max}$에서 최

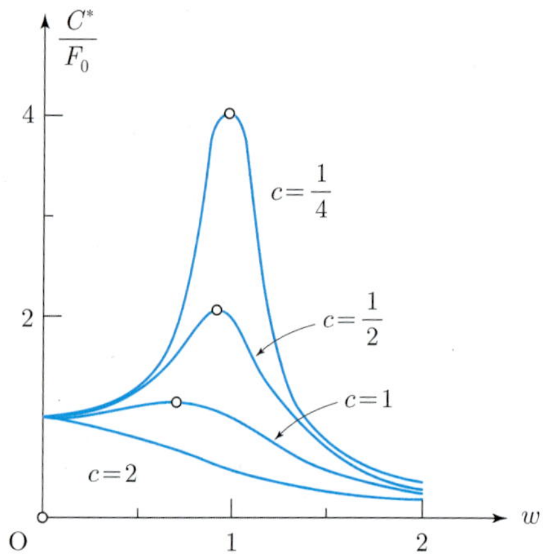

그림 3.7 ▌ 감쇠 진동

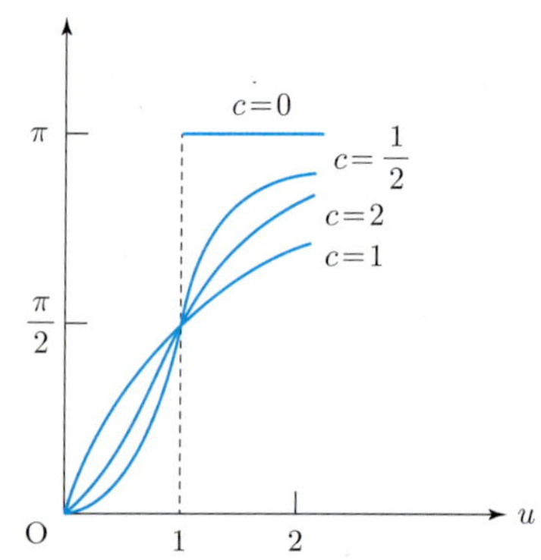

그림 3.8 ▌ 위상각

대가 되며 $w = w_{\max}$를 식 (15)에 대입하면 다음과 같다.

$$C^*(w_{\max}) = \frac{2mF_0}{c\sqrt{4m^2w_0^2 - c^2}}$$

$C^*(w_{\max})$는 $c > 0$일 때 유한임을 알 수 있다. $c^2 < 2mk$일 때 $\frac{dC^*(w_{\max})}{dc} < 0$이므로 $c(\leq \sqrt{2mk}\,)$가 감소함에 따라 $C^*(w_{\max})$의 값은 증가하고 c가 0에 접근함에 따라 무한히 커지므로 앞의 경우 1의 결과와 일치한다. 그림 3.7은 $m = 1$, $k = 1$에 대하여 w의 함수로서 여러 가지 감쇠 상수의 값에 대한 증폭 $\frac{C^*}{F_0}$(출력과 입력 진폭의 비)를 보여준다.

(15)에서 각 η는 입력에 대한 출력의 지연을 측정하기 때문에 위상각 또는 상지연(phase log)이라 한다(그림 3.8). 만일 $w < w_0$이면 $\eta < \frac{\pi}{2}$이고, $w > w_0$이면 $\eta > \frac{\pi}{2}$이다.

3.7 연습 문제

※ 다음에서 $(aD^2+bD+c)y$는 $ay''+by'+cy$를 의미한다.

01. 다음의 방정식으로 지배되는 진동계의 정상 상태 진동을 찾아라.

(1) $(D^2+4)y=15\sin t$

(2) $y''+4y'+3y=4.5\sin 2t$

(3) $y''+3y'+2y=40\sin t$

(4) $y''+2.5y'+10y=-13.6\sin 4t$

(5) $(D^2+2D+4)y=\sin 0.2t$

(6) $(D^2+4D+3I)y=\cos t+\dfrac{1}{3}\cos 3t$

02. 다음의 방정식으로 지배되는 진동계의 과도 운동을 찾아라.

(1) $y''+25y=48\sin t$

(2) $2y''+4y'+6.5y=\cos 1.5t$

(3) $y''+2y'+2y=\cos t$

(4) $y''+16y=56\cos 4t$

(5) $(D^2+1)y=\cos wt$ (단, $w^2\neq 1$)

(6) $(D^2+4D+8I)y=2\cos 2t+\sin 2t$

03. 다음 미분 방정식은 진동계의 수학적 형태이다. 주어진 초기 변위와 초기 속도에 대응하는 계의 운동을 찾아라.

(1) $y''+4y'+20y=23\sin t-15\cos t,\quad y(0)=0,\quad y'(0)=-1$

(2) $(D^2+w_0^2)y=\cos wt,\quad y(0)=y_0,\quad y'(0)=v_0,\quad (w^2\neq w_0^2)$

(3) $(D^2+4)y=\sin t+\dfrac{1}{3}\sin 3t+\dfrac{1}{5}\sin 5t,\quad y(0)=1,\quad y'(0)=\dfrac{3}{35}$

04. 식 (13)에서 w가 w_0에 접근한다고 놓고, 이것이 (11)의 형태의 해를 유도함을 보여라.

05. 식 (12)를 유도하고 $\lim_{w\to w_0} y(t)$를 계산하라.

3.8 전기 회로의 모형 제작

앞 절에서는 현실적으로 대단히 흥미로운 역학계에 대하여 살펴보았다. 여기서는 전기 회로에서 중요한 전기계를 생각해 보겠다. 이에 관한 연구는 전혀 다른 물리계가 동일한 수학적 모델로 일치한다는 중요한 사실을 알려준다. 이번 절에서는 동일한 미분 방정식을 갖는 경우를 생각할 것이다. 따라서 동일한 방법으로 풀이되는데, 이것이 바로 수학의 통일성을 나타내는 좋은 예이다.

실제로 주어진 역학계에 대하여 어느 점에서는 정성적이 아니라 정확하게 정량적으로 역학계와 전기계가 일치함을 얻는다. 적당한 환산 인자를 도입하였을 때 전류가 역학계에서 정확한 변위값을 갖는 전기 회로를 만들 수 있다. 어떤 점에서는 주어진 역학계에 대하여 전기 회로를 구성할 수 있는 적당한 환산 인자를 넣을 때, 전류가 역학계에서 변위의 정확한 값이 되는 단순히 정성적이 아니라 정확하게 정량적으로 역학계와 전기계가 일치함을 알게 될 것이다.

역학계와 전기계 사이의 이와 같은 유사성의 실제적인 중요성은 다음의 관점에서 중요하다. 유사성은 주어진 역학계의 '전기적 모형'을 만드는 데 사용될 수 있다. 여러 경우에서 전기 회로는 제작하기 쉬우며 전류와 전압은 측정하기 쉬우나 그 반면에 역학적 구성은 복잡하고 비용이 많이 들며, 그 변위의 측정은 시간이 많이 소요되고 정확치 않다. 그 때문에 전기적 모형이 본질적으로 간단하다.

모형의 설정

그림 3.9의 RLC-회로를 생각하자. 여기서 저항 R[옴(ohm)]의 저항기와 인덕턴스 L[헨리

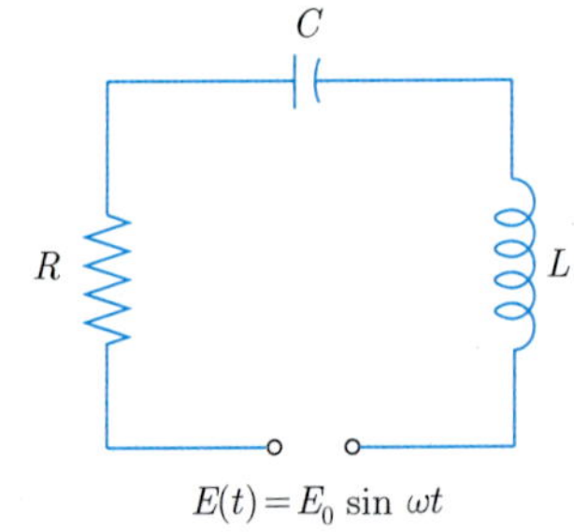

그림 3.9 ❙ RLC-회로

(henrys)]의 유도기(inductor) 및 정전 용량(capacitance) C[패럿(farad)]의 축전기(capacitor)가 직렬로 기전력 $E(t)$[볼트(volt)]에 접속되어 있고, 이때 t는 시간이다.

RLC-회로에서의 전류 $I(t)$[암페어(ampere)]에 대한 방정식은 세 단계의 전압 강하를 고려해서 얻어진다.

$$E_L = LI' \qquad \text{유도기를 통하여}$$

$$E_R = RI \qquad \text{저항을 통하여}$$

$$E_C = \frac{1}{C}\int I(t)dt \qquad \text{축전기를 통하여}$$

축전기의 전하량을 $Q(t)$라 하면 $I(t) = Q'(t)$의 관계가 있다. E_L, E_R 그리고 E_C의 합은 기전력 $E(t)$와 같다. 이것이 역학계에 대한 뉴턴의 제2법칙과 유사한 키르히호프(Kirchhoff)의 전압 법칙이다. 사인 함수인 $E(t) = E_0 \sin wt$(E_0은 상수)에 대해 이 법칙은 다음과 같다.

$$LI' + RI + \frac{1}{C}\int I\,dt = E(t) = E_0 \sin wt \tag{1}$$

이 모형 제작 과정은 본질적으로 1.3절에서와 같다. (1)의 적분 항을 없애기 위하여 t에 관하여 미분하면 다음을 얻는다.

$$LI'' + RI' + \frac{1}{C}I = E_0 w \cos wt \tag{2}$$

이것은 앞 절의 식 (2)와 똑같은 꼴이다. 그러므로 회로는 3.7절의 역학계에 대한 전기적 해석이다. 전기와 물리적 양에 해당되는 유사성이 표 3.2에 나타나 있다.

표 3.2 ▌ 이 절의 식 (2)와 3.7절의 식 (2)에서 전기와 역학적 양의 유사성

전기계		역학계	
인덕턴스	L	질량	m
저항	R	감쇠 상수	c
정전 용량 역	$\frac{1}{C}$	용수철 계수	k
기전력의 도함수	$E_0 w \cos wt$	구동력	$F_0 \cos wt$
전류	$I(t)$	변위	$y(t)$

방정식 (2)의 풀이, 해의 검토

다음과 같은 식 (2)의 특수해 I_p를 찾기 위해 3.7절과 같은 방법을 사용할 수 있다.

$$I_p(t) = a\cos wt + b\sin wt \tag{3}$$

이를 (2)에 대입하면 다음을 얻는다.

$$a = -\frac{E_0 S}{R^2 + S^2}, \quad b = \frac{E_0 R}{R^2 + S^2} \tag{4}$$

여기서 S는 리액턴스(reactance)이며 다음과 같이 주어진다.

$$S = wL - \frac{1}{wC}$$

실제의 경우에 $R \neq 0$이므로 식 (4)의 분모는 0이 아니다. (4)로 주어진 a와 b를 갖는 (3)의 결과가 (2)의 특수해이다. (4)를 이용하여 (3)의 I_p를 다음과 같은 형태로도 쓸 수 있다.

$$I_p(t) = I_0 \sin(wt - \theta) \tag{5}$$

여기서 I_0은 다음과 같다.

$$I_0 = \sqrt{a^2 + b^2} = \frac{E_0}{\sqrt{R^2 + S^2}}, \quad \tan\theta = -\frac{a}{b} = \frac{S}{R}$$

$\sqrt{R^2 + S^2}$을 임피던스(impedance)라고 부른다. 이 식은 임피던스 $\frac{E}{I} = R$(옴의 법칙)과 유사한 $\frac{E_0}{I_0}$와 같음을 보여준다.

(2)에 대응하는 제차 미분 방정식의 일반해는 다음과 같다.

$$I_c = c_1 e^{m_1 t} + c_2 e^{m_2 t}$$

여기서 m_1과 m_2는 다음 특성 방정식의 근이다.

$$m^2 + \frac{R}{L} m + \frac{1}{LC} = 0$$

그러므로 다음과 같은 α와 β에 대해 $m_1 = -\alpha + \beta$와 $m_2 = -\alpha - \beta$로 쓸 수 있다.

$$\alpha = \frac{R}{2L}, \quad \beta = \frac{1}{2L}\sqrt{R^2 - \frac{4L}{C}}$$

3.7절에서와 같이 $R > 0$이면(물론 이것은 실제로 어떠한 경우에도 사실이다.) 제차 방정식의 일반해 $I_c(t)$는 t가 한없이 커짐에 따라(현실적으로 충분히 오랜 시간이 흐른 뒤에) 0에 접근한다. 그러므로 과도 전류 $I = I_c + I_p$는 정상 상태 전류 I_p가 되는 경향이 있고, 어느 정도의 시간이 지난 후 출력은 실제로 (5)로 주어지고 주파수는 입력 주파수인 조화 진동이 될 것이다.

보기 1 **RLC-회로**

$R = 100$옴, $L = 0.1$헨리, $C = 10^{-3}$패럿이고, 전원 전압 $E(t) = 155\sin 377t$(60Hz=60cycle/sec)에 연결된 회로에서 전류 $I(t)$를 찾아라. $t = 0$일 때 전하와 전류는 0이라고 가정하라.

풀이 1단계: 일반해

식 (2)는 다음과 같이 된다.

$$0.1I'' + 100I' + 1000I = 155 \times 377\cos 377t$$

계산하면 리액턴스는 $S = 37.7 - \frac{1}{0.377} = 35.0$이고, 정상 상태 전류는 다음과 같다.

$$I_p(t) = a\cos 377t + b\sin 377t$$

여기서 a와 b는 다음과 같다.

$$a = \frac{-155 \times 35.0}{100^2 + 35^2} = -0.484, \quad b = \frac{155 \times 100}{100^2 + 35^2} = 1.380$$

특성 방정식 $0.1m^2 + 100m + 1000 = 0$을 풀면 $m_1 = -10$과 $m_2 = -990$을 얻으므로 일반해는 다음과 같다.

$$I(t) = c_1 e^{-10t} + c_2 e^{-990t} - 0.484\cos 377t + 1.380\sin 377t \tag{6}$$

2단계: 특수해

초기 조건 $Q(0) = 0$, $I(0) = 0$에서 c_1과 c_2를 찾는다. 둘째 조건에 의해 다음이 성립한다.

$$I(0)=c_1+c_2-0.484=0 \tag{7}$$

어떻게 $Q(0)=0$을 사용할까? 대수학적으로 식 (1)을 I'에 관하여 풀면 다음과 같다.

$$I'=\frac{1}{L}\left(E(t)-RI(t)-\frac{1}{C}Q(t)\right) \tag{8}$$

왜냐하면 $\int I\,dt=Q$이기 때문이다. $E(0)=0,\ I(0)=0,\ Q(0)=0$이므로 $I'(0)=0$이다. (6)을 미분하면 다음을 얻는다.

$$I'(0)=\ -10c_1-990c_2+1.380\times 377=0 \tag{9}$$

(7)과 (9)의 해는 $c_1=-0.042,\ c_2=0.526$이 되어 답은 다음과 같다.

$$I(t)=-0.042e^{-10t}+0.526e^{-990t}-0.484\cos 377t+1.38\sin 377t$$

앞의 두 항은 빨리 소멸되고, 아주 짧은 시간 내에 전류는 가해진 전압의 주파수(60Hz=60cycle/sec)로 조화 진동을 한다.

(5)에 의해 정상 상태의 전류를 다음과 같은 형태로 쓸 수 있다.

$$I_p(t)=1.463\sin(377t-0.34)$$

□

3.8 연습 문제

01. 식 (4)를 두 가지 방법, 즉 (3)을 (2)에 직접 대입, 표 3.2를 사용하여 F_0 대신 E_0w를 취하고, 3.7절의 식 (6)에서 유도하라.

02. 본문에서 $R>0$이면 과도 전류는 $t\to\infty$일 때 $I_p(t)$에 달한다. 어떻게 증명하는가?

03. (감쇠의 종류) 회로에서 과 감쇠 진동(경우 1), 임계 진동(경우 2), 저 감쇠 진동(경우 3)일 조건은 무엇인가? 특히 임계 저항 R_{crit}는 얼마인가(힌트: 임계 진동 상수 $C_{crit}=2\sqrt{mk}$)?

04. 조율(tuning) 라디오를 방송국에 맞출 때 라디오의 손잡이를 돌린다. 그러면 RLC-회로(그림

3.10)에서 C(혹은 L)가 변하기 때문에 정상 상태 전류의 진폭은 최대가 된다. 이 경우 C는 무엇인가?

05. $R=4$옴, $L=1$헨리, $C=2\times10^{-4}$패럿, $E=220$볼트가 주어졌을 때 그림 3.10의 정상 상태 전류를 찾아라.

06. $R=20$옴, $L=5$헨리, $C=10$패럿, $E=85\sin 4t$볼트가 주어졌을 때 그림 3.10의 RLC-회로에서 과도 전류(transient)를 찾아라.

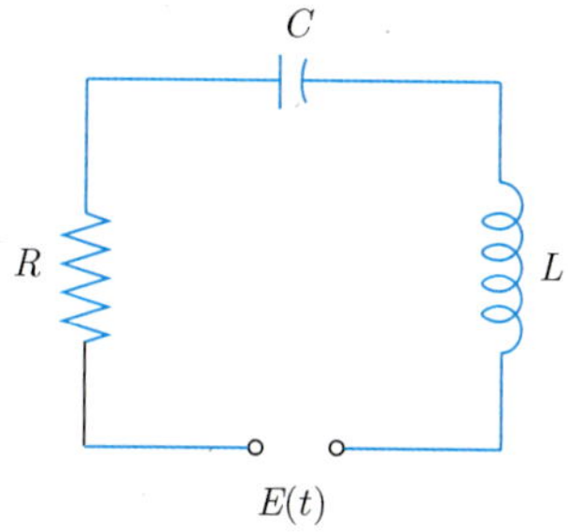

그림 3.10 ❙ RLC-회로

07. 식 (8)을 이용하여 초기 전류와 전하를 0으로 가정하고 그림 3.10의 RLC-회로에서 다음 값이 주어졌을 때 전류를 찾아라.

$$R=80\text{옴},\quad L=20\text{헨리},\quad C=0.01\text{패럿},\quad E=100\text{볼트}$$

08. 그림 3.11의 LC-회로에서 초기 전류 $I(0)=I_0$, 초기 전하 $Q(0)=Q_0$라 하고 다음 값이 주어졌을 때 전류를 찾아라.

$$L=l\text{헨리},\quad C=c\text{패럿},\quad E=E_0\cos\omega t\text{볼트}$$

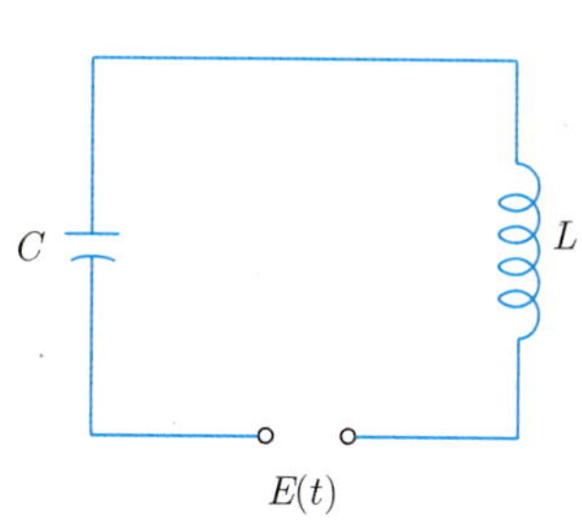

그림 3.11 ❙ LC-회로

제 4 장 연립 미분 방정식과 위상 평면 및 안정성

이 장에서는 먼저 두 개의 미지 함수를 가진 상수 계수 제차 선형 연립 미분 방정식의 해를 찾는 방법을 알아본다. 식이 두 개보다 더 많이 있는 경우는 단지 대수적인 계산이 더 포함될 뿐이다. 비제차 선형 연립 미분 방정식의 해법에 관하여도 간략히 설명한다. 다음으로 위상 평면과 임계점 및 안정성의 개념을 소개하는데, 이로부터 선형 및 비선형 연립 미분 방정식의 해의 성질에 관한 정보를 이끌어낼 수 있기 때문이다. 위상 평면법은 해를 찾을 수 없는 경우에도 해의 성질에 관한 많은 정보를 준다.

■ 가우스(Carl Friedrich Gauss, 1777~1855)

가우스는 19세기의 가장 위대한 수학자이며, 통상 아르키메데스 및 뉴턴과 함께 역사상 가장 위대한 세 명의 수학자 중 한 사람으로 꼽힌다. 브라운슈바이크의 가난한 가정에서 태어난 그는 15세 때 브라운슈바이크 공작 볼펜뷔텔(Wolfenbüttel)의 재정적인 도움으로 브라운슈바이크에 있는 대학에 입학했고, 3년 뒤 1795년에는 괴팅겐 대학에 입학했다. 학위를 받지 않고 괴팅겐을 떠난 가우스는 1799년 헬름슈테트 대학에서 대수학의 기본 정리에 관한 논문으로 박사 학위를 취득했다. 1807년 가우스는 괴팅겐으로 가서 여생을 천문대장으로 일하면서 괴팅겐 대학을 오랫동안 수학의 메카로서의 역할을 하게 만들었으며 수학을 전공하는 학생들의 선망의 대상이 되게 했다. 이런 영향력 있는 창시자이며 대단히 비범한 천재 주위에는 놀라울 정도로 많은 이야기와 일화가 쌓이게 되었다.

가우스는 거의 여행을 하지 않았으며, 독일을 떠난 적이 없었다. 그는 믿을 수 없을 정도로 풍부한 재능을 가진 수학자였지만, 상대적으로 매우 적은 수의 논문과 책을 발표했다. 그러나 그가 발표한 글은 질적으로 최고였으며 깔끔한 마무리와 수학적인 우아함으로 쓰여졌다. 그는 1855년 2월 23일 괴팅겐에서 죽었다.

4.1 행렬과 벡터

이 절에서는 선형 연립 미분 방정식의 해를 구하기 위해 필요한 선형대수학의 기본개념들을 학습한다.

다음과 같이 n개의 미지수 $x_1,\ x_2,\ \cdots,\ x_n$에 대한 m개의 선형방정식으로 이루어진 선형 연립 미분 방정식을 살펴보자.

$$\begin{cases} a_{11}x_1 + a_{12}x_2 + \cdots + a_{1n}x_n = b_1 \\ a_{21}x_1 + a_{22}x_2 + \cdots + a_{2n}x_n = b_2 \\ \qquad\qquad \vdots \\ a_{m1}x_1 + a_{m2}x_2 + \cdots + a_{mn}x_n = b_m \end{cases}$$

선형 연립 미분 방정식을 행렬을 이용하여 나타내면

$$\begin{pmatrix} a_{11} & a_{12} & \cdots & a_{1n} \\ a_{21} & a_{22} & \cdots & a_{2n} \\ \vdots & \vdots & \ddots & \vdots \\ a_{m1} & a_{m2} & \cdots & a_{mn} \end{pmatrix} \begin{pmatrix} x_1 \\ x_2 \\ \vdots \\ x_n \end{pmatrix} = \begin{pmatrix} b_1 \\ b_2 \\ \vdots \\ b_m \end{pmatrix}$$

이다. 따라서 행렬 $A, \mathbf{x}, \mathbf{b}$를

$$A = (a_{ij})_{m \times n}, \qquad \mathbf{x} = (x_1, x_2, \cdots, x_n)^T, \qquad \mathbf{b} = (b_1, b_2, \cdots, b_m)^T$$

으로 놓으면 주어진 선형 연립 미분 방정식을 $A\mathbf{x} = \mathbf{b}$로 나타낼 수 있다.

행렬 A의 n개의 열을 각각 $\mathbf{v}_1,\ \mathbf{v}_2,\ \cdots,\ \mathbf{v}_n$이라고 놓으면 선형 연립 미분 방정식 $A\mathbf{x} = \mathbf{b}$는 $(\mathbf{v}_1,\ \mathbf{v}_2,\ \cdots,\ \mathbf{v}_n)\mathbf{x} = \mathbf{b}$이므로 방정식 $A\mathbf{x} = \mathbf{b}$의 해가 존재하기 위한 필요 충분 조건은 적당한 실수 α_i가 존재하여 $\mathbf{b} = \sum_{i=1}^{n} \alpha_i \mathbf{v}_i$로 나타내어지는 것임을 알 수 있다.

정의 4.1 복소수를 성분으로 갖는 정사각행렬 $A \in M_{n \times n}(\mathbb{C})$와 복소수 λ에 대하여 식 $A\mathbf{x} = \lambda\mathbf{x}$를 만족하는 영벡터가 아닌 벡터 $\mathbf{x} \in M_{n \times 1}(\mathbb{C})$가 존재하면 복소수 λ를 행렬 A의 **고윳값**(eigenvalue)이라 하고 벡터 $\mathbf{x}$를 고윳값 λ에 대응하는 행렬 A의 **고유벡터**(eigenvector)라고 한다.

보기 1

행렬 $A = \begin{pmatrix} 0 & 1 \\ -4 & 0 \end{pmatrix}$에 대하여

$$\begin{pmatrix} 0 & 1 \\ -4 & 0 \end{pmatrix}\begin{pmatrix} 1 \\ 2i \end{pmatrix} = 2i\begin{pmatrix} 1 \\ 2i \end{pmatrix}$$

이므로 $\lambda = 2i$는 A의 고윳값이고 $\mathbf{x} = \begin{pmatrix} 1 \\ 2i \end{pmatrix}$는 $\lambda = 2i$에 대응하는 A의 고유벡터이다. 또한

$$\begin{pmatrix} 0 & 1 \\ -4 & 0 \end{pmatrix}\begin{pmatrix} 1 \\ -2i \end{pmatrix} = -2i\begin{pmatrix} 1 \\ -2i \end{pmatrix}$$

이므로 $\lambda = -2i$는 A의 고윳값이고 $\mathbf{x} = \begin{pmatrix} 1 \\ -2i \end{pmatrix}$는 $\lambda = -2i$에 대응하는 A의 고유벡터이다.

다음은 행렬 A의 고윳값을 구하는 방법이다.

정의 4.2 정사각행렬 $A \in M_{n \times n}(\mathbb{C})$에 대하여 방정식 $\det(A - \lambda I_n) = 0$를 행렬 A의 **특성 방정식**(characteristic equation)이라고 한다.

정리 4.1 정사각행렬 $A \in M_{n \times n}(\mathbb{C})$에 대하여 복소수 λ가 A의 고윳값이 되기 위한 필요 충분 조건은 $\det(A - \lambda I_n) = 0$이다.

보기 2

행렬 $A=\begin{pmatrix}5 & 2\\ 4 & 3\end{pmatrix}$의 특성 방정식은 다음과 같다.

$$\det(A-\lambda I)=\det\begin{pmatrix}5-\lambda & 2\\ 4 & 3-\lambda\end{pmatrix}=(\lambda-1)(\lambda-7)=0$$

그러므로 행렬 A의 고윳값은 $\lambda=1$과 $\lambda=7$이다.
$\lambda=1$에 대응하는 행렬 A의 고유벡터를 구하기 위하여 $\begin{pmatrix}c_1\\ c_2\end{pmatrix}$를 $\lambda=1$에 대응하는 고유벡터라고 놓으면

$$A\begin{pmatrix}c_1\\ c_2\end{pmatrix}=1\begin{pmatrix}c_1\\ c_2\end{pmatrix}$$

이므로 $5c_1+2c_2=c_1,\ 4c_1+3c_2=c_2$이다.
따라서 $\lambda=1$에 대응하는 행렬 A의 고유벡터는 $k_1\neq 0$에 대하여 $k_1\begin{pmatrix}-1\\ 2\end{pmatrix}$이다.
마찬가지로 $\begin{pmatrix}c_3\\ c_4\end{pmatrix}$를 $\lambda=7$에 대응하는 고유벡터라고 놓으면

$$A\begin{pmatrix}c_3\\ c_4\end{pmatrix}=7\begin{pmatrix}c_3\\ c_4\end{pmatrix}$$

이므로 $5c_3+2c_4=7c_3,\ 4c_3+3c_4=7c_4$이다.
그러므로 $\lambda=7$에 대응하는 행렬 A의 고유벡터는 $k_2\neq 0$에 대하여 $k_2\begin{pmatrix}1\\ 1\end{pmatrix}$이다.

정의 4.3 정사각행렬 $A=(a_{ij})_{n\times n}\in M_{n\times n}(\mathbb{C})$가 $i>j$인 모든 i,j에 대하여 $a_{ij}=0$이면 A를 상삼각행렬(upper triangular matrix)이라고 하고 $i<j$인 모든 i,j에 대하여 $a_{ij}=0$이면 A를 하삼각행렬(lower triangular matrix)이라고 한다. 만일 A가 상삼각행렬이거나 하삼각행렬이면 A는 삼각행렬(triangular matrix)이라고 한다.
또한 A가 상삼각행렬이고 동시에 하삼각행렬이면 A를 대각행렬(diagonal matrix)이라고 하고 $A=diag(a_{11},a_{22},\cdots,a_{nn})$으로 나타낸다.

정리 4.2 정사각행렬 $A=(a_{ij})_{n\times n}\in M_{n\times n}(\mathbb{C})$가 삼각행렬이면 A의 고윳값은 $a_{11},a_{22},\cdots,a_{nn}$이다.

보기 3

행렬 $A=\begin{pmatrix}-3 & 0 \\ 7 & 11\end{pmatrix}$는 삼각행렬이므로 A의 고윳값은 $-3, 11$이다.

정의 4.4 V가 복소수체 $\mathbb{C}$ 위에서 정의된 벡터공간일 때 V에 속하는 m개의 벡터 $\mathbf{v}_1, \mathbf{v}_2, \cdots, \mathbf{v}_m$가 다음 성질을 만족시키면 벡터 $\mathbf{v}_1, \mathbf{v}_2, \cdots, \mathbf{v}_m$를 일차 독립(linearly independent)이라고 한다.

$$\sum_{i=1}^{m} a_i \mathbf{v}_i = O \quad (a_i \in \mathbb{C}) \quad \Rightarrow \quad a_i = 0 \quad (i=1,2,\cdots,m)$$

정리 4.3 정사각행렬 $A \in M_{n\times n}(\mathbb{C})$에 대하여 $\lambda_1, \lambda_2, \cdots, \lambda_m$이 A의 서로 다른 고윳값이고 $\mathbf{v}_1, \mathbf{v}_2, \cdots, \mathbf{v}_m$이 각각 $\lambda_1, \lambda_2, \cdots, \lambda_m$에 대응하는 A의 고유벡터이면 $\mathbf{v}_1, \mathbf{v}_2, \cdots, \mathbf{v}_m$은 일차 독립이다.

보기 4

행렬 $A=\begin{pmatrix}1 & 0 \\ 1 & 2\end{pmatrix}$의 고윳값은 $\lambda_2=1$, $\lambda_2=2$이다. 또한 벡터 $\mathbf{v}_1=\begin{pmatrix}1 \\ -1\end{pmatrix}$는 고윳값 $\lambda_1=1$에 대응하는 A의 고유벡터이고 벡터 $\mathbf{v}_2=\begin{pmatrix}0 \\ 1\end{pmatrix}$는 $\lambda_2=2$에 대응하는 A의 고유벡터이다. 따라서 두 벡터 $\mathbf{v}_1=\begin{pmatrix}1 \\ -1\end{pmatrix}$, $\mathbf{v}_2=\begin{pmatrix}0 \\ 1\end{pmatrix}$는 일차 독립이다.

정의 4.5 정사각행렬 $A \in M_{n\times n}(\mathbb{C})$에 대하여 적당한 정칙행렬 $P \in M_{n\times n}(\mathbb{C})$가 존재하여 $P^{-1}AP=D$가 대각행렬이면 A는 **대각화가능한 행렬**(diagonalizable matrix)이라고 한다.

보기 5

행렬 $A=\begin{pmatrix}2 & 5\\ 0 & 3\end{pmatrix}$에 대하여 행렬 P를 $P=\begin{pmatrix}1 & 5\\ 0 & 1\end{pmatrix}$로 놓으면 $\det(P)\neq 0$ 이므로 행렬 P는 정칙행렬이다.

또한 행렬 P의 역행렬은 $P^{-1}=\begin{pmatrix}1 & -5\\ 0 & 1\end{pmatrix}$이므로 $P^{-1}AP=\begin{pmatrix}2 & 0\\ 0 & 3\end{pmatrix}$이다.

따라서 행렬 $A=\begin{pmatrix}2 & 5\\ 0 & 3\end{pmatrix}$는 대각화가능한 행렬이다.

정의 4.6 V가 복소수체 $\mathbb{C}$ 위에서 정의된 벡터공간일 때 V에 속하는 m개의 벡터 $\mathbf{v}_1, \mathbf{v}_2, \cdots, \mathbf{v}_m$가 다음 성질을 만족시키면 집합 $\mathcal{B}=\{\mathbf{v}_1, \mathbf{v}_2, \cdots, \mathbf{v}_m\}$를 V의 기저(basis)라고 한다.

(1) $\mathbf{v}_1, \mathbf{v}_2, \cdots, \mathbf{v}_m$은 일차 독립이다.

(2) $V=\left\{\sum_{i=1}^{m} a_i\mathbf{v}_i \mid a_i\in\mathbb{C},\ i=1,2,\cdots,m\right\}$

다음은 행렬 A가 대각화가능하기 위한 조건에 관한 정리이다.

정리 4.4 정사각행렬 $A\in M_{n\times n}(\mathbb{C})$가 대각화가능한 행렬이기 위한 필요 충분 조건은 행렬 A의 고유벡터로 이루어진 $\mathbb{C}^n$의 기저가 존재하는 것이다.

보기 6

행렬 $A=\begin{pmatrix}1 & 0\\ 1 & 2\end{pmatrix}$의 고윳값은 $\lambda=1$, $\lambda=2$이다. 또한 벡터 $\begin{pmatrix}1\\ -1\end{pmatrix}$는 고윳값 $\lambda=1$에 대응하는 A의 고유벡터이고 벡터 $\begin{pmatrix}0\\ 1\end{pmatrix}$는 $\lambda=2$에 대응하는 A의 고유벡터이다. 따라서 행렬 A의 고유벡터로 이루어진 $\mathbb{C}^2$의 기저 $\mathcal{B}=\left\{\begin{pmatrix}1\\ -1\end{pmatrix},\begin{pmatrix}0\\ 1\end{pmatrix}\right\}$가 존재하므로 주어진 행렬 A는 대각화가능한 행렬임을 알 수 있다.

정리 4.5 정사각행렬 $A \in M_{n \times n}(\mathbb{C})$가 n개의 서로 다른 고윳값 $\lambda_1, \lambda_2, \cdots, \lambda_n$을 갖고 모든 i에 대하여 $\mathbf{v}_i$를 λ_i에 대응하는 A의 고유벡터라고 하자.
만일 행렬 P를 $P = (\mathbf{v}_1, \mathbf{v}_2, \cdots, \mathbf{v}_n)$라고 놓으면 P는 정칙행렬이고 $P^{-1}AP = diag(\lambda_1, \lambda_2, \cdots, \lambda_n)$이다.

보기 7

행렬 $A = \begin{pmatrix} 4 & 0 & 1 \\ -2 & 1 & 5 \\ -2 & 0 & 1 \end{pmatrix}$의 고윳값은 $\lambda = 1$, $\lambda = 2$, $\lambda = 3$이고 벡터 $\begin{pmatrix} 0 \\ 1 \\ 0 \end{pmatrix}$는 $\lambda = 1$에 대응하는 A의 고유벡터, 벡터 $\begin{pmatrix} 1 \\ -12 \\ -2 \end{pmatrix}$는 $\lambda = 2$에 대응하는 A의 고유벡터, 벡터 $\begin{pmatrix} 2 \\ -7 \\ -2 \end{pmatrix}$는 $\lambda = 3$에 대응하는 A의 고유벡터이다.

따라서 행렬 P를 $P = \begin{pmatrix} 0 & 1 & 2 \\ 1 & -12 & -7 \\ 0 & -2 & -2 \end{pmatrix}$으로 놓으면 $P^{-1}AP = \begin{pmatrix} 1 & 0 & 0 \\ 0 & 2 & 0 \\ 0 & 0 & 3 \end{pmatrix}$이다.

4.1 연습 문제

01. 다음 행렬 A의 고윳값과 고유벡터를 구하라.

(1) $A = \begin{pmatrix} 1 & 0 \\ 2 & 2 \end{pmatrix}$

(2) $A = \begin{pmatrix} 1 & 0 & 0 \\ 0 & 1 & 0 \\ 0 & 1 & 3 \end{pmatrix}$

02. 다음 행렬 A가 대각화가능한 행렬이면 A를 대각화하는 두 행렬 P와 D를 구하라.

(1) $A = \begin{pmatrix} -3 & 6 \\ 2 & 8 \end{pmatrix}$

(2) $A = \begin{pmatrix} 0 & 4 \\ -2 & 0 \end{pmatrix}$

4.2 상수계수 제차 선형 연립 미분 방정식

이 절에서는 다음과 같은 선형 연립 미분 방정식의 해를 구하는 방법에 대하여 살펴본다.

$$\begin{aligned}
\frac{dx_1}{dt} &= a_{11}x_1 + a_{12}x_2 + \cdots + a_{1n}x_n + f_1 \\
\frac{dx_2}{dt} &= a_{21}x_1 + a_{22}x_2 + \cdots + a_{2n}x_n + f_2 \\
\vdots \qquad & \qquad\qquad\qquad \vdots \\
\frac{dx_n}{dt} &= a_{n1}x_1 + a_{n2}x_2 + \cdots + a_{nn}x_n + f_n
\end{aligned} \tag{1}$$

(여기서 모든 i, j에 대하여 a_{ij}와 f_i는 구간 $I = [t_0, t_1]$에서 정의된 연속 함수이다.)
만일,

$$A(t) = \begin{pmatrix} a_{11} & a_{12} & \cdots & a_{1n} \\ a_{21} & a_{22} & \cdots & a_{2n} \\ \vdots & \vdots & \ddots & \vdots \\ a_{n1} & a_{n2} & \cdots & a_{nn} \end{pmatrix}, \quad \mathbf{x}(t) = \begin{pmatrix} x_1(t) \\ x_2(t) \\ \vdots \\ x_n(t) \end{pmatrix}, \quad \mathbf{f}(t) = \begin{pmatrix} f_1(t) \\ f_2(t) \\ \vdots \\ f_n(t) \end{pmatrix}$$

라고 놓으면 식 (1)은 다음과 같이 나타낼 수 있다.

$$\frac{d\mathbf{x}(t)}{dt} = A(t)\mathbf{x}(t) + \mathbf{f}(t) \tag{2}$$

모든 i에 대하여 $\mathbf{x}_i(t_0) = \mathbf{c}_i$으로 놓고 벡터 $\mathbf{c}$를 다음과 같이 정의하자.

$$\mathbf{c} = \begin{pmatrix} c_1 \\ c_2 \\ \vdots \\ c_n \end{pmatrix}$$

그러면 초기 조건은 다음과 같이 나타낼 수 있다.

$$\mathbf{x}(t_0) = \mathbf{c}$$

정리 4.5 위와 같이 정의된 $\mathbf{x}(t)$, $A(t)$, $\mathbf{f}(t)$, $\mathbf{c}$에 대하여 t_0를 포함하는 구간 I에서 $A(t)$와 $\mathbf{f}(t)$가 연속이면 다음 초깃값 문제는 구간 I에서 유일한 해 $\mathbf{x}(t)$를 갖는다.

$$\frac{d\mathbf{x}(t)}{dt} = A(t)\mathbf{x}(t) + \mathbf{f}(t),$$
$$\mathbf{x}(t_0) = \mathbf{c}$$

(단, 여기서 행렬이나 벡터가 연속이라 함은 행렬이나 벡터의 각 원소가 주어진 구간에서 연속 함수임을 의미한다.)

모든 i에 대하여 $f_i(t) = 0 \quad (t \in I)$이면 연립 미분 방정식 (2)를 제차(homogeneous)라 하고, 제차가 아닌 경우에 비제차(nonhomogeneous)라고 한다.

정리 4.6 $\mathbf{x}_1(t)$와 $\mathbf{x}_2(t)$가 제차 연립 미분 방정식 $\dfrac{d\mathbf{x}(t)}{dt} = A(t)\mathbf{x}(t)$의 해이면, 임의의 상수 c_1과 c_2에 대하여 $c_1\mathbf{x}_1(t) + c_2\mathbf{x}_2(t)$는 방정식의 해가 된다.

증명 $\mathbf{x}_1(t)$과 $\mathbf{x}_2(t)$가 주어진 미분 방정식의 해이므로,

$$\begin{aligned}\frac{d}{dt}(c_1\mathbf{x}_1(t) + c_2\mathbf{x}_2(t)) &= c_1\frac{d\mathbf{x}_1(t)}{dt} + c_2\frac{d\mathbf{x}_2(t)}{dt} = c_1A\mathbf{x}_1(t) + c_2A\mathbf{x}_2(t) \\ &= A(c_1\mathbf{x}_1(t) + c_2\mathbf{x}_2(\mathrm{t}))\end{aligned}$$

따라서 $c_1\mathbf{x}_1(t) + c_2\mathbf{x}_2(t)$는 주어진 연립 미분 방정식의 해이다. ■

이 정리는 n개의 해 $\mathbf{x}_1(t)$, $\mathbf{x}_2(t)$, $\cdots$, $\mathbf{x}_n(t)$에 대해서 일반화할 수 있다. 이제 n개의 벡터

$$\mathbf{x}_1(t) = \begin{pmatrix} x_{11}(t) \\ x_{12}(t) \\ \vdots \\ x_{1n}(t) \end{pmatrix}, \quad \mathbf{x}_2(t) = \begin{pmatrix} x_{21}(t) \\ x_{22}(t) \\ \vdots \\ x_{2n}(t) \end{pmatrix}, \quad \cdots \quad , \mathbf{x}_n(t) = \begin{pmatrix} x_{n1}(t) \\ x_{n2}(t) \\ \vdots \\ x_{nn}(t) \end{pmatrix}$$

의 론스키안을 다음과 같이 정의한다.

$$W[\mathbf{x}_1(t),\ \mathbf{x}_2(t),\ \cdots,\ \mathbf{x}_n(t)] = \begin{vmatrix} x_{11}(t) & x_{21}(t) & \cdots & x_{n1}(t) \\ x_{12}(t) & x_{22}(t) & \cdots & x_{n2}(t) \\ \vdots & \vdots & \ddots & \vdots \\ x_{1n}(t) & x_{2n}(t) & \cdots & x_{nn}(t) \end{vmatrix}$$

정리 4.7 구간 I의 한 점 $t=t_0$가 존재하여 $W[\mathbf{x}_1(t),\ \mathbf{x}_2(t),\ \cdots,\ \mathbf{x}_n(\mathrm{t})] \neq 0$이면 $\mathbf{x}_1(t),\ \mathbf{x}_2(t),\ \cdots,\ \mathbf{x}_n(\mathrm{t})$는 구간 I의 모든 점에서 일차 독립이다.

증명 만일 $\mathbf{x}_1(t),\ \mathbf{x}_2(t),\ \cdots,\ \mathbf{x}_n(\mathrm{t})$가 일차 독립이 아니라고 가정하면 모두는 0이 아닌 상수 $c_1,\ c_2,\ \cdots,\ c_n$이 존재하여 구간 I의 모든 점에서 다음 식이 성립한다.

$$\sum_{i=1}^{n} c_i \mathbf{x}_i(t) = \mathbf{0}$$

따라서

$$(\mathbf{x}_1(t),\ \mathbf{x}_2(t),\ \cdots,\ \mathbf{x}_n(t)) \begin{pmatrix} c_1 \\ c_2 \\ \vdots \\ c_n \end{pmatrix} = \mathbf{0}$$

을 만족시키는 벡터 $\begin{pmatrix} c_1 \\ c_2 \\ \vdots \\ c_n \end{pmatrix} \neq \begin{pmatrix} 0 \\ 0 \\ \vdots \\ 0 \end{pmatrix}$가 존재한다. 즉, $W[\mathbf{x}_1(t),\ \mathbf{x}_2(t),\ \cdots,\ \mathbf{x}_n(\mathrm{t})] = 0$이므로 가정에 모순이다. ■

정리 4.8 $\mathbf{x}_1(t),\ \mathbf{x}_2(t),\ \cdots,\ \mathbf{x}_n(\mathrm{t})$**가** 일차 독립이고 구간 I에서 미분 방정식 $\dfrac{d\mathbf{x}(t)}{dt} = A(t)\mathbf{x}(t)$의 해가 되면, I의 모든 점에서 $W[\mathbf{x}_1(t),\ \mathbf{x}_2(t),\ \cdots,\ \mathbf{x}_n(\mathrm{t})] \neq 0$이다.

증명 만일 적당한 점 $t_0 \in I$가 존재하여 $W[\mathbf{x}_1(t_0),\ \mathbf{x}_2(t_0),\ \cdots,\ \mathbf{x}_n(\mathrm{t}_0)] = 0$이라고 가정하면 모두는 0이 아닌 $c_1,\ c_2,\ \cdots,\ c_n$가 존재하여 $\sum_{i=1}^{n} c_i \mathbf{x}_i(t_0) = \mathbf{0}$이다. 또한 $\mathbf{x}_1(t)$, $\mathbf{x}_2(t),\ \cdots,\ \mathbf{x}_n(\mathrm{t})$가 $\dfrac{d\mathbf{x}(t)}{dt} = A(t)\mathbf{x}(t)$의 해이므로 $\mathbf{x}(t) = \sum_{i=1}^{n} c_i \mathbf{x}_i(t)$는 $\dfrac{d\mathbf{x}(t)}{dt} = A(t)\mathbf{x}(t)$의 해이다. 여기서 상수 함수 $\mathbf{0}$도 이 방정식의 해이고, $\mathbf{x}(t_0) = \mathbf{0}$이므로 해의

유일성에 의하여 구간 상의 모든 점에서 $\mathbf{x}(t)=\mathbf{0}$이다. 즉, 모두는 0이 아닌 $c_1, c_2, \cdots, c_n$가 존재하여 $\sum_{i=1}^{n} c_i\mathbf{x}_i(t)=\mathbf{0}$이므로 $\mathbf{x}_1(t), \mathbf{x}_2(t), \cdots, \mathbf{x}_n(t)$은 일차 종속이다. 이는 가정에 모순이다. ■

정리 4.9 $\mathbf{x}_1(t), \mathbf{x}_2(t), \cdots, \mathbf{x}_n(t)$가 일차 독립이고 구간 I에서 $\frac{d\mathbf{x}(t)}{dt}=A(t)\mathbf{x}(t)$의 해라고 가정하면, $\mathbf{x}(t)=\sum_{i=1}^{n} c_i\mathbf{x}_i(t)$는 방정식의 일반해이다.

증명 $\mathbf{x}(t)$가 $\frac{d\mathbf{x}(t)}{dt}=A(t)\mathbf{x}(t)$의 해라고 가정하자. 구간 I에 속하는 한 점 $t=t_0$에서 $\mathbf{x}_1(t_0), \mathbf{x}_2(t_0), \cdots, \mathbf{x}_n(t_0)$가 일차 독립이므로 연립 방정식 $\sum_{i=1}^{n} c_i\mathbf{x}_i(t_0)=\mathbf{x}(t_0)$을 만족시키는 $c_i\,(1\le i\le n)$가 유일하게 존재한다. 또한 $\sum_{i=1}^{n} c_i\mathbf{x}_i(t)$는 주어진 연립방정식의 해이고, $\sum_{i=1}^{n} c_i\mathbf{x}_i(t_0)=\mathbf{x}(t_0)$이므로 해의 유일성에 의하여 $\mathbf{x}(t)=\sum_{i=1}^{n} c_i\mathbf{x}_i(t)$는 방정식의 일반해이다. ■

이제부터 행렬 $A\in M_{n\times n}(\mathbb{C})$에 대하여 다음과 같은 형태의 연립 미분 방정식의 풀이 방법을 살펴보자.

$$\frac{d\mathbf{x}(t)}{dt}=A\mathbf{x}(t) \tag{3}$$

식 (3)의 i째 행 $\frac{dx_i}{dt}$는 $x_1(t), \cdots, x_n(t)$의 일차 결합이다. 만일

$$x_1=c_1e^{\lambda t},\ x_2=c_2e^{\lambda t},\ \cdots,\ x_n=c_ne^{\lambda t}$$

이면

$$\mathbf{x}(t)=e^{\lambda t}\mathbf{c},\quad \mathbf{x}(t)=\begin{pmatrix}x_1\\x_2\\\vdots\\x_n\end{pmatrix},\quad \mathbf{c}=\begin{pmatrix}c_1\\c_2\\\vdots\\c_n\end{pmatrix} \tag{4}$$

이다. 식 (4)를 미분 방정식 (3)에 대입하면 다음을 얻는다.

$$\lambda e^{\lambda t}\mathbf{c}=e^{\lambda t}A\mathbf{c}$$

이 식에서 양변을 $e^{\lambda t}$로 나누면

$$A\mathbf{c} = \lambda\mathbf{c}$$

이므로

$$(A - \lambda I)\mathbf{c} = \mathbf{0}$$

이다. 그런데 $\mathbf{c} \neq \mathbf{0}$인 해를 갖기 위해서는 $\det(A - \lambda I) = 0$이어야 한다. 특성 방정식의 해를 $\lambda_1, \lambda_2, \cdots, \lambda_n$라 놓고 벡터 $\mathbf{c}_1, \mathbf{c}_2, \cdots, \mathbf{c}_n$를 각각 $\lambda_1, \lambda_2, \cdots, \lambda_n$에 대응하는 A의 고유벡터라고 놓으면 모든 i에 대하여 $A\mathbf{c}_i = \lambda_i\mathbf{c}_i$가 성립한다. 따라서 벡터 $\mathbf{y}_i = e^{\lambda_i t}\mathbf{c}_i$는 식 (3)의 해가 된다. 만약 고윳값들이 모두 다르면 각각에 대응되는 해 $\mathbf{y}_1, \mathbf{y}_2, \cdots, \mathbf{y}_n$는 일차 독립이 되고 방정식의 일반해를 다음과 같이 구할 수 있다.

$$\mathbf{x}(t) = \sum_{i=1}^{n} k_i e^{\lambda_i t}\mathbf{c}_i \qquad (k_i\text{는 임의의 상수})$$

보기 1

다음 선형 연립 방정식의 해를 구하라.

$$\frac{dx}{dt} = 4x + y$$

$$\frac{dy}{dt} = 3x + 2y$$

풀이 $A = \begin{pmatrix} 4 & 1 \\ 3 & 2 \end{pmatrix}$와 $\mathbf{x} = \begin{pmatrix} x \\ y \end{pmatrix}$에 대하여 주어진 선형 연립 방정식은 $\frac{d\mathbf{x}}{dt} = A\mathbf{x}$이다. 이 식에 $\mathbf{x} = e^{\lambda t}\mathbf{c}$를 대입하면

$$(A - \lambda I_2)\mathbf{c} = \mathbf{0} \tag{5}$$

이다. 그런데

$$\det(A - \lambda I_2) = \det\begin{pmatrix} 4-\lambda & 1 \\ 3 & 2-\lambda \end{pmatrix} = \lambda^2 - 6\lambda + 5 = 0$$

으로부터 A의 고윳값은 $\lambda_1 = 1$과 $\lambda_2 = 5$이다. $\lambda_1 = 1$이면 $3c_1 + c_2 = 0$이므로 $\begin{pmatrix} c_1 \\ c_2 \end{pmatrix} = k_1\begin{pmatrix} 1 \\ -3 \end{pmatrix}$이다. 또한 $\lambda_2 = 5$이면 $c_2 = c_1$이므로 $\begin{pmatrix} c_1 \\ c_2 \end{pmatrix} = k_2\begin{pmatrix} 1 \\ 1 \end{pmatrix}$이다. 따라서 주어진

선형 연립 방정식의 일반해는 $\mathbf{x}(t) = k_1 e^t \begin{pmatrix} 1 \\ -3 \end{pmatrix} + k_2 e^{5t} \begin{pmatrix} 1 \\ 1 \end{pmatrix}$이다. (여기서 k_1, k_2는 임의의 상수이다.) □

보기 2

다음 선형 연립 방정식의 해를 구하라.

$$\frac{dx}{dt} = -x + 2y$$

$$\frac{dy}{dt} = -2x - y$$

풀이 $A = \begin{pmatrix} -1 & 2 \\ -2 & -1 \end{pmatrix}$이므로

$$\det(A - \lambda I_2) = \det \begin{pmatrix} -1-\lambda & 2 \\ -2 & -1-\lambda \end{pmatrix} = \lambda^2 + 2\lambda + 5 = 0$$

으로부터 A의 고윳값은 $\lambda_1 = -1 + 2i$와 $\lambda_2 = -1 - 2i$이다. $\lambda_1 = -1 + 2i$이면 $\begin{pmatrix} c_1 \\ c_2 \end{pmatrix} = k_1 \begin{pmatrix} 1 \\ i \end{pmatrix}$이다. 또한 $\lambda_2 = 5$이면 $\begin{pmatrix} c_1 \\ c_2 \end{pmatrix} = k_2 \begin{pmatrix} 1 \\ -i \end{pmatrix}$이다. 따라서 주어진 선형 연립 방정식의 일반해는

$$\begin{aligned} \mathbf{x}(t) &= k_1 \begin{pmatrix} 1 \\ i \end{pmatrix} e^{(-1+2i)t} + k_2 \begin{pmatrix} 1 \\ -i \end{pmatrix} e^{(-1-2i)t} \\ &= k_1 \begin{pmatrix} 1 \\ i \end{pmatrix} e^{-t}(\cos 2t + i \sin 2t) + k_2 \begin{pmatrix} 1 \\ -i \end{pmatrix} e^{-t}(\cos 2t - i \sin 2t) \end{aligned}$$

이다. (여기서 k_1, k_2는 임의의 상수이다.)

이제 $C_1 = k_1 + k_2$, $C_2 = i(k_1 - k_2)$라고 놓으면 일반해는 다음과 같다.

$$\mathbf{x}(t) = e^{-t} \begin{pmatrix} C_1 \cos 2t + C_2 \sin 2t \\ -C_1 \sin 2t + C_2 \cos 2t \end{pmatrix}$$

□

보기 3

그림 4.1은 두 개의 용수철에 매달린 두 물체의 역학계를 나타내고 있다. 질량은 $m_1 = m_2 = 1$, 용수철 상수는 $k_1 = 3$, $k_2 = 2$라 하고, 수직 운동을 하며 감쇠가 없고 용수철의 질량은 무시할 수 있다고 가정하자. 평형점으로부터의 물체의 변위를 각각 $y_1(t)$와 $y_2(t)$로 나타낸다고 할 때 $y_1(t)$와 $y_2(t)$가 만족시키는 연립 미분 방정식을 찾아라.

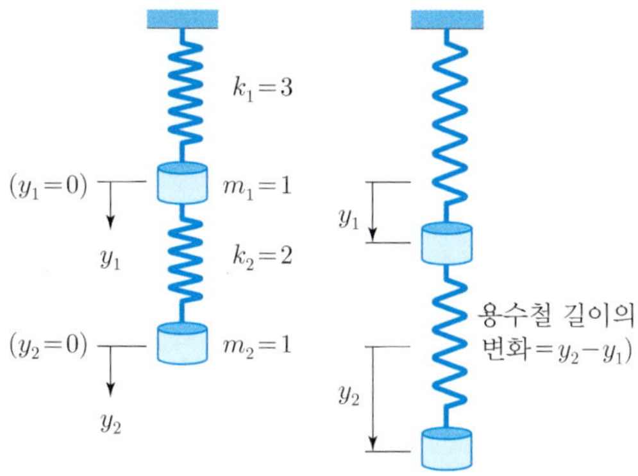

그림 4.1 ❙ 두 물체의 운동

풀이 훅의 법칙에 따라 두 물체에 작용하는 힘은 각각 다음과 같다.

$$F_1 = -k_1y_1 + k_2(y_2 - y_1),$$
$$F_2 = -k_2(y_2 - y_1)$$

여기서 양의 방향은 아래쪽이다. 첫째 용수철은 $y_1 < 0$일 때 압축되고, 둘째 용수철은 $y_1 > y_2$일 때 압축된다. 운동 방정식은 다음과 같다.

$$m_1\frac{d^2y_1}{dt^2} = -k_1y_1 + k_2(y_2 - y_1),$$
$$m_2\frac{d^2y_2}{dt^2} = -k_2(y_2 - y_1)$$

가정에 의해 다음과 같은 상수계수 제차 선형 연립 이계 미분 방정식을 얻는다.

$$y_1'' = -3y_1 + 2(y_2 - y_1) = -5y_1 + 2y_2, \tag{6}$$
$$y_2'' = -2(y_2 - y_1) = 2y_1 - 2y_2$$

방정식 (6)의 해는 다음과 같은 방법으로 구할 수 있다. □

소거법에 의한 해법

종속 변수 y_1과 y_2 중에서 y_2를 소거하기 위해 미분 연산법을 사용한다. 연립 방정식 (6) 중 첫째 식을 두 번 미분한 식에 둘째 식을 대입하여 다음과 같다.

$$\begin{aligned}\frac{d^4y_1}{dt^4} &= -5y_1'' + 2y_2'' = -5y_1'' + 2(2y_1 - 2y_2)\\ &= -5y_1'' + 4y_1 - 4y_2\\ &= -5y_1'' + 4y_1 - 4\left(\frac{1}{2}y_1'' + \frac{5}{2}y_1\right)\\ &= -7y_1'' - 6y_1\end{aligned}$$

따라서 $\frac{d^4y_1}{dt^4} + 7y_1'' + 6y_1 = 0$이고 이 방정식의 특성 방정식 $\omega^4 + 7\omega^2 + 6 = 0$은 $\lambda = \omega^2$에 관한 이차 방정식이다. 근은 $\lambda_1 = -1$, $\lambda_2 = -6$이므로 ω는 $\pm i$, $\pm\sqrt{6}\,i$이다. 그러므로

$$y_1 = a_1\cos t + b_1\sin t + a_2\cos\sqrt{6}\,t + b_2\sin\sqrt{6}\,t$$

(여기서 a_1, a_2, b_1, b_2는 임의의 상수이다.)

이다. 또한

$$y_1'' = -a_1\cos t - b_1\sin t - 6a_2\cos\sqrt{6}\,t - 6b_2\sin\sqrt{6}\,t$$

이므로 y_2는 다음과 같다.

$$\begin{aligned}y_2 &= \frac{1}{2}y_1'' + \frac{5}{2}y_1\\ &= 2a_1\cos t + 2b_1\sin t - \frac{1}{2}a_2\cos\sqrt{6}\,t - \frac{1}{2}b_2\sin\sqrt{6}\,t\end{aligned}$$

행렬과 벡터를 사용한 해법

주어진 연립 방정식 (6)을 행렬 형태로 나타내면 다음과 같다.

$$\mathbf{y}'' = \begin{pmatrix} y_1'' \\ y_2'' \end{pmatrix} = \begin{pmatrix} -5 & 2 \\ 2 & -2 \end{pmatrix}\begin{pmatrix} y_1 \\ y_2 \end{pmatrix} = A\mathbf{y} \tag{7}$$

상수계수 이계 제차선형방정식을 푸는 주된 방법은 해가 $y = e^{\lambda x}$ 꼴로 표현된다는 추측에서 얻어지는 특성 방정식을 이용하는 것이었다. 만일, 연립 미분 방정식 (7)의 해가 $\mathbf{y} = \mathbf{x}\,e^{\omega t}$ 꼴로 표현된다고 가정하자. 그러면 다음이 성립한다.

$$\mathbf{y}'' = \omega^2\mathbf{x}\,e^{\omega t} = A\mathbf{x}\,e^{\omega t}$$

$\omega^2 = \lambda$로 놓고 $e^{\omega t}$으로 나누면 $A\mathbf{x} = \lambda\mathbf{x}$이다. 그런데

$$\det(A - \lambda I_2) = \begin{vmatrix} -5-\lambda & 2 \\ 2 & -2-\lambda \end{vmatrix} = \lambda^2 + 7\lambda + 6 = 0$$

이므로 A의 고윳값은 $\lambda_1 = -1$과 $\lambda_2 = -6$이고 벡터 $\mathbf{x}_1 = \begin{pmatrix} 1 \\ 2 \end{pmatrix}$는 λ_1에 대응하는 A의 고유벡터이고 $\mathbf{x}_2 = \begin{pmatrix} 2 \\ -1 \end{pmatrix}$는 λ_2에 대응하는 A의 고유벡터이다. 그런데 $\omega_1 = \pm i$, $\omega_2 = \pm\sqrt{6}i$ 이므로

$$\begin{aligned} \mathbf{y} &= \mathbf{x}_1(c_1 e + c_2 e^{-}) + \mathbf{x}_2(c_3 e^{\sqrt{6}} + c_4 e^{-\sqrt{6}}) \\ &= a_1\mathbf{x}_1 \cos t + b_1\mathbf{x}_1 \sin t + a_2\mathbf{x}_2 \cos\sqrt{6}t + b_2\mathbf{x}_2 \sin\sqrt{6}t \end{aligned}$$

(여기서 $a_1 = c_1 + c_2$, $b_1 = i(c_1 - c_2)$, $a_2 = c_3 + c_4$, $b_2 = i(c_3 - c_4)$이다.)

또한, 해를 성분으로 나타내면 다음과 같다.

$$\begin{aligned} y_1 &= a_1 \cos t + b_1 \sin t + 2a_2 \cos\sqrt{6}t + 2b_2 \sin\sqrt{6}t, \\ y_2 &= 2a_1 \cos t + 2b_1 \sin t - a_2 \cos\sqrt{6}t - b_2 \sin\sqrt{6}t \end{aligned}$$

일반적인 n계 선형 미분 방정식은 연립 선형 미분 방정식으로 변환할 수 있음을 다음과 같이 알 수 있다.

$x(t)$에 관한 다음 방정식을 살펴보자.

$$a_0(t)\frac{d^n x}{dt^n} + a_1(t)\frac{d^{n-1}x}{dt^{n-1}} + \cdots + a_{n-1}(t)\frac{dx}{dt} + a_n(t)x = f(t) \tag{8}$$

(여기서 모든 $a_i(t)$와 $f(t)$는 구간 I에서 연속이고, I에 속하는 모든 점 t에서 $a_0(t) \neq 0$이다.)

하나의 종속 변수 x 대신에 다음과 같은 방식으로 새로운 n개의 변수를 정의하자.

$$\begin{aligned} x_1 &= x, \\ x_2 &= \frac{dx}{dt} = \frac{dx_1}{dt}, \\ x_3 &= \frac{d^2x}{dt^2} = \frac{dx_2}{dt}, \end{aligned}$$

$$\vdots$$

$$x_n = \frac{d^{n-1}x}{dt^{n-1}} = \frac{dx_{n-1}}{dt}$$

그러면 다음과 같은 연립 미분 방정식을 얻을 수 있다.

$$\begin{aligned} &\frac{dx_1}{dt} = x_2, \\ &\frac{dx_2}{dt} = x_3, \\ &\quad\vdots \\ &\frac{dx_{n-1}}{dt} = x_n, \\ &\frac{dx_n}{dt} = -\frac{a_n}{a_0}x_1 - \frac{a_{n-1}}{a_0}x_2 - \cdots - \frac{a_1}{a_0}x_n + \frac{f}{a_0} \end{aligned} \tag{9}$$

벡터 $\mathbf{x}(t)$, $A(t)$, $\mathbf{f}(t)$를 다음과 같이 정의하자.

$$\mathbf{x}(t) = \begin{pmatrix} x_1 \\ x_2 \\ \vdots \\ x_n \end{pmatrix}, A(t) = \begin{pmatrix} 0 & 1 & 0 & \cdots & 0 \\ 0 & 0 & 1 & \cdots & 0 \\ 0 & 0 & 0 & \cdots & 0 \\ \vdots & \vdots & \vdots & \ddots & \vdots \\ -\frac{a_n}{a_0} & -\frac{a_{n-1}}{a_0} & -\frac{a_{n-2}}{a_0} & \cdots & \frac{a_1}{a_0} \end{pmatrix}, \mathbf{f}(t) = \begin{pmatrix} 0 \\ 0 \\ 0 \\ \vdots \\ \frac{f}{a_0} \end{pmatrix}$$

그러면 식 (9)는 다음과 같다.

$$\frac{d\mathbf{x}(t)}{dt} = A(t)\mathbf{x} + \mathbf{f}(t) \tag{10}$$

따라서 함수 $\mathbf{x}(t)$가 식 (10)을 만족시키면 첫째 성분 $x_1(t) = x(t)$는 식 (8)의 해가 되고, 그 역도 성립한다.

또한

$$x(t_0) = c_1, \quad x'(t_0) = c_2, \quad \cdots, \quad x^{(n)}(t_0) = c_n$$

가 (8)의 초기조건이라면 식 (10)의 초기 조건은 벡터 $\mathbf{c} = \begin{pmatrix} c_1 \\ c_2 \\ \vdots \\ c_n \end{pmatrix}$에 대하여 $\mathbf{x}(t_0) = \mathbf{c}$이다.

보기 4

감쇠 진동계를 나타내는 다음 이계 선형 미분 방정식을 두 개의 일계 선형 방정식의 연립 방정식으로 나타내고, 이를 이용하여 $m=1,\ c=2,\ k=0.75$일 때의 미분 방정식의 해를 구하라.

$$y'' + \frac{c}{m}y' + \frac{k}{m}y = 0$$

풀이 $y_1 = y$로 놓으면 주어진 미분 방정식은 다음과 같이 연립 선형 미분 방정식으로 나타낼 수 있다.

$$\begin{aligned} {y_1}' &= y_2, \\ {y_2}' &= -\frac{k}{m}y_1 - \frac{c}{m}y_2 \end{aligned}$$

따라서

$$\mathbf{y}' = \begin{pmatrix} {y_1}' \\ {y_2}' \end{pmatrix} = \begin{pmatrix} 0 & 1 \\ -\dfrac{k}{m} & -\dfrac{c}{m} \end{pmatrix} \begin{pmatrix} y_1 \\ y_2 \end{pmatrix} = A\mathbf{y}$$

이므로

$$\det(A - \lambda I) = \begin{vmatrix} -\lambda & 1 \\ -\dfrac{k}{m} & -\dfrac{c}{m} - \lambda \end{vmatrix} = \lambda^2 + \frac{c}{m}\lambda + \frac{k}{m} = 0$$

으로부터 $\lambda^2 + 2\lambda + 0.75 = 0$이다. 그러므로 A의 고윳값은 $\lambda_1 = -0.5$와 $\lambda_2 = -1.5$이며 벡터 $\begin{pmatrix} 2 \\ -1 \end{pmatrix}$은 λ_1에 대응하는 A의 고유벡터이고 벡터 $\begin{pmatrix} 1 \\ -1.5 \end{pmatrix}$는 λ_2에 대응하는 A의 고유벡터이다. 따라서 연립 미분 방정식의 해는

$$\mathbf{y} = c_1 \begin{pmatrix} 2 \\ -1 \end{pmatrix} e^{-0.5t} + c_2 \begin{pmatrix} 1 \\ -1.5 \end{pmatrix} e^{-1.5t}$$

이므로 y는 다음과 같다.

$$y_1 = y = 2c_1 e^{-0.5t} + c_2 e^{-1.5t}$$ □

다음은 행렬 A가 대각행렬인 경우에 다음 미분 방정식의 해를 구하는 방법을 살펴본다.

$$\frac{d\mathbf{x}(t)}{dt} = A\mathbf{x}(t) \tag{11}$$

행렬 A가 대각 행렬이므로 식 (11)은 다음과 같이 나타낼 수 있다.

$$\frac{d}{dt}\begin{pmatrix} x_1 \\ \vdots \\ x_n \end{pmatrix} = \begin{pmatrix} \lambda_1 & \cdots & 0 \\ \vdots & \ddots & \vdots \\ 0 & \cdots & \lambda_n \end{pmatrix}\begin{pmatrix} x_1 \\ \vdots \\ x_n \end{pmatrix}$$

정리 4.1에 의하여 행렬 A의 고윳값은 $\lambda_1, \lambda_2, \cdots, \lambda_n$이고 벡터

$$\mathbf{x}_1 = \begin{pmatrix} e^{\lambda_1 t} \\ 0 \\ \vdots \\ 0 \end{pmatrix}, \quad \mathbf{x}_2 = \begin{pmatrix} 0 \\ e^{\lambda_2 t} \\ \vdots \\ 0 \end{pmatrix}, \quad \cdots, \quad \mathbf{x}_n = \begin{pmatrix} 0 \\ 0 \\ \vdots \\ e^{\lambda_n t} \end{pmatrix}$$

각각 $\lambda_1, \lambda_2, \cdots, \lambda_n$에 대응하는 A의 고유벡터이다.

따라서 일반해는 $\mathbf{x} = \sum_{i=1}^{n} c_i \mathbf{x}_i = \begin{pmatrix} c_1 e^{\lambda_1 t} \\ c_2 e^{\lambda_2 t} \\ \vdots \\ c_n e^{\lambda_n t} \end{pmatrix}$이다.

이제 행렬 A가 대각행렬이 아닌 경우에 미분 방정식 $\dfrac{d\mathbf{x}(t)}{dt} = A\mathbf{x}(t)$의 해를 구하는 방법에 대해서 살펴본다.

$n \times n$행렬 P에 대하여

$$\mathbf{x} = P\mathbf{y} \tag{12}$$

으로 놓고 미분하면 다음과 같다.

$$\frac{d\mathbf{x}}{dt} = P\frac{d\mathbf{y}}{dt} \tag{13}$$

만일 P의 역행렬이 존재하면,

$$\frac{d\mathbf{y}}{dt} = P^{-1}AP\mathbf{y} \tag{14}$$

이다. 만일, 행렬

$$D = P^{-1}AP \tag{15}$$

가 대각형렬이면 미분 방정식 (14)의 $\mathbf{y}$를 구할 수 있고 $\mathbf{x} = P\mathbf{y}$를 이용하여 $\mathbf{x}$를 구할 수 있다. 만일 행렬 A의 고윳값이 모두 서로 다른 경우에는 행렬 P를 다음과 같이 구할 수 있다.

행렬 A의 서로 다른 고윳값을 $\lambda_1, \lambda_2, \cdots, \lambda_n$이라고 놓고 벡터 $\mathbf{x}_1, \mathbf{x}_2, \cdots, \mathbf{x}_n$를 각각 $\lambda_1, \lambda_2, \cdots, \lambda_n$에 대응하는 A의 고유벡터라고 놓으면

$$A\mathbf{x}_i = \lambda_i \mathbf{x}_i \quad (i = 1,\ 2,\ \cdots,\ n) \tag{16}$$

이다.

이제 행렬 P를 i번째 열이 벡터 $\mathbf{x}_i$인 행렬이라고 놓으면 역행렬 P^{-1}가 존재한다. 또한 AP의 i번째 열은 $A\mathbf{x}_i$이므로 $\lambda_i \mathbf{x}_i$이다. 이제 $D = \begin{pmatrix} \lambda_1 & \cdots & 0 \\ \vdots & \ddots & \vdots \\ 0 & \cdots & \lambda_n \end{pmatrix}$로 놓으면 PD의 i번째 열은 $\lambda_i \mathbf{x}_i$이므로 $AP = PD$이다. 따라서 $D = P^{-1}AP$이므로 $P^{-1}AP$는 대각행렬이 된다.

보기 5

행렬 $A = \begin{pmatrix} 4 & 1 \\ 3 & 2 \end{pmatrix}$에 대하여 대각화법을 이용하여 $\dfrac{d\mathbf{y}}{dt} = A\mathbf{x}$의 해를 구하라.

풀이 행렬 A의 고윳값은 $\lambda_1 = 1,\ \lambda_2 = 5$이고 $\mathbf{x}_1 = \begin{pmatrix} 1 \\ -3 \end{pmatrix}$과 $\mathbf{x}_2 = \begin{pmatrix} 1 \\ 1 \end{pmatrix}$는 각각 λ_1과 λ_2에 대응하는 A의 고유벡터이다. 따라서 $P = \begin{pmatrix} 1 & 1 \\ -3 & 1 \end{pmatrix}$이고, P^{-1}과 D는 다음과 같다.

$$P^{-1} = \frac{1}{4}\begin{pmatrix} 1 & -1 \\ 3 & 1 \end{pmatrix}, \qquad D = P^{-1}AP = \begin{pmatrix} 1 & 0 \\ 0 & 5 \end{pmatrix}.$$

따라서 $\dfrac{d\mathbf{y}}{dt} = D\mathbf{y}$의 일반해는 $\mathbf{y} = \begin{pmatrix} c_1 e^t \\ c_2 e^{5t} \end{pmatrix}$이므로, $\dfrac{d\mathbf{x}}{dt} = A\mathbf{x}$의 일반해는 다음과 같이 구할 수 있다.

$$\mathbf{x} = P\mathbf{y} = \begin{pmatrix} c_1 e^t + c_2 e^{5t} \\ -3c_1 e^t + c_2 e^{5t} \end{pmatrix}$$

□

4.2 연습 문제

01. 다음 선형 연립 미분 방정식의 일반해를 구하라.

(1) $\dfrac{dx}{dt} = 2x + 3y$

$\dfrac{dy}{dt} = x + 4y$

(2) $\dfrac{dx}{dt} = y$

$\dfrac{dy}{dt} = 3x + 2y$

(3) $y_1{}' = 2y_1 + y_2$

$y_2{}' = y_1 + 2y_2$

(4) $y_1{}' = 8y_1 + 9y_2$

$y_2{}' = 2y_1 + y_2$

02. 주어진 초기 조건을 만족시키는 연립 미분 방정식의 해를 구하라.

(1) $y_1{}' = 2y_1 + y_2$

$y_2{}' = y_1 + 2y_2$

$y_1(0) = -3, \quad y_2(0) = 5$

(2) $y_1{}' = 8y_1 + 9y_2$

$y_2{}' = 2y_1 + y_2$

$y_1(0) = 10, \quad y_2(0) = 2$

03. 다음 제차 선형 연립 미분 방정식의 해를 y_1 또는 y_2에 관한 이계 미분 방정식으로 변환하여 구하라.

$$y_1{}' = y_1 - 2y_2$$
$$y_2{}' = y_1 - y_2$$

04. 탱크 X에 10파운드의 소금이 녹아 있는 10갤런의 소금물이 있고, 탱크 Y에는 순수한 물 20갤런이 있다. 물이 X로 분당 2갤런의 비율로 들어가고, 혼합물은 탱크 X에서 분당 4갤런의 비율로 Y로 흘러간다. Y에서 분당 2갤런의 비율로 다시 X로 흘러가고 밖으로 분당 2갤런의 비율로 흘러나간다.

(1) t 시간에 X와 Y에 있는 소금의 양을 구하라.

(2) Y의 소금의 양이 최대가 되는 시점을 구하라.

4.3 비제차 선형 연립 미분 방정식의 해

이 절에서는 다음과 같은 비제차 선형 연립 미분 방정식의 해를 구하는 방법에 대해서 살펴보기로 한다.

$$\mathbf{y}' = A\mathbf{y} + \mathbf{g} \tag{1}$$

이 방정식의 일반해는, 제차 방정식 $\mathbf{y}' = A\mathbf{y}$의 일반해 $\mathbf{y}^{(h)}(t)$와 방정식 (1)의 특수해 $\mathbf{y}^{(p)}(t)$의 합 $\mathbf{y} = \mathbf{y}^{(h)} + \mathbf{y}^{(p)}$으로 나타낼 수 있다.

특수해 $\mathbf{y}^{(p)}(t)$를 구하는 세 가지 유용한 방법인 미정 계수법과 매개 변수 변환법 및 대각화법을 살펴본다.

미정 계수법

$\mathbf{g}(t)$의 성분이 t에 관한 다항 함수, 지수함수, 사인함수, 코사인함수일 때 이 방법은 유용하다.

보기 1

다음 선형 연립 미분 방정식의 일반해를 구하라.

$$\mathbf{y}' = A\mathbf{y} + \mathbf{g} = \begin{pmatrix} 2 & -4 \\ 1 & -3 \end{pmatrix}\mathbf{y} + \begin{pmatrix} 2t^2 + 10t \\ t^2 + 9t + 3 \end{pmatrix}$$

풀이 행렬 $A = \begin{pmatrix} 2 & -4 \\ 1 & -3 \end{pmatrix}$의 고윳값은 $\lambda_1 = 1,\ \lambda_2 = -2$이고 $\mathbf{x}_1 = \begin{pmatrix} 4 \\ 1 \end{pmatrix}$과 $\mathbf{x}_2 = \begin{pmatrix} 1 \\ 1 \end{pmatrix}$는 각각 λ_1과 λ_2에 대응하는 A의 고유벡터이므로 제차 선형 연립 미분 방정식 $\mathbf{y}' = A\mathbf{y}$의 일반해는 다음과 같다.

$$\mathbf{y}^{(h)} = c_1\begin{pmatrix} 4 \\ 1 \end{pmatrix}e^{t} + c_2\begin{pmatrix} 1 \\ 1 \end{pmatrix}e^{-2t}$$

이 때 특수해를 다음과 같이 놓자.

$$\mathbf{y}^{(p)} = \mathbf{u} + \mathbf{v}\,t + \mathbf{w}\,t^2$$

$\mathbf{y}^{(p)}$은 $\mathbf{y}' = A\mathbf{y} + \mathbf{g}$를 만족시키므로 다음이 성립한다.

$$\mathbf{y}^{(p)\prime} = \mathbf{v} + 2\mathbf{w}\,t = A\mathbf{u} + A\mathbf{v}\,t + A\mathbf{w}\,t^2 + \mathbf{g}$$

이제 $\mathbf{u} = \begin{pmatrix} u_1 \\ u_2 \end{pmatrix}$, $\mathbf{v} = \begin{pmatrix} v_1 \\ v_2 \end{pmatrix}$, $\mathbf{w} = \begin{pmatrix} w_1 \\ w_2 \end{pmatrix}$로 놓으면

$$\begin{pmatrix} v_1 \\ v_2 \end{pmatrix} + \begin{pmatrix} 2w_1 t \\ 2w_2 t \end{pmatrix} = \begin{pmatrix} 2u_1 - 4u_2 \\ u_1 - 3u_2 \end{pmatrix} + \begin{pmatrix} 2v_1 - 4v_2 \\ v_1 - 3v_2 \end{pmatrix} t + \begin{pmatrix} 2w_1 - 4w_2 \\ w_1 - 3w_2 \end{pmatrix} t^2 + \begin{pmatrix} 2t^2 + 10t \\ t^2 + 9t + 3 \end{pmatrix}$$

이다. 그런데 $w_1 = -1$, $w_2 = 0$, $v_1 = 0$, $v_2 = 3$, $u_1 = u_2 = 0$은 주어진 식을 만족시키므로

$$\mathbf{y}^{(p)} = \begin{pmatrix} 0 \\ 3 \end{pmatrix} t + \begin{pmatrix} -1 \\ 0 \end{pmatrix} t^2$$

이다. 그러므로 일반해는 다음과 같다.

$$\mathbf{y} = \mathbf{y}^{(h)} + \mathbf{y}^{(p)} = c_1 \begin{pmatrix} 4 \\ 1 \end{pmatrix} e^t + c_2 \begin{pmatrix} 1 \\ 1 \end{pmatrix} e^{-2t} + \begin{pmatrix} -t^2 \\ 3t \end{pmatrix}$$ □

| 참고 λ가 A의 고윳값일때 $e^{\lambda t}$가 $\mathbf{g}$에 포함된 경우에는 특수해를 $\mathbf{y}^{(p)} = \mathbf{u}\,te^{\lambda t} + \mathbf{v}\,e^{\lambda t}$로 놓고 해를 구할 수 있다.

매개 변수 변환법

비제차 선형 연립 미분 방정식 (1)에서 제차 선형 연립 미분 방정식의 해가 다음과 같다고 하자.

$$\mathbf{y}^{(h)} = c_1\mathbf{y}^{(1)} + c_2\mathbf{y}^{(2)} = \begin{pmatrix} c_1 y_1^{(1)} + c_2 y_1^{(2)} \\ c_1 y_2^{(1)} + c_2 y_2^{(2)} \end{pmatrix} = \begin{pmatrix} y_1^{(1)} & y_1^{(2)} \\ y_2^{(1)} & y_2^{(2)} \end{pmatrix} \begin{pmatrix} c_1 \\ c_2 \end{pmatrix} = Y(t)\mathbf{c},$$

여기서, $\mathbf{y}^{(1)} = \begin{pmatrix} y_1^{(1)} \\ y_2^{(1)} \end{pmatrix}$, $\mathbf{y}^{(2)} = \begin{pmatrix} y_1^{(2)} \\ y_2^{(2)} \end{pmatrix}$, $\mathbf{c} = \begin{pmatrix} c_1 \\ c_2 \end{pmatrix}$이다.

매개 변수 변환법은 특수해를 $\mathbf{y}^{(p)} = Y(t)\mathbf{u}(t)$로 가정한다. $\mathbf{y}^{(p)}$는 $\mathbf{y}^{(p)\prime} = A\mathbf{y}^{(p)} + \mathbf{g}$를 만족시키므로 다음이 성립한다.

$$Y'\mathbf{u} + Y\mathbf{u}' = AY\mathbf{u} + \mathbf{g}$$

그런데 $\mathbf{y}^{(1)\prime} = A\mathbf{y}^{(1)}$, $\mathbf{y}^{(2)\prime} = A\mathbf{y}^{(2)}$이므로 $Y' = AY$이고, 위 식은 간략히 $Y\mathbf{u}' = \mathbf{g}$로 표시된다. Y의 성분벡터 $\mathbf{y}^{(1)}$, $\mathbf{y}^{(2)}$는 일차 독립이므로 Y^{-1}가 존재하여 $\mathbf{u}' = Y^{-1}\mathbf{g}$이다.

따라서

$$\mathbf{u}(t) = \int_{t_0}^{t} Y^{-1}(s)\mathbf{g}(s)ds + \tilde{\mathbf{c}} \qquad (\text{여기서 } \tilde{\mathbf{c}}\text{는 상수벡터이다.})$$

결과적으로 $\tilde{\mathbf{c}}$는 $\mathbf{c}$에 포함되어 있다고 가정하면 일반해는 다음과 같다.

$$\mathbf{y} = \mathbf{y}^{(h)} + \mathbf{y}^{(p)} = Y(t)\mathbf{c} + Y(t)\int_{t_0}^{t} Y^{-1}(s)\mathbf{g}(s)\,ds$$

대각화법

대각화법은 A가 서로 다른 고윳값을 갖는 선형 연립 미분 방정식 $\mathbf{y}' = A\mathbf{y} + \mathbf{g}(t)$의 해를 구하는 방법이다. 이 경우에는 A의 대각화가 가능하며 $D = P^{-1}AP$인 정칙행렬 P와 대각행렬 D가 성립한다. 여기서, D는 A의 고윳값들이 주 대각 원소가 되는 대각행렬이고, P는 이 고유벡터들을 열벡터로 갖는 행렬이다.

만일 $\mathbf{z} = \begin{pmatrix} z_1 \\ z_2 \end{pmatrix} = P^{-1}\mathbf{y}$로 놓으면 $\mathbf{y} = P\mathbf{z}$이고, 이것을 주어진 선형 연립 미분 방정식에 대입하면 다음과 같다.

$$P\mathbf{z}' = AP\mathbf{z} + \mathbf{g}$$

따라서

$$\mathbf{z}' = X^{-1}AX\mathbf{z} + X^{-1}\mathbf{g} = D\mathbf{z} + \mathbf{h}$$

여기서, $\mathbf{h} = X^{-1}\mathbf{g}$이므로 $z_j' = \lambda_j z_j + h_j \ (j = 1,\ 2)$이다. 그러므로 일계 선형 미분 방정식의 해를 구하는 방법에 의하여 $z_j(t)$를 구하면

$$z_j(t) = c_j e^{\lambda_j t} + e^{\lambda_j t}\int e^{-\lambda_j t} h_j(t)dt, \qquad (j = 1,\ 2)$$

이고 결과적으로 연립 미분 방정식의 일반해 $\mathbf{y} = P\mathbf{z}$를 구할 수 있다.

보기 2

다음 연립 미분 방정식의 일반해를 [1] 미정 계수법, [2] 매개 변수 변환법, [3] 대각화법을 이용하여 구하라.

$$\mathbf{y}' = A\mathbf{y} + \mathbf{g} = \begin{pmatrix} -3 & 1 \\ 1 & -3 \end{pmatrix}\mathbf{y} + \begin{pmatrix} -6 \\ 2 \end{pmatrix}e^{-2t}$$

풀이 [1] 미정 계수법 행렬 $A = \begin{pmatrix} -3 & 1 \\ 1 & -3 \end{pmatrix}$의 고윳값은 $\lambda_1 = -2$, $\lambda_2 = -4$이고 $\mathbf{x}_1 = \begin{pmatrix} 1 \\ 1 \end{pmatrix}$과 $\mathbf{x}_2 = \begin{pmatrix} 1 \\ -1 \end{pmatrix}$는 각각 λ_1과 λ_2에 대응하는 A의 고유벡터이므로 제차 연립 미분 방정식 $\mathbf{y}' = A\mathbf{y}$의 일반해는 다음과 같다.

$$\mathbf{y}^{(h)} = c_1\begin{pmatrix} 1 \\ 1 \end{pmatrix}e^{-2t} + c_2\begin{pmatrix} 1 \\ -1 \end{pmatrix}e^{-4t}$$

$\lambda_1 = -2$가 A의 고윳값이므로 $\mathbf{y}^{(p)} = \mathbf{u}\,te^{-2t} + \mathbf{v}\,e^{-2t}$으로 가정한다.
$\mathbf{y}^{(p)}$는 $\mathbf{y}^{(p)\prime} = A\mathbf{y}^{(p)} + \mathbf{g}$를 만족시키므로 다음이 성립한다.

$$\mathbf{y}^{(p)\prime} = \mathbf{u}\,e^{-2t} - 2\mathbf{u}\,te^{-2t} - 2\mathbf{v}\,e^{-2t} = A\mathbf{u}\,te^{-2t} + A\mathbf{v}\,e^{-2t} + \mathbf{g}$$

양변의 동류항을 비교하면

$$-2\mathbf{u} = A\mathbf{u}, \quad \mathbf{u} - 2\mathbf{v} = A\mathbf{v} + \begin{pmatrix} -6 \\ 2 \end{pmatrix}$$

이다. 그런데 $\mathbf{x}_1 = \begin{pmatrix} 1 \\ 1 \end{pmatrix}$은 $\lambda_1 = -2$에 대응하는 A의 고유벡터이고 $-2\mathbf{u} = A\mathbf{u}$로부터 $\mathbf{u}$ 또한 $\lambda = -2$에 대응하는 A의 고유 벡터이므로 $\mathbf{u} = a\begin{pmatrix} 1 \\ 1 \end{pmatrix}$이다. 따라서

$$(A + 2I)\mathbf{v} = \left\{\begin{pmatrix} -3 & 1 \\ 1 & -3 \end{pmatrix} + \begin{pmatrix} 2 & 0 \\ 0 & 2 \end{pmatrix}\right\}\mathbf{v} = \mathbf{u} - \begin{pmatrix} -6 \\ 2 \end{pmatrix} = a\begin{pmatrix} 1 \\ 1 \end{pmatrix} - \begin{pmatrix} -6 \\ 2 \end{pmatrix}$$

이다. $\mathbf{v} = \begin{pmatrix} v_1 \\ v_2 \end{pmatrix}$로 놓으면 $-v_1 + v_2 = a + 6$이고 $v_1 - v_2 = a - 2$이다. 그러므로 $a = -2$이고, $v_1 = k$, $v_2 = k + 4$이다. 만일 $k = -2$로 놓으면 주어진 연립 방정식의 일반해는 다음과 같다.

$$\mathbf{y} = \mathbf{y}^{(h)} + \mathbf{y}^{(p)} = c_1\begin{pmatrix} 1 \\ 1 \end{pmatrix}e^{-2t} + c_2\begin{pmatrix} 1 \\ -1 \end{pmatrix}e^{-4t} - 2\begin{pmatrix} 1 \\ 1 \end{pmatrix}te^{-2t} + \begin{pmatrix} -2 \\ 2 \end{pmatrix}e^{-2t}$$

[2] 매개 변수 변환법 제차 연립 미분 방정식의 해는 다음과 같다.

$$\mathbf{y}^{(h)} = \begin{pmatrix} c_1e^{-2t} + c_2e^{-4t} \\ c_1e^{-2t} - c_2e^{-4t} \end{pmatrix} = \begin{pmatrix} e^{-2t} & e^{-4t} \\ e^{-2t} & -e^{-4t} \end{pmatrix}\begin{pmatrix} c_1 \\ c_2 \end{pmatrix} = Y(t)\mathbf{c}$$

$\mathbf{y}^{(p)} = Y(t)\mathbf{u}(t)$로 가정하면, $\mathbf{u}' = Y^{-1}\mathbf{g}$이므로 다음이 성립한다.

$$Y^{-1}\mathbf{g} = \frac{1}{2}\begin{pmatrix} e^{2t} & e^{2t} \\ e^{4t} & -e^{4t} \end{pmatrix}\begin{pmatrix} -6e^{-2t} \\ 2e^{-2t} \end{pmatrix} = \begin{pmatrix} -2 \\ -4e^{2t} \end{pmatrix},$$

$$\mathbf{u}(t) = \int_0^t \begin{pmatrix} -2 \\ -4e^{2s} \end{pmatrix} ds = \begin{pmatrix} -2t \\ -2e^{2t}+2 \end{pmatrix},$$

$$Y\mathbf{u} = \begin{pmatrix} e^{-2t} & e^{-4t} \\ e^{-2t} & -e^{-4t} \end{pmatrix}\begin{pmatrix} -2t \\ -2e^{2t}+2 \end{pmatrix} = \begin{pmatrix} -2te^{-2t} - 2e^{-2t} + 2e^{-4t} \\ -2te^{-2t} + 2e^{-2t} - 2e^{-4t} \end{pmatrix}$$

$$= \begin{pmatrix} -2te^{-2t} - 2e^{-2t} \\ -2te^{-2t} + 2e^{-2t} \end{pmatrix} + \begin{pmatrix} 2 \\ -2 \end{pmatrix} e^{-4t}$$

$Y\mathbf{u}$의 끝 항은 제차 연립 방정식의 해이므로 $\mathbf{y}^{(h)}$에 포함된다. 따라서 주어진 연립 방정식의 일반해는 다음과 같다.

$$\mathbf{y} = \mathbf{y}^{(h)} + \mathbf{y}^{(p)} = c_1\begin{pmatrix} 1 \\ 1 \end{pmatrix}e^{-2t} + c_2\begin{pmatrix} 1 \\ -1 \end{pmatrix}e^{-4t} - 2\begin{pmatrix} 1 \\ 1 \end{pmatrix}te^{-2t} + \begin{pmatrix} -2 \\ 2 \end{pmatrix}e^{-2t}$$

[3] 대각화법 고윳값 $\lambda_1 = -2$와 $\lambda_2 = -4$에 대응되는 고유벡터 $\begin{pmatrix} 1 \\ 1 \end{pmatrix}$과 $\begin{pmatrix} 1 \\ -1 \end{pmatrix}$을 이용하면 $P = \begin{pmatrix} 1 & 1 \\ 1 & -1 \end{pmatrix}$로 놓을 수 있다. 만일 $\mathbf{z} = P^{-1}\mathbf{y}$로 놓으면 $\mathbf{h} = P^{-1}\mathbf{g}$이고 $\mathbf{z}' = D\mathbf{z} + \mathbf{h}$ 이므로 다음이 성립한다.

$$\mathbf{h} = P^{-1}\mathbf{g} = \begin{pmatrix} \frac{1}{2} & \frac{1}{2} \\ \frac{1}{2} & -\frac{1}{2} \end{pmatrix}\begin{pmatrix} -6e^{-2t} \\ 2e^{-2t} \end{pmatrix} = \begin{pmatrix} -2e^{-2t} \\ -4e^{-2t} \end{pmatrix},$$

$$\mathbf{z}' = \begin{pmatrix} -2 & 0 \\ 0 & -4 \end{pmatrix}\mathbf{z} + \mathbf{h} = \begin{pmatrix} -2 & 0 \\ 0 & -4 \end{pmatrix}\mathbf{z} + \begin{pmatrix} -2e^{-2t} \\ -4e^{-2t} \end{pmatrix}$$

그러므로 $z_1' = -2z_1 - 2e^{-2t}$, $z_2' = -4z_2 - 4e^{-2t}$이므로 다음과 같은 $\mathbf{z}(t)$의 성분을 얻을 수 있다.

$$z_1 = c_1e^{-2t} - 2te^{-2t}, \quad z_2 = c_2e^{-4t} - 2e^{-2t}$$

따라서 주어진 연립 방정식의 일반해는 다음과 같다.

$$\mathbf{y} = P\mathbf{z} = \begin{pmatrix} 1 & 1 \\ 1 & -1 \end{pmatrix}\begin{pmatrix} c_1e^{-2t} - 2te^{-2t} \\ c_2e^{-4t} - 2e^{-2t} \end{pmatrix}$$

$$= \begin{pmatrix} c_1e^{-2t} - 2te^{-2t} + c_2e^{-4t} - 2e^{-2t} \\ c_1e^{-2t} - 2te^{-2t} - c_2e^{-4t} + 2e^{-2t} \end{pmatrix}$$ □

4.3 연습 문제

01. 다음 비제차 선형 연립 미분 방정식의 일반해를 구하라.

(1) $y_1' + y_1 = t + 1$

$y_2' + 2y_2 = t^2$

(2) $y_1' = 3y_1 + 2y_2 + t^2$

$y_2' = 3y_1 - 2y_2 + 5t$

(3) $y_1' + y_2' - 13y_1 - 6y_2 = 0$

$y_1' - y_2' + 7y_1 + 2y_2 = 2e^t$

(4) $y_1' - 2y_1 - y_2 - e^{-3t} = 0$

$y_2' - y_2 - e^{3t} = 0$

02. 주어진 조건을 만족시키는 연립 방정식의 해를 구하라.

(1) $y_1' + y_1 = t + 1$

$y_2' + 2y_2 = t^2$

$y_1(0) = 0,\ \ y_2(0) = 0$

(2) $y_1' = 3y_1 + 2y_2 + t^2$

$y_2' = 3y_1 - 2y_2 + 5t$

$y_1(0) = 10,\ \ y_2(0) = -2$

(3) $y_1' + y_2' - 13y_1 - 6y_2 = 0$

$y_1' - y_2' + 7y_1 + 2y_2 = 2e^t$

$y_1(0) = 0,\ y_2(0) = -15$

(4) $y_1' - 2y_1 - y_2 - e^{-3t} = 0$

$y_2' - y_2 - e^{3t} = 0$

$y_1(0) = -3,\ \ y_2(0) = 8$

4.4 위상 평면과 임계점 및 안정성

다음과 같은 자율적 연립 미분 방정식을 살펴보자.

$$\frac{dy_1}{dt} = f_1(y_1, y_2)$$
$$\frac{dy_2}{dt} = f_2(y_1, y_2) \tag{1}$$

연립 방정식 (1)의 해 $y_1(t)$와 $y_2(t)$가 주어지면 점 $(y_1(t),\ y_2(t))$는 t가 변함에 따라 y_1y_2 평면 내에서 일정한 경로(path) 또는 궤도(orbit)를 따르게 된다. 이런 관점에서 y_1y_2평면을 위상평면(phase plane)이라고 한다. $y_1(t_0) = k_1$, $y_2(t_0) = k_2$를 만족시키는 해는 위상 평면에서 점 $(k_1,\ k_2)$를 지나는 궤도로 나타난다. $f_1(y_1,\ y_2)$, $f_2(y_1,\ y_2)$와 이들의 일계 편도함수가 $(k_1,\ k_2)$를 포함하는 영역에서 연속이면, $(k_1,\ k_2)$를 지나는 궤도는 오직 하나이다. 특히 $f_1(k_1,\ k_2) = f_2(k_1,\ k_2) = 0$이면 해는 $y_1 = k_1$, $y_2 = k_2$가 되어 그 궤도는 하나의 점이 된다. 연립 방정식 $f_1(y_1,\ y_2) = f_2(y_1,\ y_2) = 0$을 만족시키는 해 $(k_1,\ k_2)$를 주어진 연립 방정식의 임계점(critical point)이라고 한다. 앞으로 임계점은 항상 고립(isolated)되어 있다고 가정한다. 즉, $(k_1,\ k_2)$을 중심으로 하는 어떤 원의 내부에는 또 다른 임계점이 존재하지 않는다고 가정한다.

임계점의 형태는 두 가지 기준으로 구별된다. 그 하나는 임계점 근방의 궤도의 기하학적 모양에 따라 구별하는 것이고, 다른 하나는 안정성(stability)을 이용하여 구별하는 것이다. 앞의 경우에는 임계점을 마디점(node), 안장점(saddle point), 중심(center), 나선점(spiral point) 등 네 가지 종류로 분류한다. 안정성에 의해서는 다음과 같이 분류한다. 그림 4.2에서와 같이 양수 R에 대하여 $0 \le r \le R$인 적당한 r이 존재하여 적당한 시각 t_0에 원 $(y_1 - k_1)^2 + (y_2 - k_2)^2 = r^2$의 내부에 있던 모든 궤도가 이후의 시각 $t > t_0$에 대해서는 원 $(y_1 - k_1)^2 + (y_2 - k_2)^2 = R^2$의 내부에 놓이면, 즉 궤도가 충분히 임계점에 근접한 뒤 오랜 시간이 지나서도 임계점에 근접한 상태로 남아 있다면, 그러한 임계점 $(k_1,\ k_2)$를 안정하다(stable)고 한다. 안정하지 않으면 임계점은 불안정하다(unstable)고 한다. $(k_1,\ k_2)$가 안정한 임계점이고, 또 중심이 $(k_1,\ k_2)$인 적당한 원이 존재하여 그 원의 내부에서는 $t \to \infty$일 때 모든 궤도가 점 $(k_1,\ k_2)$로 접근하면, 즉 $(k_1,\ k_2)$에 충분히 근접하기 시작하면, $t \to \infty$일 때 모든 궤도가 $(k_1,\ k_2)$에 접근하면 임계점 $(k_1,\ k_2)$를 점근적으로 안정하다(asymptotically stable)고 한다.

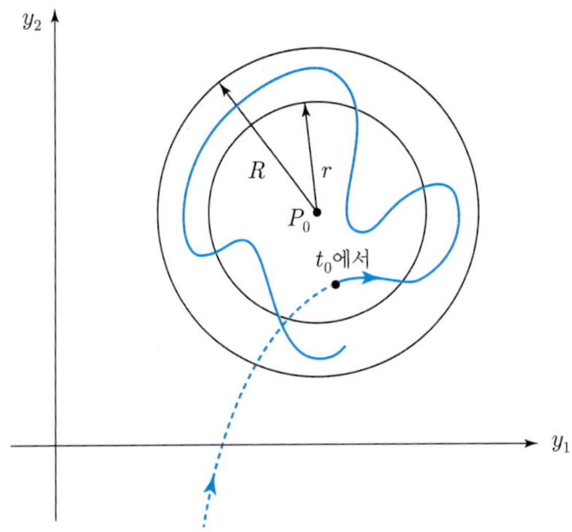

그림 4.2 ▌ 안정한 임계점

위상 평면에서의 궤도들의 모임을 위상 상태도(phase portrait)라고 한다. 위상 상태도에 나타난 궤도를 조사함으로써 연립 미분 방정식의 해에 대한 많은 정보를 얻을 수 있다.

이제 다음과 같은 상수계수 제차 선형 연립 미분 방정식에서 임계점의 형태를 알아보자.

$$\mathbf{y}' = A\mathbf{y} = \begin{pmatrix} a_{11} & a_{12} \\ a_{21} & a_{22} \end{pmatrix}\mathbf{y} \qquad (\text{단, } \det A \neq 0)$$

여기서 $\det A \neq 0$이므로, $(0,\ 0)$이 이 연립 미분 방정식의 유일한 임계점이다.

보기 1 **마디점**

다음 제차 선형 연립 미분 방정식의 일반해를 구하고, $(0,\ 0)$이 마디점이 됨을 보여라.

(1) $\mathbf{y}' = A\mathbf{y} = \begin{pmatrix} -3 & 1 \\ 1 & -3 \end{pmatrix}\mathbf{y}$　　　(2) $\mathbf{y}' = A\mathbf{y} = \begin{pmatrix} 1 & 0 \\ 0 & 1 \end{pmatrix}\mathbf{y}$

풀이 (1) $\det(A - \lambda I) = \lambda^2 + 6\lambda + 8 = 0$이므로 A의 고윳값은 $\lambda_1 = -2$, $\lambda_2 = -4$이고 $\mathbf{x}_1 = \begin{pmatrix} 1 \\ 1 \end{pmatrix}$과 $\mathbf{x}_2 = \begin{pmatrix} 1 \\ -1 \end{pmatrix}$는 각각 λ_1과 λ_2에 대응하는 A의 고유벡터이다. 따라서 일반해는 다음과 같다.

$$\mathbf{y} = c_1\begin{pmatrix} 1 \\ 1 \end{pmatrix}e^{-2t} + c_2\begin{pmatrix} 1 \\ -1 \end{pmatrix}e^{-4t}$$

$t \to \infty$일 때 모든 해는 임계점 $(0,\ 0)$으로 접근한다.

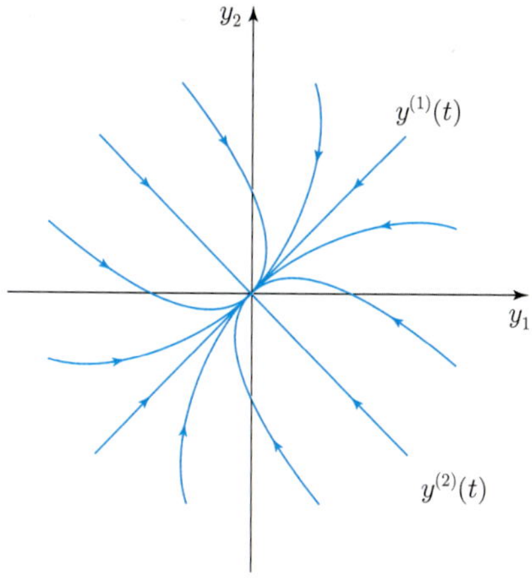

그림 4.3 ▎ 원점에서의 이상 마디점

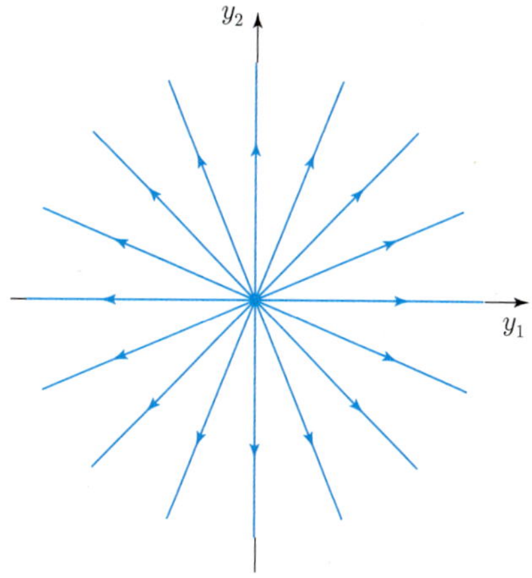

그림 4.4 ▎ 원점에서의 고유 마디점

$c_2 = 0$이고 $c_1 > 0$이면 그림 4.3의 제1사분면의 사선 $y_2 = y_1$을 얻게 된다. 이때 화살표는 t의 값이 증가하는 방향을 나타낸다. $c_2 = 0$이고 $c_1 < 0$이면 제3사분면의 사선 $y_2 = y_1$이 된다. $c_1 = 0$이고 $c_2 > 0$ 또는 $c_2 < 0$일 때는 각각 제4사분면, 제2사분면의 사선 $y_2 = -y_1$을 얻는다. $c_1 \neq 0$이고 $c_2 \neq 0$이면

$$\lim_{t \to \infty} \frac{c_1 e^{-2t} - c_2 e^{-4t}}{c_1 e^{-2t} + c_2 e^{-4t}} = \lim_{t \to \infty} \frac{c_1 - c_2 e^{-2t}}{c_1 + c_2 e^{-2t}} = 1$$

이다. 즉, 궤도는 기울기가 1이고 원점에 접근한다. 그러므로 $y_2 = -y_1$의 두 사선만 제외하고는 모든 궤도는 원점에서 동일한 방향을 갖는다. 이런 경우에 $(0,\ 0)$은 점근적으로 안정하며, 이상마디점(improper node)이라고 한다.

(2) 주어진 연립 미분 방정식은 $y_1{}' = y_1$, $y_2{}' = y_2$와 같으므로 방정식의 일반해는

$$\mathbf{y} = c_1 \begin{pmatrix} 1 \\ 0 \end{pmatrix} e^t + c_2 \begin{pmatrix} 0 \\ 1 \end{pmatrix} e^t$$

이므로 $c_1 y_2 = c_2 y_1$이다. 따라서 그림 4.4에서와 같이 임계점 $(0,\ 0)$은 해 곡선들이 모든 가능한 방향을 갖는 점이다. 이런 점을 고유마디점(proper node)이라 한다. 또한 $(0,\ 0)$은 불안정마디점이다. □

보기 1에서는 고윳값들이 실수이며 그 부호가 서로 같은 경우를 살펴보았다. 다음은 고윳값이 부호가 서로 반대인 실수인 경우를 살펴본다.

보기 2 **안장점**

다음 제차 선형 연립 방정식의 일반해를 구하고, 원점 $(0,\ 0)$이 안장점임을 보여라.

(1) $\mathbf{y}' = A\mathbf{y} = \begin{pmatrix} 2 & -4 \\ 1 & -3 \end{pmatrix}\mathbf{y}$ (2) $\mathbf{y}' = A\mathbf{y} = \begin{pmatrix} 1 & 0 \\ 0 & -1 \end{pmatrix}\mathbf{y}$

풀이 (1) $\det(A - \lambda I_2) = \lambda^2 + \lambda - 2 = 0$으로부터 A의 고윳값은 $\lambda_1 = 1,\ \lambda_2 = -2$이고 $\mathbf{x}_1 = \begin{pmatrix} 4 \\ 1 \end{pmatrix}$과 $\mathbf{x}_2 = \begin{pmatrix} 1 \\ 1 \end{pmatrix}$은 각각 λ_1과 λ_2에 대응하는 A의 고유벡터이다. 그러므로 일반해는 $\mathbf{y} = c_1\begin{pmatrix} 4 \\ 1 \end{pmatrix}e^t + c_2\begin{pmatrix} 1 \\ 1 \end{pmatrix}e^{-2t}$이다. 만일 $c_1 = 0$이고 $c_2 \neq 0$이면 궤도는 $y_2 = y_1$이고 $t \to \infty$일 때 임계점 $(0,\ 0)$에 접근한다. $c_1 \neq 0$이고 $c_2 = 0$이면 $y_2 = \frac{1}{4}y_1$이고, $t \to \infty$ 일 때 y_1과 y_2는 모두 ∞로 발산하고 $t \to -\infty$일 때 0으로 접근한다. $c_1 \neq 0$이고 $c_2 \neq 0$이라면 다음이 성립한다.

$$\lim_{t\to\infty} \frac{c_1 e^t + c_2 e^{-2t}}{4c_1 e^t + c_2 e^{-2t}} = \lim_{t\to\infty} \frac{c_1 + c_2 e^{-3t}}{4c_1 + c_2 e^{-3t}} = \frac{1}{4}$$

$$\lim_{t\to-\infty} \frac{c_1 e^t + c_2 e^{-2t}}{4c_1 e^t + c_2 e^{-2t}} = \lim_{t\to-\infty} \frac{c_1 e^{3t} + c_2}{4c_1 e^{3t} + c_2} = 1$$

즉, 궤도는 $t \to \infty$일 때는 직선 $y_2 = \frac{y_1}{4}$에, $t \to -\infty$일 때는 직선 $y_2 = y_1$에 점근적이다. 어떠한 궤도도 원점을 통과하지 않는다. 여기서 원점 $(0,\ 0)$은 불안정하고 이 경우에 원점을 안장점(saddle point)이라 한다. (그림 4.5 참조)

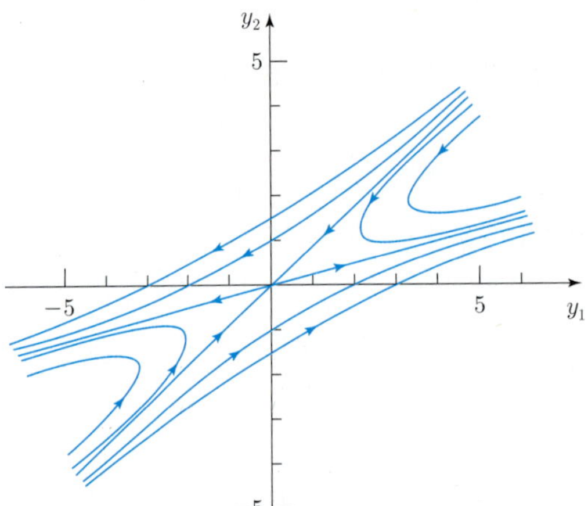

그림 4.5 ❙ 안장점

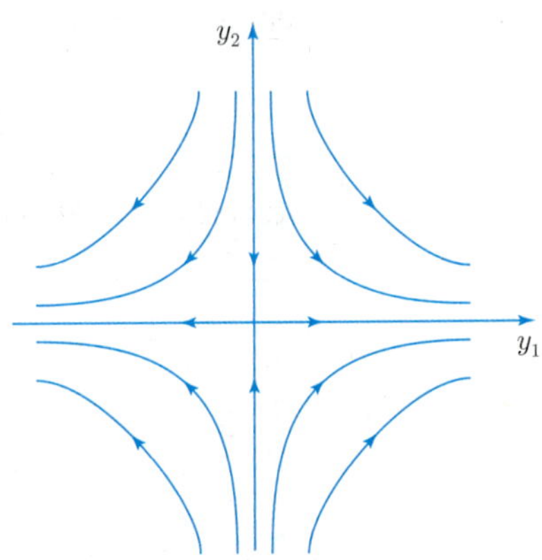

그림 4.6 ❙ 안장점

(2) $\det(A-\lambda I_2)=\lambda^2-1=0$으로부터 A의 고윳값은 $\lambda_1=1$, $\lambda_2=-1$이고 $\mathbf{x}_1=\begin{pmatrix}1\\0\end{pmatrix}$과 $\mathbf{x}_2=\begin{pmatrix}0\\1\end{pmatrix}$은 각각 λ_1과 λ_2에 대응하는 A의 고유벡터이다. 따라서 일반해는 $\mathbf{y}=c_1\begin{pmatrix}1\\0\end{pmatrix}e^t+c_2\begin{pmatrix}0\\1\end{pmatrix}e^{-t}$이다. 만일 $c_1=0$이고 $c_2\neq 0$이면 궤도는 $y_1=0$이고, $t\to\infty$일 때 임계점 (0, 0)에 접근한다. $c_1\neq 0$이고 $c_2=0$이면 $y_2=0$이고, $t\to\infty$일 때 $c_1>0$인 경우에 ∞로 발산하고 $c_1<0$인 경우는 $-\infty$로 발산한다. $c_1\neq 0$이고 $c_2\neq 0$이면 $y_1=c_1e^t$, $y_2=c_2e^{-t}$이므로 $y_1y_2=c_1c_2$이다. 따라서 좌표축을 포함하는 쌍곡선족을 얻을 수 있다. 그림 4.6에서는 원점이 전형적인 안장점임을 보여준다. □

이제, 고윳값이 순허수인 경우를 살펴보자.

보기 3 중심

다음 제차 선형 연립 미분 방정식의 일반해를 구하고, 원점 (0, 0)이 중심임을 보여라.

$$\mathbf{y}'=A\mathbf{y}=\begin{pmatrix}0&1\\-4&0\end{pmatrix}\mathbf{y}$$

풀이 $\det(A-\lambda I)=\lambda^2+4=0$으로부터 행렬 A의 고윳값은 $\lambda_1=2i$, $\lambda_2=-2i$이고 $\mathbf{x}_1=\begin{pmatrix}1\\2i\end{pmatrix}$과 $\mathbf{x}_2=\begin{pmatrix}1\\-2i\end{pmatrix}$는 각각 λ_1과 λ_2에 대응하는 A의 고유벡터이다. 따라서 일반해는 $\mathbf{y}=c_1\begin{pmatrix}1\\2i\end{pmatrix}e^{2it}+c_2\begin{pmatrix}1\\-2i\end{pmatrix}e^{-2it}$이다. 그러므로

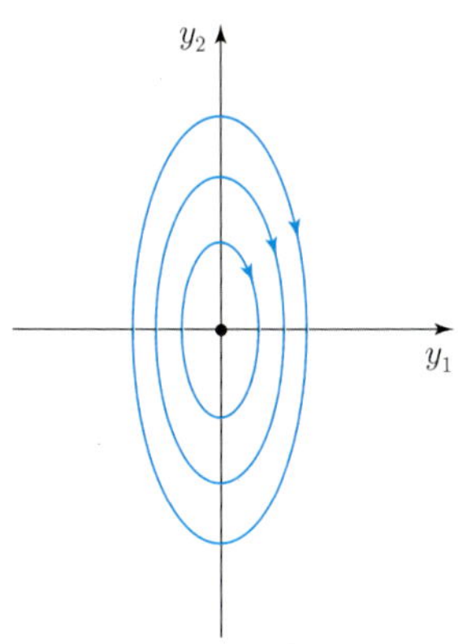

그림 4.7 ▎ 원점에서의 중심

$$y_1 = c_1 e^{2it} + c_2 e^{-2it},$$
$$y_2 = 2i c_1 e^{2it} - 2i c_2 e^{-2it}$$

이고 t를 소거하기 위하여 위 식의 양변을 제곱하면 다음을 얻는다.

$$y_1^2 = c_1^2 e^{4it} + 2c_1c_2 + c_2^2 e^{-4it}$$
$$\frac{1}{4}y_2^2 = -c_1^2 e^{4it} + 2c_1c_2 - c_2^2 e^{-4it}$$

두 식을 더하면 $y_1^2 + \frac{1}{4}y_2^2 = 4c_1c_2$이므로 이 궤도들은 그림 4.7에서와 같이 타원을 나타낸다. 이런 경우에 임계점 $(0,\ 0)$은 안정이지만 해가 $(0,\ 0)$에 접근하지 않기 때문에 점근적으로 안정적이지는 않다. 이때의 원점을 중심(center)이라 한다. □

다음은 순허수가 아닌 허수를 고윳값으로 가지는 경우를 살펴보자.

보기 4 **나선점**

다음 제차 선형 연립 미분 방정식의 일반해를 찾고, 원점 $(0,\ 0)$이 나선점임을 보여라.

$$\mathbf{y}' = A\mathbf{y} = \begin{pmatrix} -1 & 1 \\ -1 & -1 \end{pmatrix}\mathbf{y}$$

풀이 $\det(A - \lambda I) = \lambda^2 + 2\lambda + 2 = 0$으로부터 행렬 A의 고윳값은 $\lambda_1 = -1 + i$와 $\lambda_2 = -1 - i$이며 $\mathbf{x}_1 = \begin{pmatrix} 1 \\ i \end{pmatrix}$과 $\mathbf{x}_2 = \begin{pmatrix} 1 \\ -i \end{pmatrix}$는 각각 λ_1과 λ_2에 대응하는 A의 고유벡터이다. 따라서 일반해는 $\mathbf{y} = c_1\begin{pmatrix} 1 \\ i \end{pmatrix}e^{(-1+i)t} + c_2\begin{pmatrix} 1 \\ -i \end{pmatrix}e^{(-1-i)t}$이다. 그런데

$$\begin{pmatrix} 1 \\ i \end{pmatrix}e^{(-1+i)t} = \begin{pmatrix} e^{-t}(\cos t + i\sin t) \\ ie^{-t}(\cos t + i\sin t) \end{pmatrix} = \begin{pmatrix} e^{-t}\cos t \\ -e^{-t}\sin t \end{pmatrix} + i\begin{pmatrix} e^{-t}\sin t \\ e^{-t}\cos t \end{pmatrix},$$
$$\begin{pmatrix} 1 \\ -i \end{pmatrix}e^{(-1-i)t} = \begin{pmatrix} e^{-t}(\cos t - i\sin t) \\ -ie^{-t}(\cos t - i\sin t) \end{pmatrix} = \begin{pmatrix} e^{-t}\cos t \\ -e^{-t}\sin t \end{pmatrix} - i\begin{pmatrix} e^{-t}\sin t \\ e^{-t}\cos t \end{pmatrix}$$

이므로 론스키 행렬식은

$$W(t) = \begin{vmatrix} e^{-t}\cos t & e^{-t}\sin t \\ -e^{-t}\sin t & e^{-t}\cos t \end{vmatrix} = e^{-2t} \neq 0$$

이다. 그러므로 주어진 연립 미분 방정식의 일반해는 다음과 같다.

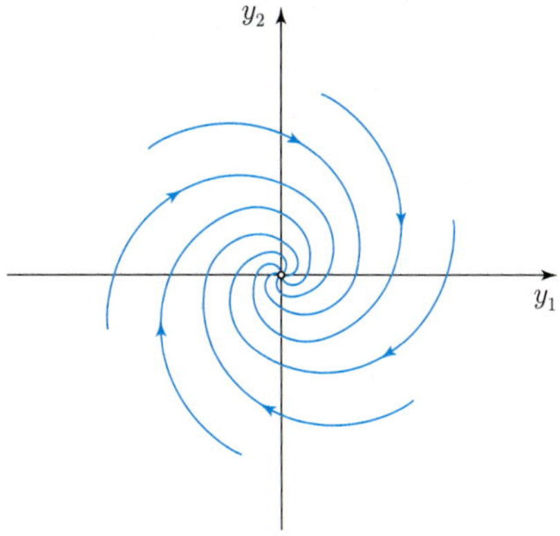

그림 4.8 ▎ 원점에서의 나선점

$$\mathbf{y} = a\begin{pmatrix} e^{-t}\cos t \\ -e^{-t}\sin t \end{pmatrix} + b\begin{pmatrix} e^{-t}\sin t \\ e^{-t}\cos t \end{pmatrix}$$

또한 극좌표계로 나타내면 다음과 같다.

$$y_1 = e^{-t}(a\cos t + b\sin t),$$
$$y_2 = e^{-t}(b\cos t - a\sin t),$$
$$r^2 = y_1^2 + y_2^2 = (a^2 + b^2)e^{-2t}$$

즉, $r = c_0 e^{\theta}$가 된다. (여기서, $c_0 = \sqrt{a^2+b^2}$이고 $\theta = -2t$이다.) 그러므로 각각의 c_0의 값에 대하여 하나의 나선이 그려진다. (그림 4.8 참조) 이 경우에 임계점 (0, 0)은 점근적으로 안정하며, 원점 $(0, 0)$을 나선점(spiral point)이라 한다. □

연립 미분 방정식 $\mathbf{y}' = A\mathbf{y} = \begin{pmatrix} a_{11} & a_{12} \\ a_{21} & a_{22} \end{pmatrix}\mathbf{y}$에 대해 A의 고윳값이 중복도가 2인 μ를 갖고 $\mathbf{x}$가 μ에 대응하는 A의 고유벡터라고 하면, 한 개의 해는 $\mathbf{y}_1 = \mathbf{x}e^{\mu t}$이다. 일차 독립인 또 다른 해를 얻기 위해서 $\mathbf{y}_2 = (\mathbf{x}t + \mathbf{u})e^{\mu t}$로 놓자. 이때, $\mathbf{u}$는 $(A - \mu I_2)\mathbf{u} = \mathbf{x}$로부터 구할 수 있다. 왜냐하면 $\mu\mathbf{x} = A\mathbf{x}$이고 $\mathbf{y}_2$를 주어진 연립 방정식에 대입하면 다음 식이 성립하기 때문이다.

$$\mathbf{y}_2' = \mathbf{x}e^{\mu t} + \mu\mathbf{x}te^{\mu t} + \mu\mathbf{u}e^{\mu t} = A\mathbf{y}_2 = A\mathbf{x}te^{\mu t} + A\mathbf{u}e^{\mu t}$$

보기 5

다음 제차 선형 연립 미분 방정식의 일반해를 구하고, 원점 (0, 0)이 마디점이 됨을 보이시오.

$$\mathbf{y}' = A\mathbf{y} = \begin{pmatrix} 4 & 1 \\ -1 & 2 \end{pmatrix}\mathbf{y}$$

풀이 $\det(A-\lambda I_2) = \lambda^2 - 6\lambda + 9 = (\lambda-3)^2 = 0$으로부터 행렬 A의 고윳값은 $\lambda = 3$이고 중복도가 2이다. 또한 벡터 $\mathbf{x} = \begin{pmatrix} 1 \\ -1 \end{pmatrix}$는 λ에 대응하는 A의 고유벡터이다. 일차 독립인 또 다른 해를 구하기 위해서 $\mathbf{y}_2 = (\mathbf{x}t + \mathbf{u})e^{3t}$으로 놓으면, $\mathbf{u}$는 다음 식에서 구할 수 있다.

$$(A-3I_2)\mathbf{u} = \begin{pmatrix} 1 & 1 \\ -1 & -1 \end{pmatrix}\mathbf{u} = \begin{pmatrix} 1 \\ -1 \end{pmatrix}$$

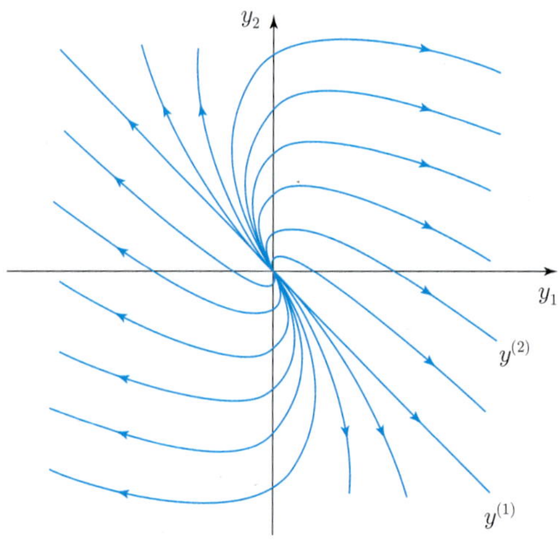

그림 4.9 ❙ 불안정한 이상 마디점

그러므로 $u_1 + u_2 = 1$, $-u_1 - u_2 = -1$이고, 만일 $\mathbf{u} = \begin{pmatrix} 0 \\ 1 \end{pmatrix}$이라면 연립 미분 방정식의 일반해는

$$\mathbf{y} = c_1\mathbf{y}^{(1)} + c_2\mathbf{y}^{(2)} = c_1\begin{pmatrix} 1 \\ -1 \end{pmatrix}e^{3t} + c_2\left\{\begin{pmatrix} 1 \\ -1 \end{pmatrix}t + \begin{pmatrix} 0 \\ 1 \end{pmatrix}\right\}e^{3t}$$

이다. 이 경우에 원점 (0, 0)은 그림 4.9에서와 같이 불안정한 마디점이다. □

일반적으로 고윳값과 임계점의 형태와의 관계는 다음 표 4.1과 같다. 이에 대해 좀 더 살펴보기로 한다.

표 4.1

고윳값	임계점의 형태
서로 다른 음수	점근적으로 안정한 마디점
서로 다른 양수	불안정한 마디점
부호가 서로 다른 실수	불안정한 안장점
중근인 음수	점근적으로 안정한 마디점
중근인 양수	불안정한 마디점
실수부가 음수이고 순허수가 아닌 켤레 복소수	점근적으로 안정한 나선점
실수부가 양수이고 순허수가 아닌 켤레 복소수	불안정한 나선점
순허수	안정하지만 점근적으로 안정하지 않은 중심

이제 미분 방정식 $\mathbf{y}' = A\mathbf{y} = \begin{pmatrix} a_{11} & a_{12} \\ a_{21} & a_{22} \end{pmatrix}\mathbf{y}$ 에서

$$p = a_{11} + a_{22}, \quad q = a_{11}a_{22} - a_{12}a_{21} = \det A, \quad \Delta = p^2 - 4q$$

라고 놓으면 식

$$\begin{aligned} \det(A - \lambda I_2) &= \begin{vmatrix} a_{11} - \lambda & a_{12} \\ a_{21} & a_{22} - \lambda \end{vmatrix} = \lambda^2 - (a_{11} + a_{22})\lambda + (a_{11}a_{22} - a_{21}a_{12}) \\ &= \lambda^2 - p\lambda + q = (\lambda - \lambda_1)(\lambda - \lambda_2) = \lambda^2 - (\lambda_1 + \lambda_2)\lambda + \lambda_1\lambda_2 \end{aligned}$$

으로부터 p는 A의 고윳값의 합, q는 고윳값의 곱, Δ는 판별식임을 알 수 있다. p, q, Δ를 기준으로 임계점의 형태를 나타내면 아래와 같다.

[1] $q > 0$이고 $\Delta \geq 0$이면 마디점이다.
[2] $q < 0$이면 안장점이다.
[3] $p = 0$이고 $q > 0$이면 중심이다.
[4] $p \neq 0$이고 $\Delta < 0$이면 나선점이다.
[5] $p < 0$이고 $q > 0$이면 점근적으로 안정하다.
[6] $p \leq 0$이고 $q > 0$이면 안정하다.
[7] $p > 0$ 또는 $q < 0$이면 불안정하다.

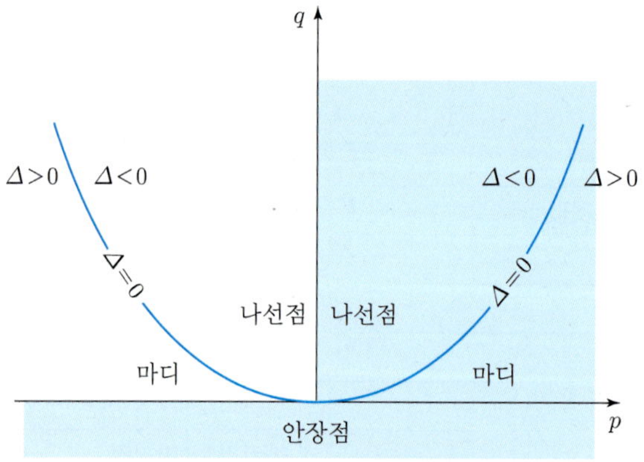

그림 4.10 ❙ 임계점의 형태

위의 [1]에서 [7]까지의 내용을 pq평면에 나타내면 그림 4.10과 같다. 불안정한 영역은 검은 그림자로 표시되어 있다.

이 경우들 중에서 [3], [4], [5]에 대해서 살펴보면 다음과 같다.

[3]의 경우는 $p=\lambda_1+\lambda_2=0$이므로 $\lambda_1=-\lambda_2$이고 $q=\lambda_1\lambda_2=-\lambda_2{}^2$이다. 그런데 $q>0$이므로 λ_1과 λ_2는 순허수가 되어야 한다. 그러므로 임계점 $(0,\ 0)$은 안정하지만 점근적으로 안정하지 않은 중심이다.

[4]의 경우 $\Delta<0$이면 λ_1과 λ_2는 켤레복소수이다. 즉, 적당한 실수 α,β가 존재하여 $\lambda_1=\alpha+i\beta,\ \lambda_2=\alpha-i\beta$이다. 그런데 $p=\lambda_1+\lambda_2=2\alpha$이므로 $\alpha<0$이면 임계점 $(0,\ 0)$은 점근적으로 안정한 나선점이고, $\alpha>0$이면 임계점 $(0,\ 0)$은 불안정한 나선점이다.

[5]의 경우 $q=\lambda_1\lambda_2>0$이므로 λ_1과 λ_2는 모두 양수이거나 음수 또는 켤레복소수이다. 그런데 $p=\lambda_1+\lambda_2<0$이므로 λ_1과 λ_2는 모두 음수 또는 실수부가 음수인 켤레복소수이다. 따라서 λ_1과 λ_2가 모두 음수이면 임계점 $(0,\ 0)$은 점근적으로 안정한 마디점이고 λ_1과 λ_2가 실수부가 음수인 켤레복소수이면 임계점 $(0,\ 0)$은 점근적으로 안정한 나선점이다.

보기 6

연립 미분 방정식 $\mathbf{y}'=A\mathbf{y}=\begin{pmatrix}-3 & 1\\ 1 & -3\end{pmatrix}\mathbf{y}$의 임계점의 종류를 설명하라.

풀이 $p=a_{11}+a_{22}=-6,\ q=\det A=8,\ \Delta=p^2-4q=4$이므로 [1]과 [5]에 의하여 임계점 $(0,\ 0)$은 점근적으로 안정한 마디점이다.

4.4 연습 문제

01. 다음 제차 선형 연립 미분 방정식의 임계점의 종류에 대하여 설명하라.

(1) $\mathbf{y}' = A\mathbf{y} = \begin{pmatrix} 2 & 3 \\ 1 & 4 \end{pmatrix}\mathbf{y}$

(2) $\mathbf{y}' = A\mathbf{y} = \begin{pmatrix} 0 & 1 \\ 3 & 2 \end{pmatrix}\mathbf{y}$

(3) $\mathbf{y}' = A\mathbf{y} = \begin{pmatrix} 2 & 1 \\ 1 & 2 \end{pmatrix}\mathbf{y}$

(4) $\mathbf{y}' = A\mathbf{y} = \begin{pmatrix} 8 & 9 \\ 2 & 1 \end{pmatrix}\mathbf{y}$

02. 운동방정식이 $y'' + \frac{c}{m}y' + \frac{k}{m} = 0$인 탄성 용수철에 매달린 물체에 대한 모델은 어떤 형태의 임계점을 갖는지 설명하라.

4.5 비선형 연립 미분 방정식의 위상 평면법

이 절에서는 다음과 같은 비선형 연립 미분 방정식에 대하여 살펴본다.

$$\frac{dy_1}{dt} = f_1(y_1,\ y_2),$$

$$\frac{dy_2}{dt} = f_2(y_1,\ y_2) \tag{1}$$

이에 대해 $f_1(\tilde{y}_1,\ \tilde{y}_2) = 0$이고 $f_2(\tilde{y}_1,\ \tilde{y}_2) = 0$인 점 $P_0(\tilde{y}_1,\ \tilde{y}_2)$를 연립 미분 방정식 (1)의 임계점이라 한다. 연립 미분 방정식 (1)은 여러 개의 임계점을 가질 수 있고, 모든 임계점은 변수 변환 $u_1 = y_1 - \tilde{y}_1$, $u_2 = y_2 - \tilde{y}_2$에 의해 원점 $(0,\ 0)$으로 이동시킬 수 있다. 또한 연립 미분 방정식 (1)은 다음과 같다.

$$\frac{du_1}{dt} = \tilde{f}_1(u_1,\ u_2),$$

$$\frac{du_2}{dt} = \tilde{f}_2(u_1,\ u_2) \tag{2}$$

그러므로 y_1y_2축에서 $(\tilde{y}_1, \tilde{y}_2)$만큼 평행 이동된 u_1u_2축에서의 임계점은 원점 $Q_0(0,\ 0)$이 된다. 만일 Q_0가 고립되었다고 가정하자. 그러면 $\tilde{f}_1(0,\ 0) = \tilde{f}_2(0,\ 0) = 0$이므로 $\tilde{f}_1$과 $\tilde{f}_2$에 상수항이 없는 비선형 연립 미분 방정식 (2)는 다음과 같은 형태로 나타낼 수 있다.

$$\frac{du_1}{dt} = a_{11}u_1 + a_{12}u_2 + h_1(u_1,\ u_2), \tag{3}$$

$$\frac{du_2}{dt} = a_{21}u_1 + a_{22}u_2 + h_2(u_1,\ u_2)$$

여기서 $\det A = a_{11}a_{22} - a_{12}a_{21} \neq 0$이고 함수 $h_1(u_1,\ u_2)$와 $h_2(u_1,\ u_2)$가 모든 u_1과 u_2에 대하여 연속인 일계 편도함수를 가지며 다음이 성립한다고 가정한다.

$$\lim_{(u_1,\ u_2)\to(0,\ 0)} \frac{h_1(u_1,\ u_2)}{\sqrt{u_1^2 + u_2^2}} = \lim_{(u_1,\ u_2)\to(0,\ 0)} \frac{h_2(u_1,\ u_2)}{\sqrt{u_1^2 + u_2^2}} = 0$$

다음 경우를 제외하고는 비선형 연립 미분 방정식 (3)의 임계점의 종류와 안정성은 선형화에 의해 얻은 다음 선형 연립 미분 방정식의 임계점 (0, 0)의 종류와 안정성과 같음을 증명 없이 이용하기로 한다.

$$\frac{du_1}{dt} = a_{11}u_1 + a_{12}u_2$$
$$\frac{du_2}{dt} = a_{21}u_1 + a_{22}u_2$$

[1] 특성 방정식이 중근을 갖는 경우에는 임계점 (0, 0)이 선형에서는 마디점이지만 비선형에서는 마디점 또는 나선점이다.

[2] 특성 방정식의 근이 순허수인 경우에는 임계점 (0, 0)이 선형에서는 중심이지만 비선형에서는 중심 또는 나선점이다.

[3] 선형 방정식의 임계점 (0, 0)이 안정하지만 점근적으로 안정하지 않으면 비선형 방정식의 임계점은 점근적으로 안정하거나 안정 또는 불안정할 수도 있다.

위와 같은 방법을 비선형 방정식의 **선형화에 의한 임계점의 종류와 안정성을 결정하는 방법**이라 한다. 여기서 $(u_1, u_2) \to (0, 0)$일 때 함수 $h_1(u_1, u_2)$와 $h_2(u_1, u_2)$가 $\sqrt{u_1^2 + u_2^2}$ 보다 빨리 0에 접근한다는 가정이 필요하다.

보기 1

다음 비선형 연립 미분 방정식의 임계점의 종류를 설명하라.

$$\frac{dy_1}{dt} = 4y_1 - 2y_2 - 4y_1y_2,$$
$$\frac{dy_2}{dt} = y_1 + 6y_2 - 8y_1^2y_2$$

풀이 임계점은 $(\tilde{y}_1, \tilde{y}_2) = (0, 0)$이므로 $y_1 = u_1$, $y_2 = u_2$이다. $h_1(y_1, y_2) = -4y_1y_2$, $h_2(y_1, y_2) = -8y_1^2y_2$로 놓으면 h_1과 h_2는 모든 y_1과 y_2에 대하여 연속인 일계 편도함수를 가지며 다음이 성립한다.

$$\lim_{(y_1, y_2) \to (0, 0)} \frac{h_1(y_1, y_2)}{\sqrt{y_1^2 + y_2^2}} = \lim_{(y_1, y_2) \to (0, 0)} \frac{h_2(y_1, y_2)}{\sqrt{y_1^2 + y_2^2}}$$

따라서 주어진 비선형 연립 미분 방정식을 선형화할 수 있고 관련된 선형 연립 미분 방정식의 특성 방정식은 $\lambda^2 - 10\lambda + 26 = 0$이므로 고윳값은 $\lambda_1 = 5 + i$, $\lambda_2 = 5 - i$이다.

표 4.1에 의하여 임계점 (0, 0)은 불안정한 나선점이다. □

보기 2

다음 비선형 미분 방정식의 임계점의 종류를 선형화를 이용하여 설명하라.

$$\theta'' + k\sin\theta = 0 \quad (k > 0)$$

풀이 $\theta = y_1$, $\theta' = y_2$로 놓으면 다음 식을 얻는다.

$$y_1{}' = f_1(y_1, y_2) = y_2,$$
$$y_2{}' = f_2(y_1, y_2) = -k\sin y_1$$

따라서 모든 정수 n에 대하여 $(n\pi, 0)$은 임계점이다. 우선 임계점 $(\tilde{y}_1, \tilde{y}_2) = (0, 0)$을 살펴보면 다음과 같다. $\sin y_1 = y_1 - \frac{1}{6}y_1^3 + \cdots$이므로 $\sin y_1 \approx y_1$으로 선형화하면 다음과 같은 선형화된 연립 미분 방정식을 얻는다.

$$\begin{aligned} y_1{}' &= y_2 \\ y_2{}' &= -ky_1 \end{aligned} \quad \text{또는} \quad \mathbf{y}' = A\mathbf{y} = \begin{pmatrix} 0 & 1 \\ -k & 0 \end{pmatrix}\mathbf{y}$$

그런데 $p = a_{11} + a_{22} = 0$, $q = \det A = k$, $\Delta = p^2 - 4q = -4k$이므로 임계점 (0, 0)은 중심이고 안정하다. 사인 함수는 주기가 2π이므로 $n = \pm 2, \pm 4, \cdots$일 때의 임계점 $(n\pi, 0)$도 중심이 됨을 알 수 있다.

다음으로 임계점 $(\tilde{y}_1, \tilde{y}_2) = (\pi, 0)$을 살펴보자.

평행이동변환 $u_1 = y_1 - \pi$, $u_2 = y_2$에 의하여 연립 미분 방정식

$$y_1{}' = f_1(y_1, y_2) = y_2,\ y_2{}' = f_2(y_1, y_2) = -k\sin y_1$$

은 다음과 같이 나타낼 수 있다.

$$u_1{}' = u_2$$
$$u_2{}' = -k\sin(u_1 + \pi) = k\sin u_1 = k\left(u_1 - \frac{1}{6}u_1^3 + \cdots\right)$$

그러므로 다음과 같은 선형화된 연립 방정식을 얻는다.

$$\begin{aligned} u_1{}' &= u_2 \\ u_2{}' &= ku_1 \end{aligned} \quad \text{또는} \quad \mathbf{u}' = A\mathbf{u} = \begin{pmatrix} 0 & 1 \\ k & 0 \end{pmatrix}\mathbf{u}$$

그런데 $p = a_{11} + a_{22} = 0$, $q = \det A = -k$, $\Delta = p^2 - 4q = 4k$이므로

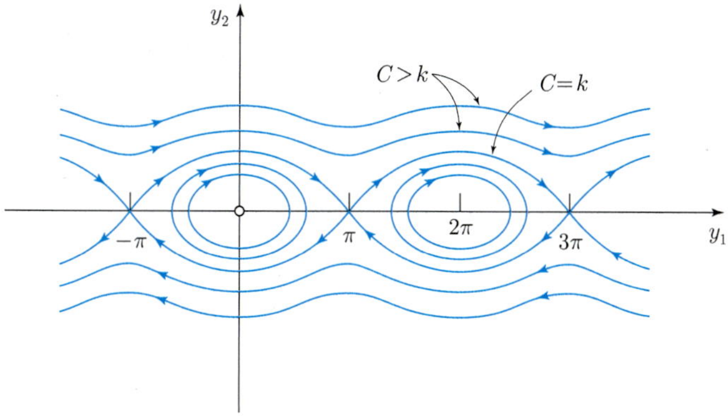

그림 4.11 ▎ $\theta'' + k\sin\theta = 0$의 임계점

$(u_1,\ u_2) = (0,\ 0)$, 즉 임계점 $(y_1,\ y_2) = (\pi,\ 0)$은 안장점이고 불안정하다. 또한 $n = \pm 1,\ \pm 3,\ \cdots$일 때의 임계점 $(n\pi,\ 0)$은 모두 안장점이다. (그림 4.11 참조) □

보기 3

다음 비선형 미분 방정식의 임계점의 종류를 선형화를 이용하여 설명하라.

$$\theta'' + c\theta' + k\sin\theta = 0 \quad (k > 0,\ c \ge 0)$$

풀이 $\theta = y_1$, $\theta' = y_2$로 놓으면 다음 식을 얻는다.

$$\begin{aligned} y_1' &= f_1(y_1,\ y_2) = y_2 \\ y_2' &= f_2(y_1,\ y_2) = -k\sin y_1 - cy_2 \end{aligned}$$

따라서 모든 정수 n에 대하여 $(n\pi,\ 0)$는 임계점이다.
우선 임계점 $(\tilde{y}_1,\ \tilde{y}_2) = (0,\ 0)$을 살펴보면 다음과 같다.
$\sin y_1 \approx y_1$로 선형화하면 다음과 같은 선형화된 연립 미분 방정식을 얻는다.

$$\begin{aligned} y_1' &= y_2 \\ y_2' &= -ky_1 - cy_2 \end{aligned} \quad \text{또는} \quad \mathbf{y}' = A\mathbf{y} = \begin{pmatrix} 0 & 1 \\ -k & -c \end{pmatrix}\mathbf{y}$$

만일 $c = 0$이면 $p = 0$, $q = k$, $\Delta = -4k$이므로 임계점 $(0,\ 0)$은 중심이다. (그림 4.11 참조) 주기성으로 인하여 $n = \pm 2,\ \pm 4,\ \cdots$일 때의 임계점 $(n\pi,\ 0)$도 같은 형태임을 알 수 있다.

다음으로 임계점 $(\tilde{y}_1,\ \tilde{y}_2) = (\pi,\ 0)$인 경우를 살펴보면 다음과 같다.

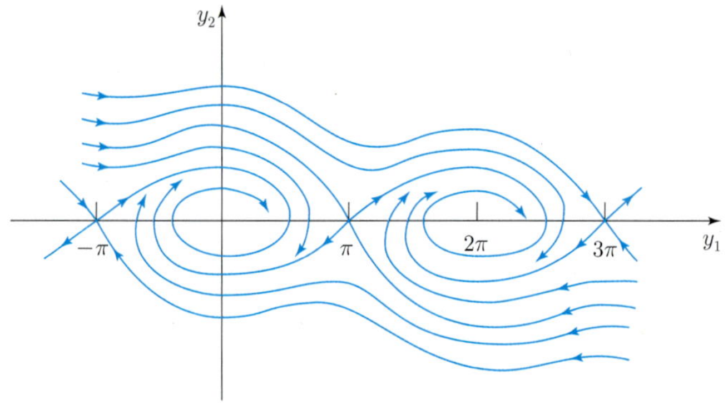

그림 4.12 ▎ $\theta'' + c\theta' + k\sin\theta = 0$의 임계점

평행이동변환 $u_1 = y_1 - \pi,\ \ u_2 = y_2$에 의해 연립 미분 방정식

$$y_1{}' = y_2,$$
$$y_2{}' = -k\sin y_1 - cy_2$$

은 다음과 같이 나타낼 수 있다.

$$u_1{}' = u_2$$
$$u_2{}' = -k\sin(u_1 + \pi) - cu_2 = k\sin u_1 - cu_2$$

그러므로 $\sin y_1 \approx y_1$으로 선형화하면 다음과 같은 선형화된 연립 미분 방정식을 얻는다.

$$\begin{aligned} u_1{}' &= u_2 \\ u_2{}' &= ku_1 - cu_2 \end{aligned} \qquad \text{또는} \qquad \mathbf{u}' = A\mathbf{u} = \begin{pmatrix} 0 & 1 \\ k & -c \end{pmatrix}\mathbf{u}$$

그런데 $p = -c,\ q = -k,\ \Delta = c^2 + 4k$이므로 주기성으로 인하여 $n = \pm 1,\ \pm 3,\ \cdots$일 때의 임계점 $(n\pi,\ 0)$은 $c = 0,\ \ p = 0,\ \ q < 0,\ \ \Delta > 0$일 때와 $c > 0,\ \ p < 0,\ \ q < 0,\ \ \Delta > 0$일 때 모두 안장점이다. (그림 4.12 참조) □

위상 평면 방법

비선형 방정식의 선형화는 임계점 근처에서 방정식의 해에 대한 국소적인 성질에 관한 유용한 정보를 제공한다. 그러나 이 방법은 임계점에서 멀리 떨어져 있는 초기 조건에 대응하는 점을 지나는 해의 성질에 대해 알고 싶을 때, 또는 방정식의 해 곡선 전체를 보고 싶을 때는 유용하지 않다. 위상 평면 방법(phase-plane method)은 다음의 식을 이용하여 해의 안정성을 연구하는 방법이다.

$$\frac{dy}{dx}=\frac{dy/dt}{dx/dt}=\frac{Q(x,\ y)}{P(x,\ y)}$$

이는 주어진 변수 t의 함수 x와 y에 관한 방정식계를 x의 함수로서 y에 관한 미분 방정식으로 변환하여 일계 방정식에 관한 방법을 이용하여 주어진 미분 방정식의 해의 성질을 연구하는 방법이다. 또한 이 방법은 보기 4에서와 같은 경우에 있어 임계점의 종류와 안정성을 결정하는 데 이용될 수 있다. 이를 다음의 보기를 통하여 살펴보기로 한다.

보기 4

다음 비선형 연립 미분 방정식의 임계점 $(0,\ 0)$의 종류를 설명하라.

$$x' = y,$$
$$y' = x^3 - x$$

풀이 $dx/dt = y$이고 $dy/dt = x^3 - x$이므로 다음이 성립한다.

$$\frac{dy}{dx}=\frac{dy/dt}{dx/dt}=\frac{x^3-x}{y}$$

이는 분리 가능하므로 다음을 얻는다.

$$\int y\,dy=\int (x^3-x)dx,$$
$$\frac{y^2}{2}=\frac{x^4}{4}-\frac{x^2}{2}+c=\frac{x^4-2x^2+1}{4}+\left(c-\frac{1}{4}\right),$$

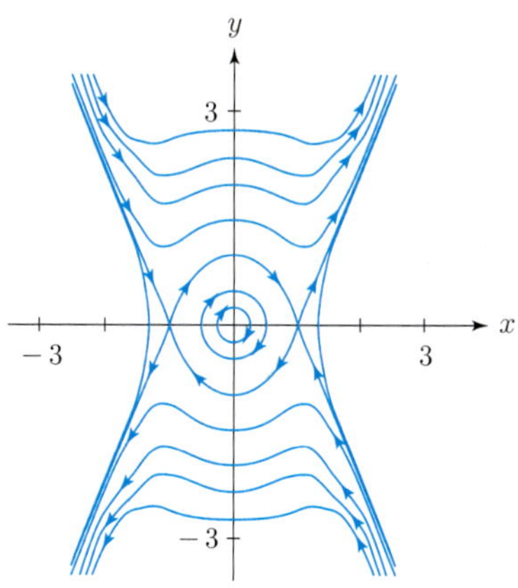

그림 4.13 ▎ $x'' + x - x^3 = 0$의 임계점

$$y^2 = \frac{(x^2-1)^2}{2} + c_0$$

이 곡선이 점 $(x_0,\ 0)$, $0 < x_0 < 1$을 지나면 $c_0 = -\frac{(x_0^2-1)^2}{2}$이므로 다음을 얻는다.

$$y^2 = \frac{(x^2-1)^2}{2} - \frac{(x_0^2-1)^2}{2} = \frac{(2-x^2-x_0^2)(x_0^2-x^2)}{2}$$

여기서 $x = -x_0$이면 $y = 0$이고 위 식의 우변은 $-x_0 < x < x_0$이면 항상 양수이므로 각 x에 대해 두 개의 y가 대응된다. 따라서 점 $(x_0,\ 0)$를 지나는 곡선은 주기적이므로 임계점 $(0,\ 0)$은 중심이다. (그림 4.13 참고). □

4.5 연습 문제

01. 다음 비선형 미분 방정식의 임계점의 종류를 선형화를 이용하여 설명하라.

$$\theta'' + k\sin\theta = 2\theta \quad (k > 10)$$

02. 다음 비선형 미분 방정식의 임계점의 종류를 선형화를 이용하여 설명하라.

$$\theta'' - 5k^2\theta' - k^3\sin\theta = 0 \quad (k > 0)$$

03. 다음 비선형 미분 방정식의 임계점의 종류와 안정성을 선형화를 이용하여 설명하라.

(1) $y'' + 4y - 5y^3 + y^5 = 0$　　(2) $y'' + \cos y = 0$

종합 문제 4

01. 다음 행렬 A의 고윳값과 고유벡터를 구하라.

02. 다음 행렬 A가 대각화가능한 행렬이면 A를 대각화하는 두 행렬 P와 D를 구하라.

(1) $A=\begin{pmatrix} 2 & 5 \\ 8 & -1 \end{pmatrix}$ (2) $A=\begin{pmatrix} 2 & 1 & 0 \\ 0 & 5 & 1 \\ 0 & 0 & 3 \end{pmatrix}$

03. 다음 방정식은 위상 평면에서 어떤 궤도의 곡선인지 설명하라.

(1) $y''+\omega^2 y=0$ (2) $yy''+y'^2=0$

04. 다음 연립 미분 방정식을 풀어라. 그 궤도는 어떤 곡선족인지 설명하라.

$$y_1'=-y_1,\quad y_2'=-2y_2$$

05. 다음 비선형 연립 방정식의 임계점의 종류와 안정성을 설명하라.

$$\frac{dy_1}{dt}=-y_1+y_2+y_1^3y_2$$
$$\frac{dy_2}{dt}=-2y_1-3y_2-y_1^2y_2^2$$

06. $\mu>0$, $\mu=0$, $\mu<0$일 때 반 데르 폴 방정식 $y''-\mu(1-y^2)y'+y=0$의 임계점 $(0,\ 0)$의 종류를 설명하라.

제 5 장 미분 방정식의 멱급수 해법

자연 과학과 공학에는 지금까지 다루었던 해법으로 해결할 수 없는 또 다른 형태의 풀이법이 있다. 이 장에서는 지금까지 다루지 않은 새로 풀이법인 멱급수를 이용하여 미분 방정식의 해를 찾는 방법을 살펴본다. 이 방법으로 상당히 일반적인 미분 방정식을 다룰 수 있지만, 여기서는 다루기 쉽고 고계 미분 방정식에도 확장하여 응용할 수 있는 일계 또는 이계 미분 방정식의 경우만 살펴본다. 특히 응용 수학과 공학 및 물리학에서 유용한 르장드르 방정식과 르장드르 다항 함수 및 베셀 방정식과 베셀 함수를 소개한다.

■ 프로베니우스(Ferdinand Georg Frobenius, 1849~1917)

베를린 근교에서 태어난 프로베니우스는 1867년에 괴팅겐 대학에 입학해서 한 학기를 다닌 뒤에 베를린 대학으로 옮겼으며, 1870년에 바이어슈트라스(Karl Weierstrass, 1815~1897)의 지도를 받고 학위를 취득했다.

그는 중등 학교 교사와 1874년 베를린 대학의 특별 교수를 거쳐, 1875년부터 1892년까지는 취리히 공과 대학 교수, 1892년부터는 크로네커(Leopold Dronecker, 1823~1891)의 뒤를 이어 베를린 대학의 교수를 지냈다.

그는 미분 방정식보다는 대수학 분야 중에서 주로 군론을 연구했는데, 그가 연구한 유한 군표현 이론은 나중에 양자 역학에 중요하게 응용되었다.

■ 베셀(Friedrich Wilhelm Bessel, 1784~1846)

독일 민덴(Minden)에서 태어난 베셀은 중등 학교를 졸업하고 14세의 나이로 무역 회사의 수습 사원이 되었다. 회사 업무 관계로 지리학, 에스파냐어, 영어를 공부하다가 항해술에 관심을 갖고 바다에서 배의 위치를 찾는 문제를 해결하기 위해 천문학과 수학을 공부했다.

그는 1804년에 쓴 핼리 혜성에 관한 논문이 크게 인정을 받았으며, 1806년에는 브레멘 근처에 있는 사설 천문대의 조교가 되었다. 그 뒤 천체 역학에 대한 연구로 큰 명성을 얻었으며 1810년부터는 신설된 쾨니히스베르크 천문대장이 되었다.

그는 1817년에 서로 중력을 작용하면서 움직이는 삼체 운동을 결정하는 문제에 대해 연구하는 과정에서 베셀 함수와 관련된 수학적 분석 방법을 고안했다.

5.1 급수해

함수 $f(x)$를 점 $x=x_0$을 포함하는 어떤 열린 구간에서 다음과 같이 $x-x_0$에 관한 멱급수로 표현할 수 있다면, $f(x)$는 $x=x_0$에서 해석적(analytic)이라고 한다.

$$f(x)=\sum_{n=0}^{\infty}c_n(x-x_0)^n=c_0+c_1(x-x_0)+c_2(x-x_0)^2+\cdots$$

여기서 x, x_0, $c_n\,(n=0,\ 1,\ 2,\ \cdots)$은 실수라고 가정한다. 이때 우변은 $f(x)$의 테일러 전개가 된다.

함수 $f(x)$가 해석적일 필요 조건은 $x=x_0$에서 $f(x)$가 정의되고, $f(x)$의 임의 계의 도함수가 존재해야 한다(즉 무한 번 미분 가능해야 한다). 만약 $x=x_0$에서 함수 $f(x)$가 해석적이 아니면, 함수 $f(x)$는 $x=x_0$에서 특이점을 갖는다고 한다.

보기 1

함수 $f(x)=\ln(1+x)$를 생각하자. 다음과 같이 함수는 $x=0$에서 해석적이다.

$$\ln(1+x)=\ln 2+\frac{1}{2}(x-1)-\frac{1}{2\cdot 2^2}(x-1)^2+\frac{1}{3\cdot 2^3}(x-1)^4+\cdots\ (-1<x<3)$$

하지만 $f(x)$는 $x=-1$에서 해석적이지 않다. 왜냐하면 $f(x)$는 $x=-1$에서 정의되지 않기 때문이다.

보기 2

함수 $f(x)=(1-x)^{-1}$를 생각하자. 다음 항등식에 의해 이 함수는 $x=0$에서 해석적이다.

$$(1-x)^{-1}=1+x+x^2+\ \cdots\ +x^n+\ \cdots\qquad(-1<x<1)$$

하지만 $f(x)$는 $x=1$에서 해석적이지 않다. 왜냐하면 x가 1에 가까워지면 $f(x)$는 무한대로 발산하므로 $f(x)$는 $(x-1)$에 관한 멱급수로 표현할 수 없다.

보기 3

$f(x)$가 분수 함수이고, 서로 소인 두 다항식 $P_1(x)$와 $P_2(x)$에 대하여 $f(x)=\dfrac{P_1(x)}{P_2(x)}$라 하자. 그러면 이 함수는 $P_2(x)$가 0이 아닌 모든 점에서 해석적이다.

함수 $f(x)$가 점 $x=x_0$에서 해석적이면, $f(x)$는 x_0을 포함하는 적당한 열린 구간에서 미분 가능하고 도함수는 $f(x)$를 나타내는 멱급수를 항별로 미분하여 얻은 멱급수로 표현된다. 또, 공통 수렴 구간을 가진 두 멱급수는 항별로 더할 수 있다.

미분 방정식이 급수해를 가질 조건은 복소 함수론의 고차적인 지식을 필요로 하므로 여기서는 증명 없이 소개하기로 한다.

정리 5.1 [급수해의 존재 정리] [1] 일계 선형 미분 방정식 $y'+p(x)y=r(x)$에서 계수 $p(x)$와 $r(x)$가 $x=x_0$에서 해석적이면, 이 미분 방정식에는 다음과 같은 꼴의 급수해가 존재한다.

$$f(x)=\sum_{n=0}^{\infty} c_n(x-x_0)^n$$

[2] 이계 선형 미분 방정식 $y''+p(x)y'+q(x)y=r(x)$에서 계수 $p(x)$, $q(x)$, $r(x)$가 $x=x_0$에서 해석적이면, 이 미분 방정식에는 다음과 같은 꼴의 일차 독립인 두 급수해가 존재한다.

$$f(x)=\sum_{n=0}^{\infty} c_n(x-x_0)^n$$

보기 4

k가 상수일 때, 일계 미분 방정식 $y'+ky=0$의 일반해는 적분 상수 c에 대해 $y=ce^{-kx}$임을 멱급수를 이용하여 증명하라.

풀이 정리 5.1에 의해 $y=\sum_{n=0}^{\infty} c_n x^n$ 꼴의 해가 존재한다. $y=\sum_{n=0}^{\infty} c_n x^n$과 $y'=\sum_{n=1}^{\infty} nc_n x^{n-1}$을 주어진 방정식에 대입하면 다음과 같다.

$$\sum_{n=1}^{\infty} nc_n x^{n-1} + \sum_{n=0}^{\infty} kc_n x^n = 0$$

그런데 $\sum_{n=1}^{\infty} nc_n x^{n-1} = \sum_{n=0}^{\infty} (n+1)c_{n+1} x^n$이므로 다음을 얻는다.

$$\sum_{n=0}^{\infty} (n+1)c_{n+1} x^n + \sum_{n=0}^{\infty} kc_n x^n = \sum_{n=0}^{\infty} \{(n+1)c_{n+1} + kc_n\} x^n = 0$$

$n=0,\ 1,\ 2,\ \cdots$에 대하여 $(n+1)c_{n+1} + kc_n = 0$, 즉 다음이 성립해야 한다.

$$c_{n+1} = -\frac{kc_n}{n+1}$$

(이것을 순환 공식 또는 순환 관계라 한다). 처음 몇 항을 찾으면 다음과 같다.

$$c_1 = -kc_0, \qquad c_2 = -k\left(\frac{c_1}{2}\right) = +\frac{k^2 c_0}{2}$$

$$c_3 = -k\left(\frac{c_2}{3}\right) = -\frac{k^3 c_0}{2 \cdot 3}, \qquad c_4 = -k\left(\frac{c_3}{4}\right) = +\frac{k^4 c_0}{2 \cdot 3 \cdot 4}$$

그러므로 일반적으로 $n=0,\ 1,\ 2,\ \cdots$에 대하여 다음이 성립한다.

$$c_n = \frac{(-1)^n k^n c_0}{n!}$$

따라서 주어진 미분 방정식의 멱급수해는 다음과 같다.

$$y = \sum_{n=0}^{\infty} c_n x^n = \sum_{n=0}^{\infty} \frac{(-1)^n k^n c_0}{n!} x^n = c_0 \sum_{n=0}^{\infty} \frac{(-1)^n (kx)^n}{n!} = c_0 e^{-kx}$$

$c = c_0$이라 놓으면 원하는 꼴이 된다. □

보기 5

미분 방정식 $y'' + (\sin x)y = x^2$의 해를 찾아라.

풀이 $y = \sum_{n=0}^{\infty} c_n x^n$과 $\sin x = \sum_{n=0}^{\infty} \frac{(-1)^n x^{2n+1}}{(2n+1)!}$을 주어진 미분 방정식에 대입하여 정리하면 다음과 같다.

$$\begin{aligned}&2c_2+6c_3x+12c_4x^2+20c_5x^3+30c_6x^4+42c_7x^5+\cdots\\&\quad+\left(x-\frac{x^3}{6}+\frac{x^5}{120}-\frac{x^7}{5040}+\cdots\right)(c_0+c_1x+c_2x^2+\cdots)\\&=2c_2+6c_3x+12c_4x^2+20c_5x^3+30c_6x^4+42c_7x^5+\cdots\\&\quad+c_0x+c_1x^2+\left(c_2-\frac{c_0}{6}\right)x^3+\left(c_3-\frac{c_1}{6}\right)x^4+\left(c_4-\frac{c_2}{6}+\frac{c_0}{120}\right)x^5+\cdots\\&=x^2\end{aligned}$$

동류항끼리 계수를 정리하면 항등식의 성질에 의해 다음과 같이 계수들로 이루어진 연립 방정식을 얻는다.

$$\begin{aligned}&2c_2=0, && 6c_3+c_0=0,\\&12c_4+c_1=1, && 20c_5+c_2-\frac{c_0}{6}=0,\\&30c_6+c_3-\frac{c_1}{6}=0, && 42c_7+c_4-\frac{c_2}{6}+\frac{c_0}{120}=0,\\&\quad\cdots\end{aligned}$$

이것을 풀면 다음을 얻는다.

$$\begin{aligned}&c_2=0,\quad c_3=-\frac{c_0}{6},\quad c_4=\frac{1-c_1}{12},\quad c_5=\frac{c_0-6c_2}{120}=\frac{c_0}{120}\\&c_6=\frac{c_1+c_0}{180},\quad c_7=\frac{10c_1-c_0-10}{5040},\quad\cdots\end{aligned}$$

따라서 주어진 미분 방정식의 해는 임의의 상수 c_0과 c_1에 대해 다음과 같다.

$$\begin{aligned}y&=c_0+c_1x-\frac{c_0}{6}x^3+\frac{(1-c_1)}{12}x^4+\frac{c_0}{120}c^5\\&\quad+\frac{(c_1+c_0)}{180}x^6+\frac{(10c_1-c_0-10)}{5040}x^7+\cdots\\&=c_0\left(1-\frac{x^3}{6}+\frac{x^5}{120}+\frac{x^6}{180}-\frac{x^7}{5040}+\cdots\right)+c_1\left(x-\frac{x^4}{12}+\frac{x^6}{180}+\frac{10x^7}{5040}+\cdots\right)\\&\quad+\left(\frac{x^4}{12}-\frac{10x^7}{5040}+\cdots\right)=c_0y_1(x)+c_1y_2(x)+y_p(x)\end{aligned}$$

$y_1(x)$와 $y_2(x)$는 제차 방정식의 일차 독립인 두 급수해이며 $y_p(x)$는 특수해이다. 두 상수 c_0, c_1는 두 가지 조건(예를 들면 $y(0)=a,\ y'(0)=b$)이 주어지면 정해진다. □

5.1 연습 문제

01. 멱급수를 이용하여 다음 미분 방정식의 해를 찾아라.

(1) $(x-1)y''+y'=0$

(2) $y''+(1-x)y'+2xy=0$

(3) $y'+2(\sinh x)y=0$

(4) $x^2y''-2xy'+2y=x^p\ln x$

(5) $y''+e^xy'-y=0$

02. 멱급수를 이용하여 다음 미분 방정식의 특수해를 찾아라.

(1) $y'+2(\sinh x)y=0;\ y(0)=0$ $(x-1$의 멱급수로)

(2) $y'=x+y;\ y(0)=c_0$

(3) $y'=x-4x+y+1;\ y(2)=3$

(4) $(x^2+1)y''+2xy'=0;\ y(0)=0, y'(0)=-1$ (x의 멱급수로)

(5) $(x-1)y''-xy'+y=0;\ y(0)=-2,\ y'(0)=6$

5.2 프로베니우스 방법

물리학과 공학에서 많이 나타나는 중요한 미분 방정식으로 다음과 같은 꼴이 있다.

$$a(x)y'' + b(x)y' + c(x)y = 0 \tag{1}$$

보통은 $x = x_0$에서 (1)의 멱급수해를 구하는데 아무런 문제가 없지만, 특이점일때는 항상 가능한 것은 아니고 $y = \sum_{m=0}^{\infty} c_n(x - x_0)^{m+r}$ 형태의 해를 구할 수 있는 것으로 판명되었고 (정리 5.2 참고) 여기서 r은 결정해야만 하는 상수이다. 특이점을 정의하기 위해 (1)을 표준형을 바꾼다. 주어진 방정식을 $a(x)(\neq 0)$로 나누어 $\dfrac{b(x)}{a(x)} = p(x)$와 $\dfrac{c(x)}{a(x)} = q(x)$로 놓으면 다음과 같이 된다.

$$y'' + p(x)y' + q(x)y = 0 \tag{2}$$

이와 같은 미분 방정식의 해를 $x = x_0$에서의 $p(x)$와 $q(x)$의 성질에 따라 다음과 같이 두 가지로 나누어 생각하자.

(i) $p(x)$와 $q(x)$가 x_0에서 해석적일 때 x_0을 미분 방정식 (1)의 **정상점**(ordinary point)이라 하고, 정상점이 아닌 점을 **특이점**(singular point)이라 한다.

(ii) 미분 방정식 (1)에서 특이점 x_0이 **정칙**(regular)이라 하는 것은 $(x - x_0)p(x)$와 $(x - x_0)^2 q(x)$가 x_0에서 해석적일 때이다. 정칙이 아닌 점을 **비정칙**(irregular) 특이점이라 한다.

참고

[1] 미분 방정식 (1)에서 다항식 계수가 서로 소이고 $a(x_0) \neq 0$이면 점 x_0는 미분 방정식의 정상점이고, $a(x_0) = 0$이면 특이점이다.

[2] $a(x_0) = 0$이고 $(x - x_0)$의 인수가 $p(x)$의 분모에는 기껏해야 한 개이고 $q(x)$의 분모에는 기껏해야 두 개일 때, 점 x_0는 미분 방정식의 정칙 특이점이다.

보기 1

다음 주장의 이유를 설명하라.

[1] 미분 방정식 $xy'' + (\sin x)y = 0$은 $x = 0$을 정상점으로 갖는다.

[2] 미분 방정식 $y'' + (\ln x)y = 0$은 $x = 0$을 특이점으로 갖는다.

[3] 코시·오일러 방정식 $x^2y'' + axy' + by = 0$은 $x = 0$을 정칙 특이점으로 갖는다.

[4] 르장드르 방정식 $(1-x^2)y'' - 2xy' + n(n+1)y = 0$은 $x = \pm 1$을 정칙 특이점으로 갖는다.

[5] 미분 방정식 $(x^2-4)^2y'' + (x-2)y' + y = 0$은 $x = 2$를 정칙 특이점으로, $x = -2$를 비정칙 특이점으로 갖는다.

풀이 [1] $q(x) = \dfrac{\sin x}{x} = 1 - \dfrac{x^2}{3!} + \dfrac{x^4}{5!} - \dfrac{x^6}{7!} + \cdots$로 나타낼 수 있고 이 멱급수는 모든 x에 대하여 수렴한다.

[2] $q(x) = \ln x$는 $x = 0$에서 x에 관한 멱급수로 나타낼 수 없다.

[3] $xp(x) = x\left(\dfrac{ax}{x^2}\right) = a$이고 $x^2q(x) = x^2\left(\dfrac{b}{x^2}\right) = b$이다.

[4] $p(x) = \dfrac{-2x}{(1-x)(1+x)}$이고 $q(x) = \dfrac{n(n+1)}{(1-x)(1+x)}$이며, 인수 $(x+1)$과 $(x-1)$은 $p(x)$와 $q(x)$의 분모에 하나씩만 나타난다.

[5] $p(x) = \dfrac{1}{(x-2)(x+2)^2}$이고 $q(x) = \dfrac{1}{(x-2)^2(x+2)^2}$이므로 $x = 2$는 정칙 특이점이지만, $(x+2)$의 인수가 $p(x)$의 분모에 두 개 나타나므로 $x = -2$는 비정칙 특이점이다. □

만약 $x = x_0$가 미분 방정식 (1)의 특이점이면, (1)에는 $\sum_{n=0}^{\infty} c_n(x-x_0)^n$ 꼴의 해가 없다. 그러므로 앞에서와 같은 멱급수 해법으로 해를 찾을 수 없다. 그러나 $x = x_0$가 정칙 특이점이면 다음 프로베니우스 방법으로 해를 찾을 수 있다. 정리의 증명은 복소 함수론의 고차적인 지식을 필요로 하므로 여기서는 생략한다.

정리 5.2 [프로베니우스 정리] $x = x_0$가 방정식 (1)의 정칙 특이점이면, (1)에는 다음과 같은 급수해가 적어도 하나 존재한다.

$$y = (x-x_0)^r \sum_{n=0}^{\infty} c_n(x-x_0)^n = \sum_{n=0}^{\infty} c_n(x-x_0)^{n+r}$$

여기서 r은 결정해야 할 상수이고 급수해는 적당한 구간에서 수렴한다.

앞으로는 x_0가 주어진 미분 방정식의 정상점이나 정칙 특이점일 때는 $x_0 = 0$으로 가정할 것이다. 왜냐하면 $x_0 \neq 0$일 때는 $t = x - x_0$으로 놓아서 같은 방법으로 미분 방정식의 해를 찾을 수 있기 때문이다.

미분 방정식 (2)를 다음과 같이 나타내자.

$$x^2 y'' + x\{xp(x)\}y' + x^2 q(x)y = 0$$

그리고 $x > 0$이라고 가정하자. $xp(x)$와 $x^2 q(x)$가 상수일 때는 주어진 미분 방정식이 코시·오일러 방정식이므로 해를 찾을 수 있다. 또 $x = 0$이 방정식 (1)의 정칙 특이점이면 정리 5.2에 의해 다음과 같은 꼴의 해가 존재한다.

$$y = \sum_{n=0}^{\infty} c_n x^{n+r}$$

그리고 $xp(x)$와 $x^2 q(x)$를 다음과 같이 나타낼 수 있다.

$$xp(x) = a_0 + a_1 x + a_2 x^2 + \cdots,$$
$$x^2 q(x) = b_0 + b_1 x + b_2 x^2 + \cdots$$

또 다음과 같이 나타낼 수 있다.

$$xy' = x\sum_{n=0}^{\infty}(n+r)c_n x^{n+r-1} = \sum_{n=0}^{\infty}(n+r)c_n x^{n+r},$$
$$x^2 y'' = x^2 \sum_{n=0}^{\infty}(n+r)(n+r-1)c_n x^{n+r-2} = \sum_{n=0}^{\infty}(n+r)(n+r-1)c_n x^{n+r}$$

그러므로 이것들을 주어진 미분 방정식에 대입하여 정리하면 다음을 얻는다.

$$\{r(r-1)c_0 x^r + (1+r)rc_1 x^{1+r} + \cdots\}$$
$$+ \{a_0 + a_1 x + a_2 x^2 + \cdots\}\{rc_0 x^r + (1+r)c_1 x^{1+r} + \cdots\}$$
$$+ \{b_0 + b_1 x + b_2 x^2 + \cdots\}\{c_0 x^r + c_1 x^{1+r} + \cdots\} = 0$$

항등식의 성질에 의해 x의 모든 차수의 계수가 0이어야 하므로, x^r의 계수는 $r(r-1)c_0 + a_0 c_0 r + b_0 c_0 = 0$이다. 이때, $c_0 \neq 0$이라 하면 다음 방정식을 얻는다.

$$r(r-1) + a_0 r + b_0 = 0$$

이 방정식을 주어진 미분 방정식의 지수 방정식(indicial equation) 또는 결정 방정식이라고 한다. 지수 방정식을 풀어 r을 결정하고 다시 x^{n+r}의 계수 사이의 순환 관계를 살펴서 c_n을 결정하면 결국 해를 찾는다. 지수 방정식은 이차식인데 두 개의 근의 형태에 따라 다음의 정리와 같이 세 가지 경우를 생각할 수 있다. 증명은 생략한다.

정리 5.3 r_1과 r_2가 (1)의 지수 방정식의 근이고, 0이 미분 방정식 (1)의 정칙 특이점이라고 하자. 그러면

[1] $r_1 - r_2$가 정수가 아닌 경우에 다음은 일차 독립인 두 해이다.

$$y_1 = \sum_{n=0}^{\infty} c_n x_1^{n+r} \ (c_0 \neq 0), \quad y_2 = \sum_{n=0}^{\infty} d_n x_2^{n+r} \ (d_0 \neq 0)$$

[2] $r_1 - r_2$가 양의 정수인 경우에 다음은 일차 독립인 두 해이고, k는 상수이며 0일 수도 있다.

$$y_1 = \sum_{n=0}^{\infty} c_n x_1^{n+r} \ (c_0 \neq 0), \quad y_2 = k y_1 \ln x + \sum_{n=0}^{\infty} d_n x_2^{n+r} \ (d_0 \neq 0)$$

[3] $r_1 = r_2 = r\left(= \dfrac{1-a_0}{2}\right)$ 인 경우에 다음은 일차 독립인 두 해이다.

$$y_1 = \sum_{n=0}^{\infty} c_n x^{n+r} \ (c_0 \neq 0), \quad y_2 = y_1 \ln x + \sum_{n=1}^{\infty} d_n x^{n+r}$$

보기 2

미분 방정식 $x^2 y'' + \left(2x^2 + \dfrac{x}{2}\right) y' + \left(x - \dfrac{1}{2}\right) y = 0 \ (x > 0)$의 일차 독립인 두해를 찾아라.

풀이 $x^2 y'' + x\left(2x + \dfrac{1}{2}\right) y' + \left(x - \dfrac{1}{2}\right) y = 0$이므로 다음을 얻는다.

$$xp(x) = 2x + \frac{1}{2}, \qquad x^2 q(x) = x - \frac{1}{2}$$

그러므로 $x = 0$은 정칙 특이점이다. 정리 5.2에 의하여 이 방정식의 해를 $y = \sum_{n=0}^{\infty} c_n x^{n+r}$이라 하고 주어진 식에 대입하여 정리하면 다음과 같다.

$$\sum_{n=0}^{\infty}(n+r)(n+r-1)c_n x^{n+r}+\sum_{n=0}^{\infty}\frac{1}{2}(n+r)c_n x^{n+r}$$
$$+\sum_{n=0}^{\infty}2(n+r)c_n x^{n+r+1}+\sum_{n=0}^{\infty}c_n x^{n+r+1}+\sum_{n=0}^{\infty}\left(-\frac{1}{2}c_n x^{n+r}\right)$$
$$=\left\{r(r-1)c_0+\frac{1}{2}rc_0-\frac{1}{2}c_0\right\}x^r+\sum_{n=1}^{\infty}\left\{(n+r)(n+r-1)c_n\right.$$
$$\left.+\frac{1}{2}(n+r)c_n+2(n-1+r)c_{n-1}+c_{n-1}-\frac{1}{2}c_n\right\}x^{n+r}=0$$

그러므로 $c_0 \neq 0$이라면 x^r의 계수로부터 다음 지수 방정식을 얻는다.

$$r(r-1)+\frac{1}{2}r-\frac{1}{2}=0$$

또 x^{n+r}의 계수로부터 $n=1,\ 2,\ 3,\ \cdots$일 때 다음 순환 관계를 얻는다.

$$(n+r)(n+r-1)c_n+\frac{1}{2}(n+r)c_n+2(n-1+r)c_{n-1}+c_{n-1}-\frac{1}{2}c_n=0$$

지수 방정식의 근은 $r_1=1$과 $r_2=-\frac{1}{2}$이므로 정리 5.3의 [1]에 해당된다.

$r=1$일 때의 순환 관계는 다음과 같다.

$$(n+1)nc_n+\frac{1}{2}(n+1)c_n+2nc_{n-1}+c_{n-1}-\frac{1}{2}c_n=0$$

이를 정리하면 다음과 같다.

$$c_n=\frac{-2(2n+1)}{n(2n+3)}c_{n-1}$$

그러므로 멱급수의 계수는 다음과 같다.

$$\begin{aligned}c_n&=\frac{-2(2n+1)}{n(2n+3)}\cdot\frac{(-2)(2n-1)}{(n-1)(2n+1)}c_{n-2}\\&=\frac{(-2)^2(2n+1)}{n(n-1)(2n+3)(2n+1)}\cdot\frac{(-2)(2n-1)}{(n-1)(2n-1)}c_{n-3}\\&=\frac{(-2)^3(2n+1)(2n-1)(2n-3)}{n(n-1)(n-2)(2n+3)(2n+1)(2n-1)}c_{n-3}\\&=\cdots\\&=\frac{(-1)^n2^n(2n+1)(2n-1)(2n-3)\cdots(5)(3)}{n(n-1)(n-2)\cdots(2)(1)(2n+3)(2n+1)(2n-1)\cdots(7)(5)}c_0\end{aligned}$$

$$= \frac{3(-1)^n 2^n c_0}{n!(2n+3)} \quad (n=1,\ 2,\ 3,\ \cdots)$$

여기서 $n=0$일 때는 $\dfrac{3(-1)^n 2^n}{n!(2n+3)}=1$이므로, $n=1,\ 2,\ 3,\ \cdots$에 대하여 위 순환 공식이 성립하므로 $r=1$에 대해 다음 해를 얻는다.

$$y_1 = 3c_0 \sum_{n=0}^{\infty} \frac{(-1)^n 2^n}{n!(2n+3)} x^{n+1}$$

이때, c_0은 0이 아닌 임의의 상수이다.

다음으로 $r=-\dfrac{1}{2}$일 때의 순환 관계를 찾자. 위의 계수와의 혼동을 피해 멱급수의 계수를 d_n으로 나타내면 $n=1,\ 2,\ 3,\ \cdots$에 대하여 다음 순환 관계를 얻는다.

$$\left(n-\frac{1}{2}\right)\left(n-\frac{3}{2}\right)d_n + \frac{1}{2}\left(n-\frac{1}{2}\right)d_n + 2\left(n-\frac{3}{2}\right)d_{n-1} + d_{n-1} - \frac{1}{2}d_n = 0$$

이를 정리하면 다음과 같다.

$$d_n = \frac{-4(n-1)}{n(2n-3)} d_{n-1}$$

여기서 $d_1=0$이고 $d_2=d_3=\ \cdots\ =0$이므로 $r=-\dfrac{1}{2}$일 때의 해는 다음과 같다.

$$y_2 = \sum_{n=0}^{\infty} d_n x^{n-\frac{1}{2}} = \frac{d_0}{\sqrt{x}}$$

이때, d_0은 0이 아닌 임의의 상수이다. □

보기 3

미분 방정식 $x^2y'' + x^2y' - 2y = 0$의 일차 독립인 두해를 찾아라.

풀이 $x=0$이 정칙 특이점이므로 이 방정식의 해를 $y=\sum_{n=0}^{\infty} c_n x^{n+r}$이라 하고 주어진 식에 대입하여 정리하면 다음과 같다.

$$\{r(r-1)c_0 - 2c_0\}x^r + \sum_{n=1}^{\infty}\{(n+r)(n+r-1)c_n + (n+r-1)c_{n-1} - 2c_n\}x^{n+r} = 0$$

$c_0 \neq 0$이라면 다음과 같은 지수 방정식을 얻는다.

$$r^2 - r - 2 = 0$$

이때, 지수 방정식의 근이 2와 -1이므로 정리 5.3의 [2]에 해당된다. 한편, 계수들 사이의 순환 관계는 다음과 같다.

$$(n+1)(n+r-1)c_n + (n+r-1)c_{n-1} - 2c_n = 0$$

$r = 2$를 대입하면 이 순환 관계는 다음과 같이 된다.

$$c_n = -\frac{(n+1)}{n(n+3)}c_{n-1}$$

그러므로 0이 아닌 임의의 상수 c_0에 대하여 다음 해를 얻는다.

$$\begin{aligned} y_1 &= \sum_{n=0}^{\infty} c_n x^{n+2} \\ &= c_0 x^2\left(1 - \frac{x}{2} + \frac{3x^2}{20} - \frac{x^3}{30} + \frac{x^4}{168} - \frac{x^5}{1120} + \frac{x^6}{8640} - \frac{x^7}{75600} + \cdots\right) \end{aligned}$$

다음으로 둘째 해를 찾기 위하여 $y_2 = ky_1 \ln x + \sum_{n=0}^{\infty} d_n x^{n-1}$을 주어진 미분 방정식에 대입하여 정리하면 다음과 같다.

$$kx^2 y_1'' \ln x + 2kxy_1' - ky_1 + \sum_{n=0}^{\infty}(n-1)(n-2)d_n x^{n-1} + kx^2 y_1' \ln x$$

$$+ kxy_1 + \sum_{n=1}^{\infty}(n-2)d_{n-1}x^{n-1} - 2\sum_{n=0}^{\infty} d_n x^{n-1} - 2ky_1 \ln x = 0$$

여기서 $k \ln x$에 관한 항을 정리하면 다음과 같다.

$$k \ln x\,(x^2 y_1'' + x^2 y_1' - 2y_1)$$

그런데 y_1이 미분 방정식의 한 해이므로 0이 된다.

이제 위에서 구한 멱급수해 y_1에서 $c_0 = 1$인 해 y_1과 y'를 다음에 대입하자.

$$2kxy_1' - ky_1 + \sum_{n=0}^{\infty}(n-1)(n-2)d_n x^{n-1} + kxy_1$$

$$+ \sum_{n=1}^{\infty}(n-2)d_{n-1}x^{n-1} - 2\sum_{n=0}^{\infty} d_n x^{n-1} = 0$$

그리고 x에 관한 동류항을 정리하면 다음과 같다(임의의 y_1을 갖고 y_2를 정해도 되는 것이 증명되었음).

$$\begin{aligned}&(2d_0-2d_0)x^{-1}+(-d_0-2d_1)x^0-2d_2x+(4k-k+2d_3+d_2-2d_3)x^2\\&\quad+\left(-3k-\frac{k}{2}+6d_4+k+2d_3-2d_4\right)x^3\\&\quad+\left(\frac{6}{5}k-\frac{3k}{20}+12d_5-\frac{k}{2}+3d_4-2d_5\right)x^4\\&\quad+\left(\frac{-k}{3}-\frac{k}{30}+20d_6+\frac{3k}{20}+4d_5-2d_6\right)x^5\\&\quad+\left(\frac{k}{14}+\frac{k}{168}+30d_7-\frac{k}{30}+5d_6-2d_7\right)x^6\\&\quad+\left(-\frac{k}{80}-\frac{k}{1120}+42d_8+\frac{k}{168}+6d_7-2d_8\right)x^7\\&\quad+\left(\frac{k}{540}+\frac{k}{8640}+56d_9-\frac{k}{1120}+7d_8-2d_9\right)x^8+\cdots=0\end{aligned}$$

다시 항등식의 성질에 의해 x^{-1}에서 x^2까지의 계수로부터 다음 연립 방정식을 얻는다.

$$\begin{aligned}&2d_0-2d_0=0, \qquad -d_0-2d_1=0\\&-2d_2=0, \qquad 3k+d_2=0\end{aligned}$$

d_0은 0이 아닌 임의의 상수이고 $d_1=-\frac{1}{2}d_0$, $d_2=0$, $k=0$으로 놓으면, x^3에서 x^8까지의 계수로부터 다음 연립 방정식을 얻는다.

$$\begin{aligned}&4d_4+2d_3=0, \quad 10d_5+3d_4=0, \quad 18d_6+4d_5=0\\&28d_7+5d_6=0, \quad 40d_8+6d_7=0, \quad 54d_9+7d_8=0\end{aligned}$$

이것을 풀면 다음과 같다.

$$\begin{aligned}&d_4=-\frac{1}{2}d_3, \quad d_5=-\frac{3}{10}d_4=\frac{3}{20}d_3, \quad d_6=-\frac{4}{18}d_5=-\frac{1}{30}d_3,\\&d_7=-\frac{5}{28}d_6=\frac{1}{168}d_3, \quad d_8=-\frac{6}{40}d_7=-\frac{1}{1120}d_3,\\&d_9=-\frac{7}{54}d_8=\frac{1}{8640}d_3\end{aligned}$$

그러므로 결국 둘째 해는 다음과 같다.

$$y_2 = d_0 x^{-1} - \frac{1}{2}d_0$$
$$+ d_3\left(x^2 - \frac{1}{2}x^3 + \frac{3}{20}x^4 - \frac{1}{30}x^5 + \frac{1}{168}x^6 - \frac{1}{1120}x^7 + \frac{1}{8640}x^8 + \cdots\right)$$
$$= \frac{d_0}{x} - \frac{1}{2}d_0 + d_3 y_1$$

그런데 d_3는 임의의 상수이므로 0으로 하면 둘째 해는 간단히 다음과 같이 된다.

$$y_2 = d_0\left(\frac{1}{x} - \frac{1}{2}\right)$$

여기서 d_0은 0이 아닌 임의의 상수이다. □

보기 4

미분 방정식 $x^2 y'' + 5xy' + (x+4)y = 0$의 일차 독립인 두해를 찾아라.

풀이 $x=0$이 정칙 특이점이므로 이 방정식의 해를 $y = \sum_{n=0}^{\infty} c_n x^{n+r}$이라 하고 주어진 식에 대입하여 정리하면 다음을 얻는다.

$$\{r(r-1)+5r+4\}c_0 x^r +$$
$$\sum_{n=1}^{\infty}\{(n+r)(n+r-1)c_n + 5(n+r)c_n + c_{n-1} + 4c_n\}x^{n+r} = 0$$

그러므로 지수 방정식은 $r^2+4r+4=0$이고, 근 -2는 중근이므로 정리 5.3의 [3]에 해당된다.

$r=-2$일 때의 해를 찾기 위하여 멱급수 $y = \sum_{n=0}^{\infty} c_n x^{n-2}$을 대입하면, x^{n+r}의 계수에서 $n=1,\ 2,\ 3,\ \cdots$일 때 다음을 얻는다.

$$c_n = \frac{-c_{n-1}}{n^2} \quad \text{또는} \quad c_n = \frac{(-1)^n c_0}{(n!)^2}$$

이때 $n=0$이면 $\frac{(-1)^n}{(n!)^2} = 1$이므로, $n=1,\ 2,\ 3,\ \cdots$에 대하여 위 순환 공식이 성립한다. 그러므로 해는 0이 아닌 임의의 상수 c_0에 대하여 다음과 같이 나타낼 수 있다.

$$y_1 = c_0 \sum_{n=0}^{\infty} \frac{(-1)^n}{(n!)^2} x^{n-2}$$

다음으로 $y_2 = y_1 \ln x + \sum_{n=1}^{\infty} d_n x^{n-2}$ 꼴의 둘째 해를 찾아보자. y_2를 주어진 미분 방정식에 대입하여 항을 정리하면 다음과 같다.

$$4y_1 + 2xy_1{}' + \sum_{n=1}^{\infty} (n-2)(n-3) d_n x^{n-2} + \sum_{n=1}^{\infty} 5(n-2) d_n x^{n-2}$$
$$+ \sum_{n=1}^{\infty} d_n x^{n-1} + \sum_{n=1}^{\infty} 4 d_n x^{n-2} + \{x^2 y_1{}'' + 5xy_1{}' + (x+4)y_1\} \ln x = 0$$

그런데 y_1이 주어진 미분 방정식의 한 해이므로 위 식의 마지막 항의 괄호 안은 0이 된다. 다시 위에서 구한 y_1의 멱급수를 위 식에 대입하면 다음과 같다.

$$\left[\sum_{n=2}^{\infty} \left\{ \frac{4(-1)^n}{(n!)^2} + \frac{2(-1)^n}{(n!)^2}(n-2) + (n-2)(n-3) d_n \right.\right.$$
$$\left.\left. + 5(n-2) d_n + d_{n-1} + 4 d_n \right\}\right] x^{n-2} + 4x^{-2} - 4x^{-2} - 4x^{-1} + 2x^{-1}$$
$$+ 2d_1 x^{-1} - 5 d_1 x^{-1} + 4 d_1 x^{-1} = 0$$

그러므로 $d_1 = 2$이고 $n = 2,\ 3,\ 4,\ \cdots$에 대하여 다음이 성립한다.

$$\frac{2(-1)^n}{(n!)^2} n + n^2 d_n + d_{n-1} = 0$$

따라서 $d_1 = 2$이고 $n \geq 2$일 때 다음을 얻는다.

$$d_n = \frac{-d_{n-1}}{n^2} - \frac{2(-1)^n}{n(n!)^2}$$

그러므로 y_2의 몇 항을 계산해 보면 다음과 같다.

$$y_2 = y_1 \ln x + \frac{2}{x} - \frac{3}{4} + \frac{11}{108} x - \frac{25}{576} x^2 + \frac{127}{72000} x^3 - \cdots \qquad \square$$

5.2 연습 문제

01. 다음 미분 방정식의 급수해를 찾아라.

(1) $2xy'' + (1+x)y' + y = 0$

(2) $x^2 y'' + y' + (x-6)y = 0$

(3) $xy'' + 3y' - y = 0$

(4) $xy'' + y' + xy = 0$

(5) $x(x-1)y'' + (3x-1)y' + y = 0$

(6) $x^2(x^2-1)y'' - (x^2+1)xy' + (x^2+1)y = 0$

(7) $x^2 y'' + xy' + (x-1)y = 0$

(8) $xy'' + (1-x)y' - y = 0$

02. 미분 방정식 $y'' - (x-1)y = 0$의 일반해를 $x-1$의 급수해로 찾아라.

03. 가우스의 초기하 미분 방정식은 다음과 같다.

$$x(1-x)y'' + [c-(a+b+1)x]y' - aby = 0$$

여기서 a, b, c는 상수이다.

(1) 대응하는 결정 방정식의 근이 $r_1 = 0$, $r_2 = 1-c$ 임을 증명하라.

(2) $r_1 = 0$일 때의 방정식의 해는 다음과 같음을 보여라.

$$\begin{aligned} y_1(x) = 1 &+ \frac{ab}{1!c}x + \frac{a(a+1)b(b+1)}{2!c(c+1)}x^2 \\ &+ \frac{a(a+1)(a+2)b(b+1)(b+2)}{3!c(c+1)(c+2)}x^3 + \cdots \end{aligned}$$

여기서 $c \neq 0, -1, -2, \cdots$이다. 이 급수를 초기하 급수라고 한다. 합 $y_1(x)$는 일반적으로 $F(a, b, c; x)$로 표시되며 초기하 함수라 부른다. 많은 초등 함수는 $F(a, b, c; x)$의 특별한 경우임을 알 수 있다. 몇 가지 예를 들면 다음과 같다.

$$\frac{1}{1-x} = F(1, 1, 1; x), \qquad (1+x)^n = F(-n, b, b; -x),$$

$$\ln(1+x) = xF(1, 1, 2; -x), \quad \sin^{-1}x = xF\left(\frac{1}{2}, \frac{1}{2}, \frac{3}{2}; x^2\right)$$

여기서 임의의 실수 a와 감마함수 $\Gamma(a)$에 대하여, $(a)_n = \dfrac{\Gamma(a+n)}{\Gamma(a)}$ 을 정의한다. 그러므로, $(a)_n = a(a+1)\cdots(a+n)$이 되며, 초기하 급수는 $F(a,b,c,x) = \sum_{n=0}^{\infty} \dfrac{(a)_n (b)_n}{c_n n!} x^n$ 정의한다.

5.3 르장드르 방정식과 르장드르 다항 함수

다음과 같은 꼴의 미분 방정식을 르장드르(Legendre) 미분 방정식이라고 한다.

$$(1-x^2)y''-2xy'+n(n+1)y=0$$

n은 상수인데, 여기서는 음이 아닌 정수 0, 1, 2, 3, …으로 한정한다. 이 식은 $x=\pm 1$에서 정칙 특이점을 갖는다. 하지만 그 점들 대신에 $x=0$ 주변에서의 해의 행동에 관심을 가질 것이다. 그 점들이 물리나 공학에서 더 의미 있기 때문이다.

르장드르 방정식은 구간 $|x|<1$에서 다음과 같이 표현된다.

$$y''-\frac{2x}{1-x^2}y'+\frac{n(n+1)}{1-x^2}y=0$$

그러므로 $x=0$은 르장드르 방정식의 정상점이고, $y=\sum_{k=0}^{\infty}c_k x^k$ 꼴의 급수해가 존재한다. 이것을 주어진 방정식에 대입하면 다음과 같다.

$$\begin{aligned}&(1-x^2)y''-2xy'+n(n+1)y\\&=\sum_{k=0}^{\infty}[(k+2)(k+1)c_{k+2}-\{k(k-1)+2k-n(n+1)\}c_k]x^k=0\end{aligned}$$

그러므로 다음이 성립한다.

$$(k+2)(k+1)c_{k+2}-\{k(k-1)+2k-n(n+1)\}c_k=0$$

즉, 다음과 같은 순환 공식을 얻는다.

$$c_{k+2}=-\frac{(n-k)(n+k+1)}{(k+2)(k+1)}c_k$$

여기서 c_0과 c_1이 임의의 상수일 때, c_{2k}는 c_0과 관계가 있고 c_{2k+1}은 c_1과 관계가 있음을 알 수 있다. 따라서 다음과 같은 일차 독립인 두 급수해가 존재한다.

$$\begin{aligned}y_1(x)=c_0\Big\{1&-\frac{n(n+1)}{2!}x^2+\frac{(n-2)n(n+1)(n+3)}{4!}x^4\\&-\frac{(n-4)(n-2)n(n+1)(n+3)(n+5)}{6!}x^6+\cdots\Big\},\end{aligned}$$

$$y_2(x) = c_1\left\{x - \frac{(n-1)(n+2)}{3!}x^3 + \frac{(n-3)(n-1)(n+2)(n+4)}{5!}x^5 - \frac{(n-5)(n-3)(n-1)(n+2)(n+4)(n+6)}{7!}x^7 + \cdots\right\}$$

n이 0 또는 짝수이면 $y_1(x)$는 유한 급수, 즉 다항 함수가 되고, 양의 홀수이면 $y_2(x)$가 다항 함수가 된다. $x=1$일 때 이런 각 다항 함수의 값이 1이 되도록 미정 계수 c_0과 c_1의 값을 적절히 정한 것을 $p_n(x)$로 나타내고 n차 르장드르 다항 함수라고 한다. 이것들은 르장드르 미분 방정식의 해가 된다. 일반적으로 다음을 얻을 수 있다.

$$p_n(x) = \sum_{k=0}^{N}(-1)^k \frac{(2n-2k)!}{2^n k!(n-k)!(n-2k)!}x^{n-2k},$$

$$N = \frac{2}{n}(n\text{이 짝수})\text{ 또는 } N = \frac{n-1}{2}(n\text{이 홀수})$$

몇 개의 예를 들면 다음과 같다.

$$p_0(x) = 1, \qquad p_1(x) = x,$$

$$p_2(x) = \frac{1}{2}(3x^2 - 1), \qquad p_3(x) = \frac{1}{2}(5x^3 - 3x),$$

$$p_4(x) = \frac{1}{8}(35x^4 - 30x^2 + 3), \qquad p_5(x) = \frac{1}{8}(63x^5 - 70x^3 + 15x),$$

$$\cdots \qquad \cdots$$

그림 5.1은 $y = p_0(x)$부터 $y = p_4(x)$까지의 그래프를 보여주고 있다.

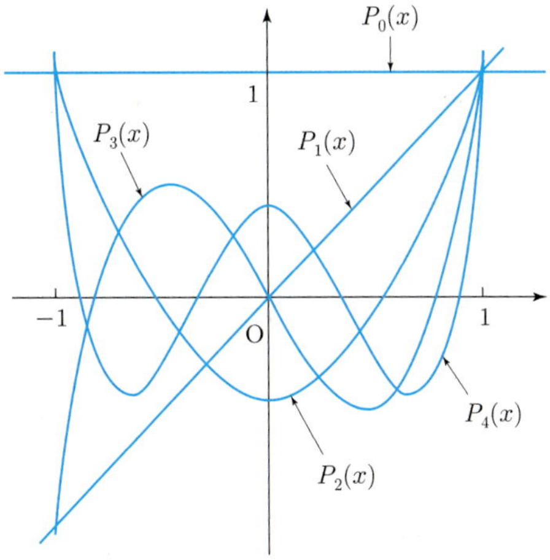

그림 5.1 ❙ 르장드르 다항 함수

르장드르 다항식의 다음 성질은 그 정의와 그림 5.1의 예에 의해 쉽게 유추할 수 있다.

(1) $p_n(-x) = (-1)^n p_n(x)$ (2) $p_n(1) = 1$

(3) $p_n(-1) = (-1)^n$ (4) $p_n(0) = 0 \ (n = 1, 3, 5, \cdots)$

(5) $p_n{}'(0) = 0 \ (n = 0, 2, 4, \cdots)$

5.3 연습 문제

01. 다음 미분 방정식은 치환 $x = \cos\theta$에 의해 르장드르 방정식으로 변형될 수 있음을 보여라.

$$\sin\theta \frac{d^2y}{d\theta^2} + \cos\theta \frac{dy}{dx} + n(n+1)(\sin\theta)y = 0$$

02. 르장드르 다항 함수는 일반적으로 다음과 같이 쓸 수 있음을 증명하라.

$$p_n(x) = \frac{1}{2^n n!} \frac{d^n}{dx^n}(x^2-1)^n \ (n = 0, 1, 2, \cdots)$$

이를 로드리게스(Rodrigues)의 공식이라 한다.

03. 르장드르 다항 함수를 이용하여

(1) 구간 $-1 \le x \le 1$과 $|t| < 1$에서 다음이 성립함을 보여라.

$$(1 - 2xt + t^2)^{-\frac{1}{2}} = \sum_{n=0}^{\infty} p_n(x) t^n$$

(2) 다음 점화 관계식을 증명하라.

$$(k+1)p_{k+1}(x) - (2k+1)xp_k(x) + kp_{k-1}(x) = 0 \ (k = 1, 2, 3, \cdots)$$

(3) 다음을 보여라.

$$\int_{-1}^{1} p_m(x) p_n(x)\, dx = \begin{cases} 0 & (m \ne n) \\ \dfrac{2}{2m+1} & (m = n) \end{cases}$$

(4) $f(x)$가 n차 다항 함수이면 $f(x) = c_0 p_0(x) + c_1 p_1(x) + \cdots + c_n p_n(x)$로 나타낼 수 있음을 보여라. 여기서 계수는 다음과 같다.

$$c_k = \frac{2k+1}{2} \int_{-1}^{1} f(x) p_k(x) dx \ (k = 0, 1, 2, \cdots, n)$$

(5) 함수 $f(x) = x^2$을 르장드르 다항 함수로 전개하라.

(6) 위의 (2)에 주어진 점화 관계식과 $p_0(x) = 1$, $p_1(x) = x$을 이용하여 $p_2(x), \cdots, p_7(x)$를 찾아라.

르장드르(Adrien-Marie Legendre, 1752~1833) 르장드르는 프랑스 파리(또는 툴루즈)에서 태어났으며 마자랭 대학(Collège Mazarihn)에서 수학과 물리학을 공부하고 1770년에 졸업했다. 그의 주된 업적은 수론, 타원 함수, 최소 제곱 방법, 적분 등에서 이루어졌다. 또한 수표들을 광범위하게 계산하기도 했다.

5.4 베셀 방정식과 베셀 함수

다음과 같은 꼴의 미분 방정식을 ν차 베셀(Bessel) 미분 방정식이라고 한다.

$$x^2y'' + xy' + (x^2 - \nu^2)y = 0 \quad (\nu \geq 0)$$

이 방정식의 해를 베셀 함수(Bessel function)라 하는데, 역학, 전자기학, 열역학 등에서 많이 응용된다. 따라서 이는 기본 함수가 아닌 것 중에서 가장 중요한 함수 중 하나이다.

$x = 0$이 베셀 방정식의 정칙 특이점이므로 $y = \sum_{n=0}^{\infty} c_n x^{n+r}$ 꼴의 급수해가 존재한다. 이것을 주어진 방정식에 대입하면 다음을 얻는다.

$$\begin{aligned} &x^2y'' + xy' + (x^2 - \nu^2)y \\ &\quad = c_0(r^2 - \nu^2)x^r + x^r \sum_{n=0}^{\infty} c_n \{(n+r)^2 - \nu^2\} x^n + x^r \sum_{n=0}^{\infty} c_n x^{n+2} \\ &\quad = c_0(r^2 - \nu^2)x^r + c_1\{(r+1)^2 - \nu^2\} x^{r+1} \\ &\qquad + \sum_{n=0}^{\infty} \{c_n + ((n+r+2)^2 - \nu^2)c_{n+2}\} x^{n+r+2} = 0 \end{aligned}$$

따라서 $c_0 \neq 0$일 때 결정 방정식 $c_0(r^2 - \nu^2) = 0$과 다음 순환 공식을 얻는다.

$$c_{n+2} = \frac{-1}{(n+r+2)^2 - \nu^2} c_n \quad (n = 0,\ 1,\ 2,\ \cdots)$$

결정 방정식의 근 $r_1 = \nu$와 $r_2 = -\nu$ 중에서 $r_1 = \nu$인 경우에 다음이 성립한다.

$$\begin{aligned} &(1 + 2\nu)c_1 = 0, \\ &c_{k+2} = \frac{-1}{(k+2)(k+2+2\nu)} c_k \quad (k = 0,\ 1,\ 2,\ \cdots) \end{aligned}$$

그러므로 $c_1 = c_2 = c_3 = \cdots = 0$이고, $k + 2 = 2n$으로 놓으면 다음을 얻는다.

$$c_{2n} = -\frac{c_{2n-2}}{2^2 n(n+\nu)} \quad (n = 1,\ 2,\ 3,\ \cdots)$$

즉, 다음과 같다.

$$c_2 = -\frac{c_0}{2^2 \cdot 1 \cdot (1+\nu)}$$

$$c_4 = -\frac{c_2}{2^2 \cdot 2 \cdot (2+\nu)} = \frac{c_0}{2^4 \cdot 1 \cdot 2 \cdot (1+\nu)(2+\nu)}$$

$$\vdots$$

$$c_{2n} = \frac{(-1)^n c_0}{2^{2n} n!(1+\nu)(2+\nu)\cdots(n+\nu)} \quad (n = 1,\ 2,\ 3,\ \cdots) \tag{1}$$

c_0은 임의의 상수이므로 다음과 같이 놓을 수 있다.

$$c_0 = \frac{1}{2^{\nu}\Gamma(1+\nu)} \quad (\nu \geq 0) \tag{2}$$

여기서 $\Gamma(1+\nu)$는 감마 함수이고, 이에 관하여는 이 절의 마지막 부분인 '감마 함수'를 참고하라. (1)과 (2) 및 $\Gamma(1+\alpha) = \alpha\Gamma(\alpha)$에 의해서 $n = 0, 1, 2, \cdots$에 대하여 성립하는 다음과 같은 일반항을 얻는다.

$$\begin{aligned} c_{2n} &= \frac{(-1)^n}{2^{2n+\nu} n!(1+\nu)(2+\nu)\cdots(n+\nu)\Gamma(1+\nu)} \\ &= \frac{(-1)^n}{2^{2n+\nu} n!\Gamma(1+\nu+n)} \quad (n = 0,\ 1,\ 2,\ \cdots) \end{aligned}$$

그러므로 하나의 해는 다음과 같이 $J_\nu(x)$로 표시하며 구간 $[0,\ \infty)$에서 수렴한다.

$$J_\nu(x) = \sum_{n=0}^{\infty} c_{2n} x^{2n+\nu} = \sum_{n=0}^{\infty} \frac{(-1)^n}{n!\Gamma(1+\nu+n)} \left(\frac{x}{2}\right)^{2n+\nu} \tag{3}$$

결정 방정식의 다른 근 $r_2 = -\nu$에 대해서도 위의 식 (3)의 ν대신 $-\nu$를 대입하여 아래와 같이 얻는다.

$$J_{-\nu}(x) = \sum_{n=0}^{\infty} \frac{(-1)^n}{n!\Gamma(1-\nu+n)} \left(\frac{x}{2}\right)^{2n-\nu} \tag{4}$$

함수 $J_\nu(x)$와 $J_{-\nu}(x)$를 각각 차수(order) ν, $-\nu$의 제1종 베셀 함수라고 한다. $J_{-\nu}(x)$는 ν의 값에 따라 x의 음의 거듭제곱이 될 수도 있으므로 구간 $(0,\ \infty)$에서 수렴한다.

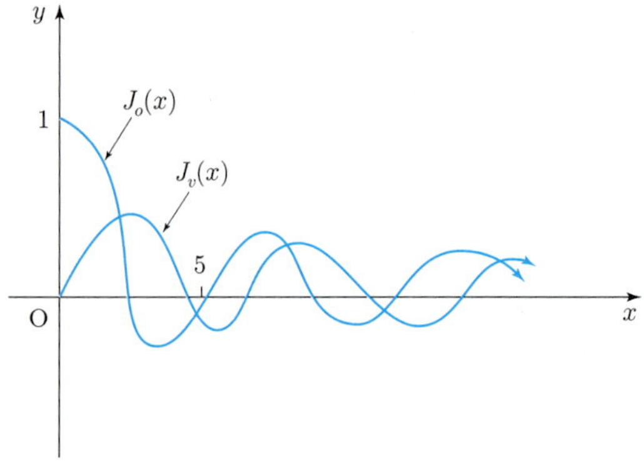

그림 5.2 ▌ 제1종 베셀 함수

그림 5.2는 $J_0(x)$와 $J_1(x)$의 그래프이다. $J_0(x)$와 $J_1(x)$는 주기 함수가 아니지만, $x \to \infty$일 때 진폭이 감소하면서 진동하는 사인 함수 또는 코사인 함수의 그래프와 비슷하다.

베셀 방정식의 일반해

ν가 정수가 아닌 경우, 식 (3)과 (4)로부터 $J_\nu(x)$와 $J_{-\nu}(x)$는 일차 독립임을 확인할 수 있다. 따라서 이때 베셀 방정식의 일반해는 다음과 같다.

$$y = c_1 J_\nu(x) + c_2 J_{-\nu}(x)$$

한편, $\nu = m$이 정수인 경우 $J_{-m}(x) = (-1)^m J_m(x)$임이 알려져 있으므로 (아래 m차 베셀 함수의 특성 참조) 이 경우 $J_\nu(x)$와 $J_{-\nu}(x)$는 일차 독립이 아님을 알 수 있다. 우선 $\nu = 0$인 경우를 살펴보자. 이 경우 결정 방정식은 중근 0을 가지고 따라서 정리 5.3 [3]에 해당한다. 따라서 y_1은 다음과 같다.

$$y_1 = J_0(x) = \sum_{n=0}^{\infty} \frac{(-1)^n}{(n!)^2}\left(\frac{x}{2}\right)^{2n} = 1 - \frac{x^2}{2^2} + \frac{x^4}{2^2 4^2} - \frac{x^6}{2^2 4^2 6^2} + \cdots$$

그리고 일차 독립인 다른 해를 $y_2 = J_0(x)\ln x + \sum_{n=1}^{\infty} d_n x^n$으로 두고 미분 방정식에 대입하여 찾으면 다음을 얻을 수 있다.

$$\begin{aligned} y_2 &= J_0(x)\ln x + \frac{x^2}{2^2} - \frac{x^4}{2^2 4^2}\left(1 + \frac{1}{2}\right) + \frac{x^6}{2^2 4^2 6^2}\left(1 + \frac{1}{2} + \frac{1}{3}\right) + \cdots \\ &= J_0(x)\ln x + \sum_{k=1}^{\infty} \frac{(-1)^{k-1} z_k}{2^{2k}(k!)^2} x^{2k}, \ \ z_k = 1 + \frac{1}{2} + \frac{1}{3} + \cdots \frac{1}{k} \end{aligned}$$

한편, y_1과 y_2가 일차 독립이면 임의의 두 상수 p와 q $(q \neq 0)$에 대하여 y_1과 $\tilde{y}_2 = py_1 + qy_2$가 일차 독립이다. $p = \dfrac{2}{\pi}(\gamma - \ln 2)$와 $q = \dfrac{2}{\pi}$로 잡았을 때의 $\tilde{y}_2$를 Y_0로 표기하며 아래와 같이 주어진다.

$$Y_0(x) = \frac{2}{\pi}\left[J_0(x)\left(\ln\frac{x}{2} + \gamma\right) + \sum_{k=1}^{\infty} \frac{(-1)^{k-1} z_k}{2^{2k}(k!)^2} x^{2k}\right]$$

여기서 γ는 오일러·마르체로니(Euler-Marcheroni) 상수[1]이다. $Y_0(x)$를 노이만(Neumann) 함수, 흔히 0차(차수 0의) 제2종 베셀 함수라고 한다. $\nu = 1, 2, 3, \cdots$ 인 경우에는 정리 5.3 [2]를 이용하여 일차 독립인 두 해를 찾을 수 있다.

위에서 보는 바와 같이 베셀 방정식의 첫째 해 $J_\nu(x)$와 일차 독립인 둘째 해를 찾을 때 ν가 정수인 경우와 아닌 경우에 대하여 각각 다르게 표현되는 것은 다소 불편한 면이 있다. 모든 ν에 대하여 베셀 방정식의 첫째 해인 $J_\nu(x)$와 일차 독립인 둘째 해 $Y_\nu(x)$는 다음과 같이 주어짐이 알려져 있다.

$$\nu\text{가 정수가 아닌 경우: } Y_\nu(x) = \frac{J_\nu(x)\cos\nu\pi - J_{-\nu}(x)}{\sin\nu\pi} \tag{5}$$

$$m\text{이 정수인 경우: } Y_m(x) = \lim_{\nu \to m} Y_\nu(x) \tag{6}$$

ν가 정수가 아닌 경우 위 식 (5)의 $Y_\nu(x)$는 $J_\nu(x)$와 일차 독립이며 베셀 방정식의 해임은 쉽게 확인할 수 있다. m이 정수인 경우 위 식 (6)의 극한이 존재하며 $Y_m(x)$는 베셀 방정식을 만족시키고 $J_m(x)$와 일차 독립이다(이에 대한 증명은 생략한다). 따라서 모든 ν에 대하여 베셀 방정식의 일반해를 다음과 같이 표현할 수 있다.

$$y(x) = C_1 J_\nu(x) + C_2 Y_\nu(x)$$

$Y_\nu(x)$를 노이만(Neumann) 함수, 흔히 ν차(차수 ν의) 제2종 베셀 함수라고 한다. 그림 5.3은 $Y_0(x)$와 $Y_1(x)$의 그래프를 보여주고 있다.

아래 성질은 $m = 1, 2, 3, \cdots$일 때, m차 베셀 함수의 유용한 특성 중 몇 가지이다.

---

1) $\gamma = \lim_{n \to \infty}\left(\sum_{k=1}^{n} \frac{1}{k} - \ln n\right) = 0.57721566...$

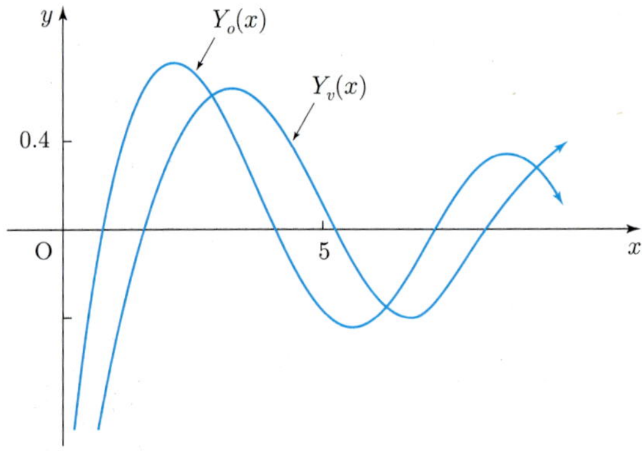

그림 5.3 ▎ 제2종 베셀 함수

[1] $J_{-m}(x) = (-1)^m J_m(x)$

[2] $J_m(-x) = (-1)^m J_m(x)$

[3] $J_m(0) = 0, \ m > 0$

[4] $J_0(0) = 1$

[5] $\lim_{x \to 0^+} Y_m(x) = -\infty$

보기 1

$xJ_v{}'(x) = vJ_v(x) - xJ_{v+1}(x)$를 유도하라.

풀이

$$xJ_\nu{}'(x) = \sum_{n=0}^{\infty} \frac{(-1)^n (2n+\nu)}{n!\Gamma(1+\nu+n)} \left(\frac{x}{2}\right)^{2n+\nu}$$

$$= \nu \sum_{n=0}^{\infty} \frac{(-1)^n}{n!\Gamma(1+\nu+n)} \left(\frac{x}{2}\right)^{2n+\nu} + 2\sum_{n=0}^{\infty} \frac{(-1)^n n}{n!\Gamma(1+\nu+n)} \left(\frac{x}{2}\right)^{2n+\nu}$$

$$= \nu J_\nu(x) + x\sum_{n=0}^{\infty} \frac{(-1)^n}{(n-1)!\Gamma(1+\nu+n)} \left(\frac{x}{2}\right)^{2n+\nu-1}$$

$$= \nu J_\nu(x) - x\sum_{k=0}^{\infty} \frac{(-1)^k}{k!\Gamma(2+\nu+k)} \left(\frac{x}{2}\right)^{2k+\nu+1}$$

$$= \nu J_\nu(x) - x\ J_{\nu+1}(x)$$

보기 2

$J_{\frac{1}{2}}(x) = \sqrt{\dfrac{2}{\pi x}}\sin x$임을 보여라.

풀이 $J_{\frac{1}{2}}(x) = \displaystyle\sum_{n=0}^{\infty}(-1)^n \frac{1}{n!\Gamma\left(1+\frac{1}{2}+n\right)}\left(\frac{x}{2}\right)^{2n+\frac{1}{2}}$이고, 다음과 같다.

$$\Gamma\left(\frac{1}{2}+n+1\right) = \left(\frac{1}{2}+n\right)\Gamma\left(\frac{1}{2}+n\right) = \left(\frac{1}{2}+n\right)\left(\frac{1}{2}+n-1\right)\Gamma\left(\frac{1}{2}+n-1\right)$$
$$= \cdots = \left(n+\frac{1}{2}\right)\left(n-\frac{1}{2}\right)\cdots\frac{1}{2}\Gamma\left(\frac{1}{2}\right)$$

$\Gamma\left(\frac{1}{2}\right) = \sqrt{\pi}$를 이용하면 다음을 얻는다.

$$J_{\frac{1}{2}}(x) = \sqrt{\frac{2}{\pi x}}\sum_{n=0}^{\infty}\frac{(-1)^n}{n!\frac{1}{2}\left(\frac{1}{2}+1\right)\cdots\left(n+\frac{1}{2}\right)}\left(\frac{x}{2}\right)^{2n+1}$$
$$= \sqrt{\frac{2}{\pi x}}\sum_{n=0}^{\infty}\frac{(-1)^n}{(2n+1)!}x^{2n+1} = \sqrt{\frac{2}{\pi x}}\sin x$$

□

보기 3

다음 미분 방정식은 $y = xu(x)$인 변환에 의해 베셀 미분 방정식이 됨을 밝히고 그 일반해를 찾아라.

$$xy'' - y' + xy = 0$$

풀이 $y = xu(x)$으로부터 다음을 얻는다.

$$\frac{dy}{dx} = u(x) + x\frac{du}{dx}, \quad \frac{d^2y}{dx^2} = 2\frac{du}{dx} + x\frac{d^2u}{dx^2}$$

이것들을 주어진 방정식에 대입하면 다음과 같다.

$$x\left\{2\frac{du}{dx} + x\frac{d^2u}{dx^2}\right\} - \left\{u + x\frac{du}{dx}\right\} + x^2u = 0$$

그러므로 $x^2\dfrac{d^2u}{dx^2} + x\dfrac{du}{dx} + (x^2-1)u = 0$이다. 이 미분 방정식은 분명히 u를 미지 함수

로 하는 일차 베셀 미분 방정식이고 해는 다음과 같다.

$$u(x) = c_1 J_1(x) + c_2 Y_1(x) \quad (c_1,\ c_2\text{는 임의의 상수})$$

따라서 그 일반해는 $y = x\{c_1 J_1(x) + c_2 Y_1(x)\}$이다(단, c_1과 c_2는 임의의 상수). □

감마 함수

많은 응용 분야에서 자주 나타나는 감마(Gamma) 함수는 기호 $\Gamma(x)$로 나타내는 다음과 같이 정의되는 x의 함수이다.

$$\Gamma(x) = \int_0^\infty t^{x-1} e^{-t}\, dt = \lim_{b \to \infty} \int_0^b t^{x-1} e^{-t}\, dt \quad (x > 0)$$

이 특이 적분은 $x > 0$일 때 수렴하며 다음 성질을 갖는다.

감마 함수의 성질

[1] $\Gamma(x+1) = x\Gamma(x)$

[2] $\Gamma(n+1) = n! \quad (n = 1,\ 2,\ \cdots)$

[3] $\dfrac{d^n}{dx^n}\Gamma(x) = \displaystyle\int_0^\infty e^{-t} t^{x-1} (\ln t)^n\, dt \quad (n = 1,\ 2,\ \cdots)$

증명 [1] 부분 적분을 이용하여 증명한다.

$$\Gamma(x+1) = \int_0^\infty e^{-t} t^x\, dt = -e^{-t} t^x \Big|_0^\infty + x \int_0^\infty e^{-t} t^{x-1}\, dt$$
$$= x \int_0^\infty e^{-t} t^{x-1}\, dt = x\Gamma(x)$$

[2] $\Gamma(1) = \displaystyle\int_0^\infty e^{-t}\, dt = -e^{-t}\Big|_0^\infty = 1$이고, n이 양의 정수이면 다음과 같다.

$$\Gamma(n+1) = n\Gamma(n) = n(n-1)\Gamma(n-1) = \cdots$$
$$= n(n-1)(n-2)\cdots 2 \cdot 1 \cdot \Gamma(1) = n!$$

[3] $\Gamma(x)$는 x의 함수이므로, 피적분 함수를 x에 관하여 미분해서 주어진 결과를 얻는다. ■

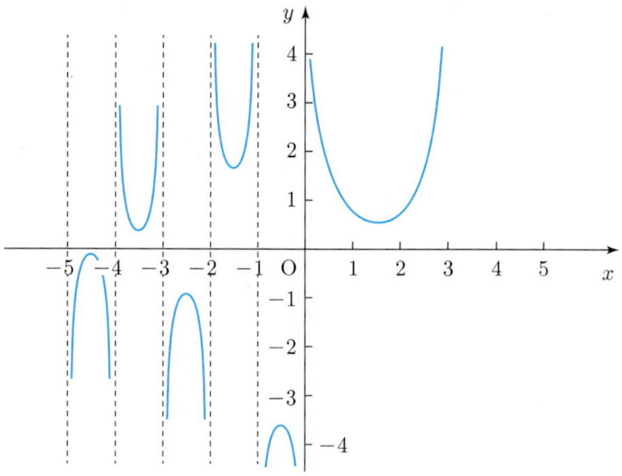

그림 5.4 ▎ 감마 함수의 그래프

위와 같은 사실에서 감마 함수를 계승 함수라고도 한다. n이 양의 정수가 아닌 경우에도 $\Gamma(n+1)=n!$으로 정의하여 계승의 표기를 일반화한다. 다음 관계를 이용해서 이를테면 $-1<x<0$인 x에 대하여 $\Gamma(x)$의 값을 찾을 수 있다.

$$\Gamma(x)=\frac{\Gamma(x+1)}{x}$$

$n=0$일 때 $\Gamma(n)$의 값은 정의되지 않는다. 이것을 반복하면 n이 0 또는 음의 정수일 때 $\Gamma(n)$의 값은 정의되지 않음을 알 수 있다. 그러므로 $n=0,\ -1,\ -2,\ \cdots$에서 $\Gamma(x)$의 그래프는 불연속이다. 그런데 다음이 성립한다.

$$\Gamma(0+)=\lim_{n\to0^+}\Gamma(n)=\lim_{n\to0^+}\frac{\Gamma(n+1)}{n}=\infty,$$
$$\Gamma(0-)=\lim_{n\to0^-}\Gamma(n)=\lim_{n\to0^-}\frac{\Gamma(n+1)}{n}=-\infty$$

그러므로 n이 양의 정수인 경우에 다음이 성립한다.

$$\Gamma(-n)=\frac{\Gamma(0)}{-n(-n+1)\cdots(-2)(-1)}=(-1)^n\frac{\Gamma(0)}{n!}=\pm\infty$$

$1\le x\le 2$에 대한 $\Gamma(x)$의 값을 계산하여 만든 수표를 감마 함수표라고 한다. $x<1$인 정수가 아닌 x에 대해 $x+N$의 값이 $1\le x+N<2$가 되도록 정수 N을 취할 때 다음이 성립한다.

$$\Gamma(x+N)=(x+N-1)(x+N-2)\cdots(x+1)x\Gamma(x) \quad (x<1)$$

그러므로 그런 x에 대한 $\Gamma(x)$의 값은 다음 식을 이용해서 찾을 수 있다.

$$\Gamma(x)=\frac{\Gamma(x+N)}{x(x+1)\cdots(x+N-1)}$$

보기 4

$\Gamma\left(\frac{3}{2}\right)=0.8862$, $\Gamma(1.3)=0.8975$라 하면 다음을 얻는다.

[1] $\Gamma\left(\frac{7}{2}\right)=\frac{5}{2}\Gamma\left(\frac{5}{2}\right)=\frac{5}{2}\cdot\frac{3}{2}\Gamma\left(\frac{3}{2}\right)=\frac{15}{4}\times 0.8862=3.323$

[2] $\Gamma\left(-\frac{1}{2}\right)=\dfrac{\Gamma\left(\frac{3}{2}\right)}{\left(-\frac{1}{2}\right)\left(\frac{1}{2}\right)}=(-4)\Gamma\left(\frac{3}{2}\right)=-4\times 0.8862=-3.5448$

[3] $\Gamma(-0.7)=\dfrac{\Gamma(1.3)}{(-0.7)(0.3)}=\dfrac{\Gamma(1.3)}{-0.21}=-\dfrac{0.8975}{0.21}=-4.274$

다음으로 $\Gamma\left(\frac{1}{2}\right)$의 값을 찾기 위해서 다음과 같이 $t=u^2$이라 놓자.

$$\Gamma\left(\frac{1}{2}\right)=\int_0^\infty t^{\frac{1}{2}}e^{-t}\,dt=2\int_0^\infty e^{-u^2}du$$

이 적분의 제곱을 생각하고 극좌표로 바꾸면 다음을 얻는다.

$$\begin{aligned}\left[\Gamma\left(\frac{1}{2}\right)\right]^2&=\left(2\int_0^\infty e^{-u^2}du\right)\left(2\int_0^\infty e^{-v^2}dv\right)\\&=4\int_0^\infty\int_0^\infty e^{-(u^2+v^2)}du\,dv\\&=4\int_0^{\frac{\pi}{2}}\int_0^\infty re^{-r^2}dr\,d\theta=\pi\end{aligned}$$

따라서 $\Gamma\left(\frac{1}{2}\right)=\sqrt{\pi}$ 이다.

5.4 연습 문제

01. 미분 방정식 $xy'' + (1-2n)y' + xy = 0\ (x>0)$이 특수해 $y = x^n J_n(x)$를 가짐을 보여라.

02. 미분 방정식 $x^2 y'' + \left(\lambda^2 x^2 - \nu^2 + \frac{1}{4}\right) y = 0\ (x>0)$이 특수해 $y = \sum x\, J_v(\lambda x)\ (\lambda > 0)$를 가짐을 보여라.

03. 문제 1의 결과를 이용하여 구간 $(0, \infty)$에서 미분 방정식 $xy'' + 3y' + xy = 0$의 한 특수해를 찾아라.

04. 문제 2의 결과를 이용하여 구간 $(0, \infty)$에서 미분 방정식 $x^2 y'' + (x^2 - 2)y = 0$의 한 특수해를 찾아라.

05. 다음 공식을 유도하라.

(1) $xJ_\nu'(x) = -\nu J_\nu(x) + xJ_{\nu-1}(x)$

(2) $\dfrac{d}{dx}\{x^\nu J_\nu(x)\} = x^\nu J_{\nu-1}(x)$

(3) $2\nu J_\nu(x) = xJ_{\nu+1}(x) + xJ_{\nu-1}(x)$

(4) $2J_\nu'(x) = J_{\nu-1}(x) - J_{\nu+1}(x)$

06. 다음을 유도하라.

(1) $\displaystyle\int_0^x rJ_0(r)dr = xJ_1(x)$

(2) $J_0'(x) = J_{-1}(x) = -J_1(x)$

07. 보기 3과 문제 5를 이용하여 다음을 $\sin x$와 $\cos x$ 및 x의 거듭제곱으로 나타내라.

(1) $J_{-\frac{3}{2}}(x)$　　(2) $J_{-\frac{5}{2}}(x)$

(3) $J_{-\frac{7}{2}}(x)$　　(4) $J_{-\frac{1}{2}}(x)$

08. $y_1 = J_0(x)$가 0차 베셀 방정식의 한 해이면, 또 다른 해는 다음과 같음을 보여라.

$$y_2 = J_0(x)\ln x + \frac{x^2}{4} - \frac{3x^4}{128} + \frac{11x^6}{13824} - \cdots$$

09. m이 음이 아닌 정수일 때 $J_{-m}(x) = (-1)^m J_m(x)$가 성립함을 보여라.

10. $f(x) = \frac{1}{\sqrt{2\pi}\,\sigma} e^{-\frac{(x-m)^2}{2\sigma^2}}$ 일 때, $\int_{-\infty}^{\infty} xf(x)dx = m$임을 밝혀라.

종합 문제 5

01. 다음 미분 방정식의 정칙 특이점과 비정칙 특이점을 찾아라.

(1) $(x^3-10x^2+25x)y''+y'=0$

(2) $(x^3-10x^2+25x)y''+y=0$

(3) $x^2(x^2-9)^2y''-(x^2-9)y'+xy=0$

(4) $x(x^2+1)^3y''+y'-8xy=0$

02. 다음 미분 방정식의 급수해가 수렴하는 수렴 구간을 찾아라.

(1) $y''-xy'+6y=0$ (2) $(x^2-4)y''-2xy'+9y=0$

03. 다음 미분 방정식의 정상점 $x=0$에 관한 두 급수해를 찾아라.

(1) $y''+xy=0$ (2) $y''-4y=0$

(3) $(x-1)y''+3y=0$ (4) $y''-x^2y'+xy=0$

04. 다음 미분 방정식에 대한 일차 독립인 두 급수해를 찾아라.

(1) $2x^2y''+xy'-(x+1)y=0$ (2) $2xy''+y'+y=0$

(3) $x(1-x)y''-2y'+y=0$ (4) $x^2y''-xy'+(x^2+1)y=0$

(5) $xy''-(2x-1)y'+(x-1)y=0$ (6) $x^2y''-x^2y'+(x^2-2)y=0$

05. 프로베니우스의 방법을 사용하여 $\nu=0$에 대한 다음 베셀 방정식의 해를 찾아라.

$$xy''+y'+xy=0$$

06. $\dfrac{d}{dx}\{x^\nu J_\nu(x)\}=x^\nu J_{\nu-1}(x)$를 이용하여 다음 결과를 유도하라.

$$\int x^3J_0(x)dx=x^3J_1(x)-2x^2J_2(x)+c$$

07. (1) $y_1=x^aJ_n(bx^c)$과 $y_2=x^aY_n(bx^c)$은 다음 미분 방정식의 해임을 보여라.

$$y''-\left(\frac{2a-1}{x}\right)y'+\left(b^2c^2x^{2c-2}+\frac{a^2-n^2c^2}{x^2}\right)y=0$$

(2) $y'' + \left(\dfrac{81x}{4} - \dfrac{35}{4x^2} \right) y = 0$의 일반해를 찾아라.

08. 베타함수를 다음 식에 의하여 정의한다.

$$B(x,y) = \int_0^1 t^{x-1}(1-t)^{y-1}dt, \quad x > 0,\ y > 0.$$

(1) $B(x,y) = B(y,x)$임을 증명하라.

(2) 다음 식을 증명하라.

$$B(x,y) = \int_0^{\frac{2}{x}} 2\sin^{2x-1}(\theta)\cos^{2y-1}(\theta)d\theta$$

(힌트: 정의에서 $t = \sin^2(\theta)$로 놓는다.)

(3) 다음 식을 증명하라.

$$B(x,y) = \frac{\Gamma(x)\Gamma(y)}{\Gamma(x+y)}$$

제 6 장 라플라스 변환

이 장에서는 순수 수학 및 응용 수학에서 매우 유용한 적분 변환의 하나인 라플라스 변환을 살펴보고자 한다. 라플라스 변환의 기본 개념은 주어진 어려운 문제를 쉬운 문제로 변환시켜 대수적인 방법으로 풀고 다시 역 변환에 의해 주어진 문제의 해를 찾는 것이다. 미분 방정식에서의 이 변환은 공학에서의 초깃값 문제를 해결하는 데 대단히 효율적이며, 특히 피드백(feed-back) 제어계를 연구하는 데 많이 사용된다.

■ 라플라스(Pierre-Simon Laplace, 1749~1827)

프랑스의 보몽에서 태어난 라플라스는 16세 때 캉(Caen) 대학에 입학해서 신학을 전공하려고 했지만, 수학에 더 큰 흥미와 재능이 있음을 발견했다. 19세 때 대학을 중도에 그만두고 파리로 간 그는 달랑베르(Jean-le-Rond d'Alembert, 1717~1783)로부터 수학 지도를 받았으며, 그의 도움으로 파리 군사 학교의 수학 교수로 임명되었다. 그의 가장 뛰어난 업적은 천체 역학, 확률론, 미분 방정식, 측지학 등에서 이루어졌다.

라플라스의 다섯 권으로 이루어진 훌륭한 책인 천체 역학(Méchanique céleste, 1799~1825)은 그가 '프랑스의 뉴턴'이라는 칭호를 얻게 했다. 이 책은 라플라스의 공헌과 함께 이 분야에서 그 이전에 발견된 모든 사실을 포함했으며, 라플라스가 이 분야에서 최고의 대가임을 확실하게 만들었다. 이 책은 '현대의 알마게스트'로 불렸다.

정치적으로는 기회주의자였던 그는 프랑스 혁명의 혼란기에 권력을 잡은 어떠한 정파에든 협력했고 비위를 맞추었다. 라플라스는 나폴레옹 시절에 내무 장관과 궁정 고문관을 역임했고 백작이 되었으며, 왕정이 복귀된 뒤 루이 18세 때는 후작이 되었다. 그는 수학과 과학의 천재로 널리 존경받고 있지만, 정치적 교활성 때문에 신용을 많이 잃었다. 그리고 기회주의자이며 지조 없는 사람이라는 평을 받았다.

그렇지만 라플라스는 수학을 연구하는 초보자들을 진심으로 친절하고 관대하게 대했다. 비오는 젊었을 때 라플라스가 참석한 프랑스 과학원의 어떤 모임에서 과학 논문을 발표한 적이 있었다. 그 뒤, 라플라스는 그를 옆으로 데리고 와서는, 그와 똑같은 사실을 이미 발견한 내용을 적은 자신의 미발표 원고를 그에게 보여주었다. 그러면서 라플라스는 젊은 비오에게 비밀스럽게 주의를 주면서, 빨리 가서 논문을 발표하라고 재촉했다. 라플라스는 수학을 연구하는 젊은 초보자들을 자신의 양아들이라고 이야기하곤 했다. 그리고 초보자들이 발견한 사실을 먼저 발표하도록 자신의 발표를 보류한 예가 여러 번 있었다.

6.1 라플라스 변환의 정의

$t \geq 0$에서 정의된 함수 $f(t)$에 대해 다음 적분이 존재한다고 하자.

$$\int_0^{\infty} e^{-st} f(t)\, dt = \lim_{b\to\infty} \int_{0tob} e^{-st} f(t)\, dt$$

이때, 이 적분을 $f(t)$의 라플라스 변환(Laplace transform)이라 하고 $\mathcal{L}\{f(t)\}$로 나타낸다. 이 변환은 s에 관한 함수이기 때문에 $\mathcal{L}\{f(t)\} = F(s)$로 쓴다. 또, 원래의 함수 $f(t)$를 $F(s)$의 역 변환이라 하고 $\mathcal{L}^{-1}\{F(s)\}$로 나타낸다. 그러므로 다음 관계가 성립한다.

$$\mathcal{L}\{f(t)\} = F(s) \Leftrightarrow \mathcal{L}^{-1}\{F(s)\} = f(t)$$

보기 1

$\mathcal{L}\{1\}$을 찾아라.

풀이

$$\mathcal{L}\{1\} = \int_0^{\infty} e^{-st}\,(1)\, dt = \lim_{b\to\infty}\int_0^{b} e^{-st}\, dt = \lim_{b\to\infty} \left. \frac{-e^{-st}}{s} \right|_0^b$$

$$= \lim_{b\to\infty} \frac{-e^{-sb}+1}{s} = \frac{1}{s} \quad (s > 0)$$

□

$\lim\limits_{b\to\infty}(\quad)|_0^b$를 $(\quad)|_0^{\infty}$로 쓰기로 한다면, 보기 1은 다음과 같다.

$$\mathcal{L}\{1\} = \int_0^{\infty} e^{-st} dt = \left. \frac{-e^{-st}}{s} \right|_0^{\infty} = \frac{1}{s} \quad (s > 0)$$

보기 2

다음 함수의 라플라스 변환과 이에 대응하는 역 변환을 찾아라.

[1] $f(t) = e^{at}$

[2] $f(t) = \begin{cases} 0 & (0 \leq t < 3) \\ 2 & (t \geq 3) \end{cases}$

풀이 [1] $\mathcal{L}\{f(t)\}=\int_0^\infty e^{-st}f(t)\,dt=\int_0^\infty e^{-st}e^{at}\,dt=\int_0^\infty e^{-(s-a)t}\,dt$

$$=\frac{-e^{-(s-a)t}}{s-a}\bigg|_0^\infty=\frac{1}{s-a}\quad (s>a)$$

따라서 $s>a$일 때 $\mathcal{L}^{-1}\left\{\frac{1}{s-a}\right\}=e^{at}$이다.

[2] $\mathcal{L}\{f(t)\}=\int_0^\infty e^{-st}f(t)\,dt=\int_0^3 e^{-st}f(t)\,dt+\int_3^\infty e^{-st}f(t)\,dt$

$$=\int_0^3 e^{-st}(0)\,dt+\int_3^\infty e^{-st}(2)\,dt=-\frac{2e^{-st}}{s}\bigg|_3^\infty$$

$$=\frac{2e^{-3s}}{s}\quad (s>0)$$

따라서 $s>0$일 때 $\mathcal{L}^{-1}\left\{\frac{2e^{-3s}}{s}\right\}=f(t)=\begin{cases}0 & (0\le t<3)\\ 2 & (t\ge 3)\end{cases}$이다. □

보기 3

$f(t)=t^a\ (a>0)$일 때 $\mathcal{L}\{f(t)\}$를 찾아라.

풀이 $st=x$로 놓으면 다음을 얻는다.

$$\mathcal{L}\{t^a\}=\int_0^\infty e^{-st}t^a\,dt=\int_0^\infty e^{-x}\left(\frac{x}{s}\right)^a\frac{dx}{s}=\frac{1}{s^{a+1}}\int_0^\infty e^{-x}x^a\,dt$$

$$=\frac{\Gamma(a+1)}{s^{a+1}}\quad (s>0)$$

□

보기 3에 의하여 $\mathcal{L}\{t^n\}=\frac{n!}{s^{n+1}}\ (n=1,\ 2,\ 3,\ \cdots)$임을 알 수 있다.

함수 $f(t)$의 라플라스 변환이 존재할 충분 조건을 알아보자. 먼저 조각 연속 함수를 정의하자. 임의의 $0\le a<b$에 대하여 구간 $[a,\ b]$를 유한 개의 소구간으로 나누자. 함수 $f(t)$가 각 소구간에서 연속이고 각 소구간의 끝점에서 유한한 좌·우극한값을 가질 때 함수 $f(t)$는 구간 $[0,\ \infty)$에서 조각 연속(piecewise continuous)이라고 한다.

정리 6.1 [라플라스 변환의 존재성] $t \geq 0$에서 정의된 함수 $f(t)$가 조각 연속이고 적당한 상수 $r,\ M>0,\ T>0$이 존재하여 모든 $t>T$에 대하여 $|f(t)| \leq Me^{rt}$이면, 모든 $s>r$에 대하여 라플라스 변환 $\mathcal{L}\{f(t)\}$가 존재한다.

증명

$$\mathcal{L}\{f(t)\} = \int_0^\infty e^{-st}f(t)\,dt = \int_0^T e^{-st}f(t)\,dt + \int_T^\infty e^{-st}f(t)\,dt$$

여기서 첫째 항은 e^{-st}이 연속이고 $f(t)$이 조각 연속이므로 적분 가능하고 둘째 항은 다음과 같은 이유로 적분이 존재함을 알 수 있다.

$$\left|\int_T^\infty e^{-st}f(t)dt\right| \leq \int_T^\infty e^{-st}|f(t)|\,dt \leq \int_T^\infty e^{-st}Me^{rt}\,dt$$

$$\leq M\int_T^\infty e^{-(s-r)t}\,dt\ M\frac{-e^{-(s-r)t}}{s-r}\bigg|_T^\infty = \frac{M^{-(s-r)T}}{s-r} \quad (s>r)$$

따라서 모든 $s>r$에 대하여 $\mathcal{L}\{f(t)\}$가 존재한다. ■

이 장에서는 별도의 언급이 없는 한 모든 함수 f는 위 정리의 조건을 만족시킨다고 가정한다.

참고

[1] 특이 적분 $\int_0^\infty e^{-st}f(t)\,dt$의 수렴성을 여러 가지 방법으로 설명할 수 있지만, 흔히 t의 값이 커질 때 함수 $e^{-st}f(t)$의 값이 너무 빨리 커지지 않도록 $f(t)$가 유계인 경우이다.

[2] 위의 정리의 증명에서 다음을 얻는다.

$$\lim_{s\to\infty}\mathcal{L}\{f(t)\} = 0$$

[3] 위의 정리의 가정은 대단히 많은 함수의 라플라스 변환이 존재함을 보여준다. 그러나 이 조건은 충분 조건이지 필요 조건은 아니다. 함수 $f(t) = t^{-\frac{1}{2}}$은 조각연속은 아니지만 라플라스 변환이 존재함을 보일 수 있다(연습 문제 참조).

보기 4

다음 라플라스 변환을 찾아라

[1] $\mathcal{L}\{te^{-2t}\}$ [2] $\mathcal{L}\{t^2e^{-2t}\}$

풀이 [1] $\mathcal{L}\{te^{-2t}\}=\int_0^\infty e^{-st}(te^{-2t})\,dt=\int_0^\infty te^{-(s+2)t}\,dt$

$$=\left.\frac{-te^{-(s+2)t}}{s+2}\right|_0^\infty+\frac{1}{s+2}\int_0^\infty e^{-(s+2)t}\,dt$$

$$=\left.\frac{-e^{-(s+2)t}}{(s+2)^2}\right|_0^\infty=\frac{1}{(s+2)^2}\quad(s>2)$$

[2] $\mathcal{L}\{t^2e^{-2t}\}=\left.\frac{-t^2e^{-(s+2)t}}{s+2}\right|_0^\infty=\frac{2}{s+2}\int_0^\infty te^{-(s+2)t}\,dt$

$$=\frac{2}{s+2}\int_0^\infty e^{-st}(te^{-2t})\,dt$$

$$=\frac{2}{s+2}\mathcal{L}\{te^{-2t}\}=\frac{2}{s+2}\frac{2}{(s+2)^2}$$

$$=\frac{2}{(s+2)^3}\quad(s>-2)$$

□

보기 5

$\mathcal{L}\{\cos 2t\}$를 찾아라.

풀이 $\mathcal{L}\{\cos 2t\}$

$$=\int_0^\infty e^{-st}(\cos 2t)\,dt=\frac{1}{s}-\frac{4}{s^2}\int_0^\infty e^{-st}\cos 2t\,dt$$

$$=\frac{1}{s}-\frac{4}{s^2}\mathcal{L}\{\cos 2t\}\quad(s>0)$$

따라서 $\left(1+\frac{4}{s^2}\right)\mathcal{L}\{\cos 2t\}=\frac{1}{s}$이므로 다음을 얻는다.

$$\mathcal{L}\{\cos 2t\}=\frac{s}{s^2+4}\quad(s>0)$$

□

아래에는 비교적 자주 쓰이는 라플라스 변환이 정리되어 있다.

표 6.1

$f(t)$	$\mathcal{L}\{f(t)\}$
1	$\dfrac{1}{s}$
$t^n,\ n=1,\ 2,\ 3,\ \cdots$	$\dfrac{n!}{s^{n+1}}$
e^{at}	$\dfrac{1}{s-a}$
$\sin kt$	$\dfrac{k}{s^2+k^2}$
$\cos kt$	$\dfrac{s}{s^2+k^2}$
$\sinh kt$	$\dfrac{k}{s^2-k^2}$
$\cosh kt$	$\dfrac{s}{s^2-k^2}$

부록 2에는 여러 가지 다양한 함수의 라플라스 변환이 표로 작성되어 있다.

6.1 연습 문제

01. 라플라스 변환의 정의를 이용하여 $\mathcal{L}\{f(t)\}$를 찾아라.

(1) $f(t) = \sin 2t$

(2) $f(t) = e^t \cos t$

(3) $f(t) = t\cos t$

(4) $f(t) = t^{-\frac{1}{2}}$

(5) $f(t) = te^{3t}$

(6) $f(t) = \begin{cases} \sin t & (0 \le t < 1) \\ 1 & (t \ge 1) \end{cases}$

(7) $f(t) = 3e^{-2t}\sinh(3t)$

(8) $f(t) = 2t^2e^{-t} - \sin^2(t)$

02. 라플라스 역 변환의 정의 및 [표 6.1]을 이용하여 아래 함수들에 대하여 $\mathcal{L}^{-1}\{F(s)\}$을 찾아라.

(1) $\dfrac{1}{s^5}$

(2) $\dfrac{1}{s^2+64}$

(3) $\dfrac{-1}{s(s^3+8)}$

(4) $\dfrac{s}{(s-2)(s-3)(s-6)}$

(5) $\dfrac{s-2}{s^4+s^3+s^2+s}$

(6) $\dfrac{4s-7}{s^2+5} - \dfrac{3}{s-2}$

03. $\mathcal{L}\{t^n\} = \dfrac{n!}{s^{n+1}}$ $(n = 1,\ 2,\ 3,\ \cdots)$을 수학적 귀납법을 이용하여 보여라.

04. 함수 $F_1(s) = s^2$과 $F_2(s) = \dfrac{s}{s+2}$는 라플라스 변환식이 아님을 보여라.

05. $s > 0$ 일 때, $\mathcal{L}\left\{t^{-\frac{1}{2}}\right\} = \left(\dfrac{\pi}{2}\right)^{\frac{1}{2}}$ 이 됨을 보여라.

6.2 라플라스 변환의 기본 성질

이 절에서 다룰 라플라스 변환의 여러 가지 성질을 활용하면, 라플라스 변환과 그 역변환을 간편하게 찾을 수 있다.

정리 6.2 [라플라스 변환의 선형성] 라플라스 변환과 역 변환은 선형 변환이다. 즉, 함수 $f(t)$와 $g(t)$의 라플라스 변환 $F(s)$와 $G(s)$가 각각 존재하면 임의의 상수 c_1과 c_2에 대해 다음이 성립한다.

$$\mathcal{L}\{c_1 f(t)+c_2 g(t)\}=c_1\mathcal{L}\{f(t)\}+c_2\mathcal{L}\{g(t)\}=c_1F(s)+c_2G(s),$$

$$\mathcal{L}^{-1}\{c_1F(s)+c_2G(s)\}=c_1\mathcal{L}^{-1}\{F(s)\}+c_2\mathcal{L}^{-1}\{G(s)\}=c_1f(t)+c_2g(t)$$

증명

$$\begin{aligned}\mathcal{L}\{c_1 f(t)+c_2 g(t)\}&=\int_0^\infty e^{-st}\{c_1f(t)+c_2g(t)\}\,dt\\&=c_1\int_0^\infty e^{-st}f(t)\,dt+c_2\int_0^\infty e^{-st}g(t)\,dt\\&=c_1\mathcal{L}\{f(t)\}+c_2\mathcal{L}\{g(t)\}\end{aligned}$$

이 식의 역 변환을 취하면 둘째 식은 자명하다. ■

보기 1

$\mathcal{L}\{\sin^2 t\}$를 찾아라.

풀이

$$\begin{aligned}\mathcal{L}\{\sin^2 t\}&=\left\{\frac{1-\cos 2t}{2}\right\}=\frac{1}{2}\mathcal{L}\{1\}-\frac{1}{2}\mathcal{L}\{\cos 2\text{t}\}\\&=\frac{1}{2}\cdot\frac{1}{s}-\frac{1}{2}\cdot\frac{s}{s^2+4}=\frac{2}{s(s^2+4)}\end{aligned}$$

□

보기 2

$\mathcal{L}\{\cosh at\}$를 찾아라.

풀이 $\mathcal{L}\{\cosh at\} = \mathcal{L}\left\{\frac{e^{at}+e^{-at}}{2}\right\} = \frac{1}{2}\mathcal{L}\{e^{at}\} + \frac{1}{2}\mathcal{L}\{e^{-at}\}$

$$= \frac{1}{2}\left(\frac{1}{s-a}+\frac{1}{s+a}\right) = \frac{s}{s^2-a^2}$$ □

정리 6.3 [제1이동 정리, s축에서의 이동] $s > r$일 때 $\mathcal{L}\{f(t)\} = F(s)$라 하면 임의의 실수 a에 대하여 다음이 성립한다.

$$\mathcal{L}\{e^{at}f(t)\} = F(s-a), \quad (s-a > r)$$

단, r은 정리 6.1에서의 r이다.

증명 정의에 의하여 $F(s) = \mathcal{L}\{f(t)\} = \int_0^\infty e^{-st}f(t)\,dt$이므로 다음이 성립한다.

$$\mathcal{L}\{e^{at}f(t)\} = \int_0^\infty e^{-st}e^{at}f(t)\,dt = \int_0^\infty e^{-(s-a)t}f(t)\,dt = F(s-a)$$ ■

참고 [1] 정리 6.3의 역 변환식은 $\mathcal{L}^{-1}\{F(s+a)\} = e^{-at}f(t)$로 표현할 수 있다.
[2] s축에서의 이동을 강조하기 위하여 $\mathcal{L}\{e^{at}f(t)\} = \mathcal{L}\{f(t)\}_{s\to s-a}$로 나타내기도 한다.

보기 3

다음을 찾아라.

[1] $\mathcal{L}\{t^2e^{-3t}\}$ [2] $\mathcal{L}^{-1}\left\{\frac{s}{s^2+4s+5}\right\}$

풀이 [1] $\mathcal{L}\{t^2\} = \frac{2}{s^3}$이므로, $\mathcal{L}\{t^2e^{-3t}\} = \mathcal{L}\{t^2\}_{s\to s+3} = \frac{2}{(s+3)^3}$이다.

[2] $\mathcal{L}^{-1}\left\{\frac{s}{s^2+4s+5}\right\} = \mathcal{L}^{-1}\left\{\frac{s+2-2}{(s+2)^2+1}\right\}$

$$= \mathcal{L}^{-1}\left\{\frac{s+2}{(s+2)^2+1} - \frac{2}{(s+2)^2+1}\right\}$$

$$= e^{-2t}\cos t - e^{-2t}2\sin t = e^{-2t}[\cos t - 2\sin t]$$ □

$a \geq 0$에 대하여 다음과 같이 정의된 함수를 단위 계단 함수(unit step function)라고 한다.

$$U(t-a)=\begin{cases}0 & (t<a)\\ 1 & (t\geq a)\end{cases}$$

이를 $U_a(t)$로 나타내기도 한다. 그림 6.1은 함수 $U(t)$와 $U(t-2)$의 그래프이다.

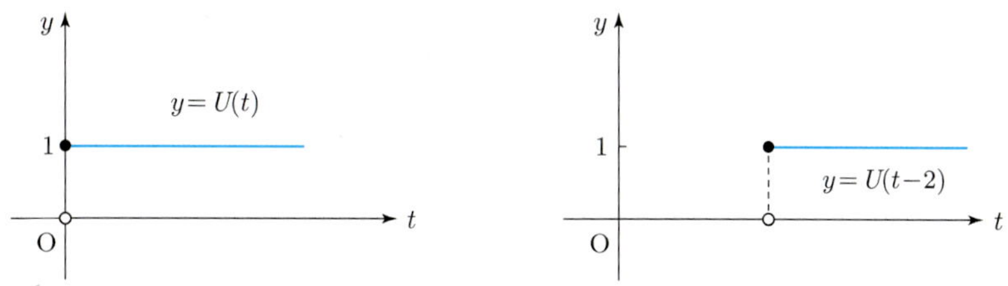

그림 6.1 ❙ 단위 계단 함수

정리 6.4 [제2이동 정리, t축에서의 이동] $\mathcal{L}\{f(t)\}=F(s)$이고 $a>0$이면 다음이 성립한다.

$$e^{-as}F(s)=\mathcal{L}\{f(t-a)U(t-a)\}$$

증명 정의에 의해 다음이 성립한다.

$$\mathcal{L}\{f(t-a)U(t-a)\}=\int_0^{\infty}e^{-st}f(t-a)U(t-a)\,dt=\int_0^{\infty}e^{-st}f(t-a)\,dt$$

그러므로 $\tau+a=t$라 놓으면 다음을 얻는다.

$$\int_0^{\infty}e^{-s(\tau+a)}f(\tau)\,d\tau=e^{-as}\int_0^{\infty}e^{-s\tau}f(\tau)\,d\tau=e^{-as}F(s)$$ ■

보기 4

다음을 찾아라.

[1] $\mathcal{L}\{(t-2)^3U(t-2)\}$　　[2] $\mathcal{L}\{U(t-2)\}$

[3] $\mathcal{L}\{\sin t\,U(t-2\pi)\}$

풀이 [1] $\mathcal{L}\{(t-2)^3U(t-2)\}=e^{-2s}\mathcal{L}\{t^3\}=e^{-2s}\dfrac{3!}{s^4}=\dfrac{6}{s^4}e^{-2s}$

[2] $\mathcal{L}\{U(t-2)\}=e^{-2s}\mathcal{L}\{1\}=\dfrac{e^{-2s}}{s}$

[3] $\mathcal{L}\{\sin t\, U(t-2\pi)\}=\mathcal{L}\{\sin(t-2\pi)U(t-2\pi)\}$

$$=e^{-2\pi s}\mathcal{L}\{\sin t\}=\frac{e^{-2\pi s}}{s^2+1}$$ □

보기 5

함수 $f(t)=\begin{cases}0 & (t<3)\\ \cos 4(t-3) & (t\geq 3)\end{cases}$의 라플라스 변환을 찾아라.

풀이 $f(t)=\cos 4(t-3)\,U(t-3)$이므로 다음을 얻는다.

$$\mathcal{L}\{f(t)\}=\mathcal{L}\{\cos 4(t-3)\,U(t-3)\}=e^{-3s}\mathcal{L}\{\cos 4t\}$$
$$=e^{-3s}\left(\frac{s}{s^2+16}\right)$$ □

보기 6

$\mathcal{L}^{-1}\left\{\dfrac{e^{\frac{-\pi s}{2}}}{s^2+9}\right\}$을 찾아라.

풀이

$$\mathcal{L}^{-1}\left\{\frac{e^{\frac{-\pi s}{2}}}{s^2+9}\right\}=\frac{1}{3}\mathcal{L}^{-1}\left\{\frac{3}{s^2+9}\right\}_{t\to t-\frac{\pi}{2}}U\left(t-\frac{\pi}{2}\right)$$
$$=\frac{1}{3}\sin 3\left(t-\frac{\pi}{2}\right)U\left(t-\frac{\pi}{2}\right)=\frac{1}{3}\cos 3t\,U\left(t-\frac{\pi}{2}\right)$$ □

정리 6.5 $\mathcal{L}\{f(t)\}=F(s)$이면 다음이 성립한다.

$$\mathcal{L}\{f(at)\}=\frac{1}{a}F\left(\frac{s}{a}\right),\quad \mathcal{L}^{-1}\{F(as)\}=\frac{1}{a}f\left(\frac{t}{a}\right)$$

증명 $u=at$로 치환하면 다음을 얻는다.

$$\mathcal{L}\{f(at)\}=\int_0^\infty e^{-st}f(at)\,dt=\int_0^\infty e^{-s\left(\frac{u}{a}\right)}f(u)\,d\left(\frac{u}{a}\right)$$

$$= \frac{1}{a}\int_0^\infty e^{-\frac{su}{a}} f(u)\,du = \frac{1}{a}F\left(\frac{s}{a}\right)$$

그러므로 $\mathcal{L}^{-1}\left\{\frac{1}{a}F\left(\frac{s}{a}\right)\right\}= f(at)$, 즉 $\mathcal{L}^{-1}\left\{F\left(\frac{s}{a}\right)\right\}= af(at)$이다. 이제, a를 $\frac{1}{a}$로 바꾸면 $\mathcal{L}^{-1}\{F(as)\} = \frac{1}{a}f\left(\frac{t}{a}\right)$가 된다. ■

보기 7

$\mathcal{L}\left\{\frac{\sin t}{t}\right\}= \tan^{-1}\frac{1}{s}$일 때 $\mathcal{L}\left\{\frac{\sin at}{t}\right\}$를 찾아라.

풀이 $\mathcal{L}\left\{\frac{\sin at}{t}\right\}= a\mathcal{L}\left\{\frac{\sin at}{at}\right\}= a\cdot\frac{1}{a}\tan^{-1}\left(\frac{1}{s/a}\right)= \tan^{-1}\left(\frac{a}{s}\right)$ □

함수 $f(t)$가 라플라스 변환의 존재를 보장하는 정리 6.1의 조건을 만족시키면, $F(s) = \mathcal{L}\{f(t)\}$의 s에 관한 도함수는 피적분 함수 $e^{-st}f(t)$를 s에 관하여 편미분한 다음에 적분한 결과와 같다. 이를 이용하면 다음 정리를 얻는다.

정리 6.6 [라플라스 변환의 미분] $\mathcal{L}\{f(t)\} = F(s)$이면 $n = 1, 2, 3, \cdots$에 대하여 다음이 성립한다.

$$\mathcal{L}\{t^n f(t)\}= (-1)^n\frac{d^n}{ds^n}\mathcal{L}\{f(t)\} = (-1)^n\frac{d^n}{ds^n}F(s) = (-1)^n F^{(n)}(s),$$

$$\mathcal{L}^{-1}\left\{\frac{d^n}{ds^n}F(s)\right\}= (-t)^n f(t)$$

증명 $$\frac{d}{ds}F(s)= \frac{d}{ds}\mathcal{L}\{f(t)\} = \frac{d}{ds}\int_0^\infty e^{-st}f(t)\,dt = \int_0^\infty \frac{\partial}{\partial s}\{e^{-st}f(t)\}$$

$$= -\int_0^\infty e^{-st}t f(t)\,dt = -\mathcal{L}\{tf(t)\}$$

이 결과를 두 번 적용하면 다음을 얻는다.

$$\mathcal{L}\{t^2 f(t)\}= \mathcal{L}\{t\cdot tf(t)\}= -\frac{d}{ds}\mathcal{L}\{tf(t)\}$$

$$= -\frac{d}{ds}\left(-\frac{d}{ds}\mathcal{L}\{tf(t)\}\right) = \frac{d^2}{ds^2}\mathcal{L}\{tf(t)\}$$

같은 방법으로 정리의 결과를 얻을 수 있다. ■

보기 8

다음을 찾아라.

[1] $\mathcal{L}\{t\sin at\}$ [2] $\mathcal{L}\{t\cos at\}$

풀이 [1] $\mathcal{L}\{t\sin at\} = -\frac{d}{ds}\mathcal{L}\{\sin at\} = -\frac{d}{ds}\left(\frac{a}{s^2+a^2}\right) = \frac{2as}{(s^2+a^2)^2}$

[2] $\mathcal{L}\{t\cos at\} = -\frac{d}{ds}\mathcal{L}\{\cos at\} = -\frac{d}{ds}\left(\frac{s}{s^2+a^2}\right) = \frac{s^2-a^2}{(s^2+a^2)^2}$ □

보기 9

다음 식을 증명하라.

$f(t)$	$\mathcal{L}\{f(t)\}$
[1] $\frac{1}{2a^3}(\sin at - at\cos at)$	$\frac{1}{(s^2+a^2)^2}$
[2] $\frac{1}{2a}(\sin at + at\cos at)$	$\frac{s^2}{(s^2+a^2)^2}$

풀이 [1] $\mathcal{L}\left\{\frac{1}{2a^3}(\sin at - at\cos at)\right\} = \frac{1}{2a^3}\mathcal{L}\{\sin at - at\cos at\}$

$$= \frac{1}{2a^3}\left(\frac{a}{s^2+a^2} - a\frac{s^2-a^2}{(s^2+a^2)^2}\right) = \frac{1}{(s^2+a^2)^2}$$

[2] $\mathcal{L}\left\{\frac{1}{2a}(\sin at + at\cos at)\right\} = \frac{1}{2a}\mathcal{L}\{\sin at + at\cos at\}$

$$= \frac{1}{2a}\left(\frac{a}{s^2+a^2} + a\frac{s^2-a^2}{(s^2+a^2)^2}\right) = \frac{s^2}{(s^2+a^2)^2}$$ □

함수 $f(t)$가 정리 6.1의 조건을 만족시킬 때, 라플라스 변환의 적분에 관한 다음 정리를 얻는다.

정리 6.7 [라플라스 변환의 적분] 극한 $\lim_{t\to 0}\dfrac{f(t)}{t}$의 값이 존재하고 $\mathcal{L}\{f(t)\}=F(s)$이면 적당한 상수 r에 대하여 다음이 성립한다.

$$\mathcal{L}\left\{\frac{f(t)}{t}\right\}=\int_s^{\infty}F(u)\,du \quad (s>r)$$

증명 $$\int_s^{\infty}F(u)du=\int_s^{\infty}\left[\int_0^{\infty}e^{-ut}f(t)\,dt\right]du$$
$$=\int_0^{\infty}\left[\int_s^{\infty}e^{-ut}f(t)\,du\right]dt=\int_0^{\infty}f(t)\left[\int_s^{\infty}e^{-ut}\,du\right]dt$$

그런데 적당한 상수 r에 대하여 $s>r$일 때 $\displaystyle\int_s^{\infty}e^{-ut}\,du=\frac{e^{-st}}{t}$이므로 다음을 얻는다.

$$\int_s^{\infty}F(u)du=\int_0^{\infty}e^{-st}\frac{f(t)}{t}\,dt=\mathcal{L}\left\{\frac{f(t)}{t}\right\}$$ ■

보기 10

$\mathcal{L}\left\{\dfrac{\sin t}{t}\right\}$를 찾아라.

풀이 $\mathcal{L}\{\sin t\}=\dfrac{1}{s^2+1}$이고 $\lim_{t\to 0}\dfrac{\sin t}{t}=1$이므로 다음이 성립한다.

$$\mathcal{L}\left\{\frac{\sin t}{t}\right\}=\int_s^{\infty}\frac{1}{u^2+1}\,du=\frac{\pi}{2}-\tan^{-1}(s)=\tan^{-1}\left(\frac{1}{s}\right)$$ □

이제 미분 방정식의 풀이에 직접 활용할 수 있는 다음 정리를 알아보자.

정리 6.8 [도함수의 라플라스 변환] 함수 $f(t)$ 및 그 도함수 $f'(t)$, $f''(t)$, $\cdots$, $f^{n-1}(t)$가 모든 $t\geq 0$에서 연속이고 위의 존재성 정리의 조건을 만족시킨다고 하자. 또 $f^{(n)}(t)$는 모든 $t\geq 0$에서 조각 연속이라 하자. 그러면 $s>r$에서 $f^{(n)}(t)$의 라플라스 변환이 존재하고 다음이 성립한다.

$$\mathcal{L}\{f^{(n)}(t)\}=s^n\mathcal{L}\{f(t)\}-s^{n-1}f(0)-s^{n-2}f'(0)-\cdots-f^{(n-1)}(0)$$

증명 먼저 $n=1$인 경우를 살펴보자. $f'(t)$가 연속인 경우에는 다음이 성립한다.

$$\begin{aligned}\mathcal{L}\{f'(t)\} &= \int_0^\infty e^{-st}f'(t)\,dt = e^{-st}f(t)\Big|_0^\infty + \int_0^\infty se^{-st}f(t)\,dt \\ &= -f(0) + s\,\mathcal{L}\{f(t)\}\end{aligned}$$

$f(t)$가 연속이 아닌 조각 연속인 경우에도 주어진 구간을 분할하여 각 소구간에서 $f(t)$가 연속이 되도록 하면 마찬가지 방법으로 증명된다. 그리고 $n=2$인 경우에는 다음을 얻는다.

$$\begin{aligned}\mathcal{L}\{f''(t)\} &= -f'(0) + s\mathcal{L}\{f'(t)\} = -f'(0) + s[-f(0) + s\mathcal{L}\{f'(t)\}] \\ &= s^2\mathcal{L}\{f'(t)\} - sf(0) - f'(0)\end{aligned}$$

같은 방법으로 다음 결과도 얻는다.

$$\mathcal{L}\left\{f^{(3)}(t)\right\} = s^3\mathcal{L}\{f'(t)\} - s^2f(0) - sf'(0) - f''(0)$$

따라서 수학적 귀납법으로 위의 결론을 유도할 수 있다. ■

보기 11

정리 6.8을 이용하여 $\mathcal{L}\{\sin at + at\cos at\}$를 찾아라.

풀이 $$\begin{aligned}\mathcal{L}\{\sin at + at\cos at\} &= \mathcal{L}\left\{\frac{d}{dt}(t\sin at)\right\} \\ &= s\mathcal{L}\{t\sin at\} = s\left[-\frac{d}{ds}\mathcal{L}\{\sin at\}\right] \\ &= s\left(\frac{2as}{(s^2+a^2)^2}\right) = \frac{2as^2}{(s^2+a^2)^2}\end{aligned}$$

보기 12

다음 초깃값 문제를 라플라스 변환을 이용해서 풀어라.

$$y'' - 6y' + 9y = t^2e^{3t}, \quad y(0) = 2, \quad y'(0) = 6$$

풀이 해 $y(t)$의 라플라스 변환을 $Y(s)$라고 하자. 주어진 방정식의 양변에 라플라스 변환을 취하면 다음과 같다.

$$\mathcal{L}\{y''\} - 6\mathcal{L}\{y'\} + 9\mathcal{L}\{y\} = \mathcal{L}\{t^2 e^{3t}\}$$

정리 6.8을 적용하면 다음을 얻는다.

$$[s^2 Y(s) - sy(0) - y'(0)] - 6[sY(s) - y(0)] + 9Y(s) = \frac{2}{(s-3)^3},$$

$$(s^2 - 6s + 9)Y(s) = 2s - 6 + \frac{2}{(s-3)^3},$$

$$(s-3)^2 Y(s) = 2(s-3) + \frac{2}{(s-3)^3}$$

$$Y(s) = \frac{2}{s-3} + \frac{2}{(s-3)^5}$$

이제, 역 변환을 취하면 다음을 얻는다.

$$y(t) = \mathcal{L}^{-1}\{Y(s)\} = 2\mathcal{L}^{-1}\left\{\frac{1}{s-3}\right\} + \frac{2}{4!}\mathcal{L}^{-1}\left\{\frac{4!}{(s-3)^5}\right\}$$

$$= 2e^{3t} + \frac{1}{12}t^4 e^{3t}$$

□

정리 6.9 [적분의 라플라스 변환] $f(t)$가 조각 연속이고 존재성 정리의 조건을 만족시키면 적당한 $r > 0$에 대하여 다음이 성립한다.

$$\mathcal{L}\left\{\int_0^t f(u)du\right\} = \frac{1}{s}\mathcal{L}\{f(t)\} = \frac{F(s)}{s} \quad (s > 0,\ s > r)$$

$$\mathcal{L}^{-1}\left\{\frac{1}{s}F(s)\right\} = \int_0^t f(u)\,du$$

증명 $g(t) = \int_0^t f(u)\,du$라 하면 $g(t)$는 연속이고 $\mathcal{L}\{g(t)\}$가 존재함을 쉽게 알 수 있다. 또 $g'(t) = f(t)$, $g(0) = 0$이므로 다음이 성립한다.

$$\mathcal{L}\{f(t)\} = \mathcal{L}\{g'(t)\} = s\mathcal{L}\{g(t)\} - g(0) = s\mathcal{L}\left\{\int_0^t f(u)du\right\}$$

따라서 정리의 결과를 얻는다. ■

보기 13

$\mathcal{L}^{-1}\left\{\dfrac{1}{s(s^2+a^2)}\right\}$을 찾아라.

풀이

$$\mathcal{L}^{-1}\left\{\frac{1}{s(s^2+a^2)}\right\}=\mathcal{L}^{-1}\left\{\frac{1}{s}\frac{1}{s^2+a^2}\right\}=\int_0^t \mathcal{L}^{-1}\left\{\frac{1}{s^2+a^2}\right\}du$$
$$=\int_0^t \frac{1}{a}\sin au\,du=\frac{1}{a}\left(-\frac{1}{a}\cos au\Big|_0^t\right)$$
$$=\frac{1}{a^2}(1-\cos at)$$

□

6.2 연습 문제

01. 다음 함수의 라플라스 변환을 찾아라.

(1) $e^{-t}\cosh t$

(2) $\sin t\cos 2t$

(3) $\sin^3 t$

(4) t^3e^{-2t}

(5) $(t+1)^3$

(6) $e^{2t}(t-1)^2$

(7) $e^t\cos^2 3t$

(8) $(e^{2-t}-t)U(t-2)$

(9) $(t-1)^3e^{t-1}U(t-1)$

(10) $f(t)=\begin{cases}0, & (t<0)\\ 2, & (2n\le t<2n+1)\\ -2, & (2n+1\le t<2n+2)\end{cases}$

여기서 $n=0,1,2,3,\cdots$이다.

02. 다음 함수의 역 변환을 찾아라.

(1) $\dfrac{(s+1)^3}{s^4}$

(2) $\dfrac{s+1}{s^2+2}$

(3) $\dfrac{1}{s^2+s-20}$

(4) $\dfrac{4}{(s-5)^2}-\dfrac{2}{(s-1)^2}$

(5) $\dfrac{e^{-s}}{s(s+1)}$

(6) $\dfrac{2}{s}-\dfrac{3e^{-s}}{s^2}+\dfrac{5e^{-2s}}{s^2}$

(7) $\ln\dfrac{s-3}{s+1}$

(8) $\dfrac{\pi}{2}-\tan^{-1}\dfrac{s}{2}$

(7) $\ln\dfrac{s-3}{s+1}$

(8) $\dfrac{\pi}{2}-\tan^{-1}\dfrac{s}{2}$

(9) $\dfrac{1}{s}-\cot^{-1}\dfrac{4}{s}$

(10) $\dfrac{se^{-3s}}{s^2+4}$

(11) $\dfrac{8s^3-3s+2}{s^4-3s^3-20s^2+84s-80}$

(12) $\dfrac{2s^2+3s-4}{(s-3)(s^2+4)^2}$

03. 다음 함수의 라플라스 변환을 찾아라.

$$f(t)=\begin{cases}0 & (t<5)\\ t^2+1 & (t\geq 5)\end{cases}$$

04. 라플라스 변환을 이용하여 다음 초깃값 문제의 해를 찾아라.

(1) $y'-3y=\sin 2t,\ y(0)=2$

(2) $y''+4y'+6y=1+e^{-t},\ y(0)=0,\ y'(0)=0$

(3) $y''+16y=\cos 4t,\ y(0)=0,\ y'(0)=1$

(4) $2y'''+3y''-3y'-2y=e^{-t},\ y(0)=0,\ y'(0)=1,\ y''(0)=1$

(5) $y''+2y'+y=t^2e^{-4t},\ y(0)=1,\ y'(0)=2$

6.3 특수 함수의 라플라스 변환

계단 함수의 라플라스 변환

6.2절에서 불연속점이 있는 단위 계단 함수 $U(t-a)$를 소개하였다. $U(t-a)$의 라플라스 변환은 다음과 같다.

$$\mathcal{L}\{U(t-a)\} = \int_0^\infty e^{-st} U(t-a)\,dt = \int_0^a e^{-st}\cdot 0\,dt + \int_0^\infty e^{-st}\cdot 1\,dt$$
$$= \left.\frac{e^{-st}}{-s}\right|_a^\infty = \frac{1}{s}e^{-as} \quad (s>0)$$

단위 계단 함수를 사용하면, 함수 $f(t) = \begin{cases} g(t) & (0 \le t < a) \\ h(t) & (t \ge a) \end{cases}$는 다음과 같이 표현된다.

$$f(t) = g(t) + U(t-a)\{h(t) - g(t)\}$$

또, 함수 $f(t) = \begin{cases} 0 & (0 \le t < a) \\ g(t) & (a \le t < b) \\ 0 & (t \ge b) \end{cases}$는 다음과 같이 표현된다.

$$f(t) = g(t)\{U(t-a) - U(t-b)\}$$

보기 1

그래프가 다음과 같은 함수 $f(t)$의 라플라스 변환을 찾아라.

[1] [2]

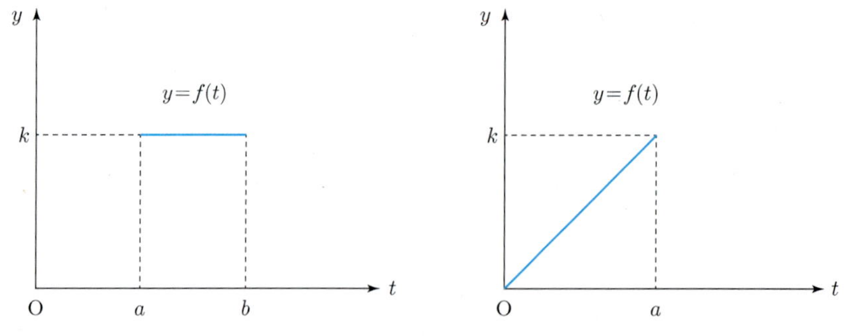

그림 6.2

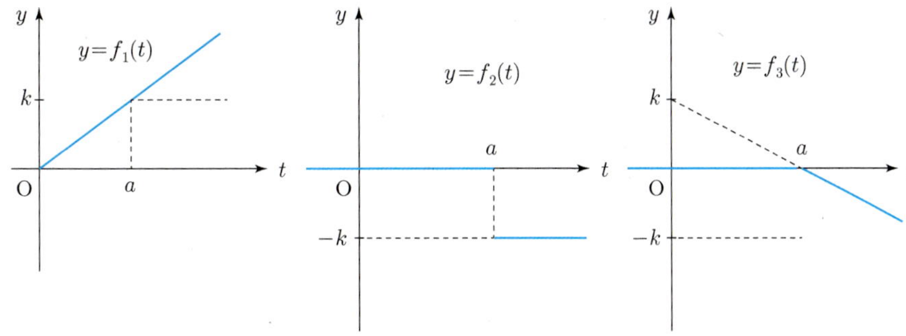

그림 6.3

풀이 [1] $f(t)=k[U(t-a)-U(t-b)]$이므로 다음 결과를 얻는다.

$$\mathcal{L}\{k[U(t-a)-U(t-b)]\}=k[\mathcal{L}\{U(t-a)\}-\mathcal{L}\{U(t-b)\}]$$
$$=k\left(\frac{e^{-as}}{s}-\frac{e^{-bs}}{s}\right)=\frac{k}{s}(e^{-as}-e^{-bs})$$

[2] $f(t)$를 그림 6.3의 함수 $f_1(t)$, $f_2(t)$, $f_3(t)$의 합으로 나타낼 수 있는데, 이 함수들은 단위 계단 함수로 다음과 같이 표현된다.

$$f_1(t)=\frac{k}{a}tU(t),\quad f_2(t)=-kU(t-a),\quad f_3(t)=-\frac{k}{a}(t-a)U(t-a)$$

따라서 다음 결과를 얻는다.

$$\mathcal{L}\{f(t)\}=\frac{k}{a}\frac{1}{s^2}-k\frac{1}{s}e^{-as}-\frac{k}{as^2}e^{-as}=\frac{k}{as^2}[1-(as+1)e^{-as}] \qquad \square$$

보기 2

다음과 같이 정의된 함수 $f(t)$의 라플라스 변환을 찾아라.

$$f(t)=\begin{cases} 0 & (t<0) \\ 2 & (0\le t<3) \\ 2t & (3\le t<5) \\ \dfrac{1}{7}t^2 & (t\ge 5) \end{cases}$$

풀이 함수 $f(t)$는 다음 세 함수의 합으로 나타낼 수 있다.

$$g_1(t)=2[1-U(t-3)],\quad g_2(t)=2t[U(t-3)-U(t-5)],$$

$$g_3(t) = \frac{1}{7}t^2 U(t-5)$$

즉, 다음과 같다.

$$\begin{aligned} f(t) &= 2[1-U(t-3)] + 2t[U(t-3) - U(t-5)] + \frac{1}{7}t^2\ U(t-5) \\ &= 2 + (2t-2)U(t-3) + \left(\frac{1}{7}t^2 - 2t\right)U(t-5) \\ &= 2 + [4 + 2(t-3)]U(t-3) + \left[-\frac{45}{7} - \frac{4}{7}(t-5) + (t-5)^2\right]U(t-5) \end{aligned}$$

따라서 다음 결과를 얻는다.

$$\begin{aligned} \mathcal{L}\{f(t)\} &= \mathcal{L}\{2\} + e^{-3s}\mathcal{L}\{4+2t\} + e^{-5s}\mathcal{L}\left\{-\frac{45}{7} - \frac{4}{7}t + \frac{1}{7}t^2\right\} \\ &= \frac{2}{s} + e^{-3s}\left(\frac{4}{s} + \frac{2}{s^2}\right) + e^{-5s}\left(-\frac{45}{7}\frac{1}{s} - \frac{4}{7}\frac{1}{s^2} + \frac{1}{7}\frac{1}{s^3}\right) \end{aligned}$$

□

주기 함수의 라플라스 변환

$t \geq 0$에서 함수 $f(t)$의 라플라스 변환이 존재한다고 하자. 또, 주기가 $T > 0$인 주기 함수, 즉 $f(t+T) = f(t)$라고 하자. 그러면 $f(t)$의 라플라스 변환은 다음과 같다.

$$\mathcal{L}\{f(t)\} = \frac{1}{1-e^{-sT}}\int_0^T e^{-st}f(t)\,dt$$

이유를 알아보기 위해서 $\mathcal{L}\{f(t)\}$를 다음과 같이 나타내자.

$$\mathcal{L}\{f(t)\} = \int_0^T e^{-st}f(t)\,dt + \int_T^\infty e^{-st}f(t)\,dt$$

우변의 둘째 적분에서 $t = u + T$로 치환하면 다음과 같이 된다.

$$\begin{aligned} \int_T^\infty e^{-st}f(t)\,dt &= \int_0^\infty e^{-s(u+T)}f(u+T)\,du \\ &= e^{-sT}\int_0^\infty e^{-su}f(u)\,du \\ &= e^{-sT}\mathcal{L}\{f(t)\} \end{aligned}$$

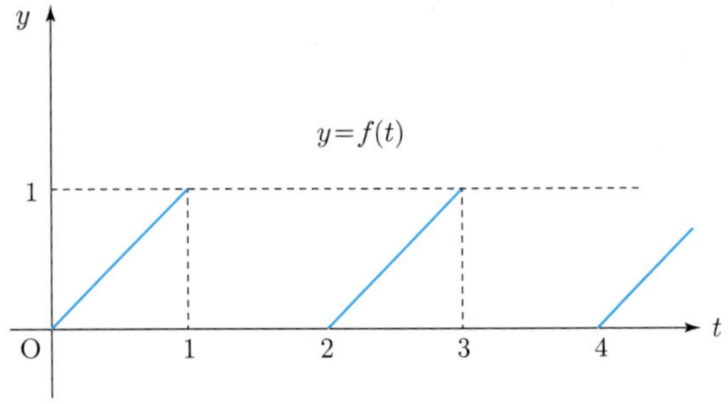

그림 6.4 ❙ 주기가 2인 주기 함수

그러므로 다음이 성립한다.

$$\mathcal{L}\{f(t)\} = \int_0^T e^{-st} f(t)\,dt + e^{-sT}\mathcal{L}\{f(t)\}$$

이제 이항하여 정리하면 다음 식을 얻는다.

$$\mathcal{L}\{f(t)\} = \frac{1}{1-e^{-sT}}\mathcal{L}\{f(t)\}$$

보기 3

그림 6.4의 그래프가 나타내는 함수 $f(t)$와 그 라플라스 변환을 찾아라.

풀이 구간 $0 \le t < 2$에서 $0 \le t < 1$일 때는 $f(t)=1$이고 $1 \le t < 2$일 때는 $f(t)=0$이며, 이 구간의 밖에서는 $f(t+2)=f(t)$로 정의할 수 있다. 주기가 $T=2$인 함수이므로 다음 결과를 얻는다.

$$\begin{aligned}
\mathcal{L}\{f(t)\} &= \frac{1}{1-e^{-2s}}\int_0^2 e^{-st} f(t)\,dt \\
&= \frac{1}{1-e^{-2s}}\left(\int_0^1 e^{-st}\,t\,dt + \int_1^2 e^{-st}\cdot 0\,dt\right) \\
&= \frac{1}{1-e^{-2s}}\left(-\frac{e^{-s}}{s} + \frac{1-e^{-s}}{s^2}\right) \\
&= \frac{1-(s+1)e^{-s}}{s^2(1-e^{-2s})}
\end{aligned}$$

□

참고 보기 3에서 $\mathcal{L}\{f(t)\}$를 다음 함수 $g(t)$를 이용해서 찾을 수도 있다.

$$g(t)=t-tU(t-1)=t-(t-1)U(t-1)-U(t-1)$$

그러므로 다음 결과를 얻는다.

$$\begin{aligned}\mathcal{L}\{f(t)\}&=\frac{1}{1-e^{-2s}}\mathcal{L}\{g(t)\}\\&=\frac{1}{1-e^{-2s}}\mathcal{L}\{t-(t-1)U(t-1)-U(t-1)\}\\&=\frac{1}{1-e^{-2s}}\left(\frac{1}{s^2}-\frac{1}{s^2}e^{-s}-\frac{1}{s}e^{-s}\right)\end{aligned}$$

디랙 델타 함수의 라플라스 변환

물리학의 법칙 $ft=mv$(f: 힘, t: 시간, m: 질량, v: 속도)에서 운동량 mv가 일정할 때 순간적으로 가해지는 힘은 공학에서 중요하게 취급된다. 영국의 물리학자 디랙(Dirac)이 양자역학의 이론 전개에서 사용한 다음 함수는 순간적인 힘을 수식화한 것이다.

$$\delta_\epsilon(t)=\begin{cases}0 & (t\le 0)\\ \dfrac{1}{\epsilon} & (0<t<\epsilon)\\ 0 & (t\ge\epsilon)\end{cases}=\frac{1}{\epsilon}[U(t)-U(t-\epsilon)]$$

이때, $\delta(t)=\lim_{\epsilon\to 0}\delta_\epsilon(t)$로 정의되는 함수 $\delta(t)$를 디랙 델타(delta) 함수 또는 충격(impulse)함수라고 한다. $\delta_\epsilon(t)$와 디랙 델타 함수의 라플라스 변환은 각각 다음과 같다.

$$\mathcal{L}\{\delta_\epsilon(t)\}=\frac{1}{\epsilon}\mathcal{L}\{U(t)-U(t-\epsilon)\}=\frac{1}{\epsilon}\left(\frac{1}{s}-\frac{e^{-\epsilon s}}{s}\right)$$

$$\begin{aligned}\mathcal{L}\{\delta(t)\}&=\mathcal{L}\{\lim_{\epsilon\to 0}\delta_\epsilon(t)\}=\lim_{\epsilon\to 0}\mathcal{L}\{\delta_\epsilon(t)\}\\&=\lim_{\epsilon\to 0}\frac{1-e^{-\epsilon s}}{\epsilon s}=\lim_{\epsilon\to 0}\frac{se^{-\epsilon s}}{s}=\lim_{\epsilon\to 0}e^{-\epsilon s}=1\end{aligned}$$

보기 4

함수 $\delta_\epsilon(t-a)$의 라플라스 변환을 찾고, 이것을 이용하여 $\mathcal{L}\{\delta(t-a)\}$를 찾아라.

풀이

$$\mathcal{L}\{\delta_\epsilon(t-a)\} = \frac{1}{\epsilon}\mathcal{L}\{U(t-a) - U(t-a-\epsilon)\}$$
$$= \frac{1}{\epsilon}\left(\frac{e^{-as}}{s} - \frac{e^{-(a+\epsilon)s}}{s}\right) = e^{-as}\left(\frac{1-e^{-\epsilon s}}{\epsilon s}\right)$$

따라서 $\mathcal{L}\{\delta(t-a)\}$는 다음과 같다.

$$\mathcal{L}\{\delta(t-a)\} = \lim_{\epsilon\to 0}\mathcal{L}\{\delta_\epsilon(t-a)\} = \lim_{\epsilon\to 0} e^{-as}\left(\frac{1-e^{-\epsilon s}}{\epsilon s}\right)$$
$$= e^{-as}\lim_{\epsilon\to 0}\left(\frac{1-e^{-\epsilon s}}{\epsilon s}\right) = e^{-as}$$

□

참고 [1] 엄밀한 수학적 관점에서 볼 때 이러한 $\delta(t-a)$는 존재하지 않으나, 다음과 같이 정의한다.

(i) $\delta(t-a) = \begin{cases} \infty & (t=a) \\ 0 & (t \neq a) \end{cases}$ (ii) $\displaystyle\int_0^\infty \delta(t-a)\,dt = 1$

[2] 매우 짧은 시간에 매우 큰 힘 또는 전압이 작용하는 것과 같은 충격 특성 현상은 다양하게 응용되고 실제 문제에서는 매우 흥미롭다. 예를 들어 테니스 공을 칠 때, 망치로 내려칠 때, 배가 높은 파도에 부딪칠 때 이러한 현상이 일어난다. 실제적으로 관심을 갖는 경우는 순간에 작용하는 충격의 경우이다.

6.3 연습 문제

01. 다음 함수를 단위 계단 함수로 나타내고 그 라플라스 변환을 찾아라.

(1) $f(t)=\begin{cases} 2 & (0 \le t < 3) \\ -2 & (t \ge 3) \end{cases}$

(2) $f(t)=\begin{cases} \sin t & (0 \le t < 2\pi) \\ 0 & (t \ge 2\pi) \end{cases}$

(3) $f(t)=\begin{cases} 1 & (0 \le t < 4) \\ 0 & (4 \le t < 5) \\ 1 & (t \ge 5) \end{cases}$

(4) $f(t)=\begin{cases} 0 & \left(0 \le t < \dfrac{3\pi}{2}\right) \\ \sin t & \left(t \ge \dfrac{3\pi}{2}\right) \end{cases}$

(5)

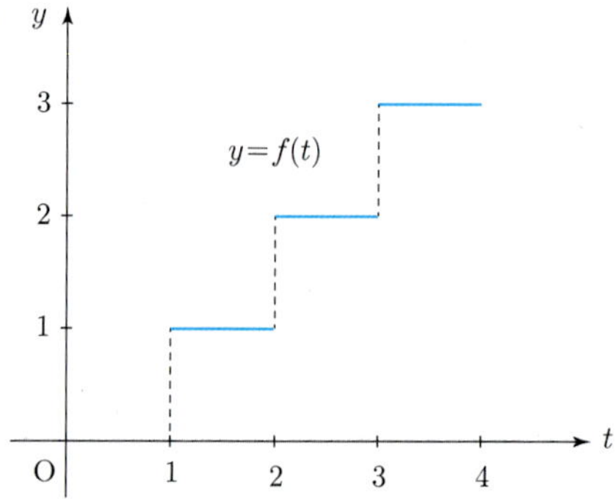

02. 다음 함수의 그래프를 그려라.

(1) $f(t)=\mathcal{L}^{-1}\left\{\dfrac{1}{s^2}-\dfrac{e^{-s}}{s^2}\right\}$

(2) $f(t)=\mathcal{L}^{-1}\left\{\dfrac{2}{s}-\dfrac{3e^{-s}}{s^2}+\dfrac{5e^{-2s}}{s^2}\right\}$

03. 다음 그래프가 나타내는 함수 $f(t)$를 찾고 그 라플라스 변환을 찾아라.

(1)

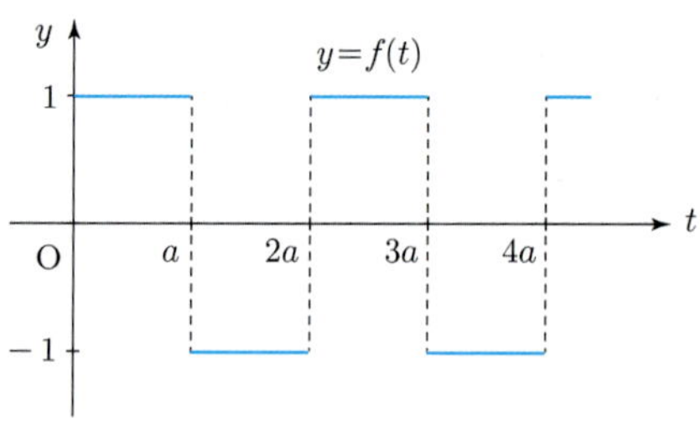

(2)

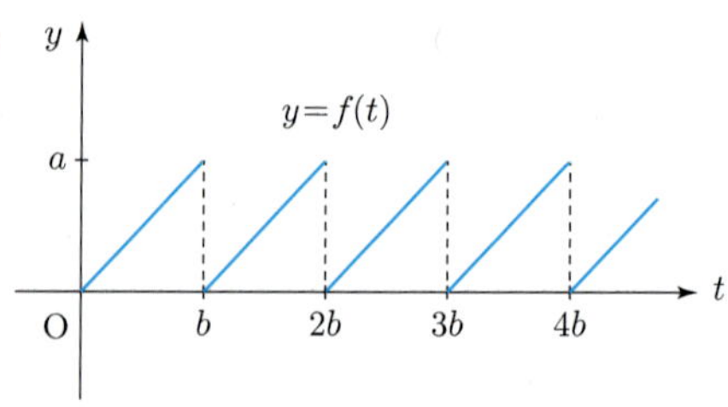

(3)

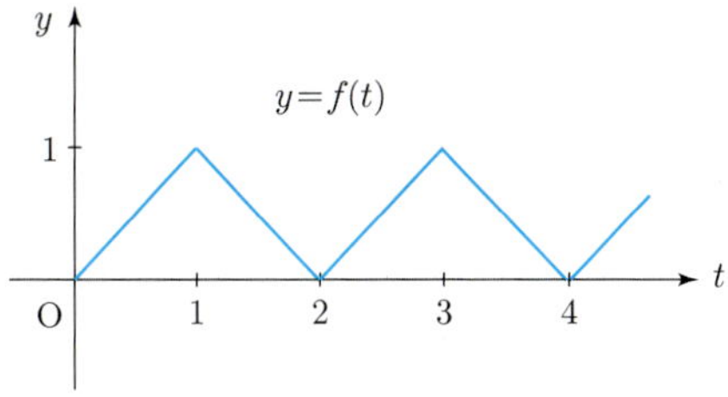

(4)

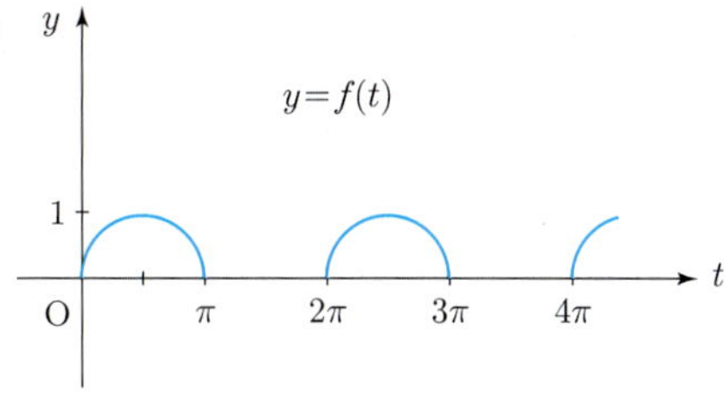

04. c가 양의 실수이고 $n=0,\ 1,\ 2,\ \cdots$일 때 다음과 같이 정의된 함수 $f(t)$의 라플라스 변환을 찾아라.

$$f(t)=\begin{cases}1 & (2nc \le t \le (2n+1)c)\\ 0 & ((2n+1)c < t < (2n+2)c)\end{cases}$$

05. 라플라스 변환을 이용하여 다음 초깃값 문제의 해를 찾아라.

(1) $y'+y=\delta(t-1),\ \ y(0)=2$

(2) $y''+16y=\delta(t-2\pi),\ \ y(0)=0,\ \ y'(0)=0$

(3) $y''+4y'+13y=\delta(t-\pi)+\delta(t-3\pi),\ \ y(0)=1,\ \ y'(0)=0$

(4) $y''-3y'+2y=e^t+\delta(t-2)+\delta(t-4),\ y(0)=0,\ \ y'(0)=0$

(5) $y''-2y'=1+\delta(t-2),\ y(0)=0,\ y'(0)=1$

(6) $y''+4y'+5y=\delta(t-2\pi),\ y(0)=0,\ y'(0)=0$

06. 다음이 성립함을 밝혀라.

$$\int_0^\infty f(t)\,\delta(t-a)\,dt=f(a)$$

07. 라플라스 변환 및 문제 6의 식을 이용하여 $y(0)=1$로 $y'(0)=-1$을 만족하도록

$$y''+2y'+2y=\cos t\,\delta(t-2\pi)$$

를 풀이하라.

6.4 합성곱과 헤비사이드 전개 정리

이 절에서는 $F(s)$와 $G(s)$의 역 변환을 알 때 $F(s)G(s)$ 또는 $\dfrac{F(s)}{G(s)}$ 꼴의 역 변환을 찾는 방법을 알아본다.

합성곱

정리 6.10 [합성곱 정리] $\mathcal{L}\{f(t)\}=F(s)$, $\mathcal{L}\{g(t)\}=G(s)$라 하면 다음이 성립한다.

$$\mathcal{L}^{-1}\{F(s)G(s)\}=\int_0^t f(u)g(t-u)\,du$$

증명 $F(s)=\mathcal{L}\{f(u)\}=\int_0^\infty e^{-su}f(u)\,du$, $G(s)=\mathcal{L}\{g(t)\}=\int_0^\infty e^{-st}g(t)\,dt$라고 하면 다음이 성립한다.

$$\begin{aligned}
F(s)G(s)&=G(s)\int_0^\infty e^{-su}f(u)\,du=\int_0^\infty f(u)[e^{-su}G(s)]\,du\\
&=\int_0^\infty f(u)[e^{-su}\mathcal{L}\{g(t)\}]\,du=\int_0^\infty f(u)\mathcal{L}\{g(t-u)U(t-u)\}]\,du\\
&=\int_0^\infty f(u)\left(\int_0^\infty e^{-st}g(t-u)\,U(t-u)\,dt\right)du\\
&=\int_0^\infty\left(\int_0^\infty e^{-st}f(u)g(t-u)\,U(t-u)\,dt\right)du\\
&=\int_0^\infty e^{-st}\left(\int_0^\infty f(u)g(t-u)\,U(t-u)\,du\right)dt\\
&=\int_0^\infty e^{-st}\left(\int_0^t f(u)g(t-u)\,du\right)dt\\
&=\mathcal{L}\left\{\int_0^t f(u)g(t-u)\,du\right\}
\end{aligned}$$

■

$\int_0^t f(u)g(t-u)\,du$를 $f(t)$와 $g(t)$의 합성곱(convolution)이라 하고, 이것을 $(f*g)(t) \equiv f(t)*g(t)$로 나타낸다.

보기 1

다음을 찾아라.

[1] $\mathcal{L}\left\{\int_0^t e^u \sin(t-u)\,du\right\}$

[2] $\mathcal{L}^{-1}\left\{\frac{1}{(s-1)(s+4)}\right\}$

풀이 [1] $\mathcal{L}\left\{\int_0^t e^u \sin(t-u)\,du\right\} = \mathcal{L}\{e^t\}\mathcal{L}\{\sin t\} = \frac{1}{s-1}\frac{1}{s^2+1}$

$$= \frac{1}{(s-1)(s^2+1)}$$

[2] $\mathcal{L}^{-1}\left\{\frac{1}{(s-1)(s+4)}\right\} = e^t * e^{-4t} = \int_0^t e^u e^{-4(t-u)}\,du$

$$= e^{-4t}\int_0^t e^{5u}\,du = e^{-4t}\frac{1}{5}e^{5t}\Big|_0^t = \frac{1}{5}e^t - \frac{1}{5}e^{-4t}$$ □

정리 6.11 임의의 함수 f, g, h에 대하여 다음이 성립한다.

[1] $f*g = g*f$

[2] $f*(g+h) = f*g + f*h$

[3] $(f*g)*h = f(g*h)$

[4] $f*0 = 0*f = 0$

증명 [1] $z = t-u$로 놓으면 다음이 성립한다.

$$(f*g)(t) = \int_0^t f(u)g(t-u)\,du = \int_t^0 f(t-z)g(z)(-dz)$$

$$= \int_0^t g(z)f(t-z)\,dz = (g*f)(t)$$

[2], [3], [4]는 정의에 의해 마찬가지 방법으로 증명된다. ■

참고 [1] 일반적으로 $1*g \neq g$이다. 예를 들어 $g(t) = t$이면 다음이 성립한다.

$$(1*g)(t) = \int_0^t 1(t-u)\,du = \frac{t^2}{2} \neq t = g(t)$$

[2] $(f*f)(t) \geq 0$도 일반적으로 성립하지 않는다. 예를 들면 $f(t) = \cos t$인 경우가 있다.

보기 2

라플라스 변환을 이용하여 다음 적분 방정식을 풀어라.

$$y(t) = t + \int_0^t y(u)\sin(t-u)\,du$$

풀이 $\mathcal{L}\{y(t)\} = Y(s)$라 하면, 주어진 방정식으로부터 다음을 얻는다.

$$\mathcal{L}\{y\} = \mathcal{L}\{t + y*\sin t\}, \qquad Y(s) = \frac{1}{s^2} + Y(s)\frac{1}{s^2+1},$$

$$Y(s) = \frac{s^2+1}{s^4} = \frac{1}{s^2} + \frac{1}{s^4}$$

따라서 $y(t) = t + \frac{1}{6}t^3$이다. □

헤비사이드 전개 정리

유리식의 역 변환을 부분 분수로 분해하여 찾는 방법을 생각해 보자. 헤비사이드(Heaviside) 전개 정리는 부분 분수로 분해하기 위해 필요한 많은 대수적 계산을 피할 수 있게 하는 유용한 정리이다.

$p(s)$와 $q(s)$가 공통 인수를 갖지 않는 다항 함수이고, $q(s)$의 최고 차수가 $p(s)$의 최고 차수보다 큰 경우에 다음과 같은 함수 $f(t)$를 찾는 문제를 생각하자.

$$f(t) = \mathcal{L}^{-1}\left\{\frac{p(s)}{q(s)}\right\}$$

이때, 헤비사이드 전개 정리는 $q(s)$의 형태와 역 변환의 선형성을 이용하여 $f(t)$를 찾는 데 유용하다.

정리 6.12 $q(s)$가 반복되지 않는 일차 인수 $(s-a)$를 가지면, 즉 $q(s) = Q(s)(s-a)$이고 $Q(a) \neq 0$이면, $(s-a)$에 대응하는 $f(t)$의 항은 다음과 같다.

$H(s) = \dfrac{P(s)(s-a)}{q(s)}$ 또는 $H(a) = \dfrac{P(a)}{q'(a)}$ 라고 할 때, $f(t)$는 항 $H(a)e^{at}$를 포함한다.

증명 $\dfrac{p(s)}{q(s)}$를 상수 A와 $(s-a)$를 인수로 포함하지 않는 식 $g(s)$로 다음과 같이 나타낼 수 있다.

$$\frac{p(s)}{q(s)}=\frac{A}{s-a}+g(s)$$

여기서 $(s-a)$에 대응하는 $f(t)$의 항은 $\mathcal{L}^{-1}\left\{\dfrac{A}{s-a}\right\}=e^{at}A$이다. 그런데 $q(s)=Q(s)(s-a)$이므로 다음을 얻는다.

$$\frac{p(s)}{Q(s)}=A+(s-a)g(s)$$

그러므로 $A=\dfrac{p(a)}{Q(a)}$이다. 한편, $q(a)=0$이므로 다음과 같이 나타낼 수 있다.

$$\frac{p(s)(s-a)}{q(s)}=p(s)\left(\frac{s-a}{q(s)-q(a)}\right)=A+(s-a)g(s)$$

따라서 $\lim_{s\to a}H(s)=H(a)$가 되고, $f(t)$ 는 항 $H(a)e^{at}$를 갖게 된다. ■

보기 3

$\mathcal{L}\{f(t)\}=\dfrac{s^2+2}{s(s+1)(s+2)}$일 때 $f(t)$를 찾아라.

풀이 $p(s)=s^2+2,\ q'(s)=3s^2+6s+2$이므로 다음이 성립한다.

$$p(0)=2,\ \ p(-1)=3,\ \ p(-2)=6,$$
$$q'(0)=2,\ \ q'(-1)=-1,\ \ q'(-2)=2$$

따라서 $f(t)=1-3e^{-t}+3e^{-2t}$이다. □

물론 다음과 같은 방법으로 대응되는 상수를 찾을 수 있다.

$$\left.\frac{s^2+2}{(s+1)(s+2)}\right|_{s\to 0}=1,\ \ \left.\frac{s^2+2}{s(s+2)}\right|_{s\to -1}=-3,\ \ \left.\frac{s^2+2}{s(s+1)}\right|_{s\to -2}=3$$

정리 6.13 $q(s)$에 $(s-a)$의 최고 차수가 $k \geq 2$인 항이 있는 경우에는 $h(s)=\dfrac{p(s)(s-a)^k}{q(s)}$이라 하면, $f(t)$는 항 $H(a)e^{at}$은 다음과 같다.

$$\left\{\frac{h^{(k-1)}(a)}{(k-1)!}+\frac{h^{(k-2)}(a)}{(k-2)!}\frac{t}{1!}+\frac{h^{(k-3)}(a)}{(k-3)!}\frac{t^2}{2!}+\cdots+\frac{h'(a)}{1!}\frac{t^{k-2}}{(k-2)!}+h(a)\frac{t^{k-1}}{(k-1)!}\right\}e^{at}$$

증명 $\dfrac{p(s)}{q(s)}$를 다음과 같이 상수 A_1, A_2, $\cdots$, A_k와 $(s-a)$를 인수로 포함하지 않는 식 $g(s)$로 나타낼 수 있다.

$$\frac{p(s)}{q(s)}=\frac{A_1}{s-a}+\frac{A_2}{(s-a)^2}+\cdots+\frac{A_k}{(s-a)^k}+g(s)$$

그러므로 다음이 성립한다.

$$\begin{aligned}h(s)&=\frac{p(s)(s-a)^k}{q(s)}\\&=A_1(s-a)^{k-1}+A_2(s-a)^{k-2}+\\&\quad\cdots+A_{k-1}(s-a)+A_k+(s-a)^k g(s)\end{aligned}$$

따라서 $h(a)=A_k$이고, $h(s)$의 $k-1$계까지의 도함수에 $s=a$를 대입하면 다음을 얻는다.

$$A_{k-j}=\frac{h^{(j)}(a)}{j!} \qquad (j=0,\ 1,\ 2,\ \cdots,\ k-1)$$

그런데 $\mathcal{L}^{-1}\left\{\dfrac{1}{(s-a)^r}\right\}=\dfrac{t^{r-1}e^{at}}{(r-1)!}$이므로 정리의 결과를 얻을 수 있다. ■

정리 6.14 $q(s)$에 이차 인수 $(s-a)^2+b^2$이 있을 때는 $h(s)=\dfrac{p(s)\{(s-a)^2+b^2\}}{q(s)}$에서 $h(a+ib)$의 실수 부분과 허수 부분을 각각 α_r과 α_i라고 하면, $f(t)$는 항 $h(a)e^{at}$ 은 다음과 같다.

$$\frac{e^{at}}{b}(\alpha_i\cos bt+\alpha_r\sin bt)$$

증명 $\dfrac{p(s)}{q(s)}$를 다음과 같이 두 상수 A와 B 및 $(s-a)^2+b^2$을 인수로 포함하지 않는 식 $g(s)$로 나타낼 수 있다.

$$\frac{p(s)}{q(s)}=\frac{As+B}{(s-a)^2+b^2}+g(s)$$

그러므로 $h(s)$는 다음과 같다.

$$h(s)=As+B+[(s-a)^2+b^2]g(s)$$

이때, $h(a+ib)=aA+B+ibA$이므로 $\alpha_r=aA+B$이고, $\alpha_i=bA$이며 $A=\dfrac{\alpha_i}{b}$이고 $B=\dfrac{b\alpha_r-a\alpha_i}{b}$이다. 따라서 다음을 얻는다.

$$\frac{p(s)}{q(s)}=\frac{1}{b}\left(\frac{\alpha_i\,(s-a)}{(s-a)^2+b^2}+\frac{b\,\alpha_r}{(s-a)^2+b^2}\right)+g(s)$$

그리고 이에 대응하는 $f(t)$의 항은 다음과 같이 표현된다.

$$\frac{1}{b}\mathcal{L}^{-1}\left\{\frac{\alpha_i\,(s-a)}{(s-a)^2+b^2}\right\}+\frac{1}{b}\mathcal{L}^{-1}\left\{\frac{b\,\alpha_r}{(s-a)^2+b^2}\right\}=\frac{e^{at}}{b}(\alpha_i\cos bt+\alpha_r\sin bt)$$ ■

$k\geq 2$일 때 인수 $((s-a)^2+b^2)^k$에 대응하는 $f(t)$의 항을 찾는 헤비사이드 공식은 매우 복잡하므로 생략한다.

보기 4

$\mathcal{L}^{-1}\left\{\dfrac{2s^2+7}{(s^2+4)(s+3)^3}\right\}$을 찾아라.

풀이 항 $h(a)e^{at}$d을 찾기 위하여, $h(s)=\dfrac{2s^2+7}{s^2+4}$이라 하자. $k=3,\ a=-3$이므로 다음을 얻는다.

$$\left(\frac{h''(-3)}{2!}+\frac{h'(-3)}{1!}\frac{t}{1!}+\frac{h(-3)}{0!}\frac{t^2}{2!}\right)e^{-3t}=\left(-\frac{23}{2197}-\frac{6}{169}t+\frac{25}{26}t^2\right)e^{-3t}$$

이제 항 $\dfrac{e^{at}}{b}(\alpha_i\text{cos}bt+\alpha_r\text{sin}bt)$을 찾아보자. 이때는 $h(s)=\dfrac{2s^2+7}{(s+3)^3}$이고 $a=0$,

$b=2$에 해당되므로 $h(a+bi)$는 다음과 같다.

$$h(2i)=\frac{2(-4)+7}{(2i+3)^3}=\frac{9}{2197}+\frac{46}{2197}i \qquad (\text{여기서 } i=\sqrt{-1} \text{이다.})$$

따라서 항 $\frac{e^{at}}{b}(\alpha_i \cos bt+\alpha_r \sin bt)$은 $\frac{1}{2}\left(\frac{46}{2197}\cos 2t+\frac{9}{2197}\sin 2t\right)$이므로 다음을 얻는다.

$$\mathcal{L}^{-1}\left\{\frac{2s^2+7}{(s^2+4)(s+3)^3}\right\}$$
$$=\left(-\frac{23}{2197}-\frac{6}{169}t+\frac{25}{26}t^2\right)e^{-3t}+\frac{1}{2}\left(\frac{46}{2197}\cos 2t+\frac{9}{2197}\sin 2t\right) \qquad \square$$

이제 연립 미분 방정식을 라플라스 변환을 이용하여 풀어보기로 하자.

보기 5

다음과 같은 초기 조건이 주어진 연립 미분 방정식은 라플라스 변환을 사용하여 해를 찾을 수 있다.

$$x''-2x'+3y'+2y=4,$$
$$2y'-x'+3y=0,$$
$$x(0)=x'(0)=y(0)=0$$

$\mathcal{L}\{x(t)\}=X(s)$, $\mathcal{L}\{y(t)\}=Y(s)$라 하며, 각 식의 양변에 라플라스 변환을 취하고, 정리하면 다음과 같다.

$$(s^2-2s)X+(3s+2)Y=\frac{4}{s}, \qquad -sX+(2s+3)Y=0$$

그러므로 다음을 얻는다.

$$X=\frac{4s+6}{s^2(s+2)(s-1)}, \qquad Y=\frac{2}{s(s+2)(s-1)}$$

따라서 역 변환하여 해를 찾으면 다음과 같다.

$$x(t)=-\frac{7}{2}-3t+\frac{1}{6}e^{-2t}+\frac{10}{3}e^t,$$
$$y(t)=-1+\frac{1}{3}e^{-2t}+\frac{2}{3}e^t$$

6.4 연습 문제

01. 합성곱 정리를 이용하여 다음을 찾아라.

(1) $\mathcal{L}\left\{t\int_0^t \sin u\,du\right\}$

(2) $\mathcal{L}\{e^{-t}*e^t\cos t\}$

(3) $\mathcal{L}^{-1}\left\{\frac{1}{s(s+1)}\right\}$

(4) $\mathcal{L}\{t^2*te^t\}$

(5) $\mathcal{L}^{-1}\left\{\frac{1}{(s+1)^2}\right\}$

(6) $\mathcal{L}^{-1}\left\{\frac{s}{(s^2+4)^2}\right\}$

(7) $\mathcal{L}^{-1}\left\{\frac{-3s^2+4s-9}{s(s^2+5)^2}\right\}$

(8) $\mathcal{L}^{-1}\left\{\frac{8s^3-s}{(s^2+2)^2(s^2-4s+4)}\right\}$

02. 라플라스 변환을 이용하여 다음 적분 방정식을 풀어라.

(1) $f(t)=3t^2-e^{-t}-\int_0^t f(u)e^{t-u}\,du$

(2) $f'(t)=1-\sin t-\int_0^t f(u)\,du,\ y(0)=0$

03. 헤비사이드의 공식을 써서 다음 주어진 함수의 역 변환을 찾아라.

(1) $\frac{s+1}{s^3+s^2-6s}$

(2) $\frac{s+2}{s(s+1)^2(s+3)}$

(3) $\frac{1}{s^2(s^2+4)}$

(4) $\frac{s^2+6s+5}{s(s^2+4s+5)}$

(5) $\frac{3s}{(s^2-2s+5)(s+1)(s-5)}$

(6) $\frac{(2s-5)}{(s^2+2)^2(s-1)}$

(7) $\frac{-5s}{(s^2+s-4)(s+1)}$

6.5 라플라스 변환의 응용

이 절에서는 라플라스 변환의 응용 중에서 가장 기본적인 몇 가지 예를 살펴보겠다.

초깃값 문제, 혼합 자료, 이동 자료 문제

지금까지는 라플라스 변환을 이용하여 특별히 정해진 시각($t=0$)에서의 초기 조건이 있는 초깃값 문제의 해를 찾았다. 그 외에도 각각 다른 시각에서의 정보가 주어지는 혼합 자료 문제와 $t \neq 0$인 같은 시각에서의 정보가 주어지는 이동 자료 문제에도 라플라스 변환을 이용하여 해를 찾을 수 있다.

보기 1

다음 이동 자료 문제의 해를 찾아라.

$$y''(t)+4y(t)=1, \quad y(2)=0, \quad y'(2)=3$$

풀이 $y(0)=A$와 $y'(0)=B$로 놓고 주어진 미분 방정식을 라플라스 변환하면 다음을 얻는다.

$$s^2\mathcal{L}\{y(t)\}-sA-B+4\{y(t)\}=\frac{1}{s},$$

$$\mathcal{L}\{y(t)\}=\frac{1}{s(s^2+4)}+\frac{As+B}{s^2+4}=\frac{1}{4}\frac{1}{s}-\frac{1}{4}\frac{s}{s^2+4}+A\frac{s}{s^2+4}+B\frac{1}{s^2+4},$$

$$y(t)=\frac{1}{4}-\frac{1}{4}\cos 2t+A\cos 2t+\frac{B}{2}\sin 2t$$

A와 B를 찾아서 대입하면 해를 얻는다. 초기 조건에 의하여 다음이 성립한다.

$$y(2)=\frac{1}{4}-\frac{1}{4}\cos 4+A\cos 4+\frac{B}{2}\sin 4=0,$$

$$y'(2)=\frac{1}{2}\sin 4-2A\sin 4+B\cos 4=3$$

그러므로 A와 B는 다음과 같다.

$$A = \frac{1}{4} - \frac{1}{4}\cos 4 - \frac{3}{2}\sin 4,$$

$$B = 3\cos 4 - \frac{1}{2}\sin 4 \qquad \square$$

특이 적분

$\mathcal{L}\{f(t)\} = \int_0^\infty e^{-st} f(t)\,dt = F(s)$에서 $s = a$ (a는 상수)라 놓으면 다음을 얻는다.

$$\int_0^\infty e^{-at} f(t)\,dt = F(a) = \mathcal{L}\{f(t)\}|_{s=a}$$

특히, $s = 0$이라 놓으면 다음과 같다.

$$\int_0^\infty f(t)\,dt = F(0) = \mathcal{L}\{f(t)\}|_{s=0}$$

또, 특이 적분의 계산에 편리하게 이용되는 다음과 같은 공식이 있다.

$$\int_0^\infty \frac{f(t)}{t}\,dt = \int_0^\infty F(u)\,du$$

이는 변환의 적분 공식에서 $s = 0$이라 놓으면 바로 얻을 수 있다.

보기 2

다음 특이 적분을 계산하라.

[1] $\int_0^\infty t e^{-2t} \cos t\,dt$ [2] $\int_0^\infty \frac{e^{-t} - e^{-3t}}{t}\,dt$

풀이 [1] $\mathcal{L}\{t\cos t\}|_{s=2} = -\frac{d}{ds}\mathcal{L}\{\cos t\}\Big|_{s=2} = -\frac{d}{ds}\left(\frac{s}{s^2+1}\right)\Big|_{s=2}$

$$= \frac{s^2-1}{(s^2+1)^2}\Big|_{s=2} = \frac{3}{25}$$

[2] $\int_0^\infty \frac{e^{-t} - e^{-3t}}{t}\,dt = \int_0^\infty \mathcal{L}\{e^{-t} - e^{-3t}\}\,dt = \int_0^\infty \left(\frac{1}{s+1} - \frac{1}{s+3}\right)dt$

$$= \ln\frac{s+1}{s+3}\Big|_0^\infty = \ln 3 \qquad \square$$

역학 문제

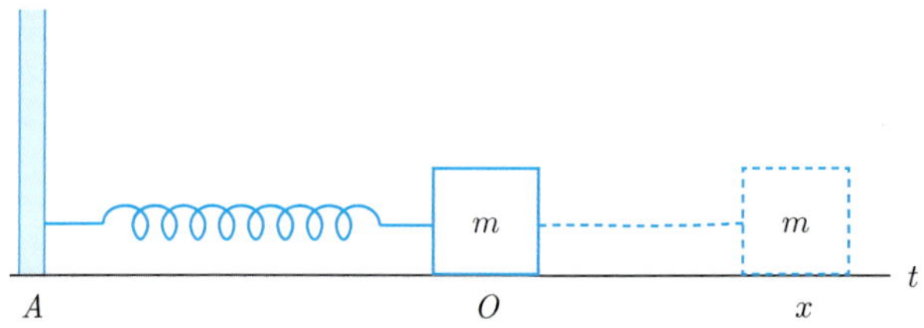

그림 6.5 ▎질점의 운동

한쪽 끝이 고정되어 있는 어떤 용수철의 다른쪽 끝에 질량 m의 질점이 고정되어 직선에서 마찰 없이 움직인다고 하자(그림 6.5). 이 질점의 평형(정지) 상태의 위치를 원점 0으로 잡고, 시각 t일 때의 위치를 $x(t)$라 하면, 이 질점에는 용수철의 탄성으로 인한 $-kx(k>0$은 탄성 계수)의 복원력이 작용한다(훅의 법칙). 따라서 뉴턴의 운동 제2법칙에 의하여 다음이 성립한다.

$$m\frac{d^2x}{dt^2}=-kx$$

더욱이 이 질점에 속도에 비례하는 감쇠력 $\alpha\frac{dx}{dt}$ (α는 감쇠 계수)가 작용한다면, 질점의 운동 방정식은 다음과 같이 된다.

$$m\frac{d^2x}{dt^2}=-kx-\alpha\frac{dx}{dt}$$

여기에 다시 시각에 따라 변하는 외력 $f(t)$가 작용하면 운동 방정식은 다음과 같은 상수 계수 이계 선형 미분 방정식이 된다.

$$m\frac{d^2x}{dt^2}=-kx-\alpha\frac{dx}{dt}+f(t),\quad \text{즉}\quad mx''+\alpha x'+kx=f(t)$$

이 방정식은 적당한 초기 조건에 의해 쉽게 $x(t)$를 찾을 수 있다.

보기 3

위와 같이 한 질점이 x축에서 점 x에서 0을 향하여 움직인다고 하자. $x(0)=x_0$, $x'(0)=v_0$이라 했을 때 이 질점의 운동을 설명하라(단, 외력은 없는 것으로 한다).

풀이 운동 방정식은 $mx'' + \alpha x' + kx = 0$이다. 이를 다음과 같이 정리할 수 있다.

$$x'' + 2ax' + b^2x = 0 \quad \left(단\ a = \frac{\alpha}{2m},\ b^2 = \frac{k}{m}\right)$$

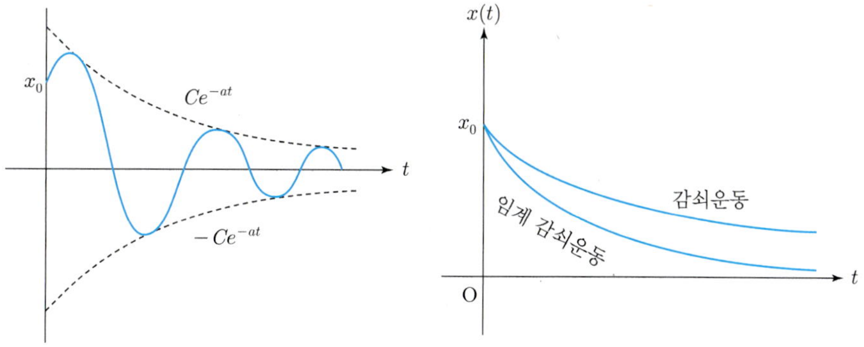

그림 6.6 ❙ 감쇠 운동

$\mathcal{L}\{x(t)\} = X(s)$라 하고 양변에 라플라스 변환을 취하여 초기 조건을 대입하면 다음과 같다.

$$(s^2X(s) - x_0s - v_0) + 2a(sX(s) - x_0) + b^2X(s) = 0$$

따라서 다음을 얻는다.

$$X(s) = \frac{x_0s + (v_0 + 2ax_0)}{s^2 + 2as + b^2} = \frac{x_0(s+a)}{(s+a)^2 + (b^2 - a^2)} + \frac{v_0 + ax_0}{(s+a)^2 + (b^2 - a^2)}$$

[경우 1] $b^2 - a^2 > 0$일 때

$$x(t) = \mathcal{L}^{-1}\{X(s)\} = e^{-at}\left(x_0 \cos\sqrt{b^2 - a^2}\ t + \frac{v_0 + ax_0}{\sqrt{b^2 - a^2}} \sin\sqrt{b^2 - a^2}\ t\right)$$

이 경우의 운동은 $\dfrac{2\pi}{\sqrt{b^2 - a^2}}$를 주기로 하는 진동 운동이지만 그 진폭은 시간이 지남에 따라 점점 작아져 0에서 정지하게 된다(정적 평형 위치). 이 운동을 작은 감쇠 운동(underdamping)이라 한다.

[경우 2] $b^2 - a^2 = 0$일 때

$$x(t) = \mathcal{L}^{-1}\{x\} = x_0e^{-at} + (v_0 + ax_0)te^{-at} = e^{-at}[x_0 + (v_0 + ax_0)t]$$

이 경우의 운동은 질점이 원점 0을 향하여 서서히 움직이다가 정지한다. 이 운동을 임계 감쇠 운동(critical damping)이라 한다.

[경우 3] $b^2 - a^2 < 0$일 때

$$x(t) = e^{-at}\left(x_0 \cosh\sqrt{a^2 - b^2}\, t + \frac{v_0 + ax_0}{\sqrt{a^2 - b^2}} \sinh\sqrt{a^2 - b^2}\, t\right)$$

이 경우에는 [경우 2]와 비슷하지만 감쇠 속도는 [경우 2]보다 훨씬 느리다. 이 운동을 지나친 감쇠 운동(overdamping)이라 한다. □

이 문제는 감쇠 운동계(damped system)의 간단한 예이다.

전기 회로

아래와 같은 회로 요소를 직렬로 연결한 것을 단순 회로(또는 RLC 회로)라 한다(그림 6.7).

1. 전원: 기전력 E(volt)
2. 저항기: 저항 R(ohm)
3. 유도기: 자기 유도 계수 L(henry)
4. 축전기: 전기 용량 C(farad)

스위치 K를 닫으면 전하 Q(coulomb)가 흐르고, 이때 $\dfrac{dQ}{dt} = I(t)$를 전류(ampere)의 세기라 한다(시간 t의 단위 : 초).

또 각 요소에서의 전압 강하는 아래와 같다.

① 저항기를 통한 전압 낙하 E_R은 순간 전류 I에 비례한다.

$$E_R = IR = R\frac{dQ}{dt}$$

② 유도기에 의한 전압 강하는 전류 I의 시간에 대한 변화율에 비례한다.

$$E_L = L\frac{dI}{dt} = L\frac{d^2Q}{dt^2}$$

③ 축전기에 의한 전압 강하는 순간 전하 Q에 비례한다.

$$E_C = \frac{1}{C}Q$$

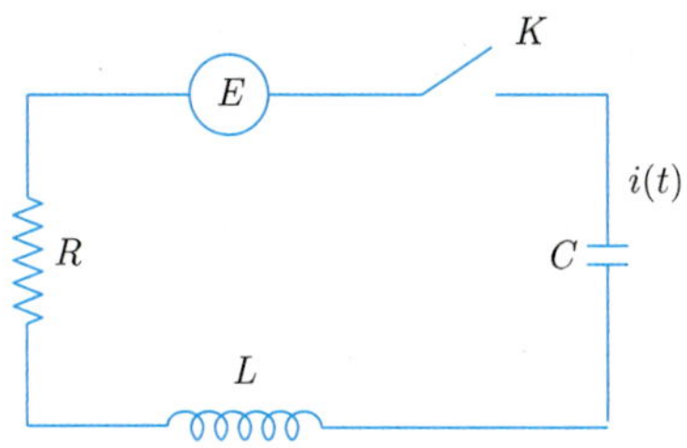

그림 6.7 ❙ RLC 회로

따라서 그림 6.7의 회로에서는 키르히호프(Kirchhoff)의 법칙에 의하여 아래 관계식이 성립한다.

$$E = L\frac{d^2Q}{dt^2} + R\frac{dQ}{dt} + \frac{Q}{C}$$

보기 4

그림 6.7에서 $R = 16$(ohm), $L = 2$(henry), $C = 0.02$(farad), $E = 300$(volt)인 경우, 스위치를 닫은 후 t초일 때의 전하 Q와 전류 I를 찾아라.

풀이 $Q(0) = 0,\ I(0) = Q'(0) = 0$(초기 조건)이고 다음이 성립한다.

$$2\frac{d^2Q}{dt^2} + 16\frac{dQ}{dt} + \frac{Q}{0.02} = E, \quad \text{즉} \quad \frac{d^2Q}{dt^2} + 8\frac{dQ}{dt} + 25Q = 150$$

양변에 라플라스 변환을 취하고 초기 조건을 대입하면 다음과 같다.

$$\mathcal{L}\{Q\} = Y = \frac{150}{s(s^2 + 8s + 25)} = \frac{6}{s} - \frac{6(s+4)}{(s+4)^2 + 3^2} - \frac{24}{(s+4)^2 + 3^2}$$

따라서 $Q(t) = \mathcal{L}^{-1}\{Y\} = 6 - 6e^{-4t}\cos 3t - 8e^{-4t}\sin 3t$이고, 다음을 얻는다.

$$I(t) = \frac{dQ}{dt} = 50e^{-4t}\sin 3t$$

□

보기 5

유도기를 무시한 RC 회로에서 그림 6.8와 같은 단일 구형파의 전압 $V(t)$가 주어질 때의 전류를 찾아라.

풀이 $V = IR + \dfrac{Q}{C}$에서 $V(t) = V_0[U(t-a) - U(t-b)]$이다. 또 $\dfrac{dQ}{dt} = I(t)$이고 $Q(0) = 0$이므로 $Q(t) = \displaystyle\int_0^t I(t)\,dt$이다. 따라서 다음이 성립한다.

$$V_0[U(t-a) - U(t-b)] = IR + \frac{1}{C}\int_0^t I(s)\,ds$$

양변에 라플라스 변환을 취하면 다음을 얻는다.

$$\frac{V_0}{s}(e^{-as} - e^{-bs}) = XR + \frac{1}{Cs}X \quad (X = \mathcal{L}\{I(t)\})$$

그러므로 다음이 성립한다.

$$X = \frac{CV_0}{RCs+1}(e^{-as} - e^{-bs}) = \frac{\frac{V_0}{R}}{s + \frac{1}{RC}}(e^{-as} - e^{-bs})$$

따라서 다음을 얻는다.

$$I(t) = \mathcal{L}^{-1}\{X\} = \frac{V_0}{R}[e^{-\frac{t-a}{RC}}U(t-a) - e^{-\frac{t-b}{RC}}U(t-b)]$$

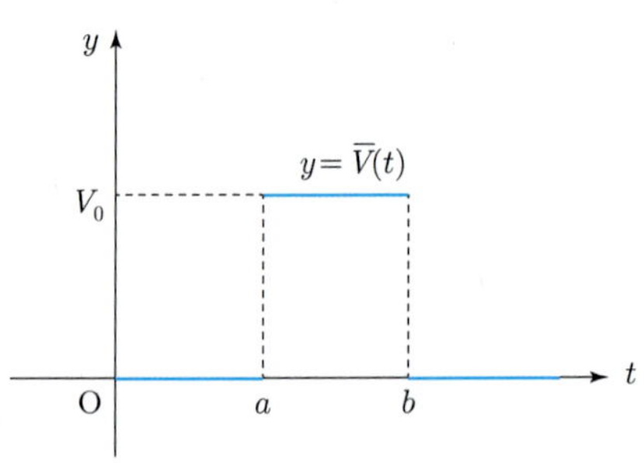

그림 6.8 ▍ 단일 구형파의 전압

$$
= \begin{cases} 0 & (t < 0) \\ \dfrac{V_0}{R} e^{-\frac{1}{RC}(t-a)} & (a < t < b) \\ \dfrac{V_0}{R} e^{-\frac{1}{RC}(t-a)} - \dfrac{V_0}{R} e^{-\frac{1}{RC}(t-b)} & (b < t) \end{cases}
$$

$$
= \begin{cases} 0 & (t < a) \\ K_1 e^{-\frac{t}{RC}} & (a < t < b) \quad \left(K_1 = \dfrac{V_0}{R} e^{\frac{a}{RC}} \right) \\ (K_1 - K_2) e^{-\frac{t}{RC}} & (b < t) \quad \left(K_2 = \dfrac{V_0}{R} e^{\frac{b}{RC}} \right) \end{cases}
$$

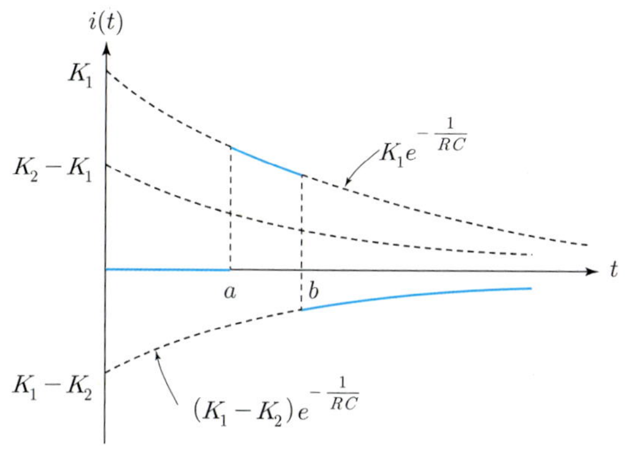

그림 6.9 ❙ 전류의 그래프

이 전류의 그래프는 그림 6.9의 실선 부분이다. □

종합 문제 6

01. 라플라스 변환을 이용하여 다음 초깃값 문제의 해를 찾아라.

(1) $y'' - 4y' + 4y = t^3,\quad y(0) = 1,\quad y'(0) = 0$

(2) $y'' - 2y' + 5y = 1 + t,\quad y(0) = 0,\quad y'(0) = 4$

(3) $y' + y = f(t),\quad y(0) = 0,$ 여기서 $f(t) = \begin{cases} 1 & (0 \le t < 1) \\ -1 & (t \ge 1) \end{cases}$

(4) $y'' + y = f(t),\quad y(0) = 0,\quad y'(0) = 1,$ 여기서 $f(t) = \begin{cases} 0 & (0 \le t < \pi) \\ 1 & (\pi \le t < 2\pi) \\ 0 & (t \ge 2\pi) \end{cases}$

(5) $y'' - 7y' + 6y = e^t + \delta(t-2) + \delta(t-4),\quad y(0) = 0,\quad y'(0) = 0$

(6) $y'' + 4y = \sin t\, U(t - 2\pi),\quad y(0) = 1,\quad y'(0) = 0$

(7) $y'' - 5y' + 6y = U(t-1),\quad y(0) = 0,\quad y'(0) = 1$

(8) $y'' - 4y' + 6y = 30\,U(t - \pi),\quad y(0) = 0,\quad y'(0) = 0$

(9) $y'' - y' - 6y = t,\quad y(0) = 1,\quad y'(1) = 4$

(10) $y'' - 4y' + 4y = \cos 3t,\quad y(2) = 0,\quad y'(0) = 0$

(11) $y'' + 2ty' - 4y = 1,\quad y(0) = y'(0) = 0$

(12) $ty'' + (4t - 2)y' - 4y = 0,\quad y(0) = 1$

02. 다음 주어진 적분 방정식을 풀어서 $f(t)$를 찾아라.

(1) $\displaystyle\int_0^t f(t) f(t-u)\, du = 6t^3$

(2) $\displaystyle y'(t) = \cos t + \int_0^t y(u) \cos(t-u)\, du;\ y(0) = 1$

(3) $\displaystyle f(t) = 2t - 4\int_0^t \sin u\, f(t-u)\, du$

(4) $\displaystyle t - 2f(t) = \int_0^t (e^u - e^{-u}) f(t-u)\, du$

(5) $\displaystyle 2f(t) + 1 = t - \int_0^t (e^{3(t-\alpha)} f(u))\, du$

(6) $\displaystyle f(t) = te^{-t} + \int_0^t f(t-\alpha)\sin\alpha\, d\alpha$

03. $\mathcal{L}\{f(t)\} = F(s)$이고 $k > 0$일 때 $\mathcal{L}\{e^{a(t-k)} f(t-k) U(t-k)\}$를 찾아라.

04. 다음 그래프로 표시된 함수 $f(t)$를 (a) 단위 계단 함수로 나타내고, (b) $\mathcal{L}\{f(t)\}$를 찾고, (c) $\mathcal{L}\{e^t f(t)\}$를 찾아라.

(1)

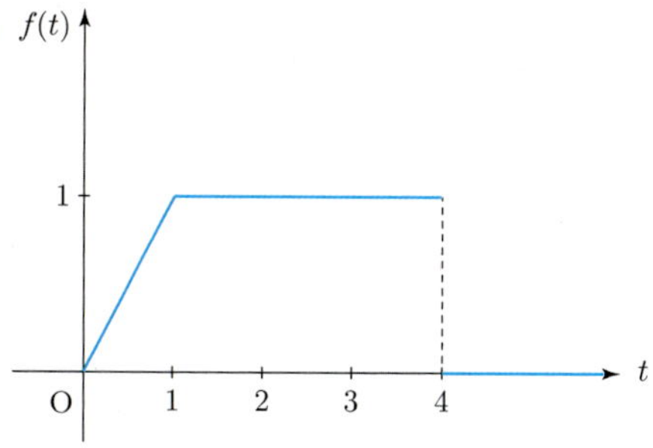

(2)

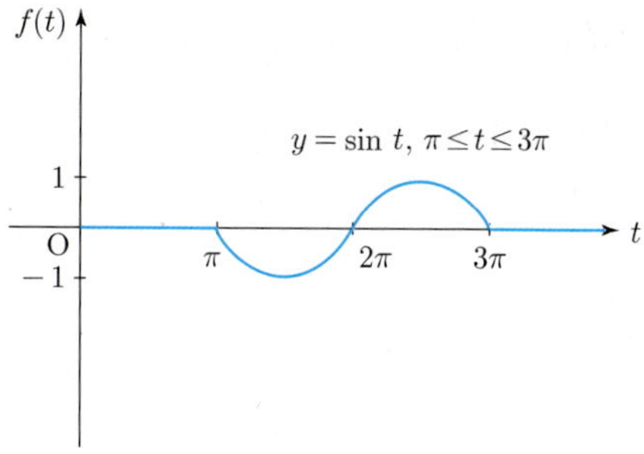

(3)

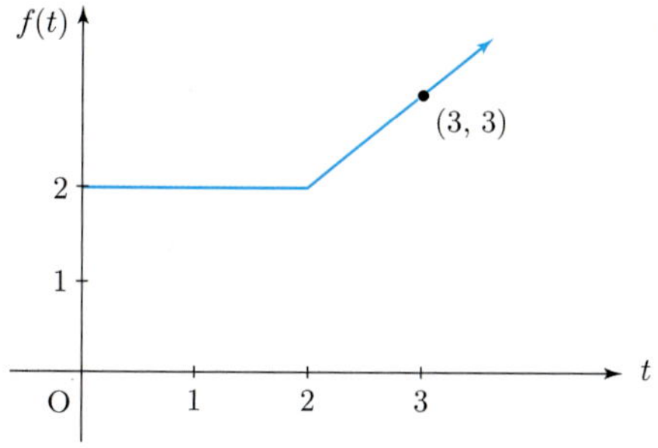

(4)

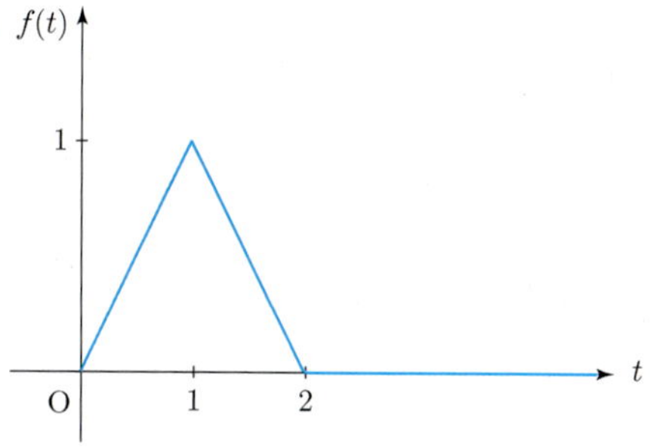

05. 아래 그림과 같은 전기 회로에서 회로망의 각 부분에서의 전류를 찾아라. 시간 0에서의 전류 값은 0이라 한다. 즉, $I_1(0) = I_2(2) = I_3(3) = 0$이다.

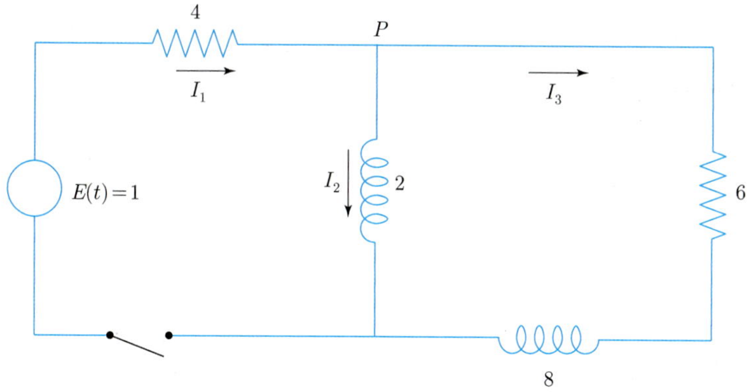

제 2 부

푸리에 해석학과 편미분 방정식

푸리에 급수의 등장

프랑스의 수학자이자 공학자인 푸리에(Jean-Baptiste-Joseph Fourier, 1768~1830)는, 당시의 많은 과학자와 마찬가지로, 금속 막대, 판, 입체 물체에서의 열의 전도에 관한 실용적인 문제에 관심을 기울였다. 그리고 이에 관한 기초적인 논문을 1807년 12월 21일 프랑스 과학원의 한 모임에서 발표했다. 그 논문을 발표하는 동안, 그는 "닫힌 구간에서 정의된 임의의 함수는 순전히 사인 함수와 코사인 함수의 합으로 나타낼 수 있다"는 놀라운 주장을 폈다. 좀 더 명확하게 말하면, 구간 $[-\pi, \pi]$에서 정의된 임의의 함수는 그 구간에서 다음과 같은 '푸리에 급수'로 나타낼 수 있다고 주장했다.

$$\frac{a_0}{2} + \sum_{n=1}^{\infty} (a_n \cos nx + b_n \sin nx)$$

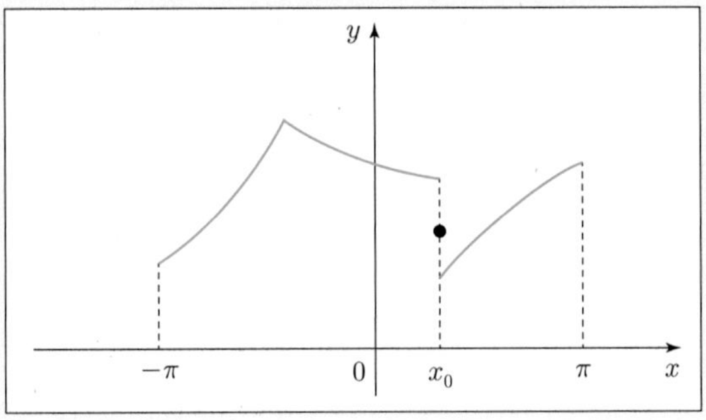

어느 정도 잘 행동하는 많은 함수가 이런 급수로 나타난다는 사실은 이미 밝혀졌었다. 그런데 정말 임의의 함수를, 이를테면 그래프가 오른쪽 그림과 같은 함수를 푸리에 급수로 나타낼 수 있을까?

푸리에는 이에 대해 명확한 답을 제시하지 못했고, 단지 매우 엉성한 논법으로 자신의 주장을 옹호했을 뿐이다. 그 뒤에 그의 주장이 너무 과장되었다는 사실이 밝혀졌지만, 푸리에 급수가 대단히 광범위한 함수를 나타낸다는 사실도 밝혀졌다. 예를 들면, 1829년에 독일의 수학자 디리클레(Peter Gustav Lejeune Dirichlet, 1805~1859)는 응용 문제에 등장하는 대부분의 함수가 푸리에 급수로 나타난다는 중요한 정리(이 책의 정리 7.1)를 증명했다.

이렇게 많은 함수를 푸리에 급수로 나타낼 수 있다는 점은, 훨씬 제한적인 테일러 급수보다 푸리에 급수가 고등 수학에서 훨씬 더 강력한 도구임을 시사한다. 푸리에 급수는 음향학, 광학, 전기 역학, 열역학 등과 그 외의 많은 연구 분야에서 매우 가치가 높다는 사실이 밝혀졌고, 조화 해석학, (편)미분 방정식의 풀이 등에서 주요한 역할을 담당하고 있다.

제 7 장 푸리에 해석학

멱급수는 계수가 함수인 선형 상미분 방정식의 연구에 매우 유용하게 사용된다. 이 장에서는 다른 유형의 급수인 푸리에 급수를 소개한다. 푸리에 급수는 편미분 방정식의 해를 찾고 해의 성질을 연구하는 이론적인 분야와 공학 등의 여러 응용 분야에서 널리 이용되고 있다.

■ 스튀름(Jacques Charles Francois Sturm, 1803~1855)

스위스 제네바 태생의 프랑스 수학자로 유년기에는 그리스와 라틴의 시(詩)에 관한 재능을 보였으며 16세 이후에 수학 공부를 하였다. 전문 수학자로서 열전도에 관한 연구에 흥미를 가졌다. 리우빌과 함께 이계 미분 방정식의 경곗값 문제에 대해 연구하였으며 고윳값과 고유 함수에 관한 많은 성질을 발견하였다. 오늘날 이에 관한 이론을 스튀름·리우빌 이론이라 한다.

■ 리우빌(Joseph Liouville, 1809~1883)

프랑스의 수학자로 수리 물리학, 천문학, 순수 수학에 이르는 다양한 분야에 관심을 가지고 연구하여 미분 기하학, 통계 역학, 미분 방정식, 수론, 측도론 등의 분야에 많은 업적을 남겼다. 특히, 스튀름과 함께 이계 미분 방정식의 경곗값 문제에 관한 이론을 발전시켰다. 그는 400편이 넘는 연구 논문을 저술하였다고 한다.

7.1 직교 함수

이 절에서는 평면 벡터의 집합과 공간 벡터의 집합 및 일반적으로 n차원 공간 벡터의 집합이 이루는 벡터 공간과 관련된 개념과 성질을, 함수들의 집합에 적용하여 확장한다. 벡터의 내적과 직교성을 함수들에 대해 정의하고, 이를 이용하여 함수를 일반 푸리에 급수(generalized Fourier series)로 나타내는 방법을 소개한다.

구간 $[a, b]$[1]에서 정의된 함수들의 집합 $F[a, b]$에 속한 임의의 두 원소 f_1과 f_2의 합(addition) $f_1 + f_2$를 다음과 같이 정의한다.

$$(f_1 + f_2)(x) = f_1(x) + f_2(x) \quad (x \in [a, b])$$

또, 함수 f와 스칼라[2] k의 스칼라 배(scalar multiplication) kf를 다음과 같이 정의한다.

$$(kf)(x) = kf(x) \quad (x \in [a, b])$$

그러면 집합 $F[a, b]$는 벡터 공간을 이룬다.

함수의 내적

두 벡터 $\mathbf{u}$와 $\mathbf{v}$의 내적 $\langle \mathbf{u}, \mathbf{v} \rangle$ 또는 $\mathbf{u} \cdot \mathbf{v}$는 다음과 같은 네 가지 성질을 만족시킨다.[3]

(i) $\langle \mathbf{u}, \mathbf{v} \rangle = \langle \mathbf{v}, \mathbf{u} \rangle$

(ii) $\langle k\mathbf{u}, \mathbf{v} \rangle = k\langle \mathbf{u}, \mathbf{v} \rangle$ (k는 스칼라)

(iii) $\mathbf{u} = \mathbf{0}$이면 $\langle \mathbf{u}, \mathbf{u} \rangle = 0$이고, $\mathbf{u} \neq \mathbf{0}$이면 $\langle \mathbf{u}, \mathbf{u} \rangle > 0$이다.

(iv) $\langle \mathbf{u} + \mathbf{v}, \mathbf{w} \rangle = \langle \mathbf{u}, \mathbf{w} \rangle + \langle \mathbf{v}, \mathbf{w} \rangle$ ($\mathbf{w}$는 벡터)

일반적으로 임의의 벡터 공간에서 위의 네 조건을 만족시키며 스칼라 값을 취하는 이항 연산을 내적이라고 한다. 구간 $[a, b]$에서 연속 함수 전체의 집합 $C[a, b]$에 속한 두 함수 f_1과 f_2의 곱 $f_1 f_2$의 정 적분은 위의 네 가지 성질을 모두 만족시킨다. 따라서 다음 식으로 정의되는 이항 연산은 집합 $C[a, b]$의 내적이다.

---

1) 일반적으로 구간 (a, b), $(-\infty, \infty)$, $(0, \infty)$ 등의 경우도 포함한다.

2) 여기서는 실수를 말하는데, 경우에 따라 복소수를 택할 수 있다.

3) $\mathbf{u} = (a_1, b_1, c_1)$와 $\mathbf{v} = (a_2, b_2, c_2)$가 3차원 벡터일 때 $\langle \mathbf{u}, \mathbf{v} \rangle = a_1 a_2 + b_1 b_2 + c_1 c_2$이다.

$$\langle f_1, f_2 \rangle = \int_a^b f_1(x) f_2(x)\, dx \quad (f_1, f_2 \in C[a, b])$$

앞으로 기호 $\langle f_1, f_2 \rangle$로 두 함수 f_1과 f_2의 내적을 나타내기로 하고, 집합 $F[a, b]$는 이와 같은 내적이 정의되어 있는 함수의 집합을 나타내기로 한다.

직교 함수와 직교 함수의 집합

두 벡터 $\mathbf{u}$와 $\mathbf{v}$가 서로 직교할 필요 충분 조건은 $\langle \mathbf{u}, \mathbf{v} \rangle = 0$이다. 이를 확장하여 집합 $F[a, b]$에 속한 두 함수 f_1과 f_2가 다음 식을 만족시키면 두 함수는 서로 직교(orthogonal)한다고 한다.

$$\langle f_1, f_2 \rangle = \int_a^b f_1(x) f_2(x)\, dx = 0$$

공간의 두 벡터가 서로 직교한다는 것은 기하학적으로 서로 수직임을 뜻하지만, 함수의 직교성에는 그런 기하적인 의미는 없다.

보기 1

구간 $[-1, 1]$에서 정의된 두 함수 $f_1(x) = x$와 $f_2(x) = x^2$은 다음과 같이 서로 직교한다.

$$\langle f_1, f_2 \rangle = \int_{-1}^{1} f_1(x) f_2(x)\, dx = \int_{-1}^{1} x^3\, dx = \frac{1}{4} x^4 \Big|_{-1}^{1} = 0$$

집합 $F[a, b]$에 속한 0이 아닌 함수들의 무한 집합 $\{\phi_n\}_{n=0}^{\infty}$이 다음 식을 만족시키면, 집합 $\{\phi_n\}_{n=0}^{\infty}$을 구간 $[a, b]$의 직교 집합(orthogonal set)이라고 한다.

$$\langle \phi_n, \phi_m \rangle = \int_a^b \phi_n(x) \phi_m(x)\, dx = 0 \quad (n \neq m)$$

보기 2

$\{1, \cos x, \cos 2x, \cdots, \cos nx, \cdots\}$는 구간 $[0, \pi]$의 직교 집합임을 보여라.

풀이 $\phi_0(x)=1$, $\phi_1(x)=\cos x$, $\phi_2(x)=\cos 2x$, $\cdots$, $\phi_n(x)=\cos nx$, $\cdots$이라 하면 다음이 성립한다.

$$n \neq 0\text{일 때, } \langle \phi_0, \phi_n \rangle = \int_0^{\pi} \cos nx\, dx = 0,$$

$$\begin{aligned} n \neq m\text{일 때, } \langle \phi_n, \phi_m \rangle &= \int_0^{\pi} \cos nx \cos mx\, dx \\ &= \int_0^{\pi} \frac{1}{2}\{\cos(n+m)x + \cos(n-m)x\}\, dx \\ &= 0 \end{aligned}$$

따라서 주어진 집합은 직교 집합이다. □

벡터 $\mathbf{u}$의 크기 또는 길이 $\|\mathbf{u}\|$는 다음과 같다.[4)]

$$\langle \mathbf{u}, \mathbf{u} \rangle = \|\mathbf{u}\|^2 \quad \text{혹은} \quad \|\mathbf{u}\| = \sqrt{\langle \mathbf{u}, \mathbf{u} \rangle}$$

이를 확장하여 집합 $F[a, b]$에 속한 함수 f의 크기 또는 놈(norm)을 다음과 같이 정의한다.

$$\|f\| = \sqrt{\langle f, f \rangle} = \left(\int_a^b \{f(x)\}^2\, dx\right)^{1/2}$$

흔히, $\|f\|$를 함수 f의 제곱 놈(square norm 또는 two-norm)이라 부르기도 한다. 특히, 다음 식을 만족시키는 구간 $[a, b]$의 직교 집합 $\{\phi_n\}_{n=0}^{\infty}$를 구간 $[a, b]$의 정규 직교 집합(orthonormal set) 또는 간단히 정규 집합이라고 한다.

$$\|\phi_n\| = 1 \ (n = 0, 1, 2, \cdots)$$

따라서 직교 집합의 각 함수를 그 함수의 크기로 나누어 얻은 집합은 정규 집합이다.

---

4) $\mathbf{u} = (a, b, c)$가 3차원 벡터일 때 $\|\mathbf{u}\| = \sqrt{a^2 + b^2 + c^2}$ 이다.

보기 3

보기 2에 주어진 직교 집합의 각 원소의 크기를 찾아라.

풀이 $\|\phi_0\|^2 = \int_0^\pi 1\,dx = \pi$이므로 $\|\phi_0\| = \sqrt{\pi}$이다. $n > 0$일 때, 다음이 성립한다.

$$\begin{aligned}\|\phi_n\|^2 &= \int_0^\pi \phi_n^2(x)\,dx = \int_0^\pi \cos^2 nx\,dx \\ &= \int_0^\pi \frac{1}{2}(1+\cos 2nx)\,dx = \frac{\pi}{2}\end{aligned}$$

따라서 $\|\phi_n\| = \sqrt{\pi/2}\ \ (n>0)$이다. □

보기 4

보기 2와 3으로부터 다음 집합은 구간 $[0,\ \pi]$의 정규 집합이다.

$$\left\{\frac{1}{\sqrt{\pi}},\ \frac{\sqrt{2}\cos x}{\sqrt{\pi}},\ \frac{\sqrt{2}\cos 2x}{\sqrt{\pi}},\ \cdots,\ \frac{\sqrt{2}\cos nx}{\sqrt{\pi}},\ \cdots\right\}$$

일반 푸리에 급수

삼차원 공간의 임의의 벡터는 영벡터가 아닌 서로 직교하는 세 벡터의 일차 결합으로 나타낼 수 있다. 함수들의 집합에 대해서도 이와 비슷한 이야기를 할 수 있는데, 간단히 말해 함수는 서로 직교하는 유한 개의 함수가 아니라 무한 개 함수의 일차 결합으로 나타낼 수 있다. 이에 대해 자세히 살펴보자.

임의의 삼차원 공간 벡터 $\mathbf{u}$는 영벡터가 아니고 서로 직교하는 세 벡터 $\mathbf{v}_1,\ \mathbf{v}_2,\ \mathbf{v}_3$의 일차 결합, 즉 적당한 스칼라 $c_1,\ c_2,\ c_3$에 대해 다음과 같은 식으로 나타난다.

$$\mathbf{u} = c_1\mathbf{v}_1 + c_2\mathbf{v}_2 + c_3\mathbf{v}_3 \tag{1}$$

여기서 $c_i\,(i=1,\ 2,\ 3)$을 벡터 $\mathbf{u}$의 성분이라고 한다. 식 (1)의 양변을 벡터 $\mathbf{v}_i\,(i=1,\ 2,\ 3)$와 내적시키고 내적의 성질 (i)과 (iv)를 이용하면 다음을 얻는다.

$$\langle \mathbf{u},\ \mathbf{v}_i\rangle = c_1\langle \mathbf{v}_1,\ \mathbf{v}_i\rangle + c_2\langle \mathbf{v}_2,\ \mathbf{v}_i\rangle + c_3\langle \mathbf{v}_3,\ \mathbf{v}_i\rangle = c_i\,\|\mathbf{v}_i\|^2$$

따라서 벡터 $\mathbf{u}$의 성분 c_1, c_2, c_3의 값은 다음과 같다.

$$c_i = \frac{\langle \mathbf{u}, \mathbf{v}_i \rangle}{\|\mathbf{v}_i\|^2} \quad (i = 1, 2, 3)$$

이를 이용하여 식 (1)을 다시 쓰면 다음과 같다.

$$\mathbf{u} = \sum_{i=1}^{3} \frac{\langle \mathbf{u}, \mathbf{v}_i \rangle}{\|\mathbf{v}_i\|^2} \mathbf{v}_i \tag{2}$$

n차원 공간의 영벡터가 아닌 서로 직교하는 벡터의 최대 개수는 n이다. 이러한 n개의 벡터를 $\mathbf{v}_1$, $\mathbf{v}_2$, $\cdots$, $\mathbf{v}_n$이라 하고 식 (2)를 확장하여 적용하면 n차원 공간의 임의의 벡터 $\mathbf{u}$는 다음과 같이 나타난다.

$$\mathbf{u} = \sum_{i=1}^{n} \frac{\langle \mathbf{u}, \mathbf{v}_i \rangle}{\|\mathbf{v}_i\|^2} \mathbf{v}_i \tag{3}$$

이제, 이와 같은 생각을 내적이 정의된 함수의 집합에 적용해 보자. 보기 2와 같이 일반적으로 구간 $[a, b]$의 직교 집합 $\{\phi_n\}_{n=0}^{\infty}$에 대해 집합 $F[a, b]$에 속한 임의의 함수 $f(x)$를 다음과 같이 쓸 수 있다고 하자.

$$f(x) = c_0\phi_0(x) + c_1\phi_1(x) + c_2\phi_2(x) + \cdots + c_n\phi_n(x) + \cdots \quad (x \in [a, b]) \tag{4}$$

여기서 $c_i\,(i = 0, 1, 2, \cdots)$는 스칼라이다. 식 (4)의 양변을 ϕ_m과 내적시키면 다음과 같다.

$$\begin{aligned}\langle f, \phi_m \rangle &= c_0\langle \phi_0, \phi_m \rangle + c_1\langle \phi_1, \phi_m \rangle + \cdots \\ &\quad + c_n\langle \phi_n, \phi_m \rangle + \cdots \\ &= c_m\|\phi_m\|^2 \quad (m = 0, 1, 2, \cdots)\end{aligned}$$

이를 이용하여 식 (4)를 다시 쓰면 다음과 같다.

$$f(x) = \sum_{n=0}^{\infty} c_n\phi_n(x) = \sum_{n=0}^{\infty} \frac{\langle f, \phi_n \rangle}{\|\phi_n\|^2}\phi_n(x) \quad (x \in [a, b]) \tag{5}$$

특히, $\{\phi_n\}_{n=0}^{\infty}$이 정규 집합이면 $\|\phi_n\|^2 = 1\ (n = 0, 1, \cdots)$이므로 식 (5)는 다음과 같다.

$$f(x) = \sum_{n=0}^{\infty} \langle f, \phi_n \rangle \phi_n(x)$$

함수의 집합에 여러 가지 내적을 정의할 수 있다. 예를 들면, 집합 $C[0,\ 1]$에 속한 두 함수 f와 g에 대해 다음 식으로 정의되는 이항 연산 $\langle f,\ g\rangle_x$도 내적이다(연습 문제 8번).

$$\langle f,\ g\rangle_x = \int_0^1 x f(x) g(x)\, dx$$

일반적으로 구간 $[a,\ b]$에서 정의된 함수 $\omega(x) > 0$[5]와, 집합 $F[a,\ b]$에 속한 두 함수 f와 g에 대해 다음 식으로 정의되는 이항 연산 $\langle f,\ g\rangle_\omega$가 내적이 되면, $\langle f,\ g\rangle_\omega$를 가중 함수(weight function) ω에 대한 내적이라 한다.

$$\langle f,\ g\rangle_w = \int_a^b \omega(x) f(x) g(x)\, dx$$

두 함수의 내적이 0이면, 두 함수는 가중 함수 ω에 대해 서로 직교한다고 한다.

보기 5

> 집합 $C[0,\ 1]$에 속한 함수 $f(x) = 1$과 $g(x) = 1 - 3x/2$에 대해, 가중 함수 $\omega(x) = 1$과 $\omega(x) = x$에 대한 내적을 각각 찾아라.

풀이 먼저, $\omega(x) = 1$이면 다음을 얻는다.

$$\langle f,\ g\rangle_1 = \int_0^1 1 \cdot 1 \cdot \left(1 - \frac{3}{2}x\right) dx = \left[x - \frac{3x^2}{4}\right]_0^1 = \frac{1}{4}$$

또, $\omega(x) = x$에 대한 내적은 다음과 같다.

$$\langle f,\ g\rangle_x = \int_0^1 x \cdot 1 \cdot \left(1 - \frac{3}{2}x\right) dx = \left[\frac{x^2}{2} - \frac{x^3}{2}\right]_0^1 = 0$$

□

위의 보기 5와 같이 두 함수의 직교성은 사용하는 내적, 즉 가중 함수에 따라 달라진다. 많은 경우에 가중 함수를 생각하면 편리하다.[6] 또, 가중 함수에 대한 내적을 이용하여 새로운 직교 집합을 생각할 수 있다. 구간 $[a,\ b]$에서 정의된 0이 아닌 함수의 무한 집합 $\{\phi_n\}_{n=0}^{\infty}$가 가중 함수 $\omega(x)$에 대한 내적에 대해 다음을 만족시키면 무한 집합 $\{\phi_n\}_{n=0}^{\infty}$를 구간 $[a,\ b]$의 가중 함수 ω에 대한 직교 집합이라 한다.

---

5) 일반적인 가정은 구간 $[a,\ b]$에서 $\omega(x) \geq 0$이다.
6) 자세한 내용은 이 장의 후반부에서 다룬다.

$$\langle \phi_n, \phi_m \rangle_\omega = \int_a^b \omega(x)\phi_n(x)\phi_m(x)\,dx = 0 \quad (n \neq m)$$

가중 함수 ω에 대한 구간 $[a, b]$의 정규 집합과 함수의 크기도 같은 방법으로 정의한다.

앞으로 모든 경우의 내적을 $\langle \bullet, \bullet \rangle$로 나타내기로 한다. 그러면 식 (5)는 임의의 내적에 대해 형식적으로 같은 모양을 취한다. 일반적으로 가중 함수에 대한 내적을 적용하여 얻게 되는 식 (5)의 우변을 함수 f의 직교 집합$\{\phi_n\}_{n=0}^{\infty}$에 대한 일반 푸리에 급수(generalized Fourier series), 계수 c_n을 일반 푸리에 계수(generalized Fourier coefficient)라 한다. 앞으로 가중 함수에 대한 언급이 없으면 내적은 가중 함수 $\omega(x) = 1$에 대한 것으로 생각한다.

보기 6

집합 $\{1, \cos x, \cos 2x, \cdots, \cos nx, \cdots\}$는 보기 2에서 알아본 바와 같이 구간 $[0, \pi]$의 가중 함수 $\omega(x) = 1$에 대한 직교 집합이다. 또한 보기 4에서 주어진 다음 집합은 가중 함수 $\omega(x) = 1$에 대한 정규 집합이다.

$$\left\{\frac{1}{\sqrt{\pi}}, \frac{\sqrt{2}\cos x}{\sqrt{\pi}}, \frac{\sqrt{2}\cos 2x}{\sqrt{\pi}}, \cdots, \frac{\sqrt{2}\cos nx}{\sqrt{\pi}}, \cdots\right\}$$

이 정규 집합에 대한 함수 $f(x) = x$의 일반 푸리에 급수를 찾아보자. $\phi_0 = 1/\sqrt{\pi}$, $\phi_n = \sqrt{2}\cos x/\sqrt{\pi}$ $(n > 0)$이라 하고 계수를 계산하면 다음과 같다.

$$c_0 = \langle x, \phi_0 \rangle = \int_0^\pi \frac{x}{\sqrt{\pi}}dx = \frac{x^2}{2\sqrt{\pi}}\bigg|_0^\pi = \frac{\pi\sqrt{\pi}}{2},$$

$$c_n = \langle x, \phi_n \rangle = \int_0^\pi \frac{\sqrt{2}\,x\cos nx}{\sqrt{\pi}}dx = \frac{\sqrt{2}\,x\sin nx}{n\sqrt{\pi}}\bigg|_0^\pi - \int_0^\pi \frac{\sqrt{2}\sin nx}{n\sqrt{\pi}}dx$$

$$= \frac{\sqrt{2}\cos nx}{n^2\sqrt{\pi}}\bigg|_0^\pi = \frac{\sqrt{2}\left[(-1)^n - 1\right]}{n^2\sqrt{\pi}}$$

따라서 $f(x) = x$의 일반 푸리에 급수는 다음과 같다.

$$\sum_{n=0}^{\infty} c_n\phi_n = \frac{\pi\sqrt{\pi}}{2}\frac{1}{\sqrt{\pi}} + \sum_{n=1}^{\infty}\frac{\sqrt{2}\left[(-1)^n - 1\right]}{n^2\sqrt{\pi}}\frac{\sqrt{2}\cos nx}{\sqrt{\pi}}$$

$$= \frac{\pi}{2} + \sum_{k=1}^{\infty}\frac{-4\cos(2k-1)x}{(2k-1)^2\pi}$$

$$= \frac{\pi}{2} - \frac{4\cos x}{\pi} - \frac{4\cos 3x}{9\pi} - \frac{4\cos 5x}{25\pi} - \cdots$$

완비 집합

식 (5)는 형식적으로 함수 $f(x) \in F[a, b]$를 푸리에 계수 c_n을 써서 일반 푸리에 급수로 나타낸 식이다. 이와 관련하여 두 가지 문제를 생각할 수 있다. 첫째는 식 (5)에서 우변의 급수가 실제로 함수 $f(x)$에 수렴하는가 하는 수렴성에 관한 것이다. (이에 대해서는 다음 절에서 살펴보기로 한다.)

둘째는 임의의 직교 집합에 대해 식 (5)가 성립하는가에 관한 것이다. 식 (5)가 성립하기 위한 조건의 하나는 0이 아닌 함수 f가 직교 집합 $\{\phi_n\}_{n=0}^{\infty}$의 모든 원소와 직교하지 않아야 한다. 왜냐하면, 0이 아닌 함수 f가 집합 $\{\phi_n\}_{n=0}^{\infty}$의 모든 원소와 직교한다면, 모든 $n = 0, 1, 2, \cdots$에 대해 $\langle f, \phi_n \rangle = 0$이므로 식 (5)로부터 $f(x) = 0$이 되어 모순이 되기 때문이다. 따라서 함수를 푸리에 급수로 나타낼 때 이용하는 직교 집합은 일정한 조건을 만족시켜야 한다.

이에 다음과 같은 용어를 정의한다. 구간 $[a, b]$의 직교 집합 $\{\phi_n\}_{n=0}^{\infty}$의 각 원소와 직교인 함수가 오직 영 함수뿐일 때, 직교 집합 $\{\phi_n\}_{n=0}^{\infty}$를 **구간 $[a, b]$의 완비 집합**(complete set)이라 한다.

보기 7

보기 2에서와 같이 계산하면 집합 $\{1, \cos x, \cos 2x, \cdots, \cos nx, \cdots\}$이 구간 $[0, 2\pi]$에서 직교 집합임을 알 수 있다. 그런데 이 직교 집합은 구간 $[0, 2\pi]$의 완비 집합이 아님을 보여라.

풀이 0이 아닌 함수 $\psi(x) = \sin x$에 대해 다음이 성립한다.

$$\langle 1, \psi \rangle = \int_0^{2\pi} 1 \cdot \sin x \, dx = -\cos x \,|_0^{\pi} = 0$$

또, $n > 0$인 모든 정수에 대해서 다음이 성립한다.

$$\begin{aligned} \langle \cos nx, \psi \rangle &= \int_0^{2\pi} \cos nx \sin x \, dx \\ &= \frac{1}{2} \int_0^{2\pi} \{\sin(n+1)x - \sin(n-1)x\} \, dx = 0 \end{aligned}$$

따라서 0이 아닌 함수 $\psi(x) = \sin x$는 주어진 집합의 모든 원소와 직교하므로 주어진

집합은 완비 집합이 아니다. □

직교 집합이 완비 집합인지를 판별하는 것은 이 과정의 수준을 벗어나므로 더 이상 논의하지 않는다. 앞으로 따로 말하지 않으면 직교 집합은 항상 완비인 것으로 가정한다.

7.1 연습 문제

01. 구간 $[-1, 1]$에서 정의된 함수 $\phi_1(x)=1$, $\phi_2(x)=x$, $\phi_3(x)=x^2$에 대하여 다음을 찾아라.

(1) $\langle \phi_1, \phi_2 \rangle$
(2) $\langle \phi_1, \phi_3 \rangle$
(3) $\langle \phi_2, \phi_3 \rangle$
(4) $\| \phi_1 \|^2$
(5) $\| \phi_2 \|^2$
(6) $\| \phi_3 \|^2$
(7) $\| \phi_1 - \phi_2 \|^2$
(8) $\| 2\phi_1 + 3\phi_2 \|^2$

02. 구간 $[0, 1]$에서 정의된 다음 함수 중에서 서로 직교인 함수의 쌍을 모두 찾아라.

$$\phi_1(x) = \sin 2\pi x, \quad \phi_2(x) = x, \quad \phi_3(x) = \cos 2\pi x, \quad \phi_4(x) = 1$$

03. 다음 두 함수가 주어진 구간에서 직교임을 보여라.

(1) $\psi_1(x) = e^x$, $\psi_2(x) = xe^{-x} - e^{-x}$; $[0, 2]$

(2) $g_1(x) = \sin x$, $g_2(x) = e^x$; $[\pi/4, 5\pi/4]$

(3) $f_1(x) = x^2$, $f_2(x) = x^3$; $[-3, 3]$

(4) $h_1(x) = \cos x$, $h_2(x) = \sin^2 x$; $[0, \pi]$

(5) $\phi_1(x) = x$, $\phi_2(x) = \cos 2x$; $[-\pi/2, \pi/2]$

(6) $\phi_1(x) = 3 - 4x$, $\phi_2(x) = x^2$; $[0, 1]$

04. 다음 함수들의 집합이 주어진 구간에서 직교함을 보이고, 다음 각 함수의 크기를 찾아라.

(1) $\{\sin(n\pi x/L)\}$, $n = 1, 2, 3, \cdots$; $[0, L]$

(2) $\{1,\ \cos(n\pi x/L)\},\ n=1,\ 2,\ 3,\ \cdots\ ;[0,\ L]$

(3) $\{1,\ \cos(n\pi x/L),\ \sin(m\pi x/L)\},\ n=1,\ 2,\ 3,\ \cdots,\ m=1,\ 2,\ 3,\ \cdots\ ;\ [-L,\ L]$

05. 다음 함수에 대해 지시된 구간에서 주어진 가중 함수에 대해 각 쌍의 내적을 찾아라.

(1) $H_0(x)=1,\ H_1(x)=2x,\ H_2(x)=4x^2-2\ ;\ \omega(x)=e^{-x^2},\ (-\infty,\ \infty)$

(2) $L_0(x)=1,\ L_1(x)=-x+1,\ L_2(x)=x^2/2-2x+1\ ;\ \omega(x)=e^{-x},\ [0,\ \infty)$

06. 집합 $\{\phi_n\}_{n=0}^{\infty}$이 구간 $[a,\ b]$의 직교 집합일 때, 다음이 성립함을 보여라.

$$\|\phi_n+\phi_m\|^2=\|\phi_n\|^2+\|\phi_m\|^2\quad(m\neq n)$$

07. 함수 $f_1(x)=x$와 $f_2(x)=x^2$은 구간 $[-1,\ 1]$에서 서로 직교한다. 이 두 함수와 함수 $f_3(x)=x+c_1x^2+c_2x^3$이 서로 직교하도록 하는 c_1과 c_2를 찾아라.

08. 집합 $C[0,\ 1]$에 속한 두 함수 f와 g에 대한 다음 식으로 정의되는 연산 $\langle f,\ g\rangle$는 내적임을 보여라.

$$\langle f,\ g\rangle=\int_0^1 x f(x)g(x)\,dx$$

09. 집합 $\{\sin n\pi x\}_{n=1}^{\infty}$이 구간 $[-1,\ 1]$의 직교 집합이지만 완비 집합이 아님을 보여라.

10. 집합 $\left\{a_0,\ a_1+a_2x,\ a_3+a_4x+a_5x^2 \mid a_0,\ a_1,\ \cdots,\ a_5\text{는 상수}\right\}$가 구간 $[0,\ 1]$에서 정규 집합이 되게 하는 상수 $a_0,\ a_1,\ \cdots,\ a_5$를 찾아라.

11. (1) 집합 $\{1,\ 1-x,\ 2-4x+x^2\}$이 구간 $(0,\ \infty)$에서 가중 함수 e^{-x}에 대해 직교 집합임을 보여라.

(2) (1)로부터 정규 집합을 찾아라.

12. (1) 집합 $\{\cos(n\cos^{-1}x)\}_{n=0}^{\infty}$이 구간 $[-1,\ 1]$에서 가중 함수 $(1-x^2)^{-1/2}$에 대해 직교 집합임을 보여라.

(2) (1)로부터 정규 집합을 찾아라.

(3) $f(x)=x$의 일반 푸리에 급수를 찾아라.

7.2 푸리에 급수

푸리에 급수의 정의

다음과 같은 급수를 삼각 급수(trigonometric series)라고 한다.

$$A_0 + \sum_{n=1}^{\infty}\left(A_n \cos\frac{n\pi}{L}x + B_n \sin\frac{n\pi}{L}x\right) \quad (x \in (-L,\ L)) \tag{1}$$

여기서 $A_0,\ A_1,\ B_1,\ A_2,\ B_2,\ \cdots$는 상수이다. 이 절에서는 구간 $(-L,\ L)$에서 정의된 함수 f를 다음과 같은 형태의 삼각 급수로 나타내는 방법에 대해 알아본다.

$$f(x) = \frac{A_0}{2} + \sum_{n=1}^{\infty}\left(A_n \cos\frac{n\pi}{L}x + B_n \sin\frac{n\pi}{L}x\right) \tag{2}$$

7.1절의 연습 문제 4에서 다음 함수의 집합 W가 구간 $(-L,\ L)$의 직교 집합임을 보였다.

$$W = \left\{1,\ \cos\frac{n\pi}{L}x,\ \sin\frac{m\pi}{L}x\right\}_{n,\ m=1}^{\infty}$$

특히, 집합 W의 원소들 사이의 내적은 다음과 같다.

$$\left\langle \cos\frac{n\pi}{L}x,\ \sin\frac{m\pi}{L}x \right\rangle = \int_{-L}^{L} \cos\frac{n\pi}{L}x \sin\frac{m\pi}{L}x\, dx = 0 \quad (n, m = 1,\ 2,\ \cdots) \tag{3a}$$

$$\left\langle 1,\ \cos\frac{n\pi}{L}x \right\rangle = \int_{-L}^{L} \cos\frac{n\pi}{L}x\, dx = 0 \quad (n = 1,\ 2,\ \cdots) \tag{3b}$$

$$\left\langle 1,\ \sin\frac{m\pi}{L}x \right\rangle = \int_{-L}^{L} \sin\frac{m\pi}{L}x\, dx = 0 \quad (m = 1,\ 2,\ \cdots) \tag{3c}$$

$$\langle 1,\ 1 \rangle = \int_{-L}^{L} 1\, dx = 2L \tag{3d}$$

$$\left\langle \cos\frac{n\pi}{L}x,\ \cos\frac{m\pi}{L}x \right\rangle = \int_{-L}^{L} \cos\frac{n\pi}{L}x \cos\frac{m\pi}{L}x\, dx = \begin{cases} 0 & (n \neq m) \\ L & (n = m) \end{cases} \tag{3e}$$

$$\left\langle \sin\frac{n\pi}{L}x,\ \sin\frac{m\pi}{L}x \right\rangle = \int_{-L}^{L} \sin\frac{n\pi}{L}x \sin\frac{m\pi}{L}x\, dx = \begin{cases} 0 & (n \neq m) \\ L & (n = m) \end{cases} \tag{3f}$$

이제 식 (2)의 양변에 집합 W의 각 원소를 내적시키고 식 (3a)~(3f)를 이용하면 다음을 얻는다.

$$A_0 = \frac{1}{L}\int_{-L}^{L} f(x)\,dx \tag{4a}$$

$$A_n = \frac{1}{L}\int_{-L}^{L} f(x)\cos\frac{n\pi}{L}x\,dx \quad (n=1,\ 2,\ \cdots) \tag{4b}$$

$$B_m = \frac{1}{L}\int_{-L}^{L} f(x)\sin\frac{m\pi}{L}x\,dx \quad (m=1,\ 2,\ \cdots\ ) \tag{4c}$$

구간 $(-L,\ L)$에서 정의된 함수 f에 대해 계수가 식 (4a)~(4c)로 주어지는 삼각 급수 (2)의 우변을 함수 f의 푸리에 급수라 하고, 계수를 푸리에 계수(Fourier coefficient)라고 한다.

보기 1

구간 $(-\pi,\ \pi)$에서 정의된 다음 함수의 푸리에 급수를 찾아라.

$$f(x) = \begin{cases} -1 & (-\pi < x < 0) \\ \ \ 1 & (0 \le x < \pi) \end{cases}$$

풀이 $L=\pi$이므로 식 (4)로부터 다음을 얻는다.

$$A_0 = \frac{1}{\pi}\int_{-\pi}^{\pi} f(x)\,dx = 0,$$

$$A_n = \frac{1}{\pi}\int_{-\pi}^{\pi} f(x)\cos nx\,dx = -\frac{1}{\pi}\int_{-\pi}^{0}\cos nx\,dx + \frac{1}{\pi}\int_{0}^{\pi}\cos nx\,dx$$

$$= 0 \quad (n=1,\ 2,\ \cdots),$$

$$B_n = \frac{1}{\pi}\int_{-\pi}^{\pi} f(x)\sin nx\,dx = -\frac{1}{\pi}\int_{-\pi}^{0}\sin nx\,dx + \frac{1}{\pi}\int_{0}^{\pi}\sin nx\,dx$$

$$= \frac{1}{\pi}\left\{\frac{\cos nx}{n}\bigg|_{-\pi}^{0} - \frac{\cos nx}{n}\bigg|_{0}^{\pi}\right\}$$

$$= \frac{1}{\pi}\left\{\frac{2}{n}[1-(-1)^n]\right\} \quad (n=1,\ 2,\ \cdots)$$

따라서 주어진 함수 f의 푸리에 급수는 다음과 같다.

$$\frac{4}{\pi}\left\{\sin x + \frac{\sin 3x}{3} + \frac{\sin 5x}{5} + \cdots\right\}$$

□

푸리에 급수의 수렴

앞에서 푸리에 급수의 수렴성과 주어진 함수와의 관계 및 푸리에 계수를 찾을 때 적분 가능성 등을 엄밀히 따지지 않고 형식적으로 다루었다. 다음 정리는 푸리에 급수가 어떤 종류의 함수를 어느 정도까지 나타낼 수 있는지를 알려준다. 이에 대한 엄밀한 증명은 이 과정의 수준을 넘으므로 생략한다.

정리 7.1 [푸리에 급수의 수렴] 함수 $y=f(x)$와 그 도함수 $f'(x)$가 구간 $(-L, L)$에서 조각 연속[7]이면, 함수 $y=f(x)$의 푸리에 급수는 연속인 점에서는 $f(x)$에 수렴하고 불연속인 점 $x=x_0$에서는 좌극한 값 $f(x_0-)$과 우극한 값 $f(x_0+)$의 산술 평균 $\dfrac{f(x_0+)+f(x_0-)}{2}$에 수렴한다.

보기 2

보기 1의 함수는 조각 연속이고 $x=0$에서 불연속이며 $f(0)=1$이다. $\sin 0=0$이므로 점 $x=0$에서의 푸리에 급수의 합은 0이다. 한편, $x=0$에서 좌극한과 우극한의 산술 평균은 $\dfrac{f(0+)+f(0-)}{2}=0$으로 푸리에 급수의 합과 일치한다.

앞으로 특별한 언급이 없으면 모든 함수는 정리 7.1의 가정을 만족시키는 것으로 가정한다.

함수의 주기 확장

실수의 집합에서 정의된 함수 $f(x)$와 임의의 실수 x에 대하여 양의 실수 p가 존재해서, 식 $f(x)=f(x+p)$가 성립하면 f를 주기 함수(periodic function)라 하고 실수 p를 함수 f의 주기(period)라고 한다. 예를 들면, 사인 함수와 코사인 함수는 주기 2π인 주기 함수이다. 주기 함수는 여러 응용 분야에서 주기적인 현상을 나타내는 데 유용하게 쓰인다.

삼각 급수 (1)이 나타내는 함수는 주기가 $2L$인 주기 함수이다. 따라서 정리 7.1의 구간 $[-L, L]$에서 정의된 함수 f의 푸리에 급수는 함수 f를 주기가 $2L$인 주기 함수로 그 정의역을 실수 전체로 확장하여 표현하고 있는 것으로 생각할 수 있다. 이와 같이 함수 f의 푸리에 급수에 의해 실수 전체에서 정의되는 주기 함수를 함수 f의 주기 확장(periodic extension)이라고 한다.

7) 6.1절을 참고하라.

보기 3

보기 1에서 푸리에 급수는 주어진 함수의 주기 확장이다.

푸리에 코사인 급수와 사인 급수

함수 $y=f(x)$의 정의역이 원점에 관하여 대칭인 구간이라 하자. 이때, 정의역의 임의의 점 x에서 식 $f(x)=f(-x)$가 성립하면 함수 f를 짝 함수(even function) 또는 우 함수라 하고, 식 $f(x)=-f(-x)$가 성립하면 홀 함수(odd function) 또는 기 함수라고 한다. 기하학적으로 짝 함수의 그래프는 y축에 관하여 대칭이고 홀 함수의 그래프는 원점에 관하여 대칭이다.

보기 4

$\cos x=\cos(-x)$이므로 $\cos x$는 짝 함수이고, $\sin x=-\sin(-x)$이므로 $\sin x$는 홀 함수이다. 또, 상수 함수는 짝 함수이다.

짝 함수와 홀 함수에 대해 다음과 같은 사실을 쉽게 확인할 수 있다.

$$\begin{aligned}&(\text{짝 함수})\times(\text{짝 함수})=(\text{짝 함수})\\&(\text{홀 함수})\times(\text{홀 함수})=(\text{짝 함수})\\&(\text{홀 함수})\times(\text{짝 함수})=(\text{홀 함수})\end{aligned} \tag{5}$$

또, 다음 성질도 성립한다.

$$\int_{-L}^{L}(\text{짝 함수})\,dx=2\int_{0}^{L}(\text{짝 함수})\,dx, \tag{6}$$

$$\int_{-L}^{L}(\text{홀 함수})\,dx=0 \tag{7}$$

구간 $[-L,\ L]$에서 정의된 함수 f가 짝 함수라면, $\sin\dfrac{n\pi}{L}x\ \ (n=1,\ 2,\ \cdots)$가 홀 함수이므로 식 (5)의 성질에 의해 그 두 함수의 곱 $f(x)\sin\dfrac{n\pi}{L}x\ \ (n=1,\ 2,\ \cdots)$는 홀 함수이다. 그러므로 식 (7)을 이용하면 짝 함수 f의 푸리에 계수 중 B_n은 모두 0이다. 마찬가지로 함수 f가 홀 함수라면, 1과 $\cos\dfrac{n\pi}{L}x\ \ (n=1,\ 2,\ \cdots)$가 짝 함수이므로 그 두 함수의 곱 $f(x)\cos\dfrac{n\pi}{L}x\ \ (n=0,\ 1,\ 2,\ \cdots)$는 홀 함수이다. 따라서 식 (6)의 성질을 이용하면 홀 함수 f의 푸리에 계수 중 A_n은 모두 0이다.

이상을 종합하면 구간 $[-L, L]$에서 정의된 짝 함수 f의 푸리에 급수와 계수는 다음과 같이 표현되고 식 (8a)를 함수 f의 푸리에 코사인 급수(Fourier cosine series)라고 한다.

$$\frac{A_0}{2}+\sum_{n=1}^{\infty} A_n \cos\frac{n\pi}{L}x\,dx \tag{8a}$$

$$A_0=\frac{2}{L}\int_0^L f(x)\,dx \tag{8b}$$

$$A_n=\frac{2}{L}\int_0^L f(x)\cos\frac{n\pi}{L}x\,dx \quad (n\ge 1) \tag{8c}$$

그리고 홀 함수 f의 푸리에 급수와 계수는 다음과 같이 표현되고, 식 (9a)를 함수 f의 푸리에 사인 급수(Fourier sine series)라고 한다.

$$\sum_{n=1}^{\infty} B_n \sin\frac{n\pi}{L}x\,dx \tag{9a}$$

$$B_n=\frac{2}{L}\int_0^L f(x)\sin\frac{n\pi}{L}x\,dx \quad (n\ge 1) \tag{9b}$$

보기 5

함수 $f(x)=|x|\ (-L\le x\le L)$는 짝 함수이므로, $B_n=0\ (n=1,\ 2,\ 3,\ \cdots)$이며 $A_n\ (n=0,\ 1,\ 2,\ \cdots)$을 계산하면 다음과 같다.

$$A_0=\frac{2}{L}\int_0^L |x|\,dx=\frac{2}{L}\int_0^L x\,dx=L,$$

$$A_n=\frac{2}{L}\int_0^L |x|\cos\frac{n\pi}{L}x\,dx=\frac{2}{L}\int_0^L x\cos\frac{n\pi}{L}x\,dx \text{ (부분 적분 이용)}$$

$$=\frac{2}{L}\left\{x\frac{L}{n\pi}\sin\frac{n\pi}{L}x\Big|_0^L-\frac{L}{n\pi}\int_0^L \sin\frac{n\pi}{L}\,dx\right\}$$

$$=\frac{2}{L}\left\{0-\frac{L^2}{n^2\pi^2}[1-(-1)^n]\right\} \quad (n\ge 1)$$

따라서 주어진 함수 f의 푸리에 코사인 급수는 다음과 같다.

$$\frac{L}{2}-\frac{2L}{\pi^2}\sum_{n=1}^{\infty}\frac{1-(-1)^n}{n^2}\cos\frac{n\pi}{L}x$$

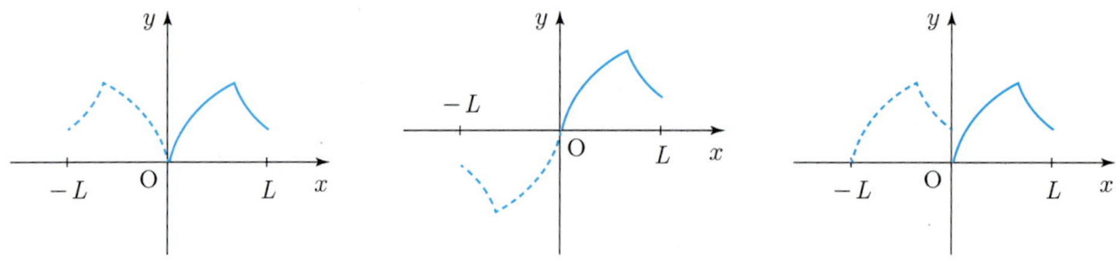

(C1) (C2) (C3)

그림 7.1 ❙ 반구간 확장

함수의 반구간 확장

지금까지 함수의 정의역이 $(-L,\ L)$ 8)과 같이 원점에 대칭인 경우만 다루었다. 이제, 구간 $0<x<L$ 또는 $-L<x<0$에서 정의된 함수를 삼각 급수로 나타내는 방법을 알아보자.

다음과 같이 세 가지 방법으로 구간 $0<x<L$에서 정의된 함수 f의 정의역을 $(-L,\ L)$로 확장할 수 있다(그림 7.1).

(C1) f를 짝 함수로 확장하는 방법
(C2) f를 홀 함수로 확장하는 방법
(C3) f를 $x\in(-L,\ 0)$에 대해 $f(x)=f(x+L)$이 성립하도록 정의하여 확장하는 방법

함수의 정의역이 $(-L,\ 0)$인 경우는 위와 같이 생각할 수 있으므로 생략한다.

푸리에 코사인 급수와 사인 급수는 주어진 함수의 정의역 $(-L,\ L)$ 중에서 실제로 구간 $0<x<L$에 대응하는 부분만을 이용한다. 따라서 (C1)과 (C2)는 구간 $(-L,\ L)$에서 함수 f를 푸리에 코사인 급수와 사인 급수로 나타내는 것에 각각 대응한다. 이러한 급수는 실수 전체에서 정의된 함수를 나타내는데, 이 급수로 정의되는 함수를 주어진 함수 f의 반구간 확장(half-range expansion)이라고 한다.

이제 (C3)인 경우에 대하여 살펴보자. 다음에 주어진 집합은 임의의 실수 a에 대해 구간 $(a,\ a+2p)$의 직교 집합임을 보일 수 있다(연습 문제 7.2의 7번).

$$\left\{1,\ \cos\frac{n\pi}{p}x,\ \sin\frac{m\pi}{p}x\right\}_{n,\ m\,=\,1}^{\infty}$$

특히, $a=0,\ 2p=L$에 대응하는 다음 집합은 구간 $(0,\ L)$의 직교 집합이다.

8) 조각 연속인 함수만 생각하므로 구간의 양 끝점을 생략할 수 있다.

$$\left\{1,\ \cos\frac{2n\pi}{L}x,\ \sin\frac{2m\pi}{L}x\right\}_{n,\ m\,=\,1}^{\infty}$$

여기서 $\cos\frac{2n\pi}{L}x$와 $\sin\frac{2m\pi}{L}x$는 모두 주기가 L인 주기 함수이다. 이제 7.1절의 결과를 이용하면 구간 $(0,\ L)$에서 다음과 같은 일반 푸리에 급수를 얻을 수 있다.

$$\begin{aligned} f(x) &= \frac{a_0}{2} + \sum_{n=1}^{\infty} a_n \cos\frac{2n\pi}{L}x + \sum_{n=1}^{\infty} b_n \sin\frac{2n\pi}{L}x, \\ a_n &= \frac{2}{L}\int_0^L f(x)\cos\frac{2n\pi}{L}x\,dx,\ (n=0,1,2,\cdots), \\ b_n &= \frac{2}{L}\int_0^L f(x)\sin\frac{2n\pi}{L}x\,dx,\ (n=1,2,3,\cdots) \end{aligned} \tag{10}$$

이렇게 얻은 함수 f의 일반 푸리에 급수는 실수 전체 집합에서 주기가 L인 주기 함수를 정의한다. 이와 같이 일반 푸리에 급수에 의해 정의되는 함수를 함수 f의 L-주기 확장(L-periodic extension)이라 한다.

보기 6

함수 $f(x) = x^2\ (0 < x < L)$의 일반 푸리에 급수, 즉 L-주기 확장을 찾아라.

풀이 위에서 (C3)인 경우에 해당된다. 식 (10)으로부터 다음을 얻는다.

$$\begin{aligned} a_0 &= \frac{2}{L}\int_0^L x^2\,dx = \frac{2}{3}L^2, \\ a_n &= \frac{2}{L}\int_0^L x^2\cos\frac{2n\pi}{L}x\,dx = \frac{L^2}{n^2\pi^2}, \\ b_n &= \frac{2}{L}\int_0^L x^2\sin\frac{2n\pi}{L}x\,dx = -\frac{L^2}{n\pi} \end{aligned}$$

그러므로 함수 $f(x)$의 L-주기 확장은 다음과 같다.

$$\frac{L^2}{3} + \frac{L^2}{\pi}\sum_{n=1}^{\infty}\left\{\frac{1}{n^2\pi}\cos\frac{2n\pi}{L}x - \frac{1}{n}\sin\frac{2n\pi}{L}x\right\}$$ □

삼각 급수의 부분합과 기브스 현상

푸리에 급수는 무한 개의 함수의 합이다. 그러나 실제로는 모든 항을 이용할 수 없으므로 급수의 부분합으로 근삿값을 찾게 된다. 이와 관련하여 주어진 함수와 푸리에 급수의 부분합으로 이루어진 수열의 수렴과의 관계를 예를 들어 생각해 보자.

구간 $(-L, L)$에서 정의된 함수 f의 푸리에 급수에서 처음 N항의 부분합 $S_N(x)$은 다음과 같다.

$$S_N(x) = \frac{A_0}{2} + \sum_{n=1}^{N} \left\{ A_n \cos\frac{n\pi}{L}x + B_n \sin\frac{n\pi}{L}x \right\} \tag{11}$$

보기 1의 함수 $f(x) = \begin{cases} -1 & (-\pi < x < 0) \\ 1 & (0 \le x < \pi) \end{cases}$와 f의 푸리에 급수의 부분합의 수열 $\{S_N(x)\}$의 극한과의 관계를 알아보자. 식 (11)을 계산하면 다음과 같다.

$$\begin{aligned}
S_1 &= \frac{4}{\pi}\sin x, \\
S_2 &= \frac{4}{\pi}\left\{\sin x + \frac{\sin 3x}{3}\right\}, \\
S_3 &= \frac{4}{\pi}\left\{\sin x + \frac{\sin 3x}{3} + \frac{\sin 5x}{5}\right\} \\
&\vdots \\
S_N &= \frac{4}{\pi}\left\{\sin x + \frac{\sin 3x}{3} + \frac{\sin 5x}{5} + \cdots + \frac{\sin(2N-1)x}{2N-1} + \cdots\right\} \\
&\vdots
\end{aligned}$$

그림 7.2에서 몇 가지 N의 값에 대하여 함수 f와 부분합의 수열 $\{S_N(x)\}$의 그래프를 보였다. 그림에서 알 수 있듯이 부분합의 수열의 극한은 연속인 점에서는 함수 f의 값과 같다.

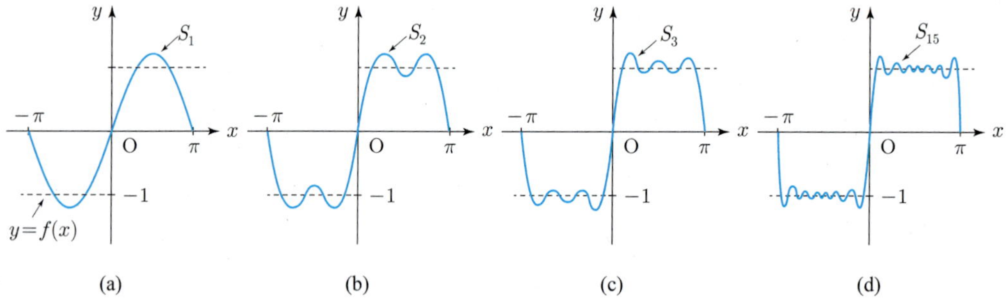

그림 7.2 ❙ $S_N(x)$의 그래프

그러나 불연속인 점 $x=0$의 근처에서는 N이 증가할 때 진동 현상이 나타나며, N이 아무리 커지더라도 그 값의 차이가 조금도 나아지지 않고 있다. 함수 f의 불연속인 점 근처에서 f의 푸리에 급수가 나타내는 이러한 현상을 기브스[9] 현상(Gibbs phenomenon)이라고 한다.

7.2 연습 문제

01. 다음 함수를 홀 함수와 짝 함수로 분류하라.

(1) $f(x)=\sin 3x$ (2) $f(x)=x\sin x$

(3) $f(x)=e^{-|x|}$ (4) $f(x)=\begin{cases} -x^2 & (-1<x<0) \\ x^2 & (\ 0\le x<1) \end{cases}$

(5) $f(x)=x^2-\cos x$

02. 다음 함수의 푸리에 급수를 찾아라.

(1) $f(x)=1-\cos 2x \ (-\pi<x<\pi)$ (2) $f(x)=\cos^3 x \ \ (-\pi<x<\pi)$

(3) $f(x)=\begin{cases} x+1 & (-1<x<0) \\ x-1 & (\ 0\le x<1) \end{cases}$ (4) $f(x)=\begin{cases} x+\pi & (-\pi<x<0) \\ x-\pi & (\ 0\le x<\pi) \end{cases}$

(5) $f(x)=|\cos x| \ \ (-\pi<x<\pi)$ (6) $f(x)=x+\pi \ \ (-\pi<x<\pi)$

(7) $f(x)=x|x| \ \ (-1<x<1)$ (8) $f(x)=\begin{cases} 0 & (-\pi<x<0) \\ x^2 & (\ 0\le x<\pi) \end{cases}$

03. 다음 함수를 반구간 확장하여 푸리에 사인 급수와 코사인 급수를 찾아라.

(1) $f(x)=\begin{cases} 1 & \left(0<x<\dfrac{1}{2}\right) \\ 0 & \left(\dfrac{1}{2}\le x<1\right) \end{cases}$ (2) $f(x)=\cos x \ \ (0<x<\pi)$

(3) $f(x)=x^2+x \ \ (0<x<1)$ (4) $f(x)=\sin x \ \ (0<x<\pi)$

---

9) 기브스(Josiah Willard Gibbs, 1839~1903) 미국의 수학자. 예일 대학에서 미국 제1호 공학 박사 학위를 받았다. 34세인 1873년까지 단 한 편의 논문도 발표하지 않았으나 이후 천재적인 수학적 능력을 발휘하여 빛에 관한 전자기학에 관한 연구와 양자 이론 및 맥스웰 이론 등에 관한 수학적인 토대를 제공하는 통계 역학 등에 중요한 업적을 남겼다.

(5) $f(x)=\begin{cases} x & \left(0<x<\dfrac{\pi}{2}\right) \\ \pi-x & \left(\dfrac{\pi}{2}\le x<\pi\right) \end{cases}$　　　　(6) $f(x)=e^{x} \quad (0<x<L)$

04. 본문의 식 (5)가 성립함을 보여라.

05. 원점에 대칭인 구간에서 정의된 임의의 함수는 적당한 짝 함수와 홀 함수의 합으로 표시됨을 보여라.

06. 문제 2의 (8)번의 결과를 이용하여 다음을 증명하라.

$$\frac{\pi^2}{6}=1+\frac{1}{2^2}+\frac{1}{3^2}+\frac{1}{4^2}+\cdots$$

07. 집합 $\left\{1,\ \cos\dfrac{n\pi x}{p},\ \sin\dfrac{m\pi x}{p}\right\}_{n,\ m=1}^{\infty}$ 는 구간 $[a,\ a+2p]$ 의 직교 집합임을 보여라. (단, a는 실수이다.)

08. 본문의 보기 1의 푸리에 급수를 이용하여 다음을 증명하라.

$$\frac{\pi}{4}=1-\frac{1}{3}+\frac{1}{5}-\frac{1}{7}+\cdots$$

09. 문제 2의 (6)번의 결과를 이용하여 문제 8의 식이 성립함을 증명하라.

10. (1) 다음 함수의 푸리에 급수를 찾아라.

$$f(x)=\begin{cases} 0 & (-\pi<x<0) \\ \sin x & (0\le x<\pi) \end{cases}$$

(2) (1)의 결과를 이용하여 다음이 성립함을 보여라.

$$\frac{\pi}{4}=\frac{1}{2}+\frac{1}{1\cdot 3}-\frac{1}{3\cdot 5}+\frac{1}{5\cdot 7}-\cdots$$

11. (1) 삼각 함수의 항등식 $2\cos nt\sin\dfrac{1}{2}t=\sin\left(n+\dfrac{1}{2}\right)t-\sin\left(n-\dfrac{1}{2}\right)t$를 이용하여 다음 등식이 성립함을 보여라.

$$1+2\sum_{n=1}^{N}\cos nt = \frac{\sin\left(N+\frac{1}{2}\right)t}{\sin\frac{1}{2}t}dt \quad (-\pi \le t \le \pi,\ t \ne 0)$$

(2) $-\pi < x < \pi$에서 정의된 함수 $f(x)$의 푸리에 급수의 제N항까지의 부분합 $S_N(x)$가 다음 식으로 표현됨을 보여라.

$$S_N(x) = \frac{1}{2\pi}\int_{-\pi}^{\pi} f(t)\frac{\sin\left(t+\frac{1}{2}\right)(t-x)}{\sin\frac{1}{2}(t-x)}dt$$

12. 이변수 함수 $f(x, y)$가 평면의 사각형의 영역 $0 < x < a,\ 0 < y < b$에서 정의되어 있다고 하자. 함수 $f(x, y)$에 대하여 푸리에 이중 사인 급수(double sine series)와 푸리에 이중 코사인 급수(double cosine series)를 각각 다음의 식 (a)와 (b)로 정의한다.

(a) $$f(x, y) = \sum_{m=1}^{\infty}\sum_{n=1}^{\infty} A_{mn}\sin\frac{m\pi}{a}x\sin\frac{n\pi}{b}y,$$

$$A_{mn} = \frac{4}{ab}\int_0^b\int_0^a f(x, y)\sin\frac{m\pi}{a}x\sin\frac{n\pi}{b}y\,dxdy$$

(b) $$f(x, y) = A_{00} + \sum_{m=1}^{\infty} A_{m0}\cos\frac{m\pi}{a}x + \sum_{n=1}^{\infty} A_{0n}\cos\frac{n\pi}{b}y + \sum_{m=1}^{\infty}\sum_{n=1}^{\infty} A_{mn}\cos\frac{m\pi}{a}x\cos\frac{n\pi}{b}x,$$

$$A_{00} = \frac{1}{ab}\int_0^b\int_0^a f(x, y)\,dxdy$$

$$A_{m0} = \frac{2}{ab}\int_0^b\int_0^a f(x, y)\cos\frac{m\pi}{a}x\,dxdy$$

$$A_{0n} = \frac{2}{ab}\int_0^b\int_0^a f(x, y)\cos\frac{n\pi}{b}y\,dxdy$$

$$A_{mn} = \frac{4}{ab}\int_0^b\int_0^a f(x, y)\cos\frac{m\pi}{a}x\cos\frac{n\pi}{b}y\,dxdy$$

(1) 다음 함수의 이중 사인 급수를 찾아라.

$$f(x, y) = 1 \quad (0 \le x \le \pi,\ 0 \le y \le \pi)$$

(2) 다음 함수의 이중 코사인 급수를 찾아라.

$$f(x, y) = xy \quad (0 \le x \le 1,\ 0 \le y \le 1)$$

7.3 스튀름·리우빌 이론

주어진 구간에서 정의된 함수의 푸리에 급수는 그 구간의 직교 집합을 알아야 찾을 수 있다. 이러한 직교 집합은 적당한 선형 이계 상미분 방정식의 경곗값 문제의 해를 찾아서 얻을 수 있다. 이러한 직교 집합은 선형 편미분 방정식의 경곗값 문제의 해를 변수 분리 방법[10]으로 찾는 데 유용하게 쓰인다. 이 절에서는 이러한 직교 집합을 자세히 알아본다.

경곗값 문제와 직교 집합

네 함수 $\rho(x)$, $q(x)$, $s(x)$, $s'(x)$가 구간 $[a, b]$에서 연속일 때, 다음과 같은 이계 선형 상미분 방정식을 스튀름·리우빌 방정식(Sturm-Liouville equation)이라고 한다.

$$\{s(x)y'\}' + \{\lambda\rho(x) - q(x)\}y = 0^{11)} \quad (x \in [a, b]) \tag{1}$$

여기서 λ는 미지의 상수로서 고윳값 변수(eigenvalue parameter)라 하고, 함수 $\rho(x)$를 가중 함수(weight function)라고 한다. 예를 들면, 방정식 $\phi''(x) + \lambda\phi(x) = 0$과 0차 베셀 방정식 $\{x\psi'(x)\}' + \lambda\{x\psi(x)\} = 0$ 등은 스튀름·리우빌 방정식이다. 주어진 구간의 양 끝점에서 일정한 조건, 즉 경계 조건(boundary condition)을 만족시키는 스튀름·리우빌 방정식 (1)의 해를 찾는 문제[12]를 스튀름·리우빌 문제(Sturm-Liouville problem)라고 한다.

보기 1

다음 경곗값 문제의 해를 찾아라.

$$y'' + \lambda y = 0, \quad y(0) = 0, \quad y(L) = 0$$

풀이 (a) $\lambda = 0$이면, 주어진 방정식은 $y'' = 0$이므로 일반해는 $y = c_1 x + c_2$이고, 경계 조건으로부터 $y = 0$을 얻는다.

---

10) 제8장에서 자세하게 다룬다.

11) 미분 연산자 D를 $D(y) = -\dfrac{d}{dx}\left\{s(x)\dfrac{dy}{dx}\right\} + q(x)y$로 정하면 스튀름·리우빌 방정식은 $D(y) = \lambda\rho(x)y$로 쓸 수 있다. 이때 D를 스튀름·리우빌 연산자라 한다.

12) 일반적으로 미분 방정식에 대해 경계에서의 조건을 만족시키는 해를 찾는 문제를 경곗값 문제(boundary vahue problem)라 한다.

(b) $\lambda < 0$일 때, 일반해는 다음과 같으므로 경계 조건으로부터 $y = 0$을 얻는다.

$$y = c_1 \cosh \sqrt{-\lambda}\, x + c_2 \sinh \sqrt{-\lambda}\, x$$

(c) $\lambda > 0$일 때, 방정식의 일반해는 다음과 같다.

$$y = c_1 \cos \sqrt{\lambda}\, x + c_2 \sin \sqrt{\lambda}\, x$$

조건 $y(0) = 0$에서 $c_1 = 0$이 되고, $y(L) = 0$이므로 $c_2 \sin \sqrt{\lambda} L = 0$을 얻는다. 여기서 $c_2 = 0$이라면 $y = 0$이다. $c_2 \neq 0$인 경우에 방정식 $\sin \sqrt{\lambda} L = 0$의 해 λ는 다음과 같다.

$$\lambda = \frac{n^2 \pi^2}{L^2} \quad (n = 1,\ 2,\ 3,\ \cdots)$$

따라서 이에 대응하는 자명하지 않은 해 y는 다음과 같다.

$$y = c_2 \sin \frac{n\pi}{L} x \quad (c_2 \neq 0,\ n = 1,\ 2,\ \cdots)$$

종합하면 주어진 경곗값 문제의 해 y는 다음과 같다.

$$y = c_n \sin \frac{n\pi}{L} x \quad (n = 1,\ 2,\ 3,\ \cdots)\ (c_n\text{는 상수})$$ □

스튀름·리우빌 문제는 일반적으로 보기 1과 같이 특정한 λ에 대해 자명하지 않은 해를 가진다. 이러한 특정한 값 λ를 주어진 문제의 **고윳값**(eigenvalue)이라 하고 그에 대응하는 자명하지 않은 해, 즉 함수를 **고유 함수**(eigenfunction)라고 한다. 따라서 보기 1에서 구한 수열 $\left\{ \frac{n^2 \pi^2}{L^2} \right\}_{n=1}^{\infty}$의 각 원소는 주어진 문제의 고윳값이고, 집합 $\left\{ \sin \frac{n\pi}{L} x \right\}_{n=1}^{\infty}$의 각 원소는 고유 함수이다. 이때 고유 함수의 집합은 구간 $[0,\ L]$의 직교 함수이다(연습 문제 7.1의 4(1)).

스튀름·리우빌 방정식 (1)에 대해 구간 $(a,\ b)$에서 $s(x) > 0$이고 $\rho(x) > 0$이라고 하자. 이때, (i) $s(a)\rho(a) \neq 0$이고 $s(b)\rho(b) \neq 0$인 경우의 스튀름·리우빌 문제를 **정규**(regular) 문제, (ii) $s(a)\rho(a) = 0$ 또는 $s(b)\rho(b) = 0$이거나 한 끝점 또는 경계 조건이 없는 문제를 **특이**(singular) 문제라 한다.

보기 2

스튀름·리우빌 방정식 $\phi'' + \lambda\phi = 0$에 대한 스튀름·리우빌 문제는 임의의 닫힌 구간에서 정규 문제이다. 베셀 방정식 $(x\psi')' + \lambda(x\psi) = 0$에 관한 스튀름·리우빌 문제는 구간 $0 \le x \le 1$에서는 특이 문제이고, $1 \le x \le 2$에서는 정규 문제이며, $-1 \le x \le 1$에서는 $x = 0$에서 $s(x) = 0$, $\rho(x) = 0$이므로 어느 쪽에도 속하지 않는다.

정규 스튀름·리우빌 문제

구간 $[a, b]$에서의 정규 스튀름·리우빌 문제는 일반적으로 다음과 같이 주어진다.

$$\begin{cases} \{s(x)y\}' + \{\lambda\rho(x) - q(x)\}y = 0 \\ \alpha_1 y(a) + \beta_1 y'(a) = 0, \quad \alpha_1^2 + \beta_1^2 \neq 0 \\ \alpha_2 y(b) + \beta_2 y'(b) = 0, \quad \alpha_2^2 + \beta_2^2 \neq 0 \end{cases} \tag{2}$$

여기서 α_i, $\beta_i (i = 1, 2)$는 λ와 관계없는 상수이다. 문제 (2)는 제차이므로 $y = 0$은 하나의 해이다. 그러나 우리는 자명하지 않은 해를 찾고자 하며, 그것은 고윳값 λ와 그에 대응하는 고유 함수를 찾는 것이다. 이렇게 찾은 정규 스튀름·리우빌 문제의 고윳값과 고유 함수로 이루어진 집합에 대해 다음 사실이 알려져 있다.

정리 7.2 구간 $[a, b]$에서의 정규 스튀름·리우빌 문제에 대해 다음이 성립한다.

[1] 다음 조건을 만족시키는 고윳값의 수열 $\{\lambda_n\}_{n=1}^{\infty}$이 존재한다.

$$\lambda_1 < \lambda_2 < \cdots < \lambda_n < \cdots, \quad \lim_{n\to\infty} \lambda_{n=\infty}$$

[2] 하나의 고윳값에 대응하는 고유 함수는 무수히 많지만, 서로 0이 아닌 상수배의 차이만 있다.

[3] 서로 다른 고윳값에 대응하는 고유 함수는 가중 함수 $\rho(x)$에 대한 내적에 대해 서로 직교한다.13)

[4] 각 고윳값에 대응하는 고유 함수를 하나씩 골라 만든 함수의 집합은 가중 함수 $\rho(x)$에 대한 구간 $[a, b]$의 직교 집합이다.14)

---

13) 고유 함수의 집합에 대해 스튀름 · 리우빌 연산자 D는 자기 수반(self-adjoint)이다. 즉 고유 함수 ϕ_m과 ϕ_n에 대해 다음을 만족시킨다.

$$(D(\phi_m), \phi_n) = \int_a^b D(\phi_m)(x)\phi_n(x)\,dx = \int_a^b \phi_m(x)D(\phi_n)(x)\,dx = (\phi_m, D(\phi_n))$$

증명 여기서는 [3]에 대해서만 증명한다. 임의의 서로 다른 두 고윳값 λ_n과 λ_m에 대응하는 고유 함수를 각각 ϕ_n과 ϕ_m이라 하자. 각 함수에 대해 문제 (2)의 방정식을 다시 쓰면, 다음과 같다.

$$\{s(x)\phi_n{}'\}' + \{\lambda_n\rho(x) - q(x)\}\phi_n = 0 \tag{3a}$$

$$\{s(x)\phi_m{}'\}' + \{\lambda_m\rho(x) - q(x)\}\phi_m = 0 \tag{3b}$$

이제 (3a)와 (3b)에 각각 ϕ_m과 ϕ_n을 곱하고 적분하여 다음을 얻는다.

$$\int_a^b \phi_m\{s(x)\phi_n{}'\}'\,dx + \int_a^b \phi_m\{\lambda_n\rho(x) - q(x)\}\phi_n\,dx = 0,$$

$$\int_a^b \phi_n\{s(x)\phi_m{}'\}'\,dx + \int_a^b \phi_n\{\lambda_m\rho(x) - q(x)\}\phi_m\,dx = 0$$

다시 각각 부분 적분하여 정리하면 다음을 얻는다.

$$\phi_m s(x)\phi_n{}'\Big|_a^b - \int_a^b \phi_m{}' s(x)\phi_n{}'\,dx + \int_a^b \phi_m\{\lambda_n\rho(x) - q(x)\}\phi_n\,dx = 0 \tag{4a}$$

$$\phi_n s(x)\phi_m{}'\Big|_a^b - \int_a^b \phi_n{}' s(x)\phi_m{}'\,dx + \int_a^b \phi_n\{\lambda_m\rho(x) - q(x)\}\phi_m\,dx = 0 \tag{4b}$$

이제 식 (4a)에서 식 (4b)를 빼어 정리하면 다음을 얻는다.

$$\begin{aligned}(\lambda_m - \lambda_n)\int_a^b \rho(x)\phi_n\phi_m\,dx &= s(b)\{\phi_m(b)\phi_n{}'(b) - \phi_n(b)\phi_m{}'(b)\}\\ &\quad - s(a)\{\phi_m(a)\phi_n{}'(a) - \phi_n(a)\phi_m{}'(a)\}\end{aligned} \tag{5}$$

그런데 경계 조건에서 $\alpha_1^2 + \beta_1^2 \neq 0$이고 $\alpha_2^2 + \beta_2^2 \neq 0$이므로 다음이 성립한다.

$$\phi_m(a)\phi_n{}'(a) - \phi_n(a)\phi_m{}'(a) = 0,$$

$$\phi_m(b)\phi_n{}'(b) - \phi_n(b)\phi_m{}'(b) = 0$$

따라서 다음을 얻는다.

$$(\lambda_m - \lambda_n)\int_a^b \rho(x)\phi_n\phi_m\,dx = 0$$

그런데 $\lambda_n \neq \lambda_m$이므로 다음이 성립한다.

---

14) 주어진 경계 조건을 만족하는 함수 공간의 완비 집합이다.

$$\int_a^b \rho(x)\,\phi_n \phi_m \,dx = 0$$

즉, 두 고유 함수는 가중 함수 ρ에 대해 서로 직교이다. ■

보기 3

다음에 주어진 문제는 정규 스튀름·리우빌 문제이다.

$$y'' + \lambda y = 0,\ \ y'(0) = 0,\ \ y'(L) = 0$$

주어진 문제의 고윳값은 수열 $\left\{\dfrac{n^2\pi^2}{L^2}\right\}_{n=0}^{\infty}$ 이며 $\left\{\cos\dfrac{n\pi}{L}x\right\}_{n=0}^{\infty}$ 는 그에 대응하는 고유 함수들이다. 따라서 고유 함수의 집합은 위의 정리에 의해 직교 집합이다.

정리 7.2의 증명에서 사용한 식 (5)로부터 다음 결과를 얻을 수 있다.

따름 정리 7.3 [1] $s(a) = 0$이면 $x = a$에서의 경계 조건과 무관하게 위의 정리가 성립한다.

[2] $s(b) = 0$이면 $x = b$에서의 경계 조건과 무관하게 위의 정리가 성립한다.

[3] $s(a) = s(b)$이고 경계 조건이 $y(a) = y(b)$, $y'(a) = y'(b)$이면 위의 정리가 성립한다.

따름 정리 7.3의 경계 조건 [3]을 주기적 경계 조건(periodic boundary condition)이라고 한다. 정리 7.2와 따름 정리 7.3으로부터 주기적 경계 조건을 가진 정규 스튀름·리우빌 문제의 서로 다른 고유 함수는 항상 서로 직교한다. 또, 특이 스튀름·리우빌 문제의 경우에도, 즉 $s(a) = 0$ 또는 $s(b) = 0$이면 같은 결과를 얻는다.

자기 수반의 미분 방정식

방정식 (1)과 같은 형식으로 다시 표현될 수 있는 이계 선형 미분 방정식을 자기 수반(self-adjoint form)이라고 한다. 따라서 스튀름·리우빌 방정식은 자기 수반 미분 방정식이다. 주어진 구간에서 모든 계수가 모두 연속이고 $a(x) \neq 0$인 다음과 같은 이계 선형 미분 방정식은 적분 인자 $\dfrac{1}{a(x)} e^{\int \frac{b}{a} dx}$ 를 식의 양변에 곱하면 자기 수반의 형태로 쓸 수 있다.

$$a(x)y''(x)+b(x)y'+\{c(x)+\lambda d(x)\}y=0 \tag{6}$$

보기 4

다음은 n차 매개 베셀 방정식이다.

$$x^2y''+xy'+(\lambda^2x^2-n^2)y=0 \quad (0 \le x \le b,\ n=0,\ 1,\ 2,\ \cdots)$$

이 방정식의 일반해는 다음과 같이 표현될 수 있다는 사실이 알려져 있다.15)

$$y=c_1J_n(\lambda x)+c_2Y_n(\lambda x)$$

적분 인자 $\dfrac{1}{x}$을 주어진 방정식에 곱하면 자기 수반인 다음 방정식을 얻는다.

$$(xy')'+\left(\lambda^2x-\frac{n^2}{x}\right)y=0$$

이제 $s(0)=0$이고, 함수 $J_n(\lambda x)$와 $Y_n(\lambda x)$ 중에서 $J_n(\lambda x)$가 구간 $0 \le x \le b$에서 유계인 해, 즉 적분 가능한 해이다.16) 따라서 따름 정리 7.3의 [1]에 의해 집합 $\{J_n(\lambda_i x)\}_{i=1}^{\infty}$이 구간 $0 \le x \le b$의 가중 함수 $\rho(x)=x$에 대한 직교 집합이다. 여기서 고윳값의 수열 $\{\lambda_i\}_{i=1}^{\infty}$은 끝점 $x=b$에서 다음 경계 조건에 의해 결정된다.

$$\alpha_2J_n(\lambda b)+\beta_2\lambda J_n'(\lambda b)=0 \tag{7}$$

방정식 (7)에서 적어도 하나가 0이 아닌 임의의 α_2와 β_2를 택해도 방정식 (7)은 무한 개의 근 λ_i가 존재한다는 사실이 알려져 있다.17) 다음 절에서 푸리에·베셀 급수와 관련하여 고윳값에 대해 더 자세히 살펴보기로 한다.

15) 5.4절을 참조하라.

16) $\lim_{x\to 0+} Y_n(\lambda x)=-\infty$이므로(5.4절) $c_2=0$이다.

17) 그림 5.3을 참조하라.

7.3 연습 문제

01. (1) 다음 경곗값 문제가 스튀름·리우빌 문제임을 보여라.

$$y'' + \lambda y = 0, \quad y'(0) = 0, \; y(1) = 0$$

(2) 위 스튀름·리우빌 문제의 고윳값과 고유 함수를 찾아라.

(3) 고유 함수들이 집합이 직교 집합임을 보이고 정규 집합을 찾아라.

02. 다음 스튀름·리우빌 문제의 고윳값과 고유 함수를 찾아라.

(1) $\phi'' + \lambda\phi = 0, \; \phi(0) = 0, \; \phi(\pi) = 0$

(2) $\phi'' + \lambda\phi = 0, \; \phi(0) = 0, \; \phi'(\pi/2) = 0$

(3) $\phi'' + \lambda\phi = 0, \; \phi'(0) = 0, \; \phi(L) = 0$

(4) $\phi'' + \lambda\phi = 0, \; \phi'(0) = 0, \; \phi'(L) = 0$

(5) $y'' + \lambda y = 0, \; y(0) + y'(0) = 0, \; y(1) = 0$

(6) $y'' + \lambda y = 0, \; y(0) = 0, \; y(1) + y'(1) = 0$

(7) $y'' + 2y' + (\lambda + 1)y = 0, \; y(0) = 0, \; y(5) = 0$

(8) $y'' + \lambda^2 y = 0, \; y(0) = 0, \; y(1) = 0$

(9) $y'' + \lambda^2 y = 0, y(0) = 0, y'(3\pi) = 0$

03. 다음의 르게르 방정식(Leguerre's differential equation)을 자기 수반의 형태로 변형하여 나타내고 가중 함수를 말하라.

$$xy'' + (1 - x)y' + ny = 0 \quad (n = 0, \; 1, \; 2, \; \cdots)$$

04. 다음의 에르미트 방정식(Hermite's differential equation)을 자기 수반의 형태로 변형하여 나타내고 가중 함수를 말하라.

$$y'' - 2xy' + 2ny = 0 \quad (n = 0, \; 1, \; 2, \; \cdots)$$

05. 본문의 방정식 (6)을 적분 인자 $(1/a(x))e^{\int \frac{b}{a}dx}$를 이용하여 자기 수반의 형태로 써라.

06. 다음 스튀름·리우빌 문제의 고윳값과 고유 함수를 찾아라.

$$\frac{d}{dx}\{(1 + x^2)y'\} + \frac{\lambda}{1 + x^2}y = 0, \quad y(0) = 0, \quad y(1) = 0$$

7.4 베셀과 르장드르 급수

7.3절의 보기 3과 보기 4에서 알아보았듯이 주어진 구간의 직교 집합은 유일하지 않다. 따라서 7.1절에서와 같이 함수를 일반 푸리에 급수로 나타낼 수 있는데, 이는 경우에 따라 7.2절의 푸리에 급수, 즉 삼각 급수보다 더 편리할 때가 많다.

푸리에·베셀 급수

7.3절의 보기 4에서 n차 베셀 함수의 집합 $\{J_n(\lambda_i x)\}_{i=1}^{\infty}$가 가중 함수 $\rho(x)=x$에 대하여 구간 $0 \le x \le b$의 직교 집합임을 알았다. 여기서 고윳값의 수열 $\{\lambda_i\}_{i=1}^{\infty}$는 경계 $x=b$에서 경계 조건에 대응하는 다음 방정식에 의해 결정된다.

$$\alpha_2 J_n(\lambda b)+\beta_2 \lambda J_n{}'(\lambda b)=0 \tag{1}$$

따라서 7.1절의 결과를 이용하면 고유 함수 $\{J_n(\lambda_i x)\}_{i=1}^{\infty}$를 써서 구간 $0<x<b$에서 정의된 함수 f를 다음과 같은 일반 푸리에 급수로 형식적으로 나타낼 수 있다.

$$f(x)=\sum_{i=1}^{\infty} c_i J_n(\lambda_i x) \tag{2}$$

$$c_i=\frac{\displaystyle\int_0^b x\,J_n(\lambda_i x)\,f(x)\,dx}{\displaystyle\int_0^b x\,J_n^2(\lambda_i x)\,dx} \quad (i=1,\ 2,\ \cdots) \tag{3}$$

이와 같이 식 (2)와 (3)으로 표현되는 일반 푸리에 급수를 푸리에·베셀 급수라고 한다. 이 급수의 수렴에 관한 충분 조건은 다음과 같다.

정리 7.4 [푸리에·베셀 급수의 수렴] 열린 구간 $0<x<b$에서 함수 f와 그 도함수 f'가 조각 연속이면, 함수 f의 푸리에·베셀 급수는 연속인 점 x에서는 $f(x)$에 수렴하고 불연속인 점 $x=x_0$에서는 $\dfrac{f(x_0-)+f(x_0+)}{2}$에 수렴한다.

식 (3)은 경계 조건 (1)에 따라 여러 가지 경우로 나누어 생각하면 조금 더 자세히 나타낼 수 있는데, 이에 대해 알아보기로 하자.

베셀 함수는 다음의 미분 순환 관계를 만족시킨다.[18)]

$$\{x^n J_n(x)\}' = x^n J_{n-1}(x) \tag{4}$$

$$\{x^{-n} J_n(x)\}' = -x^{-n} J_{n+1}(x) \tag{5}$$

먼저 7.3절의 보기 4로부터 $y = J_n(\lambda x)$는 다음 방정식의 해이다.

$$(xy')' + \left(\lambda^2 x - \frac{n^2}{x}\right) y = 0$$

이 식에 $2xy'$를 곱하면 다음 식을 얻는다.

$$\{(xy')^2\}' + (\lambda^2 x^2 - n^2)\{y^2\}' = 0$$

이것을 부분 적분하여 정리하면 다음과 같다.

$$2\lambda^2 \int_0^b xy^2\, dx = \{(xy')^2 + (\lambda^2 x^2 - n^2)y^2\}\Big|_0^b$$

한편, $n > 0$이면 $y(0) = J_n(0) = 0$이고, $n = 0$이고 $x = 0$이면 $\{xy'\}^2 + \lambda^2 x^2 y^2 = 0$이다. 또, $y' = \lambda J_n'(\lambda x)$이므로 다음이 성립한다.

$$2\lambda^2 \int_0^b x\, J_n^2(\lambda x)\, dx = \lambda^2 b^2 \{J_n'(\lambda b)\}^2 + \{\lambda^2 b^2 - n^2\}\{J_n(\lambda b)\}^2 \tag{6}$$

이제 경계 조건 (1)의 여러 경우 중에서 다음 세 가지를 생각해 보자.

[경우 1] $\beta_2 = 0,\ \alpha_2 \neq 0$

이 경우에 식 (1)은 다음과 같다.

$$J_n(\lambda b) = 0 \tag{7}$$

방정식 (7)은 그림 5.3에서 알 수 있듯이 무한 개의 양의 실근 x_i, 따라서 무한 개의 고윳값 $\lambda_i = \dfrac{x_i}{b}$를 가진다. 그런데 $\lambda = 0$이면 $J_n(0) = 0$으로 자명한 해를 가진다. 또, $J_0(0) = 1$이므로 조건 (7)을 만족시키지 못하므로 0은 고윳값이 아니다. 식 (5)를 이용하면 식 (6)

18) 5.4절을 참조하라.

으로부터 다음을 얻는다.

$$\| J_n \|^2 = \int_0^b x J_n^2(\lambda_i x)\,dx = \frac{b^2}{2} J_{n+1}^2(\lambda_i b)$$

따라서 구간 $0 < x < b$에서 정의된 함수 f의 푸리에·베셀 급수는 다음과 같다.

$$\left.\begin{aligned} f(x) &= \sum_{i=1}^{\infty} c_i J_n(\lambda_i x) \\ c_i &= \frac{2}{b^2 J_{n+1}^2(\lambda_i b)} \int_0^b x J_n(\lambda_i x) f(x)\,dx \end{aligned}\right\} \tag{8}$$

[경우 2] $\beta_2 > 0,\ \alpha_2 \geq 0\ (n > 0)$

경계 조건에 관한 식 (1)에서 적당한 상수를 곱하여 $\beta_2 = b$로 놓자. 식 (1)은 $n > 0$에 대해 무한 개의 양의 근을 갖는다. 경우 1과 마찬가지로 0은 고윳값이 될 수 없다. 또 식 (1)에서 다음 관계식을 얻는다.

$$b\lambda_i J_n'(\lambda_i b) = -\alpha_2 J_n(\lambda_i b)$$

이를 식 (6)에 대입하여 다음을 얻는다.

$$\| J_n \|^2 = \frac{\lambda_i^2 b^2 - n^2 - \alpha_2^2}{2\lambda_i^2} J_n^2(\lambda_i b)$$

따라서 함수 f의 푸리에·베셀 급수 표현은 다음과 같다.

$$\left.\begin{aligned} f(x) &= \sum_{i=1}^{\infty} c_i J_n(\lambda_i x) \\ c_i &= \frac{2\lambda_i^2}{(\lambda_i^2 b^2 - n^2 - \alpha_2^2) J_n^2(\lambda_i b)} \int_0^b x J_n(\lambda_i x) f(x)\,dx \end{aligned}\right\} \tag{9}$$

[경우 3] $\alpha_2 = 0,\ n = 0$

이 경우에 식 (1)은 다음과 같다.

$$J_0'(\lambda b) = 0 \tag{10}$$

이는 0이 고윳값이 되는 유일한 경우이다. 왜냐하면 식 (5)로부터 식 (10)은 $J_1(\lambda b) = 0$과 같고 $J_0(0) = 1$이므로, $\lambda = 0$일 때 상수 함수 1은 다음 미분 방정식의 자명하지 않은 해가 되기 때문이다.

$$(xy')' + \lambda^2 xy = 0$$

한편, 각 고유 함수의 크기는 다음과 같다.

$$\|1\|^2 = \frac{b^2}{2} \ (\lambda = 0), \ \|J_0\|^2 = \frac{b^2}{2} J_0^2(\lambda_i b) \ (\lambda_i > 0, \ i = 2, \ 3, \ \cdots)$$

따라서 함수 f의 푸리에·베셀 급수 표현은 다음과 같다.

$$\left.\begin{aligned} f(x) &= c_1 + \sum_{i=2}^{\infty} c_i J_0(\lambda_i x) \\ c_1 &= \frac{2}{b^2}\int_0^b x f(x)\,dx \\ c_i &= \frac{2}{b^2 J_0^2(\lambda_i b)}\int_0^b x J_0(\lambda_i x) f(x)\,dx \end{aligned}\right\} \tag{11}$$

위의 각 경우에서 고윳값 λ_i는 각 경계 조건에 대응하는 방정식을 만족시키는 값으로서 베셀 함수에 관한 표를 이용하거나 수치적 방법으로 얻는다.

보기 1

함수 $f(x) = x \ (0 < x < 3)$에 대해 $J_1(3\lambda) = 0$을 만족시키는 일차 베셀 함수를 이용하여 푸리에·베셀 급수를 찾아라.

풀이 주어진 경계 조건으로부터 이 문제는 경우 1에 해당한다. 따라서 계수는 식 (8)로부터 다음과 같이 주어진다.

$$c_i = \frac{2}{3^2 J_2^2(3\lambda_i)}\int_0^3 x^2 J_1(\lambda_i x)\,dx$$

$s = \lambda_i x$로 놓으면 식 (4)에서 $\{s^2 J_2(s)\}' = s^2 J_1(s)$이므로 위의 식은 다음과 같이 계산할 수 있다.

$$c_i = \frac{2}{9\lambda_i^3 J_2^2(3\lambda_i)}\int_0^{3\lambda_i} \{s^2 J_2(s)\}'\,ds = \frac{2}{\lambda_i J_2(3\lambda_i)}$$

그러므로 찾는 급수는 다음과 같다.

$$f(x) = 2\sum_{i=1}^{\infty}\frac{1}{\lambda_i J_2(3\lambda_i)}J_1(\lambda_i x) \qquad \square$$

푸리에·르장드르 급수

르장드르 다항 함수 $P_n(x)$는 $\lambda = n(n+1)$에 대응하는 다음 방정식의 유계인 해이다.

$$(1-x^2)y'' - 2xy' + \lambda y = 0 \quad (-1 \le x \le 1)$$

이 방정식은 다음과 같이 자기 수반의 형태로 다시 쓸 수 있다.

$$\{(1-x^2)y'\}' + \lambda y = 0$$

여기서 $s(x) = 1 - x^2$이므로 $s(\pm 1) = 0$이다. 따라서 이 방정식의 스튀름·리우빌 문제는 특이 문제이므로 따름 정리 7.3으로부터 르장드르 다항 함수의 집합 $\{P_n(x)\}_{n=0}^{\infty}$는 가중 함수 $\rho(x) = 1$에 대해 구간 $-1 \le x \le 1$의 직교 집합이다. 또, $\|P_n\|^2 = 2/(2n+1)$ $(n = 0,\ 1,\ 2,\ \cdots)$이므로 (5.3절의 연습 문제 참조) 구간 $-1 \le x \le 1$에서 정의된 함수 f의 일반 푸리에 급수는 다음과 같다.

$$f(x) = \sum_{n=0}^{\infty} c_n P_n(x) \tag{12}$$

$$c_n = \frac{2n+1}{2}\int_{-1}^{1} P_n(x) f(x)\, dx \tag{13}$$

식 (12)와 (13)과 같이 표현되는 일반 푸리에 급수를 **푸리에·르장드르 급수**라고 하는데, 이의 수렴에 관한 충분 조건은 다음 정리와 같다.

> **정리 7.5 [푸리에·르장드르 급수의 수렴]** 열린 구간 $(-1,\ 1)$에서 함수 f와 그 도함수 f'가 조각 연속이면, 함수 f의 푸리에·르장드르 급수는 연속인 점 x에서는 $f(x)$에 수렴하고 불연속인 점 $x = x_0$에서는 $\dfrac{f(x_0-)+f(x_0+)}{2}$에 수렴한다.

보기 2

함수 $f(x)=\begin{cases}0 & (-1<x\le 0)\\ 1 & (0<x<1)\end{cases}$를 처음 세 개의 르장드르 다항 함수를 이용하여 푸리에·르장드르 급수로 나타내라.

풀이 처음 세 개의 르장드르 다항 함수는 각각 다음과 같다.

$$P_0(x)=1,\ P_1(x)=x,\ P_2(x)=\frac{1}{2}(3x^2-1)$$

식 (13)을 이용하여 푸리에·르장드르 급수의 계수를 찾으면 다음과 같다.

$$c_0=\frac{1}{2}\int_{-1}^{1}f(x)P_0(x)\,dx=\frac{1}{2}\int_{0}^{1}1\cdot 1\,dx=\frac{1}{2}$$

$$c_1=\frac{3}{2}\int_{-1}^{1}f(x)P_0(x)\,dx=\frac{3}{2}\int_{0}^{1}1\cdot x\,dx=\frac{3}{4}$$

$$c_2=\frac{5}{2}\int_{-1}^{1}f(x)P_2(x)\,dx=\frac{5}{2}\int_{0}^{1}1\cdot\frac{1}{2}(3x^2-1)\,dx=0$$

따라서 $f(x)=P_0(x)/2+3P_1(x)/4+\cdots$이다. □

7.4 연습 문제

01. $\lambda_i\ (i=1,\ 2,\ \cdots)$를 $J_0(\lambda)=0$의 양의 근이라 할 때 구간 $[-1,\ 1]$에서 다음이 성립함을 보여라.

$$\frac{1-x^2}{8}=\sum_{i=1}^{\infty}\frac{J_0(\lambda_i x)}{\lambda_i^3 J_1(\lambda_i)}$$

02. 주어진 경계 조건과 같은 차수의 베셀 함수를 이용하여 다음 문제의 푸리에·베셀 급수를 찾아라.

(1) $f(x)=5x\ \ (0<x<4),\ \ 3J_1(4\lambda)+4\lambda J_1{}'(4\lambda)=0$

(2) $f(x)=x^2\ \ (0<x<1),\ \ \ J_2(\lambda)=0$

(3) $f(x)=1-x^2\ \ (0<x<1),\ \ J_0(\lambda)=0$

(4) $f(x)=x^2\ \ (0<x<3),\ \ \ J_0{}'(3\lambda)=0$ [힌트: $x^3=x^2\cdot x$]

(5) $f(x)=1\ \ (0<x<1),\ \ J_0(\lambda)=0$

03. 다음 함수의 푸리에·르장드르 전개에서 계수가 0이 아닌 처음 네 항을 찾아라.

(1) $f(x)=\begin{cases}0 & (-1<x<0)\\ x & (\ 0\le x<1)\end{cases}$ (2) $f(x)=e^x\quad(-1<x<1)$

04. $f(x)=x^3$의 푸리에·르장드르 급수를 찾아라.

05. $x=\cos\theta$라 할 때, 처음 세 개의 르장드르 다항 함수 $P_i(\cos\theta)\ \ (i=0,\ 1,\ 2)$를 찾아라.

06. 푸리에·르장드르 급수에 관한 식 (12)와 (13)은 $x=\cos\theta$로 치환하면 다음과 같이 쓸 수 있음을 보여라. 단, $F(\theta)=f(\cos\theta)$이다.

$$F(\theta)=\sum_{n=0}^{\infty}c_n P_n(\cos\theta),$$

$$c_n=\frac{2n+1}{2}\int_0^{\pi}F(\theta)P_n(\theta)\sin\theta\,d\theta\ \ (n=0,\ 1,\ 2,\ \cdots)$$

제 8 장 편미분 방정식

편미분 방정식은 현의 진동, 탄성체, 고전 역학, 전기학, 유체 역학, 열전도, 전자기학 등의 분야에서 나타나는 현상을 이해하고 응용하기 위한 모델(문제)로서 연구되었다. 이런 편미분 방정식의 해를 찾는 방법은 여러 가지 있지만, 이 과정에서 모든 방법을 다룰 수는 없다. 여기서는 여러 응용 분야에서 공통적으로 자주 나타나는 이계 선형 편미분 방정식의 해를 구하는 변수분리방법에 대해 중점적으로 다룬다.

■ 디리클레(Peter Dirichlet, 1805~1859)

독일의 수학자로 디리클레 경계 조건에서 푸리에 급수가 수렴하기 위한 충분 조건을 처음으로 밝혔다. 그의 미분 방정식에 관한 업적을 기념하기 위해 디리클레 조건이라는 용어가 만들어졌다. 디리클레는 가우스의 책 ≪수론 연구(Disquisitiones Arithmeticae)≫를 항상 베개 밑에 넣고 잤다고 한다. 그 영향인지는 몰라도 그의 증명은 항상 간단 명료했다고 한다.

■ 푸아송(Siméon Denis Poisson, 1781~1840)

프랑스의 수학자이며 라플라스의 제자로 수학을 연구하고 가르치는 것을 빼면 인생에서 가치가 있는 일이 없다는 말을 했을 정도로 수학에 대단한 열정을 가졌다고 한다. 푸아송은 수학을 전기학과 자기학에 응용하였으며 라플라스 방정식을 일반화하여 오늘날의 푸아송 방정식을 정립하였다.

편미분 방정식에 대한 연구는 현의 진동, 음파의 전달, 유체의 파동 등의 연속체 역학(continuum mechanics)에서 나타나는 문제를 상미분 방정식으로 표현하고 해석할 때 나타나는 단점을 극복하려는 과정에서 오일러, 달랑베르, 라그랑주, 라플라스 등에 의해 18세기에 시작되었다. 그 후에 편미분 방정식은 베르누이, 푸리에, 푸아송, 맥스웰, 푸앙카레 등의 많은 학자들에 의해 자연 과학 여러 분야의 문제에 적용하고 응용하여 관련 문제를 해석하고 연구하는 데 사용되었다. 현대에서 편미분 방정식은 거의 모든 응용 수학 분야의 문제를 연구하여 해결하는 데 매우 중요한 도구가 되었다. 또 19세기 중반부터, 특히 리만의 업적으로 편미분 방정식은 미분 기하학 등의 여러 순수 수학 분야의 문제를 연구하고 해결하는 데 필수적인 도구가 되었다.

8.1 이계 선형 편미분 방정식

다변수 함수의 편도함수를 한 개 이상 포함하고 있는 방정식을 편미분 방정식(partial differential equation)이라고 한다. 이때 방정식에 포함된 가장 높은 편도함수의 계수를 방정식의 계수(order)라 한다. 예를 들어 다음 편미분 방정식의 계수는 각각 일계와 이계이다.

$$u_t = cu_x: \qquad \text{일계}$$
$$uu_x + u_{yy} = 0: \quad \text{이계}$$

상미분 방정식의 경우와 같이 편미분 방정식이 미지의 함수와 그의 편도함수에 관하여 선형(일차)이면 선형(linear)이라 하고, 그렇지 않으면 비선형(nonlinear)이라고 한다. 다음은 선형과 비선형 편미분 방정식의 보기들이다.

$$u_t = u_x + \sin \omega t, \qquad yu_x + xu_y = 0: \ \text{선형}$$
$$uu_t + u_x = 0, \qquad u_x^2 + u_y = 0: \quad \text{비선형}$$

독립 변수가 두 개일 때 이계 선형[1] 편미분 방정식(second order linear partial differential equation)은 다음과 같은 꼴이다.

$$Au_{xx} + 2Bu_{xy} + Cu_{yy} + Du_x + Eu_y + Fu = G^{2)} \tag{1}$$

여기서 A, B, $\cdots$, G는 독립 변수 x와 y의 함수이다. 방정식 (1)에서 G 이외의 나머지 함수가 상수 함수이면 상수 계수(constant coefficient) 방정식이라 한다. 또한 $G=0$이면 방정식 (1)을 제차(homogeneous) 방정식, $G \neq 0$이면 비제차(nonhomogeneous) 방정식[3]이라고 한다. 다음은 여러 응용 분야에서 자주 나타나는 이계 선형 편미분 방정식의 예들이다.

$$u_{xx} + u_{yy} = 0: \qquad \text{라플라스 방정식(Laplace's equation)}$$
$$u_{xx} + u_{yy} = G(x,y): \ \text{푸아송 방정식(Poisson's equation)}$$
$$u_{tt} - c^2 u_{xx} = 0: \qquad \text{파동 방정식(wave equation)}$$

---

1) 선형 이계라고도 한다.

2) 여기서 임의의 실수 T에 대해 $T = 2 \cdot \frac{T}{2}$이므로 u_{xy}의 계수를 편의상 $2B$로 나타내었다. 이계 선형 편미분 방정식의 분류를 참고하라.

3) 일반적으로 선형 편미분 방정식을 식 (1)과 같은 형태로 정리했을 때, 우변이 0이면 제차 방정식, 그렇지 않으면 비제차 방정식이라고 한다.

$$u_t - \kappa u_{xx} = 0: \qquad \text{열전도 방정식(heat equation)}$$

여기서는 주로 독립 변수가 두 개인 경우의 이계 선형 편미분 방정식에 대해 다룬다. 이 장에서 특별한 말이 없으면 다루는 함수의 연속성과 (편)미분 가능성 등은 관련된 논의를 진행하기에 문제가 없을 정도로 충분히 보장된 것으로 가정한다.

방정식의 해

방정식 (1)을 만족시키는 이변수 함수 $z = u(x, y)$를 방정식 (1)의 해(solution)라 하고, 해를 찾는 과정을 방정식을 푼다고 한다. 일반적으로 선형 상미분 방정식의 경우와는 다르게 편미분 방정식의 일반해를 찾는 것은 쉽지 않다. 따라서 다음 두 개의 정리는 선형 방정식의 경우에 해를 찾는 데 사용할 수 있는 아주 중요한 정리이다. 증명은 독자에게 연습 문제로 남긴다.

정리 8.1 [중첩의 원리] 함수 $u_1, u_2, \cdots, u_n$이 다음 제차 방정식 (*)의 해라하자.

$$Au_{xx} + 2Bu_{xy} + Cu_{yy} + Du_x + Eu_y + Fu = 0 \qquad (*)$$

그러면 임의의 상수 $c_1, c_2, \cdots, c_n$에 대한 다음의 일차 결합 u도 방정식 (*)의 해이다.

$$u = c_1u_1 + c_2u_2 + \cdots + c_nu_n$$

명백히 함수 $u = 0$는 모든 제차 선형 편미분 방정식의 해이다. 이를 자명한 해(trivial solution) 또는 자명해라 한다. 우리는 많은 경우에 자명하지 않은 해를 찾는 것에 관심이 있다.

보기 1

임의의 실수 k에 대해 $e^{-kx}\cos ky$를 라플라스 방정식에 직접 대입하면 해가 됨을 보일 수 있다. 따라서 정리 8.1로부터 $u(x, y) = 5e^{-x}\cos y - 7e^{-\pi x}\cos \pi y$도 라플라스 방정식의 해이다.

정리 8.2 [뺄셈의 원리] 두 함수 u_1과 u_2가 각각 방정식 (1)의 해이면, 함수 $u = u_1 - u_2$는 방정식 (1)에서 $G = 0$로 놓을 때 얻는 제차 방정식의 해이다.

보기 2

다음과 같이 정의된 함수 u와 v는 푸아송 방정식 $u_{xx} + u_{yy} = 1$의 해이다.

$$u(x,\ y) = \frac{x^2}{2},\ v(x,\ y) = \frac{1}{4}(x^2 + y^2)$$

따라서 다음 함수는 라플라스 방정식 $u_{xx} + u_{yy} = 0$의 해이다.

$$u(x,\ y) - v(x,\ y) = \frac{1}{4}(x^2 - y^2)$$

만일 u가 비제차 방정식 (1)의 일반해이고 u_p는 비제차 방정식의 하나의 해(특수해라 한다)라 하자. 그러면 뺄셈의 원리에 의해 $u - u_p$는 비제차 방정식 (1)에 대응하는 제차 방정식, 즉 방정식 (1)의 비제차 항을 0으로 놓아 얻는 방정식의 해가 된다. 여기서 방정식 (1)에 대응하는 제차 방정식의 일반해를 u_h라면 $u - u_p = u_h$가 성립한다. 따라서 주어진 비제차 방정식 (1)의 일반해 u는 $u = u_h + u_p$로 나타낼 수 있다.

이계 선형 편미분 방정식의 분류

방정식 (1)을 이계 편도함수 항의 계수 함수 A, B, C에 대한 식 $B^2 - AC$의 부호에 따라 다음과 같이 분류한다. 여기서 식 $B^2 - AC$를 판별식(determinant)이라고 한다.

(D1) $B^2 - AC > 0$인 평면의 영역에서, 방정식 (1)을 쌍곡선 형(hyperbolic)이라 한다.

(D2) $B^2 - AC = 0$인 평면의 영역에서, 방정식 (1)을 포물선 형(parabolic)이라 한다.

(D3) $B^2 - AC < 0$인 평면의 영역에서, 방정식 (1)을 타원 형(elliptic)이라 한다.

일반적으로 A, B, C는 이변수 함수이므로 일반적으로 관심 영역 전체에서 판별식의 부호가 하나로 정해지지 않는다. 이 절의 연습 문제를 보라. 그러나 계수 A, B, C가 모두 상수이면 판별식의 부호는 하나로 결정된다.

보기 3

평면 전체 영역에서 푸아송 방정식과 라플라스 방정식은 타원 형이고, 파동 방정식은 쌍곡선 형이며, 열전도 방정식은 포물선 형이다.

위의 방정식의 형태는 해의 성질, 즉 그에 대응하는 현상과 밀접한 관련이 있다. 아주 간단히 말하면 타원 형의 방정식은 평형(equilibrium) 상태를 나타내는 현상, 쌍곡선 형의 방정식은 파동과 같은 전파(propagation)하는 현상과 관계가 있으며, 포물선 형의 방정식은 열전도나 냄새의 확산과 같은 확산(diffusion) 현상과 관련이 있다.

이변수 함수에 관한 이계 선형 편미분 방정식 (1)에 대해 다음이 성립함을 보일 수 있다. (이에 관한 자세한 논의는 생략한다.)

(d1) 쌍곡선 형 방정식이면 적당한 변수 변환을 이용하여 $u_{xx}-u_{yy}+\Psi(x,y,u,u_x,u_y)=0$의 형태로 나타낼 수 있다. 여기서 $\Psi(x,y,u,u_x,u_y)$는 u, u_x, u_y에 대해 일차인 함수[4]이다.

(d2) 포물선 형 방정식이면 적당한 변수 변환을 이용하여 $u_{xx}+\Theta(x,y,u,u_x,u_y)=0$의 형태로 나타낼 수 있다. 여기서 $\Theta(x,y,u,u_x,u_y)$는 u, u_x, u_y에 대해 일차인 함수이다.

(d3) 타원 형 방정식이면 적당한 변수 변환을 이용하여 $u_{xx}+u_{yy}+\Phi(x,y,u,u_x,u_y)=0$의 형태로 나타낼 수 있다. 여기서 $\Phi(x,y,u,u_x,u_y)$는 u, u_x, u_y에 대해 일차인 함수이다.

따라서 파동 방정식(쌍곡선 형), 열전도 방정식(포물선 형), 라플라스 방정식(타원 형)에 대한 연구는 일반적인 이계 선형 편미분 방정식에 대한 연구에서 중요한 의미를 가진다. 이러한 관점에서 이후의 논의는 파동 방정식, 열전도 방정식, 라플라스 방정식을 중심으로 다룬다.

8.1 연습 문제

01. 다음 함수의 독립 변수와 종속 변수를 찾아라.

(1) $u(x,\ t,\ s)$ (2) $u(\rho, \phi, \theta)$

(3) $F(x_1,\ x_2,\ x_3,\ y_1,\ y_2,\ y_3)$ (4) $v(x,\ y,\ z,\ t)$

4) $\Psi(x,y,u,u_x,u_y)=g(x,y)+\alpha(x,y)u+\beta(x,y)u_x+\gamma(x,y)u_y$의 꼴로 나타내어지는 함수를 말한다. 종종 u, u_x, u_y에 대한 선형 함수라고도 한다.

02. 다음 편미분 방정식을 형태(계수, 선형성)에 따라 분류하라.

(1) $u_t + x u_x = \sin(tx)$ (2) $u_{tt} + uu_x = 0$

(3) $u_{xx} - x^2 u_{yy} = u$ (4) $u^2 + u_t + u_x = \cos 3t$

03. 다음 선형 이계 편미분 방정식을 분류하라.

(1) $u_{xx} + 6u_{xy} - u_{yy} + 2u_x - u_y = 0$ (2) $u_{xx} + xu_{yy} = 0$

(3) $u_{xy} = 0$ (4) $u_{xx} + u_{xy} + 3u_{yy} = 0$

(5) $(1-x^2)u_{xx} + yu_{yy} = 0$ (6) $u_{xx} - u_{yy} = xy$

(7) $3u_{xx} + 6u_{xy} + 3u_{yy} + (1+\cos x)u = x^2$

(8) $u_{xx} - 4u_{xy} - 5u_{yy} + 3u_x + u = 4 - xy$

04. 다음 주어진 함수가 주어진 편미분 방정식을 만족시킴을 보여라.

(1) $u(x,\ t) = f(x) + g(t)$, $u_{xt} = 0$ (단, f와 g는 임의의 일변수 함수)

(2) $u(x,\ t) = \sin kx e^{-k^2 t}$, $u_{xx} - u_t = 0$ (단, k는 상수)

(3) $u(x,\ t) = f(x+ct) + g(x-ct)$, $u_{tt} - c^2 u_{xx} = 0$ (단, f와 g는 일변수 함수)

(4) $u(x,\ t) = e^{-x}\cos(t-x)$, $2u_t - u_{xx} = 0$

(5) $u(x,\ y) = \ln(x^2+y^2)$, $u_{xx} + u_{yy} = 0$

(6) $u(x, y, z) = \dfrac{1}{\sqrt{x^2+y^2+z^2}}$, $u_{xx} + u_{yy} + u_{zz} = 0$

(7) $u(x,y) = h(x-y)$, $u_x + u_y = 0$ (단, h는 임의의 일변수 함수)

(8) $u(x,y) = e^{-3x} g(2x-y)$, $u_x + 2u_y + 3u = 0$ (단, g는 임의의 일변수 함수)

05. 다음 방정식의 해 $u(x,y)$를 구하라.

(1) $u_{xy} = xy$

(2) $u_{xy} = -u_x$ (힌트: $u_x = p$로 놓고 생각해 보라)

06. 정리 8.1과 8.2를 증명하라.

07. (1) 함수 $u_1(x,y) = e^{x+y}$와 $u_2(x,y) = e^{x-y}$가 다음 비선형 편미분 방정식의 해임을 보여라.

$$u_x^2 + u_y^2 = 2u^2$$

(2) $u_1 + u_2$도 해인가?

8.2 변수 분리 방법

독립 변수가 두 개인 편미분 방정식의 해 $u(x, y)$를 찾는 변수 분리 방법(method of separation of variables)이 있다.[5] 이는 $u(x, y) = f(x)g(y)$와 같은 꼴의 해를 찾는 것이다. 그러한 해가 있다면 원래의 방정식은 두 개의 상미분 방정식으로 변환되고, 각 방정식의 해를 구할 수 있다면, 각각의 해의 곱으로 편미분 방정식의 해를 나타낼 수 있다. 이와 같은 해를 분리해(separated solution)라 하고, 분리해를 갖는 방정식을 분리 가능한 방정식(separable equation)이라고 한다. 보기를 통하여 변수 분리 방법의 과정을 살펴보자.

보기 1

라플라스 방정식 $u_{xx} + u_{yy} = 0$의 해를 $u(x, y) = f(x)g(y)$로 놓자. 그러면 함수 u의 편도함수에 대해 다음을 얻는다.

$$u_x = f'g, \quad u_y = fg', \quad u_{xy} = f'g', \quad u_{xx} = f''g, \quad u_{yy} = fg''$$

이것들을 주어진 방정식에 대입하면 다음이 성립한다.

$$u_{xx} + u_{yy} = f''g + fg'' = 0$$

이때 찾는 해가 0이 아니라고 가정하면[6], 위의 식을 $f(x)g(y)$로 나누어 다음을 얻는다.

$$\frac{f''(x)}{f(x)} = -\frac{g''(y)}{g(y)}$$

그런데 위 식은 좌변은 변수 x, 우변은 변수 y에만 의존한다. 그리고 위 식으로부터 좌변의 함수와 우변의 함수의 도함수가 각각 0임을 알 수 있다. 따라서 위 식은 좌변과 우변이 동일한 상수일 때만 성립한다. 그러므로 실수 λ에 대해 아래와 같은 두 개의 상미분 방정식을 얻는다.

$$\frac{f''(x)}{f(x)} = \lambda, \quad \frac{g''(y)}{g(y)} = -\lambda$$

여기서 λ를 분리 상수(separation constant)라 한다. 따라서 다음과 같은 두 개의 이계 선형

5) 독립 변수가 세 개 이상인 경우에도 적용할 수 있다. 세 개인 경우에 대해 이 절의 연습 문제를 보라.

6) 0 함수가 주어진 방정식의 해임은 명백하다. 여기서 자명하지 않은 해, 즉 $f(x) \neq 0$이고 $g(y) \neq 0$인 해를 찾고자 한다.

상미분 방정식을 얻는다.

$$f''(x) - \lambda f(x) = 0, \quad g''(y) + \lambda g(y) = 0$$

두 상미분 방정식의 해는 상수 λ의 부호에 따라 다음과 같이 세 가지 경우로 나뉜다.

(i) $\lambda > 0$이면 각 방정식의 일반해는 다음과 같다.[7)]

$$f(x) = A_1 e^{\sqrt{\lambda}\,x} + A_2 e^{-\sqrt{\lambda}\,x}, \ g(y) = A_3 \cos\sqrt{\lambda}\,y + A_4 \sin\sqrt{\lambda}\,y$$

(ii) $\lambda = 0$이면 각 방정식의 일반해는 다음과 같다.

$$f(x) = A_1 x + A_2, \ g(y) = A_3 y + A_4$$

(iii) $\lambda < 0$이면 각 방정식의 일반해는 다음과 같다.

$$f(x) = A_1 \cos\sqrt{-\lambda}\,x + A_2 \sin\sqrt{-\lambda}\,x, \ g(y) = A_3 e^{\sqrt{-\lambda}\,y} + A_4 e^{-\sqrt{-\lambda}\,y}$$

이를 정리하면 주어진 라플라스 방정식의 분리해는 다음 식으로 주어진다.

$$u(x,\ y) = \begin{cases} (A_1 e^{\sqrt{\lambda}\,x} + A_2 e^{-\sqrt{\lambda}\,x})(A_3 \cos\sqrt{\lambda}\,y + A_4 \sin\sqrt{\lambda}\,y) & (\lambda > 0) \\ (A_1 x + A_2)(A_3 y + A_4) & (\lambda = 0) \\ (A_1 \cos\sqrt{-\lambda}\,x + A_2 \sin\sqrt{-\lambda}\,x)(A_3 e^{\sqrt{-\lambda}\,y} + A_4 e^{-\sqrt{-\lambda}\,y}) & (\lambda < 0) \end{cases}$$

여기서 $A_1,\ A_2,\ A_3,\ A_4$는 상수이고 λ의 부호에 따라 일반적으로 다르다.

위의 식으로 주어진 함수는 주어진 라플라스 방정식의 해임을 보이는 것은 독자에게 맡긴다. 한편, 주어진 방정식이 제차이므로 자명한 해(또는 자명해) $u(x,\ y) = 0$도 또한 해가 된다. 실제로 해 $u(x,\ y) = 0$는 위의 식에 포함되므로 임의의 해는 바로 위의 식으로 나타난다.

이 변수 분리 방법이 모든 경우의 선형 방정식에 적용되는 방법은 아니다. 예를 들어 방정식 $u_{xx} + u_{yy} = x$는 분리해를 갖지 않는다. 즉, 분리 가능한 방정식이 아니다. 그러나 다음 정리와 같이 계수가 상수이고 제차인 이계 선형 편미분 방정식은 항상 분리해를 가진다.

7) 쌍곡선 함수는 지수 함수를 이용하여 정의되므로 $A_1 e^{\sqrt{\lambda}x} + A_2 e^{-\sqrt{\lambda}x}$ 대신에 $A_1 \cosh\sqrt{\lambda}x + A_2 \sinh\sqrt{\lambda}x$로 놓아 생각할 수도 있다.

정리 8.3 계수가 실수인 다음의 제차 이계 선형 편미분 방정식을 생각하자.

$$Au_{xx} + 2Bu_{xy} + Cu_{yy} + Du_x + Eu_y + Fu = 0 \tag{1}$$

미분 방정식 (1)은 다음과 같은 지수 형태의 분리해 u를 가진다.

$$u(x,\ y) = e^{\alpha x} e^{\beta y}$$

단, 여기서 α와 β는 적절히 결정되는 복소수이다.

증명 먼저 $e^{\alpha x}$의 도함수를 생각하자. $\alpha = a + ib,\ i = \sqrt{-1}$라고 하면 다음을 얻는다.

$$\begin{aligned}\frac{d}{dx}(e^{\alpha x}) &= \frac{d}{dx}\{e^{ax}(\cos bx + i\sin bx)\}\\ &= ae^{ax}\cos bx - be^{ax}\sin bx + i(ae^{ax}\sin bx + be^{ax}\cos bx)\\ &= e^{ax}(a+ib)(\cos bx + i\sin bx) = (a+ib)e^{(a+ib)x}\\ &= \alpha e^{\alpha x}\end{aligned}$$

비슷한 방법으로 $d^2(e^{\alpha x})/dx^2 = \alpha^2 e^{\alpha x}$을 얻는다. 이제 이를 이용하면 이변수 함수 $u(x,\ y) = e^{\alpha x} e^{\beta y}$의 일계와 이계 편도함수로 다음을 얻는다.

$$\begin{aligned}&u_x = \alpha u,\ \ u_y = \beta u,\\ &u_{xy} = \alpha\beta u,\ \ u_{xx} = \alpha^2 u,\ \ u_{yy} = \beta^2 u\end{aligned}$$

이것들을 방정식 (1)에 대입하여 정리하면 다음을 얻는다.

$$(A\alpha^2 + 2B\alpha\beta + C\beta^2 + D\alpha + E\beta + F)e^{\alpha x} e^{\beta y} = 0$$

그런데 $e^{\alpha x} e^{\beta y} \neq 0$이므로, 위 식은 다음과 같은 α와 β에 관한 이차 방정식이 된다.

$$A\alpha^2 + 2B\alpha\beta^2 + C\beta + D\alpha + E\beta + F = 0 \tag{2}$$

따라서 상수 α와 β가 방정식 (2)를 만족시키면 함수 $u(x,\ y) = e^{\alpha x} e^{\beta y}$는 방정식 (1)의 해이다.

한편 방정식 (2)에서 α와 β를 찾는 방법은 α 또는 β를 임의로 고정하고 그에 대응하는 이차 방정식에서 β 또는 α를 찾는 것이다. ■

두 개의 실 함수 $f(x,y)$와 $g(x,y)$에 대하여 복소수 함수 $u(x,y) = f(x,y) + ig(x,y)$가 제차 이계 선형 편미분 방정식 $Au_{xx} + 2Bu_{xy} + Cu_{yy} + Du_x + Eu_y + Fu = 0$을 만족시킨다

면 다음을 얻는다.

$$\begin{aligned}&Af_{xx}+2Bf_{xy}+Cf_{yy}+Df_x+Ef_y+Eu\\&\quad+i(Ag_{xx}+2Bg_{xy}+Cg_{yy}+Dg_x+Eg_y+Eg)=0\end{aligned}$$

따라서 복소수의 상등의 정의에 의해 함수 $u(x,y)$의 실수 부분의 실 함수 $f(x,y)$와 허수 부분의 실 함수 $g(x,y)$가 각각 주어진 방정식의 실 함수인 해가 된다. 여기서 방정식의 계수는 일반적으로 실수일 필요가 없음에 주의하라.

보기 2

열전도 방정식 $u_{xx}-u_t=0$에 대하여 $u(x,\ t)=e^{i\mu x}e^{\beta t}$ 꼴의 분리해를 찾아라. (단, μ는 주어진 실수이다.)

풀이 $u(x,\ t)=e^{i\mu x}e^{\beta t}$를 주어진 방정식에 대입하여 정리하면 다음 이차 방정식을 얻는다.

$$-\mu^2-\beta=0$$

따라서 주어진 실수 μ에 대해 $\beta=-\mu^2$이므로 다음과 같은 분리해를 얻는다.

$$u(x,\ t)=e^{i\mu x}e^{-\mu^2 t}$$

또 다음이 성립하므로 실수 부분과 허수 부분의 함수는 모두 주어진 방정식을 만족시킨다.

$$e^{i\mu x}e^{-\mu^2 t}=\cos\mu x\, e^{-\mu^2 t}+i(\sin\mu x\, e^{-\mu^2 t})$$

그러므로 주어진 실수 μ에 대하여 다음 두 실 함수는 각각 열전도 방정식의 분리해이다.

$$\cos\mu x\, e^{-\mu^2 t},\ \sin\mu x\, e^{-\mu^2 t}$$ □

일반적으로 계수가 상수가 아닌 이계 선형 편미분 방정식은 위와 같은 지수 형태의 분리해를 갖지 않는다. 그러나 다음과 같은 형태의 제차 방정식은 분리해를 가진다.

$$A(x)u_{xx}+C(y)u_{yy}+D(x)u_x+E(y)u_y=0 \tag{3}$$

실제로 찾는 해를 $u(x,\ y)=f(x)g(y)$로 놓고 보기 1과 같이 두 개의 상미분 방정식으로 분리하여 각 상미분 방정식의 해를 찾은 뒤에 주어진 방정식의 분리해를 얻을 수 있다. 자세한 사항은 연습 문제로 남긴다.

8.2 연습 문제

01. 다음 방정식에 변수 분리 방법을 사용하여 분리해를 찾아라.

(1) $u_x = u_y$

(2) $u_x + u_y = u$

(3) $xu_x = yu_y$

(4) $x^2 u_{xx} - 2yu_y = 0$

(5) $u_{xx} + u_x + u_y - u = 0$

(6) $u_{xx} = u_t$

(7) $u_{xx} = u_{tt}$

(8) $u_{xx} - u_{yy} + u = 0$

(9) $x^2 u_{xx} + xu_x + u_{yy} = 0$

(10) $u_{xx} - 2u_{yy} = 0$

(11) $u_{xx} - u_{tt} = u$

(12) $u_{xx} - u = u_t$

(13) $u_{xx} + u_{yy} = u$

(14) $u_{xx} + u_{yy} + 2u_x = 0$

02. 방정식 $u_x + (x+y)u_y = 0$는 분리해를 갖지 않음을 증명하라.

03. 방정식 $u_{xx} + u_{yy} = x$는 분리해를 갖지 않음을 증명하라.

04. 본문의 식 (3)으로 주어지는 편미분 방정식은 분리해를 가짐을 보여라.

05. 삼변수 라플라스 방정식 $u_{xx} + u_{yy} + u_{zz} = 0$에 대해 아래 물음에 답하라.

(1) $u = X(x)Y(y)Z(z)$라 가정하고 다음이 성립함을 보여라.

$$\frac{X''}{X} + \frac{Y''}{Y} + \frac{Z''}{Z} = 0$$

(2) $X''/X = l,\ Y''/Y = m,\ Z''/Z = n$이라 하면 $l + m + n = 0$이다. $l > 0,\ m > 0,\ n = -l - m$인 경우에 삼변수 라플라스 방정식의 해를 찾아라.

06. 다음 편미분 방정식에 대해 아래 물음에 답하라.

$$\frac{\partial^2 u}{\partial x^2} + \frac{\partial^2 u}{\partial x \partial y} + \frac{\partial^2 u}{\partial y^2} = 0$$

(1) $u = X(x)Y(y)$로 놓고 다음이 성립함을 보여라.

$$\frac{X''}{X}+\frac{X'}{X}\frac{Y'}{Y}+\frac{Y''}{Y}=0$$

(2) $X'/X=\lambda$ 라 하면 $X''/X=\lambda^2$임을 보여라.

(3) (2)를 이용하여 Y를 찾아라.

(4) 주어진 방정식의 해를 찾아라.

8.3 편미분 방정식과 경곗값 문제

이 절에서는 실제의 현상으로부터 다음과 같은 이계 선형 편미분 방정식이 얻어지는 과정을 간략히 살펴보고 방정식의 해가 만족시켜야 하는 몇 가지 조건들을 논의한다.

$u_t - \kappa u_{xx} = 0\ (\kappa > 0)$: 열전도 방정식(heat equation) (1)

$u_{tt} - c^2 u_{xx} = 0$: 파동 방정식(wave equation) (2)

$u_{xx} + u_{yy} = \nabla^2 u = 0$: 라플라스 방정식(Laplace's equation) (3)

위의 방정식들은 여러 응용 분야에서 공통적으로 자주 나타나는 방정식이다. 특히, 방정식 (1)과 (2)는 공간을 나타내는 변수 x와 시간을 나타내는 변수 t의 이변수 함수에 관한 방정식이지만 공간의 변수가 하나이므로, 각각 일차원 열전도 방정식과 일차원 파동 방정식이라고도 한다. 방정식 (3)에서 기호 $\nabla^2 u$는 함수 u의 라플라시안(Laplacian)이라 하며 이변수 함수 $u(x, y)$에 대해 다음을 의미한다.[8)]

$$\nabla^2 u = u_{xx} + u_{yy}$$

방정식 (1), (2), (3)은 실제 문제를 몇 가지 가정과 물리적인 법칙에 근거하여 수학적인 형식화[9)]를 통해 얻어지며 방정식의 각 계수와 편도함수 등은 모두 물리적 의미를 담고 있다. 이제 방정식 (1)과 (2)가 유도되는 과정을 간단한 예를 통해서 살펴보기로 하자.

편미분 방정식의 수학적 유도

열전도 방정식

금속 막대의 온도 분포를 나타내는 함수가 만족시켜야 할 방정식을 유도해 보자. 이를 위해 길이가 L이고 단면적이 A인 둥글고 곧은 금속 막대가 그림 8.1과 같이 x축의 구간 $[0, L]$ 위에 놓여 있다고 하자. 먼저 문제를 단순화하기 위해 다음과 같이 가정한다.

---

8) 독립 변수가 세 개인 함수 $u(x, y, z)$에 대해 $\nabla^2 u = u_{xx} + u_{yy} + u_{zz}$이다. 일반적으로 n변수 함수 $u(x_1, x_2, \cdots, x_n)$에 대해 $\nabla^2 u$는 다음을 나타낸다.

$$\nabla^2 u = u_{x_1x_1} + u_{x_2x_2} + \cdots + u_{x_nx_n}$$

9) 흔히 이러한 과정을 수학적 모형 제작(modeling)이라고 한다.

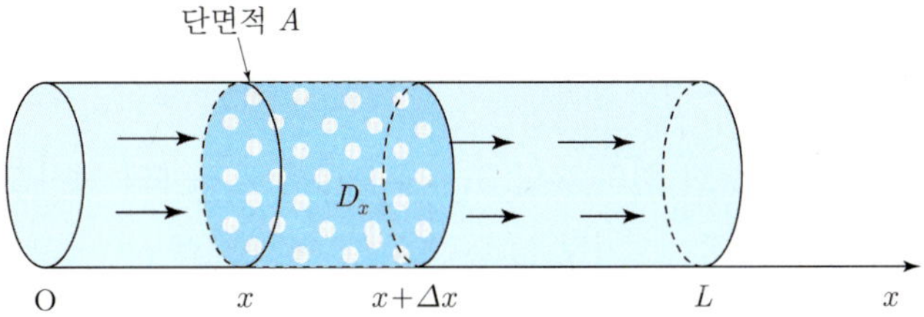

그림 8.1 ❙ 열의 전도

(s1) 막대 내의 열의 흐름은 오직 x축 방향으로만 있다.

(s2) 막대의 x축 방향의 양끝 면을 제외한 모든 표면은 완전히 단열(insulated)되어 있다.

(s3) 막대는 등질(homogeneous)이다. 즉, 밀도 ρ는 상수이다. (단, $\rho > 0$)

(s4) 막대를 이루는 재질의 비열[10](specific heat) γ와 열전도율(thermal conductivity) k는 상수이다. 즉, 막대에서의 위치와 시간에 따라 변하지 않는다. (단, $\gamma > 0, k > 0$)

(s5) 막대는 아주 가늘다. 즉, 막대의 각 단면의 임의의 점에서의 온도는 서로 같다.

막대의 열전도에 관한 편미분 방정식을 유도하기 위해 열량 보존의 법칙(principle of conservation of heat)과 푸리에의 법칙[11](Fourier's law)이 필요하다. 먼저 그림 8.1에서 x와 $x+\Delta x$ 사이의 부분 D_x에 대한 열량 보존의 법칙은 다음과 같다.

$$Q_t = Q_f + Q_s \tag{4}$$

여기서 Q_t는 D_x에 있는 열량의 시간에 대한 변화율, Q_f는 단위 시간에 D_x의 두 경계를 통한 열의 유입 또는 유출에 의해 D_x에 남아있는 총(net) 열량, Q_s는 단위 시간 동안에 D_x 부분에서 생성 또는 소멸되는 열량을 나타낸다.

한편 막대 내의 점 x에서 시각 t일 때의 온도를 $u(x,\ t)$라 하면, 시각 t일 때 D_x에 있는 총 열량 $Q(t)$는 다음 식으로 주어진다.

$$Q(t) = \int_x^{x+\Delta x} \gamma A \rho u(s,\ t)\, ds$$

따라서 D_x에 있는 열량의 시간에 대한 변화율 Q_t는 다음과 같다.

---

10) 어떤 물질 1g을 1도 올리는 데 필요한 열량으로, cal/(g°C) 단위를 사용한다.

11) 단위 시간에 경계를 통해 밖으로 흐르는 열량은 경계에서 안쪽 수직 방향으로의 방향 도함수에 비례한다. 즉 다음이 성립한다(비례상수 k는 열전도율).

$$\frac{\text{열량의 변화율}}{\text{넓이}} = -k\frac{\partial u}{\partial x}$$

$$Q_t = \frac{d}{dt}\int_x^{x+\Delta x} \gamma A \rho u(s,\ t)\,ds = \gamma A \rho \int_x^{x+\Delta x} u_t(s,\ t)\,ds$$

또, D_x 부분의 양쪽 경계를 통한 열의 유입 또는 유출[12)]은 푸리에의 법칙으로부터 각각 다음과 같다.

$$(D_x\text{의 경계 } x\text{를 통한 유입 또는 유출하는 열량}) = -kA\frac{\partial u(x,\ t)}{\partial x}$$

$$(D_x\text{의 경계 } x+\Delta x\text{를 통한 유입 또는 유출하는 열량}) = kA\frac{\partial u(x+\Delta x,\ t)}{\partial x}$$

따라서 단위 시간 동안에 D_x의 경계를 통한 유입과 출입에 의해 D_x에 남아있는 총 열량 Q_f는 다음과 같다.

$$Q_f = kA\left\{\frac{\partial u(x+\Delta x,\ t)}{\partial x} - \frac{\partial u(x,\ t)}{\partial x}\right\}$$

이제 $q(x,\ t)$가 단위 시간에 막대 내의 점 x에서 시각 t에 생성 또는 소멸되는[13)] 열량을 나타내는 함수(heat source function)라면 D_x에서 단위 시간에 생성된 총 열량 Q_s는 다음과 같다.

$$Q_s = A\int_x^{x+\Delta x} q(s,\ t)\,ds$$

따라서 열량 보존의 법칙을 나타내는 식 (4)로부터 다음 방정식을 얻는다.

$$\gamma A\rho\int_x^{x+\Delta x} u_t(s,\ t)\,ds = kA\left\{\frac{\partial u(x+\Delta x,\ t)}{\partial x} - \frac{\partial u(x,\ t)}{\partial x}\right\} + A\int_x^{x+\Delta x} q(s,\ t)\,ds$$

위 식의 양변에 적분의 평균값 정리를 적용하면 다음 방정식을 얻는다.

$$\gamma A\rho u_t(\xi_1,\ t)\Delta x = kA\left\{u_x(x+\Delta x,\ t) - u_x(x,\ t)\right\} + Aq(\xi_2,\ t)\Delta x$$

여기서 ξ_1과 ξ_2는 x와 $x+\Delta x$ 사이의 적당한 수이다. 이 식의 양변을 $\gamma\rho A\Delta x$로 나누어 다시 쓰면 다음을 얻는다.

---

12) 온도 함수 $u(x,\ t)$의 변수 x에 관한 편도함수 $u_x(x,\ t)$는 물리적으로 점 x에서 양의 x축 방향으로의 온도의 변화율을 나타낸다. 열은 항상 온도가 낮은 쪽으로 이동하므로, $u_x(x_0,\ t) < 0$이면 열은 점 x_0의 왼쪽에서 오른쪽으로 흐르고, 부호가 반대이면 열은 점 x_0의 오른쪽에서 왼쪽으로 흐른다.

13) $q(x,t) > 0$ 이면 열의 생성(source), $q(x,t) < 0$이면 열의 소멸(sink)을 나타낸다.

$$u_t(\xi_1,\ t) = \frac{k}{\gamma\rho}\left\{\frac{u_x(x+\Delta x,\ t) - u_x(x,\ t)}{\Delta x}\right\} + \frac{1}{\gamma\rho} q(\xi_2,\ t)$$

이제 $\Delta x \to 0$이면 $\xi_1,\ \xi_2 \to x$이고 편미분의 정의로부터 다음의 열전도 방정식을 얻는다.

$$u_t(x,\ t) = \kappa u_{xx}(x,\ t) + F(x,\ t) \tag{5}$$

여기서 $\kappa = k/(\gamma\rho)$를 막대의 열 확산도(thermal diffusivity)라 하고, $F(x,\ t) = q(x,\ t)/(\gamma\rho)$를 열 생성 밀도 함수(heat source density function)라고 한다.

특히 막대의 내부에서 열이 생성되지 않는다면, 즉 열 생성 밀도 함수 $F(x,\ t)$ 또는 $q(x,\ t)$가 영 함수인 경우에는 다음의 열전도 방정식을 얻는다.

$$u_t(x,\ t) = \kappa u_{xx}(x,\ t)$$

파동 방정식

그림 8.2와 같이 양 끝이 x축의 $x=0$과 $x=L$에 고정되어 있는 길이가 L인 줄(string), 예를 들어 기타 줄 또는 거문고 줄을 생각하자. 이제 줄이 퉁겨져 xy 평면을 x축에 수직인 방향으로만 움직인다고 가정하자. 이 줄의 움직임(진동)을 수학적으로 간단히 표현하기 위해 다음과 같은 몇 가지 가정을 한다.

(s1) 줄은 완전히 유연(flexible)하다.
(s2) 줄의 재질은 등질(homogeneous)이다. 즉, 밀도 ρ는 상수이다.
(s3) 진동의 폭이 아주 작다.
(s4) 줄의 장력(tension) $\mathbf{T}$의 크기는 상수이고, 중력에 비해 아주 크다. 즉, 중력은 무시될 수 있다.
(s5) 장력 이외의 외부의 힘이 줄에 작용하지 않는다.

여기서 점 x와 시각 t에서 y축 상에서의 줄의 위치(변위)를 나타내는 함수를 이변수 함수 $u(x,\ t)$로 나타내기로 하자. 이제 그림 8.2에서와 같은 x축에서 구간 $[x,\ x+\Delta x]$ 위의 줄의 일부분 Δs를 생각하자. Δs 부분에서 장력 $\mathbf{T}$는 양 끝점에 접하게 작용한다. 그리고 가정한 (s3)에 의해 그림 8.2의 오른쪽 그림의 θ_1과 θ_2가 아주 작다고 할 수 있다. 이때, 장력의 크기를 $T = \|\mathbf{T}\|$라 하면, Δs에 수직으로 작용하는 힘의 총합은 다음과 같다.

$$T\sin\theta_2 - T\sin\theta_1 \approx T\tan\theta_2 - T\tan\theta_1$$[14)]

14) θ가 아주 작으면 $\cos\theta \approx 1$이므로 $\sin\theta \approx \tan\theta$이고 $\tan\theta_2 = u_x(x+\Delta x,\ t)$와 $\tan\theta_1 = u_x(x,\ t)$는 시각 t일 때, 각각 점 $x+\Delta x$와 점 x에서의 곡선 $u(x,\ t)$의 기울기이다.

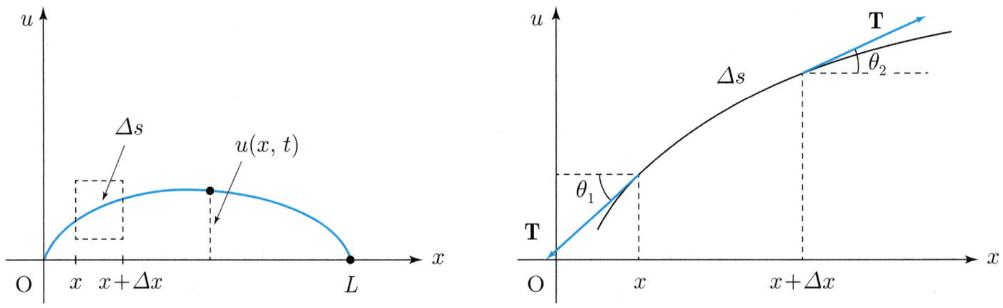

그림 8.2 ▎ 줄의 진동

$$= T\{u_x(x+\Delta x,\ t) - u_x(x,\ t)\}$$

한편 진폭이 매우 작다고 했으므로 $\Delta u \approx 0$이 되어 $\Delta s \approx \sqrt{\Delta x^2 + \Delta u^2}$으로부터 Δs 부분의 질량은 $\rho\Delta s \approx \rho\Delta x$이다. 따라서 뉴턴의 제2법칙15)으로부터 다음 식을 얻는다.

$$\frac{u_x(x+\Delta x,\ t) - u_x(x,\ t)}{\Delta x} = \frac{\rho}{T} u_{tt}$$

이제 $\Delta x \to 0$이면 편미분의 정의로부터 다음의 파동 방정식을 얻는다.

$$u_{tt} = \frac{T}{\rho} u_{xx} = c^2 u_{xx},\quad c = \sqrt{\frac{T}{\rho}} \tag{6}$$

여기서 방정식 (6)은 외부에서 작용하는 영향은 고려하지 않고 유도된 식이다. 만약 진동이 어떤 유체 속에서 이루어진다면 그에 대응하는 파동 방정식은 다음과 같이 된다.

$$u_{tt} - c^2 u_{xx} + \gamma u_t = 0 \ \ (\gamma > 0)$$

여기서 γ는 감쇠 계수이다. 또한 파동이 탄성 복원력 하에 나타난다면 그에 대응하는 파동 방정식은 다음과 같다.

$$u_{tt} - c^2 u_{xx} + ku = 0 \ \ (k > 0)$$

여기서 k는 탄성 계수이다. 마지막으로 외부의 힘이 작용할 경우에 대응하는 파동 방정식은 다음과 같이 비제차 편미분 방정식으로 나타낼 수 있다.

$$u_{tt} - c^2 u_{xx} = f(x,t)$$

15) 물체의 운동량의 시간에 따른 변화율은 그 물체에 작용하는 힘과 (크기와 방향에 있어서) 같다는 가속도의 법칙으로 식으로 표현하면 $F = ma$이다.

라플라스 방정식

이 경우는 정전기학, 열역학, 역학, 유체 역학 등의 분야에서 정전기(electrostatic)와 중력(gravitational) 또는 속도(velocity) 퍼텐셜과 관련된 문제 등에서 그 예를 볼 수 있다. 라플라스 방정식의 해는 정상 상태(steady-state), 즉 시간 t에 관계없는 상태를 나타내는 것으로 해석될 수 있다. 예를 들어 시각 t와 점 $(x,\ y)$에서의 얇은 사각형 금속판의 온도 분포 $u(x,\ y,\ t)$는 몇 가지 가정 아래 다음의 이차원 열전도 방정식(two-dimensional heat equation)을 만족시킨다.

$$\kappa\,(u_{xx}+u_{yy})=u_t$$

만일 온도 분포가 시간에 의존하지 않게 되면, 즉 정상 상태라면 온도 분포 함수 $u(x,y)$는 라플라스방정식 $u_{xx}+u_{yy}=0$을 만족시킨다. 여기서는 구체적인 현상으로부터 라플라스 방정식을 유도하는 것은 생략한다.

위에서 문제를 단순하게 하기 위해 몇 가지 가정을 하여 열전도 방정식 (1)과 파동 방정식 (2)를 얻었는데, 이 두 개의 방정식은 흔히 선형성(linearity)이라는 말로 특징지어진다. 두 방정식을 유도할 때 사용한 가정들과는 다른 좀 더 일반적인 가정들을 사용하면 방정식 (1)과 (2)는 각각 다음과 같은 형태로 나타난다.

$$\kappa u_{xx}+F(x,\ t,\ u,\ u_x)=u_t \quad (\kappa>0)$$
$$c^2u_{xx}+G(x,\ t,\ u,\ u_x)=u_{tt} \quad (c>0)$$

여기서 일반적으로 κ와 c는 $x,\ t$ 또는 u의 함수이다. 여기서 함수 F와 G가 변수 u 또는 u_x에 대하여 선형이 아닐 경우 각 방정식은 비선형성(non-linearity)으로 특징지어진다. 이에 관한 논의는 이 과정의 정도를 벗어나므로 생략한다.

경곗값 문제

편미분 방정식 (1), (2), (3)의 해는 일반적으로 일정한 조건을 만족시킬 것이 요구된다. 이러한 부대 조건을 크게 초기 조건과 경계 조건으로 나눈다. 경계 조건이 함께 주어진 편미분 방정식의 문제를 경곗값 문제 또는 경계치 문제(boundary-value problem)라고 한다. 또한 초기 조건과 경계 조건이 함께 주어지는 문제를 초기·경곗값 문제(initial boundary-value problem)라 한다.

초기 조건

편미분 방정식과 관련하여 실제로 알고자 하는 것은 방정식의 해를 찾아서 관련 현상을 이해하고 응용하기 위한 것이다. 특히 시간이 미분 방정식의 독립 변수인 경우, 어떤 시점에서 주어진 조건에 의해 결정되는 미래의 상태는 해를 찾아서 알 수 있다. 예를 들어 미래의 특정한 시각에서 막대의 온도 분포 $u(x,\ t)$를 알고 싶다면 어떤 특정한 시점에서의 막대의 온도 분포를 알고 그 조건을 만족시키는 열전도 방정식의 해를 찾으면 된다. 만일 $t=0$일 때의 길이가 L인 막대의 온도의 분포를 나타내는 함수가 $f(x)$라면 방정식의 해가 만족시켜야 하는 조건을 수학적으로 나타내면 다음과 같다.

$$u(x,\ 0)=f(x) \quad (0<x<L)$$

다시 말해, 어떤 시점에서 특정한 온도의 분포를 가지고 있는 막대가 다른 시점에서 어떠한 온도 분포를 가지게 될 것인가를 알려주는 것은 위와 같은 조건을 만족시키는 열전도 방정식의 해이다.

파동 방정식의 경우에도 운동을 시작할 때의 조건인 줄의 모양과 상태에 대한 정보, 즉 위치 또는 변위 $f(x)$와 속도 $g(x)$가 주어져야 그 조건을 만족시키는 파동 방정식의 해 $u(x,\ t)$를 구함으로써 원하는 시각에서 원하는 정보를 얻을 수 있을 것이다. 이 경우의 조건을 식으로 나타내면 다음과 같다.

$$u(x,\ 0)=f(x), \quad u_t(x,0)=g(x)$$

이와 같이 어떤 시점에서 주어진 방정식의 해가 만족시켜야 하는 조건을 초기 조건(initial condition)이라고 한다.

경계 조건

앞에서 파동 방정식을 유도할 때 줄의 양 끝이 고정되어 있다는 가정을 하였다. 즉, 줄의 경계 $x=0$와 $x=L$에서의 줄의 변위 $u(x,\ t)$가 시간에 상관없이 항상 x축에 있다는 것이다. 이를 수학적으로 표현하면 다음과 같다.

$$u(0,\ t)=0, \quad u(L,\ t)=0 \quad (t>0)$$

물론 끝점에서의 조건이 시간에 따라 변한다던가 하는 것 등으로 다르게 주어질 수도 있다. 열전도 방정식의 경우도 양 끝에서 열의 유입 또는 유출 등에 대한 조건을 생각할 수 있다. 이와 같이 주어진 방정식에 대해 그 해가 정의되는 공간 영역의 끝점 또는 경계에서 해가 만족시켜야 할 조건을 경계 조건(boundary condition)이라고 한다. 흔히 편미분 방정식과 관련하여 다음과 같은 세 가지 유형의 경계 조건을 함께 생각한다.

$$\text{(B1)}\ \ u$$

$$\text{(B2)}\ \ \frac{\partial u}{\partial n}$$

$$\text{(B3)}\ \ \frac{\partial u}{\partial n}+hu\ \ (h\text{는 상수})$$

여기서 $\frac{\partial u}{\partial n}$는 함수의 정의역의 경계에 수직인 바깥 방향으로의 함수 u의 방향 도함수를 나타낸다. (B1)의 경계 조건을 디리클레 조건(Dirichlet condition), (B2)의 경우를 노이만 조건(Neumann condition), (B3)의 경우를 혼합 조건(mixed condition 또는 Robin condition)이라고 한다. 흔히 경계 조건의 값 또는 경계 조건을 나타내는 함수가 0으로 주어지면 제차(homogeneous) 경계 조건 그렇지 않으면 비제차(nonhomogeneous) 경계 조건이라 한다.

구간 $0 \le x \le L$에서 정의된 열전도 방정식에 위의 각 조건을 적용하여 얻은 다음 조건 (b1), (b2), (b3)의 물리적 의미에 대해 간략히 살펴보자.

$$\text{(b1)}\ \ u(L,\ t)=u_0\ \ (u_0\text{은 상수})$$

$$\text{(b2)}\ \ u_x(L,t)=0$$

$$\text{(b3)}\ \ u_x(L,t)=-h\{u(L,\ t)-u_0\}\ \ (h>0,\ u_0\text{은 상수})$$

조건 (b1)은 경계 $x=L$에서 시간 t에 관계없이 막대의 온도가 u_0로 항상 일정하다는 조건이다. 조건 (b2)는 $x=L$에서 x축 방향으로 열의 출입이 없음을 말하고 있다.[16] 마지막으로 조건 (b3)은 $x=L$에서 온도가 u_0인 다른 매체와의 접촉으로 인한 열의 손실이 있음을 뜻한다.[17] 또한 다음과 같이 양 끝점에서 각각 다르게 경계 조건을 줄 수도 있다.

$$u_x(0,t)=0,\ u(L,\ t)=u_0\ \ (t>0,\ u_0\text{은 상수})$$

경계 조건의 값이 모두 0으로 주어지면 제차 경계 조건 그렇지 않으면 비제차 경계 조건이라 한다.

---

16) 열전도에 관한 경험적인 법칙, 푸리에의 법칙에 의하면 단위 시간에 단위 면적당 경계를 지나 흐르는 열량은 $\partial u/\partial n$에 비례한다.

17) 뉴턴의 냉각 법칙(newton's cooling law)에 의하면 막대의 바깥 방향으로의 열의 흐름(flux)은 경계에서의 온도 $u(L,\ t)$와 그를 둘러싼 매체의 온도 u_0과의 차에 비례한다.

8.3 연습 문제

01. x축의 원점에 왼쪽 끝을 놓은 길이가 L인 가늘고 둥근 막대의 온도 $u(x,\ t)$에 관하여 다음의 조건을 만족시키는 경곗값 문제를 수학적으로 나타내라. (단, κ는 상수)

(1) 막대의 왼쪽 끝의 온도가 0으로 항상 고정되어 있고 오른쪽 끝은 단열되어 있다. 초기의 온도 분포 함수는 $f(x)$이다.

(2) 막대의 왼쪽 끝의 온도는 u_0로 고정되어 있고 오른쪽 끝은 u_1으로 고정되어 있다. 또한 최초에 막대의 각 점에서의 온도는 0이다.

(3) 왼쪽 끝의 온도는 100으로 고정되어 있고 오른쪽 끝에서 온도가 0인 매질에 의한 열전도가 있다. 최초의 온도 분포 함수는 $f(x)$이다.

(4) 막대의 양쪽 끝은 단열되어 있고, 최초에 막대의 온도 분포 함수는 $\sin(2\pi x/L)$ 이다.

02. x축의 원점에 왼쪽 끝을 놓은 길이 L인 가느다란 현의 변위 $u(x,\ t)$에 관하여 다음 조건을 만족시키는 경곗값 문제를 수학적으로 나타내라. (단, c는 상수)

(1) 양 끝이 x축에 고정되어 있고, 처음 현의 변위는 함수 $x(L-x)$로 주어진 상태에서 운동이 시작되었다.

(2) 양 끝이 x축에 고정되어 있고, 처음에 현은 x축 위에 놓여 있으며, 현의 각 점 x에서 초기 속도 $\sin(\pi x/L)$로 진동이 시작되었다.

(3) 왼쪽 끝이 x축에 고정되어 있고, 오른쪽 끝은 $\sin(\pi t/L)$를 따라 움직인다. 처음 현의 변위는 함수 $f(x)$로 주어졌고, 그 상태에서 현의 진동이 시작되었다. $t>0$에 대해 각 점에서의 현의 진동은 각 점에서 변위의 순간 속도에 비례하는 힘으로 감쇠한다.

(4) 양 끝이 x축에 고정되어 있는 현은 x축 위에 놓여 있는 상태에서 진동이 시작되었다. $t>0$일 때, 왼쪽 끝점에서의 현의 변위의 x좌표까지의 거리에 비례하는 외부의 힘이 현에 수직인 방향으로 작용한다.

03. 정상 상태의 온도 $u(x,\ t)$에 관하여 다음의 조건을 만족시키는 경곗값 문제를 수학적으로 나타내라.

(1) $0 \le x \le \pi,\ y \ge 0$의 영역에서 왼쪽 끝 경계의 온도는 e^{-y}이고 오른쪽 경계의 온도가 $0 < y \le 1$의 범위에서는 100이고 $y > 1$의 범위에서는 0이다. 아래쪽 경계의 온도는 함수 $f(x)$로 주어졌다.

(2) 사각형 $0 \le x \le 4,\ 0 \le y \le 2$의 영역에서 왼쪽과 아래쪽의 경계는 단열되어 있고, 위쪽 경계의 온도는 0이고 오른쪽 경계의 온도는 함수 $f(y)$로 주어져 있다.

8.4 고전적 편미분 방정식과 경곗값 문제

이 절에서는 변수 분리 방법으로 다음과 같은 고전적 이계 선형 편미분 방정식의 풀이를 다룬다.

$u_t - \kappa u_{xx} = 0\ (\kappa > 0)$: 열전도 방정식(heat equation)

$u_{tt} - c^2 u_{xx} = 0\ \ (c > 0)$: 파동 방정식(wave equation)

$u_{xx} + u_{yy} = 0$: 라플라스 방정식(Laplace's equation)

열전도 방정식

x축의 구간 $[0, L]$에 놓여 있는 길이가 L인 가늘고 둥근 막대가 8.3절에서 열전도 방정식을 유도할 때 가정한 모든 조건을 만족시키고 막대의 내부에서는 열이 발생하지 않는다고 하자. 또, 이 막대의 초기 온도 분포는 $f(x)$이고, 양 끝점에서 막대의 온도가 항상 0으로 고정되어 있다고 하자(그림 8.3). 이와 같은 조건을 만족시키는 열전도 방정식에 관한 다음 보기를 풀어보자.

그림 8.3 ❙ 열의 전도

보기 1

다음 열전도 방정식의 초기-경곗값 문제의 해인 막대의 온도 분포 함수 $u(x, t)$를 변수 분리 방법으로 찾아라.

$$\kappa u_{xx} = u_t \quad (0 < x < L,\ t > 0) \tag{1}$$

$$u(0, t) = 0, \quad u(L, t) = 0 \quad (t > 0) \tag{2}$$

$$u(x, 0) = f(x) \quad (0 < x < L) \tag{3}$$

풀이 $u(x, t) = X(x)T(t)$로 놓고 변수 분리 상수를 μ라 할 때, 경계 조건 (2)를 만족시키는 해를 구하면 $\mu \ge 0$인 경우는 자명한 해만을 얻는다.(이를 각자 확인해 보라.) 자명해는 분명히 주어진 조건 (3)을 만족시키지 못하므로 구하는 해가 될 수 없다. 이제 $\mu < 0$인 경우에 대해 $\mu = -\lambda^2(\lambda > 0)$를 이용하면 다음을 얻는다.[18)]

$$\frac{X''}{X} = \frac{T'}{\kappa T} = -\lambda^2$$

$$X'' + \lambda^2 X = 0 \tag{4}$$

$$T' + \kappa\lambda^2 T = 0 \tag{5}$$

상미분 방정식 (4)와 (5)의 일반해는 각각 다음과 같다.

$$X = c_1 \cos \lambda x + c_2 \sin \lambda x \tag{6}$$

$$T = c_3 e^{-\kappa\lambda^2 t} \tag{7}$$

경계 조건 (2)로부터 모든 t에서 다음이 성립한다.

$$u(0, t) = X(0)T(t) = 0, \quad u(L, t) = X(L)T(t) = 0$$

따라서 $X(0) = 0$, $X(L) = 0$이므로 식 (6)에서 $c_1 = 0$이 되어 다음을 얻는다.

$$X = c_2 \sin \lambda x, \quad X(L) = c_2 \sin \lambda L = 0$$

만일 $c_2 = 0$이면 $X = 0$이므로 $u = 0$, 즉 자명해이다. 따라서 $c_2 \ne 0$이고 $\lambda > 0$는 $\sin \lambda L = 0$을 만족시켜야 하므로 고윳값은 다음과 같다.

$$\lambda = \frac{n\pi}{L} \quad (n = 1, 2, 3, \cdots) \tag{8}$$

그리고 이에 대응하는 해(고유 함수)는 다음과 같다.

$$X = c_2 \sin \frac{n\pi}{L} x \quad (n = 1, 2, 3, \cdots) \tag{9}$$

식 (8)로부터 식 (7)은 $T(t) = c_3 e^{-\kappa(n^2\pi^2/L^2)t}$이 되므로 다음이 성립한다.

$$u_n(x, t) = XT = C_n e^{-\kappa\left(\frac{n^2\pi^2}{L^2}\right)t} \sin \frac{n\pi}{L} x \quad (n = 1, 2, 3, \cdots) \tag{10}$$

---

18) $\mu < 0$의 경우에는 $\mu = -\lambda^2$, $\lambda > 0$로 놓아 생각하면 편리하다.

여기서 C_n은 상수이다. 주어진 n에 대하여 함수 $u_n(x, t)$가 해가 되려면 열전도 방정식 (1)과 경계 조건 (2)를 만족시키고, 또한 초기 조건 (3)도 만족시켜야 하므로 다음 식이 성립해야 한다.

$$u_n(x, 0) = f(x) = C_n \sin \frac{n\pi}{L} x \tag{11}$$

그러나 식 (11)은 일반적인 함수 $f(x)$에 대해 성립하지 않으므로 위의 식 (10)으로 주어지는 각각의 함수 u_n은 주어진 문제의 해가 될 수 없다. 또, 유한 개의 함수 u_n의 일차 결합도 비슷한 방법으로 생각하면 해가 되지 못하므로 중첩의 원리를 무한 개 함수의 일차 결합으로 확장하여, 찾는 해 $u(x, t)$를 다음과 같다고 하자.

$$u(x, t) = \sum_{n=1}^{\infty} u_n = \sum_{n=1}^{\infty} C_n e^{-\kappa\left(\frac{n^2\pi^2}{L^2}\right)t} \sin \frac{n\pi}{L} x \tag{12}$$

그러면 식 (12)의 함수 $u(x, t)$는 방정식 (1)과 경계 조건 (2)를 만족시킨다. 그런데 $t = 0$일 때의 초기 조건 (3)을 만족시키려면 다음 식이 성립해야 한다.

$$u(x, 0) = f(x) = \sum_{n=1}^{\infty} C_n \sin \frac{n\pi}{L} x \quad (x \in [0, L])$$

위의 식은 사인 급수를 이용한 함수 f의 반구간 확장이므로 푸리에 계수 C_n은 다음 식으로 주어진다.

$$C_n = \frac{2}{L} \int_0^L f(x) \sin \frac{n\pi}{L} x \, dx \quad (n = 1, 2, 3, \cdots)$$

따라서 주어진 경계값 문제의 해 u는 다음과 같다.

$$u(x, t) = \frac{2}{L} \sum_{n=1}^{\infty} \left(\int_0^L f(x) \sin \frac{n\pi}{L} x \, dx \right) e^{-\kappa\left(\frac{n^2\pi^2}{L^2}\right)t} \sin \frac{n\pi}{L} x \qquad \square$$

파동 방정식

이제 8.3절에서 유도한 파동 방정식에 대한 다음 보기를 풀어보자.

보기 2

아래의 식 (14)와 (15)로 주어지는 경계 조건과 초기 조건을 만족시키는 해를 변수 분리 방법으로 찾아라.

$$c^2 u_{xx} = u_{tt} \quad (0 < x < L,\ t > 0) \tag{13}$$

$$u(0,\ t) = 0,\quad u(L,\ t) = 0 \quad (t > 0) \tag{14}$$

$$u(x,\ 0) = f(x),\quad u_t(x,0) = g(x) \quad (0 < x < L) \tag{15}$$

풀이 앞의 문제와 같이 $u(x,\ t) = X(x)T(t)$로 놓을 때, 변수 분리 상수 μ가 0이거나 양수일 때는 경계조건 (14)에 의해 자명한 해만을 가진다. 따라서 분리 상수 μ가 음수일 경우에 $\mu = -\lambda^2(\lambda > 0)$로 놓으면 다음을 얻는다.

$$\frac{X''}{X} = \frac{T''}{c^2 T} = -\lambda^2$$

$$X'' + \lambda^2 X = 0 \tag{16}$$

$$T'' + c^2\lambda^2 T = 0 \tag{17}$$

상미분 방정식 (16)과 (17)의 일반해는 각각 다음 식과 같다.

$$X = c_1 \cos\lambda x + c_2 \sin\lambda x \tag{18}$$

$$T = c_3 \cos\lambda ct + c_4 \sin\lambda ct$$

경계 조건 (14)에서 $X(0) = 0$, $X(L) = 0$이므로 식 (18)에서 $c_1 = 0$이다. 따라서 $c_2 \sin\lambda L = 0$이어야 하므로 고윳값은 다음과 같다.

$$\lambda_n = \frac{n\pi}{L}x \quad (n = 1,\ 2,\ 3,\ \cdots)$$

이때 고유 함수는 다음과 같다.

$$X = c_2 \sin\frac{n\pi}{L}x \quad (n = 1,\ 2,\ 3,\ \cdots)$$

이로부터 각 n에 대해 경계 조건을 만족시키는 분리해 u_n은 식 (19)와 같고 앞의 열전도 방정식에서와 같은 방법으로 찾는 해 $u(x,\ t)$를 식 (20)으로 쓸 수 있다.

$$u_n = \left(A_n \cos\frac{n\pi c}{L}t + B_n \sin\frac{n\pi c}{L}t\right)\sin\frac{n\pi}{L}x \ (n = 1,\ 2,\ 3,\ \cdots) \tag{19}$$

$$u(x,\ t) = \sum_{n=1}^{\infty} \left(A_n \cos \frac{n\pi c}{L} t + B_n \sin \frac{n\pi c}{L} t \right) \sin \frac{n\pi}{L} x \tag{20}$$

이제 초기 조건 (15)의 첫째 식을 이용하면 다음을 얻는다.

$$u(x,\ 0) = f(x) = \sum_{n=1}^{\infty} A_n \sin \frac{n\pi}{L} x$$

이 식은 사인 급수를 이용한 함수 f의 반구간 확장이므로 그 계수 A_n은 다음 식으로 나타난다.

$$A_n = \frac{2}{L} \int_0^L f(x) \sin \frac{n\pi}{L} x\, dx \quad (n = 1,\ 2,\ 3,\ \cdots) \tag{21}$$

식 (20)을 변수 t에 관하여 편미분하면 다음 식을 얻는다.

$$u_t(x,t) = \sum_{n=1}^{\infty} \left(-A_n \frac{n\pi c}{L} \sin \frac{n\pi c}{L} t + B_n \frac{n\pi c}{L} \cos \frac{n\pi c}{L} t \right) \sin \frac{n\pi}{L} x$$

따라서 초기 조건 (15)의 둘째 식을 이용하면 다음 식을 얻는다.

$$u_t(x,0) = g(x) = \sum_{n=1}^{\infty} \left(B_n \frac{n\pi c}{L} \right) \sin \frac{n\pi}{L} x$$

위 식의 우변의 급수는 함수 g의 반구간 확장이므로 계수 B_n은 다음 식으로 주어진다.

$$B_n = \frac{2}{n\pi c} \int_0^L g(x) \sin \frac{n\pi}{L} x\, dx \quad (n = 1,\ 2,\ 3,\ \cdots) \tag{22}$$

따라서 주어진 문제의 해 u는 계수 A_n과 B_n이 (21)과 (22)로 각각 주어지는 식 (20)으로 나타나는 함수이다.

참고로 현이 정지 상태에서 진동하기 시작하는 경우, 즉 $g(x) = 0$이면 식 (22)로부터 $B_n = 0,\ n = 1,2,3,\ \cdots$ 이다. □

정상파

식 (20)으로 주어지는 파동 방정식의 초기·경곗값 문제 (13)~(15)의 해 $u(x,\ t)$에 상수 $c = \sqrt{T/\rho}$가 포함되어 있다.[19] 여기서 ρ는 현의 밀도이고 T는 장력의 크기이다. 물리적으로 장력의 크기 T가 충분히 크면, 진동하는 현은 음(sound)을 낸다. 식 (19)로 주어진 문제의

19) 8.3절의 파동 방정식을 유도하는 부분을 참고하라.

분리해 $u_n(x, t)$ 각각을 정상파(standing wave)라고 한다. 특히, $n=1$인 경우의 정상파 u_1을 기본 정상파(fundamental mode of vibration)라고 한다. 식 (20)으로 주어지는 해 $u(x, t)$는 모든 정상파 u_n을 다음 식과 같이 중첩하여 얻은 것이다.

$$u(x, t) = u_1(x, t) + u_2(x, t) + u_3(x, t) + \cdots$$

즉, 현이 진동하며 내는 음은 각 정상파가 내는 소리의 중첩의 결과로 생기는 것이다.

이제 정상파에 대해 간단히 알아보자. 먼저, 삼각 함수의 합성을 이용하면 식 (19)의 정상파 u_n을 다음과 같이 쓸 수 있다.

$$u_n(x, t) = C_n \sin\left(\frac{n\pi c}{L}t + \phi_n\right)\sin\frac{n\pi}{L}x \quad (n = 1,\ 2,\ \cdots) \tag{23}$$

여기서 $C_n = \sqrt{A_n^2 + B_n^2}$이고 $\phi_n = \tan^{-1}(A_n/B_n)$이다. 따라서 시각 t일 때 정상파 u_n의 스냅사진(snapshot)은 진폭이 다음과 같은 함수 $\sin(n\pi x/L)$의 그래프이다.

$$C_n\left|\sin\left(\frac{n\pi c}{L}t + \phi_n\right)\right| \quad (n = 1,\ 2,\ \cdots)$$

또, 각 점 x에서 정상파 u_n은 진동수(frequency)가 $f_n = nc/(2L)$이고 진폭이 $C_n|\sin(n\pi c/L)|$인 단진동(simple harmonic motion) 운동을 한다. 따라서 임의의 점 x에서 각 정상파는 동일한 진동수를 가진다. 또한 각 정상파는 고유의 진폭을 가지고 단진동 운동을 한다.

특히, 기본 정상파의 진동수 f_1을 기본 진동수(fundamental frequency)라고 하며 다음과 같다.

$$f_1 = \frac{c}{2L} = \frac{1}{2L}\sqrt{\frac{T}{\rho}}$$

이는 현악기에 의해 생기는 음의 고저[20](pitch)와 관계있다. 현의 장력이 클수록 음이 높다는 것은 명백하다. 기본 진동수의 정수배인 진동수를 가지는 정상파를 배음[21](over-tone)이라고 한다.

그림 8.4는 처음 세 개의 정상파의 그래프이다. 그림에서 점선과 실선은 서로 다른 시각에서의 각 정상파의 그래프를 나타낸다. 특히, 식 (23)으로부터 방정식 $\sin(n\pi x/L) = 0$을 만족시키는 구간 $(0, L)$의 점 x에서는 진동하지 않는다. 이러한 점을 마디(node) 또는 결절점이라고 한다. 둘째 정상파의 마디는 $x = L/2$에 있고 셋째 정상파의 마디는 $x = L/3$과 $x = 2L/3$에

20) 음률의 높이.
21) 倍音. 상음(上音)이라고도 한다.

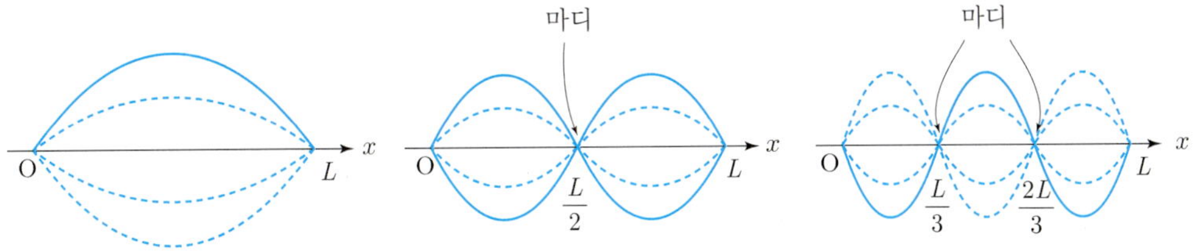

그림 8.4 ❙ 정상파

있다. 일반적으로 n번째 정상파는 $(n-1)$개의 마디를 가진다.

라플라스 방정식

그림 8.5와 같이 좌우의 경계가 단열되어 있는 사각형 모양의 얇은 판의 정상 상태의 온도 분포에 관한 문제를 생각해 보자.

보기 3

온도 분포 함수를 $u(x,\ y)$라 할 때, 다음 경곗값 문제를 풀어라.

$$u_{xx}+u_{yy}=0 \quad (0<x<a,\ 0<y<b)$$

$$u_x(0,\ y)=0,\ \ u_x(a,\ y)=0 \quad (0<y<b) \tag{24}$$

$$u(x,\ 0)=0,\ \ u(x,\ b)=f(x) \quad (0<x<a) \tag{25}$$

풀이 앞의 보기에서와 같이 변수 분리 방법을 이용한다. $u(x,\ y)=X(x)Y(y)$로 놓으면 분리 상수가 음수인 경우는 조건 (24)에 의해 자명해 만을 가진다. 따라서 $-\lambda^2$ $(\lambda \geq 0)$를 이용하여 다음 식을 얻는다.

$$\frac{X''}{X}=-\frac{Y''}{Y}=-\lambda^2,$$

$$X''+\lambda^2 X=0 \tag{26}$$

$$Y''-\lambda^2 Y=0 \tag{27}$$

상미분 방정식 (26)의 해는 다음과 같다.

$$X(x)=c_1\cos\lambda x+c_2\sin\lambda x \tag{28}$$

또, 구간 $0<y<b$가 유한하므로 방정식 (27)의 해는 다음과 같이 쓸 수 있다.[22)]

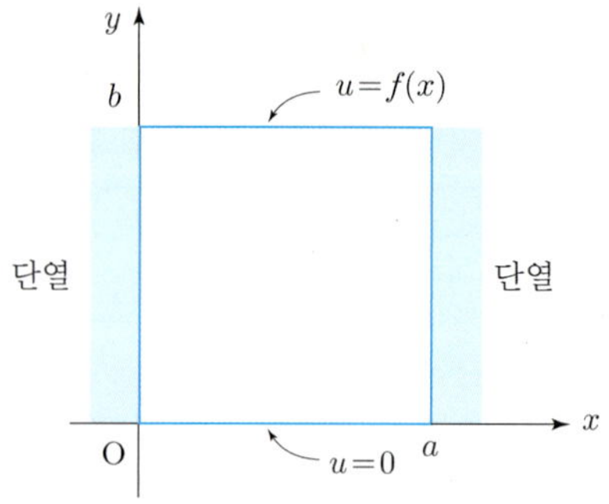

그림 8.5 ❙ 정상 상태의 온도 분포

$$Y(y)=c_3\cosh\lambda y+c_4\sinh\lambda y \tag{29}$$

처음 세 개의 제차 경계 조건으로부터 차례로 다음을 얻는다.

$$X'(0)=0,\quad X'(a)=0,\quad Y(0)=0$$

식 (28)의 X를 미분한 뒤에 $x=0$을 대입하면 $X'(0)=0$이므로 $c_2=0$이 되어 $X=c_1\cos\lambda x$이다. $x=a$를 대입하면 $X'(a)=0$이므로 방정식 $-c_1\lambda\sin\lambda a=0$이 성립한다. 이로부터 고윳값은 다음과 같다.

$$\lambda=\frac{n\pi}{a}\quad(n=0,\ 1,\ 2,\ \cdots)$$

이때, $\lambda=0$이면 방정식은 $X''=0$이 되어 일반해는 $X=c_1+c_2x$이다. 이 경우에 조건 $X'(0)=0$과 $X'(a)=0$으로부터 $X=c_1$이 된다. 따라서 대응하는 고유 함수는 다음과 같다.

$$X_n(x)=C_n\cos\frac{n\pi}{a}x\quad(n=0,\ 1,\ 2,\ \cdots)$$

식 (29)에서 $\lambda>0$이면 조건 $Y(0)=0$으로부터 $c_3=0$을 얻는다. 따라서 방정식의 해는 $Y(y)=c_4\sinh\lambda y$이다. 한편, $\lambda=0$이면 방정식은 $Y''=0$이 되므로 일반해는 $Y=c_3+c_4y$이다. 그런데 $Y(0)=0$이므로 $c_3=0$이다. 따라서 $Y=c_4y$가 해이다. 따라서 처음의 세 조건을 만족시키는 분리해는 다음과 같다.

---

22) 쌍곡선 함수는 지수함수를 이용하여 정의되므로, $c_3\cosh\lambda y+c_4\sinh\lambda y$ 대신에 $c_3e^{\lambda y}+c_4e^{-\lambda y}$ 또는 $c_3\sinh\lambda(y-b)+c_4\sinh\lambda y$로 놓아 생각할 수도 있다. 주어지는 경계 조건에 따라 계수 $c_3,\ c_4$를 결정하는 수월성에 따라 적절한 것을 택한다.

$$A_0 y \quad (n=0)$$

$$A_n\left(\sinh\frac{n\pi}{a}y\right)\left(\cos\frac{n\pi}{a}x\right) \quad (n=1,\ 2,\ \cdots)$$

이제 찾는 해 $u(x,\ y)$를 다음과 같이 나타내자.

$$u(x,\ y) = A_0 y + \sum_{n=1}^{\infty} A_n\left(\sinh\frac{n\pi}{a}y\right)\left(\cos\frac{n\pi}{a}x\right) \tag{30}$$

위의 식 (30)에 $y=b$를 대입하면 경계 조건 (25)의 둘째 식에 의해 다음을 얻는데, 이는 코사인 급수를 이용한 함수 f의 반구간 확장이다.

$$u(x,\ b) = f(x) = A_0 b + \sum_{n=1}^{\infty} A_n\left(\sinh\frac{n\pi}{a}b\right)\left(\cos\frac{n\pi}{a}x\right)$$

따라서 찾는 해는 계수 A_0과 A_n이 다음 식으로 주어지는 급수 (30)으로 나타난다.

$$A_0 = \frac{1}{ab}\int_0^a f(x)\,dx$$

$$A_n = \frac{2}{a\sinh\frac{n\pi}{a}b\int_0^a f(x)\cos\frac{n\pi}{a}x\,dx} \quad (n=1,\ 2,\ 3,\ \cdots)$$

□

디리클레 문제

주어진 영역의 경계에서 디리클레 조건을 만족시키는 타원 형의 편미분 방정식의 해를 찾는 경곗값 문제를 디리클레 문제(Dirichlet problem)라고 한다. 직사각형에서 디리클레 문제는 네 개의 변(경계) 중에 두 개의 평행한 변에 제차 경계 조건이 주어지면 변수 분리 방법으로 해를 찾을 수 있다. 그러나 네 개의 변에 세 개 이상의 비제차 경계 조건이 주어지면 변수 분리 방법으로는 직접 디리클레 문제의 해를 찾을 수 없다. 이때, 다음과 같이 중첩의 원리를 이용하면 주어진 문제의 해를 찾을 수 있다.

중첩의 원리를 이용한 풀이

다음에 주어진 디리클레 문제의 해를 중첩의 원리와 변수 분리 방법으로 구할 수 있다.

$$\begin{aligned} &u_{xx} + u_{yy} = 0 \quad (0<x<a,\ 0<y<b) \\ &u(0,\ y) = F(y),\ \ u(a,\ y) = G(y) \quad (0<y<b) \\ &u(x,\ 0) = f(x),\ \ u(x,\ b) = g(x) \quad (0<x<a) \end{aligned} \tag{31}$$

먼저 위의 문제를 아래와 같이 두 개의 문제로 분할하여 생각하자.

문제 1

$$u_{1_{xx}} + u_{1_{yy}} = 0 \quad (0 < x < a,\ 0 < y < b)$$
$$u_1(0,\ y) = 0,\ u_1(a,\ y) = 0 \quad (0 < y < b)$$
$$u_1(x,\ 0) = f(x),\ u_1(x,\ b) = g(x) \quad (0 < x < a)$$

문제 2

$$u_{2_{xx}} + u_{2_{yy}} = 0 \quad (0 < x < a,\ 0 < y < b)$$
$$u_2(0,\ y) = F(y),\ u_2(a,\ y) = G(y) \quad (0 < y < b)$$
$$u_2(x,\ 0) = 0,\ u_2(x,\ b) = 0 \quad (0 < x < a)$$

위의 두 문제는 각각 직사각형의 한 쌍의 평행한 변에서 제차인 경계 조건을 가진다. 각 문제의 해를 각각 u_1과 u_2라고 하면 다음과 같이 정의된 함수 u는 주어진 문제의 경계 조건을 모두 만족시키므로 원래 문제의 해가 된다.

$$u(x,\ y) = u_1(x,\ y) + u_2(x,\ y) \tag{32}$$

해의 이러한 성질을 중첩의 원리라고 한다. 따라서 각 문제의 해 u_1과 u_2를 따로 찾으면 충분하다. 먼저 변수 분리 방법을 이용해서 문제 1의 해 $u_1(x,\ y)$를 찾으면 다음과 같다.

$$u_1(x,\ y) = \sum_{n=1}^{\infty}\left\{A_n \cosh\frac{n\pi}{a}y + B_n \sinh\frac{n\pi}{a}y\right\}\sin\frac{n\pi}{a}x$$

여기서 계수는 경계 조건을 이용하여 찾으면 각각 다음과 같다.

$$A_n = \frac{2}{a}\int_0^a f(x)\sin\frac{n\pi}{a}x\,dx,$$
$$B_n = \frac{1}{\sinh\frac{n\pi}{a}b}\left(\frac{2}{a}\int_0^a g(x)\sin\frac{n\pi}{a}x\,dx - A_n\cosh\frac{n\pi}{a}b\right)$$

문제 2의 해 $u_2(x,\ y)$도 같은 방법으로 찾으면 다음과 같고, 그 계수 C_n과 D_n은 각각 아래의 식으로 나타난다.

$$u_2(x,\ y) = \sum_{n=1}^{\infty}\left\{C_n \cosh\frac{n\pi}{b}x + D_n \sinh\frac{n\pi}{b}x\right\}\sin\frac{n\pi}{b}y,$$

$$C_n = \frac{2}{a}\int_0^b F(y)\sin\frac{n\pi}{b}y\,dy,$$
$$D_n = \frac{1}{\sinh\frac{n\pi}{b}a}\left(\frac{2}{b}\int_0^b G(y)\sin\frac{n\pi}{b}y\,dy - C_n\cosh\frac{n\pi}{b}a\right)$$

비제차 편미분 방정식과 경계 조건

앞에서 살펴본 바와 같이 경계 조건이 비제차인 경우에는 변수 분리 방법으로 직접 해를 찾을 수 없다. 이러한 어려움은 편미분 방정식이 비제차일 경우에도 적용된다. 이제 이러한 경우에 열전도 방정식의 해를 찾는 방법을 알아보자.

길이가 유한한 막대 내부에서 일정한 상수 비율 r로 열이 발생한다면[23] 이에 대응하는 열전도 방정식은 다음과 같다.

$$\kappa u_{xx} + r = u_t \tag{33}$$

이 방정식은 비제차이며 분리해를 갖지 않는다는 것을 보일 수 있다. 또한 제차 방정식 $\kappa u_{xx} = u_t$에 대해 막대의 양 끝점 $x=0$과 $x=L$에서 항상 일정한 온도 k_1과 k_2를 가지는 해를 구한다고 할 때, 즉 비제차 경계 조건을 가지는 문제의 해를 찾을 때, 함수 $u(x,\ t) = X(x)T(t)$는 주어진 방정식을 각 변수에 관한 두 개의 상미분 방정식으로 나타낼 수 있으나, 주어진 경계조건에서 얻어지는 다음의 두식으로는 분리해를 구하기 위한 고윳값과 고유 함수를 찾을 수 없다.

$$u(0,\ t) = X(0)T(t) = k_1,$$
$$u(L,\ t) = X(L)T(t) = k_2$$

그러나 비제차 경계 조건이 주어진 비제차 선형 편미분 방정식의 경곗값 문제의 경우에 $u = v + \phi$로 놓는 종속 변수의 변환을 이용하여 해를 찾을 수 있다. 이 방법의 기본적인 착상은 함수 ϕ를 일변수 함수로 놓고, 함수 v는 이변수 함수로서 주어진 경곗값 문제에 대응하는 제차인 경계 조건을 갖는 제차 편미분 방정식의 해가 되도록 하는 것이다. 다음 보기를 통하여 이 방법을 구체적으로 살펴보자.

23) r이 양수이면 열이 생성됨을 의미하고, 음수이면 열이 소멸됨을 의미한다.

보기 4

다음과 같이 주어진 열전도 방정식의 경곗값 문제를 생각하자.

$$\begin{aligned} &\kappa u_{xx} + r = u_t \quad (0 < x < 1,\ t > 0) \\ &u(0,\ t) = 0,\ \ u(1,\ t) = u_0 \quad (t > 0) \\ &u(x,\ 0) = f(x) \quad (0 < x < 1) \end{aligned} \tag{34}$$

풀이 $u(x,\ t) = v(x,\ t) + \phi(x)$로 놓으면 $u_{xx} = v_{xx} + \phi''$과 $u_t = v_t$를 얻는다. 이것들을 주어진 방정식에 대입하여 다음 방정식을 얻는다.

$$\kappa v_{xx} + \kappa\phi'' + r = v_t \tag{35}$$

여기서 방정식 (35)를 다음과 같이 함수 $\phi(x)$와 $v(x,\ t)$에 관한 두 개의 서로 독립적인 방정식으로 분해하여 나타내자.

$$\kappa\phi'' + r = 0 \tag{36}$$

$$\kappa v_{xx} = v_t \tag{37}$$

방정식 (36)을 두 번 적분하면 $\phi(x)$는 다음과 같다.

$$\phi(x) = -\frac{r}{2\kappa}x^2 + c_1 x + c_2 \tag{38}$$

또 경계 조건 (34)를 다음 식과 같이 쓸 수 있다.

$$u(0,\ t) = v(0,\ t) + \phi(0) = 0,$$
$$u(1,\ t) = v(1,\ t) + \phi(1) = u_0$$

여기서 방정식 (37)의 경계 조건으로 다음을 택하기로 하자.

$$v(0,\ t) = 0,\ \ v(1,\ t) = 0 \tag{39}$$

그러면 $\phi(0) = 0$이고 $\phi(1) = u_0$이므로 식 (38)로부터 $c_1 = r/(2\kappa) + u_0$과 $c_2 = 0$을 얻는다. 따라서 함수 ϕ는 다음과 같다.

$$\phi(x) = -\frac{r}{2\kappa}x^2 + \left(\frac{r}{2\kappa} + u_0\right)x$$

또 초기 조건 $u(x,\ 0) = v(x,\ 0) + \phi(x)$로부터 다음 식을 얻는다.

$$v(x,\ 0) = u(x,\ 0) - \phi(x) = f(x) - \phi(x) \tag{40}$$

한편 식 (37)과 위의 조건 (39)과 (40)으로부터 함수 $v(x,\ t)$는 다음과 같은 경곗값 문제의 해가 되고, 그 해는 변수 분리 방법으로 찾을 수 있다.

$$\kappa v_{xx} = v_t \quad (0 < x < 1,\ t > 0)$$
$$v(0,\ t) = 0,\ \ v(1,\ t) = 0 \quad (t > 0)$$
$$v(x,\ 0) = f(x) + \frac{r}{2\kappa}x^2 - \left(\frac{r}{2\kappa} + u_0\right)x \quad (0 < x < 1)$$

이 문제에 대해 보기 1에서 사용한 것과 같은 방법을 이용하면 다음을 얻는다.

$$v(x,\ t) = \sum_{n=1}^{\infty} A_n e^{-\kappa n^2 \pi^2 t} \sin n\pi x,$$
$$A_n = 2\int_0^1 \left\{ f(x) + \frac{r}{2\kappa}x^2 - \left(\frac{r}{2\kappa} + u_0\right)x \right\} \sin n\pi x\, dx \tag{41}$$

따라서 원래 문제의 해 $u(x,\ t)$는 $\phi(x)$와 $v(x,\ t)$을 더하여 얻어지므로 다음과 같다.

$$u(x,\ t) = -\frac{r}{2\kappa}x^2 + \left(\frac{r}{2\kappa} + u_0\right)x + \sum_{n=1}^{\infty} A_n e^{-\kappa n^2 \pi^2 t} \sin n\pi x \tag{42}$$

여기서 계수 A_n은 식 (41)로 주어진다. □

식 (42)에서 $t \to \infty$ 이면 $u(x,\ t) \to \phi(x)$이다. 이때 함수 ϕ를 주어진 문제의 정상 상태 해(steady state solution)라고 한다. 반면에 $t \to \infty$ 일 때 $v(x,\ t) \to 0$이므로 함수 v를 일시적인 해(transient solution)라고 한다. 위와 같은 종속 변수 변환 방법을 이용하여 라플라스 방정식과 파동 방정식의 해를 찾는 데도 이용할 수 있다.

8.4 연습 문제

01. 다음 경곗값 문제의 해를 찾아라.

(1) $ku_{xx} = u_t \quad (0 < x < L,\ t > 0)$

$u(0,\ t) = 0,\ \ u(L,\ t) = 0 \quad (t > 0)$

$$u(x,\ 0) = \begin{cases} 1 & \left(0 < x < \dfrac{L}{2}\right) \\ 0 & \left(\dfrac{L}{2} \le x < L\right) \end{cases}$$

(2) $ku_{xx} = u_t \quad (0 < x < L,\ t > 0)$

$u(0,\ t) = 0,\ \ u(L,\ t) = 0 \quad (t > 0)$

$u(x,\ 0) = x(L - x) \quad (0 < x < L)$

(3) $u_{xx} = u_t \quad (0 < x < 1,\ t > 0)$

$u_x(0,\ t) = 0,\ u_x(1,\ t) = 0 \ \ (t > 0)$

$u(x,\ 0) = 1 + \cos(\pi x) + \dfrac{1}{2}\cos(3\pi x) \ \ (0 < x < 1)$

(4) $a^2 u_{xx} = u_{tt} \quad (0 < x < L,\ t > 0)$

$u(0,\ t) = 0,\ \ u(L,\ t) = 0 \quad (t > 0)$

$u(x,\ 0) = \dfrac{1}{4}x(L - x),\ \ u_t(x,\ 0) = 0 \quad (0 < x < L)$

(5) $a^2 u_{xx} = u_{tt} \quad (0 < x < L,\ t > 0)$

$u(0,\ t) = 0,\ \ u(L,\ t) = 0 \quad (t > 0)$

$u(x,\ 0) = 0,\ \ u_t(x,\ 0) = x(L - x) \quad (0 < x < L)$

(6) $a^2 u_{xx} = u_{tt} \quad (0 < x < L,\ t > 0)$

$u_x(0,\ t) = 0,\ u_x(L,\ t) = 0 \ \ (t > 0)$

$u(x,\ 0) = x,\ \ u_t(x,\ 0) = 0 \quad (0 < x < L)$

(7) $u_{tt} - u_{xx} = 0 \ \ (0 < x < \pi,\ t > 0)$

$u(0,\ t) = 0,\ u(\pi,\ t) = 0 \ \ (t > 0)$

$u(x,\ 0) = 1,\ u_t(x,\ 0) = 0 \ \ (0 < x < \pi)$

(8) $u_{xx} + u_{yy} = 0 \quad (0 < x < a,\ 0 < y < b)$

$u(0,\ y) = 0,\ \ u(a,\ y) = 0 \quad (0 < y < b)$

$u(x,\ 0) = 0,\ \ u(x,\ b) = 0 \quad (0 < x < a)$

(9) $u_{xx} + u_{yy} = 0 \quad (0 < x < a,\ 0 < y < b)$

$u(0,\ y) = 0,\ \ u(a,\ y) = 0 \quad (0 < y < b)$

$u_y(x,\ 0) = 0,\ \ u(x,\ b) = f(x) \quad (0 < x < a)$

(10) $u_{xx} + u_{yy} = 0 \quad (0 < x < 1,\ 0 < y < \pi)$

$u(0,\ y) = g(y),\ \ u_x(1,\ y) = 0 \quad (0 < y < \pi)$

$u_y(x,\ 0) = 0,\ \ u_y(x,\ \pi) = 0 \quad (0 < x < 1)$

(11) $u_{xx} + u_{yy} = 0 \quad (0 < x < 1,\ 0 < y < 1)$

$u(0,\ y) = 0,\ \ u(1,\ y) = 1 - y \quad (0 < y < 1)$

$u_y(x,\ 0) = 0,\ \ u_y(x,\ 1) = 0 \quad (0 < x < 1)$

(12) $u_{xx} + u_{yy} = 0 \quad (0 < x < 1,\ 0 < y < 2)$

$u_x(0,\ y) = y - 2,\ \ u(1,\ y) = 3\cos(2\pi y) \quad (0 < y < 2)$

$u_y(x,\ 0) = 0,\ u_y(x,\ 2) = 0 \quad (0 < x < 1)$

(13) $ku_{xx} = u_t \quad (0 < x < 1,\ t > 0)$

$u(0,\ t) = 100,\ \ u(1,\ t) = 100 \quad (t > 0)$

$u(x,\ 0) = 0 \quad (0 < x < 1)$

(14) $ku_{xx} = u_t \quad (0 < x < 1,\ t > 0)$

$u(0,\ t) = u_0,\ \ u(1,\ t) = 0 \quad (t > 0)$

$u(x,\ 0) = f(x) \quad (0 < x < 1)$

02. 다음 경곗값 문제의 해를 찾아라.

(1) $ku_{xx} + r = u_t$ $(0 < x < 1,\ t > 0,\ r$은 상수$)$

$u(0,\ t) = u_0,\ \ u(1,\ t) = u_0 \quad (t > 0)$

$u(x,\ 0) = 0 \quad (0 < x < 1)$

(2) $ku_x + r = u_t$ $(0 < x < 1,\ t > 0,\ r$은 상수$)$

$u(0,\ t) = u_0,\ \ u(1,\ t) = u_1 \quad (t > 0)$

$u(x,\ 0) = f(x) \quad (0 < x < 1)$

(3) $ku_{xx} + Ae^{-\gamma t} = u_t \quad (\gamma > 0,\ 0 < x < 1,\ t > 0)$

$u(0,\ t) = 0,\ \ u(1,t) = 0 \quad (t > 0)$

$u(x,\ 0) = f(x) \quad (0 < x < 1)$

03. 다음 경곗값 문제의 정상 상태 해 $\phi(x)$를 찾아라.

(1) $ku_{xx} - h(u - u_0) = u_t \quad (0 < x < 1,\ t > 0,\ h\text{는 상수})$

$u(0,\ t) = u_0,\ \ u(1,\ t) = 0 \quad (t > 0)$

$u(x,\ 0) = f(x) \quad (0 < x < 1)$

(2) $ku_{xx} - hu = u_t \quad (0 < x < \pi,\ t > 0,\ h\text{는 상수})$

$u(0,\ t) = 0,\ \ u(\pi,\ t) = u_0 \quad (t > 0)$

$u(x,\ 0) = f(x) \quad (0 < x < \pi)$

04. (1) 파동 방정식 $c^2 u_{xx} = u_{tt}$는 $\zeta = x + ct,\ \eta = x - ct$의 변환에 의해 다음과 같은 꼴로 나타남을 보여라.

$$\frac{\partial^2 u}{\partial x\, \partial y} = 0$$

(2) 다음 함수가 (1)의 파동 방정식의 해임을 보여라. 단, F와 G는 두 번 미분 가능한 함수이다.

$$u(x,t) = F(x + ct) + G(x - ct)$$

05. 세 식 (13), (14), (15)의 경곗값 문제에 관하여 $g(x) = 0$이면 이에 대응하는 해는 다음 식으로 나타낼 수 있음을 보여라. (힌트: 삼각 함수의 항등식을 이용한다.)

$$u(x,\ t) = \frac{1}{2}\{f(x + ct) + f(x - ct)\}$$

06. 무한히 긴 현의 변위 $u(x,\ t)$가 다음 초깃값 문제에 의해 결정된다고 하자.

$$c^2 u_{xx} = u_{tt} \quad (-\infty < x < \infty,\ t > 0)$$
$$u(x,\ 0) = f(x), \quad u_t(x,\ 0) = g(x) \quad (-\infty < x < \infty)$$

(1) 문제 5와 주어진 초기 조건을 이용하여 다음을 보여라. 단, x_0은 임의의 상수이고 C는 적분 상수이다.

$$F(x) = \frac{1}{2}f(x) + \frac{1}{2c}\int_{x_0}^{x} g(s)\,ds + C,$$

$$G(x) = \frac{1}{2}f(x) - \frac{1}{2c}\int_{x_0}^{x} g(s)\,ds - C$$

(2) 앞의 결과를 이용하여 다음 식이 성립함을 보여라.

$$u(x,\ t) = \frac{1}{2}\{f(x+ct)+f(x-ct)\} + \frac{1}{2c}\int_{x-ct}^{x+ct} g(s)\,ds \tag{43}$$

[식 (43)과 같은 꼴의 해를 달랑베르 해(d'Alembert's solution)라고 한다. $g(x)=0$일 때의 해는 $u(x,\ t) = \dfrac{f(x+ct)+f(x-ct)}{2}$인데, 이러한 해는 원래 파의 모양(현의 변위)을 유지하면서 c의 속도로 각각 오른쪽과 왼쪽으로 이동하는 여행파(traveling wave)를 중첩한 것으로 해석할 수 있다.]

07. 문제 6의 초깃값 문제의 조건이 다음과 같을 때 달랑베르 해를 찾아라.

(1) $f(x)=\sin x,\ \ g(x)=\cos x$

(2) $f(x)=\sin x,\ \ g(x)=1$

(3) $f(x)=\dfrac{1}{1+x^2},\ \ g(x)=0,\ \ c=1$

(4) $f(x)=0,\ \ g(x)=\sin 2x$

(5) $f(x)=e^{-x^2},\ g(x)=0$

(6) $f(x)=0,\ g(x)=xe^{-x^2}$

08. 다음 푸아송 방정식에 관한 경곗값 문제의 해를 찾아라.

$$\begin{aligned}
&u_{xx}+u_{yy}=-h,\ \ h>0 \quad (0<x<\pi,\ y>0)\\
&u(0,\ y)=0,\ \ u(\pi,\ y)=1 \quad (y>0)\\
&u(x,\ 0)=0 \quad (0<x<\pi)
\end{aligned}$$

09. 본문의 식 (32)의 함수가 디리클레 문제 (31)의 해임을 보여라.

10. 본문의 열전도 방정식 (33)은 분해 가능하지 않음을 보여라.

8.5 푸리에 해석학의 응용

변수 분리 방법과 중첩의 원리는 일반적으로 경곗값 문제의 해를 푸리에 급수가 아닌 삼각 급수의 꼴로 나타낸다. 이 절에서는 7.1절의 일반 푸리에 급수의 개념을 이용하여 경곗값 문제의 해를 찾는 방법을 다룬다. 또 주어진 방정식이 두 개의 공간 변수에 의존하는 경우에 해를 이중 급수로 나타내는 방법을 알아본다.

일반 푸리에 급수와 경곗값 문제

보기 1 **열전도 방정식**

다음 경곗값 문제는 단위 길이의 막대의 온도 분포에 관한 문제로 막대의 오른쪽 끝에서 일정한 온도를 가지는 매질로부터 열의 이동이 있고 왼쪽 끝의 온도는 항상 0으로 고정되어 있을 때 임의의 시점에서의 막대의 온도 분포 함수 $u(x,\ t)$를 찾는 문제이다.

$$u_t - \kappa u_{xx} = 0 \quad (0 < x < 1,\ t > 0)$$
$$u(0,\ t) = 0,\quad u_x(1,\ t) = -hu(1,\ t) \quad (h > 0,\ t > 0)$$
$$u(x,\ 0) = 1 \quad (0 < x < 1)$$

풀이 먼저 $u = XT$로 놓으면 변수 분리 방법의 일반 과정으로부터 다음을 얻는다.[24)]

$$\begin{aligned} &X'' + \lambda^2 X = 0 \\ &T' + \kappa\lambda^2 T = 0, \\ &X(x) = c_1 \cos\lambda x + c_2 \sin\lambda x, \\ &T(t) = c_3 e^{-\kappa\lambda^2 t} \end{aligned} \tag{1}$$

여기서 $u = XT$이므로 주어진 경계 조건으로부터 다음 식을 얻는다.

$$X(0) = 0,$$

24) $X''/X = T'/(kT) = \lambda$이고 경계 조건으로부터 $X(0) = 0,\ X'(1) = -hX(1)$이다. $\lambda > 0$이면 일반해는 $X = c_1\cosh\sqrt{\lambda}x + c_2\sinh\sqrt{\lambda}x$이고 경계 조건으로부터 $c_1 = c_2 = 0$이므로 자명해를 가진다. $\lambda = 0$이면 일반해는 $X = c_1 + c_2 x$이고 경계 조건으로부터 $c_1 = c_2 = 0$이므로 자명해를 가진다. 이제 λ를 $-\lambda^2\ (\lambda > 0)$로 놓고 문제를 푼다.

$$X'(1) = -hX(1) \tag{2}$$

처음의 조건 $X(0)=0$에서 $c_1 = 0$을 얻고 조건 (2)를 $X(x) = c_2 \sin \lambda x$에 적용하여 다음 방정식을 얻는다.

$$\tan \lambda = -\frac{\lambda}{h} \tag{3}$$

여기서 그래프를 생각하면 방정식 (3)의 근이 무한 개 있음을 알 수 있다. 방정식 (3)의 근을 크기 순서대로 λ_n $(n = 1,\ 2,\ \cdots)$이라 하면 각 λ_n은 주어진 문제의 고윳값이다.[25] 이때 고유 함수는 다음과 같다.

$$X(x) = c_2 \sin \lambda_n x \quad (n = 1,\ 2,\ \cdots)$$

따라서 문제의 분리해 u_n과 해 u는 각각 아래의 식으로 나타난다.

$$u_n = XT = A_n e^{-\kappa \lambda_n^2 t} \sin \lambda_n x,$$

$$u(x,\ t) = \sum_{n=1}^{\infty} A_n e^{-\kappa \lambda_n^2 t} \sin \lambda_n x$$

그런데 $t = 0$에서 $u(x,\ 0) = 1$ $(0 < x < 1)$이므로 다음을 얻는다.

$$1 = \sum_{n=1}^{\infty} A_n \sin \lambda_n x \tag{4}$$

식 (4)의 급수는 함수 $f(x) = 1$의 푸리에 사인 급수가 아니라 상미분 방정식 (1)과 경계 조건 (2)로 이루어지는 스튀름·리우빌 문제에 대응하는 직교 함수로 전개한 함수 $f(x) = 1$의 일반 푸리에 급수이다.[26] 따라서 다음 식을 얻는다.

$$A_n = \frac{\displaystyle\int_0^1 \sin \lambda_n x \, dx}{\displaystyle\int_0^1 \sin^2 \lambda_n x \, dx} \tag{5}$$

여기서 삼각 함수의 항등식 $\sin^2 \lambda_n x = \dfrac{1 - \cos 2\lambda_n x}{2}$을 이용하면 식 (5)의 분모는 다음과 같다.

$$\int_0^1 \sin^2 \lambda_n x \, dx = \frac{1}{2}\left(1 - \frac{1}{2\lambda_n} \sin 2\lambda_n\right) \tag{6}$$

25) 여기서 λ_n은 구간 $((2n-1)\pi/2,\ (2n+1)\pi/2)$의 한 점이다.

26) 7.1절과 7.3절을 참고하라.

또 $\sin 2\lambda_n x = 2\sin\lambda_n x\cos\lambda_n x$이고 식 (3)에서 $\lambda\cos\lambda = -h\sin\lambda$이므로 식 (6)은 다음과 같이 다시 쓸 수 있다.

$$\int_0^1 \sin^2\lambda_n x\,dx = \frac{1}{2h}(h+\cos^2\lambda_n)$$

그리고 식 (5)의 분자를 직접 적분하여 다음을 얻는다.

$$\int_0^1 \sin\lambda_n x\,dx = -\frac{1}{\lambda_n}\cos\lambda_n x\Big|_0^1 = \frac{1}{\lambda_n}(1-\cos\lambda_n)$$

따라서 $A_n = \dfrac{2h(1-\cos\lambda_n)}{\lambda_n(h+\cos^2\lambda_n)}$이고 찾는 문제의 해 u는 다음과 같다.

$$u(x,\ t) = 2h\sum_{n=1}^{\infty}\frac{1-\cos\lambda_n}{\lambda_n(h+\cos^2\lambda_n)}e^{-\kappa\lambda_n^2 t}\sin\lambda_n x$$ □

보기 2 **파동 방정식**

단위 길이의 막대가 비틀림 힘을 받으면서 비틀려질 때 비틀림 각 $\theta(x,\ t)$는 다음 경곗값 문제의 해이다(그림 8.6). 이 해 θ를 변수 분리 방법으로 찾아라.

$$\begin{aligned}&\theta_{tt} - c^2\theta_{xx} = 0 \quad (0 < x < 1,\ t > 0)\\&\theta(0,\ t) = 0,\ \ \theta_x(1,\ t) = 0 \quad (t > 0)\\&\theta(x,\ 0) = x,\ \ \theta_t(x,\ 0) = 0 \quad (0 < x < 1)\end{aligned}$$

여기서 $x = 1$에서의 경계 조건을 비고정 조건(free-end condition)이라고 한다.

풀이 $\theta = XT$로 놓으면 다음을 얻는다.[27)]

$$\begin{aligned}&X'' + \lambda^2 X = 0,\ \ T'' + c^2\lambda^2 T = 0,\\&X(x) = c_1\cos\lambda x + c_2\sin\lambda x,\ \ T(t) = c_3\cos c\lambda t + c_4\sin c\lambda t\end{aligned}$$

경계 조건으로부터 $X(0) = 0$이고 $X'(1) = 0$이어야 하므로 $c_1 = 0$과 방정식 $c_2\cos\lambda = 0$을 얻는다. 따라서 고윳값 λ_n과 고유 함수 X_n는 다음과 같다.

27) $X''/X = T''/a^2T = \lambda$이고 경계 조건으로부터 $X(0) = 0$, $X'(1) = 0$이다. $\lambda > 0$이면 일반해가 $X = c_1\cosh\sqrt{\lambda}x + c_2\sinh\sqrt{\lambda}x$이고 경계 조건으로부터 자명해를 얻는다. $\lambda = 0$이면 일반해가 $X = c_1x + c_2$이고 경계 조건으로부터 자명해를 얻는다. 이제 λ를 $-\lambda^2\,(\lambda > 0)$으로 놓아 생각한다.

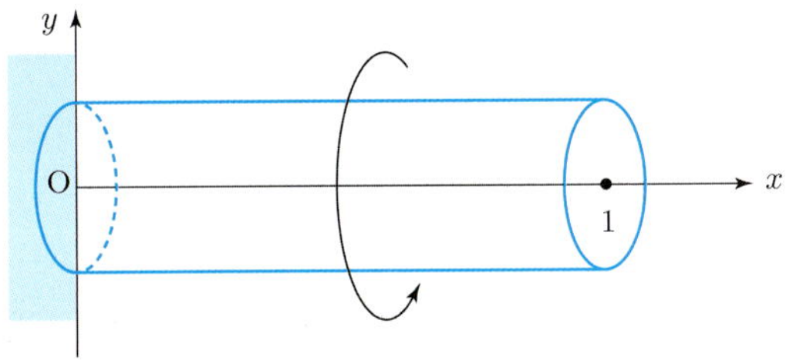

그림 8.6 ▌ 막대의 비틀림

$$\lambda_n = \frac{2n-1}{2}\pi,\ X_n = \sin\frac{2n-1}{2}\pi x \quad (n=1,\ 2,\ \cdots)$$

한편 초기 조건에서 $T'(0)=0$이 성립하므로 $c_4=0$이다. 따라서 분리해 $\theta_n(x,\ t)$는 다음 식과 같다.

$$\theta_n(x,\ t) = XT = A_n\left(\cos\frac{2n-1}{2}\pi ct\right)\left(\sin\frac{2n-1}{2}\pi x\right) \quad (n=1,\ 2,\ \cdots)$$

이제 찾는 해 $\theta(x,\ t)$를 다음 식으로 놓자.

$$\theta(x,\ t) = \sum_{n=1}^{\infty} A_n\left(\cos\frac{2n-1}{2}\pi ct\right)\left(\sin\frac{2n-1}{2}\pi x\right) \tag{7}$$

그러면 $t=0$일 때, 초기 조건으로부터 식 (7)은 다음과 같다.

$$x = \sum_{n=1}^{\infty} A_n \sin\frac{2n-1}{2}\pi x \quad (0 < x < 1) \tag{8}$$

한편 다음의 고유 함수의 집합은 구간 $0 \le x \le 1$에서 가중 함수 $\rho(x)=1$에 대한 직교 집합이다.

$$\left\{\sin\frac{2n-1}{2}\pi x \,\middle|\, n=1,\ 2,\ 3,\ \cdots\right\}$$

또 사인 함수의 변수 $((2n-1)/2)\pi x$가 πx의 정수배가 아니므로 급수 (8)은 함수 $\theta(x,\ 0)=x$의 푸리에 사인 급수가 아니라 일반 푸리에 급수이고 식 (7)의 계수 A_n은 다음과 같다.

$$A_n = \frac{\displaystyle\int_0^1 x \sin \frac{2n-1}{2} \pi x \, dx}{\displaystyle\int_0^1 \sin^2 \frac{2n-1}{2} \pi x \, dx}$$

이제 보기 1에서 한 것과 동일한 과정을 반복하면 다음을 얻는다.

$$A_n = (-1)^{n+1} \frac{8}{(2n-1)^2 \pi^2}$$

따라서 찾는 해 $\theta(x, t)$는 다음과 같다.

$$\theta(x, t) = \frac{8}{\pi^2} \sum_{n=1}^{\infty} \frac{(-1)^{n+1}}{(2n-1)^2} \left(\cos \frac{2n-1}{2} \pi c t \right) \left(\sin \frac{2n-1}{2} \pi x \right) \qquad \square$$

이중 푸리에 급수와 경곗값 문제

이제까지 막대나 현의 온도 분포 또는 변위에 대한 문제를 생각하고 그것을 나타내는 편미분 방정식의 경곗값 문제를 다루었다. 이제 얇은 사각형 금속판에서의 온도 분포 또는 사각형 박막의 진동에 관한 문제를 생각하기로 한다. 먼저 시각 t와 점 (x, y)에서의 사각형 금속판의 온도 분포 $u(x, y, t)$는 몇 가지 가정 아래 다음의 이차원 열전도 방정식(two-dimensional heat equation)을 만족시킨다.

$$\kappa (u_{xx} + u_{yy}) = u_t \tag{9}$$

또 시각 t일 때, 진동하는 사각형 박막의 점 (x, y)에서 변위 $u(x, y, t)$는 진동의 폭이 작고 감쇠가 없다는 등의 몇 가지 가정을 하면 다음의 이차원 파동 방정식(two-dimensional wave equation)을 만족시킨다.

$$c^2 (u_{xx} + u_{yy}) = u_{tt} \tag{10}$$

방정식 (9)와 (10)과 관련된 경곗값 문제는 변수 분리 방법을 이용하여 풀 수 있고 그 해를 이변수의 푸리에 급수로 나타낼 수 있음을 알아보자.

보기 3

초기에 온도 분포가 함수 $f(x, y)$로 주어지고 둘레에서는 온도가 항상 0으로 고정된 얇은 사각형 금속판의 온도 분포 함수 $u(x, y, t)$를 찾아라.

풀이 주어진 문제는 다음 경계값 문제로 나타난다.

$$\kappa(u_{xx}+u_{yy})=u_t \quad (0<x<a,\ 0<y<b,\ t>0)$$
$$u(0,\ y,\ t)=0,\quad u(a,\ y,\ t)=0 \quad (0<y<b,\ t>0)$$
$$u(x,\ 0,\ t)=0,\quad u(x,\ b,\ t)=0 \quad (0<x<a,\ t>0)$$
$$u(x,\ y,\ 0)=f(x,\ y) \quad (0<x<a,\ 0<y<b)$$

분리해를 $u(x, y, t)=X(x)Y(y)T(t)$로 놓으면 다음 식을 얻는다.

$$\frac{X''}{X}=-\frac{Y''}{Y}+\frac{T'}{\kappa T} \tag{11}$$

식 (11)의 좌변은 x에만 의존하고 우변은 변수 y와 t에만 의존하므로 양변은 일정한 상수와 같아야 한다. 그러므로 식 (11)은 다음과 같다.[28)]

$$\frac{X''}{X}=-\frac{Y''}{Y}+\frac{T'}{\kappa T}=-\lambda^2$$

이를 변수 분리하면 다음 두 식을 얻는다.

$$X''+\lambda^2 X=-\lambda^2 \tag{12}$$
$$\frac{Y''}{Y}=\frac{T'}{\kappa T}+\lambda^2 \tag{13}$$

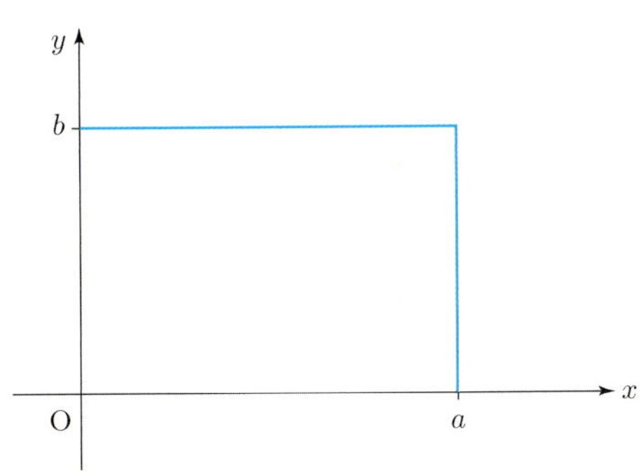

그림 8.7 ❙ 사각형의 금속판

28) 분리 상수의 부호에 따른 분리해가 자명해를 가지는지에 대한 검토 후에 얻는다. 이때, $\lambda>0$이다.

또, 식 (13)은 위와 같은 이유로 상수 $-\mu^2$ $(\mu > 0)$과 같으므로 다음과 같은 두 개의 상미분 방정식을 얻는다.

$$\frac{Y''}{Y} = -\mu^2, \ \frac{T'}{\kappa T} + \lambda^2 = -\mu^2$$

이를 다시 고쳐 쓰면 다음과 같다.

$$Y'' + \mu^2 Y = 0, \ T' + \kappa(\lambda^2 + \mu^2)T = 0 \tag{14}$$

상미분 방정식 (12)와 (14)의 일반해는 다음과 같다.

$$X(x) = c_1 \cos \lambda x + c_2 \sin \lambda x \tag{15}$$

$$Y(y) = c_3 \cos \mu y + c_4 \sin \mu y \tag{16}$$

$$T(t) = c_5 e^{-\kappa(\lambda^2 + \mu^2)t} \tag{17}$$

이제 주어진 경계 조건으로부터 다음을 얻는다.

$$X(0) = 0, \ X(a) = 0, \quad Y(0) = 0, \ Y(b) = 0$$

이 조건을 함수 (15)와 (16)에 적용하면 다음을 얻는다.

$$c_1 = 0, \ c_3 = 0, \ c_2 \sin \lambda a = 0, \ c_4 \sin \mu b = 0$$

이때, 위의 마지막 두 방정식의 해는 다음과 같다

$$\lambda = \frac{m\pi}{a} \ (m = 1, 2, \cdots), \ \mu = \frac{n\pi}{b} \ (n = 1, 2, \cdots)$$

따라서 주어진 경계 조건을 만족시키는 분리해는 다음과 같다.

$$u_{mn}(x, y, t) = A_{mn} e^{-\kappa\left[\left(\frac{m\pi}{a}\right)^2 + \left(\frac{n\pi}{b}\right)^2\right]t} \sin\frac{m\pi}{a}x \sin\frac{n\pi}{b}y$$

여기서 계수 A_{mn}은 임의의 상수이다. 그런데 서로 독립적인 두 개의 고윳값의 집합이 있으므로 중첩의 원리를 적용하여 다음과 같은 이중 급수의 꼴로 나타나는 해를 얻는다.

$$u(x, y, t) = \sum_{m=1}^{\infty} \sum_{n=1}^{\infty} A_{mn} e^{-\kappa\left[\left(\frac{m\pi}{a}\right)^2 + \left(\frac{n\pi}{b}\right)^2\right]t} \sin\frac{m\pi}{a}x \sin\frac{n\pi}{b}y \tag{18}$$

이제 $t=0$에서의 초기 조건으로부터 다음 식을 얻는다.

$$u(x,\ y,\ 0)=f(x,\ y)=\sum_{m=1}^{\infty}\sum_{n=1}^{\infty}A_{mn}\sin\frac{m\pi}{a}x\,\sin\frac{n\pi}{b}y \tag{19}$$

식 (19)에 $\sin(m\pi x/a)\sin(n\pi y/b)$를 곱하여 사각형 $0\le x\le a,\ 0\le y\le b$ 위에서 이중 적분하여 계수 A_{mn}을 찾으면 다음과 같다.[29)]

$$A_{mn}=\frac{4}{ab}\int_0^b\int_0^a f(x,\ y)\sin\frac{m\pi}{a}x\,\sin\frac{n\pi}{b}y\,dxdy \tag{20}$$

따라서 주어진 경곗값 문제의 해는 식 (20)으로 나타나는 계수 A_{mn}을 가지는 식 (18)의 이중 급수로 나타나는 함수이다. □

식 (20)을 계수로 가지는 식 (19)의 급수를 함수 $f(x,y)$의 이중 사인 급수(double sine series) 또는 이변수의 사인 급수(sine series in two variables)라고 한다.

한편 사각형 $0\le x\le a,\ 0\le y\le b$ 위에서 정의되어 있는 이변수 함수 $f(x,y)$의 이중 코사인 급수(double cosine series) 또는 이변수의 코사인 급수(cosine series in two variables)는 다음과 같이 주어진다.

$$\begin{aligned}f(x,\ y)=&\ A_{00}+\sum_{m=1}^{\infty}A_{m0}\cos\frac{m\pi}{a}x+\sum_{n=1}^{\infty}A_{0n}\cos\frac{n\pi}{b}y\\&+\sum_{m=1}^{\infty}\sum_{n=1}^{\infty}A_{mn}\cos\frac{m\pi}{a}x\cos\frac{n\pi}{b}y\end{aligned}$$

여기서 계수는 다음과 같다.

$$\begin{aligned}A_{00}&=\frac{1}{ab}\int_0^b\int_0^a f(x,\ y)\,dxdy\\A_{m0}&=\frac{2}{ab}\int_0^b\int_0^a f(x,\ y)\cos\frac{m\pi}{a}x\,dxdy\quad(m=1,2,\cdots)\\A_{0n}&=\frac{2}{ab}\int_0^b\int_0^a f(x,\ y)\cos\frac{n\pi}{b}y\,dxdy\quad(n=1,2,\cdots)\\A_{mn}&=\frac{4}{ab}\int_0^b\int_0^a f(x,\ y)\cos\frac{m\pi}{a}x\,\cos\frac{n\pi}{b}y\,dxdy\quad(n=1,2,\cdots),(m=1,2,\cdots)\end{aligned}$$

이중 코사인 급수를 이용하는 문제는 연습 문제 2번의 (1)을 참조하라.

29) 7.2절의 연습 문제 12번을 참고하라.

8.5 연습 문제

01. 다음 경곗값 문제의 해를 찾아라.

(1) $u_t - ku_{xx} = 0 \quad (0 < x < 1,\ t > 0)$

$u_x(0,\ t) = 0,\ \ u_x(1,\ t) = -hu(1,\ t) \quad (h > 0,\ t > 0)$

$u(x,\ 0) = x \ \ (0 < x < 1)$

(2) $u_t - ku_{xx} = 0 \quad (0 < x < 1,\ t > 0)$

$u(0,\ t) = 0,\ \ u_x(1,\ t) = -h(u(1,\ t) - u_0) \quad (h > 0,\ t > 0)$

$u(x,\ 0) = f(x) \quad (0 < x < 1)$ [힌트: $u(x,t) = v(x,t) + \phi(x)$]

(3) $u_t - u_{xx} = 0 \ \ (0 < x < 1,\ t > 0)$

$u_x(0,\ t) = 0,\ u(1,\ t) = 0 \ \ (t > 0)$

$u(x,\ 0) = x \ \ (0 < x < 1)$

(4) $u_{xx} + u_{yy} = 0 \quad (0 < x < a,\ 0 < y < b)$

$u(0,\ y) = 0,\ \ u_x(a,\ y) = -hu(a,\ y) \quad (h > 0,\ 0 < y < b)$

$u(x,\ 0) = 0,\ \ u(x,\ b) = f(x) \quad (0 < x < a)$

(5) $u_{xx} + u_{yy} = 0 \quad (0 < y < 1,\ 0 < x)$

$u(0,\ y) = u_0,\ \ \lim_{x \to \infty} u(x,\ y) = 0 \quad (0 < y < 1)$

$u_y(x,\ 0) = 0,\ \ u_y(x,\ 1) = -hu(x,\ 1) \quad (h > 0,\ x > 0)$

(6) $u_{xx} + u_{yy} = 0 \quad (0 < x < 1,\ 0 < y < 1)$

$u_x(0,\ y) = 0,\ \ u(1,\ y) = u_0 \quad (0 < y < 1)$

$u(x,\ 0) = 0,\ \ u_y(x,\ 1) = 0 \quad (0 < x < 1)$

(7) $u_{tt} - u_{xx} = 0 \quad (0 < x < 1,\ t > 0)$

$u_x(0,\ t) = 0,\ u(1,\ t) = 0 \ \ (t > 0)$

$u(x,\ 0) = 3\cos\left(\frac{\pi x}{2}\right) - \cos\left(\frac{3\pi x}{2}\right),\ u_t(x,\ 0) = 1 \ \ (0 < x < 1)$

(8) $u_{tt} - u_{xx} = 0 \quad (0 < x < 1,\ t > 0)$

$u(0,\ t) = 0,\ u_x(1,\ t) = 0 \ \ (t > 0)$

$u(x,\ 0) = x - 1,\ u_t(x,\ 0) = 2\sin\frac{\pi x}{2} - 4\sin\frac{5\pi x}{2} \ \ (0 < x < 1)$

02. 다음 경곗값 문제의 해를 찾아라.

(1) $k(u_{xx} + u_{yy}) = u_t,\ \ 0 < x < 1 \quad (0 < y < 1,\ t > 0)$

$u_x(0,\ y,\ t) = 0,\ \ u_x(1,\ y,\ t) = 0 \quad (0 < y < 1,\ t > 0)$

$u_y(x,\ 0,\ t) = 0,\ \ u_y(x,\ 1,\ t) = 0 \quad (0 < x < 1,\ t > 0)$

$u(x,\ y,\ 0) = xy \quad (0 < x < 1,\ 0 < y < 1)$

(2) $k(u_{xx} + u_{yy}) = u_t \quad (0 < x < \pi,\ 0 < y < \pi,\ t > 0)$

$u(0,\ y,\ t) = 0,\ \ u(\pi,\ y,\ t) = 0 \quad (0 < y < \pi,\ t > 0)$

$u(x,\ 0,\ t) = 0,\ \ u(x,\ \pi,\ t) = 0 \quad (0 < x < \pi,\ t > 0)$

$u(x,\ y,\ 0) = u_0 \quad (0 < x < \pi,\ 0 < y < \pi)$

(3) $k(u_{xx} + u_{yy}) = u_t \quad (0 < x < 1,\ 0 < y < 1,\ t > 0)$

$u(0,\ y,\ t) = 0,\ u(1,\ y,\ t) = 0 \ \ (0 < y < 1,\ t > 0)$

$u(x,\ 0,\ t) = 0,\ u(x,\ 1,\ t) = 0 \ \ (0 < x < 1,\ t > 0)$

$u(x,\ y,\ 0) = x(1-x)y\cos\frac{\pi y}{2} \quad (0 < x < 1,\ 0 < y < 1)$

(4) $k(u_{xx} + u_{yy}) = u_t,\ 0 < x < \pi \quad (0 < y < \pi,\ t > 0)$

$u_x(0,\ y,\ t) = 0,\ u_x(\pi,\ y,\ t) = 0 \ \ (0 < y < \pi,\ t > 0)$

$u(x,\ 0,\ t) = 0,\ u(x,\ \pi,\ t) = 0 \ \ (0 < x < \pi,\ t > 0)$

$u(x,\ y,\ 0) = x\cos\left(\frac{x}{2}\right)y(\pi - y) \ \ (0 < x < \pi,\ 0 < y < \pi)$

(5) $a^2(u_{xx} + u_{yy}) = u_{tt} \quad (0 < x < b,\ 0 < y < c,\ t > 0)$

$u(0,\ y,\ t) = 0,\ \ u(b,\ y,\ t) = 0 \quad (0 < y < c,\ t > 0)$

$u(x,\ 0,\ t) = 0,\ \ u(x,\ c,\ t) = 0 \quad (0 < x < b,\ t > 0)$

$u(x,\ y,\ 0) = f(x,\ y),\ \ u_t(x,\ y,\ 0) = g(x,\ y) \quad (0 < x < b,\ 0 < y < c)$

(6) $a^2(u_{xx} + u_{yy}) = u_{tt} \quad (0 < x < \pi,\ 0 < y < \pi,\ t > 0)$

$u(0,\ y,\ t) = 0,\ \ u(\pi,\ y,\ t) = 0 \quad (0 < y < \pi,\ t > 0)$

$u(x,\ 0,\ t) = 0,\ \ u(x,\ \pi,\ t) = 0 \quad (0 < x < \pi,\ t > 0)$

$$u(x,\ y,\ 0) = xy(x-\pi)(y-\pi),\ \ u_t(x,\ y,\ 0) = 0 \quad (0 < x < \pi,\ 0 < y < \pi)$$

(7) $16(u_{xx} + u_{yy}) = u_{tt} \quad (0 < x < 1,\ 0 < y < 1,\ t > 0)$

$u(0,\ y,\ t) = 0,\ u(1,\ y,\ t) = 0 \ \ (0 < y < 1,\ t > 0)$

$u(x,\ 0,\ t) = 0,\ u(x,\ 1,\ t) = 0 \ \ (0 < x < 1,\ t > 0)$

$u(x,\ y,\ 0) = 0,\ u_t(x,\ y,\ 0) = \sin(\pi x)\sin(\pi y) \ \ (0 < x < 1,\ 0 < y < 1)$

(8) $u_{xx} + u_{yy} = u_{tt} \quad (0 < x < 1,\ 0 < y < \pi,\ t > 0)$

$u(0,\ y,\ t) = 0,\ u(1,\ y,\ t) = 0 \ \ (0 < y < \pi,\ t > 0)$

$u(x,\ 0,\ t) = 0,\ u(x,\ \pi,\ t) = 0 \ \ (0 < x < 1,\ t > 0)$

$u(x,\ y,\ 0) = y\cos\dfrac{\pi x}{2},\ u_t(x,\ y,\ 0) = x + y \quad (0 < x < 1,\ 0 < y < \pi)$

03. 직육면체에서 정상 상태의 열전도 방정식은 다음과 같이 라플라스 방정식으로 주어진다.

$$u_{xx} + u_{yy} + u_{zz} = 0 \ \ (0 < x < a,\ 0 < y < b,\ 0 < z < c)$$

이때 다음과 같은 경계 조건에서 방정식의 해를 찾아라.

(1) $u(x,\ y,\ 0) = f(x,\ y) \quad (0 < x < a,\ 0 < y < b)$

다른 경계 면에서는 온도가 0이다.

(2) $u(x,\ y,\ c) = f(x,\ y) \quad (0 < x < a,\ 0 < y < b)$

다른 경계 면에서는 온도가 0이다.

04. 변수 분리 방법을 사용하여 다음 경곗값 문제의 해를 찾아라.

(1) $u_{tt} + 3u_t + u = u_{xx} \quad (0 < x < 1,\ t > 0)$

$u(0,\ t) = 0,\ u(1,\ t) = 0\ (t > 0)$

$u(x,\ 0) = 0,\ u_t(x,\ 0) = x\sin(2\pi x)\ (0 < x < 1)$

(2) $u_{tt} + u_t + u = 9u_{xx} \quad (0 < x < \pi,\ t > 0)$

$u(0,\ t) = 0,\ u(\pi,\ t) = 0\ (t > 0)$

$u(x,\ 0) = \sin x,\ u_t(x,\ 0) = 0)\ (0 < x < \pi)$

05. 다음 경곗값 문제의 해를 찾아라. 그리고 정상 상태의 해를 찾아라.

$u_t = u_{xx} \ \ (0 < x < 2,\ t > 0)$

$u(x,\ 0) = x^2 - x + 1\ (0 \le x \le 2)$

$u(0,\ t) = 1,\ u(2,\ t) = 3\ (t > 0)$

8.6 여러 좌표계에서의 경곗값 문제

지금까지는 독립 변수가 직교 좌표계의 변수로 주어진 편미분 방정식의 경곗값 문제를 다루었다. 그러나 예를 들어 원판이나 원기둥 또는 구의 온도 분포에 관한 문제는 직교 좌표계의 변수보다 극좌표계나 원기둥 좌표계 또는 구면 좌표계의 변수로 나타내는 것이 편리하다. 이 절에서는 이러한 좌표계에서의 경곗값 문제를 다룬다.

극 좌표에서의 경곗값 문제

평면의 직교 좌표 $(x,\ y)$와 극좌표 $(r,\ \theta)$와의 관계는 다음과 같다.

$$x = r\cos\theta,\quad y = r\sin\theta,$$

$$r^2 = x^2 + y^2,\quad \tan\theta = \frac{y}{x}$$

극좌표에서의 라플라스 방정식

위의 두 관계식과 미분의 연쇄 법칙을 이용하면 이변수 함수 $u(x,\ y)$의 라플라시안 $\nabla^2 u = u_{xx} + u_{yy}$를 극좌표계의 변수로 나타낼 수 있다. 다음 식은 연쇄 법칙을 이용하여 얻어진다.

$$u_x = u_r r_x + u_\theta \theta_x = \cos\theta\, u_r - \frac{\sin\theta}{r} u_\theta$$

$$u_y = u_r r_y + u_\theta \theta_y = \sin\theta\, u_r + \frac{\cos\theta}{r} u_\theta$$

$$u_{xx} = \cos^2\theta\, u_{rr} - \frac{2\sin\theta\cos\theta}{r} u_{r\theta} + \frac{\sin^2\theta}{r^2} u_{\theta\theta} + \frac{\sin^2\theta}{r} u_r + \frac{2\cos\theta\sin\theta}{r} u_\theta$$

$$u_{yy} = \sin^2\theta\, u_{rr} + \frac{2\sin\theta\cos\theta}{r} u_{r\theta} + \frac{\cos^2\theta}{r^2} u_{\theta\theta} + \frac{\cos^2\theta}{r} u_r - \frac{2\cos\theta\sin\theta}{r} u_\theta$$

마지막 두 식을 더하면 다음과 같다.

$$\nabla^2 u = u_{xx} + u_{yy} = u_{rr} + \frac{1}{r} u_r + \frac{1}{r^2} u_{\theta\theta}$$

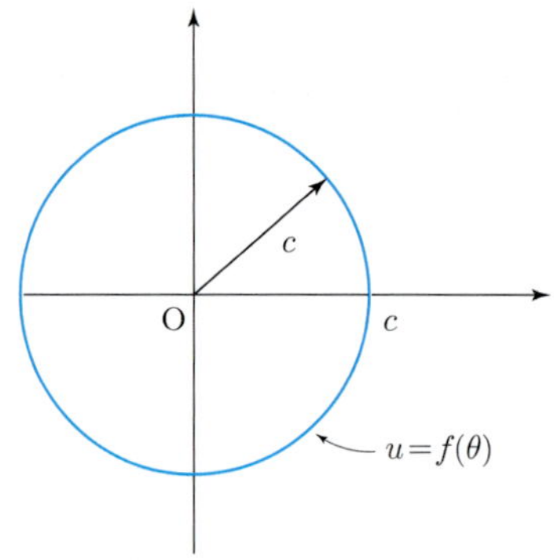

그림 8.8 ❙ 금속 원판

따라서 극좌표에서의 라플라스 방정식은 다음과 같다.

$$u_{rr}+\frac{1}{r}u_r+\frac{1}{r^2}u_{\theta\theta}=0$$

보기 1

반지름의 길이가 c인 금속 원판의 둘레, 즉 $r=c$에서 온도가 $f(\theta)$일 때 원판의 정상 상태의 온도 분포 함수 $u(r,\ \theta)$를 변수 분리 방법으로 찾아라.

풀이 주어진 문제가 만족시키는 방정식과 경계 조건은 다음과 같이 나타난다.

$$u_{rr}+\frac{1}{r}\mu_r+\frac{1}{r^2}u_{\theta\theta}=0 \quad (0<r<c,\ 0<\theta<2\pi)$$

$$u(c,\ \theta)=f(\theta) \quad (0<\theta<2\pi)$$

이제 $u=R(r)\Theta(\theta)$로 놓고 변수 분리 방법을 적용하면 다음을 얻는다.

$$\frac{r^2R''+rR'}{R}=-\frac{\Theta''}{\Theta}=\lambda^2$$

$$r^2R''+rR'-\lambda^2R=0 \tag{1}$$

$$\Theta''+\lambda^2\Theta=0 \tag{2}$$

먼저 $\lambda\neq 0$인 경우에 상미분 방정식 (2)의 일반해는 다음과 같다.

$$\Theta=c_1\cos\lambda\theta+c_2\sin\lambda\theta \tag{3}$$

또 방정식 (1)은 코시·오일러 방정식이고 일반해는 다음과 같다.

$$R = c_3 r^{\lambda} + c_4 r^{-\lambda} \tag{4}$$

여기서 식 (3)과 (4)의 계수와 고윳값을 결정하게 하는 명확한 조건은 주어져 있지 않지만 다음과 같이 해가 만족시켜야 하는 두 가지 물리적인 조건을 찾을 수 있다.

먼저 주어진 한 점을 나타내는 극좌표가 달라도 그 점에서의 온도는 같아야 한다. 즉, 극좌표 $(r,\ \theta+2\pi)$와 $(r,\ \theta)$는 동일한 점을 나타내므로 다음이 성립해야 한다.

$$u(r,\ \theta) = u(r,\ \theta + 2\pi)$$

다시 말해 함수 $u(r,\ \theta)$는 독립 변수 θ에 관하여 주기가 2π인 주기 함수이어야 한다. 그런데 방정식 (2)의 해 (3)은 $\lambda = n\ (n = 1,\ 2,\ \cdots)$일 때만 주기가 2π인 주기 함수가 되므로 식 (3)과 (4)는 다음과 같다.

$$\Theta = c_1 \cos n\theta + c_2 \sin n\theta \quad (n = 1,\ 2,\ \cdots) \tag{5}$$

$$R = c_3 r^n + c_4 r^{-n} \quad (n = 1,\ 2,\ \cdots) \tag{6}$$

또 원판 내부의 온도 $u(r,\ \theta)$는 유한해야 한다. 특히, 원판의 중심 $r = 0$에서도 유한해야 하므로 식 (6)에서 $c_4 = 0$이어야 한다. 따라서 $\lambda = n$에 대하여 분리해 u_n은 다음과 같다.

$$u_n = R\Theta = r^n (A_n \cos n\theta + B_n \sin n\theta) \quad (n = 1,\ 2,\ \cdots) \tag{7}$$

여기서 A_n과 B_n은 상수이다.

한편 $\lambda = 0$이면 방정식 (1)과 (2)는 각각 다음과 같다.

$$\Theta'' = 0,\ r^2 R'' + rR = 0$$

위 두 상미분 방정식의 일반해는 각각 다음과 같다.

$$\Theta = c_5 \theta + c_6,\ R = c_7 + c_8 \ln r$$

이제 해 u는 변수 θ에 관하여 주기 함수이므로 $c_5 = 0$이며, $r = 0$에서 온도가 유한해야 하므로 $c_8 = 0$이다. 따라서 $\lambda = 0$이면 방정식의 분리해는 다음과 같다.

$$u_0 = A_0 \tag{8}$$

따라서 찾는 해 u를 다음과 같이 놓자.

$$u(r,\ \theta) = A_0 + \sum_{n=1}^{\infty} r^n (A_n \cos n\theta + B_n \sin n\theta) \tag{9}$$

식 (9)의 계수 A_n과 B_n을 찾자. 먼저 $r=c$에서의 경계 조건을 식 (9)에 적용하면 다음을 얻는다.

$$f(\theta)=A_0+\sum_{n=1}^{\infty} c^n\left(A_n \cos n\theta+B_n \sin n\theta\right)$$

여기서 위 식의 우변은 함수 $f(\theta)$의 푸리에 급수 표현이므로 계수 A_n과 B_n들은 다음과 같음을 확인할 수 있다.

$$A_0=\frac{1}{2\pi}\int_0^{2\pi} f(\theta)\,d\theta \tag{10}$$

$$A_n=\frac{1}{c^n\pi}\int_0^{2\pi} f(\theta)\cos n\theta\,d\theta \tag{11}$$

$$B_n=\frac{1}{c^n\pi}\int_0^{2\pi} f(\theta)\sin n\theta\,d\theta \tag{12}$$

따라서 찾는 해는 세 식 (10), (11), (12)를 푸리에 계수로 가지는 식 (9)의 급수로 나타나는 함수 $u(r,\ \theta)$이다. □

극좌표에서의 열전도 방정식과 파동 방정식

8.5절의 이차원 열전도 방정식과 파동 방정식의 경우도 다루는 대상이 원판일 때 극좌표로 나타내면 편리하다. 8.5절의 이차원 열전도 방정식과 파동 방정식을 다시 쓰면 각각 다음과 같다.

$$\kappa\,(u_{xx}+u_{yy})=u_t,\ c^2(u_{xx}+u_{yy})=u_{tt}$$

$u=u(r,\ \theta,\ t)$라 하고 각 방정식을 극좌표의 변수를 써서 나타내면 각각 다음과 같다.

$$\kappa\left(u_{rr}+\frac{1}{r}u_r+\frac{1}{r^2}u_{\theta\theta}\right)=u_t,\quad c^2\left(u_{rr}+\frac{1}{r}u_r+\frac{1}{r^2}u_{\theta\theta}\right)=u_{tt}$$

이들 방정식의 초기 경곗값 문제의 해 $u=u(r,\ \theta,\ t)$를 변수 분리 방법으로 찾는 것은 해를 $u=R(r)\Theta(\theta)T(t)$로 놓아 먼저 주어진 방정식에 적용하여 각 변수에 대응하는 상미분 방정식으로 변환한 뒤에 주어진 경계 조건을 만족시키는 분리해들을 구하여 그들을 무한 중첩하여 초기 조건을 만족하도록 해를 구성하는 것이다. 이렇게 얻은 해는 일반적으로 다중 무한 급수로 나타난다. 여기서는 간단하지만 중요한 문제인 경우로 해가 변수 θ에 독립인, 즉 방사상 대칭(radially symmetric)인 문제만 생각하기로 한다. 방사상 대칭인 경우에 변수 θ에 대한 함수 u의 편도함수가 모두 0이므로 열전도 방정식과 파동 방정식은 각각 다음과 같이 간단한 형태로 나타난다.

$$\kappa\left(u_{rr}+\frac{1}{r}u_r\right)=u_t,\quad c^2\left(u_{rr}+\frac{1}{r}u_r\right)=u_{tt}$$

여기서 해 $u=u(r,\ \theta,\ t)$가 변수 θ에 독립이므로 실질적으로 $u=u(r,\ t)$이다. 특히 방사상 대칭인 경우에 파동 방정식의 해가 나타내는 진동을 방사상 진동(radial vibration)이라 한다.

보기 2

둘레가 조임틀로 고정되고 $t=0$일 때 변위가 $f(r)$이고 속도가 $g(r)$로 주어진 방사상 진동을 하는 반지름의 길이가 a인 원형 박막의 변위 $u(r,\ t)$를 찾아라.

풀이 주어진 경곗값 문제에 대응하는 방정식과 경계 조건은 다음과 같이 나타난다.

$$c^2\left(u_{rr}+\frac{1}{r}u_r\right)=u_{tt},\quad (0<r<c,\ t>0)$$
$$u(c,\ t)=0\quad (t>0)$$
$$u(r,\ 0)=f(r),\ u_t(r,\ 0)=g(r)\quad (0<r<a)$$

처음 방정식에 $u(r,\ t)=R(r)T(t)$을 대입하여 변수를 분리하면 다음을 얻는다.

$$\frac{R''+\frac{1}{r}R'}{R}=\frac{T''}{c^2T}=-\lambda^2$$

$$rR''+R'+\lambda^2 rR=0, \tag{13}$$

$$T''+c^2\lambda^2T=0 \tag{14}$$

차수가 0인 매개 베셀 방정식 (13)과 방정식 (14)의 일반해는 각각 다음과 같다.

$$R=c_1J_0(\lambda r)+c_2Y_0(\lambda r),\ \ T=c_3\cos c\lambda t+c_4\sin c\lambda t$$

그런데 $r\to 0^+$일 때 $Y_0(\lambda r)\to -\infty$이다.[30] 그런데 $r=0$일 때 변위 $u(r,\ t)$가 유한한 값이어야 하므로 $c_2=0$이다. 따라서 $R=c_1J_0(\lambda r)$이다.

한편 경계 조건 $u(a,\ t)=0$으로부터 $R(c)=0$이므로 $c_1J_0(\lambda a)=0$이다. 또 $c_1=0$일 때 자명한 해만 가지므로 다음 식을 얻는다.

30) 5.4절의 그림 5.3을 참고하라.

$$J_0(\lambda a) = 0 \tag{15}$$

방정식 (15)는 무한 개의 양의 근을 가진다.[31] 따라서 근을 x_n $(n=1,\ 2,\ \cdots)$이라 하면 고윳값 λ_n은 $\lambda_n = x_n/a$이다. 따라서 분리해 u_n은 다음과 같다.

$$u_n = (A_n \cos c\lambda_n t + B_n \sin c\lambda_n t) J_0(\lambda_n r) \quad (n=1,\ 2,\ \cdots) \tag{16}$$

여기서 A_n과 B_n은 상수이다. 이제 중첩의 원리를 적용하여 해를 다음 식으로 놓자.

$$u(r,\ t) = \sum_{n=1}^{\infty} (A_n \cos c\lambda_n t + B_n \sin c\lambda_n t) J_0(\lambda_n r) \tag{17}$$

한편, $t=0$일 때 $u(r,\ 0) = f(r)$이므로 식 (17)로부터 다음 식을 얻는다.

$$f(r) = \sum_{n=1}^{\infty} A_n J_0(\lambda_n r) \tag{18}$$

식 (18)은 함수 f의 구간 $(0,\ a)$에서의 푸리에·베셀 급수이므로 계수 A_n은 다음과 같다.

$$A_n = \frac{2}{a^2 J_1^2(\lambda_n a)} \int_0^a r J_0(\lambda_n r) f(r)\, dr \tag{19}$$

이제 식 (17)을 t에 관하여 미분하고 초기 속도가 $u_t(r,\ 0) = g(r)$임을 이용하면 다음 식을 얻는다.

$$g(r) = \sum_{n=1}^{\infty} c\lambda_n B_n J_0(\lambda_n r)$$

이는 구간 $(0,\ a)$에서 함수 g의 푸리에·베셀 급수이므로 다음을 얻는다.

$$B_n = \frac{2}{c\lambda_n a^2 J_1^2(\lambda_n a)} \int_0^a r J_0(\lambda_n r) g(r)\, dr \tag{20}$$

따라서 구하는 해는 계수 A_n과 B_n이 식 (19)와 (20)으로 주어진 급수 (17)이다. □

8.4절의 파동 방정식의 경우와 같이 식 (16)의 분리해 각각을 정상파라고 한다. 이 경우에 정상파의 스냅사진은 근본적으로 다음과 같은 함수 $J_0(\lambda_n r)$의 그래프이다.

$$A_n \cos c\lambda_n t + B_n \sin c\lambda_n t \quad (n=1,\ 2,\ \cdots)$$

31) 5.4절의 그림 5.2를 참고하라.

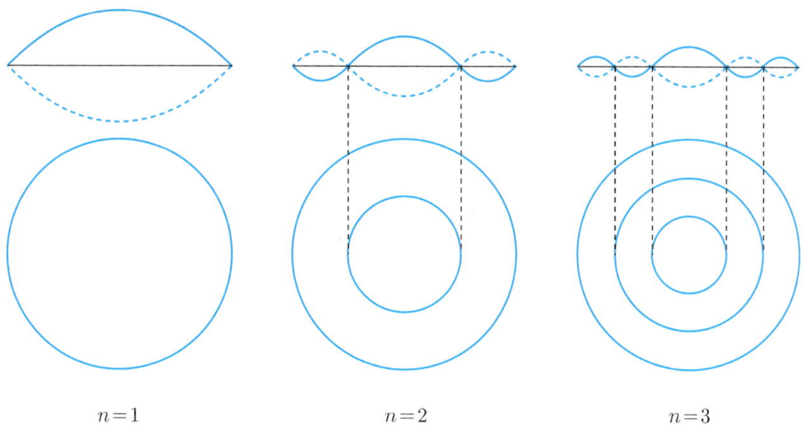

그림 8.9 ▎ 정상파

그림 8.9에서 점선과 실선은 다른 시점에서의 정상파의 그래프를 나타낸다. 열린 구간 $(0,\ a)$에서 방정식 $J_0(\lambda_n r)=0$의 근 r에서 정상파의 변위가 0이므로 그 점에서 정상파는 진동하지 않는다. 이런 점의 집합을 마디 선(nodal line) 또는 결절 선이라고 한다. 방정식 $J_0(\lambda_n a)=0$의 양의 근을 x_n이라 하면 $\lambda_n = x_n/a$이므로 정상파의 마디 선은 다음 식에 의해 결정된다.

$$J_0(\lambda_n r) = J_0\left(\frac{x_n}{a} r\right) = 0$$

$J_0(x)$의 처음 세 개의 근은 근사적으로 $x_1 = 2.4,\ x_2 = 5.5,\ x_3 = 8.7$이다. 처음의 정상파는, 즉 $n=1$이면 $J_0(x_1 r/a) = 0$으로부터 $r=a$이므로 마디 선을 가지지 않는다. 두 번째 정상파에 대해, 즉 $n=2$이면 방정식 $J_0(x_2 r/c) = 0$의 근은 다음의 두 식에 의해 결정된다.

$$\frac{5.5}{a} r = 2.4,\quad \frac{5.5}{a} r = 5.5$$

따라서 두 번째 정상파는 $r \approx 0.44a < a$이므로 다음과 같은 한 개의 마디 선을 가진다.

$$r = \frac{x_1 a}{x_2} \approx \frac{2.4a}{5.5}$$

또 $n=3$일 때는 다음 식으로 주어지는 두 개의 마디 선을 가진다.

$$r = \frac{x_1 a}{x_3} \approx \frac{2.4a}{8.7},\ r = \frac{x_2 a}{x_3} \approx \frac{5.5a}{8.7}$$

일반적으로 n번째 정상파는 $(n-1)$개의 마디 선을 갖고, 다음 식으로 정의된다.

$$r=\frac{x_1 a}{x_n},\ r=\frac{x_2 a}{x_n},\ \cdots,\ r=\frac{x_{n-1} a}{x_n}$$

원은 극좌표로 $r=$(상수)로 표현되므로 그림 8.9에서 보인 것과 같이 모든 정상파의 마디 선은 모두가 중심이 $r=0$인 동심원이다.

원주 좌표계에서의 라플라스 방정식

공간의 원주 좌표계의 변수 (r, θ, z)와 직교 좌표계의 변수 (x, y, z)의 사이의 관계는 다음과 같다.

$$x=r\cos\theta,\ \ y=r\sin\theta,\ \ z=z$$

이를 이용하여 직교 좌표계에서의 함수 $u(x,\ y,\ z)$의 라플라시안 $\nabla^2 u=u_{xx}+u_{yy}+u_{zz}$는 원주 좌표계에서 다음 식과 같음을 보일 수 있다.

$$\nabla^2 u=u_{rr}+\frac{1}{r}u_r+\frac{1}{r^2}u_{\theta\theta}+u_{zz}$$

보기 3

반지름의 길이가 2이고 $0 \le z \le 4$인 원기둥의 정상 상태의 온도 분포가 방사상 대칭이라고 하자. 경계 $r=2$와 $z=0$에서의 온도가 0이고 $z=4$일 때 온도가 상수 u_0인 경우에 원기둥의 정상 상태의 온도 분포 함수 $u(r,\ z)$를 찾아라.

풀이 주어진 조건으로부터 온도 분포 함수 $u(r,\ z)$는 다음 방정식을 만족시킨다.

$$\begin{aligned}&u_{rr}+\frac{1}{r}u_r+u_{zz}=0\quad (0<r<2,\ 0<z<4)\\&u(2,\ z)=0\quad (0<z<4)\\&u(r,\ 0)=0,\ \ u(r,\ 4)=u_0\quad (0<r<2)\end{aligned}$$

이제 $u=R(r)Z(z)$라 놓고 변수 분리하면 다음을 얻는다.

$$\frac{R''+\dfrac{1}{r}R'}{R}=-\frac{Z'}{Z}=-\lambda^2,$$

$$rR'' + R' + \lambda^2 rR = 0, \tag{21}$$

$$Z'' - \lambda^2 Z = 0 \tag{22}$$

여기서 찾는 해가 변수 z에 대해 주기 함수가 될 필요가 없으므로 음수의 분리 상수를 사용한다. 방정식 (21)의 일반해는 다음 식과 같다.

$$R = c_1 J_0(\lambda r) + c_2 Y_0(\lambda r)$$

방정식 (22)는 구간 $0 \le r \le 2$에서 정의되어 있으므로 일반해는 다음과 같다.

$$Z = c_3 \cosh \lambda z + c_4 \sinh \lambda z$$

보기 1에서와 같이 온도 함수 u는 $r = 0$에서 유한한 값을 가져야 하므로 $c_2 = 0$을 얻는다. 조건 $u(2,\ z) = 0$으로부터 $R(2) = 0$이 된다. 여기서 주어진 문제의 양의 고윳값 λ_n은 다음 방정식의 근이다.

$$J_0(2\lambda) = 0 \tag{23}$$

한편 $Z(0) = 0$으로부터 $c_3 = 0$을 얻는다. 결과적으로 다음을 얻는다.

$$\begin{aligned} R &= c_1 J_0(\lambda_n r), \quad Z = c_4 \sinh \lambda_n z, \\ u_n &= RZ = A_n \sinh \lambda_n z\, J_0(\lambda_n r), \\ u(r,\ z) &= \sum_{n=1}^{\infty} A_n \sinh \lambda_n z\, J_0(\lambda_n r) \end{aligned}$$

또 $z = 4$에서의 경계 조건에서 상수 u_0에 관한 다음의 푸리에·베셀 급수를 얻는다.

$$u_0 = \sum_{n=1}^{\infty} A_n \sinh 4\lambda_n\, J_0(\lambda_n r)$$

이제 방정식 (23)과 7.4절의 푸리에·베셀 급수의 계수를 비교하면 다음 식을 얻는다.

$$A_n \sinh 4\lambda_n = \frac{2u_0}{4J_1^2(2\lambda_n)} \int_0^2 rJ_0(\lambda_n r)\, dr$$

$t = \lambda_n r$로 치환하고 항등식 $d\{tJ_1(t)\}/dt = tJ_0(t)$를 이용하면 위의 식은 다음과 같다.

$$A_n \sinh 4\lambda_n = \frac{2u_0}{4\lambda_n^2 J_1^2(2\lambda_n)} \int_0^{2\lambda_n} \frac{d}{dt}\{tJ_1(t)\}\, dt = \frac{u_0}{\lambda_n J_1(2\lambda_n)}$$

따라서 계수 A_n은 $A_n = u_0/\{\lambda_n \sinh 4\lambda_n J_1(2\lambda_n)\}$ 이므로, 주어진 경곗값 문제의 해 $u(r,\ z)$는 다음과 같다.

$$u(r,\ z) = u_0 \sum_{n=1}^{\infty} \frac{\sinh \lambda_n z\, J_0(\lambda_n r)}{\lambda_n \sinh 4\lambda_n\, J_1(2\lambda_n)} \qquad \square$$

구면 좌표계에서의 경곗값 문제

이제 공간에서 구면 좌표계의 변수 $\rho,\ \phi,\ \theta$로 주어진 경곗값 문제를 생각하자. 먼저 공간에서 직교 좌표계의 좌표 변수와 구면 좌표계의 좌표 변수 $x,\ y,\ z$ 사이의 관계는 다음과 같다.

$$x = r\sin\theta\cos\phi,\ y = r\sin\theta\sin\phi,\ z = r\cos\theta \quad (0 \le \phi \le 2\pi,\ 0 \le \theta \le \pi)$$

이 관계식을 이용하여 함수 $u(x,\ y,\ z)$의 라플라시안 $\nabla^2 u = u_{xx} + u_{yy} + u_{zz}$를 구면 좌표계의 변수 $r,\ \phi,\ \theta$를 써서 나타내면 다음과 같다.

$$\nabla^2 u = u_{rr} + \frac{2}{r}u_r + \frac{1}{r^2\sin^2\theta}u_{\phi\phi} + \frac{1}{r^2}u_{\theta\theta} + \frac{\cot\theta}{r^2}u_\theta$$

위의 식은 매우 복잡하여 일반적으로 위의 식으로 표현되는 문제의 해를 찾기가 어렵다. 여기서는 변수 ϕ에 독립인 비교적 간단한 문제만을 생각한다.

보기 4

반지름의 길이가 a인 금속 구의 정상 상태의 온도 분포가 변수 ϕ에 의존하지 않는다고 하자. 구면의 온도가 $f(\theta)$일 때, 변수 분리 방법으로 온도 분포 함수 $u(r,\ \theta)$를 찾아라.

풀이 주어진 문제의 온도 분포 함수 $u(r,\ \theta)$는 다음을 만족시킨다.

$$u_{rr} + \frac{2}{r}u_r + \frac{1}{r^2}u_{\theta\theta} + \frac{\cot\theta}{r^2}u_\theta = 0 \quad (0 < r < a,\ 0 < \theta < \pi)$$
$$u(a,\ \theta) = f(\theta) \quad (0 < \theta < \pi)$$

$u = R(r)\Theta(\theta)$로 놓고 위의 방정식에 대입하여 다음 식을 얻는다.

$$\frac{r^2R'' + 2rR'}{R} = -\frac{\Theta'' + \cot\theta\,\Theta'}{\Theta} = \lambda^2,$$
$$r^2R'' + 2rR' - \lambda^2 R = 0, \tag{24}$$

$$\sin\theta\, \Theta'' + \cos\theta\, \Theta' + \lambda^2 \sin\theta\, \Theta = 0 \tag{25}$$

방정식 (25)는 $x = \cos\theta \ (0 \leq \theta \leq \pi)$로 치환하면 다음의 르장드르 방정식이 된다.

$$(1-x^2)\frac{d^2\Theta}{dx^2} - 2x\frac{d\Theta}{dx} + \lambda^2\Theta = 0 \quad (-1 \leq x \leq 1)$$

닫힌 구간 $-1 \leq x \leq 1$에서 연속인 도함수를 가지는 이 방정식의 해는 다음의 르장드르 다항식뿐이다.

$$P_n(x),\ \ \lambda^2 = n(n+1) \quad (n = 0,\ 1,\ 2,\ \cdots)$$

그러므로 방정식 (25)의 해는 $\Theta(\theta) = P_n(\cos\theta)$이다.

또 $\lambda^2 = n(n+1)$일 때 코시·오일러 방정식 (24)의 일반해는 다음과 같다.

$$R = c_1 r^n + c_2 r^{-(n+1)}$$

그런데 온도 $u(r,\ \theta)$은 $r = 0$에서 유한하므로 $c_2 = 0$이다. 따라서 다음을 얻는다.

$$u_n = A_n r^n P_n(\cos\theta),$$

$$u(r,\ \theta) = \sum_{n=0}^{\infty} A_n r^n P_n(\cos\theta)$$

또 $r = a$에서 $f(\theta) = \sum_{n=0}^{\infty} A_n a^n P_n(\cos\theta)$이고 이는 푸리에·르장드르 급수이므로 그 계수 A_n은 다음과 같다.[32)]

$$A_n = \frac{2n+1}{2a^n}\int_0^{\pi} f(\theta) P_n(\cos\theta)\sin\theta\, d\theta$$

그러므로 찾는 해는 다음과 같다.

$$u(r,\ \theta) = \sum_{n=1}^{\infty}\left(\frac{2n+1}{2}\int_0^{\pi} f(\theta)\, P_n(\cos\theta)\sin\theta\, d\theta\right)\left(\frac{r}{a}\right)^n P_n(\cos\theta) \qquad \square$$

32) 7.4절의 연습 문제 6을 참고하라.

8.6 연습 문제

01. 다음 문제를 극좌표 변수 r, θ로 나타내고 해를 구하고, 그를 직교 좌표 변수 x, y로 나타내라.

(1) $u_{xx}+u_{yy}=0,\ x^2+y^2<12$

$u(x,y)=x^2-y,\ x^2+y^2=12$

(2) $u_{xx}+u_{yy}=0, x^2+y^2<9$

$u(x,y)=x^2, x^2+y^2=9$

02. 다음과 같이 주어지는 반지름의 길이가 1인 원판에서 정상 상태의 열전도 방정식에 관하여 다음 경곗값 문제의 해를 찾아라.

$$u_{rr}+\frac{1}{r}u_r+\frac{1}{r^2}u_{\theta\theta}=0 \quad (0<r<1,\ 0<\theta<2\pi)$$

(1) $u(1,\ \theta)=\begin{cases} u_0 & (0<\theta<\pi) \\ 0 & (\pi\le\theta<\pi) \end{cases}$ (2) $u(1,\ \theta)=\begin{cases} \theta & (0<\theta<\pi) \\ \pi-\theta & (\pi\le\theta<2\pi) \end{cases}$

(3) $u(1,\ \theta)=2\pi\theta-\theta^2 \quad (0<\theta<2\pi)$

03. 반지름의 길이가 1인 반원판에서 아래의 경계 조건을 만족시키는 정상 상태의 열전도 방정식의 해를 찾아라.

(1) $u(r,\ 0)=0,\ u(r,\ \pi)=0\ (0<r<1),\ u(1,\ \theta)=u_0 \quad (0<\theta<\pi)$

(2) $u(r,\ 0)=0,\ u(r,\ \pi)=0,\ (0<r<1),\ u(1,\ \theta)=u_0(\pi\theta-\theta^2)\ (0<\theta<\pi)$

(3) $u(r,\ 0)=0,\ u(r,\ \pi)=u_0 \quad (0<r<1),\ u(1,\ \theta)=u_0 \quad (0<\theta<\pi)$

04. 평면에서 극좌표계로 주어진 영역 $R=\{(r,\theta)\ |\ 0<a\le r\le b, 0\le\theta<2\pi\}$ 모양의 금속에서 아래의 경계 조건을 만족시키는 정상 상태의 열전도 방정식의 해 $u(r,\theta)$를 찾아라. (보기1의 풀이를 참조)

$$u(a,\ \theta)=f(\theta),\ u(b,\ \theta)=0\ (0<\theta<2\pi)$$

05. 평면에서 극좌표계로 주어진 영역 $W=\left\{(r,\theta)\ \middle|\ \frac{1}{2}<r<1, 0\le\theta<\frac{\pi}{4}\right\}$ 모양의 금속에서 아래의 경계 조건을 만족시키는 정상 상태의 열전도 방정식의 해 $u(r,\theta)$를 찾아라.

$$u\left(\frac{1}{2},\ \theta\right)=1,\ u_r(1,\ \theta)=0\ \left(0<\theta<\frac{\pi}{4}\right)$$
$$u(r,\ 0)=0,\ u\left(r,\ \frac{\pi}{4}\right)=0\ \left(\frac{1}{2}<r<1\right)$$

06. 보기 2에서 $f(r)=0$이고 $g(r)=1$인 경우의 해를 찾아라.

07. 보기 2에서 $f(r)=1-r^2\ (0<r<c)$이고 $g(r)=0$인 경우의 해를 찾아라.

08. 다음 경곗값 문제를 만족시키는 열전도 방정식의 해 $u(r,\ t)$를 찾아라.

$$k\left(u_{rr}+\frac{1}{r}u_r\right)=u_t\quad(0<r<c,\ r>0)$$
$$u(c,\ t)=0\quad(t>0)$$
$$u(r,\ 0)=f(r)\quad(0<r<c)$$

09. 문제 8에서 원둘레가 단열되어 있을 때 그 해를 찾아라.

10. 원주 좌표계로 주어진 반지름의 길이가 2이고 $0\le z\le 4$인 원기둥의 정상 상태의 온도 분포가 방사상 대칭이라고 하자. 경계 $r=2$에서 온도가 0이고 $z=4$일 때 온도가 상수 50으로 고정되어 있고 바닥면 $z=0$에서는 단열되어 있는 경우에 원기둥의 정상 상태의 온도 분포 함수 $u(r,\ z)$를 찾아라.(보기 3을 참조하라.)

11. 보기 4에서 $f(r)=\cos\theta\ (0<\theta<\pi)$일 때 해를 찾아라.

12. 보기 4에서 $f(r)=1-\cos\theta\ (0<\theta<\pi)$일 때 해를 찾아라.

13. 다음 경곗값 문제의 해를 찾아라.

$$u_{rr}+\frac{1}{r}u_r+\beta=u_t\quad(0<r<1,\ t>0,\ \beta\text{는 상수})$$
$$u(1,\ t)=0\quad(t>0)$$
$$u(r,\ 0)=0\quad(0<r<1)$$

14. 다음 경곗값 문제의 해를 찾아라.

$$u_{rr} + \frac{1}{r} u_r = u_t \quad (0 < r < 2,\ t > 0)$$
$$u(2,\ t) = 100 \quad (t > 0)$$
$$u(r,0) = \begin{cases} 200 & (1 < r < 1) \\ 100 & (1 \le r \le 1) \end{cases}$$

[힌트: $u(r,\ t) = v(r,\ t) + \phi(r)$]

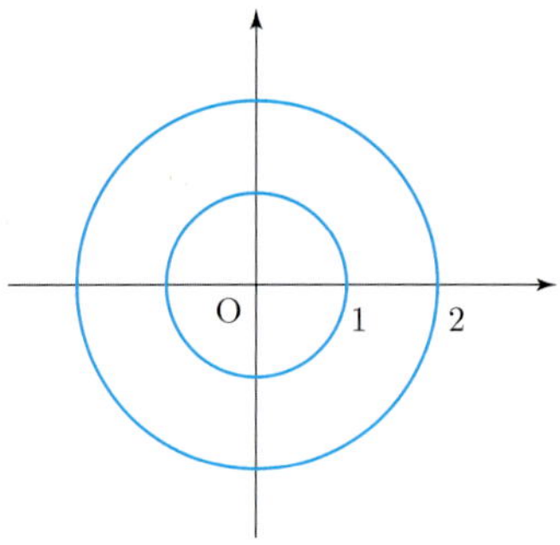

그림 8.10

15. 보기 1의 정상 상태 온도 함수는 다음과 같이 다시 쓸 수 있음을 보여라.

$$u(r,\ \theta) = \frac{1}{2\pi}\int_0^{2\pi} \frac{c^2 - r^2}{c^2 2cr\cos(t-\theta) + r^2} f(t)\,dt$$

이 식을 원에서의 푸아송 적분 공식(Poisson's integral formula for a circle)이라 한다.

16. 다음 경곗값 문제로 주어진 원형 박막의 진동에 관한 문제를 생각하자.

$$c^2\left(u_{rr} + \frac{1}{r}u_r + \frac{1}{r^2}u_{\theta\theta}\right) = u_{tt} \quad (0 < r < a,\ 0 < \theta < 2,\ t > 0)$$
$$u(a,\ \theta,\ t) = 0 \quad (0 < \theta < 2\pi,\ t > 0)$$
$$u(r,\ \theta,\ 0) = f(r,\ \theta) \quad (0 < r < a,\ 0 < \theta < 2\pi)$$
$$u_t(r,\ \theta,\ 0) = g(r,\ \theta) \quad (0 < r < a,\ 0 < \theta < 2\pi)$$

(1) $u = R(r)\Theta(\theta)T(t)$로 놓고 분리 상수 $-\lambda^2$와 $-\nu^2$을 이용하여 주어진 방정식으로부터 다음 방정식을 유도하라.

$$T'' + c^2\lambda^2 T = 0,\ \Theta'' + \nu^2\Theta = 0,\ r^2R'' + rR' + (\lambda^2 r^2 - \nu^2)R = 0$$

(2) 위의 각 상미분 방정식의 해를 찾아라.

(3) 고윳값과 고유 함수가 다음과 같음을 증명하라.

고윳값 : $\nu = n\ (n = 0,\ 1,\ 2,\ \cdots)$, 고유 함수 : $1,\ \cos n\theta,\ \sin n\theta$

고윳값 : $\lambda_{ni} = x_{ni}/e\ (i = 1,\ 2,\ \cdots)$, 각 n에 대하여 x_{ni}는 방정식 $J_n(\lambda a) = 0$의 양의 근이다.

고유 함수 : $J_n(\lambda_{ni} r)$

(4) 중첩의 원리를 이용하여 다중 급수해를 찾아라. (단, 계수는 찾지 않아도 좋다.)

제 9 장 적분 변환 방법

변수 분리 방법은 선형 이계 편미분 방정식의 해를 찾는 데 유용하지만 모든 경우에 사용할 수 있는 방법은 아니다. 이 장에서는 비제차 방정식, 경계 조건이 시간의 함수로 주어지는 경곗값 문제 또는 방정식이 정의된 공간 영역이 유계가 아닌 문제의 해를 찾는 데 유용한 적분 변환 방법을 알아본다.

■ 푸리에(Jean-Baptiste-Joseph Fourier, 1768~1830)

푸리에는 프랑스의 오제르(Auxerre)에서 태어나고, 파리에서 사망했다. 8세에 고아가 되었고, 성 베네딕도 수도회의 규칙에 따라 운영되는 지방의 군사 학교에서 교육을 받았다. 재단사의 아들이었던 그는 육군 장교 임관이 거부되었다. 그렇지만 그는 높은 학식 때문에 그 군사 학교에서 수학 강사직을 얻을 수 있었다. 무시무시한 해였던 1789년 뒤에, 국민의 당에 가입했고, 대단한 열성으로 프랑스 혁명의 선전에 몰두했다. 그 보상으로 에콜 폴리테크니크(École Polytechique)의 자리를 얻었다. 그는 몽주(Gaspard Monge)와 함께 나폴레옹(Napoleon)의 이집트 원정에 합류하기 위해서 그 자리를 사임했다. 1798년에 그는 남부 이집트의 총독에 임명되었다. 1801년 영국의 승리와 프랑스의 항복 뒤에, 푸리에는 프랑스로 되돌아가서 그르노블(Grenoble)의 제독이 되었다. 그가 열에 대하여 실험하기 시작한 것은 바로 그르노블에 있을 때였다. 1816년에 그는 파리로 이주했다.

1822년에 출판된 열 이론에 관한 뛰어난 연구서 《열의 해석적 이론(Théorie analytique da la chaleur)》 이외에, 완성하지 못한 연구 결과들이 그가 죽은 뒤에 편집되어 1831년에 출판되었다. 그 책에 실린 다른 독창적인 내용 중에는 오늘날 교과서에서 취급하고 있는 방정식론과 다항 방정식의 근의 위치에 대한 푸리에의 연구 결과도 있다.

푸리에와 그의 열에 관한 관심에 대한 재미있는 이야기가 있다. 그는 이집트에서의 경험으로부터 또는 열에 대한 연구로부터, 사막의 열기가 건강에 가장 좋은 이상적인 조건이라고 확신한 것으로 보인다. 이에 따라 그는 겉옷을 여러 겹 걸쳐 입었으며, 견딜 수 없을 정도로 온도가 높은 방에서 기거했다. 열에 대한 이런 강박 관념이 그의 죽음을 재촉했고 심장병을 일으키게 한 직접적인 원인이었다는 말이 있다. 그는 63세에 완전히 열에 구워진 상태로 죽었다.

아마도 푸리에에 대해 가장 많이 인용되는 문장은 열의 수학적인 이론에 대한 그의 초기 작품에서 나타나는 다음과 같은 말일 것이다. "자연에 관한 깊은 연구는 수학적 발견을 위한 가장 풍성한 공급원이다."

9.1 라플라스 변환

이 절에서는 제6장에서 소개한 라플라스 변환을 이변수 함수에 적용하고 이를 이용하여 편미분 방정식의 해를 찾는 방법을 다룬다.

xt 평면의 $t>0$인 적당한 영역에서 정의된 이변수 함수 $u(x, t)$의 변수 t에 관한 라플라스 변환을 다음과 같이 정의한다.

$$\mathcal{L}\{u\} = \int_0^\infty e^{-st} u(x, t)\, dt \equiv U(x, s) \tag{1}$$

따라서 이변수 함수 $u(x, t)$의 변수 t에 대한 라플라스 변환 $U(x, s)$는 변수 x와 s에 관한 이변수 함수이다.[1)] 라플라스 변환 및 이에 관한 여러 가지 성질은 제6장을 참고하기 바란다.

다음 등식들은 라플라스 변환의 정의와 부분 적분을 이용하여 얻을 수 있다.

$$\mathcal{L}\left\{\frac{\partial u}{\partial t}\right\} = s\mathcal{L}\{u\} - u(x, 0) = sU(x, s) - u(x, 0) \tag{2}$$

$$\begin{aligned}\mathcal{L}\left\{\frac{\partial^2 u}{\partial t^2}\right\} &= s^2\mathcal{L}\{u\} - su(x, 0) - \left.\frac{\partial u}{\partial t}\right|_{t=0} \\ &= s^2 U(x, s) - su(x, 0) - u_t(x, 0)\end{aligned} \tag{3}$$

또 적분과 미분의 순서를 바꾸는 것이 항상 가능하다고 가정하면 다음을 얻는다.

$$\begin{aligned}\mathcal{L}\left\{\frac{\partial u}{\partial x}\right\} &= \int_0^\infty e^{-st}\frac{\partial u}{\partial x}\, dt = \int_0^\infty \frac{\partial}{\partial x}\{e^{-st}u(x, t)\}\, dt \\ &= \frac{\partial}{\partial x}\int_0^\infty e^{-st}u(x, t)\, dt = \frac{\partial}{\partial x}\mathcal{L}\{u\} = \frac{dU}{dx}, \\ \mathcal{L}\left\{\frac{\partial^2 u}{\partial x^2}\right\} &= \int_0^\infty e^{-st}\frac{\partial^2 u}{\partial x^2}\, dt = \int_0^\infty \frac{\partial^2}{\partial x^2}\{e^{-st}u(x, t)\}\, dt \\ &= \frac{\partial^2}{\partial x^2}\int_0^\infty e^{-st}u(x, t)\, dt = \frac{\partial^2}{\partial x^2}\mathcal{L}\{u\} = \frac{d^2 U}{dx^2}\end{aligned} \tag{4}$$

표 9.1은 몇 가지 유용한 함수의 라플라스 변환의 예이다. 다른 함수의 라플라스 변환은 제6장과 이 책의 부록에 있는 변환표를 참고하라.

---

1) 실제로 함수 U는 s를 매개 변수로 하는 x에 관한 일변수 함수처럼 사용된다.

표 9.1

	$f(t)\ \ (t>0)$	$F(s)=\mathcal{L}\{f\}$
1	$\dfrac{1}{\sqrt{\pi t}}e^{-\frac{a^2}{4t}}$	$\dfrac{e^{-a\sqrt{s}}}{\sqrt{s}}$
2	$H(t-a)=\begin{cases}1 & (t-a>0)\\ 0 & (t-a<0)\end{cases}$ 2)	$\dfrac{e^{-as}}{s}\quad(s>0)$
3	$\dfrac{a}{2\sqrt{\pi t^3}}e^{-\frac{a^2}{4t}}$	$e^{-a\sqrt{s}}$
4	$\mathrm{erfc}\left(\dfrac{a}{2\sqrt{t}}\right)$ 3)	$\dfrac{e^{-a\sqrt{s}}}{s}$
5	$2\sqrt{\dfrac{t}{\pi}}e^{-\frac{a^2}{4t}}-a\,\mathrm{erfc}\left(\dfrac{a}{2\sqrt{t}}\right)$	$\dfrac{e^{-a\sqrt{s}}}{s\sqrt{s}}$
6	$e^{ab}e^{b^2t}\mathrm{erfc}\left(b\sqrt{t}+\dfrac{a}{2\sqrt{t}}\right)$	$\dfrac{e^{-a\sqrt{s}}}{\sqrt{s}(\sqrt{s}+b)}$

이변수 함수 $u(x,\ t)$의 변수 t에 관한 라플라스 변환은 식 (2)와 (3)에서 알 수 있듯이 이변수 함수 $u(x,\ t)$의 변수 t에 대한 편도함수를 제거하고 초기 조건을 변환된 식에 포함시키고 있다. 따라서 초기 조건을 가지는 일차원 열전도 방정식 또는 파동 방정식 등의 경곗값 문제를 주어진 매개 변수 s에 대해 변수 x에 관한 상미분 방정식의 경곗값 문제로 변환한다.

보기 1

다음 파동 방정식을 라플라스 변환을 이용하여 변환하라.

$$a^2u_{xx}=u_{tt}\quad(t>0)$$

풀이 식 (3)과 (4)로부터 $\mathcal{L}\{a^2u_{xx}\}=\mathcal{L}\{u_{tt}\}$는 다음을 얻는다.

$$a^2\frac{d^2}{dx^2}\mathcal{L}\{u\}=s^2\mathcal{L}\{u\}-su(x,\ 0)-u_t(x,\ 0)$$

2) 제6장에서는 U로 사용한 단위 계산 함수이다.

3) 여오차함수(complementary error function) erfc(x)는 오차함수(error function) $\mathrm{erf}(x)=(2/\sqrt{\pi})\int_0^x e^{-u^2}du$를 이용하여 다음과 같이 정의되는 함수이다.

$$\mathrm{erfc}(x)=1-\mathrm{erf}(x)=1-\frac{2}{\sqrt{\pi}}\int_x^{\infty}e^{-u^2}du$$

$U(x, s) = \mathcal{L}\{u\}$라 하고 정리하면 다음과 같다.

$$a^2 \frac{d^2}{dx^2} U - s^2 U = -su(x,\ 0) - u_t(x,\ 0) \tag{5}$$

□

보기 2

다음 경계값 문제의 해를 찾아라.

$$u_{xx} = u_{tt} \quad (0 < x < 1,\ t > 0)$$
$$u(0,\ t) = 0,\ u(1,\ t) = 0 \quad (t > 0)$$
$$u(x,\ 0) = 0,\ \ u_t(x,\ 0) = \sin \pi x \quad (0 < x < 1)$$

풀이 $U(x,\ s) = \mathcal{L}\{u\}$라고 하면, 식 (5)와 주어진 초기 조건으로부터 주어진 파동 방정식은 다음의 방정식으로 변환된다.

$$\frac{d^2}{dx^2} U - s^2 U = -\sin \pi x \quad (0 < x < 1) \tag{6}$$

양 끝점에서 경계 조건에 관한 함수를 라플라스 변환하면 각각 다음과 같다.

$$\mathcal{L}\{u(0,\ t)\} = U(0,\ s) = 0,\ \ \mathcal{L}\{u(1,\ t)\} = U(1,\ s) = 0 \tag{7}$$

식 (7)은 상미분 방정식 (6)의 경계 조건이 된다. 방정식 (6)의 제차형에 대한 일반해 U_c는 다음과 같다.

$$U_c(x,\ s) = c_1 \cosh sx + c_2 \sinh sx$$

여기서 미정 계수의 방법을 이용하면 상미분 방정식 (6)의 특수해 U_p는 다음과 같다.

$$U_p(x,\ s) = \frac{1}{s^2 + \pi^2} \sin \pi x$$

따라서 방정식 (6)의 일반해 U는 다음과 같다.

$$U(x,\ s) = c_1 \cosh sx + c_2 \sinh sx + \frac{1}{s^2 + \pi^2} \sin \pi x$$

그런데 식 (7)의 조건 $U(0,\ s) = 0$과 $U(1,\ s) = 0$으로부터 위 식에서 $c_1 = 0$이고

$c_2 = 0$이 되므로 다음을 얻는다.

$$U(x,\ s) = \frac{1}{s^2 + \pi^2} \sin \pi x$$

이제 위의 식에 라플라스 역 변환을 취하면 다음 식을 얻는다.

$$u(x,\ t) = \mathcal{L}^{-1}\left\{\frac{1}{s^2+\pi^2}\sin \pi x\right\} = \frac{1}{\pi}\sin \pi x\, \mathcal{L}^{-1}\left\{\frac{\pi}{s^2+\pi^2}\right\}$$

그런데 $\mathcal{L}^{-1}\{\pi/(s^2+\pi^2)\} = \sin \pi t$이므로 찾는 해 $u(x,\ t)$는 다음과 같다.

$$u(x,\ t) = \frac{1}{\pi}\sin \pi x \sin \pi t$$ □

보기 3

무한히 긴 현이 양의 x축에 놓여 있다. 왼쪽 끝은 $x=0$에 고정되어 있고 오른쪽 끝 $x=\infty$는 마찰이 없는 지지대에 놓여 있다고 하자. 현이 자신의 무게에 의해 운동을 시작한다고 할 때, 현의 변위 $u(x,\ t)$를 찾아라.

풀이 중력 가속도 g를 고려해야 하므로 이 문제는 다음과 같은 파동 방정식의 경곗값 문제이다.

$$\begin{aligned} &a^2 u_{xx} - g = u_{tt} \quad (x>0,\ t>0) \\ &u(0,\ t)=0,\ \ \lim_{x\to\infty} u_x(x,\ t) = 0 \quad (t>0) \\ &u(x,\ 0)=0,\ \ u_t(x,\ 0)=0 \quad (x>0) \end{aligned}$$

주어진 편미분 방정식은 변수 t에 관하여 라플라스 변환을 하면 식 (3)과 (4)에 의해 다음의 상미분 방정식으로 변환된다.

$$a^2\frac{d^2}{dx^2}U - \frac{g}{s} = s^2 U - s u(x,\ 0) - u_t(x,\ 0) \tag{8}$$

방정식 (8)은 문제의 초기 조건으로부터 다음과 같다.

$$\frac{d^2}{dx^2}U - \frac{s^2}{a^2}U = \frac{g}{a^2 s} \tag{9}$$

미정 계수법을 이용하면 상미분 방정식 (9)의 일반해 U는 다음과 같다.

$$U(x,\ s) = c_1 e^{-\left(\frac{x}{a}\right)s} + c_2 e^{\left(\frac{x}{a}\right)s} - \frac{g}{s^3}$$

또, 경계 조건을 라플라스 변환하여 함수 U에 관한 다음의 조건을 얻는다.

$$\mathcal{L}\{u(0,\ t)\} = U(0,\ s) = 0,\quad \mathcal{L}\left\{\lim_{x\to\infty} u_x\right\} = \lim_{x\to\infty}\frac{dU}{dx} = 0 \tag{10}$$

따라서 조건 (10)으로부터 $c_1 = g/s^3$이고 $c_2 = 0$이므로 다음 식을 얻는다.

$$U(x,\ s) = \frac{g}{s^3} e^{-\left(\frac{x}{a}\right)s} - \frac{g}{s^3}$$

이제 라플라스 역 변환을 이용하면 찾는 해는 다음과 같다.

$$u(x,\ t) = \mathcal{L}^{-1}\left\{\frac{g}{s^3} e^{-\left(\frac{x}{a}\right)s} - \frac{g}{s^3}\right\} = \begin{cases} -\dfrac{1}{2} g t^2 & \left(0 \le t < \dfrac{x}{a}\right) \\ -\dfrac{g}{2a^2}(2axt - x^2) & \left(t \ge \dfrac{x}{a}\right) \end{cases}$$

위에서 함수 $U(x,\ s)$의 라플라스 역 변환을 찾을 때, 다음 공식을 사용하였다.

$$\mathcal{L}\{t^n\} = \frac{n!}{s^{n+1}}\quad (n \ge 0),\qquad \mathcal{L}\{f(t-p)H(t-p)\} = e^{ps}\mathcal{L}\{f\}$$

여기서 함수 $H(t-p)$는 표 9.1의 2번 식으로 정의된 단위 계단 함수이다. □

9.1 연습 문제

01. 다음 일계 편미분 방정식의 경곗값 문제의 해를 찾아라.

(1) $u_x + u_t = x,\quad (x > 0,\ t > 0)$

$u(0,\ t) = 0\ (t > 0),$

$u(x,\ 0) = 0\ (x > 0)$

(2) $u_x + u_t + u = 0 \ (x > 0, t > 0)$

$(0, t) = 0 \ (t > 0)$,

$u(x, 0) = \sin x \ (x > 0)$

02. 다음 경곗값 문제의 해를 찾아라.

(1) $a^2 u_{xx} = u_{tt} \quad (x > 0, t > 0)$

$u(0, t) = f(t), \quad \lim_{x \to \infty} u(x, t) = 0 \quad (t > 0)$

$u(x, 0) = 0, \ u_t(x, 0) = 0 \quad (x > 0)$

(2) $u_{xx} = u_{tt} \quad (0 < x < 1, t > 0)$

$u(0, t) = 0, \ u(1, t) = 0$

$u(x, 0) = 0, \ u_t(x, 0) = 2\sin \pi x + 4\sin 3\pi x$

(3) $u_{xx} = u_{tt} \quad (x > 0, t > 0)$

$u(0, t) = 0, \quad \lim_{x \to \infty} u(x, t) = 0 \quad (t > 0)$

$u(x, 0) = xe^{-x}, \ u_t(x, 0) = 0 \quad (x > 0)$

(4) $u_{xx} + \sin \pi x \cos \omega t = u_{tt} \quad (0 < x < 1, t > 0)$

$u(0, t) = 0, \ u(1, t) = 0$

$u(x, 0) = 0, \ u_t(x, 0) = 0$

(5) $ku_{xx} = u_t \quad (x > 0, t > 0)$

$u(0, t) = u_0, \quad \lim_{x \to \infty} u(x, t) = 0 \quad (t > 0)$

$u(x, 0) = 0 \quad (x > 0)$

(6) $u_{xx} = u_{tt} \quad (x > 0, t > 0)$

$u(0, t) = 1, \quad \lim_{x \to \infty} u(x, t) = 0 \quad (t > 0)$

$u(x, 0) = e^{-x}, \ u_t(x, 0) = 0 \quad (x > 0)$

(7) $u_{xx} = u_t \ (0 < x < 2, t > 0)$

$u(0, t) = 0, \ u(2, t) = 0 \ (t > 0)$

$u(x, 0) = 3\sin(2\pi x) \ (0 < x < 2)$

9.2 푸리에 적분

제7장과 제8장에서는 유한 구간 $(-L,\ L)$ 또는 $(0,\ L)$에서 정의된 함수와 실수 전체에서 정의된 주기 함수의 푸리에 급수를 다루었다. 이 절에서는 무한 구간 $(-\infty,\ \infty)$ 또는 반무한 구간 $(0,\ \infty)$에서 정의된 함수를 적분으로 나타내는 방법을 알아본다.

푸리에 적분

구간 $(-\infty,\ \infty)$에서 정의된 함수 f를 구간 $(-L,\ L)$로 제한하여 푸리에 급수로 나타낸 것을 f_L이라 하면 다음을 얻는다.

$$\begin{aligned} f_L(x) &= \frac{A_0}{2} + \sum_{n=1}^{\infty}\left\{A_n\cos\frac{n\pi}{L}x + B_n\sin\frac{n\pi}{L}x\right\} \\ &= \frac{1}{2L}\int_{-L}^{L} f_L(t)\,dt + \frac{1}{L}\sum_{n=1}^{\infty}\left\{\left(\int_{-L}^{L} f_L(t)\cos\frac{n\pi}{L}t\,dt\right)\cos\frac{n\pi}{L}x\right. \\ &\quad \left. + \left(\int_{-L}^{L} f_L(t)\sin\frac{n\pi}{L}t\,dt\right)\sin\frac{n\pi}{L}x\right\} \end{aligned} \tag{1}$$

이제 μ_n과 $\Delta\mu(=\Delta\mu_n)$을 각각 다음과 같이 놓자.

$$\mu_n = \frac{n\pi}{L}, \quad \Delta\mu = \mu_{n+1} - \mu_n = \frac{\pi}{L}$$

그러면 식 (1)은 다음과 같이 다시 쓸 수 있다.

$$\begin{aligned} f_L(x) &= \frac{1}{2\pi}\left(\int_{-L}^{L} f_L(t)\,dt\right)\Delta\mu + \frac{1}{\pi}\sum_{n=1}^{\infty}\left\{\left(\int_{-L}^{L} f_L(t)\cos\mu_n t\,dt\right)\cos\mu_n x\right. \\ &\quad \left. + \left(\int_{-L}^{L} f_L(t)\sin\mu_n t\,dt\right)\sin\mu_n x\right\}\Delta\mu \end{aligned} \tag{2}$$

이때 $L\to\infty$이면 $\Delta\mu\to 0$이므로 다음을 얻는다.

$$\lim_{L\to\infty} f_L(x) = \lim_{\Delta\mu\to 0} f_L(x) = f(x)$$

이제 특이 적분 $\int_{-\infty}^{\infty} |f(t)|\, dt$가 수렴한다고 가정하자. $\Delta\mu \to 0$일 때 식 (2)의 우변의 첫째 항이 0이 되므로 전체적으로 수식을 다시 정리하면 다음과 같다.

$$
\begin{aligned}
f(x) &= \lim_{L\to\infty} f_L(x) \\
&= \lim_{L\to\infty} \frac{1}{\pi} \sum_{n=1}^{\infty} \left\{ \left(\int_{-L}^{L} f_L(t) \cos\mu_n t\, dt \right) \cos\mu_n x \right. \\
&\qquad\qquad \left. + \left(\int_{-L}^{L} f_L(t) \sin\mu_n t\, dt \right) \sin\mu_n x \right\} \Delta\mu
\end{aligned}
$$

여기서 $\sum_{n=1}^{\infty} \Delta\mu$가 $\int_0^{\infty} d\mu$로 바뀌므로 다음을 얻는다.

$$
\begin{aligned}
f(x) &= \frac{1}{\pi} \int_0^{\infty} \left\{ \left(\int_{-\infty}^{\infty} f(t) \cos\mu t\, dt \right) \cos\mu x + \left(\int_{-\infty}^{\infty} f(t) \sin\mu t\, dt \right) \sin\mu x \right\} d\mu \\
&= \int_0^{\infty} \left\{ \left(\frac{1}{\pi} \int_{-\infty}^{\infty} f(t) \cos\mu t\, dt \right) \cos\mu x + \left(\frac{1}{\pi} \int_{-\infty}^{\infty} f(t) \sin\mu t\, dt \right) \sin\mu x \right\} d\mu \qquad (3)
\end{aligned}
$$

이때, 식 (3)의 우변을 함수 $f(x)$의 푸리에 적분(Fourier integral)이라 하고, 안쪽 두 개의 적분을 푸리에 적분의 계수(coefficient of Fourier integral)라고 하며 각각 다음과 같이 나타낸다.

$$
A(\mu) = \frac{1}{\pi} \int_{-\infty}^{\infty} f(t) \cos\mu t\, dt \qquad (4)
$$

$$
B(\mu) = \frac{1}{\pi} \int_{-\infty}^{\infty} f(t) \sin\mu t\, dt \qquad (5)
$$

마지막으로 (4)와 (5)를 계수로 갖는 $f(x)$의 푸리에 적분은 다음과 같다.

$$
f(x) = \int_0^{\infty} \{A(\mu) \cos\mu x + B(\mu) \sin\mu x\}\, d\mu
$$

정리 9.1 [푸리에 적분의 수렴] 실수 전체에서 정의된 함수 f와 그 도함수 f'가 임의의 유한 구간에서 조각 연속이고, 또 특이 적분 $\int_{-\infty}^{\infty} |f(x)|\, dx$가 수렴하면, 함수 f의 푸리에 적분은 연속인 점 x에서는 $f(x)$에 수렴하고 불연속인 점 x에서는 $\dfrac{f(x-)+f(x+)}{2}$에 수렴한다.

보기 1

다음 함수를 푸리에 적분으로 나타내라.

$$f(x)=\begin{cases}0 & (x<0)\\ 1 & (0<x<2)\\ 0 & (x>2)\end{cases}$$

풀이 주어진 함수는 정리 9.1의 모든 조건을 만족시키므로 식 (4)와 (5)로부터 다음을 얻는다.

$$\begin{aligned}A(\mu)&=\frac{1}{\pi}\int_{-\infty}^{\infty}f(x)\cos\mu x\,dx\\&=\frac{1}{\pi}\left[\int_{-\infty}^{0}f(x)\cos\mu x\,dx+\int_{0}^{2}f(x)\cos\mu x\,dx+\int_{2}^{\infty}f(x)\cos\mu x\,dx\right]\\&=\frac{1}{\pi}\int_{0}^{2}\cos\mu x\,dx=\frac{\sin 2\mu}{\pi\mu},\\B(\mu)&=\frac{1}{\pi}\int_{-\infty}^{\infty}f(x)\sin\mu x\,dx=\frac{1}{\pi}\int_{0}^{2}\sin\mu x\,dx=\frac{1-\cos 2\mu}{\pi\mu}\end{aligned}$$

이것을 식 (3)에 대입하고 삼각 함수의 항등식 $\sin(a-b)=\sin a\cos b-\cos a\sin b$을 이용하면 다음 식을 얻는다.

$$\begin{aligned}f(x)&=\int_{0}^{\infty}\left\{\left(\frac{\sin 2\mu}{\pi\mu}\right)\cos\mu x+\left(\frac{1-\cos 2\mu}{\pi\mu}\right)\sin\mu x\right\}d\mu\\&=\frac{1}{\pi}\int_{0}^{\infty}\left(\frac{\sin 2\mu\cos\mu x-\cos 2\mu\sin\mu x}{\mu}+\frac{\sin\mu x}{\mu}\right)d\mu\\&=\frac{1}{\pi}\int_{0}^{\infty}\frac{\sin\mu(2-x)+\sin\mu x}{\mu}\,d\mu\end{aligned}$$

이제 삼각 함수의 항등식 $\sin a+\sin b=2\sin((a+b)/2)\cos((a-b)/2)$를 이용하여 위 식의 마지막 적분을 간단히 하면 $f(x)$의 푸리에 적분은 다음과 같다.

$$f(x)=\frac{2}{\pi}\int_{0}^{\infty}\frac{\sin\mu\cos\mu(x-1)}{\mu}\,d\mu \tag{6}$$

□

푸리에 적분을 이용하면 쉽게 계산할 수 없는 적분을 간단하게 찾을 수 있는 경우가 있다. 예를 들면 보기 1에서 점 $x=1$에 대하여 정리 9.1을 적용하면 식 (6)은 $f(1)$에 수렴하므로 다음을 얻는다.

$$\int_0^\infty \frac{\sin x}{x}\,dx = \frac{\pi}{2}$$

여기서 정적분의 피적분 함수 $\sin x/x$의 부정 적분은 유한 개의 초등 함수의 합으로 나타낼 수가 없으므로 미적분학의 기본 정리를 이용하여 정적분의 값을 찾을 수 없다.

푸리에 사인과 코사인 적분

구간 $(-\infty, \infty)$에서 실수 전체에서 정의된 함수 f가 짝 함수일 때, $f(x)\sin\mu x$는 홀 함수이므로 푸리에 적분의 계수 $B(\mu)=0$이다. 또한 f가 홀 함수이면 $f(x)\cos\mu x$도 홀 함수이므로 $A(\mu)=0$이다. 따라서 짝 함수와 홀 함수의 푸리에 적분은 비교적 간단하게 나타낼 수 있다. 이를 정리하면 짝 함수 f의 푸리에 적분은 다음의 식 (7)과 같고, 이 적분을 함수 f의 푸리에 코사인 적분(Fourier cosine integral), $A_c(\mu)$를 푸리에 코사인 적분의 계수라고 한다.

$$f(x) = \int_0^\infty A_c(\mu)\cos\mu x\,d\mu \tag{7}$$

$$A_c(\mu) = \frac{2}{\pi}\int_0^\infty f(t)\cos\mu t\,dt$$

또한, 홀 함수 f의 푸리에 적분은 다음의 식 (8)과 같고, 이를 함수 f의 푸리에 사인 적분(Fourier sine integral), $B_s(\mu)$를 푸리에 사인 적분의 계수라고 한다.

$$f(x) = \int_0^\infty B_s(\mu)\sin\mu x\,d\mu$$

$$B_s(\mu) = \frac{2}{\pi}\int_0^\infty f(t)\sin\mu t\,dt \tag{8}$$

보기 2

다음 함수 $f(x)$의 푸리에 적분을 찾아라.

$$f(x) = \begin{cases} k & (|x|<1) \\ 0 & (|x|>1) \end{cases}$$

풀이 주어진 함수가 짝 함수이므로 코사인 적분을 이용하면 다음을 얻는다.

$$A_c(\mu) = \frac{2}{\pi}\int_0^\infty f(t)\cos\mu t\,dt$$

$$= \frac{2}{\pi}\int_0^1 f(t)\cos\mu t\,dt + \frac{2}{\pi}\int_1^\infty f(t)\cos\mu t\,dt$$

$$= \frac{2}{\pi}\int_0^1 k\cos\mu t\,dt = \frac{2k\sin\mu}{\pi\mu}$$

따라서 주어진 함수의 푸리에 적분은 다음과 같다.

$$f(x) = \frac{2k}{\pi}\int_0^\infty \frac{\sin\mu\cos\mu x}{\mu}\,d\mu$$ □

함수 f가 구간 $(0, \infty)$에서만 정의되어 있는 경우에도 푸리에 코사인 적분과 사인 적분은 이용할 수 있다. 이것은 제7장에서 생각한 함수의 반구간 확장 방법과 근본적으로 동일하다. 다시 말해, 함수 f의 푸리에 코사인 적분은 실수 전체에서 짝 함수가 되도록 f를 구간 $(-\infty, 0)$으로 확장하여 그의 푸리에 적분을 찾는 것과 같다. 이때 대응하는 푸리에 적분을 함수 f의 짝 확장(even extension)이라고 한다. 같은 방법으로 구간 $(0, \infty)$에서 정의된 함수 f의 푸리에 사인 적분을 함수 f의 홀 확장(even extension)이라고 한다. 구간 $(-\infty, 0)$에서 정의된 함수에 대해서도 같은 이야기를 할 수 있다.

보기 3

함수 $f(x) = e^{-x}$ $(x > 0)$를 푸리에 코사인 적분과 사인 적분으로 나타내라.

풀이 부분 적분을 이용하여 푸리에 코사인 적분의 계수 $A_c(\mu)$를 찾으면 다음과 같다.

$$A_c(\mu) = \frac{2}{\pi}\int_0^\infty e^{-t}\cos\mu t\,dt = \frac{2}{\pi(1+\mu^2)}$$

따라서 주어진 함수의 푸리에 코사인 적분은 다음과 같다.

$$f(x) = \frac{2}{\pi}\int_0^\infty \frac{\cos\mu x}{1+\mu^2}\,d\mu$$

또, 푸리에 사인 적분의 계수 $B_s(\mu)$를 찾으면 다음과 같다.

$$B_s(\mu) = \frac{2}{\pi}\int_0^\infty e^{-t}\sin\mu t\,dt = \frac{2\mu}{\pi(1+\mu^2)}$$

따라서 주어진 함수의 푸리에 사인 적분은 다음과 같다.

$$f(x) = \frac{2}{\pi}\int_0^{\infty} \frac{\mu \sin \mu x}{1+\mu^2}\, d\mu$$ □

9.2 연습 문제

01. 다음 함수의 푸리에 적분을 찾아라.

(1) $f(x) = \begin{cases} 0 & (x < -1) \\ -1 & (-1 < x < 0) \\ 2 & (0 < x < 1) \\ 0 & (x > 1) \end{cases}$

(2) $f(x) = \begin{cases} 0 & (x < 0) \\ \sin x & (0 \le x < \pi) \\ 0 & (x > \pi) \end{cases}$

(3) $f(x) = \begin{cases} 0 & (x < 0) \\ x & (0 < x < 3) \\ 0 & (x > 3) \end{cases}$

(4) $f(x) = \begin{cases} e^x & (|x| < 1) \\ 0 & (|x| > 1) \end{cases}$

(5) $f(x) = \begin{cases} 1 & (|x| < L) \\ 0 & (|x| > L) \end{cases}$

(6) $f(x) = \begin{cases} 0 & (x < -1) \\ 1 - x^2 & (-1 \le x < 1) \\ 0 & (x > 1) \end{cases}$

02. 다음 함수의 푸리에 사인 적분 또는 코사인 적분을 찾아라.

(1) $f(x) = \begin{cases} 0 & (x < -1) \\ -5 & (-1 < x < 0) \\ 5 & (0 < x < 1) \\ 0 & (x > 1) \end{cases}$

(2) $f(x) = \begin{cases} |x| & (|x| < \pi) \\ 0 & (|x| > \pi) \end{cases}$

(3) $f(x) = e^{-|x|} \sin x$

(4) $f(x) = \begin{cases} x & (|x| < \pi) \\ 0 & (|x| > \pi) \end{cases}$

03. 다음 함수의 푸리에 사인 적분과 코사인 적분을 찾아라.

(1) $f(x) = e^{-px} \quad (p > 0,\ x > 0)$

(2) $f(x) = e^{-x} \cos x \quad (x > 0)$

(3) $f(x) = xe^{-2x} \quad (x > 0)$

04. 다음 적분 방정식의 해 $f(x)$를 찾아라.

(1) $\displaystyle\int_0^{\infty} f(x) \sin \alpha x\, dx = \begin{cases} 1 & (0 < \alpha < 1) \\ 0 & (\alpha > 1) \end{cases}$

(2) $\int_0^\infty f(x)\cos\alpha x\,dx = e^{-\alpha}$

05. 본문의 식 (6)을 이용하여 임의의 양수 k에 대하여 다음이 성립함을 보여라.

$$\int_0^\infty \frac{\sin kx}{x}\,dx = \frac{\pi}{2}$$

06. (1) 보기 2를 이용하여 다음이 성립함을 보여라.

$$\int_0^\infty \frac{\sin x\,\cos x}{x}\,dx = \frac{\pi}{4}$$

(2) 부분 적분과 (1)을 이용하여 다음이 성립함을 보여라.

$$\int_0^\infty \frac{\sin^2 x}{x^2}\,dx = \frac{\pi}{2}$$

(3) 등식 $\sin^2 x + \cos^2 x = 1$과 (2)를 이용하여 다음이 성립함을 보여라.

$$\int_0^\infty \frac{\sin^4 x}{x^2}\,dx = \frac{\pi}{4}$$

[힌트: $\sin^2 x = \sin^4 x + \cos^2 x\,\sin^2 x = \sin^4 x + \frac{1}{4}\sin^2 2x$]

07. 다음이 성립함을 보여라.

(1) $\displaystyle \frac{2}{\pi}\int_0^\infty \frac{\cos(\pi\mu/2)}{1-\mu^2}\cos\mu x\,d\mu = \begin{cases} \cos x & (|x| \le \pi/2) \\ 0 & (|x| > \pi/2) \end{cases}$

(2) $\displaystyle \int_0^\infty \frac{\cos\mu x + \mu\sin\mu x}{1+\mu^2}\,du = \begin{cases} 0 & (x < 0) \\ \pi/2 & (x = 0) \\ \pi e^{-x} & (x > 0) \end{cases}$

(3) $\displaystyle \frac{2}{\pi}\int_0^\infty \frac{\sin\pi\mu}{1-\mu^2}\sin\mu x\,d\mu = \begin{cases} \sin x & (|x| \le \pi) \\ 0 & (|x| > \pi) \end{cases}$

08. $a > 0$일 때 다음 등식이 성립함을 보여라.

$$e^{-ax} = \frac{2a}{\pi}\int_0^\infty \frac{\cos\mu x}{a^2+\mu^2}\,d\mu \qquad (x \ge 0)$$

9.3 푸리에 변환

9.2절에서 다룬 다음 푸리에 적분을 기억하자.

$$f(x) = \int_0^\infty \{A(\mu)\cos\mu x + B(\mu)\sin\mu x\}\,d\mu \tag{1}$$

$$A(\mu) = \frac{1}{\pi}\int_{-\infty}^{\infty} f(t)\cos\mu t\,dt, \quad B(\mu) = \frac{1}{\pi}\int_{-\infty}^{\infty} f(t)\sin\mu t\,dt$$

푸리에 적분 (1)을 복소 푸리에 적분으로 나타내어 보자. 다음은 복소 지수 함수 $e^{i\theta}$와 삼각 함수에 대한 오일러 공식이다.

$$e^{i\theta} = \cos\theta + i\sin\theta \quad (i = \sqrt{-1})$$

이로부터 사인 함수와 코사인 함수를 복소 지수 함수 $e^{i\theta}$로 나타내면 다음과 같다.

$$\cos\theta = \frac{e^{i\theta} + e^{-i\theta}}{2}, \quad \sin\theta = \frac{e^{i\theta} - e^{-i\theta}}{2i}$$

이 등식을 (1)에 대입하면 다음과 같다.

$$\begin{aligned} f(x) &= \int_0^\infty \left\{\frac{A(\mu)}{2}(e^{i\mu x} + e^{-i\mu x}) + \frac{B(\mu)}{2i}(e^{i\mu x} - e^{-i\mu x})\right\}d\mu \\ &= \int_0^\infty \left\{\frac{1}{2}[A(\mu) - iB(\mu)]e^{i\mu x} + \frac{1}{2}[A(\mu) + iB(\mu)]e^{-i\mu x}\right\}d\mu \end{aligned}$$

한편 푸리에 계수 $A(\mu)$와 $B(\mu)$는 다음을 만족한다.

$$A(-\mu) = \frac{1}{\pi}\int_{-\infty}^{\infty} f(t)\cos(-\mu t)\,dt = \frac{1}{\pi}\int_{-\infty}^{\infty} f(t)\cos\mu t\,dt = A(\mu) \tag{2}$$

$$B(-\mu) = \frac{1}{\pi}\int_{-\infty}^{\infty} f(t)\sin(-\mu t)\,dt = -\frac{1}{\pi}\int_{-\infty}^{\infty} f(t)\sin\mu t\,dt = -B(\mu) \tag{3}$$

즉 $A(\mu)$는 짝 함수이고 $B(\mu)$는 홀 함수이다. 이제 $C(\mu)$를 다음과 같이 정의하자.

$$C(\mu) = \frac{1}{2}[A(\mu) - iB(\mu)] \tag{4}$$

그러면 (2)와 (3)으로부터 다음을 얻는다.

$$C(-\mu)=\frac{1}{2}[A(-\mu)-iB(-\mu)]=\frac{1}{2}[A(\mu)+iB(\mu)]$$

따라서 $f(x)$는 다음과 같이 나타낼 수 있다.

$$f(x)=\int_0^{\infty}\{C(\mu)e^{i\mu x}+C(-\mu)e^{-i\mu x}\}\,d\mu \tag{5}$$

식 (5)는 다음과 같이 다시 쓸 수 있다.

$$\begin{aligned} f(x)&=\int_0^{\infty}C(\mu)e^{i\mu x}\,d\mu+\int_0^{\infty}C(-\mu)e^{-i\mu x}\,d\mu \\ &=\int_0^{\infty}C(\mu)e^{i\mu x}\,d\mu+\int_{-\infty}^{0}C(\mu)e^{i\mu x}\,d\mu \\ &=\int_{-\infty}^{\infty}C(\mu)e^{i\mu x}\,d\mu \end{aligned}$$

또한 (4)로부터 $C(\mu)$도 다음과 같다.

$$\begin{aligned} C(\mu)&=\frac{1}{2\pi}\left[\int_{-\infty}^{\infty}f(t)\cos\mu t\,dt-i\int_{-\infty}^{\infty}f(t)\sin\mu t\,dt\right] \\ &=\frac{1}{2\pi}\int_{-\infty}^{\infty}\left[\frac{f(t)}{2}\{e^{i\mu t}+e^{-i\mu t}\}-i\frac{f(t)}{2i}\{e^{i\mu t}-e^{-i\mu t}\}\right]dt \\ &=\frac{1}{2\pi}\int_{-\infty}^{\infty}f(t)e^{-i\mu t}\,dt \end{aligned}$$

위의 식들을 정리하면 다음과 같이 복소 푸리에 적분 (6)과 복소 푸리에 계수 (7)을 얻는다.

$$f(x)=\int_{-\infty}^{\infty}C(\mu)e^{i\mu x}\,d\mu \tag{6}$$

$$C(\mu)=\frac{1}{2\pi}\int_{-\infty}^{\infty}f(t)e^{-i\mu t}\,dt \tag{7}$$

보기 1

다음 함수를 복소 푸리에 적분으로 나타내라.

$$f(x)=\begin{cases}1 & (0<x<1)\\ 0 & (x<0,\ x>1)\end{cases}$$

풀이 복소 푸리에 계수를 계산하면 다음과 같다.

$$\begin{aligned}C(\mu)&=\frac{1}{2\pi}\int_{-\infty}^{\infty}f(t)\,e^{-i\mu t}\,dt=\frac{1}{2\pi}\int_{0}^{1}e^{-i\mu t}\,dt\\&=\frac{1}{2\pi}\left[\frac{-1}{i\mu}e^{-i\mu t}\right]_0^1=\frac{1-e^{-i\mu}}{2\pi i\mu}\end{aligned}$$

따라서 $f(x)$를 복소 푸리에 적분으로 나타내면 다음과 같다.

$$f(x)=\int_{-\infty}^{\infty}\frac{1-e^{-i\mu}}{2\pi i\mu}e^{i\mu x}\,d\mu=\frac{1}{2\pi i}\int_{-\infty}^{\infty}\frac{e^{i\mu x}-e^{i\mu(x-1)}}{\mu}\,d\mu$$ □

식 (7)을 (6)에 대입하면 다음과 같다.

$$f(x)=\frac{1}{2\pi}\int_{-\infty}^{\infty}\left\{\int_{-\infty}^{\infty}f(t)\,e^{-i\mu t}\,dt\right\}e^{i\mu x}\,d\mu \tag{8}$$

중괄호 안의 식을 $F(\mu)$라 하고 변수 t를 x로 바꾸면 다음을 얻는다.

$$F(\mu)=\int_{-\infty}^{\infty}f(x)\,e^{-i\mu x}\,dx \tag{9}$$

$$f(x)=\frac{1}{2\pi}\int_{-\infty}^{\infty}F(\mu)\,e^{i\mu x}\,d\mu \tag{10}$$

식 (9)로 정의되는 함수 F를 함수 f의 **푸리에 변환**(Fourier transform)이라고 하며, 기호로 다음과 같이 나타낸다.

$$\mathscr{F}\{f\}=F(\mu)$$

또, 식 (10)을 **푸리에 역 변환 공식**[4](Fourier inversion formula)이라 하고 함수 F와 함수 f를

4) 대칭적으로 나타내기 위해 푸리에 변환과 역 변환 공식을 다음과 같이 나타내기도 한다.

$$f(x)=\frac{1}{\sqrt{2\pi}}\int_{-\infty}^{\infty}F(\mu)\,e^{i\mu x}\,d\mu,\ \ F(\mu)=\frac{1}{\sqrt{2\pi}}\int_{-\infty}^{\infty}f(x)\,e^{-i\mu x}\,dx$$

푸리에 변환 짝(Fourier transform pair)이라고 한다. 푸리에 역 변환 공식은 푸리에 변환을 알고 원래의 함수를 찾을 때 쓰이는 일종의 역함수로서 $\mathscr{F}^{-1}$의 기호로 나타낸다. 푸리에 변환이 존재하는 함수의 조건과 식 (10)으로 표현되는 함수가 만족시켜야 할 조건은 다음과 같다. 이에 대한 증명은 생략한다.

정리 9.2 [푸리에 변환의 존재] 실수 전체에서 정의된 함수 f와 그 도함수 f'가 임의의 유한 구간에서 조각 연속이고 특이 적분 $\int_{-\infty}^{\infty} |f(x)|\,dx$가 수렴하면, 식 (9)의 푸리에 변환이 정의되고 그에 의해 결정되는 식 (10)의 우변이 임의의 점 x에서 가지는 값은 $\dfrac{f(x-)+f(x+)}{2}$이다.

보기 1

함수 $f(x)=e^{-|x|}$의 푸리에 변환을 찾아라.

풀이 푸리에 변환의 정의에 의해 계산하면 다음을 얻는다.

$$\begin{aligned} F(\mu) &= \int_0^{\infty} e^{-x} e^{-i\mu x}\,dx + \int_{-\infty}^{0} e^{x} e^{-i\mu x}\,dx \\ &= \frac{1}{1+i\mu} + \frac{1}{1-i\mu} = \frac{2}{1+\mu^2} \end{aligned}$$

따라서 주어진 함수의 푸리에 변환은 다음과 같다.

$$F(\mu) = \frac{2}{(1+\mu^2)}$$ □

푸리에 코사인 변환과 사인 변환

이제 구간 $x>0$에서 정의된 함수 f를 $x<0$에서 $f(x)=f(-x)$, 즉 함수 f를 실수 전체에서 짝 함수가 되도록 정의하여 푸리에 변환을 생각하면 다음을 얻는다.

이 책에서는 계산상의 편의를 위해 고전적인 표현을 사용하기로 한다. 여러 함수의 푸리에 변환과 역 변환에 대하여 이 책의 부록을 참고하라.

$$
\begin{aligned}
F(\mu) &= \int_{-\infty}^{\infty} f(x)\, e^{-i\mu x}\, dx \\
&= \int_{-\infty}^{0} f(-x)\, e^{-i\mu x}\, dx + \int_{0}^{\infty} f(x)\, e^{-i\mu x}\, dx \\
&= \int_{0}^{\infty} f(x)\{ e^{i\mu x} + e^{-i\mu x} \}\, dx \\
&= 2\int_{0}^{\infty} f(x)\cos \mu x\, dx
\end{aligned}
$$

따라서 함수 F도 짝 함수이므로 식 (10)으로부터 다음을 얻는다.

$$
\begin{aligned}
f(x) &= \frac{1}{2\pi}\int_{-\infty}^{\infty} F(\mu)\, e^{i\mu x}\, d\mu \\
&= \frac{1}{2\pi}\int_{-\infty}^{0} F(-\mu)\, e^{i\mu x}\, d\mu + \frac{1}{2\pi}\int_{0}^{\infty} F(\mu)\, e^{i\mu x}\, d\mu \\
&= \frac{1}{2\pi}\int_{0}^{\infty} F(\mu)\, \{ e^{-i\mu x} + e^{i\mu x} \}\, d\mu \\
&= \frac{1}{\pi}\int_{0}^{\infty} F(\mu) \cos \mu x\, d\mu
\end{aligned}
$$

이제 $F_c(\mu) = F(\mu)/2$ 로 쓰면, 다음의 푸리에 코사인 공식(Fourier cosine formula)을 얻는다.

$$
f(x) = \frac{2}{\pi}\int_{0}^{\infty} F_c(\mu) \cos \mu x\, d\mu \tag{11}
$$

$$
F_c(\mu) = \int_{0}^{\infty} f(x) \cos \mu x\, dx \tag{12}
$$

식 (12)로 주어지는 함수 $F_c(\mu)$를 구간 $0 < x < \infty$ 에서 함수 f의 푸리에 코사인 변환(Fourier cosine transform)이라고 한다. 구간 $x > 0$ 에서 정의된 함수 f를 홀 함수로 확장하면, 같은 방법으로 다음의 푸리에 사인 공식을 얻는다.

$$
f(x) = \frac{2}{\pi}\int_{0}^{\infty} F_s(\mu) \sin \mu x\, d\mu
$$

$$
F_s(\mu) = \int_{0}^{\infty} f(x) \sin \mu x\, dx \tag{13}
$$

위의 식 (13)으로 주어지는 함수 $F_s(\mu)$를 구간 $0 < x < \infty$ 에서 함수 f의 푸리에 사인 변환(Fourier sine transform)이라고 한다. 코사인과 사인 변환은 9.2절의 코사인 적분과 사인 적

분의 계수 $A_c(\mu)$와 $B_s(\mu)$에 대응된다. 앞으로 각 변환을 다음과 같이 나타내기로 한다.[5)]

$$\mathcal{F}_c\{f\} = F_c(\mu), \quad \mathcal{F}_s\{f\} = F_s(\mu)$$

도함수의 푸리에 변환

푸리에 변환을 미분 방정식의 해를 찾는 데 이용하기 위해서는 도함수의 푸리에 변환에 대해 알 필요가 있다. 이에 대해 알아보기 위해 다루는 함수는 푸리에 변환이 존재하기 위한 모든 조건을 충족한다고 가정한다. 예를 들어 $x \to \pm\infty$ 일 때, $f(x) \to 0$, $f'(x) \to 0$ 등과 같은 조건이다. 먼저 실수 전체에서 정의된 함수 f의 도함수 f'에 대해 푸리에 변환을 생각하면 다음을 얻는다.

$$\begin{aligned}\mathcal{F}\{f'\} &= \int_{-\infty}^{\infty} f'(x)e^{-i\mu x}\,dx \\ &= f(x)e^{-i\mu x}\Big|_{-\infty}^{\infty} + \int_{-\infty}^{\infty} i\mu f(x)e^{-i\mu x}\,dx \\ &= i\mu\int_{-\infty}^{\infty} f(x)e^{-i\mu x}\,dx\end{aligned}$$

따라서 도함수 f'에 대해 푸리에 변환은 다음과 같다.

$$\mathcal{F}\{f'\} = i\mu\mathcal{F}\{f\} = i\mu F(\mu)$$

이 식을 반복 적용하면 이계 도함수 f''의 푸리에 변환은 다음과 같다.

$$\mathcal{F}\{f''\} = i\mu\mathcal{F}\{f'\} = (i\mu)^2\mathcal{F}\{f\} = -\mu^2F(\mu) \tag{14}$$

또, 함수 f가 짝 함수이거나 홀 함수일 때는 각각 다음을 얻는다.

$$\begin{aligned}\mathcal{F}_c\{f'\} &= \int_0^{\infty} f'(x)\cos\mu x\,dx = f(x)\cos\mu x\Big|_0^{\infty} + \mu\int_0^{\infty} f(x)\sin\mu x\,dx \\ &= \mu\mathcal{F}_s\{f\} - f(0) = \mu F_s(\mu) - f(0) \qquad (15)\end{aligned}$$

$$\mathcal{F}_s\{f'\} = -\mu\mathcal{F}_c\{f\} = -\mu F_c(\mu) \tag{16}$$

(15)와 (16)으로부터 함수 f의 이계 도함수 f''에 대해 다음을 얻는다.

$$\mathcal{F}_c\{f''\} = \mu\mathcal{F}_s\{f'\} - f'(0) = -\mu^2\mathcal{F}_c\{f\} - f'(0) = -\mu^2F_c(\mu) - f'(0) \tag{17}$$

5) 여러 함수의 푸리에 코사인 변환과 사인 변환 및 각 역 변환에 대하여 이 책의 부록을 참고하라.

비슷한 방법으로 f''의 푸리에 사인 변환에 대해서 다음을 얻는다.

$$\mathcal{F}_s\{f''\} = -\mu^2\mathcal{F}_s\{f\} + \mu f(0) = -\mu^2 F_s(\mu) + \mu f(0)$$

위에서 알 수 있듯이 사인 변환과 코사인 변환은 풀려고 하는 문제에서 변수의 정의역이 적어도 하나는 반무한 구간이어야 이용할 수 있고, 푸리에 변환인 경우는 적어도 한 변수의 정의역이 전체 실수일 때 이용할 수 있다. 다시 말해서, 문제의 정의역에 따라 적당한 변환 방법을 결정하게 된다.

한편, 이변수 함수 $u(x, y)$에 대해 $\mathcal{F}\{u\} = U(\mu, y)$라 하자. 이때 편미분과 적분의 순서를 바꾸는 것이 가능하다면 변수 y에 관한 일계 편도함수 u_y와 이계 편도함수 u_{yy}의 공간 변수 x에 대한 푸리에 변환은 각각 다음과 같다.

$$\begin{aligned}\mathcal{F}\left\{\frac{\partial u}{\partial y}\right\} &= \int_{-\infty}^{\infty}\frac{\partial u}{\partial y}e^{-i\mu x}\,dx = \frac{\partial}{\partial y}\left(\int_{-\infty}^{\infty}u(x, y)e^{-i\mu x}\,dx\right)\\ &= \frac{\partial}{\partial y}\mathcal{F}\{u\} = \frac{\partial U}{\partial y}\\ \mathcal{F}\left\{\frac{\partial^2 u}{\partial y^2}\right\} &= \int_{-\infty}^{\infty}\frac{\partial^2 u}{\partial y^2}e^{-i\mu x}\,dx = \frac{\partial^2}{\partial y^2}\left(\int_{-\infty}^{\infty}u(x, y)e^{-i\mu x}\,dx\right)\\ &= \frac{\partial^2}{\partial y^2}\mathcal{F}\{u\} = \frac{\partial^2 U}{\partial y^2}\end{aligned} \tag{18}$$

푸리에 변환의 응용

이제 푸리에 변환을 이용하여 몇 가지 편미분 방정식의 해를 찾아보자.

보기 2

다음 경곗값 문제의 해를 찾아라.

$$ku_{xx} = u_t \quad (-\infty < x < \infty,\ t > 0)$$
$$u(x, 0) = f(x) = \begin{cases}1 & (|x| \le 1)\\ 0 & (|x| > 1)\end{cases}$$

풀이 이 문제는 열전도에 의한 무한히 긴 막대의 온도 분포 함수 $u(x, t)$를 찾는 것으로 생각할 수 있다. 변수 x에 대한 푸리에 변환을 이용하여 다음과 같이 정의하자.

$$\mathscr{F}\{u\} = \int_{-\infty}^{\infty} u(x,\ t)e^{-i\mu x}\,dx = U(\mu,\ t)$$

식 (14)와 (18)을 이용하여 주어진 편미분 방정식을 변환하면 다음 상미분 방정식과 그의 해 $U(\mu,\ t)$를 얻는다.

$$-k\mu^2 U(\mu,\ t) = \frac{dU}{dt},\quad U(\mu,\ t) = ce^{-k\mu^2 t} \tag{19}$$

이제 초기 조건을 푸리에 변환하면 다음을 얻는다.

$$\begin{aligned}\mathscr{F}\{u(x,\ 0)\} = U(\mu,\ 0) &= \int_{-\infty}^{\infty} f(x)e^{-i\mu x}\,dx \\ &= \int_{-1}^{1} e^{-i\mu x}\,dx = \frac{e^{i\mu} - e^{-i\mu}}{i\mu}\end{aligned}$$

위 식을 간단히 하면 다음과 같다.

$$U(\mu,\ 0) = \frac{2\sin\mu}{\mu}$$

이 조건을 식 (19)에 적용하면 다음을 얻는다.

$$c = \frac{2\sin\mu}{\mu},\quad 즉\ U(\mu,\ t) = \frac{2\sin\mu}{\mu}e^{-k\mu^2 t}.$$

이제 푸리에 역 변환 공식 (10)을 이용하면 찾는 해 $u(x,\ t)$는 다음과 같다.

$$u(x,\ t) = \frac{1}{\pi}\int_{-\infty}^{\infty} \frac{\sin\mu}{\mu} e^{-k\mu^2 t} e^{i\mu x}\,d\mu$$

그런데 피적분 함수의 허수부가 μ에 관한 홀 함수이므로 그 부분의 적분은 다음과 같다.

$$\int_{-\infty}^{\infty} \frac{\sin\mu}{\mu} e^{-k\mu^2 t}\sin\mu x\,d\mu = 0$$

따라서 찾는 해 $u(x,\ t)$는 다음 식으로 나타난다.

$$u(x,\ t) = \frac{2}{\pi}\int_{0}^{\infty} \frac{\sin\mu\cos\mu x}{\mu} e^{-k\mu^2 t}\,d\mu$$ □

보기 3

다음 경곗값 문제로 주어지는 정상 상태의 온도 분포 함수 $u(x,\ t)$를 찾아라.

$$u_{xx} + u_{yy} = 0 \quad (0 < x < \pi,\ y > 0)$$
$$u(0,\ y) = 0,\ u(\pi,\ y) = e^{-y} \quad (y > 0)$$
$$u_y(x,\ 0) = 0 \quad (0 < x < \pi)$$

풀이 변수 y의 범위와 $y = 0$의 조건은 주어진 문제를 변수 y에 관한 푸리에 코사인 변환을 이용하여 푸는 것이 적절함을 보여주므로 다음과 같이 정의하자.

$$\mathscr{F}_c\{u\} = \int_0^\infty u(x,\ y)\cos\mu y\, dy = U(x,\ \mu)$$

주어진 편미분 방정식을 푸리에 변환하면 다음을 얻는다.

$$\mathscr{F}_c\{u_{xx}\} + \mathscr{F}_c\{u_{yy}\} = \mathscr{F}_c\{0\}$$

따라서 식 (17)과 경계 조건 $u_y(x,\ 0) = 0$을 이용하면 다음의 상미분 방정식을 얻는다.

$$\frac{d^2U}{dx^2} - \mu^2 U(x,\ \mu) = 0$$

변수 x의 범위가 유한하므로 위 방정식의 일반해 $U(x,\ \mu)$를 다음과 같이 놓자.

$$U(x,\ \mu) = c_1\cosh\mu x + c_2\sinh\mu x \tag{20}$$

한편, 처음 두 경계 조건을 변수 y에 관하여 푸리에 코사인 변환을 하면 다음을 얻는다.

$$U(0,\ \mu) = 0,\quad U(\pi,\ \mu) = \frac{1}{\mu^2 + 1}$$

이를 이용하면 식 (20)으로부터 다음을 얻는다.

$$c_1 = 0,\quad c_2 = \frac{1}{(1+\mu^2)\sinh\mu\pi},\ \text{즉}\ U(x,\ \mu) = \frac{\sinh\mu x}{(1+\mu^2)\sinh\mu\pi}.$$

마지막으로 푸리에 코사인 역 변환 공식 (11)을 이용하면 해 $u(x,\ y)$는 다음과 같다.

$$u(x,\ y) = \frac{2}{\pi}\int_0^\infty \frac{\sinh\mu x}{(1+\mu^2)\sinh\mu\pi}\cos\mu y\, d\mu$$ □

9.3 연습 문제

01. (푸리에 변환의 선형성) 두 함수 $f(x)$와 $g(x)$와 임의의 상수 c에 대해 다음이 성립함을 보여라.

$$\mathcal{F}\{f(x)+g(x)\}=\mathcal{F}\{f(x)\}+\mathcal{F}\{g(x)\},\quad \mathcal{F}\{cf(x)\}=c\mathcal{F}\{f(x)\}$$

02. 함수 $f(x)$의 푸리에 변환을 $F(\mu)$라 할 때 다음에 답하라.

(1) 함수 $f(x)$의 x축으로의 이동을 나타내는 $f(x-a)$의 푸리에 변환이 다음과 같음을 보여라.

$$\mathcal{F}\{f(x-a)\}=e^{-i\mu a}F(\mu)$$

(2) 함수 $e^{iax}f(x)$의 푸리에 변환이 다음과 같음을 보여라.

$$\mathcal{F}\left\{e^{iax}f(x)\right\}=F(\mu-a)$$

(3) $f(ax)$의 푸리에 변환이 다음과 같음을 보여라.

$$\mathcal{F}\{f(ax)\}=\frac{1}{|a|}F\left(\frac{\mu}{a}\right)$$

03. 푸리에 변환을 이용하여 다음 경곗값 문제의 해를 찾아라. (필요하면 해의 유계성을 가정하라.)

(1) $ku_{xx}=u_t\quad(-\infty<x<\infty,\ t>0)$

$u(x,\ 0)=e^{-|x|}\quad(-\infty<x<\infty)$

(2) $ku_{xx}=u_t\quad(-\infty<x<\infty,\ t>0)$

$$u(x,\ 0)=\begin{cases}0 & (x<-1)\\ -100 & (-1<x<0)\\ 100 & (0<x<1)\\ 0 & (x>1)\end{cases}$$

04. 양의 x축에 놓여 있는 무한히 긴 막대의 온도 $u(x,\ y)$에 관하여 다음 경계 조건을 만족시키는 해를 찾아라.

(1) $u(0,\ t)=u_0\quad(t>0),\qquad u(x,\ 0)=0\quad(x>0)$

(2) $u(0,\ t)=1\quad(t>0),\qquad u(x,\ 0)=e^{-x}\quad(x>0)$

(3) $u(0,\ t)=u_0\ \ (t>0)$, $\qquad u(x,\ 0)=\begin{cases}1 & (0<x<1)\\ 0 & (x>1)\end{cases}$

05. 양의 x축에 놓여 있는 무한히 긴 현의 변위 $u(x,\ y)$에 관하여 다음 경계 조건을 만족시키는 해를 찾아라.

$$u(0,\ t)=0\ \ (t>0),\quad u(x,\ 0)=xe^{-x},\quad u_t(x,\ 0)=0\ \ (x>0)$$

06. (1) 다음 경곗값 문제의 해를 찾아라.

$$a^2u_{xx}=u_{tt}\quad(-\infty<x<\infty,\ t>0)$$
$$u(x,\ 0)=f(x),\quad u_t(x,\ 0)=g(x)\quad(-\infty<x<\infty)$$

(2) 위의 조건에서 $g(x)=0$이면 (1)의 해는 다음 식으로 나타낼 수 있음을 보여라.

$$u(x,\ t)=\frac{1}{2}\{f(x+at)+f(x-at)\}$$

07. 보기 3에서 $y=0$에서의 조건이 $u(x,\ 0)=1\ \ (0<x<\pi)$인 경우의 해를 찾아라.

08. 보기 3에서 경계 조건이 $u(0,\ y)=e^{-y}$, $u(\pi,\ y)=0\ (y>0)$일 때 해를 찾아라.

09. 영역 $x\geq 0,\ y\geq 0$로 정의되는 얇은 금속판에 관하여 경계 $x=0$에서 단열되어 있고 다른 경계 $y=0$에서는 $u(x,\ 0)=\begin{cases}50 & (0<x<1)\\ 0 & (x>1)\end{cases}$의 조건을 만족시키는 정상 상태의 온도 분포 함수 $u(x,\ y)$를 찾아라.

10. 문제 9에 대하여 경계 $x=0$에서의 조건이 $u(0,\ y)=0\ \ (y>0)$일 때 그 해를 찾아라.

11. 다음 경곗값 문제를 풀어라.

(1) $u_{xx}+u_{yy}=0\ \ (0<x<\pi,\ y>0)$
$u(0,\ y)=f(y),\ u_x(\pi,\ y)=0\ (y>0)$
$u_y(x,\ 0)=0\ \ (0<x<\pi)$

(2) $u_{xx}+u_{yy}=0\ \ (0<y<2,\ x>0)$
$u(0,\ y)=0\ \ (0<y<2)$
$u(x,\ 0)=f(x),\ u(x,\ 2)=0\ (x>0)$

12. 6.4절에서 주어진 적분 가능한 두 함수 $f(x)$와 $g(x)$의 합성곱(convolution) $(f*g)(x)$를 상기하자.

$$(f*g)(x) = \int_{-\infty}^{\infty} f(t)\, g(x-t)\, dt$$

(1) 실수 전체에서 정의되어 있는 두 함수 $f(x)$와 $g(x)$의 푸리에 변환을 각각 $\mathscr{F}\{f\} = F(\mu)$와 $\mathscr{F}\{g\} = G(\mu)$이라 하면 다음이 성립함을 보여라.

$$\mathscr{F}^{-1}\{F(\mu)G(\mu)\}(x) = (f*g)(x)$$

(2) (1)과 $\mathscr{F}\{e^{-(x^2/(4p^2))}\} = 2\sqrt{\pi}\, p e^{-p^2\mu^2}$을 이용하여 다음 경계값 문제의 해를 찾아라.

$$ku_{xx} = u_t \quad (-\infty < x < \infty,\ t > 0)$$
$$u(x,\ 0) = f(x) \quad (-\infty < x < \infty)$$

(3) (2)에서 $f(x) = e^{-x^2}\ (-\infty < x < \infty)$일 때의 해를 찾아라.

제 3 부

복소 해석학

복소수 소개

수 체계는 유리수뿐만 아니라 $x^2-2=0$과 같은 방정식의 해까지 포함하는 수 체계에 대한 모색의 결과로 탄생했다. 역사적으로 비슷한 고찰은 실수의 확장에도 이어졌다. 16세기 카르다노(Girolamo Cardano)는 실수가 아닌 해를 가지는 $x^2+2x+2=0$과 같은 이차 (또는 삼차) 방정식에 대해 관심을 가졌다. 이차 방정식의 근의 공식에 의해 위 방정식의 두 근은 $-1\pm\sqrt{-1}$와 같이 음수의 제곱근으로 표현된다. 카르다노는 이런 '수'를, 부가적인 법칙 $\sqrt{-1}\cdot\sqrt{-1}=-1$을 만족시키는 대상으로서 통상적인 수와 같이 다룬다면 위와 같은 방정식을 실제로 풀 수 있다는 사실을 깨달았다.

오늘날 $\sqrt{-1}$을 i로 나타낸다. 그런데 과거에는 이런 '수'에 사실상 어떤 의미도 부여할 수 없다고 생각했고, 이에 따라 상상의 수 또는 허수라고 불렀다. 그렇지만 18세기에 이르러 오일러(Leonhard Euler)의 업적으로, 허수는 매우 중요한 역할을 하게 되었다. 예를 들면 오일러의 공식 $e^{i\theta}=\cos\theta+i\sin\theta$는 복소수와 삼각 함수 사이의 중요한 관계를 보여준다. 법칙 $e^{i(\theta_1+\theta_2)}=e^{i\theta_1}e^{i\theta_2}$은 사인과 코사인의 합의 공식을 매우 간결한 방법으로 유도하는 데 이용할 수 있다. 이런 결과로부터 허수가 수학적으로 중요한 의미를 지니고 있음을 알 수 있다. 오일러 이후, 베셀(Caspar Wessel), 아르강(Jean Robert Argand), 가우스(Johann Karl Gauss), 해밀턴(William R. Hamilton) 등 여러 수학자의 연구 결과로, 비로소 복소수의 의미가 명확해졌다.

이 단원의 주제인 복소 해석학은 19세기에 주로 코시(Augustin Cauchy)에 의해서 발전되었다. 그 뒤에 그의 이론은 디리클레(Peter Dirichlet), 바이어슈트라스(Karl Weierstrass), 리만(Georg Friedrich Riemann)과 같은 수학자들에 의해 더 정밀하게 연구되었다.

열의 전도를 설명하기 위한 도구로 복소수 이론이 이용되면서, 이 이론은 더욱 발전하게 되었고, 수학 외의 다른 많은 분야에도 적용 가능하게 되었다. 복소수 이론은 수력과 정전기학과같은 물리학과 공학에서의 문제들에도 사용된다. 또한 언뜻 보기에 복소수와 관련 없어 보이는문제들도 복소수를 사용하여 해결할 수 있다. 예를 들어 $\int_0^\infty \frac{\sin^2 x}{x^2}dx=\frac{\pi}{2}$ 또는 $\int_0^{2\pi}\frac{d\theta}{a+\sin\theta}=\frac{2\pi}{\sqrt{a^2-1}}$ $(|a|>1)$와 같은 정적분은 초등 미적분으로 해결하기가 매우 어렵거나 불가능해 보일 것이다. 그러나 이런 결과는 복소수 이론을 이용하면 쉽게 해결할 수 있다. 복소 해석학은 수학자와 물리학자뿐만 아니라 공학자들에 필수 불가결한 기본적인 학문 분야의 하나가 되었다.

제 10 장 복소수와 복소 해석 함수

이 장에서는 고등 학교에서 배운 복소수에 관한 내용을 복습하고, 독립 변수가 복소수인 복소 함수의 성질을 간단히 알아보며, 복소 함수의 연속성과 미분 가능성 및 해석성에 대하여 학습한다. 또, 실 변수 함수를 확장해서 얻을 수 있는 초등 해석 함수에 대하여 알아본다.

■ 베셀(Caspar Wessel, 1745~1818)

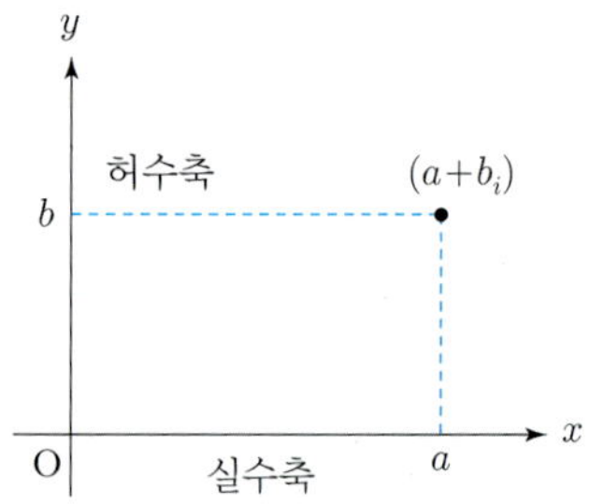

복소 평면을 도입해서 '상상의 수'를 나타냄으로써, 허수에 기하학적 의미를 부여한 최초의 인물은 베셀이었다.

그는 (당시 덴마크와 통합되어 있던) 노르웨이에서 태어나서 그곳에서 중등 교육을 받았고 이어서 1년 동안 코펜하겐 대학을 다녔다. 그 뒤 대학을 떠나서 10대의 나이에(1764년) 지도 제작자로서, 덴마크 왕립 과학원이 지휘하는 덴마크 측량 위원회의 조교로 일하기 시작했다. 측량은 그의 평생 직업이 되었다. 그는 1805년에 '은퇴'했지만, 관절염으로 일을 할 수 없을 때까지 몇 년 더 일을 했다(그렇지만 어떤 이유에선지 그는 1778년에 코펜하겐 대학의 로마법 시험을 봐서 통과하기도 했다). 그는 측량사로서 존경받았는데, 프랑스 정부를 위한 지도 제작 덕분에 덴마크 왕립 과학원으로부터 은상을 받기도 했다.

그는 지도 제작의 경험으로부터 복소수를 평면에 나타내는 발상을 얻은 것으로 보인다. 이런 내용을 담은 〈분석적인 방향 표현에 관한 시도〉라는 제목의 훌륭한 논문을 1797년 덴마크 왕립 과학원에 제출했고, 그해 과학원의 논문집에 게재되었다. 그러나 그 논문은 덴마크어로 쓰였고 덴마크 밖의 많은 나라에서는 읽히지 않는 잡지에 발표됐기 때문에, 큰 영향을 끼치지 못하는 운명에 있었다. 1895년에 이르러서야 그 논문은 다시 발견됐고, 베셀은 드디어 선구자로 인정을 받았다.

10.1 복소수와 복소 평면

판별식 b^2-4ac가 음수이면 이차 방정식 $ax^2+bx+c=0$의 실수해가 존재하지 않는다. 이런 방정식이 해를 갖기 위해서는 제곱해서 -1이 되는 수 i, 즉 $i^2=-1$인 수 i의 도입이 필요하다. i를 허수 단위라 하고, 실수 x와 y에 대하여 다음과 같은 꼴의 수를 복소수라고 한다.

$$z=x+iy \text{ 또는 } z=x+yi$$

이때, x를 z의 실수 부분, y를 z의 허수 부분이라고 하며 각각 다음과 같이 나타낸다.

$$x=\mathrm{Re}\,z,\quad y=\mathrm{Im}\,z$$

$\mathrm{Im}\,z\neq 0$인 복소수 z를 허수라 하고 $\mathrm{Re}\,z=0$인 복소수 z를 순허수라고 한다.

복소수 전체의 집합을 $\mathbb{C}$로 나타내며, 복소수 $z_1=x_1+iy_1$과 $z_2=x_2+iy_2$의 상등, 덧셈, 뺄셈, 곱셈, 나눗셈을 각각 다음과 같이 정의한다.

상 등 $z_1=z_2 \Leftrightarrow x_1=x_2,\ y_1=y_2$

덧 셈 $z_1+z_2=(x_1+iy_1)+(x_2+iy_2)=(x_1+x_2)+i(y_1+y_2)$

뺄 셈 $z_1-z_2=(x_1+iy_1)-(x_2+iy_2)=(x_1-x_2)+i(y_1-y_2)$

곱 셈 $z_1z_2=(x_1+iy_1)(x_2+iy_2)=(x_1x_2-y_1y_2)+i(x_1y_2+x_2y_1)$

나눗셈 $\dfrac{z_1}{z_2}=\dfrac{x_1+iy_1}{x_2+iy_2}=\dfrac{x_1x_2+y_1y_2}{x_2^2+y_2^2}+i\dfrac{x_2y_1-x_1y_2}{x_2^2+y_2^2}$ (단, $z_2\neq 0$)

복소수의 연산은 허수 단위 i를 문자로 생각하고 계수가 실수인 다항식의 연산을 시행한 결과와 똑같다. 이때, i^2이 나타나면 -1로 바꾼다.

보기 1

$z_1=2+3i$이고 $z_2=1-2i$일 때 z_1과 z_2의 합, 차, 곱, 몫을 각각 찾아라.

풀이 $z_1+z_2=(2+3i)+(1-2i)=3+i$, $z_1-z_2=(2+3i)-(1-2i)=1+5i$,
$z_1z_2=(2+3i)(1-2i)=(2+6)+i(-4+3)=8-i$,
$\dfrac{z_1}{z_2}=\dfrac{2+3i}{1-2i}=\dfrac{2-6}{1+4}+i\dfrac{3+4}{1+4}=-\dfrac{4}{5}+i\dfrac{7}{5}$ □

$\operatorname{Im} z = 0$인 복소수 $z = x + i0$은 실수 x와 동일시한다. 그러므로 실수 전체의 집합은 복소수 전체의 집합의 부분 집합이다. 또, 실수 x_1과 x_2를 각각 복소수 $x_1 + i0$과 $x_2 + i0$으로 생각하여 복소수의 연산을 시행한 결과는, 실수에서의 연산 결과와 똑같다. 따라서 연산에서도 복소수 체계는 실수 체계의 확장이다. 실제로, 실수에 대하여 성립하는 다음 성질들이 복소수에서도 성립한다.

교환 법칙 $z_1 + z_2 = z_2 + z_1,\ z_1 z_2 = z_2 z_1$

결합 법칙 $(z_1 + z_2) + z_3 = z_1 + (z_2 + z_3),\ (z_1 z_2) z_3 = z_1 (z_2 z_3)$

분배 법칙 $z_1(z_2 + z_3) = z_1 z_2 + z_1 z_3$

항등원 $z + 0 = z,\ z \cdot 1 = z$

역원 각 $z = x + iy$에 대하여 $-z = -x - iy$가 존재하여 $z + (-z) = 0$이다.

각 $z = x + iy \neq 0$에 대하여 $z^{-1} = \dfrac{x - iy}{x^2 + y^2}$가 존재하여 $z \cdot z^{-1} = 1$이다.

복소수 $z = x + iy$에 대하여 허수 부분의 부호를 바꾼 복소수 $x - iy$를 z의 켤레 복소수 또는 공액 복소수(complex conjugate number)라고 하며, 이를 $\bar{z}$로 나타낸다. 즉, $\bar{z} = x - iy$이다. 켤레 복소수의 정의에 의하여 $\overline{(\bar{z})} = z$이고 다음이 성립함을 쉽게 밝힐 수 있다.

$$\overline{(z_1 + z_2)} = \bar{z}_1 + \bar{z}_2, \qquad \overline{(z_1 - z_2)} = \bar{z}_1 - \bar{z}_2,$$

$$\overline{(z_1 z_2)} = \bar{z}_1\, \bar{z}_2, \qquad \overline{\left(\frac{z_1}{z_2}\right)} = \frac{\bar{z}_1}{\bar{z}_2}$$

복소수 $z = x + iy$에 대하여 $z\bar{z} = x^2 + y^2$은 실수이다. 또, $z + \bar{z} = 2x$이고 $z - \bar{z} = 2iy$이므로 z의 실수 부분과 허수 부분을 다음과 같이 나타낼 수 있다.

$$\operatorname{Re} z = x = \frac{1}{2}(z + \bar{z}), \qquad \operatorname{Im} z = y = \frac{1}{2i}(z - \bar{z})$$

보기 2

$z_1 = x_1 + iy_1$이고 $z_2 = x_2 + iy_2$라 하면, 다음과 같이 켤레 복소수의 곱에 대한 등식을 증명할 수 있다.

$$\begin{aligned}\overline{(z_1 z_2)} &= \overline{(x_1 + iy_1)(x_2 + iy_2)} = (x_1 x_2 - y_1 y_2) - i(x_2 y_1 + x_1 y_2) \\ &= (x_1 - iy_1)(x_2 - iy_2) = \bar{z}_1\, \bar{z}_2\end{aligned}$$

복소 평면

복소수 $z = x + iy$는 실수 부분 x와 허수 부분 y로 유일하게 결정된다. 그러므로 복소수 $z = x + iy$는 좌표 평면의 유일한 점 $(x,\ y)$와 대응시키고, 좌표 평면의 점 $(x,\ y)$는 유일한 복소수 $x + iy$와 대응시킬 수 있다. 따라서 복소수 전체의 집합과 좌표 평면의 점 전체의 집합 사이에는 일대일 대응이 성립한다. 이와 같이 복소수를 대응시킨 좌표 평면을 복소 평면(complex plane)이라고 한다(그림 10.1).

복소 평면에서 실수 $x + i0$은 x축의 점 $(x,\ 0)$으로 나타나고 허수 $0 + iy$는 y축의 점 $(0,\ y)$로 나타나므로, 좌표 평면의 x축과 y축을 각각 복소 평면의 실수축과 허수축이라고 한다. 복소수 $z = x + iy$와 이의 켤레 복소수 $\bar{z} = x - iy$는 복소 평면에서 실수축에 대해 서로 대칭이다(그림 10.1).

복소수 $z = x + iy$의 절댓값(absolute value 또는 modulus)을 복소 평면의 원점에서 점 $(x,\ y)$까지의 거리로 정의하고, 이를 $|z|$로 나타낸다(그림 10.2). 그러므로 다음과 같다.

$$|z| = |x + iy| = \sqrt{x^2 + y^2}$$

복소수의 절댓값에 대하여 다음이 성립함을 쉽게 보일 수 있다.

[1] $|z| = |\bar{z}|$　　　　[2] $z \cdot \bar{z} = |z|^2$

[3] $|z| \geq 0$이고, $|z| = 0$이기 위한 필요 충분 조건은 $z = 0$이다.

[4] $|z_1 + z_2| \leq |z_1| + |z_2|$　　　　[5] $|\mathrm{Re}\, z| \leq |z|,\ \ |\mathrm{Im}\, z| \leq |z|$

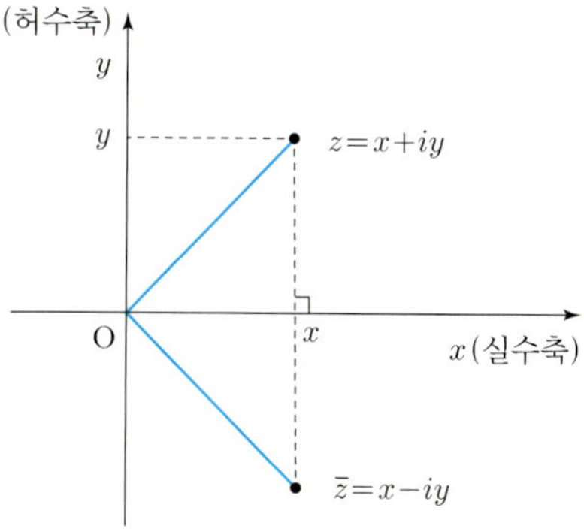

그림 10.1 ❙ 복소 평면

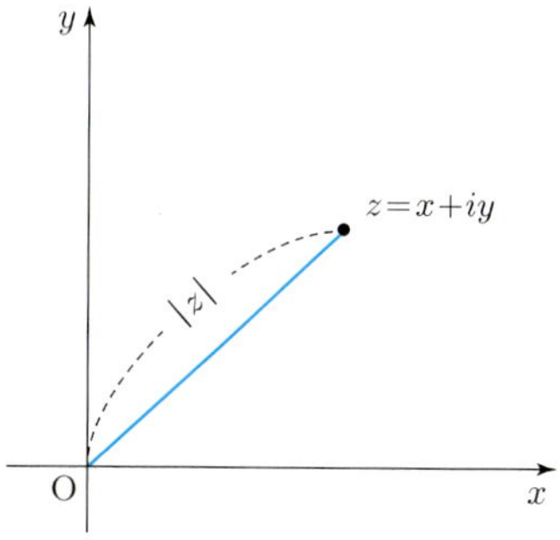

그림 10.2 ❙ 복소수의 절댓값

보기 3

부등식 $|z_1+z_2| \le |z_1|+|z_2|$가 성립함을 보여라.
[이것을 삼각 부등식(triangle inequality)이라고 한다.]

증명 $z_1 = x_1 + iy_1$이고 $z_2 = x_2 + iy_2$라 하자. 코시·슈바르츠의 부등식에 의하여 다음이 성립한다.

$$|x_1x_2 + y_1y_2| \le \sqrt{(x_1^2+y_1^2)(x_2^2+y_2^2)} = |z_1||z_2|$$

그러므로 다음을 얻는다.

$$\begin{aligned}|z_1+z_2|^2 &= |(x_1+x_2)+i(y_1+y_2)|^2 = (x_1+x_2)^2+(y_1+y_2)^2 \\ &= x_1^2+y_1^2+x_2^2+y_2^2+2(x_1x_2+y_1y_2) \\ &\le |z_1|^2+|z_2|^2+2|z_1||z_2| = (|z_1|+|z_2|)^2\end{aligned}$$

따라서 $|z_1+z_2| \le |z_1|+|z_2|$가 성립한다. ■

극 형식

직교 좌표 (x, y)는 극좌표 (r, θ)로 나타낼 수 있다. 이때, x, y, r, θ 사이의 관계는 $x = r\cos\theta$, $y = r\sin\theta$이다. 그러므로 0이 아닌 복소수 $z = x+iy$는 다음과 같은 꼴로 나타낼 수 있다.

$$z = r\cos\theta + ir\sin\theta \quad \text{또는} \quad z = r(\cos\theta + i\sin\theta)$$

이를 복소수의 극 형식(polar form)이라고 한다. 이때, r은 원점에서 점 (x, y)까지의 거리를 나타내므로 z의 절댓값은 $r = \sqrt{x^2+y^2}$이다. 또, θ는 양의 x축과 벡터 z가 이루는 각의 크기를 라디안으로 나타낸 것으로, 복소수 z의 편각(argument)이라고 한다.

편각은 양의 x축으로부터 반시계 방향으로 측정할 때는 양수이고 시계 방향으로 측정할 때는 음수이다. 그러므로 θ가 복소수 z의 한 편각이면 모든 정수 n에 대하여 $\theta + 2n\pi$도 z의 편각이 될 수 있다. 기호 $\arg z$는 이것들 중 하나를 나타내는 데 사용된다. 구간 $(-\pi, \pi]$에서 선택한 z의 편각을 z의 주편각(principal argument)이라고 하며 $\operatorname{Arg} z$로 나타낸다.

이를 정리하면 $z = x+iy = r(\cos\theta + i\sin\theta)$일 때 다음이 성립한다.

$$r = |z| = \sqrt{x^2+y^2}, \quad \tan\theta = \frac{y}{x}$$

보기 4

[1] 복소수 $z=1+i$의 절댓값은 $r=\sqrt{2}$이고 편각은 $\arg z=\frac{\pi}{4}+2n\pi$($n$은 정수)이므로, z의 극 형식은 다음과 같다.

$$z=\sqrt{2}\left(\cos\frac{\pi}{4}+i\sin\frac{\pi}{4}\right)=\sqrt{2}\left(\cos\frac{9\pi}{4}+i\sin\frac{9\pi}{4}\right)=\cdots$$

이때, $\mathrm{Arg}\,z=\frac{\pi}{4}$이다.

[2] 복소수 $z=1-i\sqrt{3}$의 절댓값은 $r=2$이고 편각은 $\arg z=\frac{5\pi}{3}+2n\pi$($n$은 정수)이므로, z의 극 형식은 다음과 같다.

$$z=2\left(\cos\frac{5\pi}{3}+i\sin\frac{5\pi}{3}\right)=2\left(\cos\frac{11\pi}{3}+i\sin\frac{11\pi}{3}\right)=\cdots$$

이때, $\mathrm{Arg}\,z=-\frac{\pi}{3}$이다.

삼각 함수의 덧셈 정리를 이용하여 극 형식으로 나타낸 두 복소수 $z_1=r_1(\cos\theta_1+i\sin\theta_1)$과 $z_2=r_2(\cos\theta_2+i\sin\theta_2)$의 곱을 찾으면 다음과 같다.

$$\begin{aligned}z_1z_2&=r_1r_2\{(\cos\theta_1\cos\theta_2-\sin\theta_1\sin\theta_2)+i(\sin\theta_1\cos\theta_2+\cos\theta_1\sin\theta_2)\}\\&=r_1r_2\{\cos(\theta_1+\theta_2)+i\sin(\theta_1+\theta_2)\}\end{aligned}$$

마찬가지로 두 복소수의 몫을 찾으면 다음과 같다.

$$\frac{z_1}{z_2}=\frac{r_1}{r_2}\{\cos(\theta_1-\theta_2)+i\sin(\theta_1-\theta_2)\}$$

이를 정리하면 다음 결과를 얻는다.

$$|z_1z_2|=|z_1||z_2|,\qquad \left|\frac{z_1}{z_2}\right|=\left|\frac{z_1}{z_2}\right|,$$

$$\arg(z_1z_2)=\arg z_1+\arg z_2,\qquad \arg\left(\frac{z_1}{z_2}\right)=\arg z_1-\arg z_2$$

(단, 편각에 관한 등식은 2π의 정수배를 무시한 경우에 성립한다.)

보기 5

$z_1 = -1+i$이고 $z_2 = i$일 때 $\arg z_1 = \dfrac{3\pi}{4} + 2n_1\pi$이고 $\arg z_2 = \dfrac{\pi}{2} + 2n_2\pi$라 하면 다음이 성립한다($n_1$과 n_2는 정수).

$$\begin{aligned}\arg z_1 + \arg z_2 &= \frac{3\pi}{4} + \frac{\pi}{2} + 2(n_1+n_2)\pi \\ &= \frac{5\pi}{4} + 2n\pi = \arg(-1-i) = \arg(z_1 z_2) \\ \arg z_1 - \arg z_2 &= \frac{3\pi}{4} - \frac{\pi}{2} + 2(n_1 - n_2)\pi \\ &= \frac{\pi}{4} + 2n\pi = \arg(1+i) = \arg\left(\frac{z_1}{z_2}\right)\end{aligned}$$

반면에 $\operatorname{Arg} z_1 + \operatorname{Arg} z_2 = \dfrac{3\pi}{4} + \dfrac{\pi}{2} = \dfrac{5\pi}{4} = -\dfrac{3\pi}{4} + 2\pi = \operatorname{Arg}(z_1 z_2) + 2\pi$이고 $\operatorname{Arg} z_1 - \operatorname{Arg} z_2 = \dfrac{3\pi}{4} - \dfrac{\pi}{2} = \dfrac{\pi}{4} = \operatorname{Arg}\left(\dfrac{z_1}{z_2}\right)$이다.

복소수의 거듭제곱

복소수 $z = r(\cos\theta + i\sin\theta)$에 대하여 다음이 성립한다.

$$z^2 = r^2\{\cos(\theta+\theta) + i\sin(\theta+\theta)\} = r^2(\cos 2\theta + i\sin 2\theta)$$

그리고 $z^3 = z^2 z$이므로 $z^3 = r^3(\cos 3\theta + i\sin 3\theta)$이다.

또, $1 = \cos 0 + i\sin 0$이므로 다음이 성립한다.

$$z^{-1} = r^{-1}\{\cos(-\theta) + i\sin(-\theta)\}$$
$$z^{-2} = r^{-2}\{\cos(-2\theta) + i\sin(-2\theta)\}$$

따라서 귀납적으로 모든 정수 n에 대하여 다음이 성립한다.

$$z^n = r^n(\cos n\theta + i\sin n\theta)$$

정리 10.1 [드 무아브르(De Moivre)의 정리] 모든 정수 n에 대하여 다음 등식이 성립한다.

$$(\cos\theta + i\sin\theta)^n = \cos n\theta + i\sin n\theta$$

보기 6

복소수 $z=1-i\sqrt{3}$ 의 극 형식은 $z=2\left\{\cos\left(-\frac{\pi}{3}\right)+i\sin\left(-\frac{\pi}{3}\right)\right\}$이므로
$z^4=2^4\left\{\cos\left(-\frac{4\pi}{3}\right)+i\sin\left(-\frac{4\pi}{3}\right)\right\}=16\left(-\frac{1}{2}+i\frac{\sqrt{3}}{2}\right)=-8+i8\sqrt{3}$이다.

복소수의 거듭제곱근

0이 아닌 복소수 z에 대하여 $w^n=z$를 만족시키는 복소수 w를 z의 **n제곱근**이라 하고, 이를 $z^{\frac{1}{n}}$으로 나타낸다. n제곱근을 찾기 위하여 $z=r(\cos\theta+i\sin\theta)$이고 $w=\rho(\cos\phi+i\sin\phi)$라고 하면, $w^n=z$이므로 다음이 성립한다.

$$\rho^n(\cos n\phi+i\sin n\phi)=r(\cos\theta+i\sin\theta)$$

그러므로 $\rho^n=r$, 즉 $\rho=\sqrt[n]{r}$이다. 또, 다음이 성립한다.

$$\cos n\phi=\cos\theta,\quad \sin n\phi=\sin\theta$$

따라서 정수 k에 대해 $n\phi=\theta+2k\pi$이고 $\phi=\frac{\theta+2k\pi}{n}$이다. 정수 k로 $0, 1, 2, \cdots, n-1$을 택함에 따라 서로 다른 n개의 n제곱근을 얻는다. 사인 함수와 코사인 함수의 주기는 2π이므로, n 이상의 k에 대해서는 위에서 얻은 n개의 n제곱근 중 하나와 같은 값을 얻게 된다. 따라서 0이 아닌 복소수 $z=r(\cos\theta+i\sin\theta)$는 다음과 같이 서로 다른 n개의 n제곱근을 갖는다.

$$z^{\frac{1}{n}}=\sqrt[n]{r}\left(\cos\frac{\theta+2k\pi}{n}+i\sin\frac{\theta+2k\pi}{n}\right)\quad(k=0,\ 1,\ 2,\ \cdots,\ n-1)$$

자연수 n에 대하여 $z^{\frac{1}{n}}$은 서로 다른 n개의 값을 갖는 다가 함수(multi-valued function)의 예이다. 이에 대해서는 10.5절에서 다시 논의한다. 양수 r에 대해서 $\sqrt[n]{r}$은 양의 n제곱근을 나타내기로 한다. 따라서 $2^{\frac{1}{2}}$은 $\sqrt{2}$와 $-\sqrt{2}$를 모두 나타낸다.

보기 7

복소수 -1의 세제곱근을 찾아라.

풀이 극 형식은 $-1=\cos\pi+i\sin\pi$이므로 -1의 세제곱근은 다음과 같다.

$$(-1)^{\frac{1}{3}}=\sqrt[3]{1}\left(\cos\frac{\pi+2k\pi}{3}+i\sin\frac{\pi+2k\pi}{3}\right)\quad(k=0,\ 1,\ 2)$$

따라서 찾는 답은 다음과 같다.

$$k=0:\ \cos\frac{\pi}{3}+i\sin\frac{\pi}{3}=\frac{1+i\sqrt{3}}{2}$$
$$k=1:\ \cos\pi+i\sin\pi=-1$$
$$k=2:\ \cos\frac{5\pi}{3}+i\sin\frac{5\pi}{3}=\frac{1-i\sqrt{3}}{2}$$

□

10.1 연습 문제

01. $z_1=3-2i$와 $z_2=4+3i$라 하고, 다음을 $x+iy$ 꼴로 찾아라.

(1) z_1+z_2

(2) z_1-z_2

(3) z_1z_2

(4) $(z_1+z_2)^2$

(5) $\dfrac{1}{z_2}$

(6) $\dfrac{z_2}{z_1}$

(7) $5z_1-2z_2$

(8) $\dfrac{z_1}{z_1+z_2}$

02. $z=x+iy$일 때 다음을 찾아라.

(1) $\mathrm{Re}\,z^2$

(2) $(\mathrm{Re}\,z)^2$

(3) $\mathrm{Im}(\bar{z}^2+z^2)$

(4) $|z+3\bar{z}|$

(5) $\mathrm{Re}\,\dfrac{1}{z}$

(6) $\mathrm{Im}\,\dfrac{\bar{z}}{z}$

(7) $\left|\dfrac{\bar{z}}{z}\right|$

(8) $|z-1+i|$

03. 다음을 증명하라.

(1) 임의의 정수 k와 n에 대하여 $i^n = i^{n+4k}$이다.

(2) z가 순허수이기 위한 필요 충분 조건은 $\bar{z} = -z$이다.

(3) 두 복소수 z_1과 z_2에 대하여 $z_1 z_2 = 0$이면 $z_1 = 0$ 또는 $z_2 = 0$이다.

04. 임의의 자연수 n과 복소수 $z_1,\ z_2,\ \cdots,\ z_n$에 대하여 다음 부등식이 성립함을 보여라.

$$|z_1 + z_2 + \cdots + z_n| \le |z_1| + |z_2| + \cdots + |z_n|$$

05. 임의의 복소수 $z_1,\ z_2,\ \cdots,\ z_n$과 $w_1,\ w_2,\ \cdots,\ w_n$에 대하여 다음 코시·슈바르츠 부등식이 성립함을 증명하라.

$$\left|\sum_{k=1}^{n} z_k w_k\right|^2 \le \left(\sum_{k=1}^{n} |z_k|^2\right)\left(\sum_{k=1}^{n} |w_k|^2\right)$$

06. 다음 복소수들의 $\mathrm{Arg}\,z$을 찾아라.

(1) $\dfrac{i}{-2i-2}$ (2) $\dfrac{-2}{1+i\sqrt{3}}$

07. 다음 복소수를 극 형식으로 바꾸어라.

(1) $3i$ (2) $5-5i$

(3) $\dfrac{1+i}{1-i}$ (4) $\dfrac{3}{i-1}$

08. 극 형식으로 나타낸 다음 복소수를 $x+iy$ 꼴로 나타내라.

(1) $2\left(\cos\dfrac{\pi}{3} + i\sin\dfrac{\pi}{3}\right)$ (2) $2\left(\cos\dfrac{7\pi}{6} + i\sin\dfrac{7\pi}{6}\right)$

(3) $\sqrt{2}\left(\cos\dfrac{3\pi}{4} + i\sin\dfrac{3\pi}{4}\right)$

09. 다음 값을 찾아라.

(1) $(1+i\sqrt{3})^6$ (2) $(1-i)^4$

(3) $\left(\dfrac{1}{2} - \dfrac{i\sqrt{3}}{2}\right)^6$ (4) $\left(\dfrac{1+i}{\sqrt{3}+i}\right)^{-12}$

(5) $\left(\cos\frac{5\pi}{6}+i\sin\frac{5\pi}{6}\right)^5$　　(6) $\left\{2\left(\cos\frac{\pi}{3}+i\sin\frac{\pi}{3}\right)\right\}^6$

10. 다음 거듭제곱근을 찾아라.

(1) $8^{\frac{1}{3}}$　　(2) $i^{\frac{1}{2}}$

(3) $(-1+i)^{\frac{1}{3}}$　　(4) $(-1-i\sqrt{3})^{\frac{1}{4}}$

11. 다음 방정식을 풀어라.

(1) $z^4+1=0$　　(2) $z^8-2z^4+1=0$

(3) $z^2-(5+i)z+8+i=0$　　(4) $z^4-3(1+2i)z^2-8+6i=0$

12. 등식 $(\cos\theta+i\sin\theta)^3=\cos 3\theta+i\sin 3\theta$를 이용하여 $\cos 3\theta$와 $\sin 3\theta$를 각각 $\cos\theta$와 $\sin\theta$의 식으로 나타내라.

13. $|z|=2$일 때, 다음이 성립함을 보여라.

$$\left|\frac{1}{z^4-4z^2+3}\right|\le\frac{1}{3}$$

14. $|z|<1$일 때, 다음이 성립함을 보여라.

$$|\mathrm{Im}(1-\bar{z}+z^2)|<2$$

15. z_1과 z_2를 0이 아닌 두 복소수라고 하자. 이때, $|z_1|=|z_2|$이면 두 복소수 c_1과 c_2가 존재하여 다음이 성립함을 보여라.

$$z_1=c_1c_2,\quad z_2=c_1\bar{c}_2$$

16. 수학적 귀납법으로 복소수에 대해 다음 이항 정리가 성립함을 보여라.

$$(z+w)^n=\sum_{k=0}^{n}\binom{n}{k}z^{n-k}w^k\quad(n=1,\ 2,\ \cdots)$$

단, 여기서 $\binom{n}{k}={}_n\mathrm{C}_k=\frac{n!}{(n-k)!\,k!}$이다.

17. z에 관한 n차 방정식 $z^n = 1$의 근을 찾아라.

18. z_1, z_2, z_3가 정삼각형의 꼭짓점이면, $z_1^2 + z_2^2 + z_3^2 = z_1 z_2 + z_2 z_3 + z_3 z_1$임을 증명하라.

10.2 복소 평면의 점 집합과 복소 함수

먼저 복소 변수 함수를 논의하는 데 필요한 복소 평면의 부분 집합에 관한 몇 가지 중요한 개념을 도입하겠다.

열린 집합

복소수 $z_0 = x_0 + iy_0$과 $z = x + iy$에 대하여 $|z - z_0| = \sqrt{(x-x_0)^2 + (y-y_0)^2}$은 z_0과 z 사이의 거리를 나타낸다. 그러므로 복소 평면에서 중심이 z_0이고 반지름의 길이가 ρ인 원의 방정식은 다음과 같다.

$$|z - z_0| = \rho$$

특히, 중심이 원점이고 반지름의 길이가 1인 단위 원(unit circle)의 방정식은 $|z| = 1$이다.

다음 부등식을 만족시키는 복소수 z 전체의 집합은 중심이 z_0이고 반지름의 길이가 ρ인 원 내부의 점 전체의 집합이다.

$$|z - z_0| < \rho$$

이 집합을 열린 원판(open disk)이라고 한다. 또, 이를 z_0의 ρ근방 또는 간단히 근방(neighborhood)이라고도 하며, 기호 $N(z_0,\ \rho)$로 나타낸다.

복소 평면의 부분 집합 S의 각 점 $z \in S$에 대하여 적당한 근방 $N(z,\ \rho)$가 존재하여 $N(z,\ \rho) \subset S$이 성립할 때, S를 열린 집합(open set)이라고 한다(그림 10.3).

보기 1

열린 원판 $S = \{z \in \mathbb{C} \mid |z| < 1\}$이 열린 집합임을 증명하라.

증명 임의의 점 $z_0 \in S$를 선택하면, $|z_0| = r < 1$이고 $1 - |z_0| = 1 - r \leq 1$이다. 이제, ρ를 $1 - r$이라 하자. 그러면 모든 $z \in N(z_0,\ \rho)$에 대하여 $|z - z_0| < \rho$이고, 삼각 부등식 $|z| - |z_0| \leq |z - z_0|$에 의하여 $|z| < \rho + |z_0| = 1$이 성립한다. 즉, $z \in S$이다. 따라서 $N(z_0,\ \rho) \subset S$이므로 S는 열린 집합이다(그림 10.4). ■

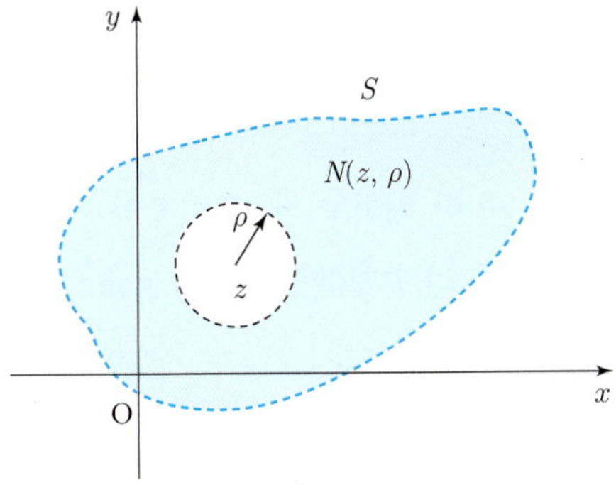

그림 10.3 ▎ 근방과 열린 집합

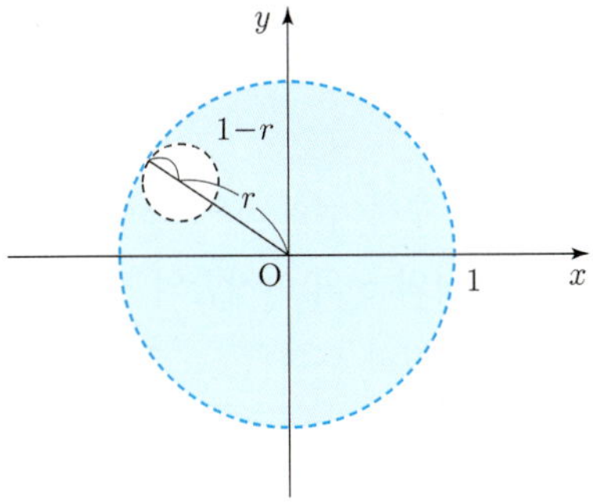

그림 10.4 ▎ 열린 원판

열린 집합의 또 다른 예로 다음과 같은 집합을 들 수 있다.

[1] 공집합 ϕ, 복소수 전체의 집합 $\mathbb{C}$

[2] 열린 반평면 $\{z \in \mathbb{C} | \text{Re } z > 0\}$, $\{z \in \mathbb{C} | \text{Re } z < 0\}$, $\{z \in \mathbb{C} | \text{Im } z > 0\}$,
$\{z \in \mathbb{C} | \text{Im } z < 0\}$

[3] 중심이 z_0이고 반지름의 길이가 ρ인 원의 외부 $\{z \in \mathbb{C} \mid |z - z_0| > \rho\}$

[4] 열린 원환(open annulus) $\{z \in \mathbb{C} | \rho_1 < |z - z_0| < \rho_2,\ 0 < \rho_1 < \rho_2\}$

닫힌 집합

복소 평면의 부분 집합 S의 여집합이 열린 집합일 때, S를 닫힌 집합(closed set)이라고 한다. 다음 부등식을 만족시키는 복소수 z 전체의 집합을 중심이 z_0이고 반지름의 길이가 ρ인 닫힌 원판(closed disk)이라고 한다.

$$|z - z_0| \le \rho$$

닫힌 원판은 닫힌 집합이다. 왜냐하면 닫힌 원판의 여집합은 중심이 z_0이고 반지름의 길이가 ρ인 원의 외부 $\{z \in \mathbb{C} \mid |z - z_0| > \rho\}$이고 이것은 열린 집합이기 때문이다. 닫힌 집합의 또 다른 예로 다음과 같은 집합을 들 수 있다.

[1] 공집합, 복소수 전체의 집합

[2] 닫힌 반평면 $\{z \in \mathbb{C} \mid \text{Re}\, z \ge 0\}$, $\{z \in \mathbb{C} \mid \text{Re}\, z \le 0\}$, $\{z \in \mathbb{C} \mid \text{Im}\, z \ge 0\}$,
$\{z \in \mathbb{C} \mid \text{Im}\, z \le 0\}$

[3] 유한 집합

[4] 닫힌 원환(closed annulus) $\{z \in \mathbb{C} \mid \rho_1 \leq |z - z_0| \leq \rho_2,\ 0 < \rho_1 < \rho_2\}$

복소 평면의 부분 집합 S에 대하여 점 z_0의 모든 근방이 적어도 한 개의 S의 점을 포함하고, 적어도 하나의 S의 여집합의 점을 포함할 때, z_0을 S의 경계점(boundary point)이라고 한다. 예를 들면, 열린 원판 $\{z \in \mathbb{C} \mid |z| < 1\}$과 닫힌 원판 $\{z \in \mathbb{C} \mid |z| \leq 1\}$에 대하여 단위원 $|z| = 1$에 있는 모든 점은 이 두 집합의 경계점이다. 열린 집합은 어떠한 경계점도 포함하지 않고, 닫힌 집합은 모든 경계점을 포함한다.

보기 2

원환 $A = \{z \in \mathbb{C} \mid 1 < |z| \leq 2\}$의 경계점은 원 $|z| = 1$과 원 $|z| = 2$에 있는 점 전체이다. 그런데 원 $|z| = 1$에 있는 모든 점이 A에 포함되지 않으므로 A는 닫힌 집합이 아니고, 원 $|z| = 2$에 있는 모든 점이 A에 포함되므로 A는 열린 집합이 아니다. 따라서 A는 열린 집합도 아니고 닫힌 집합도 아니다.

연결 집합과 영역

복소 평면의 부분 집합 S에 대하여 S가 열린 집합이고 S의 임의의 두 점 z_1과 z_2를 S에 완전히 포함된 이어진 선분으로 연결할 수 있을 때, S를 연결 집합(connected set)이라고 한다. 예를 들면, 원판 $\{z \in \mathbb{C} \mid |z| < 1\}$과 반평면 $\{z \in \mathbb{C} \mid \operatorname{Re} z > 1\}$의 임의의 두 점을 선분으로 연결할 수 있으므로 이 집합은 모두 연결 집합이다. 그러나 집합 $B = \{z \in \mathbb{C} \mid \operatorname{Re} z \neq 1\}$에서, 이를테면 점 $z = 0$과 $z = 2$를 연결하는 모든 이어진 선분은 직선 $x = 1$에서 잘리므로 B는 연결 집합이 아니다.

복소 평면의 부분 집합 S가 열린 집합이고 연결 집합일 때, S를 영역(domain)이라고 한다. 복소 해석 함수를 정의할 때 영역의 개념이 사용된다.

복소 함수

복소 평면의 부분 집합 S에서 복소 평면으로의 함수 f를 복소 함수(complex valued function) 또는 복소 변수 함수(complex valued function of a complex variable)라고 한다. 함수 f가 S에 속한 복소수 z에 복소수 w를 대응시킬 때 이를 다음과 같이 나타낸다.

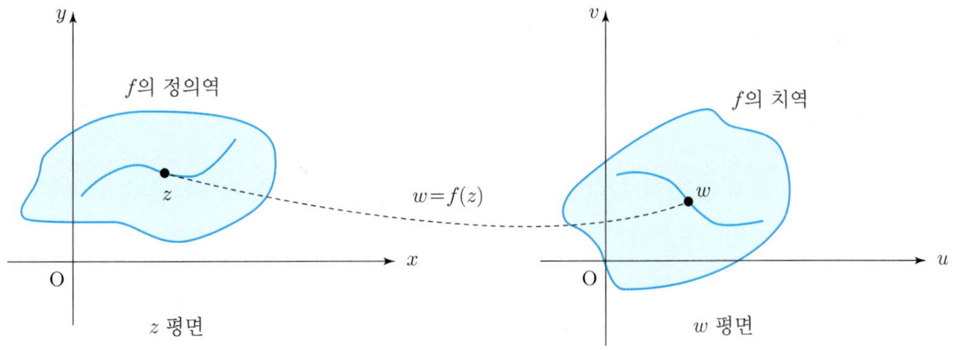

그림 10.5 ▌ 복소 함수의 정의역과 치역

$$w = f(z)$$

이때, z를 복소 변수(complex variable), 집합 S를 f의 정의역(domain of definition of f)이라고 하며, 각 $z \in S$의 함수 f에 의한 상(image) $f(z)$ 전체의 집합 $\{f(z) \in \mathbb{C} \mid z \in S\}$를 f의 치역(range of f)이라고 한다.

복소 평면 전체에서 정의된 함수 $f(z) = z^2$은 복소 함수이다. $z = x + iy$라 하면 $f(z) = (x^2 - y^2) + i(2xy)$와 같이 쓸 수 있다. 일반적으로, 복소 함수 f에 의한 복소수 $z = x + iy$의 상 $w = f(z)$는 복소수이므로 $f(z) = u + iv$와 같이 쓸 수 있고, u와 v는 실수 x와 y에 따라 결정되는 실 함수이다. 따라서 다음과 같이 복소 함수를 나타낸다.

$$w = f(z) = u(x,\ y) + iv(x,\ y)$$

복소 함수 $w = f(z)$의 그래프를 그리기 위해서는 4차원 공간이 필요하므로 일반적으로 나타낼 수 없다. 그러나 정의역이 속한 복소 평면을 z평면, 치역이 속한 복소 평면을 w평면이라 하면, 함수 $f(z)$를 z평면에서 w평면으로의 사상(mapping) 또는 변환(transformation)으로 해석할 수 있다(그림 10.5).

z평면의 영역 R의 상과 R에 놓여 있는 곡선들의 상을 함께 찾아보면, $f(z)$에 관한 좀 더 유용한 정보를 얻을 수 있다. 이때, 주로 이용하는 곡선은 직선 $x = a$와 $y = b$ 및 원 $|z| = r$이다. 역으로, w평면의 직선 $u = c$ 또는 $v = d$로 사상되는 z평면의 곡선, 즉 등위 곡선(level curve)을 조사하는 것이 도움이 된다.

이제, 선형 함수 $w = az + b$와 이차 함수 $w = z^2$ 및 반전 $w = \dfrac{1}{z}$의 사상 성질에 대하여 간단히 알아보겠다.

선형 함수 $w = az + b$

복소 상수 b에 대해 선형 함수 $w = z + b$는 z평면의 점을 w평면에서 벡터 b만큼 옮겨 놓은 점으로 사상하므로 평행 이동(translation)이라고 한다.

또, 복소 상수 a에 대한 선형 함수 $w = az$에서 $|a| = 1$일 때, 즉 적당한 상수 α에 대하여 $a = e^{i\alpha}(= \cos\alpha + i\sin\alpha)$일 때, z평면의 점 $z = re^{i\theta}$은 a의 편각 α만큼 회전시킨 w평면의 점 $w = az = re^{i(\alpha+\theta)}$으로 사상되므로 이를 회전(rotation)이라고 한다. 그리고 a가 양의 실수일 때 선형 함수 $w = az$는 a의 크기에 따라 복소수 z를 확대 또는 축소한다.

따라서 선형 함수 $w = az + b$에 의하여 복소수 z는 a의 편각만큼 회전되고, a의 크기에 따라 확대 또는 축소된 다음에 벡터 b만큼 평행 이동된다. 선형 함수는 일대일 대응이고, 직선은 직선으로 원은 원으로 사상한다.

보기 3

일차 함수 $w = (1-i)z + (2+i)$에 의해 그림 10.6에서 z평면의 직사각형은 w평면의 직사각형으로 사상된다.

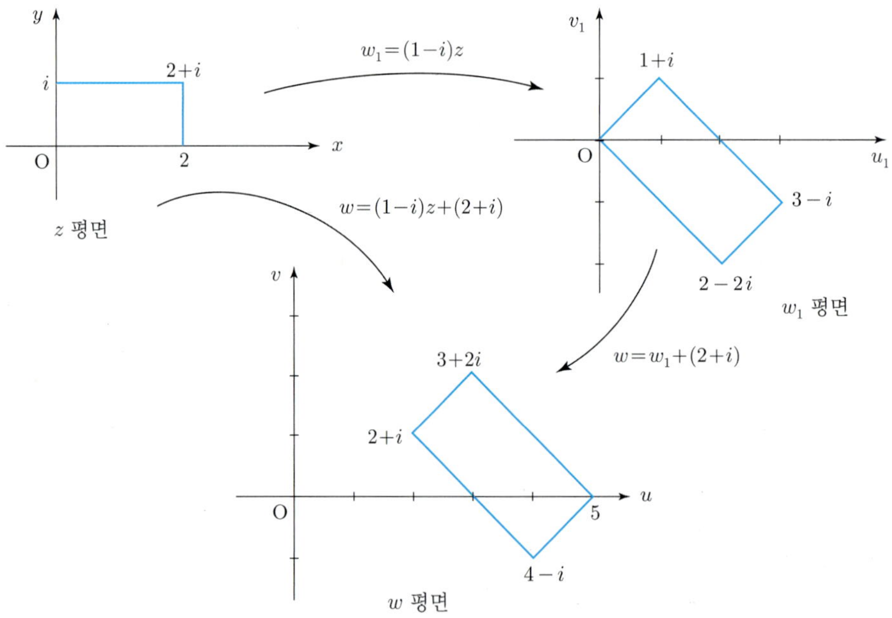

그림 10.6 ▌ 선형 함수의 사상

이차 함수 $w = z^2$

이차 함수의 사상 성질을 다음 보기 4에서 알아보자.

보기 4

이차 함수 $w = z^2$에 의한 z평면의 다음 집합의 상을 w평면에 그려라.

[1] 직선 $x = 1$

[2] 직선 $y = 1$

[3] 영역 $\left\{ z = re^{i\theta} \in \mathbb{C} \;\middle|\; 1 \leq r \leq 2,\ 0 \leq \theta \leq \dfrac{\pi}{4} \right\}$

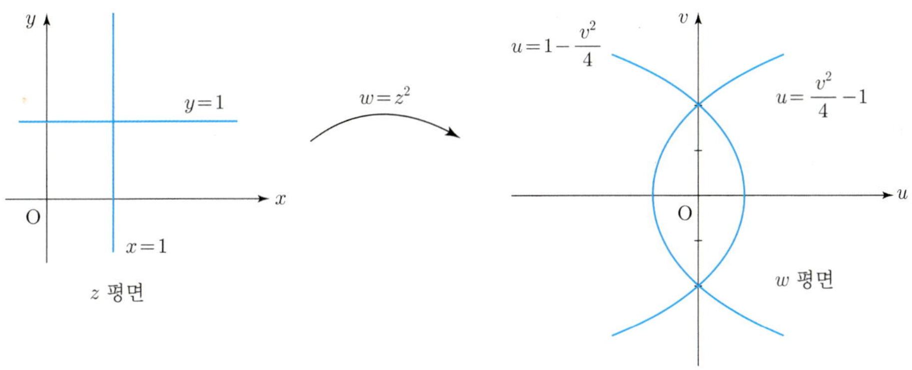

그림 10.7 | 이차 함수의 사상 1

풀이 [1] $z = x + iy$라 하고 $w = u(x,\ y) + iv(x,\ y)$라 하면 $u(x,\ y) = x^2 - y^2$이고 $v(x,\ y) = 2xy$이다. $x = 1$을 u와 v에 대입하면 다음을 얻는다.

$$u = 1 - y^2,\ v = 2y$$

이것은 w평면에서의 곡선을 매개 변수 y로 나타낸 것이다. y를 소거하여 u와 v 사이의 관계를 찾으면 $u = 1 - \dfrac{v^2}{4}$이다(그림 10.7).

[2] 마찬가지 방법으로 직선 $y = 1$의 상은 $u = \dfrac{v^2}{4} - 1$이다(그림 10.7).

[3] $w = Re^{i\phi} = z^2 = r^2 e^{2i\theta}$이므로, 원 $|z| = r_0$은 원 $|w| = r_0^2$으로 사상되고 임의의 반직선 $\theta = \theta_0$은 반직선 $\phi = 2\theta_0$으로 사상된다. 따라서 주어진 영역은 w평면의 영역 $\left\{ w = Re^{i\theta} \in \mathbb{C} \;\middle|\; 1 \leq R \leq 4,\ 0 \leq \phi \leq \dfrac{\pi}{2} \right\}$으로 사상된다(그림 10. 8). □

양의 정수 n에 대한 함수 $w = z^n$도 마찬가지로 생각할 수 있다.

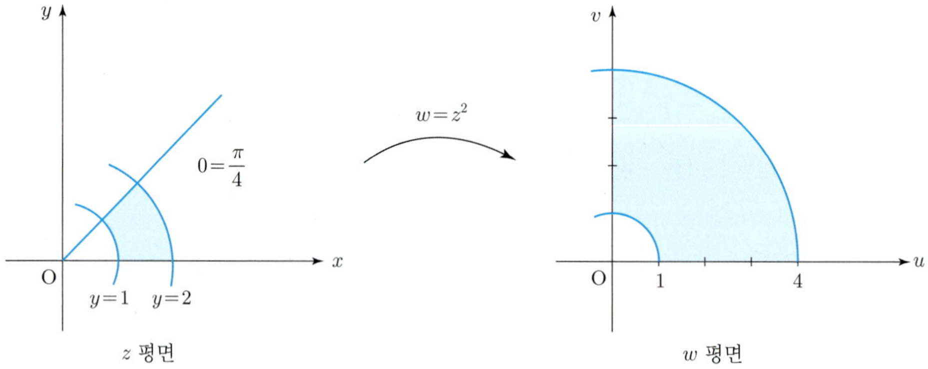

그림 10.8 ▌ 이차 함수의 사상 2

반전 $w = \dfrac{1}{z}$

반전 $w = \dfrac{1}{z}$에 의해 0이 아닌 점 $z = re^{i\theta}$은 점 $w = Re^{i\phi} = \dfrac{1}{z} = \dfrac{1}{r}e^{-i\theta}$으로 사상된다. 즉, 0이 아닌 점 z의 $w = \dfrac{1}{z}$에 의한 상은 원점과 점 $\bar{z}$를 지나는 직선에 있고 거리는 $\dfrac{1}{|z|}$이다. 기하학적으로 말하면, 함수 $w = \dfrac{1}{z}$은 단위 원 안의 점을 밖의 점으로 그리고 밖의 점을 안의 점 $w_1 = \left(\dfrac{1}{r}\right)e^{i\theta}$으로 사상한 뒤에 점 w_1을 실수축에 관하여 반사시킨 점 $w = \dfrac{1}{r}e^{-i\theta}$으로 사상한다(그림 10.9). 특히, 단위 원에 있는 점은 단위 원에 있는 점으로 사상된다. 이런 의

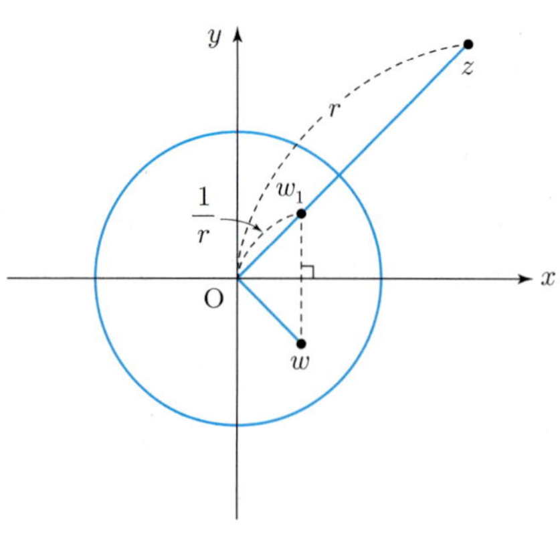

그림 10.9 ▌ 반전 $w = \dfrac{1}{z}$의 사상 1

미에서 반전 $w=\frac{1}{z}$을 단위 원과 실수축에 관한 반사(reflection)라고 한다.

한편, 반전 $w=\frac{1}{z}$을 직교 좌표를 사용해서 설명하면 다음과 같다. $z=x+iy$라고 하면, 그 상은 다음과 같다.

$$w=u+iv=\frac{x}{x^2+y^2}-i\frac{y}{x^2+y^2}$$

그러므로 다음이 성립한다.

$$x=\frac{u}{u^2+v^2},\quad y=\frac{-v}{u^2+v^2},\quad x^2+y^2=\frac{1}{u^2+v^2} \tag{1}$$

이제, 실수 a, b, c, d에 대하여 다음 방정식을 살펴보자(단, $b^2+c^2>4ad$).

$$a(x^2+y^2)+bx+cy+d=0 \tag{2}$$

식 (2)는 $a\neq 0$일 때 원을 나타내고, $a=0$일 때 직선을 나타낸다. 반전 $w=\frac{1}{z}$에 의한 상을 알아보기 위하여 식 (1)을 식 (2)에 대입하면 다음 방정식을 얻는다.

$$d(u^2+v^2)+bu-cv+a=0 \tag{3}$$

따라서 반전 $w=\frac{1}{z}$은

(i) 원점을 지나지 않는 원을 원점을 지나지 않는 원으로 사상한다($a\neq 0$, $d\neq 0$).
(ii) 원점을 지나는 원을 원점을 지나지 않는 직선으로 사상한다($a\neq 0$, $d=0$).
(iii) 원점을 지나는 않는 직선을 원점을 지나는 원으로 사상한다($a=0$, $d\neq 0$).
(iv) 원점을 지나는 직선을 원점을 지나는 직선으로 사상한다($a=0$, $d=0$).

결국, 반전 $w=\frac{1}{z}$은 원 또는 직선을 원 또는 직선으로 사상한다.

보기 5

반전 $w=\frac{1}{z}$에 의한 다음 집합의 상을 찾아라(단, a, b, c는 양수).

[1] 직선 $x=a$

[2] 직선 $y=b$

[3] 반평면 $x>c$

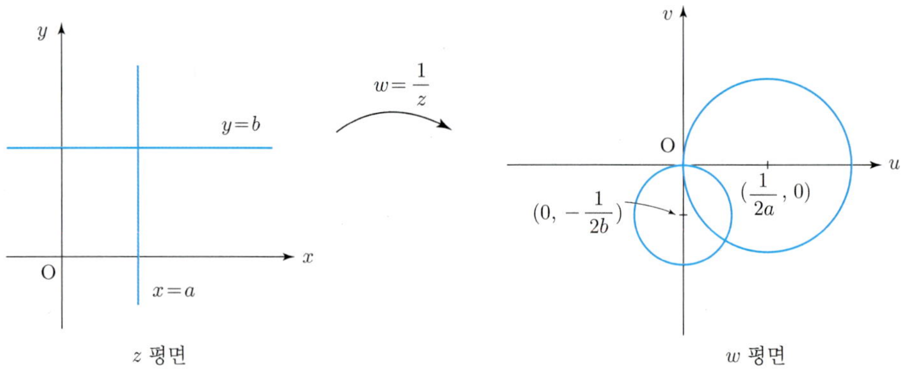

그림 10.10 ▌ 반전 $w = \dfrac{1}{z}$ 의 사상 2

풀이 [1] 식 (1)에 의하여 $\dfrac{u}{u^2+v^2} = a$ 이므로 다음과 같이 쓸 수 있다.

$$u^2+v^2-\frac{u}{a}=0,\quad \left(u-\frac{1}{2a}\right)^2+v^2=\left(\frac{1}{2a}\right)^2$$

그러므로 $w = \dfrac{1}{z}$ 에 의하여 직선 $x = a$는 중심이 $\left(\dfrac{1}{2a},\ 0\right)$이고 반지름의 길이가 $\dfrac{1}{2a}$ 인 원으로 사상된다(그림 10.10).

[2] 마찬가지 방법으로 직선 $y = b$의 상은 중심이 $\left(0,\ -\dfrac{1}{2b}\right)$이고 반지름의 길이가 $\dfrac{1}{2b}$ 인 원이다(그림 10.10).

[3] 반평면 $x > c$의 상은 중심이 $\left(\dfrac{1}{2c},\ 0\right)$이고 반지름의 길이가 $\dfrac{1}{2c}$ 인 원의 내부이다.

□

10.2 연습 문제

01. 다음 식으로 결정되는 집합을 복소 평면에 나타내라.

(1) $|z-i|=2$

(2) $|z-i|<1$

(3) $2<|z-i|<4$

(4) $|z+1|=|z-i|$

(5) $|z+1|=2|z-1|$

(6) $|z-i|+|z+i|=4$

(7) $\operatorname{Re} z^2 > 0$

(8) $\operatorname{Arg} z = \dfrac{\pi}{6}$

(9) $\dfrac{\pi}{4} < \operatorname{Arg} z < \dfrac{\pi}{2}$

02. 다음 복소 함수를 $f(z) = u + iv$ 꼴로 나타내라.

(1) $f(z) = z^2 - 3z + 1$

(2) $f(z) = z^3 - 4z$

(3) $f(z) = z + \dfrac{1}{z}$

(4) $f(z) = \dfrac{z}{1+z}$

03. 일차 함수 $w = (1+i)z + 2$에 의한 다음 집합의 상을 찾아라.

(1) $y = 3x + 2$

(2) $|z| = 3$

(3) $|z-1| = 2$

04. 이차 함수 $w = z^2$에 의한 다음 집합의 상을 찾아라.

(1) $x = y$

(2) $xy = 1$

(3) $1 \le |z| \le 2$

05. 반전 $w = \dfrac{1}{z}$에 의한 다음 집합의 상을 찾아라.

(1) $|z-1| = 2$

(2) $\operatorname{Re} z > -1$

(3) $\dfrac{1}{4} < \operatorname{Im} z < \dfrac{1}{2}$

06. 다음 함수 $w = f(z) = u + iv$에서 u와 v의 등위 곡선을 찾아라.

(1) $w = 2iz$

(2) $w = \dfrac{1}{z}$

(3) $w = z^2$

07. 복소 함수 $f(z) = z + \dfrac{1}{z} = u(r,\ \theta) + iv(r,\ \theta)$ $(z = re^{i\theta} \neq 0)$일 때, $u(r,\ \theta)$와 $v(r,\ \theta)$를 찾아라.

08. 복소 함수 $f(z) = f(x+iy) = x^2 - y^2 - 2y + i(2x - 2xy)$일 때, $f(z)$를 z와 $\bar{z}$로 나타내라.

09. 다음 변환에 의하여 사상되는 집합 $\left\{z = re^{i\theta} \in \mathbb{C} \;\middle|\; 0 < r \le 1,\ 0 \le \theta \le \dfrac{\pi}{3}\right\}$의 상을 찾아라.

(1) $w = z^2$

(2) $w = z^3$

(3) $w = z^4$

(4) $w = \dfrac{1}{z}$

10. $w = (2+i)z - 2i$라 하면, 세 점 $z_1 = -2+i$, $z_2 = -2+2i$, $z_3 = 2+i$가 꼭짓점인 삼각형이 사상되는 삼각형을 찾아라.

11. 두 점 $z_1 = 2$와 $z_2 = -3i$를 각각 두 점 $w_1 = 1+i$와 $w_2 = 1$로 사상하는 선형 변환 $w = f(z)$를 찾아라.

10.3 복소 해석 함수

이 절에서는 복소 함수의 극한과 연속 및 미분 가능성에 대하여 알아본다.

극한과 연속

복소 함수의 극한에 관한 정의는 실 함수의 경우와 동일하다. 복소 함수 f가 복소수 z_0의 근방(z_0은 제외할 수 있음)에서 정의되어 있고, z가 z_0과 다른 값을 취하면서 z_0에 한없이 가까워질 때 $f(z)$가 일정한 값 L에 한없이 가까워지면, L을 z_0에서의 f의 극한값(limit value) 또는 극한(limit)이라 하고 이를 다음과 같이 나타낸다.

$$\lim_{z \to z_0} f(z) = L$$

z_0에서의 f의 극한이 L임을 엄밀하게 정의하면 다음과 같다.

> 임의의 양수 ε에 대해 적당한 δ가 존재해서
> $0 < |z - z_0| < \delta$인 모든 z에 대해 $|f(z) - L| < \varepsilon$이다.

그림 10.11에 나타낸 대로, 이 정의는 L의 임의의 ε근방 $N(L, \varepsilon)$에 대해 z_0의 적당한 δ근방 $N(z_0, \delta)$가 존재해서 $z \in N(z_0, \delta) - \{z_0\}$이면 $f(z) \in N(L, \varepsilon)$임을 의미한다.

이것과 실 함수의 극한 사이의 결정적인 차이점은 z가 z_0에 한없이 가까이 가는 방법에 있

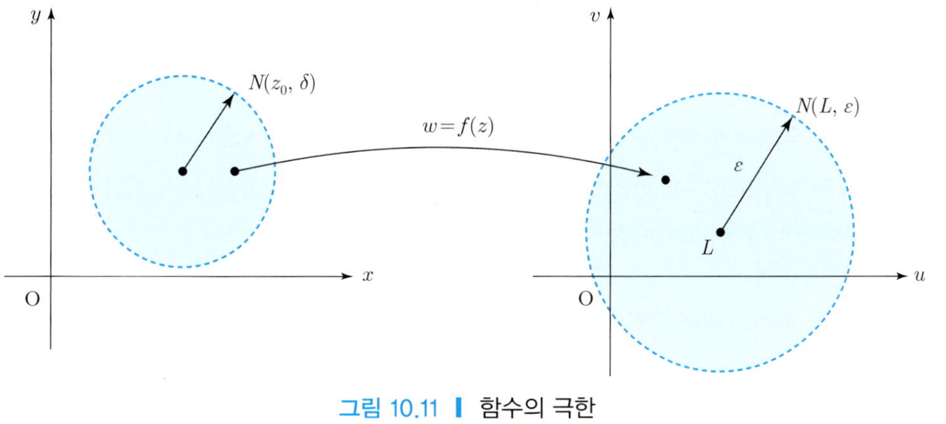

그림 10.11 ❙ 함수의 극한

다. 복소 함수의 경우에 $\lim_{z \to z_0} f(z) = L$은 z가 임의의 경로를 따라 z_0에 접근할 때 $f(z)$가 L에 접근해야 한다.

실 함수의 극한에 관한 성질이 복소 함수에 대해서도 성립한다.

정리 10.2 $\lim_{z \to z_0} f(z) = L$이고 $\lim_{z \to z_0} g(z) = M$이라 하면 다음이 성립한다.

[1] $\lim_{z \to z_0} \{f(z) \pm g(z)\} = L \pm M$ (복호 동순)

[2] $\lim_{z \to z_0} f(z)g(z) = LM$

[3] $\lim_{z \to z_0} \dfrac{f(z)}{g(z)} = \dfrac{L}{M}$ (단, $M \neq 0$)

복소 함수 f가 복소수 z_0의 근방에서 정의되어 있고(특히, $f(z_0)$이 정의되어 있고) $\lim_{z \to z_0} f(z) = f(z_0)$이 성립할 때, f는 z_0에서 연속(continuous)이라고 한다. 즉, 임의의 양수 ε에 대해 적당한 양수 δ가 존재해서 $|z - z_0| < \delta$인 모든 z에 대해 $|f(z) - f(z_0)| < \varepsilon$이 성립할 때, f는 z_0에서 연속이다. 복소 함수 f가 복소 평면의 부분 집합 S의 각 점에서 연속일 때, f는 S에서 연속이라고 한다.

보기 1

복소 함수 $f(z) = \pi z + e$가 모든 점에서 연속임을 보여라.

증명 임의의 점 z_0에서 연속임을 증명하자. f는 다음을 만족시킨다.

$$|f(z) - f(z_0)| = |(\pi z + e) - (\pi z_0 + e)| = \pi |z - z_0|$$

그러므로 임의의 양수 ε에 대해 $\delta = \dfrac{\varepsilon}{\pi}$으로 선택하면 $|z - z_0| < \delta$인 모든 z에 대해 $|f(z) - f(z_0)| < \varepsilon$이다. 따라서 f는 z_0에서 연속이다. z_0은 임의의 점이므로 f는 모든 점에서 연속이다. ■

정리 10.2에 의하여 다음 정리가 성립한다.

정리 10.3 복소 함수 f와 g가 z_0에서 연속이고 c가 복소수이면 cf, $f+g$, $f-g$, fg, $\dfrac{f}{g}$, (단, $g(z_0) \neq 0$)도 z_0에서 연속이다.

보기 1과 정리 10.3에 의하여 다항 함수 $f(z) = a_n z^n + a_{n-1} z^{n-1} + \cdots + a_1 z + a_0$은 모든 점에서 연속이다. 또, 두 다항 함수 $g(z)$와 $h(z)$로 정의된 유리 함수 $f(z) = \dfrac{g(z)}{h(z)}$는 $h(z) \neq 0$인 점에서 연속이다.

도함수

실 함수와 똑같이 복소 함수의 도함수를 정의한다. 복소 함수 f가 복소수 z_0의 근방에서 정의되고 있고, 다음 극한이 존재할 때, f는 z_0에서 미분 가능(differentiable)하다고 하고, 그 극한값을 $f'(z_0)$로 나타낸다.

$$\lim_{\Delta z \to 0} \frac{f(z_0 + \Delta z) - f(z_0)}{\Delta z} = f'(z_0)$$

각 복소수 z_0에 극한값 $f'(z_0)$을 대응시키는 함수 $f' = \dfrac{df}{dz}$를 f의 도함수(derivative)라고 한다.

보기 2

복소 함수 $f(z) = z^2$의 경우에 임의의 점 z에서 다음이 성립한다.

$$f'(z) = \lim_{\Delta z \to 0} \frac{(z + \Delta z)^2 - z^2}{\Delta z} = \lim_{\Delta z \to 0} (2z + \Delta z) = 2z$$

따라서 $f(z) = z^2$은 모든 점에서 미분 가능하고 도함수는 $f'(z) = 2z$이다.

다음 복소 함수의 미분법에 대한 증명을 실 함수의 경우와 유사하므로 생략한다.

정리 10.4 복소 함수 f와 g가 z에서 미분 가능하면 다음이 성립한다.

[1] $\{cf(z)\}' = cf'(z)$ (c는 복소 상수)

[2] $\{f(z) \pm g(z)\}' = f'(z) \pm g'(z)$ (복호 동순)

[3] $\{f(z)g(z)\}' = f'(z)g(z) + f(z)g'(z)$

[4] $\left\{\dfrac{f(z)}{g(z)}\right\}' = \dfrac{f'(z)g(z) - f(z)g'(z)}{\{g(z)\}^2}$ (단, $g(z) \neq 0$)

[5] $\{f(g(z))\}' = f'(g(z))g'(z)$ (f는 $g(z)$에서 미분 가능)

복소 함수 $f(z)$가 z_0에서 미분 가능하면 f는 z_0에서 연속이다. 그러나 역은 일반적으로 성립하지 않는다.

보기 3

복소 함수 $f(z) = \bar{z}$는 모든 점에서 연속이지만 미분 가능하지 않음을 보여라.

증명 $|\bar{z} - \bar{z}_0| = |z - z_0|$이다. 그러므로 임의의 점 z_0에서 임의의 양수 ε에 대해 적당한 양수 $\delta = \varepsilon$이 존재해서 $|z - z_0| < \delta$이면 $|f(z) - f(z_0)| < \varepsilon$이다. 그러므로 $f(z) = \bar{z}$는 모든 점에서 f는 연속이다. 그런데 $\Delta z = \Delta x + i\Delta y$라고 하면, 다음 값은 $\Delta y = 0$일 때 1이고 $\Delta x = 0$일 때는 -1이다.

$$\frac{\overline{(z+\Delta z)} - \bar{z}}{\Delta z} = \frac{\overline{\Delta z}}{\Delta z} = \frac{\Delta x - i\Delta y}{\Delta x + i\Delta y}$$

따라서 $\Delta z \to 0$일 때의 극한이 존재하지 않으므로 $f'(z)$는 정의되지 않는다. 따라서 모든 점에서 f는 미분 가능하지 않다. ■

해석 함수

복소 함수 f가 z_0의 적당한 근방에 속한 모든 점에서 미분 가능할 때, f는 z_0에서 해석적(analytic)이라고 한다. 또, f가 영역 Ω의 모든 점에서 해석적이면 f는 Ω에서 해석적이라고 한다. 영역은 정의에 의하여 연결 집합이고 열린 집합이다. 따라서 f가 영역 Ω의 각 점에서 미분 가능하면 f는 Ω에서 해석적이다. 또, 복소 함수 f가 집합 $D \subset \mathbb{C}$에서 해석적이라는 것은, D를 포함하는 적당한 열린 집합 Ω가 존재해서 f가 Ω에서 해석적이라는 것이다.

해석 함수(analytic function)는 적당한 영역에서 해석적인 함수를 말한다. 복소 평면 전체에서 해석적인 함수를 전해석 함수 또는 완전 함수(entire function)라고 한다. 예를 들면, 복소 함수 $f(z)=z^2$은 모든 점에서 미분 가능하므로 모든 점에서 해석적이고, 따라서 전해석 함수이다. 실제로 모든 다항 함수는 전해석 함수이고, 유리 함수는 분모가 0이 아닌 모든 점에서 해석적이다.

보기 4

복소 함수 $f(z)=|z|^2$은 다음과 같이 $z=0$에서 미분 가능하다.

$$\lim_{\Delta z\to 0}\frac{f(0+\Delta z)-f(0)}{\Delta z}=\lim_{\Delta z\to 0}\frac{|\Delta z|^2-0^2}{\Delta z}=\lim_{\Delta z\to 0}\overline{\Delta z}=0$$

그러나 $z\neq 0$이면 다음을 얻는다.

$$\frac{f(z+\Delta z)-f(z)}{\Delta z}=\frac{(z+\Delta z)\overline{(z+\Delta z)}-z\bar{z}}{\Delta z}=\bar{z}+\overline{\Delta z}+z\frac{\overline{\Delta z}}{\Delta z}$$

그런데 보기 3에 의하여 $\Delta z\to 0$일 때 $\dfrac{\overline{\Delta z}}{\Delta z}$의 극한이 존재하지 않으므로, $f'(z)$는 정의되지 않는다. 따라서 f는 0에서만 미분 가능하므로 0에서 해석적이지 않다.

10.3 연습 문제

01. 다음 극한값을 찾아라.

(1) $\displaystyle\lim_{z\to i}(z^3-5z^2+2z)$

(2) $\displaystyle\lim_{z\to 1-i}\frac{3z^2-z+2}{z+1}$

(3) $\displaystyle\lim_{z\to 0}\frac{\overline{z^2}}{z}$

(4) $\displaystyle\lim_{z\to i}\frac{z^4-1}{z-i}$

(5) $\displaystyle\lim_{z\to 1+i}\frac{z^2-2x+2}{z^2-2i}$

(6) $\displaystyle\lim_{z\to i}\frac{iz^3-1}{z+i}$

02. 다음 복소 함수의 도함수를 찾아라.

(1) $f(z)=(z^2+i)^3$

(2) $f(z)=(2z+1)(z^2-1)$

(3) $f(z)=\left(2z+\dfrac{1}{z}\right)^2$ (4) $f(z)=\dfrac{z^2}{(z+1)^2}$

03. 복소 함수 $f(z)=u(x,\ y)+iv(x,\ y)$가 점 $c=a+ib$에서 연속이기 위한 필요 충분 조건은 실 함수 $u(x,\ y)$와 $v(x,\ y)$가 점 $(a,\ b)$에서 연속임을 보여라.

04. 복소 함수 $f(z)=\mathrm{Re}\,z$는 모든 점에서 미분 불가능함을 보여라.

05. 복소 함수 $f(z)$가 z_0에서 미분 가능하면, $f(z)$는 z_0에서 연속임을 보여라.

06. 복소 함수 $f(z)$가 다음과 같이 주어졌다고 하자.

$$f(z)=\begin{cases} \dfrac{(\bar{z})^2}{z} & (z\neq 0) \\ 0 & (z=0) \end{cases}$$

이때, f가 0에서 미분 가능하지 않음을 보여라.

07. 다항 함수 $P(z)=a_0+a_1z+\ \cdots\ +a_nz^n\,(a_n\neq 0)$일 때, 다음이 성립함을 보여라.

$$a_j=\frac{P^{(j)}(0)}{j!}\quad (0\leq j\leq n)$$

08. 다음과 같이 정의된 함수는 모든 점에서 연속임을 보여라.

$$f(z)=\begin{cases} \dfrac{(\mathrm{Re}(z^2))^2}{|z|^2} & (z\neq 0) \\ 0 & (z=0) \end{cases}$$

10.4 코시 · 리만 방정식

10.3절에서 영역 Ω의 각 점에서 미분 가능한 복소 함수 f는 Ω에서 해석적임을 알아보았다. 이 절에서는 복소 함수 $f(z)=u(x, y)+iv(x, y)$의 실수 부분 u와 허수 부분 v의 편도함수를 이용하여 f가 해석적인지를 판정하는 간단한 방법에 대하여 알아본다.

코시 · 리만 방정식

정리 10.5 복소 함수 $f(z)=u(x, y)+iv(x, y)$가 점 $z_0=x_0+iy_0$의 적당한 근방에서 정의되고 연속이며 z_0에서 미분 가능하면, (x_0, y_0)에서 u와 v의 일계 편도함수가 존재하고 다음 코시 · 리만 방정식(Cauchy-Riemann equations)이 성립한다.

$$\frac{\partial u}{\partial x}=\frac{\partial v}{\partial y}, \qquad \frac{\partial u}{\partial y}=-\frac{\partial v}{\partial x} \tag{1}$$

따라서 복소 함수 $f=u+iv$가 영역 Ω에서 해석적이면, u와 v는 Ω의 모든 점에서 일계 편도함수를 갖고 코시 · 리만 방정식을 만족시킨다.

증명 가정에 의하여 다음 극한이 존재한다.

$$f'(z)=\lim_{\Delta z\to 0}\frac{f(z_0+\Delta z)-f(z_0)}{\Delta z} \tag{2}$$

$\Delta z=\Delta x+i\Delta y$라 하면, $z_0=x_0+iy_0$이므로 식 (2)를 다음과 같이 쓸 수 있다.

$$f'(z_0)$$
$$=\lim_{\Delta z\to 0}\frac{\{u(x_0+\Delta x, y_0+\Delta y)+iv(x_0+\Delta x, y_0+\Delta y)\}-\{u(x_0, y_0)+iv(x_0, y_0)\}}{\Delta x+i\Delta y} \tag{3}$$

그런데 이 극한이 존재하므로, Δz가 임의의 방향에서 0으로 접근해도 똑같은 극한을 얻는다. 실수축을 따라 $\Delta z\to 0$이면 $\Delta z=\Delta x$이므로 식 (3)으로부터 다음을 얻는다.

$$f'(z_0) = \lim_{\Delta x \to 0} \frac{u(x_0 + \Delta x,\ y_0) - u(x_0,\ y_0)}{\Delta x} + i \lim_{\Delta x \to 0} \frac{v(x_0 + \Delta x,\ y_0) - v(x_0,\ y_0)}{\Delta x} \tag{4}$$

$f'(z_0)$가 존재하므로 식 (4)의 두 극한이 모두 존재한다. 즉, x에 관한 u와 v의 일계 편도함수가 존재한다. 그러므로 다음을 얻는다.

$$f'(z_0) = \frac{\partial u}{\partial x}(x_0,\ y_0) + i\frac{\partial v}{\partial x}(x_0,\ y_0) \tag{5}$$

또, 허수축을 따라 $\Delta z \to 0$이면 $\Delta z = i\,\Delta y$이므로 식 (3)으로부터 다음을 얻는다.

$$f'(z_0) = \lim_{\Delta y \to 0} \frac{u(x_0,\ y_0 + \Delta y) - u(x_0,\ y_0)}{i\Delta y} + i \lim_{\Delta y \to 0} \frac{v(x_0,\ y_0 + \Delta y) - v(x_0,\ y_0)}{i\Delta y}$$

그러므로 y에 관한 u와 v의 일계 편도함수가 존재하고 다음이 성립한다.

$$f'(z_0) = -i\frac{\partial u}{\partial y}(x_0,\ y_0) + \frac{\partial v}{\partial y}(x_0,\ y_0) \tag{6}$$

따라서 식 (5)와 (6)의 실수 부분과 허수 부분을 같게 놓으면 코시·리만 방정식 (1)을 얻는다. ■

위의 증명 과정에서 식 (5)와 (6)은 복소 함수의 도함수를 편미분을 사용하여 찾을 수 있음을 알려준다. 즉, $f'(z) = u_x(x,\ y) + iv_x(x,\ y)$이다. 또, 정리 10.5는 복소 함수 $f(z)$가 영역 Ω에서 해석적이기 위한 필요 조건을 알려주고 있다. 이 정리는 주어진 함수가 미분 가능하지 않음을, 따라서 해석적이지 않음을 밝히는 데 사용된다.

보기 1

10.3절의 보기 3에서 복소 함수 $f(z) = \bar{z}$가 모든 점에서 미분 가능하지 않음을 정의를 통해 밝혔다. 여기서는 코시·리만 방정식을 이용해서 이를 밝혀보자.
$f(z) = x - iy$이므로 $u(x,\ y) = x$이고 $v(x,\ y) = -y$이다. 따라서 $\dfrac{\partial u}{\partial y} = -\dfrac{\partial v}{\partial x} = 0$이지만 $\dfrac{\partial u}{\partial x} = 1 \neq -1 = \dfrac{\partial v}{\partial y}$이므로, $f(z)$는 모든 점에서 코시·리만 방정식을 만족시키지 않는다. 그러므로 $f(z)$는 모든 점에서 미분 가능하지 않다.

보기 2

함수 $f(z)=\begin{cases}\dfrac{(\overline{z})^2}{z} & (z\neq 0)\\ 0 & (z=0)\end{cases}$ 은 $z=0$에서 코시·리만 방정식을 만족하지만, $z=0$에서 도함수가 존재하지 않음을 보여라.

풀이 $f(z)=\dfrac{(\overline{z})^2}{z}=\dfrac{(x-iy)^2}{x+iy}=\dfrac{(x^3-3xy^2)+i(-3x^2y+y^3)}{x^2+y^2}$ 에서

$u(x,\ y)=\dfrac{x^3-3xy^2}{x^2+y^2}$ 이고 $v(x,\ y)=\dfrac{y^3-3x^2y}{x^2+y^2}$ 이므로 다음을 얻는다.

$$u_x(0,\ 0)=\lim_{h\to 0}\frac{u(h,\ 0)-u(0,\ 0)}{h}=\lim_{h\to 0}\frac{1}{h}\cdot h=1,$$

$$v_y(0,\ 0)=\lim_{h\to 0}\frac{v(0,\ h)-v(0,\ 0)}{h}=\lim_{h\to 0}\frac{1}{h}\cdot h=1,$$

$$u_y(0,\ 0)=\lim_{h\to 0}\frac{u(0,\ h)-u(0,\ 0)}{h}=\lim_{h\to 0}\frac{1}{h}\cdot 0=0,$$

$$v_x(0,\ 0)=\lim_{h\to 0}\frac{v(h,\ 0)-v(0,\ 0)}{h}=\lim_{h\to 0}\frac{1}{h}\cdot 0=0$$

그러므로 $u_x(0,\ 0)=v_y(0,\ 0)$이고 $u_y(0,\ 0)=-v_x(0,\ 0)$이다.

그런데 $\displaystyle\lim_{z\to 0}\frac{f(z)-f(0)}{z-0}=\lim_{z\to 0}\frac{(\overline{z})^2}{z^2}$ 에서 (i) 실수축을 따라 $z\to 0$이면 $\displaystyle\lim_{x\to 0}\frac{x^2}{x^2}=1$이고 (ii) 직선 $y=x$을 따라 $z\to 0$이면 $\displaystyle\lim_{z\to 0}\frac{(x-iy)^2}{(x+iy)^2}=-1$이다. 그러므로 $f'(0)$는 존재하지 않는다. □

보기 2에서와 같이 코시·리만 방정식은 해석적이기 위한 충분 조건은 아니지만, 적당한 조건을 추가하면 해석적임을 보장할 수 있다. 다음 정리의 증명은 이 책의 정도를 벗어나므로 생략한다.

정리 10.6 두 실 함수 $u(x,\ y)$와 $v(x,\ y)$가 영역 Ω에서 연속이고, 연속인 일계 편도함수를 가지며 코시·리만 방정식을 만족시키면, 복소 함수 $f(z)=u(x,\ y)+iv(x,\ y)$는 Ω에서 해석적이다.

보기 3

복소 함수 $f(z)=z^2$이 전해석 함수임을 보여라.

증명 $f(z)=(x^2-y^2)+i(2xy)$이므로 $u(x,\ y)=x^2-y^2$과 $v(x,\ y)=2xy$는 모든 점에서 연속이다. 그리고 다음 일계 편도함수는 모든 점에서 연속이며 코시·리만 방정식을 만족시킨다.

$$\frac{\partial u}{\partial x}=2x\,,\ \frac{\partial u}{\partial y}=-2y\,,\qquad \frac{\partial v}{\partial x}=2y\,,\ \frac{\partial v}{\partial y}=2x$$

따라서 정리 10.6에 의하여 $f(z)$는 모든 점에서 해석적이다. ■

조화 함수

해석 함수의 실수 부분과 허수 부분은 응용 수학에서 매우 중요한 편미분 방정식 중의 하나인 라플라스(Laplace) 방정식을 만족시킨다.

정리 10.7 복소 함수 $f(z)=u(x,\ y)+iv(x,\ y)$가 영역 Ω에서 해석적이면, u와 v는 각각 Ω에서 연속인 이계 편도함수를 가지며 다음 라플라스 방정식을 만족시킨다.

$$\frac{\partial^2 u}{\partial x^2}+\frac{\partial^2 u}{\partial y^2}=0,\qquad \frac{\partial^2 v}{\partial x^2}+\frac{\partial^2 v}{\partial y^2}=0 \tag{7}$$

증명 11.4절에서 해석 함수의 도함수는 또다시 해석 함수임을 증명할 것이다. 따라서 해석 함수는 모든 계의 도함수를 가진다. 여기서는 그 사실을 이용한다. 그러므로 u와 v는 모든 계의 연속인 편도함수를 갖는다. 특히, 연속인 이계 편도함수를 갖는다.

이제, 코시·리만 방정식 $\frac{\partial u}{\partial x}=\frac{\partial v}{\partial y}$를 x에 관하여 미분하고 $\frac{\partial u}{\partial y}=-\frac{\partial v}{\partial x}$를 y에 관하여 미분하면 다음을 얻는다.

$$\frac{\partial^2 u}{\partial x^2}=\frac{\partial^2 v}{\partial x\,\partial y},\ \frac{\partial^2 u}{\partial y^2}=-\frac{\partial^2 v}{\partial y\,\partial x} \tag{8}$$

v는 연속인 이계 편도함수를 가지므로 $\frac{\partial^2 v}{\partial x\,\partial y}=\frac{\partial^2 v}{\partial y\partial x}$이다. 따라서 (8)의 두 식을 더하면 u에 관한 라플라스 방정식을 만족시킨다. 마찬가지 방법으로 v가 라플라스 방정식을 만족시킴을 보일 수 있다. ■

연속인 이계 편도함수를 갖고 라플라스 방정식을 만족시키는 실 함수를 조화 함수(harmonic function)라고 한다. 정리 10.7에 의하여 해석 함수의 실수 부분과 허수 부분은 각각 조화 함수이다. 또, 두 조화 함수 u와 v가 영역 Ω에서 코시·리만 방정식을 만족시키면, 정리 10.6에 의하여 복소 함수 $f(z)=u(x, y)+iv(x, y)$는 Ω에서 해석 함수이다. 이때, v를 u의 결레 조화 함수(conjugate harmonic function)라고 한다. 그리고 조화 함수 u가 주어지면 코시·리만 방정식을 이용하여 그것의 결레 조화 함수 v를 찾을 수 있고, 따라서 실수 부분이 u인 해석 함수를 찾을 수 있다.

보기 4

$u(x, y)=x^2-y^2-x$가 평면 전체에서 조화 함수임을 보이고, u의 결레 조화 함수를 찾아라.

풀이 편도함수들을 찾으면 다음과 같다.

$$\frac{\partial u}{\partial x}=2x-1, \quad \frac{\partial^2 u}{\partial x^2}=2, \quad \frac{\partial u}{\partial y}=-2y, \quad \frac{\partial^2 u}{\partial y^2}=-2$$

모든 점에서 $\dfrac{\partial^2 u}{\partial x^2}+\dfrac{\partial^2 u}{\partial y^2}=0$이므로 u는 조화 함수이다.
u의 결레 조화 함수 v는 코시·리만 방정식 $\dfrac{\partial u}{\partial x}=2x-1=\dfrac{\partial v}{\partial y}$를 만족시켜야 한다. 이를 y에 관하여 적분하면 $v(x, y)=2xy-y+k(x)$이다. 또, v는 코시·리만 방정식 $\dfrac{\partial u}{\partial y}=-\dfrac{\partial v}{\partial x}$를 만족시켜야 하므로 $-2y=-2y-k'(x)$이다. 그러므로 $k'(x)=0$이고 $k(x)=C$ (상수)이다. 따라서 $v(x, y)=2xy-y+C$이다.

조화 함수 u와 v를 각각 실수 부분과 허수 부분으로 갖는 해석 함수는 다음과 같다.

$$f(z)=(x^2-y^2-x)+i(2xy-y+C)=z^2-z+iC$$ □

10.4 연습 문제

01. 다음 복소 함수는 어떠한 점에서도 해석적이지 않음을 보여라.

(1) $f(z)=\text{Re}\, z$　　(2) $f(z)=\text{Re}\, z^2$

(3) $f(x+iy)=y+ix$

(4) $f(z)=z-\overline{z}$

(5) $f(z)=(\overline{z})^2$

(6) $f(x+iy)=x^2+y^2$

02. 다음 복소 함수는 적당한 영역에서 해석적임을 보여라.

(1) $f(z)=z^2+z$

(2) $f(z)=z^3$

(3) $f(z)=\dfrac{1}{1-z}$

(4) $f(z)=z+\dfrac{1}{z}$

(5) $f(x+iy)=e^x(\cos y+i\sin y)$

(6) $f(x+iy)=\dfrac{x-1}{(x-1)^2+y^2}-i\dfrac{y}{(x-1)^2+y^2}$

03. 다음 복소 함수가 전해석 함수가 되도록 상수 a, b, c를 결정하라.

(1) $f(z)=x+ay-i(bx+cy)$

(2) $f(z)=ax^2-by^2+icxy$

(3) $f(z)=e^x\cos ay+ie^x\sin(y+b)+c$

(4) $f(z)=a(x^2+y^2)+ibxy+c$

04. 다음 함수가 조화 함수임을 밝히고, 각 경우의 켤레 조화 함수를 찾아라.

(1) $u(x,\ y)=ax+by$ (a, b는 실수)

(2) $u(x,\ y)=x^3-3xy^2$

(3) $u(x,\ y)=\dfrac{y}{x^2+y^2}\ \ (x^2+y^2\neq 0)$

(4) $u(x,\ y)=\ln(x^2+y^2)\ (x^2+y^2\neq 0)$

05. 복소 함수 $f(z)$가 영역 Ω에서 해석적이고 $\mathrm{Re}\,f(z)$가 상수이면 $f(z)$도 상수임을 보여라.

06. 복소 함수 $f(z)$가 영역 Ω에서 해석적이고 $|f(z)|$가 상수이면 $f(z)$도 상수임을 보여라.

07. 함수 $f(z)$가 영역 Ω에서 해석적이라 하자. 만약 $\overline{f(z)}$가 Ω에서 해석적이면 $f(z)$는 Ω에서 상수 함수임을 보여라.

08. 극 형식을 사용하여 $z=r(\cos\theta+i\sin\theta)\neq 0$, $f(z)=u(r,\ \theta)+iv(r,\ \theta)$라 하면, 코시·리만 방정식은 다음과 같음을 보여라.

$$\frac{\partial u}{\partial r}=\frac{1}{r}\frac{\partial v}{\partial \theta},\quad \frac{\partial v}{\partial r}=-\frac{1}{r}\frac{\partial u}{\partial \theta}$$

또, f가 z에서 해석적이면 다음이 성립함을 보여라.

$$f'(z) = e^{-i\theta}\{u_r(r,\ \theta) + iv_r(r,\ \theta)\}$$

09. 복소 함수 $f(z) = f(re^{i\theta}) = \ln r + i\theta \ (r > 0,\ 0 < \theta < 2\pi)$일 때, f는 $\Omega = \{z = re^{i\theta} \in \mathbb{C} \mid r > 0,\ 0 < \theta < 2\pi\}$에서 해석적임을 보이고 $f'(z) = \dfrac{1}{z}$임을 밝혀라.

10. 문제 8을 이용하여 $f(z) = \dfrac{1}{z}$의 도함수가 $f'(z) = -\dfrac{1}{z^2}$임을 보여라.

11. 복소 함수 $f(z) = f(re^{i\theta}) = u(r,\ \theta) + iv(r,\ \theta)$가 0을 포함하지 않는 영역 Ω에서 해석적이면 모든 $z = re^{i\theta} \in \Omega$에 대하여 다음이 성립함을 보여라.

$$r^2 u_{rr}(r,\ \theta) + ru_r(r,\ \theta) + u_{\theta\theta}(r,\ \theta) = 0,$$
$$r^2 v_{rr}(r,\ \theta) + rv_r(r,\ \theta) + v_{\theta\theta}(r,\ \theta) = 0$$

12. $f(z) = u + iv$가 정의역 D에서 해석적이고 $g(\overline{z}) = \overline{f(\overline{z})}$이면, $g(\overline{z})$는 $\overline{D} = \{\overline{z} \mid z \in D\}$에서 해석적임을 보여라.

10.5 초등 해석 함수

10.3절에서 다항 함수는 전해석 함수이고 유리 함수는 분모가 0이 아닌 영역에서 해석적임을 알아보았다. 이 절에서는 복소 해석학에서 자주 사용되는 지수 함수, 삼각 함수, 로그 함수, 일반 거듭제곱 함수 등을 알아본다.

지수 함수

지수가 복소수인 함수 e^z을 정의하기 위하여 다음과 같은 오일러의 공식을 생각하자.

$$e^{i\theta} = \cos\theta + i\sin\theta$$

지수가 실수인 경우를 복소수로 확장시키고 모든 지수 법칙이 성립하도록 만들기 위하여, 지수 함수(complex exponential function) $e^z = \exp(z)$를 다음과 같이 정의한다.

$$e^z = e^{x+iy} = e^x(\cos y + i\sin y)$$

지수 함수는 다른 초등 함수를 정의하는 데 사용된다. 이와 같이 정의된 지수 함수는 다음 성질을 갖는다.

정리 10.8 [1] 지수 함수 e^z은 전해석 함수이고, $\dfrac{d}{dz}e^z = e^z$이다.

[2] $e^{z_1}e^{z_2} = e^{z_1+z_2}$

[3] $e^{z+2\pi i} = e^z$

[4] $|e^z| = e^x$, $\arg e^z = y + 2n\pi$ (n은 정수)

증명 [1] 지수 함수 e^z의 실수 부분 $u(x, y) = e^x\cos y$와 허수 부분 $v(x, y) = e^x\sin y$는 전체 복소 평면에서 정리 10.6의 모든 조건을 만족시킨다. 따라서 e^z은 전해석 함수이다. 10.4절의 식 (5)를 이용하여 e^z의 도함수를 찾으면 다음과 같다.

$$\frac{d}{dz}e^z = \frac{\partial}{\partial x}(e^x\cos y) + i\frac{\partial}{\partial x}(e^x\sin y) = e^x\cos y + ie^x\sin y = e^z$$

[2] $z_1 = x_1 + iy_1$이고 $z_2 = x_2 + iy_2$라 하면 다음이 성립한다.

$$\begin{aligned} e^{z_1}e^{z_2} &= e^{x_1}(\cos y_1 + i\sin y_1)e^{x_2}(\cos y_2 + i\sin y_2) \\ &= e^{x_1+x_2}\{\cos(y_1+y_2) + i\sin(y_1+y_2)\} \\ &= e^{(x_1+x_2)+i(y_1+y_2)} = e^{z_1+z_2} \end{aligned}$$

[3] $e^{z+2\pi i} = e^z e^{2\pi i} = e^z(\cos 2\pi + i\sin 2\pi) = e^z$

[4] $|e^{iy}| = |\cos y + i\sin y| = \sqrt{\cos^2 y + \sin^2 y} = 1$이므로 다음이 성립한다.

$$|e^z| = |e^x e^{iy}| = |e^x||e^{iy}| = e^x$$

그리고 자명하게 $\arg e^z = y + 2n\pi$(n은 정수)이다. ■

지수 함수의 정의로부터 $e^{2\pi i} = 1$, $e^{\pi i} = -1$, $e^{\frac{\pi i}{2}} = i$ 임을 알 수 있다. 또, 정리 1의 [3]으로부터 e^z는 주기가 $2\pi i$인 주기 함수이고 [4]로부터 모든 복소수 z에 대하여 $e^z \neq 0$임을 알 수 있다.

보기 1

방정식 $e^z = \frac{1}{2} + i\frac{\sqrt{3}}{2}$을 만족시키는 z를 모두 찾아라.

풀이 $|e^z| = e^x = 1$이므로 $x = 0$이다. 그리고 $\cos y = \frac{1}{2}$이고 $\sin y = \frac{\sqrt{3}}{2}$이므로 $y = \frac{\pi}{3} + 2n\pi$ (n은 정수)이다. 따라서 찾는 해는 $z = i\left(\frac{\pi}{3} + 2n\pi\right)$ (n은 정수)이다. 주어진 방정식은 무수히 많은 해를 가진다. □

보기 2

지수 함수 $w = e^z$에 의한 다음 집합의 상을 찾아라.

[1] $x = 1$

[2] $y = 2$

[3] $\{(x, y) \in \mathbb{C} \mid x < 0,\ 0 \leq y \leq \pi\}$

풀이 $|w| = |e^z| = e^x$, $\arg w = y + 2n\pi$ (n은 정수)이다.

[1], [2] 지수 함수 $w = e^z$에 의하여 직선 $x = 1$은 원 $|w| = e$로 사상되고, 직선 $y = 2$

는 반직선 $\arg w = 2$로 사상된다(그림 10.12).

[3] 지수 함수 $w = e^z$에 의하여 무한 띠 $0 \le y \le \pi$는 w평면의 상반평면 $\mathrm{Im}\, w \ge 0$으로 사상된다. 그런데 $0 < |w| = e^x < 1$이므로 w평면에서 원점을 제외한 중심이 0인 단위 원의 내부로 사상된다(그림 10.12). □

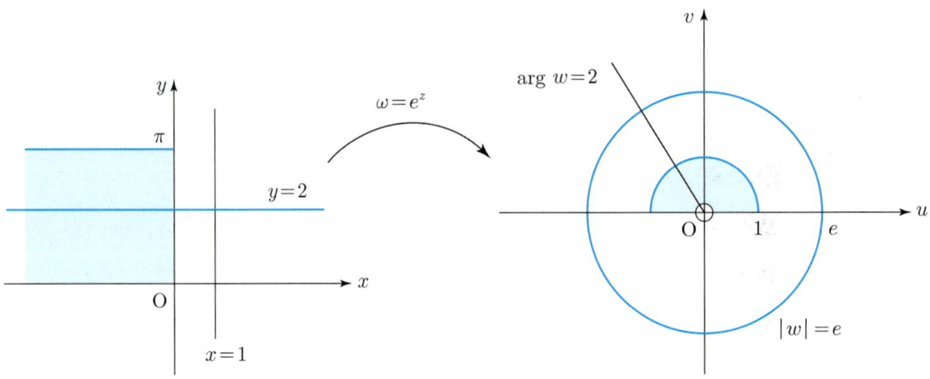

그림 10.12 ▌ 지수 함수의 사상

로그 함수

복소 변수 로그 함수(logarithmic function, logarithm)는 $e^w = z$일 때 다음과 같은 관계로 정의한다.

$$w = \log z$$

$e^w \neq 0$이므로, $z = 0$일 때 로그 함수는 정의되지 않는다. $z = re^{i\theta}$이고 $w = u + iv$라 하면 $e^w = e^{u+iv} = e^u e^{iv} = re^{i\theta}$이므로 $e^u = r = |z|$, 즉 $u = \ln r = \ln|z|$이다(ln은 자연 로그를 나타낸다). 또, $v = \theta + 2n\pi = \arg z$이다. 따라서 로그 함수는 다음과 같이 표현된다.

$$w = \log z = \ln|z| + i \arg z$$

따라서 로그 함수 $\log z$는 다가 함수이다. 여기서 z의 편각을 구간 $(-\pi, \pi]$로 제한할 때, $\log z$의 값을 주값(principal value)이라고 한다. $z \neq 0$인 복소수에 $\log z$의 주값을 대응시키는 함수를 주 로그 함수(principal logarithmic function)라 하고 이를 $\mathrm{Log}\, z$로 나타낸다. 따라서 주 로그 함수는 다음과 같다.

$$\mathrm{Log}\, z = \ln|z| + i\, \mathrm{Arg}\, z$$

$\operatorname{Log} z$는 단가 함수이고, z가 양의 실수이면 $\operatorname{Arg} z = 0$이므로 $\operatorname{Log} z$는 변수가 실수인 자연로그와 일치한다. 또, $\log z$와의 관계는 다음과 같다.

$$\log z = \operatorname{Log} z + i\,2n\pi \quad (n\text{은 정수})$$

보기 3

로그 함수의 몇 가지 값과 주값은 다음과 같다.

$\log 1 = 2n\pi i$ (n은 정수), $\operatorname{Log} 1 = 0$,

$\log e = 1 + 2n\pi i$ (n은 정수), $\operatorname{Log} e = 1$,

$\log(-1) = (2n+1)\pi i$ (n은 정수), $\operatorname{Log}(-1) = \pi i$,

$\log(-4) = \ln 4 + i(\pi + 2n\pi)$ (n은 정수), $\operatorname{Log}(-4) = \ln 4 + \pi i$,

$\log i = \left(2n\pi + \dfrac{\pi}{2}\right) i$ (n은 정수), $\operatorname{Log} i = \dfrac{\pi i}{2}$,

$\log(1 + i\sqrt{3}) = \ln 2 + i\left(\dfrac{\pi}{3} + 2n\pi\right)$ (n은 정수), $\operatorname{Log}(1 + i\sqrt{3}) = \ln 2 + i\dfrac{\pi}{3}$

주 로그 함수 $\operatorname{Log} z$는 음의 실수축에서 연속이 아니다. 음의 실수축에 있는 점은 $z_0 = r_0 e^{\pi i}$ $(r_0 > 0)$로 나타나므로 $\operatorname{Log} z_0 = \ln r_0 + i\pi$이다. 그런데 실수축의 아래쪽에서 z_0에 접근하면 $\lim_{z \to z_0} \operatorname{Arg} z = -\pi$이므로, 이 경우에 다음이 성립한다.

$$\lim_{z \to z_0} \operatorname{Log} z = \ln r_0 - i\pi \neq \operatorname{Log} z_0$$

그러나 $\operatorname{Log} z$는 원점과 음의 실수축을 제외한 영역에서 연속이다.

정리 10.9 [1] $2\pi i$의 정수배를 무시했을 때, 다음 등식이 성립한다.

$$\log z_1 z_2 = \log z_1 + \log z_2, \quad \log\left(\frac{z_1}{z_2}\right) = \log z_1 - \log z_2$$

[2] $\operatorname{Log} z$는 원점과 음의 실수축을 제외한 영역에서 해석적이고 도함수는 다음과 같다.

$$\frac{d}{dz} \operatorname{Log} z = \frac{1}{z}$$

증명 [1] 2π의 정수배를 무시하면, 다음이 성립한다.

$$\arg z_1 z_2 = \arg z_1 + \arg z_2,\ \ \arg\left(\frac{z_1}{z_2}\right) = \arg z_1 - \arg z_2$$

따라서 로그 함수의 정의에 의하여 주어진 등식이 성립한다.

[2] $z = re^{i\theta}\,(r > 0,\ -\pi < \theta < \pi)$라고 하면, 다음이 성립한다.

$$\operatorname{Log} z = u(r,\ \theta) + iv(r,\ \theta) = \ln r + i\theta$$

그러므로 다음을 얻는다.

$$\frac{\partial u}{\partial r} = \frac{1}{r} = \frac{1}{r}\frac{\partial v}{\partial \theta},\quad \frac{\partial u}{\partial \theta} = 0 = -r\frac{\partial v}{\partial r}$$

따라서 $\operatorname{Log} z$는 원점과 음의 실수축을 제외한 영역에서 해석적이고, 도함수는 10.4절의 연습 문제 8번에 의하여 다음과 같다.

$$\frac{d}{dz}\operatorname{Log} z = e^{-i\theta}\frac{1}{r} = \frac{1}{z}$$ ■

일반 거듭제곱

양의 실수 x와 실수 a에 대하여 $x^a = e^{a\ln x}$이 성립한다. 이와 유사하게 지수 함수와 로그 함수를 이용하여 복소 변수 z와 복소수 α에 대한 일반 거듭제곱 또는 일반 멱(general power) z^α을 다음 관계식으로 정의한다.

$$z^\alpha = e^{\alpha \log z}$$

일반적으로 $\log z$가 다가 함수이므로 z^α은 다가 함수이다. $\log z$ 대신에 $\operatorname{Log} z$를 사용한 $z^\alpha = e^{\alpha \operatorname{Log} z}$을 z^α의 주값이라고 한다. 그러나 $\alpha = n$ (n은 정수)인 경우에는 다음에 의하여 z^n은 단가 함수이다.

$$z^n = e^{n\log z} = e^{n(\operatorname{Log} z + 2k\pi i)} = e^{n\operatorname{Log} z}e^{2nk\pi i} = e^{n\operatorname{Log} z}$$

한편, $\alpha = \frac{1}{n}$(n은 자연수)인 경우에는 다음이 성립한다.

$$z^{\frac{1}{n}} = e^{\frac{1}{n}\log z} = e^{\frac{1}{n}(\operatorname{Log} z + 2k\pi i)} = e^{\frac{\operatorname{Log} z}{n}}e^{\frac{2k\pi i}{n}}$$

그러므로 $k = 0,\ 1,\ 2,\ \cdots,\ n-1$에 따라 $z^{\frac{1}{n}}$은 서로 다른 n개의 값을 갖는다. 이것은 10.1절

에서 이미 알아본 바와 일치한다. 서로 소인 자연수 m과 n에 대하여 $\alpha = \frac{m}{n}$인 경우에는 $z^{\frac{m}{n}} = e^{\frac{m}{n}\log z}$이므로, 이 경우에도 n개의 서로 다른 값을 갖는다.

z^α의 주값 $z^\alpha = e^{\alpha \operatorname{Log} z}$은 원점과 음의 실수축을 제외한 영역에서 해석적이고, 지수 함수와 로그 함수의 도함수를 이용하여 다음 결과를 얻을 수 있다.

$$\frac{d}{dz}z^\alpha = \alpha z^{\alpha - 1}$$

보기 4

일반 거듭제곱과 주값을 몇 가지 찾으면 다음과 같다.

[1] $i^i = e^{i\log i} = e^{i(\ln 1 + i(\frac{\pi}{2} + 2k\pi n))} = e^{-\frac{\pi}{2} - 2k\pi n}$ (k는 정수)

i^i의 주값은 $e^{-\frac{\pi}{2}}$이다.

[2] $2^i = e^{i\log 2} = e^{i(\ln 2 + 2k\pi i)} = e^{-2k\pi}e^{i\ln 2}$

$= e^{-2k\pi}\{\cos(\ln 2) + i\sin(\ln 2)\}$ (k는 정수)

2^i의 주값은 $\cos(\ln 2) + i\sin(\ln 2)$이다.

[3] $(1-i)^{1+i} = e^{(1+i)\log(1-i)} = e^{(1+i)\left\{\ln\sqrt{2} + i\left(-\frac{\pi}{4} + 2k\pi\right)\right\}}$

$= e^{\ln\sqrt{2} + \frac{\pi}{4} - 2k\pi + i\left(\ln\sqrt{2} - \frac{\pi}{4} + 2k\pi\right)}$

$= e^{\ln\sqrt{2} + \frac{\pi}{4} - 2k\pi}\left\{\cos\left(\ln\sqrt{2} - \frac{\pi}{4} + 2k\pi\right) + i\sin\left(\ln\sqrt{2} - \frac{\pi}{4} + 2k\pi\right)\right\}$

(k는 정수)

$(1-i)^{1+i}$의 주값은 $e^{\ln\sqrt{2} + \frac{\pi}{4}}\left\{\cos\left(\ln\sqrt{2} - \frac{\pi}{4}\right) + i\sin\left(\ln\sqrt{2} - \frac{\pi}{4}\right)\right\}$이다.

삼각 함수

변수가 복소수인 삼각 함수를 정의하자. 실수 x에 대한 다음과 같은 오일러의 공식을 생각하자.

$$e^{ix} = \cos x + i\sin x, \quad e^{-ix} = \cos x - i\sin x$$

그러므로 실 변수 x의 코사인 함수와 사인 함수는 다음과 같이 표현된다.

$$\cos x = \frac{e^{ix} + e^{-ix}}{2}, \quad \sin x = \frac{e^{ix} - e^{-ix}}{2i}$$

이를 확장하여 변수가 복소수인 코사인 함수와 사인 함수를 다음과 같이 정의한다.

$$\cos z = \frac{e^{iz} + e^{-iz}}{2}, \quad \sin z = \frac{e^{iz} - e^{-iz}}{2i}$$

지수 함수 e^{iz}과 e^{-iz}이 전해석 함수이므로 $\cos z$와 $\sin z$도 전해석 함수이다. 다른 삼각 함수는 실 함수의 경우와 마찬가지로 다음과 같이 정의한다.

$$\tan z = \frac{\sin z}{\cos z}, \quad \cot z = \frac{\cos z}{\sin z},$$
$$\sec z = \frac{1}{\cos z}, \quad \csc z = \frac{1}{\sin z}$$

따라서 $\tan z$와 $\sec z$는 $\cos z \neq 0$인 모든 z에서 해석적이고, $\cot z$와 $\csc z$는 $\sin z \neq 0$인 모든 z에서 해석적이다.

다음 정리는 실 변수 삼각 함수에 대하여 성립하는 중요한 성질들이 복소 변수 삼각 함수에서도 성립함을 보여준다. 이것들은 정의를 사용해서 쉽게 증명할 수 있다.

정리 10.10 [1] $\frac{d}{dz}\sin z = \cos z, \quad \frac{d}{dz}\cos z = -\sin z, \quad \frac{d}{dz}\tan z = \sec^2 z$

[2] $\sin(-z) = -\sin z, \quad \cos(-z) = \cos z, \quad \tan(-z) = -\tan z$

[3] $\sin(z + 2\pi) = \sin z, \quad \cos(z + 2\pi) = \cos z, \quad \tan(z + \pi) = \tan z$

[4] $\sin(z_1 + z_2) = \sin z_1 \cos z_2 + \cos z_1 \sin z_2,$

$\cos(z_1 + z_2) = \cos z_1 \cos z_2 - \sin z_1 \sin z_2$

[5] $\sin^2 z + \cos^2 z = 1$

보기 5

$z = x + iy$일 때 다음 등식이 성립함을 보여라.

[1] $\sin z = \sin x \cosh y + i \cos x \sinh y$

[2] $\cos z = \cos x \cosh y - i \sin x \sinh y$

증명 쌍곡 사인 함수와 쌍곡 코사인 함수는 다음과 같다.

$$\sinh y = \frac{e^y - e^{-y}}{2}, \quad \cosh y = \frac{e^y + e^{-y}}{2}$$

그러므로 다음이 성립한다.

$$[1]\ \sin z = \frac{e^{i(x+iy)} - e^{-i(x+iy)}}{2i} = \frac{e^{-y}(\cos x + i\sin x) - e^{y}(\cos x - i\sin x)}{2i}$$
$$= \sin x\left(\frac{e^y + e^{-y}}{2}\right) + i\cos x\left(\frac{e^y - e^{-y}}{2}\right)$$
$$= \sin x \cosh y + i \cos x \sinh y$$

$$[2]\ \cos z = \frac{e^{i(x+iy)} + e^{-i(x+iy)}}{2} = \frac{e^{-y}(\cos x + i\sin x) + e^{y}(\cos x - i\sin x)}{2}$$
$$= \cos x\left(\frac{e^y + e^{-y}}{2}\right) - i\sin x\left(\frac{e^y - e^{-y}}{2}\right)$$
$$= \cos x \cosh y - i \sin x \sinh y$$

■

$\sin^2 x + \cos^2 x = 1$이고 $\cosh^2 y = 1 + \sinh^2 y$이므로 다음이 성립한다.

$$|\sin z|^2 = \sin^2 x + \sinh^2 y, \ |\cos z|^2 = \cos^2 x + \sinh^2 y$$

$\lim_{y \to \infty} \sinh y = \infty$이고 $y = 0$일 때만 $\sinh y = 0$이므로, 위 등식은 다음 사실을 알려준다.

$$\lim_{y \to \infty} |\sin z| = \infty, \quad \lim_{y \to \infty} |\cos z| = \infty,$$
$$\sin z = 0 \Leftrightarrow z = n\pi \quad (n\text{은 정수})$$
$$\cos z = 0 \Leftrightarrow z = n\pi + \frac{\pi}{2} \quad (n\text{은 정수})$$

보기 6

방정식 $\cos z = 3$을 풀어라.

풀이 $\cos z = 3$은 $e^{iz} + e^{-iz} = 6$과 같다. 양변에 e^{iz}을 곱하면 e^{iz}에 관한 이차 방정식 $e^{2iz} - 6e^{iz} + 1 = 0$을 얻는다. 이를 풀면 $e^{iz} = e^{-y+ix} = 3 \pm 2\sqrt{2}$이므로, $e^{-y} = 3 \pm 2\sqrt{2}$이고 $e^{ix} = 1$이다. 그런데 $3 - 2\sqrt{2} = (3 + 2\sqrt{2})^{-1}$이므로 자연 로그를 사용하여 다음 결과를 얻는다.

$$y = \pm \ln(3+2\sqrt{2}), \ x = 2n\pi \quad (n\text{은 정수})$$

따라서 주어진 방정식의 해는 $z = 2n\pi \pm i\ln(3+2\sqrt{2})$ (n은 정수)이다. □

삼각 함수의 사상 성질은 13.1절에서 알아보겠다. 그리고 역삼각 함수는 이 절의 연습 문제를 참조하라.

쌍곡선 함수

실 변수 쌍곡선 함수의 변수를 복소수로 확장하여 다음과 같이 복소 쌍곡선 함수(hyperbolic function)를 정의한다.

$$\sinh z = \frac{e^z - e^{-z}}{2}, \quad \cosh z = \frac{e^z + e^{-z}}{2}, \quad \tanh z = \frac{\sinh z}{\cosh z},$$
$$\coth z = \frac{\cosh z}{\sinh z}, \quad \operatorname{sech} z = \frac{1}{\cosh z}, \quad \operatorname{csch} z = \frac{1}{\sinh z}$$

쌍곡 사인 함수 $\sinh z$와 쌍곡 코사인 함수 $\cosh z$는 전해석 함수이며, 다음 성질들이 성립함을 쉽게 증명할 수 있다.

정리 10.11

[1] $\dfrac{d}{dz}\sinh z = \cosh z, \quad \dfrac{d}{dz}\cosh z = \sinh z$

[2] $\sinh iz = i\sin z, \quad \cosh iz = \cos z$

[3] $\sinh(z_1 + z_2) = \sinh z_1 \cosh z_2 + \cosh z_1 \sinh z_2,$

$\cosh(z_1 + z_2) = \cosh z_1 \cosh z_2 + \sinh z_1 \sinh z_2$

[4] $\cosh^2 z - \sinh^2 z = 1$

10.5 연습 문제

01. 다음 값을 $a+ib$ 꼴로 나타내라.

(1) $e^{\frac{\pi i}{3}}$
(2) $e^{3+\pi i}$
(3) e^{5i}
(4) $e^{\pi+2\pi i}$
(5) $e^{4i(2+5i)}$
(6) $e^{(2+4i)^2}$

02. 다음 복소 함수를 $f(x+iy)=u(x,\ y)+iv(x,\ y)$ 꼴로 나타내라.

(1) e^{-2z}
(2) e^{z^2}
(3) $e^{\frac{1}{z}}$

03. 다음 방정식을 풀어라.

(1) $e^{3z}=1$
(2) $e^{z}=-2$
(3) $e^{2z}+e^{z}+1=0$

04. 복소 함수 $f(z)=e^{\bar{z}}$은 어떠한 점에서도 해석적이지 않음을 보여라.

05. 다음 값을 $a+ib$ 꼴로 나타내라.

(1) $\log(-ei)$
(2) $\log(1+i)$
(3) $\log(-\sqrt{3}+i)$
(4) $\operatorname{Log}(-e^2)$
(5) $\operatorname{Log}(-1-i\sqrt{3})$
(6) $\operatorname{Log}(1+i)^4$

06. 다음 방정식을 풀어라.

(1) $\log z=\dfrac{\pi i}{2}$
(2) $\log z=\dfrac{1}{2}+\pi i$
(3) $\log z=\left(2-\dfrac{1}{2i}\right)\pi$

07. 다음의 주값을 찾아라.

(1) i^{1+i}
(2) $(1+i)^{2i}$

(3) $(-i)^{4i}$

(4) $(1+i)^{1+i}$

(5) $(1+i\sqrt{3})^{3i}$

(6) $(1-i)^{2i}$

08. 다음 값을 $a+ib$ 꼴로 나타내라.

(1) $\cos(3i)$

(2) $\sin(\pi+i\pi)$

(3) $\cosh(\pi i)$

(4) $\sinh\left(1+\frac{\pi i}{3}\right)$

09. 다음 방정식을 풀어라.

(1) $\sin z=2$

(2) $\cos z=3i$

(3) $\sin z=\cos z$

10. $z=\sin w$일 때, 역사인 함수를 $w=\sin^{-1}z=\arcsin z$로 정의한다. 역코사인 함수 $\cos^{-1}z$와 역탄젠트 함수 $\tan^{-1}z$도 마찬가지로 정의한다. 이때, 다음이 성립함을 보여라.

(1) $\sin^{-1}z=-i\log\{iz+(1-z^2)^{1/2}\},\quad \frac{d}{dz}\sin^{-1}z=\frac{1}{(1-z^2)^{1/2}}$

(2) $\cos^{-1}z=-i\log\{z+i(1-z^2)^{1/2}\},\quad \frac{d}{dz}\cos^{-1}z=\frac{-1}{(1-z^2)^{1/2}}$

(3) $\tan^{-1}z=\frac{i}{2}\log\frac{i+z}{i-z},\quad \frac{d}{dz}\tan^{-1}z=\frac{1}{1+z^2}$

11. 다음 등식이 성립함을 보여라.

$$\sinh z=\sinh x\cos y+i\cosh x\sin y,\quad \sinh z=0 \Leftrightarrow z=in\pi \ (n\text{은 정수})$$

$$\cosh z=\cosh x\cos y+i\sinh x\sin y,\quad \cosh z=0 \Leftrightarrow z=\left(n\pi+\frac{\pi}{2}\right) \ (n\text{은 정수})$$

12. $z=x+iy$일 때 다음이 성립함을 보여라.

$$|\sin z|^2=\sin^2 x+\sinh^2 y$$

13. $\sin iy=i\sinh y$임을 보여라.

제 11 장 복소 적분

이 장에서는 이변수 실 함수에 대한 평면에서의 선 적분과 똑같은 방법으로 복소 함수의 선 적분을 정의하고, 선 적분을 계산하는 방법과 그 성질을 알아본다. 또, 코시의 적분 정리와 적분 공식을 유도한다. 이번 장에서 배우는 내용은 복소 해석학의 기본으로서 다음 장들에서 중요하게 사용된다.

■ 코시(Augustin-Louis Cauchy, 1789~1857)

코시는 1789년 파리에서 태어나서, 초기의 교육은 아버지로부터 받았다. 그 뒤에 판테온의 에콜 상트랄(Ecole Centrale, 국립 공업 고등학교)에서는 고전 연구에서 뛰어난 재능을 보였다.

코시는 순수와 응용 수학 모두에 대해 광범위하고 깊이 있는 논문을 썼는데, 그의 저술의 양은 아마 오일러 다음으로 많을 것이다. 주요 업적으로 복소 변수 함수론과 해석학에서의 엄밀성을 주장한 것을 들 수 있다.

그는 무한 급수의 수렴과 발산에 관한 연구, 실 함수와 복소 함수론, 미분 방정식, 행렬식, 확률론, 수리 물리 등에서 수학 발전에 크게 기여하였다. 미적분을 배우는 학생들은 양항 급수의 수렴 발산에서, 이른바 코시의 거듭제곱근 판정법과 코시의 비율 판정법 및 주어진 두 급수의 코시 곱 등을 만나게 된다. 또한 복소 함수론의 첫 학기 강의에서 코시 부등식과 코시의 적분 공식, 코시의 적분 정리, 코시·리만 방정식을 만나게 된다. 복소 변수 함수론은 코시에 의해 유체 역학과 공기 역학에서의 유용한 도구로부터 수학 연구의 독립된 분야가 되었다.

코시는 68세인 1857년 3월 23일에 갑자기 죽었다. 그는 휴식을 취하면서 기관지 병을 고치기 위하여 시골로 갔으나, 치명적인 발열에 의하여 쓰러졌다. 죽기 직전 파리의 아르키조(Archbishop)와 이야기하고 있었는데 그가 아르키조에게 한 마지막 말은 "사람은 죽어도 그의 행적은 남는다." 였다고 한다.

11.1 복소 평면에서의 선 적분

선 적분의 정의

복소 함수의 정의역은 복소 평면의 부분 집합이므로, 평면에서 이변수 실 함수의 선 적분과 근본적으로 똑같은 방법으로 복소 함수의 선 적분을 정의한다.

평면 곡선 C가 매개 변수 t에 의하여 다음과 같이 표현된다고 하자.

$$(x(t),\ y(t)) \quad (a \leq t \leq b)$$

그러면 C를 복소 평면의 곡선으로 간주하여 다음과 같이 나타낼 수 있다.

$$z(t) = x(t) + iy(t) \quad (a \leq t \leq b) \tag{1}$$

여기서 $z(a)$를 곡선 C의 시점(initial point), $z(b)$를 종점(terminal point)이라 하며, t가 a부터 b까지 변할 때 C는 $z(a)$에서 $z(b)$로 향하는 방향이 있는 곡선이다. 또, 도함수 $z'(t) = x'(t) + iy'(t)$가 모든 t에서 연속이고 $z'(t) \neq 0$일 때, C를 매끄러운 곡선(smooth curve)이라고 한다. 예를 들면, 다음과 같이 매개 변수 함수로 나타낸 곡선 C는 중심이 원점인 단위 원으로 매끄러운 곡선이다.

$$z(t) = \cos t + i \sin t \quad (0 \leq t \leq 2\pi)$$

이제, 식 (1)로 나타낸 매끄러운 곡선 C에서 정의되고 연속인 복소 함수 $f(z)$의 C 위에서의 선 적분을 정의하자(그림 11.1을 보라). 구간 $[a,\ b]$를 다음과 같이 분할하자.

$$a = t_0 < t_1 < t_2 < \cdots < t_{n-1} < t_n = b$$

그리고 다음과 같이 각 $t_k\ (k = 0,\ 1,\ 2,\ \cdots,\ n)$에 대응하는 C의 점을 z_k라 하자.

$$z_0 = z(t_0), \quad z_1 = z(t_1), \quad \cdots, \quad z_n = z(t_n)$$

z_{k-1}과 z_k 사이의 곡선에서 임의의 점 z_k^*를 택하여 다음 합을 찾는다.

$$S_n = \sum_{k=1}^{n} f(z_k^*)\Delta z_k, \text{ (단, } \Delta z_k = z_k - z_{k-1}) \tag{2}$$

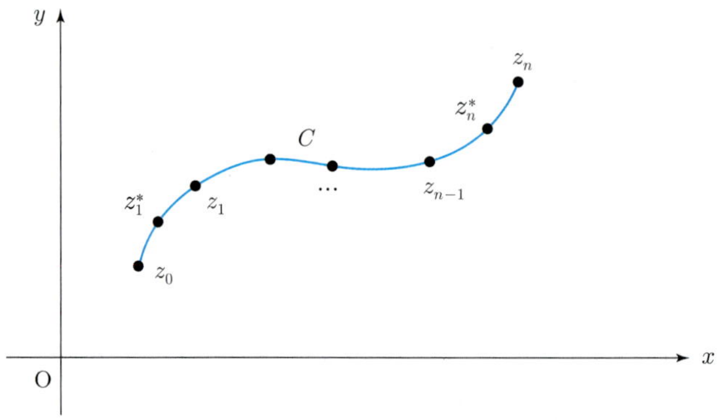

그림 11.1 ▎선 적분의 정의

구간 $[a, b]$를 세분하여 $n \to \infty$일 때 가장 큰 $|\Delta z_k|$이 0에 수렴하도록 만들면 극한 $\lim_{n \to \infty} S_n$이 존재함이 알려져 있다. 이 극한값을 C 위에서 $f(z)$의 선 적분(line integral)이라고 하며, 기호로 다음과 같이 나타낸다.

$$\int_C f(z)\,dz$$

이때, C를 적분 경로(path of integral, contour) 또는 간단히 경로라고 한다.

끝과 끝이 이어진 유한 개의 매끄러운 곡선으로 이루어진 조각마다 매끄러운(piecewise smooth) 곡선에 대해서도 위와 같이 선 적분을 정의할 수 있다. 앞으로 적분 경로는 이와 같이 조각마다 매끄러운 곡선을 의미한다.

선 적분의 계산

위에서 정의한 선 적분을 간편하게 계산하는 방법을 알아보자.

정리 11.1 복소 함수 $f(z)$가 구간 $[a, b]$에서 매개 변수 함수 $z = z(t)$로 나타낸 매끄러운 곡선 C에서 연속이면, C 위에서 $f(z)$의 선 적분은 다음과 같다.

$$\int_C f(z)\,dz = \int_a^b f(z(t))\,z'(t)\,dt$$

증명 $f(z) = u(x, y) + iv(x, y)$, $z(t) = x(t) + iy(t)$라고 하자. 선 적분의 정의 과정에서 $z_k^* = x_k^* + iy_k^*$, $\Delta z_k = \Delta x_k + i\Delta y_k$ $(k = 0, 1, 2, \cdots, n)$이라 하면, 식 (2)는 다음과

같이 된다.

$$S_n = \sum_{k=1}^{n} f(z_k^*)\Delta z_k = \sum_{k=1}^{n} \{u(x_k^*,\ y_k^*) + iv(x_k^*,\ y_k^*)\}(\Delta x_k + i\Delta y_k)$$

$$= \sum_{k=1}^{n} u\,\Delta x_k - \sum_{k=1}^{n} v\,\Delta y_k + i\left(\sum_{k=1}^{n} u\,\Delta y_k + \sum_{k=1}^{n} v\,\Delta x_k\right) \tag{3}$$

f가 연속이므로 u와 v도 연속이고 $n \to \infty$일 때 가장 큰 $|\Delta z_k|$이 0에 수렴하므로 Δx_k와 Δy_k도 0에 수렴한다. 그러므로 다음이 성립한다.

$$\lim_{n\to\infty} S_n = \int_C f(z)\,dz = \int_C u\,dx - \int_C v\,dy + i\left(\int_C u\,dy + \int_C v\,dx\right) \tag{4}$$

즉, 선 적분은 이변수 실 함수의 선 적분의 합으로 표현된다. 그런데 $dx = x'(t)\,dt$이고 $dy = y'(t)\,dt$이므로, 식 (4)는 다음과 같다.

$$\begin{aligned}
&\int_a^b \{u(x(t),\ y(t))x'(t) - v(x(t),\ y(t))y'(t)\}\,dt \\
&\quad + i\int_a^b \{v(x(t),\ y(t))x'(t) + u(x(t),\ y(t))y'(t)\}\,dt \\
&= \int_a^b \{u(x(t),\ y(t)) + iv(x(t),\ y(t))\}\{x'(t) + iy'(t)\}\,dt \\
&= \int_a^b f(z(t))z'(t)dt
\end{aligned}$$

■

보기 1

다음 경로 위에서 복소 함수 $f(z) = z^2$과 $g(z) = |z|^2$의 선 적분을 찾아라.

[1] $C_1 : z_1(t) = t + it \quad (0 \le t \le 1)$ [2] $C_2 : z_2(t) = t^2 + it \quad (0 \le t \le 1)$

풀이

$$\int_{C_1} f(z)\,dz = \int_0^1 f(z_1(t))\,z_1{}'(t)\,dt = \int_0^1 2it^2(1+i)\,dt = -\frac{2}{3} + i\frac{2}{3},$$

$$\int_{C_2} f(z)\,dz = \int_0^1 f(z_2(t))\,z_2{}'(t)\,dt = \int_0^1 (t^4 - t^2 + 2it^3)(2t+i)\,dt = -\frac{2}{3} + i\frac{2}{3},$$

$$\int_{C_1} g(z)\,dz = \int_0^1 g(z_1(t))\,z_1{}'(t)\,dt = \int_0^1 2t^2(1+i)\,dt = \frac{2}{3} + i\frac{2}{3},$$

$$\int_{C_2} g(z)\,dz = \int_0^1 g(z_2(t))\,z_2{}'(t)\,dt = \int_0^1 (t^4 + t^2)(2t+i)dt = \frac{5}{6} + i\frac{8}{15}$$

□

보기 1에서 적분 경로 C_1과 C_2의 시점과 종점은 각각 서로 같다. $f(z)$의 경우에는 선 적분 값이 같지만, $g(z)$의 경우에는 선 적분 값이 다르다. 이것은 해석 함수와 비해석 함수 사이의 차이며, 이에 대해서는 11.3절에서 자세히 알아볼 것이다.

보기 2

적분 경로 C는 $z(t) = r\cos t + ir\sin t$ $(0 \le t \le 2\pi)$로 나타낸 원이라고 할 때, 선 적분 $\int_C \frac{1}{z}\,dz$의 값을 찾아라.

풀이 원 C는 $z(t) = re^{it}$ $(0 \le t \le 2\pi)$로 나타낼 수 있고 $z'(t) = ire^{it}$ 이므로, 찾는 선 적분 값은 다음과 같다.

$$\int_C \frac{1}{z}\,dz = \int_0^{2\pi} \frac{1}{re^{it}} ire^{it}\,dt = i\int_0^{2\pi} dt = 2\pi i \qquad \square$$

보기 2의 선 적분 값은 반지름의 길이 r의 크기와 무관함을 확인하자.

선 적분의 기본 성질

선 적분은 다음과 같은 기본적인 성질을 갖는다.

정리 11.2 복소 함수 $f(z)$와 $g(z)$는 매끄러운 곡선 C에서 연속이라고 하자.

[1] 상수 k_1과 k_2에 대해 다음이 성립한다.

$$\int_C \{k_1 f(z) + k_2 g(z)\}\,dz = k_1 \int_C f(z)\,dz + k_2 \int_C g(z)\,dz$$

[2] 곡선 C가 매끄러운 곡선 C_1과 C_2로 이루어져 있을 때, 다음이 성립한다.

$$\int_C f(z)\,dz = \int_{C_1} f(z)\,dz + \int_{C_2} f(z)\,dz$$

(이때, $C = C_1 + C_2$로 나타낸다.)

[3] $-C$가 C와 방향이 반대일 때, 다음이 성립한다.

$$\int_{-C} f(z)\,dz = -\int_C f(z)\,dz$$

[4] C의 모든 z에서 $|f(z)| \le M$이고 C의 길이가 L일 때, 다음이 성립한다.

$$\left|\int_C f(z)\,dz\right| \le ML \tag{5}$$

증명 [1]과 [2]는 선 적분의 정의에 의하여 자명하다. 특히, [2]는 조각마다 매끄러운 곡선의 선 적분에 이용된다.

[3] C를 $z = z(t)$ $(a \le t \le b)$로 나타내면, $-C$는 $z = z(-t)$ $(-b \le t \le -a)$로 나타낼 수 있으므로 다음이 성립한다.

$$\begin{aligned}\int_{-C} f(z)\,dz &= \int_{-b}^{-a} f(z(-t))\,z'(-t)(-1)\,dt \\ &= \int_b^a f(z(r))\,z'(r)\,dr \;\; (r = -t\text{로 치환}) \\ &= -\int_a^b f(z(r))\,z'(r)\,dr = -\int_C f(z)\,dz\end{aligned}$$

[4] 선 적분의 정의 과정에서 식 (2)에 삼각 부등식을 적용하면 다음을 얻는다.

$$|S_n| = \left|\sum_{k=1}^{n} f(z_k^*)\Delta z_k\right| \le \sum_{k=1}^{n} |f(z_k^*)|\,|\Delta z_k| \le M\sum_{k=1}^{n} |\Delta z_k|$$

그런데 $|z_k|$는 점 z_{k-1}과 z_k를 잇는 현의 길이므로 $\sum_{k=1}^{n} |z_k|$는 C의 길이 L보다 클 수 없다. 이 관계는 모든 분할에 대하여 성립하므로 주어진 부등식이 성립한다. 식 (5)를 ML 부등식이라고 한다. ■

적분 경로에 대한 매개 변수 표현은 유일하지 않지만, 다음과 같이 선 적분 값에 영향을 주지 않음을 증명할 수 있다.

함수 $f(z)$는 매끄러운 곡선 $C : z(t)$ $(a \le t \le b)$에서 연속이라고 하자. 그리고 구간 $[\alpha, \beta]$에서 정의된 함수 $\phi(\gamma)$는 모든 $\gamma \in [\alpha, \beta]$에서 $\phi'(\gamma) > 0$이고 $\phi'(\gamma)$는 조각마다 연속이며 $\phi(\alpha) = a$이고 $\phi(\beta) = b$라고 하자. 그러면 치환 적분과 연쇄 법칙에 의하여 다음이 성립한다.

$$\begin{aligned}\int_C f(z)\,dz &= \int_a^b f(z(t))\,z'(t)\,dt \\ &= \int_\alpha^\beta f(z(\phi(\gamma)))\,z'(\phi(\gamma))\,\phi'(\gamma)\,d\gamma\end{aligned}$$

그런데 $z'(\phi(\gamma))\phi'(\gamma)$는 $z(\phi(\gamma))$의 γ에 관한 도함수이므로, 선 적분 값은 주어진 곡선 C를 나타내는 매개 변수와 무관하게 일정하다.

보기 3

적분 경로 C가 원점부터 1까지의 직선 C_1과 1부터 $1+i$까지의 직선 C_2로 이루어져 있을 때(그림 11.2), 선 적분 $\int_C z^2\,dz$의 값을 찾아라.

풀이 C는 조각마다 매끄러운 곡선이고, C_1과 C_2는 다음과 같이 표현된다.

$$C_1 : z_1(t) = t \quad (0 \le t \le 1)$$
$$C_2 : z_2(t) = 1 + it \quad (0 \le t \le 1)$$

그러므로 정리 11.2의 [2]에 의하여 다음을 얻는다.

$$\begin{aligned}\int_C f(z)\,dz &= \int_{C_1} f(z)\,dz + \int_{C_2} f(z)\,dz \\ &= \int_0^1 f(z_1(t))\,z_1{}'(t)\,dt + \int_0^1 f(z_2(t))\,z_2{}'(t)\,dt \\ &= \int_0^1 t^2\cdot 1\,dt + \int_0^1 (1+it)^2\cdot i\,dt \\ &= \int_0^1 (t^2 - 2t)\,dt + i\int_0^1 (1-t^2)\,dt \\ &= -\frac{2}{3} + i\frac{2}{3}\end{aligned}$$

□

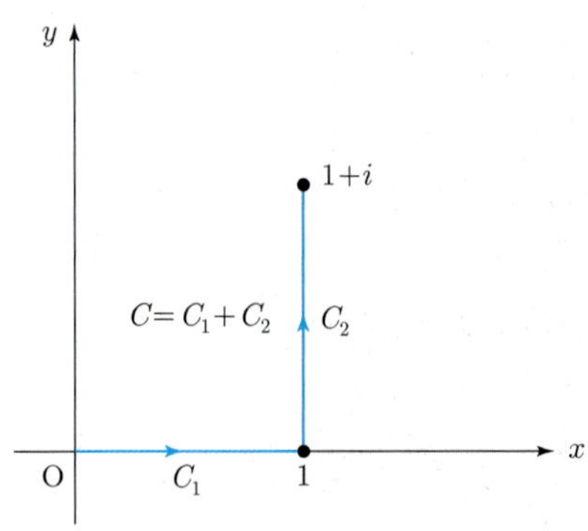

그림 11.2 ▎ 조각마다 매끄러운 곡선

보기 3의 결과는 보기 1의 결과와 일치한다.

보기 4

C는 $z(t) = 2e^{it}$ $(0 \le t \le 2\pi)$로 나타내는 원이라 할 때, 다음 부등식이 성립함을 보여라.

$$\left| \int_C \frac{e^z}{z+1} dz \right| \le 4\pi e^2$$

증명 C는 반지름의 길이가 2인 원이므로 C의 길이는 4π이다. 또, 삼각 부등식에 의해 C의 모든 복소수 z에 대해 $|z+1| \ge |z| - 1 = 2 - 1 = 1$이므로 피적분 함수는 다음 부등식을 만족시킨다.

$$\left| \frac{e^z}{z+1} \right| \le \frac{|e^z|}{|z|-1} = e^x \le e^2$$

따라서 ML 부등식에 의하여 주어진 부등식이 성립한다. ■

11.1 연습 문제

01. 다음 곡선을 매개 변수를 사용하여 $z = z(t)$ 꼴로 나타내라.

(1) $z = 1$에서 $z = 2 + 3i$까지의 선분

(2) 네 점 $\pm 1 \pm i$를 꼭짓점으로 하는 반시계 방향의 정사각형

(3) 원 $|z-1| = 2$의 오른쪽 반평면에 있는 부분

(4) 타원 $4x^2 + y^2 = 1$

02. 다음 각 경우에 선 적분 $\int_C f(z)\,dz$의 값을 찾아라.

(1) $f(z) = z + 3$, $C: z(t) = 2t + 4it$ $(1 \le t \le 3)$

(2) $f(z) = 1 + z^2$, $C: z(t) = 2t + 3it$ $(-2 \le t \le 2)$

(3) $f(z) = |z|^2$, $C: z(t) = t^2 + it$ $(1 \le t \le 2)$

(4) $f(z) = \dfrac{1+z}{z}$, C는 $z = -i$부터 $z = i$까지 반시계 방향의 반원 $|z| = 1$

(5) $f(z) = \mathrm{Re}\, z$, C는 0부터 $1+i$까지의 포물선 $y = x^2$

(6) $f(z) = \mathrm{Im}\, z$, C는 반시계 방향의 원 $|z| = r$

(7) $f(z) = \dfrac{1}{z-1}$, C는 반시계 방향의 원 $|z-1| = 4$

(8) $f(z) = \sin z$, C는 0부터 i까지의 선분

(9) $f(z) = e^z$, C는 0부터 2까지의 선분과 2부터 $1+i\pi$까지의 선분

(10) $f(z) = z\cos z^2$, C는 0부터 $i\pi$까지의 선분

03. 다음 곡선 위에서 선 적분 $\int_C \bar{z}\, dz$의 값을 찾아라.

(1) $C : z(t) = e^{it} \quad (0 \le t \le 2\pi)$

(2) $C : z(t) = e^{2it} \quad (0 \le t \le 2\pi)$

(3) $C : z(t) = e^{it} - 1 \quad (0 \le t \le 2\pi)$

(4) $C : z(t) = 2e^{it} + 1 \quad (0 \le t \le \pi)$

04. $C : z(t) = re^{it}$ $(0 \le t \le 2\pi)$일 때, 선 적분 $\int_C z^n\, dz$의 값을 정수 n에 따라 찾아라.

05. 매끄러운 곡선 $C : z = z(t)$ $(a \le t \le b)$의 길이는 $\int_a^b |z'(t)|\, dt$임을 보여라.

06. 다음 곡선의 길이를 찾아라.

(1) $z(t) = 3e^{2it} + 2 \quad (0 \le t \le 2\pi)$

(2) $z(t) = e^t \cos t + i e^t \sin t \quad (0 \le t \le 2\pi)$

07. 단위 원 $C : |z| = 1$에 대하여 다음 부등식이 성립함을 보여라.

(1) $\left| \int_C \dfrac{dz}{3 + 5z^2} \right| \le \pi$

(2) $\left| \int_C \dfrac{2z+1}{5+z^2} dz \right| \le \dfrac{3\pi}{2}$

08. m과 n이 정수일 때, 다음이 성립함을 보여라.

$$\int_0^{2\pi} e^{im\theta} e^{-in\theta}\, d\theta = \begin{cases} 0 & (m \ne n) \\ 2\pi & (m = n) \end{cases}$$

09. 적분에 대한 평균값 정리가 성립하지 않음을 보여라. 즉, 적당한 연속 함수 $z : [a, b] \to \mathbb{C}$가 존재하여 모든 $s \in (a, b)$에 대하여 다음이 성립함을 밝혀라.

$$\int_a^b z(t)\,dt \neq z(s)(b-a)$$

10. 함수 f가 매끄러운 곡선 $C: z = z(t)$ $(a \le t \le b)$에서 해석적이고 $w = w(t) = f(z(t))$ $(a \le t \le b)$일 때, 다음이 성립함을 보여라.

$$w'(t) = z'(t)f'(z(t))$$

11. $z(t) = \cos t + i \sin t$ $(0 \le t \le 2\pi)$는 반지름의 길이가 1인 원을 반시계 방향으로 한 바퀴 도는 곡선 C의 방정식이다. $n \neq 1$일 때, $\int_C z^n\,dz$를 찾아라.

12. r_1은 1부터 0으로, r_2는 0부터 $2+2i$로 가는 직선일 때 $\int_{r_1+r_2} \bar{z}\,dz$를 찾아라.

11.2 코시의 적분 정리

이 절에서는 폐곡선 위에서 해석 함수의 선 적분을 알아본다. 먼저, 곡선과 영역의 분류를 알아보자.

곡선과 영역의 분류

시점과 종점이 일치하는 곡선을 폐곡선(closed curve)이라고 한다. 또, 스스로 교차하거나 접하지 않는 곡선을 단순 곡선(simple curve)이라고 한다. 폐곡선인 동시에 단순 곡선을 단순 폐곡선이라고 한다(그림 11.3). 예를 들면, 원과 정사각형은 단순 폐곡선이다. 단순 폐곡선 C는 복소 평면을 C의 내부라 부르는 유계인 영역과 C의 외부라 부르는 유계가 아닌 영역으로 분리하며, C는 이 두 영역의 경계가 된다.

(열린 집합인 동시에 연결 집합인) 영역 D에 놓여 있는 모든 단순 폐곡선이 그 내부에 D의 점만을 포함할 때, D를 단순 연결 영역(simply connected domain)이라고 한다. 예를 들면, 열린 원판은 단순 연결 영역이다. 일반적으로, 단순 폐곡선의 내부는 단순 연결 영역이다. 기하적으로 말하면, 단순 연결 영역은 내부에 어떠한 구멍도 갖지 않은 영역이다. 그리고 단순 연결 영역이 아닌 영역을 다중 연결 영역(multiply connected domain)이라고 한다(그림 11.4).

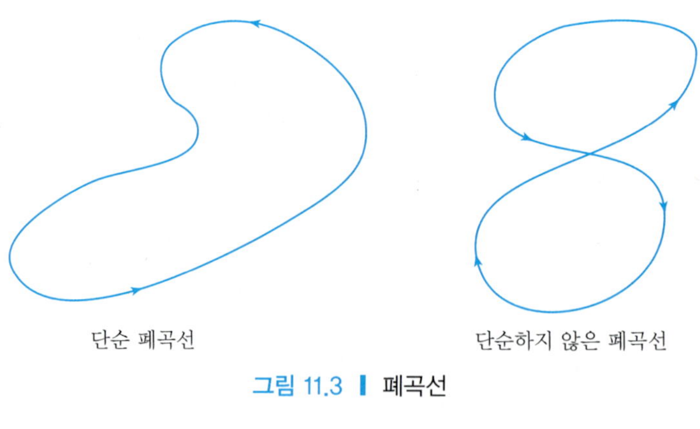

그림 11.3 | 폐곡선

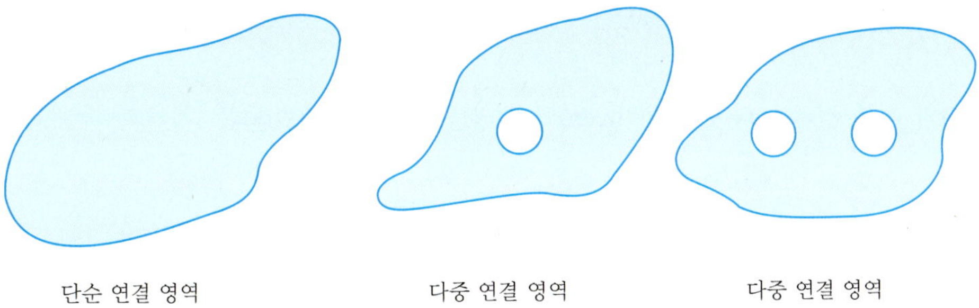

그림 11.4 ❙ 연결 영역

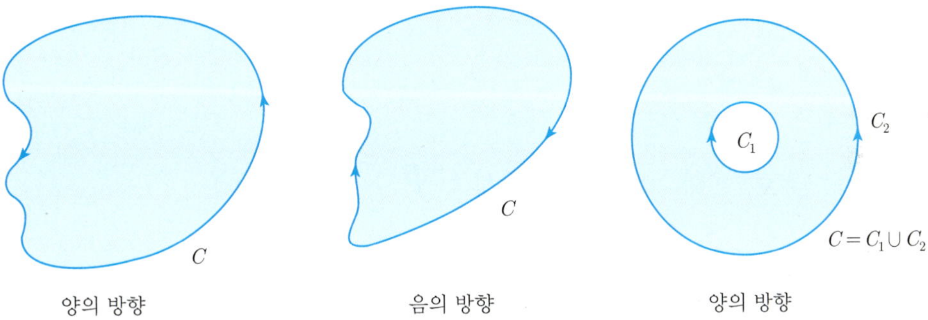

그림 11.5 ❙ 곡선의 방향

한 영역의 경계 C가 양의 방향(positive orientation)을 가진다는 것은 주어진 방향을 따라 C에서 움직일 때 그 영역이 항상 왼쪽에 있는 경우이다. 이와 반대로 영역이 오른쪽에 있는 경우는 음의 방향(negative orientation)을 가진다고 한다. 예를 들면, 그림 11.5에 나타낸 단순 연결 영역의 경계는 반시계 방향과 시계 방향으로 진행하면 각각 양의 방향과 음의 방향을 갖는다. 그러나 두 개의 원으로 이루어진 원환의 경계 $C\,(= C_1 \cup C_2)$가 양의 방향을 갖기 위해서는 바깥 경계 C_2은 반시계 방향으로 진행하고 안쪽 경계 C_1는 시계 방향으로 진행해야 한다.

단순 폐곡선 C에 주어진 반시계 방향과 시계 방향에 따라 C 위에서 복소 함수 $f(z)$의 선적분을 각각 다음과 같이 나타낸다.

$$\oint_C f(z)\,dz\,,\quad \oint_C f(z)\,dz$$

코시의 적분 정리

코시의 적분 정리는 다음 그린(Green)의 정리를 이용하여 증명한다.

정리 11.3 [그린의 정리] R은 단순 연결 영역이고 C는 R의 경계라고 하자. $P(x, y)$와 $Q(x, y)$가 R과 C에서 연속인 일계 편도함수를 가지면 다음 관계가 성립한다.

$$\oint_C (P\,dx + Q\,dy) = \iint_R \left(\frac{\partial Q}{\partial x} - \frac{\partial P}{\partial y} \right) dx\,dy$$

정리 11.4 [코시의 적분 정리] 복소 함수 $f(z)$가 단순 연결 영역 D에서 해석적이면, D에 놓여 있는 모든 단순 폐곡선 C에 대하여 $\oint_C f(z)\,dz = 0$이다.

증명 코시의 적분 정리는 그린의 정리와 코시·리만 방정식에 의하여 증명된다. 해석 함수의 도함수가 연속임을 가정하겠다(실제로는 도함수의 연속성을 가정하지 않아도 코시의 적분 정리가 성립한다).

$f = u + iv$라 하면, 정리 11.1에서 밝힌 대로 다음이 성립한다.

$$\oint_C f(z)\,dz = \oint_C (u\,dx - v\,dy) + i\oint_C (v\,dx + u\,dy)$$

그런데 f'이 연속이므로 u와 v는 연속인 일계 편도함수를 가진다. 그러므로 그린의 정리에 의하여 다음이 성립한다.

$$\oint_C f(z)\,dz = \iint_D \left(-\frac{\partial v}{\partial x} - \frac{\partial u}{\partial y} \right) dx\,dy + i\iint_D \left(\frac{\partial u}{\partial x} - \frac{\partial v}{\partial y} \right) dx\,dy$$

이제, 코시·리만 방정식을 적용하면 우변은 0이 된다. ■

보기 1

[1] 자연수 n에 대하여 복소 함수 $f(z)=z^n$은 전해석 함수이므로 임의의 단순 폐곡선 C에 대하여 $\oint_C z^n\,dz=0$이다.

[2] C가 중심이 0인 원일 때, $\oint_C \frac{dz}{z}=2\pi i\neq 0$이다. 코시의 적분 정리가 성립하지 않는 이는 복소 함수 $f(z)=\frac{1}{z}$이 C의 내부의 점 $z=0$에서 해석적이지 않기 때문이다. 그러나 $f(z)=\frac{1}{z}$은 $z\neq 0$인 모든 점에서 해석적이므로, 단순 폐곡선 C가 점 $z=0$을 외부에 포함할 경우에는 코시의 적분 정리가 성립한다.

[3] 복소 함수 $f(z)=\frac{1}{z^2}$은 $z=0$에서 해석적이지 않지만, C가 중심이 0인 원일 때 $\oint_C \frac{dz}{z^2}=0$이다. 이것은 코시의 적분 정리의 역이 일반적으로 성립하지 않음을 보여준다.

다중 연결 영역에서 코시의 적분 정리

코시의 적분 정리는 다중 연결 영역에서도 성립한다.

정리 11.5 단순 폐곡선 C_1의 내부에 있는 단순 폐곡선 $C_k(k=2,\ 3,\ \cdots,\ n)$는 서로 분리되어 있다고 하자(그림 11.6). 복소 함수 $f(z)$가 $C_k(k=2,\ \cdots,\ n)$의 내부를 제외한 C_1의 내부와 C_1에서 해석적이면 다음이 성립한다.

$$\oint_{C_1} f(z)\,dz+\sum_{k=2}^{n}\oint_{C_k} f(z)\,dz=0$$

증명 그림 11.7과 같이 구멍이 한 개 있는 다중 연결 영역 D를 고려하자. D의 경계는 $C=C_1+C_2$이고, C_1은 반시계 방향, C_2는 시계 방향을 갖는다. 이제, C_1의 점 A와 C_2의 점 B를 잇는 선분을 따라 D를 자르자. 이렇게 잘린 영역은 단순 폐곡선 $C^*=C_1+\overline{AB}+C_2+\overline{BA}$를 경계로 갖는 단순 연결 영역이 된다. 그런데 $\overline{AB}$와 $\overline{BA}$는 똑같은 선분으로 방향이 반대이기 때문에 이것들 위에서의 선 적분은 서로 상쇄된다. 따라서 다음이 성립한다.

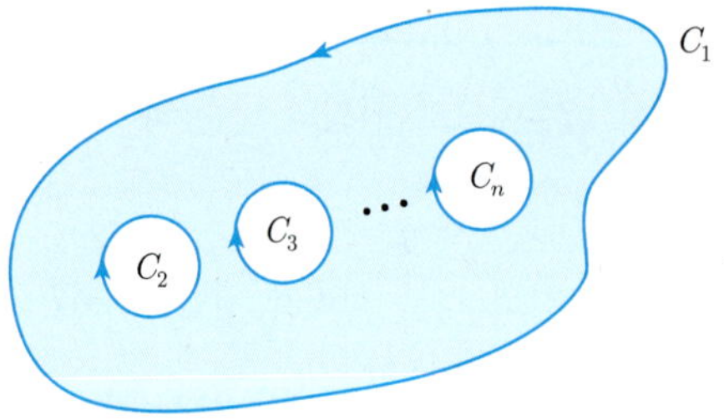

그림 11.6 ❙ 구멍이 n개인 다중 연결 영역

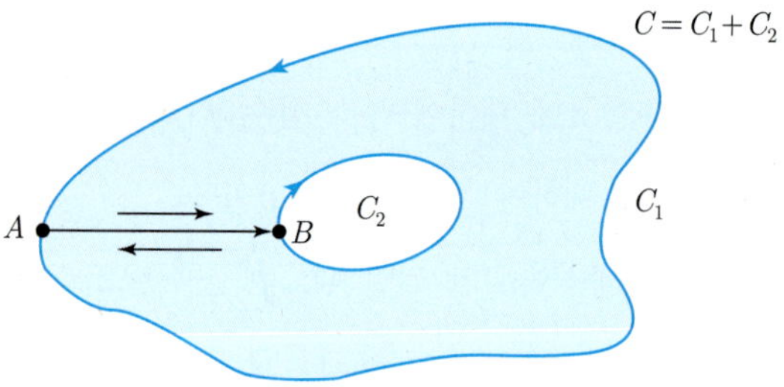

그림 11.7 ❙ 구멍이 한 개인 다중 연결 영역

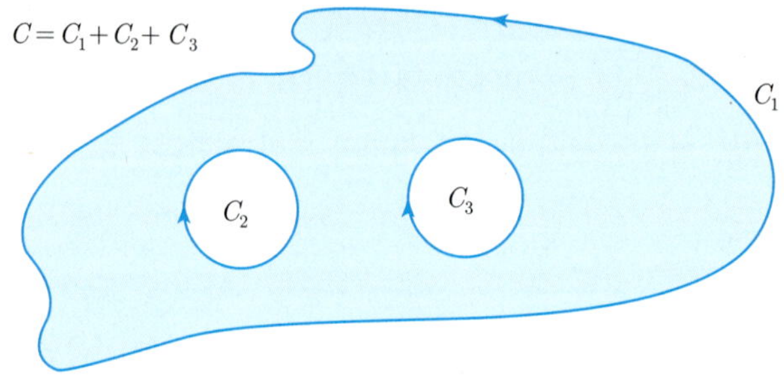

그림 11.8 ❙ 구멍이 2개인 다중 연결 영역

$$\begin{aligned} 0 = \oint_C f(z)\,dz &= \oint_{C_1} f(z)\,dz + \int_{\overline{AB}} f(z)\,dz + \oint_{C_2} f(z)\,dz + \int_{\overline{BA}} f(z)\,dz \\ &= \oint_{C_1} f(z)\,dz + \oint_{C_2} f(z)\,dz = \int_{C_1 + C_2} f(z)\,dz = \int_C f(z)\,dz \end{aligned} \tag{1}$$

구멍이 더 많은 다중 연결 영역에 대해서도 마찬가지로 증명한다. ■

정리 11.5에 의하여, 그림 11.8과 같이 구멍이 두 개 있는 다중 연결 영역에서는 다음이 성립한다.

$$\oint_{C_1} f(z)\,dz + \oint_{C_2} f(z)\,dz + \oint_{C_3} f(z)\,dz = \int_C f(z)\,dz = 0 \tag{2}$$

식 (1)과 (2)는 다음 사실을 알려준다.

$$\oint_{C_1} f(z)\,dz = \oint_{C_2} f(z)\,dz \tag{3}$$

$$\oint_{C_1} f(z)\,dz = \oint_{C_2} f(z)\,dz + \oint_{C_3} f(z)\,dz \tag{4}$$

즉, 다중 연결 영역의 바깥 경계 위에서 반시계 방향의 선 적분은 안쪽 경계(들) 위에서 반시계 방향의 선 적분(들의 합)이다. 이 결과는 적분 경로가 복잡하거나 적분 경로 내부에 해석적이지 않은 점이 존재하는 경우에 사용된다.

보기 2

적분 경로 C가 네 점 $\pm 3 \pm 3i$를 꼭짓점으로 하는 정사각형일 때 선 적분 $\oint_C \frac{1}{z-1}dz$의 값을 찾아라.

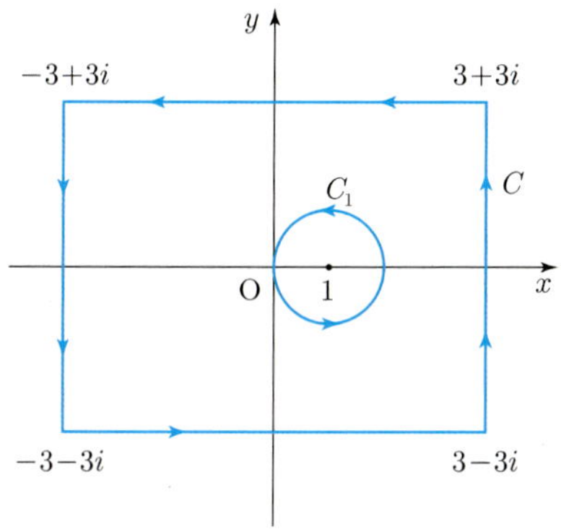

그림 11.9 | 정사각형과 원 경로

풀이 주어진 적분 경로를 따라 적분하기는 매우 번거롭다. 식 (3)을 이용하기 위하여 C의 내부에 있는 원 $C_1 : z(t) = e^{it} + 1 \ (0 \le t \le 2\pi)$을 생각하자(그림 11.9). 그러면 찾는 선 적분은 다음과 같다.

$$\oint_C \frac{dz}{z-1} = \oint_{C_1} \frac{dz}{z-1} = \int_0^{2\pi} \frac{ie^{it}\,dt}{(e^{it}+1)-1} = i\int_0^{2\pi} dt = 2\pi i \qquad \square$$

일반적으로, 단순 폐곡선 C 위의 선 적분 $\oint_C \frac{dz}{z-z_0}$의 값은 복소수 z_0이 C의 내부에 있을 때는 $2\pi i$이고, z_0이 C의 외부에 있을 때는 0이다.

피적분 함수가 유리 함수인 경우에는 부분 분수로 고쳐 적분할 수 있다.

보기 3

적분 경로 C가 원 $|z|=2$일 때, 다음 선 적분 값을 찾아라.

[1] $\oint_C \dfrac{2z\,dz}{z^2+1}$ [2] $\oint_C \dfrac{4z+8}{z^2+2z-3}dz$

풀이 [1] 피적분 함수는 $\dfrac{2z}{z^2+1}=\dfrac{1}{z-i}+\dfrac{1}{z+i}$이고 i와 $-i$에서 해석적이지 않다. C에 포함되면서 i와 $-i$를 중심으로 하는 서로 분리된 원을 각각 C_1과 C_2라 하자(그림 11.10). 이제, 식 (4)와 위의 일반적인 결과를 이용하면 다음 값을 얻는다.

$$\oint_C \frac{2z\,dz}{z^2+1}=\oint_{C_1}\frac{dz}{z-i}+\oint_{C_2}\frac{dz}{z+i}=2\pi i+2\pi i=4\pi i$$

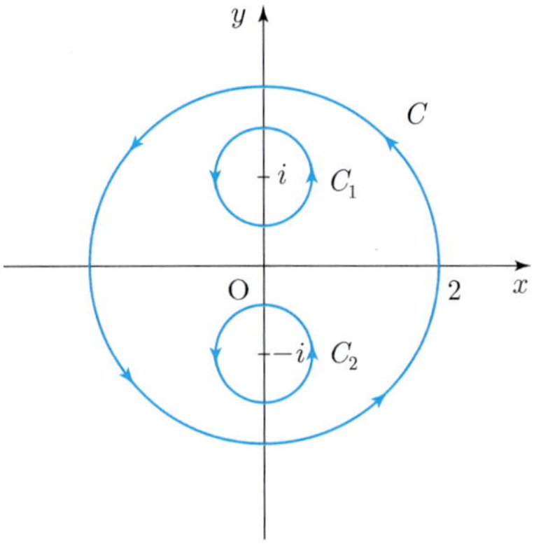

그림 11.10

[2] 피적분 함수는 $\dfrac{4z+8}{z^2+2z-3}=\dfrac{3}{z-1}+\dfrac{1}{z+3}$이고 1과 -3에서 해석적이지 않다. 1은 C의 내부에 있고 -3은 외부에 있다. 그러므로 위의 일반적인 결과에 의하여 다음 값을 얻는다.

$$\oint_C \frac{4z+8}{z^2+2z-3}dz=3\oint_C\frac{dz}{z-1}+\oint_C\frac{dz}{z+3}=3(2\pi i)+0=6\pi i \qquad \square$$

11.2 연습 문제

01. 다음 함수를 반시계 방향의 단위 원 $|z|=1$을 따라 적분하고, 코시의 적분 정리를 적용할 수 있는지를 판정하라.

(1) $f(z)=|z|$

(2) $f(z)=e^{z^2}$

(3) $f(z)=z^2+5+i$

(4) $f(z)=\dfrac{1}{2z-6}$

(5) $f(z)=\dfrac{1}{z^2}+2$

(6) $f(z)=\dfrac{z-3}{z^2+2z+2}$

(7) $f(z)=\tan z$

(8) $f(z)=z^2\sec z$

(9) $f(z)=\operatorname{Im} z$

02. 다음 각 경우에 선 적분 $\oint_C f(z)dz$의 값을 찾아라.

(1) $f(z)=ze^z$, $C: |z-3i|=6$

(2) $f(z)=z^2-4z+8$, C: $1,\ 8,\ 8+4i,\ 1+4i$를 꼭짓점으로 하는 정사각형

(3) $f(z)=z+\dfrac{1}{z}$, $C: |z|=2$

(4) $f(z)=\dfrac{1}{z^3+1}$, $C: |z+1|=1$

(5) $f(z)=\sin\dfrac{z}{z+3i}$, $C: |z-2+3i|=1$

(6) $f(z)=\dfrac{z-1}{z(z-i)(z-3i)}$, $C: |z-i|=\dfrac{1}{2}$

(7) $f(z)=\dfrac{z}{z^2+1}$, C: (a) $|z+i|=1$, (b) $|z-i|=1$

(8) $f(z)=\dfrac{2z+1}{z^2+z}$, C: (a) $|z|=\dfrac{1}{4}$, (b) $|z|=2$, (c) $\left|z-\dfrac{1}{2}\right|=\dfrac{1}{4}$

(9) $f(z)=\dfrac{-3z+2}{z^2-8z+12}$, C: (a) $|z-5|=2$, (b) $|z|=9$

(10) $f(z)=\dfrac{3z+1}{z^3-z}$, C: (a) $|z|=\dfrac{1}{2}$, (b) $|z|=2$

(11) $f(z)=\dfrac{2z}{z^2+2}$, $C: |z|=2$

03. 임의의 단순 폐곡선 C 및 C의 내부의 점 z_0에 대하여 다음이 성립함을 보여라.

$$\oint_C \frac{dz}{(z-z_0)^n} = \begin{cases} 2\pi i & (n=1) \\ 0 & (n\text{은 1이 아닌 정수}) \end{cases}$$

04. 폐곡선 C가 그림 11.11과 같을 때, 선 적분 $\int_C \frac{3z-2}{z^2-z}\,dz$ 의 값을 찾아라.

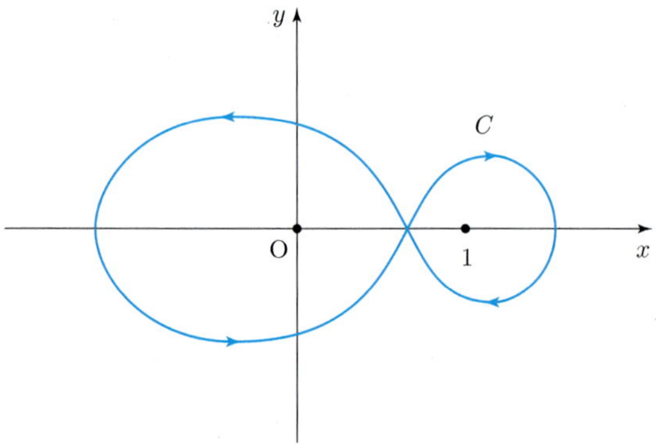

그림 11.11 ▎8자형 경로

05. 단순 폐곡선 C로 둘러싸인 영역의 넓이는 다음과 같음을 보여라.

$$\frac{1}{2i}\oint_C \bar{z}\,dz$$

11.3 부정 적분

이 절에서는 코시의 적분 정리를 응용하여 얻을 수 있는 적분에 관한 몇 가지 성질을 알아보겠다.

적분 경로의 무관성

코시의 적분 정리는 단순하지 않은 폐곡선에 대해서도 성립한다. 그림 11.12와 같은 폐곡선 C는 두 개의 단순 폐곡선 C_1과 C_2로 나눌 수 있으므로, 폐곡선 C를 포함하는 단순 연결 영역 D에서 해석적인 함수 $f(z)$에 대하여 다음이 성립한다.

$$\int_C f(z)\,dz = \oint_{C_1} f(z)\,dz + \oint_{C_2} f(z)\,dz = 0 + 0 = 0$$

그러므로 다음과 같이 단순 연결 영역에서 해석적인 함수의 선 적분은 그 영역에 속한 경로에 무관함을 증명할 수 있다.

정리 11.6 복소 함수 $f(z)$가 단순 연결 영역 D에서 해석적이고, C_1과 C_2는 D 내에 놓여 있는 시점과 종점이 같은 임의의 적분 경로이면 다음이 성립한다.

$$\int_{C_1} f(z)\,dz = \int_{C_2} f(z)\,dz$$

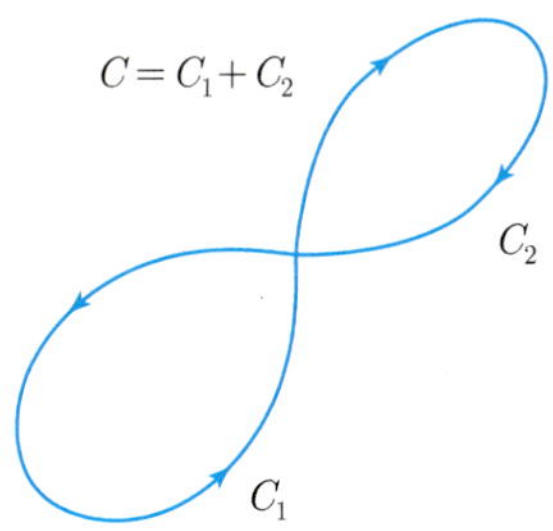

그림 11.12 ❙ 단순하지 않은 폐곡선

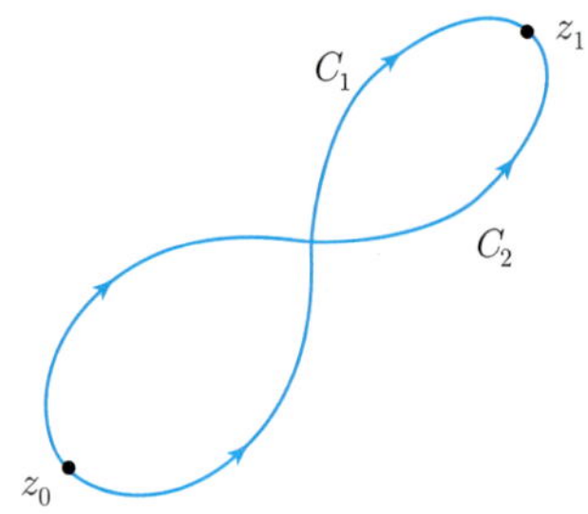

그림 11.13 ▎ 시점과 종점이 같은 경로

증명 C_1과 C_2의 시점 z_0과 종점 z_1을 각각 같다고 하자(그림 11.13). 그러면 C_1과 $-C_2$는 폐곡선 $C = C_1 + (-C_2)$를 형성하므로, 코시의 적분 정리에 의하여 다음이 성립한다.

$$\begin{aligned} 0 = \int_C f(z)\,dz &= \int_{C_1} f(z)\,dz + \int_{-C_2} f(z)\,dz \\ &= \int_{C_1} f(z)\,dz - \int_{C_2} f(z)\,dz \end{aligned}$$

■

단순 연결 영역 D에서 해석적인 함수 $f(z)$는 D의 두 점 z_0과 z_1을 연결하는 적분 경로 C와 무관하게 똑같은 선 적분 값을 가지므로 다음과 같이 나타내기도 한다.

$$\int_C f(z)\,dz = \int_{z_0}^{z_1} f(z)\,dz$$

보기 1

11.1절의 보기 1과 3에서 복소 함수 $f(z) = z^2$은 다음 적분 경로 위에서 선 적분 값이 일치함을 알아보았다. 이것은 복소 함수 $f(z) = z^2$이 전해석 함수이기 때문이다.

[1] $C_1 : z_1(t) = t + it \ \ (0 \le t \le 1)$

[2] $C_2 : z_2(t) = t^2 + it \ \ (0 \le t \le 1)$

[3] 0부터 1까지의 선분과 1부터 $1+i$까지의 선분으로 이루어진 적분 경로

부정 적분

실 함수의 경우와 마찬가지로, 복소 함수의 부정 적분을 다음과 같이 정의한다. 영역 D에서 연속인 복소 함수 $f(z)$에 대하여 D의 각 점 z에서 $F'(z) = f(z)$를 만족시키는 함수 $F(z)$

를 $f(z)$의 부정 적분(indefinite integral) 또는 원시 함수(primitive) 또는 역도함수(antiderivative)라고 한다. 예를 들면, 복소 상수 C에 대하여 $F(z)=z^2+C$는 $f(z)=2z$의 부정 적분이고, $F(z)=\sin z+C$는 $f(z)=\cos z$의 부정 적분이다.

실 함수에 대한 정적분의 기본 정리가 복소 함수에 대해서도 성립한다.

정리 11.7 복소 함수 $f(z)$는 영역 D에서 연속이고 $F(z)$가 $f(z)$의 D에서의 부정 적분이며 $C: z=z(t)\ (a\le t\le b)$는 D에 포함된 임의의 적분 경로이면, 다음이 성립한다.

$$\int_C f(z)\,dz = F(z(b)) - F(z(a))$$

증명 $f(z(t))z'(t)=F'(z(t))z'(t)$의 실수 부분과 허수 부분은 모두 실 변수 t의 실 함수이므로, 실 함수에 대한 정적분의 기본 정리를 실수 부분과 허수 부분에 적용하여 이 정리의 결과를 증명한다.

$$\begin{aligned}\int_C f(z)\,dz &= \int_a^b f(z(t))z'(t)\,dt = \int_a^b F'(z(t))z'(t)\,dt \\ &= \int_a^b \frac{d}{dt}F(z(t))\,dt = F(z(t))\Big|_a^b \\ &= F(z(b)) - F(z(a))\end{aligned}$$

■

정리 11.7에서 C가 폐곡선이면 $z(a)=z(b)$이므로 $\int_C f(z)\,dz=0$이다.

보기 2

복소 함수 $f(z)=z^2$은 연속 함수이고 $F(z)=\frac{z^3}{3}$은 $f(z)$의 부정 적분이므로, 0부터 $1+i$까지의 임의의 적분 경로 C에 대하여 다음이 성립한다.

$$\int_C z^2\,dz = \int_0^{1+i} z^2\,dz = \frac{z^3}{3}\Big|_0^{1+i} = \frac{(1+i)^3}{3} = -\frac{2}{3}+i\frac{2}{3}$$

부정 적분의 존재성

이제, 해석 함수의 부정 적분이 존재함을 증명하자.

정리 11.8 복소 함수 $f(z)$가 단연결 영역 D에서 해석적이면, D에서 해석적인 $f(z)$의 부정 적분 $F(z)$가 존재한다. 이때, D의 임의의 두 점 z_0과 z_1을 잇는 임의의 경로 C에 대하여 다음이 성립한다.

$$\int_C f(z)\,dz = \int_{z_0}^{z_1} f(z)\,dz = F(z_1) - F(z_0) \tag{1}$$

증명 정리 11.6에 의하여 D의 임의의 점 z_0에서 z까지의 $f(z)$의 선 적분은 D 내의 적분 경로와 무관하다(그림 11.14). 따라서 z_0을 고정하면 D의 각 점 z에 대하여 다음 값은 유일하게 결정되므로, $F(z)$는 잘 정의된 함수이다.

$$F(z) = \int_{z_0}^{z} f(\zeta)\,d\zeta \tag{2}$$

이제, $F(z)$가 D에서 해석적이고 $F'(z) = f(z)$임을 밝히자. D는 열린 집합이므로, D에 포함되는 z의 적당한 근방이 존재한다. 즉, 충분히 작은 z에 대하여 $z+\Delta z$를 연결하는 선분이 D에 포함된다. 그런데 식 (2)에 의하여 다음을 얻는다.

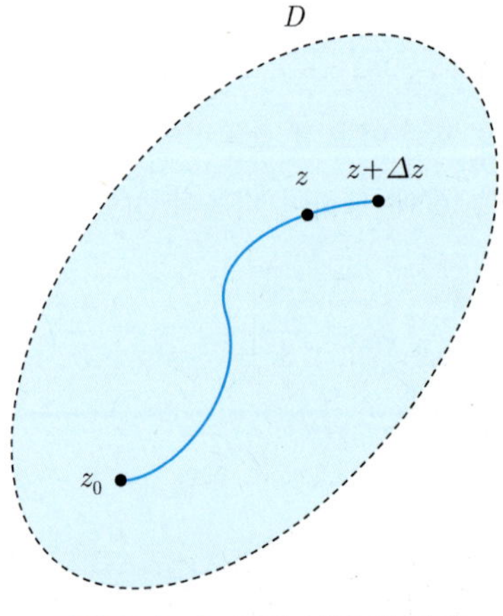

그림 11.14 ┃ 부정 적분의 존재

$$F(z+\Delta z)-F(z)=\int_{z_0}^{z+\Delta z} f(\zeta)\,d\zeta-\int_{z_0}^{z} f(\zeta)\,d\zeta=\int_{z}^{z+\Delta z} f(\zeta)\,d\zeta$$

그러므로 다음이 성립한다.

$$\begin{aligned}\frac{F(z+\Delta z)-F(z)}{\Delta z}-f(z)&=\frac{1}{\Delta z}\int_{z}^{z+\Delta z} f(\zeta)\,d\zeta-\frac{1}{\Delta z}\int_{z}^{z+\Delta z} f(z)\,d\zeta\\&=\frac{1}{\Delta z}\int_{z}^{z+\Delta z}\{f(\zeta)-f(z)\}\,d\zeta\end{aligned}$$

또 $f(z)$는 D에서 연속이므로 임의의 양수 ε에 대해 양수 δ가 존재해서 $|\zeta-z|<\delta$이면 $|f(\zeta)-f(z)|<\varepsilon$이다. 따라서 $|\Delta z|<\delta$라 하면 ML 부등식에 의해 다음이 성립한다.

$$\begin{aligned}\left|\frac{F(z+\Delta z)-F(z)}{\Delta z}-f(z)\right|&=\frac{1}{|\Delta z|}\left|\int_{z}^{z+\Delta z}\{f(\zeta)-f(z)\}\,d\zeta\right|\\&\le\frac{1}{|\Delta z|}\varepsilon|\Delta z|=\varepsilon\end{aligned}$$

극한과 도함수의 정의에 의하여 이것은 $F(z)$의 도함수가 $f(z)$임을 뜻한다. 즉, 다음과 같이 $f(z)$의 부정 적분이 존재한다.

$$F'(z)=\lim_{\Delta z\to 0}\frac{F(z+\Delta z)-F(z)}{\Delta z}=f(z)$$

정리의 나머지 부분은 정리 11.6과 11.7에 의하여 자명하다. ■

보기 3

적분 경로 C가 그림 11.15와 같을 때, 선 적분 $\int_C \frac{dz}{z}$의 값을 찾아라.

풀이 주어진 적분 경로는 단순 연결 영역 $\mathrm{Re}\,z>0$에 놓여 있고, 이 영역에서 $\mathrm{Log}\,z$는 $\frac{1}{z}$의 부정 적분이다. 따라서 식 (1)에 의하여 다음 값을 얻는다.

$$\begin{aligned}\int_C\frac{dz}{z}&=\int_{1-i}^{1+i}\frac{1}{z}\,dz=\mathrm{Log}\,z\Big|_{1-i}^{1+i}=\mathrm{Log}\,(1+i)-\mathrm{Log}\,(1-i)\\&=\left(\ln\sqrt{2}+i\frac{\pi}{4}\right)-\left(\ln\sqrt{2}-i\frac{\pi}{4}\right)=\frac{\pi i}{2}\end{aligned}$$

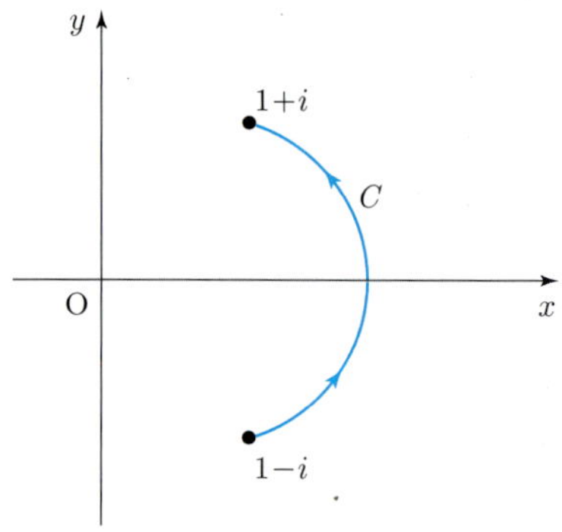

그림 11.15 ❙ $1-i$부터 $1+i$까지의 경로

함수 $\frac{1}{z}$은 $z \neq 0$인 영역에서 해석적이지만, 이 영역에서 $\mathrm{Log}\,z$는 $\frac{1}{z}$의 부정 적분이 될 수 없다. 왜냐하면 $\mathrm{Log}\,z$는 0과 음의 실수축을 제외한 영역에서만 해석적이기 때문이다.

11.3 연습 문제

01. 다음 적분 값을 찾아라.

(1) $\int_0^{3+i} z^2\,dz$

(2) $\int_i^{2i} (z+2)^2\,dz$

(3) $\int_{1-i}^{2+i} (z^2+3z-2)\,dz$

(4) $\int_{-\pi i}^{\pi i} e^z\,dz$

(5) $\int_0^{\pi+i} e^{iz}\,dz$

(6) $\int_1^i z e^{z^2}\,dz$

(7) $\int_{-i}^i \sin z\,dz$

(8) $\int_0^i \sinh z\,dz$

(9) $\int_{-1}^1 z\cosh z^2\,dz$

02. 복소 함수 $f(z)$가 매끄러운 곡선 C를 포함하는 단순 연결 영역에서 해석적이고 z_0과 z_1이 각각 C의 시점과 종점이면, 다음이 성립함을 보여라.

$$\int_{z_0}^{z_1} f'(z)g(z)\,dz = f(z)g(z)\Big|_{z_0}^{z_1} - \int_{z_0}^{z_1} f(g)g'(z)\,dz$$

03. 곡선 C가 상반평면$(\mathrm{lm}\,z>0)$에서 $-1+i$와 $3+2i$를 잇는 임의의 매끄러운 곡선일 때, 다음 적분 값을 찾아라.

$$\int_C \left(z+\frac{1}{z}\right)dz$$

04. 곡선 C가 우반평면$(\mathrm{Re}\,z>0)$에서 $1-i$와 $2+2i$를 잇는 선분일 때, 다음의 적분 값을 찾아라.

$$\int_C \frac{1}{z+1}\,dz$$

11.4 코시의 적분 공식

이 절에서는 코시의 적분 정리의 가장 중요한 결과인 코시의 적분 공식에 대하여 알아본다. 이 공식은 선 적분 값을 쉽게 찾을 수 있게 만들고, 해석 함수는 모든 계의 도함수를 갖는다는 사실을 증명할 수 있게 하며, 다음 장에서 다룰 테일러 급수와 로랑 급수의 전개에 사용된다.

정리 11.9 [코시의 적분 공식] 복소 함수 $f(z)$는 단순 연결 영역 D에서 해석적이고 C는 D에 포함된 단순 폐곡선이며 z_0은 C의 내부의 점이면, 다음이 성립한다.

$$f(z_0)=\frac{1}{2\pi i}\oint_C \frac{f(z)}{z-z_0}\,dz \tag{1}$$

증명 $f(z)$는 D에서 해석적이므로 연속이다. 그러므로 임의의 양수 ε에 대하여 적당한 양수 δ가 존재하여 $|z-z_0|<\delta$이면 $|f(z)-f(z_0)|<\varepsilon$이다. 또, D는 열린 집합이므로 중심이 z_0이고 반지름의 길이가 $\rho(<\delta)$인 원 C_1을 D에 그릴 수 있다(그림 11.16). 그러면 11.2절의 식 (2)에 의하여 다음이 성립한다.

$$\oint_C \frac{f(z)}{z-z_0}\,dz=\oint_{C_1} \frac{f(z)}{z-z_0}\,dz$$

그런데 $f(z)=f(z_0)+\{f(z)-f(z_0)\}$이고 $\oint_{C_1}\frac{dz}{z-z_0}=2\pi i$이므로 다음을 얻는다.

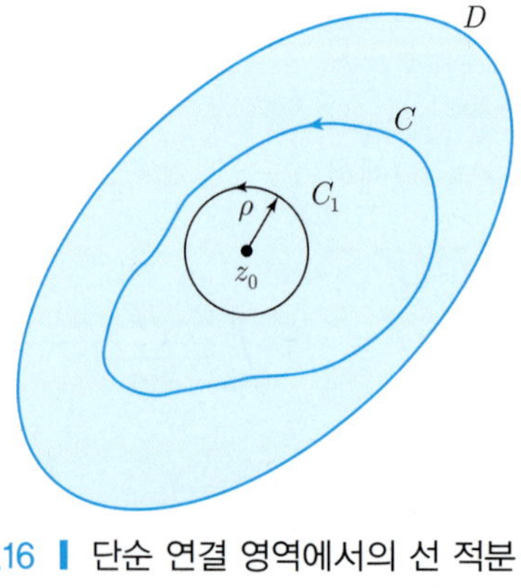

그림 11.16 | 단순 연결 영역에서의 선 적분

$$\oint_{C_1} \frac{f(z)}{z-z_0}\,dz = \oint_{C_1} \frac{f(z_0)+\{f(z)-f(z_0)\}}{z-z_0}\,dz$$
$$= f(z_0)\oint_{C_1}\frac{dz}{z-z_0} + \oint_{C_1}\frac{f(z)-f(z_0)}{z-z_0}\,dz$$
$$= 2\pi i\, f(z_0) + \oint_{C_1}\frac{f(z)-f(z_0)}{z-z_0}\,dz$$

그리고 C_1의 점 z에 대하여 $|z-z_0|=\rho$이고 $|f(z)-f(z_0)|<\varepsilon$이므로 다음이 성립한다.

$$\left|\frac{f(z)-f(z_0)}{z-z_0}\right| < \frac{\varepsilon}{\rho}$$

그러므로 ML 부등식에 의하여 다음이 성립한다.

$$\left|\oint_{C_1}\frac{f(z)-f(z_0)}{z-z_0}\,dz\right| < \frac{\varepsilon}{\rho}2\pi\rho = 2\pi\varepsilon$$

이것은 임의의 양수 ε에 대하여 성립하므로 이 적분 값은 0이다. 따라서 코시의 적분 공식 (1)이 성립한다. ■

코시의 적분 공식 (1)에 의하여 C의 내부의 임의의 점에서 $f(z)$의 값은 C에서 $f(z)$의 값으로 완전히 결정된다.

보기 1

다음 적분 값을 찾아라.

[1] $\displaystyle\oint_C \frac{z^2e^z}{z-1}\,dz,\ C: |z|=3$

[2] $\displaystyle\oint_C \frac{z}{z^2-4}\,dz,\ C$: (a) $|z|=1$, (b) $|z-2|=1$, (c) $|z+3|=2$

풀이 [1] 함수 z^2e^z은 전체 복소 평면에서 해석적이고 1은 C의 내부에 있으므로, 코시의 적분 공식에 의하여 다음 값을 얻는다.

$$\oint_C \frac{z^2e^z}{z-1}\,dz = 2\pi i z^2 e^z\Big|_{z=1} = 2\pi e i$$

[2] 피적분 함수 $\dfrac{z}{z^2-4}$는 $z=-2$와 $z=2$에서만 해석적이지 않다.

(a) 원 $C: |z|=1$과 그 내부에서 $\dfrac{z}{z^2-4}$는 해석적이므로, 코시의 적분 정리에 의하여 $\displaystyle\oint_C \frac{z}{z^2-4}\,dz=0$이다.

(b) $\dfrac{z}{z^2-4}=\dfrac{z}{z+2}\cdot\dfrac{1}{z-2}$이고 $\dfrac{z}{z+2}$는 원 $C: |z-2|=1$과 그 내부에서 해석적이므로, 코시의 적분 공식에 의하여 다음 값을 얻는다.

$$\oint_C \frac{z}{z^2-4}\,dz=\oint_C \frac{z}{z+2}\cdot\frac{1}{z-2}\,dz$$
$$=2\pi i\left.\frac{z}{z+2}\right|_{z=2}=\pi i$$

(c) $\dfrac{z}{z^2-4}=\dfrac{z}{z-2}\cdot\dfrac{1}{z+2}$이고 $\dfrac{z}{z-2}$는 원 $C: |z+3|=2$와 그 내부에서 해석적이고 -2는 이 원의 내부에 있으므로, 코시의 적분 공식에 의하여 다음 값을 얻는다.

$$\oint_C \frac{z}{z^2-4}\,dz=\oint_C \frac{z}{z-2}\cdot\frac{1}{z+2}\,dz$$
$$=2\pi i\left.\frac{z}{z-2}\right|_{z=-2}=\pi i$$

□

코시의 적분 공식은 다중 연결 영역에서도 성립한다. 그림 11.17과 같이 경계가 $C=C_1+C_2$인 다중 연결 영역 D를 생각하자. z_0이 D의 점이면, z_0이 중심이고 D에 포함되는 원 Γ를 그

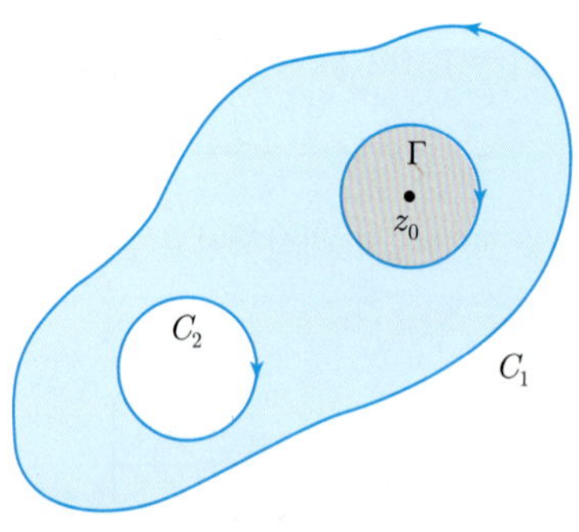

그림 11.17 ▎ 다중 연결 영역에서의 코시의 적분 공식

릴 수 있다. 그러면 D와 C에서 해석적인 함수 $f(z)$에 대하여 다음이 성립한다.

$$\oint_{C_1} \frac{f(z)}{z-z_0} dz + \oint_{C_2} \frac{f(z)}{z-z_0} dz + \oint_{\Gamma} \frac{f(z)}{z-z_0} dz = 0$$

따라서 정리 11.9에 의하여 다음 결과를 얻는다.

$$\begin{aligned} f(z_0) &= \frac{1}{2\pi i} \oint_{\Gamma} \frac{f(z)}{z-z_0} dz \\ &= \frac{1}{2\pi i} \oint_{C_1} \frac{f(z)}{z-z_0} dz + \frac{1}{2\pi i} \oint_{C_2} \frac{f(z)}{z-z_0} dz = \frac{1}{2\pi i} \int_{C} \frac{f(z)}{z-z_0} dz \end{aligned}$$

해석 함수의 도함수

코시의 적분 공식을 이용하여, 해석 함수는 모든 계의 도함수를 갖는다는 사실을 증명하겠다. 이것은 미분 가능한 실 함수와 매우 다른 해석 함수의 독특한 성질이다.

정리 11.10 [도함수에 관한 코시의 적분 공식] 영역 D에서 해석적인 복소 함수 $f(z)$는 D에서 모든 계의 도함수를 가지며, 각 도함수도 D에서 해석적이다. 실제로, D의 임의의 점 z_0에서 각 도함수의 값은 다음 공식으로 표현된다.

$$f^{(n)}(z_0) = \frac{n!}{2\pi i} \oint_{C} \frac{f(z)}{(z-z_0)^{n+1}} dz \quad (n = 1,\ 2,\ 3,\ \cdots) \tag{2}$$

여기서 적분 경로 C는 내부 전체가 D에 포함되고 z_0을 내부에 포함하는 임의의 단순 폐곡선이다.

증명 여기서는 $n=1$인 경우에 대해서만 증명하겠다. 나머지는 수학적 귀납법으로 증명된다. $f(z)$는 C와 그 내부에서 해석적이므로 코시의 적분 공식과 도함수의 정의에 의하여 다음 관계를 얻는다.

$$\begin{aligned} f'(z_0) &= \lim_{\Delta z \to 0} \frac{f(z_0 + \Delta z) - f(z_0)}{\Delta z} \\ &= \lim_{\Delta z \to 0} \frac{1}{2\pi i \Delta z} \left\{ \oint_{C} \frac{f(z)}{z-(z_0+\Delta z)} dz - \oint_{C} \frac{f(z)}{z-z_0} dz \right\} \\ &= \lim_{\Delta z \to 0} \frac{1}{2\pi i} \oint_{C} \frac{f(z)}{(z-z_0-\Delta z)(z-z_0)} dz \end{aligned}$$

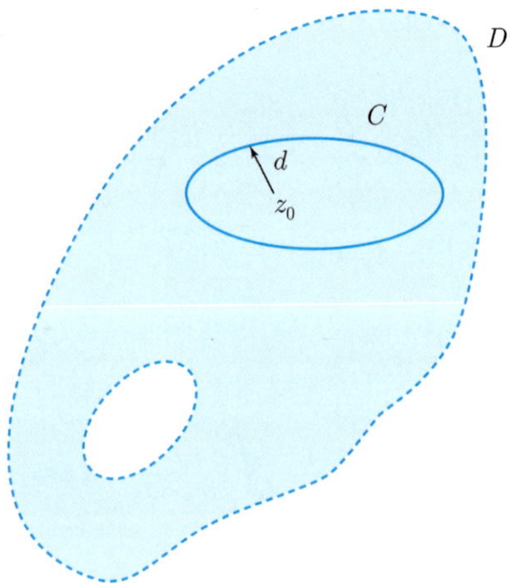

그림 11.18 ❙ z_0에서 C까지의 최소 거리

$f(z)$는 C에서 연속이므로 C에서 유계이다. 즉, 적당한 양수 M이 존재하여 C의 모든 z에서 $|f(z)| \le M$이다. 곡선 C의 길이를 L이라 하고, z_0에서 C까지의 최소 거리를 d라 하자(그림 11.18). 그러면 C의 모든 z에서 다음이 성립한다.

$$|z-z_0| \ge d, \quad \frac{1}{|z-z_0|^2} \le \frac{1}{d^2}$$

그리고 $|\Delta z| \le \dfrac{d}{2}$이면 C 위의 모든 z에 대하여 다음이 성립한다.

$$|z-z_0-\Delta z| \ge \frac{d}{2}, \quad \frac{1}{|z-z_0-\Delta z|} \le \frac{2}{d}$$

그런데 ML 부등식에 의하여 다음을 얻는다.

$$\begin{aligned} &\left| \oint_C \frac{f(z)}{(z-z_0-\Delta z)(z-z_0)}\,dz - \oint_C \frac{f(z)}{(z-z_0)^2}\,dz \right| \\ &= \left| \oint_C \frac{\Delta z\, f(z)}{(z-z_0)^2(z-z_0-\Delta z)}\,dz \right| \le \frac{2ML|\Delta z|}{d^3} \end{aligned}$$

그러므로 $\Delta z \to 0$일 때 이 식은 0에 수렴한다. 따라서 다음이 성립한다.

$$f'(z_0) = \frac{1}{2\pi i} \oint_C \frac{f(z)}{(z-z_0)^2}\,dz$$

■

보기 2

다음 적분 값을 찾아라.

[1] $\displaystyle\oint_C \frac{e^z+z}{(z-1)^2}dz,\ C:|z|=3$ [2] $\displaystyle\oint_C \frac{z}{z^4+2z^3}dz,\ C:|z|=1$

풀이 [1] 함수 e^z+z는 전해석 함수이고 1은 C의 내부에 있으므로, 식 (2)에 의하여 다음 값을 얻는다.

$$\oint_C \frac{e^z+z}{(z-1)^2}dz = 2\pi i(e^z+z)'\Big|_{z=1} = 2(e+1)\pi i$$

[2] $\dfrac{z}{z^4+2z^3}=\dfrac{z}{z+2}\cdot\dfrac{1}{z^3}$이고, $\dfrac{z}{z+2}$는 C와 그 내부에서 해석적이다. 0은 C의 내부에 있으므로 식 (2)에 의하여 다음 값을 얻는다.

$$\oint_C \frac{z}{z^4+2z^3}dz = \frac{2\pi i}{2!}\left(\frac{z}{z+2}\right)''\Bigg|_{z=0} = -\frac{\pi i}{2}$$

□

코시의 부등식과 리우빌의 정리

정리 11.10에서 적분 경로 C를 적당한 $r>0$에 대하여 원 $|z-z_0|=r$로 택할 수 있다. C의 모든 z에서 $|f(z)|\le M$이라 하면, ML 부등식에 의하여 다음 부등식이 성립한다.

$$\left|f^{(n)}(z_0)\right| = \frac{n!}{2\pi}\left|\oint_C \frac{f(z)}{(z-z_0)^{n+1}}dz\right| \le \frac{n!}{2\pi}\frac{M}{r^{n+1}}2\pi r = \frac{n!M}{r^n} \tag{3}$$

이 부등식 (3)을 **코시의 부등식**이라고 한다.

코시의 부등식은 다음 리우빌(Liouville)의 정리의 증명에 사용된다.

정리 11.11 [리우빌의 정리] 유계인 전해석 함수는 상수 함수이다.

증명 $f(z)$를 유계인 전해석 함수라 하자. 그러면 적당한 양수 M이 존재하여 모든 z에 대하여 $|f(z)|\le M$이다. 코시의 부등식 (3)에 의하여, 임의의 점 z_0에서 모든 $r>0$에 대하여 다음 부등식이 성립한다.

$$|f'(z_0)| \le \frac{M}{r}$$

그런데 $f(z)$는 전해석 함수이므로 r을 임의로 크게 택할 수 있다. 그러므로 임의의 점 z_0에서 $f'(z_0) = 0$이다. 따라서 $f(z)$는 상수 함수이다. ■

11.4 연습 문제

01. 다음 적분 값을 찾아라.

(1) $\oint_C \frac{3}{z-i}\,dz, \quad C: |z| = 2$

(2) $\oint_C \frac{z^2+2z-3i}{z+2i}\,dz, \quad C: |z| = 3$

(3) $\oint_C \frac{e^{z^2}}{z-2}\,dz, \quad C: |z| = 3$

(4) $\oint_C \frac{z^4}{(z-3i)^2}\,dz, \quad C: |z| = 5$

(5) $\oint_C \frac{3z^4+2z-6}{(z-2)^3}\,dz, \quad C: |z| = 3$

(6) $\oint_C \frac{e^{z^2}}{(z-2)^2}\,dz, \quad C: |z| = 3$

(7) $\oint_C \frac{e^z \sin z}{(z-2)^2}\,dz, \quad C: |z| = 3$

(8) $\oint_C \frac{\cos 2z}{z^5}\,dz, \quad C: |z| = 1$

(9) $\oint_C \frac{e^z}{z^2}\,dz, \quad C: |z| = 2$

(10) $\oint_C \frac{\cos z}{z^2}\,dz, \quad C: |z| = 3$

(11) $\oint_C \frac{\sin z}{z^2+\pi^2}\,dz, \quad C: |z-2i| = 2$

(12) $\oint_C \frac{\sin z}{z^3 e^z}\,dz, \quad C: |z-1| = 2$

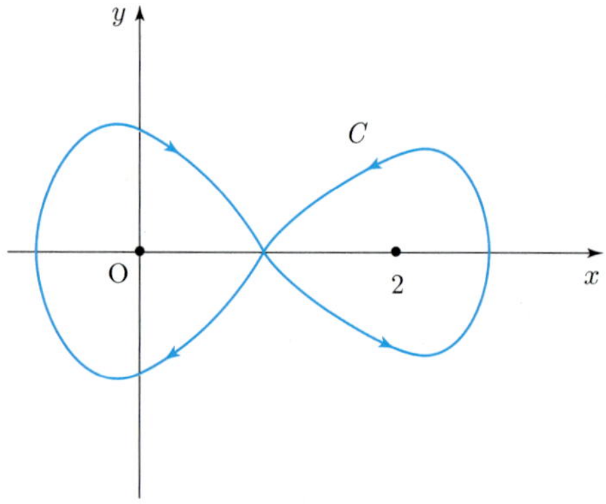

그림 11.19 ❙ 연습 문제 1 (20)

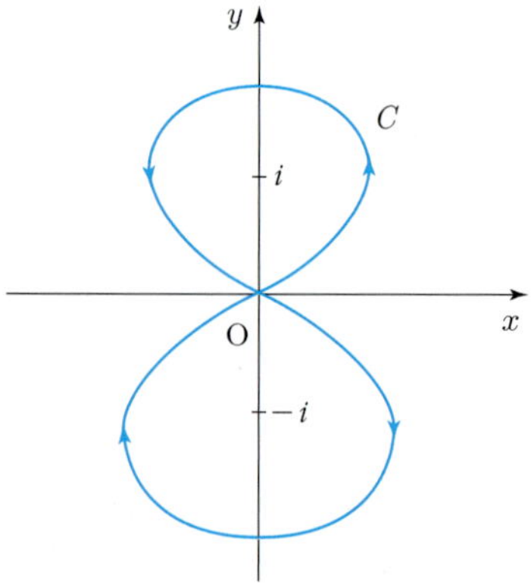

그림 11.20 ❙ 연습 문제 1 (21)

(13) $\oint_C \frac{z^2+3z+2i}{z^2+3z-4}dz,\quad C$: (a) $|z|=2$, (b) $|z+5|=2$

(14) $\oint_C \frac{z+2}{z^2(z-2)}dz,\quad C$: (a) $|z|=1$, (b) $|z-2|=1$

(15) $\oint_C \frac{1}{z^3(z-1)}dz,\quad C: |z-2|=5$

(16) $\oint_C \frac{1}{z^2(z^2+1)}dz,\quad C: |z-i|=32$ (17) $\oint_C \frac{2z-1}{z^2-z}dz,\quad C: |z|=2$

(18) $\oint_C \left\{\frac{e^{2iz}}{z^4}-\frac{z^4}{(z-i)^3}\right\}dz,\quad C: |z|=6$

(19) $\oint_C \left\{\frac{\cos hz}{(z-\pi)^3}-\frac{\sin^2 z}{(2z-\pi)^3}\right\}dz,\quad C: |z|=3$

(20) $\oint \frac{3z+1}{z(z-2)^2}dz,\quad C$: 그림 11.19에 나타낸 경로

(21) $\oint \frac{e^{iz}}{(z^2+1)^2}dz,\quad C$: 그림 11.20에 나타낸 경로

02. 다음 모레라(Morera)의 정리를 증명하라.

> 복소 함수 $f(z)$가 단순 연결 영역 D에서 연속이고, D에 포함된 모든 단순 폐곡선 C에 대하여 다음이 성립한다고 하자.
>
> $$\oint_C f(z)\,dz=0$$
>
> 그러면 $f(z)$는 D에서 해석적이다.

(힌트 : 정리 11.8의 증명 과정과 정리 11.10을 이용하라.)

03. 다음 대수학의 기본 정리를 증명하라.

> $f(z)$가 상수가 아닌 다항식이면, 방정식 $f(z)=0$은 적어도 한 개의 (복소수) 근을 갖는다.

(힌트 : 모든 z에 대하여 $f(z)\neq 0$이라 가정하고 함수 $g(z)=\frac{1}{f(z)}$에 리우빌의 정리를 적용하라.)

04. 복소 함수 f가 $\mathbb{C}-\{0\}$에서 해석적이고 유계이면 f는 상수 함수임을 보여라.

05. 복소 함수 f가 닫힌 원판 $\{z \in \mathbb{C} \mid |z - z_0| \le r\}$ 에서 해석적이면 f는 다음과 같은 평균값 성질(mean value property)을 만족시킴을 보여라.

$$f(z_0) = \frac{1}{2\pi}\int_0^{2\pi} f(z_0 + re^{it})\,dt$$

따라서 다음이 성립함을 보여라.

$$|f(z_0)| \le \max_{t \in [0,\ 2\pi]} |f(z_0 + re^{it})|$$

06. 복소 함수 f가 전해석 함수이고 모든 $z \in \mathbb{C}$에서 $|f(z)| \le |z|$이고 $f(1) = 1$이면 $f(z) = z$임을 보여라.

제 12 장 급수와 유수

이 장에서는 복소수로 이루어진 수열과 급수 그리고 변수가 복소수인 멱급수를 알아본다. 11장에서 알아본 코시의 적분 공식을 이용하여 해석적인 점에서의 테일러 급수와 해석적이지 않은 점에서의 로랑 급수를 도입한다. 유수의 개념을 도입하여 복소 적분과 실 적분의 계산에 응용한다.

■ 테일러(Brook Taylor, 1685~1731)

영국의 수학자 테일러는 미들섹스 주 에드먼턴에서 태어나서 케임브리지 대학교 세인트 존스 칼리지에서 공부하였는데, 일찍부터 수학에 뛰어난 소질을 보였다. 그는 1712년에 영국 학술원 회원으로 선임되었으며 그곳의 간사가 되었으나, 저술에 전념하기 위해서 34세의 나이에 사임하였다.

테일러는 미분학에서 유명한 '테일러의 정리'를 저서 ≪증분법≫에서 밝혔는데, 테일러의 설명에서는 급수의 수렴성에 관한 설명이 불충분하였다. 테일러 급수의 중요성이 완전히 인정받게 된 것은 오일러가 그것을 미분법에 적용한 1755년의 일이다. 그리고 라그랑주가 잉여량을 첨가한 급수를 함수론의 기초로 이용한 것은 훨씬 뒤의 일이다. 원근법에 관한 테일러의 일부 논문은 오늘날 비행기에서 찍은 사진으로 측량하는 사진 측량법의 수학적 처리에 응용되고 있다.

■ 매클로린(Cooin Maclaurin, 1698~1746)

매클로린은 수학의 천재였다. 11세의 나이에 글래스고우 대학교에 입학했고 15세에 중력에 관한 논문으로 석사 학위를 받았다. 19세에는 에버딘에 있는 매리스칼 대학의 수학 강사로 선임되었고 21세에 최초의 중요한 책《기하학의 기본》을 발간하였다. 27세에는 에든버러 대학의 수학 교수의 조교가 되었다. 조교 수당을 얻는 데 약간의 어려움이 있었지만, 대학교가 이 뛰어난 젊은이를 고용할 수 있도록 뉴턴이 개인적으로 비용을 부담하였다. 오래지 않아 매클로린은 그가 돕던 교수를 승계하였다. 미분에 관한 책은 그가 죽기 겨우 4년 전인 44세에 출판되었는데, 이것은 뉴턴의 유율법에 관한 최초의 논리적이고 체계적인 해설이며 미적분학의 원리들에 관한 버클리의 공격에 대한 답으로 쓴 것이다. 매클로린은 기하학 특히 고차원 곡선에 관한 매우 유명한 논문을 썼으며, 고전 기하학을 물리 문제들에 응용하는 데 크게 공헌했다. 응용 수학에 관한 그 많은 논문 중에는 상을 받은 조수의 수학적 이론에 관한 논문이 있다. 그의《유율법 연구》에는 회전하는 두 타원체의 인력에 관한 고찰이 실려 있다.

12.1 수열과 급수

각 항이 실수인 수열과 급수의 개념을 복소수로 확장하고, 그 성질을 알아본다.

수열

자연수 전체의 집합에서 정의된 함수 f를 무한 수열(infinite sequence) 또는 간단히 수열(sequence)이라고 한다. 수열은 함숫값 $f(n) = z_n$ $(n = 1,\ 2,\ \cdots)$을 사용해서 다음과 같이 나타낸다.

$$z_1,\ z_2,\ z_3,\ \cdots \text{ 또는 } \{z_1,\ z_2,\ z_3,\ \cdots\} \text{ 또는 } \{z_n\} \text{ 또는 } \langle z_n \rangle$$

수열의 치역이 실수로 이루어지면 실수열, 복소수로 이루어지면 복소수열이다.

수열 $\langle z_n \rangle$이 극한(limit) $\boldsymbol{L}$에 수렴한다(converge)는 것은, 임의의 양수 ε에 대해 적당한 자연수 N이 존재해서 $n > N$일 때 $|z_n - L| < \varepsilon$이 성립함을 의미한다. 이것을 기호로 다음과 같이 나타낸다.

$$\lim_{n \to \infty} z_n = L$$

기하학적으로 말하면, $n > N$인 모든 항 z_n이 L의 ε근방에 속함을 뜻한다(그림 12.1). 실수열의 극한에 관한 모든 성질이 복소수열에서도 성립한다. 수렴하지 않는 수열은 발산한다(diverge)고 한다.

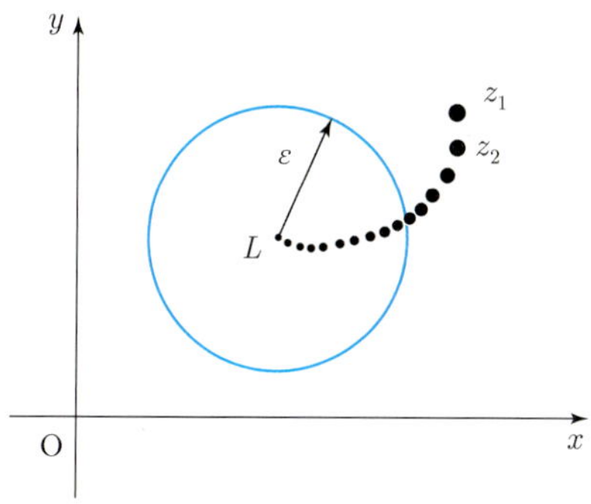

그림 12.1 ▎ 수열의 극한

보기 1

수열 $\left\langle \dfrac{i^n}{n} \right\rangle$은 0에 수렴한다. 실제로, 임의의 양수 ε에 대해 $\dfrac{1}{\varepsilon}$보다 큰 자연수 N이 존재하므로, $n > N$일 때 다음 부등식이 성립한다.

$$\left| \frac{i^n}{n} - 0 \right| = \frac{1}{n} < \frac{1}{N} < \varepsilon$$

복소수는 실수 부분과 허수 부분(각각은 실수)로 이루어지므로 복소수열에는 두 개의 실수열이 대응한다. 다음 정리는 이런 수열들 사이의 관계를 나타낸다.

정리 12.1 복소수열 $\langle z_n \rangle$의 각 항을 $z_n = x_n + iy_n$ $(n = 1, 2, \cdots)$으로 나타내자. $\lim_{n \to \infty} z_n = L = a + ib$이기 위한 필요 충분 조건은 다음과 같다.

$$\lim_{n \to \infty} x_n = a, \quad \lim_{n \to \infty} y_n = b$$

증명 $\lim_{n \to \infty} z_n = L = a + ib$이라 하면 임의의 양수 ε에 대해 적당한 자연수 N이 존재해서 $n > N$일 때 다음이 성립한다.

$$|x_n - a| \le \sqrt{(x_n - a)^2 + (y_n - b)^2} = |z_n - L| < \varepsilon, \quad |y_n - b| \le |z_n - L| < \varepsilon$$

그러므로 $\lim_{n \to \infty} x_n = a$이고 $\lim_{n \to \infty} y_n = b$이다.

이제 $\lim_{n \to \infty} x_n = a$이고 $\lim_{n \to \infty} y_n = b$라고 하자. 그러면 임의의 양수 ε에 대해 적당한 자연수 N이 존재해서 $n > N$일 때, 다음이 성립한다.

$$|x_n - a| < \frac{\varepsilon}{2}, \quad |y_n - b| < \frac{\varepsilon}{2}$$

그러면 삼각 부등식에 의하여 다음을 얻는다.

$$|z_n - L| = |(x_n - a) + i(y_n - b)| \le |x_n - a| + |y_n - b| < \varepsilon$$

따라서 $\lim_{n \to \infty} z_n = L$이다. ■

보기 2

수열 $\langle z_n \rangle$의 각 항이 $z_n = \dfrac{n^2-2n}{2n^2+3} + i\dfrac{n}{n+1}$ $(n=1,\ 2,\ 3,\ \cdots)$이라 하자. 그러면 $\lim\limits_{n\to\infty} \dfrac{n^2-2n}{2n^2+3} = \dfrac{1}{2}$이고 $\lim\limits_{n\to\infty} \dfrac{n}{n+1} = 1$이므로 $\lim\limits_{n\to\infty} z_n = \dfrac{1}{2} + i$이다.

급수

수열 $\langle z_n \rangle$의 각 항을 순서대로 기호 '+'로 연결한 다음과 같은 식을 무한 급수(infinite series) 또는 간단히 급수(series)라고 한다.

$$\sum_{n=1}^{\infty} z_n = z_1 + z_2 + z_3 + \cdots$$

다음과 같이 첫째 항부터 n째 항까지의 부분합을 생각하자.

$$S_n = z_1 + z_2 + \cdots + z_n \quad (n=1,\ 2,\ \cdots)$$

부분합의 수열 $\langle S_n \rangle$이 극한 S에 수렴할 때 급수 $\sum_{n=1}^{\infty} z_n$은 S에 수렴한다고 한다. 이때, S를 이 급수의 합이라 하고, 기호로 $\sum_{n=1}^{\infty} z_n = S$와 같이 나타낸다. 수렴하지 않는 급수는 발산한다고 한다.

급수 $\sum_{n=1}^{\infty} z_n$의 각 항을 $z_n = x_n + iy_n$ $(n=1,\ 2,\ \cdots)$으로 나타내면, 정리 12.1에 의해 $\sum_{n=1}^{\infty} z_n$이 수렴하기 위한 필요 충분 조건은 $\sum_{n=1}^{\infty} x_n$과 $\sum_{n=1}^{\infty} y_n$이 모두 수렴하는 것이다.

급수의 수렴 판정법

각 항이 복소수인 급수에 대한 수렴 판정법은 실수의 경우와 본질적으로 똑같다.

정리 12.2 급수 $\sum_{n=1}^{\infty} z_n$이 수렴하면 $\lim\limits_{n\to\infty} z_n = 0$이다.

정리 12.2에 의해 $\lim\limits_{n\to\infty} z_n \neq 0$이면 $\sum_{n=1}^{\infty} z_n$은 발산한다.

보기 3

무한 등비 급수 $\sum_{n=1}^{\infty} z^{n-1} = 1 + z + z^2 + z^3 + \cdots$ 의 수렴 여부를 알아보자. $z = 1$이면 발산한다. $z \neq 1$일 때, 첫째 항부터 n째 항까지의 부분합은 다음과 같다.

$$S_n = 1 + z + z^2 + \cdots + z^{n-1} = \frac{1 - z^n}{1 - z}$$

따라서 주어진 급수는 $|z| < 1$일 때 $\frac{1}{1-z}$에 수렴한다. 그리고 $|z| \geq 1$이면, 정리 12.2에 의하여 발산한다.

급수 $\sum_{n=1}^{\infty} z_n = z_1 + z_2 + z_3 + \cdots$ 의 각 항에 절댓값을 취한 다음 급수가 수렴할 때 $\sum_{n=1}^{\infty} z_n$은 절대 수렴한다(absolutely converge)고 한다.

$$\sum_{n=1}^{\infty} |z_n| = |z_1| + |z_2| + |z_3| + \cdots$$

실수인 경우와 마찬가지로 절대 수렴하는 급수는 수렴한다.

한편, $\sum_{n=1}^{\infty} z_n$은 수렴하지만 $\sum_{n=1}^{\infty} |z_n|$이 발산하면, $\sum_{n=1}^{\infty} z_n$은 조건 수렴한다(conditionally converge)고 한다.

복소 수열에 대해서도 비교 판정법, 비율 판정법, 거듭제곱근 판정법이 성립한다. (다만, 실수에서는 양항 급수에 대해 성립한다면, 복소수에서는 각 항의 절댓값이나 그 비율이 중요한 역할을 한다.) 다음 정리의 증명은 실수열에 관한 증명과 유사하므로 생략하기로 한다.

정리 12.3 [1] **[비교 판정법]** 급수 $\sum_{n=1}^{\infty} z_n$에 대해 $|z_n| \leq a_n$ $(n = 1, 2, \cdots)$이고 $\sum_{n=1}^{\infty} a_n$이 수렴하면 $\sum_{n=1}^{\infty} z_n$은 절대 수렴한다(따라서 수렴한다).

[2] **(비율 판정법)** 각 항이 0이 아닌 급수 $\sum_{n=1}^{\infty} z_n$에 대해 $\lim_{n \to \infty} \left| \frac{z_{n+1}}{z_n} \right| = L$일 때,

(i) $L < 1$이면 이 급수는 절대 수렴한다.

(ii) $L > 1$이면 이 급수는 발산한다.

(iii) $L = 1$이면 이 급수는 수렴할 수도 있고 발산할 수도 있다.

[3] **(거듭제곱근 판정법)** 급수 $\sum_{n=1}^{\infty} z_n$에 대해 $\lim_{n \to \infty} \sqrt[n]{|z_n|} = L$일 때

(i) $L<1$이면 이 급수는 절대 수렴한다.
(ii) $L>1$이면 이 급수는 발산한다.
(iii) $L=1$이면 이 급수는 수렴할 수도 있고 발산할 수도 있다.

보기 4

다음 급수의 수렴 여부를 판정하라.

[1] $\displaystyle\sum_{n=1}^{\infty}\frac{i^n}{n^2}$ [2] $\displaystyle\sum_{n=1}^{\infty}\frac{(4+3i)^n}{n!}$

[3] $\displaystyle\sum_{n=0}^{\infty}\frac{(4+i)^n}{4^n+2^n}$

풀이 [1] 각 자연수 n에서 $\left|\frac{i^n}{n^2}\right|=\frac{1}{n^2}$이고 $\sum_{n=1}^{\infty}\frac{1}{n^2}$은 수렴하므로, 비교 판정법에 의하여 $\sum_{n=1}^{\infty}\frac{i^n}{n^2}$은 절대 수렴한다.

[2] $\displaystyle\lim_{n\to\infty}\left|\frac{(4+3i)^{n+1}}{(n+1)!}\cdot\frac{n!}{(4+3i)^n}\right|=\lim_{n\to\infty}\frac{|4+3i|}{n+1}=\lim_{n\to\infty}\frac{5}{n+1}=0<1$이므로, 비율 판정법에 의하여 급수 $\sum_{n=1}^{\infty}\frac{(4+3i)^n}{n!}$은 절대 수렴한다.

[3] $\displaystyle\lim_{n\to\infty}\sqrt[n]{\frac{|4+i|^n}{4^n(1+2^{-n})}}=\lim_{n\to\infty}\frac{|4+i|}{4\sqrt[n]{(1+2^{-n})}}=\frac{\sqrt{17}}{4}>1$이므로, 거듭제곱근 판정법에 의하여 급수 $\sum_{n=0}^{\infty}\frac{(4+i)^n}{4^n+2^n}$은 발산한다. □

급수 $\sum_{n=1}^{\infty}\frac{i}{n}$과 $\sum_{n=1}^{\infty}\frac{i}{n^2}$에 비율 판정법과 거듭제곱근 판정법을 적용하면 모두 $L=1$을 얻는다. 그런데 $\sum_{n=1}^{\infty}\frac{1}{n}$은 발산하고 $\sum_{n=1}^{\infty}\frac{1}{n^2}$은 수렴한다. 그러므로 $L=1$인 경우에는 이 판정법들을 적용할 수 없다.

거듭제곱 급수

변수가 실수인 거듭제곱 급수는 변수가 복소수인 거듭제곱 급수로 자연스럽게 확장된다. 복소 변수 z와 복소 상수 z_0에 대하여 다음과 같은 꼴의 급수를 $z-z_0$에 관한 거듭제곱 급수(power series)라고 한다.

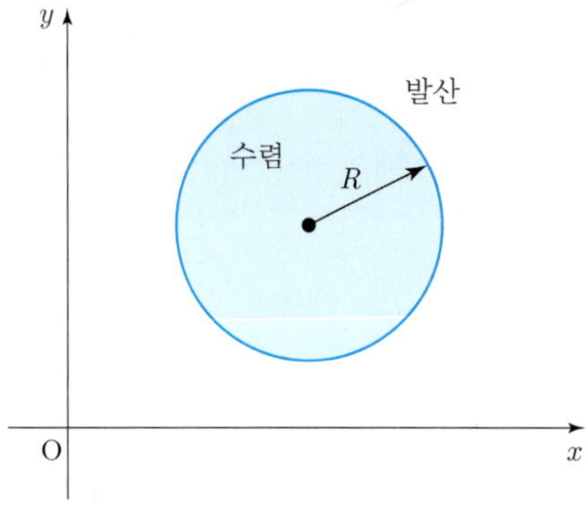

그림 12.2 ❙ 수렴 원

$$\sum_{n=0}^{\infty} a_n (z-z_0)^n = a_0 + a_1(z-z_0) + a_2(z-z_0)^2 + \cdots$$

이때, z_0을 이 멱급수의 중심(center), 복소 상수 a_0, a_1, a_2, $\cdots$를 이 멱급수의 계수(coefficient)라고 한다.

보기 3의 무한 등비 급수 $\sum_{n=1}^{\infty} z^{n-1} = \sum_{n=0}^{\infty} z^n$은 중심이 0인 z에 관한 거듭제곱 급수이다. 이 거듭제곱 급수는 $|z| < 1$일 때 (절대) 수렴하고, $|z| \geq 1$일 때 발산한다. 즉, 중심이 0이고 반지름의 길이가 1인 열린 원판 내의 모든 점에서 수렴하고 그 이외의 점에서는 발산한다.

일반적으로 거듭제곱 급수 $\sum_{n=0}^{\infty} a_n (z-z_0)^n$에는 수렴 반지름(radius of convergence)이라 부르는 값 $R(0 \leq R \leq \infty)$이 존재한다. 이 거듭제곱 급수는 $|z-z_0| < R$인 모든 z에서 절대 수렴하고 $|z-z_0| > R$인 모든 z에 대해 발산한다. $R \neq \infty$일 때 $|z-z_0| = R$로 정의된 수렴 원(circle of convergence)이 존재한다(그림 12.2).

수렴 반지름은 다음과 같이 결정된다.

정리 12.4 거듭제곱 급수 $\sum_{n=0}^{\infty} a_n (z-z_0)^n$에 대하여 $\lim_{n \to \infty} \left| \frac{a_{n+1}}{a_n} \right| = L$일 때

[1] $L \neq 0$이면 수렴 반지름은 $R = \frac{1}{L}$이다.
[2] $L = 0$이면 수렴 반지름은 $R = \infty$이다(즉, 모든 z에 대하여 수렴한다).
[3] $L = \infty$이면 수렴 반지름은 $R = 0$이다(즉, 중심 z_0에서만 수렴한다).

증명 각 z에 대하여 다음을 얻는다.

$$l = \lim_{n\to\infty}\left|\frac{a_{n+1}(z-z_0)^{n+1}}{a_n(z-z_0)^n}\right| = \lim_{n\to\infty}\left|\frac{a_{n+1}}{a_n}\right||z-z_0| = L|z-z_0|$$

[1] $L \neq 0$이면 비율 판정법에 의하여 $l = L|z-z_0| < 1$, 즉 $|z-z_0| < \dfrac{1}{L}$인 모든 z에 대하여 주어진 급수는 절대 수렴하고, $l = L|z-z_0| > 1$, 즉 $|z-z_0| > \dfrac{1}{L}$인 모든 z에 대하여 주어진 급수는 발산한다. 그러므로 수렴 반지름은 $R = \dfrac{1}{L}$이다.

[2] $L = 0$이면 모든 z에서 $l = 0$이므로, 비율 판정법에 의하여 모든 z에서 수렴한다. 그러므로 수렴 반지름은 $R = \infty$이다.

[3] $L = \infty$이면 모든 $z \neq z_0$에서 $l = \infty$이므로, 비율 판정법에 의하여 모든 $z \neq z_0$에서 발산한다. 그러므로 수렴 반지름은 $R = 0$이다. ■

$\lim_{n\to\infty}\sqrt[n]{|a_n|} = L$이면 거듭제곱근 판정법에 의하여 L의 값에 대해 정리 12.4와 똑같은 결과를 얻는다. 그리고 수렴 반지름은 계수에 의해서 결정되므로 중심과는 관계가 없고, 수렴 원이 중심에 따라 이동할 뿐이다.

보기 5

다음 거듭제곱 급수의 수렴 반지름 R과 수렴 원을 찾아라.

[1] $\displaystyle\sum_{n=0}^{\infty}\frac{(z-i)^n}{2^n}$

[2] $\displaystyle\sum_{n=0}^{\infty}\frac{n^n(z-i)^n}{n!}$

[3] $\displaystyle\sum_{n=1}^{\infty} nz^{n-1}$

풀이 [1] $\displaystyle\lim_{n\to\infty}\left|\frac{1}{2^{n+1}}\cdot\frac{2^n}{1}\right| = \lim_{n\to\infty}\frac{1}{2} = \frac{1}{2}$이므로, 수렴 반지름은 $R = 2$이고 수렴 원은 $|z-i| = 2$이다.

[2] $\displaystyle\lim_{n\to\infty}\left|\frac{(n+1)^{n+1}}{(n+1)!}\cdot\frac{n!}{n^n}\right| = \lim_{n\to\infty}\left(1+\frac{1}{n}\right)^n = e$이므로, 수렴 반지름은 $R = \dfrac{1}{e}$이고 수렴 원은 $|z-i| = \dfrac{1}{e}$이다.

[3] $\displaystyle\lim_{n\to\infty}\left|\frac{n+1}{n}\right| = 1$이므로, 수렴 반지름은 $R = 1$이고 수렴 원은 $|z| = 1$이다. □

거듭제곱 급수로 표현된 함수

거듭제곱 급수 $\sum_{n=0}^{\infty} a_n(z-z_0)^n$ 의 수렴 반지름의 길이가 양수 R이면, 수렴 원 $|z-z_0|=R$의 내부의 각 점 z에서 이 거듭제곱 급수는 일정한 합을 가진다. 그러므로 수렴 원 내부에서 다음과 같이 함수 $f(z)$를 정의할 수 있다.

$$f(z)=\sum_{n=0}^{\infty} a_n(z-z_0)^n \quad (|z-z_0|<R)$$

이때, 함수 $f(z)$는 거듭제곱 급수로 표현되었다 또는 전개되었다고 한다. 예를 들면, 무한 등비 급수 $\sum_{n=0}^{\infty} z^n$ 은 단위 원 $|z|=1$의 내부에서 함수 $f(z)=\dfrac{1}{1-z}$을 표현한다. 이와 같이 거듭제곱 급수로 표현된 함수는 변수가 실수인 경우와 유사한 다음 성질들을 갖는다.

정리 12.5 함수 f는 수렴 반지름의 길이가 양수 R인 다음 거듭제곱 급수로 표현된다고 하자.

$$f(z)=\sum_{n=0}^{\infty} a_n(z-z_0)^n \quad (|z-z_0|<R)$$

이때, 다음이 성립한다.

[1] (연속성) 함수 $f(z)$는 영역 $|z-z_0|<R$에서 연속이다.

[2] (미분 가능성) 함수 $f(z)$는 영역 $|z-z_0|<R$에서 해석적이다. 이때, 도함수 $f'(z)$는 원래 거듭제곱 급수의 각 항을 미분하여 얻어지고 원래의 거듭제곱 급수와 같은 수렴 반지름을 갖는다.

$$f'(z)=\sum_{n=1}^{\infty} na_n(z-z_0)^{n-1} \quad (|z-z_0|<R)$$

[3] (적분 가능성) 영역 $|z-z_0|<R$에 포함된 적분 경로 C 위에서 $f(z)$의 선 적분은 원래 급수의 각 항의 C 위에서의 선 적분으로 주어진다.

$$\int_C f(z)\,dz=\sum_{n=0}^{\infty} a_n\int_C (z-z_0)^n\,dz$$

보기 6

보기 5에서 [3]의 거듭제곱 급수 $\sum_{n=1}^{\infty} nz^{n-1}$은 거듭제곱 급수 $\sum_{n=0}^{\infty} z^n$의 각 항을 미분하여 얻은 것이다. $\sum_{n=0}^{\infty} z^n$은 $|z|<1$에서 함수 $f(z)=\dfrac{1}{1-z}$을 표현하므로 다음이 성립한다.

$$f'(z)=\frac{1}{(1-z)^2}=\sum_{n=1}^{\infty} nz^{n-1} \quad (|z|<1)$$

거듭제곱 급수로 표현된 함수 $f(z)$의 도함수 $f'(z)$는 똑같은 수렴 원의 내부에서 수렴하는 거듭제곱 급수로 표현되므로 $f'(z)$도 해석적이다. 이런 과정은 한없이 반복할 수 있으므로 거듭제곱 급수로 표현된 함수는 무한 번 미분 가능하다.

12.1 연습 문제

01. 다음 수열의 수렴 여부를 판정하고, 수렴하면 극한을 찾아라.

(1) $\left\langle \dfrac{2ni}{n+1} \right\rangle$

(2) $\langle 2+(-i)^n \rangle$

(3) $\left\langle \dfrac{1}{n+i} \right\rangle$

(4) $\left\langle \dfrac{3ni+1}{n+ni} \right\rangle$

(5) $\langle (1+i)^{-n} \rangle$

(6) $\left\langle \left(\dfrac{1+i}{4}\right)^n + i^n \right\rangle$

02. 다음 급수의 수렴 여부를 판정하라.

(1) $\sum_{n=1}^{\infty} \dfrac{(3+4i)^n}{8^n}$

(2) $\sum_{n=1}^{\infty} n\left(\dfrac{1+i}{2}\right)^n$

(3) $\sum_{n=1}^{\infty} \dfrac{n+1}{n3^n}$

(4) $\sum_{n=1}^{\infty} \dfrac{(n+2)^2}{(2i)^n}$

(5) $\sum_{n=1}^{\infty} \dfrac{(e^i)^n}{n^3}$

(6) $\sum_{n=1}^{\infty} \dfrac{(2i)^n n!}{n^n}$

03. 다음 거듭제곱 급수의 수렴 반지름과 수렴 원을 찾아라.

(1) $\displaystyle\sum_{n=1}^{\infty} \frac{(z-1)^n}{n^2 2^n}$

(2) $\displaystyle\sum_{n=1}^{\infty} \frac{(i-1)^n}{n} z^n$

(3) $\displaystyle\sum_{n=0}^{\infty} \frac{n+1}{2^n} z^n$

(4) $\displaystyle\sum_{n=1}^{\infty} n^n (z+1)^n$

(5) $\displaystyle\sum_{n=0}^{\infty} \frac{(z-i)^{2n+1}}{(2n+1)!}$

(6) $\displaystyle\sum_{n=0}^{\infty} \frac{(1-i)^n}{n+2} (z-3i)^n$

(7) $\displaystyle\sum_{n=0}^{\infty} \frac{n!}{n^n} (z-i)^n$

(8) $\displaystyle\sum_{n=1}^{\infty} \frac{3^n}{n^2+4n} z^{2n}$

(9) $\displaystyle\sum_{n=0}^{\infty} \frac{n^2+5n+3i^n}{2n+1} (z-e^i)^n$

(10) $\displaystyle\sum_{n=1}^{\infty} \frac{3^n}{n(n+1)} z^n$

(11) $\displaystyle\sum_{n=0}^{\infty} \frac{(-1)^n}{n+1} \left(\frac{z}{\pi}\right)^{2n+1}$

(12) $\displaystyle\sum_{n=0}^{\infty} \frac{(2n)!}{(n+1)(n!)^2} z^{n+1}$

04. 수렴 반지름이 $R>0$인 두 거듭제곱 급수 $\displaystyle\sum_{n=0}^{\infty} a_n z^n$과 $\displaystyle\sum_{n=0}^{\infty} b_n z^n$이 $|z|<R$인 모든 z에 대하여 똑같은 합을 가지면 $a_n = b_n$ $(n=0, 1, 2, \cdots)$임을 보여라.

05. $z = re^{i\theta}$ $(0<r<1)$와 등식 $\displaystyle\sum_{n=1}^{\infty} z^n = \frac{z}{1-z}$ $(|z|<1)$로부터 다음이 성립함을 보여라.

$$\sum_{n=1}^{\infty} r^n \cos n\theta = \frac{r\cos\theta - r^2}{1-2r\cos\theta + r^2}, \quad \sum_{n=1}^{\infty} r^n \sin n\theta = \frac{r\sin\theta}{1-2r\cos\theta + r^2}$$

06. 급수 $\displaystyle\sum_{n=1}^{\infty} z_n$이 절대수렴하면, 이 급수는 수렴함을 보여라.

07. 다음 등식이 성립함을 보여라.

$$\frac{2}{(1-z)^3} = \sum_{n=0}^{\infty} (n+2)(n+1)z^n \quad (|z|<1)$$

08. $|z|<1$에 대하여 $f(z) = \displaystyle\sum_{n=0}^{\infty} z^{(2^n)}$라 할 때, $f(z) = z + f(z^2)$임을 보여라.

12.2 테일러 급수

12.1절에서 지적한 대로, 수렴 반지름이 양수인 거듭제곱 급수로 표현된 함수는 수렴 원의 내부에서 해석적이고 모든 계의 도함수를 가진다. 이 절에서는 어떤 점에서 해석적인 함수는 그 점을 중심으로 하는 적당한 근방에서 거듭제곱 급수로 표현된다는 사실을 알아보겠다.

테일러 급수

함수 f가 다음과 같이 $z=z_0$에서 수렴 반지름이 $R>0$인 거듭제곱 급수로 표현된다고 하자.

$$f(z)=\sum_{n=0}^{\infty} a_n(z-z_0)^n \quad (|z-z_0|<R)$$

이때, 복소수 계수 $a_n\ (n=0,\ 1,\ 2,\ \cdots)$을 찾아보자. 각 $k=1,\ 2,\ 3,\ \cdots$에 대하여 함수 $f(z)$의 k계 도함수는 다음과 같다.

$$f^{(k)}(z)=\sum_{n=k}^{\infty} n(n-1)\cdots(n-k+1)a_n(z-z_0)^{n-k} \quad (|z-z_0|<R)$$

그러므로 $z=z_0$에서 각 계의 도함수의 값은 다음과 같다.

$$f(z_0)=a_0,\quad f'(z_0)=a_1,\quad f''(z_0)=2!\,a_2,\quad f^{(3)}(z_0)=3!\,a_3,\quad \cdots$$

일반적으로 $f^{(n)}(z_0)=n!\,a_n$ 이므로 다음을 얻는다.

$$a_n=\frac{f^{(n)}(z_0)}{n!} \quad (n=0,\ 1,\ 2,\ 3,\ \cdots)$$

따라서 거듭제곱 급수로 표현된 함수는 다음과 같이 나타낼 수 있다.

$$f(z)=\sum_{n=0}^{\infty}\frac{f^{(n)}(z_0)}{n!}(z-z_0)^n \quad (|z-z_0|<R)$$

우변과 같이 나타낸 거듭제곱 급수를 중심이 z_0인 $f(z)$의 테일러 급수(Taylor series)라고 한다. 그러므로 수렴 반지름이 양수인 거듭제곱 급수는 그것에 의해 표현된 함수의 테일러 급수이다. 특히, 다음과 같이 중심이 0인 테일러 급수를 $f(z)$의 매클로린 급수(Maclaurin series)라고 한다.

$$f(z)=\sum_{n=1}^{\infty}\frac{f^{(n)}(0)}{n!}z^n$$

테일러의 정리

이제, 해석 함수는 테일러 급수로 전개된다는 테일러의 정리를 알아보자.

정리 12.6 [테일러의 정리] 함수 $f(z)$는 영역 D에서 해석적이고 z_0은 D에 속한 임의의 점이라 하자. 중심이 z_0이고 D에 완전히 포함된 가장 큰 열린 원판의 반지름을 R이라 할 때, $|z-z_0|<R$에서 $f(z)$는 다음과 같이 테일러 급수로 전개된다.

$$f(z)=\sum_{n=0}^{\infty}\frac{f^{(n)}(z_0)}{n!}(z-z_0)^n \tag{1}$$

증명 $|z-z_0|<R$인 임의의 점 z를 고정하면 $|z-z_0|<r<R$인 실수 r이 존재한다(그림 12.3). 이제 중심이 z_0이고 반지름의 길이가 r인 원을 C라 하자. 그러면 코시의 적분 공식에 의하여 다음이 성립한다.

$$f(z)=\frac{1}{2\pi i}\oint_C\frac{f(\zeta)}{\zeta-z}d\zeta \tag{2}$$

그런데 적분상수 ζ와 임의의 자연수 n에 대하여 $\dfrac{1}{\zeta-z}$은 다음과 같이 나타낼 수 있다.

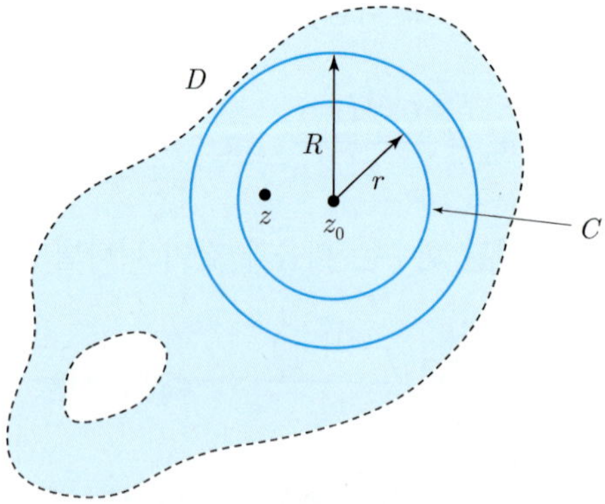

그림 12.3 ❙ 테일러의 정리

$$\frac{1}{\zeta - z} = \frac{1}{(\zeta - z_0) - (z - z_0)} = \frac{1}{\zeta - z_0} \cdot \frac{1}{1 - \dfrac{z - z_0}{\zeta - z_0}}$$

$$= \frac{1}{\zeta - z_0}\left\{1 + \frac{z - z_0}{\zeta - z_0} + \left(\frac{z - z_0}{\zeta - z_0}\right)^2 + \cdots + \left(\frac{z - z_0}{\zeta - z_0}\right)^{n-1} + \frac{(z - z_0)^n}{(\zeta - z)(\zeta - z_0)^{n-1}}\right\}$$

그러므로 식 (2)는 다음과 같이 된다.

$$\begin{aligned} f(z) = & \frac{1}{2\pi i}\oint_C \frac{f(\zeta)}{\zeta - z_0}\, d\zeta + \frac{z - z_0}{2\pi i}\oint_C \frac{f(\zeta)}{(\zeta - z_0)^2}\, d\zeta \\ & + \frac{(z - z_0)^2}{2\pi i}\oint_C \frac{f(\zeta)}{(\zeta - z_0)^3}\, d\zeta + \cdots + \frac{(z - z_0)^{n-1}}{2\pi i}\oint_C \frac{f(\zeta)}{(\zeta - z_0)^n}\, d\zeta \\ & + \frac{(z - z_0)^n}{2\pi i}\oint_C \frac{f(\zeta)}{(\zeta - z)(\zeta - z_0)^n}\, d\zeta \end{aligned}$$

이제, 도함수에 관한 코시의 적분 공식을 적용하면 다음을 얻는다.

$$\begin{aligned} f(z) = & f(z_0) + \frac{f'(z_0)}{1!}(z - z_0) + \frac{f''(z_0)}{2!}(z - z_0)^2 + \cdots \\ & + \frac{f^{(n-1)}(z_0)}{(n-1)!}(z - z_0)^{n-1} + R_n(z) \end{aligned}$$

여기서 $R_n(z) = \dfrac{(z - z_0)^n}{2\pi i}\displaystyle\oint_C \frac{f(\zeta)}{(\zeta - z)(\zeta - z_0)^n}\, d\zeta$ 이다.

이제, $\lim\limits_{n \to \infty} R_n(z) = 0$ 임을 밝히면 충분하다. C에서 $|f(z)|$의 최댓값을 M이라 하자. $|z - z_0| = d$ 라 하면 $d < r$ 이고 다음이 성립한다.

$$|\zeta - z| = |(\zeta - z_0) - (z - z_0)| \geq |\zeta - z_0| - |z - z_0| = r - d$$

그러므로 ML 부등식에 의하여 다음을 얻는다.

$$\begin{aligned} |R_n(z)| &= \left| \frac{(z - z_0)^n}{2\pi i}\oint_C \frac{f(\zeta)}{(\zeta - z)(\zeta - z_0)^n}\, d\zeta \right| \\ &\leq \frac{d^n}{2\pi} \cdot \frac{M}{(r - d)r^n} \cdot 2\pi r = \frac{Mr}{r - d}\left(\frac{d}{r}\right)^n \end{aligned}$$

$\lim_{n \to \infty} \left(\frac{d}{r}\right)^n = 0$이므로 $\lim_{n \to \infty} R_n(z) = 0$이다. 따라서 테일러의 정리가 증명된다. ■

함수 $f(z)$에 대한 테일러 급수의 수렴 반지름은 거듭제곱 급수의 수렴 반지름을 찾는 방법으로 찾을 수 있다. 그러나 테일러의 정리에 의하여, 중심이 z_0인 $f(z)$의 테일러 급수의 수렴 반지름은 일반적으로 z_0에서 $f(z)$가 해석적이지 않은 가장 가까운 점까지의 거리이다(특수한 경우에는 이 거리보다 더 클 수 있다).

보기 1

함수 $f(z) = e^z$의 매클로린 급수를 찾아라.

풀이 모든 자연수 n에서 $f^{(n)}(z) = e^z$이므로 $f^{(n)}(0) = 1$이다. 그러므로 함수 $f(z) = e^z$의 매클로린 급수는 다음과 같다.

$$e^z = \sum_{n=0}^{\infty} \frac{f^{(n)}(0)}{n!} = \sum_{n=0}^{\infty} \frac{1}{n!} z^n = 1 + \frac{z}{1!} + \frac{z^2}{2!} + \cdots + \frac{z^n}{n!} + \cdots$$

한편, $\lim_{n \to \infty} \left| \frac{1}{(n+1)!} \cdot \frac{n!}{1} \right| = \lim_{n \to \infty} \frac{1}{n+1} = 0$이므로, 이 급수의 수렴 반지름은 $R = \infty$이다. 즉, 모든 z에서 수렴한다. □

몇 가지 기본적인 함수의 매클로린 급수는 다음과 같다.

$$\cos z = 1 - \frac{z^2}{2!} + \frac{z^4}{4!} - \cdots = \sum_{n=0}^{\infty} (-1)^n \frac{z^{2n}}{(2n)!},$$

$$\sin z = z - \frac{z^3}{3!} + \frac{z^5}{5!} - \cdots = \sum_{n=0}^{\infty} (-1)^n \frac{z^{2n+1}}{(2n+1)!},$$

$$\operatorname{Log}(1+z) = z - \frac{z^2}{2} + \frac{z^3}{3} - \cdots = \sum_{n=1}^{\infty} (-1)^{n-1} \frac{z^n}{n} \quad (|z| < 1)$$

정리 12.6의 테일러 급수는 연습 문제 12.1의 문제 4에 의하여 유일하다. 그러므로 여러 가지 방법을 사용하여 간편하게 테일러 급수를 찾을 수 있다. 예를 들면, $\cos z$의 테일러 급수는 $\sin z$의 테일러 급수를 미분하여 찾을 수 있고, e^{z^2}의 매클로린 급수는 e^z의 매클로린 급수의 z를 z^2으로 치환하여 찾을 수 있다.

보기 2

다음 함수의 매클로린 급수를 찾아라.

[1] $\dfrac{1}{1+z^2}$ [2] $\dfrac{1}{(1-z)^2}$

풀이 [1] 다음 무한 등비 급수를 생각하자.

$$\frac{1}{1-z} = 1 + z + z^2 + \cdots = \sum_{n=0}^{\infty} z^n \quad (|z| < 1) \tag{3}$$

여기서 z를 $-z^2$으로 치환하여 다음을 얻는다.

$$\frac{1}{1+z^2} = 1 - z^2 + z^4 - \cdots = \sum_{n=0}^{\infty}(-z^2)^n = \sum_{n=0}^{\infty}(-1)^n z^{2n} \quad (|z| < 1)$$

[2] $\dfrac{1}{(1-z)^2} = \dfrac{d}{dz}\left(\dfrac{1}{1-z}\right)$이므로 식 (3)의 각 항을 미분하여 다음을 얻는다.

$$\frac{1}{(1-z)^2} = 1 + 2z + 3z^2 + \cdots = \sum_{n=1}^{\infty} nz^{n-1} \quad (|z| < 1)$$

이번 절의 연습 문제 3번에 따라서, 식 (3)을 제곱해서 찾을 수도 있다. □

보기 3

다음 점을 중심으로 하는 함수 $f(z) = \dfrac{1}{1-z}$의 테일러 급수를 찾아라.

[1] 2 [2] $2i$

풀이 식 (3)을 변형하여 테일러 급수를 찾을 수 있다.

[1]
$$\begin{aligned}\frac{1}{1-z} &= \frac{1}{-1-(z-2)} = \frac{-1}{1-\{-(z-2)\}} \\ &= (-1)\{1-(z-2)+(z-2)^2-(z-2)^3+\cdots\} \\ &= \sum_{n=0}^{\infty}(-1)^{n+1}(z-2)^n \quad (|z-2| < 1)\end{aligned}$$

[2] $\dfrac{1}{1-z}=\dfrac{1}{1-2i-(z-2i)}=\dfrac{1}{1-2i}\cdot\dfrac{1}{1-\dfrac{z-2i}{1-2i}}$

$$=\frac{1}{1-2i}\left\{1+\frac{z-2i}{1-2i}+\left(\frac{z-2i}{1-2i}\right)^2+\cdots\right\}\quad\left(\left|\frac{z-2i}{1-2i}\right|<1\right)$$

$$=\sum_{n=0}^{\infty}\frac{1}{(1-2i)^{n+1}}(z-2i)^n\quad(|z-2i|<\sqrt{5})$$ □

함수 $f(z)=\dfrac{1}{1-z}$은 $z=1$에서만 해석적이지 않다. 보기 3에서 [1]의 테일러 급수의 수렴 반지름의 길이는 2부터 1까지의 거리와 같고, [2]의 테일러 급수의 수렴 반지름의 길이는 $2i$부터 1까지의 거리와 같다.

12.2 연습 문제

01. 주어진 점에서 다음 함수의 테일러 급수와 수렴 반지름을 찾아라.

(1) e^{-2z}, 0 (2) $\cos 3z$, 0

(3) $\sin z^2$, 0 (4) $\dfrac{1}{1-z^4}$, 0

(5) $\dfrac{4-3z}{(1-z)^2}$, 0 (6) $\dfrac{z-2}{z^2-1}$, 0

(7) $\dfrac{1}{z}$, 1 (8) $\dfrac{z+1}{3-z}$, 1

(9) $\sin z$, $\dfrac{\pi}{2}$ (10) $\cos z$, $\dfrac{\pi}{2}$

(11) e^z, i (12) $\operatorname{Log} z$, 1

(13) z^4, i (14) z^5, -1

02. 테일러 급수를 이용하여 다음이 성립함을 증명하라.

$$\cos z = \frac{e^{iz}+e^{-iz}}{2}, \qquad \sin z = \frac{e^{iz}-e^{-iz}}{2}$$

03. $\sin z = 0$을 만족하는 복소수는 $z = k\pi$ (여기서 k는 정수)뿐임을 증명하라.

04. 복소수 z가 $0 < |z| < 4$일 때, 다음 등식이 성립함을 보여라.

$$\frac{1}{4z-z^2} = \frac{1}{4z} + \sum_{n=0}^{\infty} \frac{z^n}{4^{n+2}}$$

05. 거듭제곱 급수 $\sum_{n=0}^{\infty} a_n z^n$은 $|z| \le 1$일 때 해석 함수이고, $|z| \le 1$일 때 $\left|\sum_{n=k}^{\infty} a_n z^n\right| \le 1$이라고 하자. 그러면 모든 자연수 k에 대하여 다음이 성립함을 보여라.

$$\left|\sum_{n=k}^{\infty} a_n z^n\right| \le \frac{|z|^k}{1-|z|} \quad (|z|<1)$$

06. $f(z) = 4\sin^3 z$의 매클로린 급수를 찾아라.

12.3 로랑 급수

점 z_0에서 해석적인 함수 $f(z)$는 테일러의 정리에 의하여 z_0의 적당한 근방에서 테일러 급수로 전개된다. 그러나 z_0에서 해석적이지 않은 함수에 대해서는 테일러의 정리를 적용할 수 없다.

다음 로랑(Laurent)의 정리는 z_0을 중심으로 하는 원환 $R_1 < |z - z_0| < R_2$에서 해석적인 함수는 $z - z_0$의 양과 음의 거듭제곱을 포함하는 급수로 표현할 수 있음을 알려준다.

로랑의 정리

정리 12.7 [로랑의 정리] 함수 $f(z)$가 z_0이 중심인 원환 $R_1 < |z - z_0| < R_2$에서 해석적이면, $f(z)$는 $R_1 < |z - z_0| < R_2$에서 유효한 다음과 같은 급수로 전개된다.

$$f(z) = \cdots + \frac{a_{-2}}{(z-z_0)^2} + \frac{a_{-1}}{z-z_0} + a_0 + a_1(z-z_0) + a_2(z-z_0)^2 + \cdots$$

$$= \sum_{n=1}^{\infty} \frac{a_{-n}}{(z-z_0)^n} + \sum_{n=0}^{\infty} a_n (z-z_0)^n = \sum_{n=-\infty}^{\infty} a_n (z-z_0)^n \quad (1)$$

여기서 계수 a_n $(n = 0,\ \pm 1,\ \pm 2,\ \cdots)$은 다음과 같이 $R_1 < |z - z_0| < R_2$에 포함되고 z_0을 내부에 포함하는 임의의 단순 폐곡선 C 위에서의 선 적분 값이다.

$$a_n = \frac{1}{2\pi i} \oint_C \frac{f(\zeta)}{(\zeta - z_0)^{n+1}} d\zeta \quad (2)$$

증명 $R_1 < |z - z_0| < R_2$인 임의의 점 z를 고정하면 적당한 실수 r_1과 r_2가 존재해서 다음이 성립한다.

$$R_1 < r_1 < |z - z_0| < r_2 < R_2$$

중심이 z_0이고 반지름의 길이가 r_1과 r_2인 원을 각각 C_1과 C_2라고 하자(그림 12.4). 중심이 z이고 두 원 C_1과 C_2 사이에 완전히 포함되는 원 γ에 대해서 다중 연결 영역에 대한 코시의 적분 공식에 의하여 다음이 성립한다.

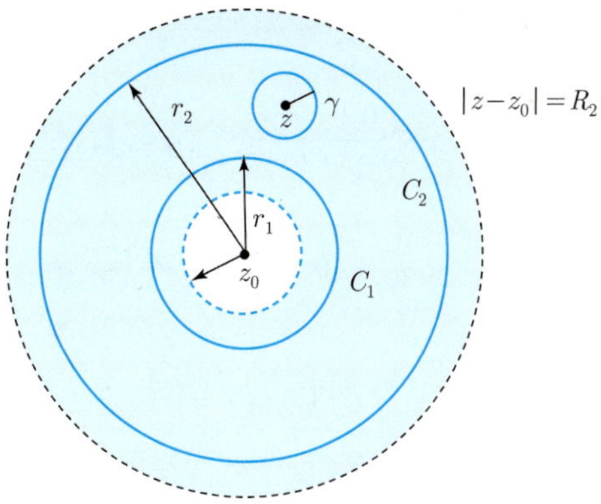

그림 12.4 ❙ 로랑의 정리

$$f(z)=\frac{1}{2\pi i}\oint_{\gamma}\frac{f(\zeta)}{\zeta-z}d\zeta=\frac{1}{2\pi i}\oint_{C_2}\frac{f(\zeta)}{\zeta-z}d\zeta-\frac{1}{2\pi i}\oint_{C_1}\frac{f(\zeta)}{\zeta-z}d\zeta \tag{3}$$

테일러의 정리의 증명과 같은 방법으로 식 (3)에서 C_2 위에서의 적분은 다음과 같이 된다.

$$\frac{1}{2\pi i}\oint_{C_2}\frac{f(\zeta)}{\zeta-z}d\zeta=\sum_{n=0}^{\infty}a_n(z-z_0)^n \tag{4}$$

이때, 계수 a_n은 다음과 같음을 보일 수 있다.

$$a_n=\frac{1}{2\pi i}\oint_{C_2}\frac{f(\zeta)}{(\zeta-z_0)^{n+1}}d\zeta \quad (n=0,\ 1,\ 2,\ \cdots) \tag{5}$$

그리고 C_1 위에서의 적분은 임의의 자연수 m에 대하여 다음과 같다.

$$\begin{aligned}
-\frac{1}{2\pi i}\oint_{C_1}\frac{f(\zeta)}{\zeta-z}d\zeta &= \frac{1}{2\pi i}\oint_{C_1}\frac{f(\zeta)}{(z-z_0)-(\zeta-z_0)}d\zeta \\
&= \frac{1}{2\pi i}\oint_{C_1}\frac{f(\zeta)}{z-z_0}\left\{\frac{1}{1-\dfrac{\zeta-z_0}{z-z_0}}\right\}d\zeta \\
&= \frac{1}{2\pi i}\oint_{C_1}\frac{f(\zeta)}{z-z_0}\left\{1+\frac{\zeta-z_0}{z-z_0}+\left(\frac{\zeta-z_0}{z-z_0}\right)^2+\cdots\right. \\
&\qquad \left.+\left(\frac{\zeta-z_0}{z-z_0}\right)^{m-1}+\frac{(\zeta-z_0)^m}{(z-\zeta)(z-z_0)^{m-1}}\right\}d\zeta \\
&= \sum_{n=1}^{m-1}\frac{a_{-n}}{(z-z_0)^n}+R_m(z)
\end{aligned}$$

여기서 a_{-n}과 R_m은 다음과 같다.

$$a_{-n} = \frac{1}{2\pi i} \oint_{C_1} \frac{f(\zeta)}{(\zeta - z_0)^{-n+1}} d\zeta \quad (n = 1,\ 2,\ \cdots,\ m-1), \tag{6}$$

$$R_m(z) = \frac{1}{2\pi i (z - z_0)^m} \oint_{C_1} \frac{f(\zeta)(\zeta - z_0)^m}{z - \zeta} d\zeta$$

$|\zeta - z_0| = r_1$이고 $|z - z_0| = d$라 하면, $r_1 < d$이므로 다음이 성립한다.

$$|z - \zeta| = |(z - z_0) - (\zeta - z_0)| \geq |z - z_0| - |\zeta - z_0| = d - r_1$$

그러므로 C_1에서 $|f(\zeta)|$의 최댓값을 M이라 하면 ML 부등식에 의하여 다음을 얻는다.

$$\begin{aligned} |R_m(z)| &= \left| \frac{1}{2\pi i (z - z_0)^m} \oint_{C_1} \frac{f(\zeta)(\zeta - z_0)^m}{z - \zeta} d\zeta \right| \\ &\leq \frac{1}{2\pi d^m} \cdot \frac{M r_1^m}{d - r_1} \cdot 2\pi r_1 = \frac{M r_1}{d - r_1} \left(\frac{r_1}{d} \right)^m \end{aligned}$$

그런데 $\lim_{m \to \infty} \left(\frac{r_1}{d} \right)^m = 0$이므로 $\lim_{m \to \infty} R_m(z) = 0$이다. 따라서 다음이 성립한다.

$$-\frac{1}{2\pi i} \oint_{C_1} \frac{f(\zeta)}{\zeta - z} d\zeta = \sum_{n=1}^{\infty} \frac{a_{-n}}{(z - z_0)^n} \tag{7}$$

이때, 계수 a_{-n}은 식 (6)으로 주어진다. 두 식 (4)와 (7)에 의하여 정리의 식 (1)이 증명된다. 그리고 다중 연결 영역에서의 코시의 정리에 의하여 두 식 (5)와 (6)은 $R_1 < |z - z_0| < R_2$에 포함되고 z_0을 내부에 포함하는 임의의 단순 폐곡선 C 위에서의 선 적분 (2)와 같다. 따라서 로랑의 정리가 증명된다. ■

식 (1)의 급수를 중심이 z_0인 **로랑 급수**(Laurent series)라고 한다. 로랑 급수 (1)에서 $a_{-n} = 0$ $(n = 1,\ 2,\ \cdots)$이면 이 급수는 테일러 급수가 된다. 그러므로 로랑 급수는 테일러 급수의 일반화이다. 그리고 원환 $R_1 < |z - z_0| < R_2$에서 R_1은 0이 될 수 있으며 R_2는 ∞가 될 수 있다.

일반적으로 식 (2)를 사용하여 로랑 급수의 계수를 찾지 않는다. 테일러 급수와 같이, 로랑 급수가 유일하게 존재한다는 사실이 밝혀져 있다. 그러므로 여러 가지 방법을 이용해서 간편하게 로랑 급수를 찾을 수 있다. 예를 들면, 주어진 원환에서 주어진 함수의 로랑 급수를 찾을 때는 무한 등비 급수, 이미 알려진 급수, 부분 분수 등을 이용한다.

보기 1

다음 함수를 중심이 0인 로랑 급수로 전개하라.

[1] $f(z)=\dfrac{\sin z}{z^2}$ [2] $g(z)=e^{\frac{1}{z}}$

풀이 함수 $f(z)$와 $g(z)$는 0을 제외한 영역, 즉 원환 $0<|z|<\infty$에서 해석적이다. $\sin z$와 e^z의 매클로린 급수를 이용하여 이 두 함수의 로랑 급수를 찾는다.

[1] $$f(z)=\frac{\sin z}{z^2}=\frac{1}{z^2}\left(z-\frac{z^3}{3!}+\frac{z^5}{5!}-\cdots\right)$$

$$=\frac{1}{z}-\frac{z}{3!}+\frac{z^3}{5!}-\cdots=\sum_{n=0}^{\infty}\frac{(-1)^n}{(2n+1)!}z^{2n-1}\quad(0<|z|<\infty)$$

[2] $$g(z)=e^{\frac{1}{z}}=1+\frac{1}{z}+\frac{1}{2!\,z^2}+\cdots=\sum_{n=0}^{\infty}\frac{1}{n!\,z^n}\quad(0<|z|<\infty)$$ □

보기 2

다음 함수를 z에 대한 양의 거듭제곱으로 이루어진 급수와 z에 대한 음의 거듭제곱으로 이루어진 급수로 각각 표현하고 각각의 경우에 등식이 성립하는 영역을 찾아라.

$$f(z)=\frac{z}{1+z^2}$$

풀이 먼저, 영역 $|z|<1$에서는 $f(z)=z\dfrac{1}{1-(-z^2)}=z(1+(-z^2)+(-z^2)^2+\cdots)$이므로

$$f(z)=\sum_{n=0}^{\infty}(-1)^n z^{2n+1}$$

다음으로 영역 $|z|>1$에서는 $f(z)=\dfrac{1}{z}\dfrac{1}{1+1/z^2}=\dfrac{1}{z}\left(1+\left(\dfrac{-1}{z^2}\right)+\left(\dfrac{-1}{z^2}\right)^2+\cdots\right)$이므로

$$f(z)=\sum_{n=0}^{\infty}(-1)^n(1/z)^{2n+1}$$ □

보기 3

영역 $1 < |z-2| < 2$에서 함수 $f(z) = \dfrac{1}{z(1-z)}$의 로랑 급수를 찾아라.

풀이

$$f(z) = \frac{1}{z} + \frac{1}{1-z} = \frac{1}{2+z-2} - \frac{1}{(z-2)+1}$$

$$= \frac{1}{2} \cdot \frac{1}{1+\dfrac{z-2}{2}} - \frac{1}{z-2} \cdot \frac{1}{1+\dfrac{1}{z-2}}$$

$$= \frac{1}{2}\sum_{n=0}^{\infty}\left(-\frac{z-2}{2}\right)^n - \frac{1}{z-2}\sum_{n=0}^{\infty}\left(-\frac{1}{z-2}\right)^n$$

$$= \sum_{n=0}^{\infty}\frac{(-1)^n}{2^{n+1}}(z-2)^n + \sum_{n=0}^{\infty}\frac{(-1)^{n+1}}{(z-2)^{n+1}} \quad (1 < |z-2| < 2)$$

□

보기 4

함수 $f(z) = \dfrac{1}{(z-1)(z-2)}$에 대하여 다음 물음에 답하라.

[1] 중심이 1과 2인 로랑 급수를 각각 찾아라.

[2] 0을 중심으로 하는 테일러 급수와 로랑 급수를 모두 찾아라.

풀이 [1] 주어진 함수는 1과 2를 제외한 영역에서 해석적이다. 그러므로 중심이 1과 2인 로랑 급수는 각각 원환 $0 < |z-1| < 1$과 $0 < |z-2| < 1$에서 유효하다.

$$f(z) = \frac{1}{(z-1)(z-2)} = \frac{-1}{(z-1)\{1-(z-1)\}}$$

$$= \frac{-1}{z-1}\{1+(z-1)+(z-1)^2+\cdots\}$$

$$= -\sum_{n=-1}^{\infty}(z-1)^n \quad (0 < |z-1| < 1)$$

$$f(z) = \frac{1}{(z-2)\{1+(z-2)\}} = \frac{1}{z-2}\{1-(z-2)+(z-2)^2-\cdots\}$$

$$= \sum_{n=-1}^{\infty}(-1)^{n+1}(z-2)^n \quad (0 < |z-2| < 1)$$

[2] 1과 2를 제외한 영역에 테일러의 정리와 로랑의 정리를 적용하기 위하여 복소 평면을 $|z| < 1$, $1 < |z| < 2$, $|z| > 2$ 등으로 나누어 급수 전개한다.

$$f(z) = \frac{-1}{z-1} + \frac{1}{z-2} = \frac{1}{1-z} - \frac{1}{2\left(1-\frac{z}{2}\right)}$$

$$= \sum_{n=0}^{\infty} z^n - \frac{1}{2}\sum_{n=0}^{\infty}\left(\frac{z}{2}\right)^n = \sum_{n=0}^{\infty}\left(1-\frac{1}{2^{n+1}}\right)z^n \quad (|z| < 1)$$

함수 $f(z)$는 $|z| < 1$에서 해석적이고, 이것은 실제로 매클로린 급수이다.

$$f(z) = -\frac{1}{z-1} + \frac{1}{z-2} = -\frac{1}{z\left(1-\frac{1}{z}\right)} - \frac{1}{2\left(1-\frac{z}{2}\right)}$$

$$= -\frac{1}{z}\sum_{n=0}^{\infty}\left(\frac{1}{z}\right)^n - \frac{1}{2}\sum_{n=0}^{\infty}\left(\frac{z}{2}\right)^n$$

$$= -\sum_{n=0}^{\infty}\frac{1}{z^{n+1}} - \sum_{n=0}^{\infty}\frac{z^n}{2^{n+1}} \quad (1 < |z| < 2),$$

$$f(z) = -\frac{1}{z-1} + \frac{1}{z-2} = -\frac{1}{z\left(1-\frac{1}{z}\right)} + \frac{1}{z\left(1-\frac{2}{z}\right)}$$

$$= -\frac{1}{z}\sum_{n=0}^{\infty}\left(\frac{1}{z}\right)^n + \frac{1}{z}\sum_{n=0}^{\infty}\left(\frac{2}{z}\right)^n = \sum_{n=0}^{\infty}\frac{2^n-1}{z^{n+1}} \quad (|z| > 2)$$ □

12.3 연습 문제

01. 영역 $0 < |z| < R$에서 다음 함수의 로랑 급수를 찾고 정확한 R의 값을 결정하라.

(1) $\frac{e^z}{z^3}$

(2) $\frac{e^{\frac{1}{z}}}{z^2}$

(3) $\frac{\cos z}{z^2}$

(4) $\frac{z-\sin z}{z^3}$

(5) $\frac{e^z-1}{z}$

(6) $\frac{1}{z(1+z^2)}$

02. 영역 $0 < |z - z_0| < R$에서 다음 함수의 로랑 급수를 찾고 정확한 R의 값을 결정하라.

(1) $\dfrac{e^z}{(z-1)^2}$, $z_0 = 1$

(2) $\dfrac{z}{1+z^2}$, $z_0 = i$

(3) $\cos\dfrac{1}{z-i}$, $z_0 = i$

(4) $\dfrac{z+2i}{z-i}$, $z_0 = i$

(5) $\dfrac{z^2+1}{2z-1}$, $z_0 = \dfrac{1}{2}$

(6) $\dfrac{\sin z}{(z-\pi)^3}$, $z_0 = \pi$

03. $0 < |a| < |b|$일 때 다음 영역에서 함수 $\dfrac{1}{(z-a)(z-b)}$의 로랑 급수를 찾아라.

(1) $|z| < |a|$

(2) $|a| < |z| < |b|$

(3) $|z| > |b|$

(4) $0 < |z-a| < |a-b|$

(5) $0 < |z-b| < |a-b|$

04. 다음 함수에 대하여 중심이 z_0인 테일러 급수와 로랑 급수를 모두 찾아라.

(1) $\dfrac{1}{1-z^3}$, $z_0 = 0$

(2) $\dfrac{1}{1-z^2}$, $z_0 = 1$

(3) $\dfrac{1}{z^2}$, $z_0 = i$

05. 실수 a가 $-1 < a < 1$일 때, 다음 식이 성립함을 보여라.

$$\frac{a}{z-a} = \sum_{n=1}^{\infty} \frac{a^n}{z^n} \quad (|a| < |z| < \infty)$$

또한 $z = e^{i\theta}$라고 할 때, 이를 이용하여 다음이 성립함을 보여라.

$$\sum_{n=1}^{\infty} a^n \cos n\theta = \frac{a\cos\theta - a^2}{1 - 2a\cos\theta + a^2}, \quad \sum_{n=1}^{\infty} a^n \sin n\theta = \frac{a\sin\theta}{1 - 2a\cos\theta + a^2}$$

06. z가 임의의 복소수이고 모든 정수 n에 대하여 $J_n(z) = \dfrac{1}{\pi}\displaystyle\int_0^{\pi} \cos(n\theta - z\sin\theta)\,d\theta$일 때, 다음이 성립함을 보여라.

$$e^{\frac{z}{2}\left(1 - \frac{1}{w}\right)} = \sum_{n=-\infty}^{\infty} J_n(z) w^n \quad (0 < |w| < \infty)$$

07. z의 거듭제곱을 포함하는 $f(z) = \dfrac{\cos z - 1}{z^4}$에 대한 로랑 급수 표현을 찾아라.

12.4 특이점과 영점

복소함수 $f(z)$가 점 $z = z_0$에서 해석적이지 않을 때 점 z_0을 $f(z)$의 특이점이라 하고, $f(z_1) = 0$인 점 z_1을 $f(z)$의 영점이라 한다.

특이점

복소함수 $f(z)$가 점 z_0에서 해석적이지 않을 때(또는 z_0에서 정의되지 않을 때), 점 z_0을 $f(z)$의 특이점(singularity, singular point)이라고 한다. 특히, 함수 $f(z)$가 점 z_0에서 해석적이지 않지만 z_0을 제외한 적당한 근방 $0 < |z - z_0| < r$에서 해석적일 때 z_0을 $f(z)$의 고립(isolated) 특이점이라고 한다.

한편, z_0을 중심으로 하는 모든 근방에 z_0 이외의 특이점이 있을 때 z_0을 $f(z)$의 비고립(nonisolated) 특이점이라고 한다.

보기 1

다음 복소 함수의 특이점을 조사하고 분류하라.

[1] $f(z) = \dfrac{1}{z^2 - 1}$ [2] $g(z) = \operatorname{Log} z$

풀이 [1] 함수 $f(z) = \dfrac{1}{z^2 - 1}$은 $z = 1$과 $z = -1$에서 정의되지 않으므로 이 점들은 $f(z)$의 특이점이다. 그런데 $f(z)$는 영역 $0 < |z - 1| < 2$와 $0 < |z + 1| < 2$에서 각각 해석적이므로, $z = 1$과 $z = -1$은 $f(z)$의 고립 특이점이다.

[2] 함수 $g(z) = \operatorname{Log} z$는 0과 음의 실수에서 해석적이지 않으므로, 점 0 또는 음의 실수를 중심으로 하는 모든 근방에는 그 이외의 특이점이 존재한다. 그러므로 0 또는 음의 실수는 $g(z)$의 비고립 특이점이다. □

고립 특이점의 분류

z_0이 $f(z)$의 고립 특이점이면 적당한 근방 $0 < |z - z_0| < r$에서 $f(z)$는 해석적이다. 그러므로 로랑의 정리에 의하여 함수 $f(z)$는 이 영역에서 다음과 같이 로랑 급수로 표현된다.

$$f(z)=\sum_{n=1}^{\infty}\frac{a_{-n}}{(z-z_0)^n}+\sum_{n=0}^{\infty}a_n(z-z_0)^n \quad (0<|z-z_0|<r) \tag{1}$$

식 (1)에서 상수 항과 $z-z_0$의 양의 거듭제곱으로 이루어진 급수 $\sum_{n=0}^{\infty}a_n(z-z_0)^n$을 $f(z)$의 **해석 부분**(analytic part)이라 하고, $z-z_0$의 음의 거듭제곱으로 이루어진 급수 $\sum_{n=1}^{\infty}\frac{a_{-n}}{(z-z_0)^n}$을 $f(z)$의 **주요 부분** 또는 **주부**(principal part)라고 한다.

고립 특이점은 주부가 포함하는 항의 개수에 따라 다음과 같이 분류한다.

(i) 주부가 0일 때 z_0을 **제거 가능한**(removable) **특이점**이라고 한다. 제거 가능한 특이점 z_0의 적당한 근방에서 $f(z)$의 값은 유계이고, 함숫값 $f(z_0)$을 a_0으로 정의하면 함수 $f(z)$를 z_0에서 해석적으로 만들 수 있다.

(ii) 주부가 유한 개의 0이 아닌 항을 포함할 때 z_0을 **극점** 또는 **극**(pole)이라고 한다. 이때, a_{-n}이 0이 아닌 마지막 계수이면 z_0을 **위수**(order) n의 극점이라 하고, 특히 위수 1의 극점을 **단순 극점** 또는 **단순 극**(simple pole)이라고 한다. 극점에서는 $\lim_{z\to z_0}|f(z)|=\infty$이 성립한다.

(iii) 주부가 무수히 많은 0이 아닌 항을 포함할 때, z_0을 **진성**(essential) **특이점**이라고 한다. 진성 특이점 z_0에 접근하는 경로에 따라 $f(z)$의 값은 임의의 복소수에 수렴할 수 있다.

보기 2

[1] 함수 $f(z)=\frac{\sin z}{z}$는 0에서 정의되지 않지만 영역 $0<|z|<\infty$에서 해석적 이므로 0은 $f(z)$의 고립 특이점이다. 그런데 $f(z)$의 로랑 급수는 다음과 같다.

$$f(z)=\frac{1}{z}\left(z-\frac{z^3}{3!}+\frac{z^5}{5!}-\cdots\right)=1-\frac{z^2}{3!}+\frac{z^4}{5!}-\cdots$$

그러므로 0은 $f(z)$의 제거 가능한 특이점이다. 또, 다음이 성립한다.

$$g(z)=\frac{\sin z}{z^2}=\frac{1}{z}-\frac{z}{3!}+\frac{z^3}{5!}-\cdots,$$

$$h(z)=\frac{\sin z}{z^3}=\frac{1}{z^2}-\frac{1}{3!}+\frac{z^2}{5!}-\cdots$$

그러므로 0은 $g(z)$의 단순 극점이고 $h(z)$의 위수 2의 극점이다.

[2] 12.3절의 보기 4에서 다음과 같은 로랑 급수를 얻었다.

$$\frac{1}{(z-1)(z-2)} = \begin{cases} -\sum_{n=-1}^{\infty} (z-1)^n & (0 < |z-1| < 1) \\ \sum_{n=-1}^{\infty} (-1)^{n+1}(z-2)^n & (0 < |z-2| < 1) \end{cases}$$

그러므로 1과 2는 모두 $\frac{1}{(z-1)(z-2)}$의 단순 극점이다.

[3] 12.3절의 보기 1에서 다음과 같은 로랑 급수를 얻었다.

$$e^{\frac{1}{z}} = 1 + \frac{1}{z} + \frac{1}{2!z^2} + \cdots = \sum_{n=0}^{\infty} \frac{1}{n!\,z^n} \quad (0 < |z| < \infty)$$

그러므로 0은 $e^{\frac{1}{z}}$의 진성 특이점이다.

영점

복소 함수 $f(z)$에 대하여 $f(z_0)=0$을 만족시키는 z_0을 $f(z)$의 영점(zero)이라고 한다. 그리고 영역 D에서 해석적인 함수 $f(z)$와 $z_0 \in D$에 대하여 다음이 성립할 때 z_0을 $f(z)$의 위수 $\boldsymbol{n}$의 영점이라 한다.

$$f(z_0)=0,\ f'(z_0)=0,\ f''(z_0)=0,\ \cdots,\ f^{(n-1)}(z_0)=0,\ f^{(n)}(z_0) \neq 0 \qquad (2)$$

특히, 위수 1의 영점을 단순 영점(simple zero)이라고 한다.

보기 3

[1] 함수 $f(z)=(z-1)^2$에 대하여 $f(1)=0,\ f'(1)=0,\ f''(1)=2$이므로, 1은 위수 2의 영점이다.

[2] 함수 $f(z)=\sin z$에 대하여 $z=0,\ \pm\pi,\ \pm 2\pi,\ \cdots$는 각각 단순 영점이다. 또, 함수 $g(z)=\sin^2 z$에 대하여 이 점들은 각각 위수 2의 영점이다.

z_0이 해석 함수 $f(z)$의 위수 n의 영점이면 정의에 의하여 식 (2)가 성립하므로 중심이 z_0인 $f(z)$의 테일러 급수는 다음과 같다.

$$f(z) = a_n(z-z_0)^n + a_{n+1}(z-z_0)^{n+1} + a_{n+2}(z-z_0)^{n+2} + \cdots$$
$$= (z-z_0)^n\{a_n + a_{n+1}(z-z_0) + a_{n+2}(z-z_0)^2 + \cdots\} \quad (a_n \neq 0) \tag{3}$$

또 테일러 급수가 식 (3)과 같은 함수의 경우에 z_0은 위수 n의 영점이다.

보기 4

0은 함수 $f(z) = z\sin z^2$의 영점이다. 그런데 다음이 성립한다.

$$f(z) = z\left(z^2 - \frac{z^6}{3!} + \frac{z^{10}}{5!} - \cdots\right) = z^3\left(1 - \frac{z^4}{3!} + \frac{z^8}{5!} - \cdots\right)$$

그러므로 0은 위수 3의 영점이다.

식 (3)에서 $g(z) = a_n + a_{n+1}(z-z_0) + a_{n+2}(z-z_0)^2 + \cdots \ (a_n \neq 0)$은 해석 함수이므로 연속이고 $g(z_0) = a_n \neq 0$이다. 그러므로 $g(z)$는 z_0의 적당한 근방에서 0이 되지 않는다. 따라서 $f(z)$는 z_0의 적당한 근방에서 z_0 이외의 영점을 갖지 않는다. 이런 의미에서 영함수가 아닌 해석 함수의 영점(들)은 고립되어 있다. 이것은 특이점과는 다른 해석 함수의 성질이다.

또, 해석 함수의 영점과 극점 사이에는 다음 성질이 성립한다. 증명은 연습 문제로 남긴다.

정리 12.8 두 복소함수 $f(z)$와 $g(z)$는 점 z_0에서 해석적이고 z_0은 $f(z)$의 위수 n의 영점이며 $g(z_0) \neq 0$이면, z_0은 $\dfrac{g(z)}{f(z)}$의 위수 n의 극점이다.

보기 5

함수 $f(z) = \dfrac{z+2}{(z-1)^2(z+1)^3}$의 경우에 $z=1$과 $z=-1$은 각각 분모의 위수 2와 3의 영점이고 분자는 이런 점에서 0이 아니다. 따라서 $z=1$과 $z=-1$은 각각 $f(z)$의 위수 2와 3인 극점이다.

12.4 연습 문제

01. 다음 함수의 특이점을 찾고, 이를 분류하라. 극점인 경우에는 위수를 말하라.

(1) $\dfrac{1}{(z-1)^3}$ (2) $e^{z+\frac{1}{z}}$

(3) $\dfrac{2}{e^{1/z}+1}$ (4) $\dfrac{(z-1)^{1/2}}{z+1}$

(5) $\dfrac{1-e^z}{z}$ (6) $\dfrac{e^z}{(z+1)^4}$

(7) $\dfrac{\cos z}{z^3}$ (8) $\tan z$

(9) $\dfrac{\sin z}{z^2-z}$

02. 다음 함수의 영점을 찾고 그 위수를 말하라.

(1) $(z+3-i)$ (2) z^5-z^2

(3) z^5+z^3 (4) e^z-e^{2z}

(5) $1-\cos^2 z$ (6) $z^{-2}\cos^3 \pi z$

03. 함수 $f(z)$는 영역 $0<|z-z_0|<r$에서 해석적이고 $\lim_{z\to z_0}(z-z_0)f(z)=0$이면, z_0은 $f(z)$의 제거 가능한 특이점임을 증명하라.

04. 복소함수 $f(z)$가 수열 $\{z_n\}$의 각 항에서 극을 가지며 $z_n\to\alpha$일 때 $f(z)$는 $z=\alpha$에서 극을 갖지 않음을 증명하라.

05. 다음 함수에 대하여 $z=\infty$에서 특이점의 성질을 기술하라.

(1) $\dfrac{z^2+1}{3z^2-1}$ (2) $\dfrac{z^2}{z+2}$

(3) $z-\tan z$ (4) $\sin z+\dfrac{2}{z}$

06. 정리 12.8을 증명하라.

07. 전해석 함수 $f(z)$가 유계이고 모든 자연수 n에서 $f(n)=0$이면 모든 복소수 z에서 $f(z)=0$임을 보여라.

08. 두 복소함수 $f(z)$와 $g(z)$는 z_0에서 해석적이고 $g(z_0)\neq 0$이며 z_0은 $\dfrac{g(z)}{f(z)}$의 위수 n의 극점이라면 z_0은 $f(z)$의 위수 n의 영점임을 보여라.

09. z_0이 복소함수 $f(z)$의 위수 n의 극점이고 $P(z)$가 m차 다항 함수이면, z_0은 $P(f(z))$의 위수 mn의 극점임을 보여라.

10. $f(z)=\dfrac{1}{(\cos z-1)}$의 $z=0$에서 로랑 급수에서의 주부를 찾아라.

12.5 유수와 유수 정리

이번 절에서는 유수의 개념을 도입하고 이를 이용하여 복소 적분 값을 쉽게 찾는 방법을 알아본다.

유수

복소 함수 $f(z)$가 점 z_0에서 고립 특이점을 가지면 $f(z)$는 z_0을 제외한 적당한 근방 $0 < |z - z_0| < r$에서 다음과 같이 로랑 급수로 전개된다.

$$f(z) = \sum_{n=1}^{\infty} \frac{a_{-n}}{(z - z_0)^n} + \sum_{n=0}^{\infty} a_n (z - z_0)^n$$

로랑의 정리에 의하여 계수 a_{-1}은 영역 $0 < |z - z_0| < r$에 포함되고 z_0을 내부에 포함하는 임의의 단순 폐곡선 C에 대하여 다음과 같이 결정된다.

$$a_{-1} = \frac{1}{2\pi i} \oint_C f(z)\, dz \tag{1}$$

그런데 로랑 급수의 계수는 적분 공식을 사용하지 않고도 찾을 수 있다. 따라서 로랑 급수를 찾아서 계수 a_{-1}을 결정하면 식 (1)의 관계로부터 다음의 복소 적분 값을 쉽게 찾을 수 있다.

$$\oint_C f(z)\, dz = 2\pi i\, a_{-1} \tag{2}$$

이와 같이 계수 a_{-1}은 특별한 의미를 갖는데, 이를 z_0에서 $f(z)$의 유수(residue)라고 하며 기호 $\mathrm{Res}(f(z),\ z_0)$으로 나타낸다.

보기 1

12.4절의 보기 2[1]에서 다음과 같은 로랑 급수를 구했다.

$$g(z) = \frac{\sin z}{z^2} = \frac{1}{z} - \frac{z}{3!} + \frac{z^3}{5!} - \cdots,$$

$$h(z)=\frac{\sin z}{z^3}=\frac{1}{z^2}-\frac{1}{3!}+\frac{z^2}{5!}-\cdots$$

그러므로 0에서의 유수는 각각 $\mathrm{Res}(g(z),\ 0)=1$과 $\mathrm{Res}(h(z),\ 0)=0$이다.
또, 그 보기의 [2]에서 다음과 같은 함수를 다루었다.

$$f(z)=\frac{1}{(z-1)(z-2)}=\begin{cases}-\displaystyle\sum_{n=-1}^{\infty}(z-1)^n & (0<|z-1|<1)\\ \displaystyle\sum_{n=-1}^{\infty}(-1)^{n+1}(z-2)^n & (0<|z-2|<1)\end{cases}$$

따라서 점 1과 2에서의 유수는 각각 $\mathrm{Res}(f(z),\ 1)=-1$과 $\mathrm{Res}(f(z),\ 2)=1$이다.

다음 정리는 극점에서의 유수를 찾는 간편한 방법을 알려준다.

정리 12.9 z_0이 복소 함수 $f(z)$의 위수 n의 극점이면 다음이 성립한다.

$$\mathrm{Res}(f(z),\ z_0)=\frac{1}{(n-1)!}\lim_{z\to z_0}\frac{d^{n-1}}{dz^{n-1}}(z-z_0)^n f(z)$$

특히, 다음이 성립한다.

[1] z_0이 단순 극점이면 $\mathrm{Res}(f(z),\ z_0)=\lim\limits_{z\to z_0}(z-z_0)f(z)$이다.

[2] $f(z)=\dfrac{g(z)}{h(z)}$이며, $g(z)$와 $h(z)$는 z_0에서 해석적이고 $g(z_0)\neq 0$이며 z_0은 $h(z)$의 단순 영점이면, $\mathrm{Res}(f(z),\ z_0)=\dfrac{g(z_0)}{h'(z_0)}$이다.

증명 z_0이 위수 n의 극점이면 함수 $f(z)$의 로랑 급수는 다음과 같다.

$$f(z)=\frac{a_{-n}}{(z-z_0)^n}+\frac{a_{-n+1}}{(z-z_0)^{n-1}}+\cdots+\frac{a_{-1}}{z-z_0}+a_0+a_1(z-z_0)+\cdots$$

그러므로 양변에 $(z-z_0)^n$을 곱하면 다음을 얻는다.

$$\begin{aligned}(z-z_0)^n f(z)=&\ a_{-n}+a_{-n+1}(z-z_0)+\cdots+a_{-1}(z-z_0)^{n-1}\\&+a_0(z-z_0)^n+a_1(z-z_0)^{n+1}+\cdots\end{aligned}$$

이를 $(n-1)$번 미분하면 다음과 같다.

$$\frac{d^{n-1}}{dz^{n-1}}(z-z_0)^n f(z) = (n-1)!\,a_{-1} + n!\,a_0(z-z_0) + \frac{(n+1)!}{2}a_1(z-z_0)^2 + \cdots$$

따라서 $z \to z_0$일 때의 극한을 취하면 다음을 얻는다.

$$\lim_{z\to z_0}\frac{d^{n-1}}{dz^{n-1}}(z-z_0)^n f(z) = (n-1)!\,a_{-1} = (n-1)!\,\mathrm{Res}(f(z),\ z_0)$$

[1] z_0이 단순 극점이면 미분할 필요 없이 함수 $f(z)$의 로랑 급수의 양변에 $z-z_0$을 곱한 다음에 $z \to z_0$일 때의 극한을 취하면 된다.

$$\lim_{z\to z_0}(z-z_0)f(z) = \lim_{z\to z_0}\{a_{-1} + a_0(z-z_0) + \cdots\} = a_{-1} = \mathrm{Res}\,(f(z),\ z_0)$$

[2] 정리 12.8에 의해 z_0은 $f(z)$의 단순 극점이므로 [1]에 의하여 다음이 성립한다.

$$\mathrm{Res}\,(f(z),\ z_0) = \lim_{z\to z_0}(z-z_0)\frac{g(z)}{h(z)} = \lim_{z\to z_0}\frac{g(z)}{\dfrac{h(z)-h(z_0)}{z-z_0}} = \frac{g(z_0)}{h'(z_0)}$$ ■

보기 2

다음 함수의 모든 극점을 찾고, 각 극점에서의 유수를 찾아라.

[1] $f(z) = \dfrac{z^4 - z^3 - 17z + 2}{(z-1)^3}$ [2] $g(z) = \dfrac{1}{z^2(z-2)}$

풀이 [1] 1은 $f(z)$의 위수 3의 극점이고, 이 극점에서의 유수는 다음과 같다.

$$\mathrm{Res}\,(f(z),\ 1) = \frac{1}{2!}\lim_{z\to 1}\frac{d^2}{dz^2}(z-1)^3 f(z)$$
$$= \frac{1}{2}\lim_{z\to 1}\frac{d^2}{dz^2}(z^4 - z^3 - 17z + 2) = 3$$

[2] 0과 2는 $g(z)$의 극점이고, 각 극점에서의 유수는 다음과 같다.

$$\operatorname{Res}(g(z),\ 0) = \lim_{z \to 0} \frac{d}{dz} z^2 g(z) = \lim_{z \to 0} \frac{d}{dz} \frac{1}{z-2} = -\frac{1}{4},$$

$$\operatorname{Res}(g(z),\ 2) = \lim_{z \to 2} (z-2) g(z) = \lim_{z \to 2} \frac{1}{z^2} = \frac{1}{4}$$ □

보기 2의 [2]에서 $\operatorname{Res}(g(z),\ 2)$는 정리 12.9의 [2]를 사용해서 찾을 수도 있다. 즉, $\frac{d}{dz} z^2(z-2)\Big|_{z=2} = 3z^2 - 4z\Big|_{z=2} = 4$이므로 $\operatorname{Res}(g(z),\ 2) = \frac{1}{4}$이다.

유수 정리

식 (2)로부터 유수는 적분 값을 계산하는 데 사용될 수 있음을 알 수 있다. 식 (2)는 단순 폐곡선 C 내에 단 하나의 고립 특이점이 존재하는 경우에 대응한다. 다음 유수 정리는 단순 폐곡선 내에 여러 개의 고립 특이점이 존재하는 경우로의 확장이다.

정리 12.10 복소 함수 $f(z)$가 단순 폐곡선 C의 내부에 있는 유한 개의 고립 특이점 $z_1,\ z_2,\ \cdots,\ z_n$을 제외하고 C와 그 내부에서 해석적이면 다음이 성립한다.

$$\oint_C f(z)\,dz = 2\pi i \sum_{k=1}^{n} \operatorname{Res}(f(z),\ z_k) \tag{3}$$

증명 각 $z_k (k=1,\ 2,\ \cdots,\ n)$를 중심으로 하는 원 C_k를 단순 폐곡선 C의 내부에 서로 교차하지 않도록 그리자(그림 12.5). 그러면 식 (2)와 다중 연결 영역에 대한 코시의 적분 정리에 의하여 다음이 성립한다.

$$\oint_C f(z)\,dz = \sum_{k=1}^{n} \oint_{C_k} f(z)\,dz = 2\pi i \sum_{k=1}^{n} \operatorname{Res}(f(z),\ z_k)$$ ■

보기 3

선 적분 $\oint_C \frac{1}{z^2(z-2)} dz$의 값을 다음 각 적분 경로에 따라 찾아라.

[1] $C : |z| = 1$　　[2] $C : |z-2| = \frac{3}{2}$　　[3] $C : |z| = 3$

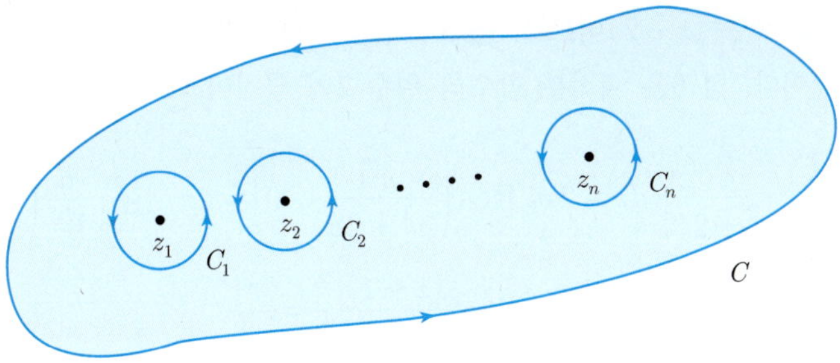

그림 12.5 ❙ 유수 정리

풀이 0과 2는 함수 $g(z)=\dfrac{1}{z^2(z-2)}$의 고립 특이점이고, 각 특이점에서의 유수는 $\operatorname{Res}(g(z),\ 0)=-\dfrac{1}{4}$이고 $\operatorname{Res}(g(z),\ 2)=\dfrac{1}{4}$이다 (보기 2).

[1] 원 $C: |z|=1$의 내부에는 단 하나의 고립 특이점 0이 있으므로 유수 정리에 의하여 다음이 성립한다.

$$\oint_C \frac{1}{z^2(z-2)}\,dz = 2\pi i \operatorname{Res}(g(z),\ 0) = -\frac{\pi i}{2}$$

[2] 원 $C: |z-2|=\dfrac{3}{2}$의 내부에는 단 하나의 고립 특이점 2가 있으므로 유수 정리에 의하여 다음이 성립한다.

$$\oint_C \frac{1}{z^2(z-2)}\,dz = 2\pi i \operatorname{Res}(g(z),\ 2) = \frac{\pi i}{2}$$

[3] 원 $C: |z|=3$의 내부에는 고립 특이점 0과 2가 있으므로 유수 정리에 의하여 다음이 성립한다.

$$\oint_C \frac{1}{z^2(z-2)}\,dz = 2\pi i \{\operatorname{Res}(g(z),\ 0)+\operatorname{Res}(g(z),\ 2)\} = 0$$

□

보기 4

다음 적분 값을 찾아라.

[1] $\displaystyle\oint_C \frac{e^z}{z^3+2z^2}\,dz,\quad C: |z|=1$

[2] $\displaystyle\oint_C \tan z\,dz,\quad C: |z|=2$

[3] $\displaystyle\oint_C e^{\frac{1}{z}}\,dz,\quad C: |z|=3$

풀이 [1] $z^3+2z^2=z^2(z+2)$이므로, 원 $C:|z|=1$의 내부에 있는 피적분 함수의 특이점은 0뿐이다. 점 0은 피적분 함수의 위수 2의 극점이므로 다음이 성립한다.

$$\oint_C \frac{e^z}{z^3+2z^2}dz = 2\pi i \operatorname{Res}\left(\frac{e^z}{z^3+2z^2},\ 0\right) = 2\pi i \lim_{z\to 0}\frac{d}{dz}\left(\frac{z^2 e^z}{z^3+2z^2}\right)$$
$$= 2\pi i \lim_{z\to 0}\frac{(z+1)e^z}{(z+2)^2} = \frac{\pi i}{2}$$

[2] $\cos z=0$의 각 영점 $z=n\pi+\frac{\pi}{2}$ (n은 정수)는 피적분 함수 $\tan z=\frac{\sin z}{\cos z}$의 단순 극점이다. 그런데 원 $C:|z|=2$의 내부에는 $-\frac{\pi}{2}$와 $\frac{\pi}{2}$만이 있으므로 다음이 성립한다.

$$\oint_C \tan z\,dz = 2\pi i\left\{\operatorname{Res}\left(\tan z,\ -\frac{\pi}{2}\right)+\operatorname{Res}\left(\tan z,\ \frac{\pi}{2}\right)\right\}$$

정리 12.9의 [2]를 사용해서 각 특이점에서의 유수를 찾으면 다음과 같다.

$$\operatorname{Res}\left(\tan z,\ -\frac{\pi}{2}\right) = \frac{\sin\left(-\frac{\pi}{2}\right)}{-\sin\left(-\frac{\pi}{2}\right)} = -1,$$

$$\operatorname{Res}\left(\tan z,\ \frac{\pi}{2}\right) = \frac{\sin\frac{\pi}{2}}{-\sin\frac{\pi}{2}} = -1$$

따라서 $\oint_C \tan z\,dz = 2\pi i(-1-1) = -4\pi i$이다.

[3] 0은 피적분 함수 $e^{\frac{1}{z}}$의 진성 특이점이므로 정리 12.9를 이용해서 유수를 찾을 수 없다. 그러나 0을 중심으로 하는 $e^{\frac{1}{z}}$의 로랑 급수는 다음과 같다.

$$e^{\frac{1}{z}} = 1+\frac{1}{z}+\frac{1}{2!z^2}+\frac{1}{3!z^3}+\cdots \quad (0<|z|<\infty)$$

그러므로 $\operatorname{Res}(e^{\frac{1}{z}},\ 0)=1$이다. 따라서 $\oint_C e^{\frac{1}{z}}dz = 2\pi i$이다. □

12.5 연습 문제

01. 다음 함수의 특이점을 찾고, 각 특이점에서의 유수를 찾아라.

(1) $\dfrac{4}{(z-1)(z+3)}$ (2) $\dfrac{z}{(z-1)^2(z-2)}$

(3) $\dfrac{z^2+2}{z^2-z}$ (4) $\dfrac{e^z}{(z-\pi i)^3}$

(5) $\dfrac{1}{\sin z}$ (6) $z^n \sin\dfrac{1}{z}$

(7) $\dfrac{2z}{z^2+2}$ (8) $\dfrac{2z-3}{z^3+3z^2}$

(9) $\dfrac{\cos z}{z^2(z+\pi)}$

02. $p(z)$는 이차 이하의 다항 함수이고 a와 b는 서로 다른 복소수이면, 다음이 성립함을 보여라 (이 결과는 부분 분수를 찾을 때 유수를 사용할 수 있음을 보여준다).

(1) $f(z)=\dfrac{p(z)}{(z-a)(z-b)}=\dfrac{\operatorname{Res}(f(z),\ a)}{z-a}+\dfrac{\operatorname{Res}(f(z),\ b)}{z-b}$

(2) $$f(z)=\frac{p(z)}{(z-a)^2(z-b)} = \frac{\operatorname{Res}(f(z),\ a)}{z-a}+\frac{\operatorname{Res}((z-a)f(z),\ a)}{(z-a)^2}+\frac{\operatorname{Res}(f(z),\ b)}{z-b}$$

03. 다음 적분 값을 찾아라.

(1) $\displaystyle\oint_C \frac{z}{(z-1)(z+2)^2}\,dz$, (a) $C: |z|=\frac{1}{2}$, (b) $C: |z|=\frac{3}{2}$, (c) $C: |z|=3$

(2) $\displaystyle\oint_C \frac{5z+3}{z(z^2-9)}\,dz$, (a) $C: |z|=1$, (b) $C: |z|=4$, (c) $C: |z-3|=2$

(3) $\displaystyle\oint_C \frac{1}{z\sin z}\,dz$, (a) $C: |z-2i|=1$, (b) $C: |z-2i|=3$, (c) $C: |z|=5$

04. 피적분 함수의 모든 특이점을 내부에 포함하는 단순 폐곡선 C를 따라 다음 적분 값을 찾아라.

(1) $\displaystyle\oint_C \frac{z}{z^2+i}\,dz$ (2) $\displaystyle\oint_C \frac{1}{z^2+4z+13}\,dz$

(3) $\oint_C \frac{32}{(z+1)^3(z-1)^4}dz$ (4) $\oint_C \frac{z+e^z}{z^3-z}dz$

(5) $\oint_C \frac{ze^z}{z^2+1}dz$ (6) $\oint_C \frac{z}{(z-1)^2(z^2+9)}dz$

05. 중심이 0인 단위 원 C를 따라 다음 적분 값을 찾아라.

(1) $\oint_C \frac{z+1}{z^2(z-2i)}dz$ (2) $\oint_C \frac{z}{z^2-1/4}dz$

(3) $\oint_C \frac{(z+4)^3}{z^4+5z^3+6z^2}dz$ (4) $\oint_C \frac{\tan(z-\pi/2)}{z-\pi/2}dz$

(5) $\oint_C \frac{e^{-z^2}}{\sin 2z}dz$ (6) $\oint_C \frac{\tan \pi z}{z^2}dz$

06. 복소함수 $f(z)$가 원점을 감싸는 반경이 R인 원 C_R의 외부에서 해석적일 때, 다음이 성립함을 보여라.

$$\oint_{C_R} f(z)\,dz = \oint_{C_r} f\left(\frac{1}{t}\right)\frac{dt}{t^2}$$

여기서 C_r은 원점을 감싸는 반경이 $1/R$인 원이다.

07. 적분 경로 C_N이 복소 평면에서 다음 네 개의 직선으로 구성되는 정사각형이라 하자.

$$x = \pm\left(N+\frac{1}{2}\right)\pi,\ \ y = \pm\left(N+\frac{1}{2}\right)\pi \ \ (N\text{은 자연수})$$

이때, 다음이 성립함을 보여라.

$$\oint_{C_N} \frac{dz}{z^2 \sin z} = 2\pi i\left\{\frac{1}{6}+2\sum_{n=1}^{N}\frac{(-1)^n}{n^2\pi^2}\right\}$$

또, 이를 이용하여 다음 등식이 성립함을 증명하라.

$$\sum_{n=1}^{\infty}\frac{(-1)^{n+1}}{n^2} = \frac{\pi^2}{12}$$

08. 유수를 이용해서 다음을 부분 분수로 표현하라. (위 문제 2 참고)

(1) $\frac{z^2+4}{z^2(z+4)}$ (2) $\frac{2z^2-3z-1}{(z-1)^3}$

12.6 실 적분의 계산

유수 정리는 복잡한 실 적분 값을 계산하는 데 매우 유용하다. 이 절에서는 몇 가지 경우에 유수 정리를 응용하는 방법을 알아보겠다.

$\int_0^{2\pi} R(\cos\theta,\ \sin\theta)\,d\theta$

$\cos\theta$와 $\sin\theta$의 유리 함수 $R(\cos\theta,\ \sin\theta)$에 대한 구간 $[0,\ 2\pi]$ 위에서의 다음 정적분을 계산해 보자.

$$\int_0^{2\pi} R(\cos\theta,\ \sin\theta)\,d\theta \tag{1}$$

기본적인 발상은 정적분 (1)을 중심이 원점인 단위 원 C 위에서의 복소 적분으로 환원하는 것이다. C는 매개 변수를 사용해서 $z=\cos\theta+i\sin\theta=e^{i\theta}\,(0\le\theta\le 2\pi)$으로 나타낼 수 있다. 그러므로 $\cos\theta$와 $\sin\theta$는 다음과 같다.

$$\cos\theta=\frac{e^{i\theta}+e^{-i\theta}}{2}=\frac{z+z^{-1}}{2},\qquad \sin\theta=\frac{e^{i\theta}-e^{-i\theta}}{2i}=\frac{z-z^{-1}}{2i}$$

또, $\dfrac{dz}{d\theta}=ie^{i\theta}=iz$이므로 $d\theta=\dfrac{dz}{iz}$이다. 따라서 정적분 (1)은 다음과 같다.

$$\oint_C R\left(\frac{z+z^{-1}}{2},\ \frac{z-z^{-1}}{2i}\right)\frac{dz}{iz},\qquad C:|z|=1$$

보기 1

정적분 $\displaystyle\int_0^{2\pi}\frac{d\theta}{5-4\cos\theta}$의 값을 찾아라.

풀이 위에서 설명한 대로 치환하면 주어진 정적분은 다음과 같이 된다.

$$\int_0^{2\pi} \frac{d\theta}{5-4\cos\theta} = \oint_C \frac{\frac{dz}{iz}}{5-2(z+z^{-1})} = \oint_C \frac{dz}{i(5z-2z^2-2)}$$

그런데 $5z-2z^2-2=(2z-1)(2-z)$이므로, 단위 원 $C: |z|=1$ 내부의 $z=\frac{1}{2}$만 이 피적분 함수의 단순 극점이며 이 점에서의 유수는 다음과 같다.

$$\operatorname{Res}\left(\frac{1}{i(2z-1)(2-z)}, \frac{1}{2}\right) = \lim_{z\to\frac{1}{2}} \frac{z-\frac{1}{2}}{i(2z-1)(2-z)} = \frac{1}{3i}$$

따라서 $\int_0^{2\pi} \frac{d\theta}{5-4\cos\theta} = 2\pi i \cdot \frac{1}{3i} = \frac{2\pi}{3}$이다. □

$\int_{-\infty}^{\infty} R(x)\,dx$

유리 함수 $R(x)$에 대해 다음과 같은 특이 적분을 계산해 보자.

$$\int_{-\infty}^{\infty} R(x)\,dx \tag{2}$$

이 특이 적분은 다음과 같이 정의한다.

$$\int_{-\infty}^{\infty} R(x)\,dx = \lim_{a\to\infty}\int_{-a}^{0} R(x)\,dx + \lim_{b\to\infty}\int_{0}^{b} R(x)\,dx \tag{3}$$

두 극한이 모두 존재할 때 특이 적분 (2)는 수렴한다고 하고, 그 적분 값은 (3)의 두 극한값의 합이다. 특이 적분 (2)가 수렴하면 다음과 같이 적분 값을 찾을 수 있다.

$$\int_{-\infty}^{\infty} R(x)\,dx = \lim_{r\to\infty}\int_{-r}^{r} R(x)\,dx \tag{4}$$

다항 함수 $p(x)$와 $q(x)$에 대하여 $R(x)=\frac{p(x)}{q(x)}$라 하고 모든 x에서 $q(x)\neq 0$이며 $q(x)$의 차수는 $p(x)$의 차수보다 2 이상 크다고 가정하면, 식 (2)는 수렴하고 따라서 식 (4)를 이용해서 적분 값을 찾을 수 있다.

이제, 유수 정리를 적용하기 위해서 실 변수 x를 복소 변수 z로 바꾼 복소 함수 $R(z)$를 고려하자. 상반평면에 $R(z)$의 유한 개의 극점 $z_1, z_2, \cdots, z_n$이 있는데, 충분히 큰 r에 대하

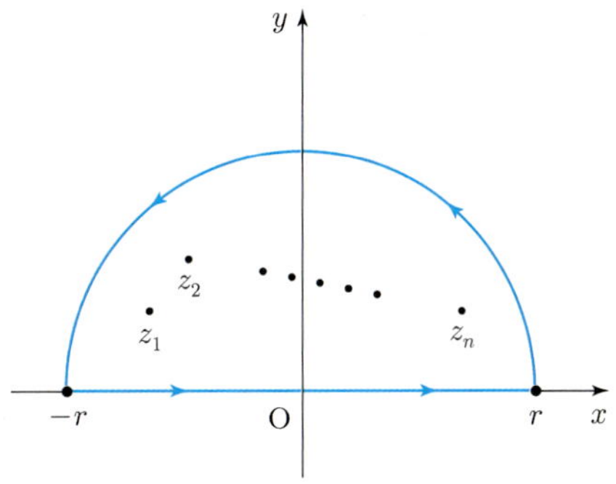

그림 12.6 ▎유리 함수의 극점

여 실수축의 구간 $[-r, r]$과 원점이 중심이고 반지름의 길이가 r인 반원 C_r로 이루어진 적분 경로 C는 상반평면에 있는 $R(z)$의 모든 극점을 내부에 포함한다(그림 12.6). 그러면 유수 정리에 의하여 다음이 성립한다.

$$\oint_C R(z)\,dz = \int_{-r}^{r} R(x)\,dx + \int_{C_r} R(z)\,dz = 2\pi i \sum_{k=1}^{n} \text{Res}\,(R(z),\ z_k)$$

그런데 $q(z)$의 차수는 $p(z)$의 차수보다 2 이상 크므로 충분히 큰 상수 M과 r_0이 존재해서 다음 부등식이 성립한다.

$$|R(z)| < \frac{M}{|z|^2} \quad (|z| = r > r_0)$$

그러므로 ML 부등식을 적용하면 다음을 얻는다.

$$\left| \int_{C_r} R(z)\,dz \right| < \frac{M}{r^2}\pi r = \frac{M\pi}{r} \quad (r > r_0)$$

따라서 $r \to \infty$일 때 C_r 위에서의 적분 값은 0에 수렴하고 다음 결과를 얻는다.

$$\int_{-\infty}^{\infty} R(x)\,dx = 2\pi i \sum_{k=1}^{n} \text{Res}\,(R(z),\ z_k) \tag{5}$$

보기 2

다음 특이 적분 값을 찾아라.

[1] $\displaystyle\int_{-\infty}^{\infty} \frac{dx}{x^2+1}$

[2] $\displaystyle\int_{0}^{\infty} \frac{dx}{x^4+1}$

풀이 [1] 두 점 $-i$와 i는 복소 함수 $f(z)=\dfrac{1}{z^2+1}$의 단순 극점이고, i만이 상반평면에 있다. 분모의 차수가 분자의 차수보다 2 이상 크므로 식 (5)를 적용할 수 있다.

$$\int_{-\infty}^{\infty}\frac{1}{x^2+1}\,dx=2\pi i\,\mathrm{Res}(f(z),\ i)=2\pi i\left.\frac{1}{(z^2+1)'}\right|_{z=i}=\pi$$

[2] 피적분 함수가 우함수이므로 $\displaystyle\int_0^{\infty}\frac{dx}{x^{4+1}}=\frac{1}{2}\int_{-\infty}^{\infty}\frac{dx}{x^4+1}$이다. 상반평면의 $z_1=e^{\frac{\pi i}{4}}$과 $z_2=e^{\frac{3\pi i}{4}}$은 복소 함수 $f(z)=\dfrac{1}{z^4+1}$의 단순 극점이고, 각 극점에서의 유수는 다음과 같다.

$$\mathrm{Res}(f(z),\ z_1)=\left.\frac{1}{(1+z^4)'}\right|_{z=z_1}=\frac{1}{4}e^{-\frac{3\pi i}{4}}=\frac{1}{4\sqrt{2}}(-1-i),$$

$$\mathrm{Res}(f(z),\ z_2)=\left.\frac{1}{(1+z^4)'}\right|_{z=z_2}=\frac{1}{4}e^{-\frac{9\pi i}{4}}=\frac{1}{4\sqrt{2}}(1-i)$$

따라서 식 (5)에 의하여 다음 결과를 얻는다.

$$\int_0^{\infty}\frac{1}{x^4+1}\,dx=\pi i\{\mathrm{Res}(f(z),\ z_1)+\mathrm{Res}(f(z),\ z_2)\}=\frac{\sqrt{2}\,\pi}{4}$$ □

$\displaystyle\int_{-\infty}^{\infty}R(x)\cos ax\,dx,\ \int_{-\infty}^{\infty}R(x)\sin ax\,dx$

푸리에(Fourier) 적분에서 자주 나타나는 형태인 다음과 같은 실 적분에 대하여 알아보자.

$$\int_{-\infty}^{\infty}R(x)\cos ax\,dx,\quad \int_{-\infty}^{\infty}R(x)\sin ax\,dx \tag{6}$$

오일러의 공식 $e^{iax}=\cos ax+i\sin ax$에 의하여 이것들은 각각 다음 적분의 실수 부분과 허수 부분이다.

$$\int_{-\infty}^{\infty}R(x)e^{iax}\,dx=\int_{-\infty}^{\infty}R(x)\cos ax\,dx+i\int_{-\infty}^{\infty}R(x)\sin ax\,dx \tag{7}$$

유리 함수 $R(x)$가 특이 적분 (2)에 관하여 논의했던 조건들을 만족시키면 $|e^{iax}|=1$이므로 다음 결과를 얻는다.

$$\int_{-\infty}^{\infty} R(x)e^{iax}\,dx = 2\pi i\sum_{k=1}^{n}\mathrm{Res}\,(R(z)e^{iaz},\ z_k) \tag{8}$$

여기서 $z_k(k=1,\ 2,\ \cdots,\ n)$는 상반평면에 있는 $R(z)e^{iaz}$의 특이점이다. 식 (8)의 양변에서 실수 부분과 허수 부분은 각각 서로 같으므로 식 (7)에 의하여 다음이 성립한다.

$$\int_{-\infty}^{\infty} R(x)\cos ax\,dx = -2\pi\sum_{k=1}^{n}\mathrm{Im}\left\{\mathrm{Res}\,(R(z)e^{iaz},\ z_k)\right\},$$

$$\int_{-\infty}^{\infty} R(x)\sin ax\,dx = 2\pi\sum_{k=1}^{n}\mathrm{Re}\left\{\mathrm{Res}\,(R(z)e^{iaz},\ z_k)\right\}$$

보기 3

다음 적분 값을 찾아라.

[1] $\displaystyle\int_{-\infty}^{\infty}\frac{\cos 2x}{x^2+1}\,dx$ [2] $\displaystyle\int_{-\infty}^{\infty}\frac{\sin 2x}{x^2+1}\,dx$

풀이 상반평면에서 i는 함수 $f(z)=\dfrac{e^{2iz}}{z^2+1}$의 단 하나의 단순 극점이고, 이 점에서의 유수는 다음과 같다.

$$\mathrm{Res}\,(f(z),\ i) = \left.\frac{e^{2iz}}{(z^2+1)'}\right|_{z=i} = \frac{e^{-2}}{2i}$$

그러므로 $\displaystyle\int_{-\infty}^{\infty}\frac{e^{2ix}}{x^2+1}\,dx = 2\pi i\,\frac{e^{-2}}{2i} = \pi e^{-2}$이다. 따라서 다음 결과를 얻는다.

[1] $\displaystyle\int_{-\infty}^{\infty}\frac{\cos 2x}{x^2+1}\,dx = \pi e^{-2}$ [2] $\displaystyle\int_{-\infty}^{\infty}\frac{\sin 2x}{x^2+1}\,dx = 0$ □

12.6 연습 문제

01. 다음 실 적분 값을 찾아라.

(1) $\displaystyle\int_0^{2\pi} \frac{d\theta}{2-\cos\theta}$

(2) $\displaystyle\int_0^{2\pi} \frac{d\theta}{5-3\sin\theta}$

(3) $\displaystyle\int_0^{\pi} \frac{\cos\theta}{3+\sin\theta}\,d\theta$

(4) $\displaystyle\int_0^{2\pi} \frac{\cos\theta}{5+4\cos\theta}\,d\theta$

(5) $\displaystyle\int_0^{\pi} \frac{d\theta}{1+\cos^2\theta}$

(6) $\displaystyle\int_0^{2\pi} \frac{d\theta}{\cos\theta+2\sin\theta+3}$

02. 다음 특이 적분 값을 찾아라.

(1) $\displaystyle\int_0^{\infty} \frac{dx}{x^6+1}$

(2) $\displaystyle\int_{-\infty}^{\infty} \frac{x^2\,dx}{x^4+1}$

(3) $\displaystyle\int_0^{\infty} \frac{dx}{(x^2+1)^3}$

(4) $\displaystyle\int_{-\infty}^{\infty} \frac{dx}{x^2-x+1}$

(5) $\displaystyle\int_{-\infty}^{\infty} \frac{x\,dx}{(x^2+2x+2)^2}$

(6) $\displaystyle\int_0^{\infty} \frac{24\,dx}{(x^2+1)(x^2+9)}$

03. 다음 실 적분 값을 찾아라.

(1) $\displaystyle\int_0^{\infty} \frac{\cos x}{x^2+2}\,dx$

(2) $\displaystyle\int_{-\infty}^{\infty} \frac{\cos x}{(x^2+1)^2}\,dx$

04. 다음 물음에 답하라.

(1) $0 \le \theta \le \dfrac{\pi}{2}$일 때 $\sin\theta \ge \dfrac{2\theta}{\pi}$임을 보여라.

(2) $\displaystyle\lim_{r\to\infty}\int_0^{\pi} e^{ire^{i\theta}}\,d\theta = 0$임을 보여라.

(3) $\displaystyle\lim_{\varepsilon\to 0}\int_0^{\pi} e^{i\varepsilon e^{i\theta}}\,d\theta = \pi$임을 보여라.

(4) 그림 12.7과 같은 적분 경로와 복소함수 $\frac{e^{iz}}{z}$을 이용하여 $\int_{-\infty}^{\infty} \frac{\sin x}{x} dx = \pi$ 임을 보여라.

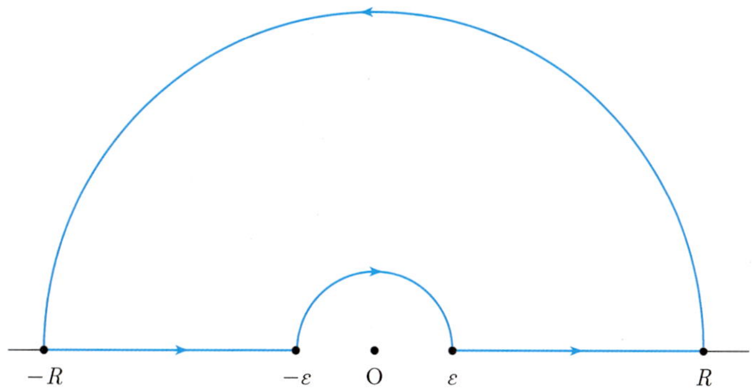

그림 12.7

05. 실수축의 점 $z=a$이 복소함수 $f(z)$의 단순 극점이고, 적분 경로 C_r이 $z=a+re^{i\theta}$ $(0 \le \theta \le \pi)$과 같이 정의되어 있을 때 다음이 성립함을 보여라.

$$\lim_{r \to 0} \int_{C_r} f(z)\,dz = \pi i \,\mathrm{Res}(f(z),\ a)$$

06. 그림 12.8의 적분 경로를 이용하여 다음이 성립함을 보여라.

$$\int_0^{\infty} \frac{dx}{x^3+1} = \frac{2\pi}{3\sqrt{3}}$$

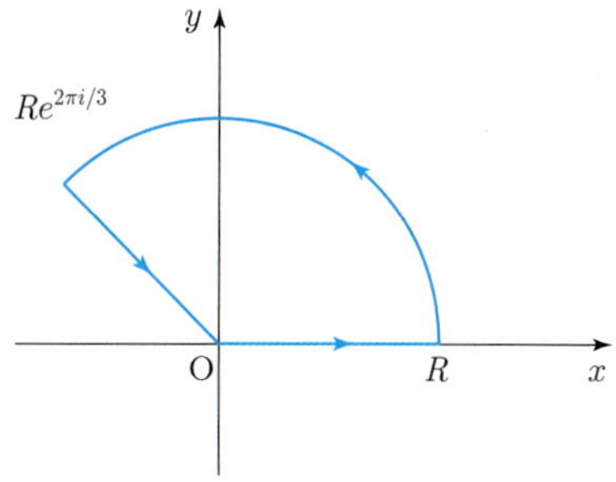

그림 12.8

07. 다음을 보여라.

$$\frac{1}{2}\int_0^{2\pi} \frac{dx}{t^2 - 2t\cos x + 1} = \frac{\pi}{|t^2-1|}$$

(여기서, t는 ± 1이 아닌 실수)

제 13 장 등각 사상과 응용

복소 함수 $w = f(z)$를 z평면에서 w평면으로의 사상 또는 변환으로 생각할 수 있다. 이 장에서는 등각 사상의 개념을 도입하고 이를 통해 해석 함수 사상의 성질을 알아본다. 그리고 등각 사상의 응용도 살펴본다.

■ 리만(Georg Friedrich Bernhard Riemann, 1826~1866)

독일 수학자 리만은 하노버의 조그만 마을에서 루터교 목사의 아들로 태어났다.

그는 베를린 대학과 괴팅겐 대학에서 교육을 받고, 복소 함수론 분야의 뛰어난 논문으로 괴팅겐 대학에서 박사 학위를 받았다. 이 논문에서 복소 변수를 가지는 함수의 해석적인 성질과 해석학에 위상적인 고찰을 소개한 리만 곡면의 매우 유용한 개념을 보증하는 이른바 코시·리만 방정식이 나온다.

리만은 괴팅겐 대학에서 교수 자격 취득 논문인 〈함수를 삼각 급수로의 표현가능성에 대하여〉로 리만 적분을 수립한 논문을 발표하였다. 20세기에 더 일반적인 르베그 적분으로, 그 뒤 적분의 더 깊은 일반화에 이른 리만 적분의 정의에 의해 적분 가능성의 개념을 명백히 하였다. 〈기하학의 바탕이 되는 가설〉이란 논문에서는 유클리드 기하학이나 비유클리드 기하학과는 다른 '리만 기하학'을 세웠다. 이것은 아인슈타인에 의해 상대성 이론에 응용되면서, 그 중요성이 더욱 드러나게 되었다. 그밖에 고등 수학에서도 뛰어난 업적을 남겼다.

복소 함수론에서 리만 연구의 특징은, 유체 역학적 고찰에 의해 수학의 다른 많은 영역과 복소 함수론 사이에 광범위한 유사성이 있음을 보여주었으며, 복소 함수의 기하학적인 이론의 기초를 닦아준 점이다. 만년에는 W. E. 베버의 영향을 받아서 이론 물리학에 흥미를 가졌으며, 리만 제타 함수와 리만의 가설로 유명하고, 전자기학과 관련된 다양한 편미분 방정식을 발전시켜 수리 물리학의 출현에도 기여했다.

그러나 리만은 지병인 폐결핵이 재발하여 이탈리아의 아조레 호반에서 요양했으나 40세의 젊은 나이에 1866년 7월 20일 그곳에서 사망했다. 그의 짧은 일생을 통해 발표한 논문의 수는 비교적 적지만, 현대 수학의 추상적 일반화 경향이라는 특징에 많은 영향을 끼친 그는 확실히 많은 수학 분야, 특히 기하학과 함수론에 깊은 영향을 미쳤다.

13.1 등각 사상

국소적으로 각을 보존하는 함수를 등각 사상(conformal mapping)이라고 한다. 구체적으로, z평면에서 교차하는 유향 곡선 C_1과 C_2를 생각하자. 복소함수 $w=f(z)$에 의해 두 곡선이 w평면의 유향 곡선 $C_1{}'$과 $C_2{}'$ 으로 변환될 때, C_1과 C_2사이의 각의 크기가 $C_1{}'$과 $C_2{}'$사이의 각의 크기와 같고 회전하는 방향이 서로 같을 때, $w=f(z)$를 등각 사상이라고 한다(그림 13.1). 여기서 두 유향 곡선 사이의 각 α는 그것들의 접선 사이의 각 $\alpha\,(0 \le \alpha < \pi)$로 정의한다.

다음 정리는 해석 함수와 등각 사상 사이의 관계를 밝혀준다.

정리 13.1 영역 D에서 해석적인 함수 $w=f(z)$는 임계점(즉, $f'(z)=0$인 점)을 제외한 모든 점에서 등각 사상이다.

증명 곡선 $z=z(t)$는 영역 D에서 $f'(z_0)\neq 0$인 점 z_0을 지나는 매끄러운 곡선이라고 하자. $w_0=f(z_0)$라 하면 다음이 성립한다.

$$w-w_0=\frac{f(z)-f(z_0)}{z-z_0}\cdot(z-z_0)$$

그러므로 2π의 배수를 무시하면 다음이 성립한다.

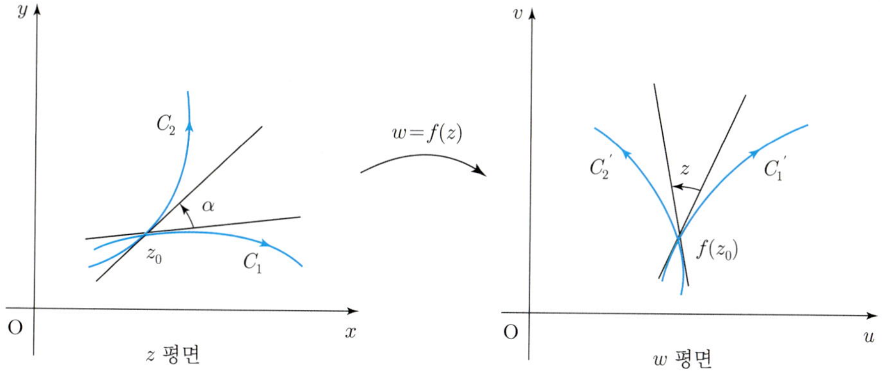

그림 13.1 ▎ 등각 사상

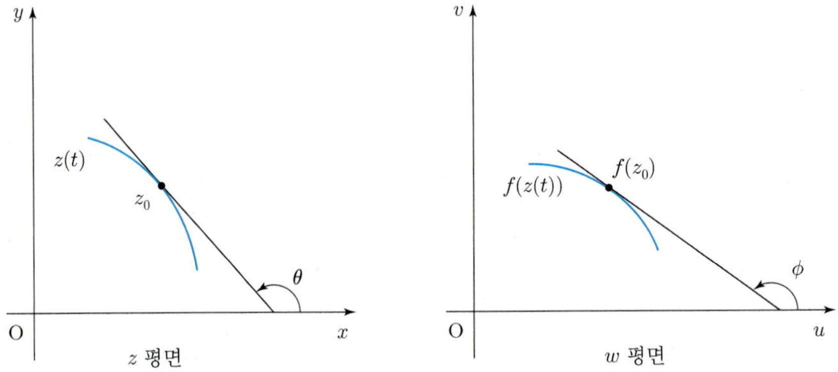

그림 13.2 ▌ 곡선 $z=z(t)$와 $w=f(z(t))$의 접선

$$\arg(w-w_0)=\arg\frac{f(z)-f(z_0)}{z-z_0}+\arg(z-z_0)$$

여기서 $\arg(z-z_0)$은 z평면에서 z_0과 z를 지나는 직선과 양의 실수축 사이의 각이고, $\arg(w-w_0)$은 w평면에서 w_0과 w를 지나는 직선과 양의 실수축 사이의 각이다. z가 곡선 $z=z(t)$를 따라 z_0에 접근할 때, $\arg(z-z_0)$은 z_0에서의 곡선 $z(t)$의 접선과 양의 실수축 사이의 각 θ로 접근하고 $\arg(w-w_0)$은 w_0에서의 $f(z(t))$의 접선과 양의 실수축 사이의 각 ϕ로 접근한다. 그러므로 다음이 성립한다.

$$\phi=\arg f'(z_0)+\theta\,,\ \text{즉}\ \phi-\theta=\arg f'(z_0)$$

이와 같이 ϕ와 θ의 차이는 $f'(z_0)$에만 의존한다(그림 13.2). 마찬가지로, 점 z_0을 지나는 또 다른 곡선 $z=z_1(t)$에 대하여, θ_1은 z_0에서의 곡선 $z=z_1(t)$의 접선과 양의 실수축 사이의 각이라 하고 ϕ_1은 $w_0=f(z_0)$에서의 곡선 $f(z_1(t))$의 접선과 양의 실수축 사이의 각이라 하면 다음이 성립한다.

$$\phi_1-\theta_1=\arg f'(z_0)$$

따라서 다음을 얻는다.

$$\phi-\theta=\phi_1-\theta_1\ \text{또는}\ \phi-\phi_1=\theta-\theta_1$$

이에 따라 $f(z)$는 각의 크기와 방향을 모두 보존하므로 등각 사상이다. ■

보기 1

[1] 함수 $w=z^2$은 0 이외의 점에서 등각 사상이다(그림 10.8). 그러나 $z=0$이 시점인 두 반직선 사이의 각은 w평면에서 두 배가 된다.

[2] 함수 $w=e^z$은 복소 평면 전체에서 등각 사상이다(그림 10.12).

보기 2

사인 함수 $w=\sin z$의 사상 성질을 알아보자. 수직 띠 $-\frac{\pi}{2}\le x\le\frac{\pi}{2}$ 내부의 수직 직선 $x=a$는 $z(t)=a+it\ (-\infty<t<\infty)$로 나타낼 수 있다. 10.5절의 보기 5에 의하여 다음이 성립한다.

$$w=u+iv=\sin(a+it)=\sin a\cosh t+i\cos a\sinh t$$

여기서, $a=0$인 경우 $\sin a=0$이므로 $w=i\cos a\sinh t$이 되어 y축은 v축으로 사상됨을 알 수 있다. $a\neq 0$인 경우 $\sin a\neq 0$이고 $\cos a\neq 0$이므로 $\cosh t=\frac{u}{\sin a}$이고 $\sinh t=\frac{v}{\cos a}$이다. 그러므로, 항등식 $\cosh^2 t-\sinh^2 t=1$을 사용해서 다음 관계식을 얻는다.

$$\frac{u^2}{\sin^2 a}-\frac{v^2}{\cos^2 a}=1$$

따라서 직선 $x=a$는 u절편이 $\pm\sin a$이고 초점이 $(-1,\ 0)$과 $(1,\ 0)$인 쌍곡선으로 사상되는데, $a>0$이면 오른쪽, $a<0$이면 왼쪽 곡선으로 사상된다. 또 $a=-\frac{\pi}{2}$이면 $w=$

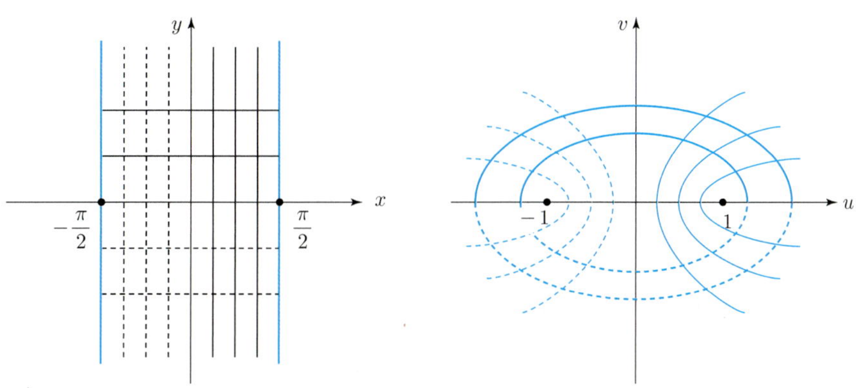

그림 13.3 ▎ $w=\sin z$의 사상

$-\cosh t$이므로, 직선 $x=-\dfrac{\pi}{2}$는 음의 실수축의 구간 $(-\infty,\ -1]$로 사상된다. 마찬가지로 직선 $x=\dfrac{\pi}{2}$는 양의 실수축의 구간 $[1,\ \infty)$로 사상된다(그림 13.3). 수직 띠 $-\dfrac{\pi}{2}\le x\le\dfrac{\pi}{2}$ 내부의 수평 선분 $y=b$는 $z(t)=t+ib\left(-\dfrac{\pi}{2}\le t\le\dfrac{\pi}{2}\right)$로 나타낼 수 있는데, 이 선분은 $b\neq 0$인 경우 다음 타원으로 사상된다.

$$\frac{u^2}{\cosh^2 b}+\frac{v^2}{\sinh^2 b}=1$$

이때, $b>0$이면 상반부, $b<0$이면 하반부로 사상되며, $b=0$인 경우 $\sinh b=0$이므로 $w=\sin t$가 되어 선분 $y=0\left(-\dfrac{\pi}{2}\le x\le\dfrac{\pi}{2}\right)$은 u축 위의 선분 $-1\le u\le 1$로 사상된다. (그림 13.3) $f'(z)=\cos z$이므로 사인 함수는 점 $z=\pm\dfrac{\pi}{2}$를 제외한 이 수직 띠의 모든 점에서 등각사상이다. 따라서 그림의 쌍곡선과 타원은 모두 직교한다.

보기 3

사상 $w=z+\dfrac{1}{z}$은 점 $z=0$과 $z=\pm 1$을 제외한 모든 점에서 등각 사상이다. 특히, $|z|>1$을 만족시키는 상반평면에서 등각 사상이다. $z=re^{i\theta}$이라 하면, $w=u+iv=r^{i\theta}+\dfrac{1}{r}e^{-i\theta}$이므로 다음을 얻는다.

$$u=\left(r+\frac{1}{r}\right)\cos\theta,\qquad v=\left(r-\frac{1}{r}\right)\sin\theta$$

$r=1$이면 $v=0$이고 $u=2\cos\theta$이다. 그러므로 반원 $z=e^{it}$ $(0\le t\le\pi)$은 실수축의 구간 $[-2,\ 2]$로 사상된다. 고정된 $r>1$에 대하여 $a=r+\dfrac{1}{r}$과 $b=r-\dfrac{1}{r}$이라 하면, 반원 $z=re^{it}$ $(0\le t\le\pi)$는 타원 $\dfrac{u^2}{a^2}+\dfrac{v^2}{b^2}=1$의 상반부로 사상된다.

또, 고정된 θ에 대하여 반직선 $z=te^{i\theta}$ $(t\ge 1)$은 상평면 $v\ge 0$의 쌍곡선 $\dfrac{u^2}{\cos^2\theta}-\dfrac{v^2}{\sin^2\theta}=4$로 사상된다.

함수 $w=z+\dfrac{1}{z}$은 $|z|>1$일 때 등각 사상이고 반직선 $\theta=\theta_0$과 원 $|z|=r$은 서로 직교하므로, w평면에서 위의 타원과 쌍곡선은 모두 직교한다. (그림 13.4)

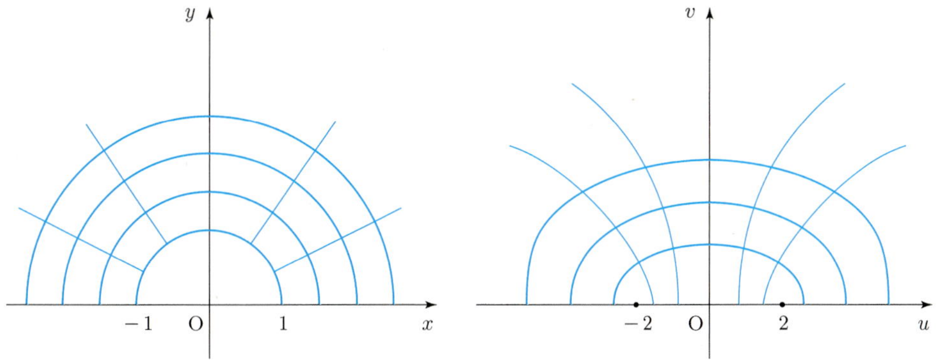

그림 13.4 ❙ $w = z + \dfrac{1}{z}$의 사상

13.1 연습 문제

01. 다음을 보여라.

(1) 함수 $w = \dfrac{1}{z}$에 의한 직선 $x = a\ (a \neq 0)$의 상은 원점에서 v축에 접하는 원이고 직선 $y = b\ (b \neq 0)$의 상은 원점에서 u축에 접하는 원이다.

(2) 함수 $w = e^z$에 의한 직사각형 내부 $\{z = x + iy \mid 0 < x < 1,\ 0 < y < 2\pi\}$의 상은 도넛모양의 원환 $1 < |w| < e$ (단, 원환에서 양의 실수축 제외) 이다.

(3) 함수 $w = \sqrt{1 - z^2}$에 의한 쌍곡선 $2x^2 - 2y^2 = 1$의 상은 동일한 쌍곡선이다.

(4) 함수 $w = z + \dfrac{1}{z}$에 의한 단위 원 외부 영역의 상은 선분 $[-2, 2]$가 제거된 w평면 전체이다.

02. 함수 $w = \alpha z + \beta$에 의해 원 $|z - 1| = 1$의 상이 원 $\left| w - \dfrac{3i}{2} \right| = 2$이 될 때 복소 상수 α, β의 값을 찾아라.

03. 함수 $w = z^2$이 영역 D에서 일대일일 필요 충분 조건은 D가 반평면(단, 반평면의 경계가 원점을 지나는 직선)에 포함되는 것임을 보여라.

04. 함수 $w=\sin z$에 의한 다음 영역의 상을 그려라.

(1) $0 < x < \frac{\pi}{2},\quad 0 < y < 1$　　(2) $0 < x < \frac{\pi}{6}$, 임의의 y

(3) $0 < x < 2\pi,\quad 1 < y < 2$　　(4) $-\frac{\pi}{4} < x < \frac{\pi}{4},\quad 0 < y < 3$

05. 항등식 $\cos z = \sin\left(z+\frac{\pi}{2}\right)$를 이용하여 사상 $w=\cos z$에 의한 띠 $-\pi \le x \le -\frac{\pi}{2}$의 상을 찾아라. 이 띠의 내부에 있는 수평 선분의 상은 무엇인가?

06. 항등식 $\sinh z = -i\sin(iz)$를 이용하여 사상 $w=\sinh z$에 의한 띠 $-\frac{\pi}{2} \le y \le \frac{\pi}{2}$, $x \ge 0$의 상을 찾아라. 이 띠의 내부에 있는 수직 선분의 상은 무엇인가?

07. 다음 함수가 등각 사상이 되는 영역을 찾아라.

(1) $f(z) = z^3 - 3z + 1$　　(2) $f(z) = \cos z$

(3) $f(z) = z + e^z + 1$　　(4) $f(z) = z + \operatorname{Log} z + 1$

(5) $f(z) = e^z$　　(6) $f(z) = \frac{1}{z}$

13.2 일차 분수 변환

이 절에서는 등각 사상 중에서 가장 많이 사용되고 응용되는 일차 분수 변환에 대하여 알아본다. 일차 분수 변환(linear fractional transformation)은 다음과 같은 꼴로 정의된 함수이다.

$$w = T(z) = \frac{az+b}{cz+d} \quad (ad-bc \neq 0) \tag{1}$$

여기서 a, b, c, d는 복소 상수이다. 이 함수의 도함수는 다음과 같다.

$$T'(z) = \frac{ad-bc}{(cz+d)^2}$$

그러므로 $z \neq -\frac{d}{c}$인 모든 점 z에서 $T(z)$는 등각 사상이다. $ad-bc=0$이면 $T(z)$는 상수함수이다. $c \neq 0$이면 점 $z_0 = -\frac{d}{c}$는 $T(z)$의 단순 극점이고, 다음이 성립한다.

$$\lim_{z \to z_0} |T(z)| = \infty, \quad \lim_{|z| \to \infty} T(z) = \lim_{|z| \to \infty} \frac{a+\frac{b}{z}}{c+\frac{d}{z}} = \frac{a}{c}$$

이제, 복소 평면에 무한대(∞)를 추가한 확장된 복소 평면에서 다음과 같이 정의하자.

$$T\left(-\frac{d}{c}\right) = \infty, \quad T(\infty) = \frac{a}{c}$$

일차 분수 함수 $w = T(z)$는 확장된 복소 평면에서 일대일 대응이다. 일차 분수 함수 $w = \frac{az+b}{cz+d}$의 역 변환은 $z = \frac{dw-b}{-cw+a}$이므로 또다시 일차 분수 변환이 된다. 일차 분수 함수의 특수한 경우로 일차 함수 $w = az+c$와 반전 $w = \frac{1}{z}$이 있다.

10.2절에서 이미 알아본 일차 함수와 반전의 사상 성질에 의하여, 일차 분수 변환에 대한 사상 성질을 얻는다.

정리 13.2 일차 분수 변환 (1)은 평면의 원과 직선을 평면의 원과 직선으로 사상한다.

증명 $c=0$이면 자명하다. $c \neq 0$인 경우에 일차 분수 변환 (1)은 다음과 같이 쓸 수 있다.

$$w=T(z)=\frac{az+b}{cz+d}=\frac{bc-ad}{c}\cdot\frac{1}{cz+d}+\frac{a}{c}$$

$A=\dfrac{bc-ad}{c}$이고 $B=\dfrac{a}{c}$라 하면, $w=T(z)$는 다음 세 사상의 합성이다.

$$z_1=T_1(z)=cz+d,\quad z_2=T_2(z_1)=\frac{1}{z_1},\quad w=T_3(z_2)=Az_2+B$$

즉, $w=T(z)=T_3(T_2(T_1(z)))$이다. 그런데 사상 $z_1=T_1(z)$는 일차 함수이므로 z평면의 원과 직선을 각각 z_1평면의 원과 직선으로 사상하고, 사상 $z_2=T(z_1)$은 반전이므로 z_1평면의 원과 직선을 z_2평면의 원과 직선으로 사상하며, 사상 $w=T_3(z_2)$는 일차 함수이므로 z_2평면의 원과 직선을 각각 w평면의 원과 직선으로 사상한다. 따라서 이 세 함수의 합성인 일차 분수 변환 $w=T(z)$는 z평면의 원과 직선을 각각 w평면의 원과 직선으로 사상한다. ■

확장된 복소 평면에서 직선은 반드시 ∞를 지난다. 그러므로 일차 분수 변환의 극점을 지나는 원은 직선으로 사상되고, 극점을 지나지 않는 원은 원으로 사상된다. 또, 일차 분수 변환은 극점을 제외한 영역에서 연속 함수이므로, 일차 분수 변환에 의하여 연결 집합은 연결 집합으로 사상된다.

보기 1

일차 분수 변환 $w=T(z)=\dfrac{z+2}{z-1}$에 의한 두 원 $|z|=1$과 $|z|=2$ 및 이 원들의 내부의 상을 찾아라.

풀이 원 $|z|=1$은 변환 $w=T(z)$의 극점 $z=1$을 지나므로 직선으로 사상되고, 원 $|z|=2$는 극점 $z=1$을 지나지 않으므로 원으로 사상된다. 구체적인 상을 찾기 위하여 변환 $w=T(z)$의 역 변환을 찾으면 다음과 같다.

$$z=\frac{w+2}{w-1}$$

$|z|=1$이면 다음이 성립한다.

$$\left|\frac{w+2}{w-1}\right|=1 \text{ 또는 } |w+2|=|w-1| \tag{2}$$

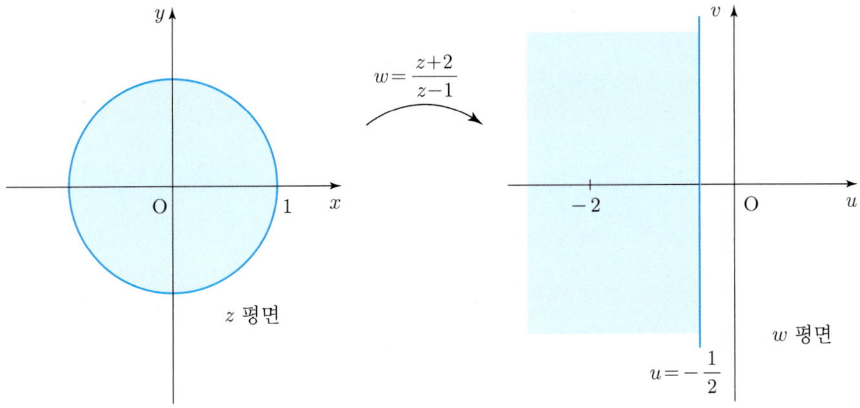

그림 13.5 ❙ $w=\dfrac{z+2}{z-1}$에 의한 $|z| \le 1$의 상

그러므로 $w=u+iv$라 하면 식 (2)로부터 $u=-\dfrac{1}{2}$을 얻는다. 따라서 원 $|z|=1$은 w 평면의 직선 $u=-\dfrac{1}{2}$로 사상된다. 또, 이 원의 내부 $|z|<1$은 연결 집합이므로 반평면 $u>-\dfrac{1}{2}$ 또는 $u<-\dfrac{1}{2}$로 사상된다. 편의상, 이 원의 내부의 점 $z=0$을 택하면 $T(0)=-2$이므로, 이 원 내부의 상은 반평면 $u<-\dfrac{1}{2}$이다(그림 13.5).

$|z|=2$이면 다음이 성립한다.

$$\left|\frac{w+2}{w-1}\right|=2 \text{ 또는 } |w+2|=2|w-1| \tag{3}$$

그러므로 $u^2-4u+v^2=0$, 즉 $(u-2)^2+v^2=2^2$을 얻는다. 따라서 원 $|z|=2$의 상은 원 $|w-2|=2$이다. $T(0)=-2$는 원 $|w-2|=2$의 외부의 점이므로 $|z|<2$의 상은 $|w-2|>2$이다(그림 13.6). □

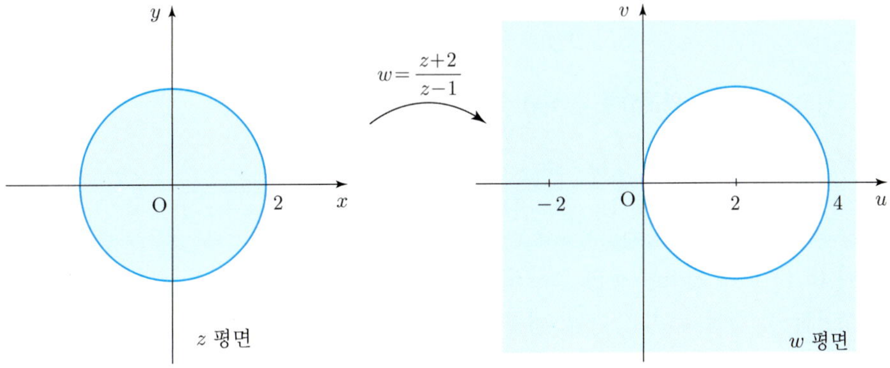

그림 13.6 ❙ $w=\dfrac{z+2}{z-1}$에 의한 $|z| \le 2$의 상

이제, z평면의 주어진 영역에서 w평면의 주어진 영역으로 사상하는 일차 분수 변환을 찾기 위하여 다음 정리를 증명하자.

정리 13.3 확장된 z평면의 서로 다른 세 점 z_1, z_2, z_3과 확장된 w평면의 서로 다른 세 점 w_1, w_2, w_3에 대하여, 다음을 만족시키는 일차 분수 함수 $w = T(z)$가 유일하게 존재한다.

$$T(z_1) = w_1, \quad T(z_2) = w_2, \quad T(z_3) = w_3$$

증명 먼저 주어진 여섯 점 중 어느 것도 ∞가 아니라고 가정하자. 찾는 변환을 다음과 같이 놓자.

$$w = \frac{az+b}{cz+d} \quad (ad-bc \neq 0)$$

그러면 $k=1,\ 2,\ 3$에 대하여 다음을 얻는다.

$$w - w_k = \frac{az+b}{cz+d} - \frac{az_k+b}{cz_k+d} = \frac{(ad-bc)(z-z_k)}{(cz+d)(cz_k+d)}$$

이에 따라 다음이 성립한다.

$$\frac{w-w_1}{w-w_3} = \frac{cz_3+d}{cz_1+d} \cdot \frac{z-z_1}{z-z_3} \tag{4}$$

식 (4)에서 z를 z_2, w를 w_2로 각각 치환한 다음에 역수를 취하면 다음과 같다.

$$\frac{w_2-w_3}{w_2-w_1} = \frac{cz_1+d}{cz_3+d} \cdot \frac{z_2-z_3}{z_2-z_1} \tag{5}$$

그리고 두 식 (4)와 (5)를 곱하면 다음 결과를 얻는다.

$$\frac{(w-w_1)(w_2-w_3)}{(w-w_3)(w_2-w_1)} = \frac{(z-z_1)(z_2-z_3)}{(z-z_3)(z_2-z_1)} \tag{6}$$

식 (6)을 w에 관하여 풀면 일차 분수 함수를 얻는다.
주어진 점 중에 ∞가 있다면, 이를테면 $z_3 = \infty$라면, $z_3 \to \infty$일 때의 극한을 취함으로써 식 (6)을 수정할 수 있다. 이 경우에는 다음과 같다.

$$\frac{(w-w_1)(w_2-w_3)}{(w-w_3)(w_2-w_1)}=\frac{z-z_1}{z_2-z_1} \tag{7}$$

식 (6)으로 정의된 변환이 주어진 조건을 만족시키는 유일한 일차 분수 변환이라는 사실은 연습 문제 13.2의 3번 문제로 남긴다. ■

네 복소수 $z,\ z_1,\ z_2,\ z_3$의 교차비(cross ratio)는 복소수 $\frac{z-z_1}{z-z_3}\frac{z_2-z_3}{z_2-z_1}$으로 정의하고간단히 $[z,\ z_1,\ z_2,\ z_3]$으로 표기한다. 식 (6)을 교차비를 이용하여 표현하면 다음과 같다.

$$[w,\ w_1,\ w_2,\ w_3]=[z,\ z_1,\ z_2,\ z_3]$$

그러므로 일차 분수 변환은 교차비를 보존함을 알 수 있다. 교차비의 개념은 확대 복소 평면으로 확장될 수 있는데, 예를 들어 ∞, z_1, z_2, z_3의 교차비는 $\lim_{z\to\infty}\frac{z-z_1}{z-z_3}\frac{z_2-z_3}{z_2-z_1}$으로 주어진다.

보기 2

[1] $z_1=-1,\ z_2=0,\ z_3=1$을 차례로 $w_1=-1,\ w_2=-1,\ w_3=1$로 사상하는 일차 분수 변환을 찾아라.

[2] $z_1=0,\ z_2=1,\ z_3=\infty$를 차례로 $w_1=-1,\ w_2=i,\ w_3=1$로 사상하는 일차 분수 변환을 찾아라.

풀이 [1] 식 (6)에 의하여 조건을 만족시키는 일차 분수 변환은 다음과 같다.

$$\frac{(w+1)(-i-1)}{(w-1)(-i+1)}=\frac{(z+1)(0-1)}{(z-1)(0+1)}$$

이제 w에 관하여 풀어 정리하면 찾는 일차 분수 변환은 다음과 같다.

$$w=\frac{z-i}{-iz+1}=i\frac{z-i}{z+i}$$

[2] $z_3=\infty$이므로 식 (7)에 의하여 조건을 만족시키는 일차 분수 변환은 다음과 같다.

$$\frac{(w+1)(i-1)}{(w-1)(i+1)}=\frac{z-0}{1-0}$$

이것을 w에 관하여 풀어 정리하면 찾는 일차 분수 변환은 다음과 같다.

$$w = \frac{z+i}{z-i}$$ □

평면의 서로 다른 세 점은 직선 또는 원을 유일하게 결정한다. 보기 2의 [1]과 [2]에 주어진 z평면의 세 점은 직선인 실수축을 결정한다. 그런데 일차 분수 함수는 직선과 원을 직선 또는 원으로 사상한다. 그러므로 실수축은 일차 분수 변환에 의하여 직선 또는 원으로 사상된다.

실제로, [1]과 [2]의 경우에 실수축의 상은 원 $|w| = 1$이다. 그리고 [1]의 경우에 상반평면의 점 $z = i$는 $w = 0$으로 사상되므로 상반평면은 원 $|w| = 1$의 내부로 사상되고(그림 13.7), [2]의 경우에 하반평면의 점 $z = -i$가 $w = 0$으로 사상되므로 하반평면이 이 원의 내부로 사상된다(그림 13.8).

실제로 식 (6)을 사용해서 찾은 일차 분수 변환은 직선 또는 원에 놓여있는 세 점

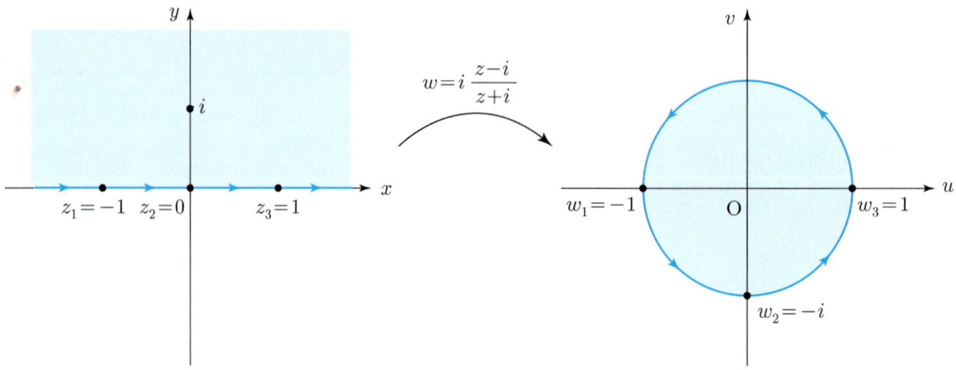

그림 13.7 ▎ $w = i\dfrac{z-i}{z+i}$의 사상

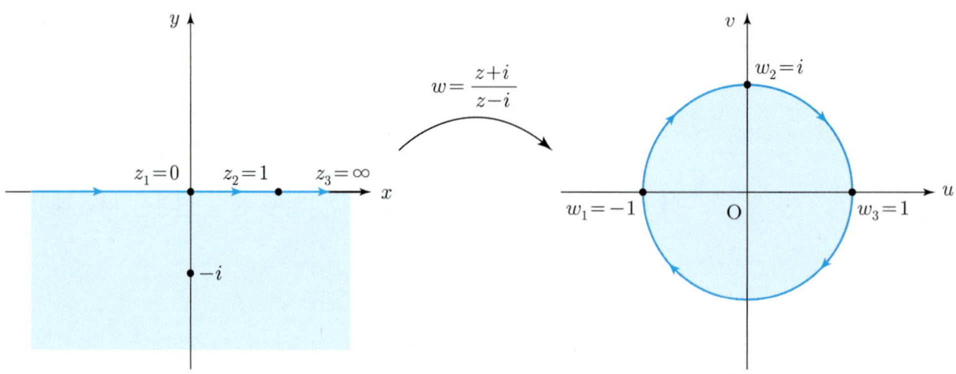

그림 13.8 ▎ $w = \dfrac{z+i}{z-i}$의 사상

z_1, z_2, z_3을 이 순서에 따라 진행할 때 왼쪽[오른쪽]에 있는 z평면의 영역을 w평면에서 세 점 w_1, w_2, w_3을 이 순서에 따라 진행할 때 왼쪽[오른쪽]에 있는 영역으로 사상한다. 이와 같이 일차 분수 변환으로 직선 또는 원의 상뿐만 아니라 그 직선 또는 원으로 분리된 각 영역의 상도 결정할 수 있다.

보기 3

세 점 $z_1=-1$, $z_2=-i$, $z_3=1$을 차례로 $w_1=0$, $w_2=1$, $w_3=\infty$로 사상하는 일차 분수 함수를 찾아라.

풀이 $w_3=\infty$이므로 식 (6)에서 $w_3\to\infty$일 때의 극한을 취한 다음 식을 사용한다.

$$\frac{w-w_1}{w_2-w_1}=\frac{(z-z_1)(z_2-z_3)}{(z-z_3)(z_2-z_1)}$$

이 식에 주어진 점들을 대입하여 정리하면 다음 일차 분수 변환을 얻는다.

$$w=-i\frac{z+1}{z-1}$$ □

보기 3에서 세 점 $z_1=-1$, $z_2=-i$, $z_3=1$은 원 $|z|=1$의 점이고, $w_1=0$, $w_2=1$, $w_3=\infty$는 실수축의 점이다. 세 점 z_1, z_2, z_3을 이 순서에 따라 진행하면 단위 원의 내부는 왼쪽에 있다. 따라서 단위 원의 내부는 위의 일차 분수 변환에 의하여 세 점 w_1, w_2, w_3을 따라 진행할 때 왼쪽에 있는 상반평면으로 사상된다. 실제로 단위 원의 내부의 점 $z=0$의 상은 상반평면의 점 $w=i$로 사상된다(그림 13.9).

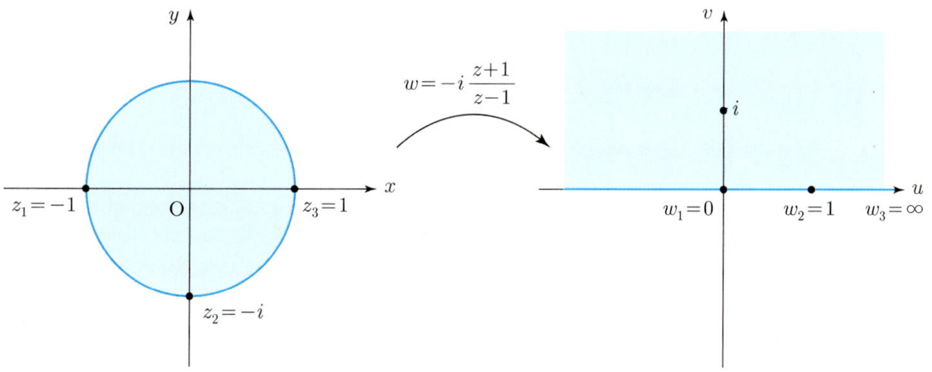

그림 13.9 ▌ $w=-i\dfrac{z+1}{z-1}$의 사상

13.2 연습 문제

01. 다음 일차 분수 변환에 대하여 주어진 집합의 상을 찾아라.

(1) $w = \dfrac{1}{z-1}$, (a) $|z| = 1$, (b) $|z| < 1$

(2) $w = \dfrac{z-1}{z+1}$, (a) $\operatorname{Im} z > 1$, (b) $\operatorname{Im} z > \operatorname{Re} z$

(3) $w = \dfrac{iz}{z-1}$, (a) $|z| \le 1$, (b) $\operatorname{Re} z \ge 0$

(4) $w = \dfrac{2z-5}{z+i}$, (a) $|z| < 1$, (b) $(z+\overline{z}) - \dfrac{3}{2i}(z-\overline{z}) = 5$

02. 다음 z_1, z_2, z_3을 차례로 w_1, w_2, w_3로 사상하는 일차 분수 변환을 찾아라.

(1) $1,\ i,\ -1 : i,\ -1,\ 1$

(2) $0,\ 1,\ 2 : 1,\ 0,\ \infty$

(3) $0,\ 1,\ \infty : 1,\ \infty,\ 0$

(4) $0,\ 1,\ \infty : 1+i,\ 0,\ 1-i$

(5) $-1,\ 0,\ 1 : i,\ \infty,\ 0$

(6) $1,\ i,\ -i : -1,\ 0,\ 3$

03. 실직선을 단위 원 $|w| = 1$로 보내는 일차 분수 변환은 다음과 같은 형태임을 보여라.

$$w = e^{i\alpha}\frac{z - z_0}{z - \overline{z_0}} \quad (\alpha\text{는 실수})$$

04. 위쪽 반평면을 아래쪽 반평면으로 보내는 일차 분수 변환은 다음과 같은 형태임을 보여라.

$$w = \frac{az+b}{dz+d} \ (\text{단, } a, b, c, d\text{는 실수이고 } ad - bc < 0)$$

05. 일차 분수 변환 $w = T(z)$가 $T(z_1) = z_1$이고 $T(z_2) = z_2$ (단, $z_1 \ne z_2$)일 때, 이 일차 분수 변환은 다음과 같은 형태로 나타낼 수 있음을 보여라.

$$\frac{w - z_1}{w - z_2} = K\frac{z - z_1}{z - z_2} \quad (K\text{는 복소 상수})$$

06. 일차 분수 변환은 열린 집합을 열린 집합으로 보냄을 보여라.

07. 평면 $\operatorname{Re} z > 0$의 변환 $w = \dfrac{i(1-z)}{1+z}$에 의한 상을 찾아라.

13.3 영역 사이의 등각 사상

지금까지는 주어진 등각 사상의 사상 성질을 알아보았다. 이 절에서는 주어진 두 영역 사이의 등각 사상을 찾는 문제를 알아본다. 이것은 어떤 영역에서 제시된 문제를 좀 더 간단한 영역에서의 문제로 전환시킴으로써, 원래의 문제를 쉽게 해결할 수 있도록 만든다.

일차 분수 변환의 활용

일차 분수 함수를 이용하면 경계가 직선 또는 원으로 이루어진 영역 사이의 등각 사상을 찾을 수 있다.

보기 1

일차 분수 변환을 이용하여

[1] 영역 $|z| < 1$을 영역 $\operatorname{Im} w > 0$ 위로 사상하라.

[2] 영역 $\operatorname{Im} z > 0$을 영역 $|w| < 1$ 위로 사상하라.

풀이 경계인 직선 또는 원의 세 점을 편의에 따라 선택할 수 있다. 그러나 이미 지적한 대로 선택한 세 점을 순서대로 진행함에 따라 영역의 위치가 결정된다.

[1] 영역 $|z| < 1$의 경계인 원 $|z| = 1$에서 $z_1 = -1$, $z_2 = -i$, $z_3 = 1$을 택하고 영역 $\operatorname{Im} w > 0$의 경계인 실수축에서 $w_1 = 0$, $w_2 = 1$, $w_3 = \infty$를 택하면, 이 순서를 따

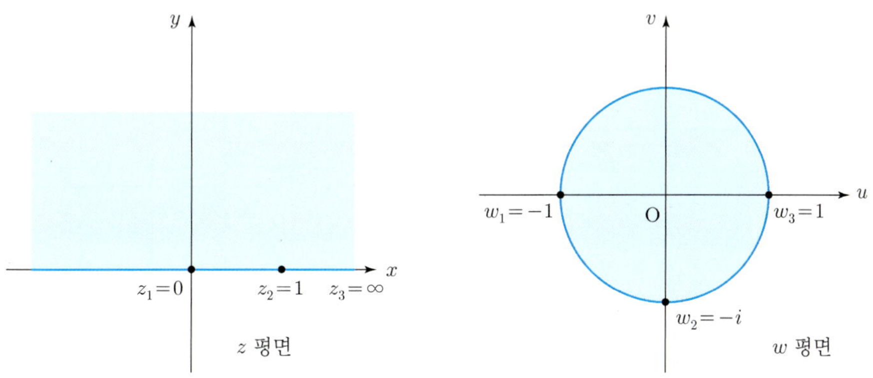

그림 13.10 ❙ $w = \dfrac{z-i}{z+i}$의 사상

라 진행할 때 왼쪽에 놓이는 영역이 모두 주어진 영역들이다. 이때의 일차 분수 변환은 13.2절의 보기 3에 의하여 $w=-i\dfrac{z+1}{z-1}$이다.

[2] $z_1=0,\ z_2=1,\ z_3=\infty$를 차례로 $w_1=-1,\ w_2=-i,\ w_3=1$로 사상하는 일차 분수 변환이 주어진 영역 사이의 등각 사상이다. 이것은 (1)의 사상의 역 함수이므로 $w=\dfrac{z-i}{z+i}$이다(그림 13.10). □

등각 사상들의 합성의 활용

기존의 등각 사상들의 합성을 이용해서 주어진 영역을 다른 영역으로 사상할 수 있다.

보기 2

[1] 수평 띠 $-1\le \operatorname{Im} z\le 1$을 수직 띠 $2\le \operatorname{Re} w\le 4$ 위로 사상하라.

[2] 수평 띠 $0\le \operatorname{Im} z\le \pi$를 쐐기 $0\le \operatorname{Arg} w\le \dfrac{\pi}{4}$ 위로 사상하라.

풀이 [1] 수평 띠 $-1\le \operatorname{Im} z\le 1$은 사상 $w'=T_1(z)=iz$에 의하여 수직 띠 $-1\le \operatorname{Re} w'\le 1$로 사상되고, 이 영역은 사상 $w=T_2(w')=w'+3$에 의하여 수직 띠 $2\le \operatorname{Re} w\le 4$로 사상된다. 따라서 찾는 사상은 $w=T_2(T_1(z))=iz+3$이다(그림 13.11).

[2] 수평 띠 $0\le \operatorname{Im} z\le \pi$는 사상 $w'=T_1(z)=e^z$에 의하여 상반평면 $0\le \operatorname{Arg} w'\le \pi$로 사상되고, 이 영역은 사상 $w=T_2(w')=(w')^{\frac{1}{4}}$에 의하여 쐐기 $0\le \operatorname{Arg} w\le \dfrac{\pi}{4}$ 위로 사상된다. 따라서 찾는 사상은 $w=T_2(T_1(z))=e^{\frac{z}{4}}$이다(그림 13.12). □

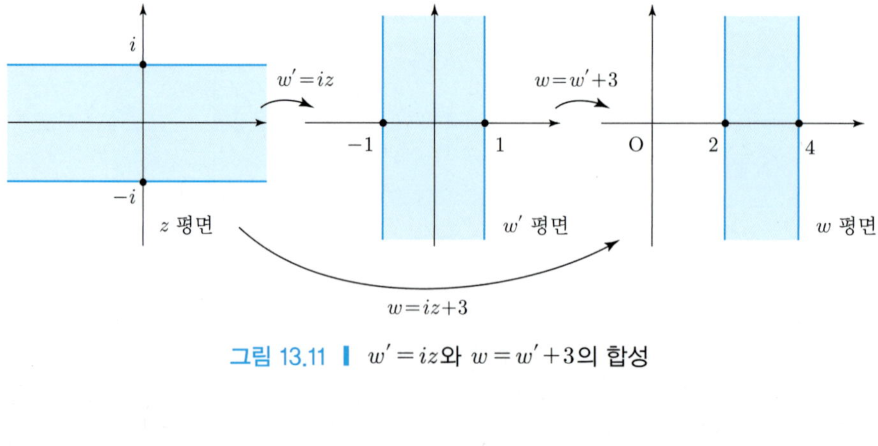

그림 13.11 ▌ $w'=iz$와 $w=w'+3$의 합성

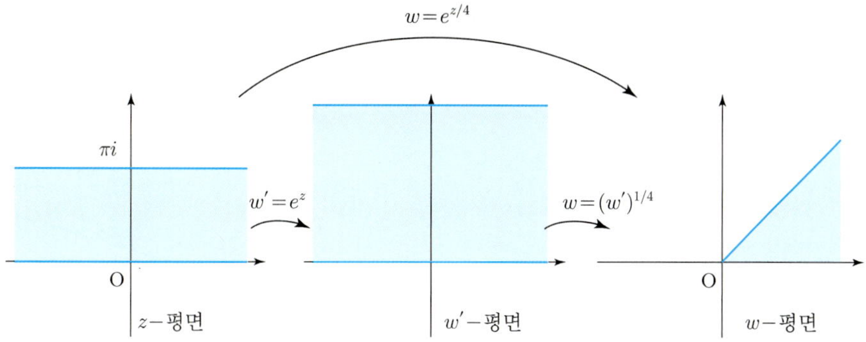

그림 13.12 ❙ $w'=e^z$와 $w=(w')^{\frac{1}{4}}$의 합성

슈바르츠·크리스토펠 변환의 활용

그림 13.13과 같이 상반평면 $\operatorname{Im} z>0$은 함수 $f(z)=(z-x_1)^{\frac{\alpha}{\pi}}$에 의하여 내각의 크기가 $\left(\frac{\alpha}{\pi}\right)\pi=\alpha$인 쐐기로 사상된다. 이때, $f'(z)=\frac{\alpha}{\pi}(z-x_1)^{\frac{\alpha}{\pi}-1}$이다(단, $0<\alpha<2\pi$).

이제, $f(z)$를 상반평면에서 해석적이고 그 도함수가 다음과 같은 함수라고 하자.

$$f'(z)=A(z-x_1)^{\frac{\alpha_1}{\pi}-1}(z-x_2)^{\frac{\alpha_2}{\pi}-1}\quad(x_1<x_2)$$

그러면 실 변수 t에 대하여 $f'(t)$의 편각은 다음과 같다.

$$\arg f'(t)=\operatorname{Arg} A+\left(\frac{\alpha_1}{\pi}-1\right)\operatorname{Arg}(t-x_1)+\left(\frac{\alpha_2}{\pi}-1\right)\operatorname{Arg}(t-x_2)$$

그런데 $t<x$일 때 $\operatorname{Arg}(t-x)=\pi$이므로, 구간 $(-\infty,\ x_1)$, $(x_1,\ x_2)$, $(x_2,\ \infty)$에서 $\arg f'(t)$는 각각 다음과 같이 일정하다.

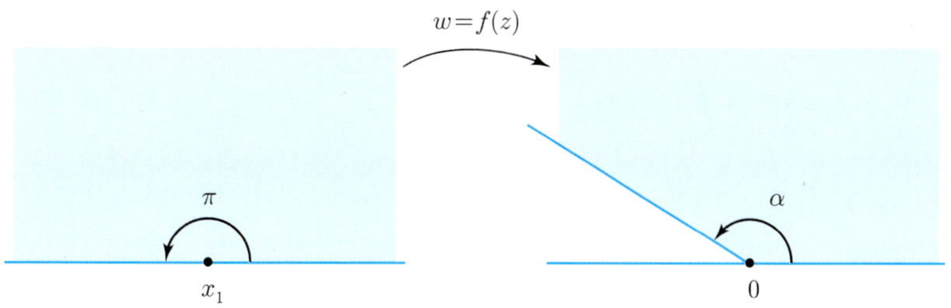

그림 13.13 ❙ $w=(z-x_1)^{\frac{\alpha}{\pi}}$의 사상

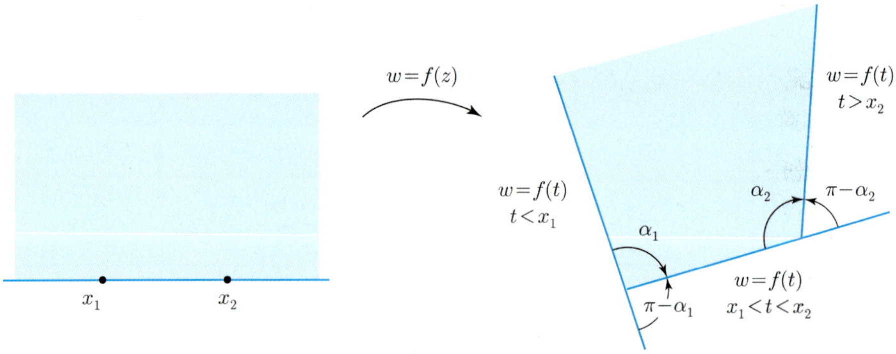

그림 13.14 ❙ 상반평면의 다각형 내부로의 사상

$$\operatorname{Arg}A+(\alpha_1-\pi)+(\alpha_2-\pi),\quad \operatorname{Arg}A+(\alpha_2-\pi),\ \operatorname{Arg}A$$

그러므로 각 구간의 상은 선분이다. 그리고 두 점 $f(x_1)$과 $f(x_2)$에서의 편각의 변화는 각각 $\pi-\alpha_1$과 $\pi-\alpha_2$이므로, $f(z)$에 의해 상반평면은 내각이 α_1과 α_2인 다각형의 내부로 사상된다(그림 13.14).

이런 결과를 일반화하여 다음 정리를 얻는다.

정리 13.4 $f(z)$를 상반평면에서 해석적이고 도함수가 다음과 같은 함수라고 하자.

$$f'(z)=A(z-x_1)^{\frac{\alpha_1}{\pi}-1}(z-x_2)^{\frac{\alpha_2}{\pi}-1}\cdots(z-x_n)^{\frac{\alpha_n}{\pi}-1}$$

여기서 $x_1<x_2<\cdots<x_n$이고 $0<\alpha_i<2\pi\ (i=1,\ 2,\ \cdots,\ n)$이다. 그러면 $f(z)$는 상반평면을 내각이 $\alpha_1,\ \alpha_2,\ \cdots,\ \alpha_n$인 다각형의 내부로 사상한다.

위의 정리에 의해 다음과 같은 사상을 얻는다.

$$w=f(z)=A\int(z-x_1)^{\frac{\alpha_1}{\pi}-1}(z-x_2)^{\frac{\alpha_2}{\pi}-1}\cdots(z-x_n)^{\frac{\alpha_n}{\pi}-1}dz+B$$

여기서 상수 A와 B는 주어진 조건에 의하여 결정된다. 이런 사상을 슈바르츠·크리스토펠(Schwarz- Christoffel) 변환이라고 한다. 유계인 n각형의 경우에는 n개의 내각 중 $(n-1)$개만을 사용한다.

보기 3

슈바르츠·크리스토펠 변환을 이용하여 상반평면 $\operatorname{Im} z > 0$을

[1] 그림 13.15에 나타낸 영역 $\{w = u + iv \mid u \geq 0,\ |v| \leq 1\}$로 사상하라.

[2] 그림 13.16에 나타낸 정삼각형으로 사상하라.

풀이 [1] 실수축의 두 점 $x_1 = -1$과 $x_2 = 1$을 선택하고 $f(-1) = -i$이고 $f(1) = i$인 슈바르츠·크리스토펠 변환 $f(z)$를 만들자. $\alpha_1 = \alpha_2 = \dfrac{\pi}{2}$이므로 다음을 얻는다.

$$f'(z) = A(z+1)^{-\frac{1}{2}}(z-1)^{-\frac{1}{2}} = \frac{A}{(z^2-1)^{\frac{1}{2}}} = \frac{A}{i} \cdot \frac{1}{(1-z^2)^{\frac{1}{2}}}$$

그러면 $f(z) = -Ai\sin^{-1}z + B$인데, $f(-1) = -i$이고 $f(1) = i$이므로 $A = -\dfrac{2}{\pi}$이고 $B = 0$이다. 즉, $f(z) = \dfrac{2i}{\pi}\sin^{-1}z$이다.

[2] 실수축의 두 점 $x_1 = -1$과 $x_2 = 1$을 선택하고 $f(-1) = -1$이고 $f(1) = 1$인 슈바르츠·크리스토펠 변환 $f(z)$를 만들자. $\alpha_1 = \alpha_2 = \dfrac{\pi}{3}$이므로 다음을 얻는다.

$$f'(z) = A(z+1)^{-\frac{2}{3}}(z-1)^{-\frac{2}{3}} = \frac{A}{(z^2-1)^{\frac{2}{3}}}$$

$f(z)$를 찾기 위해 다음 정적분을 고려하자.

$$f(z) = A\int_1^z \frac{ds}{(s^2-1)^{\frac{2}{3}}} + B$$

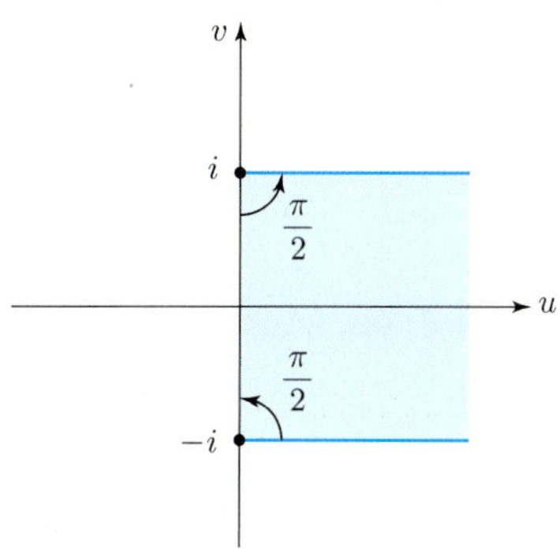

그림 13.15 ❙ 반무한 띠

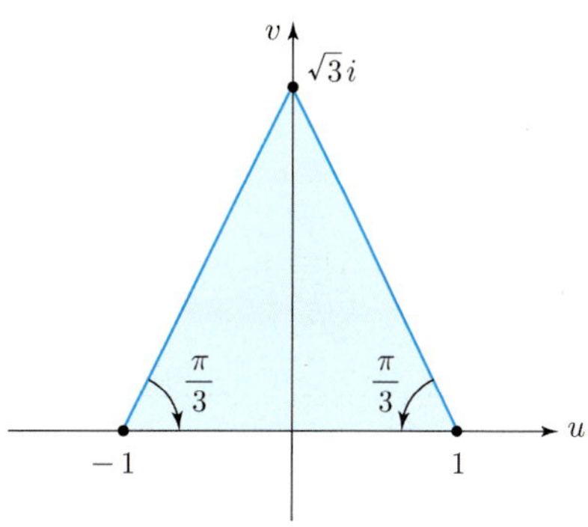

그림 13.16 ❙ 정삼각형

$f(1)=1$이므로 $B=1$이다. 그리고 $f(\infty)=\sqrt{3}i$이어야 하므로 다음을 얻는다.

$$f(z)=A\int_1^z \frac{ds}{(s^2-1)^{\frac{2}{3}}}+1 \quad \left(\text{단, } A=\frac{\sqrt{3}i-1}{\displaystyle\int_1^\infty \frac{dt}{(t^2-1)^{\frac{2}{3}}}}\right)$$

□

등각 사상 표의 활용

부록 3에는 자주 사용되는 등각 사상들이 예시되어 있다. 이를 활용하여 주어진 영역 사이의 등각 사상을 찾을 수 있다.

보기 4

부록 3에 예시된 등각 사상을 이용하여 z평면의 띠 $0 \le \operatorname{Im} z \le 1$을 w평면의 영역 $|w| \le 1$로 사상하라.

풀이 먼저, 지수 함수 $w_1 = e^{\pi z}$을 이용하면 $0 \le \operatorname{Im} z \le 1$을 상반평면 $\operatorname{Im} w_1 \ge 0$으로 사상할 수 있다. 다음에 일차 분수 변환 $w=\dfrac{w_1-i}{w_1+i}$를 이용하면 상반평면 $\operatorname{Im} w_1 \ge 0$을 영역 $|w| \le 1$로 사상할 수 있다. 그러므로 찾는 등각 사상은 $w=\dfrac{e^{\pi z}-i}{e^{\pi z}+i}$이다(그림 13.17). □

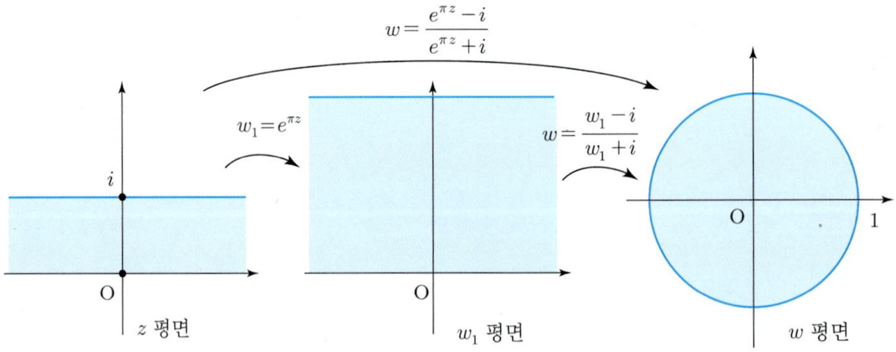

그림 13.17

13.3 연습 문제

01. 다음 z평면의 영역을 w평면의 영역으로 사상하는 일차 분수 변환을 찾아라.

(1) $|z| < 2,\quad \left|w - \dfrac{i}{2}\right| < 1$ (2) $|z + 2i| < 1,\quad |w - 3| > 2$

(3) $\mathrm{Im}\, z > 1,\ \mathrm{Re}\, w < -1$ (4) $\mathrm{Re}\, z < 0,\quad |w| < 4$

(5) $\mathrm{Im}\, z > 0,\ |w| < 1$ (6) $|z - 1| > 2,\quad |w - 3| > 2$

02. 슈바르츠·크리스토펠 변환 $f(z)$를 이용하여 상반평면 $\mathrm{Im}\, z > 0$을

(1) 그림 13.18에 나타낸 영역으로 사상하라(단, $f(-1) = \pi i,\ f(1) = 0$).

(2) 그림 13.19에 나타낸 영역으로 사상하라(단, $f(-1) = -ai,\ f(1) = ai$).

(3) 꼭짓점이 $w_1 = 0,\ w_2 = 1,\ w_3 = i$인 정삼각형 내부로 사상하라(단, $f(-1) = 1,\ f(1) = i$)

(4) 영역 $\{w \mid \mathrm{Im}\, w > 0,\ |\mathrm{Re}\, w| < 1\}$으로 사상하라(단, $f(-1) = -1,\ f(1) = 1$)

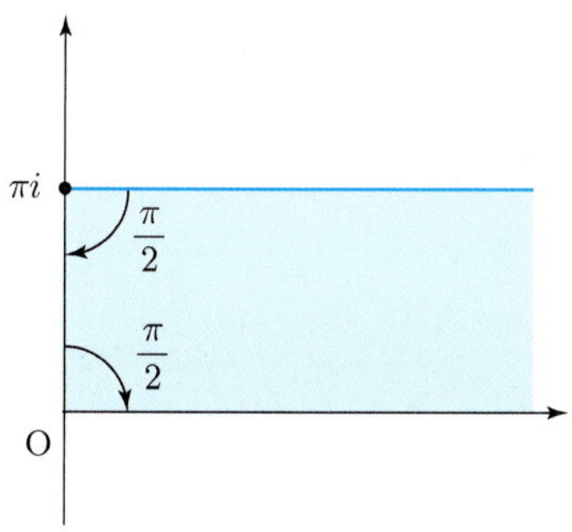

그림 13.18 | 반무한 띠의 내부

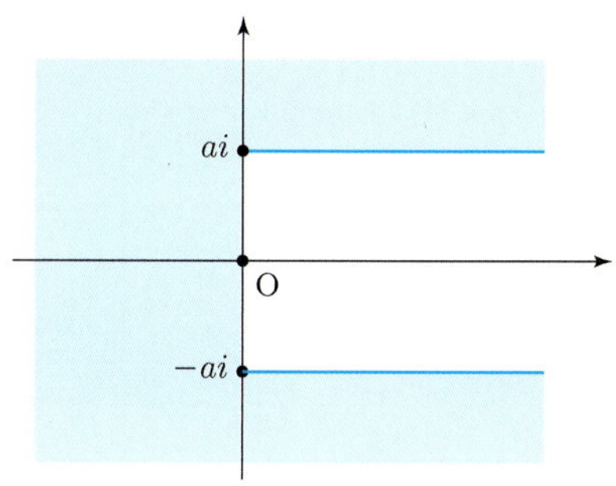

그림 13.19 | 반무한 띠의 외부

03. 다음 등각 사상이 정사각형의 외부를 단위 원의 내부로 사상함을 슈바르츠·크리스토펠 변환을 이용하여 보여라.

$$w = \int_1^z \sqrt{\frac{1}{\xi^4} - 1}\, d\xi$$

04. 부록 3의 등각 사상을 이용하여 다음 z평면의 영역을 w평면의 영역으로 사상하라.

(1)

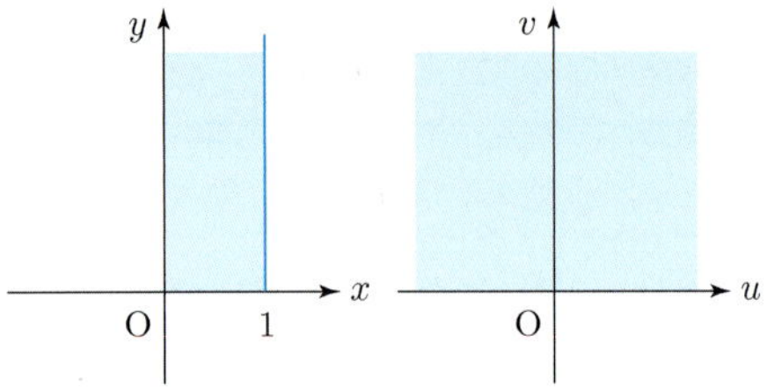

(2)

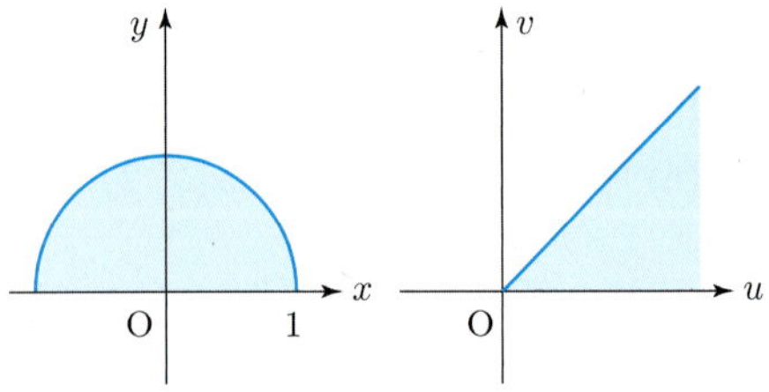

(3)

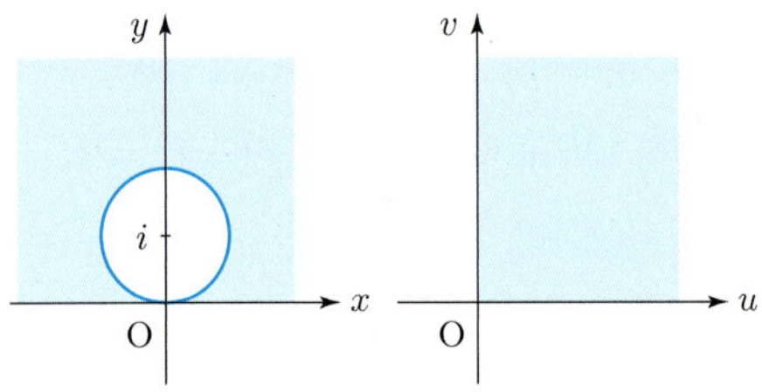

(4)

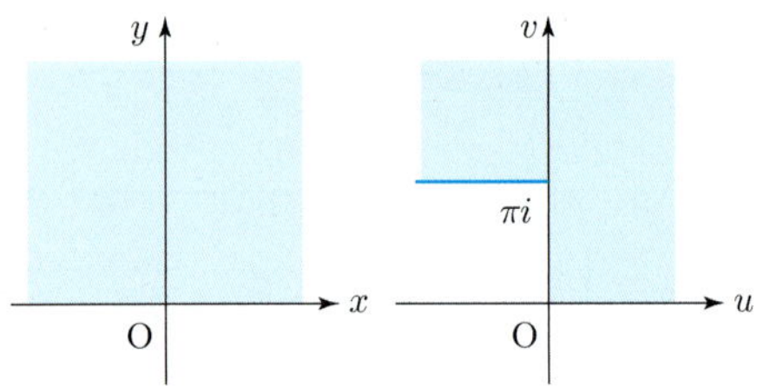

05. 변환 $f(z) = \dfrac{\text{Log}\, z}{2}$에 의한 영역 $1 < |z| < e^2$의 상을 찾아라.

13.4 디리클레 문제와 푸아송의 적분 공식

조화 함수와 디리클레 문제

영역 D의 경계를 ∂D라 할 때, 다음 편미분 방정식의 해 $u(x, y)$를 찾는 것을 디리클레 문제(Dirichlet problem)라고 한다.

$$\frac{\partial^2 u}{\partial x^2}+\frac{\partial^2 u}{\partial y^2}=0, \quad (x, y)\in D$$
$$u(x, y)=g(x, y), \quad (x, y)\in \partial D \tag{1}$$

여기서 $g(x, y)$는 주어진 함수이다. 편미분 방정식 $\Delta u=\dfrac{\partial^2 u}{\partial x^2}+\dfrac{\partial^2 u}{\partial y^2}=0$을 라플라스 방정식이라 하며, 이 방정식을 만족시키는 함수를 조화 함수라고 한다(10.4절). 그러므로 디리클레 문제는 영역 D의 경계 ∂D에서 주어진 값을 갖는 D에서의 조화 함수를 찾는 것이다. 지금까지는 평면의 단순한 영역에서 디리클레 문제를 다루었다. 이번 절에서는 복소 평면에서 등각 사상을 이용하여 좀 더 일반적인 형태를 다루겠다.

복소 평면의 영역에서 해석적인 함수 $f(z)=u(x, y)+iv(x, y)$의 실수 부분과 허수 부분이 조화 함수임을 이미 알아보았다(10.4절). 다음 정리는 적절한 조건에서 이것의 역이 성립함을 주장하고 있다.

정리 13.5 $u(x, y)$가 단순 연결 영역 D에서 조화 함수이면, D에서 해석적인 함수 $f(z)$가 존재하여 $\operatorname{Re} f(z)=u(x, y)$이다.

증명 각 점 $z=x+iy\in D$에 대하여 다음과 같이 놓자.

$$g(z)=\frac{\partial u}{\partial x}-i\frac{\partial u}{\partial y}$$

그러면 $u(x, y)$가 조화 함수이므로 다음이 성립한다.

$$\frac{\partial}{\partial x}(\operatorname{Re} g)-\frac{\partial}{\partial y}(\operatorname{Im} g)=\frac{\partial^2 u}{\partial x^2}-\left(-\frac{\partial^2 u}{\partial y^2}\right)=0,$$

$$\frac{\partial}{\partial y}(\mathrm{Re}\, g)+\frac{\partial}{\partial x}(\mathrm{Im}\, g)=\frac{\partial^2 u}{\partial y\,\partial x}+\left(-\frac{\partial^2 u}{\partial x\,\partial y}\right)=0$$

즉, 함수 $g(z)$는 영역 D에서 코시·리만 방정식을 만족시킨다. 그러므로 정리 13.6에 의하여 $g(z)$는 영역 D에서 해석적이고, 정리 11.8에 의하여 부정 적분 $G(z)=U(x,\ y)+iV(x,\ y)$가 존재한다. 그러면 다음이 성립한다.

$$G'(z)=\frac{\partial U}{\partial x}+i\frac{\partial V}{\partial x}=\frac{\partial U}{\partial x}-i\frac{\partial U}{\partial y}=g(z)=\frac{\partial u}{\partial x}-i\frac{\partial u}{\partial y},$$
$$\frac{\partial U}{\partial x}=\frac{\partial u}{\partial x},\quad \frac{\partial U}{\partial y}=\frac{\partial u}{\partial y}$$

그러므로 임의의 상수 K에 대하여 $U(x,\ y)=u(x,\ y)+K$이다.
각 점 $z=x+iy\in D$에 대하여 $f(z)=G(z)-K$라 하면, $f(z)$는 D에서 해석적이고 다음과 같다.

$$f(z)=U(x,\ y)+iV(x,\ y)-K=u(x,\ y)+iV(x,\ y)$$

따라서 $\mathrm{Re}\, f(z)=u(x,\ y)$이다. ■

마찬가지로, 주어진 조화 함수가 허수 부분인 해석 함수가 존재함을 보일 수 있다. 다음 정리는 등각 사상을 디리클레 문제의 풀이에 적용하는 방법을 알려준다.

정리 13.6 $f(z)$를 영역 D에서 영역 D^* 위로의 해석 함수라고 하자. 만약 U가 D^*에서 조화 함수이면, $u(x,\ y)=U(f(z))$는 D에서 조화 함수이다.

증명 D^*가 단순 연결 영역인 경우에 대해서만 증명하겠다. U가 조화 함수이므로 정리 13.5에 의하여 D^*에서 $\mathrm{Re}\, F=U$인 해석 함수 $F=U+iV$가 존재한다. 그런데 합성 함수 $F(f(z))=U(f(z))+iV(f(z))$는 D에서 해석적이다. 따라서 이 함수의 실수부 $u(x,\ y)=U(f(z))$는 D에서 조화 함수이다. ■

정리 13.6을 사용해서 영역 D에서의 디리클레 문제를 해 U가 알려진 영역 D^*에서의 디리클레 문제로 변환할 수 있다. 그 과정은 다음과 같다.

(i) 원래의 영역 D를 영역 D^*로 사상하는 등각 사상 $f(z)$를 찾는다. 이때, D^*에서의 디리클레 문제에 대한 명확한 해를 알 수 있어야 한다.

(ii) D에 관한 경계 조건을 D^*에 관한 경계 조건으로 바꾼다.

(iii) D^*에서의 디리클레 문제의 해 U를 찾는다.

(iv) 그러면 원래의 디리클레 문제의 해는 $u(x,\ y) = U(f(z))$이다.

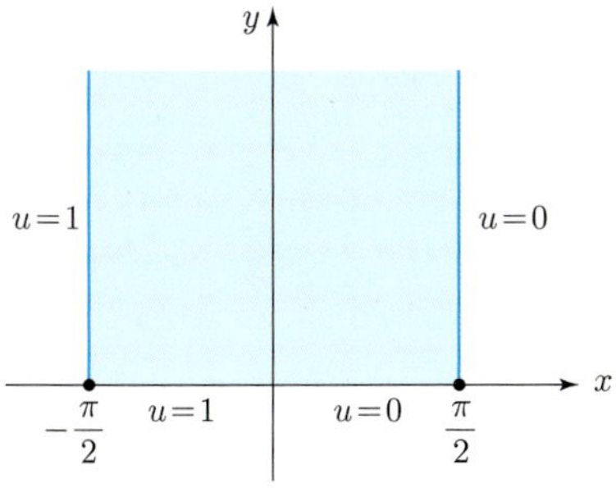

그림 13.20(a)

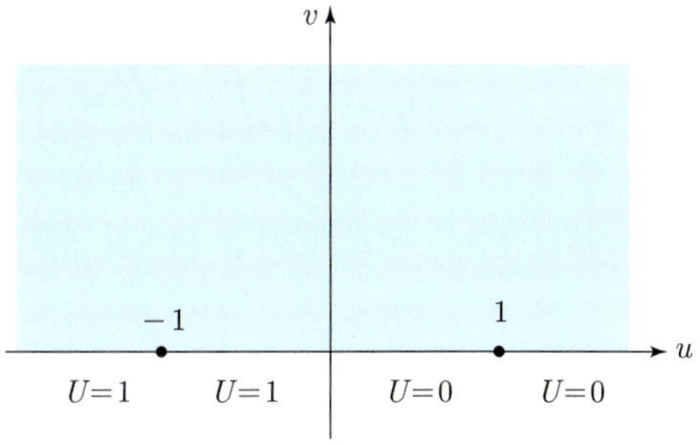

그림 13.20(b)

보기 1

상반평면 $v > 0$에서 해석 함수인 $g(w) = \dfrac{1}{\pi}\operatorname{Log} w$의 허수 부분 $U(u,\ v) = \dfrac{1}{\pi}\operatorname{Arg} w$는 상반평면에서 조화 함수이다. 이 함수를 이용하여 그림 13.20(a)에 나타낸 영역에서의 디리클레 문제를 풀어라.

풀이 해석 함수 $f(z) = \sin z$는 원래의 영역을 상반평면 $v > 0$으로 사상하고, 경계를 이루는 선분들을 그림 13.20(b)에 나타낸 선분으로 사상한다.

조화 함수 $U(u,\ v) = \dfrac{1}{\pi}\operatorname{Arg} w$는 경계 조건 $u > 0$일 때 $U(u,\ 0) = 0$, $u < 0$일 때 $U(u,\ 0) = 1$을 만족시킨다. 따라서 $U(\sin z) = \dfrac{1}{\pi}\operatorname{Arg}(\sin z)$는 원래 문제의 해이다. □

푸아송의 적분 공식

위의 논의에 비추어 단위 원판 $|z| \le 1$ 또는 상반평면 $y \ge 0$에서의 디리클레 문제 (1)에 대한 일반해를 찾는 것이 유용하다.

먼저 단위 원판 내부의 임의의 점에서 조화함수의 값을 원판의 경계의 함숫값들을 이용하여 표현하는 공식을 유도해 보자. 단위 원판 $|z| \le 1$을 포함하는 영역에서 $f(z)$가 해석적이라면 코시의 적분 공식에 의해 다음이 성립한다.

$$f(z) = \frac{1}{2\pi i}\int_{|\zeta|=1}\frac{f(\zeta)}{\zeta - z}d\zeta = \frac{1}{2\pi}\int_0^{2\pi}\frac{\zeta f(\zeta)}{\zeta - e^{i\theta}}d\theta$$

$z \neq 0$인 경우 z의 단위 원에 대한 반전 $\check{z} = \frac{1}{\bar{z}}$는 원점과 z를 지난 반직선 위에 있으며 단위원 바깥쪽에 있다. 따라서 $|z| < 1$에 대해

$$0 = \frac{1}{2\pi i}\int_{|\zeta|=1}\frac{f(\zeta)}{\zeta - \check{z}}d\zeta = \frac{1}{2\pi i}\int_0^{2\pi}\frac{\bar{z}f(\zeta)}{\zeta\bar{z} - 1}d\zeta$$

위 두 식의 양변을 서로 더하면 다음을 얻는다.

$$f(z) = \frac{1}{2\pi i}\int_{|\zeta|=1}\left[\frac{1}{\zeta - z} + \frac{\bar{z}}{\zeta\bar{z} - 1}\right]f(\zeta)\,d\zeta$$

$|\zeta| = 1$로부터 대괄호 안의 식은 $\dfrac{1 - |z|^2}{\zeta|\zeta - z|^2}$과 같으므로 위 식으로부터 다음을 얻는다.

$$f(z) = \frac{1}{2\pi}\int_{|\zeta|=1}\frac{1 - |z|^2}{|\zeta - z|^2}f(\zeta)\frac{d\zeta}{i\zeta}$$

$\zeta = e^{it}$로 두면 위 식은 다음과 같이 표현된다.

$$u(z) = \frac{1}{2\pi}\int_0^{2\pi}\frac{1 - |z|^2}{|e^{it} - z|^2}u(e^{it})\,dt$$

$z = re^{i\theta}$, $r < 1$로 두고 위 식의 실수부를 취하면 다음 정리하면 다음을 얻는다.

정리 13.7 원판 $|z| \leq 1$을 포함하는 영역에서 $u(z)$가 조화적이라고 하자.(즉 $u(z)$는 디리클레 문제 (1)의 해) 그러면 $z = re^{i\theta}$, $r < 1$일 때 다음을 얻는다.

$$u(z) = u(re^{i\theta}) = \frac{1}{2\pi}\int_0^{2\pi}u(e^{it})\frac{1 - r^2}{1 - 2r\cos(\theta - t) + r^2}dt \tag{2}$$

$w = z/R$로 변수 변환을 하면 같은 방법으로 원판 $|z| < R$에서 다음과 같은 푸아송의 적분 공식을 얻는다.

$$u(re^{i\theta}) = \frac{1}{2\pi}\int_0^{2\pi}u(Re^{it})\frac{R^2 - r^2}{R^2 - 2rR\cos(\theta - t) + r^2}dt \quad (r < R)$$

보기 2

영역 $D=\{z \mid |z|<1\}$에서 다음 경계 조건을 만족시키는 디리클레 문제를 풀어라.

$$u(e^{it})=|t| \quad (0 \le t < 2\pi)$$

풀이 푸아송의 적분 공식 (2)에 경계 조건을 대입하면

$$u(z)=u(re^{i\theta})=\frac{1}{2\pi}\int_0^{2\pi}|t|\frac{1-r^2}{1-2r\cos(\theta-t)+r^2}\,dt$$

을 얻는다. 하지만 이 적분은 초등함수를 이용해서 셈할 수 없으므로 수치적분을 사용하여 근사값을 찾을 수 있다. □

상반평면 $y \ge 0$에서의 디리클레 문제를 푸는 공식을 유도해 보자. 실직선과 위쪽 반평면에서 $f=u+iv$가 해석적이고 유계라고 하자. Λ_R가 R에서 $-R$까지 잇는 위쪽반원이고 $C=[-R,R]\cup\Lambda_R$로 두면 $f(z)$를 다음과 같이 나타낼 수 있다.

$$\begin{aligned} f(z) &= \frac{1}{2\pi i}\int_{|\zeta|=1}\left[\frac{1}{\zeta-z}+\frac{1}{\zeta-\bar{z}}\right]f(\zeta)\,d\zeta \\ &= \frac{y}{\pi}\int_{-R}^{R}\frac{f(t)\,dt}{(t-z)(t-\bar{z})}+\frac{y}{\pi}\int_{\Lambda_R}\frac{f(\zeta)\,d\zeta}{(\zeta-z)(\zeta-\bar{z})} \end{aligned}$$

여기서, $R\to\infty$일 때 두 번째 적분은 0으로 수렴하고 $f(t)=u(t,0)+iv(t,0)$이라 두고 실수부를 취하면 다음을 얻는다.

정리 13.8 함수 $u(x,\,0)$은 임의의 유한 구간에서 조각마다 연속이고 $-\infty < x < \infty$에서 유계라고 하자. 그러면 다음과 같이 정의된 함수는 $y \ge 0$에서의 디리클레 문제 (1)에 대한 해이다.

$$u(x,\,y)=\frac{y}{\pi}\int_{-\infty}^{\infty}\frac{u(t,\,0)}{(x-t)^2+y^2}\,dt$$

보기 2

상반평면 $y \ge 0$에서 다음 경계 조건을 만족시키는 디리클레 문제를 풀어라.

$$\begin{cases} u(x,\ 0) = x & (|x| < 1) \\ u(x,\ 0) = 0 & (|x| \ge 1) \end{cases}$$

풀이 푸아송의 적분 공식에 의하여 다음이 성립한다.

$$u(x,\ y) = \frac{y}{\pi}\int_{-1}^{1} \frac{t}{(x-t)^2 + y^2}\, dt$$

$s = x - t$로 치환하면 다음 결과를 얻는다.

$$u(x,\ y) = \frac{1}{\pi}\left\{\frac{y}{2}\ln((x-t)^2 + y^2) - x\tan^{-1}\left(\frac{x-t}{y}\right)\right\}\Bigg|_{t=-1}^{t=1}$$

이것은 다음과 같이 간단히 나타낼 수 있다.

$$u(x,\ y) = \frac{y}{2\pi}\ln\frac{(x-1)^2 + y^2}{(x+1)^2 + y^2} + \frac{x}{\pi}\left(\tan^{-1}\frac{x+1}{y} - \tan^{-1}\frac{x-1}{y}\right)$$ □

13.4 연습 문제

01. 다음 경계 조건을 만족시키는 $|z| < R$에서의 조화함수를 찾아라.

$$u(e^{i\theta}) = \begin{cases} 0 & (0 < \theta < \pi) \\ 1 & (\pi < \theta < 2\pi) \end{cases}$$

02. $\displaystyle\int_0^{2\pi} \frac{\sin(\theta - t)}{R^2 - 2rR\cos(\theta - t) + r^2}\, dt = 0$이 성립함을 보여라.

03. 다음 함수는 경계조건 $u(e^{i\theta})=\dfrac{\theta}{2}$ $(0\le\theta\le 2\pi)$을 만족시키는 $|z|<1$에서의 조화함수임을 보여라.

$$u(re^{i\theta})=\tan^{-1}\left(\frac{r\sin\theta}{1+r\cos\theta}\right)\ (0\le r<1)$$

04. 적당한 등각 사상과 조화 함수 $U=\dfrac{1}{\pi}\mathrm{Arg}\,w$를 사용해서 다음 그림으로 나타낸 영역에서의 디리클레 문제를 풀어라.

(1)

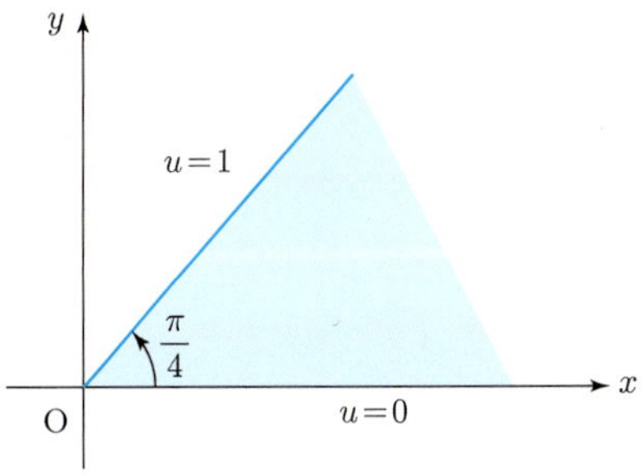

(2)

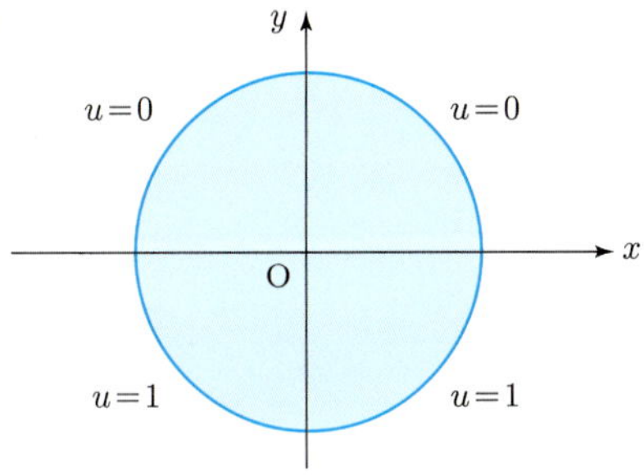

05. 적당한 등각 사상과 조화 함수 $U=\dfrac{1}{\pi}\{\mathrm{Arg}(w-1)-\mathrm{Arg}(w+1)\}$을 사용해서 다음 그림으로 나타낸 영역에서의 디리클레 문제를 풀어라.

(1)

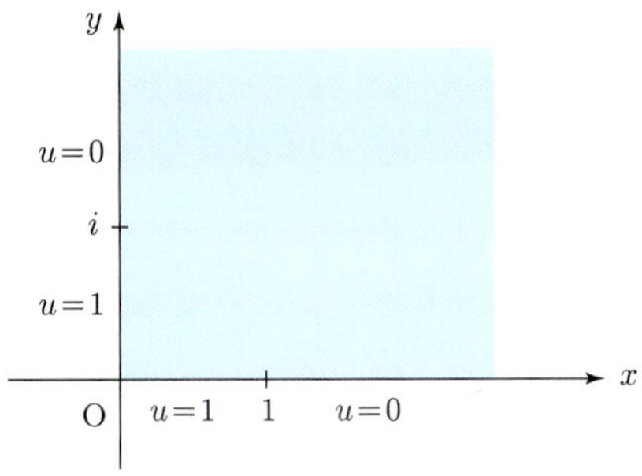

(2)

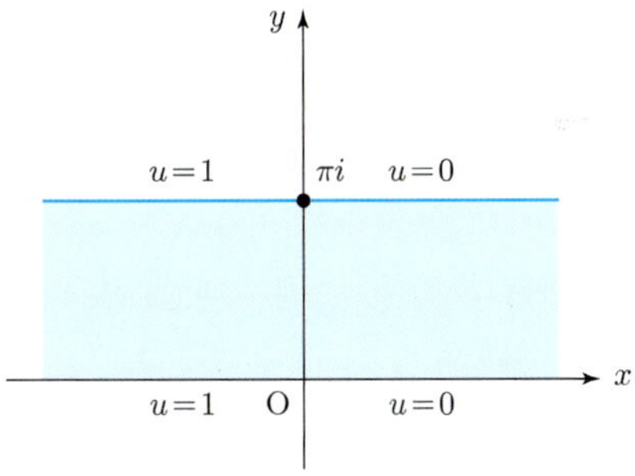

06. 상반평면 $y>0$에서 경계 조건이 다음과 같은 디리클레 문제를 풀어라.

(1)

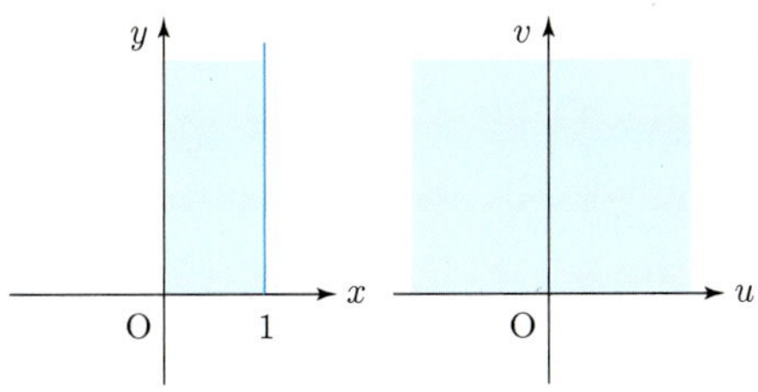

(2)

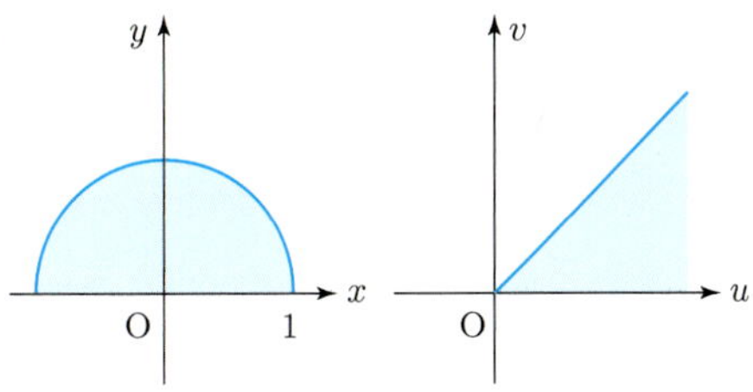

07. 상반평면 $y > 0$에서 경계 조건이 다음과 같은 디리클레 문제를 풀어라.

(1) $\begin{cases} u(x,\ 0) = x^2 & (0 < x < 1) \\ u(x,\ 0) = 0 & (x \le 0,\ x \ge 1) \end{cases}$　　　(2) $u(x,\ 0) = \cos x$

08. 다음 영역을 상반평면으로 사상하는 등각 사상을 찾아서 디리클레 문제를 풀어라.

(1)

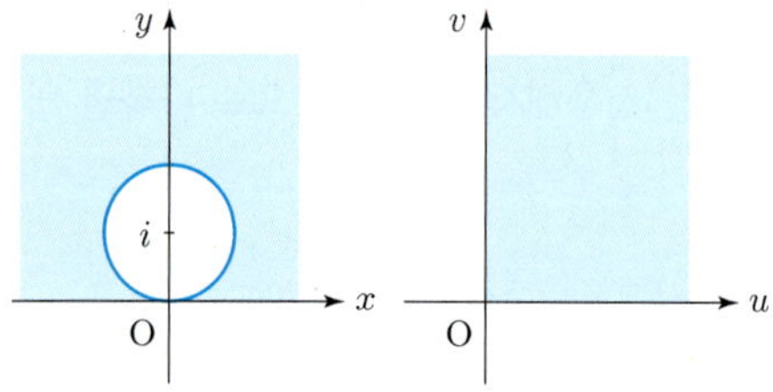

(2)

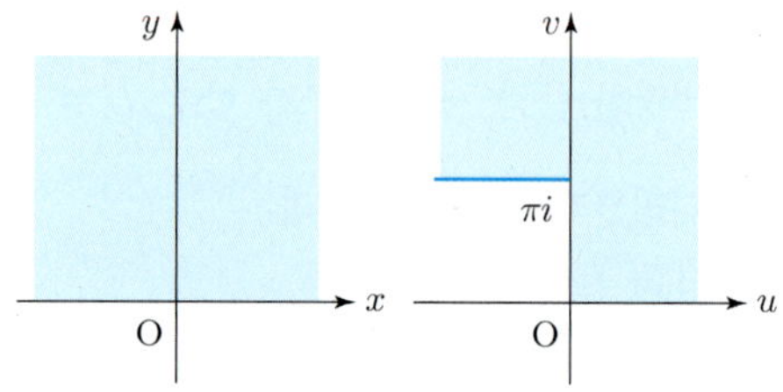

13.5 등각 사상의 응용

이 절에서는 벡터 장과 해석 함수 사이의 관계를 설정하고, 등각 사상의 기법을 사용해서 정전기 장과 이차원 유체 흐름과 관련된 문제를 풀어본다.

퍼텐셜 함수

영역 D의 벡터 장 $\mathbf{F}(x,\ y)=P(x,\ y)\mathbf{i}+Q(x,\ y)\mathbf{j}$는 복소수를 사용해서 다음과 같이 나타낼 수 있다.

$$\mathbf{F}(x,\ y)=P(x,\ y)+i\,Q(x,\ y)$$

그러므로 이를 복소 함수로 생각할 수 있다. 벡터 해석학에서 배운 바와 같이 벡터 장 $\mathbf{F}$의 발산과 회전은 다음과 같다.

$$\operatorname{div}\mathbf{F}=\frac{\partial P}{\partial x}+\frac{\partial Q}{\partial y},\quad \operatorname{curl}\mathbf{F}=\left(\frac{\partial Q}{\partial x}-\frac{\partial P}{\partial y}\right)\mathbf{k}$$

그런데 $\operatorname{div}\mathbf{F}=0$이고 $\operatorname{curl}\mathbf{F}=\mathbf{0}$이면, 코시·리만 방정식과 유사한 다음 방정식을 얻는다.

$$\frac{\partial P}{\partial x}=-\frac{\partial Q}{\partial y},\quad \frac{\partial P}{\partial y}=\frac{\partial Q}{\partial x}$$

실제로 이것은 복소 함수 $g(z)=P(x,\ y)-iQ(x,\ y)$에 대한 코시·리만 방정식이다. 따라서 다음 결과를 얻는다.

정리 13.9 영역 D의 벡터 장 $\mathbf{F}(x,\ y)=P(x,\ y)+iQ(x,\ y)$에서 함수 $P(x,\ y)$와 $Q(x,\ y)$가 D에서 연속이고 연속인 일계 도함수를 가지며, $\operatorname{div}\mathbf{F}=0$이고 $\operatorname{curl}\mathbf{F}=\mathbf{0}$이면 복소 함수 $g(z)=P(x,\ y)-iQ(x,\ y)$는 영역 D에서 해석적이다. 역으로, $g(z)$가 영역 D에서 해석적이면, $\mathbf{F}(x,\ y)=\overline{g(z)}$는 D의 벡터 장을 정의하고 $\operatorname{div}\mathbf{F}=0$이며 $\operatorname{curl}\mathbf{F}=\mathbf{0}$이다.

$\mathbf{F}(x,\ y)=P(x,\ y)+iQ(x,\ y)$가 단순 연결 영역 D의 벡터 장으로 $\operatorname{div}\mathbf{F}=0$이고

$\text{curl}\,\mathbf{F} = \mathbf{0}$이면, D에서 해석 함수 $g(z) = P(x, y) - iQ(x, y)$의 부정 적분이 존재한다. 이를 다음과 같다고 하자.

$$G(z) = \phi(x, y) + i\psi(x, y)$$

이를 벡터 장 $\mathbf{F}$에 대한 복소 퍼텐셜(complex potential)이라 한다. 이때, 다음이 성립한다.

$$g(z) = G'(z) = \frac{\partial \phi}{\partial x}(x, y) + i\frac{\partial \psi}{\partial x}(x, y) = \frac{\partial \phi}{\partial x}(x, y) - i\frac{\partial \phi}{\partial y}(x, y)$$

그러므로 다음이 성립한다.

$$\frac{\partial \phi}{\partial x}(x, y) = P(x, y), \ \frac{\partial \phi}{\partial y}(x, y) = Q(x, y) \tag{1}$$

따라서 $\mathbf{F} = \nabla\phi$인데, 이때 조화 함수 ϕ를 $\mathbf{F}$에 대한 (실) 퍼텐셜 함수(potential function)라고 한다. 영역 D의 경계에서의 퍼텐셜 ϕ의 값이 주어지면, 그 결과로 얻어지는 디리클레 문제를 푸는 데 등각 사상의 기법을 사용할 수 있다. 식 (1)을 사용해서 등퍼텐셜 선 $\phi(x, y) = c$를 그릴 수 있으며 벡터 장 $\mathbf{F}$를 결정할 수 있다.

보기 1

반평면 $x \geq 0$의 퍼텐셜 ϕ가 경계 조건 $\phi(0, y) = 0$이고 $x \geq 1$일 때 $\phi(x, 0) = 1$을 만족시킬 때(그림 13.21), 복소 퍼텐셜과 등퍼텐셜 선 및 벡터 장 $\mathbf{F}$를 찾아라.

풀이 13.1절의 보기 2에서 알아본 바와 같이, 해석 함수 $z = \sin w$는 w평면의 띠 $0 \leq u \leq \frac{\pi}{2}$를 이 문제의 영역 D로 사상한다. 그러므로 $f(z) = \sin^{-1} z$는 D를 띠 $0 \leq u \leq \frac{\pi}{2}$로 사상하고, 그림 13.22는 변형된 경계 조건을 보여준다. 단순화된 디리클레 문제의 해는 $U(u, v) = \frac{2}{\pi}u$이므로 D에서의 퍼텐셜 함수는 다음과 같다.

$$\phi(x, y) = U(\sin^{-1} z) = \text{Re}\left\{\frac{2}{\pi}\sin^{-1} z\right\}$$

그리고 벡터 장 $\mathbf{F}$에 대한 복소 퍼텐셜은 다음과 같다.

$$G(z) = \frac{2}{\pi}\sin^{-1} z$$

등퍼텐셜 선 $\phi = c$는 역 사상 $z = \sin w$에 의한 w평면의 등퍼텐셜 선 $U = c$의 상이다. 13.1절의 보기 2에서 수직선 $u = a$는 다음 쌍곡선의 한 가지로 사상됨을 알아보았다.

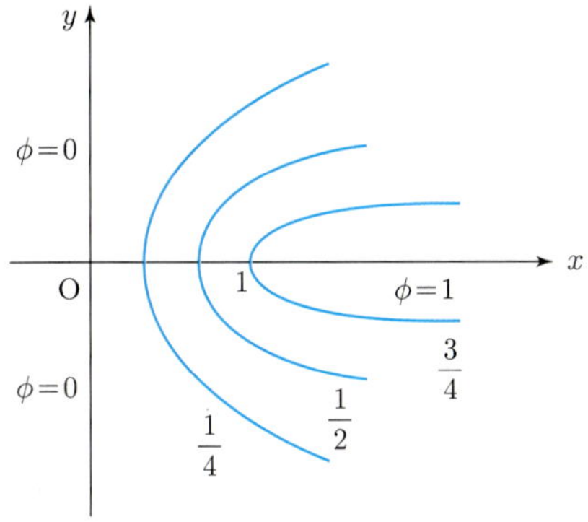

그림 13.21

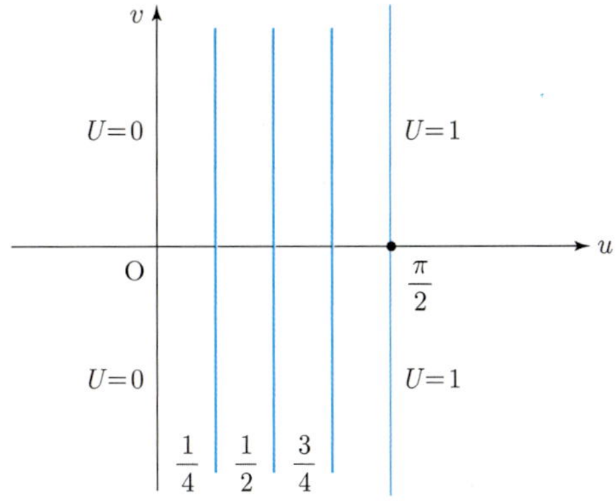

그림 13.22

$$\frac{x^2}{\sin^2 a} - \frac{y^2}{\cos^2 a} = 1$$

등퍼텐셜 선 $U = c$ $(0 < c < 1)$는 수직선 $u = \dfrac{\pi c}{2}$이므로 등퍼텐셜 선 $\phi = c$는 다음 쌍곡선의 오른쪽 가지이다.

$$\frac{x^2}{\sin^2\left(\dfrac{\pi c}{2}\right)} - \frac{y^2}{\cos^2\left(\dfrac{\pi c}{2}\right)} = 1$$

$\mathbf{F} = \overline{G'(z)}$이고 $\dfrac{d}{dz}\sin^{-1} z = \dfrac{1}{(1-z^2)^{\frac{1}{2}}}$이므로, 벡터 장은 다음과 같다.

$$\mathbf{F} = \frac{2}{\pi} \overline{\frac{1}{(1-z^2)^{\frac{1}{2}}}} = \frac{2}{\pi} \frac{1}{(1-\bar{z}^2)^{\frac{1}{2}}} \qquad \square$$

유체 흐름

이차원 영역 D에서 비점성 액체에 대한 정상 상태 흐름의 속도 벡터를 다음과 같이 복소 함수로 나타낼 수 있다.

$$\mathbf{V}(x,\ y) = P(x,\ y) + iQ(x,\ y)$$

$\operatorname{div}\mathbf{V} = 0$(비압축)이고 $\operatorname{curl}\mathbf{V} = \mathbf{0}$ (비회전)일 때, $\mathbf{V}$는 다음의 복소 속도 퍼텐셜(complex velocity potential)을 갖는다.

$$G(z)=\phi(x,\ y)+i\psi(x,\ y)$$

이때, $\mathbf{V}=\overline{G'(z)}$가 성립한다. 이런 상황에서 등위 곡선 $\psi(x,\ y)=c$는 특별히 중요한 의미를 갖는다. 이 액체에 놓여 있는 어떤 입자의 경로가 $z(t)=x(t)+iy(t)$이면 다음이 성립한다.

$$\frac{dx}{dt}=P(x,\ y),\quad \frac{dy}{dt}=Q(x,\ y) \tag{2}$$

그러므로 $\dfrac{dy}{dx}=\dfrac{Q}{P}$, 즉 다음을 얻는다.

$$-Q\,dx+P\,dy=0 \tag{3}$$

그런데 $\operatorname{div}\mathbf{V}=0$은 $-\dfrac{\partial\theta}{\partial y}=\dfrac{\partial P}{\partial x}$를 의미하므로, 식 (3)은 완전 미분 방정식이다. 코시·리만 방정식에 의하여 $\dfrac{\partial\psi}{\partial x}=-\dfrac{\partial\phi}{\partial y}=-Q$, $\dfrac{\partial\psi}{\partial y}=\dfrac{\partial\phi}{\partial x}=P$이고, 따라서 식 (2)의 모든 해는 $\psi(x,\ y)=c$를 만족시킨다. 그래서 함수 $\psi(x,\ y)$를 흐름 함수(stream function), 등위 곡선 $\psi(x,\ y)=c$를 흐름 선(stream line)이라고 한다.

보기 2

상반평면에서의 고른 흐름(uniform stream)은 양의 상수 A에 대하여 속도 벡터 $\mathbf{V}(x,\ y)=A(1,\ 0)$으로 정의된다. $|\mathbf{V}|=V$이므로 이 액체에 놓여 있는 입자는 일정한 속도로 움직인다. 이 벡터 장에 대한 복소 퍼텐셜은 $G(z)=Az=Ax+iAy$이므로 흐름 선은 수평선 $Ay=c$이다(그림 13.23).

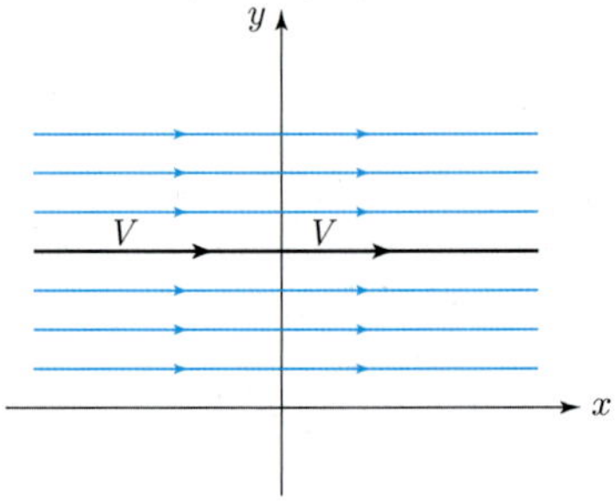

그림 13.23 ❙ 흐름 선 $Ay=c$

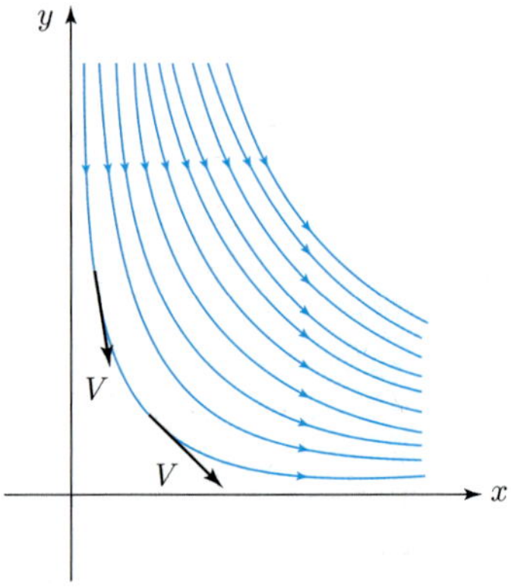

그림 13.24 ❙ 흐름선 $2xy=c$

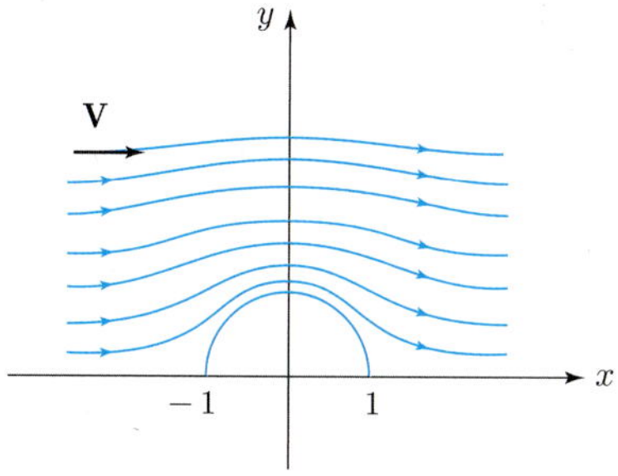

그림 13.25 ❙ 흐름선

보기 3

복소 퍼텐셜 $G(z)=z^2=x^2-y^2+2ixy$는 제1사분면에서 벡터 장 $\mathbf{V}(x,\ y)=\overline{G'(z)}=(2x,\ -2y)$를 묘사한다. 이때의 흐름 선은 쌍곡선 $2xy=c$이다(그림 13.24).

보기 4

복소 퍼텐셜 $G(z)=z+\dfrac{1}{z}$은 다음과 같은 벡터 장을 묘사한다.

$$\mathbf{V}=\overline{G'(z)}=1-\frac{1}{\bar{z}^2}=1-\frac{e^{2i\theta}}{r^2}$$

따라서 충분히 큰 r에 대하여 $\mathbf{V}\approx(1,\ 0)$이다. 그리고 $G(z)$는 원 $|z|=1$의 외부의 상반평면 D를 상반평면 $v\geq 0$으로 사상하므로, D의 경계를 u축으로 사상한다. 따라서 흐름 선 $v=\psi(x,\ y)=y-\dfrac{y}{x^2+y^2}$는 D의 경계에서 0이다(그림 13.25).

13.5 연습 문제

01. 다음 벡터 장 $\mathbf{F}(x,\ y)$에 대하여 $\operatorname{div}\mathbf{F}=0$이고 $\operatorname{curl}\mathbf{F}=\mathbf{0}$임을 확인하라. 그리고 복소 퍼텐셜을 찾고 등퍼텐셜 선을 찾아라.

(1) $\mathbf{F}(x,\ y) = (\cos\theta_0)\mathbf{i} + (\sin\theta_0)\mathbf{j}$ (2) $\mathbf{F}(x,\ y) = \dfrac{x}{x^2+y^2}\mathbf{i} + \dfrac{y}{x^2+y^2}\mathbf{j}$

02. 다음 복소 퍼텐셜의 등퍼텐셜 선을 찾아라.

(1) $G(z) = (1+2i)z$ (2) $G(z) = z^2$

(3) $G(z) = \dfrac{1}{z}$

03. 쐐기 $0 \le \operatorname{Arg} z \le \dfrac{\pi}{4}$ 에서의 퍼텐셜 ϕ가 경계 조건 $\phi(x,\ 0) = 0,\ \phi(x,\ x) = 1\ \ (x > 0)$을 만족시킨다고 할 때, 복소 퍼텐셜과 등퍼텐셜 선 및 이에 대응하는 벡터 장 $\mathbf{F}$를 찾아라.

04. 다음 복소 속도 퍼텐셜의 흐름 선과 그에 대응하는 속도 벡터 $\mathbf{V}$를 찾아라.

(1) $G(z) = iz$ (2) $G(z) = (1+i)z$

05. 다음의 주어진 영역에 정의된 복소 속도 퍼텐셜의 흐름 선과 그에 대응하는 속도 벡터를 찾아라.

(1) $G(z) = z^4$ (2) $G(z) = \sin\ z$

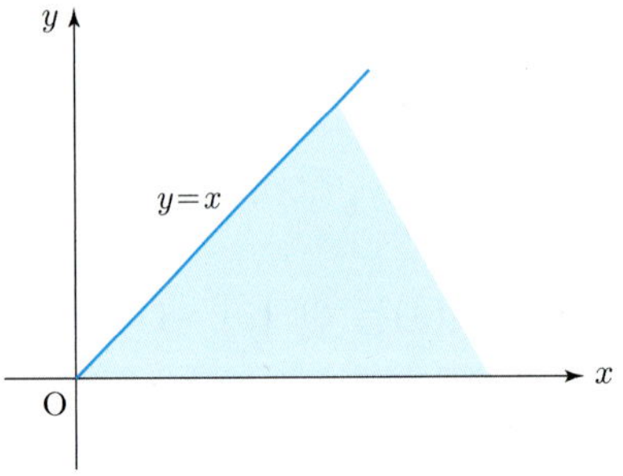

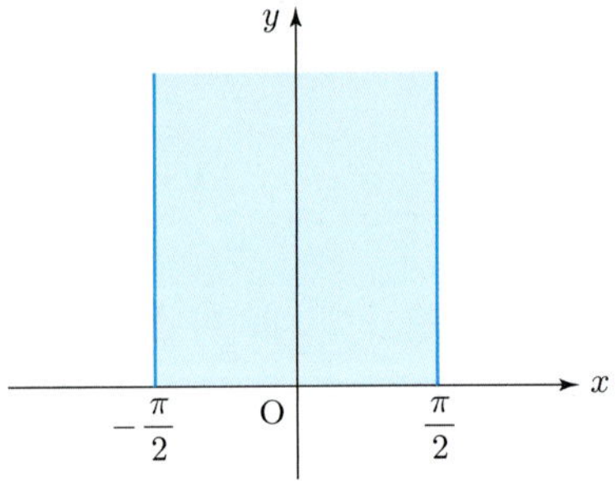

(3) $G(z) = z^2 + \dfrac{1}{z^2}$

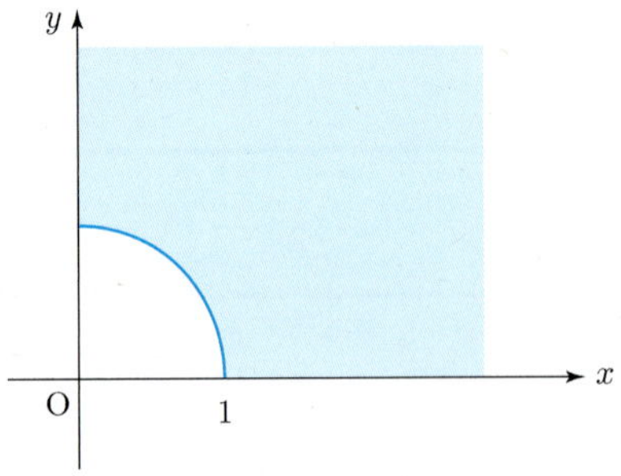

06. 반무한 띠 모양의 영역 $D=\left\{(x,y)|0<x<\frac{\pi}{2},\ y>0\right\}$에서 다음 디리클레 문제를 풀어라.

$$u_{xx}(x,y)+u_{yy}(x,y)=0 \quad (x,y)\in D$$
$$u(x,0)=0,\ u\left(\frac{\pi}{2},y\right)=0,\ u(0,y)=1 \quad (x,y)\in\partial D$$

07. 정상 상태의 온도는 조화 함수이고 등각 사상 $w=i/z=i\overline{z}/|z|^2$을 이용하여, 영역 $D=\{(x,y)|x\geq 0,\ y\geq 0\}$에서 정상 상태 온도 $T(x,y)$에 대한 식을 찾아라. (단, $T(x,0)=0\ \ (x\geq 0)$이고 $T(0,y)=1\ \ (0\leq y\leq 1)$이며 나머지 경계는 절연되어 있다.)

08. 정전기 퍼텐셜은 조화 함수이고 등각 사상 $w=i\dfrac{1-z}{1+z}$을 이용하여, 반원기둥 $D=\{(x,y)|x^2+y^2<1,\ y\geq 0\}$로 둘러싸인 공간에서 정전기 퍼텐셜 $V(x,y)$를 구하라. (단, 반원기둥의 곡면 부분에서 $V=0$, 평면부분에서 $V=1$, 그리고 xy평면에 수직인 방향으로 온도는 모두 $V(x,y)$로 동일하다고 가정)

09. 반지름이 1인 긴 원기둥이 균일한 속도 $V(z)$로 흐르는 거대한 유체 속에 놓여 있다고 하자. 원기둥의 축은 z방향으로서 흐름의 방향과 수직이고 원기둥으로부터 먼 곳에서의 흐름은 x축과 각 β를 이룬다고 한다. 즉 $\lim\limits_{|z|\to\infty} V(z)=\alpha e^{i\beta}$ (단, $\alpha>0$는 상수). 등각 사상 $w=z+\dfrac{1}{z}$를 이용하여, 이러한 흐름을 만드는 복소 퍼텐셜 $F(z)$를 구하라.

부록

부록 1

수표

베셀 함수

x	$J_0(x)$	$J_1(x)$	x	$J_0(x)$	$J_1(x)$	x	$J_0(x)$	$J_1(x)$
0.0	1.0000	0.0000	3.0	−0.2601	0.3991	6.0	0.1506	−0.2767
0.1	0.9975	0.0499	3.1	−0.2921	0.3009	6.1	0.1773	−0.2559
0.2	0.9900	0.0995	3.2	−0.3202	0.2613	6.2	0.2017	−0.2329
0.3	0.9776	0.1483	3.3	−0.3443	0.2207	6.3	0.2238	−0.2081
0.4	0.9604	0.1960	3.4	−0.3643	0.1792	6.4	0.2433	−0.1816
0.5	0.9385	0.2423	3.5	−0.3801	0.1374	6.5	0.2601	−0.1538
0.6	0.9120	0.2867	3.6	−0.3918	0.0955	6.6	0.2740	−0.1250
0.7	0.8812	0.3290	3.7	−0.3992	0.0538	6.7	0.2851	−0.0953
0.8	0.8463	0.3688	3.8	−0.4026	0.0128	6.8	0.2931	−0.0652
0.9	0.8075	0.4059	3.9	−0.4018	−0.0272	6.9	0.2981	−0.0349
1.0	0.7652	0.4401	4.0	−0.3971	−0.0660	7.0	0.3001	−0.0047
1.1	0.7196	0.4709	4.1	−0.3887	−0.1033	7.1	0.2991	0.0252
1.2	0.6711	0.4983	4.2	−0.3766	−0.1386	7.2	0.2951	0.0543
1.3	0.6201	0.5220	4.3	−0.3610	−0.1719	7.3	0.2882	0.0826
1.4	0.5669	0.5419	4.4	−0.3423	−0.2028	7.4	0.2786	0.1096
1.5	0.5118	0.5579	4.5	−0.3205	−0.2311	7.5	0.2663	0.1352
1.6	0.4554	0.5699	4.6	−0.2961	−0.2566	7.6	0.2516	0.1592
1.7	0.3980	0.5778	4.7	−0.2693	−0.2791	7.7	0.2346	0.1813
1.8	0.3400	0.5815	4.8	−0.2404	−0.2985	7.8	0.2154	0.2014
1.9	0.2818	0.5812	4.9	−0.2097	−0.3147	7.9	0.1944	0.2192
2.0	0.2239	0.5767	5.0	−0.1776	−0.3276	8.0	0.1717	0.2346
2.1	0.1666	0.5683	5.1	−0.1443	−0.3371	8.1	0.1475	0.2476
2.2	0.1104	0.5560	5.2	−0.1103	−0.3432	8.2	0.1222	0.2580
2.3	0.0555	0.5399	5.3	−0.0758	−0.3460	8.3	0.0960	0.2657
2.4	0.0025	0.5202	5.4	−0.0412	−0.3453	8.4	0.0692	0.2708
2.5	−0.0484	0.4971	5.5	−0.0068	−0.3414	8.5	0.0419	0.2731
2.6	−0.0968	0.4708	5.6	0.0270	−0.3343	8.6	0.0146	0.2728
2.7	−0.1424	0.4416	5.7	0.0599	−0.3241	8.7	−0.0125	0.2697
2.8	−0.1850	0.4097	5.8	0.0917	−0.3110	8.8	−0.0392	0.2641
2.9	−0.2243	0.3754	5.9	0.1220	−0.2951	8.9	−0.0653	0.2559

$x=2.405,\ 5.520,\ 8.654,\ 11.792,\ 14.931,\ \cdots$ 일 때 $J_0(x)=0$

$x=0,\ 3.832,\ 7.016,\ 10.173,\ 13.324,\ \cdots$ 일 때 $J_1(x)=0$

x	$Y_0(x)$	$Y_1(x)$	x	$Y_0(x)$	$Y_1(x)$	x	$Y_0(x)$	$Y_1(x)$
0.0	$(-\infty)$	$(-\infty)$	2.5	0.498	0.146	5.0	−0.309	0.148
0.5	−0.445	−1.471	3.0	0.377	0.325	5.5	−0.339	−0.024
1.0	0.088	−0.781	3.5	0.189	0.410	6.0	−0.288	−0.175
1.5	0.382	−0.412	4.0	−0.017	0.398	6.5	−0.173	0.274
2.0	0.510	−0.107	4.5	−0.195	0.301	7.0	−0.026	−0.303

감마 함수

α	$\Gamma(\alpha)$	α	$\Gamma(\alpha)$	α	$\Gamma(\alpha)$	α	$\Gamma(\alpha)$	α	$\Gamma(\alpha)$
1.00	1.000 000	1.20	0.918 169	1.40	0.887 264	1.60	0.893 515	1.80	0.931 384
1.02	0.988 844	1.22	0.913 106	1.42	0.886 356	1.62	0.895 924	1.82	0.936 845
1.04	0.978 438	1.24	0.908 521	1.44	0.885 805	1.64	0.898 642	0.84	0.942 612
1.06	0.968 744	1.26	0.904 397	1.46	0.885 604	1.66	0.901 668	1.86	0.948 687
1.08	0.959 725	1.28	0.900 718	1.48	0.885 747	1.68	0.905 001	0.88	0.955 071
1.10	0.951 351	1.30	0.897 471	1.50	0.886 227	1.70	0.908 639	1.90	0.961 766
1.12	0.943 590	1.32	0.894 640	1.52	0.887 039	1.72	0.912 581	1.92	0.968 774
1.14	0.936 416	1.34	0.892 216	1.54	0.888 178	1.74	0.916 826	1.94	0.976 099
1.16	0.929 803	1.36	0.890 185	1.56	0.889 639	1.76	0.921 375	1.96	0.983 743
1.18	0.923 728	1.38	0.888 537	1.58	0.891 420	1.78	0.926 227	1.98	0.991 708
1.20	0.918 169	1.40	0.887 264	1.60	0.893 515	1.80	0.931 384	2.00	1.000 000

계승 함수

n	$n!$	$\log(n!)$	n	$n!$	$\log(n!)$	n	$n!$	$\log(n!)$
1	1	0.000 000	6	720	2.857 332	11	39 916 800	7.601 156
2	2	0.301 030	7	5 040	3.702 431	12	479 001 600	8.680 337
3	6	0.778 151	8	40 320	4.605 521	13	6 227 020 800	9.794 280
4	24	1.380 211	9	362 880	5.559 763	14	87 178 291 200	10.940 408
5	120	2.079 181	10	3 628 800	6.559 763	15	1 307 674 368 000	12.116 500

오차 함수(사인 적분과 코사인 적분)

x	erf (x)	Si(x)	ci(x)	x	erf (x)	Si(x)	ci(x)
0.0	0.0000	0.0000		2.0	0.9953	1.6054	−0.4230
0.2	0.2227	0.1996	1.0422	2.2	0.9981	1.6876	−0.3751
0.4	0.4284	0.3965	0.3788	2.4	0.9993	1.7525	−0.3173
0.6	0.6039	0.5881	0.0223	2.6	0.9998	1.8004	−0.2533
0.8	0.7421	0.7721	−0.1983	2.8	0.9999	1.8321	−0.1865
1.0	0.8427	0.9461	−0.3374	3.0	1.0000	1.8487	−0.1196
1.2	0.9103	1.1080	−0.4205	3.2	1.0000	1.8514	−0.0553
1.4	0.9523	1.2562	−0.4620	3.4	1.0000	1.8419	0.0045
1.6	0.9763	1.3892	−0.4717	3.6	1.0000	1.8219	0.0580
1.8	0.9891	1.5058	−0.4568	3.8	1.0000	1.7934	0.1038

부록 2

라플라스 변환표와 푸리에 변환표

라플라스 변환표

	$f(t)$	$F(s)=\mathcal{L}\{f(t)\}$
1	1	$\frac{1}{s}$
2	t	$\frac{1}{s^2}$
3	$\frac{t^{n-1}}{(n-1)!}$	$\frac{1}{s^n}$ $(n=1,\ 2,\ \cdots)$
4	$\frac{1}{\sqrt{\pi t}}$	$\frac{1}{\sqrt{s}}$
5	$2\sqrt{\frac{t}{\pi}}$	$\frac{1}{s^{3/2}}$
6	$\frac{t^{a-1}}{\Gamma(a)}$	$\frac{1}{s^a}$ $(a>0)$
7	e^{at}	$\frac{1}{s-a}$
8	te^{at}	$\frac{1}{(s-a)^2}$
9	$\frac{1}{(n-1)!}t^{n-1}e^{at}$	$\frac{1}{(s-a)^n}$ $(n=1,\ 2,\ \cdots)$
10	$\frac{1}{\Gamma(b)}t^{b-1}e^{at}$	$\frac{1}{(s-a)^b}$ $(b>0)$
11	$\frac{1}{(a-b)}(e^{at}-e^{bt})$	$\frac{1}{(s-a)(s-b)}$ $(a\neq b)$
12	$\frac{1}{(a-b)}(ae^{at}-be^{bt})$	$\frac{s}{(s-a)(s-b)}$ $(a\neq b)$
13	$\frac{1}{\omega}\sin\omega t$	$\frac{1}{s^2+\omega^2}$
14	$\cos\omega t$	$\frac{s}{s^2+\omega^2}$
15	$\frac{1}{a}\sinh at$	$\frac{1}{s^2-a^2}$
16	$\cosh at$	$\frac{s}{s^2-a^2}$
17	$\frac{1}{\omega}e^{at}\sin\omega t$	$\frac{1}{(s-a)^2+\omega^2}$
18	$e^{at}\cos\omega t$	$\frac{s-a}{(s-a)^2+\omega^2}$

	$f(t)$	$F(s)=\mathcal{L}\{f(t)\}$
19	$\frac{1}{\omega^2}(1-\cos\omega t)$	$\frac{1}{s(s^2+\omega^2)}$
20	$\frac{1}{\omega^3}(\omega t-\sin\omega t)$	$\frac{1}{s^2(s^2+\omega^2)}$
21	$\frac{1}{2\omega^3}(\sin\omega t-\omega t\cos\omega t)$	$\frac{1}{(s^2+\omega^2)^2}$
22	$\frac{t}{2\omega}\sin\omega t$	$\frac{s}{(s^2+\omega^2)^2}$
23	$\frac{1}{2\omega}(\sin\omega t+\omega t\cos\omega t)$	$\frac{s^2}{(s^2+\omega^2)^2}$
24	$\frac{1}{b^2-a^2}(\cos at-\cos bt)$	$\frac{s}{(s^2+a^2)(s^2+b^2)}$ $(a^2\neq b^2)$
25	$\frac{1}{4a^3}(\sin at\cosh at-\cos at\sinh at)$	$\frac{1}{s^4+4a^4}$
26	$\frac{1}{2a^2}\sin at\sinh at$	$\frac{s}{s^4+4a^4}$
27	$\frac{1}{2a^3}(\sinh at-\sin at)$	$\frac{1}{s^4-a^4}$
28	$\frac{1}{2a^2}(\cosh at-\cos at)$	$\frac{s}{s^4-a^4}$
29	$\frac{1}{2\sqrt{\pi t^3}}(e^{bt}-e^{at})$	$\sqrt{s-a}-\sqrt{s-b}$
30	$e^{-(a+b)t/2}I_0\left(\frac{a-b}{2}t\right)$	$\frac{1}{\sqrt{s+a}-\sqrt{s+b}}$
31	$J_0(at)$	$\frac{1}{\sqrt{s^2+a^2}}$
32	$\frac{1}{\sqrt{\pi t}}e^{at}(1+2at)$	$\frac{s}{(s-a)^{3/2}}$
33	$\frac{\sqrt{\pi}}{\Gamma(b)}\left(\frac{t}{2a}\right)^{b-1/2}I_{b-1/2}(at)$	$\frac{1}{(s^2-a^2)^b}$ $(b>0)$
34	$U(t-a)$	e^{-as}/s
35	$\delta(t-a)$	e^{-as} $(s>0)$
36	$J_0(2\sqrt{kt})$	$e^{-k/s}/s$
37	$\frac{1}{\sqrt{\pi t}}\cos 2\sqrt{kt}$	$\frac{1}{\sqrt{s}}e^{-k/s}$
38	$\frac{1}{\sqrt{\pi k}}\sinh 2\sqrt{kt}$	$\frac{1}{s^{3/2}}e^{k/s}$
39	$\frac{k}{2\sqrt{\pi t^3}}e^{-k^2/4t}$	$e^{-k\sqrt{s}}$ $(k>0)$
40	$-\ln t-\gamma$ $(\gamma\approx 0.5772)$	$(\ln s)/s$
41	$\frac{1}{t}(e^{bt}-e^{at})$	$\ln\frac{s-a}{s-b}$
42	$\frac{2}{t}(1-\cos\omega t)$	$\ln\frac{s^2+\omega^2}{s^2}$
43	$\frac{2}{t}(1-\cosh at)$	$\ln\frac{s^2-a^2}{s^2}$
44	$\frac{1}{t}\sin\omega t$	$\arctan\frac{\omega}{s}$
45	$\mathrm{Si}(t)$	$(\mathrm{arc}\cot s)/s$

푸리에 변환표

	$f(x)$	$F(x)=\int_{-\infty}^{\infty} f(x)e^{-i\mu x}dx = \mathcal{F}\{f\}$
1	$af(x)+bg(x)$	$aF(\mu)+bG(\mu)$
2	$f^{(n)}(x)$	$(i\mu)^n F(\mu)$
3	$x^n f(x)$	$(i)^n \frac{d^n}{d\mu^n}[F(\mu)]$
4	$x^m f^{(n)}(x)$	$(i)^{m+n}\frac{d^m}{d\mu^m}[\mu^n F(\mu)]$
5	$f(ax)\ \ (a>0)$	$\frac{1}{a}F(\mu/a)$
6	$f(x-a)$	$e^{-i\mu a}F(\mu)$
7	$e^{i\lambda x}f(x)$	$F(\mu-\lambda)$
8	$(f*g)(x)$	$F(\mu)G(\mu)$
9	$\int_{-\infty}^{\infty}\lvert f(x)\rvert^2 dx$	$\int_{-\infty}^{\infty}\lvert f(\mu)\rvert^2 d\mu$
10	$\begin{cases}1, & \lvert x\rvert<a \\ 0, & \lvert x\rvert>a\end{cases}\ \ (a>0)$	$\frac{2\sin a\mu}{\mu}$
11	$\frac{\sin ax}{x}\ \ (a>0)$	$\begin{cases}\pi, & \lvert\mu\rvert<a \\ 0, & \lvert\mu\rvert>a\end{cases}$
12	$\begin{cases}1, & a<x<b \\ 0, & x<a \text{ 또는 } x>b\end{cases}\ \ (0<a<b)$	$\frac{e^{-ia\mu}-e^{-ib\mu}}{i\mu}$
13	$\begin{cases}a-\lvert x\rvert, & \lvert x\rvert<a \\ 0, & \lvert x\rvert>a\end{cases}$	$\frac{2(1-\cos a\mu)}{\mu^2}$
14	$\frac{1}{a^2+x^2}(a>0)$	$\frac{e^{-a\lvert\mu\rvert}\pi}{a}$
15	$\begin{cases}e^{-ax}, & x>0 \\ 0, & x<0\end{cases}\ \ (a>0)$	$\frac{1}{a+i\mu}$
16	$\begin{cases}e^{ax}, & b<x<c \\ 0, & x<b \text{ 또는 } x>c\end{cases}\ \ (a>0)$	$\frac{e^{(a-i\mu)c}-e^{(a-i\mu)b}}{a-i\mu}$
17	$e^{-a\lvert x\rvert}\ \ (a>0)$	$\frac{2a}{a^2+\mu^2}$
18	$xe^{-a\lvert x\rvert}\ \ (a>0)$	$-\frac{4ia\mu}{(a^2+\mu^2)^2}$
19	$\begin{cases}e^{iax}, & \lvert x\rvert<b \\ 0, & \lvert x\rvert>b\end{cases}$	$\frac{2\sin b(\mu-a)}{\mu-a}$
20	$\exp(-a^2x^2)\ \ (a>0)$	$\frac{\sqrt{\pi}}{a}\exp\left(-\frac{\mu^2}{4a^2}\right)$
21	$\begin{cases}e^{-x}x^a, & x>0 \\ 0, & x\le 0\end{cases}$	$\frac{\Gamma(a)}{(1+i\mu)^a}$
22	$J_0(ax)\ \ (a>0)$	$\frac{2H(a-\lvert\mu\rvert)}{(a^2-\mu^2)^{1/2}}$
23	$\delta(x-a)$ (a는 실수)	$e^{-ia\mu}$

푸리에 코사인 변환표

	$f(x)$	$F_c(\mu)=\mathcal{F}_c\{f\}$
1	$\begin{cases}1 & (0<x<a)\\ 0 & (x<0,\ x>a)\end{cases}$	$\dfrac{\sin a\mu}{\mu}$
2	$x^{a-1}\quad(0<a<1)$	$(\Gamma(a)/\mu^a)\cos(a\pi/2)$
3	$e^{-ax}\quad(a>0)$	$a/(a^2+\mu^2)$
4	$e^{-x^2/2}$	$\sqrt{\dfrac{\pi}{2}}\,e^{-u^2/2}$
5	$e^{-ax^2}\quad(a>0)$	$\dfrac{1}{2}\sqrt{\dfrac{\pi}{a}}\,e^{-\mu^2/4a}$
6	$x^n e^{-ax}$	$\dfrac{n!}{(a^2+\mu^2)^{n+1}}\mathrm{Re}(a+i\mu)^{n+1}$
7	$\begin{cases}\cos x & (0<x<a)\\ 0 & (x<0,\ x>a)\end{cases}$	$\dfrac{1}{2}\left\{\dfrac{\sin a(1-\mu)}{1-\mu}+\dfrac{\sin a(1+\mu)}{1+\mu}\right\}$
8	$\cos ax^2\quad(a>0)$	$\dfrac{1}{2}\sqrt{\dfrac{\pi}{a}}\cos\left(\dfrac{\mu^2}{4a}-\dfrac{\pi}{4}\right)$
9	$\sin ax^2\quad(a>0)$	$\dfrac{1}{2}\sqrt{\dfrac{\pi}{a}}\cos\left(\dfrac{\mu^2}{4a}+\dfrac{\pi}{4}\right)$
10	$(\sin ax)/x\quad(a>0)$	$\mu(a-\mu)$
11	$\dfrac{e^{-x}\sin x}{x}$	$\dfrac{1}{2}\,\mathrm{arc\ tan}\,\dfrac{2}{\mu^2}$
12	$J_0(ax)\ (a>0)$	$H(a-\mu)/\sqrt{a^2-\mu^2}$

푸리에 사인 변환표

	$f(x)$	$F_s(\mu)=\mathcal{F}_s\{f\}$
1	$\begin{cases}1 & (0<x<a)\\ 0 & (x<0,\ x>a)\end{cases}$	$\dfrac{1-\cos a\mu}{\mu}$
2	$x^{a-1}\quad(0<a<1)$	$(\Gamma(a)/\mu^a)\sin(a\pi/2)$
3	$x/(x^2+a^2)\ (a>0)$	$\pi e^{-a\mu}/2$
4	$erfc\left(\dfrac{x}{2a}\right)\quad(a>0)$	$(1-e^{-a^2\mu^2})/\mu$
5	$e^{-ax}\quad(a>0)$	$\mu/(a^2+\mu^2)$
6	$e^{-ax}/x\ (a>0)$	$\mathrm{arc\ tan}\,(\mu/a)$
7	$x^n e^{-ax}\quad(a>0)$	$\dfrac{n!}{(a^2+\mu^2)^{n+1}}\mathrm{Im}(a+i\mu)^{n+1}$
8	$xe^{-x^2/2}$	$\sqrt{\dfrac{\pi}{2}}\,\mu e^{-\mu^2/2}$
9	$xe^{-ax^2/2}\quad(a>0)$	$\sqrt{\dfrac{\pi}{2}}\,\dfrac{\mu}{(2a)^{3/2}}e^{-\mu^2/4a}$
10	$\begin{cases}\sin x & (0<x<a)\\ 0 & (x<0,\ x>a)\end{cases}$	$\dfrac{1}{2}\left\{\dfrac{\sin a(1-\mu)}{1-\mu}-\dfrac{\sin a(1+\mu)}{1+\mu}\right\}$
11	$(\cos ax)/x\ (a>0)$	$\mu(\mu-a)$
12	$\mathrm{arc\ tan}\,\dfrac{2a}{x}\quad(a>0)$	$\pi\dfrac{\sinh a\mu}{\mu}e^{-a\mu}$

부록 3

등각 사상

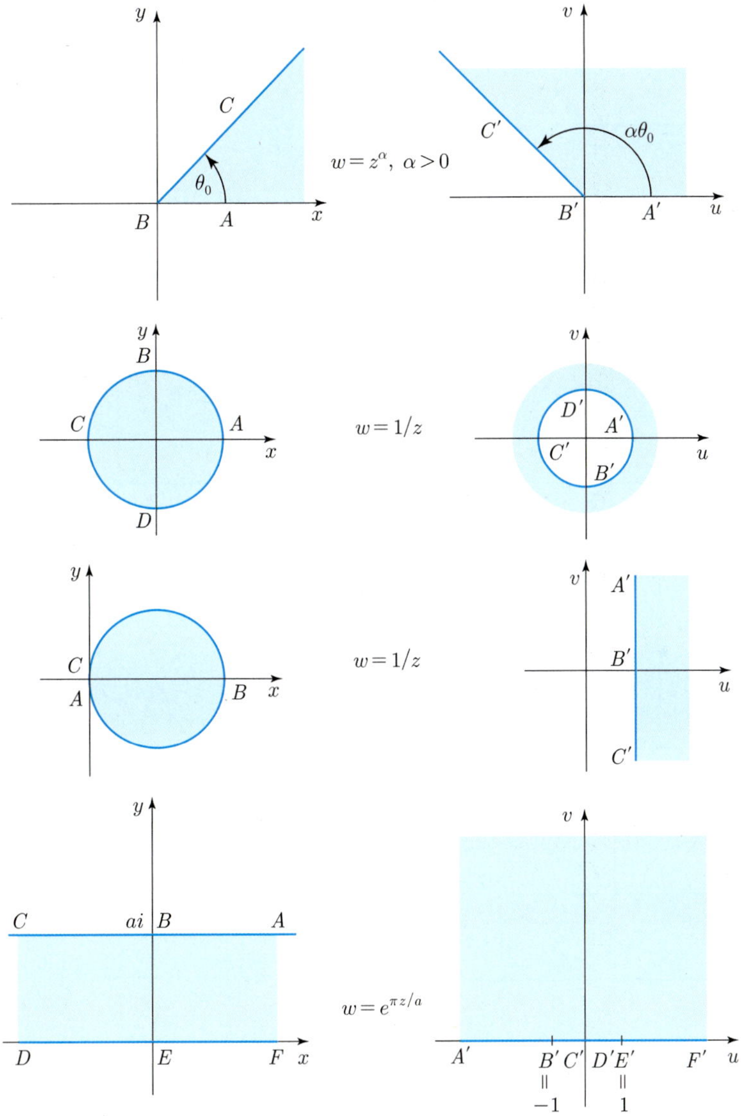

y
C
θ0
B
A
x
w = z^α, α > 0
v
C′
αθ0
B′
A′
u
y
B
C
A
x
D
w = 1/z
v
D′
A′
C′
B′
u
y
C
A
B
x
w = 1/z
v
A′
B′
C′
u
y
C
ai
B
A
D
E
F
x
w = e^{πz/a}
v
A′
B′
C′
D′
E′
F′
u
−1
1

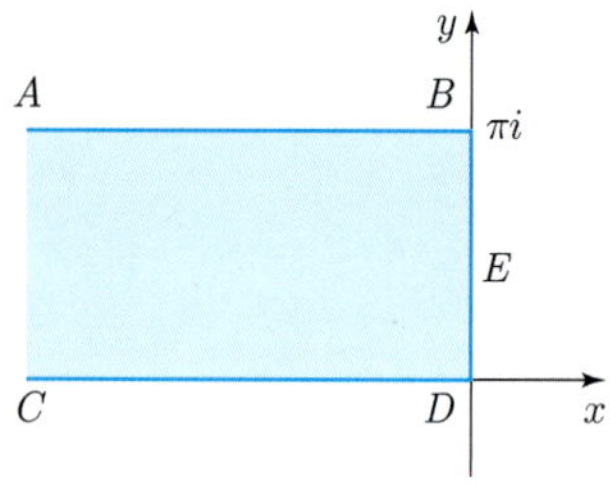

$w = e^z$

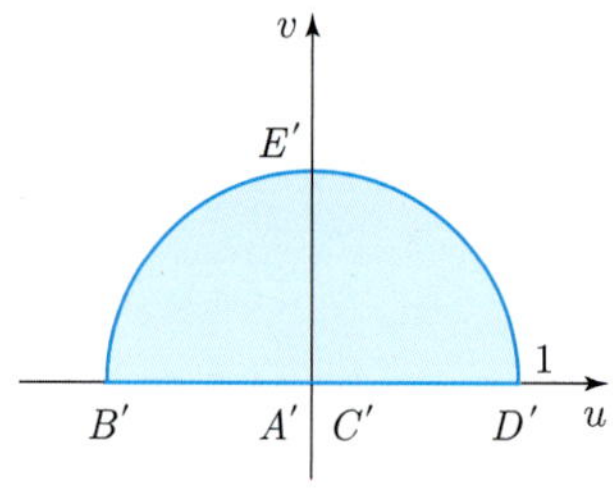

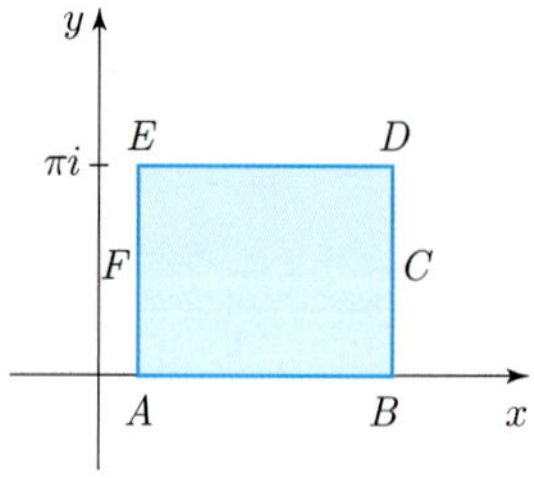

$w = e^z$

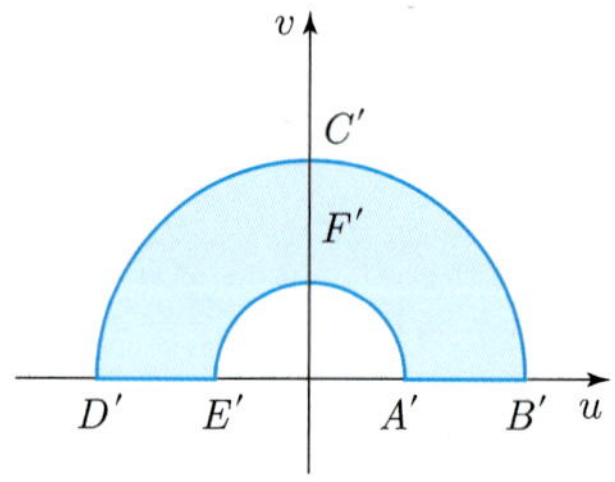

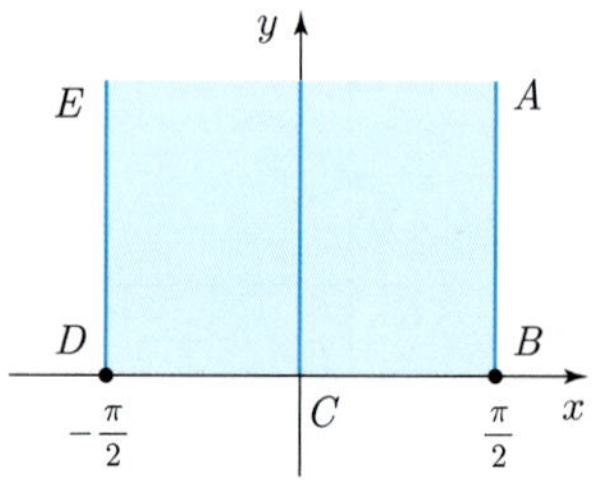

$w = \sin z$

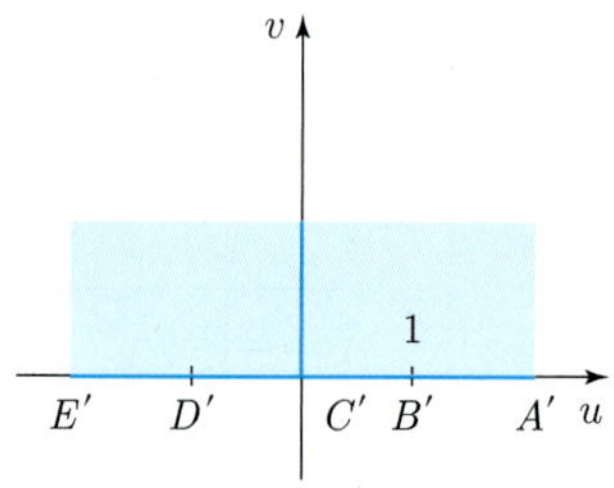

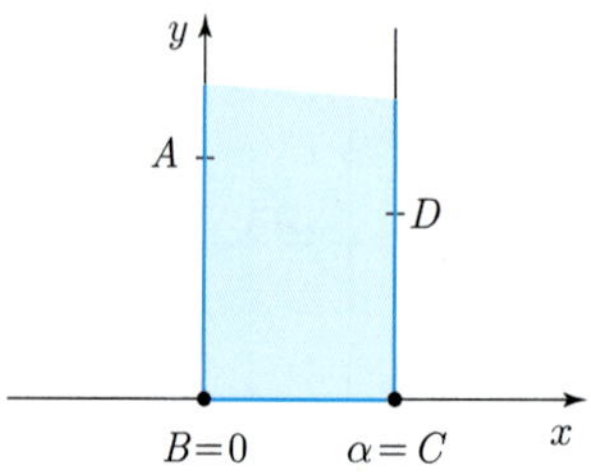

$w = \sin\left(\frac{\pi z}{2\alpha}\right)$

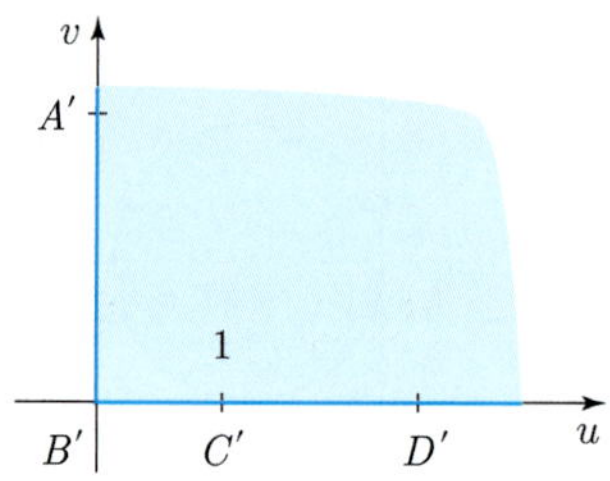

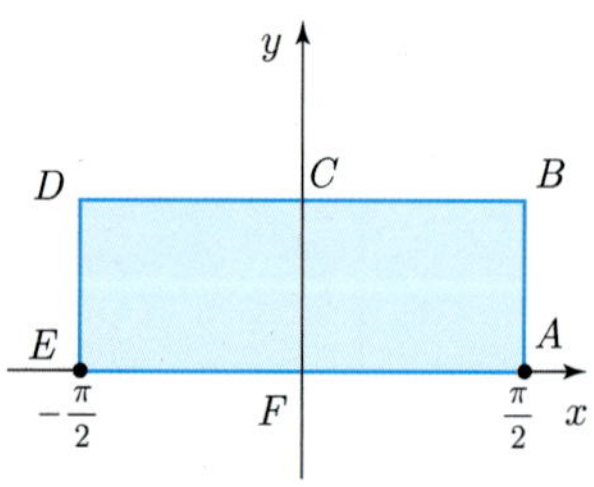

$w = \sin z$

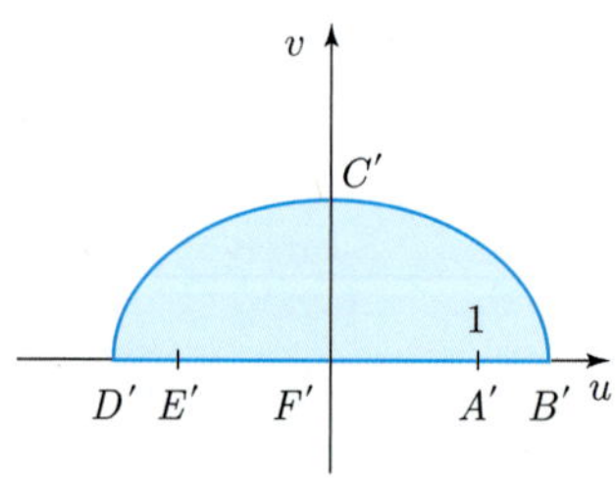

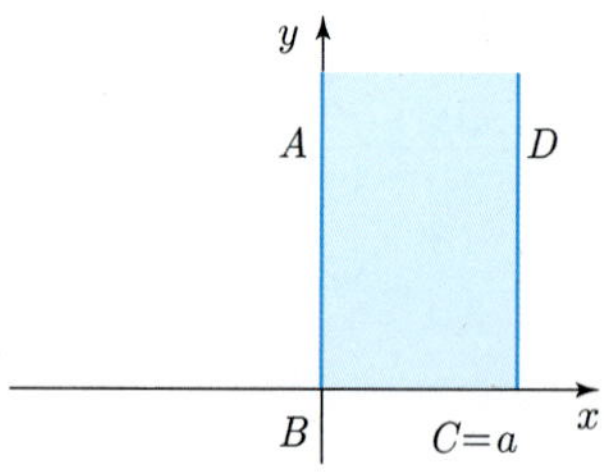

$w = \cos\left(\frac{\pi z}{a}\right)$

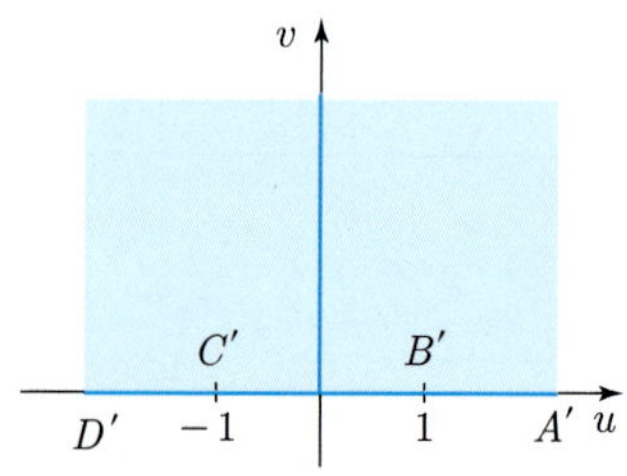

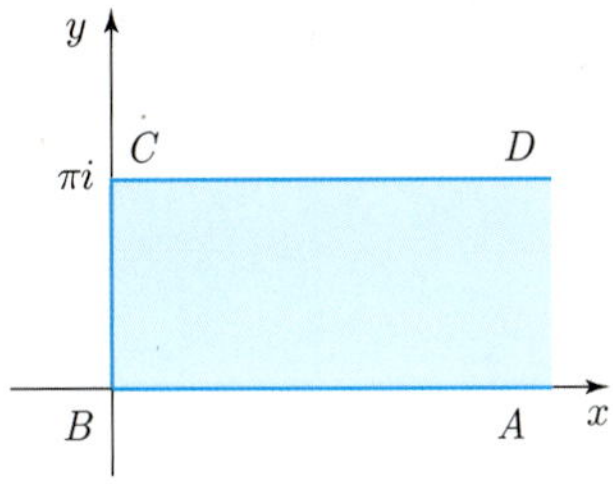

$w=\cosh z$

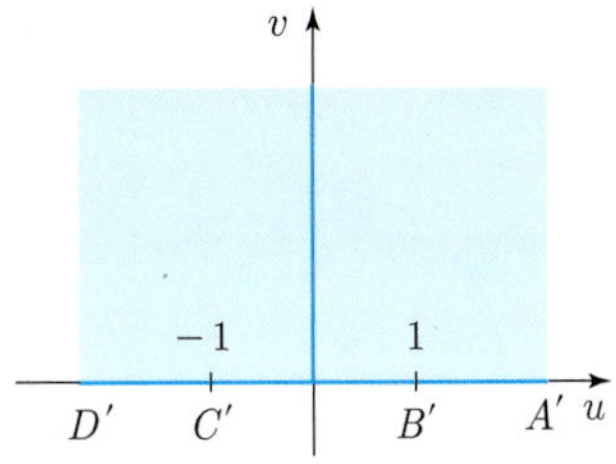

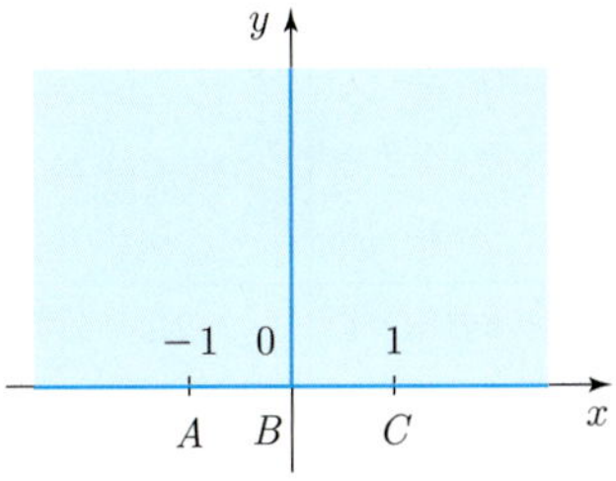

$w=\dfrac{z-i}{z+i}$

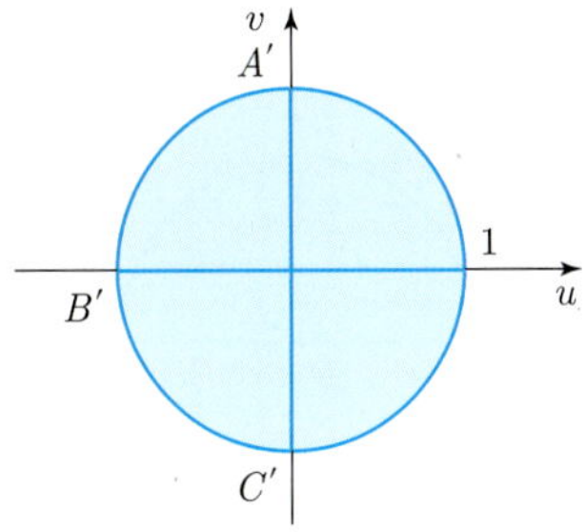

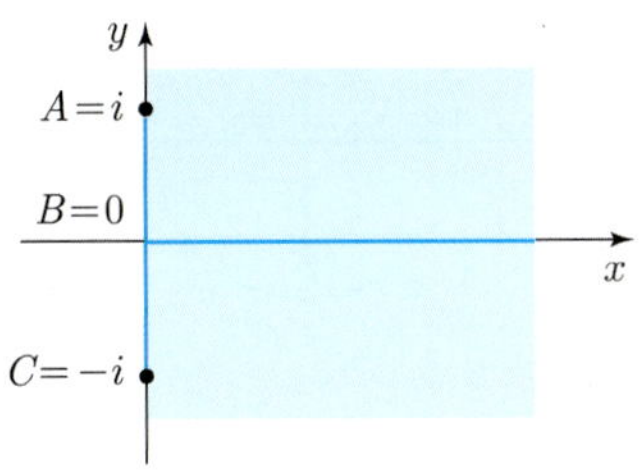

$w=\dfrac{z-1}{z+1}$

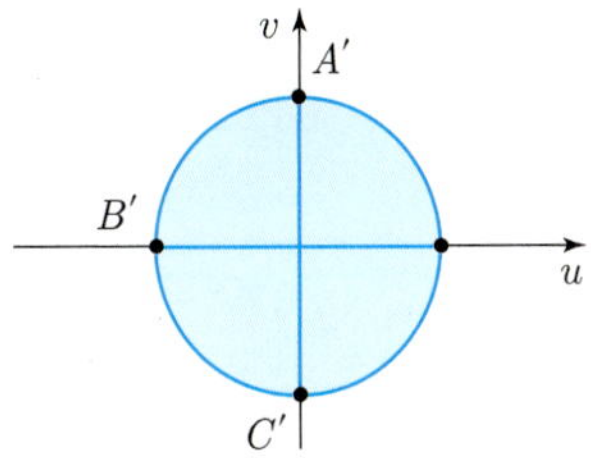

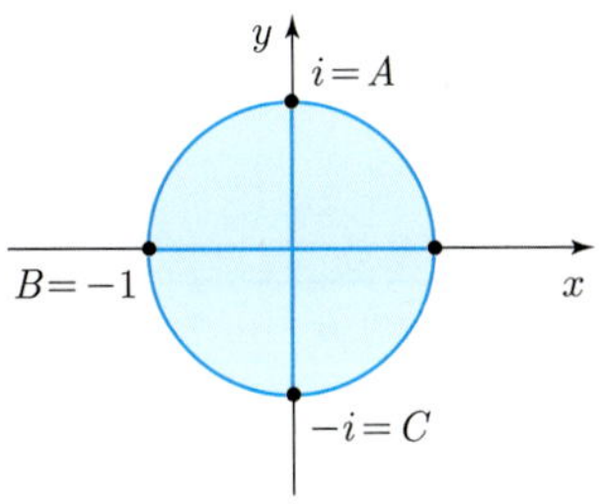

$w=-i\dfrac{z+1}{z-1}$

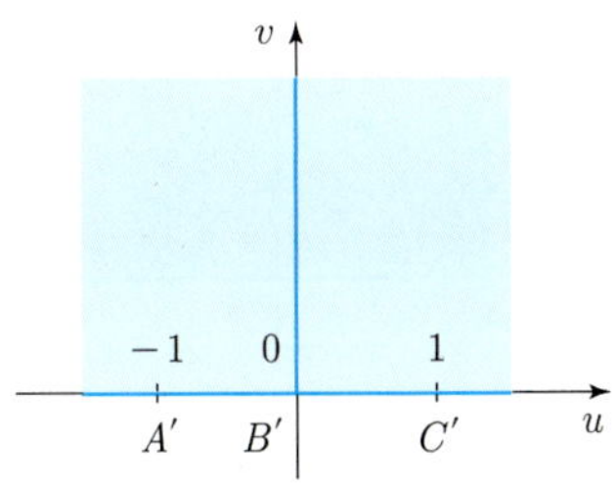

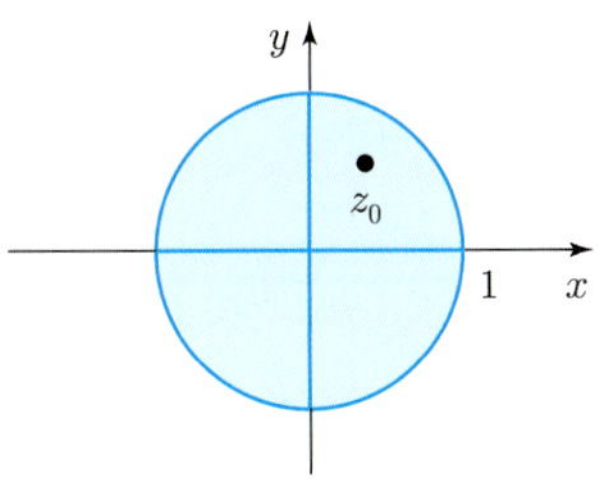

$w=\dfrac{z-z_0}{1-\bar{z}_0 z_0}$

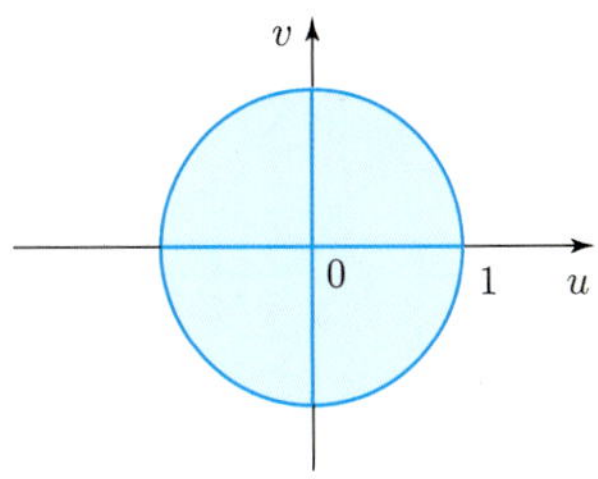

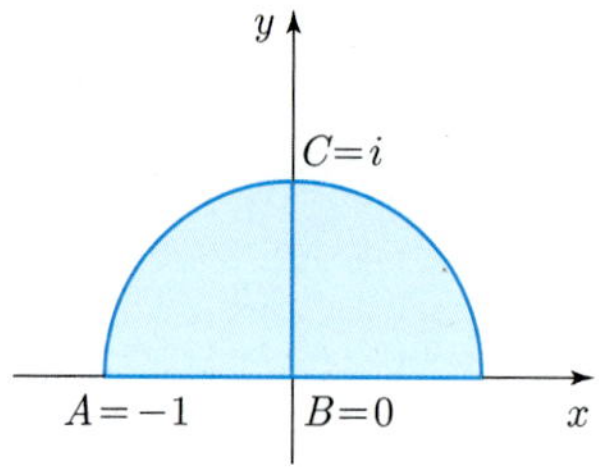

$$w=\frac{1+z}{1-z}$$

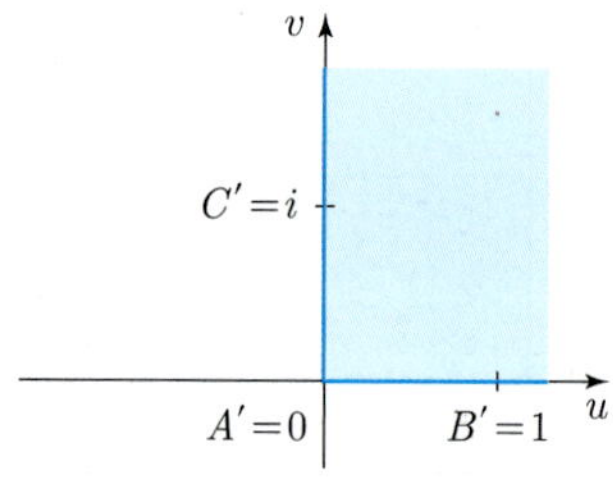

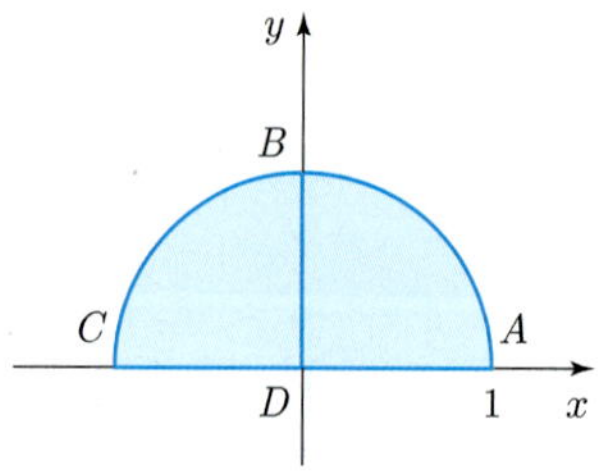

$$w=\left(\frac{1+z}{1-z}\right)^2$$

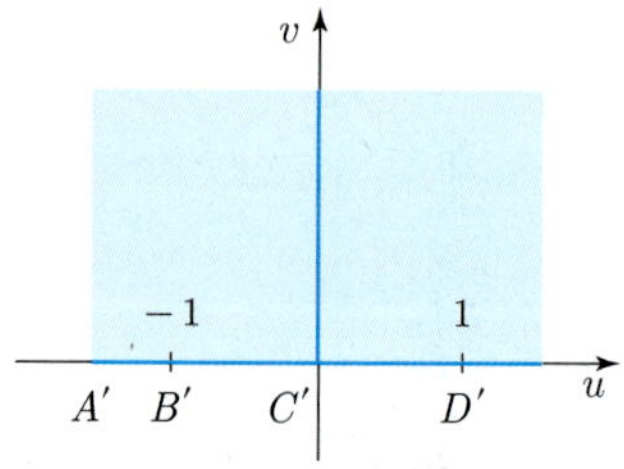

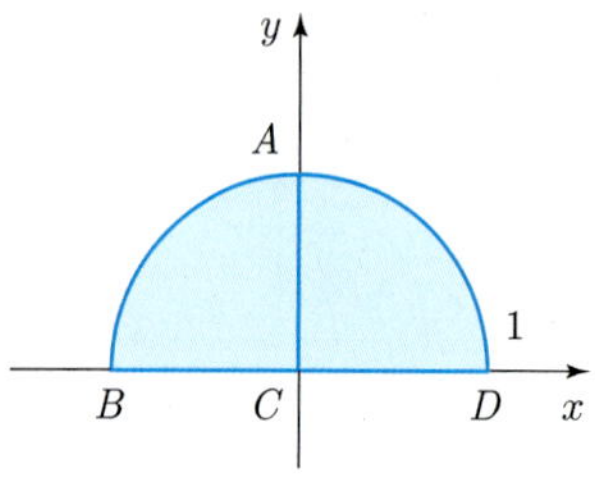

$$w=i\,\frac{z^2+2iz+1}{z^2-2iz+1}$$

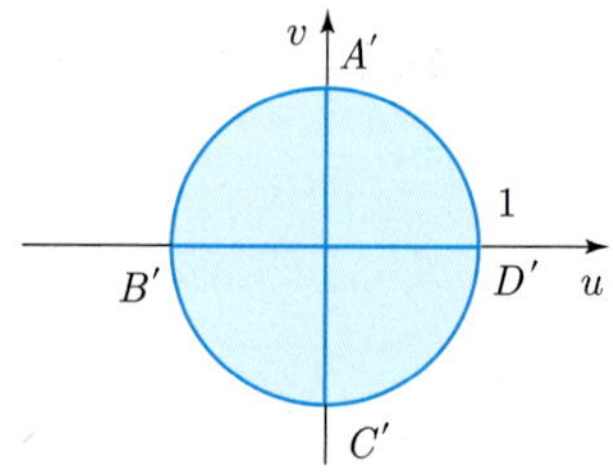

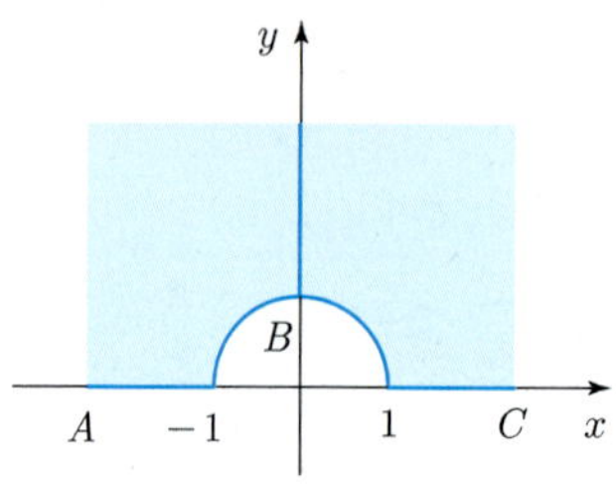

$$w=\frac{a}{2}\left(z+\frac{1}{z}\right)$$

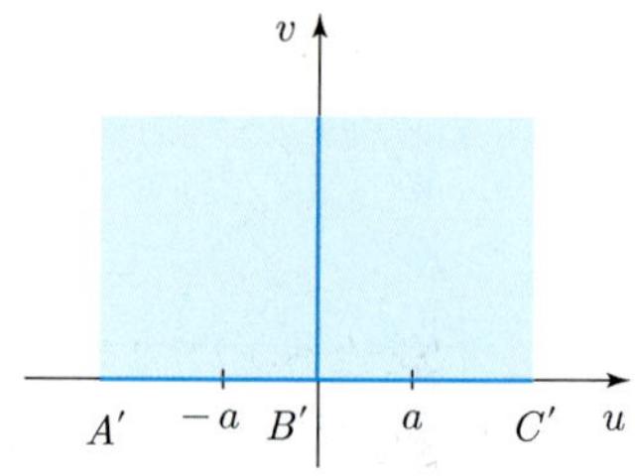

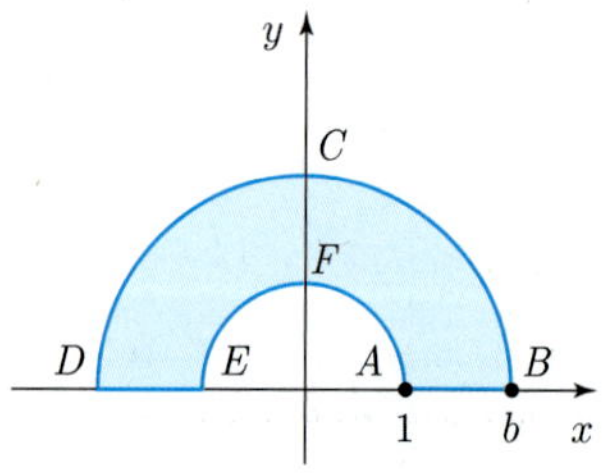

$$w=z+\frac{1}{z}$$

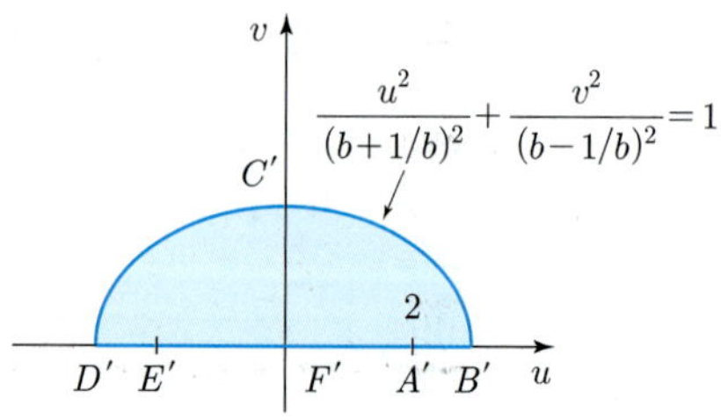

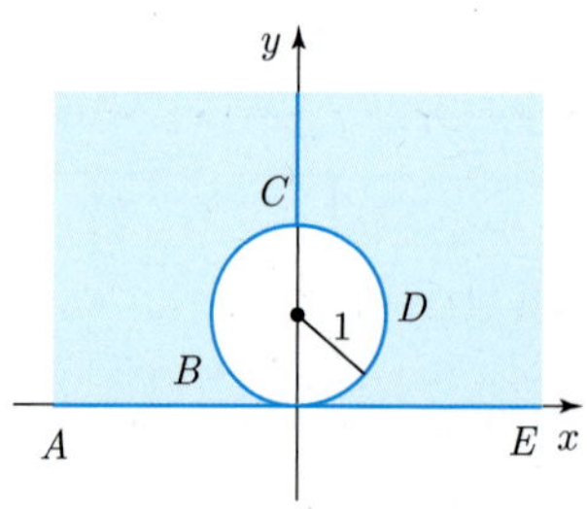

$$w=\frac{e^{\pi/z}+e^{-\pi/z}}{e^{\pi/z}-e^{-\pi/z}}$$

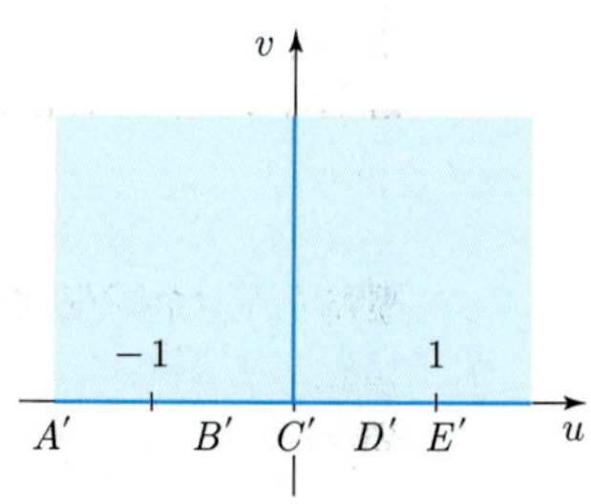

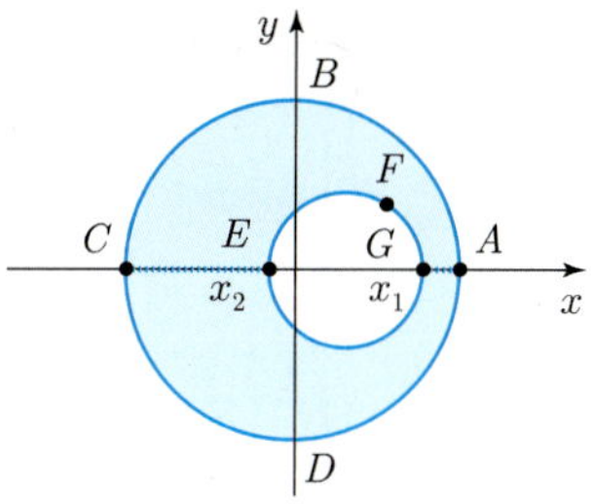

$$w=\frac{z-a}{az-1}$$

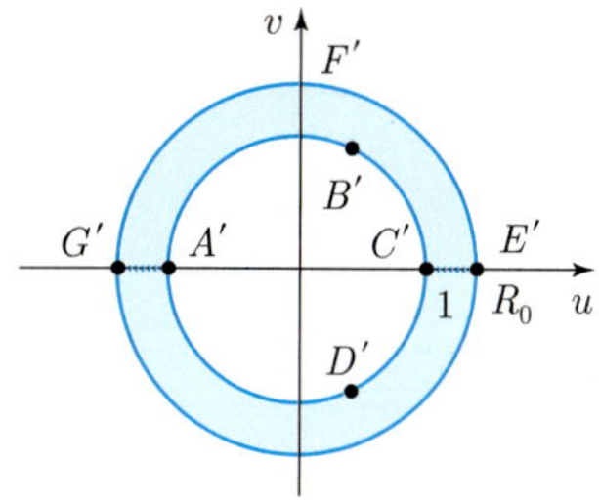

$$a=\frac{1+x_1x_2+\sqrt{(1-x_1^2)(1-x_2^2)}}{x_1+x_2}$$

$$R_0=\frac{1-x_1x_2+\sqrt{(1-x_1^2)(1-x_2^2)}}{x_1-x_2}$$

(단, $-1<x_2<x_1<1$일 때 $a>1$이고 $R_0>1$)

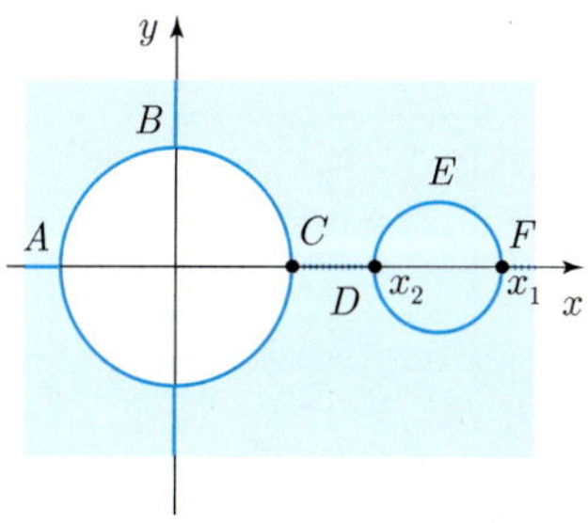

$$w=\frac{z-a}{az-1}$$

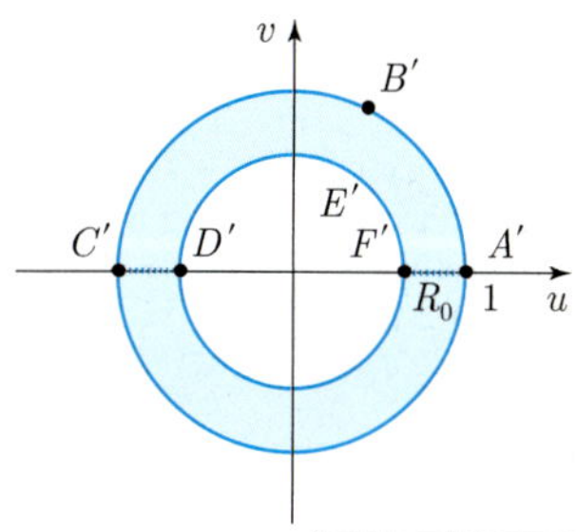

$$a=\frac{1+x_1x_2+\sqrt{(x_1^2-1)(x_2^2-1)}}{x_1+x_2}$$

$$R_0=\frac{x_1x_2-1-\sqrt{(x_1^2-1)(x_2^2-1)}}{x_1-x_2}$$

(단, $1<x_2<x_1$일 때 $x_2<a<x_1$이고 $0<R_0<1$)

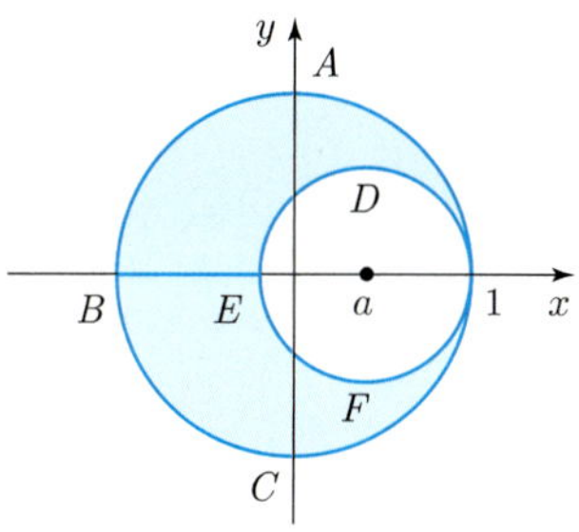

$0<a<1$

$$w=(1-i)\frac{z-i}{z-1}$$

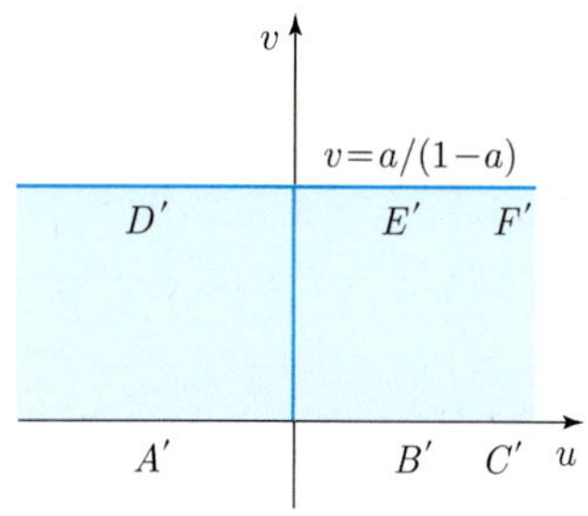

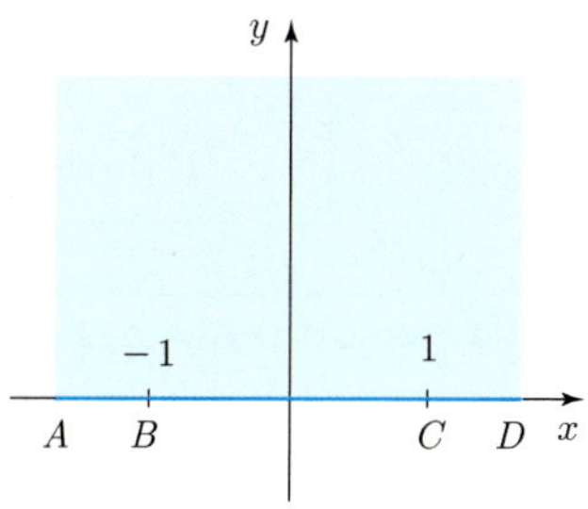

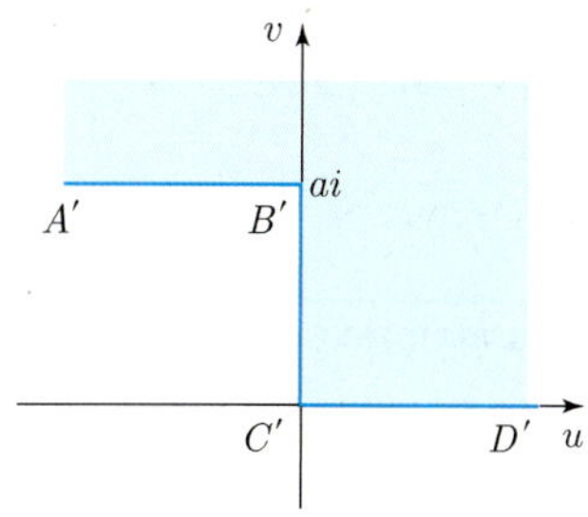

$$w=\frac{a}{\pi}[(z^2-1)^{1/2}+\cosh^{-1}z]=\frac{a}{\pi}[(z^2-1)^{1/2}+\mathrm{Log}(z+(z^2-1)^{1/2})]$$

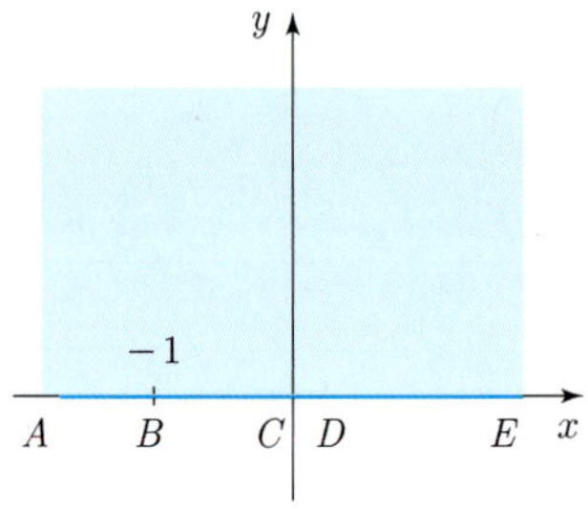

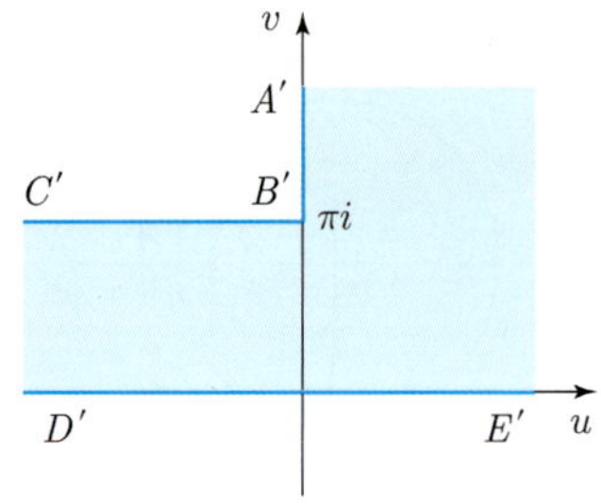

$$w = 2\xi + \mathrm{Log}\left(\frac{\xi-1}{\xi+1}\right)$$

$$\xi = (z+1)^{1/2}$$

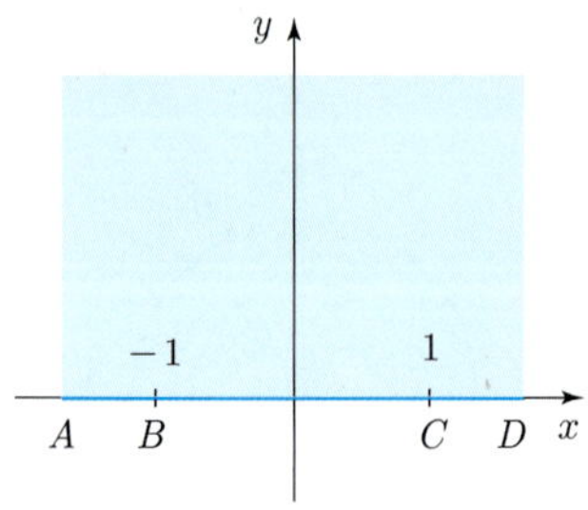

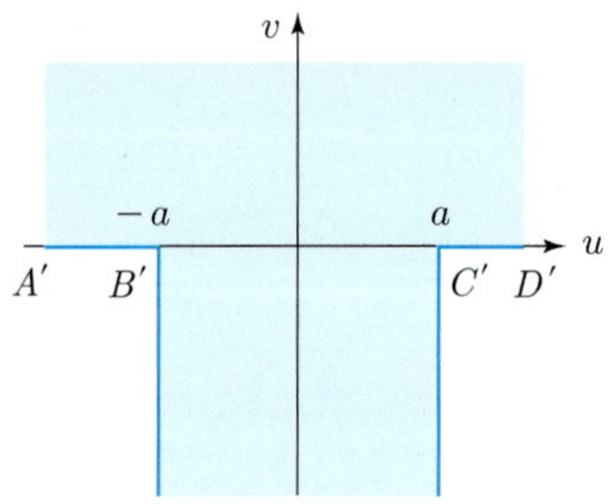

$$w = \frac{2a}{\pi}[(z^2-1)^{1/2} + \sin^{-1}(1/z)]$$

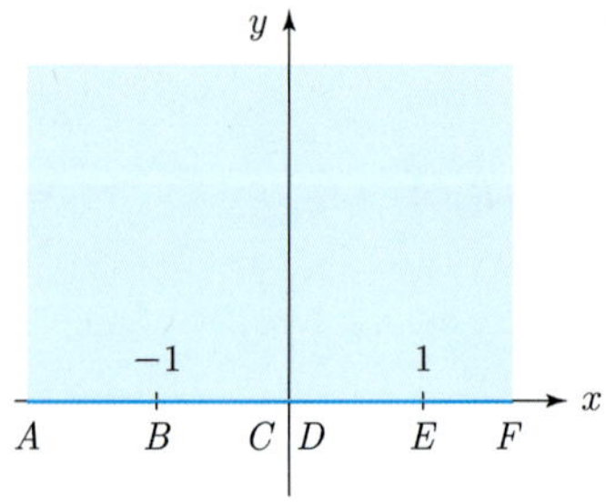

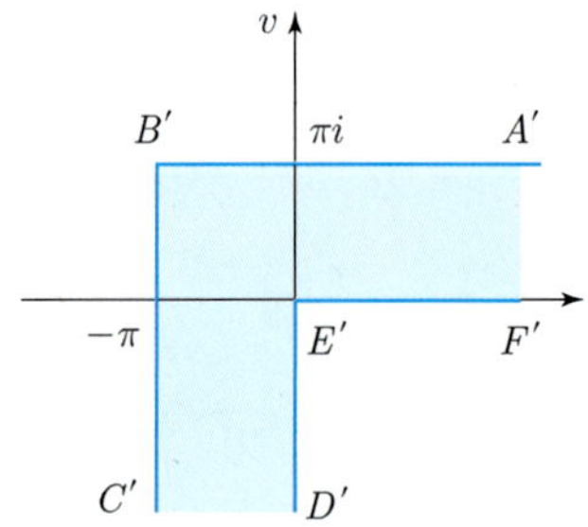

$$w = i\,\mathrm{Log}\left(\frac{1+i\zeta}{1-i\zeta}\right) + \mathrm{Log}\left(\frac{1+\zeta}{1-\zeta}\right)$$

$$\zeta = \left(\frac{z-1}{z+1}\right)^{1/2}$$

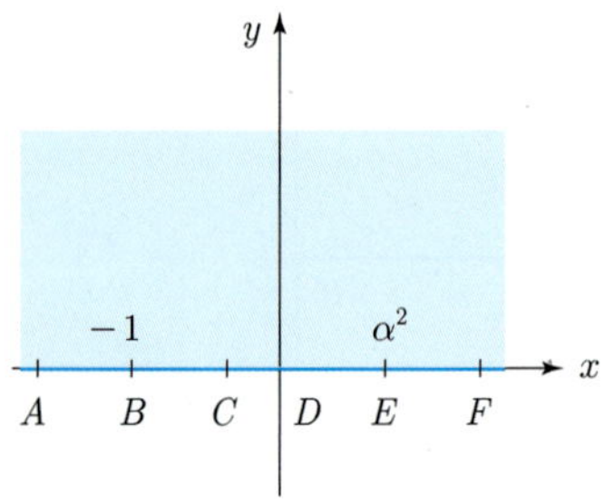

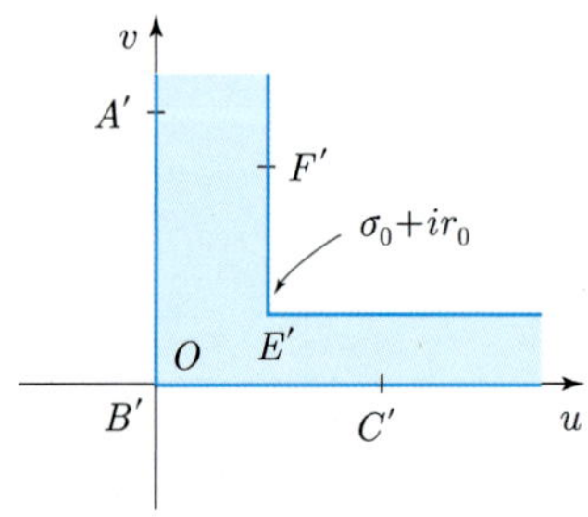

$$w = \frac{i\sigma_0}{\pi}\left\{\mathrm{Log}\left(\frac{1+\zeta}{1-\zeta}\right) - i\alpha\,\mathrm{Log}\left(\frac{1+i\alpha\zeta}{1-i\alpha\zeta}\right)\right\}$$

$$\alpha = \frac{\tau_0}{\sigma_0}\ ;\ \zeta^2 = \frac{z+1}{z-\alpha^2}$$

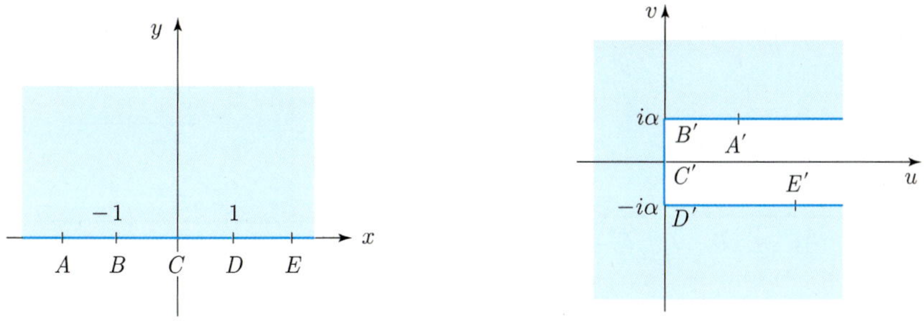

$$w=\frac{2\alpha i}{\pi}\,[z(1-z^2)^{1/2}+\arcsin z]$$

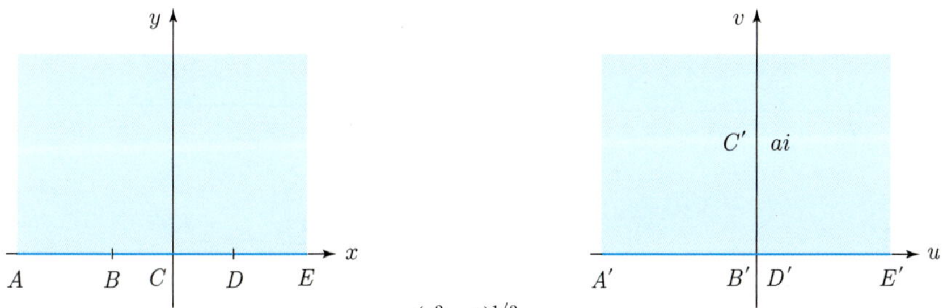

$$w=a(z^2-1)^{1/2}$$

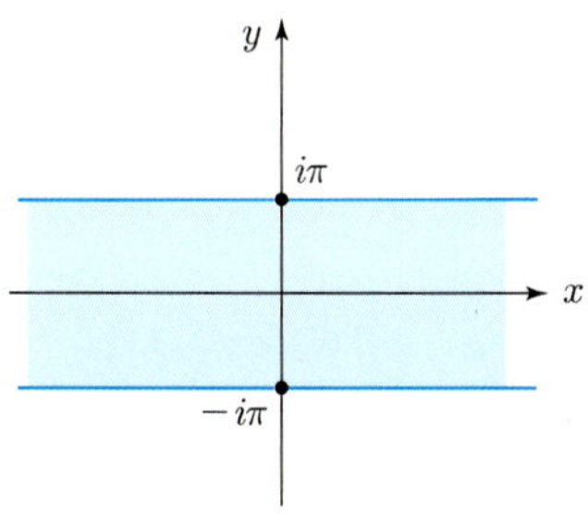

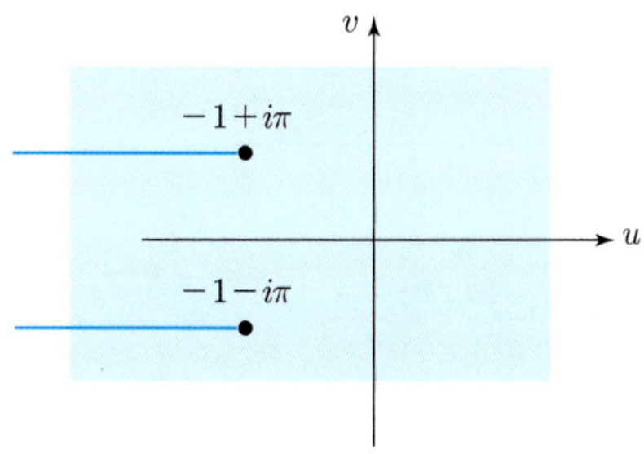

$$w=z+e^z$$

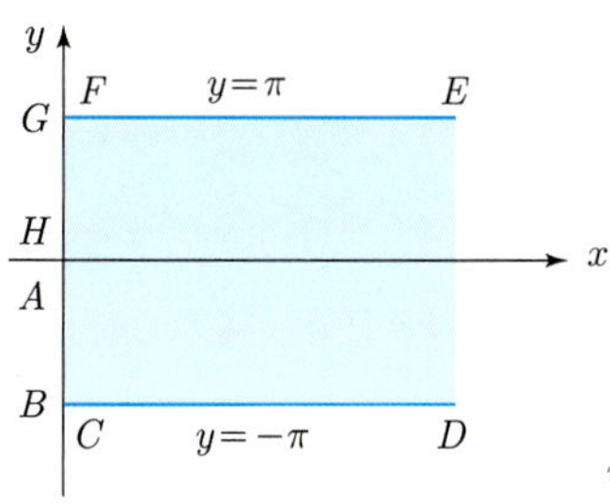

$$w=\mathrm{Log}\left(\coth\frac{z}{2}\right)$$

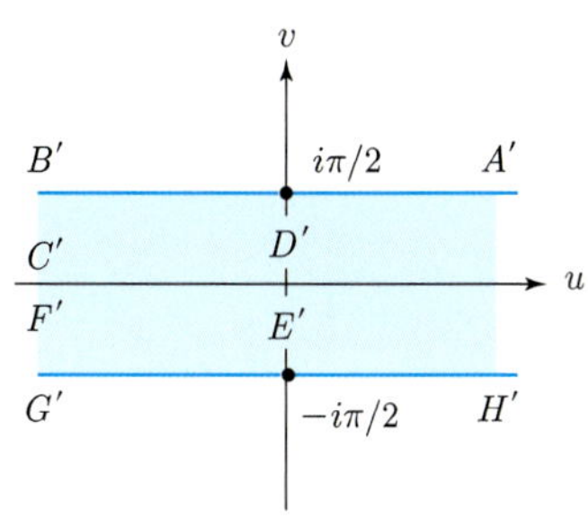

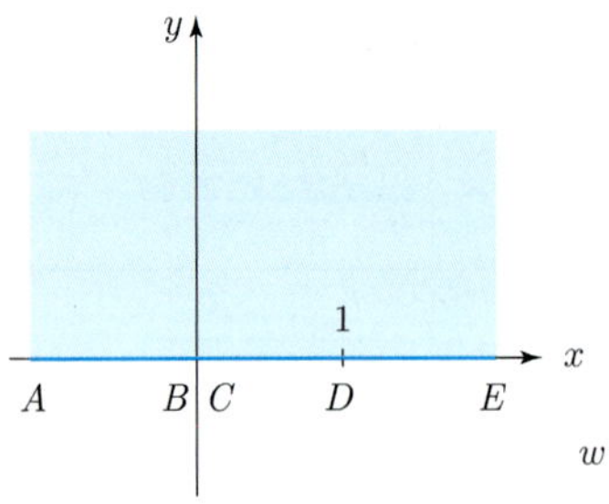

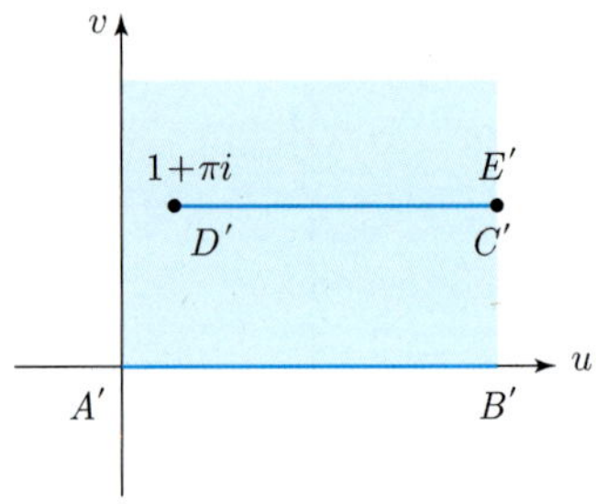

$w = \pi i + z - \text{Log}\, z$

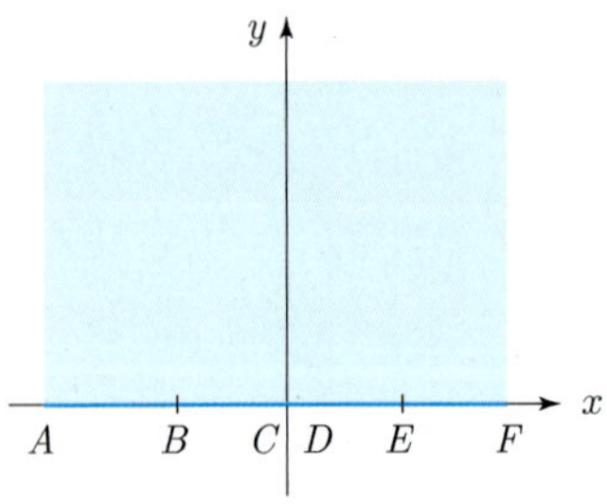

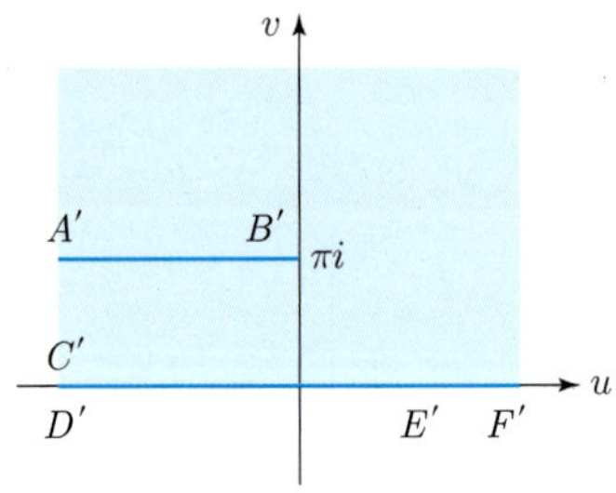

$w = z + \text{Log}\, z + 1$

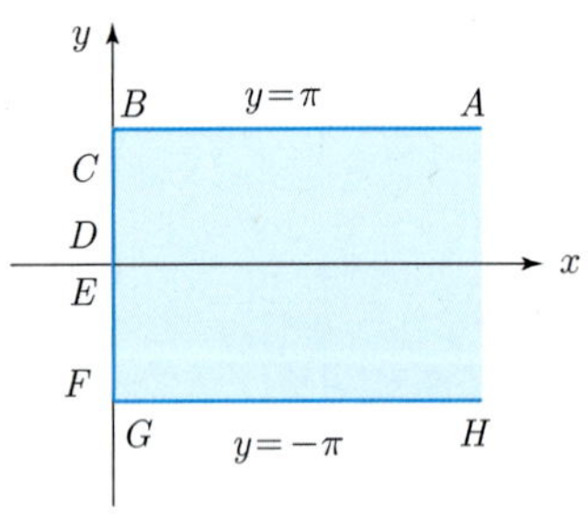

$$w = \frac{e^z + 1}{e^z - 1}$$

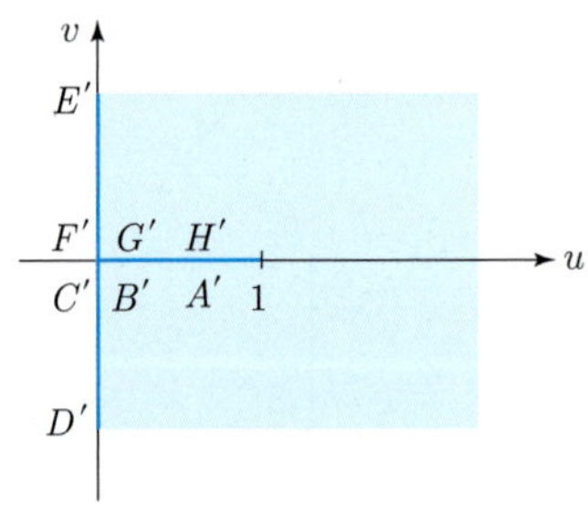

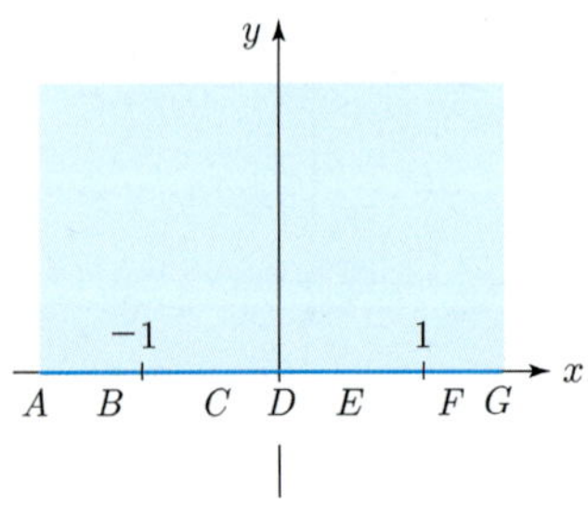

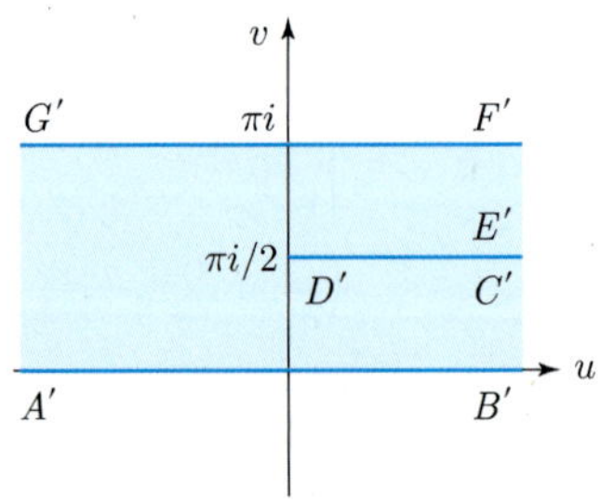

$$w = \pi i - \frac{1}{2}[\text{Log}\,(z+1) + \text{Log}\,(z-1)]$$

연습 문제 풀이

제1부 상미분 방정식론

• 연습 문제 1.1

01. (1) 선형, 이계 (2) 비선형, 일계
(3) 선형, 삼계 (4) 비선형, 이계
(5) 선형, 삼계 (6) 선형, 이계

03. $k=-\dfrac{1}{4}$

04. $m=\dfrac{1}{2},\quad m=3$

05. $m=\dfrac{1\pm\sqrt{5}}{2}$

06. 모두 해다.

07. 모두 해다.

• 연습 문제 1.2

01. (1) $xy'=y-2$ (2) $y'+y=0$
(3) $2(x+1)y'=y$ (4) $(x^2-y)y'=xy$
(5) $y'+2xy^2=0$ (6) $y''+\omega^2y=0$
(7) $y''-8y'+11y-6y=0$ (8) $xy''+y'=0$
(9) $y^{(3)}-6y''+11y'-6y=0$ (10) $(1+\cos\theta)\dfrac{dr}{d\theta}+r\sin\theta=0$

02. $xy'-y=0$

03. $2xyy'=y^2-x^2$

04. $2xy'=y$

05. $y'+2xy^2=0$

• 연습 문제 1.3

01. $-v_0$

02. y_0의 약 78.5%

03. 22,920년

04. 10시간

06. $y(t)=0.01e^{-0.275t},\ y(20)\approx 0.00004.8677$

07. $t=\dfrac{\ln 3}{\ln(3/2)}\approx 2.71$(시간)

• 연습 문제 2.1

01. (1) $y=4-e^{-x}$

(2) $\begin{cases} y=\dfrac{1}{2}(5-x)^2 & (x\le 0) \\ y=\dfrac{1}{2}(5+x)^2 & (x\ge 0)\end{cases}$

(3) $x^2+y^2=1$

(4) $y=\ln(1+x)-x$

(5) $y=\sin x-\cos x+3$

03. 해가 유일하지 않다.($y=\dfrac{x^4}{16}$, $y=0$ 존재)

04. $y=1/(1+2e^{-x})$

• 연습 문제 2.2

01. (1) $\dfrac{y^3}{3}=\dfrac{x^4}{4}+\dfrac{x^2}{2}+c$

(2) $\dfrac{1}{2}x^3+\dfrac{1}{2}y^2=c$

(3) 분리 불가능

(4) $(1+x^2)(1+y^2)=c$

(5) $2x^2=y^3+c$

(6) 분리 불가능

(7) $\ln|y|+\cos x=c$

(8) 분리 불가능

(9) $y+3\ln|y|=\dfrac{(x-1)^3}{3}+c$ 또는 $y=0$

(10) $y\ln y=\dfrac{x^2}{2}+c$

(11) $e^y=2e^{-x}(-x-1)+c$

(12) 분리 불가능

(13) $\dfrac{\sin^2 y}{2}=\ln|x|+c$

(14) 분리 불가능

(15) $\ln|y|-\dfrac{1}{2}\ln(2y^2+1)=\ln|x|-\ln|x+1|+c$ 또는 $\dfrac{y^2}{2y^2+1}=\left(\dfrac{Kx}{x+1}\right)^2$

(16) $\dfrac{1}{3}x^3\ln x-\dfrac{1}{9}x^3=\dfrac{1}{2}y^2+2y+\ln|y|+c$

(17) $\sin y+\cos y=\sin x+\cos x+c$

(18) $y=\dfrac{-2}{e^{2x-1}+c}$

(19) $y+5=c(\sec x+\tan x)$

(20) $x^4+y^4=c$

02. (1) 일반해 $\ln|y+2|=x^3+c$, 특수해 $\ln|y+2|=x^3+\ln 10-64$

(2) 일반해 $-\dfrac{1}{2}e^{-2y}=e^{3x}+c$, 특수해 $2e^{3x}+e^{-2y}=3$

(3) 일반해 $\dfrac{y^2}{2}=\dfrac{x^3}{3}+2x+c$, 특수해 $\dfrac{y^2}{2}=\dfrac{x^3}{3}+2x+\dfrac{133}{6}$

(4) 일반해 $e^y+ye^{-y}+e^{-y}=-2\cos x+c$, 특수해 $e^y+ye^{-y}+e^{-y}=4-2\cos x$

(5) 일반해 $(y+2)^2=(x-1)^2+c$, 특수해 $(y+2)^2=(x-1)^2+60$

(6) 일반해 $xy=ce^{-\frac{1}{x}}$, 특수해 $xy=e^{-\left(1+\frac{1}{x}\right)}$

(7) 일반해 $-e^{-y}=\ln|x|+c$, 특수해 $-e^{-y}=\ln|x|-e^{-4}$

(8) 일반해 $\dfrac{y^3}{3}=2\cos(x+1)+c$, 특수해 $\dfrac{y^3}{3}=2\cos(x+1)-2$

(9) 일반해 $x^2+x=t^2+c$, 특수해 $x^2+x=t^2-1$

(10) 일반해 $\dfrac{y^4}{4}=4x^2+x+c$, 특수해 $\dfrac{y^4}{4}=4x^2+x-1$

03. (1)$r(t)=\dfrac{1}{2t+1}$ (단, t의 단위는 시간, r의 단위는 cm)

(2) 겉넓이 $S(t)=4\pi\left(\dfrac{1}{2t+1}\right)^2$, 부피 $V(t)=\dfrac{4}{3}\pi\left(\dfrac{1}{2t+1}\right)^3$

(3) 499.5시간 후

• 연습 문제 2.3

01. (1) 동차, 3차

(2) 동차 3/2차

(3) 동차, 2차

(4) 동차 -1차

(5) 동차 아님

(6) 동차 아님

(7) 동차, 0차

(8) 동차 아님

(9) 동차, -2차

(10) 동차 아님

02. (1) $x\ln|x|+y=cx$

(2) $x^2+2xy=c$

(3) $(x-y)\ln|x-y|=x+c(x-y)$

(4) $x+2y=cy^2$

(5) $x+y\ln|x|=cy$

(6) $x^2y=c(y+x)$

(7) $\ln(x^2+y^2)+2\tan^{-1}\left(\dfrac{y}{x}\right)=c$

(8) $(y-x)^2=c(y+x)$

(9) $4x=y(\ln|y|-c)^2$

(10) $y=x\sin(\ln|x|+c)$

(11) $y^9=c(x^3+y^3)^2$

(12) $y=\dfrac{x\sqrt{2c+\ln x-1}}{\sqrt{2c+\ln x}}$

(13) $\left(\dfrac{y}{x}\right)^2=2\ln|x|+c$

(14) $\dfrac{y}{x}=1+\arctan\left(\dfrac{y}{x}\right)=c+\ln x \quad \ln|x|$

(15) $e^{\frac{2x}{y}}=8\ln|y|+c$

(16) $-e^{y-x+5}=x+c$

(17) $x\cos\left(\dfrac{y}{x}\right)=c$

(18) $y=xe^{cx+1}$

(19) $y+x=cx^2e^{\frac{y}{x}}$

(20) $\ln\left(\dfrac{y^2}{x^2}+1\right)+\arctan\left(\dfrac{y}{x}\right)=c+\ln|x|$

03. (1) $y^3+3x^3\ln|x|=8x^3$

(2) $y=x\sqrt{2x^2-1}$

(3) $y^2=4x(x+y)^2$

(4) $\ln\left(\dfrac{y}{x}\right)-\dfrac{x\sqrt{y^2/x^2+1}}{y}=-\sqrt{2}-\ln|x|$

(5) $\ln|x|=e^{\frac{y}{x}}-1$

(6) $y^{-3}=-\dfrac{9}{5}x^{-1}+\dfrac{49}{5}x^{-6}$

(7) $4x\ln\left|\frac{y}{x}\right|+x\ln|x|+y-x=0$

(8) $y=\frac{x}{\sqrt{\frac{1}{2}-\ln|x|}}$

(9) $3x^{\frac{3}{2}}\ln|x|+3x^{\frac{1}{2}}y+2y^{\frac{3}{2}}=5x^{\frac{3}{2}}$

(10) $y\ln\left|\frac{x}{y}\right|=-e$

(11) $(x+y)\ln|y|+x=0$

(12) $y^{3/2}=1+7e^{-3x/2}$

(13) $\ln|y|=-2\left(1-\frac{x}{y}\right)^{\frac{1}{2}}+\sqrt{2}$

(14) $y=e^{\frac{x}{y}-1}$

(15) $-\cot(x+y)+\csc(x+y)=x+\sqrt{2}-1$

(16) $xy-x^2-y^2+3=0$

04. 동차 방정식이므로 $M=\left(\frac{x}{y},\ 1\right)dx+N\left(\frac{x}{y},\ 1\right)dy=0$이고, $v=\frac{x}{y}$라 놓으면 다음을 얻는다.

$$M(v,\ 1)(v\,dy+y\,dv)+N(v,\ 1)\,dy=0,$$
$$\{vM(v,\ 1)+N(v,\ 1)\}\,dy+y\,M(v,\ 1)\,dv=0,$$
$$\frac{dy}{y}+\frac{M(v,\ 1)\,dv}{vM(v,\ 1)+N(v,\ 1)}=0$$

05. $\frac{1}{r}dr+\left\{\cot\theta+\frac{-M(\cot\theta,\ 1)}{\cot\theta\,M(\cot\theta,\ 1)+N(\cot\theta,\ 1)}\right\}d\theta=0$

06. $\frac{dy}{dx}=-\frac{M(x,\ y)}{N(x,\ y)}=-\frac{y^nM\left(\frac{x}{y},\ 1\right)}{y^nN\left(\frac{x}{y},\ 1\right)}=\frac{M\left(\frac{x}{y},\ 1\right)}{N\left(\frac{x}{y},\ 1\right)}=G\left(\frac{x}{y}\right)$

08. $y=\frac{e^{cx-1}}{x}$

• 연습 문제 2.4

01. (1) $2x\,dx+2y\,dy=0$

(2) $-\frac{2y}{x^3}dx+\frac{1}{x^2}dy=0$

(3) $(b-y)\,dx-(x-a)\,dy=0$

(4) $-\sin(x^2-y^2)(2x)\,dx+\sin(x^2-y^2)(2y)\,dy=0$

(5) $e^{xy^2}(y^2dx+2xy\,dy)=0$

(6) $y\cos(xy)\,dx+x\cos(xy)\,dy=0$

(7) $\frac{dx}{x}+\frac{dy}{y}=0$

(8) $2x\sec^2(x^2+4y^2)\,dx+8y\sec^2(x^2+4y^2)\,dy=0$

(9) $2(y-x+1)(-dx+dy)=0$

(10) $3x^2\sinh(x^3-y^3)\,dx-3y^2\sinh(x^3-y^3)\,dy=0$

02. (1) $xy=c$

(2) $y=\pm\frac{1}{3}\sqrt{c-x^2}$

(3) $xy^3=c$

(4) $e^xy+e^yy=c$

(5) $re^{-\theta}=c$

(6) $re^{4\theta}=c$

(7) $\sinh x \cos y = c$

(8) $x^2y - y = c$

(9) $x(x + e^y) = c$

(10) $xy - 2xe^x + 2e^x - 2x^3 = c$

(11) $-\ln|\cos x| + \cos x \sin y = c$

(12) $xe^{2y} - \sin xy + y^2 = c$

(13) $e^x \sin y + y - x^2 = c$

03. (1) 아니다, $y = \dfrac{1}{5 + \ln|x|}$

(2) 아니다, $y = -6 - 2x^2$

(3) 그렇다, $(x-3)(y-1) = 1$

(4) 그렇다, $y = \sqrt{-x^2 + 2x} - 1$

(5) 그렇다, $e^{\frac{y}{x}} = e$ 또는 $y = x$

(6) 그렇다, $y = 2e^{-x^2}$

(7) 아니다, $y = \sqrt{x^2 + 3x}$

(8) 그렇다, $y^2 \sin x - x^3 y - x^2 + y \ln y - y = 0$

(9) 아니다, $y = \dfrac{\pi}{\cosh x}$

(10) 그렇다, $\dfrac{t^2}{4y^4} - \dfrac{3}{2y^2} = -\dfrac{5}{4}$

(11) 그렇다, $y^2(1 - x^2) - \cos^2 x = 3$

(12) 아니다, $x^2 - y + \ln|y| = -1$

04. $k = -3$, $x^2y^3 - 3xy + 3y^2 = c$

05. $x^2y^4 + y^6 - 10y^4 = -9$

06. $b = k$, a, l는 실수, $ax^2 + 2bxy + ly^2 = c$

07. $\dfrac{dg}{dy} = \dfrac{dh}{dx}$

08. $\dfrac{\partial f}{\partial y} = g'(x)h(y)$

09. 일반적으로 완전하지 않다. 적분 인자 $\mu(y) = 1/g(y)$

10. $x^2y^2 \cos x = c$

11. y, 적분 인자다.

• 연습 문제 2.5

01. (1) $y = ce^{5x}$ $(-\infty < x < \infty)$

(2) $y = ce^{2x}$ $(-\infty < x < \infty)$

(3) $y = \dfrac{1}{3} + ce^{-4x}$ $(-\infty < x < \infty)$

(4) $y = \dfrac{c}{x^2} + \dfrac{3}{2}$ $(x \in (-\infty, 0) \cup (0, \infty))$

(5) $y = \dfrac{1}{4}e^{3x} + ce^{-x}$ $(-\infty < x < \infty)$

(6) $y = e^{2x} + ce^x$ $(-\infty < x < \infty)$

(7) $y = \dfrac{1}{3} + ce^{-x^3}$ $(-\infty < x < \infty)$

(8) $y = ce^{-x^2} + \dfrac{x^2}{2} - \dfrac{1}{2}$ $(-\infty < x < \infty)$

(9) $y = x^{-1} \ln x + cx^{-1}$ $(0 < x < \infty)$

(10) $y = ce^{2x} - \dfrac{x^2}{2} - \dfrac{x}{2} - \dfrac{11}{4}$ $(-\infty < x < \infty)$

(11) $x = -\dfrac{4}{5}y^2 + cy^{-\frac{1}{2}}$ $(0 < y < \infty)$

(12) $x = ce^{y} - y - 1 \ (-\infty < y < \infty)$

(13) $y = -\cos x + \dfrac{\sin x}{x} + \dfrac{c}{x} \ \ (0 < x < \infty)$

(14) $y = \dfrac{c}{\sqrt{x^2+1}} - \dfrac{x^2}{3} - \dfrac{1}{3},\ (-\infty < x < \infty)$

(15) $y = \dfrac{c}{e^x + 1} \ \ (-\infty < x < \infty)$

(16) $y = \dfrac{c}{x^3 - 1},\ (-\infty < x < 1,\ 1 < x < \infty)$

(17) $y = \sin x + c\cos x \ \left(-\dfrac{\pi}{2} < x < \dfrac{\pi}{2}\right)$

(18) $y = c\csc x - \dfrac{1}{2}\cos 2x \csc x \ (0 < x < \pi,\ \pi < x < 2\pi)$

(19) $y = \dfrac{1}{7}x^3 - \dfrac{1}{5}x + cx^{-4} \ \ (0 < x < \infty)$

(20) $y = \dfrac{ce^x - x^2 - 3x - 3}{x+1},\ (-\infty < x < 1,\ 1 < x < \infty)$

(21) $y = \dfrac{1}{2x^2}e^x + \dfrac{c}{x^2}e^{-x} \ \ (0 < x < \infty)$

(22) $y = \dfrac{ce^{-x}}{x} - \dfrac{e^{-x}\cos(2x)}{2x} \ (0 < x < \infty)$

(23) $y = \sec x + c\csc x \ \left(0 < x < \dfrac{\pi}{2}\right)$

(24) $y = c - \ln(\cos x) \ (0 \le x < \pi)$

(25) $x = \dfrac{1}{2}e^y - \dfrac{1}{2y}e^y + \dfrac{1}{4y^2}e^y + \dfrac{c}{y^2}e^{-y} \ \ (0 < x < \infty)$

(26) $y = cx^3 + x^4 - x^3\ln(x+1) \ (-1 < x < \infty)$

(27) $y = e^{-3x} + \dfrac{c}{x}e^{-3x} \ \ (0 < x < \infty)$

(28) $y = \dfrac{(c+x^2)e^{-x}}{x+1} \ \ (-\infty < x < 1,\ -1 < x < \infty)$

(29) $x = 2y^6 + cy^4 \ \ (0 < x < \infty)$

(30) $y = \dfrac{c - 2e^x + 2xe^x + x^2\ln x}{2x^2} - \dfrac{1}{4} \ (0 < x < \infty)$

(31) $y = e^{-x}\ln(e^x + e^{-x}) + ce^{-x} \ \ (-\infty < x < \infty)$

(32) $y = ce^x - \dfrac{\sin x + \cos x}{2} \ (-\infty < x < \infty)$

(33) $x = \dfrac{1}{y} + \dfrac{c}{y}e^{-y^2} \ \ (0 < y < \infty)$

(34) $x = \dfrac{c}{y^2} + \dfrac{e^y(y^2 - 2y + 2)}{y^2} \ \ (0 < y < \infty)$

(35) $y = c\cos x - 2\cos^2 x \quad \left(-\dfrac{\pi}{2} < x < \dfrac{\pi}{2}\right)$

(36) $P = ce^{t-t^2} + 2 \ (-\infty < t < \infty)$

(37) $y = \dfrac{5}{3}(x+2)^{-1} + c(x+2)^{-4} \quad (-2 < x < \infty)$

(38) $y = ce^{-\ln(1-x)+\ln(1+x)} + \dfrac{x^2+x}{x-1} \quad (-1 < x < 1)$

(39) $y = 10 + ce^{-\sinh x} \quad (-\infty < x < \infty)$

02. (1) $y = 4 - 2e^{-5x} \quad (-\infty < x < \infty)$

(2) $y = e^{3x}(x-1)$

(3) $i(t) = \dfrac{E}{R} + \left(i_0 - \dfrac{E}{R}\right)e^{\frac{-Rt}{L}} \quad (-\infty < t < \infty)$

(4) $x = y + 2y^2$

(5) $y = 5\cos x - 2\cos^2 x \quad \left(-\dfrac{\pi}{2} < x < \dfrac{\pi}{2}\right)$

(6) $Q = -7e^{x^5}$

(7) $T(t) = 50 + 150e^{Kt} \quad (-\infty < t < \infty)$

(8) $y = \dfrac{-e^{-x}}{x^2} + e^{-x}$

(9) $(x+1)y = x\ln x - x + 21 \ (0 < x < \infty)$

(10) $y = \dfrac{2}{x}$

(11) $y = \dfrac{2x}{x-2} \quad (2 < x < \infty)$

(12) $y = -\csc x$

(13) $x = \dfrac{1}{2}y + \dfrac{8}{y} \quad (0 < y < \infty)$

(14) $y = -4e^{-\tan x} + 1$

• 연습 문제 2.6

01. (1) $xy' + y = 0$

(2) $y' = 2y\cot 2x$

(3) $y' = -\dfrac{2y}{x}$

(4) $y' = \dfrac{1}{2y}$

(5) $xy' = 2y\ln|y|$

(6) $y' = \dfrac{2xy}{x^2 - y^2}$

(7) $xy' - 2y = x^3 e^x$

(8) $y + y' = \dfrac{x}{y}$

02. (1) $\cosh(x-c) - y + c = 0$

(2) $y = c^* x$

(3) $y^2 = \dfrac{1}{2}x^2 + c^*$

(4) $y = c^* - \dfrac{1}{2}x^2$

(5) $\dfrac{1}{2}y^2 = \dfrac{1}{2}x^2 + c^*$

(6) $y = c^* e^{-2x}$

(7) $\dfrac{1}{2}y^2 = -\dfrac{1}{2}x^2 + c^*$

(8) $y = c^* e^{x^2}$

(9) $y = c^* x^2$

(10) $y = c^* x^4$

(11) $x^2 = -y^2 + c^* y$

(12) $y = \dfrac{1}{2}\sqrt{c-x}$

03. $y = cx^{9/4}\ (c > 0)$

04. $y = c^*x$

06. $x^2 - y^2 = c^*$

10. $e^x \sin y = c^*$

• 종합 문제 2

01. (1) $x^2 + y^2 > 25$와 $x^2 + y^2 < 25$ (2) $y = -x^3$

02. (1) 거짓 (2) 참

03. (1) $y = \sqrt{e^{c + x + \frac{1}{2}\sin 2x} - 1}$ (2) $\ln \dfrac{y}{x} - \dfrac{x\left\{\ln \dfrac{y}{x} + 1\right\}}{y} = c - \ln x$

(3) $y = \dfrac{\sqrt[3]{c - 3x^3}}{\sqrt[3]{6x + 1}}$ (4) $y = \dfrac{ce^{-x}}{x} + x$

(5) $y = -2x$ 또는 $y = c$

04. (1) $2y^2 \ln y - y^2 = 4xe^x - 4e^x - 1$ (2) $2y^2 + x^2 = 9x^6$

(3) $e^{xy} - 4y^3 = 5$ (4) $y = \dfrac{1}{4} - 320(x^2 + 4)^{-4}$

(5) $y = \dfrac{1}{x^4 - x^4 \ln|x|}$ (6) $y = -x$

05. (1) $x^2 - \sin \dfrac{1}{y^2} = c$ (2) $2x^2 + 2xy + \dfrac{1}{2}y^2 + 6x + 4y = c$

(3) $y = 2x + \dfrac{3(1 + ce^{6x})}{1 - ce^{6x}}$

06. $y^3 + \dfrac{3}{x} = c$

08. $2(y-2)^2 + (x-1)^2 = c$

09.(2) $y = 1/(-x^2 + cx)$

10. $y = \dfrac{1}{ce^{-ax} + (b/a)}$

• 연습 문제 3.1

01. $y = \dfrac{1}{2}e^x - \dfrac{1}{2}e^{-x}$

02. $y = \dfrac{e}{e-1}(e^x - e^{-x})$

03. $y = \dfrac{3}{5}e^{4x} + \dfrac{2}{5}e^{-x}$

05. $y = -1 - \cos x - 2\sin x$

06. $y = 3x - 4x \ln x$

07. $y = kx^2$

08. $y = 1 + 3x^2$

09. (1) $y = e^x \cos x - e^x \sin x$ (2) 해 없음

(3) $y = e^x \cos x + e^{-\frac{\pi}{2}} e^x \sin x$ (4) $y = c_2 e^x \sin x$

10. (1) 해 없음 (2) 해 없음

(3) $y = cx^2 - (c+3)x^4 + 3$ (4) $y = -x^2 + x^4 + 3$

11. (1) $(-\infty, 2)$

12. $\lambda = n \quad (n = 1, 2, 3, \cdots)$

13. (1) 일차 종속 (2) 일차 종속

(3) 일차 종속 (4) 일차 종속

(5) 일차 종속 (6) 일차 독립

(7) 일차 독립 (8) 일차 종속

(9) 일차 독립 (10) 일차 독립

(11) 일차 독립 (12) 일차 독립

14. (1) $(0, \infty)$에서 $W(x^{\frac{1}{2}}, x^2) = \dfrac{3}{2}x^{\frac{3}{2}} \neq 0$

(2) $W(1+x, x^3) = 3x^2 + 2x^3;\ x = -\dfrac{3}{2}$에서 0

(3) $W(\sin x, \csc x) = -2\cot x;\ x = \dfrac{\pi}{2}$에서 $W = 0$

(4) $W(\tan x, \cot x) = -2\csc x \sec x \neq 0$

(5) $(-\infty, \infty)$에서 $W(e^x, e^{-x}, e^{4x}) = -30e^{4x} \neq 0$

15. 아니다.

18. $y = y_0 \cos \omega x + \dfrac{y_1}{\omega} \sin \omega x$

19. (1) $y = \dfrac{e}{e^2 - 1}(e^x - e^{-x})$ (2) $y = \dfrac{\sinh x}{\sinh 1}$

• 연습 문제 3.2

01. $y'' - 2y^3 = \dfrac{2}{x^3} - 2\left(\dfrac{1}{x}\right)^3 = 0$

02. $y'' - 2y^3 = \dfrac{2c}{x^3} - 2\dfrac{c^3}{x^3} = \dfrac{2}{x^3}c(1-c^2) \neq 0$

03. $y_1'' = y_1' = 0$이므로 성립. $y_2'' = -\dfrac{1}{x},\ (y')^2 = \dfrac{1}{x^2}$이므로 성립

04. 아니다.

05. (1) $W(e^{-3x}, e^{4x}) = 7e^x \neq 0,\ y = c_1 e^{-3x} + c_2 e^{4x}$이므로,

함수는 미분 방정식을 만족시키고 구간에서 일차 독립이다.

(2) $W(\cosh 2x,\ \sinh 2x) \neq 0$이므로 일반해는 $y = c_1 \cosh 2x + c_2 \sinh 2x$이다.

(3) $W(e^x \cos 2x,\ e^x \sin 2x) = 2e^x \neq 0,\ y = c_1 e^x \cos 2x + c_2 e^x \sin 2x$이므로,

함수는 미분 방정식을 만족시키고 구간에서 일차 독립이다.

(4) $W(e^{2x},\ xe^{2x}) = e^{4x} \neq 0$이고 일반해는 $y = c_1 e^{2x} + c_2 xe^{2x}$이다.

(5) $W(x^3,\ x^4) = x^6 \neq 0,\ y = c_1 x^3 + c^2 x^4$이므로,

함수는 미분 방정식을 만족시키고 구간에서 일차 독립이다.

(6) $W(\cos(\ln x),\ \sin(\ln x)) = \dfrac{1}{x} \neq 0$이므로 일반해는 $y = c_1 \cos(\ln x) + c_2 \sin(\ln x)$.

(7) $W(x,\ x^{-2},\ x^{-2}\ln x) = 9x^{-6} \neq 0,\ y = c_1 x + c_2 x^{-2} + c_3 x^{-2} \ln x$이므로,

함수는 미분 방정식을 만족시키고 구간에서 일차 독립이다.

(8) $W(\ln 1,\ 1) = -\dfrac{1}{x} \neq 0$이므로 일반해는 $y = c_1 \ln x + c_2$.

06. (1) e^{2x}와 e^{5x}는 제차 방정식의 해의 기본계를 이룬다.

$6e^x$는 비제차 방정식의 특수해이다.

(2) $\cos x$와 $\sin x$는 제차 방정식의 해의 기본계를 이룬다.

$x \sin x + (\cos x) \ln(\cos x)$는 비제차 방정식의 특수해이다.

(3) e^{2x}와 xe^{2x}는 제차 방정식의 해의 기본계를 이룬다.

$x^2 e^{2x} + x - 2$는 비제차 방정식의 특수해이다.

(4) $x^{-\frac{1}{2}}$와 x^{-1}는 제차 방정식의 해의 기본계를 이룬다.

$\dfrac{1}{15}x^2 - \dfrac{1}{6}x$는 비제차 방정식의 특수해이다.

08. $W(f(x),\ xf(x)) = f^2 \neq 0$이므로 구간에서 일차 독립이다.

09. (1) $y_2 = e^{-5x}$ (2) $y_2 = \cosh x$

(3) $y_2 = xe^{2x}$ (4) $y_2 = e^{-x}$

(5) $y_2 = \sin 4x$ (6) $y_2 = \cos 3x$

(7) $y_2 = \sinh x$ (8) $y_2 = e^{-5x}$

(9) $y_2 = xe^{\frac{2x}{3}}$ (10) $y_2 = e^{-x/2}$

(11) $y_2 = x^4 \ln|x|$ (12) $y_2 = x^{-3}$

(13) $y_2 = 1$ (14) $y_2 = x^{1/2}$

(15) $y_2 = x^2 + x + 2$ (16) $y_2 = \ln\left|\dfrac{1+x}{1-x}\right|$

(17) $y_2 = x \cos(\ln x)$ (18) $y_2 = x^2 \sin(\ln x)$

(19) $y_2 = x$ (20) $y_2 = x \ln x$

(21) $y_2 = x^3$

10. (1) $y_2 = e^{2x},\ y_p = -\dfrac{1}{2}$ (2) $y_2 = e^{-x},\ y_p = x$

(3) $y_2 = e^{2x},\ y_p = \dfrac{5}{2}e^{3x}$ (4) $y_2 = e^{3x},\ y_p = \dfrac{x}{3} + \dfrac{4}{9}$

11. $y_p = x^2 + 3x + 3e^{2x}, y_p = -2x^2 - 6x - \dfrac{1}{3}e^{2x}$

15. $y_2 = x\displaystyle\int_{x_0}^{x} \frac{e^{-t}}{t}dt, x_0 > 0$

• 연습 문제 3.3

01. (1) $y = c_1 + c_2 e^{-\frac{x}{4}}$ (2) $y = c_1 e^{5x/2} + c_2$

(3) $y = c_1 e^{-6x} + c_2 e^{6x}$ (4) $y = c_1 e^{2\sqrt{2}x} + c_2 e^{-2\sqrt{2}x}$

(5) $y = c_1 \cos 3x + c_2 \sin 3x$ (6) $y = c_1 \sin\dfrac{x}{\sqrt{3}} + c_2 \cos\dfrac{x}{\sqrt{3}}$

(7) $y = c_1 e^{3x} + c_2 e^{-2x}$

(8) $y = c_1 e^{x/2} \sin\left(\dfrac{1}{2}\sqrt{\dfrac{5}{3}}\,x\right) + c_2 e^{x/2} \cos\left(\dfrac{1}{2}\sqrt{\dfrac{5}{3}}\,x\right)$

(9) $y = c_1 e^{-x} \cos x + c_2 e^{-x} \sin x$

(10) $y = e^x (c_1 \cos\sqrt{3}\,x + c_2 \sin\sqrt{3}\,x)$

(11) $y = c_1 e^{-4x} + c_2 x e^{-4x}$ (12) $y = c_1 e^{5x} + c_2 x e^{5x}$

(13) $y = c_1 e^x + c_2 e^{-2x} + c_3 e^{3x}$ (14) $y = c_1 e^{-2x} + c_2 e^x + c_3 x e^x$

(15) $y = c_1 + e^{-x}(c_2 \cos\sqrt{3}\,x + c_3 \sin\sqrt{3}\,x)$

(16) $y = c_1 e^{-x} + c_2 e^x + c_3 \sin(\sqrt{2}\,x) + c_4 \cos(\sqrt{2}\,x)$

02. (1) $y = 2\cos 4x - \dfrac{1}{2}\sin 4x$ (2) $y = e^x$

(3) $y = -\dfrac{3}{4}e^{-5x} + \dfrac{3}{4}e^{-x}$ (4) $y = e^{4x}(4\cos x - 17\sin x)$

(5) $y = e^{-\frac{x}{2}} \cos\left(\dfrac{x}{2}\right) + e^{\frac{x}{2}} \sin\left(\dfrac{x}{2}\right)$ (6) $y = 5e^x(x+1)$

(7) $y = 0$ (8) $y = \dfrac{4e^{3x/2}\sin\left(\dfrac{\sqrt{3}\,x}{2}\right)}{\sqrt{3}}$

(9) $y = \dfrac{5}{36} - \dfrac{5}{36}e^{-6x} + \dfrac{1}{6}xe^{-6x}$

(10) $y = -\dfrac{1}{6} - e^{-x} + \dfrac{1}{15}e^{2x} + \dfrac{1}{10}e^{-3x}$

03. $\dfrac{d^3y}{dx^3} + 6\dfrac{d^2y}{dx^2} - 15\dfrac{dy}{dx} - 100y = 0$

04. $y = c_1e^x + e^{4x}(c_2\cos x + c_3\sin x)$

05. (1) $y'' - 7y' + 6y = 0$ (2) $y'' - 3y' = 0$

(3) $y'' + 64y = 0$ (4) $y'' - 2y' + 2y = 0$

(5) $y^{(3)} - 7y'' = 0$

• 연습문제 3.4

01. (1) $y = c_1e^{-x} + c_2e^{-2x} + 3$ (2) $y = c_1\cos\frac{3}{2}x + c_2\sin\frac{3}{2} + \frac{5}{3}$

(3) $y = c_1e^{5x} + c_2xe^{5x} + \frac{6}{5}x + \frac{3}{5}$ (4) $y = c_1e^{-3x} + c_2e^{2x} - \frac{1}{3}x - \frac{1}{18}$

(5) $y = c_1e^{-2x} + c_2xe^{-2x} + x^2 - 4x + \frac{7}{2}$ (6) $y = e^{4x}(c_1\cos 2x + c_2\sin 2x) + 5x^2$

(7) $y = c_1\cos\sqrt{3}x + c_2\sin\sqrt{3}x + \left(-4x^2 + 4x - \frac{4}{3}\right)e^{3x}$

(8) $y = c_1e^{\frac{3}{2}x} + c_2e^{-\frac{x}{2}} - \frac{19}{425}\cos 2x - \frac{8}{425}\sin 2x$

(9) $y = c_1 + c_2e^x + 3x$

(10) $y = c_1e^{-2x} + c_2 + \frac{1}{2}x^2 + 2x + \frac{1}{2}xe^{-2x}$

(11) $y = c_1e^{\frac{x}{2}} + c_2xe^{\frac{x}{2}} + 12 + \frac{1}{2}x^2e^{\frac{x}{2}}$

(12) $y = c_1e^{4x} + c_2e^{-4x} + \frac{1}{4}xe^{4x}$

(13) $y = c_1\cos 2x + c_2\sin 2x - \frac{3}{4}x\cos 2x$

(14) $y = c_1e^{2x} + c_2e^{-2x} - \frac{1}{8}x\cos 2x + \left(-\frac{1}{8}x^2 + \frac{13}{32}\right)\sin 2x$

(15) $y = c_1\cos x + c_2\sin x - \frac{1}{2}x^2\cos x + \frac{1}{2}x\sin x$

(16) $y = c_1e^{5x} + c_2 - \frac{1}{10}x^4 + \frac{14}{75}x^3 + \frac{53}{250}x^2 - \frac{697}{625}x$

(17) $y = c_1e^x\cos 2x + c_2e^x\sin 2x + \frac{1}{4}xe^x\sin 2x$

(18) $y = e^x(c_1\cos x + c_2\sin x) + \frac{7}{5}e^{2x}\cos x - \frac{1}{5}e^{2x}\sin x$

(19) $y = c_1e^{-x} + c_2xe^{-x} - \frac{1}{2}\cos x + \frac{12}{25}\sin 2x - \frac{9}{25}\cos 2x$

(20) $y = c_1e^{-6x} + c_2e^{4x} - \frac{2}{3} - \left(\frac{1}{20}x^2 + \frac{19}{100}x\right)e^{4x}$

(21) $y = c_1 + c_2x + c_3e^{6x} - \frac{1}{4}x^2 - \frac{6}{37}\cos x + \frac{1}{37}\sin x$

(22) $y = c_1 e^{2x} + c_2 x e^{2x} + c_3 e^{-2x} + \left(\frac{1}{4}x^3 - \frac{3}{16}x^2\right)e^{2x}$

(23) $y = c_1 e^{x} + c_2 x e^{x} + c_3 x^2 e^{x} - x - 3 - \frac{2}{3}x^3 e^{x}$

(24) $y = c_1 e^{x} + c_2 e^{2x} + c_3 e^{-2x} + \frac{5}{4} + \frac{1}{3}x e^{x} + \frac{1}{4}x e^{2x}$

(25) $y = c_1 \cos x + c_2 \sin x + c_3 x \cos x + c_4 x \sin x + x^2 - 2x - 3$

(26) $y = c_1 + c_2 x + c_3 e^{x} + c_4 e^{-x} - \frac{2}{3}x^3 - \left(\frac{1}{2}x^2 + \frac{5}{2}x\right)e^{-x}$

02. (1) $y = \sqrt{2}\sin 2x - \frac{1}{2}$

(2) $y = -\frac{1}{5}e^{2x} + \frac{186}{5}e^{\frac{\pi}{2}} - 7x^2 - 19x - 37$

(3) $y = -200 + 200e^{-\frac{x}{3}} - 3x^2 + 30x$

(4) $y = 2e^{-2x} + 9xe^{-2x} + \left(\frac{1}{6}x^3 + \frac{3}{2}x^2\right)e^{-2x}$

(5) $y = -10e^{-2x}\cos x + 9e^{-2x}\sin x + 7e^{-4x}$

(6) $y = 2\cosh x + 12\sinh x + \frac{1}{2}x\sinh x$

(7) $x = \frac{F_0}{2\omega^2}\sin\omega t - \frac{F_0}{2\omega}t\cos\omega t$

(8) $x = -\frac{F_0}{\omega^2 - \gamma^2}\cos\omega t + \frac{F_0}{\omega^2 - \gamma^2}\cos\gamma t$

(9) $y = -\frac{1}{6}\cos x - \frac{\pi}{4}\sin x + \frac{1}{2}x\sin x + \frac{1}{3}\sin 2x$

(10) $y = \frac{1}{780}\left(39e^{-x} + 45e^{3x} - 48\sin 2x - 84\cos 2x - 260\right)$

(11) $y = 11 - 11e^{x} + 9xe^{x} + 2x - 12x^2e^{x} + \frac{1}{2}e^{5x}$

(12) $y = \frac{1}{72}(48xe^{-2x} + 18x - 138e^{-2x} + 17\sqrt{3}e^{x}\sin(\sqrt{3}x) - 177e^{x}\cos\sqrt{3}x - 45)$

03. (1) $y = 6\cos x - 6(\cot 1)\sin x + x^2 - 1$

(2) $y = \frac{-4\sin\sqrt{3}x}{\sin\sqrt{3} + \sqrt{3}\cos\sqrt{3}} + 2x$

04. $y = \begin{cases} \cos 2x + \frac{5}{6}\sin 2x + \frac{1}{3}\sin x, & 0 \le x \le \pi/2 \\ \frac{2}{3}\cos 2x + \frac{5}{6}\sin 2x, & x > \pi/2 \end{cases}$

• 연습문제 3.5

01. (1) $y=c_1\cos x+c_2\sin x+x\sin x+\cos x\ln|\cos x|$; $\left(-\frac{\pi}{2},\ \frac{\pi}{2}\right)$

(2) $y=c_1\cos x+c_2\sin x+\cos x(\sin x-\ln|\sec x+\tan x|)-\cos x\sin x$; $\left(-\frac{\pi}{2},\ \frac{\pi}{2}\right)$

(3) $y=c_1\cos x+c_2\sin x+\frac{1}{2}\sin x-\frac{1}{2}x\cos x$

$=c_1\cos x+c_2\sin x-\frac{1}{2}x\cos x$; $(-\infty,\ \infty)$

(4) $y=c_1\cos x+c_2\sin x+x\cos x-\sin x\ln|\cos x|$, $\left(-\frac{\pi}{2},\ \frac{\pi}{2}\right)$

(5) $y=c_1\cos x+c_2\sin x+\frac{1}{2}-\frac{1}{6}\cos 2x$; $(-\infty,\ \infty)$

(6) $y=c_1\cos x+c_2\sin x-1$, $(-\infty,\ \infty)$

(7) $y=c_1e^{x}+c_2e^{-x}+\frac{1}{4}xe^{x}-\frac{1}{4}xe^{-x}$

$=c_1e^{x}+c_2e^{-x}+\frac{1}{2}x\sinh x$; $(-\infty,\ \infty)$

(8) $y=c_1e^{x}+c_2e^{-x}+\frac{1}{12}e^{-2x}+\frac{1}{4}e^{2x}-\frac{1}{4}e^{-2x}-\frac{1}{12}e^{2x}$; $(-\infty,\ \infty)$

(9) $y=c_1e^{2x}+c_2e^{-2x}+\frac{1}{4}(e^{2x}\ln|x|)-e^{-2x}\int_{x_0}^{x}\frac{e^{4t}}{4}dt$, $x_0>0$; $(0,\ \infty)$

(10) $y=c_1e^{3x}+c_2e^{-3x}-\frac{1}{4}xe^{-3x}(1-3x)$; $(-\infty,\ \infty)$

(11) $y=c_1e^{-x}+c_2e^{-2x}+(e^{-x}+e^{-2x})\ln(1+e^{x})$; $(-\infty,\ \infty)$

(12) $y=c_1e^{x}+c_2xe^{x}-\frac{1}{2}e^{x}\ln(1+x^2)+xe^{x}\tan^{-1}x$; $(-\infty,\ \infty)$

(13) $y=c_1e^{-2x}+c_2e^{-x}-e^{-2x}\sin e^{x}$; $(-\infty,\ \infty)$

(14) $y=c_1e^{t}+c_2te^{-t}+\frac{1}{2}e^{t}((t^2-1)\tan^{-1}t-\ln(1+t^2))$; $(-\infty,\ \infty)$

(15) $y=c_1e^{x}+c_2xe^{x}-\frac{1}{2}e^{x}\ln(1+x^2)+xe^{x}\tan^{-1}x$; $(0,\ \infty)$

(16) $y=c_1e^{x}\sin x+c_2e^{x}\cos x+xe^{x}\sin x+e^{x}\cos x\ln(\cos x)$; $\left(-\frac{\pi}{2},\ \frac{\pi}{2}\right)$

(17) $y=c_1e^{-x}+c_2xe^{-x}+\frac{1}{2}x^2e^{-x}\ln x-\frac{3}{4}x^2e^{-x}$; $(0,\ \infty)$

(18) $y=e^{-x/2}\left(c_1\cos\frac{x}{2}+c_2\sin\frac{x}{2}\right)-4e^{-x/2}\cos\frac{x}{2}\int_{x_0}^{x}e^{t/2}\sin\frac{t}{2}dt+4e^{-x/2}\sqrt{t}\cos\frac{t}{2}dt$;

$(-\infty,\ \infty)$

(19) $y=c_1e^{x}\cos 3x+c_2e^{x}\sin x-\frac{1}{27}e^{x}\cos 3x\ln|\sec 3x+\tan 3x|$; $\left(-\frac{\pi}{6},\ \frac{\pi}{6}\right)$

(20) $y = c_1 e^{x/2} + c_2 x e^{x/2} + \frac{1}{12} e^{x/2}(1-x^2)^{3/2} + \frac{1}{8} x^2 e^{x/2} \sqrt{1-x^2} + \frac{1}{8} x e^{x/2} \sin^{-1} x$; $(-1, 1)$

(21) $y = c_1 + c_2 \cos x + c_3 \sin x - \ln|\cos x| - \sin x \ln|\sec x + \tan x|$; $\left(-\frac{\pi}{2}, \frac{\pi}{2}\right)$

(22) $y = c_1 + c_2 \cos 2x + c_3 \sin 2x + \frac{1}{8} \ln|\sec 2x + \tan 2x| - \frac{1}{4} x \cos 2x + \frac{1}{8} \sin 2x \ln|\cos 2x|$;

$\left(-\frac{\pi}{4}, \frac{\pi}{4}\right)$

(23) $y = c_1 e^x + c_2 e^{2x} + c_3 e^{-x} + \frac{1}{8} e^{3x}$; $(-\infty, \infty)$

(24) $y = c_1 e^{x/2} + c_2 x + c_3 - \frac{x^4}{12} - \frac{2x^3}{3} - 4x^2$; $(-\infty, \infty)$

02. (1) $y = \frac{1}{4} e^{-\frac{x}{2}} + \frac{3}{4} e^{\frac{x}{2}} + \frac{1}{8} x^2 e^{\frac{x}{2}} - \frac{1}{4} x e^{\frac{x}{2}}$

(2) $y = \frac{1}{3}(-3(x+2) + e^{-x} + 8e^{x/2})$

(3) $y = \frac{4}{9} e^{-4x} + \frac{25}{36} e^{2x} - \frac{1}{4} e^{-2x} + \frac{1}{9} e^{-x}$

(4) $y = e^{2x}(x^4 - x^3 - 2x + 1)$

03. $y = c_1 + c_2 e^x + c_3 e^{-x} + \frac{1}{4} x^2 e^x - \frac{3}{4} x e^x$

04. $y = c_1 \sin 2x + c_2 \cos 2x + c_3 - \frac{1}{16} x \sin 2x$

05. $y = c_1 x^{-1/2} \cos x + c_2 x^{-1/2} \sin x + x^{-1/2}$

• 연습문제 3.6

01. (1) $y = c_1 x^{-1} + c_2 x^2$

(2) $y = c_1 x^{1/2} + c_2 x^{1/2} \ln x$

(3) $y = c_1 + c_2 \ln x$

(4) $y = c_1 + c_2 x^4$

(5) $y = c_1 \cos(2\ln x) + c_2 \sin(2\ln x)$

(6) $y = c_1 x^{-1} + c_2 x^{-3}$

(7) $y = c_1 x^{2-\sqrt{6}} + c_2 x^{2+\sqrt{6}}$

(8) $y = c_1 x^{-1+\sqrt{5}} + c_2 x^{-1-\sqrt{5}}$

(9) $y = c_1 \cos\left(\frac{1}{5}\ln x\right) + c_2 \sin\left(\frac{1}{5}\ln x\right)$

(10) $y = c_1 x^{1/2} + c_2 x^{-1/2}$

(11) $y = c_1 x^{-2} + c_2 x^{-2} \ln x$

(12) $y = c_1 x^{-1} + c_2 x^{-6}$

(13) $y = x\{c_1 \cos(\ln x) + c_2 \sin(\ln x)\}$

(14) $y = x^4(c_1 \cos(5\ln x) + c_2 \sin(5\ln x))$

(15) $y = x^{-\frac{1}{2}}\left\{c_1 \cos\left(\frac{\sqrt{3}}{6}\ln x\right) + c_2 \sin\left(\frac{\sqrt{3}}{6}\ln x\right)\right\}$

(16) $y = c_1 x + c_2 x \ln x + c_3 x (\ln x)^2$

(17) $y = c_1 x^3 + \frac{c_2}{x^2}$

(18) $y = c_1 + c_2 x^5 + \frac{1}{5} x^5 \ln x$

(19) $y=c_1x^{-1}+c_2x^2+c_3x^4$ (20) $y=c_1x+c_2x^2+c_3x^2\ln x$

(21) $y=c_1+c_2x+c_3x^2+c_4x^{-3}$

(22) $y=c_1\cos(\ln x)+c_2\sin(\ln x)+c_3\ln x\cos(\ln x)+c_4\ln x\sin(\ln x)$

02. (1) $y=2(-x)^{\frac{1}{2}}-5(-x)^{\frac{1}{2}}\ln(-x)$ (2) $y=2x^2(x+3)$

03. (1) $y=c_1+c_2\ln x+\dfrac{x^2}{4}$ (2) $y=c_1x^5+c_2+\dfrac{1}{5}x^5\ln x$

(3) $y=c_1x^{-\frac{1}{2}}+c_2x^{-1}+\dfrac{1}{15}x^2-\dfrac{1}{6}x$ (4) $y=c_1x+c_2x^2+x^2e^x-2xe^x$

(5) $y=c_1x+c_2x\ln x+x(\ln x)^2$ (6) $y=c_1x+c_2x^2-\dfrac{3}{4}x^3+\dfrac{1}{2}x^3\ln x$

04. (1) $y=c_1x^{-1}+c_2x^{-8}+\dfrac{1}{30}x^2$ (2) $y=c_1x^2+c_2x^3+\dfrac{1}{3}\ln x+\dfrac{5}{18}$

(3) $y=x^2\{c_1\cos(3\ln x)+c_2\sin(3\ln x)\}+\dfrac{4}{13}+\dfrac{3}{10}x$

(4) $y=c_1x^3+\dfrac{c_2}{\sqrt{x}}-\dfrac{x^2}{5}-\dfrac{x}{3}-\dfrac{1}{3}$ (5) $y=c_1x^2+c_2x^{-10}-\dfrac{1}{7}x^{-3}$

(6) $y=c_1x+c_2x^2+c_3x^3-\dfrac{\ln x^3}{6}-\dfrac{17}{12}$

05. (1) $x^2y''-xy'-8y=0$ (2) $x^2y''+7xy'+9y=0$

(3) $x^2y''+xy'+y=0$

06. (1) $y=c_1(x+3)^2+c_2(x+3)^7$ (2) $y=c_1(x+2)+c_2(x+2)\ln(x+2)$

07. $w(r)=\dfrac{q}{64D}(a^2-r^2)^2$

• 연습문제 3.7

01. (1) $A\cos 2t+B\sin 2t+5\sin t$ (2) $-\dfrac{72}{130}\cos 2t-\dfrac{9}{130}\sin 2t$

(3) $4\sin t-12\cos t$ (4) $\cos 4t+0.6\sin 4t$

(5) $-0.025\cos 0.2t+0.252\sin 0.2t$

(6) $y=\dfrac{1}{10}\cos t+\dfrac{1}{5}\sin t-\dfrac{1}{90}\cos 3t+\dfrac{1}{45}\sin 3t$

02. (1) $c_1\cos 5t+c_2\sin 5t+2\sin t$

(2) $e^{-t}\left(c_1\cos\dfrac{3}{2}t+c_2\sin\dfrac{3}{2}t\right)+\dfrac{1}{20}\cos 1.5t+\dfrac{3}{20}\sin 1.5t$

(3) $e^{-t}(A\cos t+B\sin t)+0.2\cos t+0.4\sin t$

(4) $y=c_1\cos 4t+c_2\sin 4t+7t\sin 4t$

(5) $y=A\cos t+B\sin t+(1-\omega^2)^{-1}\cos\omega t$

(6) $y=e^{-2t}(c_1\cos 2t+c_2\sin 2t)+0.25\sin 2t$

03. (1) $y = \sin t - \cos t + e^{-2t}\cos 4t$

(2) $\left\{y_0 - (\omega_0 - \omega^2)^{-1}\right\}\cos\omega_0 t + \left(\dfrac{v_0}{\omega_0}\right)\sin\omega_0 t + (\omega_0^2 - \omega^2)^{-1}\cos\omega t$

(3) $y = \dfrac{1}{105}(35\sin t - 7\sin 3t - \sin 5t + \cos 2t)$

05. $\dfrac{F_0}{2mw_0} t\sin w_0 t$

• 연습 문제 3.8

03. $R > R_{crit} = 2\sqrt{\dfrac{L}{C}}$ 는 경우 1임, 등등

04. $C = \dfrac{1}{\omega^2 L}$

05. $I = 0$

07. $I = 5e^{-2t}\sin t$

08. $I(t) = I_0\cos\dfrac{t}{\sqrt{lc}} - \dfrac{1}{\sqrt{lc}}\left(Q_0 - \dfrac{E_0 c}{1-\omega^2 lc}\right)\sin\dfrac{t}{\sqrt{lc}} - \dfrac{E_0 c\omega}{1-\omega^2 lc}\sin\omega t$

• 연습문제 4.1

01. (1) 고윳값 : $\lambda = 1,\ \lambda = 2$

고윳값 $\lambda = 1$에 대응하는 고유벡터 : $\begin{pmatrix} 1 \\ -2 \end{pmatrix}t, \quad t \neq 0.$

고윳값 $\lambda = 2$에 대응하는 고유벡터 : $\begin{pmatrix} 0 \\ 1 \end{pmatrix}s, \quad s \neq 0.$

(2) 고윳값 : $\lambda = 1,\ \lambda = 1,\ \lambda = 3$

고윳값 $\lambda = 1$에 대응하는 고유벡터 : $\begin{pmatrix} 1 \\ 0 \\ 0 \end{pmatrix}s + \begin{pmatrix} 0 \\ -2 \\ 1 \end{pmatrix}t, \quad s \neq 0$ 또는 $t \neq 0$

고윳값 $\lambda = 3$에 대응하는 고유벡터 : $\begin{pmatrix} 0 \\ 0 \\ 1 \end{pmatrix}t, \quad t \neq 0.$

02. (1) $P = \begin{pmatrix} 6 & 1 \\ -1 & 2 \end{pmatrix}, \qquad D = \begin{pmatrix} -4 & 0 \\ 0 & 9 \end{pmatrix}$

(2) $P = \begin{pmatrix} \sqrt{2} & 2i \\ i & \sqrt{2} \end{pmatrix}, \qquad D = \begin{pmatrix} 2\sqrt{2}i & 0 \\ 0 & -2\sqrt{2}i \end{pmatrix}$

• 연습문제 4.2

01. (1) $\mathbf{x}(t) = k_1 e^{t}\begin{pmatrix} -3 \\ 1 \end{pmatrix} + k_2 e^{5t}\begin{pmatrix} 1 \\ 1 \end{pmatrix}, \qquad (k_1, k_2$는 임의의 상수)

(2) $\mathbf{x}(t) = k_1 e^{-t}\begin{pmatrix} 1 \\ -1 \end{pmatrix} + k_2 e^{3t}\begin{pmatrix} 1 \\ 3 \end{pmatrix}, \qquad (k_1, k_2$는 임의의 상수)

(3) $\mathbf{y}(t)=k_1e^{t}\begin{pmatrix}1\\-1\end{pmatrix}+k_2e^{3t}\begin{pmatrix}1\\1\end{pmatrix}$, ($k_1,k_2$는 임의의 상수)

(4) $\mathbf{y}(t)=k_1e^{-t}\begin{pmatrix}1\\-1\end{pmatrix}+k_2e^{9t}\begin{pmatrix}9\\2\end{pmatrix}$, ($k_1,k_2$는 임의의 상수)

02. (1) $y_1=-4e^{t}+e^{3t}$, $y_2=4e^{t}+e^{3t}$

(2) $y_1=\frac{2}{11}e^{-t}+\frac{108}{11}e^{9t}$, $y_2=\frac{-2}{11}e^{-t}+\frac{24}{11}e^{9t}$

03. $y_1=a\cos t+b\sin t$

$y_2=-\frac{1}{2}(-a\sin t+b\cos t-a\cos t-b\sin t)$

(a,b는 임의의 상수)

04. (1) $x(t)=(5-\sqrt{5})e^{\frac{-3+\sqrt{5}}{10}t}+(5+\sqrt{5})e^{\frac{-3-\sqrt{5}}{10}t}$

$y(t)=4\sqrt{5}e^{\frac{-3+\sqrt{5}}{10}t}-4\sqrt{5}e^{\frac{-3-\sqrt{5}}{10}t}$

(2) $t=\sqrt{5}\ln\left(\frac{7+3\sqrt{5}}{2}\right)$

• 연습 문제 4.3

01. (1) $\mathbf{y}(t)=c_1\begin{pmatrix}1\\0\end{pmatrix}e^{-t}+c_2\begin{pmatrix}0\\1\end{pmatrix}e^{2t}+\begin{pmatrix}0\\-\frac{1}{4}\end{pmatrix}+\begin{pmatrix}1\\-\frac{1}{2}\end{pmatrix}t+\begin{pmatrix}0\\-\frac{1}{2}\end{pmatrix}t^2$

(2) $\mathbf{y}(t)=c_1\begin{pmatrix}1\\-1\end{pmatrix}e^{-3t}+c_2\begin{pmatrix}2\\1\end{pmatrix}e^{4t}+\begin{pmatrix}0\\\frac{1}{2}\end{pmatrix}+\begin{pmatrix}1\\-1\end{pmatrix}t+\begin{pmatrix}-\frac{1}{5}\\-\frac{3}{10}\end{pmatrix}t^2$

(3) $\mathbf{y}(t)=\begin{pmatrix}c_1e^{-t}+\frac{7}{18}e^{t}+2c_2e^{8t}+\frac{2}{63}e^{15t}\\-2c_1e^{-t}-\frac{7}{9}e^{t}+5c_2e^{8t}+\frac{5}{63}e^{15t}\end{pmatrix}$, ($c_1,c_2$는 임의의 상수)

(4) $\mathbf{y}(t)=\begin{pmatrix}c_1e^{2t}+c_2e^{t}-\frac{1}{5}e^{-3t}+\frac{1}{2}e^{3t}\\-c_2e^{t}+\frac{1}{2}e^{3t}\end{pmatrix}$, ($c_1,c_2$는 임의의 상수)

02. (1) $\mathbf{y}(t)=\begin{pmatrix}t\\\frac{1}{4}e^{2t}-\frac{1}{4}-\frac{1}{2}t-\frac{1}{2}t^2\end{pmatrix}$

(2) $\mathbf{y}(t)=\begin{pmatrix}5e^{-3t}+5e^{4t}+t-\frac{1}{5}t^2\\-5e^{-3t}+\frac{5}{2}e^{4t}+\frac{1}{2}-t-\frac{3}{10}t^2\end{pmatrix}$

(3) $\mathbf{y}(t)=\begin{pmatrix} \frac{371}{126}e^{-t}+\frac{7}{18}e^{t}-\frac{212}{63}e^{8t}+\frac{2}{63}e^{15t} \\ -\frac{371}{63}e^{-t}-\frac{7}{9}e^{t}-\frac{530}{63}e^{8t}+\frac{5}{63}e^{15t} \end{pmatrix}$

(4) $\mathbf{y}(t)=\begin{pmatrix} \frac{39}{5}e^{2t}-\frac{15}{2}e^{t}-\frac{1}{5}e^{-3t}+\frac{1}{2}e^{3t} \\ \frac{15}{2}e^{t}+\frac{1}{2}e^{3t} \end{pmatrix}$

• 연습 문제 4.4

01. (1) $p=6,\quad q=5,\quad \Delta=p^2-4q=16$이므로 원점 $(0,\ 0)$은 마디점이다.

(2) $p=2,\quad q=-3,\quad \Delta=p^2-4q=16$이므로 원점 $(0,\ 0)$은 안장점이다.

(3) $p=4,\quad q=3,\quad \Delta=p^2-4q=-11$이므로 원점 $(0,\ 0)$은 나선점이다.

(4) $p=9,\quad q=-10,\quad \Delta=p^2-4q=121$이므로 원점 $(0,\ 0)$은 안장점이다.

02. $c=0,\ p=-\dfrac{c}{m}=0,\ q=\dfrac{k}{m}>0$이면 중심이다.

$c^2<4mk,\ p<0,\ q>0,\ \Delta=\left(\dfrac{c}{m}\right)^2-\dfrac{4k}{m}<0$이면 점근적으로 안정한 나선점이다.

$c^2=4mk,\ p<0,\ q>0,\ \Delta=0$이면 점근적으로 안정한 마디점이다.

$c^2>4mk,\ p<0,\ q>0,\ \Delta>0$이면 점근적으로 안정한 마디점이다.

• 연습 문제 4.5

01. $(0,\ 0)$은 중심이고 안정하다.

02. $(0,\ 0)$은 불안정한 안장점이다.

03. (1) $(0,\ 0),\ (2,\ 0)$은 중심이다.

$(-2,\ 0),\ (1,\ 0),\ (-1,\ 0)$은 안장점이다.

(2) $\left(\dfrac{1}{2}\pi\pm 2n\pi,\ 0\right)$은 안장점이고 $\left(-\dfrac{1}{2}\pi\pm 2n\pi,\ 0\right)$는 중심이다.

• 종합 문제 4

01. (1) 고윳값 : $\lambda=7,\ \lambda=-6$

고윳값 $\lambda=7$에 대응하는 고유벡터 : $\begin{pmatrix}1\\1\end{pmatrix}t,\quad t\neq 0.$

고윳값 $\lambda=-6$에 대응하는 고유벡터 : $\begin{pmatrix}5\\-8\end{pmatrix}t,\quad t\neq 0.$

(2) 고윳값 : $\lambda=2,\ \lambda=5,\ \lambda=3$

고윳값 $\lambda=2$에 대응하는 고유벡터 : $\begin{pmatrix}1\\0\\0\end{pmatrix}t,\quad t\neq 0.$

고윳값 $\lambda = 5$에 대응하는 고유벡터 : $\begin{pmatrix} 1 \\ 3 \\ 0 \end{pmatrix} t, \quad t \neq 0.$

고윳값 $\lambda = 3$에 대응하는 고유벡터 : $\begin{pmatrix} 1 \\ 1 \\ -2 \end{pmatrix} t, \quad t \neq 0.$

02. (1) $P = \begin{pmatrix} 1 & 5 \\ 1 & -8 \end{pmatrix}, \quad D = \begin{pmatrix} 7 & 0 \\ 0 & -6 \end{pmatrix}$

(2) $P = \begin{pmatrix} 1 & 1 & 1 \\ 0 & 3 & 1 \\ 0 & 0 & -2 \end{pmatrix}, \quad D = \begin{pmatrix} 2 & 0 & 0 \\ 0 & 5 & 0 \\ 0 & 0 & 3 \end{pmatrix}$

03. (1) $y = c_1 \sin \omega t + c_2 \cos \omega t, \; v = \omega c_1 \cos \omega t - \omega c_2 \sin \omega t$

$y^2 + \left(\frac{v}{\omega}\right)^2 = c_1^2 + c_2^2 = c$이므로 위상 상태도는 타원군이다.

(2) $uy\frac{dv}{dy} + v^2 = 0$에서 $\frac{dv}{v} + \frac{dy}{y} = 0$이므로 $vy = 0$이다.

따라서 위상 상태도는 쌍곡선군이다.

04. $y_1 = c_1 e^{-t}, \quad y_2 = c_2 e^{-2t} = \left(\frac{c_1^2}{c_2}\right) y_1^2$

$c_1 \neq 0$, $c_2 \neq 0$일 때 포물선군, $c_1 = 0$ 또는 $c_2 = 0$일 때 $(0, 0)$을 향하는 직선이다.

05. $(0, 0)$은 점근적으로 안정한 나선점이다.

06. $(0, 0)$은 불안정한 나선점이거나 불안정한 마디점이다.

• 연습 문제 5.1

01. (1) $y_1(x) = c_0, \; y_2(x) = c_1 \sum_{n=1}^{\infty} \frac{x^n}{n}$

(2) $y(x) = x - \frac{1}{3}x^3 + \frac{1}{5}x^5 - \frac{1}{7}x^7 + \cdots$

(3) $y_1(x) = c_0\left(1 - \frac{1}{2}x^2 + \frac{1}{12}x^4 + \cdots\right), \quad y_2(x) = c_1\left(x - \frac{1}{6}x^3 + \frac{1}{30}x^5 + \cdots\right)$

(4) $y_1(x) = c_0\left(1 - \frac{1}{2}x^2 + \frac{1}{18}x^4 + \cdots\right), \quad y_2(x) = c_1\left(x - \frac{1}{6}x^3 + \cdots\right)$

(5) $y_1(x) = c_0\left(1 + \frac{1}{2}x^2 - \frac{1}{6}x^3 + \cdots\right), \quad y_2(x) = c_1\left(x - \frac{1}{2}x^2 + \frac{1}{6}x^3 - \frac{1}{24}x^4 + \cdots\right)$

02. (1) $y = c_0 x + x \ln x$

(2) $y = ce^x - x^2 - 2x - 2$ (단, $c = c_0 + 2$)

(3) $y = 2e^{x-2} - (x^2 - 2x - 1)$

(4) $y_1(x) = c_0\left[1 + \frac{1}{2}x^2 + \frac{1}{6}x^3 + \frac{1}{6}x^4 + \cdots\right], \; y_2(x) = c_1\left[x + \frac{1}{2}x^2 + \frac{1}{2}x^3 + \frac{1}{4}x^4 + \cdots\right]$

(5) $y(x) = -2\left[1 - 3x + \frac{1}{2!}x^2 + \frac{1}{3!}x^3 + \frac{1}{4!}x^4 + \cdots\right] = -2e^x + 8x$

• 연습 문제 5.2

01. (1) $y_1 = c_0 \sum_{n=0}^{\infty} \frac{(-1)^n x^{n+\frac{1}{2}}}{2^n n!} (x \geq 0)$, $y_2 = c_0 \left(1 + \sum_{n=1}^{\infty} \frac{(-1)^n x^n}{1 \cdot 3 \cdot 5 \cdots (2n-1)} \right) (|x| < \infty)$ 이므로,

구간 $(0, \infty)$ 에서 주어진 방정식의 일반해는 $y = c_1 y_1(x) + c_2 y_2(x)$ 이다.

(2) 구간 $(0, \infty)$ 에서 주어진 방정식의 일반해는 다음과 같다.

$$y = c_1 \left(1 - \frac{1}{2}x + \frac{1}{10}x^2 - \frac{1}{120}x^3 \right) + c_2 \left(x^7 + \sum_{k=1}^{\infty} \frac{(-1)^k 4 \cdot 5 \cdot 6 \cdots (k+3)}{k! 8 \cdot 9 \cdot 10 \cdots (k+7)} x^{k+7} \right)$$

(3) $y_1 = \sum_{n=0}^{\infty} \frac{2x^n}{n!(n+2)!}$, $y_2 = \frac{1}{4} y_1(x) \ln x + y_1(x) \left(-\frac{1}{2x^2} + \frac{2}{3x} - \frac{19x}{270} + \cdots \right)$ 이므로, 구간 $(0, \infty)$ 에서 주어진 방정식의 일반해는 다음과 같다.

$$y = c_1 y_1(x) + c_2 \left\{ \frac{1}{4} y_1(x) \ln x + y_1(x) \left(-\frac{1}{2x^2} + \frac{2}{3x} - \frac{19}{270}x + \cdots \right) \right\}$$

(4) $y_1 = c_0 \sum_{n=0}^{\infty} \frac{4^n x^n}{n!^2} (|x| < \infty)$, $y_2 = y_1(x) \left(\ln x - 8x + 20x^2 - \frac{1472}{27}x^3 + \cdots \right)$ 이므로, 구간 $(0, \infty)$ 에서 주어진 방정식의 일반해는 다음과 같다.

$$y = c_1 y_1(x) + c_2 \left\{ y_1(x) \ln x + y_1(x) \left(-8x + 20x^2 - \frac{1472}{27}x^3 + \cdots \right) \right\}$$

(5) $y = \frac{c_1}{1-x} + \frac{c_2 \ln x}{1-x}$

(6) $y = c_1 x + c_2 \left(x \ln x + \frac{1}{2x} \right)$

(7) $y = c_1 x^{\frac{1}{3}} \left[1 + \frac{1}{1! \cdot 3}x + \frac{1}{2! \cdot 3^2}x^2 + \frac{1}{3! \cdot 3^3}x^3 + \cdots \right]$

$+ c_2 \left[1 + \frac{1}{2}x + \frac{1}{2 \cdot 5}x^2 + \frac{1}{2 \cdot 5 \cdot 8}x^3 + \cdots \right]$

(8) $y = c_1 y_1(x) + c_2 \left[y_1(x) \ln x + y_1(x) \left(-x + \frac{1}{4}x^2 - \frac{1}{3 \cdot 3!}x^3 + \frac{1}{4 \cdot 4!}x^4 - \cdots \right) \right]$,

$y_1(x) = 1 + x + \frac{1}{2!}x^2 + \frac{1}{3!}x^3 + \cdots = e^x$

02. $y = c_0 \left(1 + \sum_{n=1}^{\infty} \frac{1 \cdot 4 \cdot 7 \cdots (3n-2)}{(3n)!} (x-1)^{3n} \right) + c_1 (x-1) \left(1 + \sum_{n=1}^{\infty} \frac{2 \cdot 5 \cdot 8 \cdots (3n-1)}{(3n+1)!} (x-1)^{3n} \right)$

03. (1) $\sum_{n=0}^{\infty} (n+r)(n+r-1) c_n x^{n+r-1} - \sum_{n=0}^{\infty} (n+r)(n+r-1) c_n x^{n+r}$

$+ c \sum_{n=0}^{\infty} (n+r) c_n x^{n+r-1} - (a+b+1) \sum_{n=0}^{\infty} (n+r) c_n x^{n+r} - ab \sum_{n=0}^{\infty} c_n x^{n+r} = 0$ 에서 x^{r-1} 항의 계수로부터 $r(r-1)c_0 + crc_0 = 0$ 이므로 $r_1 = 0$, $r_2 = 1 - c$ 이다.

(2) $\sum_{n=0}^{\infty} n(n-1) c_n x^{n-1} - \sum_{n=0}^{\infty} n(n-1) c_n x^n + c \sum_{n=0}^{\infty} n c_n x^{n-1}$

$$-(a+b+1)\sum_{n=0}^{\infty} nc_n x^n - ab\sum_{n=0}^{\infty} c_n x^n = 0$$

에서 x^S항의 계수를 생각하여 다음을 얻는다.

$$c_{S+1} = \frac{(s+a)(s+b)}{(s+1)(s+c)} c_2 \quad (\text{단, } c \neq 0,\ -1,\ -2,\ -3,\ \cdots)$$

• 연습 문제 5.3

01. $x=\cos\theta$이면 $\dfrac{dy}{d\theta}=-\sin\theta\dfrac{dy}{dx}$, $\dfrac{d^2y}{d\theta^2}=\sin^2\theta\dfrac{d^2y}{dx^2}-\cos\theta\dfrac{dy}{dx}$이므로, 이것을 주어진 식에 대입하면 다음과 같이 변형된다.

$$\sin\theta\left\{(1-\cos^2\theta)\frac{d^2y}{dx^2}-2\cos\theta\frac{dy}{dx}+n(n+1)y\right\}=0$$

따라서 $(1-x^2)\dfrac{d^2y}{dx^2}-2x\dfrac{dy}{dx}+n(n+1)y=0$이다.

02. $v=(x^2-1)^n$이라고 하면 $\dfrac{dv}{dx}=2nx(x^2-1)^{n-1}$이므로 $(1-x^2)\dfrac{dv}{dx}+2nxv=0$이다. 이것을 x에 관하여 미분하면 $(1-x^2)\dfrac{d^2v}{dx^2}+2(n-1)x\dfrac{dv}{dx}+2nv=0$이고, 이것을 x에 관하여 r번 미분하면 다음을 얻는다.

$$(1-x^2)\frac{d^2v}{dx^2}+2(n-r-1)x\frac{dv_r}{dx}+(r+1)(2n-r)v_r=0 \quad \left(\text{단, } v_r=\frac{d^rv}{dx^r}\right)$$

특히, $r=n$이라 놓으면 위 식은 르장드르 방정식이 되고, v_n은 이 방정식을 만족시킨다. 따라서 다음이 성립한다.

$$p_n(x)=cv_n=c\frac{d^n}{dx^n}(x^2-1)^n=c\{n!(x+1)^n+nn!(x-1)(x+1)^{n-1}+\cdots\}$$

여기서 $p_n(1)=c(n!2^n)=1$이므로 $c=\dfrac{1}{2^nn!}$이고 $p_n(x)=\dfrac{1}{2^nn!}\dfrac{d^n}{dx^n}(x^2-1)^n$임을 알 수 있다.

03. (1) $\{1+(t^2-2xt)\}^{-\frac{1}{2}}=1-\dfrac{1}{2}(t^2-2xt)+\dfrac{3}{8}(t^2-2xt)^2+\cdots$

$$=1+xt+\frac{1}{2}(3x^2-1)t^2+\cdots$$

(2) (1)에 주어진 식을 t에 관하여 미분하면 다음 식을 얻는다.

$$(1-2xt+t^2)^{-\frac{3}{2}}(x-t)=\sum_{n=1}^{\infty} nP_n(x)t^{n-1}$$

위 식에 $1-2xt+t^2$을 곱하여 정리하면 다음을 얻는다.

$$\sum_{k=2}^{\infty}\{-(k+1)P_{k+1}(x)+(2k+1)xP_k(x)-kP_{k-1}(x)\}t^k=0$$

(3) 로드리게스의 공식을 적용하면 다음을 얻는다.

$$\int_{-1}^{1}P_m(x)P_n(x)dx=\frac{1}{2^{m+n}m!n!}\int_{-1}^{1}\frac{d^m}{dx^m}(x^2-1)^m\frac{d^n}{dx^n}(x^2-1)^n dx$$
$$=\frac{(-1)^m}{2^{m+n}m!n!}\int_{-1}^{1}(x^2-1)^m\frac{d^{m+n}}{dx^{m+n}}(x^2-1)^n dx$$

(ⅰ) $m\neq n$일 때 $m>n$이라 하면 $m+n>2n$이므로 다음을 얻는다.

$$\frac{d^{m+n}}{dx^{m+n}}(x^2-1)^n=\frac{d^{m+n}}{dx^{m+n}}\{x^{2n}-nx^{2n-2}+\cdots+(-1)^n\}=0$$

따라서 $\int_{-1}^{1}P_m(x)P_n(x)dx=0$이다. 또, 식의 대칭성에 의하여 $m<n$일 때도 $\int_{-1}^{1}P_m(x)P_n(x)dx=0$이다.

(ⅱ) $m=n$일 때 $\int_{-1}^{1}P_m(x)^2dx=\frac{(-1)^m}{2^{2m}(m!)^2}\int_{-1}^{1}(x^2-1)^m\frac{d^{2m}}{dx^{2m}}(x^2-1)^m dx$ 이다. 그런데 $\frac{d^{2m}}{dx^{2m}}(x^2-1)^m=(2m)!$이므로 다음 결과를 얻는다.

$$\int_{-1}^{1}P_m(x)^2dx=\frac{(-1)^m}{2^{2m}(m!)^2}(2m)!\int_{-1}^{1}(x^2-1)^m dx$$
$$=\frac{(-1)^m}{2^{2m}(m!)^2}(2m)!(-1)^m2\frac{2^{2m}(m!)^2}{(2m+1)!}=\frac{2}{2m+1}$$

(4) $\int_{-1}^{1}f(x)P_k(x)dx=c_k\int_{-1}^{1}P_k(x)^2dx=\frac{2c_k}{2k+1}$

(5) $f(x)=x^2=c_0P_0(x)+c_1P_1(x)+c_2P_2(x)$라 하면 $c_k=\frac{2k+1}{2}\int_{-1}^{1}f(x)P_k(x)dx$ 이다. 따라서 $f(x)=x^2=\frac{2}{3}P_2(x)+\frac{1}{3}P_0(x)$이다.

• 연습 문제 5.4

01. $y'=x^nJ_n'+nx^{n-1}J_n$, $y''=x^nJ_n''+2nx^{n-1}J_n'+n(n-1)x^{n-2}J_n$이므로 $xy''+(1-2n)y'+xy=x^{n+1}\{x^2J_n''+xJ_n'+(x^2-n^2)J_n\}=x^{n+1}\cdot 0=0$이다.

03. $n=-1$이므로 $y=x^{-1}J_{-1}(x)=-x^{-1}J_1(x)$이다.

05. (1) $-\nu J_\nu(x)+xJ_{\nu-1}(x)$

$$=-\sum_{n=0}^{\infty}\frac{(-1)^n\nu}{n!\Gamma(1+\nu+n)}\left(\frac{x}{2}\right)^{2n+\nu}+x\sum_{n=0}^{\infty}\frac{(-1)^n}{n!\Gamma(\nu+n)}\left(\frac{x}{2}\right)^{2n+\nu-1}$$

$$= -\sum_{n=0}^{\infty} \frac{(-1)^n \nu}{n!\Gamma(1+\nu+n)} \left(\frac{x}{2}\right)^{2n+\nu} + \sum_{n=0}^{\infty} \frac{(-1)^n \nu}{n!\Gamma(1+\nu+n)} 2\left(\frac{x}{2}\right)\left(\frac{x}{2}\right)^{2n+\nu-1}$$

$$= \sum_{n=0}^{\infty} \frac{(-1)^n(2n+\nu)}{n!\Gamma(1+\nu+n)} \left(\frac{x}{2}\right)^{2n+\nu} = x\sum_{n=0}^{\infty} \frac{(-1)^n(2n+\nu)}{2n!\Gamma(1+\nu+n)} \left(\frac{x}{2}\right)^{2n+\nu-1} = xJ_\nu'(x)$$

06. (1) 5에 의해 $\frac{d}{dx}\{xJ_1(x)\} = xJ_0(x)$이므로 $\int_0^x rJ_0(r)dr = rJ_1(r)\Big|_{r=0}^{r=x} = xJ_1(x)$이다.

(2) 5에 의해 $2J_0' = J_{-1}(x) - J_1(x) = J_0'(x) - J_1(x)$이므로, $J_0'(x) = -J_1(x)$이다.

07. (1) $-J_{-\frac{1}{2}}(x) = xJ_{\frac{1}{2}}(x) + xJ_{-\frac{3}{2}}(x)$이므로 $J_{-\frac{3}{2}}(x) = -\sqrt{\frac{2}{\pi x}}\left(\frac{\cos x}{x} + \sin x\right)$이다.

(2) $-3J_{-\frac{3}{2}}(x) = xJ_{-\frac{1}{2}}(x) + xJ_{-\frac{5}{2}}(x)$이므로 $J_{-\frac{5}{2}}(x) = -\sqrt{\frac{2}{\pi x}}\left(\frac{3\cos x}{x^2} + \frac{3\sin x}{x} + \cos x\right)$이다.

(3) $-5J_{-\frac{5}{2}}(x) = xJ_{\frac{3}{2}}(x) + xJ_{-\frac{7}{2}}(x)$이므로

$J_{-\frac{7}{2}}(x) = \sqrt{\frac{2}{\pi x}}\left(\frac{-15\cos x}{x^3} - \frac{15\sin x}{x^2} + \frac{6\cos x}{x} + \sin x\right)$이다.

(4) $\Gamma\left(1 - \frac{1}{2} + n\right) = \frac{(2n-1)}{(n-1)!2^{2n-1}}$이므로 $J_{-\frac{1}{2}}(x) = \sum_{n=0}^{\infty} \frac{(-1)^n 2^{\frac{1}{2}} x^{-\frac{1}{2}}}{2n(2n-1)!\sqrt{\pi}} x^{2n} = \sqrt{\frac{2}{\pi x}} \omega s x$ 이다.

08. $y_2 = J_0(x)\int \frac{e^{-\int \frac{dx}{x}}}{\{J_0(x)\}^2} dx = J_0(x)\int \frac{dx}{x\left(1 - \frac{x^2}{4} + \frac{x^4}{64} - \frac{x^6}{2304} + \cdots\right)^2}$

$$= J_0(x)\int\left(\frac{1}{x} + \frac{x}{2} + \frac{5x^3}{32} + \frac{23x^5}{576} + \cdots\right)dx = J_0(x)\ln x + \frac{x^2}{4} - \frac{3x^4}{128} + \frac{11x^6}{13824} - \cdots$$

09. $J_{-m}(x) = \sum_{n=0}^{\infty} \frac{(-1)^n}{n!\Gamma(1-m+n)}\left(\frac{x}{2}\right)^{2n-m} = \sum_{n=m}^{\infty} \frac{(-1)^n}{n!\Gamma(1-m+n)}\left(\frac{x}{2}\right)^{2n-m}$

$$= \sum_{j=0}^{\infty} \frac{(-1)^j(-1)^n}{(j+m)!\Gamma(1+j)}\left(\frac{x}{2}\right)^{2j+m} = (-1)^m \sum_{j=0}^{\infty} \frac{(-1)^j}{j!\Gamma(1+m+j)}\left(\frac{x}{2}\right)^{2j+m}$$

$$= (-1)^m J_m(x)$$

10. $\frac{x-m}{\sigma} = t$라 놓으면 다음을 얻는다.

$$\int_{-\infty}^{\infty} x f(x)\,dx = \frac{1}{\sqrt{2\pi}}\left(m\int_{-\infty}^{\infty} e^{-\frac{t^2}{2}}dt + \sigma\int_{-\infty}^{\infty} te^{-\frac{t^2}{2}}dt\right) = m + 0 = m$$

• 종합 문제 5

01. (1) 정치 특이점 $x=0$, 비정칙 특이점 $x=5$

(2) 정칙 특이점 $x=0$, $x=5$, 비정칙 특이점은 없음

(3) 정칙 특이점 $x=3$, $x=-3$, 비정칙 특이점 $x=0$

(4) 정칙 특이점 $x=0$, 비정칙 특이점 $x=i$, $x=-i$

02. (1) $-\infty < x < \infty$　　(2) $-2 < x < 2$

03. (1) $y_1 = c_0\left(1-\frac{1}{6}x^3+\frac{1}{180}x^6-\cdots\right)$, $y_2 = c_1\left(x-\frac{1}{12}x^4+\frac{1}{504}x^7-\cdots\right)$

(2) $y_1 = c_0\left(1+2x^2+\frac{2}{3}x^4+\frac{4}{45}x^6+\cdots\right)$, $y_2 = c_1\left(x+\frac{2}{3}x^3+\frac{2}{15}x^5+\frac{4}{315}x^7+\cdots\right)$

(3) $y_1 = c_0\left(1+\frac{3}{2}x^2+\frac{1}{2}x^3+\frac{5}{8}x^4+\cdots\right)$, $y_2 = c_1\left(x+\frac{1}{2}x^3+\frac{1}{4}x^4+\cdots\right)$

(4) $y_1 = c_0\left(1-\frac{1}{6}x^3-\frac{1}{90}x^6-\cdots\right)$, $y_2 = c_1 x$

04. (1) $y_1 = c_0 x\left(1+\frac{1}{5}x+\frac{1}{70}x^2+\frac{1}{1890}x^3+\cdots\right)$, $y_2 = c_1 x^{-\frac{1}{2}}\left(1-x-\frac{1}{2}x^2-\frac{1}{18}x^3-\cdots\right)$

(2) $y_1 = c_0 x\left(1-x+\frac{1}{6}x^2-\frac{1}{90}x^3+\cdots\right)$, $y_2 = c_1 x^{-\frac{1}{2}}\left(1-\frac{1}{3}x+\frac{1}{30}x^2-\frac{1}{630}x^3+\cdots\right)$

(3) $y_1 = c_0 x^3\left(1+\frac{5}{4}x+\frac{11}{8}x^2+\frac{209}{144}x^3+\cdots\right)$

$y_2 = -\frac{1}{36}y_1 \ln x + y_1\left(-\frac{1}{3x^3}+\frac{1}{4x^2}+\frac{1}{16x}+\cdots\right)$

(4) $y_1 = c_0 x\left(1-\frac{1}{4}x^2+\frac{1}{64}x^4-\frac{1}{2304}x^6+\cdots\right)$

$y_2 = y_1 \ln x + y_1\left(\frac{1}{4x^2}+\frac{5}{128x^4}+\frac{23}{3456}x^6+\cdots\right)$

(5) $y_1 = c_0\left(1+x+\frac{1}{2}x^2+\frac{1}{3!}x^3+\frac{1}{4!}x^4+\cdots\right) = c_0 e^x$, $y_2 = e^x \ln x$

(6) $y_1 = c_0 x^{-1}\left(1+\frac{x}{2}+\frac{x^2}{2}-\frac{x^4}{8}-\frac{3x^5}{80}+\cdots\right)$, $y_2 = c_1 x^{-1}\left(x^3+\frac{x^4}{2}+\frac{3x^5}{20}+\cdots\right)$

05. $y_1 = c_0\left(1-\frac{1}{4}x^2+\frac{1}{64}x^4-\frac{1}{2304}x^6+\cdots\right)$

06. $\int x^3 J_0(x)dx = x^3 J_1(x)+2x^2 J_0(x)-4\int xJ_0(x)dx = x^3J_1(x)+2x^2J_0(x)-4xJ_1(x)+c$

07. (2) $a=\frac{1}{2}$, $b=3$, $c=\frac{3}{2}$, $n=2$이므로 일반해는 다음과 같다.

$$y = c_1\sqrt{x}\,J_2(3x^{\frac{3}{2}}) + c_2\sqrt{x}\,Y_2(3x^{\frac{3}{2}})$$

08. (1) $(x^2y')' + (x^4-\lambda x^3)y = 0$　　(2) $(xy')' + \left(\frac{-n^2}{x}+\lambda x\right)y = 0$

(3) $\{(1-x^2)y'\}' + \lambda y = 0$

• 연습 문제 6.1

01. (1) $\mathcal{L}\{f(t)\} = \int_0^\infty (\sin 2t)e^{-st}dt = \frac{s}{s^2+4}$　$(s>0)$

(2) $\mathcal{L}\{f(t)\}=\int_0^\infty (\cos t)\, e^{(1-s)t}dt$

$$=\left[\frac{(1-s)}{(1-s)^2+1}e^{(1-s)t}\cos t+\frac{1}{(1-s)^2+1}e^{(1-s)t}\sin t\right]_0^\infty$$

$$=\frac{s-1}{s^2-2s+2}\quad (s>0)$$

(3) $\mathcal{L}\{f(t)\}=\int_0^\infty t(\cos t)\, e^{-st}dt$

$$=\left[\left(-\frac{st}{s^2+1}-\frac{s^2-1}{(s^2+1)^2}\right)\cos t e^{-st}+\left(\frac{t}{s^2+1}+\frac{2s}{(s^2+1)^2}\sin t e^{-st}\right)\right]_0^\infty$$

$$=\frac{2s}{(s^2+1)^2}\quad (s>0)$$

(4) $\mathcal{L}\left\{t^{-\frac{1}{2}}\right\}=\dfrac{\Gamma\left(\frac{1}{2}\right)}{s^{\frac{1}{2}}}=\sqrt{\dfrac{\pi}{s}}$ (5) $\dfrac{1}{(s-3)^2}$

(6) $\dfrac{1+e^{-\pi s}}{s^2+1}$

02. (1) $\mathcal{L}^{-1}\left\{\dfrac{1}{s^5}\right\}=\dfrac{1}{4!}\mathcal{L}^{-1}\left\{\dfrac{4!}{s^5}\right\}=\dfrac{1}{24}t^4$

(2) $\mathcal{L}^{-1}\left\{\dfrac{1}{s^2+64}\right\}=\dfrac{1}{8}\mathcal{L}^{-1}\left\{\dfrac{8}{s^2+64}\right\}=\dfrac{1}{8}\sin 8t$

(3) $\mathcal{L}^{-1}\left\{\dfrac{s}{(s-2)(s-3)(s-6)}\right\}=\dfrac{1}{2}e^{2t}-e^{3t}+\dfrac{1}{2}e^{6t}$

(4) $\mathcal{L}^{-1}\left\{\dfrac{s-2}{s^4+s^3+s^2+s}\right\}=-2+\dfrac{3}{2}e^{-t}+\dfrac{1}{2}\cos t+\dfrac{3}{2}\sin t$

03. $n=1$인 경우 $\mathcal{L}\{t^1\}=\int_0^\infty te^{-st}dt=\left.\dfrac{-e^{-st}}{s}t\right|_0^\infty+\dfrac{1}{s}\int_0^\infty e^{-st}dt=\dfrac{1!}{s^{1+1}}$.

$n\geq 2$에 대하여 $\mathcal{L}\{t^{n-1}\}=\dfrac{(n-1)!}{s^n}$이 성립한다고 가정하자.

$\mathcal{L}\{t^n\}=\int_0^\infty t^n e^{-st}dt=\left.-\dfrac{1}{s}t^n e^{-st}\right|_0^\infty+\dfrac{n}{s}\int_0^\infty t^{n-1}e^{-st}dt=\dfrac{n}{s}\mathcal{L}\{t^{n-1}\}$ 이므로 가정에 의해

$\mathcal{L}\{t^n\}=\dfrac{n!}{s^{n+1}}$이 성립한다.

04. $\lim\limits_{s\to\infty}F_1(s)\neq 0,\ \lim\limits_{s\to\infty}F_2(s)\neq 0$

• 연습 문제 6.2

01. (1) $\mathcal{L}\{e^{-t}\cosh t\}=\mathcal{L}\left\{e^{-t}\dfrac{e^t+e^{-t}}{2}\right\}=\mathcal{L}\left\{\dfrac{1}{2}+\dfrac{1}{2}e^{-2t}\right\}=\dfrac{1}{2s}+\dfrac{1}{2(s+2)}$

(2) $\mathcal{L}\{\sin t\cos 2t\} = \mathcal{L}\left\{\frac{1}{2}\sin 3t - \frac{1}{2}\sin t\right\} = \frac{1}{2}\frac{3}{s^2+9} - \frac{1}{2}\frac{1}{s^2+1}$

(3) $\mathcal{L}\{\sin^3 t\} = \mathcal{L}\left\{\sin t\left(\frac{1}{2} - \frac{1}{2}\cos 2t\right)\right\}$

$$= \mathcal{L}\left\{\frac{1}{2}\sin t - \frac{1}{2}\left(\frac{1}{2}\sin 3t - \frac{1}{2}\sin t\right)\right\}$$

$$= \frac{3}{4}\frac{1}{s^2+1} - \frac{1}{4}\frac{3}{s^2+9}$$

(4) $\dfrac{3!}{(s+2)^4}$

(5) $\dfrac{3!}{s^4} + 3\dfrac{2}{s^3} + \dfrac{3}{s^2} + \dfrac{1}{s}$

(6) $\dfrac{2}{(s-2)^3} - \dfrac{2}{(s-2)^2} + \dfrac{1}{s-2}$

(7) $\mathcal{L}\left\{\frac{1}{2}e^t + \frac{1}{2}e^t\cos 6t\right\} = \frac{1}{2}\frac{1}{s-1} + \frac{1}{2}\frac{s-1}{(s-1)^2+36}$

(8) $\dfrac{e^{-2s}}{s+1} - \dfrac{e^{-2s}}{s^2} - \dfrac{2e^{-2s}}{s}$

(9) $\dfrac{6e^{-s}}{(s-1)^4}$

02. (1) $1 + 3t + \dfrac{3}{2}t^2 + \dfrac{1}{6}t^3$

(2) $\cos\sqrt{2}t + \dfrac{1}{\sqrt{2}}\sin\sqrt{2}t$

(3) $\dfrac{1}{9}e^{4t} - \dfrac{1}{9}e^{-5t}$

(4) $5e^{2t} + 10te^{2t}$

(5) $U(t-1) - e^{-(t-1)}U(t-1)$

(6) $2 - 3(t-1)U(t-1) + 5(t-2)U(t-2) = \begin{cases} 2 & (0 \le t < 1) \\ -3t+5 & (1 \le t < 2) \\ 2t-5 & (t \ge 2) \end{cases}$

(7) $f(t) = -\dfrac{1}{t}\mathcal{L}^{-1}\left\{\dfrac{d}{ds}[\ln(s-3) - \ln(s+1)]\right\}$

$$= -\frac{1}{t}\mathcal{L}^{-1}\left\{\frac{1}{s-3} - \frac{1}{s+1}\right\} = -\frac{1}{t}(e^{3t} - e^{-t})$$

(8) $\sin\dfrac{2t}{t}$

(9) $-\dfrac{1}{t}(-t - \sin 4t) = 1 + \sin\dfrac{4t}{t}$

03. $t^2 + 1 = (t-5)^2 + 10(t-5) + 26$이므로 $\mathcal{L}\{f(t)\} = e^{-5s}\left(\dfrac{2}{s^3} + \dfrac{10}{s^2} + \dfrac{26}{s}\right)$이다.

04. (1) $y(t) = \dfrac{28}{13}e^{3t} - \dfrac{2}{13}\cos 2t - \dfrac{3}{13}\sin 2t$

(2) $y(t) = \dfrac{1}{6} + \dfrac{1}{3}e^{-t} - \dfrac{1}{2}e^{-2t}\cos\sqrt{2}t - \dfrac{\sqrt{2}}{3}e^{-2t}\sin\sqrt{2}t$

(3) $y(t) = \dfrac{1}{4}\sin 4t + \dfrac{1}{8}t\sin 4t$

(4) $y(t) = \dfrac{1}{2}e^{-t} - \dfrac{4}{3}e^{-\frac{t}{2}} + \dfrac{5}{6}e^t$

• 연습 문제 6.3

01. (1) $\mathcal{L}\{2-4U(t-3)\}=\frac{2}{s}-\frac{4}{s}e^{-3s}$

(2) $\mathcal{L}\{\sin t-\sin t\,U(t-2\pi)\}=\mathcal{L}\{\sin t-\sin(t-2\pi)\,U(t-2\pi)\}$

$$=\frac{1}{s^2+1}-\frac{e^{-2\pi s}}{s^2+1}$$

(3) $\mathcal{L}\{1-U(t-4)+U(t-5)\}=\frac{1}{s}-\frac{e^{-4s}}{s}+\frac{e^{-5s}}{s}$

(4) $\mathcal{L}\left\{\sin t\,U\left(t-\frac{3\pi}{2}\right)\right\}=\mathcal{L}\left\{-\cos\left(t-\frac{3\pi}{2}\right)U\left(t-\frac{3\pi}{2}\right)\right\}=-\frac{se^{\frac{-3\pi s}{2}}}{s^2+1}$

(5) $\mathcal{L}\{U(t-1)+U(t-2)+U(t-3)+\cdots\}=\frac{e^{-s}}{s}+\frac{e^{-2s}}{s}+\frac{e^{-3s}}{s}+\cdots=\frac{1}{s}\frac{e^{-s}}{1-e^{-s}}$

02. (1) $f(t)=t-(t-1)U(t-1)=\begin{cases}t & (0\le t<1)\\ 1 & (t\ge 1)\end{cases}$

(2) $2-3(t-1)U(t-1)+5(t-2)U(t-2)=\begin{cases}2 & (0\le t<1)\\ -3t+5 & (1\le t<2)\\ 2t-5 & (t\ge 2)\end{cases}$

03. (1) $\mathcal{L}\{f(t)\}=\frac{1}{1-e^{-2as}}\left(\int_0^a e^{-st}dt-\int_a^{2a}e^{-st}dt\right)=\frac{(1-e^{-as})^2}{s(1-e^{-2as})}=\frac{(1-e^{-as})}{s(1+e^{-as})}$

(2) $\mathcal{L}\{f(t)\}=\frac{1}{1-e^{-bs}}\int_0^b\frac{a}{b}te^{-st}dt=\frac{a}{s}\left(\frac{1}{bs}-\frac{1}{e^{bs}-1}\right)$

(3) $\mathcal{L}\{f(t)\}=\frac{1}{1-e^{-2s}}\left\{\int_0^1 te^{-st}dt-\int_1^2(2-t)e^{-st}dt\right\}=\frac{1-e^{-s}}{s^2(1-e^{-2s})}$

(4) $\mathcal{L}\{f(t)\}=\frac{1}{1-e^{-2\pi s}}\int_0^\pi e^{-st}\sin t\,dt=\frac{1}{s^2+1}\frac{1}{1-e^{-\pi s}}$

04. $\mathcal{L}\{f(t)\}=\frac{1}{1-e^{-2cs}}\left(\int_0^c e^{-st}(1)dt-\int_c^{2c}e^{-st}(0)dt\right)=\frac{1-e^{-cs}}{s(1-e^{-2cs})}=\frac{1}{s(1+e^{-cs})}$

05. (1) $\mathcal{L}\{y\}=\frac{2}{s+1}+\frac{e^{-s}}{s+1}$ 이므로 $y=2e^{-t}+e^{-(t-1)}U(t-1)$ 이다.

(2) $\mathcal{L}\{y\}=\frac{1}{4}e^{-2\pi s}\frac{4}{s^2+16}$ 이므로 $y=\frac{1}{4}\sin 4(t-2\pi)\,U(t-2\pi)$ 이다.

(3) $y=\frac{2}{3}e^{-2t}\sin 3t+e^{-2t}\cos 3t+\frac{1}{3}e^{-2(t-\pi)}\sin 3(t-\pi)\,U(t-\pi)$

$+\frac{1}{3}e^{-2(t-3\pi)}\sin 3(t-3\pi)\,U(t-3\pi)$

(4) $-e^t+e^{2t}-te^t-e^{t-4}U(t-4)+e^{2t-8}U(t-4)-e^{t-2}U(t-2)+e^{2t-4}U(t-2)$

• 연습 문제 6.4

01. (1) $\dfrac{3s^2+1}{s^2(s^2+1)^2}$ (2) $\dfrac{s-1}{(s+1)\{(s-1)^2+1\}}$

(3) $1-e^{-t}$ (4) $\dfrac{2}{s^3(s-1)^2}$

(5) te^{-1} (6) $\dfrac{1}{4}t\sin 2t$

02. $\mathcal{L}\{f(t)\}=3\mathcal{L}\{t^2\}-\mathcal{L}\{e^{-t}\}-\mathcal{L}\{f(t)\}\mathcal{L}\{e^t\}$이므로

(1) $f(t)=3t^2-t^3+1-2e^{-t}$ 이다.

(2) $f(t)=\sin t-\dfrac{1}{2}t\sin t$

03. (1) $-\dfrac{1}{6}+\dfrac{3}{10}e^{2t}-\dfrac{2}{15}e^{-3t}$ (2) $\dfrac{2}{3}-\dfrac{1}{2}\left(t+\dfrac{3}{2}\right)e^{-t}+\dfrac{1}{12}e^{-3t}$

(3) $\dfrac{1}{4}\left(t-\dfrac{1}{2}\sin 2t\right)$ (4) $1+2e^{-2t}\sin t$

(5) $\dfrac{1}{8}e^{5t}+\dfrac{1}{16}e^{-t}-\dfrac{3}{16}e^{t}(\cos 2t+\sin 2t)$

• 종합 문제 6

01. (1) $y=\dfrac{3}{4}+\dfrac{9}{8}t+\dfrac{3}{4}t^2+\dfrac{1}{4}t^3+\dfrac{1}{4}e^{2t}-\dfrac{13}{8}te^{2t}$

(2) $y=\dfrac{7}{25}+\dfrac{1}{5}t-\dfrac{7}{25}e^t\cos 2t+\dfrac{51}{25}e^t\sin 2t$

(3) $y=1-e^{-t}-2\{1-e^{-(t-1)}\}U(t-1)$

(4) $y=\{1-\cos(t-\pi)\}U(t-\pi)-\{1-\cos(t-2\pi)\}U(t-2\pi)+\sin t$

(5) $y=-\dfrac{1}{25}e^t-\dfrac{1}{5}te^t+\dfrac{1}{25}e^{6t}+\left\{-\dfrac{1}{5}e^{t-2}+\dfrac{1}{5}e^{6(t-2)}\right\}U(t-2)$

$+\left\{-\dfrac{1}{5}e^{t-4}+\dfrac{1}{5}e^{6(t-4)}\right\}U(t-4)$

(6) $y=\cos 2t+\left\{\dfrac{1}{3}\sin(t-2\pi)-\dfrac{1}{6}\sin 2(t-2\pi)\right\}U(t-2\pi)$

(7) $y=\left\{\dfrac{1}{6}-\dfrac{1}{2}e^{2(t-1)}+\dfrac{1}{3}e^{3(t-1)}\right\}U(t-1)e^{3t}-e^{2t}$

(8) $y=5U(t-\pi)-5e^{2(t-\pi)}\cos\sqrt{2}(t-\pi)+5\sqrt{2}e^{2(t-\pi)}\sin\sqrt{2}(t-\pi)U(t-\pi)$

(9) $y=\dfrac{1}{36}-\dfrac{1}{6}t+\dfrac{1}{45}e^{3t}-\dfrac{1}{20}e^{-2t}+\left(\dfrac{A+2}{5}\right)e^{3t}+\left(\dfrac{3-A}{5}\right)e^{-2t}$

$$A=\frac{\dfrac{25}{6}-\dfrac{19e^3}{15}+\dfrac{11e^{-2}}{10}}{\dfrac{3e^3}{5}+\dfrac{2e^{-2}}{5}}$$

(10) $y(t)=-\frac{5}{169}\cos 3t-\frac{12}{169}\sin 3t+\frac{5}{169}e^{2t}+\frac{26}{169}te^{2t}+Ae^{2t}-2Ate^{2t}$,

$A=-\frac{5}{507}e^{-4}\cos 6-\frac{12}{507}e^{-4}\sin 6+\frac{57}{507}$

(11) $y(t)=\frac{t^2}{2}$

(12) $y(t)=e^{-4t}+2te^{-4t}+c\left(-\frac{1}{32}+\frac{1}{16}t+\frac{1}{16}te^{-4t}+\frac{1}{32}e^{-4t}\right)$

02. (1) $f(t)=\pm 6t$

(2) $y(t)=1+t+\frac{1}{2}t^2$

(3) $f(t)=\frac{2}{5}t+\frac{8}{5\sqrt{5}}\sin\sqrt{5}\,t$

(4) $f(t)=\frac{1}{2}t-\frac{1}{12}t^3$

03. $e^{-ks}\mathcal{L}\{e^{at}f(t)\}=e^{-ks}F(s-a)$

04. (1) (a) $t-(t-1)\,U(t-1)-U(t-4)$

(b) $\frac{1}{s^2}-\frac{1}{s^2}e^{-s}-\frac{1}{s}e^{-4s}$

(c) $\frac{1}{(s-1)^2}-\frac{1}{(s-1)^2}e^{-(s-1)}-\frac{1}{s-1}e^{-4(s-1)}$

(2) (a) $-\sin(t-\pi)\,U(t-\pi)+\sin(t-3\pi)\,U(t-3\pi)$

(b) $-\frac{1}{s^2+1}e^{-\pi s}+\frac{1}{s^2+1}e^{-3\pi s}$

(c) $-\frac{1}{(s-1)^2+1}e^{-\pi(s-1)}+\frac{1}{(s-1)^2+1}e^{-3\pi(s-1)}$

(3) (a) $2+(t-2)\,U(t-2)$

(b) $\frac{2}{s}+\frac{1}{s^2}e^{-2s}$

(c) $\frac{2}{(s-1)}+\frac{1}{(s-1)^2}e^{-2(s-1)}$

(4) (a) $t-2(t-1)\,U(t-1)+(t-2)\,U(t-2)$

(b) $\frac{1}{s^2}-\frac{2}{s^2}e^{-s}+\frac{1}{s^2}e^{-2s}$

(c) $\frac{1}{(s-1)^2}-\frac{2}{(s-1)^2}e^{-(s-1)}+\frac{1}{(s-1)^2}e^{-2(s-1)}$

05. $I_2=0.25-0.0811e^{-0.5570t}-0.1689e^{-2.6930t}$, $I_3=0.0585e^{-0.5570t}-0.0585e^{-2.6930t}$

$I_1=I_2+I_3$

• 연습 문제 7.1

01. (1) 0 (2) $\frac{2}{3}$

(3) 0 (4) 2

(5) $\frac{2}{3}$ (6) $\frac{2}{5}$

(7) $\frac{8}{3}$ (8) 14

02. $\{\phi_1(x),\ \phi_2(x)\},\ \{\phi_1(x),\ \phi_4(x)\},\ \{\phi_2(x),\ \phi_3(x)\},\ \{\phi_3(x),\ \phi_4(x)\}$

04. (1) $\left\| \sin \frac{n\pi}{L}x \right\| = \sqrt{\frac{L}{2}}$ (2) $\| 1 \| = \sqrt{L},\ \left\| \cos \frac{n\pi}{L}x \right\| = \sqrt{\frac{L}{2}}$

(3) $\| 1 \| = \sqrt{2L},\ \left\| \cos \frac{n\pi x}{L} \right\| = \sqrt{L},\ \left\| \sin \frac{m\pi x}{L} \right\| = \sqrt{L}\ (n,\ m=1,\ 2,\ \cdots)$

05. (1) $\langle H_0,\ H_1 \rangle = 0,\ \langle H_0,\ H_2 \rangle = 0,\ \langle H_1,\ H_2 \rangle = 0$

(2) $\langle L_0,\ L_1 \rangle = 0,\ \langle L_0,\ L_2 \rangle = 0,\ \langle L_1,\ L_2 \rangle = 0$

07. $c_1 = 0,\ c_2 = -\frac{5}{3}$

09. $(1,\ \sin n\pi x) = 0(n=1,\ 2,\ \cdots)$이므로 정의에 의해 완비 집합이 아님.

10. $a_0 = 1,\ a_1 = -\sqrt{3},\ a_2 = 2\sqrt{3},\ a_3 = \sqrt{5},\ a_4 = -6\sqrt{5},\ a_6 = 6\sqrt{5}$

11. (2) $\left\{1,\ 1-x,\ 1-2x+\frac{1}{2}x^2\right\}$

12. (2) $\left\{\frac{1}{\sqrt{\pi}}\right\} \cup \left\{\sqrt{\frac{2}{\pi}} \cos(n\cos^{-1}x)\right\}_{n=1}^{\infty}$

• 연습 문제 7.2

01. (1) 홀 함수 (2) 짝 함수

(3) 짝 함수 (4) 홀 함수

(5) 짝 함수

02. (1) $1 - \cos 2x$ (2) $\frac{1}{4}\cos 3x + \frac{3}{4}\cos x$

(3) $\frac{-2}{\pi}\sum_{n=1}^{\infty}\frac{1}{n}\sin n\pi x$ (4) $-\sum_{n=1}^{\infty}\frac{2}{n}\sin nx$

(5) $\frac{2}{\pi} - \frac{4}{\pi}\sum_{n=1}^{\infty}\frac{(-1)^n}{4n^2-1}\cos 2nx$ (6) $\pi - 2\sum_{n=1}^{\infty}\frac{(-1)^n}{n}\sin nx$

(7) $2\sum_{n=1}^{\infty}\left\{\frac{(-1)^{n+1}}{n\pi} + \frac{2(1-(-1)^n)}{(n\pi)^3}\right\}\sin n\pi x$

(8) $\dfrac{\pi^2}{6}+\sum_{n=1}^{\infty}\left[\left(\dfrac{2\{(-1)^n-1\}}{n^3\pi}+\dfrac{\pi(-1)^{n+1}}{n}\right)\sin nx+\dfrac{2(-1)^n}{n^2}\cos nx\right]$

03. (1) $\dfrac{1}{2}+\dfrac{2}{\pi}\sum_{n=1}^{\infty}\dfrac{\sin\left(\dfrac{n\pi}{2}\right)}{n}\cos n\pi x,\quad \dfrac{2}{\pi}\sum_{n=1}^{\infty}\dfrac{1-\cos\left(\dfrac{n\pi}{2}\right)}{n}\sin n\pi x$

(2) $\cos x,\quad \dfrac{8}{\pi}\sum_{n=1}^{\infty}\dfrac{n}{4n^2-1}\sin 2nx$

(3) $\dfrac{5}{6}+\dfrac{2}{\pi^2}\sum_{n=1}^{\infty}\dfrac{3(-1)^n-1}{n}\cos n\pi x,\quad 4\sum_{n=1}^{\infty}\left\{\dfrac{(-1)^{n+1}}{n\pi}+\dfrac{(-1)^n-1}{n^3\pi^3}\right\}\sin n\pi x$

(4) $\dfrac{2}{\pi}-\dfrac{4}{\pi}\sum_{n=1}^{\infty}\dfrac{1}{4n^2-1}\cos 2nx,\quad \sin x$

(5) $\dfrac{\pi}{4}+\dfrac{2}{\pi}\sum_{n=1}^{\infty}\dfrac{2\cos\left(\dfrac{n\pi}{2}\right)-(-1)^n-1}{n^2}\cos nx,\quad \dfrac{4}{\pi}\sum_{n=1}^{\infty}\dfrac{\sin\left(\dfrac{n\pi}{2}\right)}{n^2}\sin nx$

(6) $\dfrac{e^L-1}{L}+\dfrac{2}{L}\sum_{n=1}^{\infty}\dfrac{(-1)^n e^L-1}{1+\left(\dfrac{n\pi}{L}\right)^2}\cos\dfrac{\pi\pi x}{L},\quad \dfrac{2\pi}{L^2}\sum_{n=1}^{\infty}\dfrac{1-(-1)^n e^L}{1+\left(\dfrac{n\pi}{L}\right)^2}\sin\dfrac{\pi\pi x}{L}$

05. 임의의 함수 $f(x)$에 대하여 다음 두 함수를 생각하자.

$$F(x)=\frac{f(x)+f(-x)}{2}\ \text{[짝 함수]},\quad G(x)=\frac{f(x)-f(-x)}{2}\ \text{[홀 함수]}$$

따라서 $f(x)=F(x)+G(x)$이다.

06. $x=\pm\pi$에서 푸리에 급수는 $\dfrac{\pi^2}{2}$에 수렴하다.

08. $x=\dfrac{\pi}{2}$일 때 $1=f\left(\dfrac{\pi}{2}\right)=\dfrac{4}{\pi}\left(1-\dfrac{1}{3}+\dfrac{1}{5}-\dfrac{1}{7}+\cdots\right)$이므로

10. (1) $\dfrac{1}{\pi}+\dfrac{1}{2}\sin x+\dfrac{1}{\pi}\sum_{n=2}^{\infty}\dfrac{(-1)^n+1}{1-n^2}\cos nx$

12. (1) $\dfrac{4}{\pi^2}\sum_{n=1}^{\infty}\sum_{m=1}^{\infty}\dfrac{\{1-(-1)^m\}\{1-(-1)^n\}}{mn}\sin mx\sin ny$

(2) $\dfrac{1}{4}+\dfrac{1}{\pi^2}\sum_{m=1}^{\infty}\dfrac{(-1)^m-1}{m^2}\cos m\pi x+\dfrac{1}{\pi^2}\sum_{n=1}^{\infty}\dfrac{(-1)^n-1}{n^2}\cos n\pi y$

$+\dfrac{4}{\pi^4}\sum_{m=1}^{\infty}\sum_{n=1}^{\infty}\dfrac{\{(-1)^n-1\}\{(-1)^m-1\}}{m^2n^2}\cos m\pi y\cos n\pi y$

• 연습 문제 7.3

02. (1) $\lambda=n^2\ (n=1,\ 2,\ 3,\ \cdots);\ \phi(x)=\sin nx$

(2) $\lambda=(2n-1)^2\ (n=1,\ 2,\ 3,\ \cdots);\ \phi(x)=\sin(2n-1)x$

(4) $\lambda=\left(\dfrac{n\pi}{L}\right)^2\ (n=0,\ 1,\ 2,\ 3,\ \cdots);\ \phi(x)=\cos\dfrac{n\pi}{L}x$

(5) $\lambda = 0$일 때 $\phi(x) = x - 1$; $\lambda > 0$이면 고윳값 $\lambda_n = x_n^2$, x_n $(n = 1, 2, 3, \cdots)$은 방정식 $\tan\sqrt{\lambda} = \sqrt{\lambda}$의 양의 근이고 고유 함수는

$\phi(x) = -\sqrt{\lambda_n}\cos\sqrt{\lambda_n}x + \sin\sqrt{\lambda_n}x$

(6) 고윳값 $\lambda_n = x_n^2$, x_n $(n = 1, 2, 3, \cdots)$은 방정식 $\tan\sqrt{\lambda} = -\sqrt{\lambda}$의 양의 근이고, 고유함수는

$\phi(x) = \sin\sqrt{\lambda_n}\, x$

(7) $\lambda = \left(\dfrac{n\pi}{5}\right)^2$ $(n = 1, 2, 3, \cdots)$; $\phi(x) = e^{-x}\sin\dfrac{n\pi}{5}x$

(8) $\lambda^2 = (n\pi)^2$ $(n = 1, 2, 3, \cdots)$; $\phi(x) = \sin n\pi x$

(9) $\lambda = \dfrac{2n-1}{6}$ $(n = 1, 2, 3, \cdots)$; $\phi(x) = \sin\dfrac{2n-1}{6}x$

03. $\dfrac{d}{dx}\left(xe^{-x}\dfrac{d}{dy}y\right) + ne^{-x}y = 0$, 가중 함수 $\rho(x) = e^{-x}$

04. $\dfrac{d}{dx}\left(e^{-x^2}\dfrac{d}{dx}y\right) + 2ne^{-x^2}y = 0$, 가중 함수 $\rho(x) = 2e^{-x^2}$

06. $\lambda_n = 16n^2$, $y_n = \sin(4n\tan^{-1}x)$, $n = 1, 2, 3, \cdots$

• 연습 문제 7.4

02. (1) $f(x) = 20\displaystyle\sum_{i=1}^{\infty}\frac{\lambda_i J_1(4\lambda_i)}{(2\lambda_i^2+1)J_1^2(4\lambda_i)}J_1(\lambda_i x)$; (경우 2)

(2) $f(x) = \displaystyle\sum_{i=1}^{\infty}\frac{2}{\lambda_i J_3(\lambda_i)}J_2(\lambda_i x)$; (경우 1)

(3) $f(x) = \displaystyle\sum_{i=1}^{\infty}\frac{4J_2(\lambda_i)}{\lambda_i^2 J_1^2(\lambda_i)}J_0(\lambda_i x)$; (경우 1)

(4) $f(x) = \dfrac{9}{2} - 4\displaystyle\sum_{i=1}^{\infty}\frac{J_2(3\lambda_i)}{\lambda_i^2 J_0^2(3\lambda_i)}J_0(\lambda_i x)$; (경우 3)

(5) $f(x) = \displaystyle\sum_{i=1}^{\infty}\frac{2}{\lambda_i J_1(\lambda_i)}J_0(\lambda_i x)$; (경우 1)

03. (1) $\dfrac{1}{4}P_0(x) + \dfrac{1}{2}P_1(x) + \dfrac{5}{16}P_2(x) - \dfrac{3}{32}P_4(x)$

(2) $\sinh 1\, P_0(x) + \dfrac{3}{e}P_1(x) + \dfrac{5}{2}\left(e - \dfrac{7}{e}\right)P_2(x) + \dfrac{7}{2}\left(-5e + \dfrac{37}{e}\right)P_3(x)$

$\left[P_0(x) = 1,\ P_1(x) = x,\ P_2(x) = \dfrac{1}{2}(3x^2 - 1),\ P_3(x) = \dfrac{1}{2}(5x^3 - 3x)\right]$

04. $f(x) = \dfrac{1}{3}P_0(x) + \dfrac{2}{3}P_2(x)$

05. $P_0(\cos\theta) = 1$, $P_1(\cos\theta) = \cos\theta$, $P_2(\cos\theta) = \dfrac{1}{4}(3\cos 2\theta + 1)$

• 연습 문제 8.1

01. (1) 독립 변수: x, t, s; 종속 변수: u (2) 독립 변수: ρ,ϕ,θ 종속 변수: u

(3) 독립 변수: x_1, x_2, x_3, y_1, y_2, y_3; 종속 변수: F

(4) 독립 변수: x, y, z, t; 종속 변수: ν

02. (1) 1계 선형 (2) 2계 비선형

(3) 2계 선형 (4) 1계 비선형

03. (1) 평면 전체에서 쌍곡선 형

(2) $x<0$인 평면의 영역에서 쌍곡선 형; $x=0$인 평면의 영역에서 포물선 형;
$x>0$인 평면의 영역에서 타원 형

(3) 평면 전체에서 쌍곡선 형 (4) 평면 전체에서 타원 형

(5) $(1-x^2)y>0$ 인 평면의 영역에서 타원 형;
$(1-x^2)y<0$ 인 평면의 영역에서 쌍곡선 형;
$(1-x^2)y=0$ 인 평면의 영역에서 포물선 형

(6) 평면 전체에서 쌍곡선 형 (7) 평면 전체에서 포물선 형 (8) 평면 전체에서 쌍곡선 형

05. (1) $u(x,y)=\dfrac{1}{4}x^2y^2+f(x)+g(y)$ (단, f와 g는 임의의 일변수 함수)

(2) $u(x,y)=f(x)e^{-y}+g(y)$ (단, f와 g는 임의의 일변수 함수)

• 연습 문제 8.2

01. (1) $X'-\lambda X=0,\ Y'-\lambda Y=0$

$u(x,\ y)=Ae^{\lambda(x+y)}$, λ는 실수

(2) $X'-(1+\lambda)X=0, Y'+\lambda Y=0,\ u(x,y)=Ae^{x+\lambda(x-y)}$ 또는 $X'-\lambda X=0, Y'-(1-\lambda)Y=0,$
$u(x,y)=Ae^{y+\lambda(x-y)}$

(3) $X'-\dfrac{\lambda}{x}X=0, Y'-\dfrac{\lambda}{y}Y=0,\ u(x,y)=A(xy)^{\lambda}$

(4) $x^2X''-\lambda X=0,\ 2yY'-\lambda Y=0$

$$\lambda<-\frac{1}{4};\ u(x,\ y)=|x|^{\frac{1}{2}}|y|^{\frac{\lambda}{2}}\left\{A_1\cos\left(\frac{\sqrt{|1+4\lambda|}}{2}\ln|x|\right)+A_2\sin\left(\frac{\sqrt{|1+4\lambda|}}{2}\ln|x|\right)\right\}$$

$$\lambda=-\frac{1}{4};\ u(x,\ y)=|x|^{\frac{1}{2}}|y|^{-\frac{1}{8}}(A_1+A_2\ln|x|)$$

$$\lambda>-\frac{1}{4};\ u(x,\ y)=|x|^{\frac{1}{2}}|y|^{\frac{\lambda}{2}}\left(A_1|x|^{\frac{\sqrt{|1+4\lambda|}}{2}}+A_2|x|^{-\frac{\sqrt{1+4\lambda}}{2}}\right)$$

(5) $X''+X-\lambda X=0,\ Y'-(1-\lambda)Y=0$

$$\lambda<-\frac{1}{4};\ u(x,\ y)=e^{-\frac{x}{2}}e^{(1-\lambda)y}\left(A_1\cos\frac{\sqrt{|1+4\lambda|}}{2}x+A_2\sin\frac{\sqrt{|1+4\lambda}}{2}x\right)$$

$\lambda=-\dfrac{1}{4}$; $u(x,\ y)=e^{-\frac{x}{2}}e^{(1-\lambda)y}(A_1+A_2x)$

$\lambda>-\dfrac{1}{4}$; $u(x,\ y)=e^{-\frac{x}{2}}e^{(1-\lambda)y}(A_1e^{\frac{\sqrt{1+4\lambda}}{2}}+A_2e^{-\frac{\sqrt{1+4\lambda}}{2}x})$

(6) $X''-\lambda X=0,\ T'-\lambda T=0$

$\lambda<0$; $u(x,\ t)=(A_1\cos\sqrt{-\lambda}\,x+A_2\sin\sqrt{-\lambda}\,x)e^{\lambda t}$

$\lambda=0$; $u(x,\ t)=(A_1+A_2x)$

$\lambda>0$; $u(x,\ t)=(A_1e^{\sqrt{\lambda}x}+A_2e^{-\sqrt{\lambda}x})e^{\lambda t}$

(7) $X''-\lambda X=0,\ T''-\lambda T=0$

$\lambda<0$; $u(x,\ t)=(A_1\cos\sqrt{-\lambda}\,x+A_2\sin\sqrt{-\lambda}\,x)\ (A_3\cos\sqrt{-\lambda}\,t+A_4\sin\sqrt{-\lambda}\,t)$

$\lambda=0$; $u(x,\ t)=(A_1+A_2x)(A_3+A_4t)$

$\lambda>0$; $u(x,\ t)=(A_1e^{\sqrt{\lambda}x}+A_2e^{-\sqrt{\lambda}x})(A_3e^{\sqrt{\lambda}t}+A_4e^{-\sqrt{\lambda}t})$

(8) $X''-\lambda X=0,\ Y''-(1+\lambda)Y=0$

$\lambda<-1$; $u(x,\ y)=(A_1\cos\sqrt{-\lambda}\,x+A_2\sin\sqrt{-\lambda}\,x)$

$(A_3\cos\sqrt{|1+\lambda|}\,y+A_4\sin\sqrt{|1+\lambda|}\,y)$

$\lambda=-1$; $u(x,\ y)=(A_1\cos x+A_2\sin x)(A_3+A_4y)$

$-1<\lambda<0$; $u(x,\ y)=(A_1\cos\sqrt{-\lambda}\,x+A_2\sin\sqrt{-\lambda}\,x)(A_3e^{\sqrt{1+\lambda}y}+A_4e^{-\sqrt{1+\lambda}y})$

$\lambda=0$; $u(x,\ y)=(A_1+A_2x)(A_3e^{y}+A_4e^{-y})$

$\lambda>0$; $u(x,\ y)=(A_1e^{\sqrt{\lambda}x}+A_2e^{-\sqrt{\lambda}x})(A_3e^{\sqrt{1+\lambda}y}+A_4e^{-\sqrt{1+\lambda}y})$

(9) $x^2X''+xX'-\lambda X=0,\ Y''+\lambda Y=0$

$\lambda<0$; $u(x,\ y)=\left(A_1\cos(\sqrt{-\lambda}\ln|x|)+A_2\sin(\sqrt{-\lambda}\ln|x|)(A_3e^{\sqrt{-\lambda}y}+A_4e^{-\sqrt{-\lambda}y}\right)$

$\lambda=0$; $u(x,\ y)=(A_1+A_2\ln|x|)(A_3+A_4y)$

$\lambda>0$; $u(x,\ y)=(A_1|x|^{-\sqrt{\lambda}}+A_2|x|^{\sqrt{\lambda}})(A_3\cos y\sqrt{\lambda}y+A_4\sin y\sqrt{\lambda}y)$

(10) $X''-\lambda X=0,\ 2Y''-\lambda Y=0$

$\lambda>0$; $u(x,\ y)=(A_1e^{\sqrt{\lambda}x}+A_2e^{-\sqrt{\lambda}x})(A_3e^{\sqrt{\frac{\lambda}{2}}y}+A_4e^{-\sqrt{\frac{\lambda}{2}}y})$

$\lambda=0$; $u(x,\ y)=(A_1x+A_2)(A_3y+A_4)$

$\lambda<0$; $u(x,\ y)=(A_1\cos\sqrt{-\lambda}\,x+A_2\sin\sqrt{-\lambda}\,x)\left(A_3\cos\sqrt{-\dfrac{\lambda}{2}}\,y+A_4\sin\sqrt{-\dfrac{\lambda}{2}}\,y\right)$

(11) $X''-\lambda X=0, T''+(1-\lambda)T=0$

$\lambda<0$; $u(x,\ t)=\left(A_1\cos(\sqrt{-\lambda}\,x)+A_2\sin(\sqrt{-\lambda}\,x)\right)\left(C_1\cos\sqrt{1-\lambda}\,t+C_2\sin\sqrt{1-\lambda}\,t\right)$

$\lambda=0$; $u(x,\ t)=(A_1+A_2\ x)\left(C_1\cos t+C_2\sin t\right)$

$0<\lambda<1$; $u(x,\ t)=\left(A_1\cosh\sqrt{\lambda}x+A_2\sinh\sqrt{\lambda}x\right)\left(C_1\cos\sqrt{1-\lambda}\,y+C_2\sin\sqrt{1-\lambda}\,t\right)$

$\lambda=1$; $u(x,\ t)=\left(A_1\cosh x+A_2\sinh x\right)\left(C_1+C_2t\right)$

$\lambda>1$; $u(x,\ y)=\left(A_1\cosh\sqrt{\lambda}x+A_2\sinh\sqrt{\lambda}x\right)\left(C_1\cosh\sqrt{\lambda-1}\,t+C_2\sinh\sqrt{\lambda-1}\,t\right)$

(12) $X'' - \lambda X = 0,\ T' + (1-\lambda)T = 0$

$\lambda < 0;\ u(x, t) = \left(A_1 \cos(\sqrt{-\lambda}x) + A_2 \sin(\sqrt{-\lambda}x)\right) e^{(-1+\lambda)t}$

$\lambda = 0;\ u(x, t) = (A_1 + A_2 x)e^{-t}$

$\lambda > 0;\ u(x, t) = (A_1 \cosh\sqrt{\lambda}x + A_2 \sinh\sqrt{\lambda}x)e^{(-1+\lambda)t}$

(13) $X'' - \lambda X = 0,\ Y'' + (\lambda - 1)Y = 0$

$\lambda < 0;\ u(x, y)$

$= \left(A_1 \cos(\sqrt{-\lambda}x) + A_2 \sin(\sqrt{-\lambda}x)\right)\left(C_1 \cosh\sqrt{|\lambda-1|}\,y + C_2 \sinh\sqrt{|\lambda-1|}\,y\right)$

$\lambda = 0;\ u(x, y) = (A_1 + A_2 x)\left(C_1 e^{y} + C_2 e^{-y}\right)$

$0 < \lambda < 1;\ u(x, y)$

$= \left(A_1 \cosh\sqrt{\lambda}x + A_2 \sinh\sqrt{\lambda}x\right)\left(C_1 \cosh\sqrt{|\lambda-1|}\,y + C_2 \sinh\sqrt{|\lambda-1|}\,y\right)$

$\lambda = 1;\ u(x, y) = (A_1 \cosh x + A_2 \sinh x)(C_1 + C_2 y)$

$\lambda > 1;\ u(x, y) = \left(A_1 \cosh\sqrt{\lambda}x + A_2 \sinh\sqrt{\lambda}x\right)\left(C_1 \cos\sqrt{\lambda-1}\,y + C_2 \sin\sqrt{\lambda-1}\,y\right)$

(14) $X'' + 2X' + \lambda X = 0,\ \ Y'' - \lambda Y = 0$

$\lambda < 0;\ u(x, y) = \left(A_1 e^{(-1+\sqrt{1-\lambda})x} + A_2 e^{(-1-\sqrt{1-\lambda})x}\right)\left(A_3 \cos\sqrt{-\lambda}\,y + A_4 \sin\sqrt{-\lambda}\,y\right)$

$\lambda = 0;\ u(x, y) = \left(A_1 + A_2 e^{-2x}\right)(A_3 + A_4 y)$

$0 < \lambda < 1;\ u(x, y) = \left(A_1 e^{(-1+\sqrt{1-\lambda})x} + A_2 e^{(-1-\sqrt{1-\lambda})x}\right)\left(A_3 e^{\sqrt{\lambda}y} + A_4 e^{-\sqrt{\lambda}y}\right)$

$\lambda = 1;\ u(x, y) = e^{-x}(A_1 + A_2 x)(A_3 e^{y} + A_4 e^{-y})$

$\lambda > 1;\ u(x, y) = e^{-x}(A_1 \cos\sqrt{\lambda-1}\,x + A_2 \sin\sqrt{\lambda-1}\,x)(A_3 e^{\sqrt{\lambda}y} + A_4 e^{-\sqrt{\lambda}y})$

• 연습 문제 8.3

01. (1) $\kappa u_{xx} = u_t\ (0 < x < L,\ t > 0)$

$u(0, t) = 0,\ \ u_x(L, t) = 0\ (t > 0)$

$u(x, 0) = f(x)\ (0 < x < L)$

(2) $\kappa u_{xx} = u_t\ (0 < x < L,\ t > 0)$

$u(0, t) = u_0,\ u(L, t) = u_1\ (t > 0)$

$u(x, 0) = 0\ (0 < x < L,\ t > 0)$

(3) $\kappa u_{xx} = u_t\ (0 < x < L,\ t > 0)$

$u(0, t) = 100,\ \ u_x(L, t) = -hu(L, t)\ (t > 0)$

$u(x, 0) = f(x)\ (0 < x < L)$

(4) $\kappa u_{xx} = u_t\ (0 < x < L,\ t > 0)$

$u_x(0, t) = 0,\ \ u_x(L, t) = 0\ (t > 0)$

$u(x, 0) = \sin(2\pi x/L)\ (0 < x < L)$

02. (1) $c^2 u_{xx} = u_{tt}\ (0 < x < L,\ t > 0)$

$u(0, t) = 0,\ u(L, t) = 0\ (t > 0)$

$u(x, 0) = x(L - x),\ u_t(x, 0) = 0\ (0 < x < L)$

(2) $c^2 u_{xx} = u_{tt}\ (0 < x < L,\ t > 0)$

$u(0,\ t) = 0,\ u(L,\ t) = 0\ (t > 0)$

$u(x,\ 0) = 0,\ u_t(x,\ 0) = \sin(\pi x/L)\ (0 < x < L)$

(3) $c^2 u_{xx} - \gamma u_t = u_{tt}\ (0 < x < L,\ t > 0)$

$u(0,\ t) = 0,\ u(L,\ t) = \sin(\pi t/L)\ (t > 0)$

$u(x,\ 0) = f(x),\ u_t(x,\ 0) = 0\ (0 < x < L)$

(4) $c^2 u_{xx} + \alpha x = u_{tt}\ (0 < x < L,\ t > 0)$

$u(0,\ t) = 0,\ u(L,\ t) = 0\ \ (t > 0)$

$u(x,\ 0) = 0,\ u_t(x,\ 0) = 0\ (0 < x < L)$

03. (1) $u_{xx} + u_{yy} = 0\ (0 < x < \pi,\ y > 0)$

$u(0,\ y) = e^{-y}\ (y > 0),\ u(\pi,\ y) = \begin{cases} 100 & (0 \le y \le 1) \\ 0 & (y > 1) \end{cases}$

$u(x,\ 0) = f(x)\ (0 < x < \pi)$

(2) $u_{xx} + u_{yy} = 0\ (0 < x < 4,\ 0 < y < 2)$

$u_x(0,\ y) = 0,\ u(4,\ y) = f(y)\ (0 < y < 2)$

$u_y(x,\ 0) = 0,\ u(x,\ 2) = 0\ (0 < x < 4)$

• 연습 문제 8.4

01. (1) $u(x,\ t) = \dfrac{2}{\pi}\sum_{n=1}^{\infty}\left(\dfrac{-\cos\left(\dfrac{n\pi}{2}\right)+1}{n}\right)e^{-k\left(\frac{n^2\pi^2}{L^2}\right)t}\sin\dfrac{n\pi}{L}x$

(2) $u(x,\ t) = \dfrac{4L^2}{\pi^3}\sum_{n=1}^{\infty}\dfrac{1-(-1)^n}{n^3}e^{-k\frac{n^2\pi^2}{L}t}\sin\dfrac{n\pi}{L}x$

(3) $u(x,\ t) = 1 + e^{-\pi^2 t}\cos(\pi x) + \dfrac{1}{2}e^{-9\pi^2 t}\cos(3\pi x)$

(4) $u(x,\ t) = \dfrac{L^2}{\pi^3}\sum_{n=1}^{\infty}\dfrac{1-(-1)^n}{n^3}\cos\dfrac{n\pi a}{L}t\sin\dfrac{n\pi}{L}x$

(5) $u(x,\ t) = \dfrac{8a}{\pi}\sum_{n=1}^{\infty}\dfrac{1-(-1)^n}{n}\cos\dfrac{n\pi a}{L}t\sin\dfrac{n\pi}{L}x$

(6) $u(x,\ t) = L + \dfrac{2L}{\pi^2}\sum_{n=1}^{\infty}\dfrac{1-(-1)^n}{n^2}\cos\dfrac{n\pi a}{L}t\cos\dfrac{n\pi}{L}x$

(7) $u(x,\ t) = \dfrac{4}{\pi}\sum_{n=0}^{\infty}\dfrac{\cos(2n+1)t\sin(2n+1)x}{(2n+1)}$

(8) $u(x,\ y) = 0$

(9) $u(x,\ y) = \dfrac{2}{a}\sum_{n=1}^{\infty}\left(\dfrac{1}{\cosh\left(\dfrac{n\pi b}{a}\right)}\int_0^a f(x)\sin\dfrac{n\pi x}{a}dx\right)\cosh\dfrac{n\pi}{a}y\sin\dfrac{n\pi}{a}x$

(10) $u(x,\ y)=\dfrac{A_0}{2}+\sum_{n=1}^{\infty}(A_n \cosh nx+B_n \sinh nx)\cos ny$

$$A_n=\frac{2}{\pi}\int_n^{\pi} g(y)\cos ny\,dy\,(n=0,\ 1,\ 2,\ \cdots)$$

$$B_n=-\frac{2\sinh n}{\pi \cosh n}\int_0^{\pi} g(y)\cos ny\,dy\,(n=1,\ 2,\ \cdots)$$

(11) $u(x,\ y)=\dfrac{1}{2}x+\dfrac{2}{\pi^2}\sum_{n=1}^{\infty}\dfrac{1-(-1)^n}{n^2\sinh n\pi}\sinh n\pi x \cos n\pi y$

(12) $u(x,\ y)=3\mathrm{sech}(2\pi)\cosh(2\pi x)\cos(2\pi y)+1-x$

$$+8\sum_{n=1}^{\infty}\frac{[(-1)^n-1]}{n^2\pi^3}\mathrm{sech}\frac{n\pi}{2}\sinh\frac{n\pi(x-1)}{2}\cos\frac{n\pi y}{2}$$

(13) $u(x,\ t)=100+\dfrac{200}{\pi}\sum_{n=1}^{\infty}\dfrac{(-1)^n-1}{n}e^{-kn^2\pi^2t}\sin n\pi x$

(14) $u(x,\ t)=-u_0x+u_0+2\sum_{n=1}^{\infty}\left(\int_0^1 f(x)\sin n\pi x\,dx-\dfrac{u_0}{u\pi}\right)e^{-kn^2\pi^2t}\sin n\pi x$

02. (1) $u(x,\ t)=u_0-\dfrac{r}{2k}x(x-1)+2\sum_{n=1}^{\infty}\left(\dfrac{u_0}{n\pi}+\dfrac{r}{kn^3\pi^3}\right)((-1)^n-1)e^{-kn^2\pi^2t}\sin n\pi x$

(2) $u(x,\ t)=u_0-\dfrac{r}{2k}x(x-1)+(u_1-u_0)x+2\sum_{n=1}^{\infty}A_ne^{-kn^2\pi^2t}\sin n\pi x$

$$A_n=\int_0^1 f(x)\sin n\pi x\,dx+\{(-1)^n-1\}\left(\frac{u_0}{n\pi}+\frac{r}{kn^3\pi^3}\right)+(u_1-u_0)\frac{(-1)^n}{n\pi}\qquad(n=1,\ 2,\ \cdots)$$

(3) $u(x,\ t)=-\dfrac{Ae^{-rt}}{2k}x(x-1)+2\sum_{n=1}^{\infty}A_ne^{-kn^2\pi^2t}\sin n\pi x$

$$A_n=\int_0^1 f(x)\sin n\pi x\,dx+\frac{Ae^{-rt}}{k}\left(\frac{(-1)^n-1}{n^3\pi^3}\right)(n=1,\ 2,\ \cdots)$$

03. (1) $\phi(x)=u_0\left(1-\dfrac{\sinh\sqrt{\dfrac{h}{k}}x}{\sinh\sqrt{\dfrac{h}{k}}}\right)$

(2) $\phi(x)=u_0\dfrac{\sinh\sqrt{\dfrac{h}{k}}x}{\sinh\sqrt{\dfrac{h}{k}}}$

07. (1) $u(x,\ t)=\sin x\cos ct-\dfrac{1}{c}\cos x\sin ct$

(2) $u(x,\ t)=\sin x-\cos ct+t$

(3) $u(x,\ t)=\dfrac{x^2+t^2+1}{\{(x+t)^2+1\}\{(x-t)^2+1\}}$

(4) $u(x,\ t)=\dfrac{1}{2c}\sin 2x\sin 2ct$

(5) $u(x,\ t)=\dfrac{1}{2}\left\{e^{-(x-ct)^2}+e^{-(x+ct)^2}\right\}$

(6) $u(x,\ t)=\dfrac{1}{4}\left\{e^{-(x-ct)^2}-e^{-(x+ct)^2}\right\}$

08. $u(x,\ y)=v(x,\ y)+\phi(x)$로 놓고 주어진 문제에 적용하여 $\phi(x)$를 다음을 만족시키는 함수로 선택하자.

$$\phi''(x)=-h,\ \phi(0)=0,\ \phi(\pi)=1$$

그러면 $\phi(x)=-\dfrac{h}{2}x^2+\left(\dfrac{1}{\pi}+\dfrac{\pi h}{2}\right)x$와 $v(x,\ y)$에 대해 다음 경계값 문제를 얻는다.

$$v_{xx}+v_{yy}=0\ (0<x<\pi,\ y>0)$$
$$v(0,\ y)=0,\ v(\pi,\ y)=0\ (y>0)$$
$$v(x,\ 0)=-\phi(x)\ (0<x<\pi)$$

이 문제의 해 $v(x,\ y)$를 구하고 주어진 문제의 해 $u(x,\ y)$를 쓰면 다음과 같다.

$$u(x,\ y)=-\frac{h}{2}x^2+\left(\frac{1}{\pi}+\frac{\pi h}{2}\right)x+\frac{2}{\pi}\sum_{n=1}^{\infty}\left(\frac{(-1)^n-1}{n^3}h+\frac{(-1)^n}{n}\right)e^{-ny}\sin nx$$

• 연습 문제 8.5

01. (1) $u(x,\ t)=2h\displaystyle\sum_{n=1}^{\infty}\frac{\sin\lambda_n}{\lambda_n(h+\sin^2\lambda_n)}e^{-k\lambda_n^2 t}\cos\lambda_n x$

여기서 λ_n은 방정식 $\cot\lambda=\dfrac{\lambda}{h}$의 양의 근이다.

(2) $u(x,\ t)=v(x,\ t)+\phi(x)$로 놓아 $v(x,\ t)$가 제차 경계 조건을 만족하도록 하는 $\phi(x)$를 찾으면 다음과 같다.

$$\phi(x)=\frac{hu_0}{1+h}x$$

$v(x,\ t)$는 다음 경계값 문제의 해이다.

$$kv_{xx}=v_t\ (0<x<1,\ t>0)$$
$$v(0,\ t)=0,\ v_x(1,\ t)=-hv(1,\ t)\ (t>0)$$
$$v(x,\ 0)=f(x)-\phi(x)\ (0<x<1)$$

$$u(x,\ t)=\frac{u_0h}{1+h}x+\sum_{n=1}^{\infty}\frac{2}{h+\cos^2\lambda_n}\left(A_n-\frac{u_0h}{1+h}\frac{\sin\lambda_n-\lambda_n\cos\lambda_n}{\lambda_n^2}\right)e^{-k\lambda_n^2 t}\sin\lambda_n x$$

$A_n=\displaystyle\int_0^1 f(x)\sin\lambda_n x\,dx$, λ_n은 방정식 $\tan\lambda=-\dfrac{\lambda}{h}$의 양의 근이다.

(3) $u(x,\ t)=\displaystyle\sum_{n=1}^{\infty}\left\{(-1)^{n+1}\frac{4}{(2n-1)\pi}-\frac{8}{(2n-1)^2\pi^2}\right\}\cos\frac{(2n-1)\pi x}{2}e^{-\left(\frac{(2n-1)\pi}{2}\right)^2 t}$

(4) $u(x,\ y)=\displaystyle\sum_{n=1}^{\infty}A_n\sinh\lambda_n y\sin\lambda_n x$

$A_n=\dfrac{2h}{\sin(\lambda_n b)(an+\cos^2\lambda_n a)}\displaystyle\int_0^a f(x)\sin\lambda_n x\,dx$이고 λ_n은 방정식 $\tan\lambda a=-\dfrac{\lambda}{h}$의 양의 근

이다.

(5) $u(x,\ y)=2hu_0\sum_{n=1}^{\infty}\frac{1-\cos\lambda_n}{\lambda_n(h+\cos^2\lambda_n)}e^{-k\lambda_n x}\sin\lambda_n y$, λ_n은 방정식 $\tan\lambda=-\frac{\lambda}{h}$의 양의 근이다.

(6) $u(x,\ y)=\frac{4u_0}{\pi}\sum_{n=1}^{\infty}\frac{1}{(2n-1)\cosh\left(\frac{2n-1}{2}\right)}\cosh\left(\frac{2n-1}{2}\right)\pi x\sin\left(\frac{2n-1}{2}\right)\pi y$

(7) $u(x,\ t)=3\cos\left(\frac{\pi x}{2}\right)\cos\left(\frac{\pi t}{2}\right)-\cos\left(\frac{3\pi x}{2}\right)\cos\left(\frac{3\pi t}{2}\right)$

$$+8\sum_{n=1}^{\infty}\frac{(-1)^n}{(2n-1)^2\pi^2}\cos\frac{(2n-1)\pi x}{2}\sin\frac{(2n-1)\pi t}{2}$$

(8) $u(x,\ t)=\frac{4}{\pi}\sin\frac{\pi x}{2}\sin\frac{\pi t}{2}-\frac{8}{5\pi}\sin\frac{5\pi x}{2}\sin\frac{5\pi t}{2}$

$$+\sum_{n=1}^{\infty}\frac{(-1)^{n+1}8-4(2n-1)\pi}{(2n-1)^2\pi^2}\sin\frac{(2n-1)\pi x}{2}\cos\frac{(2n-1)\pi t}{2}$$

02. (1) $u(x,\ y,\ t)=\frac{1}{4}+\frac{1}{\pi^2}\sum_{m=1}^{\infty}\frac{(-1)^m-1}{m^2}\cosh\left(\frac{2n-1}{2}\right)\pi x\sin\left(\frac{2n-1}{2}\right)\pi y$

$$+\frac{1}{\pi^2}\sum_{n=1}^{\infty}\frac{(-1)^m-1}{m^2}e^{-km^2\pi^2 t}\cos m\pi y$$

$$+\frac{4}{\pi^4}\sum_{n=1}^{\infty}\sum_{n=1}^{\infty}\frac{\{(-1)^n-1\}\{(-1)^m-1\}}{m^2n^2}e^{-k(m^2+n^2)\pi^2 t}\cos m\pi x\cos n\pi y$$

(2) $u(x,\ y,\ t)=\sum_{m=1}^{\infty}\sum_{n=1}^{\infty}A_{mn}e^{-k(m^2+n^2)t}\sin mx\sin my$

$$A_{mn}=\frac{4u_0}{mn\pi^2}\{1-(-1)^m\}\{1-(-1)^n\}$$

(3) $u(x,\ y,\ t)=\sum_{m=1}^{\infty}\sum_{n=1}^{\infty}\frac{-128(-1)^{m+1}[1-(-1)^n]}{n^3\pi^3(4m^2-1)^2}\sin(n\pi x)\sin(m\pi y)\ e^{-k(n^2+m^2)\pi^2 t}$

(4) $u(x,\ y,\ t)=\sum_{m=1}^{\infty}A_{0m}\sin(my)e^{-km^2 t}+\sum_{n=1}^{\infty}\sum_{m=1}^{\infty}A_{mn}e^{-k(m^2+n^2)t}\cos nx\ \sin ny$

$$A_{0m}=\frac{4\pi-8}{\pi^2}\left(\frac{1-(-1)^n}{m^3}\right)$$

$$A_{mn}=\frac{16}{\pi^2}\left(\frac{-\pi(-1)^{n+}4\pi(-1)^n n^2+2+8n^2}{(4n^2-1)^2}\right)\left(\frac{(-1)^m-1}{m^3}\right)$$

(5) $u(x,\ y,\ t)=\sum_{m=1}^{\infty}\sum_{n=1}^{\infty}(A_{mn}\cos ap_{mn}t+B_{mn}\sin ap_{mn}t)\sin\frac{m\pi x}{b}\sin\frac{n\pi y}{c}$,

$$A_{mn}=\frac{4}{bc}\int_0^c\int_0^b f(x,\ y)\sin\frac{m\pi x}{b}\sin\frac{n\pi y}{c}dx\,dy,$$

$$B_{mn}=\frac{4}{abcp_{mn}}\int_0^c\int_0^b g(x,\ y)\sin\frac{m\pi x}{b}\sin\frac{n\pi y}{c}dx\,dy,$$

$$p_{mn} = \sqrt{\left(\frac{m\pi}{b}\right)^2 + \left(\frac{n\pi}{c}\right)^2}$$

(6) $u(x,\ y,\ t) = \sum_{m=1}^{\infty}\sum_{n=1}^{\infty} A_{mn} \sin mx \sin ny \cos a\sqrt{m^2+n^2}\, t,$

$$A_{mn} = \frac{16}{m^3 n^3 \pi^2}\{(-1)^m - 1\}\{(-1)^n - 1\}$$

(7) $u(x,\ y,\ t) = \frac{1}{4\sqrt{2}\,\pi}\sin(\pi x)\sin(\pi y)\sin(4\sqrt{2}\,\pi t)$

(8) $u(x,\ y,\ t) = \sum_{m=1}^{\infty}\sum_{n=1}^{\infty}\{A_{mn}\cos(a_{mn}t) + B_{mn}\sin(a_{mn}t)\}\sin(n\pi x)\sin(my),$

$$A_{mn} = \frac{64}{\pi^3}\frac{n(-1)^{n+1}[1-(-1)^n]}{m(4n^2-1)^2},$$

$$B_{mn} = \frac{4}{mn\pi\, a_{nm}}\{(-1)^{n+m}(1+\pi) - \pi(-1)^m - (-1)^n\}$$

$$a_{mn} = \sqrt{n^2\pi^2 + m^2}$$

03. (1) $u(x,\ y,\ z) = \sum_{m=1}^{\infty}\sum_{n=1}^{\infty} A_{mn}\frac{\sinh(\beta_{mn}(c-z))}{\sinh \beta_{mn} c}\sin\frac{m\pi x}{a}\sin\frac{n\pi y}{b}\sinh(\beta_{mn}z),$

$$A_{mn} = \frac{4}{ab}\int_0^b\int_0^a f(x,\ y)\sin\frac{m\pi x}{a}\sin\frac{n\pi y}{b}\,dx\,dy,$$

$$\beta_{mn} = \sqrt{\left(\frac{m\pi}{a}\right)^2 + \left(\frac{n\pi}{b}\right)^2}$$

(2) $u(x,\ y,\ z) = \sum_{m=1}^{\infty}\sum_{n=1}^{\infty} A_{mn}\sinh(\beta_{mn}z)\sin\frac{m\pi x}{a}\sin\frac{n\pi y}{b},$

$$A_{mn} = \frac{4}{ab\sinh(c\beta_{mn})}\int_0^b\int_0^a f(x,\ y)\sin\frac{m\pi x}{a}\sin\frac{n\pi y}{b}\,dx\,dy,$$

$$\beta_{mn} = \sqrt{\left(\frac{m\pi}{a}\right)^2 + \left(\frac{n\pi}{b}\right)^2}$$

04. (1) $u(x,\ t) = e^{-\frac{3}{2}t}\sum_{n=1}^{\infty} A_n\left(\sin\sqrt{(n\pi)^2 - \frac{5}{4}}\,t\right)\sin n\pi x$

$$A_n = \frac{2}{\sqrt{(n\pi)^2 - \frac{5}{4}}}\int_0^1 x\sin(2\pi x)\sin(n\pi x)\,dx$$

(2) $u(x,\ t) = e^{-\frac{t}{2}}\left(\cos\left(\sqrt{35}\,t\right) + \frac{1}{2\sqrt{35}}\sin\left(\sqrt{35}\,t\right)\right)\sin x$

05. $u(x,\ t) = \sum_{n=1}^{\infty}\frac{-32}{((2n-1)\pi)^3}e^{-\left(\frac{(2n-1)\pi}{2}\right)^2 t}\sin\frac{(2n-1)\pi x}{2} + x + 1$

$$\phi(x) = \lim_{t\to\infty} u(x,\ t) = x + 1$$

• 연습 문제 8.6

01. (1) $u(r,\theta)=6+\frac{1}{2}r^2\cos(2\theta)-r\sin\theta,\ u(x,y)=6+\frac{1}{2}(x^2-y^2)-y$

(2) $u(r,\theta)=\frac{9}{2}+\frac{1}{2}r^2\cos^2\theta, u(x,y)=\frac{9}{2}+\frac{1}{2}(x^2-y^2)$

02. (1) $u(r,\ \theta)=\frac{u_0}{2}+\frac{u_0}{\pi}\sum_{n=1}^{\infty}\frac{1-(-1)^n}{n}r^n\sin n\theta$

(2) $u(r,\ \theta)=\sum_{n=1}^{\infty}r^n\left(\frac{2(-1)^n}{n^2\pi}\cos n\theta+\frac{1-(-1)^n}{n}\sin n\theta\right)$

(3) $u(r,\ \theta)=\frac{2\pi^2}{3}-4\sum_{n=1}^{\infty}\frac{r^n}{n^2}\cos n\theta$

03. (1) $u(r,\ \theta)=\frac{2u_0}{\pi}\sum_{n=1}^{\infty}\frac{1-(-1)^n}{n}r^n\sin n\theta$

(2) $u(r,\ \theta)=\frac{4u_0}{\pi}\sum_{n=1}^{\infty}\frac{1-(-1)^n}{n^3}r^n\sin n\theta$

(3) $u(r,\ \theta)=\frac{u_0}{\pi}\theta+\frac{2u_0}{\pi}\sum_{n=1}^{\infty}\frac{r^n}{n}\sin n\theta$ [$\lambda=0$일 때, 분리해는 $\frac{u_0}{\pi}\theta$임]

04. $u(r,\ \theta)=A_0\ln\left(\frac{r}{b}\right)+\sum_{n=1}^{\infty}\left[\left(\frac{b}{r}\right)^n-\left(\frac{r}{b}\right)^n\right](A_n\cos n\theta+B_n\sin n\theta)$

$A_0=\frac{1}{2\pi\ln(a/b)}\int_0^{2\pi}f(\theta)d\theta,\ A_n=\frac{1}{[(b/a)^n-(a/b)^n]\,\pi}\int_0^{2\pi}f(\theta)\cos n\theta\,d\theta$

$B_n=\frac{1}{[(b/a)^n-(a/b)^n]\,\pi}\int_0^{2\pi}f(\theta)\sin n\theta\,d\theta$

05. $u(r,\ \theta)=\frac{2}{\pi}\sum_{n=1}^{\infty}\frac{r^{4n}+r^{-4n}}{2^{4n}+2^{-4n}}\,\frac{1-(-1)^n}{n}\sin 4n\theta$

06. $u(r,\ t)=\frac{2}{ac}\sum_{n=1}^{\infty}\frac{\sin\lambda_n at}{\lambda_n^2J_1(\lambda_nc)}J_0(\lambda_nr)$

07. $u(r,\ t)=2\sum_{n=1}^{\infty}\left(\frac{1}{c\lambda_nJ_1(\lambda_nc)}-\frac{c}{\lambda_nJ_1(\lambda_nc)}+\frac{2J_2(\lambda_nc)}{\lambda_n^2J_1^2(\lambda_nc)}\right)\cos a\lambda_ntJ_0(\lambda_nr)$

08. $u(r,\ t)=\sum_{n=1}^{\infty}A_nJ_0(\lambda_nr)e^{-k\lambda_n^2t},\ A_n=\frac{2}{c^2J_1^2(\lambda_nc)}\int_0^c rJ_0(\lambda_nr)f(r)dr$

$\lambda_n(n=1,\ 2,\ \cdots)$은 $J_0(\lambda c)=0$의 양의 해

09. $u(r,\ t)=A_1+\sum_{n=2}^{\infty}A_nJ_0(\lambda_nr)e^{-k\lambda_n^2t}$,

$A_1=\frac{2}{c^2}\int_0^c rf(r)dr,\ A_n=\frac{2}{c^2J_0^2(\lambda_nc)}\int_0^c rJ_0(\lambda_nr)f(r)dr$

$\lambda_n(n=1,\ 2,\ \cdots)$은 $J_0'(\lambda c)=0$의 해

10. $u(r,\ z)=50\sum_{n=1}^{\infty}\frac{\cosh\lambda nz\ J_0(\lambda r)}{\lambda_n\cosh4\lambda_n J_1(2\lambda_n)}$, λ_n $(n=1,2,\cdots)$은 방정식 $J_0(2\lambda)=0$의 양의 해이다.

11. $u(r,\ \theta)=\frac{r}{a}\cos\theta$

12. $u(r,\ \theta)=1-\frac{r}{a}\cos\theta$

13. $u(r,\ t)=\frac{\beta}{2}(1-r^2)-2\sum_{n=1}^{\infty}\frac{\beta J_2(\lambda_n)}{\lambda_n^2 J_1^2(\lambda_n)}e^{-\lambda_n^2 t}J_0(\lambda_n r)$,

$\lambda_n(n=1,\ 2,\ \cdots)$은 $J_0(\lambda)=0$의 양의 해

14. $u(r,\ t)=100+50\sum_{n=1}^{\infty}\frac{J_1(\lambda_n)J_0(\lambda_n r)}{\lambda_n J_1^2(2\lambda_n)}e^{-\lambda_n^2 t}$

15. 먼저 $u(r,\ \theta)=\frac{1}{2\pi}\int_0^{2\pi}f(t)\left(1+2\sum_{n=1}^{\infty}\left(\frac{r}{c}\right)^2\cos n(t-\theta)\right)dt$임을 보이고

$\cos n\alpha=\frac{1}{2}(e^{in\alpha}+e^{-in\alpha})$를 이용하여

$1+2\sum_{n=1}^{\infty}u^n\cos n\alpha=\frac{1-u^2}{1-2u\cos\alpha+u^2}$ $(|u|<1)$을 보여라.

• 연습 문제 9.1

01. (1) $u(x,\ t)=xt-\frac{t^2}{2}+H(t-x)\frac{(t-x)^2}{2}$

(2) $u(x,\ t)=e^{-t}[\sin(x-t)+H(t-x)\sin(t-x)]$

02. (1) $u(x,\ t)=f\left(t-\frac{x}{a}\right)H\left(t-\frac{x}{a}\right)$

(2) $u(x,\ t)=\frac{2}{3\pi}(3\sin\pi x\sin\pi t+2\sin3\pi x\sin3\pi t)$

(3) $u(x,\ t)=(t-x)\sinh(t-x)H(t-x)+xe^{-x}\cosh t-e^{-x}t\sinh t$

(4) $u(x,\ t)=\frac{1}{\omega^2-\pi^2}(\cos\pi t-\cos\omega t)\sin\pi x$

(5) $u(x,\ t)=u_0\operatorname{erfc}\left(\frac{x}{2\sqrt{kt}}\right)$

(6) $u(x,\ t)=H(t-x)-\cosh(t-x)H(t-x)+e^{-x}\cosh t$

(7) $u(x,\ t)=3e^{-4\pi^2 t}\sin(2\pi x)$

• 연습 문제 9.2

01. (1) $f(x)=\frac{1}{\pi}\int_0^{\infty}\frac{\sin\mu\cos\mu x+3(1-\cos\mu)\sin\mu x}{\mu}d\mu$

(2) $f(x)=\frac{1}{\pi}\int_0^{\infty}\frac{\cos\mu x+\cos\mu(x-\pi)}{1-\mu^2}d\mu$

(3) $f(x)=\dfrac{1}{\pi}\displaystyle\int_0^\infty \{A(\mu)\cos\mu x+B(\mu)\sin\mu x\}\,d\mu,$

$A(\mu)=\dfrac{3\mu\sin 3\mu+\cos 3\mu-1}{\mu^2},\ B(\mu)=\dfrac{\sin 3\mu-3\mu\cos 3\mu}{u^2}$

(4) $f(x)=\dfrac{2}{\pi}\displaystyle\int_0^\infty \{A(\mu)\cos\mu x+B(\mu)\sin\mu x\}\,d\mu,$

$A(\mu)=\dfrac{\cos\mu\sinh 1+\mu\sin\mu\cosh 1}{1+\mu^2},$

$B(\mu)=\dfrac{\sin\mu\cosh 1-\mu\cos\mu\sinh 1}{1-u^2}$

(5) $A(\mu)=\sin\dfrac{L\mu}{\mu},\ B(\mu)=0,\ f(x)=\dfrac{2}{\pi}\displaystyle\int_0^\infty \dfrac{\sin L\mu\cos\mu x}{\mu}\,d\mu$

02. (1) $f(x)=\dfrac{10}{\pi}\displaystyle\int_0^\infty \dfrac{(1-\cos\mu)\sin\mu x}{\mu}\,d\mu$

(2) $f(x)=\dfrac{2}{\pi}\displaystyle\int_0^\infty \dfrac{\pi\mu\sin\mu\pi+\cos\mu\pi-1}{\mu^2}\cos\mu x\,d\mu$

(3) $f(x)=\dfrac{4}{\pi}\displaystyle\int_0^\infty \dfrac{\mu\sin\mu x}{4+\mu^4}\,d\mu$

(4) $f(x)=\dfrac{2}{\pi}\displaystyle\int_0^\infty \dfrac{\sin\mu\pi-\mu\pi\cos\mu\pi}{\mu^2}\sin\mu x\,d\mu$

03. (1) $f(x)=\dfrac{2p}{\pi}\displaystyle\int_0^\infty \dfrac{\cos\mu x}{p^2+\mu^2}\,d\mu,\ f(x)=\dfrac{2}{\pi}\displaystyle\int_0^\infty \dfrac{\mu\sin\mu x}{p^2+\mu^2}\,d\mu$

(2) $f(x)=-\dfrac{4}{\pi}\displaystyle\int_0^\infty \dfrac{\mu}{\mu^4+4}\cos\mu x\,d\mu,\ f(x)=\dfrac{2}{\pi}\displaystyle\int_0^\infty \dfrac{\mu^3}{\mu^4+4}\sin\mu x\,d\mu$

(3) $f(x)=\dfrac{2}{\pi}\displaystyle\int_0^\infty \dfrac{(4-\mu^2)\cos\mu x}{(4+\mu^2)^2}\,d\mu,\ f(x)=\dfrac{8}{\pi}\displaystyle\int_0^\infty \dfrac{\mu\sin\mu x}{(4+\mu^2)^2}\,d\mu$

04. (1) $f(x)=\dfrac{2}{\pi x}(1-\cos x)$

(2) $f(x)=\dfrac{2}{\pi}\dfrac{1}{1+x^2}(x>0)$

05. $s=kx$로 놓는 치환 적분을 이용한다.

• 연습 문제 9.3

03. (1) $u(x,\,t)=\dfrac{1}{\pi}\displaystyle\int_{-\infty}^\infty \dfrac{\cos\mu x}{1+\mu^2}e^{-k\mu^2 t}\,d\mu$

(2) $u(x,\,t)=\dfrac{100}{\pi}\displaystyle\int_{-\infty}^\infty \dfrac{1-\cos\mu}{\mu}e^{-k\mu^2 t}\sin\mu x\,d\mu$

04. 변수 x에 관한 푸리에 사인 변환을 이용한다.

(1) $u(x,\,t)=\dfrac{2u_0}{\pi}\displaystyle\int_0^\infty \dfrac{1-e^{-k\mu^2 t}}{\mu}\sin\mu x\,d\mu=u_0-\dfrac{2u_0}{\pi}\displaystyle\int_0^\infty \dfrac{e^{-k\mu^2 t}}{\mu}\sin\mu x\,d\mu$

(2) $u(x,\ t)=1+\dfrac{2}{\pi}\displaystyle\int_0^{\infty}\frac{e^{-k\mu^2 t}}{\mu(1+\mu^2)}\sin\mu x\,d\mu$

(3) $u(x,\ t)=u_0+\dfrac{2}{\pi}\displaystyle\int_0^{\infty}\left(\frac{1-\cos\mu-u_0}{\mu}\right)e^{-k\mu^2 t}\sin\mu x\,d\mu$

05. 현의 운동에 관한 방정식을 $c^2 u_{xx}=u_{tt}$라 하자. 주어진 조건 $u_t(x,\ 0)=0$으로부터 변수 x에 관한 푸리에 사인 변환을 이용한다.

$$u(x,\ t)=\frac{2}{\pi}\int_0^{\infty}\frac{2\mu}{(1+\mu^2)^2}\cos c\mu t\sin\mu x\,d\mu$$

$$\int_0^{\infty}xe^{-x}\sin\mu x\,dx=\frac{2\mu}{(1+\mu^2)^2}$$

[부록의 푸리에 변환표 또는 $x\sin\mu x\,dx$의 라플라스 변환으로 생각하여 구할 수 있다.]

06. (1) $u(x,\ t)=\dfrac{1}{2\pi}\displaystyle\int_{-\infty}^{\infty}\left(F(\mu)\cos\mu at+G(\mu)\frac{\sin\mu at}{\mu a}\right)e^{-i\mu x}\,d\mu$

$$F(\mu)=\int_{-\infty}^{\infty}f(x)d^{i\mu x}\,dx,\ G(\mu)=\int_{-\infty}^{\infty}g(x)\,e^{i\mu x}\,dx$$

07. 주어진 문제는 다음과 같다.

$$u_{xx}+u_{yy}=0\ (0<x<\pi,\ y>0)$$
$$u(0,\ y)=0,\ u(\pi,\ y)=e^{-y}\ \ (y>0)$$
$$u(x,\ 0)=1\ (0<x<\pi)$$

변수 y에 대한 푸리에 사인 변환을 이용한다.

$$u(x,\ y)=1+\frac{2}{\pi}\int_0^{\infty}\left(\frac{\sinh\mu(x-\pi)}{\mu}-\frac{\sinh\mu x}{\mu(1+\mu^2)}\right)\frac{\sin\mu y}{\sinh\pi\mu}\,d\mu$$

08. $u(x,\ y)=\dfrac{2}{\pi}\displaystyle\int_0^{\infty}\frac{\sinh\mu(\pi-x)}{(1+\mu^2)\sinh\mu\pi}\cos\mu y\,d\mu$

09. 주어진 문제는 다음과 같다.

$$u_{xx}+u_{yy}=0\ (x>0,\ y>0)$$
$$u_x(0,\ y)=0(y>0),\ u(x,\ 0)=\begin{cases}50 & (0<x<1)\\ 0 & (x>1)\end{cases}$$

변수 x에 대한 푸리에 코사인 변환을 이용한다.

$$u(x,\ y)=\frac{100}{\pi}\int_0^{\infty}\frac{\sin\mu}{\mu}e^{-\mu y}\cos\mu x\,d\mu$$

10. 주어진 문제는 다음과 같다.

$$u_{xx}+u_{yy}=0\ (x>0,\ y>0)$$
$$u(0,\ y)=0(y>0),\ u(x,\ 0)=\begin{cases}50 & (0<x<1)\\ 0 & (x>1)\end{cases}$$

변수 x에 대한 푸리에 사인 변환을 이용한다.

$$u(x,\ y)=\frac{100}{\pi}\int_0^{\infty}\frac{1-\cos\mu}{\mu}e^{-\mu y}\sin\mu x\,d\mu$$

11. (1) 변수 y에 대한 푸리에 코사인 변환을 이용한다.

$$u(x,\, y) = \frac{2}{\pi} \int_0^\infty F(\mu) \frac{\sinh \mu(\pi - x)}{\sinh \pi\mu} \cos \mu y \, d\mu, \; F(\mu) = \int_0^\infty f(y) \cos \mu y \, dy$$

(2) 변수 x에 대한 푸리에 사인 변환을 이용한다.

$$u(x,\, y) = \frac{2}{\pi} \int_0^\infty F(\mu) \frac{\sinh \mu(2 - y)}{\sinh 2\mu} \sin \mu x \, d\mu, \; F(\mu) = \int_0^\infty f(x) \sin \mu x \, dx$$

12. (2) $u(x,\, t) = \dfrac{1}{2\sqrt{\pi k t}} \displaystyle\int_{-\infty}^\infty f(s) e^{-\frac{(x-s)^2}{4kt}} \, ds$

(3) $u(x,\, y) = \dfrac{1}{\sqrt{1 + 4kt}} e^{-\frac{x^2}{(1+4kt)}}$

제3부 복소 해석학

• 연습 문제 10.1

01. (1) $7+i$ (2) $-1-5i$

(3) $18+i$ (4) $48+14i$

(5) $\frac{4}{25}-\frac{3i}{25}$ (6) $\frac{6}{13}+\frac{17i}{13}$

(7) $7-16i$ (8) $\frac{19}{50}-\frac{17i}{50}$

02. (1) x^2-y^2 (2) x^2

(3) 0 (4) $2\sqrt{4x^2+y^2}$

(5) $\frac{x}{x^2+y^2}$ (6) $\frac{-2xy}{x^2+y^2}$

(7) 1 (8) $\sqrt{(x-1)^2+(y+1)^2}$

03. (1) $i^{n+4k}=(i^4)^k i^n=i^n$

(2) $(\Rightarrow)$ $z=im$이라 하면 $\bar{z}=-im=-z$이다. $(\Leftarrow)$ $2\mathrm{Re}\,z=z+\bar{z}=z-z=0$이므로 z는 순허수이다.

(3) 대우 명제를 증명하자. $z_1=x_1+iy_1\neq 0$이고 $z_2=x_2+iy_2\neq 0$라고 하자. $\mathrm{Re}\,(z_1z_2)=x_1x_2-y_1y_2$은 일반적으로 0이 아니다. 즉 $z_1z_2\neq 0$이다.

04. $n=2$일 때 성립한다.

(ii) $n=k$일 때 성립한다고 가정하면

$|z_1+z_2+\cdots+z_k+z_{k+1}|\le|z_1+\cdots+z_k|+|z_{k+1}|\le|z_1|+|z_2|+\cdots+|z_k|+|z_{k+1}|$이 되어 $n=k+1$일 때도 성립한다. 수학적 귀납법에 의해 부등식이 성립한다.

05. (i) $n=1$일 때 성립한다.

(ii) $n=k$일 때 성립한다고 가정하면

$$\begin{aligned}\left(\sum_{j=1}^{k+1}|z_j|^2\right)\left(\sum_{j=1}^{k+1}|w_j|^2\right)&=\left(\sum_{j=1}^{k}|z_j|^2+|z_{k+1}|^2\right)\left(\sum_{j=1}^{k}|w_j|^2+|w_{k+1}|^2\right)\\&\ge\left(\sqrt{\sum_{j=1}^{k}|z_j|^2}\sqrt{\sum_{j=1}^{k}|w_j|^2}+|z_{k+1}||w_{k+1}|\right)^2\\&\ge\left(\left|\sum_{j=1}^{k}z_jw_j\right|+|z_{k+1}||w_{k+1}|\right)^2\\&\ge\left|\sum_{j=1}^{k+1}z_jw_j\right|^2.\end{aligned}$$

첫째 부등식에서는 $2|ab|\le|a|^2+|b|^2$을 사용하였다.

06. (1) $-\frac{3\pi}{4}$ (2) $\frac{2\pi}{3}$

07. (1) $3\left(\cos\frac{\pi}{2}+i\sin\frac{\pi}{2}\right)$ (2) $5\sqrt{2}\left(\cos\frac{7\pi}{4}+i\sin\frac{7\pi}{4}\right)$

(3) $\cos\frac{\pi}{2}+i\sin\frac{\pi}{2}$ (4) $\frac{3\sqrt{2}}{2}\left(\cos\frac{5\pi}{4}+i\sin\frac{5\pi}{4}\right)$

08. (1) $1+i\sqrt{3}$ (2) $-\sqrt{3}-i$

(3) $-1+i$

09. (1) 2^6 (2) -4

(3) 1 (4) -2^6

(5) $\frac{\sqrt{3}}{2}+\frac{i}{2}$ (6) 2^6

10. (1) $2,\ -1+i\sqrt{3},\ -1-i\sqrt{3}$ (2) $\frac{\sqrt{2}}{2}+\frac{i\sqrt{2}}{2},\ -\frac{\sqrt{2}}{2}-\frac{i\sqrt{2}}{2}$

(3) $\frac{1+i}{\sqrt[3]{2}},\ \frac{-\sqrt{3}-1+i(\sqrt{3}-1)}{2\sqrt[3]{2}},\ \frac{\sqrt{3}-1-i(\sqrt{3}+1)}{2\sqrt[3]{2}}$

(4) $2^{-\frac{3}{4}}(1+i\sqrt{3}),\ 2^{-\frac{3}{4}}(-1-i\sqrt{3}),\ 2^{-\frac{3}{4}}(\sqrt{3}-i),\ 2^{-\frac{3}{4}}(-\sqrt{3}+i)$

11. (1) $\frac{\sqrt{2}}{2}(1+i),\ \frac{\sqrt{2}}{2}(1-i),\ \frac{\sqrt{2}}{2}(-1+i),\ \frac{\sqrt{2}}{2}(-1-i)$

(2) $1,\ -1,\ i,\ -i$ (3) $3+2i,\ 2-i$

(4) $1+i,\ -1-i,\ 2+i,\ -2-i$

12. $(\cos\theta+i\sin\theta)^3=\cos^3\theta-3\sin^2\theta\cos\theta+i(3\cos^2\theta\sin\theta-\sin^3\theta)$이므로, $\cos 3\theta=\cos^3\theta-3\sin^2\theta\cos\theta$이고 $\sin 3\theta=3\cos^2\theta\sin\theta-\sin^3\theta$이다.

13. 삼각부등식 $|a|-|b|\le|a+b|$로부터 $|z^4-4z^2+3|\ge|z|^4-4|z|^2+3=3$을 얻고 이것의 역수를 취하면 된다.

14. $z=x+iy$라 두면 조건에 따라 $x^2+y^2<1$이다. 이로부터 다음을 얻는다.

$$|\mathrm{Im}(1-\bar{z}+z^2)|=|\mathrm{Im}(1-x+iy+x^2-y^2+i2xy)|=|2xy+y|\ge(x^2+y^2)+|y|<2$$

15. $c_1=r_1e^{i\theta_1},\ c_2=r_2e^{i\theta_2}$라고 두면 $z_1=r_1r_2e^{i(\theta_1+\theta_2)}$과 $z_2=r_1r_2e^{i(\theta_1-\theta_2)}$을 얻는다. $|z_1|=|z_2|$은 r_1r_2이고 $\mathrm{Arg}\,z_1=\theta_1+\theta_2$, $\mathrm{Arg}\,z_2=\theta_1-\theta_2$이다. 이로부터 $c_1=\sqrt{|z_1|}\,e^{i\frac{\mathrm{Arg}\,z_1+\mathrm{Arg}\,z_2}{2}}$, $c_2=\sqrt{|z_1|}\,e^{i\frac{\mathrm{Arg}\,z_1-\mathrm{Arg}\,z_2}{2}}$이면 원하는 관계식을 얻는다.

16. 먼저 이항계수의 몇 가지 관계식들을 알아보자.

$$\binom{n}{0}=\binom{n}{n}=\binom{n+1}{0}=\binom{n+1}{n+1}=1,\ \binom{n}{j}+\binom{n}{j-1}=\binom{n+1}{j}$$

(i) $n=1$의 경우 $z+w=\binom{1}{0}z+\binom{1}{1}w$이므로 성립한다. (ii) n일 때 성립한다고 가정하고 $n+1$일 때 조사해보자.

$$(z+w)^{n+1}=(z+w)^n(z+w)=\sum_{k=0}^{n}\binom{n}{k}z^{n-k}w^k(z+w)$$

$$=\sum_{k=0}^{n}\binom{n}{k}z^{n+1-k}w^k+\sum_{k=0}^{n}\binom{n}{k}z^{n-k}w^{k+1}$$

$$= \sum_{j=0}^{n}\binom{n}{j} z^{n+1-j}w^j + \sum_{j=1}^{n+1}\binom{n}{j-1} z^{n+1-j}w^j$$

$$= \binom{n}{0} z^{n+1} + \sum_{j=1}^{n}\left[\binom{n}{j}+\binom{n}{j-1}\right] z^{n+1-j}w^j + \binom{n}{n}w^{n+1}$$

$$= \binom{n+1}{0} z^{n+1} + \sum_{j=1}^{n}\binom{n+1}{j} z^{n+1-j}w^j + \binom{n+1}{n+1}w^{n+1}$$

$$= \sum_{k=0}^{n+1}\binom{n+1}{k} z^{n+1-j}w^j$$

17. $z = e^{i\left(\frac{2k\pi}{n}\right)} = \cos\dfrac{2k\pi}{n} + i\sin\dfrac{2k\pi}{n}$ $(k=0,\ 1,\ \cdots,\ n-1)$

18. $z_2 - z_1 = e^{\frac{i\pi}{3}}(z_3 - z_1)$이고 $z_1 - z_3 = e^{\frac{\pi i}{3}(z_2 - z_3)}$이므로, $\dfrac{z_2 - z_1}{z_1 - z_3} = \dfrac{z_3 - z_1}{z_2 - z_3}$이다.

• 연습 문제 10.2

01. (4) 직선 $y=-x$ (5) 원 $\left(x-\dfrac{5}{3}\right)^2 + y^2 = \dfrac{16}{9}$

(6) 타원 $\dfrac{x^2}{3} + \dfrac{y^2}{4} = 1$

02. (1) $f(z) = (x^2 - y^2 - 3x + 1) + i(2xy - 2y)$

(2) $f(z) = (x^2 - 3xy^2 - 4x) + i(3x^2y - y^3 - 4y)$

(3) $f(z) = \left(x + \dfrac{x}{x^2+y^2}\right) + i\left(y - \dfrac{y}{x^2+y^2}\right)$

(4) $f(z) = \dfrac{x^2+x+y^2}{(x+1)^2+y^2} + \dfrac{iy}{(x+1)^2+y^2}$

03. (1) 직선 $v=-2u+2$ (2) 원 $|w-2| = 3\sqrt{2}$

(3) 원 $|w-3-i| = \sqrt{2}$

04. (1) 음이 아닌 실수축 (2) 직선 $v=2$

(3) 원환 $1 \le |w| \le 4$

05. (1) $\left(u+\dfrac{1}{3}\right)^2 + v^2 = \dfrac{4}{9}$ (2) $\left(u+\dfrac{1}{2}\right)^2 + v^2 > \dfrac{1}{4}$

(3) $\{u+iv \mid u^2+(v+2)^2 < 4\} \cap \{u+iv \mid u^2+(v+1)^2 > 1\}$

06.

	$u=c$	$v=d$
(1)	$y=-\dfrac{c}{2}$	$x=\dfrac{d}{2}$
(2)	$x=0$ ($c=0$일 때) $\left(x-\dfrac{1}{2x}\right)^2 + y^2 = \left(\dfrac{1}{2c}\right)^2$ ($c \neq 0$일 때)	$y=0$ ($d=0$일 때) $x^2 + \left(y+\dfrac{1}{2d}\right)^2 = \left(\dfrac{1}{2d}\right)^2$ ($d \neq 0$일 때)
(3)	$x^2 - y^2 = c$	$xy = c$

07. $f(z)=z+\frac{1}{z}=re^{i\theta}+\frac{1}{r}e^{-i\theta}$이며 여기에 오일러 공식 $e^{i\theta}=\cos\theta+i\sin\theta$를 대면

$f(z)=\left(r+\frac{1}{r}\right)\cos\theta+i\left(r-\frac{1}{r}\right)\sin\theta$을 얻는다.

따라서 $u(r,\ \theta)=\left(r+\frac{1}{r}\right)\cos\theta$이고 $v(r,\ \theta)=\left(r-\frac{1}{r}\right)\sin\theta$이다.

08. $f(z)=x^2-y^2-i2xy+i(2x-i2y)=(x+iy)(x-iy)+2i(x-iy)=z\bar{z}+2i\bar{z}$

09. (1) $w=r^2e^{i2\theta}=\rho e^{i\alpha}$이므로 집합 $\left\{w=\rho e^{i\alpha}\in\mathbb{C}\ \middle|\ 0<\rho\le 1,\ 0\le\theta\le\frac{2\pi}{3}\right\}$이 찾는 상이다.

(2) $w=r^3e^{i3\theta}=\rho e^{i\alpha}$이므로 집합 $\{w=\rho e^{i\alpha}\in\mathbb{C}\mid 0<\rho\le 1,\ 0\le\theta\le\pi\}$이 찾는 상이다.

(3) $w=r^4e^{i4\theta}=\rho e^{i\alpha}$이므로 집합 $\left\{w=\rho e^{i\alpha}\in\mathbb{C}\ \middle|\ 0<\rho\le 1,\ 0\le\theta\le\frac{4\pi}{3}\right\}$이 찾는 상이다.

(4) $w=\frac{1}{r}e^{-i\theta}=\rho e^{i\alpha}$이므로 집합 $\left\{w=\rho e^{i\alpha}\in\mathbb{C}\ \middle|\ 1\le\rho,\ -\frac{\pi}{3}\le\theta\le 0\right\}$이 찾는 상이다.

10. $5-2i,\ -6,\ 3+2i$가 꼭짓점인 삼각형

11. $\frac{3+2i}{13}z+\frac{7+9i}{13}$

• 연습 문제 10.3

01. (1) $5+i$ (2) $\frac{7}{3}-3i$

(3) 0 (4) $-4i$

(5) $\frac{1}{2}+\frac{i}{2}$ (6) 0

02. (1) $6z(z^2+i)$ (2) $6z^2+2z-2$

(3) $8z-\frac{2}{z^3}$ (4) $\frac{2z}{(z+1)^3}$

03. ($\Leftarrow$) 정리 10.3에 의해 성립한다. ($\Rightarrow$) ε에 대해서 $|z-c|<\delta$인 적당한 δ가 존재해서 $|f(z)-f(c)|<\varepsilon$이 성립한다.

그런데 $|u(x,\ y)-u(a,\ b)|\le\sqrt{(u(x,\ y)-u(a,\ b))^2+(v(x,\ y)-v(a,\ b))^2}$

$=|f(z)-f(c)|<\varepsilon\}$이므로 $u(x,\ y)$는 $(a,\ b)$에서 연속이다. $v(x,\ y)$도 연속임을 알 수 있다.

04. $\Delta z=\Delta x+i\Delta y$라고 하자. 만약 $\Delta x=0$이면 $\frac{\operatorname{Re}(z+\Delta z)-\operatorname{Re}z}{\Delta z}=\frac{\operatorname{Re}\Delta z}{\Delta z}$은 0이고 만약 $\Delta y=0$이면 1이므로 극한값은 존재하지 않는다. 따라서 모든 점에서 미분 불가능하다.

05. $\lim_{z\to z_0}(f(z)-f(z_0))=\lim_{z\to z_0}\frac{f(z)-f(z_0)}{z-z_0}(z-z_0)=\lim_{z\to z_0}\frac{f(z)-f(z_0)}{z-z_0}\lim_{z\to z_0}(z-z_0)=0$

06. 증명 1. c가 복소수이고 $\Delta z=\Delta x+ic\Delta x$ 라고 하자($z=x+icx$ 혹은 $y=cx$을 따라서 원점에 접근하는 경우).

$\frac{f(\Delta z)-f(0)}{\Delta z}=\frac{(\overline{\Delta z})^2}{(\Delta z)^2}=\frac{(1-c^2-i2c)(\Delta x)^2}{(1-c^2+i2c)(\Delta x)^2}=\frac{(1-c^2-i2c)}{(1-c^2+i2c)}$을 얻는다. 이는 c값에 따

라 달라지므로 극한값을 가지지 않는다. 따라서 0에서 미분가능하지 않다.

증명 2. $z=re^{i\theta}$라 하자($z\to0$은 $r\to0$을 말함).

$\dfrac{f(z)-f(0)}{z-0}=\dfrac{(\bar{z})^2}{z^2}=\dfrac{r^2e^{-i2\theta}}{r^2e^{i2\theta}}=e^{-i4\theta}$를 얻는다. 이는 θ값에 따라 달라지므로 극한값을 가지지 않는다. 따라서 0에서 미분가능하지 않다.

07. $P^{(j)}(z)=\dfrac{d^j}{dz^j}\sum_{k=0}^{n}a_kz^k=\sum_{k=0}^{n}a_kk(k-1)\cdots(k-j+1)z^{k-j}$임을 알 수 있다. 여기에 0을 대입하면 우변에서는 $k=j$인 경우를 제외하고는 나머지는 0이다. 따라서 $P^{(j)}(0)=a_j\,j(j-1)\cdots1=j!\,a_j$을 얻는다.

08. $z\neq0$이면 $f(x,\ y)=\dfrac{(x^2-y^2)^2}{x^2+y^2}$은 분수 함수이므로 그 점에서 연속이다. 한편, 다음이 성립하므로 점 $z=0$에서도 f는 연속이다.

$$\lim_{(x,\ y)\to(0,\ 0)}f(x,\ y)=\lim_{(x,\ y)\to(0,\ 0)}(x^2+y^2)+\lim_{(x,\ y)\to(0,\ 0)}\frac{-4x^2y^2}{x^2+y^2}=0$$

• 연습 문제 10.4

01. (1) $\mathrm{Re}\,z=x+i0=u(x,y)+iv(x,y)$이다. $u_x=1\neq0=v_y$이므로 어떠한 점에서도 코시·리만 방정식을 만족시키지 않는다. 따라서 모든 점에서 해석적이지 않다.

(2) $\mathrm{Re}\,z^2=x^2-y^2+i0=u(x,y)+iv(x,y)$이다. $z=0$을 제외한 어떠한 점에서도 코시-리만 방정식 $u_x=2x\neq0=v_y,\ -v_x=0\neq-2y=u_y$를 만족시키지 않는다. 따라서 모든 점에서 해석적이지 않다.

(3) 어떠한 점에서도 코시·리만 방정식 $u_x=0=v_y,\ u_y=1\neq-1=-v_x$를 만족시키지 않으므로 모든 점에서 해석적이지 않다.

(4) $f(z)=0+i2y$이다. 어떠한 점에서도 코시·리만 방정식 $u_x=0\neq2=v_y$를 만족시키지 않으므로 모든 점에서 해석적이지 않다.

(5) $f(z)=x^2-y^2-i2xy$이다. $z=0$을 제외한 어떠한 점에서도 코시·리만 방정식 $u_x=2x\neq-2x=v_y,\ u_y=-2y\neq2y=-v_x$를 만족시키지 않는다. 따라서 모든 점에서 해석적이지 않다.

(6) $z=0$을 제외한 어떠한 점에서도 코시·리만 방정식 $u_x=2x\neq0=v_y,\ u_y=2y\neq0=-v_x$을 만족시키지 않는다. 따라서 모든 점에서 해석적이지 않다.

02. (1) 모든 점에서 미분가 능하므로 전해석적이다.

(2) 모든 점에서 미분 가능하므로 전해석적이다.

(3) $z=1$을 제외한 모든 점에서 미분 가능하므로 1을 제외한 적당한 영역에서 해석적이다.

(4) $z=0$을 제외한 모든 점에서 미분 가능하므로 0을 제외한 적당한 영역에서 해석적이다.

(5) 모든 점에서 코시·리만 방정식 $u_x=e^x\cos y=v_y,\ u_y=-e^x\sin y=-v_x$을 만족시키고 연속인 편도함수이므로 정리 10.6에 의해 전해석이다.

(6) $z=1$을 제외한 모든 점에서 미분 가능하므로 1을 제외한 적당한 영역에서 해석적이다.

03. (1) $a=b,\ c=-1$ (2) $2a=2b=c$

(3) $a=1,\ b=2n\pi$ (4) $a=b=0$

04. (1) $v=ay-bx+c$ (2) $v=3x^2y-y^3+c$

(3) $v=\dfrac{x}{x^2+y^2}+c$ (4) $v=2\tan^{-1}\left(\dfrac{y}{x}\right)+c$

05. $f(z)$가 영역에서 해석적이면 정리 10.5에 의해 코시·리만 방정식 $\dfrac{\partial \operatorname{Re} f(z)}{\partial x}=0=\dfrac{\partial \operatorname{Im} f(z)}{\partial y}$, $\dfrac{\partial \operatorname{Re} f(z)}{\partial y}=0=-\dfrac{\partial \operatorname{Im} f(z)}{\partial x}$를 만족시킨다. 첫째 식으로부터 $\operatorname{Im} f(z)=c+k(x)$이고 이것과 둘째 식으로부터는 $k'(x)=0$, 즉 $k(x)$는 상수이다. 이상으로부터 $\operatorname{Im} f(z)$도 상수이므로 f는 상수이다.

06. $f=u+iv$는 코시·리만 방정식 $u_x=v_y,\ u_y=-v_x$을 만족한다. $|f|$가 상수이므로 $u^2-v^2=c$을 얻는다. 이것을 편미분하면 $uu_x-vv_x=0,\ uu_y-vv_y=0$이 된다. 여기에 코시·리만 방정식을 대입하면 $uu_x+vu_y=0,\ uu_y-vu_x=0$을 얻는다. 두 식으로부터 v를 소거하면 $(u_x)^2+(u_y)^2=0$이 되고 $u_x=u_y=0$이므로 $u(x,\ y)$는 상수이다. 이와 유사한 방법으로 v도 상수임을 보일 수 있다. 따라서 f도 상수이다.

07. $f(z)=u+iv$가 Ω에서 해석적이므로 $u_x=v_y,\ u_y=-v_x$이다. $\overline{f(z)}=u-iv$도 Ω에서 해석적이므로 $u_x=-v_y, u_y=v_x$이다. 그러므로 $u_x=v_y=-v_y \Rightarrow v_y=0=u_x$이고 $u_y=v_x=v_x \Rightarrow v_x=0=u_y$이므로 u와 v는 상수이다. 그러므로 $f(z)=u+iv$는 상수 함수이다

08. ① $\dfrac{\partial u}{\partial r}=u_x\dfrac{\partial x}{\partial r}+u_y\dfrac{\partial y}{\partial r}=u_x\cos\theta+u_y\sin\theta,\ \dfrac{1}{r}\dfrac{\partial v}{\partial \theta}=\dfrac{1}{r}\left(v_x\dfrac{\partial x}{\partial \theta}+v_y\dfrac{\partial y}{\partial \theta}\right)=-v_x\sin\theta+v_y\cos\theta$가 되어 코시·리만 방정식을 고려하면 첫째 식이 성립함을 알 수 있다.

② $\dfrac{\partial v}{\partial r}=v_x\dfrac{\partial x}{\partial r}+v_y\dfrac{\partial y}{\partial r}=v_x\cos\theta+v_y\sin\theta,\ -\dfrac{1}{r}\dfrac{\partial u}{\partial \theta}=-\dfrac{1}{r}\left(u_x\dfrac{\partial x}{\partial \theta}+u_y\dfrac{\partial y}{\partial \theta}\right)=u_x\sin\theta-u_y\cos\theta$가 되어 마찬가지 이유로 둘째 식이 성립함을 알 수 있다.

①과 ②로부터 $u_x=u_r\cos\theta+v_r\sin\theta,\ v_x=v_r\cos\theta-u_r\sin\theta$을 얻는다.

$f'(z)=u_x+iv_x=u_r\cos\theta+v_r\sin\theta+i(v_r\cos\theta-u_r\sin\theta)$

$=(\cos\theta-i\sin\theta)u_r+(\cos\theta-i\sin\theta)iv_r=e^{-i\theta}(u_r+v_r)$을 얻는다.

09. 문제 8번으로부터 $f'(z)=e^{-i\theta}(u_r+iv_r)=e^{-i\theta}\left(\dfrac{1}{r}+i0\right)=\dfrac{1}{re^{i\theta}}=\dfrac{1}{z}$을 얻고 Ω에서 해석적임은 쉽게 알 수 있다.

10. $\dfrac{1}{z}=\dfrac{\cos\theta-i\sin\theta}{r}$이고 $u(r,\ \theta)=\dfrac{\cos\theta}{r},\ v(r,\ \theta)=-\dfrac{\sin\theta}{r}$이며, $u_\theta=-\dfrac{\sin\theta}{r},\ v_\theta=-\dfrac{\cos\theta}{r}$.

$f'(z)=\dfrac{-i}{z}\left(-\dfrac{\sin\theta}{r}-i\dfrac{\cos\theta}{r}\right)=-\dfrac{(\cos(-\theta)+i\sin(-\theta))}{rz}=-\dfrac{e^{-i\theta}}{rz}=-\dfrac{1}{z^2}$.

11. 문제 8번의 $u_r=\dfrac{1}{r}v_\theta,\ u_\theta=-rv_r$로부터 $u_{rr}=-\dfrac{1}{r^2}v_\theta+\dfrac{1}{r}v_{\theta r},\ ru_r=v_\theta,\ u_{\theta\theta}=-rv_{r\theta}$를 얻는다. 이 세 식을 더하면 원하는 첫째 식이 증명된다. 같은 방법으로 둘째 식도 증명할 수 있다.

12. $g(z)=\overline{f(\overline{z})}=\overline{u(x,-y)+iv(x,-y)}=u(x,-y)-iv(x,-y)=p(x,\ t)+iq(x,\ t)$에서 $p_x=u_x$, $q_t=v_y,\ p_t=-u_y,\ q_x=-v_x$를 얻는다. u와 v가 코시·리만 방정식을 만족시키므로 p와 q도 코시·리만 방정식을 $x-iy=\overline{z}$에서 만족함을 알 수 있다.

• 연습 문제 10.5

01. (1) $\frac{1}{2}+\frac{i\sqrt{3}}{2}$ (2) $-e^3$

(3) $\cos 5+i\sin 5$ (4) e^{π}

(5) $e^{-20}(\cos 8+i\sin 8)$ (6) $e^{-14}(\cos 16+i\sin 16)$

02. (1) $e^{-2x}\cos 2y-e^{-2x}\sin 2y$ (2) $e^{x^2-y^2}\cos 2xy+ie^{x^2-y^2}\sin 2xy$

(3) $e^{\frac{x}{x^2+y^2}}\cos\frac{y}{x^2+y^2}+ie^{\frac{x}{x^2+y^2}}\sin\frac{y}{x^2+y^2}$

03. (1) $\frac{2}{3}n\pi i$ (n은 정수) (2) $\ln 2+(2n+1)\pi i$ (n은 정수)

(3) $\left(2n\pm\frac{1}{3}\right)\pi,\ \left(2n+1\pm\frac{1}{3}\right)i\pi$ (n은 정수)

04. $f(z)=e^{x-iy}=e^x\cos y-ie^x\sin y$에서 $u_x=e^x\cos y\neq -e^x\cos y=v_y$, $u_y=-e^x\sin y\neq e^x\sin y=-v_x$이다. 모든 점에서 코시・리만 방정식이 성립하지 않으므로 해석적이지 않다.

05. (1) $1+\left(2n-\frac{1}{2}\right)\pi i$ (n은 정수) (2) $\frac{1}{2}\ln 2+\left(2n+\frac{1}{4}\right)\pi i$ (n은 정수)

(3) $\ln 2+\left(2n+\frac{5}{6}\right)\pi i$ (n은 정수) (4) $2+\pi i$

(5) $\ln 2-\frac{2\pi i}{3}$ (6) $2\ln 2+\pi i$

06. (1) i (2) $-\sqrt{e}$ (3) $-ie^{2\pi}$

07. (1) $e^{-\frac{\pi}{4}}(\cos\ln\sqrt{2}+i\sin\ln\sqrt{2})$ (2) $e^{-\frac{\pi}{2}}(\cos\ln 2+i\sin\ln 2)$

(3) $e^{2\pi}$

(4) $e^{\ln\sqrt{2}-\frac{\pi}{4}}\left\{\cos\left(\ln\sqrt{2}+\frac{\pi}{4}\right)+i\sin\left(\ln\sqrt{2}+\frac{\pi}{4}\right)\right\}$

(5) $e^{-\pi}(\cos\ln 8+i\sin\ln 8)$ (6) $e^{\frac{\pi}{2}}(\cos\ln 2+i\sin\ln 2)$

08. (1) $\frac{e^{-3}+e^3}{2}$ (2) $\frac{i(e^{-\pi}-e^{\pi})}{2}$

(3) -1 (4) $\frac{e-e^{-1}}{4}+\frac{i\sqrt{3}(e+e^{-1})}{4}$

09. (1) $\left(2n+\frac{1}{2}\right)\pi\pm i\ln(2+\sqrt{3})$ (n은 정수)

(2) $\left(2n+\frac{1}{2}\right)\pi\pm i\ln(3+2\sqrt{2})$ (n은 정수)

(3) $\left(n+\frac{1}{4}\right)\pi$ (n은 정수)

10. (1) $\sin^{-1}z = w \Leftrightarrow \sin w = z \Leftrightarrow \dfrac{e^{iw}-e^{-iw}}{2i} = z \Leftrightarrow e^{2iw} - 2ize^{iw} - 1 = 0$이다.

이것을 풀면 $e^{iw} = iz \pm \sqrt{1-z^2} = iz + (1-z^2)^{\frac{1}{2}}$이다. 양변에 로그를 취하면

$w = -i\log\left(iz + (1-z^2)^{1/2}\right)$을 얻는다. $\dfrac{d\sin w}{dz} = \dfrac{dz}{dz}$로부터 $\cos w\dfrac{dw}{dz} = 1$을 얻고 다시 $\dfrac{d\sin^{-1}z}{dz}$ $= \dfrac{1}{\cos w} = \dfrac{1}{\sqrt{1-\sin^2 w}} = \dfrac{1}{(1-z^2)^{1/2}}$을 얻는다.

(2) $\cos^{-1}z = w \Leftrightarrow \cos w = z \Leftrightarrow \dfrac{e^{iw}+e^{-iw}}{2} = z \Leftrightarrow e^{2iw} - 2ze^{iw} + 1 = 0$이로부터 $e^{iw} = z \pm \sqrt{z^2-1}$ $= z + (z^2-1)^{1/2} = z + i(1-z^2)^{1/2}$와 $w = -i\log(z + i(1-z^2)^{1/2})$을 얻는다. $\dfrac{d\cos w}{dz} = \dfrac{dz}{dz}$로부터 $\dfrac{d\cos^{-1}z}{dz} = \dfrac{-1}{\sin w} = \dfrac{-1}{\sqrt{1-\cos^2 w}} = \dfrac{-1}{(1-z^2)^{1/2}}$을 얻는다. 한편 직접 계산을 해보면

$$\frac{d\cos^{-1}z}{dz} = \frac{-i}{z+i(1-z^2)^{1/2}}\left(1 - \frac{iz}{(1-z^2)^{1/2}}\right) = \frac{-i}{z+i(1-z^2)^{1/2}}(-i)\frac{z+i(1-z^2)^{1/2}}{(1-z^2)^{1/2}}$$

$= \dfrac{-1}{(1-z^2)^{1/2}}$이다.

(3) $\tan^{-1}z = w \Leftrightarrow \tan w = z \Leftrightarrow \dfrac{\sin w}{\cos w} = z \Leftrightarrow \dfrac{e^{iw}-e^{-iw}}{2i} \Big/ \dfrac{e^{iw}+e^{-iw}}{2} = z$이고

$e^{iw} = \left(\dfrac{1+iz}{1-iz}\right)^{1/2} = \left(\dfrac{i-z}{i+z}\right)^{1/2}$이며 $w = \dfrac{i}{2}\log\left(\dfrac{i+z}{i-z}\right)$이다. $\dfrac{d\tan w}{dz} = \dfrac{dz}{dz}$로부터 $\sec^2 w\dfrac{dw}{dz} = 1$을

얻고 $\dfrac{d\tan^{-1}z}{dz} = \dfrac{1}{\sec^2 w} = \dfrac{1}{1+\tan^2 w} = \dfrac{1}{1+z^2}$이다.

11. 첫째 식에서 허수 부분이 0이 되려면 $\sin y = 0$ 즉 $y = n\pi$(n은 정수)를 얻는다. 실수 부분이 0이 되려면 $\sinh x = 0$, 즉 $x = 0$을 얻는다. 따라서 $z = in\pi$임을 알 수 있다. 같은 방법으로 둘째 식의 결과를 얻을 수 있다.

12. $\sin z = \sin x\cosh y + i\cos x\sinh y$

$|\sin z|^2 = \sin^2 x\cosh^2 y + \cos^2 x\sinh^2 y = \sin^2 x\,(\cosh^2 y - \sinh^2 y) + \sinh^2 y = \sin^2 x + \sinh^2 y$

13. $\sin iy = \dfrac{e^{i^2 y}-e^{-i^2 y}}{2i} = \dfrac{e^{-y}-e^{y}}{2i} = i\sinh y$

• 연습 문제 11.1

01. (1) $1 + t + 3ti \quad (0 \le t \le 1)$

(2) $C = C_1 + C_2 + C_3 + C_4$, 여기서 $C_1 : 1 - 2t + i \quad (0 \le t \le 1)$,
$C_2 : -1 + i(1-2t) \ (0 \le t \le 1)$, $C_3 : 2t - 1 - i \ (0 \le t \le 1)$,
$C_4 : 1 + i(2t-1) \quad (0 \le t \le 1)$

(3) $2e + 1 \quad \left(-\dfrac{\pi}{2} \le t \le \dfrac{\pi}{2}\right)$

(4) $\dfrac{1}{2}\cos t + i\sin t \ (0 \le t \le 2\pi)$

02. (1) $-36 + 88i$

(2) $-\dfrac{712}{3} + 60i$

(3) $21+2\ln 2-\frac{10i}{3}$ (4) $i(2+\pi)$

(5) $\frac{1}{2}+\frac{2i}{3}$ (6) $r^2\pi$

(7) $2\pi i$ (8) $\frac{2-e-e^{-1}}{2}$

(9) $-e-1$ (10) $-\frac{1}{2}\sin\pi^2$

03. (1) $2\pi i$ (2) $4\pi i$

(3) $2\pi i$ (4) $-4+4\pi i$

04. $n\neq-1$일 때 0이고, $n=-1$일 때 $2\pi i$이다.

05. 곡선의 길이는 $S_n=\sum_{k=1}^{n}|\Delta z_k|$의 극한인 $\int_C |dz|=\int_C\left|\frac{dz}{dt}\right|dt=\int_a^b |z'(t)|dt$가 된다.

06. (1) 12π (2) $\sqrt{2}(e^{2\pi}-1)$

07. (1) $|3+5z^2|\geq 5|z|^2-3=2$이므로 $\left|\frac{1}{3+5z^2}\right|\leq\frac{1}{5|z|^2-3}=\frac{1}{2}$이다.

ML 부등식으로부터 $\left|\int_C\frac{dz}{3+5z^2}\right|\leq\frac{1}{2}\int_C|dz|=\frac{2\pi}{2}=\pi$.

(2) $\left|\frac{2z+1}{5+z^2}\right|\leq\frac{2|z|+1}{5-|z|^2}=\frac{3}{4}$이다.

ML 부등식으로부터 $\left|\int_C\frac{2z+1}{5+z^2}dz\right|\leq\frac{3}{4}\int_C|dz|=\frac{3}{4}\cdot 2\pi=\frac{3\pi}{2}$.

08. (i) $m\neq n$인 경우. $\int_0^{2\pi}e^{i(m-n)\theta}d\theta=\left.\frac{e^{i(m-n)\theta}}{i(m-n)}\right|_0^{2\pi}=\frac{0-0}{i(m-n)}=0$.

(ii) $m=n$인 경우. $\int_0^{2\pi}d\theta=2\pi$.

09. $z(t)=e^{it},\ t\in[0,2\pi]$이면 $\int_0^{2\pi}z(t)\,dt=0$이고 모든 $s\in(0,2\pi)$에 대하여

$z(s)(b-a)=2\pi e^{is}\neq 0$이다.

10. 연쇄법칙을 사용하면 $\frac{dw}{dt}=\frac{df}{dz}\frac{dz}{dt}$을 얻는다.

11. $\int_C z^n dz=i\int_0^{2\pi}(e)^n e\,dt=i\int_0^{2\pi}\cos(n+1)t\,dt-\int_0^{2\pi}\sin(n+1)t\,dt=0$

12. $r_1=1-t,\ t\in[0,\ 1],\ r_2(t)=2t+i2t,\ t\in[0,\ 1]$

$$\int_{r_1}\bar{z}\,dz+\int_{r_2}\bar{z}\,dz=\int_0^1(1-t)(-dt)+\int_0^1\overline{2t(1+i)}(2+2i)\,dt$$
$$=\int_0^1(t-1)\,dt+4\int_0^1 2t\,dt=\frac{7}{2}$$

• 연습 문제 11.2

01. (1) 0　(2) 0
(3) 0　(4) 0
(5) 0　(6) 0
(7) 0　(8) 0
(9) πi

02. (1) 0　(2) 0
(3) $2\pi i$　(4) $\dfrac{2\pi i}{3}$
(5) 0　(6) $-\pi-\pi i$
(7) (a) $-\pi$　(b) π
(8) (a) $2\pi i$　(b) $4\pi i$　(c) 0
(9) (a) $-8\pi i$　(b) $-6\pi i$
(10) (a) $-2\pi i$　(b) 0

03. 정리 11.5에 의해 다음을 성립시키는 적당한 r이 존재한다.

$$\oint_c \frac{dz}{(z-z_0)^n}=\oint_{a+re}\frac{dz}{(z-z_0)^n}=\int_0^{2\pi}\frac{ire^{it}}{r^ne^{int}}dt$$

(i) $n=1$인 경우, $\int_0^{2\pi} i\,dt=2\pi i$을 얻는다.

(ii) n이 1이 아닌 정수인 경우, $\int_0^{2\pi}\frac{ie^{-i(n-1)t}}{r^{n-1}}dt=\frac{i}{-i(n-1)r^{n-1}}e^{-i(n-1)t}\Big|_0^{2\pi}=0$을 얻는다.

04. $2\pi i$

05. $\dfrac{1}{2i}\oint_C \bar{z}\,dz=\dfrac{1}{2i}\oint_C (x-iy)(dx+idy)=\dfrac{1}{2i}\oint_C (xdx+ydy)+i(-ydx+xdy)$

이 식에 그린(Green) 정리를 적용하면 다음과 같다.

$\dfrac{1}{2i}\left(\iint_R\left(\dfrac{dy}{dx}-\dfrac{dx}{dy}+i\left(\dfrac{dx}{dx}-\dfrac{d(-y)}{dy}\right)\right)dxdy=\iint_R dxdy\right.$이 되어 R(단순 폐곡선 C로 둘러싸인 영역)의 넓이임을 알 수 있다.

• 연습 문제 11.3

01. (1) $6+\dfrac{26i}{3}$　(2) $-6+\dfrac{5i}{3}$
(3) $\dfrac{23}{6}+\dfrac{28i}{3}$　(4) 0
(5) $i(e^{-1}+1)$　(6) $\dfrac{e^{-1}-e}{2}$
(7) 0　(8) $\cos 1-1$
(9) $\dfrac{e-e^{-1}}{2}$

02. $(f(z)g(z))' = f'(z)g(z) + f(z)g'(z)$을 곡선 C를 따라 적분하면 된다.

03. 정리 11.8에 의해

$$\int_C \left(z+\frac{1}{z}\right)dz = \frac{z^2}{2} + \mathrm{Log}\, z \Big|_{-1+i}^{3+2i} = \frac{5+12i-(-2i)}{2} + \ln\sqrt{13} + i\tan^{-1}\frac{2}{3} - \ln\sqrt{2} - i\frac{3}{4}\pi$$

$$= \frac{5}{2} + 7i + \ln\sqrt{\frac{13}{2}} + i\left(\tan^{-1}\frac{2}{3} - \frac{3}{4}\pi\right)$$

04. 정리 11.8에 의해

$$\int_C \frac{1}{z+1}dz = \mathrm{Log}(z+1)|_{1-i}^{2+2i}$$

$$= \mathrm{Log}(3+2i) - \mathrm{Log}(2-i)$$

$$= \ln\sqrt{13} + i\tan^{-1}\frac{2}{3} - \ln\sqrt{5} - i\tan^{-1}\left(-\frac{1}{2}\right)$$

• 연습 문제 11.4

01. (1) $6\pi i$ (2) $14\pi - 8\pi i$

(3) $2\pi i e^4$ (4) 54π

(5) $144\pi i$ (6) $8\pi i e^4$

(7) $2e^2\pi i(\cos 2 + \sin 2)$ (8) $\dfrac{4\pi i}{3}$

(9) $\dfrac{2\pi i}{(n-1)!}$ (10) 0

(11) $\dfrac{i(e^{\pi} - e^{-\pi})}{2}$ (12) $-2\pi i$

(13) (a) $\dfrac{4\pi(-1+2i)}{5}$ (b) $\dfrac{4\pi(1-2i)}{5}$

(14) (a) $-2\pi i$ (b) $2\pi i$

(15) 0 (16) $-\pi$

(17) $4\pi i$ (18) $\dfrac{8\pi}{3} + 12\pi i$

(19) $-\dfrac{\pi i}{4}$ (20) $-\pi i$

(21) $(e+e^{-1})\pi$

02. 모든 단순 폐곡선에 대한 복소 적분이 0이라는 조건은 D의 임의의 두 점을 사이의 복소 선 적분 값이 적분 경로와 무관하다는 조건과 동일하다. 이 조건과 f의 연속성으로부터 정리 1.8의 증명에서 나타난 $F(z) = \int_{z_0}^{z} f(\zeta)\,d\zeta$는 f의 부정 적분이며 해석 함수이다. 도함수에 관한 코시의 적분 공식인 정리 11.10를 F에 적용하면 f는 해석 함수임을 알 수 있다.

03. 모든 z에 대해서 $f(z) \neq 0$이라고 가정하자. f가 n차 다항식이라고 하면 $|z| \to \infty$일 때 $|g(z)| = \dfrac{1}{|f(z)|} = \dfrac{1}{|a_n z^n + a_{n-1}z^{n-1} + \cdots + a_1 z + a_0|} \to 0$이다. 즉 g는 유계이고 전해석 함수이다. 정리 11.11 리우빌의 정리에 의해 g는 상수 함수이다. 따라서 f도 상수 함수이다. 이는 f가 다항식

이라는 조건에 모순되므로 가정을 배척하면 우리가 원하는 결론을 얻는다.

05. $C: z = z_0 + re^{i\theta}$에 대해 코시의 적분 공식인 정리 11.9를 적용하면

$f(z_0) = \dfrac{1}{2\pi i}\displaystyle\int \dfrac{f(z)}{z-z_0}dz = \dfrac{1}{2\pi i}\int_0^{2\pi} \dfrac{f(z_0+re^{i\theta})ire^{i\theta}}{re^{i\theta}}d\theta = \dfrac{1}{2\pi}\int_0^{2\pi} f(z_0+re^{i\theta})\,d\theta$을 얻는다. 또한 $|f(z_0)| \le \dfrac{1}{2\pi}\displaystyle\int \left|f(z_0+re^{i\theta})\right| d\theta \le \max_{t\in[0,\,2\pi]} \left|f(z_0+re^{it})\right|$도 얻는다.

06. 도함수에 관한 코시의 적분 공식에 절댓값을 취하면 $r\to\infty$일 때

$|f''(z)| = \left|\dfrac{2!}{2\pi i}\displaystyle\int_{C:|\zeta-z|=r} \dfrac{f(\zeta)}{(\zeta-z)^3}d\zeta\right| \le \dfrac{2\pi r(|z|+r)}{\pi r^3} \to 0$을 얻는다.

즉 $f''(z)=0$ 이것을 적분하면 $f(z)=az+b$이다. 여기에 나머지 조건을 적용한다.

• 연습 문제 12.1

01. (1) 수렴, $2i$ (2) 발산

(3) 수렴, 0 (4) 수렴, $\dfrac{3}{2}+\dfrac{3i}{2}$

(5) 수렴, 0 (6) 발산

02. (1) 비율 판정법, 수렴 (2) 비율 판정법, 수렴

(3) 거듭제곱근 판정법, 수렴 (4) 비율 판정법, 수렴

(5) 비교 판정법, 수렴 (6) 비율 판정법, 수렴

03. (1) 2, $|z-1|=2$ (2) $\dfrac{1}{\sqrt{2}}$, $|z|=\dfrac{1}{\sqrt{2}}$

(3) 2, $|z|=2$ (4) 0

(5) ∞ (6) $\dfrac{\sqrt{2}}{2}$, $|z-3i|=\dfrac{\sqrt{2}}{2}$

(7) e, $|z-i|=e$ (8) $\dfrac{\sqrt{3}}{3}$, $|z|=\dfrac{\sqrt{3}}{3}$

(9) 1, $|z-e^i|=1$ (10) $\dfrac{1}{3}$, $|z|=\dfrac{1}{3}$

(11) π, $|z|=\pi$ (12) $\dfrac{1}{4}$, $|z|=\dfrac{1}{4}$

04. $a_{n_0} \ne b_{n_0}$인 자연수 n_0이 있다고 하자. 이것은 $\displaystyle\sum_{n=1}^{\infty}(a_n-b_n)z^n=0$은 $|z|<R$에서 절대 수렴한다는 사실과 모순이다.

05. 좌변은 $\displaystyle\sum_{n=1}^{\infty} z^n = \sum_{n=1}^{\infty} r^n\cos n\theta + i\sum_{n=1}^{\infty} r^n \sin n\theta$이고 우변에는 $z = r\cos\theta + ir\sin\theta$를 대입하여 실수 부분과 허수 부분을 비교한다.

06. 각 성분의 실수부와 허수부로 이루어진 급수가 각각 절대 수렴함을 보인 후 삼각 부등식을 써서 증명

07. $\dfrac{1}{1-z} = \displaystyle\sum_{n=0}^{\infty} z^n$을 $|z|<1$에서 두 번 미분하면 $\dfrac{2}{(1-z)^3} = \displaystyle\sum_{n=2}^{\infty} n(n-1)z^{n-2}$을 얻고 이 급수를 정리하면 된다.

08. $f(z)=z+\sum_{n=1}^{\infty} z^{2^n}=z+\sum_{n=0}^{\infty} z^{2^{n+1}}$와 $f(z^2)=\sum_{n=0}^{\infty}(z^2)^{(2^n)}=\sum_{n=0}^{\infty} z^{2^{n+1}}$을 이용.

• 연습 문제 12.2

01. (1) $\sum_{n=0}^{\infty}\frac{(-1)^n 2^n}{n!}z^n,\ \infty$ (2) $\sum_{n=0}^{\infty}\frac{(-1)^n 9^n}{(2n)!}z^{2n},\ \infty$

(3) $\sum_{n=0}^{\infty}\frac{(-1)^n}{(2n+1)!}z^{4n+2},\ \infty$ (4) $\sum_{n=0}^{\infty} z^{4n},\ 1$

(5) $\sum_{n=0}^{\infty}(n+4)z^n,\ 1$ (6) $\sum_{n=0}^{\infty}\frac{1+3(-1)^n}{2}z^n,\ 1$

(7) $\sum_{n=0}^{\infty}(-1)^n(z-1)^n,\ 1$ (8) $\sum_{n=1}^{\infty}\frac{1}{2^{n-1}}(z-1)^n+1,\ 2$

(9) $\sum_{n=0}^{\infty}\frac{(-1)^n}{(2n)!}\left(z-\frac{\pi}{2}\right)^{2n},\ \infty$ (10) $\sum_{n=0}^{\infty}\frac{(-1)^n}{(2n+1)!}\left(z-\frac{\pi}{2}\right)^{2n+1},\ \infty$

(11) $\sum_{n=0}^{\infty}\frac{e^i}{n!}(z-i)^n,\ \infty$ (12) $\sum_{n=1}^{\infty}\frac{(-1)^{n-1}}{n}(z-1)^n,\ 1$

(13) $(z-i)^4+4i(z-i)^3-6(z-i)^2-4i(z-i)+1,\ \infty$

(14) $(z+1)^5-5(z+1)^4+10(z+1)^3-10(z+1)^2+5(z+1)-1,\ \infty$

02. $e^{iz}=\sum_{n=0}^{\infty}\frac{i^n}{n!}z^n,\quad \cos z=\sum_{n=0}^{\infty}\frac{i^{2n}}{(2n)!}z^{2n},\quad \sin z=\sum_{n=0}^{\infty}\frac{i^{2n+1}}{(2n+1)}z^{2n+1}$를 이용

03. (위 2번을 활용해) $\sin z=0$으로부터 $e^{iz}=e^{-iz}$. 여기에 $z=x+iy$을 대입하고 $|e^{2ix}|=1$로부터 $e^{-2y}=1$이므로 $y=0$. 따라서 $e^{2ix}=1$로부터 $x=k\pi$ (k는 정수)

04. $\frac{1}{z(4-z)}=\frac{1}{4z}+\frac{1}{16}\frac{1}{1-\frac{z}{4}}$

06. $4\sin^3 z=3\sin z-\sin 3z$와 $\sin z=\sum_{n=0}^{\infty}(-1)^n\frac{z^{2n+1}}{(2n+1)!}$을 이용하면 정답은

$$\sum_{n=0}^{\infty}\left(\frac{(-1)^n 3(1-3^{2n})}{(2n+1)!}x^{2n+1}\right)$$

• 연습 문제 12.3

01. (1) $\sum_{n=0}^{\infty}\frac{z^{n-3}}{n!},\ 0<|z|<\infty$ (2) $\sum_{n=0}^{\infty}\frac{1}{n!\,z^{n+2}},\ 0<|z|<\infty$

(3) $\sum_{n=0}^{\infty}\frac{(-1)^n z^{2n-2}}{(2n)!},\ 0<|z|<\infty$ (4) $\sum_{n=1}^{\infty}\frac{(-1)^{n+1}z^{2n-2}}{(2n+1)!},\ 0<|z|<\infty$

(5) $\sum_{n=1}^{\infty}\frac{z^{n-1}}{n!},\ 0<|z|<\infty$ (6) $\sum_{n=0}^{\infty}(-1)^n z^{2n-1},\ 0<|z|<1$

02. (1) $\displaystyle\sum_{n=0}^{\infty}\frac{e}{n!}(z-1)^{n-2},\ \infty$

(2) $\displaystyle\frac{1}{2(z-i)}+\sum_{n=0}^{\infty}\frac{-i^{n+1}}{2^{n+2}}(z-i)^{n},\ 2$

(3) $\displaystyle\sum_{n=0}^{\infty}\frac{(-1)^n}{(2n)!}\frac{1}{(z-i)^{2n}},\ \infty$

(4) $\displaystyle\frac{3i}{z-i}+1,\ \infty$

(5) $\displaystyle\frac{5}{8}\frac{1}{z-\frac{1}{2}}+\frac{1}{2}+\frac{1}{2}\left(z-\frac{1}{2}\right),\ \infty$

(6) $\displaystyle\sum_{n=0}^{\infty}\frac{(-1)^{n+1}}{(2n+1)!}(z-\pi)^{2n-2},\ \infty$

03. (1) $\displaystyle\sum_{n=0}^{\infty}\frac{1}{a-b}\left(\frac{1}{b^{n+1}}-\frac{1}{a^{n+1}}\right)z^n,\ |z|<|a|$

(2) $\displaystyle\frac{1}{a-b}\left(\sum_{n=0}^{\infty}\frac{a^n}{z^{n+1}}+\sum_{n=0}^{\infty}\frac{z^n}{b^{n+1}}\right),\ |a|<|z|<|b|$

(3) $\displaystyle\sum_{n=0}^{\infty}\frac{a^n-b^n}{a-b}\frac{1}{z^{n+1}},\ |z|>|b|$

(4) $\displaystyle\sum_{n=0}^{\infty}\frac{-1}{(b-a)^{n+1}}(z-a)^{n-1},\ 0<|z-a|<|a-b|$

(5) $\displaystyle\sum_{n=0}^{\infty}\frac{-1}{(a-b)^{n+1}}(z-b)^{n-1},\ 0<|z-b|<|a-b|$

04. (1) $\displaystyle\sum_{n=0}^{\infty}z^{3n}\ (|z|<1),\ \sum_{n=0}^{\infty}\frac{-1}{z^{3n+3}}\ (1<|z|<\infty)$

(2) $\displaystyle\sum_{n=0}^{\infty}\frac{-(z-1)^{n-1}}{2^{n+1}}\ (0<|z-1|<2),\ \sum_{n=0}^{\infty}\frac{(-1)^{n+1}2^n}{(z-1)^{n+2}}\ (|z-1|>2)$

(3) $\displaystyle\sum_{n=1}^{\infty}-\ni^{n-1}(z-i)^{n-1}\ (|z-i|<1),\ \sum_{n=0}^{\infty}\frac{(n+1)(-1)^n i^n}{(z-i)^{n+2}}\ (|z-i|>1)$

07. $\displaystyle f(z)=\frac{-1}{2z^2}+\frac{1}{24}-\frac{z^2}{720}+\cdots\quad(z\neq 0)$

• 연습 문제 12.4

01. (1) 1, 위수 3의 극점

(2) 0과 ∞에서 진성특이점

(3) $z=1/(2k+1)\pi i$에서 단순극, $z=0$에서 진성 특이점

(4) $z=1$에서 분지점 $z=-1$에서 단순 극

(5) 0, 제거 가능한 특이점

(6) -1, 위수 4의 극점

(7) 0, 위수 3의 극점

(8) $\dfrac{\pi}{2}+n\pi$, 단순 극점

(9) 0, 제거 가능한 특이점; 1, 단순 극점

02. (1) $i-3$ 단순 영점

(2) 1, $\dfrac{-1\pm i\sqrt{3}}{2}$, 단순 영점

(3) 0은 위수 3의 영점, i, $-i$는 단순 영점

(4) $2n\pi i$ $(n=0,\pm1,\pm2,\cdots)$에서 단순 영점

(5) 0, 위수 4의 영점

(6) $n+\frac{1}{2}$, 위수 3의 영점

05. (1) 제거 가능 (2) 단순 극

(3) 진성 특이점 (4) 진성 특이점

10. $-\frac{2}{z^2}$

• 연습 문제 12.5

01. (1) $z=1$에서 1, $z=-3$에서 -1 (2) $z=1$에서 -2, $z=2$에서 2

(3) $z=0$에서 -2, $z=1$에서 3 (4) $z=\pi i$ 에서 $-\frac{1}{2}$

(5) $z=(2n+1)\pi$에서 -1, $z=2n\pi$에서 1

(6) $z=0$에서 n이 홀수 또는 음의 정수일 때 0, n이 짝수일 때 $\frac{(-1)^{\frac{\pi}{2}}}{(n+1)!}$

(7) $z=-2i$에서 1, $z=2i$에서 1

(8) $z=0$에서 $\frac{2}{3}$, $z=-3$에서 $-\frac{2}{3}$

(9) $z=0$에서 $-\frac{1}{\pi^2}$, $z=-\pi$ 에서 $-\frac{1}{\pi^2}$

03. (1) (a) 0, (b) $\frac{2\pi i}{9}$, (c) 0

(2) (a) $\frac{-2\pi i}{3}$, (b) 0, (c) $2\pi i$

(3) (a) 0, (b) 0, (c) 0

04. (1) $2\pi i$ (2) 0

(3) 0 (4) $\pi i(e^2+e^{-2}-2)$

(5) $\pi i(e^i+e^{-i})$ (6) $\frac{54\pi i}{25}$

05. (1) $-\pi+\frac{\pi i}{2}$ (2) $2\pi i$

(3) $-\frac{16\pi i}{9}$ (4) $2i$

(5) πi (6) $-16i$

8. (1) $\frac{1}{z^2}-\frac{1/4}{z}+\frac{5/4}{z+4}$ (2) $\frac{2}{z-1}+\frac{1}{(z-1)^2}-\frac{2}{(z-1)^3}$

• 연습 문제 12.6

01. (1) $\frac{2\sqrt{3}\pi}{3}$ (2) $\frac{\pi}{2}$

(3) 0

(4) $-\frac{\pi}{3}$

(5) $\frac{\sqrt{2}\pi}{2}$

(6) π

02. (1) $\frac{\pi}{3}$

(2) $\frac{\sqrt{2}\pi}{2}$

(3) $\frac{3\pi}{16}$

(4) $\frac{2\sqrt{3}\pi}{3}$

(5) $-\frac{\pi}{2}$

(6) π

03. (1) $\frac{\sqrt{2}e^{-\sqrt{2}}\pi}{4}$

(2) $\frac{\pi}{e}$

• 연습 문제 13.1

02. $\alpha = 2,\ \beta = -2 + \frac{3i}{2}$

07. (1) $\mathbb{C} - \{1,\ -1\}$

(2) $\mathbb{C} - \{n\pi \mid n$은 정수$\}$

(3) $\mathbb{C} - \{(2n+1)\pi \mid n$은 정수$\}$

(4) $\mathbb{C} - \{z \mid \mathrm{Re}\, z \le 0,\ \mathrm{Im}\, z = 0\}$

(5) z

(6) $z = 0 \quad z$

• 연습 문제 13.2

01. (1) (a) 직선 $u = -\frac{1}{2}$

(b) $u < -\frac{1}{2}$

(2) (a) $(u-1)^2 + (v-1)^2 < 1$

(b) $u^2 + (v+1)^2 > 2$

(3) (a) $v \le \frac{1}{2}$

(b) $u^2 + \left(v - \frac{1}{2}\right)^2 \ge \frac{1}{4}$

(4) (a) $4u - 10v + 21 < 0$

(b) $(u+3)^2 + \left(v + \frac{19}{4}\right)^2 = \frac{505}{16}$

02. (1) $w = \frac{(1+2i)z+1}{z+(1-2i)}$

(2) $w = \frac{2z-2}{z-2}$

(3) $w = \frac{1}{-z+1}$

(4) $w = \frac{(1+i)(1-z)}{1-iz}$

(5) $w = \frac{i(z-1)}{2z}$

(6) $w = \frac{(6-3i)z+(-3+6i)}{(-4+i)z+(1-4i)}$

• 연습 문제 13.3

01. (1) $w = \frac{z+i}{2}$

(2) $w = \frac{3z-2+6i}{z+2i}$

(3) $w = iz$

(4) $w = \frac{4z+4}{1-z}$

(5) $w=\dfrac{z-i}{z+i}$

(6) $w=z+2$

02. (1) $f(z)=-i\sin^{-1}z+\dfrac{\pi i}{2}$

(2) $f(z)=\dfrac{2ai}{\pi}z(1-z^2)^{\frac{1}{2}}+\sin^{-1}z$

(3) $f(z)=\dfrac{1-i}{2\alpha}\displaystyle\int_0^z(\xi^2-1)^{-3/4}d\xi+\dfrac{1+i}{2}$

(여기서 $\alpha=\displaystyle\int_0^{-1}(\xi^2-1)^{-3/4}d\xi\approx1.85(1+i)$)

(4) $f(z)=\dfrac{2}{\pi}\sin^{-1}z$

04. (1) $w=\cos\pi z$

(2) $w=\left(\dfrac{1+z}{1-z}\right)^{\frac{1}{4}}$

(3) $w=\left(\dfrac{e^{\frac{\pi}{z}}+e^{-\frac{\pi}{z}}}{e^{\frac{\pi}{z}}-e^{-\frac{\pi}{z}}}\right)^{\frac{1}{2}}$

(4) $w=(z^2-1)^{\frac{1}{2}}+\mathrm{Log}(z+(z^2-1)^{\frac{1}{2}})$

• 연습 문제 13.4

01. $u(re^{i\theta})=\dfrac{1}{\pi}\tan^{-1}\left(\dfrac{1-r^2}{2r\sin\theta}\right)\ (0\le\tan^{-1}t\le\pi)$

04. (1) $u=\dfrac{1}{\pi}\mathrm{Arg}\,z^4$

(2) $u=\dfrac{1}{\pi}\mathrm{Arg}\left(i\dfrac{1-z}{1+z}\right)$

05. (1) $u=\dfrac{1}{\pi}\{\mathrm{Arg}\,(z^2-1)-\mathrm{Arg}\,(z^2+1)\}$

(2) $u=\dfrac{1}{\pi}\{\mathrm{Arg}\,(e^z-1)-\mathrm{Arg}\,(e^z+1)\}$

06. (1) $u=\dfrac{1}{\pi}\left(\mathrm{Arg}\dfrac{z-1}{z}-\mathrm{Arg}\dfrac{z}{z+1}\right)=\dfrac{1}{\pi}\left(\tan^{-1}\dfrac{y}{x^2-x+y^2}-\tan^{-1}\dfrac{y}{x^2+x+y^2}\right)$

(2) $n=\dfrac{1}{\pi}\left(\mathrm{Arg}\dfrac{z}{z+1}-\mathrm{Arg}\dfrac{z+1}{z+2}+\dfrac{5\pi}{2}-5\mathrm{Arg}\,(i-iz)\right)$

$=\dfrac{1}{\pi}\left(-\tan^{-1}\dfrac{y}{(x+1)(x+2)+y^2}+\tan^{-1}\dfrac{y}{x(x+1)+y^2}+\dfrac{5\pi}{2}-5\tan^{-1}\dfrac{x-1}{y}\right)$

07. (1) $u=\dfrac{y}{\pi}+\dfrac{y^2-x^2}{\pi}\left(\tan^{-1}\dfrac{x-1}{y}-\tan^{-1}\dfrac{x}{y}\right)+\dfrac{xy}{\pi}\ln\dfrac{(x-1)^2+y^2}{x^2+y^2}$

(2) $u=e^{-y}\cos x$

08. (1) $u=\dfrac{1}{\pi}\mathrm{Arg}\dfrac{z^2-1}{z^2}+\dfrac{5}{\pi}\mathrm{Arg}\,(z^2+1)$

(2) $u=\dfrac{1}{\pi}\mathrm{Arg}\dfrac{(1-i)z-(1+i)}{1-z}-\dfrac{1}{\pi}\mathrm{Arg}\dfrac{1-z}{-(1+i)z+1-i}$

• 연습 문제 13.5

01. (1) 복소 퍼텐셜 $G(z)=e^{-i\theta_0 z}$, 등퍼텐셜 선 $x\cos\theta_0+y\sin\theta_0=c$

(2) 복소 퍼텐셜 $G(z)=\operatorname{Log} z$, 등퍼텐셜 선 $x^2+y^2=e^{2c}$

02. (1) $y=\dfrac{x}{2}+c$ (2) $x^2-y^2=(\text{상수})$

(3) $\left(x-\dfrac{1}{2c}\right)^2+y^2=\dfrac{1}{4c^2}$

03. 복소 퍼텐셜 $G(z)=\dfrac{4}{\pi}\operatorname{Log} z$, 등퍼텐셜 선 $\theta=\dfrac{\pi c}{4}$, $\mathbf{F}=\dfrac{4}{\pi}\left(\dfrac{x}{x^2+y^2},\ \dfrac{y}{x^2+y^2}\right)$

04. (1) 음의 y 방향의 평행한 흐름 $\mathbf{V}=-i$

(2) $y=-x$ 방향의 평행한 흐름 $\mathbf{V}=1-i$

05. (1) $\psi(x,\ y)=4xy(x^2-y^2)$, 경계에서 $\psi(x,\ y)=0$,

$$\mathbf{V}=4\overline{z^3}=4(x^3-3xy^2,\ y^3-3x^2y)$$

(2) $\psi(x,\ y)=\cos x\sinh y$, 경계에서 $\psi(x,\ y)=0$,

$$\mathbf{V}=\overline{\cos z}=(\cos x\cosh y,\ \sin x\sinh y)$$

(3) $\psi(x,\ y)=2xy-\dfrac{2xy}{(x^2+y^2)^2}$, 경계에서 $\psi(x,\ y)=0$, $\mathbf{V}=2\bar{z}-\dfrac{2}{\bar{z}^3}$

06. $u(x,y)=\dfrac{2}{\pi}\tan^{-1}\left(\dfrac{\tanh y}{\tan x}\right)$

08. $V(x,y)=\dfrac{2}{\pi}\tan^{-1}\left(\dfrac{1-x^2-y^2}{2y}\right)$

09. $F(z)=\alpha\left(\dfrac{z}{e^{i\beta}}+\dfrac{e^{i\beta}}{z}\right)$

찾아보기

ㅎ

기타

공학수학 제2판

지은이	김상목 · 김영희 · 김태균 · 송영권 · 이종우 · 이진우 이현근 · 이호석 · 이홍수 · 최윤철 · 최종성
펴낸이	조경희
펴낸곳	경문사
펴낸날	2017년 3월 2일 1판 1쇄 2024년 2월 20일 2판 1쇄
등 록	1979년 11월 9일 제1979-000023호
주 소	04057, 서울특별시 마포구 와우산로 174
전 화	(02)332-2004 팩스 (02)336-5193
이메일	kyungmoon@kyungmoon.com

값 42,000원

ISBN 979-11-6073-677-9